DAMPFKRAFT

BERECHNUNG UND BAU VON WASSERROHRKESSELN UND IHRE STELLUNG IN DER ENERGIEERZEUGUNG

EIN HANDBUCH
FÜR DEN PRAKTISCHEN GEBRAUCH

VON

DR.-ING. FRIEDRICH MÜNZINGER VDI

ZUGLEICH ZWEITE, NEU BEARBEITETE AUFLAGE
VON
„BERECHNUNG UND VERHALTEN VON WASSERROHRKESSELN“

MIT 566 ABBILDUNGEN
44 RECHENBEISPIELEN UND 41 ZAHLENTAFELN IM TEXT
SOWIE 20 KURVENTAFELN IN DER DECKELTASCHE

SPRINGER-VERLAG BERLIN HEIDELBERG GMBH 1933

ISBN 978-3-662-27743-0 ISBN 978-3-662-29233-4 (eBook)
DOI 10.1007/978-3-662-29233-4

URSPRUNGLICH ERSCHIENEN BEI JULIUS SPRINGER IN BERLIN 1933
SOFTCOVER REPRINT OF THE HARDCOVER 2ND EDITION 1933

Vorwort.

Mit der Herausgabe dieses Werkes komme ich einer Anregung nach, die der Verlag Julius Springer schon vor 16 Jahren an mich gerichtet hat, deren Erfüllung aber das Bewußtsein, daß nur ein Buch, das auf eigenem Schaffen und Erleben entsprungener Erfahrung und Erkenntnis beruht, Eigenes bringen kann, der Krieg und die nach ihm einsetzende stürmische Entwicklung immer wieder hinausschoben. Es ist eine Ruhmestat der deutschen Ingenieure, daß sie an dieser Entwicklung, die der Krafterzeugung ein ganz neues Gesicht gab, trotz tiefer nationaler Demütigung und schwerer materieller Not in vorderster Front mitgearbeitet und dadurch zur Wiederherstellung des deutschen Ansehens und Selbstvertrauens hervorragend beigetragen haben.

Daß es mir vergönnt war, nach meinen Kräften an der Lösung der Probleme des modernen Kraftwerksbaues mitzuwirken, verdanke ich nicht zuletzt dem Umstand, daß ich mir das Vertrauen und die Freundschaft Georg Klingenbergs erwerben konnte, und den vielfältigen Anregungen, die langjähriger enger Verkehr mit ihm brachte. Das Wort Klingenbergs, die Kesselanlage sei der schwierigste Teil eines Kraftwerkprojektes, gilt auch heute noch.

Das Buch „Dampfkraft", zu dem ich meine früheren Veröffentlichungen als Bausteine benutzte, beschäftigt sich hauptsächlich mit Berechnung, Konstruktion und Verhalten von Kesseln. Seinen Kern bildet mein im Jahre 1929 veröffentlichtes Berechnungsverfahren, das heute von den Kesselfabriken allgemein benutzt wird.

Wegen des Mangels an Zeit und Geld vieler Leser und des außerordentlichen Umfanges des behandelten Stoffes, von dem das dem Buche beigefügte Verzeichnis der benutzten Literatur eine Vorstellung gibt, mußte die Darstellung sehr knapp gehalten und von der Ableitung von Formeln und der Behandlung von Dingen, die wissenschaftlich vielleicht recht interessant, für die Praxis aber von untergeordneter Bedeutung sind, abgesehen werden. Auch die meisten Abbildungen, deren Auswahl danach erfolgte, ob sie etwas besonders Interessantes bieten, geben unter Verzicht auf konstruktive Einzelheiten nur das Kennzeichnende wieder. Dagegen wurde das Baujahr der vorgeführten Konstruktionen nach Möglichkeit angegeben und die zum heutigen Stande führende Entwicklung gezeigt, weil auch in der Technik das Bestehende nur dann verständlich und ein Schluß auf die Weiterentwicklung nur dann möglich ist, wenn man seinen Werdegang kennt.

Die Wirtschaftlichkeit wurde zum Mittelpunkt aller Betrachtungen gemacht, weil Güte und Eleganz einer Konstruktion noch nichts über ihre Lebensfähigkeit sagen und die einseitige Betonung hoher thermischer Wirkungsgrade heute mehr als je zu schiefen Ansichten und Folgerungen führen muß.

Um der engen Verflechtung des Kesselbaues mit anderen Zweigen des Kraftmaschinenwesens Rechnung zu tragen, mussten mehrere Grenzgebiete behandelt werden. Zur Zeit liegen die Verhältnisse in dieser Beziehung vielfach so, daß selbst die Antwort auf untergeordnete Fragen nur durch mühseliges Suchen in der Literatur gefunden werden kann. Aber auch aus dem Grunde schrieb ich kein ausgesprochenes Spezialwerk über Wasserrohrkessel, weil das reine Spezialistentum, wie es sich in den letzten 20 Jahren immer stärker herausgebildet hat, meines Erachtens ein Hindernis für eine gesunde allgemeine Entwicklung und eine der Ursachen der allgemeinen Planlosigkeit ist. Das Sammeln eingehender Kenntnisse auf einem verhältnismäßig engen Gebiete ist natürlich unentbehrlich, darf aber nicht in ein überspitztes Spezialistentum ausarten, das die gesunde Entwicklung der Technik hemmt, weil es die Bedürfnisse ihrer verschiedenen Zweige nicht kennt oder für sie weder Interesse noch Verständnis hat. Ähnlich verhängnisvoll ist es, wenn Ingenieure aus Mangel an Beschäftigung mit Fragen von allgemeinem Interesse die Fühlung mit der übrigen Welt verlieren. In diesem Fehler ist wohl eine der Ursachen dafür zu suchen, daß sie, gemessen an ihren fachlichen Leistungen, eine so geringe Rolle im öffentlichen Leben spielen.

Schließlich versuchte ich, die große Bedeutung des Faktors „Mensch" für technisches Schaffen zu zeigen, denn der Mensch und nicht die Maschine ist auch in der Technik das Entscheidende. Aber gerade von der überragenden Wichtigkeit menschlicher Eigenschaften für den Erfolg der Ingenieurarbeit erfährt der Student fast nichts und überschätzt daher den Wert reinen Fachwissens oder ist später enttäuscht, wenn seine vielleicht vorzügliche fachliche Arbeit nicht das gewünschte Ergebnis zeitigt.

Das Dampfkraftwesen der verschiedenen großen Industrieländer ist eng miteinander verflochten. Um den Anschluß an die Entwicklung nicht zu verlieren und die Verhältnisse im eigenen Lande richtig beurteilen zu können, muß man auch mit dem Stand der Technik im Auslande vertraut sein. Insbesondere die Fähigkeit, die angelsächsische Fachliteratur lesen zu können, ist für den modernen Ingenieur unerläßlich. Das Buch bringt daher in- und ausländische Konstruktionen und zeigt, wie sie sich gegenseitig beeinflußt haben und woher ihre Unterschiede rühren. Von deutschen Anlagen behandelt es vor allem unter meiner Verantwortung gebaute, von ausländischen solche, die ich zu besuchen Gelegenheit hatte.

Der Abschnitt über Berechnung und Verhalten von Wasserrohrkesseln wurde gegenüber seinem Umfang in der ersten Auflage durch eingehendere Behandlung der Gasströmung, der Wärmeübertragung durch Strahlung und des Zusammenhanges zwischen Zugverlust und Wärmeaufnahme vertieft und erweitert. Von den 20 Kurventafeln der ersten Auflage wurden sechs durch neue ersetzt (Berechnung des Zugverlustes und angenähertes Berechnen der Heizfläche ganzer Kessel). Fast alle Kurventafeln wurden durch Vergrößern ihres Temperatur- oder Geschwindigkeitsbereiches (Gasgeschwindigkeiten bis 50 m/sek), durch Einführen des hydraulischen Durchmessers der beheizten Flächen und durch Berücksichtigung der neuesten Werte verbessert. Die Berechnung der „mittleren Feuerraumtemperatur" wurde vervollkommnet und auf Feuerräume verwickelter Form ausgedehnt, wofür das Verfahren von Wohlenberg, das auch heute noch das brauchbarste ist, beibehalten wurde. Es gibt, wie das in dem Buche mitgeteilte Versuchsmaterial zeigt, auch in verwickelten Fällen zuverlässige Werte und trägt der außerordentlichen Vielgestaltigkeit der Vorgänge in Dampfkesselfeuerungen wie kein anderes Verfahren Rechnung. Neu hinzugekommen sind die Kapitel über die Umwandlung der Brennstoffwärme in Arbeit, über Kesselbaustoffe, den Zugbedarf, den Wasserumlauf, Feuerungen, den Aufbau von Wasserrohrkesseln, Quecksilberdampfkessel, Zwischenüberhitzung, Anlagekosten von Kesseln und Kesselhäusern, Kesselanlagen für Spitzenkraftwerke und wirtschaftliche Fragen der Energieerzeugung und -verteilung. Das Buch setzt gewisse Kenntnisse der behandelten Gebiete, aber nicht der höheren Mathematik, voraus, ist daher auch für Schüler technischer Mittelschulen verständlich.

Es wurde weiter vorn darauf hingewiesen, wie wichtig der Faktor „Mensch" für technisches Schaffen ist. Die auch im Ausland sich mehrenden Anzeichen einer geistigen Umstellung, die die Welt aus dem kläglichen Zustand herausbringen will, in die sie gedankenloses Beibehalten überlebter Methoden, Dünkel, Egoismus und Mangel an Zusammenarbeit gebracht haben, sollten auch die Techniker veranlassen, sich mit der ethischen Seite ihres Berufes stärker auseinanderzusetzen. Für viele Ingenieure sind Maschinen etwas Totes und ihre Herstellung eine phantasielose Tätigkeit. Was sich nicht messen und wägen läßt, existiert für sie nicht. Sie verkennen, daß auch umfassendes technisches Wissen allein nur eine Halbheit, ein Torso ohne Kopf ist, und daß mit den ihnen von der Natur verliehenen Gaben nur diejenigen das Höchste zu leisten vermögen, denen ihre berufliche Tätigkeit nur einen Teil ihres allgemeinen Strebens nach Vollkommenheit bedeutet, und für die die Welt der Maschinen im Laufe der Jahre ebenso lebendig wird wie die lebende Welt.

Unternehmungen ohne umsichtige geschäftliche Leitung werden auf die Dauer ebensowenig Erfolg haben wie solche ohne Techniker mit ausgesprochener Ingenieurveranlagung, d. h. Persönlichkeiten, die gediegene wissenschaftlich-technische Kenntnisse, gesunden Menschenverstand, Verständnis für wirtschaftliche Probleme und jene seltene schöpferische Gabe in sich vereinigen, die man konstruktive Veranlagung nennt. Je verwickelter eine Technik wird, um so unentbehrlicher sind ausgesprochene Ingenieurnaturen mit hervorragenden konstruktiven Fähigkeiten, die wohl entwickelt, aber nicht erlernt werden können. Weil sie aber so selten sind, sollte die Industrie ihrem Aufspüren, ihrer angemessenen Entlohnung und ihrer Entfaltungsmöglichkeit die sorgsamste Aufmerksamkeit widmen. Insbesondere bei größeren Unternehmungen fällt es sonst jungen Leuten der gekennzeichneten Art außerordentlich schwer, sich emporzuarbeiten. Hierzu kommt, daß gerade konstruktiv besonders befähigte Ingenieure vielfach fürchten, daß ihre Tätigkeit nicht so bewertet wird wie die ihrer kaufmännisch oder organisatorisch tätigen Kollegen. Hat sich dieser Eindruck aber erst einmal verbreitet, so werden solche Begabungen zum Schaden der Industrie sich schon frühzeitig von ihrer eigentlichen Berufung ab- und einer Tätigkeit zuwenden, von der sie sich mehr Erfolg versprechen, die aber andere ebensogut oder besser zu verrichten imstande sind.

Das 25 Jahre nach meinem Eintritt in die Praxis erscheinende Buch spiegelt einen Teil der Geschichte des Kraftwerksbaues in einer Zeit wieder, während welcher Maschinen und Kessel sich grundlegend geändert und Leistungen erreicht haben, die im Jahre 1908 unvorstellbar waren. Ob die Entwicklung im kommenden Vierteljährhundert ebenso stürmisch sein wird, erscheint zweifelhaft. Aber auch bei wesentlich langsamerem Tempo warten der Ingenieure, denen das Schicksal wie kaum einem anderen Stande die Mittel in die Hand gegeben hat, Glück und Wohlbehagen der Menschheit zu fördern, große Aufgaben, die sie aber nur dann ganz erfüllen können, wenn sie ihre Tätigkeit nicht mit dem Bauen von Maschinen als beendet ansehen, sondern sich an der Lösung der durch die ungeahnte Entwicklung der Maschinen entstandenen Probleme tatkräftig beteiligen und diese Aufgabe nicht weiterhin Kreisen überlassen, über deren schöpferische Leistungen gerade die Besten unter uns immer etwas skeptisch gedacht haben. Auch dieser Hinweis zeigt, wie wichtig es für den Ingenieur ist, sich vom reinen Spezialistentum abzuwenden und über seinem Fachgebiete die Fühlung mit dem weiten blühenden Leben nicht zu verlieren.

Zum Schluß ist es mir eine angenehme Pflicht, Herrn Professor Dr. Aufhäuser und Herrn Professor Dr. Ing., Dr. phil. h. c. Goerens für die wertvollen Ratschläge, die sie mir zu Kapitel II und III gegeben haben, meinen besten Dank auszusprechen. Dem Verlag Julius Springer habe ich für sein verständnisvolles Eingehen auf meine Wünsche und seine bewährte Umsicht bei der Gestaltung des Buches, meinen in- und ausländischen Bekannten und Freunden für die Unterlagen, mit denen sie mich unterstützt haben, bestens zu danken. Schließlich bin ich noch den Herren Dipl.-Ing. Weidmann und Tweer, die mir bei Anfertigung der neuen Tafeln und bei der Korrektur des Buches in ausgezeichneter Weise beistanden, zu Anerkennung und aufrichtigem Dank verpflichtet.

Charlottenburg, Mommsenstr. 22, im Mai 1933.

Münzinger.

Inhaltsverzeichnis.

„Solides Ansehen beruht auf der Ausführung schwieriger Dinge. Je schwieriger sie sind, desto mehr Ehre bringen sie ein.“
Friedrich der Große.

„Ohne Risiko des Mißerfolges sind Fortschritte weder in der Technik noch sonst möglich.“

I. Allgemeine Grundlagen für den Bau von Dampfkraftwerken.

A. Die Entwicklung der Dampfkraftmaschinen.

Wilhelm Schmidt, Kassel, 1858 – 1924.
Schöpfer der modernen Heißdampf- und Höchstdruckdampftechnik.

1. Einleitung. Dampfmaschinen und -turbinen sind die bei weitem wichtigsten Kraftmaschinen; unsere Existenz ist ohne sie unvorstellbar, bilden sie doch wie kaum eine andere Erfindung die Grundlage der modernen Kultur. Gesundheit und Wohlbehagen ungezählter Millionen hängen von der Dampfkraftmaschine ab, ungeheuere Wüsteneien hat sie in fruchtbare Länder verwandelt und die Verteilung und Beherrschung der Welt im letzten Jahrhundert vielleicht ebenso stark beeinflußt wie Pulver und Kanonen. Dampfkraftanlagen bestehen auch heute noch aus dem Kessel, der den Dampf erzeugt, und der Maschine, die ihn verarbeitet. Während aber Kessel noch vor 50 Jahren bequem von Hand gefeuert werden konnten, sind sie seit Einführung der Dampfturbinen so groß geworden, daß selbsttätige Feuerungen von gewaltigen Abmessungen an Stelle der früheren handbedienten Planroste treten mußten. Nach wie vor sind aber Kohlen der wichtigste Brennstoff für ortsfeste Anlagen.

Etwa zwischen 1916 und 1923, als flüssige Brennstoffe in Deutschland äußerst knapp waren, wurde die unmittelbare Verbrennung von Kohle unter Dampfkesseln vielfach als Verschwendung bezeichnet und die Aufstellung von Tieftemperaturverkokungsanlagen empfohlen. Die Wirkung dieser Propaganda war ziemlich groß, weil sie außer billigen Treibstoffen kleinere Ausgaben für ausländische Erzeugnisse in Aussicht stellte. Der Erfolg blieb aber aus, weil der aus Steinkohle gewonnene Halbkoks einige für Koks wichtige Eigenschaften nicht hatte, und auch die auf die Verschwelung von Braunkohle gesetzten Erwartungen erfüllten sich nicht. Die beim Verschwelen anfallenden Treibstoffe und Öle können nämlich nach Aufhäuser in Kokereien und Gasanstalten mindestens ebenso billig gewonnen werden und waren nach Wiederherstellung einigermaßen normaler Verhältnisse dem Preisdruck der ausländischen Erdölderivate nicht gewachsen. Aber auch ein wesentlich stärkerer Absatz von Rohkohle ist von der Tieftemperaturverschwelung nicht zu erwarten, weil der Halbkoks an Stelle einer entsprechenden, früher unmittelbar verfeuerten Menge Rohkohle tritt. Heute ist man wenigstens bei Steinkohle von Tieftemperaturverkokungsanlagen fast ganz wieder abgekommen, dagegen wurde im letzten Jahrzehnt der spezifische Wärmeverbrauch der erzeugten Energie durch viele Verbesserungen der Kessel und Kraftmaschinen stark gesenkt. Daran, daß selbst größere Fabriken sich noch mit veralteten Dampfkraftwerken behelfen, sind besonders der Kapitalmangel und die hohen Zinsen der letzten Jahre schuld, da in die eigentliche Fabrikation gestecktes Geld meist lohnender arbeitete, als wenn man mit ihm das im Rahmen des ganzen Unternehmens doch vielfach nur eine zweite Rolle spielende Kraftwerk modernisiert hätte. Auch hier hat die rauhe Wirklichkeit über die gesiegt, die die „Vergeudung von Kohle in veralteten Kraftwerken“

ein strafwürdiges Verbrechen nannten. Freilich werden auch industrielle Werke mit überlebten Wärmekraftanlagen über kurz oder lang zu ihrer Modernisierung gezwungen sein. In Elektrizitätswerken liegen die Verhältnisse für wärmetechnische Verbesserungen günstiger, weil die Energieerzeugung Selbstzweck des Unternehmens und daher der Anteil der Ausgaben für Brennstoffe an den Gesamtbetriebskosten so groß ist, daß sie mit der Kohle haushälterisch wirtschaften müssen. Deshalb, wegen der Größe der erzeugten Energiemengen und weil die Stromlieferung nie unterbrochen werden darf, sind sie der Schrittmacher und die hohe Schule der modernen Wärmekraftmaschinentechnik geworden und haben auch industrielle Kraftwerke stark beeinflußt. In diesem Buche werden daher vor allem Kesselanlagen für öffentliche Kraftwerke behandelt. weil sie den höchsten Bedingungen genügen müssen.

Die Stellung der Dampfkraftmaschine, die durch Verbrennungskraftmaschinen eine Zeitlang bedroht schien, ist heute so stark wie je, und auch Wasserkraftanlagen haben sie in Ländern wie Deutschland nur wenig beeinträchtigt. Ihre ganze Lebenskraft zeigt sich darin, daß sie jetzt infolge ihrer großen betrieblichen Vorzüge und ihrer Zuverlässigkeit auch in den Kraftwagenbau eingedrungen ist und binnen kurzem wohl auch in den Flugzeugbau eindringen wird. Insbesondere die letzten 10 Jahre haben den Kessel zu einer hochwertigen Maschine entwickelt. Zweck dieses Buches ist, die wärmetechnische Berechnung und das Verhalten von Kesseln sowie ihre Beziehungen zum übrigen Kraftwerk zu zeigen, weil der erfolgreiche Bau von Kesseln ohne Kenntnis ihres Zusammenhanges mit Kraftmaschinen und anderer Grenzgebiete nicht mehr möglich ist.

Die außerordentliche Zunahme des Tatsachenmaterials im Wärmekraftmaschinenwesen zwingt zu weitgehender Spezialisierung und hat dadurch bei vielen tüchtigen Ingenieuren zunächst das Interesse und später vielfach auch das Verständnis für Bedeutung und Bedürfnisse anderer Disziplinen bedenklich verringert. Selbst Ingenieure in maßgebenden Stellungen haben oft erstaunlich wenig Gefühl für die Tendenzen und Erfordernisse außerhalb ihres engeren Arbeitsbereiches und versagen daher leicht bei grundsätzlichen Entscheidungen allgemeiner Art. Berechnen und Konstruieren von Maschinen umfaßt nämlich nur ein verhältnismäßig kurzes Stück des Weges zwischen dem Hereinholen eines Auftrages und seiner gewinnbringenden Abwicklung. Denn verdienen muß ein Unternehmen, wenn es leben und seinen Angestellten Brot und Arbeit geben soll, und manche Fabrik, die hervorragende Erzeugnisse lieferte, ist am Verkennen dieser Tatsache elend zugrunde gegangen. Aber auch der einzelne Ingenieur hat den selbstverständlichen Wunsch, finanziell, und was seinen Einfluß betrifft, vorwärts zu kommen. Daß dies so vielen fleißigen und kenntnisreichen Fachgenossen nicht gelingt, rührt oft von dem falschen Glauben her, es komme nur auf gediegenes Fachwissen und Fleiß an, und von ihrem erstaunlich geringen Interesse an Problemen allgemeiner Natur. Viele von ihnen scheitern verbittert und enttäuscht, oft ohne den Grund ihres Versagens zu wissen, weil ihr Horizont immer begrenzt blieb und sie nie lernten, größere Zusammenhänge zu erkennen. Verglichen mit ihren erfolgreichen, oft weniger fleißigen und auf ihrem Fachgebiet weniger kenntnisreichen Kollegen sind sie wie ein rüstiger Wanderer, der aus Mangel an einem Kompaß dauernd im Kreise läuft, während ein zweiter, vielleicht physisch schwächerer mit Hilfe eines solchen sein Ziel längst erreicht hat.

Da Fachwissen allein nur ein Teil des Rüstzeuges ist, dessen ein Ingenieur zum äußeren Erfolge und zur inneren Befriedigung bedarf, und da Verfasser bei vielen jungen (und auch älteren) Ingenieuren immer wieder erlebt hat, wie wenig sie sich dessen bewußt sind, werden diesem Buche einige allgemeine Betrachtungen vorausgeschickt, die auch für andere Zweige der Technik gelten. Sie knüpfen an eine kurze Schilderung der Entwicklung der Wärmekraftmaschinen an, um zu zeigen, welche Umstände sie bestimmt haben, und weshalb dieselbe Idee einmal zum Erfolge führte, das andere Mal nicht. Denn nur aus der ordnenden Rückschau auf eine hinter ihm liegende Periode kann der Mensch Folgerungen für die Zukunft ziehen. Hierbei kommt dem Ingenieur zustatten, daß in der Geschichte der Technik Ursache und Wirkung sich besser übersehen lassen als in der Weltgeschichte, weil ihre Perioden rascher ablaufen und weil der Blick durch gefühlsmäßige Zu- und Abneigung nicht so leicht getrübt wird wie bei politischen Ereignissen. Aber ebenso wie sie zeigt auch die Geschichte der Technik den überragenden Einfluß des Faktors „Mensch“, der für große fachliche Leistungen und geschäftlichen Erfolg ebenso wichtig ist wie gediegenes Fachwissen.

2. Geschichte der Dampfkraftmaschinen[1]. a) Die Zeit bis zur Einführung von Wasserrohrkesseln, 1699—1856. Folgende Darstellung macht weder Anspruch auf Lückenlosigkeit noch auf unbedingte Richtigkeit der Jahreszahlen. Sie will ebensowenig Prioritäten feststellen wie ermitteln, ob ein fruchtbarer Gedanke zuerst in dem oder jenem Lande auftauchte, sondern die Entwicklung in großen Zügen zeigen und auch solche Leistungen hervorheben, die zwar wenig Aufsehen erregten, aber nach Ansicht des Verfassers weitreichenden Einfluß hatten.

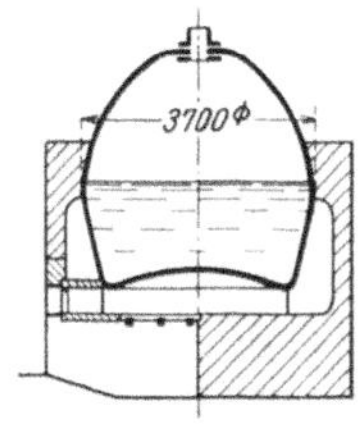

Abb. 1. Kessel einer atmosphärischen Maschine. Gebaut 1700 bis 1770.

Wasserdampf wurde erstmals im Jahre 1699 in der **Pumpmaschine von Savery** mit praktischem Erfolge zur Arbeitsleistung benutzt. Sie bestand aus 2 Kupfergefäßen, in denen von einem besonderen Kessel gelieferter Dampf von atmosphärischem Druck abwechselnd durch Kühlwasser kondensiert wurde. Mit dem entstehenden Vakuum wurde Wasser angesaugt. Mehrere solcher Maschinen waren in Bergwerken in Betrieb, überwanden aber nur eine beschränkte Förderhöhe und brauchten außerordentlich viel Kohle. Die anfänglich kupfernen runden **atmosphärischen Kessel** glichen gigantischen Teekesseln mehr als dem, was man sich heute unter einem Dampfkessel vorzustellen gewohnt ist, Abb. 1. Sie wurden bis 1770 gebaut und dann durch gußeiserne ersetzt, die zum Teil schon eine Art Innenfeuerung hatten, Abb. 2. Bereits aus jener Zeit (1766) stammt der Entwurf eines Wasserrohrkessels, Abb. 3.

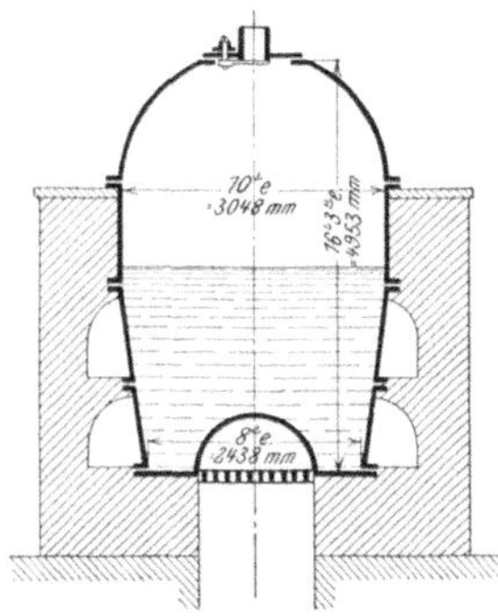

Abb. 2. Gußeiserner Kessel von Smeaton für eine atmosphärische Maschine. Baujahr 1773.

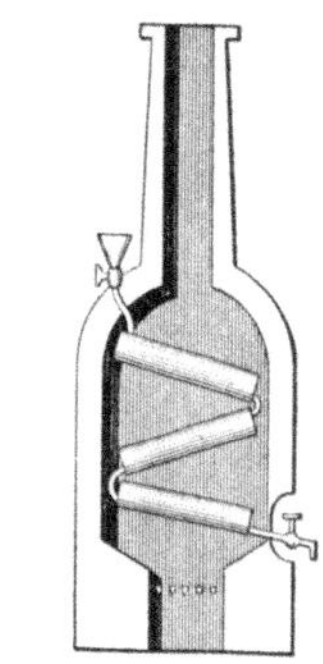
Abb. 3. Wasserrohrkessel von Blakey aus dem Jahre 1766.

1712 erbaute Newcomen die erste einfach wirkende **Zylindermaschine** mit hin- und hergehendem Kolben, die mit Dampf von atmosphärischer Spannung arbeitete, der im Zylinder kondensiert wurde, und gleichfalls zum Fördern von Wasser diente. **Newcomen-Maschinen** waren fast zwei Menschenalter hindurch im Betrieb, bis James Watt, einer der erfolgreichsten Erfinder aller Zeiten, im Jahre 1763 Zylinder und Kondensation voneinander trennte und 1782 die Maschine doppelt wirkend baute. Von James Watt stammt ferner die Dampfexpansion und die Umsetzung der hin- und hergehenden in rotierende Bewegung, die uns heute selbstverständlich erscheint, jenesmal aber als ungeheuere Umwälzung galt. Hatte man doch zunächst versucht, sie dadurch zu erzeugen, daß man durch Dampfpumpmaschinen Wasser hochpumpte und damit ein Wasserrad antrieb. Watt, der Überdrücke von höchstens 0,5 at anwandte, benutzte **Kofferkessel,** Abb. 4, die anfänglich ebene, später gekrümmte Seitenwände hatten und bis etwa 1850 im Betrieb waren. Die Rauchgase beheizten den Kessel von unten und in 2 seitlichen Zügen. Die mittlere Leistung einer Dampfmaschine war 10 PS, doch scheinen schon im Jahre 1786 Maschinen bis zu 50 PS gebaut worden zu sein.

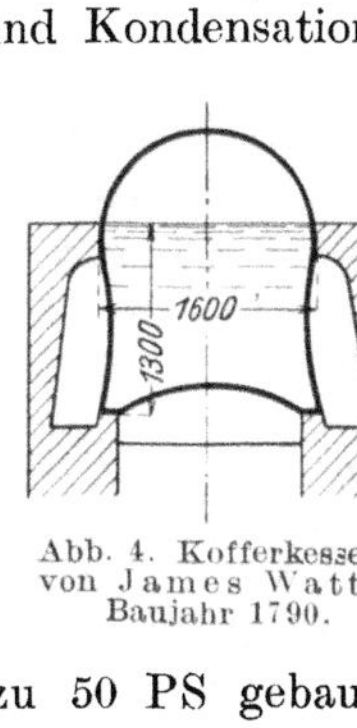

Abb. 4. Kofferkessel von James Watt. Baujahr 1790.

Bereits 1789 empfahl Humphrey, einen Teil des Dampfraumes zu beheizen, „um dem Dampf mehr Elastizität zu geben“. Der Gedanke der Überhitzung ist also

[1] Viele Angaben sind dem Buche „Die Entwicklung der Dampfmaschine“ von Professor Matschoß entnommen.

gleichfalls sehr alt. Die Schwierigkeiten des Baues von Kesseln zu James Watt Lebzeiten waren trotz des sehr kleinen Kesseldruckes außerordentlich, weil es nur aus dem Klumpen ausgeschmiedete Bleche gab, die in ihrer Größe und in der Gleichmäßigkeit ihrer Wandstärke viel zu wünschen übrig ließen. Ein um 1800 gebauter Kofferkessel bestand z. B. aus 250 Platten, von denen die größte nur 0,7 m² Fläche hatte. Die auf primitivste Weise hergestellten Nietnähte wollten nicht dichthalten, weshalb um 1800 vereinzelte Kessel sogar aus Holz hergestellt wurden! Gegen 1804 begann man, die Stirnseiten von Kofferkesseln durch ein weites Rauchrohr miteinander zu versteifen, um 1830 arbeiteten Kofferkessel mit Überdrücken bis zu 0,5 at. 1804 kam der erste **Wasserrohrkessel** in Betrieb, Abb. 5.

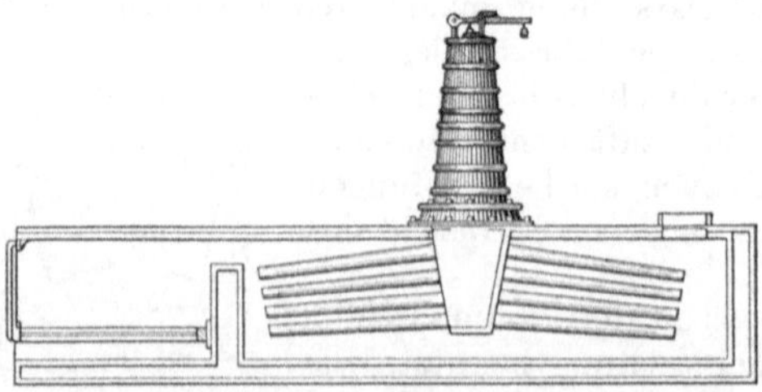

Abb. 5. Erster dem Betrieb übergebener Wasserrohrkessel von John Stevens (Dampfboot auf dem Hudson). Baujahr 1804.

Den ersten schmiedeisernen **Flammrohrkessel** führte Trevithik im Jahre 1811 ein. Er war auch der erste, der hohe Dampfdrücke (7 atü) anwendete, hatte aber wegen der bescheidenen Hilfsmittel seiner Zeit mit Undichtheiten am Kessel und mit der Dampfmaschine sehr große Schwierigkeiten. Mit Blei, Hanf, Teer, Papier suchte man die Nietnähte unmittelbar, mit in den Kessel gefülltem Pferdemist und Kleie mittelbar dicht zu bekommen. Die Länge der Kessel erreichte bereits

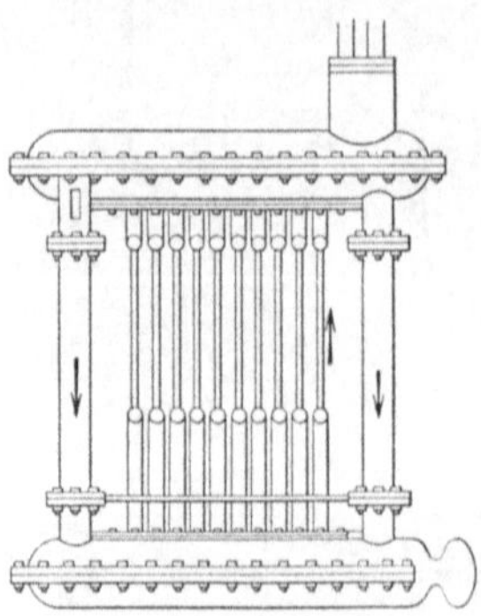

Abb. 6.

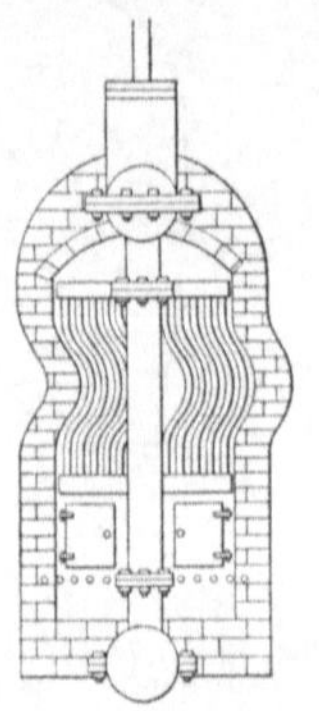

Abb. 7.

Abb. 6 u. 7. Wasserrohrkessel von Joseph Eve aus dem Jahre 1825.

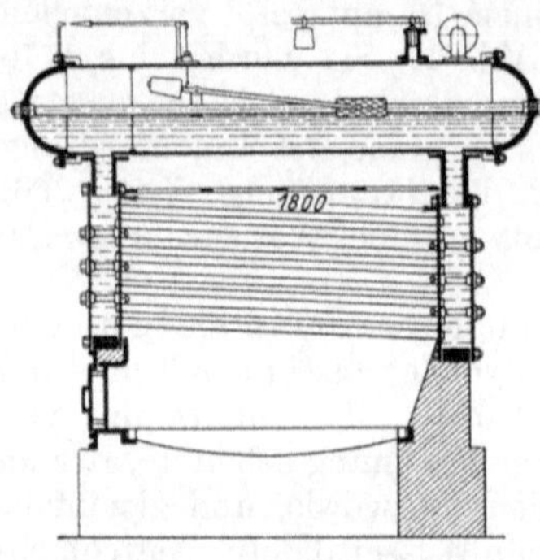

Abb. 8.

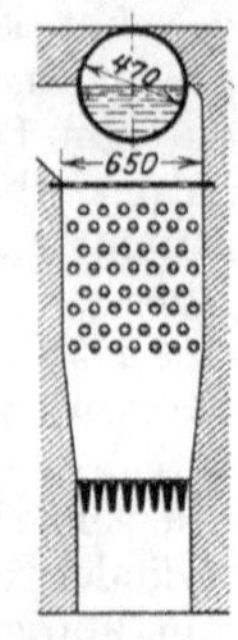

Abb. 9.

Abb. 8 u. 9. Erster Zweikammerwasserrohrkessel von Ernst Alban. Gebaut in Plau im Jahr 1847.

7 m, ihr Durchmesser 2 m. Im Jahre 1820 erfand Trevithik die **Hochdruck-** und Woolf die **Mehrfach-Expansionsdampfmaschine.** Aus dem Jahre 1825 stammt der erste Entwurf eines Wasserrohrkessels, der bereits die Merkmale eines einwandfreien Wasserumlaufes (weite kaltliegende Fallrohre), sowie Sektionen hatte, Abb. 6 und 7. Im Jahre 1828 wird erstmals mit überhitztem Dampf gearbeitet, 1832 gab Trevithik einen aus Rohrschlangen bestehenden Überhitzer an. Von da an bis etwa zum Jahre 1870 wurde Überhitzung immer mehr angewendet. Um 1840 baute der Deutsche Ernst Alban für kleinere Maschinen einen aus Rohren von höchstens 1′ Durchmesser bestehenden **Walzenkessel.** Aber schon etwa 20 Jahre vorher hatte er den Übergang auf 50 bis 60 at erwogen. Wenngleich sich Alban schließlich mit 8 bis 10 at begnügte, so ist seiner ursprünglichen Absicht doch der Bau des ersten brauchbaren **Schrägrohrkessels** zu verdanken, der das Vorbild des modernen Schrägrohrkessels geworden ist. Der im Jahre 1840 entstandene erste Alban-Wasserrohrkessel war ein sog. **Einkammerkessel** mit einer Art Fieldrohren, der erste **Zweikammerkessel** von Alban stammt aus dem Jahre 1847, Abb. 8 und 9. Die Siederohre aus 2 mm starkem mit Schlaglot gelötetem Kupferblech waren ursprünglich 1,3 bis 2 m lang, später wurden schmiedeiserne englische Rohre verwendet. Alban hatte bereits eine

überraschend klare Vorstellung vom Wasserumlauf und vom Verhalten hochgespannten Dampfes. Hauptmotiv des Baues ortsfester Wasserrohrkessel war aber Furcht vor den verheerenden Explosionen der Großwasserraumkessel und die Schwierigkeit, sie bei Drücken von einigen Atmosphären dicht zu bekommen. Hinter dem Streben nach Explosionssicherheit traten noch lange fast alle anderen Rücksichten zurück. Daß Alban-Schrägrohrkessel sich nicht durchsetzten, lag an der Verwendung ungereinigten Speisewassers, an den minderwertigen Siederohren und an den unzureichenden Hilfsmitteln der Werkstätte und der Baustoffherstellung. Wie sehr aber Alban auch werkstättentechnisch seiner Zeit voraus war, geht daraus hervor, daß er schon im Jahre 1830, als die Nietlöcher noch sehr roh „geschlagen" wurden, sie bereits sauber bohren und ausreiben ließ. Bereits jenesmal tauchten Vorschläge zur Verbesserung des Umlaufes in Wasserrohrkesseln durch in weite Fallrohre eingebaute Propeller auf, Clarke und Motley, 1849.

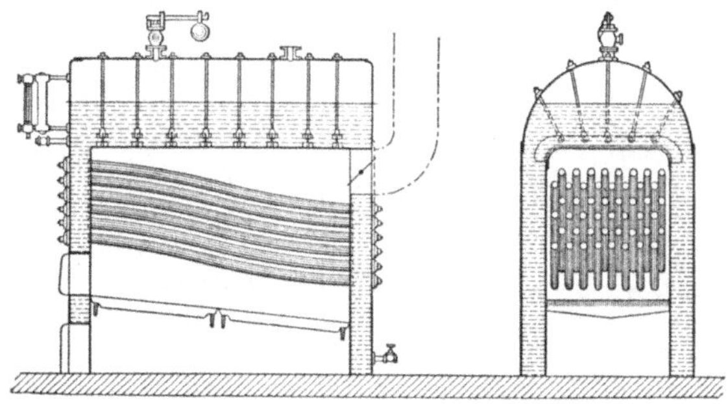

Abb. 10. Abb. 11.

Abb. 10 u. 11. Erster Entwurf eines Wasserrohrkessels mit allseitig gekühltem Feuerraum von Stephen Wilcox. Baujahr 1856.

Auch wissenschaftlich wurde seit Saverys Zeiten viel geleistet. Schon James Watt bestimmte den Zusammenhang zwischen Druck und Temperatur von gesättigtem Dampf bis etwa 3 atü, sowie das spezifische Volumen von Wasserdampf von atmosphärischem Druck ziemlich genau, stellte für die damals üblichen Drücke die Gesamtwärme von Sattdampf zu 640 kcal/kg fest und verfügte bereits über einen Indikator. Dulong (1785 bis 1838) gab eine recht brauchbare Formel zur Ermittlung des ungefähren Heizwertes magerer Kohle an. Zwischen 1840 und 1850 ermittelte Regnault seine bis zum Anfang des 20. Jahrhunderts benutzten Werte über den Zusammenhang zwischen Sattdampftemperatur und -druck bis zu 25 at, sowie die Flüssigkeitswärme und die Gesamtwärme von Sattdampf bis 14 at. Carnot hatte 1824 („Wärmegefälle" und „umkehrbarer Kreisprozeß") die eigentliche Wärmelehre begründet, die Robert Mayer („Gleichwertigkeit von Wärme und Arbeit" und „Erhaltung der Energie") 1842, und etwa 10 Jahre später Clausius („Erster und zweiter Hauptsatz") sowie Rankine vertieften und erweiterten[1].

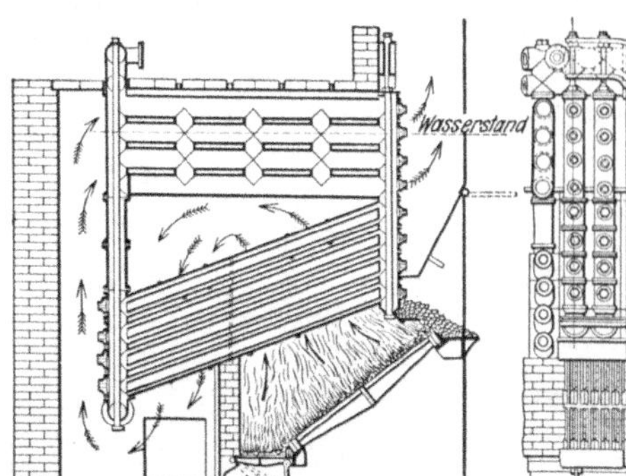

Abb. 12. Erster Babcock-Wilcox-Sektionalkessel. Baujahr 1867.

b) Die Zeit bis zur Einführung der Dampfturbine, 1856—1902. Im Jahre 1856 brachte der Amerikaner Stephen Wilcox einen Wasserrohrkessel mit einem allseitig von Heizfläche ummantelten Feuerraum heraus, Abb. 10 und 11. Schrägrohrkessel mit wassergekühlten Feuerräumen sind also bereits über 75 Jahre bekannt. 11 Jahre später ließ er sich einen **Sektionalkessel** patentieren, Abb. 12. Es waren aber noch über 20 Zwischenlösungen nötig, bis sich die Form herauskristallisierte, die den Babcock-Wilcox-Kessel weltberühmt gemacht hat. Siederohr und Sammler des Kessels in Abb. 12 waren aus einem Stück gegossen, in die Siederohre gesteckte Innenrohre, die bei der nächsten Konstruktion wieder verlassen wurden, sollten den Wasserumlauf verbessern. Später wurden die Sammler auf die schmiedeisernen Rohre aufgegossen und Obertrommeln und Schlammsammler zugefügt. 1865 entstand der an eine Konstruktion von Alban anknüpfende **Field-Kessel** mit eigenartigen Siederohren, die etwa 25 Jahre später im Dürr-Schiffskessel und im Niclausse-Kessel ziemliche Bedeutung erlangten, Abb. 13 und 14. 1874 baute Steinmüller seinen ersten

[1] Viele Angaben über die wissenschaftliche Entwicklung sind einer Arbeit von Bonin, Lit.-Nachw. Nr. 32, entnommen.

Wasserrohrkessel von 2,5 m² Heizfläche und 3 at Druck, Abb. 15 und 16, dem 4 Jahre später ein 50 m²-Kessel für 8 atü und 1000 kg/h Dampferzeugung folgte. Die Anordnung von 3 senkrechten Zügen, der Schutz der Obertrommel gegen Beheizung durch die Rauchgase und die Einführung des Dampf-Wassergemisches in den Dampfraum der Obertrommel des 50 m²-Kessels waren große Fortschritte.

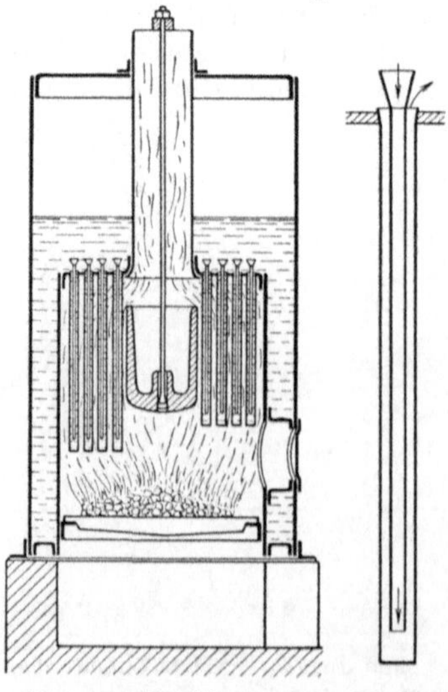

Abb. 13. Abb. 14.
Abb. 13 u. 14. Field-Wasserrohrkessel aus dem Jahre 1867.

Etwa um 1860 kamen größere und besser hergestellte Bleche auf den Markt, die den Kessel erheblich verbilligten. Die gußeisernen Verbindungsstücke der Wasserrohrkessel wurden durch solche aus Stahl- und Temperguß oder durch geschweißte, durch Stehbolzen verankerte Wasserkammern ersetzt, die in Deutschland bis etwa 1920 vorherrschten. Auf der Weltausstellung in Philadelphia im Jahre 1876 wurde bereits ein Wasserrohrkessel von 2400 kg/h Dampferzeugung und 150 m² Heizfläche, Abb. 394, und eine stehende 2500 PS-Dampfmaschine gezeigt.

Zwischen 1870 und 1880 wurden die flachen, von Hand umgekümpelten oder mit Winkeleisen eingenieteten Trommelböden von Großwasserraumkesseln durch maschinell gewölbte und gekümpelte und die glatten Flammrohre durch **Wellrohre** ersetzt. Hirn baute gegen 1860 **Überhitzer** für 5 at Dampfdruck und 100° Überhitzung aus glatten, gußeisernen, durch Kupferstutzen miteinander verbundenen Rohren. Die Schieber der Dampfmaschinensteuerung und andere bewegliche Teile bereiteten aber bei Heißdampf dauernde Anstände, weshalb er nach 1870 allmählich wieder verlassen wurde, bis die Verbundmaschine (1890) und hochsiedende Mineralöle seine endgültige Einführung ermöglichten. 1891 baute Schwörer gußeiserne Rippenrohrüberhitzer, die sich bewährten. Allgemein benutzt wurde aber Heißdampf erst, nachdem Schröter die an Heißdampfmaschinen von Wilhelm Schmidt gewonnenen Ergebnisse (1895 und 1896) veröffentlicht hatte. Am Ende des 19. Jahrhunderts arbeitete man bereits mit Dampftemperaturen von 300°. 1895 kamen die ersten stehenden 2500 PS-Vierfachverbundmaschinen in Betrieb, die etwa 10 Jahre lang Standardmaschine für Elektrizitätswerke waren. In dieselbe Zeit fällt auch die Einführung gußeiserner **Ekonomiser** und mechanischer Roste, von denen der **Kettenrost** um 1900 nach Deutschland kam.

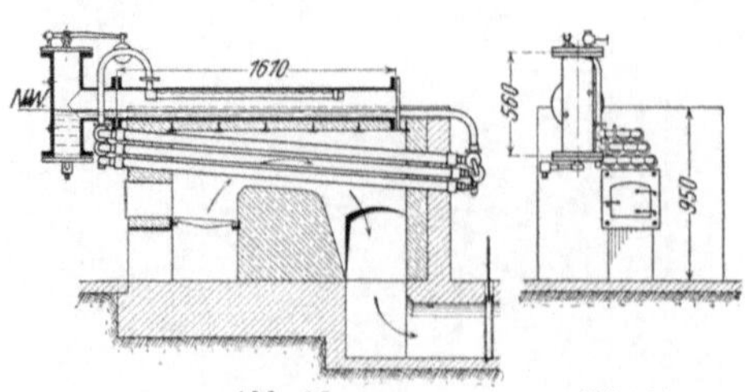

Abb. 15. Abb. 16.
Abb. 15 u. 16. Erster Steinmüller-Wasserrohrkessel von 2,5 m² Heizfläche für 3 atü Betriebsdruck. Baujahr 1874.

Der Ersatz von Schweißeisen durch Siemens-Martin-Flußeisen um die Jahrhundertwende gestattete die Herstellung großer Blechplatten, wodurch ein Zweiflammrohrkesselmantel einer bestimmten Größe aus 3 bis 5 statt der vorher benötigten 14 Stücke hergestellt werden konnte. Auch die Wasserrohre wurden verbessert und gußeiserne Überhitzer allmählich durch schmiedeiserne ersetzt.

Im Jahre 1867 hatte Otto die **Flugkolben-Gasmaschine** herausgebracht, die im folgenden Jahrzehnt im Kleingewerbe sehr viel benutzt, aber von 1878 an durch die **Viertakt-Gasmaschine** verdrängt wurde. 1897 kam der **Dieselmotor** mit einem unerhört niederen Wärmeverbrauch auf den Markt und viele sahen im Verbrennungsmotor das Ende der Dampfmaschine. Dieselmotor und Sauggasmaschine waren auch in den jenesmaligen **Blockstationen**, d. h. kleinen Elektrizitätswerken, die ein oder mehrere großstädtische Gebäudeviertel mit Strom versorgen, sehr beliebt und hätten der Dampfkraftmaschine wohl erheblichen Abbruch getan, wenn nicht der von großen Elektrizitätswerken gespeiste Elektromotor für Handwerker und Kleinindustrielle allen thermischen Kraftmaschinen durch Einfachheit, Anspruchslosigkeit, Betriebssicherheit und Freizügigkeit weit überlegen gewesen wäre.

Ende der siebziger Jahre wurde mit Rauchrohrkesseln ein Wirkungsgrad von 60 bis 65 vH, ein Kesseldruck von etwa 8 at und bezogen auf 1 m Feuerraumbreite eine verfeuerte Kohlenmenge von 130 bis 260 kg/mh erreicht. Bei Wasserrohrkesseln mit mechanischen Überschubrosten war man im Jahre 1890 bzw. 1900 auf 72 vH, 12 at, 410 kg/mh, bzw. 75 vH, 14 at, 540 kg/mh gekommen. Die höchste Dampferzeugung von Wasserrohrkesseln in den Jahren 1880, 1890 und 1900 betrug etwa 4,5, 9 und 11 t/h. Da um die Jahrhundertwende bereits Dampfmaschinen von 5000 kW Leistung gebaut wurden, aber noch eine Abneigung gegen „große“ Kessel bestand, ergaben sich bei beschränkter Grundfläche oft sehr unglückliche Kesselanlagen, Abb. 17.

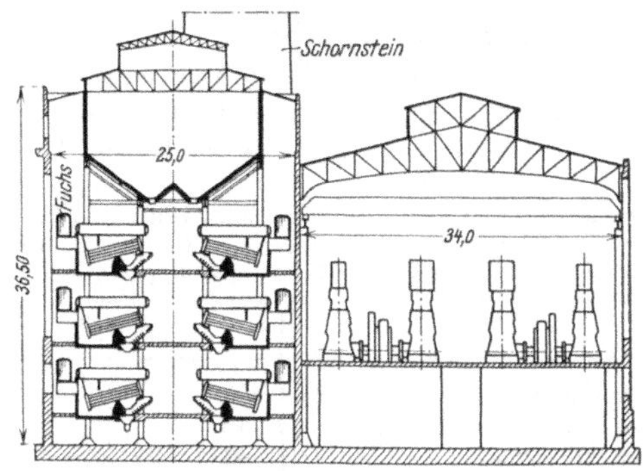

Abb. 17. Kraftwerk 96. Straße in New York. Baujahr 1898. Gesamtleistung 30 000 kW. Leistung einer Dampfmaschine 2750 kW. 87 Kessel von je 230 m² Heizfläche. Kesseldruck 11,5 atü.

Die wissenschaftlichen Hilfsmittel wurden in dieser Periode erheblich vervollkommnet. 1853 batten Favre und Silberman die Verbrennungswärme von C, H und CO recht genau bestimmt, schon 1856 konnte man die vom Dampf aufgenommene Wärme ziemlich zuverlässig ermitteln. 1859 gab Zeuner eine brauchbare Formel für die Berechnung des spezifischen Volumens von Sattdampf an, 1876 wurde der Orsatapparat erfunden, Mitte der achtziger Jahre stellten Mallard und Le Chatelier die Abhängigkeit der spezifischen Wärme der Rauchgase von der Temperatur fest. Aus derselben Zeit stammen die „Strahlungsgesetze“ von Stefan und Boltzmann, die ersten brauchbaren elektrischen Widerstandsthermometer und die Verbrennungsbombe von Berthelot-Mahler. 1896 veröffentlichte Mollier eine kritische Übersicht über die bis dahin bekannten Untersuchungen über den Wärmeübergang, seit 1900 können mit dem von Le Chatelier angegebenen Thermoelement Temperaturen bis etwa 1500° zuverlässig gemessen werden.

c) Die Zeit bis zur Einführung der Kohlenstaubfeuerungen, 1902—1922. Gegen Ende des 19. Jahrhunderts kamen die ersten **Dampfturbinen** in Betrieb, die die Großkrafterzeugung in ganz neue Bahnen leiteten. Schon Watt und Trevithik hatten sich mit ihnen beschäftigt, die erste marktfähige von dem deutschen Ingenieur Schiele in England gebaute Dampfturbine (1852) hatte keinen dauernden Erfolg. 1884 brachte Charles A. Parsons eine 10 PS-Turbine von 18 000 minutlichen Umläufen für 6 at Dampfdruck heraus, vier Jahre später eine 4000 tourige 200 PS-Turbine. Die aus dem Jahre 1883 stammende De Laval-Turbine wurde im Jahre 1893 allgemein bekannt. Ende der neunziger Jahre wurde der Dampfturbinenbau in Amerika, Anfang des 20. Jahrhunderts in Deutschland aufgenommen. 1899 wurden in Deutschland die beiden ersten Dampfturbinen (1500 PS) aufgestellt, 1901 betrug die Leistung einer Turbine schon 2700 PS. Dampfturbinen hatten zwar anfänglich größeren Wärmeverbrauch als Dampfmaschinen, Schmier-, Unterhaltungs- und Bedienungskosten sowie Platzbedarf waren aber soviel geringer und der Betrieb soviel einfacher, daß sie sich trotzdem schnell durchsetzten. Das ungünstige Verhältnis zwischen dem Grundflächenbedarf von Turbinen und von Kesseln gab sehr weitläufige Kraftwerke. Man ging in Deutschland um 1910 auf Kesselleistungen bis zu 15 t/h, in Amerika bis zu 27 t/h. 1906 wurde der Stirling-Steilrohrkessel mit gebogenen Rohren bei uns eingeführt, etwa zur gleichen Zeit (1904) konstruierte Garbe einen Steilrohrkessel mit geraden Rohren. In den nächsten Jahren kamen zahlreiche andere, heute längst vergessene „Systeme“ hinzu und „Erfinder“ und „Spezialisten“ mit oft sehr wenig positivem Wissen machten sich zeitweise ungebührlich breit. Da außerdem die Werkstättenarbeit vielfach mangelhaft war und die Einmauerung völlig in den Händen von Maurermeistern lag, die sie als eine Art „Geheimnis“ betrachteten und die neuen Anforderungen nicht verstanden, ergaben sich bei Einführung der Steilrohrkessel und Übergang zu höherer Leistung weit größere Schwierigkeiten als in der Neuartigkeit der Aufgabe begründet war. Typisch hierfür sind einige 1000 m^2-Steilrohrkessel, die 30 bis 40 t/h Dampf statt der bis dahin größten Kesselleistung von 15 bis 20 t/h erzeugen sollten. Ihre Feuerung bestand aus vier schmalen, schwächlichen, unzulänglich eingebauten Kettenrosten, Einmauerung und Kesselgerüst waren viel zu schwach und Dampf- und Wasserräume sowie Umlaufquerschnitte zu klein. Statt der Ursache auf den Grund zu gehen, wurde der falsche Schluß gezogen, Kessel von mehr als 500 bis 600 m^2 Heizfläche seien verfehlt. Zu jener Zeit kam in Amerika eine Neuerung heraus, die im Ausland über ein Jahrzehnt lang kaum beachtet wurde, den Bau großer Kessel aber außerordentlich gefördert hat, nämlich der Ersatz gemauerter Gewölbe durch dem Verwendungszweck angepaßte, an Eisenkonstruktionen aufgehängte Formsteine. Da sich mit ihnen große Weiten einfach überspannen ließen, konnte man breitere Roste benutzen und den ganzen Kessel viel freier durchbilden. Die Verankerung senkrechter Mauerwände am Kesselgerüst war ein weiterer Schritt im Ersatz der plumpen, handwerksmäßig hergestellten Einmauerung. 1912 wurde in Deutschland der größte, aber bereits jenesmal überholte Großwasserraumkessel von 720 m^2 Heizfläche, 13 atü Kesseldruck und 10 bis 12 t/h Dampferzeugung gebaut, Zahlentafel 1.

Zahlentafel 1. Vergleich zwischen den Hauptwerten von vier 720 m^2-Flammrohr-Rauchrohr-Doppelkesseln und eines Wasserrohrkessels gleicher Leistung (Preisgrundlage 1930).

		Flammrohr-Rauchrohr-Doppelkessel	Wasserrohrkessel
Dampferzeugung	t/h	50	50
Konzessionsdruck	atü	13	13
Wirkungsgrad	vH	79	79
Heizfläche eines Kessels	m^2	720	800
Erforderliche Kesselzahl		4	1
Feuerung		Planrost mit Wurfbeschickern	Unterwindwanderrost
Preis mit Einmauerung	RM	482000	257000
Eisengewicht	t	476	255
Preis einschl. Einmauerung je t Dampferzeugung	RM/t	9600	5300
Eisengewicht je t Dampferzeugung	t/t	9,5	5,1

Beginnend mit dem Jahre 1908 setzten sich die von Klingenberg angegebenen Richtlinien im Bau von Elektrizitätswerken allmählich durch, die auch die Kesselanlage erheblich beeinflußten. Spezifische und absolute Leistung der Kessel wurden erhöht; ihre Mantelfläche verkleinert; Kessel, Ekonomiser und Saugzug organisch zusammengebaut; Zentralekonomiser mit langen gemauerten Füchsen und gemauerten Schornsteinen wurden verlassen; gußeiserne durch schmiedeiserne Ekonomiser ersetzt; die Geschwindigkeit in den Dampfleitungen wurde auf über das Doppelte gesteigert u. a. m. Veraltete behördliche Vorschriften stellten sich aber in Deutschland den Vorschlägen Klingenbergs entgegen und warfen Kessel- und Kraftwerksbau um Jahre zurück. 1914 trat in Deutschland ein Stillstand in der Entwicklung ein, da alle Kräfte von Kriegsbedürfnissen in Anspruch genommen wurden und die Fühlung mit dem Ausland aufhörte. 1916 wurde für das Goldenbergwerk die jenesmal weitaus größte Dampfturbine von 50000 kW Leistung bestellt, Zahlentafel 3, S. 12.

Da im Bau von Wanderrosten in Europa seit 1908 kaum Fortschritte erzielt worden waren, konnten die Kessel raschen Belastungsänderungen nur mangelhaft folgen. Diesem Übelstand suchten **Ruths-Speicher**, die seit 1916 in Skandinavien und seit 1922 in Deutschland verwendet werden, und **Gleichdruckspeicher** abzuhelfen.

Im Jahre 1918 glückte die Verbrennung von **Kohlenstaub** unter Wasserrohrkesseln im Dauerbetrieb. Bereits 2 Jahre später entschloß sich Anderson, ein ganzes Werk (Lakeside) nur mit Staubfeuerungen auszustatten, die den Dampfkesselbau stark beeinflußten und 1922 auch in Deutschland eingeführt wurden.

Chemisch aufbereitetes **Zusatzwasser** wurde seit 1912 in Elektrizitätswerken immer mehr durch destilliertes ersetzt. Gleichzeitig wurde seine Menge durch sorgfältiges Vermeiden von Undichtheiten von 5 bis 8 vH auf 2 bis 4 vH der Speisewassermenge herabgedrückt und darauf geachtet, daß kein Kühlwasser durch undichte Kondensatoren in das Speisesystem eindringt. Infolgedessen brauchten die Kessel innerlich nur noch in großen Abständen gereinigt zu werden und durch Kesselstein verursachte Rohrdurchbrenner hörten fast ganz auf. Dagegen hatte man die Bedeutung der Gasfreiheit und anderer wichtiger Eigenschaften des Speisewassers noch nicht richtig erkannt.

Überbleibsel aus der „Erfinderzeit", hinter der Entwicklung zurückgebliebene Kesselkonstrukteure, mangelhafte wissenschaftliche Durchdringung der durch höhere Beanspruchung und Leistung aufgeworfenen Probleme und die Kriegsnöte mit ihren Folgen hatten während und nach dem Kriege bei uns und im Ausland zu verhängnisvollen Kesselschäden geführt, die außerordentliche Beunruhigung verursachten. Hersteller und Käufer von Kesseln gründeten daher in Deutschland zu ihrer Abhilfe besondere Vereinigungen, die viel für die Erhöhung der Sicherheit und Leistung von Kesselanlagen taten. Geschweißte Wasserkammern wurden durch genietete und gepreßte oder durch Sektionen ersetzt, die Nietung der Kesseltrommeln und das Zurichten der Trommelbleche vervollkommnet und die Werkstoffe selbst sowie ihre Verarbeitung verbessert. An die Stelle von Kesseltrommeln mit genieteten Längs- und Rundnähten traten in Verfolg dieser Bestrebungen später bei größeren Kesseln oder höherem Druck fast überall geschweißte oder geschmiedete Trommelschüsse mit eingenieteten oder angekümpelten Böden, die Vorschriften über die Baustoffe und ihre Abnahme und später auch über die Bemessung der Wandstärken wurden geändert. Handarbeit, insbesondere Anpaßarbeit ist aus Kesselfabriken heute fast ganz verschwunden. Anfang 1920 betrug die größte Kesselleistung 135 t/h, der Dampfdruck bis zu 25 at, die Heißdampftemperatur bis 380°, die Leistung von 1 m Feuerraumbreite bis zu 1600 kg/mh Kohle, der Wirkungsgrad 82 bis 85 vH.

Der Anfang des Jahrhunderts brachte die Strahlungspyrometer. 1904 begannen Knoblauch und seine Mitarbeiter langjährige Untersuchungen über das spezifische Volumen von Satt- und Heißdampf und über die spezifische Wärme von überhitztem Dampf und Langen, Holborn und Henning bestimmten die Abhängigkeit der spezifischen Wärme der wichtigsten technischen Gase von der Temperatur. 1906 gab Mollier zum erstenmal das JS-Diagramm (Wärmeinhalt-Entropie) heraus.

d) Die Zeit der Riesenkessel und -turbinen, 1922—1933. Um die Verschlackung des Feuerraumes zu verhindern, baute man im Jahre 1921 sog. **Granulier- oder Kühlroste,** d. s. in den Wasserkreislauf des Kessels eingeschaltete Heizflächen mit weiter Rohrteilung, über dem Feuerraumboden ein. Man wagte damit zum ersten Male, hochbelastete Siederohre von engräumigen horizontalen, einen toten Sack bildenden Kammern aus mit Wasser zu versorgen. Der Erfolg ermutigte Murray, auch die Feuerraumwände mit ihnen zu bekleiden. Der durch die **Feuerraumkühlung** erzielte Fortschritt liegt neben erhöhter Betriebssicherheit darin, daß die Feuerungen höher belastet und weit größere Kesselleistungen erzielt werden können. Es ist das Verdienst Murrays, als erster erkannt zu haben, daß die große Reinheit des Speisewassers dem Kesselbauer neue konstruktive Möglichkeiten erschloß. Die Kesselleistung stieg nun schnell und erreichte im Jahre 1929 570 t/h, Zahlentafel 2.

1921 gab Wilhelm Schmidt seine Arbeiten über Höchstdruckdampf bekannt und schon 1923 wurde in Belgien eine 50 at-Anlage, 1924 in Boston eine 84 at-Anlage erstellt. Bereits bekannte Erfindungen, wie Zwischenüberhitzung, Anwärmen des Speisewassers durch Anzapfdampf, Luftvorwärmer und Staubfeuerungen erleichterten die Einführung von Dampf sehr hoher Spannung. In den nächsten Jahren kamen mehrere **Sonderkessel** mit Drücken bis zu 250 at (Benson-Kessel) und mit mittelbarer Dampferzeugung (Löffler- und Schmidt-Hartmann-Kessel) heraus. Etwa um dieselbe Zeit wurde die erste **Quecksilberanlage** von Emmet dem Betriebe übergeben, die an die in Deutschland um die Jahrhundertwende ausgebildete **Schwefligsäure-Zweistoffkraftmaschine** anknüpft und bei mäßigen Dampfdrücken gute Wärmeausnutzung bezweckt.

1925 wurde das erste deutsche, mit großen Kesseln (1750 m²), hohem Druck (37 at), Staubfeuerungen, großen Turbinen (80000 kW), Luftvorwärmung und Regenerativverfahren arbeitende, nach seinem Schöpfer genannte Kraftwerk Klingenberg gebaut, das ein ähnliches Vorbild geworden ist, wie die gleichfalls von ihm entworfenen Werke Hegermühle (1909) und Zschornewitz (1915).

Veranlaßt durch den Wettbewerb der Staubfeuerungen wurden seit 1925 mechanische Roste, vor allem Wanderroste, in Deutschland durch Unterwind, Zoneneinteilung, Staupendel und große Feuerkammern außerordentlich verbessert. Auch im Bau mechanischer Roste für Braunkohle wurden erhebliche Fortschritte erzielt. Absolute und spezifische Leistung der Kessel konnten durch Verbesserung der mechanischen, thermischen und chemischen Eigenschaften der Baustoffe, durch höhere Gasgeschwindigkeit und Feuerraumkühlung beträchtlich gesteigert werden, was um so bemerkenswerter ist, als gleichzeitig die höchste Heizflächenbeanspruchung zurückging. Durch Vergrößern der Zahl der Stufen oder Gehäuse, durch sorgfältigere Dampfführung und sonstige bauliche und fabrikatorische Maßnahmen wurde der Wärmeverbrauch von Turbinen stark gesenkt. Innere Turbinenwirkungsgrade von 85 bis 90 vH sind erreicht. Inzwischen hat sich gezeigt, daß sehr hohe **Gütezahlen** $\left(\frac{m^2 s^2}{kcal/kg}\right)$, die viele Stufen, kleine Spielräume, empfindliche Maschinen und teuere Baustoffe bedingen, nicht die vermutete Bedeutung haben. Die größte Mehrwellenturbine leistet 210000 kW, die größte Einwellenmaschine 160000 kW, Abb. 18. Zweistockturbinen vermindern Platzbedarf und Anlagekosten von Kraftwerken noch weiter, Abb. 19, die durch sehr große Kessel mehr herabgesetzt wurden als durch irgendeine andere Maßnahme der letzten beiden Dezennien.

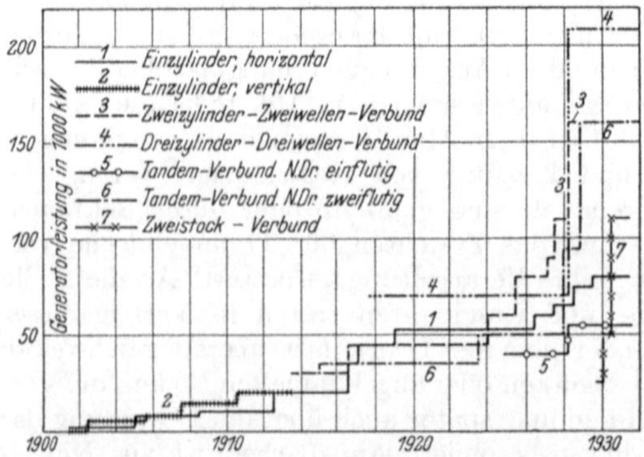

Abb. 18. Größte Leistung einer Dampfturbine seit 1900.

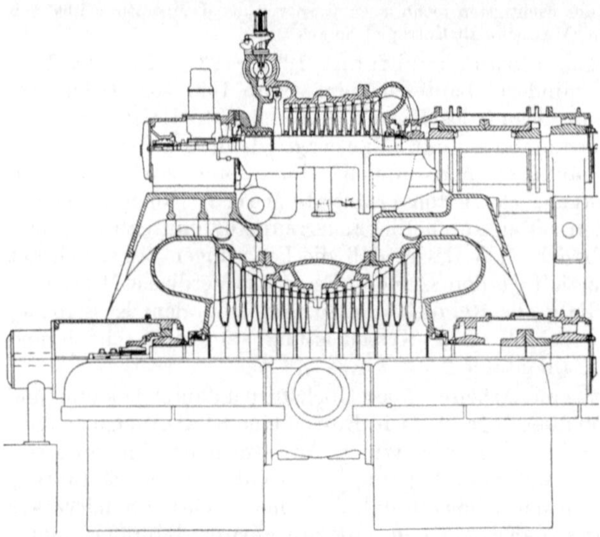

Abb. 19. 110000 kW-Zweistock-Dampfturbine für 84 at Frischdampfdruck für das Ford-Werk River Rouge. Baujahr 1929.

In Elektrizitätswerken haben Ruths-Speicher in den letzten Jahren immer mehr den Charakter einer Momentanreserve und des Lastausgleiches zwischen verschiedenen parallel arbeitenden Werken angenommen. Seit 1925 werden auch **Dieselmaschinen** und **Pumpspeicher** zur Spitzendekkung und als Momentanreserve benutzt. Die rasche Anpassung der Kessel an Belastungsschwankungen wurde durch **automatische Feuerregler** verbessert.

Seit etwa 5 Jahren ist man in Amerika bei Staubfeuerungen zu so hohen Feuerraumtemperaturen übergegangen, daß die Schlacke geschmolzen abgezogen werden kann. Zur Zeit beträgt die größte Leistung eines Kessels bzw. einer Turbine 570 t/h bzw. 210000 kW, der größte Kesseldruck 250 at, die höchste Dampftemperatur 540°, der höchste Kesselwirkungsgrad 92 bis 93 vH, die größte auf 1 m Feuerraumbreite verbrannte Kohlenmenge 2000 bis 3000 kg/mh (Steinkohle), die größte Leistung eines einzigen Kraftwerkes 770000 kW (Hudson Avenue-Kraftwerk in Brooklyn).

Durch hochwertigere Baustoffe, sorgfältigere Fertigung, bessere Konstruktion und genauere Kenntnis der Vorgänge in Feuerung und Kessel konnten beide so vervollkommnet werden, daß sie heute ebenso betriebssicher sind wie Dampfturbinen. Rauchlose Verbrennung, um die seit Aufkommen der Dampfkessel ein ebenso erbitterter wie fruchtloser Kampf geführt wurde, ist heute ein völlig gelöstes Problem. Den erzielten Fortschritt zeigt u. a. die Zahl der jährlichen **Kesselexplosionen,** die seit 50 Jahren dauernd abgenommen haben, Abb. 20. Sie werden auch deshalb immer mehr von ihrem Schrecken verlieren und immer seltener werden, weil Kessel für hohen Druck und große Leistung sorgfältiger hergestellt und besser gewartet werden als ältere, kleine, Abb. 21 bis 23.

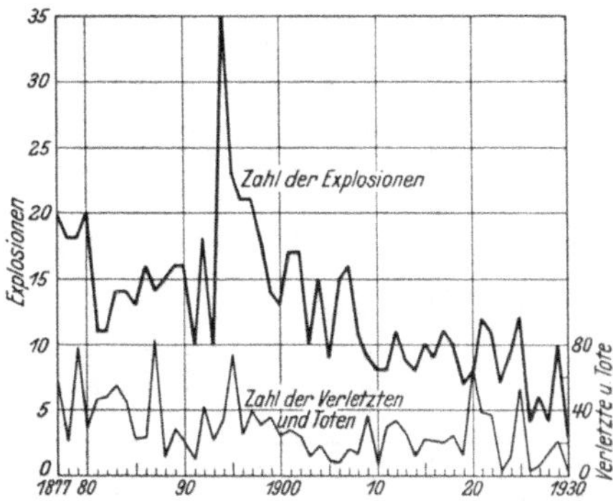

Abb. 20. Zahl der Kesselexplosionen in Deutschland seit 1877. Nach Bertheau.

Besonders bemerkenswert ist, daß trotz der durch die bessere Wärmeausnutzung bedingten Verfeinerung von Kesseln und Dampfturbinen ihre Betriebssicherheit erheblich erhöht und die Zeit zwischen zwei Überholungen beträchtlich verlängert werden konnte und daß die Anlagekosten von 1 kW Kraftwerksleistung andauernd billiger geworden sind.

Etwa bis zum Jahre 1915 wurde vor allem tunlichst hoher thermischer Wirkungsgrad angestrebt (natürlich mit den jenesmal bekannten Mitteln). Allmählich setzte sich aber die Erkenntnis durch, daß es in erster Linie auf gute Gesamtwirtschaftlichkeit eines Werkes ankommt und daß die teueren Anlagekosten einer hochwertigeren Maschine sorgfältig gegen die durch sie erzielten Brennstoffersparnisse abgewogen werden müssen. Aber auch in dieser Periode betrachtete man die Wirtschaftlichkeit nur unter dem Gesichtswinkel des eigenen Werkes. Wenn die Zeichen nicht trügen, hat es den Anschein, als ob mit veranlaßt durch den Zwang, tunlichst vielen Menschen Arbeit zu geben, eine Wandlung unserer Ansichten über „Wirtschaftlichkeit" sich anbahne, die sich auch auf den Bau von Wärmekraftanlagen auswirken und manche vertraut gewordenen Vorstellungen über den Haufen werfen würde.

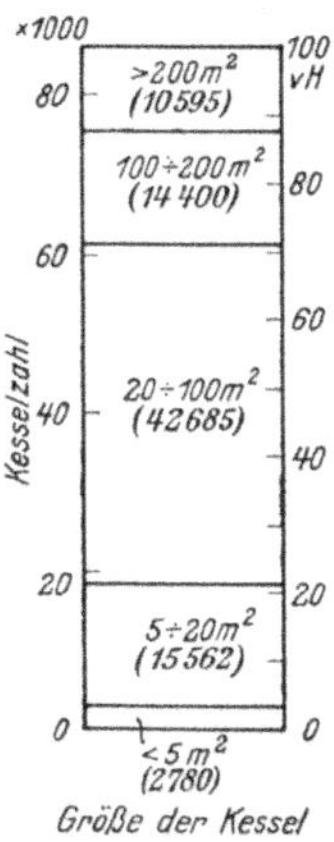

Abb. 21.

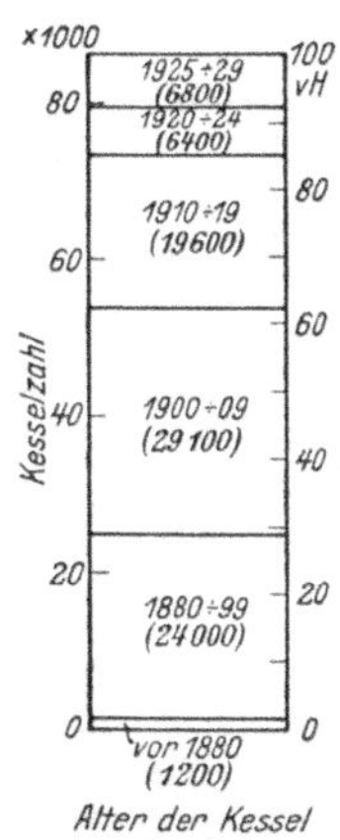

Abb. 22.

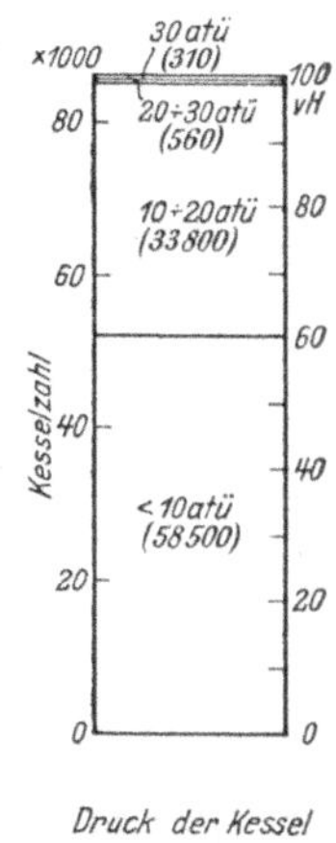

Abb. 23.

Abb. 21—23. Übersicht über Größe, Baujahr und Druck der ortsfesten Dampfkessel in Deutschland am 1. Januar 1930. Nach Bertheau.

Gesamtzahl der ortsfesten Kessel	87112
Gesamtheizfläche der ortsfesten Kessel	8173900 m²
Zahl der Kessel von mehr als 200 m² Heizfläche	10595
Heizfläche der Kessel von mehr als 200 m² Heizfläche	3700000 m²
Zahl der Wasserrohrkessel von mehr als 200 m² Heizfläche	8562
Davon haben mehr als 500 m² Heizfläche	1442

Prozentsatz der Kessel von weniger als 20 Jahren Alter:
Elektrizitätswerke 88 vH, Chemische Industrie 66 vH, Bergbau 61 vH, Eisenindustrie 56 vH, Papierindustrie 52 vH.

Die wissenschaftliche Tätigkeit auf allen Gebieten der Dampferzeugung hat seit etwa 1922 einen Aufschwung genommen, wie er während derselben Zeit vielleicht auf keinem anderen auf eine lange Entwicklung zurückblickenden Gebiete der Technik zu verzeichnen ist. Über Baustoffherstellung und -verarbeitung, über die Vorgänge in der Feuerung und im Kessel, über die Wasseraufbereitung durch chemische Mittel und durch Destillation und über die Betriebsführung großer Kesselanlagen erschienen zahlreiche Arbeiten von hohem Werte, so daß der Dampfkesselbau, der noch vor 25 Jahren fast ganz empirisch betrieben wurde, heute ohne wissenschaftliche Behandlung nicht mehr denkbar ist.

Das Verhalten von Brennstoffen und der Wasserumlauf, über die bis zum Jahre 1920 verhältnismäßig wenig bekannt war, wurden von Rosin, Rammler, Aufhäuser, Nusselt bzw. Münzinger, Cleve, Seidel, E. Schmidt u. a. erforscht; Nusselt, Groeber und Reiher sind wertvolle Untersuchungen über den Wärmeübergang zu verdanken; Schack zeigte 1924 die Rolle der Strahlung heißer CO_2- und H_2O-Gasmassen und ihre rechnerische Erfassung; Wohlenberg, Morrow und Mitarbeiter entwickelten 1924—1928 ein Verfahren zur Berechnung der mittleren Feuerraumtemperatur; von Münzinger stammt das erste wissenschaftlich begründete und in sich geschlossene Verfahren zur wärmetechnischen Berechnung ganzer Dampfkessel, 1929, und die Idee zu der von H. Schmidt zu großer Vollkommenheit durchgebildeten Wärmesonde, mit der man zum erstenmal den Wärmeübergang an beliebiger Stelle von Dampfkesseln schnell und zuverlässig bestimmen kann, 1930.

Ein Rückblick gibt ein überaus eindrucksvolles Bild von dem in den letzten 20 Jahren Erreichten, Zahlentafel 2 und 3 und Abb. 18, und von den außerordentlichen Möglichkeiten, die die Arbeit vergangener Generationen der jetzigen erschlossen hat. Nichts zeigt vielleicht den Unterschied zwischen der Gegenwart und Watts Zeiten so schlagend, wie der Umstand, daß ihm nur primitiv aus dem Klumpen geschmiedete Blechstücke von höchstens 50 kg Gewicht zur Verfügung standen, während der für eine im Jahre 1932 aus dem Vollen geschmiedete 100 at-Kesseltrommel von 18,6 m Länge verwendete Stahlblock beinahe das 1000fache wog.

B. Allgemeine Betrachtungen über Bau und Vertrieb von Dampfkraftmaschinen.

1. Über Gebrauch und Nutzen der Theorie.

Auch die Geschichte der Dampfkraftmaschinen zeigt, daß zahlreiche große Erfindungen frei von aller Theorie, lediglich durch intuitives Erfassen des Richtigen und Zweckmäßigen, oft gegen den Widerstand der „Theoretiker" gemacht wurden, lange bevor die Wissenschaft in der Lage war, die ihnen zugrunde liegenden Erscheinungen rechnerisch zu erfassen. Auch hat wissenschaftliche Spekulation wiederholt zu Enttäuschungen geführt und dem Werk tüchtiger Praktiker Abbruch getan. Es ist daher nicht verwunderlich, daß selbst angesehene Ingenieure der Theorie manchmal etwas ablehnend gegenüberstehen. Aber bei jeder Maschine kommt die Zeit, wo das Ausbleiben oder die Ablehnung ihrer wissenschaftlichen Behandlung weitere Fortschritte verlangsamt oder sehr verteuert, und zwar im allgemeinen dann, wenn sie mit anderen Maschinen in Wettbewerb treten muß oder wenn die in ihr auftretenden oder von ihr ausgelösten Wirkungen so groß geworden sind, daß sie von den Baustoffen nicht mehr ohne weiteres aufgenommen werden. Der Schritt von der betriebsfähigen zur marktfähigen Konstruktion ist ohne Hilfe der Wissenschaft meist nur mit viel Kosten und Zeitverlust möglich. In einem Lande, wo das Geld knapp und das Interesse des breiten Publikums an der Technik

Zahlentafel 2. Leistungssteigerung im Dampfkesselbau seit 1914.

Baujahr	Kraftwerk	Kessel Leistung t/h	Kessel Bauart	Feuerung
		Amerika		
1915	Connors Creek	68	Steilrohr	Stoker
1924	Trenton Channel	160	„	Staub
1929	Hell Gate	365	Sektional	„
1929	East River	570	Steilrohr	„
		Deutschland		
1914[1]	RWE	26	Steilrohr	Treppenrost
1915	RWE	40	„	Kettenrost
1925	Bewag	70	„	Staub
1929[1]	MEW	80	„	Treppenrost
1930[2]	ASW	170	„	Staub
1930	Bewag	150	Sektional	Stoker

[1] Rohbraunkohle. [2] Getrocknete Braunkohle.

Zahlentafel 3. Übersicht über die Leistungssteigerung im Dampfturbinenbau seit 1916.

Baujahr	Kraftwerk	Leistung in 1000 kW	Erbauer	U/min	Zahl der Gehäuse	Zahl der Wellen	Stromerzeugerspannung kV
			Amerika				
1925	Crawford Ave.	60	General Electric Co.	1800/1200	2	2	12
1929	Hell Gate	160	BBC	1800/1200	2	2	13,8
1929	State Line	208	General Electric Co.	1800	3	3	22
1931	Hudson Ave.	160	General Electric Co.	1800	2	1	16,5
			Europa				
1916	Goldenbergwerk	50	AEG	1000	1	1	6
1925	Klingenbergwerk	80	AEG	1500	3	2	6,6
1929	Zschornewitz	85	AEG/SSW/BBC	1500	3	1	13
1931	Langerbrugge	31	BBC	3000	3	1	36
1931	Schelle	60	SSW	3000	3	1	10,5

nicht stark ist, ist man auf frühzeitige wissenschaftliche Behandlung mehr angewiesen als z. B. in Amerika, das über große Mittel verfügt und wo die Öffentlichkeit am technischen Fortschritt lebhaften Anteil nimmt. Wenngleich also schöpferisches Gestalten das Primäre ist, so sollte ein Ingenieur doch immer danach streben, die Erscheinungen, die er beobachtet, und die Erfahrungen, die er macht, in ein logisch aufgebautes System einzuordnen, was nur mit Hilfe der Wissenschaft gelingt. Andernfalls erkennt er weder ihre gegenseitige Bedingtheit noch ihre Tragweite richtig und bekommt keine abgeklärte Urteilsfähigkeit, sondern wird reiner Empiriker mit allen seinen Schwächen. Aber gediegenes theoretisches Wissen allein nützt in der Praxis auch nicht viel, wenn es nicht mit Erfahrung darüber gepaart ist, wie sich die Vorgänge in Wirklichkeit abspielen. Mit dieser Tatsache können sich viele Fachgenossen mit guten theoretischen Kenntnissen nur schwer abfinden und erleben oft Enttäuschungen, wenn Rechnung und Wirklichkeit nicht miteinander übereinstimmen wollen, oder kommen zu einer Geringschätzung der Theorie, weil sie übersehen, daß es zum Sammeln genügender Erfahrungen eben einer gewissen Zeit bedarf. Halten sie aber die Augen offen und den Kopf oben, so sind selbst teuer erkaufte Erfahrungen ein wertvolles Kapital, das über kurz oder lang Zinsen trägt, besonders wenn sie mit Unvoreingenommenheit und Skepsis gepaart sind, die das Gute da nehmen, wo es sich bietet, bzw. eigenen und fremden Beobachtungen und Theorien gegenüber so lange kritisch bleiben, bis wieder Erfahrung ihre Richtigkeit und Zuverlässigkeit bestätigt hat.

Auch die in diesem Buche beschriebene Berechnungsmethode kann versagen, wenn sie falsch angewendet wird oder wenn man etwas von ihr erwartet, was sie billigerweise nicht erfüllen kann. Beim Berechnen des Verlaufes der Rauchgastemperaturen in einem Kessel muß man z. B. wissen, an welcher Stelle des Feuerraumes die Verbrennung etwa beendet ist und wie die Gase ungefähr durch die Kesselzüge strömen. Andernfalls erhält man Zufallsergebnisse, die aber nicht gegen die Brauchbarkeit des Verfahrens, sondern gegen seine gedankenlose Anwendung sprechen. Ähnliches gilt für eigene und fremde Messungen an ausgeführten Anlagen. Es ist beispielsweise ein Unding, den Verlauf der Rauchgastemperaturen womöglich mit komplizierten Apparaten zu messen, ohne sich davon zu überzeugen (und dies in einem Bericht zu erwähnen), ob die Kesselheizfläche rein oder verschmutzt oder ob der Kohlensäuregehalt der Rauchgase auf der ganzen Kesselbreite gleich groß war oder nicht. Sonst schaden die ermittelten Werte um so mehr, mit je vollkommeneren Instrumenten und je sorgfältiger gemessen wurde, weil hieraus weite Kreise auf ihre besondere Zuverlässigkeit schließen. Je stärker ein Meßwert oder ein Rechnungsergebnis vom Erwarteten abweicht, um so gründlicher sollte nach der Ursache gesucht werden, bevor man sie zur Grundlage wichtiger Entscheidungen macht. Ist man aber zur Überzeugung gekommen, daß kein Irrtum oder Fehler vorliegen kann, so sollte man zu seinen Meßergebnissen selbst auf die Gefahr hin stehen, erst nach Jahren gerechtfertigt zu werden. Verfasser entsinnt sich z. B. noch, welche Unruhe es ihm bei seinen ersten Untersuchungen an Dampfkesseln bereitete, als die aus den sorgfältig gemessenen Rauchgastemperaturen ermittelte Wärmeabgabe der Rauchgase mit der Wärmeaufnahme im Überhitzer und Ekonomiser im Gegensatz zu den Untersuchungen eines bekannten Ingenieurs jener Zeit nicht übereinstimmen wollte. Das Rätsel fand seine Lösung viel später, als sich zeigte, daß eine Übereinstimmung ohne „corriger la fortune“ ausgeschlossen sein mußte, weil nicht ungeschicktes Messen, sondern die Abstrahlung der Rauchgasthermometer an die Heizflächen und andere Gründe schuld gewesen waren, deren Einfluß jenesmal noch nicht bekannt war.

Die Anwendung der Theorie macht vielen Ingenieuren durch die erforderliche mathematische Einkleidung Schwierigkeiten, besonders wenn höhere Mathematik nötig ist. Für den in der Praxis stehenden Ingenieur verdienen daher solche Berechnungsmethoden den Vorzug, die mit einfachen mathematischen Hilfsmitteln auskommen und übersichtlich sind. Bei der Berechnung eines Vorganges oder einer Maschine handelt es sich um zwei Dinge: Um das richtige Aufstellen der Ansätze und um ihre richtige mathematische Lösung. Der geringe Wert mancher technisch-wissenschaftlichen Untersuchung ist darauf zurückzuführen, daß ihr Verfasser aus Mangel an praktischer Erfahrung von Voraussetzungen ausging, die sich mit der Wirklichkeit nicht decken. Bei der rechnerischen Verfolgung von zahlreichen Einflüssen abhängiger Vorgänge hat es keinen Zweck, mit mathematischen Verfahren zu arbeiten, deren Genauigkeit viel größer ist als die Zuverlässigkeit der Ausgangswerte, da unnütz Zeit verloren geht und leicht Gesetzmäßigkeiten vorgetäuscht werden, die nicht bestehen. Aus demselben Grunde sollte man auch nicht überall gesetzmäßige Zusammenhänge zahlenmäßig feststellen wollen.

Es ist häufig vorteilhafter, das Endergebnis nicht durch eine einzelne verwickelte Formel darzustellen, sondern es schrittweise zu ermitteln, weil dann seine Zuverlässigkeit oft besser beurteilt und ein Fehler leichter festgestellt werden kann. Graphische Berechnungen und Darstellungen verdienen oft den Vorzug vor Formeln, weil sie anschaulicher sind, bzw. sich dem Gedächtnis leichter einprägen. Stets sollte man versuchen, das Errechnete sich bildmäßig vorzustellen, da das Auge fast immer ein sicherer Beurteiler ist als vom Gegenständlichen losgelöstes Denken. Wird auf diese Weise vorgegangen und hält man sich von der schulmeisterlichen Auffassung frei, als ob die Ingenieurkunst lediglich ein Zweig der angewandten Mathematik sei, sondern erblickt in der Mathematik nur ein wertvolles Hilfsmittel, so wird die Theorie und ihr besonderer Zweig, die Mathematik, auch hervorragenden Konstrukteuren von größtem Nutzen sein und sie nicht in Gefahr bringen, die Fühlung mit der Wirklichkeit zu verlieren. Immer wieder aber wird es Fälle geben, wo man mit der Theorie nicht weiterkommt und nach dem Sprichwort „Probieren geht über Studieren" handeln muß.

2. Die gegenseitige Abhängigkeit technischer Fortschritte. Der Bau besserer Maschinen kann durch geschicktere Konstruktion, vollkommenere Fertigung oder neuartige, höheren Anforderungen gewachsene Baustoffe oder einen Fortschritt auf einem anderen Zweige der Technik ermöglicht werden. Daran, daß es geeignete Baustoffe oder Herstellungsverfahren noch nicht gab oder die Entwicklung auf einem anderen Gebiete noch nicht genügend fortgeschritten war, sind manche Erfindungen gescheitert, und der schnelle Erfolg vereinzelter Erfinder rührt davon her, daß ihnen zufällig sämtliche benötigten Hilfsmittel zur Verfügung standen. Die Idee, den Dampf zu überhitzen, konnte sich erst etwa 100 Jahre, nachdem sie erstmals geäußert worden war, durchsetzen, weil es vorher keine geeigneten Überhitzerbaustoffe, Schmiermittel und Steuerungen gab. Auch bei Wasserrohrkesseln hat die Entwicklung fast ebenso lange gedauert, denn noch zu Albans Zeiten existierten weder brauchbare Siederohre, noch genügend entwickelte Fertigungsverfahren, noch brauchbare Wasserreiniger. Auch in zahlreichen anderen Fällen ist ein wesentlicher Fortschritt erst erzielt worden, nachdem auf einem ganz anderen Gebiet ein entsprechender Fortschritt erreicht war. Soll eine Fabrik daher auf die Dauer erfolgreich sein, so muß sie stets darauf achten, ob ihre Erzeugnisse nicht durch Neuerungen auf anderen, unter Umständen abgelegenen Gebieten verbessert werden können, und es zur gegebenen Zeit, z.B. wenn ihre bisherigen Konstruktionen zu plump, empfindlich oder teuer geworden sind und mit konstruktiven Maßnahmen allein nicht weiterzukommen ist, verstehen, ihre Unterlieferer für das Herausbringen geeigneterer Baustoffe oder Werkzeuge zu interessieren. Beispiele hierfür sind die Vervollkommnung der Schweiß- und Schmiedetechnik, die den Charakter der „Kesselschmieden" einschneidend geändert haben; das Aufkommen ingenieurmäßig durchgebildeter Einmauerungen, die den Kesselkonstrukteur von vielen Hemmnissen mit einem Schlage befreiten, oder die Fortschritte in der Speisewasseraufbereitung, die ganz neue Bauformen der Kessel ermöglichten.

Schließlich muß eine Fabrik neue Bedürfnisse frühzeitig erkennen, damit sie sich in Konstruktion, Fertigung und Propaganda tunlichst als erste auf ihre Befriedigung einrichten kann. Beispielsweise konnte man beim Aufkommen des Regenerativverfahrens (1918—1920) fast mit Sicherheit einen großen Bedarf an Luftvorwärmern voraussagen. Das Erkennen eines Bedürfnisses ist aber fast ebenso schwer, wie die Konzeption der Erfindung, die es erfüllen soll. Erfolgreiches Erfinden ist ohne planmäßiges Suchen nach Bedürfnissen nicht möglich und so viele „Patente" sind deshalb wertlos, weil sie aus keinem wirklichen Bedürfnis entstanden sind.

3. Die Gefahr des Spezialistentums. Je verwickelter die Technik wird, um so wichtiger ist es also, neben eingehenden Kenntnissen auf seinem eigentlichen Arbeitsgebiet einen guten Überblick darüber zu bekommen, was sich auf anderen, mit ihm irgendwie in Beziehung stehenden Gebieten ereignet. Diese Aufgabe muß sowohl der einzelne für sich selbst, wie ein ganzes Unternehmen im Rahmen seiner Organisation in geeigneter Weise lösen, wenn sie ihren Platz behaupten wollen. Sie ist um so schwieriger, als das ungeheure durch Forschung und Erfahrung angesammelte Tatsachenmaterial es dem einzelnen nur unter Aufbietung aller Energie ermöglicht, z. B. auch nur das Gebiet des Dampfkesselbaues einigermaßen zu übersehen. Der „Spezialist" schadet aber häufig durch seinen Mangel an Kenntnissen auf anderen Gebieten und an Verständnis für fremde Bedürfnisse. Er kann nicht begreifen, daß auch er Opfer bringen und sich berechtigten Wünschen anderer anpassen muß, verliert sich häufig in Kleinigkeiten, verschanzt sich hinter „Zuständigkeiten" und wacht eifersüchtig darüber, daß ja niemand in seine vermeintlich nur ihm zustehenden „Belange" eingreift. Gewisse Dinge, die er von Jugend auf kennt, sind für ihn unabänderlich, gewissermaßen sakrosankt, denn er wird nicht gewahr, daß auch die Technik ein dauerndes Werden und Vergehen, eine immerwährende Erneuerung von Überholtem ist und kann sich daher nur schwer entschließen, auf etwas ihm Geläufiges zu verzichten, sobald Vollkommeneres im Anzug ist oder die allgemeine Tendenz sich ändert. Der ungebührliche Einfluß, den derartige Ingenieure zuweilen haben, hat zum Niedergang mancher guten Firma geführt.

Das Aufrechterhalten einer engen Fühlung mit den Fortschritten auf dem eigenen und auf benachbarten Arbeitsgebieten wird durch die ungeeignete Form vieler Veröffentlichungen außerordentlich erschwert. Anstatt zunächst das Wesentliche in gedrängter Form zu bringen und mathematische Ableitungen und anderes Beiwerk derart in einem Anhang beizufügen, daß auch ohne ihr Studium die Arbeit verständlich ist, gefallen sich viele Autoren in umfangreichen mathematischen Ausführungen, die für die meisten Leser nicht verständlich sind oder sie nicht interessieren, und machen dadurch vielbeschäftigten Ingenieuren die Lektüre fast unmöglich.

Die Notwendigkeit eingehender, aber verhältnismäßig eng begrenzter Fachkenntnisse, die der ungesund überspitzte Wettbewerb der letzten 20 Jahre fast auf allen Wissensgebieten gezeitigt hat, stellt vielfach solche Anforderungen, daß die Betreffenden nicht nur die Fühlung mit anderen Zweigen ihres Arbeitsbereiches, sondern mit allgemeinen Fragen überhaupt verlieren und ist eine der Hauptursachen der Planlosigkeit, unter der die ganze Welt leidet. Trotz einer Unzahl glänzender Errungenschaften entspricht das erzielte Gesamtergebnis bei weitem nicht der Summe der einzelnen Fortschritte, weil der Blick für das Ganze immer mehr verloren ging und der einzelne nur noch von *einem* Drange besessen zu sein scheint, nämlich seine Sache, die er für überragend wichtig hält, unter allen Umständen vorwärts zu treiben. Das Überwuchern eng begrenzten, den gesunden Menschenverstand trübenden Fachwissens erklärt auch, weshalb tüchtige Kaufleute in wichtigen technischen Angelegenheiten manchmal klarer sehen als Ingenieure.

4. Die Beziehungen zwischen Hersteller und Käufer von Maschinen. Der Gegensatz zwischen dem Hersteller und dem Käufer einer Maschine ist solange gesund, als er ersterem einen angemessenen Nutzen läßt und als letzterer für sein Geld eine angemessene Lieferung bekommt und nicht Gegenstand willkürlicher Preisstellung wird. Der auch von Ingenieuren öfters gemachte Versuch, eine ungewöhnliche Maschine in derselben Weise nach Gewicht zu bezahlen wie normale Handelsware, setzt den geistigen Wert der Ingenieurtätigkeit nicht in Rechnung und läuft letzten Endes auf ein Verkümmern der Technik hinaus. Der Verkauf sollte sich verschieden abspielen, je nachdem ob der Kunde sachverständig ist oder nicht. Aber auch seine persönlichen Eigenschaften bzw. die in seinem Betriebe herrschenden Verhältnisse sollten vom Verkäufer beachtet werden. Z. B. ist die Bewährung eines neuartigen Kessels nicht nur eine Frage richtiger Konstruktion und Fertigung, sondern auch der Wartung. Staubfeuerungen, Höchstdruckdampf usw. hätten sich vielleicht nicht durchgesetzt, wenn nicht ein paar Kraftwerke die zur Überwindung der Kinderkrankheiten unentbehrliche Hingabe aufgebracht hätten.

Eine umsichtige Fabrik wird daher einem gut geleiteten Kraftwerk mit Recht zu hohem Druck oder hoher Überhitzung raten, einem anderen mit etwas mangelhafter Betriebsführung aber nicht. Da aber gerade letztere Werke aus Unkenntnis der damit verbundenen Risiken zuweilen eine Vorliebe für das Ungewöhnliche haben, ist oft viel Umsicht nötig, um sie von ihrem Vorhaben abzubringen, besonders wenn die Konkurrenz in der Hoffnung, dadurch das Geschäft zu machen, die Absicht des Kunden unterstützt. Kessel können auf dem Versuchsfeld einer Fabrik fast nie ausprobiert werden. Infolgedessen sind anfängliche Schwierigkeiten manchmal unvermeidlich, die sich nicht immer mit der wünschenswerten Schnelligkeit beseitigen lassen, was leicht zu Auseinandersetzungen führt, bis feststeht, ob ein Mangel des Kessels oder falsche Bedienung schuld ist. Auch hier machen „Spezialisten" aus einer einfachen oft eine verwickelte Angelegenheit und vertrödeln, statt gemeinsam Hand anzulegen, die Zeit mit Diskussionen über die „Schuldfrage". In diesen Fehler verfallen auf Seiten der Kraftwerke besonders Ingenieure, die nie selbst konstruiert oder verkauft haben und daher nicht wissen, wie schwer es ist, etwas Besseres zu schaffen und mit angemessenem Nutzen zu verkaufen, auf Seiten des Lieferanten Konstrukteure ohne Betriebserfahrung, die oft keine Vorstellung von den Schwierigkeiten haben, die eine mangelhafte Lieferung verursachen kann. Nicht selten wirkt dann die Entscheidung „wenn bis zu der und der Frist der Kessel nicht geht, dann gehen Sie" bei allen Beteiligten wahre Wunder.

Verbände von Herstellern und von Käufern sollten sich nicht als Gegner, sondern als bestimmte Probleme von verschiedenen Standpunkten aus anfassende Stellen mit dem gemeinsamen Ziel betrachten, mit möglichst wenig Aufwand an Geld und Zeit eine beide Teile befriedigende Lösung zu erreichen. Auch der Kampf um fremde Märkte zwingt zu immer stärkerer Verbundenheit ganzer Industrien, wenn ihre einzelnen Glieder, auch soweit sie selbst nicht exportieren, gedeihen wollen. Letzten Endes hängt der Nutzen von Interessenverbänden davon ab, ob ihre Mitglieder großzügig, frei von Rechthaberei und der Sucht sind, aus technischen Streitfragen Glaubensdogmen zu machen.

Es hat lange als klug gegolten, Erfahrungen für sich zu behalten. Ihre Verheimlichung läuft aber auf eine Verteuerung für die Allgemeinheit und auch für den Verheimlichenden hinaus, weil derselbe Fehler immer wieder beseitigt werden muß, was die allgemeinen Unkosten und damit den Preis sämtlicher Erzeugnisse eines Unternehmens verteuert. In den letzten Jahren ist hierin ein erfreulicher Wandel eingetreten, der nicht zuletzt den Interessenverbänden zu verdanken ist.

5. Vom Konstruieren. Maßgebend für Konstruktion und Fertigung von Dampfkesseln sind der Wichtigkeit nach geordnet Betriebssicherheit, Einfachheit und Wirtschaftlichkeit. Betriebssicherheit kommt vor allen anderen Forderungen. Hoher Wirkungsgrad sagt über die Brauchbarkeit eines Kessels wenig und gibt nicht einmal Gewähr für gute Wirtschaftlichkeit. Selbst betriebsunbrauchbare Kessel haben manchmal gute Wärmeausnutzung.

Dem Bau von Maschinen sind zwei Grenzen gezogen, das Maß wissenschaftlicher Erkenntnis, von dem die Zuverlässigkeit der Vorausberechnung einer gewünschten Wirkung abhängt, und die Güte der Baustoffe und Fabrikationsvorrichtungen, die die zulässigen Abmessungen und Beanspruchungen bestimmt. Im allgemeinen vollzieht sich die Entwicklung einer Maschine so, daß bei annähernd konstant bleibender Güte der Baustoffe und Fabrikationsmittel der Wirkungsgrad und die Leistung dank wachsender Erfahrung und wissenschaftlicher Erkenntnis immer mehr gesteigert werden. Mit zunehmender Annäherung an die Grenze des Erreichbaren setzt eine Vervollkommnung der Baustoffe und Fertigung ein, wodurch unter Beibehaltung der Konstruktion die Maschine weiter verbessert werden kann. Im dauernden Wechsel dieser beiden Einflüsse kommt aber allmählich der Punkt, wo ein weiterer Fortschritt ohne grundlegende Änderungen nicht mehr möglich ist. Dann ist die Zeit für neue umwälzende Ideen und Erfindungen reif, die die Stagnation jäh unterbrechen und den Ausgangspunkt einer neuen Entwicklungsperiode bilden. Hieraus ergibt sich, daß je nach dem Stande der Technik manche Schwächen einer Maschine unvermeidlich sind und daß auch Kessel nur ein Kompromiß zwischen möglichst vielen Vorzügen und möglichst wenig Mängeln sein können. Für ihre Konstruktion und Fertigung gibt es meist mehrere, praktisch gleichwertige Möglichkeiten. Zweckmäßigerweise werden die Konstruktionen gewählt, die für die Einrichtungen oder das Herstellungsprogramm einer Fabrik am besten passen. Es verrät wenig Umsicht, wenn eine Firma dauernd neue Konstruktionen derselben Maschine herausbringt oder in jedem etwas ungewöhnlichen Fall sofort mit einer vom Normalen abweichenden Lösung aufwartet. Leider geht dieses ungesunde Überwiegen des Konstrukteurs nicht immer schnell an sich selbst zugrunde, sondern zieht oft auch vernünftiger geleitete Firmen in Mitleidenschaft, wenn die übergroße Konkurrenz sie zu ähnlichem Vorgehen zwingt, falls sie nicht wichtige Aufträge verlieren wollen. Auch von den Bestellern wird durch überflüssige Sonderwünsche und -vorschriften und durch das Einholen zahlloser Entwürfe, deren Unkosten manchmal in einem grotesken Verhältnis zur Größe des Objektes stehen, oft schwer gegen die Gebote der Wirtschaftlichkeit gesündigt. Auch „kostenlose und unverbindliche" Angebote verteuern letzten Endes jede Lieferung, weil sie die Generalien erhöhen, die in einer gesunden Wirtschaft im Preis irgendwie zum Ausdruck kommen müssen. Nur bei wirklicher Notwendigkeit sollten Sonderausführungen verlangt werden. Auch die Fachpresse könnte mithelfen, indem sie die angeblichen Vorteile mancher „Neuerungen" nicht kritiklos wiedergibt. Auslandsaufträge gehen öfters dadurch verloren, daß infolge der Vielzahl der deutschen Bauformen der ausländische Kunde nicht sicher ist, ob er bei der Firma B einen passenden Reserveteil bekommen kann, wenn die Firma A, die den Kessel lieferte, zufällig keinen auf Lager hat. Anzustreben ist ein „deutscher" Kessel, der für 70 bis 80 vH aller Bedarfsfälle ausreichen würde, so wie es zum Nutzen der betreffenden Länder einen „englischen" und einen „amerikanischen" gibt. Große Einfachheit und wenige typische Bauformen sind fast immer ein Zeichen hoher, viele Erfahrungen umfassender Entwicklung. Ein glänzendes Beispiel dafür, was sich mit zweckmäßigen Grundformen erreichen läßt, ist der Sektionalkessel.

Auch in der Technik gilt der Satz, daß selbst eine gut gebaute Wahrheit nur zwanzig Jahre währt, und nicht einmal diese Lebensdauer erreichen viele technische „Wahrheiten". Man opfere daher unbedenklich eine Konstruktion oder Ansicht, sobald feststeht, daß sie überholt ist. Kommen Klagen über Mängel einer Maschine, so vergesse man nicht zu prüfen, ob man nicht selber an ihnen schuld ist. Einen Irrtum einzugestehen, ist auch für hervorragende Ingenieure keine Schande, nur die unfruchtbaren Naturen, die nie Neues wagen und ihre kritische Stimme immer erst post festum erheben, glauben sich gegen ihn gefeit.....

Routine, der Drang der Geschäfte und Gewohnheit bringen es mit sich, daß man viele Dinge als unabänderlich ansieht, die es keinesfalls sind, wodurch manche Möglichkeit, etwas besser zu machen, verpaßt wird. Will sich z. B. ein Kessel trotz aller Bemühungen nicht befriedigend in eine Anlage einfügen, so prüfe man systematisch, welcher Teil des Kessels oder der übrigen Anlage und aus welchem Grunde unbedingt so sein muß, wie er entworfen wurde, und untersuche, welche Möglichkeiten sich ergeben, wenn man alles übrige variiert. Da sich die Voraussetzungen und Verhältnisse im Laufe der Jahre ändern, veralten selbst Konstruktionen, die zur Zeit ihres Entstehens optimale Lösungen und scheinbar unübertrefflich waren. Man untersuche daher von Zeit zu Zeit auch Standardausführungen darauf, ob sie nicht durch bessere ersetzt werden können und lasse sich durch Einwände wie „das haben wir immer so gemacht" oder „früher haben Sie eine andere Ansicht vertreten", diesen Lieblingsargumenten von Menschen, deren ganzes Denken vom Gestern beherrscht wird, nicht beirren.

Sondervorschriften sollten erst nach reiflichem Überlegen erlassen werden. Die einwandfreie Feststellung der Ursache vieler Mängel erfordert Zeit, denn Schnellversuche im Laboratorium geben die tatsächlichen Verhältnisse oft nicht richtig wieder. Es ist das kleinere Übel, wenn durch abwägendes Zuwarten an einer verhältnismäßig geringen Zahl von Maschinen weiter derselbe Schaden auftritt, als wenn durch voreilige Vorschriften die ganze Entwicklung in falsche Bahnen geleitet wird. Wer als einer der ersten zu sehr hohen Dampftemperaturen oder -drücken oder ähnlichen Neuerungen übergeht, sollte sich klar darüber sein, daß den hierdurch möglichen Ersparnissen ein gewisses Risiko gegenübersteht, an dem er teilnimmt. Wer dies nicht will oder kann, bleibe beim Bewährten. Wichtig ist es, zu erkennen, wann die Zeit so weit gediehen ist, daß eine neue Idee verwertet werden kann.

Täuscht sich eine Fabrik hierbei, so verschwendet sie entweder unnütz Energie und Geld an eine zur Zeit unlösbare Aufgabe oder kommt gegenüber ihrer Konkurrenz ins Hintertreffen.

Beim Vergleich einheimischer mit ausländischen Konstruktionen ist zu beachten, daß je nach der Größe des Umsatzes und dem Verhältnis der Löhne zu den Preisen der Baustoffe eine in einem Lande zweckmäßige Konstruktion in einem anderen verfehlt sein kann. Beispielsweise konnte man im Jahre 1925 mit 1 t Kesselblech bzw. 1 t Steinkohle bezahlen:

in Amerika	rd.	55	bis 107	bzw.	3	bis 7,3	Arbeitsstunden,
,, Deutschland	,,	180	,, 360	,,	17	,, 28	,,

Die Löhne waren also im Verhältnis zu zwei der wichtigsten Rohstoffe zu jener Zeit in Amerika etwa 3 bis 4mal höher als in Deutschland und spielten daher bei den Herstellungs- und Betriebskosten eine weit größere Rolle als bei uns. Ersparnis an Baustoffen ist daher in den Vereinigten Staaten nicht so wichtig, und eine schwerere Maschine oder die Ausstattung eines Werkes mit teureren, aber Arbeit sparenden Maschinen, die in Deutschland verfehlt wäre, kann dort lohnend sein.

6. Zusammenfassung und Schluß. Der Bau von Kesseln und ganzen Kraftwerken beruht auf der verständnisvollen Gemeinschaftsarbeit zahlloser Menschen im eigenen wie in den mit ihm zusammenwirkenden fremden Betrieben. Maschinen- und Elektroingenieur, Hüttenmann, Physiker und Chemiker, Hoch- und Tiefbauer müssen von einem schöpferischen Willen, der sich selbst gegen hartnäckigen Widerstand der Spezialisten durchzusetzen vermag, derart zu einer gemeinsamen Aufgabe vereinigt werden, daß jeder Beteiligte weiß, worauf es ankommt, und hiernach handelt.

Loyale Zusammenarbeit innerhalb einer Firma und zwischen verschiedenen Industrien untereinander ist für das Gedeihen der einzelnen Firmen und den industriellen Erfolg eines ganzen Landes von größter Bedeutung, aber nur erreichbar, wenn das Verständnis hierfür bereits auf den technischen Lehranstalten geweckt wird[1].

Vom Herausbringen hochwertiger Konstruktionen allein kann eine Fabrik jedoch nicht existieren, wenn sie nicht genügenden Umsatz und auskömmliche Preise erzielt. Das Hereinholen ausreichender und lohnender Aufträge ist aber ein an unerwarteten Wechselfällen oft reiches Ringen, das vielfach andere Fähigkeiten und eine andere Veranlagung erfordert als die Tätigkeit im Konstruktionsbüro oder in der Werkstätte. Gerade reinen Ingenieuren ist das damit verknüpfte Drum und Dran: die Ungewißheit; die Kunst im richtigen Augenblick nachzugeben und zugunsten von persönlichen Liebhabereien oder Vorurteilen des Kunden selbst eine seinen Wünschen überlegene Konstruktion zu opfern oder ihn zu bewegen, auf eine Forderung zu verzichten, die nicht in den Fabrikationsgang paßt; die Preisgabe eines kleinen, nicht selten nur ,,theoretischen" Vorteiles, um einen größeren Nachteil zu vermeiden, und das Gefühl dafür, wieweit gegangen werden kann, nicht selten unsympathisch und unheimlich. An die gesetzmäßige Logik der Wissenschaft gewöhnt, die dem Zufall kein Spiel läßt, sind sie in Verkennung der tatsächlichen Verhältnisse oft geneigt, diese Seite der Ingenieurtätigkeit als nicht ganz vollwertig anzusehen, während ihre erfolgreiche Ausübung für den geschäftlichen Erfolg unerläßlich ist und drei seltene Fähigkeiten voraussetzt: Entschlußkraft, Taktgefühl und Menschenkenntnis.

Wenngleich gutes Fachwissen und konstruktive Veranlagung unbedingte Voraussetzung für den Bau brauchbarer Maschinen sind, so genügen sie doch nicht einmal für die erfolgreiche Leitung eines größeren Büros, müssen vielmehr gepaart sein mit Blick für das Wesentliche und Wichtige an einer Sache; Verständnis für fremde Bedürfnisse; Fähigkeit zur Selbstkritik, Vorurteilslosigkeit, Geduld, Ausdauer und Selbstvertrauen; Gerechtigkeitssinn, Leidenschaftslosigkeit und dem Drang nach Erkennen der Wahrheit. Strebt ein Ingenieur nicht unablässig danach, außer seinem fachlichen Wissen seine menschlichen Eigenschaften zu vervollkommnen, so wird er nie ein wirklicher Führer werden und auch nicht zur inneren Zufriedenheit kommen, so hoch er äußerlich steigen möge, denn für das Vollbringen hoher Leistungen ist auch in der Welt der Technik letzten Endes die Persönlichkeit ausschlaggebend und nicht Fachwissen und Routine.

[1] Ein amerikanisches Sprichwort lautet: ,,An ounce of loyalty is worth a pound of brains". (Eine Unze Loyalität ist soviel wert wie ein Pfund Verstand.)

II. Umwandlung der Brennstoffwärme in Arbeit.

A. Die Brennstoffe.

1. Entstehen der Brennstoffe. Sämtliche Brennstoffe rühren von Erzeugnissen früheren organischen Lebens her. **Kohlen** entstanden aus vorweltlichen Pflanzen unter der Einwirkung von Druck und Wärme, sind also nicht mineralischen Ursprunges, **Erdöl** führt man auf Überreste der Bewohner vorweltlicher Meere zurück. Sämtliche **künstlichen Brennstoffe** sind lediglich Umwandlungsformen von Kohle und Erdöl. Die große Verschiedenheit der Kohlen rührt von ihrem verschiedenen Alter und den verschiedenen äußeren Einwirkungen her, unter denen die Umwandlung erfolgte. Dichte, Härte und Druckfestigkeit einer Kohle nehmen mit dem Alter zu, dagegen verschwinden die äußerlich erkennbaren Merkmale der Pflanzenstruktur immer mehr. Da die Asche der ursprünglichen Pflanzensubstanz vom Zersetzungsprozeß unberührt bleibt, wächst ihr prozentualer Anteil an der sich bildenden Kohle mit zunehmendem geologischen Alter, doch gibt es hiervon Ausnahmen. Der Verkohlungsprozeß ist also gekennzeichnet durch dauernd wachsenden Gehalt an Kohlenstoff und Asche und dauernd abnehmenden Wasserstoff- und Wassergehalt. Die Entwicklung der Kohlenbildung beginnt mit dem Holz und setzt sich über Torf, Braunkohle, jüngere (gasreiche) Steinkohle, ältere (gasarme oder magere) Steinkohle, Anthrazit bis zum Graphit fort.

Beim Entstehen der Kohle spielt der sog. Bituminierungsprozeß eine wichtige Rolle. Man bezeichnet mit **Bitumen** eine eigentümliche, in jüngeren Kohlen vorkommende Substanz von auffallendem Geruch, die sich beim Erwärmen zersetzt und klebrig wird. Bitumen wird bei Erhitzen einer Kohle gasförmig ausgetrieben und brennt dann mit leuchtender, bei ungenügender Temperatur und Luftzufuhr rußender Flamme.

2. Kohlenvorkommen. Steinkohlen kommen in allen Erdteilen vor, Hauptkohlenlieferanten sind die Vereinigten Staaten von Amerika, England und Deutschland. Die hauptsächlichsten deutschen Steinkohlengebiete sind das Ruhrgebiet mit rd. 70 vH, Oberschlesien mit rd. 12 vH der gesamten deutschen Kohlenproduktion, Niederschlesien, Sachsen, Aachener- und Saarbecken. Während Steinkohlen hauptsächlich im Westen und Südosten Deutschlands vorkommen, liegen die großen Braunkohlenfelder am Rhein und in Mitteldeutschland, Abb. 566.

Unter Berücksichtigung der ein- und ausgeführten Kohle und bei Umrechnung des Braunkohlenverbrauches auf Steinkohle betrug der deutsche Kohlenverbrauch im Jahre 1928 rd. 160 Millionen t. Hiervon wurden für Hausbrand, Landwirtschaft und Kleingewerbe 25,4 vH, für Hüttenwerke 23,3 vH, für Eisenbahn und Schiffahrt 12,5 vH, für Elektrizitätswerke 6,2 vH und für die chemische Industrie 6 vH verbraucht.

Im allgemeinen gilt ein Steinkohlenflöz von 0,5 m Mächtigkeit noch als abbauwürdig. Geologische Vorgänge haben die ursprüngliche Lage der Kohlen sowohl hinsichtlich ihrer Tiefe als auch ihrer Richtung vielfach geändert. Solche Verwerfungen können die Gewinnungskosten sehr verteuern und die Reinheit einer Kohle so verschlechtern, daß sie nicht mehr abbauwürdig ist. Die Braunkohlen im Rheinischen Vorgebirge haben fast ungestörte, 18 bis 105 m mächtige Flöze, die nur 14 bis 25 m starken Flöze des thüringisch-sächsischen Gebietes dagegen sind durch Sandeinschlüsse vielfach unterbrochen und lagern häufig unter einer hohen Decke.

3. Gewinnung und Aufbereitung. a) Steinkohle. Zur Zeit sind in Deutschland **Teufen** bis etwa 1000 m wirtschaftlich. Schon während des Abbaues eines **Flözes** zerfällt die Kohle in um so kleinere Stücke, je höher ihr Aschengehalt ist. Die aus der Grube kommende Kohle **(Förderkohle)** besteht aus Stücken der verschiedensten Größe, die vielfach durch Gestein verunreinigt sind, und kommt nur zu einem kleinen Teil zum Versand, während die Hauptmenge zur **Aufbereitung** wandert, wo sie auf trockenem oder nassem Wege (Wäsche) weitgehend von mineralischen Beimengungen gereinigt und aus feuerungstechnischen Gründen, S. 21, in Staubkohle und Nußkohle I bis V sortiert wird[1]. Die Abfallstoffe wandern auf die Halde. Die vom Wasser der Wäsche mitgerissene feine Kohle wird nach oberflächlicher Trocknung als **Schlammkohle** verfeuert.

b) Braunkohle und Braunkohlenbriketts. Braunkohle wird in Deutschland vorwiegend im Tagebau gewonnen. Die Aufbereitung der Braunkohle beschränkt sich im wesentlichen auf die Trennung in feine oder mulmige und in stückige Kohlen, die vor Versand vielfach vorgebrochen werden. In manchen Gruben ist außerdem eine Trennung in sandhaltige und in reine Kohle notwendig. Erstere wird womöglich auf der Grube selbst verfeuert. Infolge ihres hohen Wassergehaltes (bis zu 60 vH) ist der wirtschaftliche Transportradius von Braunkohle sehr klein. Ein großer Teil der Rohkohle wird daher auf der Grube auf etwa 12 bis 20 vH Wassergehalt getrocknet und zu **Briketts** gepreßt. Etwa 2 t Rohbraunkohle geben 1 t Brikett von 4800 bis 5300 kcal/kg unterem Heizwert. Für Dampfkesselfeuerungen eignen sich besonders die kleinen würfelförmigen **Industriebriketts.** Die Brikettierung ist aber nicht nur eine Trocknung, also Konzentrierung der Substanz, sondern auch eine ebenso wichtige Verdichtung, Verfestigung und Stückelung.

c) Torf. Torf ist ein fast in der gesamten norddeutschen Tiefebene vorkommender Brennstoff, dessen Einführung in die Dampferzeugung im großen erst jüngeren Datums ist. 100 kg nasser Torfschlamm enthalten etwa 15 kg Trockensubstanz und 85 kg Wasser. Der Rohtorf muß, bevor er als Brennstoff geeignet ist, weitgehend an der freien Luft getrocknet werden. Hierfür sind bei guter Witterung etwa 4 bis 6 Wochen erforderlich. Die lange Trockendauer und der Zwang, die Trocknung vor Eintritt von Frost zu beenden (gefrorener Torf zerfällt zu Pulver und wird als Brennstoff unbrauchbar), beschränken seine Verwertung für Großkrafterzeugung. Trocknung durch Auspressen ist bisher nicht geglückt. Der untere Heizwert von Brenntorf liegt zwischen 3000 und 3700 kcal/kg.

d) Klassifizierung der Kohlen. Kohlen werden etwa nach folgenden teilweise recht willkürlichen Gesichtspunkten eingeteilt: Größe und Gleichförmigkeit des Kornes (Klassifizierung nach der Sorte); Wasser- und Aschengehalt, Gehalt an flüchtigen Bestandteilen, Verhalten bei der Verkokungsprobe, Heizwert (Klassifizierung nach der Art). Die Klassifizierung nach der Art ist die wichtigere und beherrscht die ganze Feuerungstechnik. Sie erfolgt in Deutschland im Gegensatz zu fremden Ländern einheitlich nach Schondorff, Zahlentafel 4.

Unter **Förderkohle** versteht man Kohlen in dem Zustand bei Verlassen des Schachtes. Je nachdem, ob sie wenig oder stark von größeren Stücken durchsetzt sind, wird von Fördergruskohle oder Förderkohle gesprochen. **Stückkohlen** nennt man nur aus Stücken von mehr als einer bestimmten Mindestgröße bestehende Kohlen, **Nußkohlen** haben eine in engen Grenzen liegende Korngröße.

Das Rheinisch-Westfälische Kohlensyndikat unterscheidet zwischen 5 Körnungen: Nuß I (50 bis 80 mm), Nuß II (25 bis 50 mm), Nuß III (15 bis 25 mm), Nuß IV (8 bis 15 mm), Nuß V (6 bis 10 mm). **Gruskohlen, Feinkohlen** und **Staubkohlen** heißen mehr oder weniger homogene Gemische von zum Teil sehr kleinem Korn.

In Amerika wird (besonders bei anthracite) die gröbste Sortierung mit broken bezeichnet, dann folgen egg, stove, chestnut, pea, buckwheat bis zum sehr feinkörnigen culm. Ferner sind (besonders bei bituminous coal) folgende Bezeichnungen im Gebrauch: run of mine (Förderkohle), lump ($>$ 35 mm), nut (25 bis 35 mm), slack (6 bis 20 mm), screenings ($<$ 6 mm).

Größe und Gleichmäßigkeit der Körnung einer Kohle sind für ihren Handelswert von hoher Wichtigkeit. Stücke über einer bestimmten Größe stören den Transport auf mechanischen Fördervorrichtungen und können eine gleichmäßige Beschickung mechanischer Roste fast unmöglich machen. Für die Verbrennung von Steinkohle auf Rosten sind spezifische Oberfläche, freie und verdeckte Oberfläche, Schüttung und Schüttgewicht, wie sie in Stückkohle, Nußkohle und Feinkohle besonders deutlich zum Ausdruck kommen, von grundlegender Bedeutung. Je kleiner die Kohlenstücke sind, um so größer ist die gesamte Oberfläche eines bestimmten Kohlengewichtes für den Zutritt

[1] Siehe auch S. 32.

der Verbrennungsluft. Infolge der Berührung der auf- und nebeneinander liegenden Kohlenstücke wird aber ein immer größerer Teil der Oberfläche dem Zutritt der Verbrennungsluft entzogen. Es gibt somit eine günstigste Körnung, bei der die Reaktionsoberfläche zwischen Kohle und Luft am größten wird. Stückkohle hat zwar eine kleine Gesamtoberfläche, aber eine große dem Luftsauerstoff zugängliche freie Oberfläche. Die große Gesamtoberfläche von Feinkohle kommt infolge der vielfachen Berührung der kleinen Kohlenstücke miteinander nur teilweise zur Geltung. Bei Nußkohle ist die Gesamtoberfläche ein Mehrfaches derjenigen von Stückkohle, ohne daß die freie Oberfläche ähnlich verkleinert wird wie bei Feinkohle. Daraus erklärt sich die langjährige Bevorzugung von Nußkohlen III bis V bei Wanderrosten mit natürlichem Zug. Ähnlich wichtig wie günstige Korngröße ist gleichmäßige Körnung. Die großen Stücke brauchen längere Zeit zum Ausbrennen als die kleinen. Ist nun z. B. Nuß V mit großen Stücken vermengt, so brennt die Rostbedeckung ungleichmäßig ab und der Wirkungsgrad der Feuerung leidet. Auf Rosten mit Unterwind und Zoneneinteilung können heute auch recht feinkörnige Steinkohlen mit gutem Wirkungsgrad und hoher spezifischer Belastung verbrannt werden. Die Körnung spielt daher nicht mehr die Rolle wie früher. Lediglich bei sehr feinkörniger, nicht backender Kohle können bei großer spezifischer Rostbelastung wesentliche Verluste durch (unverbrannten) **Flugkoks** entstehen. Unabhängig von der Körnung der Kohle sind Staubfeuerungen.

4. Zusammensetzung der Kohle und ihr Verhalten bei der Verbrennung. Sämtliche Kohlen enthalten außer ihren brennbaren Bestandteilen, die auch **Reinsubstanz, brennbare Substanz** oder **Reinkohle** genannt werden, unverbrennliche mineralische Verunreinigungen, die man unter der Bezeichnung **Asche** zusammenfaßt, und **Wasser.** Im allgemeinen ist der Aschengehalt einer Kohle um so größer, je feinkörniger sie ist. Die Körnung einer Kohle ermöglicht daher einen gewissen Rückschluß auf ihren Gehalt an Asche. Kohlen sind gekennzeichnet als sauerstoffhaltige Abkömmlinge der Kohlenwasserstoffe. Ihre chemische Konstitution ist unbekannt. Das eigentliche Charakteristikum der festen Brennstoffe ist die Reinkohle, deren chemische Zusammensetzung, Verbrennungswärme und Verkokungseigenschaften bei Kohlen derselben Herkunft annähernd gleich sind. Asche und Wasser sind mehr zufällige Verunreinigungen und können im selben Flöz recht verschieden sein. Die brennbare Substanz besteht aus C, H, O, N und S. Die Verbrennungswärme der Reinkohle wird durch den Aschen- und Wassergehalt verdünnt. Das Wasser ist in der Kohle als grobe und als spezifische oder hygroskopische Feuchtigkeit enthalten. Die **grobe Feuchtigkeit** besteht aus der Oberflächenfeuchtigkeit oder mechanisch beigemengtem Wasser. Ihr Betrag kann je nach der Oberfläche der Kohle und den Witterungsverhältnissen sehr verschieden sein und entweicht beim Trocknen. Soweit sie einen gewissen Prozentsatz übersteigt, muß sie vor dem Mahlen beseitigt werden. Die **hygroskopische** oder **spezifische Feuchtigkeit** ist eine mit dem Charakter einer Kohle zusammenhängende, für sie spezifische und konstante Größe. Sie nimmt von 35 bis 45 vH bei lignitischer Braunkohle auf 0,5 bis 1 vH bei magerer Steinkohle und bei Anthrazit ab, ist äußerlich nicht erkennbar und entweicht erst bei längerem Erwärmen auf Temperaturen über 100°. Mit zunehmendem Aschengehalt geht die Festigkeit einer Kohle zurück. Kohlen mit über 20 vH Asche gelten als minderwertig. Der Schwefelgehalt von Steinkohle beträgt von 0,5 vH bis 7 vH in einzelnen Grenzfällen. Man muß unterscheiden zwischen dem mineralischen Schwefel, wie er im Gips, $CaSO_4 \cdot (H_2O)_2$ vorkommt und dem verbrennlichen Schwefel, wie er u. a. in dem sehr lästigen Schwefelkies oder Pyrit, FeS_2, auftritt, doch macht der im Schwefelkies enthaltene Schwefel noch nicht die Hälfte des verbrennlichen Schwefels aus. Das Oxydieren des Pyrit ist eine der Hauptursachen der Selbstentzündung gestapelter Kohle. Pyrit greift Roststäbe stark an und trägt zur Bildung niedrig schmelzender Asche bei, weil seine Verbrennung in reduzierender Atmosphäre die Bildung von FeO, eines der gefährlichsten Flußmittel, begünstigt. Also nicht der Schwefel, sondern das mit ihm chemisch verbundene Eisen ist an dem schlechten Verhalten mancher Aschen schuld. Kohlen mit viel Schwefel, aber wenig Pyrit können harmlos sein. Niedrig

Zahlentafel 4. **Klassifizierung**

Kennzeichnung nach		Amerikanische Bezeichnung und Einteilung: Steam			Cosgrove		Illinois Experiment Station				U.S. Geological Survey; Steam; Cosgrove			Charakteristisch der Alters de	
		Bezogen auf brennbare Substanz					Bezogen auf aschenfreie Substanz								
	Bezeichnung	Fixer Kohlenstoff	Flüchtige Bestandteile	Oberer Heizwert	Gruppe	C/H	Fixer Kohlenstoff	Flüchtige Bestandteile	Wassergehalt	Oberer Heizwert	Spezifisches Gewicht	Parallelbezeichnung	Nähere Beschreibung	Alter	Gehalt an C
		vH	vH	kcal/kg (BTU/lb)			vH	vH	vH	kcal/kg (BTU/lb)	kg/lit.	—	—	—	—
	a	b	c	d	e	f	g	h	i	k	l	m	n	o	p
1	Anthracite	97 ↑	3 ↑	8 110 (14 600) ↑	A	> 30	↑	↑	↑	↑	↑	↑			
2	Anthracite	bis	bis	bis	B	30 bis 28	95,6	1,2	3,2	8 020 (14 440)	1,8 bis 1,3	hard coal	Tiefschwarz. Meist sehr hart. Wenig rissig. Metallisch aussehend. Zuweilen schillernd. Zündet schlecht. Brennt mit kurzer, gelblich-bläulicher, durchsichtiger Flamme.		
3	Anthracite	↓ 92,5	↓ 7,5	↓ 8 220 (14 800)	C	28 bis 26	↓	↓	↓	↓	↓	↓			
4	Semi-anthracite (Magerkohle)	92,5 bis 87,5	7,5 bis 12,5	8 170 (14 700) bis 8 610 (15 500)	D	26 bis 23	83,8	10,6	5,6	8 270 (14 880)	1,4		Weniger hart als Anthrazit. Frischer Bruch schwärzt.		
5	Semi-bituminous (Halbfettkohle)	87,5 bis 75	12,5 bis 25	8 610 (15 500) bis 8 900 (16 000)	E	23 bis 20	83,4 bis 75,0	11,6 bis 22,0	5,0 bis 3,0	8 530 (15 360) bis 8 600 (15 480)			Weicher als semi-anthracite. Zündet u. brennt leichter als Anthrazit, sieht ihm aber ähnlicher als bituminous coal.		
6	Bituminous-Eastern	75 bis 60	25 bis 40	8 220 (14 800) bis 8 500 (15 300)	F	20 bis 17	64,6	32,2	3,2	8 420 (15 160)	1,4				
							High rank bituminous								
7	Bituminous	↑	↑	↑	G	17 bis 14,4	54,2	40,8	5,0	7 710 (13 880)	↑ bis	↑ soft coal	Dunkelbraun bis pechschwarz. Härte liegt zwischen semi-bituminous u. lignite. Brüchig. Glasartiges, harziges oder fettiges Aussehen. Brennen mit gelber, rauchender Flamme. Werden in caking coals (backende Kohlen) und non caking oder free burning coals (nicht backende oder frei brennende Kohlen) unterschieden.		
		bis	bis	bis			Medium rank bituminous								
8	Bituminous	↓	↓	↓	H	14,4 bis 12,5	47,0	41,4	11,6	7 160 (12 870)	↓	↓			
							Low rank bituminous								
9	Bituminous-Western	65 bis 50	35 bis 50	7 500 (13 500) bis 8 220 (14 800)	I	12,5 bis 11,2	42,4	34,2	23,4	5 400 (9 720)	1,25	Auch black-lignite genannt ↓			
							Sub-bituminous								
10	Lignite	< 50		6 110 (11 000) bis 7 500 (13 500)	J	11,2 bis 9,3	37,8	18,8	43,4	4 110 (7 400)	1,23 bis 1,2	Auch brown coal genannt	Hellbraun. Arme Arten zeigen holzförmige Struktur, beste Arten schwarzes pechartiges Aussehen. Backen nicht.		
11	Peat				K	9,3							Enthält im natürlichen Zustand 75 bis 95 vH, im getrockneten 15 bis 30 vH Wasser.		
12	Wood				L	7,2									

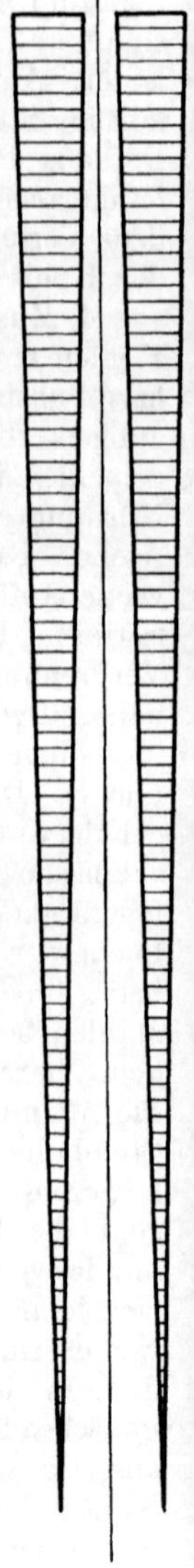

amerikanischer und deutscher Kohlen.

ennzeichen twicklung ohlen		Deutsche Bezeichnung und Einteilung											
		H. Wedding					Schondorff						
							Menge und Beschaffenheit						
ehalt an üchtigen estand- teilen	Gruben- feuchtig- keit	Art der Kohle	Flüchtige Bestandteile	Spezifisches Gewicht	Eigenart	Ver- wendung	der flüchtigen Bestandteile	des Koks	Vorkommen	Art der Kohle			
—	—		vH	kg/lit.	—	—	vH	vH					
q	r	s	t	u	v	w	x	y	z	aa	bb		
		Gasarme Sandkohle Anthrazit	5 bis 10	1,5 bis 1.75	Kurze blaue Flamme, erfordert lebhaften Zug	Hausbrand und Schachtöfen	5 bis 10 Sehr kurze blaue Flamme	95 bis 90 pulvrig	Rheinland, Westfalen, Sachsen, Süd-Wales (England)	Magere, nicht backende Steinkohle	Anthrazit	1	
		Gasarme, alte Sinterkohle	10 bis 15,5	1,3	Wenig leuchtende, kurze Flamme	Dampfkessel	10 bis 18 Kurze leuchtende Flamme	90 bis 82 Schwach gefrittet	Rheinland, Westfalen, Niedersachsen, Süd-Wales		Magerkohle	2	
		Gasarme, alte Backkohle (Eßkohle)	15,5 bis 20	1,25	Die Feinkohle liefert einen festen, aber porösen Koks	Schmiedefeuer, Verkokung	18 bis 26 Kurze, stark leuchtende Flamme	82 bis 74 Kompakt geschmolzen	Rheinland, Westfalen	Fette, backende oder spezifische Steinkohle	Koks- oder Fettkohlen	3	
		Gasarme, alte Backkohle	20 bis 33	1,25		Leuchtgasfabriken	20 bis 32 Verhalten langflammig	80 bis 68 Fest und geschmolzen	Rheinland, Westfalen, Durham		Schmiedekohlen	4	
		Gasreiche, junge Backkohle	33 bis 40	1,1 bis 1,25	Lange Flamme, Grus ist schwer verkokbar	Flammöfen, Dampfkessel	32 bis 36 Lange, stark leuchtende Flamme	68 bis 64 Fest und gebläht	Rheinland, Westfalen, Schlesien Saar, Durham		Gasflammkohlen	5	
		Gasreiche, junge Sinterkohle	40 bis 44	1,3	Lange, rußende, matte Flamme	Dampfkessel	40 bis 50 Lange, aber matte Flamme	60 bis 50 Schwach gesintert	Schlesien, Sachsen, Schottland (Fife)	Trockene, nicht backende Steinkohle	Sand- oder Sinterkohlen	6	
		Gasreiche, junge Sandkohle	44 bis 50	1,35	Lange, rußende, matte Flamme	Dampfkessel							
							45 bis 55		Fehlt in Deutschland	Ältere Braunkohle		7	
							55 bis 60 langflammig	körnig zerfallend	Mitteldeutschland, Rheinland	Jüngere lignitische Braunkohle		8	
							65 bis 70	35 bis 30 pulvrig			Torf	9	
							85	15 Struktur			Holz	10	

schmelzende Asche hüllt unverbrannte Kohlenstückchen auf dem Rost ein und hindert sie am Verbrennen.

Das Verhalten einer Kohle in einer Feuerung hängt entscheidend von ihrem Gehalt an **flüchtigen** oder **gasförmigen Bestandteilen** ab. Man versteht unter ihnen den Gewichtsanteil, der bei Erhitzen der trockenen Kohle im Glühtiegel ausgetrieben wird. Der im übrigbleibenden Koksrückstand enthaltene Kohlenstoff heißt **fixer Kohlenstoff.** Je nach dem Verhalten bei der Verkokung unterscheidet man zwischen **mageren** (semi-bituminous), **fetten** (bituminous) und **trockenen** (sub-bituminous) Steinkohlen. Die flüchtigen Bestandteile fetter Kohlen haben hohen C-Gehalt. Magere Steinkohlen entwickeln wenig, aber wasserstoffreiche flüchtige Bestandteile, verbrennen mit kurzer Flamme und geben ebenso wie trockene Kohlen keinen festen Koks. Trockene Kohlen entwickeln aber die größte Menge von flüchtigen, viel CO_2 enthaltenden Bestandteilen[1]. Von Menge und Heizwert der flüchtigen Bestandteile hängt das Volumen und die Intensität der Flamme, die Zufuhr und Verteilung der Oberluft und die Größe des Feuerraumes, von Menge und Beschaffenheit des Kokses die Form und Größe des Rostes ab. Je mehr und je heizkräftigere flüchtige Bestandteile eine Kohle enthält, um so lebhafter und leichter verbrennt sie. Je älter eine Kohle ist, um so gasärmer ist sie und um so größer ist ihre Koksausbeute, Zahlentafel 4 und Abb. 24 und 25. Der Wasserstoffgehalt einer Kohle schwankt in engen Grenzen (1 bis 5 vH), der Sauerstoffgehalt, der immer vollständig chemisch gebunden ist, fällt mit zunehmendem geologischen Alter von 45 vH auf 1 vH, der Kohlenstoffgehalt steigt von 50 auf 98 vH. Der Sauerstoffgehalt ist mit Bezug auf den Heizwert Ballast. Die Verbrennungswärme von Kokskohlenstoff beträgt nach Roth und Aufhäuser nie mehr als 7950 kcal/kg, die von H 34000 kcal/kg. Die Reinkohle junger Kohlen, die viel Sauerstoff enthalten, hat daher einen niedrigeren Heizwert als die von Kohlen mittleren Alters, während bei ganz alten Kohlen, z. B. bei Anthrazit, der Heizwert der Reinkohle infolge des kleinen Gehaltes an disponiblem Wasserstoff wieder abnimmt, Abb. 25 und Zahlentafel 4. Unter **disponiblem** oder **freiem Wasserstoff** H_{disp} versteht man den chemisch nicht an Sauerstoff O gebundenen Wasserstoff, nur er ist verbrennungstechnisch von Bedeutung. Ist H_Σ der Gesamtgehalt an Wasserstoff, so ist

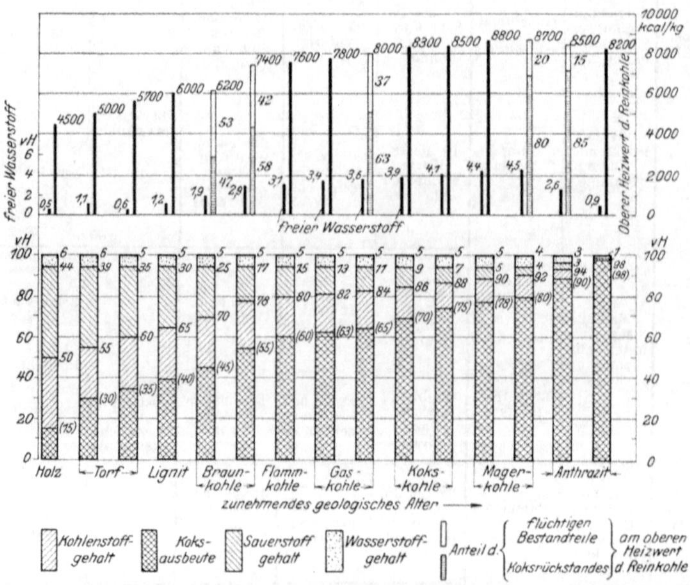

Abb. 24 u. 25. Chemische Zusammensetzung, Gehalt an freiem Wasserstoff und oberer Heizwert (Verbrennungswärme) der Reinkohlen verschiedener Brennstoffe, sowie Verteilung des oberen Heizwertes der Reinkohle auf die flüchtigen Bestandteile und den Koksrückstand (kursive Zahlen).

$$H_{disp} = H_\Sigma - \frac{O}{8}\,vH\,. \qquad (1)$$

Viel größer als die Unterschiede im Gesamtwasserstoffgehalt sind die Unterschiede im Gehalt an disponiblem Wasserstoff, dessen Verhältnis zum Kohlenstoff entscheidend für das Verhalten einer Kohle ist. Je größer es ist, um so mehr nähert sich nach Aufhäuser ein Brennstoff dem reaktionsfähigsten Gase, dem Wasserstoff. Das Gewichts-

[1] Natürlich enthalten die flüchtigen Bestandteile außer CO_2 auch noch CO.

verhältnis $\frac{C}{H_{disp}}$ ist daher für die Charakterisierung von Kohlen hervorragend geeignet, Zahlentafel 4. Abb. 25 zeigt den Anteil des fixen Kohlenstoffes und der flüchtigen Bestandteile am Heizwert der Reinsubstanz verschiedener Kohlen. Je nachdem, ob Kohlen bei der Verkokungsprobe einen pulverigen Rückstand, einen losen oder einen festen zusammengebackenen und aufgeblähten Kuchen hinterlassen, spricht man von **Sand-, Sinter-** und **Back-** oder **Fettkohle.** Bei der Erhitzung backen also bei Back- oder Fettkohle kleinere Stücke zusammen, bei Sinterkohle fallen große Stücke nicht auseinander und backen kleine Stücke nicht zusammen, bei Sand- oder Magerkohle zerspringen größere Stücke. Diese Unterschiede sind für Kesselfeuerungen von großer Bedeutung, weil die einzelnen Körner von Back- und Fettkohlen im Feuer im Gegensatz zu Sandkohlen ihre Gestalt behalten und daher dem Luftsauerstoff auch bei fortschreitender Verbrennung mehr Oberfläche darbieten als die immer stärker zerfallenden Stücke von Sandkohlen. Infolge des Zusammenbackens kleinerer Stücke neigen feinkörnige Backkohlen auch weniger zur Flugkoksbildung als Sandkohlen derselben Körnung.

Der sog. **Zündpunkt** einer Kohle, d. h. die Temperatur, bei der sie zu zünden beginnt, hat wenig praktischen Wert, weil die Zündung von vielen Zufälligkeiten abhängt.

In Zahlentafel 4 ist für die hauptsächlichsten festen Brennstoffe versucht, die verschiedenen in- und ausländischen Klassifizierungen miteinander in Übereinstimmung zu bringen. In Amerika versteht man unter **coking coal** zur Kokserzeugung geeignete Kohlen mit wenig Sauerstoff, viel Wasserstoff, großem Verhältnis H : O. **Caking coal** sind gasreiche, viel Kohlenwasserstoff enthaltende Kohlen, die bei Erhitzen zusammenbacken und sich aufblähen. Alle coking coal sind caking coal, aber nicht umgekehrt. Mit **free burning coal** bezeichnet man non-caking coal, d. h. beim Verbrennen ihre Form behaltende, nicht backende Kohlen, z. B. anthracite, semi-anthracite, semi-bituminous, bituminous coal. Die Bezeichnung **hard coal** wird für Anthrazit, **soft coal** für bituminöse Kohle, **black lignite** für subbituminous coal, d. h. eine zwischen bituminous coal und lignite liegende Kohle benutzt.

5. Unterer und oberer Heizwert (Verbrennungswärme). Wenn 1 kg Brennstoff unter konstantem Druck oder konstantem Volumen (der Unterschied ist bei Kohlen sehr klein) in trockener Luft restlos verbrannt wird, und wenn die Verbrennungsprodukte wieder auf die Ausgangstemperatur (Raumtemperatur oder 0^{0}) abgekühlt werden, entsteht eine für ihn charakteristische Wärmemenge, seine sog. **Verbrennungswärme.** Bei Brennstoffen, die frei von Wasserstoff und Wasser sind, z. B. CO oder reinem Kohlenstoff, ist dieser Wert eindeutig bestimmt. Ist dagegen einer dieser beiden Bestandteile im Brennstoff enthalten, so fällt die entwickelte verfügbare Wärme etwas geringer aus, weil ein gewisser Teil des bei der Verbrennung gebildeten Wassers dampfförmig bleibt und daher den seiner Verdampfungswärme entsprechenden Betrag absorbiert, was je kg dampfförmiges Verbrennungswasser rd. 600 kcal ausmacht. Die größte, bei vollkommen verlustloser Verbrennung mögliche Wärmemenge entsteht also, wenn die Verbrennungsprodukte so tief abgekühlt werden, daß das gesamte Verbrennungswasser flüssig ausfällt, die kleinste, wenn das gesamte Verbrennungswasser dampfförmig bleibt. Die diesen beiden Fällen entsprechende Verbrennungswärme wird **oberer Heizwert** bzw. nach Abzug der Verdampfungswärme **unterer Heizwert** genannt.

Ist

w = Wassergehalt der Kohle (dem Gewicht nach) in vH,
H = Wasserstoffgehalt der Kohle (dem Gewicht nach) in vH,
$\mathfrak{H}_o$ = oberer Heizwert der Kohle in kcal/kg,
$\mathfrak{H}_u$ = unterer Heizwert der Kohle in kcal/kg,

so ist

$$\mathfrak{H}_u = \mathfrak{H}_o - \frac{w + 9 \cdot H}{100} \cdot 600 \text{ kcal/kg}. \qquad (2)$$

Der Unterschied zwischen unterem und oberem Heizwert ist bei guter Steinkohle etwa 3 vH, bei Braunkohlenbriketts etwa 6 vH, bei Rohbraunkohle bis 20 vH, Abb. 26. Beim Vergleich amerikanischer oder englischer Angaben über den Wirkungsgrad von Kesseln mit deutschen Werten ist darauf zu achten, daß erstere fast ausnahmslos mit dem oberen, letztere mit dem unteren Heizwert errechnet sind.

Der obere Heizwert ist physikalisch der einwandfreiere Begriff. Schon der Umstand, daß trotzdem in einigen Ländern beide Größen nebeneinander verwendet werden, zeigt aber, daß jeder von ihnen Vorzüge und Nachteile hat. Aus verschiedenen Gründen, S. 130, werden nämlich die Abgase von Dampfkesselfeuerungen nicht auf die Temperatur abgekühlt, bei der das Verbrennungswasser ausfällt. Infolgedessen hätte derselbe Dampfkessel bei Abkühlung der Rauchgase auf dieselbe Austrittstemperatur, z. B. 200°, einen ganz verschiedenen Wirkungsgrad, wenn er einmal mit einem an Wasser und Wasserstoff armen Brennstoff, das andere Mal mit dem Gegenteil davon beheizt werden würde. Die Unterschiede werden besonders groß bei deutschen Rohbraunkohlen, die bis 60 vH Wasser enthalten. Berechnete man bei ihnen den Wirkungsgrad mit dem oberen Heizwert, so könnte leicht ein falsches Bild von der Güte des Kessels entstehen. Auf der anderen Seite wird bei Benutzung des unteren Heizwertes stillschweigend ein ziemlich willkürlicher und je nach der Kohle wechselnder Abzug von der aus ihr herausholbaren Wärmemenge gemacht, wodurch in anderer Beziehung Fehlschlüsse möglich sind. In Deutschland wird aber, besonders wegen der großen Rolle, die Rohbraunkohle spielt, auch bei Wärmebilanzen fast stets vom unteren Heizwert ausgegangen.

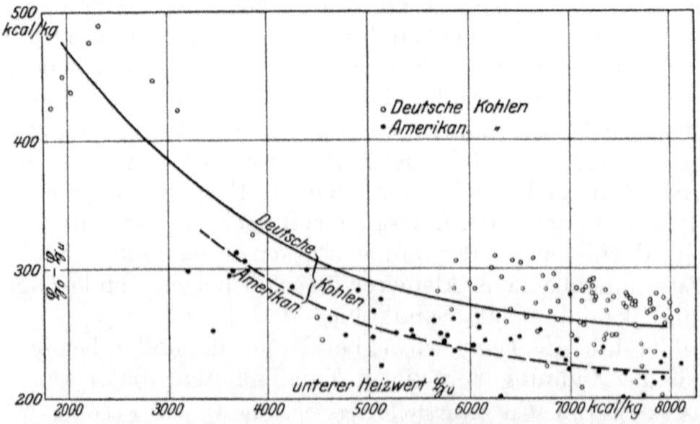

Abb. 26. Unterschied zwischen oberem und unterem Heizwert bei deutschen und amerikanischen Kohlen.

In Abb. 27 und 28 ist für Rohbraunkohle von 55 vH Wassergehalt und aus ihr hergestellter Trockenkohle von 15 vH Wassergehalt die Wärmebilanz unter Benutzung des oberen und des unteren Heizwertes dargestellt unter der Voraussetzung, daß die Abgase den Kessel mit 210° und 15 vH CO_2-Gehalt der trockenen Abgase verlassen und daß der prozentuale Anteil der Verluste in den Rückständen und durch Ausstrahlung und Wärmeableitung in beiden Fällen 3 bzw. 2 vH ist. Bei Benutzung des oberen Heizwertes wird die Verdampfungswärme des Verbrennungswassers und des hygroskopischen Wassers als Verlust gebucht, bei Benutzung des unteren Heizwertes wird sie von vornherein abgezogen und tritt in der Rechnung daher nicht in Erscheinung. Je nach der Rechnungsart ist der Wirkungsgrad bei Rohkohle von 55 vH Wassergehalt 68,9 bzw. 82,7 vH, bei Trockenkohle von 15 vH Wassergehalt 80,4 bzw. 85,7 vH. Der Unterschied ist also bei hohem Wassergehalt sehr groß. Abb. 29 zeigt die Wirkungsgrade bei verschieden weitgehender Trocknung derselben Rohbraunkohle, je nachdem ob man sie mit dem oberen oder dem unteren Heizwert berechnet.

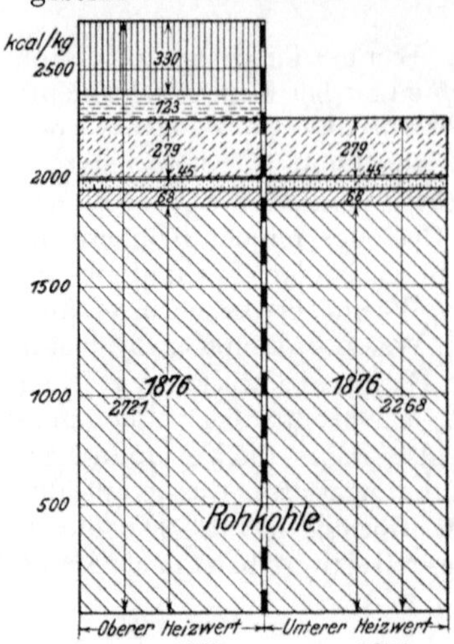

$\eta = 100 \cdot \frac{1876}{2721} = 68{,}9$ vH $\quad 100 \cdot \frac{1876}{2268} = 82{,}7$ vH

Abb. 27.

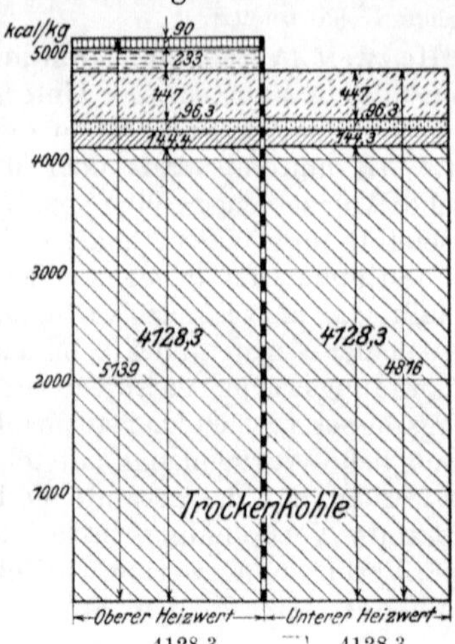

$100 \cdot \frac{4128{,}3}{5139} = 80{,}4$ vH $\quad 100 \cdot \frac{4128{,}3}{4816} = 85{,}7$ vH

Abb. 28.

Abb. 27 u. 28. Wärmebilanz bei Kohle von 55 vH und von 15 vH Wassergehalt bei gleicher Temperatur (210°), gleichem CO_2-Gehalt der Abgase (15 vH) und gleichem Restglied.

nutzbar wiedergewonnen — Ausstrahlung und Leitung — Verdampfungswärme des Verbrennungswassers
Rückstände — fühlbare Abgaswärme — Verdampfungswärme des hygroskopischen Wassers

Bezeichnen: $\mathfrak{H}_{u_1}$ = unterer Heizwert der Kohle vor der Trocknung in kcal/kg,
$\mathfrak{H}_{u_2}$ = unterer Heizwert der Kohle nach der Trocknung in kcal/kg,
C_1, H_1, S_1, O_1, N_1 = Gewichtsanteil des Kohlenstoff usw. vor der Trocknung in vH,
C_2, H_2, S_2, O_2, N_2 = Gewichtsanteil des Kohlenstoff usw. nach der Trocknung in vH,
w_1 = Wassergehalt der Kohle vor der Trocknung in vH,
w_2 = Wassergehalt der Kohle nach der Trocknung in vH,

so gelten für die Umrechnung folgende Formeln:

$$C_2, H_2, S_2, O_2, N_2 = C_1, H_1, S_1, O_1, N_1 \cdot \frac{100 - w_2}{100 - w_1} \text{ vH}, \tag{3}$$

$$\mathfrak{H}_{u_2} = \frac{\mathfrak{H}_{u_1}(100 - w_2) + 600\,(w_1 - w_2)}{100 - w_1} \text{ kcal/kg}. \tag{4}$$

Da große Braunkohlenstücke innerlich trockener sind als die mulmigen Bestandteile, können schon bei der Probeentnahme im Kesselhaus Fehler entstehen, wenn sie nicht genügend zerkleinert und mit der mulmigen Kohle sorgfältig gemischt werden. Während dies im allgemeinen unschwer möglich ist, gelingt selbst bei peinlicher Umsicht eine gute Durchschnittsprobe bei stark tonhaltiger Braunkohle nicht immer. Dieselbe Schwierigkeit tritt bei der Entnahme der nur wenige Gramm wiegenden, im Laboratorium aus der eingesandten Probe entnommenen Pille solcher Kohlen nochmals auf. Braunkohlen sind weit empfindlicher als Steinkohlen. Z. B. können bei der Feuchtigkeitsbestimmung oder bei Ermittlung des Aschengehaltes Fehler entstehen, weil bei der Erhitzung verschiedene Umsetzungen erfolgen

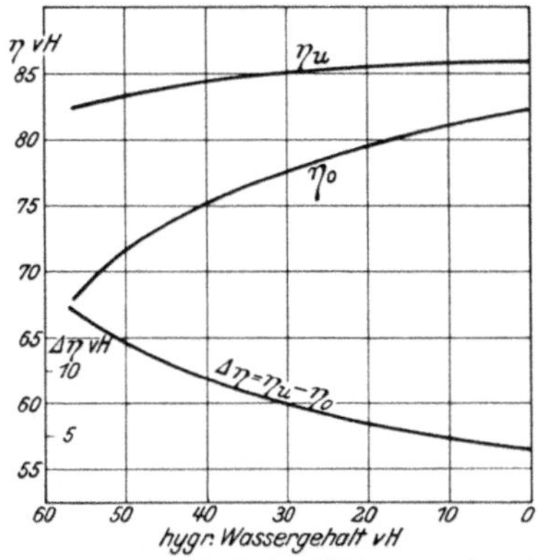

Abb. 29. Abhängigkeit des Wirkungsgrades eines Kessels η_u und η_o bezogen auf den unteren und oberen Heizwert und der Differenz beider vom Wassergehalt einer Kohle bei gleicher Abgastemperatur (210°).

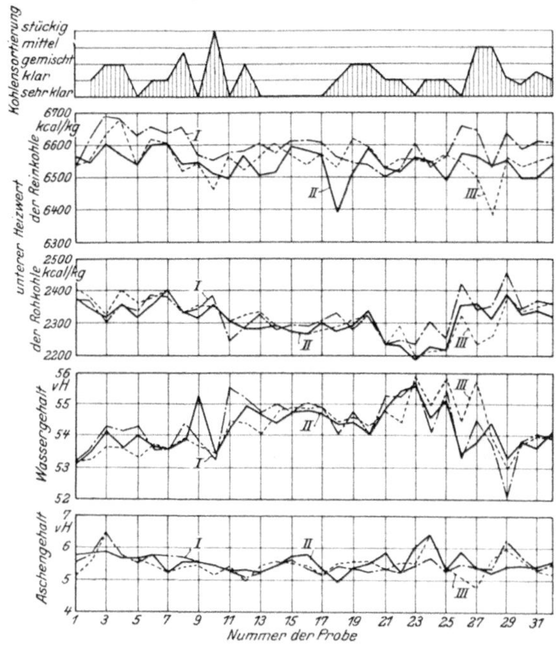

Abb. 30. Untersuchungsergebnisse derselben Braunkohlenproben (Golpa) von drei verschiedenen Laboratorien.

und die in der Asche enthaltenen Alkalisalze sich unter Umständen verflüchtigen. Braunkohle, die auf das Auge einen nasseren Eindruck macht als andere aus demselben Flöz stammende, enthält nicht immer mehr Wasser. Wie Abb. 30 für Golpakohle ohne nennenswerten Tongehalt und Abb. 31 für stark tonhaltige Schwandorfer Braunkohle zeigt, weichen die mit derselben sehr sorgfältig entnommenen Durchschnittprobe von verschiedenen Stellen ausgeführten Untersuchungen oft erheblich voneinander ab. Z. B. betrug bei 32 von drei erstklassigen Laboratorien untersuchten Proben der Golpakohle der größte überhaupt vorkommende Unterschied im unteren Heizwert bis 5 vH und die durchschnittlich größte Abweichung etwa 1,5 vH, Abb. 30. Es müssen daher Wirkungsgrade, die lediglich mit dem von einem einzigen Laboratorium bestimmten Heizwert ermittelt wurden, bei vielen Rohbraunkohlen als unsicher gelten.

Da die berechneten Festwerte der Reinkohle alle Fehler der Wasser- und Aschenbestimmung enthalten und erfahrungsgemäß bei hohem Schwefelgehalt außerdem stärker schwanken, gestattet der Heizwert der Reinsubstanz von Braunkohlen nicht im selben Maße Rückschlüsse auf die Richtigkeit der kalorimetrisch-chemischen Untersuchung zu ziehen wie bei Steinkohle, zumal er bei Braunkohle aus derselben Grube öfters stark verschieden ist. (In einem bestimmten Falle war sein kleinster bzw. größter Wert 5931 bzw. 7115 kcal/kg.)

6. Wirtschaftlichkeitsbereich verschiedener Brennstoffe. Abb. 32 zeigt den ungefähren mittleren Preis von Steinkohle seit 1870, der von Konjunkturschwankungen unterbrochen stetig steigt. Die Kosten von 1000 kcal eines Brennstoffes frei Kesselhaus geben noch kein ganz richtiges Bild von seiner Preiswürdigkeit, weil z. B. bei billigen aschenreichen oder feinkörnigen Kohlen der Wirkungsgrad des Kessels schlechter und die mittelbaren Kosten, wie Aschenabfuhr, äußere Reinigung des Kessels, Mauerwerks- und Rostreparaturen usw., teurer sein können als bei hochwertiger Kohle. Auf Unterwindrosten und in Staubfeuerungen kann aber nicht selten eine Kohle mit niedrigem Wärmepreis wirtschaftlicher verbrannt werden als eine teurere Sorte von wesentlich höherem Heizwert. In Deutschland stehen Steinkohle und Rohbraunkohle bzw. Braunkohlenbriketts miteinander in scharfem Wettbewerb. Der Wärmepreis auf der Grube von Braunkohle ist etwa $^1/_2$ bis $^1/_3$ des Wärmepreises von Steinkohle. Braunkohle ist vor allem deshalb so billig, weil sie mit einem viel einfacheren Apparat gewonnen werden kann. Insbesondere **Abraumbrücken** ermöglichen pro Tag und Mann ein Kohlenausbringen, das selbst bei Berücksichtigung ihres kleineren Heizwertes ungleich größer als bei Steinkohle ist.

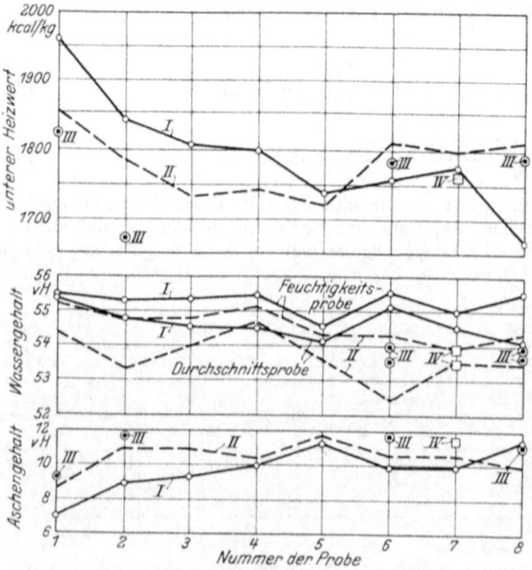

Abb. 31. Untersuchungsergebnisse derselben Braunkohlenproben (Schwandorf) von vier verschiedenen Laboratorien.

Trotzdem kann Rohbraunkohle mit Steinkohle nur bei kurzem Bahntransport in Wettbewerb treten, weil für dieselbe Wärmemenge das rd. dreifache Kohlengewicht befördert werden muß. Rohbraunkohle ist schon bei etwa 50 km Transportweg mit Steinkohle nicht mehr wettbewerbsfähig und bei mehr als 125 km auch Braunkohlenbriketts unterlegen. Da aber Braunkohlen und Steinkohlen in weit voneinander entfernten Gegenden vorkommen, zwischen denen die Verbraucher liegen, sind die tatsächlichen Verhältnisse für Braunkohle günstiger. Trotzdem hätte sie wohl nie ihre heutige Bedeutung bekommen, wenn sie nicht durch die Möglichkeit, hochgespannten Strom auf sehr weite Entfernung wirtschaftlich zu transportieren, der Haupttreibstoff für die deutsche öffentliche Elektrizitätsversorgung geworden wäre, S. 320. Allein die sechs größten deutschen Braunkohlen-Elektrizitätswerke hatten im Jahre 1929 eine ausgebaute Maschinenleistung von 1,3 Millionen kW mit einer Stromerzeugung von 4,3 Milliarden kWh.

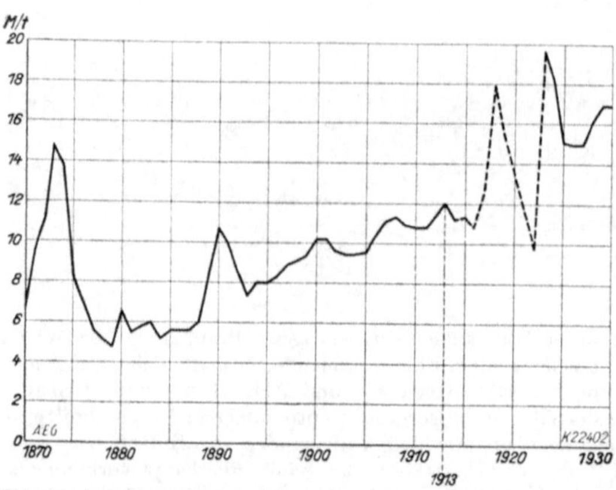

Abb. 32. Entwicklung des mittleren Kohlenpreises in Deutschland von 1870—1930.

7. Das Sortenproblem. Ein erheblicher Teil der deutschen Steinkohle ist feinkörnig oder gasarm. Diese Kohlen galten trotz ihres nicht selten hohen Heizwertes lange als **„Abfallkohlen"**, weil sie auf Rosten nur mangelhaft verfeuert werden konnten. In Deutschland stehen hauptsächlich zwei große Gruppen zur Verfügung, die Staubkohle aus Deutsch-Oberschlesien und die Magerfeinkohle aus dem Ruhrgebiet. Dazu kommt noch der Anfall aus dem Waldenburger Becken.

Die oberschlesische Staubkohle hat 0 bis 12 mm, die Ruhrfeinkohle 0 bis 8 mm Körnung. Die Ruhrfeinkohlen haben einen erheblich höheren Heizwert als die oberschlesischen Staubkohlen, sind aber verhältnismäßig gasarm und konnten deshalb und ihrer geringen Backfähigkeit wegen auf Rosten lange Zeit nicht gut verbrannt werden. Auch die oberschlesische Staubkohle ist nicht sehr backfähig, zündet aber ihres hohen Gasgehaltes wegen leichter. Etwa 25 vH der oberschlesischen Erzeugung fallen als Staubkohle an;

im Ruhrgebiet fördern manche Zechen bis zu 50 vH Feinkohle. Soweit diese Feinkohle aus Fettkohle besteht, wird sie, ebenso wie ein erheblicher Teil der Gas- und Eßfeinkohle, fast ganz in Koksöfen mitverarbeitet. 10 bis 30 vH der Ruhrfeinkohlen bestehen aber aus ausgesprochener Staubkohle von 0 bis 0,5 mm Korngröße, die vor der Wäsche trocken abgesaugt wird. Die für die Verfeuerung unter Dampfkesseln in Frage kommenden Mengen an Staubkohle sind also zweifellos sehr groß. Ähnliche Verhältnisse existieren auch in anderen Ländern.

Staubfeuerungen und die durch ihren Wettbewerb stark verbesserten mechanischen Roste haben das Sortenproblem sehr vereinfacht. Schwierigkeiten macht noch das Verbrennen sehr feinkörniger nicht backender Steinkohlen, besonders wenn sie viel leicht schmelzende Asche haben, weil bei Verfeuern auf Rosten unverhältnismäßig viel Kohle durch die Rauchgase mitgerissen wird und weil bei Verbrennen in Staubfeuerungen der hohe Aschengehalt große Anstände hervorruft. Würde man aber derartige Kohlen waschen, so entstände soviel Schlammkohle, daß dadurch die Gestehungskosten der gewaschenen Kohle untragbar hoch werden würden. Oberschlesische Staubkohle, die früher nur schwer und für einen schlechten Preis abgesetzt werden konnte, war schon im Jahre 1929 kaum mehr erhältlich. Infolgedessen zogen auch die Preise von Staubkohle[1] an, wodurch die ursprünglichen großen, mit Staubfeuerungen[2] erzielbaren Ersparnisse nicht in vollem Umfange bestehen blieben. Zwischen sortierter und Staubkohle dürfte aber wohl noch auf lange Zeit ein Preisunterschied bleiben, weil Art und Menge der in Staubfeuerungen und auf Sonderrosten verwertbaren Brennstoffe gegenüber dem früheren Zustand nicht eingeengt, sondern erweitert wurde. Ein erhebliches Anziehen der Preise von Staubkohle würde übrigens voraussichtlich die „Qualitätskohle“ infolge des größeren Erlöses aus Staubkohle verbilligen. Staubfeuerungen und Sonderroste werden die Gewinnung und Aufbereitung mancher Kohlen vereinfachen und unrentable Gruben möglicherweise wieder wirtschaftlich machen, weil nicht mehr peinlich auf Körnung, Wasser- und Aschengehalt geachtet zu werden braucht. Die Bedeutung von Universalfeuerungen geht also weit über das eigentliche Wärmekraftwerk hinaus.

B. Die Verbrennung in Dampfkesselfeuerungen.

1. Einleitung. Das Verhalten einer Kohle in Dampfkesselfeuerungen hängt nach Abschnitt A von Eigenschaften ab, die mit ihr untrennbar verknüpft sind, sowie von den zufälligen, von Fall zu Fall wechselnden Bedingungen, unter denen die Verbrennung erfolgt, wie z. B. Größe, Gestalt, Kühlung und Belastung des Feuerraumes, Luftüberschuß u. a. m. Nach Rosin und Kayser muß man bei den Vorgängen in einer Feuerung zwischen der Physik der Verbrennung selbst und der Physik der Strömung unterscheiden. Die physikalische Seite der Verbrennung auf Rosten und die Auflösung fester Körper in Flüssigkeiten wird durch die gleichen Gesetze beherrscht, da in beiden Fällen ein fester Körper und eine Flüssigkeit miteinander reagieren. Die reaktionsfähige Oberfläche eines Brennstoffes ist daher bei allen Verbrennungsvorgängen von grundlegendem Einfluß, auf ihr beruht die Bedeutung der Stückelung oder des Sortenproblems, S. 20 und 28.

Die Schondorffsche Einteilung der Steinkohlen nach ihrem Verhalten bei der Verkokung ist auch heute noch unübertroffen und auch auf Braunkohlen anwendbar. Ihre quantitative Bedeutung liegt nach Aufhäuser im Mengenverhältnis von Koksrückstand zu flüchtigen Bestandteilen, ihre qualitative darin, ob der Koks backt oder nicht und ob die flüchtigen Bestandteile fett (kohlenstoffreich) oder mager sind.

Fette Steinkohlen verhalten sich besonders günstig, weil sie fettes Gas und backfähigen Koks geben. Während die flüchtigen Bestandteile bei richtig bemessenem Feuerraum über dem Rost mit sichtbarer Flamme mit annähernd gleicher, sehr großer Brenngeschwindigkeit verbrennen, vergast und verbrennt der Verkokungsrückstand auf dem Rost mit einer weit kleineren, von Größe und Beschaffenheit des Kokses stark abhängigen

[1] **Staubkohle** darf nicht mit **Kohlenstaub** verwechselt werden, der ein durch Mahlen gewonnenes künstliches Produkt ist.

[2] In **Staubfeuerungen** wird Kohlenstaub verfeuert und Staubkohle im allgemeinen nur nach vorausgegangenem Mahlen.

Geschwindigkeit. Die sehr wichtige **Gesamtbrenngeschwindigkeit** ist die chemische Umsetzungsgeschwindigkeit zwischen Luft einerseits und flüchtigen Bestandteilen und Koksrückstand andererseits und gleich der auf das Feuerraumvolumen bezogenen stündlichen Wärmeentwicklung in kcal/m³h. Die gesamte Brenngeschwindigkeit hängt nach Aufhäuser viel mehr von Menge und Beschaffenheit des Koksrückstandes als von den flüchtigen Bestandteilen ab. Dieser Umstand erklärt auch, daß die ältesten Kohlen mit höchstem Heizwert die kleinste, die jüngsten Brennstoffe die größte Brenngeschwindigkeit haben und daß die Sortierung um so wichtiger ist, je kleiner die Brenngeschwindigkeit einer Kohle ist. Die Sortierung spielt daher bei Brennstoffen mit sehr hoher Brenngeschwindigkeit, wie z. B. Rohbraunkohle, im Gegensatz zu mageren Feinkohlen und Koksgrus fast keine Rolle.

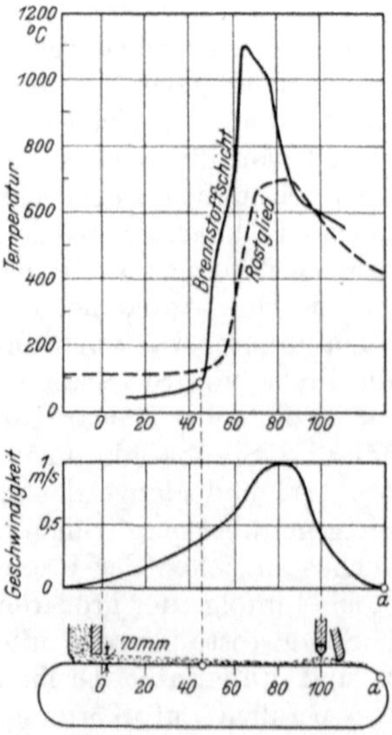

Abb. 33. Temperaturverlauf in der Brennstoffschicht und in der Rostoberfläche und Luftgeschwindigkeit zwischen den Roststäben eines mit natürlichem Zug arbeitenden Wanderrostes bei Verfeuerung von oberbayerischer Grieskohle. Nach Deinlein.

2. Verbrennung auf Wanderrosten. Auf Wanderrosten liegt der Brennstoff beginnend mit der frischen Kohle und endend mit den ausgebrannten Rückständen in allen Stufen der chemischen Wandlung nebeneinander und die Rauchgaszusammensetzung ändert sich dauernd mit dem vom Brennstoff zurückgelegten Weg. Er wird zunächst erwärmt und getrocknet, worauf seine Entgasung und Vergasung einsetzt. Die Erwärmung erfolgt durch Rückstrahlung von der Flamme und den glühenden Feuerraumwänden auf die obere Schicht des Brennstoffbettes, dessen tiefere Lagen sich infolge der schlechten Wärmeleitung der locker gelagerten Kohle und dadurch, daß die durchströmende Verbrennungsluft der Kohle Wärme entzieht, nur langsam erhitzen. Nach Abb. 33 stieg z. B. die Temperatur in der Mitte der 70 mm hohen Schicht erst schnell, nachdem die Kohle etwa 40 vH der wirksamen Rostlänge durchwandert hatte. Heiße Verbrennungsluft ist daher insbesondere auf dem ersten Teil des Rostes von Vorteil, am Rostende kann sie unerwünscht sein, weil sie das Schmelzen der Asche begünstigt und die Roststäbe weniger kühlt. Die an die Trocknung und Erhitzung anschließende eigentliche Verbrennung setzt sich aus der über dem Rost erfolgenden Verbrennung der flüchtigen Bestandteile und der auf dem Rost sich vollziehenden Verbrennung des Koksrückstandes zusammen. Nur die gasförmigen, mit zunehmender Erhitzung aus der Kohle ausgetriebenen Bestandteile verbrennen unmittelbar mit dem Sauerstoff der Luft zu Kohlensäure und zu Wasserdampf, der Koksrückstand dagegen nur in dem Maße, wie er zuvor in gasförmigen Zustand, d. h. in CO, übergegangen ist. Der Verbrennung muß also eine Erwärmung und Umwandlung des Brennstoffes vorausgehen; die Kohle muß nach Aufhäuser „verbrennungsreif" gemacht werden.

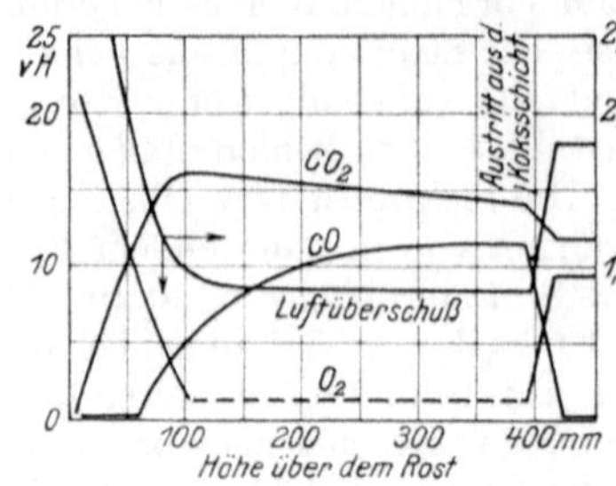

Abb. 34. Verbrennungsvorgang in der Koksschicht eines gewöhnlichen Füllofens. Nach Gramberg.

Der kleinere Teil des gebildeten Kohlenoxydes verbrennt noch innerhalb der auf dem Roste befindlichen glühenden Kohlenschicht zu Kohlensäure, der Hauptteil dagegen erst, nachdem er sie verlassen hat. Das Gleichgewicht zwischen Kohlenoxyd und Kohlensäure hängt von sehr vielen Einflüssen ab, von denen Schichtstärke, Temperatur und Luftbewegung die wichtigsten sind. Je dicker die Schicht, je höher ihre Temperatur und je geringer die Luftbewegung ist, um so mehr Kohlenoxyd entsteht. Niedere Schicht, mäßige Temperatur und lebhafte Luftbewegung begünstigen die Bildung von Kohlensäure, Abb. 34. Die aus der Kohle ausgetriebenen flüchtigen Bestandteile, die zwischen 400° und 500° zu zünden beginnen, sind das eigentliche belebende Element und leiten die Entzündung der Koksrückstände ein. Mit steigender Temperatur werden immer mehr gasförmige Bestandteile ausgetrieben, gleichzeitig nimmt auch die Vergasung und die durch Verbrennung des vergasten Kohlenstoffes entwickelte Wärme zu. Während sich aber Sauerstoff und flüchtige Bestandteile über dem Rost rasch mischen, vollzieht sich die Verbrennung der Koksrückstände um so langsamer, je weiter die Entgasung fortschreitet. Deshalb ist ihr vollständiges Verbrennen ungleich schwieriger als das der flüchtigen Bestandteile. Die eigentliche Schwierigkeit bei der Verbrennung ist aber nicht das Zünden, sondern die Durchzündung, d. h. das Schaffen einer sicheren, konstanten Brenngeschwindigkeit. Je nach dem Gasgehalt muß auf der vorderen Rosthälfte mit beginnender Entgasung und anschließender Vergasung immer mehr Luft zugeführt werden, nach dem Rostende zu nimmt der Luftbedarf allmählich bis auf einen kleinen, zum Ausbrennen der Rückstände und zum Kühlen des Rostes nötigen Betrag wieder ab. Je gasärmer eine Kohle ist, um so mehr verschiebt sich der Luftbedarf nach dem Rostende zu.

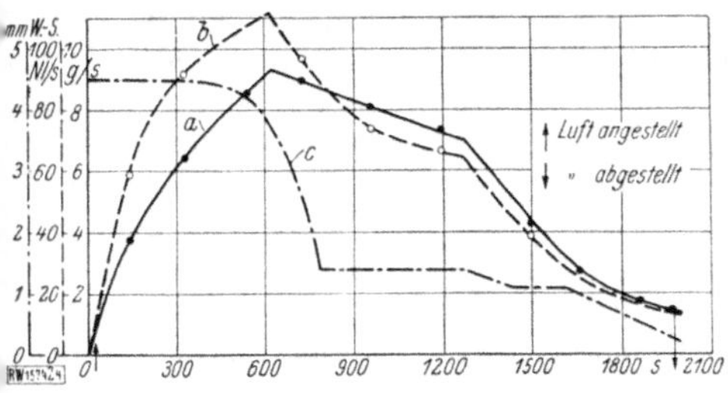

Abb. 35. Fettkohle.

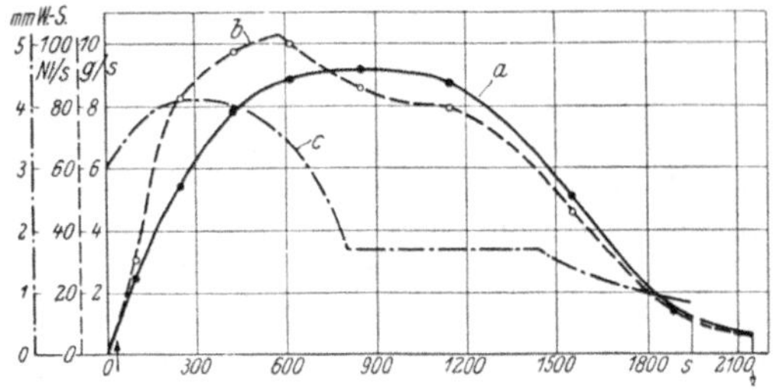

Abb. 36. Eßfeinkohle.

Abb. 35 u. 36. Verbrennungsversuch mit Fettkohle und mit Eßfeinkohle (Brennlinien) bei 100 mm anfänglicher Schichthöhe und 140 kg/m²h Rostbelastung. Nach Werkmeister.

a verbrannte Kohlenstoffmenge in g/s, *b* theoretischer Luftbedarf in Nl/s, *c* Schichtwiderstand in mm W.-S.

Brennstoff	Fettkohle	Eßkohle	
Gehalt an flüchtigen Bestandteilen	20,4	16,1	vH
Mittlerer Luftüberschuß	1,32	1,11	
Anfangstemperatur	935	830	°
Höchsttemperatur	1390	1290	°
Verhältnis der größten zur mittleren sekundlich verbrannten Kohlenstoffmenge	1,61	1,45	
Rostbelastung	1009000	1102000	kcal/m² h
Kohlenstoff in Verbrennungsrückständen	11,5	6,3	vH

Diese auf Erfahrungen beruhenden Überlegungen werden bestätigt und ergänzt durch Versuche von Werkmeister, der an einem Brennstoffbett von bestimmter Körnung und bestimmter anfänglicher Höhe das in der Zeiteinheit verbrannte Kohlenstoffgewicht **(Brennlinie)**, den theoretischen Luftbedarf und den Schichtwiderstand in Abhängigkeit von der seit Aufgabe des Brennstoffes verflossenen Zeit ermittelte. Die Versuche wurden bei 800° bis 900° Feuerraumtemperatur begonnen und beendet, wenn der CO_2-Gehalt noch 3 bis 4 vH war. Die Luftzufuhr wurde so eingestellt, daß der mittlere CO_2-Gehalt während der Versuchsdauer etwa 13 vH betrug. Bei Fettkohle, Abb. 35, nahm das in der Zeiteinheit verbrannte Kohlenstoffgewicht bis zu einem scharf ausgeprägten Höchstwert stetig zu, fiel dann allmählich bis zu einem zweiten ausgeprägten Punkt, von dem es vollends auf den Endwert zurückging. Die frei werdende Wärmemenge änderte sich also mit der Brennzeit sehr stark. Daß bei geeigneter Wahl der Maßstäbe die theoretische Verbrennungsluftmenge (Kurve *b*) anfänglich über der verbrannten Kohlenstoffmenge (Kurve *a*) liegt, später aber in gleichmäßigem Abstand zu ihr und tiefer als sie bis zum Ende der Verbrennung verläuft, deutet darauf hin, daß die flüchtigen Bestandteilen der Kohle im ersten Abschnitt des Vorganges verbrennen. Die verbrannte Kohlenstoffmenge fiel nach Erreichen des Höchstwertes wieder, weil infolge der gleichmäßigen Luftzufuhr zu einer noch weiteren Steigerung nicht mehr genügend Luft verfügbar war. Dagegen verlief die Verbrennung von Eßkohle stetig bis zu einem sehr flachen Maximum, Abb. 36, und nahm verhältnismäßig steil wieder ab, weil die magere, nicht backende Kohle auf dem ganzen Rost in einer homogenen durchlässigen Schicht liegt und der Luft bis zum völligen Ausbrand eine große Reaktionsoberfläche darbietet. Backende Kohlen dagegen ballen sich unter entsprechender Verkleinerung ihrer Reaktionsoberfläche zu Klumpen zusammen und die Wärmeentwicklung geht mit zunehmender Zahl und Größe der Klumpen immer weiter zurück, wenn sie nicht von Zeit zu Zeit durch Schüren zerbrochen werden. Anders verhalten sich Anthrazitkohlen, die anfangs sehr träge, dann außerordentlich schnell zünden, da sie in lauter feine Teile mit sehr großer Reaktionsoberfläche zerfallen. Schließlich sind sie dicht wie Sand gelagert, weshalb ihr Schichtwiderstand sehr stark wächst.

Nach Werkmeister hat jede Kohlensorte eine bestimmte Brennlinie, die ihre Form auch bei anderen Schichthöhen und Rostbelastungen beibehält, also charakteristisch ist und wichtige Schlüsse auf das Verhalten einer Kohle auf dem Rost zuläßt. Gasreiche Kohlen und kleine Schichthöhen verlangen größeren Luftüberschuß als gasarme und hoch geschichtete. Bei allen untersuchten Kohlen (mit Ausnahme von Anthrazit) nahm der Schichtwiderstand mit fortschreitender Verbrennung bis zu einem scharf ausgeprägten Punkt ab und blieb dann fast konstant.

Die Wärmeentwicklung je m^2/h verteilt sich somit sehr ungleichmäßig über die Länge von Wanderrosten, Abb. 35 und 36. Günstigste Verbrennung und höchste spezifische Leistung sind nur erreichbar, wenn man jeder Stelle die dort benötigte Luftmenge zuführt, d. h. dem Teil des Feuers, der bereits in voller Glut ist, mehr als dem Rostanfang oder -ende. Höchstleistungen erfordern infolgedessen Unterwind-Zonen-Wanderroste, und zwar müßte der Rost in sehr viele Zonen unterteilt sein, um die Luftzufuhr der Kohlensorte genau anpassen zu können. In Wirklichkeit begnügt man sich schon aus konstruktiven Rücksichten mit wenigen Zonen gleicher Breite. Die Steigerung der Rostleistung durch Erhöhung der Windpressung findet vor allem dadurch eine Grenze, daß von einem bestimmten Betrage an die Kohlenkörner unter Kraterbildung hochgewirbelt werden, wodurch bei feinkörniger Kohle große **Flugkoksverluste** entstehen können. Besonders unangenehm kann Kraterbildung bei nicht backender, schlecht durchgemischter Kohle von sehr verschiedener Körnung werden, da dann leicht große Löcher entstehen, durch die Luft schlecht ausgenutzt in den Feuerraum strömt, während dicht daneben Luftmangel herrscht und die Verbrennung sehr träge verläuft. Da Feinkohle ein viel ungünstigeres **Korngrößenverhältnis** als gröbere, vor allem sortierte Kohle hat, treten bei ihr auch leichter Flugkoksverluste auf. Ein Rost leistet um so mehr und der Ausbrand ist um so besser, je geringer der Unterschied zwischen kleinstem und gröbstem Korn ist.

Oberluftzufuhr unter hoher Geschwindigkeit kommt immer mehr in Anwendung, weil sie die gute Verbrennung der flüchtigen Bestandteile bei vielen Kohlen sehr erleichtert, durch Entlastung der Rostfläche den Flugkoksanfall verkleinert und die hochsteigenden Strähnen der Verbrennungsprodukte von teilweise beträchtlich verschiedenem Luftüberschuß durchwirbelt. Sie scheint auch an sich dem Mitreißen feiner Kohle in die Rauchgaszüge entgegenzuwirken. Überschreitet der zum Durchzünden der Brennstoffschicht erforderliche Weg etwa die Hälfte der nutzbaren Rostlänge, so werden die Ausbrandverluste unwirtschaftlich groß, weshalb man Stauvorrichtungen einbaut, die den bereits stark ausgebrannten Koksrückstand im Feuerraum zurückhalten und zu großen Luftüberschuß am Rostende verhindern. Der in den Rückständen enthaltene Koks „verdünnt" die Asche, von seiner Menge hängt es ab, ob die Asche mit ihm „zusammenschmiert" oder ob der Koks sperrig wirkt. Je besser der Koksrückstand ausgebrannt ist, um so mehr überschüssige Luft ist zum Verhindern der Bildung großer Schlackenstücke nötig. Zur Zeit sind bei mechanischen Rosten Warmlufttemperaturen bis etwa 200^0 zulässig.

3. Verbrennung in Staubfeuerungen. Bei Staubfeuerungen gelangt der Brennstoff mit einem Teil der Verbrennungsluft gemischt, die als Tragluft wirkt, in die Feuerkammer. Die Oberflächen der Staubkörner werden bei ihrem Austritt aus den Brennern durch die Strahlungswärme des den Feuerraum erfüllenden Flammenmeeres getrocknet und erhitzt. Dadurch werden aus der Kornoberfläche die brennbaren Gase ausgetrieben und durch Oxydation mit der das Korn umgebenden Lufthülle entzündet. Die hierbei entwickelte und die aus dem Feuerraum eingestrahlte Wärme machen allmählich auch das Innere der Körner verbrennungsreif. Infolge der sehr kleinen Korngröße erfolgt die Durchwärmung und Durchzündung außerordentlich schnell, aber selbst bei kleinem Korn vergeht eine gewisse Zeit, bis die Wärme in sein Inneres vordringt. Die vollständige Verbrennung dauert daher um so länger, je größer das Korn ist, und wird dadurch weiter verzögert, daß die das Korn einhüllenden gasförmigen Reaktionsprodukte den Zutritt von frischem Sauerstoff beeinträchtigen. Je schneller und andauernder sie immer wieder weggespült werden, um so rascher vollzieht sich die Verbrennung, deren Dauer und Vollkommenheit also von der Bauart und Anordnung der Brenner und der Art der

Luftzufuhr abhängen. Je besser gemischt Staub und Luft in die Feuerkammer gelangen und je lebhafter sie während der Verbrennung durchgewirbelt werden, um so schneller und vollständiger vollzieht sie sich. Die Brennzeit läßt sich durch hohe Flammentemperatur weiter verkürzen. Führt man jeder Stelle der Flamme nur soviel Luft zu, als zur Verbrennung gerade nötig ist, so erzielt man bei gleichem Luftüberschuß in den Rauchgasen am Eintritt in die Kesselheizfläche die höchstmögliche örtliche Flammentemperatur und damit die höchstmögliche Flammenstrahlung. Der längere Aufenthalt der Rauchgase und der Staubkörner in der Feuerung bei dieser Art der Luftzufuhr hat zur Folge, daß die Rauchgastemperatur am Ende der Verbrennung (vor Eintritt in die Kesselheizfläche) niedriger liegt als beim Zuführen der gesamten Verbrennungsluft mit dem Staub. Nach Rosin ist bei dieser Betriebsweise bei gleichem Luftüberschuß und gleicher Temperatur der Rauchgase am Eintritt in die Kesselheizfläche eine bis zu 30 vH höhere Feuerraumbelastung zulässig.

Große Einblasegeschwindigkeit, deren Höhe aber mit Rücksicht auf die Zündgeschwindigkeit der Kohle (Abreißen der Flamme) und den erforderlichen Ausbrennweg begrenzt ist, begünstigt die innere Turbulenz. Die äußere Turbulenz durch Reibung des Staubstrahles an den Brennerwandungen oder an anderen Gasströmen kann gleichfalls durch hohe Austrittsgeschwindigkeit aus dem Brenner sowie durch stark unterteilte Austrittsquerschnitte, Zweitluft, Flammenumkehr und gegeneinander blasende Brenner erreicht werden.

Zwischen der auf einem Wanderrost liegenden Brennstoffschicht und einer wenig turbulenten, aus sehr feinem Staub bestehenden Flamme besteht insofern ein erheblicher Unterschied, als beim Rost dauernd frische Luft auf die einzelnen Kohlenstücke trifft und die Hülle aus Reaktionsprodukten immer wieder von ihrer Oberfläche wegbläst und als man unausgebrannte Koksrückstände durch Anstauen am Rostende vollends verbrennen kann. Bei Kohlenstaub dagegen müssen flüchtige Bestandteile und Koks stets proportional der zugeführten Brennstoffmenge verbrannt werden und gerade das Verbrennen der verkokten Stäubchen ist die eigentliche brenntechnische Schwierigkeit bei Staubfeuerungen. Während bei nicht überlasteten Rostfeuerungen durch Bedienungsfehler im allgemeinen nur unverbrannte Gase in die Kesselzüge gelangen, wo sie häufig ohne wesentliche Verluste vollends ausbrennen, Abb. 346, ist der Heizwert von unverbranntem Staub nach seinem Eintritt in die Kesselheizfläche verloren.

Bedeutet

$\mathfrak{H}_u$ = unterer Heizwert der Kohle in kcal/kg,
V_0 = Rauchgasmenge in Nm^3/kg,
T = mittlere Feuerraumtemperatur in ^{0} abs.,
Z = Brennzeit des gröbsten Kornes bzw. Aufenthaltsdauer von 1 m^3 Rauchgas in 1 m^3 Feuerraum in s,
β = Abbrandzahl, d. h. Verhältnis der mittleren Oberfläche während der Verbrennung zur ursprünglichen Oberfläche sämtlicher Kohlenkörner,
K = Beschickung, d. h. im Feuerraum befindliches Kohlengewicht, wenn die Kohle unverbrannt durch den Feuerraum getragen werden würde, in kg,
c = Reaktionsgeschwindigkeit, d. h. statistischer Mittelwert der stündlich von 1 m^2 reagierender Kohlenoberfläche durch Verbrennung entwickelten Wärmemenge in kcal/m^2 h,
φ = Oberflächenwertigkeit, d. h. der durch die Feuerung gegebene Ausnutzungsgrad der Reaktionsfähigkeit,
F = spezifische Oberfläche des Staubes in m^2/kg,

so ist nach Rosin die spezifische Belastung einer Staubfeuerung

$$B = \frac{3600 \cdot \mathfrak{H}_u}{V_0 \cdot \frac{T}{273} \cdot Z} \quad \text{kcal/m}^3\,\text{h}. \tag{5}$$

Sie ist umgekehrt proportional der Brennzeit des gröbsten Kornes, bzw. der Aufenthaltsdauer der Rauchgase in der Feuerung. Da mit wachsender Temperatur T die Brennzeit Z abnimmt, wirken die Temperatureinflüsse einander entgegen. Die zulässige Feuerraumbelastung fällt mit der Feuerraumtemperatur um so mehr, je kürzer die Brennzeit, d. h. je feiner der Staub ist. Die Feuerraumtemperatur muß also während der Verbrennung durch Wärmeabgabe an Kühlflächen auf einen günstigen Betrag gesenkt werden, der natürlich über dem Wert liegen muß, bei dem die Brennzeit infolge merklich abnehmender Reaktionsgeschwindigkeit wächst. Heiße Verbrennungsluft erhöht B, weil kalte Luft den Staub abkühlt und die

Brennzeit Z verlängert. Die Wirkung heißer Verbrennungsluft zeigt sich in Gleichung (5) durch eine Verkleinerung des im Nenner stehenden Wertes Z.

Die reaktionsfähige Oberfläche der in der Feuerung befindlichen Kohle ist

$$O = K \cdot \beta \cdot F \quad \mathrm{m}^2. \tag{6}$$

Die Beschickung K ist bei Wanderrosten

$$K = \text{Rostfläche} \times \text{Schütthöhe am Rostanfang} \times \text{Schüttgewicht kg}, \tag{7}$$

bei Staubfeuerungen

$$K = \frac{\text{Feuerrauminhalt}}{V_o \cdot \frac{T}{273}} \quad \text{kg}. \tag{8}$$

Einen guten Einblick in die die Feuerraumleistung beeinflussenden Faktoren gibt die Rosinsche Gleichung

$$\text{Leistung} = \text{Beschickung} \times \text{Abbrandzahl} \times \begin{matrix}\text{spezifische}\\ \text{Oberfläche}\end{matrix} \times \text{Oberflächenwertigkeit} \times \text{Reaktionsgeschwindigkeit}$$

$$\underset{\text{kcal/h}}{Q} = \underset{\text{kg}}{K} \cdot \beta \cdot \underset{\text{m}^2/\text{kg}}{F} \cdot \underset{\text{kcal/m}^2\,\text{h}}{\varphi} \cdot c. \tag{9}$$

Nach Abb. 37 sind in 25 vH der für das vollständige Ausbrennen von 5 vH/4900 Staub[1] erforderlichen Zeit bereits 98 vH des Staubes verbrannt. 75 vH des gesamten Feuerraumes sind also für eine Wirkungsgraderhöhung um 2 vH nötig. Schon aus wirtschaftlichen Gründen muß man daher einen gewissen Verlust an unverbrannter Kohle in Kauf nehmen. Da Kohlenstaub ein Gemisch sehr verschiedener Körnungen ist, rühren die Verluste an Unverbranntem im Flugkoks fast ganz von den groben Körnern her. Während nach Abb. 37 bei 50 vH seiner Brennzeit 5 vH/4900 Staub praktisch vollkommen ausgebrannt sind, sind rd. 5 vH von 35 vH/4900 Staub noch nicht verbrannt. Würde also eine Staubflamme aus 50 vH beider Feinheiten bestehen, so wäre bei obiger Brennzeit der Verlust an Wirkungsgrad durch Flugkoks rd. 2,5 vH. Bei Staubfeuerungen kommt es daher nicht so sehr auf möglichst viel sehr feinen Staub, sondern darauf an, daß er möglichst homogene, nicht zu große Körnung hat. Je weniger grobes Korn er enthält, um so höher kann der Feuerraum bei gleichem Wirkungsgrad belastet werden. Völliger Ausbrand von Staub ist nach Abb. 37 technisch überhaupt nicht möglich, wenngleich wenigstens bei einigermaßen gasreichem 15 vH/4900 Staub die Verluste an Unverbranntem selbst bei hoher Feuerraumbelastung sehr nieder gehalten werden können.

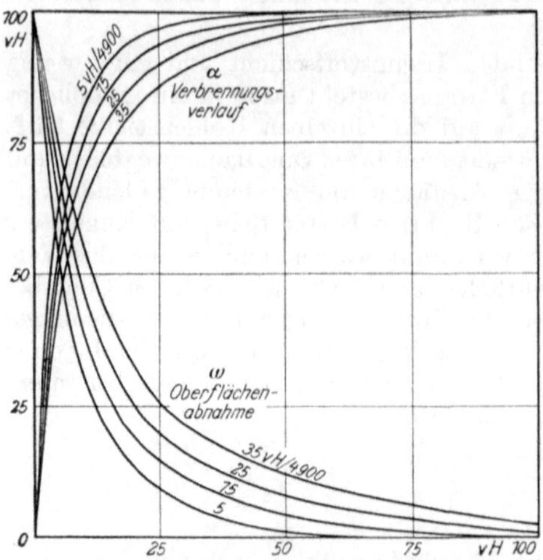

Zeit in Teilen der Brennzeit von 5/4900-Staub.

Abb. 37. Verbrennungsverlauf von Kohlenstaub verschiedener Feinheit. Nach Rosin. α Prozentsatz des verbrannten Staubgewichtes am zugeführten Staubgewicht.

Brennstoffasche bereitet in Staubfeuerungen mehr Schwierigkeiten als auf Rosten, weil fast die gesamte Asche fein verteilt in der Flamme schwebt, eine noch größere spezifische Oberfläche als der ursprüngliche Staub und sehr hohe Temperatur hat. Sie kann sowohl chemisch angreifen als durch ihr Ankleben Schwierigkeiten bereiten. Der chemische Angriff der Asche auf die Feuerraumummantelung spielt aber wenigstens bei Kohle von mehr als etwa 15 vH Gasgehalt heute dank der dann meist zulässigen Auskleidung des Feuerraumes mit wasserdurchströmten Kühlflächen kaum mehr eine Rolle, und die Verschmutzung der Kesselheizfläche durch Aschenansätze läßt sich durch weitere Teilung der Siederohre in erträglichen Grenzen halten. Trotzdem sollte man die Rauchgase vor Eintritt in die Kesselzüge unter den Erweichungspunkt der Asche abkühlen.

[1] Die Abkürzung bedeutet 5 vH Rückstand auf Sieb Nr. 70 (4900 Maschen/cm²).

Abb. 38 zeigt den Temperaturverlauf bzw. die etwa erforderliche Flammenlänge in einem Feuerraum mit pilzförmiger Flamme, Abb. 243, bei verschiedener Dampferzeugung und verschieden stark verschmutzter Kühlfläche (rein, verschmutzt). Soll eine bestimmte Endtemperatur bei einer bestimmten Feuerraumbelastung nicht überschritten werden, so muß man einen Feuerraum um so mehr kühlen, je kürzer die Brennzeit ist. Je gasärmer Staub ist, um so turbulenter muß in stark gekühlten Feuerkammern die Verbrennung erfolgen, um so feiner muß die Korngröße und um so heißer die Verbrennungsluft sein. Die Flammentemperatur ändert sich nicht nur mit der Länge des Flammenweges, sondern auch mit dem Abstand von der Flammenachse, weil die Wärmeausstrahlung nach der Heizfläche bzw. die Wärmeeinstrahlung vom glühenden Mauerwerk her nicht überall gleich ist. Mit fortschreitender Verbrennung nimmt der Schwärzegrad, S. 72, der Flamme ab und ihre Durchsichtigkeit zu. Die Zündung der Flamme setzt daher von ihrem Rand aus ein. Ihr Kern bleibt am längsten heiß, da ihn die umhüllenden Schichten vor Wärmeabgabe schützen. Da der Schwärzegrad mit dem Flammendurchmesser zunimmt, sind die Zündwege bei wenigen großen Brennern länger als bei zahlreichen kleinen von gleicher Gesamtleistung. Je kürzer die Flamme ist, um so heißer ist sie. Trotz derselben Feuerraumbelastung können daher die Flammenhöchsttemperaturen je nach der Flammenentwicklung sehr verschieden sein und unter Umständen starken örtlichen Angriff des Mauerwerkes bewirken. Durch Verändern des Mengenverhältnisses von Einblase- und Sekundärluft kann man die Flamme oft in die Länge ziehen und die hohen örtlichen Temperaturen herabsetzen.

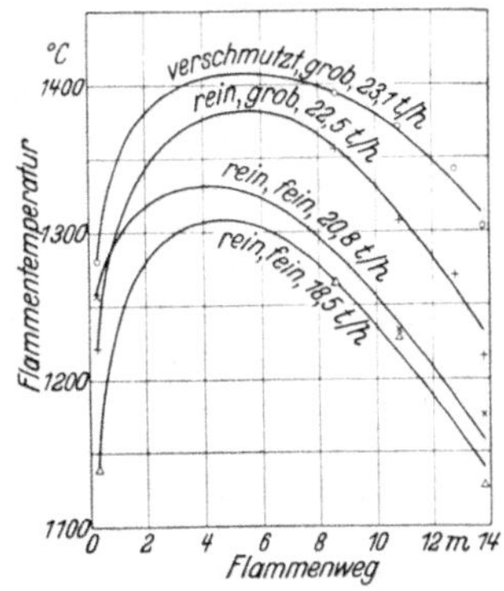

Abb. 38. Temperaturverlauf in dem in Abb. 243 dargestellten LHBW-Steilrohrkessel bei verschiedener Dampferzeugung (18,5 bis 23,1 t/h), verschiedener Reinheit der Kühlfläche (verschmutzt, rein) und verschiedener Ausmahlung des Staubes (grob, fein).

In Abb. 39 strömen 56 vH der gesamten Verbrennungsluft durch die Brenner, 14 vH durch Öffnungen a in den Seitenwänden, der Rest durch Öffnungen b und c in der Rückwand zu. Infolge der hohen Einblasegeschwindigkeit von 23 m/s wurde die Flamme gegen die hintere Schräge des Aschentrichters gedrückt, die dadurch stark verschlackte. Abb. 40 zeigt das andere Extrem, bei dem infolge der um 30 vH kleineren Einblasegeschwindigkeit und der Verdopplung der durch die Seitenöffnungen a zugeführten Sekundärluft die Flamme an der Vorderseite des Feuerraumes zusammengequetscht wurde und zu dicht an die vordere Aschentrichterschräge gelangte.

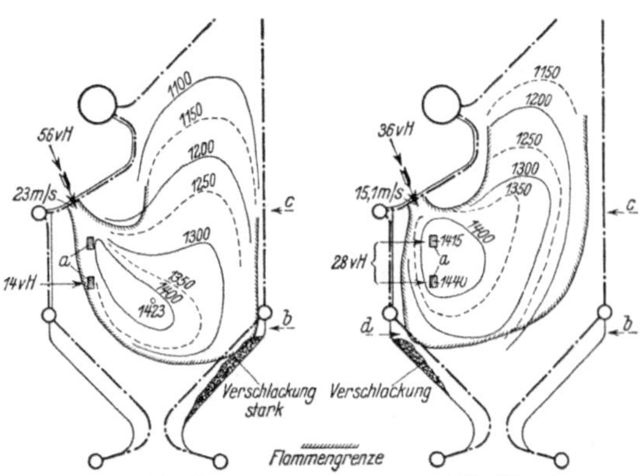

Abb. 39. Abb. 40.

Abb. 39 u. 40. Einfluß der Unterteilung der Verbrennungsluft in Primär- und Sekundärluft (a, b, c) auf die Lage der Staubflamme bei einem 80 t/h-Steilrohrkessel von 2000 m²-Heizfläche und 8300 mm lichter Feuerraumbreite.

C. Die Arbeitsprozesse der Dampfkraftmaschinen.

1. Einleitung. Kraftwerke sollen so gebaut sein, daß die Wärmeenergie der Brennstoffe unter den gegebenen Verhältnissen tunlichst wirtschaftlich, d. h. mit einem möglichst geringen Geldaufwand für Brennstoff- und Kapitalkosten in elektrische Energie umgewandelt wird. Je niedriger der Zinsfuß und je höher Brennstoffpreis und Benutzungsdauer sind, um so thermisch hochwertigere, aber auch teurere Maschinen rentieren sich. Konstruktion und Bemessung der Kessel hängen aber nicht nur vom wirtschaftlichsten

Kesselwirkungsgrad, sondern auch von dem Verfahren ab, nach dem die angeschlossenen Kraftmaschinen arbeiten. Als Dampfdruck- und -temperatur noch nieder und die Kraftmaschinen als reine Kondensationsturbinen ausgebildet waren, lagen die Verhältnisse für die Kesselanlage weit einfacher als heute, wo der Frischdampfdruck bis auf 225 at, die Frischdampftemperatur bis auf 500° gestiegen und viele Turbinen mit Regenerativ-Speisewasservorwärmung und Zwischenüberhitzung ausgestattet sind. Z. B. muß sorgfältig untersucht werden, welche Überhitzung bei einem bestimmten Frischdampfdruck notwendig ist, damit der Arbeitsdampf in den Niederdruckstufen der Turbine nicht unzulässig feucht wird, bzw. ob wegen der mit Rücksicht auf die Zunderbeständigkeit der verfügbaren Baustoffe beschränkten Dampftemperatur es nicht besser ist, sich mit einem niedrigeren Frischdampfdruck zu begnügen oder Zwischenüberhitzer einzubauen. Aber auch die Frage, ob sich bei starker Vorwärmung des Speisewassers durch Anzapfdampf noch Ekonomiser lohnen, bzw. wie die Ausnutzung der Rauchgaswärme am vorteilhaftesten auf Ekonomiser und Luftvorwärmer verteilt wird, verlangt sorgsame Prüfung. Schließlich muß man sich davon überzeugen, ob eine gewisse Verbesserung des thermischen Wirkungsgrades des ganzen Kraftwerkes zweckmäßiger an den Kesseln oder den Kraftmaschinen vorgenommen wird. Nicht selten sind auch die Fälle, in denen eine weitergehende thermische Vervollkommnung der Kraftmaschinen die Wirtschaftlichkeit des ganzen Kraftwerkes deshalb nicht mehr erhöht, weil sie durch eine entsprechende Verschlechterung des Wirkungsgrades oder eine Verteuerung der Kesselanlage ausgeglichen wird. Wenngleich diese Fragen nicht immer völlig eindeutig beantwortet werden können und nicht selten verschiedene Lösungen praktisch gleichwertig sind, so hängt doch die Wirtschaftlichkeit eines Werkes so stark von der harmonischen Abstimmung der Kessel- und Kraftmaschinenanlage aufeinander ab, daß der Kesselbauer wenigstens in großen Zügen wissen muß, auf welche Weise die Umwandlung der Wärme in modernen Kraftmaschinen erfolgen kann und wie sie die Kesselanlage beeinflußt.

2. Die Wasserdampfkreisprozesse. Infolge der großen Mehrarbeit, die 1 kg Frischdampf eines bestimmten Anfangszustandes durch Expansion auf hohes Vakuum statt auf atmosphärischen Druck leistet, kommen für reine Kraftwerke, von seltenen Ausnahmen abgesehen, nur Kondensationsturbinen in Frage. Ihr Auspuffdampf wird durch Frischwasser oder rückgekühltes Wasser in **Oberflächenkondensatoren** niedergeschlagen, die das tiefste Vakuum erzeugen und reines und fast luftfreies Kondensat für die Kesselspeisung liefern. **Mischkondensatoren** kommen in größeren Werken kaum mehr vor. **Rückkühlung** gibt unter mittleren Verhältnissen eine um 4 vH geringere Luftleere (0,08 ata) als **Frischwasserkühlung** (0,04 ata). Da bei Rückkühlung der Wärmeverbrauch je erzeugte kWh um 6 bis 8 vH höher ist und die Kesselanlage und andere Teile des Kraftwerkes entsprechend verteuert werden, S. 326, errichtet man Kraftwerke tunlichst an Flüssen oder Seen.

Nach dem zweiten Hauptsatz der Wärmelehre ist der thermische Wirkungsgrad des **Carnot-Kreisprozesses,** der aus zwei Adiabaten und zwei Isothermen besteht und bei dem die Wärmemenge Q_1 bei der Temperatur T_1 zugeführt und die Wärmemenge Q_2 bei der Temperatur T_2 (gemessen in °abs) abgeführt wird, unabhängig von der Natur des Arbeitsmittels

$$\eta_{\text{therm}} = 100 \cdot \frac{Q_1 - Q_2}{Q_1} = 100 \cdot \frac{T_1 - T_2}{T_1} = 100 \cdot \frac{\text{Fläche } abcd}{\text{Fläche } fbce} \text{ vH}. \qquad (10)$$

η_{therm} ist also um so größer, bei je höherer Temperatur Q_1 zu- und bei je tieferer Q_2 abgeführt wird. Abb. 41 zeigt den Carnot-Kreisprozeß im Entropie-Temperatur-Diagramm, das ein besonders klares Bild gibt, weil die Wärmemengen als Flächen erscheinen. Er kann aber streng genommen nur für Gase zugrunde gelegt werden, weil u. a. für Dämpfe die Phase $a\,b$ technisch nicht durchführbar ist. Würde man ihn daher als Idealprozeß für den in Dampfkraftmaschinen sich vollziehenden Arbeitsvorgang benutzen, so würde ihr thermodynamischer Wirkungsgrad unverdient ungünstig ausfallen und eine falsche Vorstellung von dem theoretisch Erreichbaren geben.

Man legt daher bei Dämpfen den **Clausius-Rankine-Prozeß** zugrunde, weil er ihrem Charakter besser Rechnung trägt. Statt der beiden Isothermen des Carnot-Prozesses hat er zwei Isobaren. Beim Carnot-Prozeß ist angenommen, daß das Betriebsmittel durch adiabatische Kompression vom Zustand a in den Zustand b übergeführt wird. Die Nachahmung dieses Vorganges in einer Dampfkraftmaschine würde auf außerordentliche Schwierigkeiten stoßen. Bei Dämpfen, z. B. Wasserdampf, wird nämlich bei Beginn des Prozesses, Punkt a, das zu einer Flüssigkeit kondensierte Arbeitsmittel durch eine Pumpe vom niederen, T_2 entsprechenden auf den hohen, T_1 entsprechenden Druck gebracht und dann von T_2 auf T_1 erhitzt. Dieser Vorgang deckt sich fast völlig mit der sog. unteren Grenzkurve, die den Zustand des Wassers von dem des nassen Dampfes trennt. Die Adiabate $a\,b$ des Carnot-Prozesses ist also im wesentlichen durch die untere Grenzkurve $a\,b$ (Dampfgehalt $x = o$) ersetzt, die Expansion von c nach d erfolgt ebenso wie beim Carnot-Prozeß adiabatisch, Abb. 42. Da die Grenzkurve für jeden Stoff anders verläuft, ist der thermische Wirkungsgrad bei gleicher Anfangs- und Endtemperatur je nach dem verwendeten Wärmeträger verschieden. Je steiler sie zwischen Punkt a und Punkt b ist, um so höher wird unter sonst gleichen Verhältnissen der thermische Wirkungsgrad

$$\eta_{\text{therm}} = \frac{\text{Fläche } ab'cd}{\text{Fläche } fab'ce}$$

bzw. $\dfrac{\text{Fläche } abcd}{\text{Fläche } fabce}$.

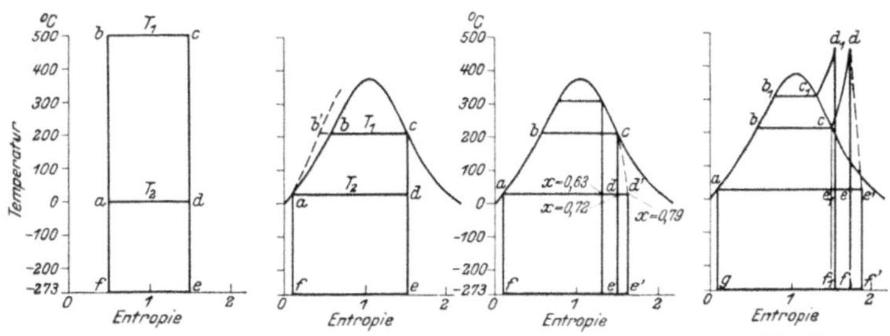

Abb. 41. Abb. 42. Abb. 43. Abb. 44.

Abb. 41—44. Darstellung von vier Kreisprozessen im Entropie-Temperatur-Diagramm.
Abb. 41. Carnot-Kreisprozeß.
Abb. 42—44. Clausius-Rankine-Kreisprozesse für Wasserdampf.
Abb. 42. Kreisprozeß für Sattdampf.
Abb. 43. Einfluß höheren Frischdampfdruckes bei Sattdampf.
Abb. 44. Einfluß höheren Frischdampfdruckes bei überhitztem Dampf.

Abb. 43 zeigt, daß der thermische Wirkungsgrad bei gleicher Endtemperatur mit zunehmender Anfangstemperatur, bzw. Frischdampfspannung steigt. Gleichzeitig wächst der Wassergehalt des Auspuffdampfes (im gewählten Beispiel $x = 72$ bzw. 63 vH Dampfgehalt) und wird bei gesättigtem Frischdampf bereits bei mäßigen Frischdampfdrücken so groß, daß in der Turbine erhebliche Stoß- und Reibungsverluste entstehen. Die Vorteile höherer Frischdampfdrücke sind daher bei Sattdampf tatsächlich nicht so groß, wie es nach dem Temperatur-Entropiediagramm, das diese Verluste nicht unmittelbar zum Ausdruck bringt, den Anschein hat.

Der Wert, der angibt, wieviel vH der nach dem Clausius-Rankine-Prozeß sich ergebenden Arbeit tatsächlich an der Turbinenwelle wiedergewonnen wird, heißt **Gütegrad** oder **thermodynamischer Wirkungsgrad** einer Turbine. Der auf die Turbinenkupplung bezogene Wirkungsgrad ist um die mechanischen Verluste geringer (Lagerreibung $\sim$ 2 vH). Der Gütegrad größerer moderner Kondensationsturbinen beträgt bei überhitztem Frischdampf 80 bis 86 vH; die niedrigen Werte gelten für sehr hohe Drücke bzw. einfache Turbinen. Die Verluste in der Turbine von 20 bis 14 vH der nach dem Idealprozeß sich ergebenden mechanischen Arbeit trocknen bzw. überhitzen den expandierenden Dampf. Infolgedessen expandiert er nicht nach Adiabate $c\,d$, sondern nach der Polytropen $c\,d'$ und tritt daher mit einem größeren Wärmeinhalt als beim Idealprozeß in den Kondensator ein, Fläche $f\,a\,d'\,e'$ statt Fläche $f\,a\,d\,e$; Dampfgehalt 79 statt 72 vH, Abb. 43.

Ein Wassergehalt in den Niederdruckstufen der Turbine von mehr als 8 bis 10 vH sollte vermieden werden, weil er Schaufelerosionen verursacht. Deshalb, wegen der Verbesserung des thermischen Wirkungsgrades und aus anderen Gründen arbeitet man ganz allgemein mit überhitztem Dampf, Abb. 44. Die für Überhitzung aufgewendete Wärme wirkt sich deshalb auf den thermischen Wirkungsgrad so stark aus, weil sie, wie Abb. 44 zeigt, mit einer Vergrößerung des Temperaturgefälles verbunden ist und weil die Expansion von überhitztem Dampf unter höherem Gütegrad als die von Sattdampf verläuft. Schließlich ist die Überhitzung ein Mittel, um den Wassergehalt des Dampfes in den Niederdruckstufen der Turbine zu verringern. Auch bei überhitztem Dampf verläuft die Expansion infolge der Verluste in der Turbine rechts von der Adiabaten (Linie *d e'* statt *d e*, Abb. 44). Bei 10 vH Wassergehalt des Auspuffdampfes muß bei einem Gütegrad von 80 bzw. 85 vH bei Kondensationsturbinen mit Frischwasser- (0,04 ata) bzw. mit Rückkühlung (0,08 ata) der Frischdampf je nach seinem Druck mindestens die in Abb. 45 angegebenen Temperaturen haben. Bei Rückkühlung ist nach Abb. 45 eine niederere Frischdampftemperatur zulässig als bei Frischwasserkühlung, weil der Dampf nicht so tief expandiert. Die erforderliche Mindestüberhitzung hängt also vom Frischdampf- und Kondensatordruck und vom Gütegrad der Turbine ab. Andererseits bringt das Überschreiten einer bestimmten Überhitzung keinen praktischen Vorteil mehr. Man sollte sie daher so wählen, daß die Dampffeuchtigkeit in den letzten Niederdruckstufen der vollbelasteten Turbine zwischen 5 und 10 vH liegt; bei Teillast wird sie ohnehin geringer. Je schlechter der Gütegrad einer Turbine ist, um so niederere Überhitzung ist zulässig. Nach Abb. 45 muß bei etwa 40 at Frischdampfdruck und Frischwasserkühlung die Dampftemperatur bei 85 vH Gütegrad der Turbine mindestens 475° sein, ein Betrag, der dicht an der Grenze liegt, die man zur Zeit der Baustoffe wegen nicht gern überschreitet. Bei Drücken von wesentlich mehr als 40 at muß man sich daher entweder mit einem größeren Wassergehalt des Auspuffdampfes der Turbine abfinden oder den Dampf von neuem überhitzen, nachdem er eine bestimmte Arbeit geleistet hat, Linie *e f* in Abb. 46. Die **Zwischenüberhitzung** wird mit Rauchgasen oder hochgespanntem Frischdampf bei etwa 10 bis 30 vH des Frischdampfdruckes durchgeführt, S. 274. Der Wärmegewinn ist einerseits etwas höher als im Entropiediagramm zum Ausdruck kommt, weil ein größerer Teil der Expansion im Überhitzungsgebiete, d. h. mit besserem Gütegrad erfolgt als bei einfacher Überhitzung, andererseits vermindern ihn die mit der Zwischenüberhitzung verbundenen Drossel- und Wärmeverluste etwas. Ähnlich wichtig wie die Wärmeersparnis ist aber die durch die Zwischenüberhitzung erzielte längere Lebensdauer der Niederdruckbeschaufelung, deren Erneuerung bei großen Turbinen sehr teuer und zeitraubend ist.

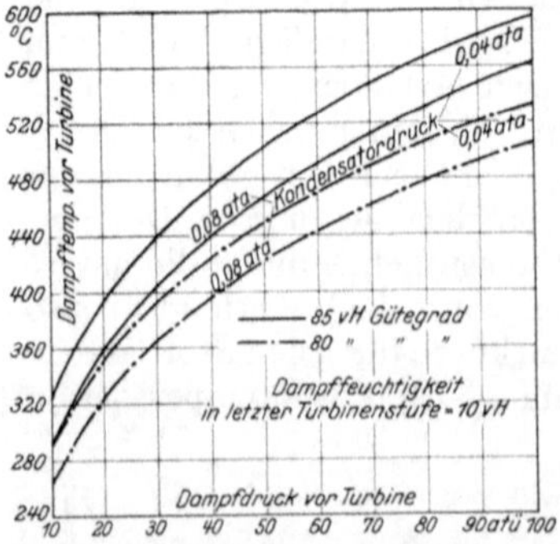

Abb. 45. Erforderliche Frischdampftemperatur bei Betrieb mit Frischwasser- (0,04 ata) und Rückkühlung (0,08 ata) zum Erzielen eines Wassergehaltes des Auspuffdampfes einer Turbine von 10 vH bei 10 bis 100 atü Frischdampfdruck.

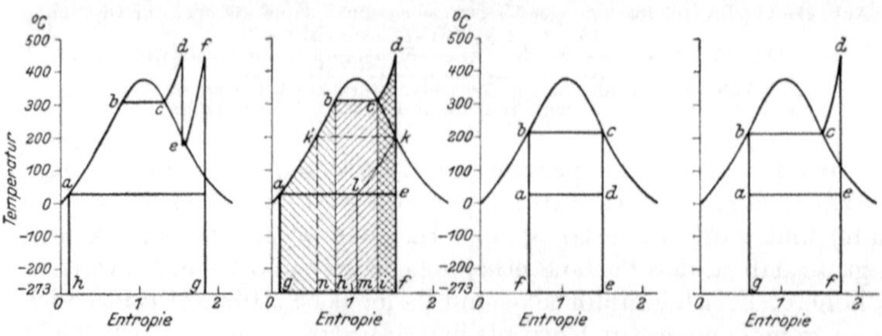

Abb. 46. Abb. 47. Abb. 48. Abb. 49.

Abb. 46—49. Darstellung von Wasserdampf-Kreisprozessen im Entropie-Temperatur-Diagramm.
Abb. 46. Zwischenüberhitzung.
Abb. 47. Wärmeverteilung bei unmittelbarer Expansion und bei Regenerativ-Vorwärmung des Speisewassers.
Abb. 48. Regenerativ-Verfahren bei gesättigtem Frischdampf.
Abb. 49. Desgl. bei überhitztem Frischdampf.

In Abb. 47 ist Fläche *g a b h* die für die Erwärmung von 1 kg Wasser von Kondensat- auf Sattdampftemperatur, Fläche *h b c i* die zu seiner Verdampfung, Fläche *i c d f* die zur Überhitzung des Sattdampfes erforderliche Wärmemenge. Die zur Erzeugung von 1 kg Dampf von 100 at und 450° aus Wasser von 29°, entsprechend einem Kondensatordruck von 0,04 ata, benötigte Wärme entspricht also Fläche *g a b c d f*. Man hatte lange Zeit hindurch als vorteilhaftesten Kreisprozeß den angesehen, bei dem der

Dampf adiabatisch auf den Kondensatordruck expandiert, wobei die Fläche *a b c d e* entsprechende Wärme in Arbeit umgesetzt wird und Fläche *g a e f* in den Kondensator geht. Man kann aber durch das sog. **Regenerativ-Verfahren** dem expandierenden Dampf nach Erreichen der oberen Grenzkurve, Punkt *k*, durch das Speisewasser (Kondensat) in einem solchen Maße Wärme fortlaufend entziehen, daß seine weitere Expansionslinie parallel zu dem entsprechenden Stück der unteren Grenzkurve verläuft, Linie *k l* in Abb. 47. Dadurch wird die für das Erwärmen des Kondensates vom Zustand *a* auf den Zustand *k'* benötigte Wärme (Fläche *g a k' n*) durch den Arbeitsdampf gedeckt. Allerdings wird auch die gewonnene mechanische Arbeit um Fläche *l k e* kleiner, dafür geht die durch die Fläche *m l e f* dargestellte Wärmemenge nicht im Kondensator verloren. Es läßt sich zeigen, daß bei gesättigtem bzw. überhitztem Frischdampf das Regenerativ-Verfahren durch Abb. 48 bzw. 49 dargestellt werden kann. Der Kreisprozeß stimmt also bei trocken gesättigtem Frischdampf und einer Speisewasservorwärmung auf Sattdampftemperatur mit dem Carnot-Prozeß überein. Der thermische Wirkungsgrad ist in Abb. 48 $\eta_{\text{therm}} = \frac{\text{Fläche } a\,b\,c\,d}{\text{Fläche } f\,b\,c\,e}$, in Abb. 49 $\eta_{\text{therm}} = \frac{\text{Fläche } a\,b\,c\,d\,e}{\text{Fläche } g\,b\,c\,d\,f}$, also erheblich besser als bei unmittelbarer Expansion. Der Regenerativprozeß ist besonders bei hohem Frischdampfdruck eine so große Verbesserung, daß ohne ihn Dampf von mehr als 30 at Spannung in Kraftwerken wohl nie seine heutige Bedeutung erhalten hätte. Er wird durchgeführt, indem an passenden Stellen der Turbine bestimmte Dampfmengen abgezapft und zum stufenweisen Vorwärmen des Speisewassers verwendet werden, wobei gleichfalls im Gegensatz zum idealen Regenerativprozeß der Anzapfdampf niedergeschlagen und dem Speisewasserkreislauf zugeführt wird. Der Anzapfdampf beträgt 10 bis 15 vH der gesamten Arbeitsdampfmenge (bei Werken mit Gleichdruckspeichern bis 20 vH, S. 315). Der restliche Arbeitsdampf hat dann in den Niederdruckstufen der Turbine denselben Dampfgehalt wie bei direkter Expansion, was wegen ihrer Beschaufelung erwünscht ist. Man kann auch wie in Abb. 50 den Vorwärmdampf einer besonderen, als „Hausturbine“, d. h. zum Decken des Eigenbedarfes eines Kraftwerkes dienenden, als Anzapf-Gegendruck-Maschine ausgebildeten **Vorwärmturbine** entnehmen und die Hauptmaschine als normale Kondensationsturbine ausführen.

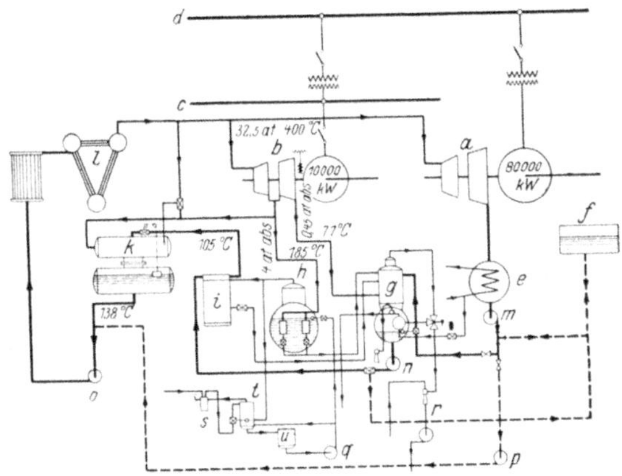

Abb. 50. Schaltschema eines aus einer Kondensationsturbine (80000 kW-Hauptmaschine) und einer als Anzapf-Gegendruckturbine zum Durchführen einer zweistufigen Speisewasservorwärmung mittels Anzapfdampf (4 ata und 0,45 ata) durchgebildeten Hilfsturbine (10000 kW-Vorwärmmaschine) bestehenden Maschinensatzes im Klingenbergwerk, Berlin. Baujahr 1925.

a Hauptturbine; *b* Vorwärmturbine; *c* Haussammelschiene; *d* Hauptsammelschiene; *e* Kondensator; *f* Ausgleichbehälter; *g* Abdampfvorwärmer (Entlüfter, zweite Vorwärmstufe); *h* Verdampfer (erste Vorwärmstufe); *i* Brüdenkondensator; *k* Anzapfdampfvorwärmer (erste Vorwärmstufe); *l* Kessel; *m* Kondensatpumpe; *n* Vorwärmpumpe; *o* Speisepumpe; *p* Reservepumpe; *q* Verdampfer-Speisepumpe; *r* Wasserstrahlapparat; *s* Entlüfter; *t* Vorwärmer für das Zusatzwasser; *u* Filter.

Wärmetechnisch ist es unerheblich, ob die Hauptmaschine angezapft wird oder eine besondere Vorwärmturbine den Heizdampf für die Speisewasservorwärmer liefert. Ein mittelbarer Vorteil des Regenerativ-Verfahrens ist die Entlastung des Kondensators und der letzten Turbinenstufen, weil bei hohen Leistungen und tiefem Vakuum die benötigte große Schaufellänge Schwierigkeiten macht. Bei 42 atü, 370° Frischdampfzustand nimmt der Wärmeverbrauch je kWh um 11 vH ab, wenn das Speisewasser in 7 Stufen auf etwa 225° vorgewärmt wird, Abb. 51. Man geht in Deutschland meist nicht über 3 und nur bei hohem Frischdampfdruck bis auf 5 Anzapfstellen, weil der tatsächliche Zuwachs an Wirkungsgrad mit der Zahl der Anzapfungen immer kleiner, Abb. 51, und die Anlage immer verwickelter und teurer wird. Infolge der Speisewasservorwärmung

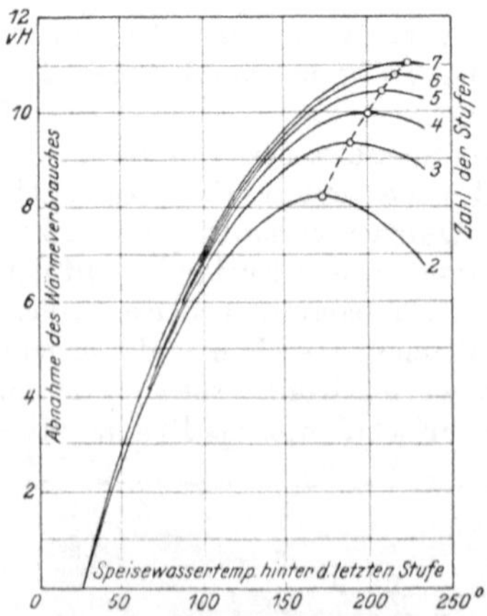

Abb. 51. Wärmeersparnis je kWh durch Vorwärmen des Speisewassers mittels Anzapfdampf aus der Turbine in Abhängigkeit von der Höhe der Vorwärmung und der Zahl der Vorwärmstufen. Nach Baumann. Dampfzustand vor Turbine 42 atü und 370°, Kondensattemperatur 25°; Vakuum 96,5 vH.

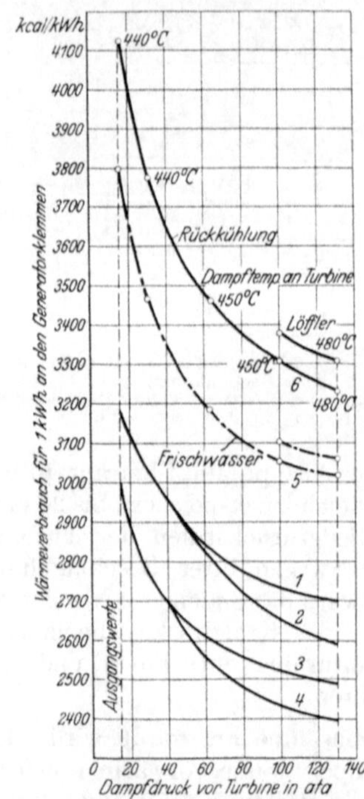

Abb. 52. Wärmeverbrauch von 1 kWh (an den Generatorklemmen gemessen) großer Turbinen bei Frischwasser- und Rückkühlung. Kurve *1*–*5* gelten für Frischwasserkühlung.
1 Direkte Expansion,
2 ,, ,, und Zwischenüberhitzung
3 ,, ,, ,, Anzapfung
4 ,, ,, ,, Anzapfung und Zwischenüberhitzung
(*1*–*4*. Ausschließlich Kraftbedarf der Kondensation).
5 und *6*. Einschließlich aller Verluste im Kraftwerk.

beim Regenerativ-Verfahren ist im Ekonomiser nur noch eine beschränkte Vorwärmung möglich. Man muß daher die Rauchgase gegebenenfalls in Apparaten zum Erhitzen der Verbrennungsluft auf die gewünschte Endtemperatur abkühlen. Da Staubfeuerungen heißere Luft als mechanische Roste zulassen, eignen sie sich etwas besser für Anlagen mit hoher Speisewasservorwärmung durch Anzapfdampf.

Abb. 52 zeigt den heute im normalen Betrieb sicher erreichbaren Wärmeverbrauch großer Dampfturbinen (Gütegrad des Hochdruckteiles zu etwa 76 vH, des Niederdruckteiles zu etwa 82 vH angenommen) für eine an den Klemmen des Turbogenerators gemessene kWh bei verschiedenen Arbeitsverfahren. Bis 38 at Dampfdruck ist zweifache, darüber dreifache Anzapfung der Turbinen vorausgesetzt. Die benutzten Frischdampftemperaturen liegen zwischen 440 und 480°, Kurve 6. Kurven 5 und 6 zeigen den Wärmeverbrauch für eine bei Vollast mit Generatorspannung erzeugte kWh einschließlich sämtlicher Verluste im Kraftwerk. Da der Eigenbedarf eines Werkes sich mit der Dampfspannung ändert, Abb. 53 und 54, erhält man das richtigste Bild vom spezifischen Wärmeverbrauch der gesamten Anlage bei verschiedenen Frischdampfdrücken, wenn man alle Werte auf 1 nutzbar abgegebene kWh bezieht. Die prozentuale Wärmeersparnis durch höheren Frischdampfdruck ist bei Frischwasser- und bei Rückkühlung ungefähr gleich und beträgt bei 100 at gegenüber 17 at rd. 20 vH. Trotzdem bedarf es von Fall zu Fall eingehender Rechnungen, um den ,,wirtschaftlichsten“ Frischdampfdruck festzustellen, weil ein Teil der wärmewirtschaftlichen Ersparnisse durch die bei höherem Druck größeren Anlagekosten wieder aufgezehrt wird.

3. Die Zweistoff-Kreisprozesse. a) Das Emmet-Verfahren. Der Enddruck bzw. die Endtemperatur bei den verschiedenen Kreisprozessen ist eine durch die atmosphärischen Verhältnisse gegebene, innerhalb enger Grenzen schwankende Größe. Anders verhält es sich mit dem Anfangszustand des Dampfes, bei dem je nach dem Stande der Technik bald die Steigerung des Druckes, bald der Temperatur größere Schwierigkeiten macht. Mit dem Dampfdruck ist man bis auf 225 at (Bensonkessel) gegangen, während man Dampftemperaturen von 500° in großen Anlagen noch nicht überschreitet. Die oberen Grenzwerte von Temperatur und Druck sind übrigens insofern keine starren Größen, als sehr hoher Druck weniger Schwierigkeiten macht, wenn er nicht gleichzeitig mit sehr hoher Temperatur verbunden ist und umgekehrt. Infolge der Natur der Dämpfe ist das hohe Temperaturgefälle zwischen überhitztem Frischdampf und Kondensatortemperatur nur für einen kleinen Teil der zugeführten Wärme wirksam, Abb. 44. Auf der Suche nach günstigeren Arbeitsstoffen ist man auf Quecksilber gestoßen, dessen Sattdampf bei der kritischen Temperatur des Wasserdampfes (374⁰) nur einen Druck von 1,4 ata gegenüber 225 ata des Wasserdampfes hat. Da der Arbeitsstoff auch nach Durchlaufen zahlloser Kreisprozesse chemisch unverändert und gegen die Baustoffe von Kesseln und Kraftmaschinen neutral sein muß, hat bisher nur Quecksilber in dem nach seinem Erfinder genannten Emmet-Verfahren praktische Bedeutung erlangt. Organische Stoffe, wie z. B. Diphenyloxyd, haben sich nicht bewährt und bieten auch thermisch

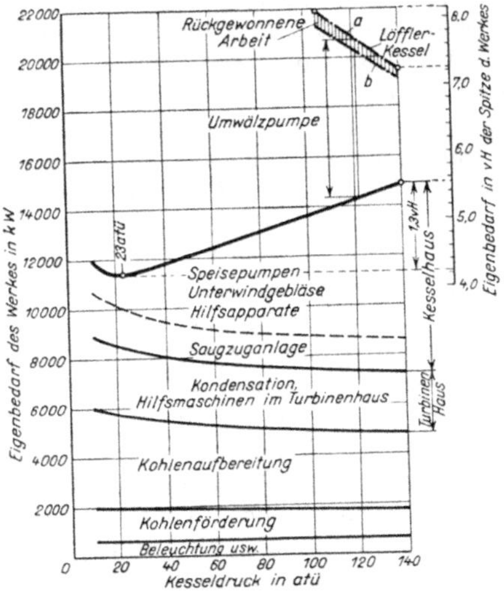

Abb. 53. Bei Frischwasserkühlung.

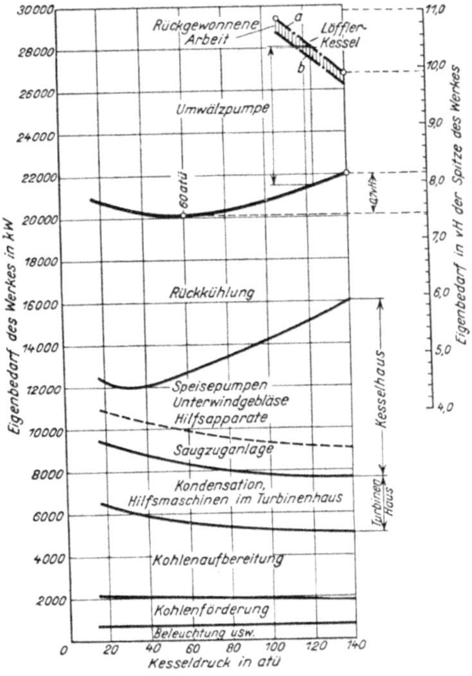

Abb. 54. Bei Rückkühlung.

Abb. 53 u. 54. Tatsächlicher und prozentualer Eigenkraftbedarf eines Werkes von 260000 kW nutzbarer Leistung mit Kohlenstaubfeuerungen. (Bei Wanderrosten ist der Eigenbedarf im Mittel um etwa 1,3 Punkte niederer.)

kleinere Vorteile als Quecksilber. Da aber die Temperatur von Quecksilber selbst bei tiefem Vakuum (0,05 ata) noch rd. 220⁰ ist, könnte, wenn man den Arbeitsprozeß lediglich mit Quecksilber durchführte, bei 475⁰ Anfangstemperatur nur ein Gefälle von 255⁰ gegenüber rd. 440⁰ bei Wasserdampf ausgenutzt werden. Man kann aber mit dem Abdampf der Quecksilberturbine noch Wasserdampf erzeugen, der in einer normalen Turbine expandiert und die Arbeitsausbeute des Prozesses vergrößert. Der Wasserdampferzeuger wirkt dann als Kondensator für den Quecksilberdampf. Während die ersten Anlagen mit 2,25 ata Quecksilberdampfdruck entsprechend 400⁰ Sättigungstemperatur arbeiteten, wird jetzt auf Anfangstemperaturen von 540⁰ bzw. Drücke von 12,6 ata gegangen. Dem Kondensatordruck von 0,04 bis 0,05 ata entspricht eine Sättigungstemperatur des Quecksilberdampfes von 216 bzw. 225⁰ bzw. ein Druck des Wasserdampfes von 22 bzw. 26 ata. Abb. 55 zeigt den Kreisprozeß für 1 kg gesättigten Quecksilberdampf von 8,3 ata bzw. 500⁰ Anfangs- und 0,06 ata bzw. 229⁰ Endzustand und für 1 kg gesättigten Wasserdampf von 28 ata bzw. 229⁰ Anfangs- und 0,04 ata Endzustand. Da die Restwärme des Hg-Dampfes H_2O-Dampf von 229⁰ Sättigungstemperatur erzeugen soll, muß Fläche *f a d e* gleich Fläche *f′ a′ b′ c′ e′* sein, d. h. das umlaufende Quecksilbergewicht muß erheblich mehr als das umlaufende Wassergewicht betragen. Im Durchschnitt kommen

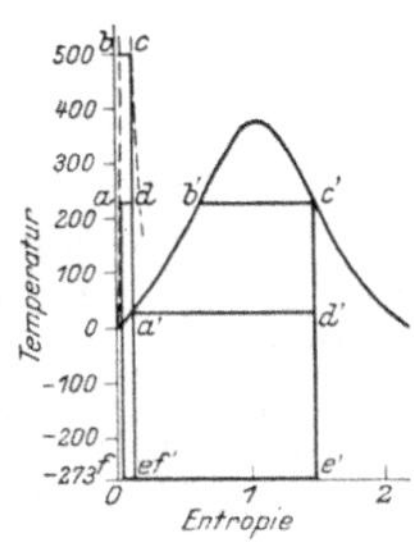

Abb. 55.

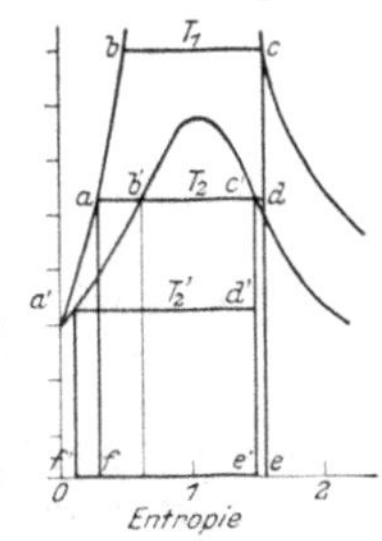

Abb. 56.

Abb. 55 u. 56. Entropie-Temperaturdiagramme für das Emmet-Verfahren.
Abb. 55. Darstellung für 1 kg Quecksilber und 1 kg Wasserdampf.
Abb. 56. Darstellung für 12,6 kg Quecksilber und 1 kg Wasserdampf.

beim tatsächlichen Prozeß auf 1 kg H_2O etwa 8 bis 10 kg Hg. Das auf 1 kg H_2O-Dampf und 12,6 kg Hg-Dampf umgezeichnete Entropiediagramm der verlustlosen Maschine zeigt Abb. 56. Der thermische Wirkungsgrad des Zweistoffverfahrens ist

$$\eta_{\text{therm}} = \frac{\text{Fläche } a\,b\,c\,d + \text{Fläche } a'\,b'\,c'\,d'}{\text{Fläche } f\,a\,b\,c\,e}.$$

Beachtung in Abb. 56 verdient noch der im Vergleich zum H_2O-Prozeß steilere, also günstigere Verlauf der unteren Grenzkurve des Quecksilbers, $a\,b$ und $a'\,b'$.

b) Das Koenemann-Verfahren. Beim Emmet-Verfahren wird der Erststoff Quecksilber ebenso wie der Zweitstoff Wasser verdampft und wieder kondensiert. Man kann aber als Erststoff auch wässerige Lösungen, z. B. Kali- oder Natronlauge verwenden, wobei der Arbeitsdampf durch Erhitzen und Eindicken der Lösung gewonnen und nach seiner Arbeitsleistung durch Einleiten in dieselbe Lösung (von niedrigerer Konzentration), die sich dabei weiter verdünnt, wieder kondensiert wird. Der Siedepunkt der Lösung liegt um so höher, je weniger Lösungsmittel, z. B. Wasser, sie enthält und umgekehrt. Es hat sich aber gezeigt, daß die in Frage kommenden Lösungen bei den betreffenden Temperaturen die Kesselbaustoffe stark angreifen und daher nicht verwendbar sind. Koenemann schlug an Stelle des Wasserdampfes Ammoniakdampf als Arbeitsmittel und an Stelle der wässerigen Lösung ein Ammoniakat, z. B. ein Gemisch von Zinkchlorid-Diammoniakat ($ZnCl_2 \cdot 2\,NH_3$) und Zinkchlorid-Monammoniakat ($ZnCl_2 \cdot NH_3$) als Erststoff vor, d. h. Salzschmelzen mit angelagertem Ammoniak, die keinen Sauerstoff enthalten und nicht aggressiv sein sollen. Beim Erhitzen geben sie Ammoniakdämpfe ab und bilden die ammoniakärmere Verbindung, bei tieferer Temperatur nehmen sie den Ammoniakdampf unter Wärmeentwicklung wieder auf.

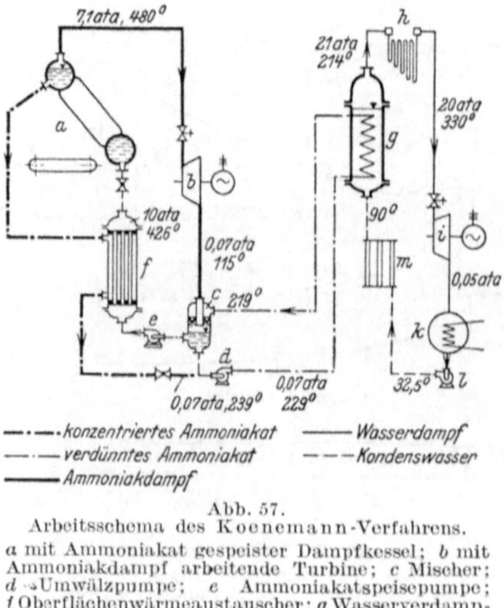

Abb. 57.
Arbeitsschema des Koenemann-Verfahrens.
a mit Ammoniakat gespeister Dampfkessel; *b* mit Ammoniakdampf arbeitende Turbine; *c* Mischer; *d* Umwälzpumpe; *e* Ammoniakatspeisepumpe; *f* Oberflächenwärmeaustauscher; *g* Wasserverdampfer; *h* Wasserdampfüberhitzer; *i* mit Wasserdampf arbeitende Turbine; *k* Wasserdampfkondensator; *l* Kondensatspeisepumpe; *m* Speisewasservorwärmer. (*a*, *h* und *m* werden durch Rauchgase, *f* und *g* durch Ammoniakat beheizt.)

Bei steigender Temperatur wird also in zunehmendem Maße Diammoniakat in Monammoniakat verwandelt. Der Sättigungsdruck des Ammoniakates für Ammoniakdampf hängt ähnlich vom Mischungsverhältnis und von der Temperatur ab wie der Sättigungsdruck einer wässerigen Lösung für Wasserdampf von der Konzentration und der Temperatur. Die bei der Aufnahme der Ammoniakdämpfe frei werdende Wärme wird zum Verdampfen des Zweitstoffes, nämlich von Wasser verwendet, das dann ebenso Arbeit leistet wie beim Emmet-Verfahren.

Abb. 57 zeigt das Schema einer Koenemann-Anlage, die von zwei Eigentümlichkeiten abgesehen, die nachstehend erklärt werden, ohne weiteres verständlich ist. Der Auspuff-Ammoniakdampf von Turbine *b* hat eine tiefere Temperatur (115°) als das verdünnte zu seiner Absorption im Mischer *c* und zur Verdampfung des Zweitstoffes (Wasser) im Verdampfer *g* benutzte Ammoniak. Der kältere Dampf wird trotzdem infolge der sehr großen Bindungsfähigkeit des konzentrierten Ammoniakates für Ammoniakdampf völlig aufgenommen. Damit im Mischer *c* und im Kessel *a* die Konzentration konstant bleibt, fließt eine der durch Pumpe *e* in Kessel *a* gedrückten Menge von verdünntem Ammoniakat gleiche Menge von konzentriertem Ammoniakat nach Mischer *c* zurück. Der Wärmeaustauscher *f* wärmt das verdünnte Ammoniakat durch das den Kessel entnommene konzentrierte Ammoniakat vor. Um die Bildung von Ammoniakdampf in *f* durch die Erhitzung zu verhindern, wird in *f* ein höherer Druck als im Kessel *a* aufrechterhalten. Die für die Durchführung des Prozesses etwa in Frage kommenden Drücke und Temperaturen zeigt Abb. 57.

c) Das Mischdampfverfahren von Irinyi. Irinyi benutzt ein gesättigtes Wasserdampf-Benzoldampf-Gemisch als Arbeitsmittel und errechnet bei 175° Anfangs- und 0° Kondensatortemperatur einen thermischen Wirkungsgrad von 56 vH, d. h. erheblich mehr als sich nach dem Carnot-Kreisprozeß, dem wärmetechnisch günstigsten Arbeitsprozeß, beim selben Temperaturgefälle ergeben würde (39 vH). Irinyi erklärt dies damit, daß der Wasserdampf des Gemisches während des Expandierens stärker als es dem Mischungsverhältnis entspricht, kondensiert und daß die hierbei frei werdende Kondensationswärme sich in mechanische Arbeit umwandelt. Nach Bosnjakovic expandiert aber Mischdampf wegen der gegenseitigen Beeinflussung der Gemischkomponenten nur auf 10 bis 20° über Kondensatortemperatur und das Wasser fällt nicht in der Turbine, sondern erst im Kondensator aus. Den thermischen Wirkungsgrad zweier zwischen denselben Temperaturgrenzen verlaufender verlustloser Kreisprozesse mit Wasserdampf und Mischdampf errechnet Bosnjakovic zu 19,2 bzw. 17,6 vH. Auch Mehlig kommt zu ähnlichen Ergebnissen. Einwandfreie Vergleichsversuche an einer ausgeführten Anlage liegen noch nicht vor.

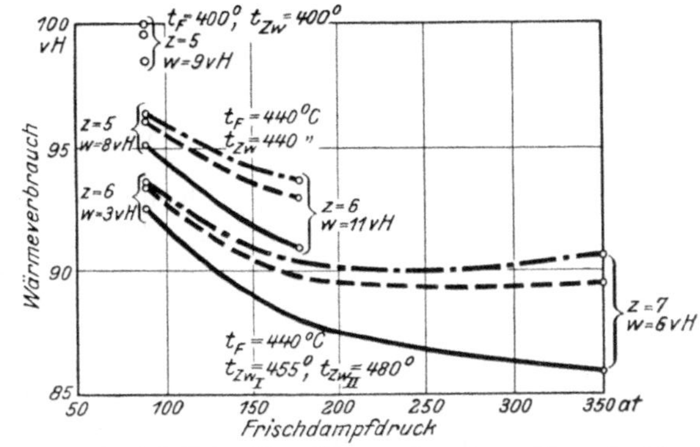

Abb. 58. Verhältnismäßiger Wärmeverbrauch von Wasserdampfturbinen (einschl. Kraftbedarf der Kondensation und der Speisepumpen) für eine an den Generatorklemmen nutzbar abgegebene kWh bei konstantem zum Kondensator strömendem Dampfgewicht (260 t/h) und konstantem Austrittsverlust der Turbine. Nach Warren.

——— Turbine allein,
- - - - - Turbine und Kolbenspeisepumpen,
—·— Turbine und Zentrifugalspeisepumpen,
t_F Temperatur des Frischdampfes,
t_{Zw} Temperatur des überhitzten Zwischendampfes,
z Zahl der Anzapfdampf-Vorwärmstufen,
w Wassergehalt des Abdampfes der Turbine im Auspuffstutzen in vH.

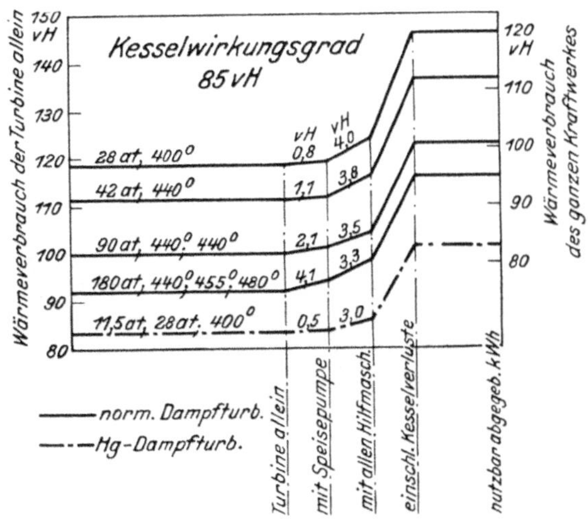

Abb. 59. Verhältnismäßiger Wärmeverbrauch des ganzen Kraftwerkes je nutzbar abgegebene kWh und seiner einzelnen Teile bei Wasserdampfbetrieb, Frischdampfdrücken von 28 bis 180 at und ein- bis dreifacher Zwischenüberhitzung und beim Emmet-Zweistoffverfahren bei einer Turbinenleistung von 100000 kW. Nach Warren.

——— Wasserdampfanlagen,
—·— Emmet-Anlage.

4. Heutige Bestwerte des spezifischen Wärmeverbrauches. Abb. 58 zeigt den heute erreichbaren verhältnismäßigen Wärmeverbrauch von Wasserdampfturbinen einschließlich Kraftverbrauch der Speisepumpenmotoren für eine an den Generatorklemmen nutzbar abgegebene kWh bei einer zum Kondensator strömenden Dampfmenge von 260 t/h und konstantem Austrittsverlust der Turbine. Die untersuchten Fälle unterscheiden sich durch die Frischdampftemperatur (400 und 440°), die Zahl der Vorwärmstufen ($z = 5$ bis 7) und durch die Zwischenüberhitzung (zwischen 80 und 175 at einmal auf 440°, darüber zweimal auf 455 und 480°). Der niedrigste Wärmeverbrauch wird etwa bei 225 at erzielt, doch wäre eine solche Anlage selbst bei hoher Benutzungsdauer nicht mehr wirtschaftlich. Ein Dampfdruck von mehr als 100 bis 130 at liegt zur Zeit selbst bei günstigen Voraussetzungen meist jenseits der oberen wirtschaftlichen Grenze. Der verhältnismäßig günstigste Wärmeverbrauch der Turbine allein und des gesamten Kraftwerkes einschließlich sämtlicher

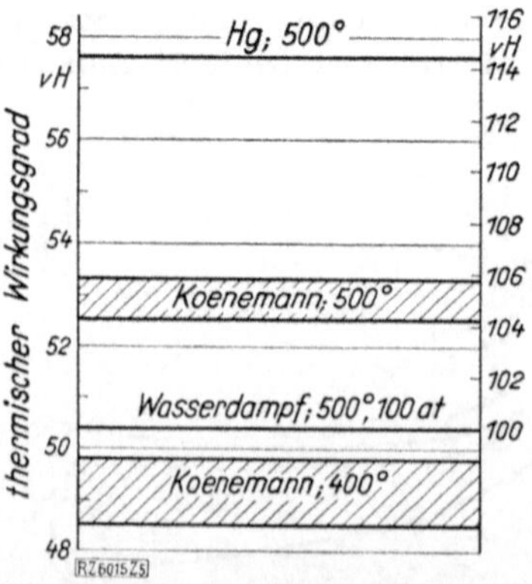

Abb. 60. Thermischer Wirkungsgrad des Wasserdampf- und des Emmet-Verfahrens bei 500° und des Koenemann-Verfahrens bei 500° und 400° Frischdampftemperatur nach dem Clausius-Rankine-Prozeß.

Verluste (bezogen auf 1 nutzbar abgegebene kWh) ist in Abb. 59 für 28 bis 180 at Frischdampfdruck ohne und mit einfacher, doppelter und dreifacher Zwischenüberhitzung sowie für eine Emmet-Anlage (11,5 at Quecksilberdampfdruck) dargestellt.

Abb. 60 zeigt den thermischen Wirkungsgrad des Clausius-Rankine-Prozesses für verschiedene Arbeitsverfahren bei 500° Anfangstemperatur. Bei Wasserdampf von 100 ata, einmaliger Zwischenüberhitzung auf die Anfangstemperatur, 0,04 ata Kondensatordruck und Regenerativ-Vorwärmung beträgt er, je nachdem, ob der Zwischendruck 28 oder 10 ata ist, 49,7 bzw. 51,5, im Mittel also 50,6 vH, beim Emmet-Verfahren mit Regenerativ-Vorwärmung im Wasserdampfteil 57,6 vH, beim Koenemann-Verfahren mit Regenerativ-Vorwärmung im Wasserdampfteil, je nachdem, ob die Ammoniakdämpfe 400 oder 500° Anfangstemperatur (4 bzw. 10 ata Anfangsdruck) zulassen, 48,9 bzw. 52,5 vH. Ohne Regenerativ-Vorwärmung im Wasserdampfteil ist der thermische Wirkungsgrad bei beiden Verfahren um etwa 2,5 Punkte (rd. 5 vH) tiefer.

III. Kesselbaustoffe.

A. Kesselbaustähle.

Carl von Bach, Stuttgart, 1847–1931. Einer der Schöpfer der modernen Elastizitäts- und Festigkeitslehre.

1. Einleitung. Infolge der dauernden Zunahme der Heizflächenbelastung, des Druckes und der Dampftemperatur sind die Anforderungen an die Kesselbaustoffe immer größer geworden. Billiges Bauen zwingt zu weitgehender Ausnutzung der Baustoffe, die um so besser möglich ist, je genauer man die Baustoffeigenschaften kennt. Der Ausschuß bei der Herstellung und dem späteren Betrieb von Kesseln wird um so geringer, je sorgfältiger die Herstellung des Materials erfolgte und je größer die dadurch erzielte Gleichmäßigkeit aller Werkstoffeigenschaften ist. Die Baustoffabnahme soll hierüber wie über die Werkstoffeigenschaften an sich Aufschluß geben.

Im letzten Jahrzehnt wurden Stähle von früher unbekannter Güte entwickelt, die Prüfverfahren vervollkommnet und ganz neue Gütebegriffe geschaffen. Es hat sich aber gezeigt, daß manche Zusammenhänge nicht so eindeutig sind, wie sie bei Laboratoriumsversuchen zunächst erschienen. Da auch das Baustoffwesen von einer völligen Klärung noch weit entfernt ist, erweist sich manches, was heute festzustehen scheint, schon morgen als Zufallsergebnis. Abwartender Konservatismus ist daher oft besser als allzu bereitwilliges Eingehen auf überraschende Forschungsergebnisse, solange ihre Anwendung auf die Praxis noch nicht einwandfrei als zulässig erwiesen ist.

2. Die Festigkeitsbegriffe. Wird ein zylindrischer Stab von l_0 mm Länge, d mm Durchmesser und F mm² Querschnitt an seinen Enden durch zwei gleich große axiale Kräfte von P kg auf Zug beansprucht, so entsteht eine Zugspannung

$$\sigma = \frac{P}{F} \quad \text{kg/mm}^2, \tag{11}$$

unter deren Einfluß er sich verlängert um den Betrag

$$\Delta l = l - l_0 \quad \text{mm}. \tag{12}$$

Das Verhältnis der Längenänderung Δl zur Anfangslänge l_0 nennt man die **Dehnung** ε, sie ist

$$\varepsilon = \frac{\Delta l}{l_0} \cdot 100 \quad \text{vH}. \tag{13}$$

Nach Entlastung eines um den beliebigen Betrag Δl gedehnten Stabes verschwindet die elastische Dehnung Δl_1 wieder, nicht aber die bleibende Dehnung Δl_2. Bis zur **Elastizitätsgrenze** (σ_E), die bei den meisten Stählen dicht bei der Streckgrenze liegt, ist die bleibende Dehnung bedeutungslos.

Bei vielen Werkstoffen, z. B. Stahl, nimmt mit steigender Spannung die Dehnung anfänglich proportional der Spannung bis zum Erreichen der **Proportionalitätsgrenze** σ_P, Punkt P in Abb. 61, zu. Bei weiterer Erhöhung der Spannung kommt man zu Punkt S, von dem an bei weichem Stahl die Kraftanzeige der Prüfmaschine trotz zunehmender

Dehnung erstmals unverändert bleibt oder zurückgeht. Die zu S und S_u gehörenden Spannungen nennt man obere und untere **Streckgrenze** oder **Fließgrenze.** Ist sie nicht scharf ausgeprägt, so gilt bei Zug- und Druckbelastung der **0,2-Grenze** genannte Punkt, wo die bleibende Dehnung 0,2 vH der Meßlänge beträgt, als Streckgrenze. Bei Überschreiten der Streckgrenze wird die bleibende Formänderung unzulässig groß. Maßgebend für die Bemessung ist daher letzten Endes die untere Streckgrenze oder die 0,2-Grenze.

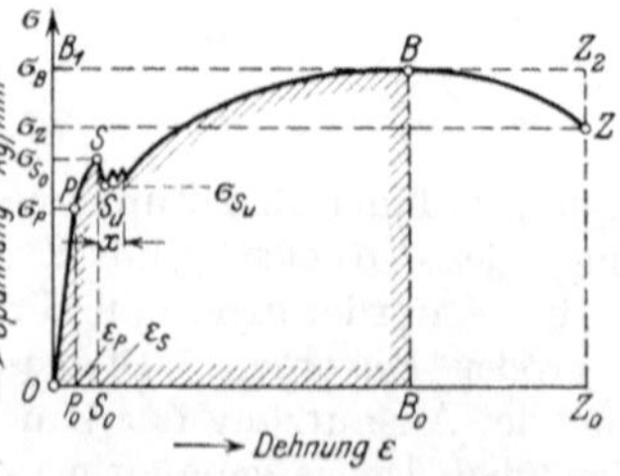

Abb. 61. Dehnungs-Spannungs-Diagramm von weichem Stahl.

Nach Aufhören des Fließens muß zu einer weiteren Dehnung die Spannung abermals gesteigert werden, bis sie den **Bruchspannung** oder **Zugfestigkeit** genannten Höchstwert σ_B erreicht. Dann beginnt sich der Stab an einer Stelle einzuschnüren und bei weiterem Dehnen verlängern sich die Fasern nur noch in diesem Bereich. Der Querschnitt an der Einschnürstelle und die auf den ursprünglichen Querschnitt bezogene Spannung nehmen stark ab, bis der Stab bei der Spannung σ_Z zerreißt **(Zerreißlast).** Die im Maschinenbau oft mit K_Z bezeichnete Zugfestigkeit ist neben der Streckgrenze eine für Abnahme von Kesselbaustoffen wichtige Größe, hat aber für das Berechnen von Dampfkesselwandungen viel von ihrer früheren Bedeutung verloren. Bei unvergüteten Kohlenstoffstählen beträgt die Streckgrenze etwa 55 bis 60 vH, bei legierten bis zu 70 bis 90 vH der Zugfestigkeit.

Man bezeichnet mit **Bruchdehnung**

$$\delta = \frac{l_Z - l_0}{l_0} \cdot 100 \quad \text{vH}, \tag{14}$$

mit **Einschnürung**

$$\psi = \frac{F_0 - F_Z}{F_0} \cdot 100 \quad \text{vH}. \tag{15}$$

Hohe Bruchdehnung und Einschnürung sind ein Zeichen guter Verformbarkeit im kalten Zustand. Die Werte sinken im allgemeinen bei Erhöhung der Festigkeit, z. B. durch Kaltverformung oder Wärmebehandlung, jedoch ist es möglich, durch besondere Legierungszusätze und geeignete Wärmebehandlung[1] hohe Festigkeitswerte mit hoher Dehnung, Einschnürung und Kerbzähigkeit zu vereinigen. Das sog. **Arbeitsvermögen,** d. h. die zum Dehnen eines Probestabes bis zum Erreichen der Zugfestigkeit erforderliche, auf 1 cm³ Stabvolumen bezogene Arbeit gibt ein besonders gutes Bild von der Zähigkeit und Widerstandsfestigkeit gegen Stoß, schraffierte Fläche in Abb. 61. Es ist z. B. bei Flußstahl 7 bis 10 mkg/cm³, bei Gußeisen nur 0,08 bis 0,14 mkg/cm³.

In den letzten Jahren hat im Kesselbau die **Kerbzähigkeit** als Gütewert Bedeutung erlangt. Sie wird ermittelt, indem man auf einen (einseitig eingespannten oder) auf zwei Enden aufgelagerten Stab, in dessen Mitte eine Kerbe angebracht ist, den Hammer eines Schlagwerkes auffallen läßt. Die Kerbzähigkeit ist gleich der auf 1 cm² des gefährdeten Querschnittes bezogenen zum Herbeiführen des Bruches in einem einzigen Schlage erforderlichen Schlagarbeit in mkg. Die Kerbzähigkeit hängt sehr von der Stabform und den Versuchsbedingungen ab, weshalb man beim Vergleich von Kerbzähigkeitswerten stets die Versuchsumstände berücksichtigen muß. Wenn auch der praktische Wert der Kerbschlagprobe noch umstritten ist, so erfaßt sie doch einige Umstände, die das Entstehen von Brüchen begünstigen und gibt u. a. die Möglichkeit, nachzuprüfen, ob eine Wärmebehandlung richtig erfolgte. Die Kerbzähigkeit ist bei unlegiertem Material meist um so größer, je weicher ein Stahl und je feiner und gleichmäßiger sein Gefüge ist. Auch das später noch zu erörternde Altern und die sog. Anlaßsprödigkeit sind mit der Kerbschlagprobe nachweisbar.

Wechselt die Beanspruchung eines Konstruktionsteiles periodisch zwischen einem oberen und einem unteren Grenzwert, so bezeichnet man als **Dauerfestigkeit** den größten

[1] Z. B. **Vergüten,** d. h. Abschrecken von einer von der Stahlart abhängigen Temperatur (bei Kohlenstoffstahl mit 0,2 vH C etwa 920°) und darauf folgendes Anlassen bis etwa Dunkelrotglut.

oberen Grenzwert, der dauernd ohne Bruch ertragen wird. Je mehr die Grenzbeanspruchung oberhalb der Dauerfestigkeit liegt, desto geringer wird die Anzahl der Lastwechsel bis zum Bruch, Abb. 62. Man bezeichnet die Dauerfestigkeit als **Schwingungsfestigkeit,** wenn die Beanspruchung zwischen $+\sigma$ und $-\sigma$, und als **Ursprungsfestigkeit,** wenn die Beanspruchung zwischen 0 und σ wechselt. Das Verhältnis zwischen Schwingungsfestigkeit, Ursprungsfestigkeit und Tragfähigkeit bei ruhender Belastung beträgt nach Ulrich 1:1,5:1,7, während Bach als zulässige Belastungen für diese drei Belastungsfälle seinerzeit ein Verhältnis von 1:2:3 angegeben hatte.

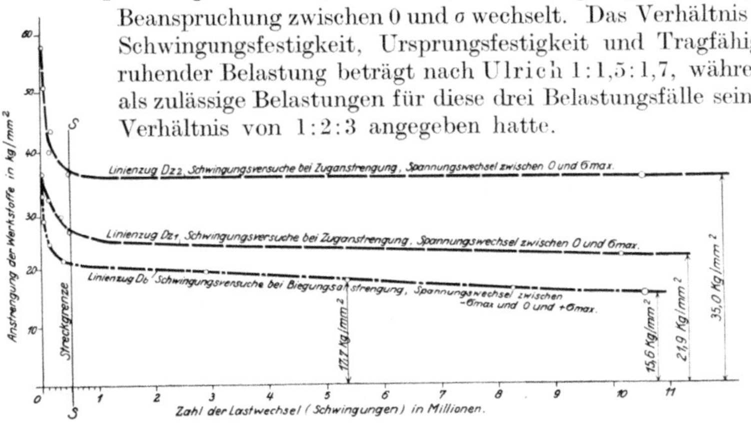

Abb. 62. Anzahl der bei Schwingungsbeanspruchung (Biegung) bis zum Eintritt eines Bruches erforderlichen Lastwechsel (Schwingungen) bei verschiedener Spannung und Art der Spannungswechsel. Nach Ulrich.
Kurve *Dz 2* Gußstahl von 76 kg/mm²; Kurve *Dz 1* Schmiedeisen von 33 kg/mm²; Kurve *Db* Kesselblech von 35,7 kg/mm² Festigkeit.

3. Einfluß der Temperatur auf die Festigkeit. Solange der Dampfdruck nur 10 bis 15 at und die Sättigungstemperatur nur rd. 200⁰ betrug, konnte der Einfluß der Temperatur auf die Festigkeit von Kesselteilen vernachlässigt werden, aber nicht mehr bei den hohen Temperaturen, wie sie bei Drücken von 50 at und darüber vorliegen. Bei Kohlenstoffstahl durchläuft die Zerreißfestigkeit mit wachsender Temperatur zwischen 50 und 100⁰ einen Mindestwert, nimmt dann bis etwa 250⁰ zu, worauf sie rasch fällt, gestrichelte Kurve *a* in Abb. 63; die Streckgrenze fällt mit steigender Temperatur dauernd, ist über 300⁰ nicht mehr scharf ausgeprägt, Abb. 64, und beträgt bei 500⁰ nur noch etwa $^1/_3$ ihres Wertes bei 20⁰, ausgezogene Kurve *a* in Abb. 63. Die Dehnung fällt bis etwa 150⁰ und nimmt dann dauernd zu, die Einschnürung ändert sich entgegengesetzt der Zugfestigkeit, erreicht bei 100⁰ einen Höchstwert, bei etwa 250⁰ einen Mindestwert und wächst dann schnell an.

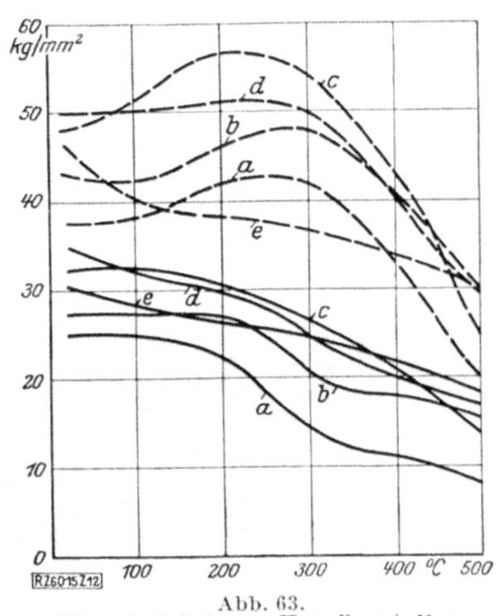

Abb. 63. Warmfestigkeit von Kesselbaustoffen. *a* gewöhnlicher Röhrenstahl; *b* TH 30-Stahl; *c* Ni-Stahl mit 3 vH Ni; *d* Chrom-Molybdänstahl; *e* Sicromal (Ferrotherm). ——— Streckgrenze - - - - - Zerreißfestigkeit

Bruchfestigkeit und Streckgrenze werden in Versuchen von verhältnismäßig kurzer Dauer ermittelt. Während bei Raumtemperatur die Dehnung von Stahl für eine bestimmte Belastung unterhalb der Streckgrenze praktisch unabhängig von der Belastungszeit ist, nimmt sie bei erhöhter Temperatur mit steigender Belastungsdauer zu. Infolgedessen wird die nach Entlastung zurückbleibende Dehnung um so größer, die **Warmfließgrenze** also um so niederer, je länger belastet wird. Bei kleiner Beanspruchung kommt (infolge Verfestigung des Baustoffes) die Dehnung nach verhältnismäßig kurzer Zeit zum Stillstand, Kurven *1* bis *3* in Abb. 65. Wird aber eine bestimmte Belastung überschritten, so wächst sie dauernd, Kurven *4* und *5*, und führt unter gleichbleibender Belastung nach einer gewissen Zeit schließlich zum Bruch, Kurve *5*. Die Grenzbeanspruchung, unterhalb der bei Dauerbelastung und erhöhter Temperatur die Dehnung noch zum

Stillstand kommt, bei deren Überschreiten sich ein Werkstoff aber bis zum schließlichen Bruch weiterdehnt, heißt in Deutschland **Dauerstandfestigkeit,** in England und Amerika **Kriechgrenze** (creep limit), die dauernd zunehmende Dehnung **Kriechen.** Ob es eine wahre

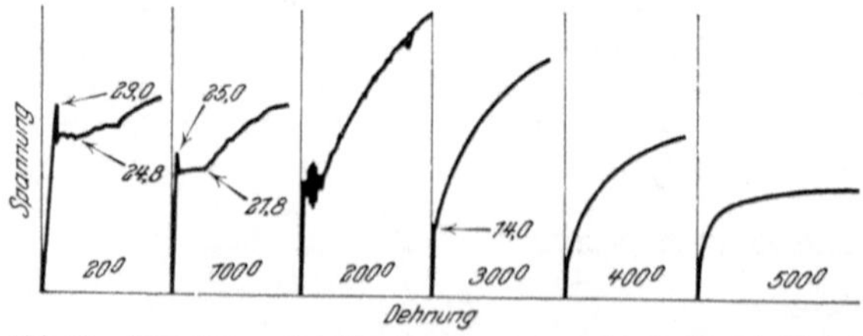

Abb. 64. Ausprägung der Streckgrenze von weichem Flußstahl bei verschiedenen Temperaturen. Nach Körber und Pomp.

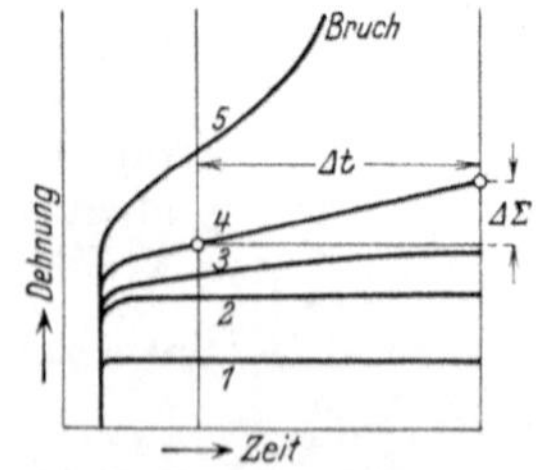

Abb. 65. Dehnungs-Zeitdiagramm bei erhöhter Temperatur unter gleichbleibenden Belastungen. Nach Körber und Pomp.

Dauerstandfestigkeit gibt oder ob bei jeder Belastung ein dauerndes, wenn auch unmeßbar geringes Fließen stattfindet, steht noch nicht fest. Infolge der bis zum Eintritt des Dehnungsstillstandes benötigten langen Versuchsdauer muß man sich mit Näherungswerten der tatsächlichen Dauerstandfestigkeit begnügen, die in abgekürzten, aber immer

Abb. 66. Dauerstandfestigkeit und Streckgrenze von Kohlenstoffstählen bei 300 bis 500°. Nach Körber und Pomp. *AI*, *BI*, *CI* usw. 20 mm dicke Bleche der Lieferwerke *A*, *B*, *C*; *D* und *E* SM-Stähle mit 0,10 vH C-Gehalt und 15 × 30 mm Querschnitt.

noch kostspieligen Versuchen ermittelt werden. Das Eisenforschungsinstitut empfiehlt heute als Dauerstandfestigkeit die Spannung, bei der zwischen 25 bis 35 Stunden nach Belastung die **mittlere Dehngeschwindigkeit** $\frac{\Delta \varepsilon}{\Delta t} = 0{,}0015$ vH/h beträgt, Abb. 65. Siebel und Ulrich chlagen (1932) diejenige Belastung vor, bei der die Dehngeschwindigkeit nach Erreichen von 0,2 vH bleibender Dehnung auf 0,0001 vH/h gesunken ist. Versuche von langer Dauer zeigten, daß bei Kohlenstoffstahl und niedrig legiertem Stahl bei den im Abkürzungsverfahren ermittelten Dauerstandfestigkeiten und 400 bis 500° Temperatur die Dehngeschwindigkeit schließlich auf 0,0001 vH/h oder darunter abgesunken war, die ermittelten Werte der wahren Dauerstandfestigkeit also sehr nahe kommen müssen. Auch die Dauerstandfestigkeit hängt sehr von der Versuchsdurchführung ab. Zur Zeit gibt es für sie noch keinen allgemein anerkannten Begriff und keine einheitlichen Richtlinien für ihre Ermittlung. In verschiedenen Laboratorien gewonnene Werte desselben Stahles sind daher nicht ohne weiteres vergleichbar. Bei dauerbelasteten, erhöhten Temperaturen ausgesetzten Bauteilen muß nicht nur der Bruch, sondern auch eine unzulässige Formänderung vermieden werden. Sie sind daher mit einem bestimmten Sicherheitsfaktor auf Grund der Maximaldehnung zu berechnen, die innerhalb der beabsichtigten Lebensdauer nicht

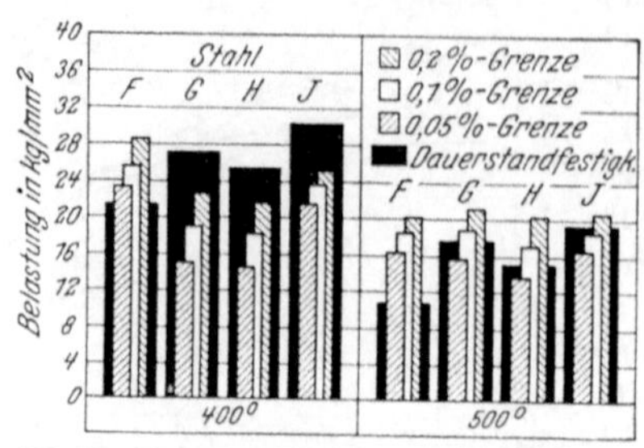

Abb. 67. Dauerstandfestigkeit und Streckgrenze legierter Stähle bei 400 und 500°. Nach Körber und Pomp. *F* Nickelstahl (0,18 vH C; 1,56 vH Ni); *G* Molybdänstahl (0,14 vH C; 0,30 vH Mo); *H* Molybdän-Kupfer-Stahl (0,13 vH C; 0,25 vH Mo; 0,24 vH Cu); *J* Chrom-Molybdän-Stahl (0,12 vH C; 0,71 vH Cr; 0,30 vH Mo).

überschritten werden soll. Die Belastung, bei der die Dehnung gerade bei 0,2 vH bleibender Verformung praktisch zum Stillstand kommt, heißt **0,2 vH-Dauerdehngrenze** oder **Dauerstandstreckgrenze.** Nach Abb. 66 beträgt die Dauerstandfestigkeit bei unlegierten Stählen einen bestimmten Prozentsatz der Streckgrenze, bei legierten Stählen ist der Prozentsatz sehr verschieden, Abb. 67. Da bei unlegierten Stählen die Dauerstandfestigkeit bis zu 350°, bei legierten bis zu 400° noch höher als die 0,2-Grenze ist, muß man in diesem Temperaturbereiche von einer gewissen bleibenden Dehnung ausgehen, die nicht überschritten werden darf, und danach die zulässige Belastung bestimmen. Bei unlegiertem Stahl ist die Warmstreckgrenze bei mehr als 300 bis 350°, bei legiertem bei mehr als 350 bis etwa 450° bei Dauerbelastung keine zuverlässige Rechnungsgrundlage mehr und wird daher durch die Dauerstandfestigkeit ersetzt. Streckgrenze (0,2-Grenze) und Dauerstandfestigkeit (Dehngeschwindigkeit in der 3. bis 6. Stunde betrug bei diesen Versuchen nicht über 0,001 vH/h) der Blechsorten I bis III zeigt Zahlentafel 5.

Zahlentafel 5. Vergleich der Streckgrenze und der Dauerstandfestigkeit von Blechsorten I bis III bei 500°. Nach Körber und Pomp.

	Streckgrenze bei üblicher kurzer Belastungsdauer		Dauerstandfestigkeit
	kg/mm²	kg/mm²	kg/mm²
Temperatur	20°	500°	500°
Blechsorte I	18,0—21,5	7,1— 8,7	1,0—4,3
Blechsorte II	21,7—26,2	8,5—10,1	2,2—4,0
Blechsorte III	24,5—25,0	9,5—10,6	2,0—3,2

Die Dauerstandfestigkeit gewöhnlicher Kesselbleche bei 500° ist also nur ein geringer Bruchteil der Streckgrenze bei Raumtemperatur bzw. bei 500°, und man beginge große

Zusammensetzung der Stähle in Abb. 68.

Nr.	C vH	Si vH	Mn vH	Ni vH	Cr vH	Mo vH	V vH
1	0,13	0,24	0,40	—	—	—	—
2	0,15	0,23	0,26	4,96	—	—	—
3	0,30	0,30	0,49	4,32	1,52	—	—
4	0,43	0,24	0,58	—	—	—	—
5	0,40	0,14	0,48	—	0,99	—	—
6	0,12	0,15	0,52	3,00	—	—	—
7	0,39	0,33	0,39	0,49	13,90	—	—
8	0,47	0,37	0,74	—	1,59	0,43	0,33
9	0,32	0,19	0,54	—	1,12	0,35	—
10	0,19	0,12	0,50	—	—	0,48	—
11	0,17	0,18	0,38	—	0,83	0,55	—

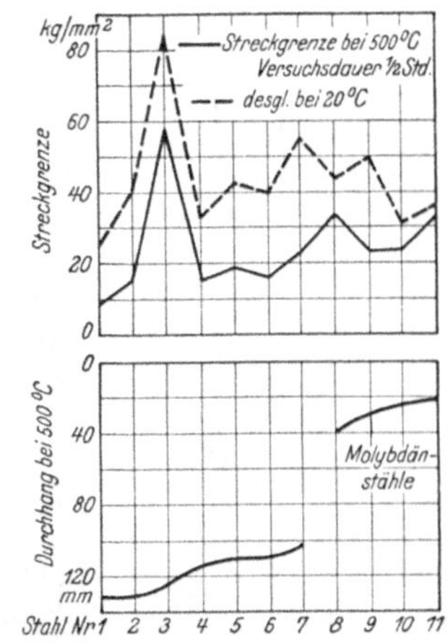

Abb. 68. Streckgrenze bei 20 und 500° und Dauerstandfestigkeit bei 500° (als Maßstab für die Dauerstandfestigkeit wurde der Durchhang horizontaler, mit Gewichten belasteter Drähte gewählt) von Kohlenstoff- und legierten Stählen ohne Molybdängehalt und von Molybdänstählen. Nach Jungbluth und Müller.

Fehler, wenn man hohen Temperaturen ausgesetzte, dauerbelastete Kesselteile auf Grund der bei Raumtemperatur ermittelten Streckgrenze bemessen würde. Für hohe Dampfdrücke ist Flußstahl u. a. deshalb unerwünscht, weil bei beheizten Teilen infolge der erforderlichen großen Wandstärke zur Beanspruchung durch Innendruck noch hohe Wärmespannungen kommen können, S. 234. Bei Siederohren erschwert große Wandstärke ferner das Handhaben und Einwalzen und beeinträchtigt bei gleichem äußeren Rohrdurchmesser den Wasserumlauf, S. 140.

Legierte Stähle, die bei hohen Drücken und Temperaturen an die Stelle von Flußstahl treten, haben außer einer an sich größeren und mit der Temperatur langsamer fallenden Streckgrenze höhere Dauerstandfestigkeit und auch sonst günstigere Eigenschaften, Kurven *b* bis *d* in Abb. 63, 66 und 67. Aus der Reihe der zur Erhöhung der Dauerstandfestigkeit zulegierten Metalle hebt sich im besonderen das Molybdän heraus, weshalb heute alle niedrig legierten Stähle mit erhöhter Dauerstandfestigkeit Mo enthalten, Abb. 68. Nach Abb. 68 ist hohe Warmstreckgrenze bei hoher Temperatur (500°) noch kein Beweis hoher Dauerstandfestigkeit. Bei unlegierten Stählen bewegt sich das Verhältnis der Warmstreckgrenze zur Zugfestigkeit bei Raumtemperatur in verhältnismäßig engen Grenzen, man braucht daher ihre Warmstreckgrenze nicht besonders zu bestimmen.

4. Einfluß von Herstellung und Betrieb auf die Festigkeit. a) Das Altern. Wird ein Stahl durch Recken bzw. Stauchen (Dehnen bzw. Zusammendrücken über die

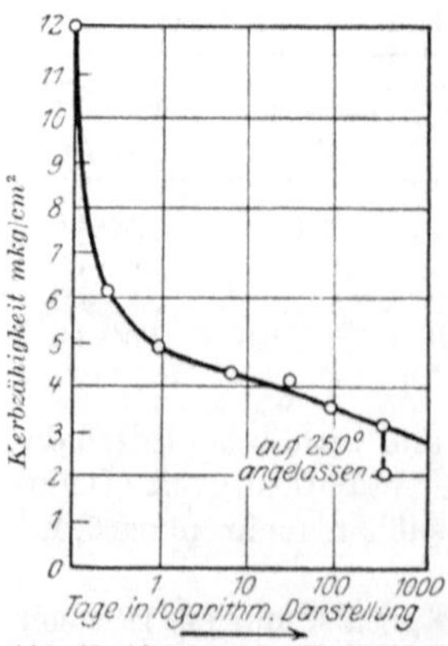

Abb. 69. Abnahme der Kerbzähigkeit (Altern) von Kesselblech - Flußeisen in Abhängigkeit von der seit der Kaltverformung vergangenen Zeit. Nach Baumann.

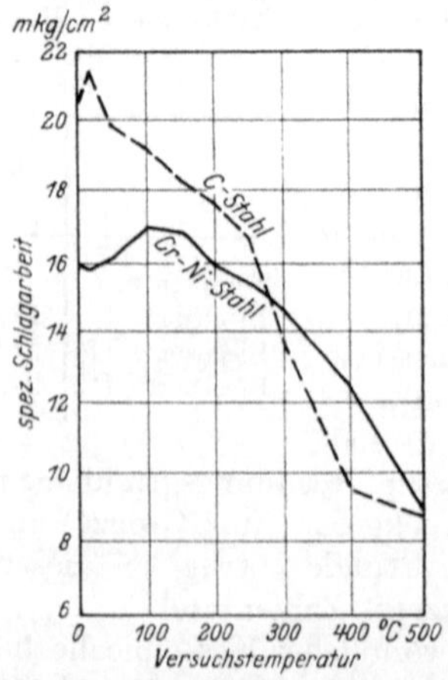

Abb. 70. Abhängigkeit der Kerbzähigkeit (spez. Schlagarbeit) von geglühtem Flußstahl (0,05 vH C) und von Chrom-Nickel-Stahl (0,23 vH C; 0,78 vH Cr; 2,75 vH Ni) von der Temperatur.

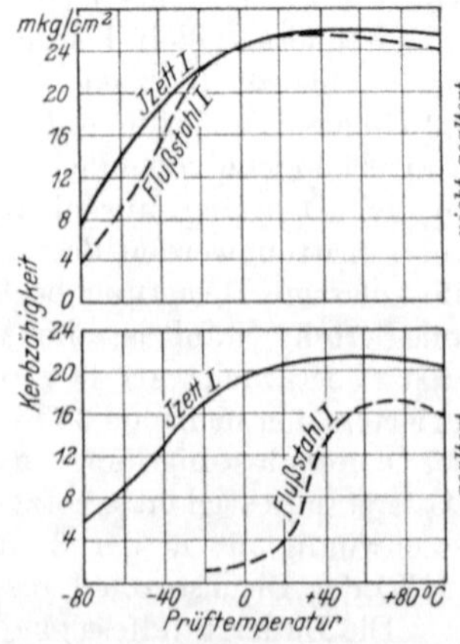

Abb. 71. Kerbzähigkeit von Flußstahl I und Izett-Stahl I vor und nach dem künstlichen Altern.

Streckgrenze hinaus) kaltverformt, so erhöhen sich Zugfestigkeit und Streckgrenze, während die Bruchdehnung abnimmt. Besonders bei weichen unlegierten oder niedriglegierten Werkstoffen, die in bisher üblicher Weise hergestellt sind, können im Verlaufe längerer Lagerung nach voraufgegangener Kaltverformung noch weitere Eigenschaftsänderungen eintreten. Die Werkstoffe werden in steigendem Maße spröder, Abb. 69. Dieses **Altern** kann bis zum Erreichen des tiefsten Wertes jahrelang dauern. Es ist durch die Fryschen Linien oder die Kerbschlagprobe nachweisbar, weil es die Kerbzähigkeit stark verringert, Abb. 69. Erwärmen gereckter Teile auf etwa 300° beschleunigt das Altern, das bei Verformen in Blauwärme (200 bis 300°) fast augenblicklich erfolgt (künstliches Altern). Mit steigender Temperatur geht die Kerbzähigkeit zurück, Abb. 70. Da die Bleche genieteter Trommeln beim Biegen und Nieten eine gewisse Kaltverformung erfahren, im Betriebe aber erwärmt werden, sind sie dem Altern besonders dann ausgesetzt, wenn bei ihrem Bearbeiten nicht sorgfältig verfahren wurde, eine Gefahr, die bei den alterungsunempfindlichen Jzett-Stählen weit geringer ist, Abb. 71. Auch legierte Stähle lassen sich nach dem Jzett-Verfahren alterungsunempfindlich herstellen. Die geringe Empfindlichkeit von Nickelstahl gegen Recken und künstliches Altern zeigt Abb. 72.

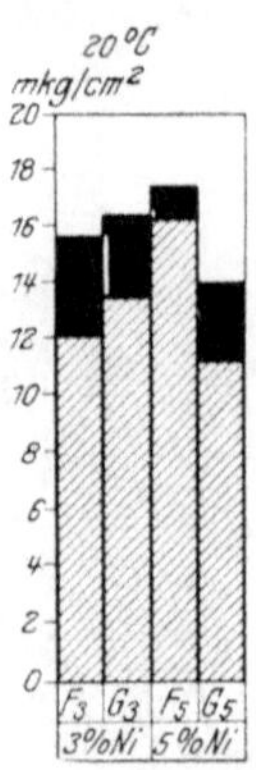

Abb. 72. Änderung der Kerbzähigkeit von Nickelstählen durch Recken und künstliches Altern (Anlassen auf 200°). Nach Körber und Pomp. Die schwarzen Flächen bedeuten die Abnahme gegenüber dem frischen, nicht gereckten und angelassenen Baustoff.

b) Gefügebeeinflussung. Im Stahl erfolgen während des Abkühlens von höheren Temperaturen Gefügeumwandlungen, wodurch eine Beeinflussung der Eigenschaften im gewissen Umfange möglich ist. Durch diese Gefügeumwandlungen ist es u. a. möglich, etwaige Fehler, die bei der Verarbeitung des Materials gemacht worden sind und die eine Verschlechterung seiner Eigenschaften bewirkt haben, wieder zu beseitigen. Hierunter fallen die Gefügevergröberungen, die infolge Erhitzung auf zu hohe Temperatur und die Gefügevergröberungen, die eintreten können, wenn kaltverformtes Material auf 650 bis 850° erwärmt wird. Der erste Fehler wird **Überhitzung**, der zweite **Rekristallisation** genannt. Mit **Verbrennen** bezeichnet man ein Erhitzen auf so hohe Temperaturen, daß der entstandene Fehler auch durch eine Wärmebehandlung nicht mehr zu beheben ist.

c) Blaubrüchigkeit. Unter **Blaubrüchigkeit** versteht man heute die Erscheinung, daß Flußstahl bei Erhitzen auf Blauwärme (200 bis 350°) ein Minimum an Dehnung erreicht, weshalb es sich empfiehlt, in diesem Temperaturbereich möglichst keine Verformungen vorzunehmen. In früheren Jahren wurde mit Blaubrüchigkeit oft die Sprödigkeit bezeichnet, die ein alterungsempfindlicher Werkstoff nach einer Verformung im Blaubruchgebiete aufwies, nachdem er wieder auf Raumtemperatur abgekühlt war. Im Gegensatz zur Dehnung ist die Kerbzähigkeit bei Blaubruchwärme noch gut und erreicht erst bei höheren Temperaturen ein Minimum.

d) Anlaßsprödigkeit. Bei Mn-haltigen und besonders bei Cr-Ni-haltigen Stählen tritt **Anlaßsprödigkeit** auf, wenn sie von einer Temperatur zwischen 500 bis 600° langsam abgekühlt werden. Durch rasches Abkühlen und durch Zusatz bestimmter Legierungselemente läßt sich Anlaßsprödigkeit verhindern.

e) Korrodieren und Verzundern. Kesseltrommeln sind dem **Angriff durch Korrosion** des Kesselinhaltes, Siede- und Überhitzerrohre außerdem noch auf der Außenseite dem Angriff der Heizgase ausgesetzt.

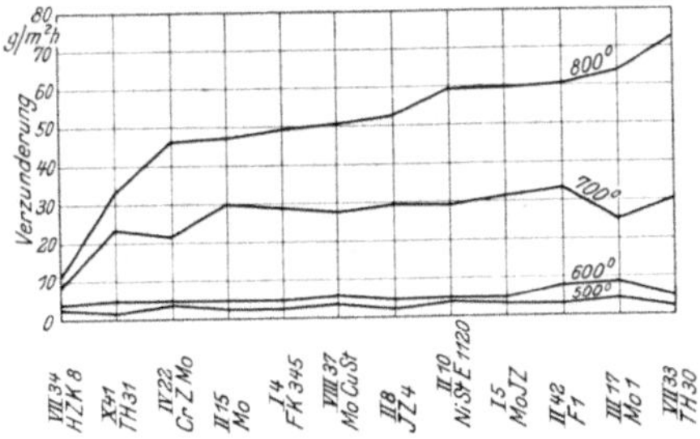

Abb. 73. Dampfstrom.

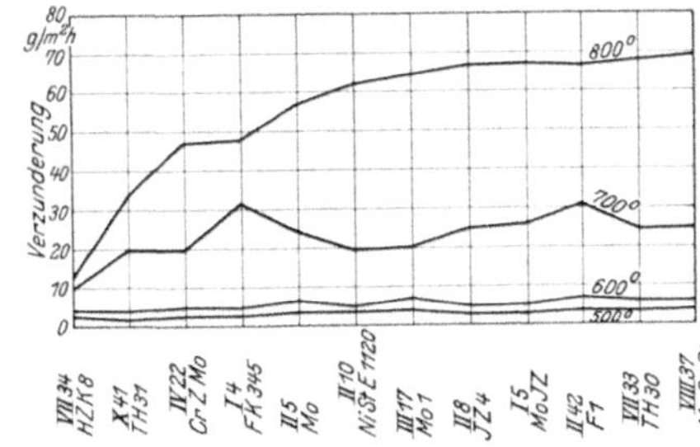

Abb. 74. Luftstrom.

Abb. 73 u. 74. Verzunderung verschiedener Stähle im Dampf- und im Luftstrom.
(Die Stähle sind nach der Verzunderung bei 800° geordnet.)

Ein einheitliches Verfahren zur Bestimmung der Korrosionsbeständigkeit existiert noch nicht. Korrosionen treten entweder als gleichmäßiger, über eine größere Fläche verteilter Angriff oder als die meist weit gefährlicheren örtlichen Anfressungen (pittings) auf und werden durch Materialspannungen, Kaltverformungen und erhöhte Temperaturen begünstigt. Durch Legieren der Stähle mit Chrom, Nickel, Silizium, Kupfer, Molybdän und anderen Elementen wird die Korrosionsbeständigkeit erhöht, Abb. 407. Durch geeignete Kombination dieser Stoffe lassen sich besonders günstige Ergebnisse erzielen. Gase wirken auf Stähle besonders stark bei erhöhten Temperaturen ein. Die Korrosionsbeständigkeit der Stähle gegenüber diesen Angriffen wird als **Zunderbeständigkeit** bezeichnet. Unter **Hitzebeständigkeit** versteht man außer einer ausreichenden Zunderbeständigkeit noch die mechanische Eignung der Werkstoffe bei Beanspruchungen bei höheren Temperaturen. Die Zunderbeständigkeit wird aus dem durchschnittlichen Metallabbrand in g/h m² Oberfläche bestimmt. Unlegierter Flußstahl ist nur bis zu Temperaturen von 500 bis 520° genügend zunderbeständig. Teile, die auf höhere Temperaturen erhitzt werden, müssen daher aus legierten Werkstoffen bestehen. Als Zusatzelemente kommen die gleichen Metalle in Frage, die oben bereits aufgeführt wurden, in erster Linie Chrom, Nickel und Silizium. Hinzu tritt noch Aluminium. Zwecks Erhöhung der Warmfestigkeit enthalten viele hitzebeständige Stähle auch Kobalt, Wolfram und Molybdän.

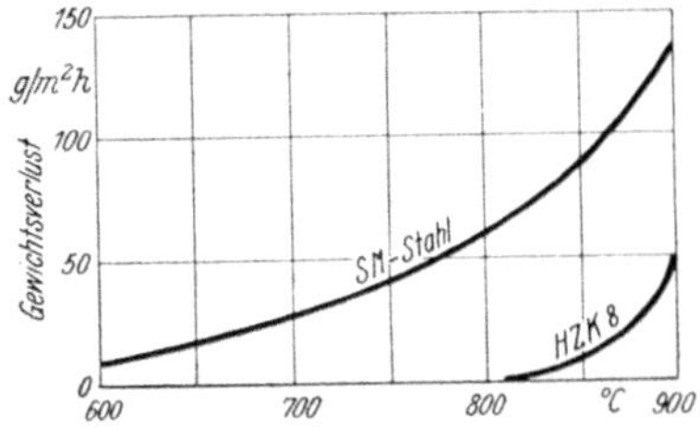

Abb. 75. Zunderbeständigkeit von SM-Stahl und von HZK 8-Sonderstahl.

Schließlich kann Stahl auch durch Diffusion von Aluminium in seine Oberfläche hitzebeständig gemacht werden. Abb. 73 und 74 zeigen die Verzunderung zahlreicher Stähle im Dampf- und im Luftstrom bei 500 bis 800°, Abb. 75 zeigt die Zunderbeständigkeit von SM-Stahl und von Sonderstahl. Nach Krupp ist die Hitzebeständigkeit reiner Molybdänstähle nicht wesentlich höher als die von unlegiertem Flußstahl, sie sind daher über etwa 520° nicht anwendbar. Durch Zusatz von nur 1 vH Chrom lassen sich Molybdänstähle bis 600°, durch höheren Chromzusatz bis 1200° hitzebeständig machen, Abb. 76.

In Abb. 73 und 74, die lediglich ein ungefähres Bild vom Verhalten verschiedener Stähle geben sollen, sind zu Vergleichszwecken auch Stähle eingetragen, die für so hohe Temperaturen gar nicht bestimmt sind. Übrigens ist der Wert solcher Untersuchungen an sich nicht groß, weil ihre Ergebnisse von zahlreichen Umständen abhängen und streng genommen nur vergleichbar sind, wenn die Versuchsbedingungen überall gleich waren und den in Wirklichkeit auftretenden Verhältnissen genau entsprechen.

Chromstählen werden meist Silizium oder Aluminium oder beide Elemente zulegiert. Da sie weniger kosten und in der Lage sind, einen Teil des Chroms zu ersetzen bzw. in

Verbindung mit Chrom besonders günstige Zunderbeständigkeiten ergeben, lassen sich hierdurch Vorteile erzielen, Abb. 77. Abb. 78 zeigt die Ergebnisse von Dauerzugversuchen mit einem (besonders für Überhitzerschlangen geeigneten) niedrig legierten Chrom-Silizium-Molybdän-Stahl von guter Dauerstandfestigkeit und einer Zunderbeständigkeit bis etwa 650°.

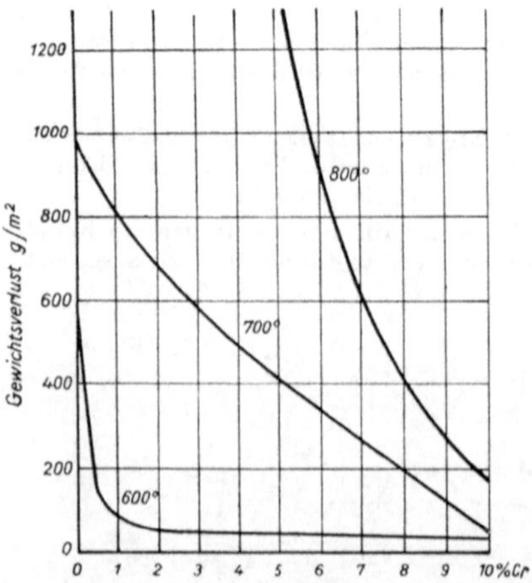

Abb. 76. Einfluß des Chromgehaltes auf die Hitzebeständigkeit legierter Stähle in Luft bei 120 Stunden Versuchsdauer. Nach Jungbluth und Müller.

f) Laugensprödigkeit. Beunruhigende, während und nach dem Kriege aufgetretene Nietnahtrisse wurden in Deutschland fast nur schlechten Baustoffen oder mangelhafter Ausführung zugeschrieben, während die Amerikaner meinten, daß alkalisches Speisewasser sie im Laufe der Zeit spröde mache und von **Laugensprödigkeit** oder **kaustischer Sprödigkeit** (caustic embrittlement) sprachen. Heute steht wohl fest, daß laugenhaltiges Wasser gereckten oder gequetschten Kesselblechen oder mangelhaft konstruierten Kesseln, in denen infolge von Wärmedehnungen unzulässige Beanspruchungen auftreten, gefährlich werden kann. Es müssen also Spannungen einer gewissen Höhe und eine bestimmte Konzentrierung der Lauge vorliegen. Insbesondere schlecht verstemmte oder unsatt anliegende Nietnähte oder mangelhafte Nachgiebigkeit des Kesselkörpers gegen Wärmedehnungen oder ungeeignete Behandlung des Speisewassers sind gefährlich, dem daher als Schutzmittel Sulfat (in Form von Glaubersalz, Na_2SO_4, oder Schwefelsäure) oder Phosphat (in Form von Trinatriumphosphat oder Phosphorsäure) zugesetzt wird. In den letzten Jahren wurde im Jzett-Stahl ein Baustoff auf den Markt gebracht, der infolge seiner Widerstandsfestigkeit gegen Laugensprödigkeit für den Kesselbau von besonderer Wichtigkeit ist.

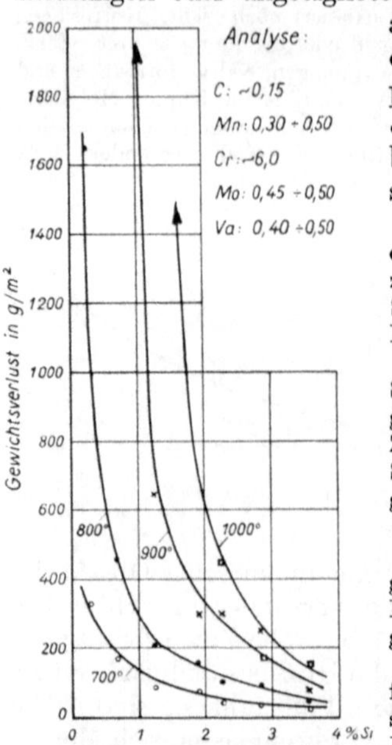

Abb. 77. Einfluß des Siliziumgehaltes auf die Hitzebeständigkeit von sechsprozentigem Chromstahl bei 120 Stunden Versuchsdauer. Nach Jungbluth und Müller.

5. Einfluß der Legierungsstoffe. Steigender Gehalt an **Kohlenstoff** (C) erhöht Festigkeit und Streckgrenze und verringert Dehnung und Kerbzähigkeit. Bis 2 vH C-Gehalt ist Stahl schmiedbar, bis 2 vH Zusatz von **Silizium** (Si) erhöht Festigkeit, Streckgrenze und Härte und vermindert Dehnung und Zähigkeit weniger als eine entsprechende Beimengung von C.

Chrom (Cr) allein oder in Gemeinschaft mit Nickel, Aluminium oder Silizium gibt bis etwa 1200° gute Zunderbeständigkeit und ist in seinem günstigen Einfluß auf die Rostbeständigkeit unerreicht. Mehr als 12 vH Zusatz macht Stahl praktisch nichtrostend. Bei den sog. unterperlitischen Stählen erhöht Chrom Streckgrenze und Festigkeit merklich und gibt größere Dehnung als die von Kohlenstoffstählen.

Kupfer (Cu) bewirkt in Stahl die sog. Aushärtung[1].

Mangan (Mn) dient hauptsächlich als Desoxydationsmittel. Steigender Zusatz erhöht Zugfestigkeit und Streckgrenze und verringert Dehnung und Einschnürung. Bei gleichbleibendem niederem Kohlenstoffgehalt steigt die Kerbzähigkeit mit steigendem Manganzusatz.

Bereits kleine Beimengungen von **Molybdän** (Mo) erhöhen Warmfestigkeit und Dauerstandfestigkeit bei gleichzeitig verbesserter Einschnürung und Dehnung und beseitigen die Anlaßsprödigkeit fast völlig. Fast alle bisher bekannt gewordenen dauerstandfesten Stähle sind mit Mo legiert, doch ergibt ein Zusatz von Mo allein noch keine Spitzenleistungen.

Nickel (Ni) gibt große Zähigkeit und eine im Vergleich zur Festigkeit hohe Streckgrenze und erhöht die Härte. Steigender Ni-Gehalt vergrößert die Warmfestigkeit bis 400° und die Widerstandsfähigkeit gegen Rosten und Säurenangriff. Über 400° sind Ni-Stähle nicht warmfester als unlegierte. Gleichzeitiges Beimischen von Nickel und Chrom verbessert die mechanischen Eigenschaften von Kohlenstoffstahl mehr als die Legierung mit nur einem Stoff.

[1] Bei der **Aushärtung** wird die eintretende Festigkeitssteigerung durch eine Anlaßbehandlung begünstigt, während bei der normalen Härtung das Anlassen die Festigkeit vermindert.

Vanadium (Va) erhöht ohne Beeinträchtigung der Dehnung und Einschnürung Zugfestigkeit, Streckgrenze und Elastizitätsgrenze, die bis 550° nur wenig zurückgehen. Auch die Kerbzähigkeit bleibt bis 500° ziemlich konstant. Va-Stähle sind besonders gegen dynamische und Wechselbelastung widerstandsfähig. Vanadium wird zur Erhöhung der Streckgrenze und Zugfestigkeit vielfach Chromstählen und zum Erzielen höchster Festigkeit auch Chrom-Nickelstählen zugesetzt.

Schädliche Beimengungen mit Bezug auf mechanische Eigenschaften sind **Arsen** (As), **Schwefel** (S), der **Rotbruch** (Rißbildung bei Bearbeitung zwischen 700 und 1100°) verursacht, und **Phosphor** (P), der die Zähigkeit im kalten Zustand verschlechtert.

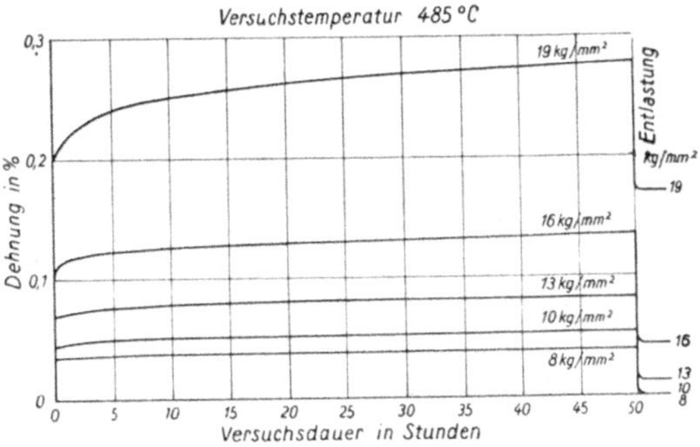

Abb. 78. Zeit-Dehnungskurven von Kruppschem FKB 345-Stahl. Nach Jungbluth und Müller.

Auch Schweißbarkeit, Verformbarkeit und Preis hängen sehr von Art und Menge der Legierungsmittel ab.

6. Zusammenfassender Vergleich der Kesselbaustähle. Die amtlichen deutschen Bestimmungen über die Anlegung von Landdampfkesseln vom Jahre 1908 schrieben für Flußeisen eine Zugfestigkeit von mindestens 34 kg/mm² und von höchstens 51 kg/mm² vor, bei Schiffsdampfkesseln wurde später bis 55 kg/mm² Zugfestigkeit zugelassen. Die Verwendung von Blechen von mehr als 41 kg/mm² Zugfestigkeit zu Kesselmänteln wurde von ihrer kalten oder rotwarmen Verarbeitung und der Herstellungsart der Blechkanten und Nietnähte abhängig gemacht. Die neuesten Bestimmungen legen die untere Grenze mit 35 kg/mm², die obere mit 56 kg/mm² fest und verlangen keine unterschiedliche Behandlung weicher und harter Bleche mehr. Folgende vier Blechsorten werden jetzt verwendet:

Sorte I:	Festigkeit	35 bis 44 kg/mm²	Für Bleche, die in der ersten Feuerzone liegen oder gebördelt werden müssen.
„ II:	„	41 „ 50 „	
„ III:	„	44 „ 53 „	In Ausnahmefällen für gebördelte von den Heizgasen nicht bestrichene Bleche.
„ IV:	„	47 „ 56 „	Für Mantelbleche.

Für nicht gebördelte und von den Heizgasen nicht bestrichene Mantelbleche können Werkstoffe von größerer Festigkeit als Sorte IV zugelassen werden.

Harte Stähle neigen weniger zum Altern als weiche. Weiches Material ist überdies in bezug auf Rekristallisation empfindlicher als hartes. In der Dauerstandfestigkeit bestehen bei höheren Temperaturen (etwa 500°) keine Unterschiede; abgesehen von der schwierigeren Verarbeitbarkeit (und Schweißbarkeit) sind also harte Bleche weichen Blechen überlegen.

Das unzulängliche Verhalten von Flußstahl mit Bezug auf Warmfestigkeit, Altern, Blaubrüchigkeit, Rekristallisation, Korrosion und Verzundern führte zur Entwicklung legierter Stähle. Nach Jungbluth und Müller werden für Überhitzerrohre von Hochdruckkesseln Werkstoffgruppen mit wenig Cr und ohne oder mit wenig Si vorgeschlagen, die gute Dauerstandfestigkeit haben und bis 600 bis 650° zunderbeständig sind, und eine zweite Werkstoffgruppe mit kleinerer Wärmeleitfähigkeit und etwas geringerer Dauerstandfestigkeit, die mehr Cr und Si oder Cr und Al enthält und bis etwa 800° hitzebeständig ist. Allgemein ist man bestrebt, teure Legierungsstoffe durch billigere zu ersetzen, ohne daß dadurch die Leistungsfähigkeit des Stahles abnimmt. Mit steigender Temperatur wird es immer schwieriger, hohe Zunderbeständigkeit mit guter Dauerstandfestigkeit zu vereinigen. Stähle, die bei großer Zunderbeständigkeit noch gute Festigkeitseigenschaften haben, sind daher am teuersten. Zur Zeit ist gute Zunderbeständigkeit bei gleichzeitiger befriedigender Dauerstandfestigkeit bis etwa 700 bis 750° erreichbar. Der Mehrpreis mancher legierter Stähle wird durch Gewichtsersparnis infolge der dünneren Wandstärke weitgehend ausgeglichen.

7. Wahl eines Kesselstahles. Da noch alles im Fluß begriffen ist, können folgende Angaben über die für einen bestimmten Verwendungszweck geeignetsten Stähle nur mit

Vorbehalt gemacht werden und sind mehr als allgemeine Richtlinien zu betrachten. Ähnliches gilt für Zahlentafel 6, die weder auf Vollständigkeit Anspruch macht, noch eine

Zahlentafel 6. Deutsche Sonderstähle für den Dampfkesselbau.

	Verwendungszweck	Herkunft[1]	Stahlsorte	Legierungsstoffe	Ungefähre Streckgrenze kg/mm²			Ungefähre Dauerstandfestigkeit[2] kg/mm²				Höchstzulässige Wandungstemperatur des hochwertigsten Stahles der Gruppe etwa °
					300°	400°	500°	400°	500°	600°	700°	
1	I. Trommeln und Sammler	V.St.W.	TH 10									
2		Kr.	Ni-Stahl F-	Ni	15—22	12—17	9—11	10—12	5—6	—	—	
3		P.W.R.	SK 23	Ni								
4		Kr.	P 644	Cr, Ni, Mo								
5		V.St.W.	TH 60	Cu, Ni	25—36	22—27	16—22	18—23	10—14	—	—	
6		V.St.W.	TH 61	Cu, Ni								
7	II. Trommeln, Sammler, Siede- und Überhitzerrohre	Kr.	Jzett III u. IV	—								
8		V.St.W.	TH 30[3] u. TH 31[3]	Cu, Mo								
9		Mn.	Maro 12 P	Cu, Mo	17—20	13—17	10—15	12—14	8—11	—	—	500
10		Bo.	Mo V I u. II	Mo								
11		Kr.	K 23[3]	Cu, Mo								
12		Kr.	K 25	Mo								
13	III. Kesselrohre, Überhitzerrohre, Überhitzersammler (bis zu 500° Dampftemperatur) und Heißdampfrohrleitungen	P.W.R.	SK 11	Mo								
14		P.W.R.	SK 12	Cr, Mo								
15		Mn.	Maro 13 P	Cu, Mo	20—25	19—24	17—23	16—24	12—16	—	—	550—600
16		Kr.	FK 345	Cr, Mo								
17		V.St.W.	TH 31	Cu, Mo								
18		Kr.	K 33	Cu, Mo								
19	IV. Hochbeanspruchte Überhitzerrohre	Kr.	FKB 345	Cr, Mo, Si								
20		Kr.	FF 6	Cr, Mo, Si	23—25	19—21	16—18	15—18	13—15	—	—	600—650
21		V.St.W.	Sicromal 8	Si, Cr, Al								
22	V. Aufhängeeisen für Überhitzer, Rußbläser usw.	Kr.	Ferrotherm	Cr, Si								
23		Kr.	Nicrotherm	Cr, Ni	—	—	—	—	—	5—7	3—5	900—1200
24		V.St.W.	Sicromal 9—12	Si, Cr, Al								
25	VI. Schrauben für Heißdampfleitungen	Kr.	FKM 54	Cr, Mo, Va	60	40	20	35	10	—	—	—
26		Kr.	ETK 2338	Cr, Ni, Mo			25	35	18			

[1] Kr. Krupp, V.St.W. Vereinigte Stahlwerke, Mn. Mannesmann, P.W.R. Preß- und Walzwerk Reißholz, Bo. Borsigwerk.

[2] Als Dauerstandfestigkeit ist die Beanspruchung gewählt, bei der die Dehngeschwindigkeit in der 25. bis 35. Belastungsstunde im Mittel 0,0005 vH/h beträgt.

[3] Kommt nur für Rohre in Betracht, weil infolge des tiefen C-Gehaltes in größeren Güssen nicht herstellbar.

Wertung der in ihr aufgeführten Marken darstellen, sondern lediglich einen allgemeinen Überblick geben soll. Die Stähle sind in 6 Verwendungsgruppen unterteilt, innerhalb welcher sie nach steigender Festigkeit aufeinanderfolgen, doch ist diese Reihenfolge nicht ganz einheitlich. Die angegebenen Festigkeitswerte und höchst zulässigen Wandtemperaturen sind ungefähre untere und obere Grenzwerte der betreffenden Gruppe. Zahlentafel 6 gibt aber schon deshalb kein ganz vollständiges Bild, weil sie wichtige Einflüsse, wie Korrosions- und Zunderbeständigkeit, Schweißbarkeit usw. nicht erkennen läßt.

Für **Kesseltrommeln** bis etwa 50 at Druck genügen Flußstähle. Für höhere Drücke kommen die Stähle unter Gruppe I und II in Zahlentafel 6 in Betracht. Bei der Auswahl ist die Herstellung der Trommel und der Umstand zu beachten, ob Schweißungen an ihnen vorgenommen werden sollen, da sich sämtliche Stähle zwar schmieden, aber nicht alle mit den bisher bekannten Verfahren schweißen lassen.

Siederohre werden bis etwa 60 at Druck aus Flußstahl oder dem entsprechenden alterungsbeständigen Jzett-Stahl hergestellt. Zwar ist ein Cr-Mo-Stahl, wie z. B. FK 345, einem Mo-Stahl, wie z. B. K 25-Stahl, oder einem Cu-Mo-Stahl, wie z. B. K 23-Stahl, mit Bezug auf Dauerstandfestigkeit und Korrosions- und Zunderbeständigkeit überlegen, doch haben sich bisher auch bei sehr hohem Kesseldruck Mo- oder Mo-Cu-Stähle für Wasserrohre im allgemeinen als ausreichend erwiesen.

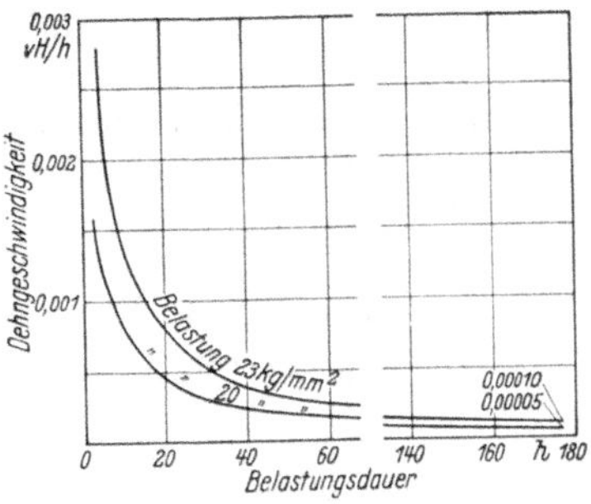

Abb. 79. Dauerstandfestigkeit (Dehngeschwindigkeit) eines Cr-Mo-Stahles (FK 345-Stahl) bei 500° Versuchstemperatur und verschiedenen Belastungen. Nach Krupp.

Für **Überhitzerrohre** eignen sich bis etwa 420° und 60 at Flußstähle. In der mit 475° Dampftemperatur arbeitenden 120-at-Anlage von Grube Ilse hat sich unlegierter Jzett-Stahl gut bewährt. Bei Mittel- und Hochdruckanlagen werden legierte Stähle bevorzugt, der Grad der Legierung ist aber noch umstritten. Bis etwa 530° Dampftemperatur dürften niedriglegierte Cr-Mo-Stähle ausreichend zunder- und korrosionsbeständig sein, Stahl mit 6 vH Cr-Gehalt (FF 6) oder von ähnlicher Zusammensetzung ist daher voraussichtlich nur dort nötig, wo besonders ungünstige Betriebsverhältnisse vorliegen. Stähle mit 6 vH Cr-Gehalt sind zwar bis etwa 800° zunderbeständig, halten aber über 550° ebensowenig nennenswerte Belastungen aus wie niedriglegierte, weil die Dauerstandfestigkeit bei allen ferritisch-perlitischen Stählen über 550° nach heutigen Erfahrungen unzureichend wird. Wo der Baustoff weich sein soll (Kaltbearbeitung, Einwalzen), wird ein Cr-Mo-Stahl von ähnlicher Zusammensetzung wie FK 345-Stahl die besten Eigenschaften in sich vereinigen, Abb. 79.

Flanschen und **Schraubenbolzen** vertragen im Gegensatz zu Rohren, Überhitzerkästen, Aufhängungen usw. nur eine im Laufe der Jahre mäßige Zunahme der Dehnung. Für Heißdampfflanschen kommt Jzett-Stahl, Mo-Stahl und Cr-Mo-Stahl, für die zugehörigen Schraubenbolzen Cr-Mo-Stahl, Cr-Mo-Ni-Stahl oder Cr-Mo-Va-Stahl in Betracht, wobei darauf zu achten ist, daß Bolzen und Muttern nicht fressen, weshalb zuweilen chromlegierte Muttern verwendet werden.

8. Sicherheit von Kesselwandungen. a) Berechnung auf Beanspruchung durch den Dampfdruck. Bezeichnet

s = Blechdicke in mm,
d = größter lichter Durchmesser in mm,
p = größter Betriebsüberdruck in kg/cm²,
K_z = Berechnungsfestigkeit des verwendeten Stahles in kg/mm²,
x = Beiwert = 4 bei mehrreihigen, doppelgelaschten Nähten und nahtlosen Schlüssen,
v = Verhältnis der Mindestfestigkeit der Längsnaht bzw. des Stegquerschnittes zwischen den Rohrlöchern zur Zugfestigkeit des vollen Bleches (bis zu 0,9 bei Wassergas- und Lichtbogenschweißung, 1 bei geschmiedeten Trommeln),

dann wird nach den neuesten amtlichen Bauvorschriften die Blechstärke von Kesseltrommeln ermittelt aus der Formel

$$s = d \cdot \frac{p \cdot x}{200\, K_z \cdot v} + 1 \quad \text{mm}^1. \tag{16}$$

[1] Über 30 bzw. 40 mm Wandstärke beträgt der Zuschlag nur 0,5 bzw. 0 mm statt 1 mm.

Sind Wandungstemperaturen von mehr als 300° zu erwarten, so soll auf die Veränderung der Festigkeitseigenschaften in dieser Wärme Rücksicht genommen werden. Für legierte Stähle bestehen amtliche Vorschriften noch nicht, vielmehr entscheidet der zuständige Dampfkesselüberwachungsverein im Benehmen mit der Kesselfirma.

Zahlentafel 7. Sicherheit einer 100 at-Kesseltrommel bzw. eines Überhitzersammlers bei 300 bzw. 500° aus Blechsorte I ($K_z = 36$ kg/mm²).

	Kesseltrommel (300°)		Überhitzersammler (500°)	
	kg/mm²	Sicherheit	kg/mm²	Sicherheit
Streckgrenze	11,5	$\frac{11,5}{9} = 1,3$	7,5	$\frac{7,5}{9} = 0,8$
Dauerstandfestigkeit	11,5	1,3	5	0,6

Zahlentafel 7 zeigt, wie bei Blechsorte I mit $K_z = 36$ kg/mm², die man für den angenommenen Fall natürlich nicht verwenden würde, die tatsächliche Sicherheit einer Kesseltrommel für 100 at (Sättigungstemperatur 310°) und eines Überhitzersammlers für 500° Dampftemperatur etwa wäre, wenn die Beanspruchung bei der vorgeschriebenen 4fachen Berechnungssicherheit $\frac{36}{4} = 9$ kg/mm² beträgt. Die Sicherheit ist also bei hohen Temperaturen weit kleiner als man anzunehmen geneigt ist, wenn man mit einem konstanten Werte von 36 kg/mm² rechnen würde.

Die Wandstärke von Siederohren, die 8 mm nicht überschreiten soll, und von Überhitzerrohren wird gleichfalls nach Formel (16) berechnet. Bei Wasserrohren ist für $k = \frac{K_z \cdot v}{x}$ einzusetzen 6,4 kg/mm² für Flußstahl I und 8,0 für Flußstahl II. Bei Rohren aus legiertem Stahl ist der Wert k so zu wählen, daß 1,8fache Sicherheit gegen Überschreiten der Streckgrenze bei 400° (bei Überhitzerrohren bei der zu erwartenden Wandtemperatur) gewährleistet ist.

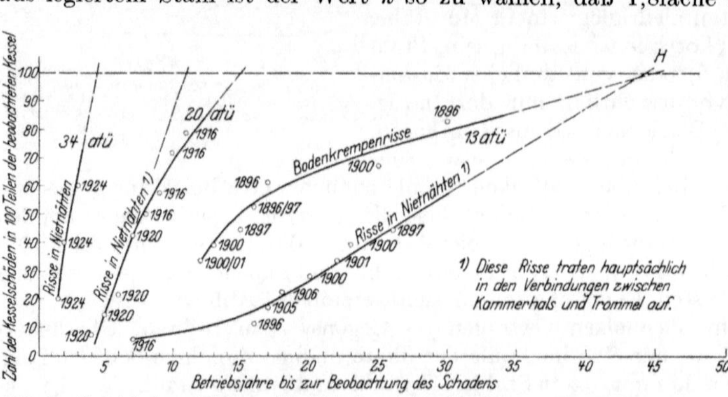

Abb. 80. Betriebsdauer bis zum Eintritt des ersten Schadens an den Trommeln von 26 Wasserkammerkesseln von 13, 20 und 34 atü Betriebsdruck aus demselben Kraftwerke. Nach Ulrich.

b) **Beanspruchung von Kesselwandungen durch zusätzliche Spannungen.** Beim Beurteilen der Sicherheit von Kesselwandungen ist zu beachten, daß sie häufig außer durch den Dampfdruck noch durch Kräfte beansprucht werden, die die Berechnungsformel für die Wandstärke nicht berücksichtigt. Hierzu gehören Wärmespannungen infolge des Temperaturunterschiedes zwischen Außen- und Innenwand beheizter Teile und durch Wärmedehnung verursachte Zwängungen. Letztere lassen sich durch geeignete Konstruktion, erstere durch Schutz der Wandung gegen Berührung durch heiße Rauchgase vermeiden. Nach Messungen an ausgeführten Trommeln können in der Nähe überlappter Nietnähte so große Biegungsbeanspruchungen vorkommen, daß die Gesamtspannung des Bleches dicht an der Streckgrenze liegt, obgleich die reine Zugbeanspruchung durch Dampfdruck den nach den Bauvorschriften zulässigen Wert nicht übersteigt. Schließlich treten noch Randspannungen an den Niet- und Rohrlöchern, sowie in gewissen Fällen Biegungsbeanspruchungen auf. Zu hoher Nietdruck, rohes Anpassen, schlechtes Anliegen und Verstemmen vernieteter Bleche können weitere zusätzliche Spannungen verursachen und das Blechgefüge schwächen. Da unsattes Anliegen und schlechtes Verstemmen auch die Laugenbrüchigkeit begünstigen, ist es kein Wunder, daß die Kesselschäden beängstigend zunahmen, als man vor etwa 15 Jahren zu höheren Drücken und Leistungen überging, ohne bei der Herstellung und Verarbeitung der Bleche und der

Konstruktion des Kessels den erhöhten Beanspruchungen genügend Rechnung zu tragen. Abb. 80 zeigt für 26 Wasserkammerkessel verschiedener Bauart aus demselben Kraftwerke, welche Zeit bis zum Auftreten des ersten Nietnaht- oder Bodenkrempenrisses verging. Sie ist bei hohem Druck kürzer als bei tiefem. Extrapolieren ergibt, daß sich der erste Riß bei 34 atü Kesseldruck spätestens nach rd. 5, bei 13 atü nach rd. 45 Jahren zeigte. Der Knick in der 20-atü-Kurve wird darauf zurückgeführt, daß im Baujahr 1920 wegen der Kriegsfolgen Werkstoffe und Verarbeitung nicht so gut waren wie vor 1916.

Die trotz der oft unzulässig hohen Beanspruchung gute Lebensdauer der meisten Trommeln führt Ulrich darauf zurück, daß die Zahl der durch Schwankungen des Dampfdruckes und der Wandtemperatur beim Anlassen und während des Betriebes hervorgerufenen Belastungswechsel verhältnismäßig klein ist. Nach Abb. 62 verringert eine Erhöhung der Beanspruchung von 15,6 bzw. 21,9 kg/mm^2 um nur 2 bzw. 5 kg/mm^2 die Zahl der zum Bruch führenden Lastwechsel von rd. 10 Millionen auf rd. 5 bzw. 0,5 Millionen, d. h. außerordentlich stark. Spannungsunterschiede von 2 bis 5 kg/mm^2 können sich aber bei zwei gleichen Kesseln durch verschieden sorgfältige Herstellung oder Zufälligkeiten des Betriebes einstellen. Von 2 gleichen Kesseln kann daher der eine frühzeitig schadhaft werden, der andere nicht.

Die Untersuchung von 11 nach Bauart und Betriebsführung verschiedenen Kesseln, die 22 bis 44 Jahre im Betriebe waren, unter Bedingungen, die für die heutige Abnahme maßgebend sind, hat nach Daeves, Pfeiffer und Urbanczyk ergeben, daß die Bleche nicht in allen Fällen die heute für solche Kessel maßgebenden Werkstoffwerte erfüllten, obwohl sie während der ganzen Betriebszeit einwandfrei arbeiteten. Trotzdem die Bleche sehr alterungsempfindlich waren und fast überall Kraftwirkungsfiguren zeigten, hatten sich im vollen Blech die Festigkeitseigenschaften nicht geändert, die Umgebung der Nietlöcher war aber sehr spröde und wies eine fast durchweg auf die von künstlich gealtertem Blech gesunkene Kerbzähigkeit auf. Die Nietverbindungen alter Kessel sind also eine bedenkliche Gefahrenquelle, dagegen scheinen das „Atmen“ und andere Betriebsbedingungen die Zähigkeit normaler alterungsempfindlicher Baustoffe im vollen Blech nicht zu verschlechtern.

c) Geschweißte und geschmiedete Kesseltrommeln. Je höher der Kesseldruck ist, um so ungefüger werden die Nietnähte von Kesseltrommeln. Dadurch erfolgt eine unerwünschte Material- und Spannungsanhäufung und die Nieten erhalten nicht mehr einwandfrei beherrschbare Abmessungen. Wenngleich vereinzelte Kesseltrommeln bis zu 55 at Druck noch durch Nietung hergestellt wurden, so sind sie doch nur Notbehelfe. In geschweißte oder geschmiedete Trommelschüsse eingenietete Böden sind erheblich günstiger, da keine zusätzlichen Beanspruchungen zu befürchten sind und Trommel und Böden durch Abdrehen ohne Zwängung zu sattem Anliegen gebracht und die Niethälse der Böden und die entsprechenden Stellen des Schusses so weit abgedreht werden können, daß die Nietenlänge erträglich bleibt.

Da Trommelwandungen im Betriebe eine Temperatur von 200 bis 400^0 annehmen, verursacht beim üblichen Flußstahl jede Kaltverformung Altern, das sie spröde macht und ihre Widerstandsfähigkeit gegen Korrosion und Laugenangriff schwächt. Kaltverformung der Bleche sollte man daher mindestens bei großen mit Drücken von über 25 at arbeitenden Kesseln vermeiden. Bei 30 bis etwa 50 at Druck werden daher in Deutschland meistens geschmiedete oder geschweißte Trommelschüsse mit eingenieteten oder angekümpelten Böden verwendet. Auch das Ausland geht auf Grund der guten Erfahrungen in Deutschland in steigendem Maße von genieteten zu geschweißten Kesseltrommeln über. Für Drücke über 50 at werden fast nur geschmiedete Trommeln verwendet. Geschweißte Kesseltrommeln mit angekümpelten Böden können ebenso wie aus einem Stück geschmiedete Trommeln durch nachträgliche Glühbehandlung von etwaigen Schädigungen bei der Herstellung befreit werden. Beim Thyssen-Verfahren prüft man die Schweißung dadurch, daß man die wassergasgeschweißte Trommel bei der Wasserdruckprobe einer über der Streckgrenze liegenden Beanspruchung aussetzt und sie nachher nochmals ausglüht (Hochsicherheitstrommeln).

Hochsicherheitstrommeln ließen sich bisher nur aus Blechen der Festigkeitsgruppe I herstellen. Neuerdings können sie auch infolge der Verwendung von Molybdänstählen mit Festigkeiten der Festigkeitsgruppe II hergestellt werden. Die Wassergasschweißung von Werkstoffen der Festigkeitsgruppen III und IV ist noch nicht möglich. Geschmiedete Trommeln kann man natürlich in allen Härten und aus legierten Werkstoffen machen. Neben die genannten Fabrikationsverfahren treten in neuerer Zeit Trommeln, die vermittels der elektrischen Lichtbogenschweißung hergestellt sind. Zur Zeit ist dieses Schweißverfahren nur zum Schweißen von Blechen der Festigkeitsgruppen I und II geeignet. Krupp hat jedoch ein Schweißverfahren ausgearbeitet, nach dem sich auch Bleche der Festigkeitsgruppen III und IV und legierte Werkstoffe schweißen lassen, die abschließenden Prüfungen über dieses Verfahren werden zur Zeit durchgeführt.

Ziel der Schweißung muß weitgehende Unabhängigkeit von der Geschicklichkeit und Zuverlässigkeit des Arbeiters und eine Schweißnaht sein, die ebenso günstige Festigkeitseigenschaften hat wie das Blech.

Schließlich werden Trommelschüsse kleineren Durchmessers seit einiger Zeit auch durch Walzen oder Pressen und Ziehen hergestellt.

B. Feuerfeste Baustoffe.

1. Herstellung und Eigenschaften feuerfester Steine. Feuerfeste Steine müssen folgende Eigenschaften haben:

1. Widerstandsfähigkeit gegen hohe Temperaturen, ohne zu erweichen oder gar zu schmelzen,
2. Widerstandsfähigkeit gegen die chemische Einwirkung der — oft flüssigen — Asche,
3. gute mechanische Festigkeit, ohne durch den Einfluß wechselnder Temperaturen zu reißen,
4. Raumbeständigkeit, d. h. mäßige Wärmeausdehnung und kleine bleibende Formänderung bei wiederholtem Erhitzen und Abkühlen.

Jeder einzelne dieser Punkte ist verhältnismäßig einfach erfüllbar, nicht aber ihre Gesamtheit, weil jeder von ihnen die Anwendung anderer, einander entgegenwirkender Mittel verlangt. Nicht besonders hohe Feuerfestigkeit oder besonders große Widerstandsfähigkeit gegen Schlackenangriff machen die Herstellung von Steinen für Dampfkesselfeuerungen so schwierig, sondern die Notwendigkeit der gleichzeitigen Erfüllung mehrerer miteinander schlecht vereinbarer Forderungen.

Feuerfeste Steine für Dampfkesseleinmauerungen werden aus folgenden Rohstoffen hergestellt:

Basische Bestandteile. Roher Ton als Bindemittel und gebrannter, auch **Schamotte** genannter Ton. Hochwertige Tone schmelzen bei Segerkegel (SK) 37 bis 38 (1830° bis 1850°).

Saure Bestandteile. Quarzite und Quarzsande, die fast frei von Al_2O_3 sind und nur roh verarbeitet werden. Guter Quarzit enthält etwa 97,5 vH SiO_2; 1,5 vH Al_2O_3; 0,5 vH Fe_2O_3 und hat SK 35 bis 36 (1770° bis 1790°). Nur wenige Quarzite eignen sich für feuerfeste Steine.

Man unterscheidet zwischen Schiefertonen, plastischen Tonen und Kaolinen. Schiefertone sind meist sehr rein, sehr feuerfest, haben hohen Al_2O_3-Gehalt, aber wenig Bindefähigkeit. Man verwendet sie daher häufig als Schamotte. Zusammensetzung und Feuerbeständigkeit der plastischen Tone, die große Bindekraft haben, sind sehr verschieden. Kaoline sind sehr rein und feuerbeständig, enthalten bis 44 vH Al_2O_3, binden aber schlecht. Minderwertige Bindemittel erniedrigen die Widerstandsfähigkeit gegen Aschenangriff, weil sie von der Brennstoffasche herausgewaschen werden und den Stein seines Zusammenhaltes berauben. Ton ist um so wertvoller, je mehr Al_2O_3 und je weniger **Flußmittel** (CaO, MgO, Fe_2O_3, TiO_2 und Alkalien), die höchstens 4 vH ausmachen sollen, er enthält, weil sie den Schmelzpunkt erniedrigen. Verhältnismäßig unreine Tone sind reinen Tonen mit viel Al_2O_3 infolge ihrer größeren Plastizität und Unempfindlichkeit gegen Temperaturwechsel zuweilen überlegen. Sehr plastische Tone geben zwar dichten Stein, zerklüften aber beim Brennen und Trocknen leicht. Sie werden deshalb durch Zusatz von Schamotte oder Quarz „gemagert". Da ein feuerfester Stein raumbeständig und unempfindlich gegen Temperaturschwankungen sein muß, reiner Ton aber im Feuer schwindet, setzt man ihm Schamotte oder Quarz zu, der bei Erhitzung wächst. Quarzzusatz drückt allerdings den Schmelzpunkt herab. Zuschläge und Herstellung feuerfester Steine richten sich also ganz nach ihrem Verwendungszweck.

Außer den künstlichen **Schamottesteinen** kommt für Dampfkesseleinmauerungen natürlicher **Quarzschiefer,** der zu etwa 95 vH aus Kieselsäure besteht, aber keine ausgedehnte Anwendung finden konnte, in Betracht. Schließlich werden noch Sondersteine, wie z. B. Karborundumsteine, an mechanisch und thermisch hoch beanspruchten Stellen hin und wieder verwendet.

Schamottesteine werden je nach ihrem Gehalt an SiO_2 und Al_2O_3 als „**sauer**" oder als „**basisch**" bezeichnet. Ihr hoher Schmelzpunkt rührt vorwiegend von SiO_2 bzw. Al_2O_3 her. Reine Tonerde schmilzt bei 2050°, reine Kieselsäure bei 1600 bis 1670°. Saure Steine enthalten etwa 75 bis 95 vH SiO_2, basische etwa 30 bis 42 vH Al_2O_3, daneben gibt es eine Reihe von Zwischenstufen, Zahlentafel 8. Ton hat einen um so höheren Schmelzpunkt, je mehr Al_2O_3 er enthält und je reiner er ist. Auch das Verhältnis Al_2O_3 zu SiO_2 beeinflußt den Schmelzpunkt. Dem Schmelzen geht eine eigentümliche Zwischenstufe zwischen festem und flüssigem Zustand voraus, von der die zulässige Druckbelastung im wesentlichen abhängt. Plastische Deformationen der besten Steinsorten scheinen bei 11 kg/cm² Belastung bei 1200 bis 1300°, bei 5 kg/cm² bei 1300 bis 1400° zu beginnen. Viele Schamottesteine halten bei 1200° eine Belastung von 5 kg/cm² nicht mehr aus. Hocherhitztes, zu stark belastetes Mauerwerk kann daher schon weit unter seinem Schmelzpunkt nachgeben. Für die Brauchbarkeit feuerfester Steine ist ihr plastisches Verhalten bei bestimmten Temperaturen und Belastungen oft wichtiger als ihr Schmelzpunkt. Daß Mauerwerk trotz verhältnismäßig kleiner plastischer Widerstandskraft manchmal so hohe Belastungen verträgt, hängt davon ab, daß nur eine dünne Schicht die höchsten Temperaturen annimmt, Abb. 263.

Zahlentafel 8. Untersuchungsergebnisse einiger Schamottesteine.

Verwendungszweck der Steine	Feuergewölbe 1	2	3
Chemische Zusammensetzung:			
Glühverlust . . . . . . vH	0,26	0,48	0,17
Kieselsäure . . . . . . vH	59,83	70,86	71,97
Tonerde . . . . vH	36,30	26,43	26,05
Eisenoxyd . . . . . . vH	2,10	1,59	1,45
Summe . . . . vH	98,49	99,36	99,64
Segerkegel . . . . SK	34	32—33	31
Porosität . . . . vH	16,0	20,1	12,8
Volumenbeständigkeit:			
Schwindung I. Brand. vH		1,27	1,88
II. „ . vH		1,67	2,20
III. „ . vH		1,71	2,77
IV. „ . vH		1,72	2,86

Das Schmelzen eines feuerfesten Steines ist eine Auflösung und folgt den für Lösungen und Legierungen gültigen Gesetzen. Der Schmelzpunkt einer Legierung richtet sich nach ihrer Zusammensetzung und liegt oft tiefer als der ihres am niedrigsten schmelzenden Bestandteiles. Die bei der tiefsten Temperatur schmelzende Legierung derselben Stoffe heißt die **eutektische.** Feuerfeste Steine können schmelzen, sobald sie über den Schmelzpunkt der eutektischen Lösung ihrer Bestandteile erhitzt werden. Bei inniger Berührung der Flußmittel unter sich und mit dem Ton entsteht zunächst die am leichtesten schmelzende Lösung, die viel Flußmittel und wenig Tonerde enthält. Bei weiterer Erwärmung wird allmählich der Schmelzpunkt schwerer schmelzender Lösungen erreicht, so daß immer mehr SiO_2 und Al_2O_3 in Lösung übergehen. Je höher die Temperatur ist, um so leichter entsteht eine das Erweichen eines Steines einleitende Lösung.

Diese Vorgänge werden durch den Angriff der in der Asche enthaltenen Flußmittel, die in den Stein einzudringen versuchen und ähnlich wirken wie die in ihm bereits enthaltenen Flußmittel, verstärkt. Im allgemeinen wird ein Stein von der Schlacke nur dann durch Auflösung zerstört, wenn sein Gefüge nicht genügend dicht ist, um ihr Eindringen zu verhindern, oder wenn die Asche chemisch genügend aggressiv ist. Sehr dicht gebrannte Schamottesteine sind gegen Schlackenangriff weniger, gegen rasche Temperaturwechsel weit mehr empfindlich als poröse. Man muß daher zwischen der Empfindlichkeit gegen Schlackenangriff und gegen Temperaturschwankungen einen Kompromiß schließen.

Die Widerstandsfähigkeit gegen Schmelzen wird meistens in **Segerkegeln** (SK) angegeben. Segerkegel sind kleine Pyramiden aus an Schwerschmelzbarkeit stetig zunehmenden Silikatgemischen, die bei der Bestimmung von Temperaturen als Vergleichskörper dienen. Die erreichte Temperatur entspricht der Schmelztemperatur des Segerkegels, dessen Spitze beim Umsinken gerade die Unterlage berührt. Steine mit einem Schmelzpunkt von mehr als 26 SK (rd. 1580°) heißen feuerfest, solche mit SK 33 bis 34 (rd. 1730 bis 1750°) hochfeuerfest.

Steine für die Feuergewölbe und den heißesten Teil des Feuerraumes sollen etwa SK 32 bis 33 (1710° bis 1730°) haben. Steine mit höherem SK sind sehr teuer, ohne daß der höhere Schmelzpunkt viel nützt. Steine mit niedrigem SK und verhältnismäßig kleinem Al_2O_3-Gehalt, die zunächst einen weniger günstigen Eindruck machen, genügen den gestellten Anforderungen manchmal vollauf.

Da die Innenseite der Steine im Betrieb viel heißer als ihre Außenseite wird, dehnen sie sich innen mehr aus. Werden sie daher unter dem Einfluß der Hitze nicht etwas plastisch oder geben die Steinfugen nicht etwas nach, so können sie in der Nähe ihrer Innenkante durch darüber liegendes Mauerwerk so stark überlastet werden, daß sie zerspringen oder Stücke abplatzen. Ähnliche Schäden treten besonders bei dichtgebrannten Steinen durch schroffe Temperaturwechsel auf (Aufreißen der Feuertüren usw.). Eine weitere Ursache von Rißbildungen ist, daß mineralogische Änderungen der Steine nicht während des Brennens, sondern erst in der Kesselfeuerung unter Belastung und Volumenänderung zum Abschluß kommen.

Feuerfeste Steine werden mit Mörtel vermauert, der eine ähnliche Zusammensetzung haben soll wie die Steine und bei Tonschamottesteinen aus fein gemahlenem gebrannten Ton besteht, dem ein angemessener Zuschlag von Bindeton zugesetzt wird. Es hat keinen Zweck, Mörtel zu verwenden, der bedeutend hochwertiger ist als die Steine; sein Schmelzpunkt kann etwas tiefer liegen als der der Steine.

Scharfes Brennen und inniges Durchmischen der richtig bemessenen Zuschläge erhöhen die mechanische Festigkeit. Ein guter Stein soll keine größeren Quarzkörner enthalten und beim Beklopfen hell klingen. Scharf gebrannte Steine klingen stets hell. Die Quarzitkörner sollen nicht größer als 3 mm sein, weil sie sonst durch ihr Wachsen die umliegende Steinmasse lockern und das Eindringen der Schlacke erleichtern. Bei guten Steinen gilt eine Porosität von etwa 15 vH und ein Nachschwinden von etwa 3 vH als guter Mittelwert. Feuerfestes Mauerwerk wächst beim Erhitzen bei weitem nicht so stark, als nach der Ausdehnungszahl der Steine angenommen werden sollte, weil die Fugen zwischen den Steinen, vielleicht auch die Poren der Steine zusammengedrückt werden.

Die Farbe eines Schamottesteines ist kein sicheres Zeichen seiner Güte. Sächsische Steine sehen meist weißlich, westdeutsche meist braungelb aus.

Ein Stein soll weniger als 3 vH Fe_2O_3 und einschließlich Fe_2O_3, aber ohne TiO_2, weniger als 5 vH Flußmittel enthalten. Die Gesamtporosität (Verhältnis der offenen und geschlossenen Poren zum Rauminhalt) soll bei normalen Steinen unter 28 vH, bei Formsteinen unter 32 vH sein. Von anderer Seite wird nicht mehr als 15 vH verlangt. Die Längenänderung gegenüber dem ursprünglichen kalten Stein soll nach 4stündigem Glühen von Steinen erster Qualität bei 1400° und von Steinen zweiter Qualität bei 1200° höchstens 1 vH ausmachen. Die Steine sollen nach je 1stündiger Erwärmung der einen Hälfte auf 850° mindestens 5 Abschreckungen durch Eintauchen bis $^1/_3$ der Seitenlänge in fließendes Wasser von Zimmertemperatur aushalten, ohne daß Teile der Oberfläche abplatzen oder das Gefüge zermürbt oder reißt. Sie sollen äußerlich frei von Rissen, Lunkern und Ausschmelzungen sein, glatte Oberfläche haben und müssen sich, ohne zu zerfallen, gut behauen lassen. Ihr Bruch muß gleichmäßig und frei von Rissen und Löchern sein. Die Sollabmessungen müssen auf ± 2 vH eingehalten werden, das Abweichen von der Ebene soll bei Normalsteinen nicht mehr als 0,5 vH, bei Formsteinen nicht mehr als 1 vH betragen.

2. Wärmeleitvermögen und Luftdurchlässigkeit. Die Wärmeleitzahlen λ in kcal/mh °C einiger feuerfester Bau- und Isolierstoffe betragen nach Hütte, Bd. I, 25. Aufl.

Asbest	0,18 bei 200°	Mit ± 20 vH Abweichung
Ziegelmauerwerk	0,35 bis 0,45	
Hohlziegelmauerwerk	0,27	
Schamottesteine	0,51 bei 200° bis 0,82 bei 1000°	
Magnesitsteine	1,15 bei 200° bis 1,43 bei 1000°	
Kieselgursteine		
bei 300 kg/m³ spezifischem Gewicht	0,075 bei 100° bis 0,125 bei 500°	
bei 600 kg/m³ spezifischem Gewicht	0,110 bei 100° bis 0,160 bei 500°	
Beton für Eisenbetonschornsteine		
bei 2410 kg/m³ spezifischem Gewicht	1,10 bis 2,00	
Karborundumsteine	rd. 4 bis 6	

Die zum Teil anderen Quellen entnommenen Wärmeleitzahlen in Abb. 81 und 82 weichen nicht unerheblich von den oben angeführten ab, zeigen aber übereinstimmend, daß λ um so größer wird, je höher die Temperatur, das spezifische Gewicht und der Wassergehalt ist. Manche besonders gute Isolierstoffe sind wegen ungenügender Widerstandsfähigkeit gegen hohe Temperaturen und Drücke ungeeignet. Abb. 83 zeigt die Wärmeübergangszahlen durch Berührung α_B zwischen Wand und Luft (ohne Strahlung). Auch sie weichen teilweise erheblich voneinander ab, weil selbst geringfügige Unterschiede in der Versuchsanordnung sich stark auswirken.

Die **Durchlässigkeitszahl** ε in m³ · cm/m² · h · mm W.-S. ist die Luftmenge, die je h auf 1 m² Querschnitt, 1 cm Dicke bei 1 mm W.-S. Druckunterschied zwischen Innen- und Außenseite durchströmt. ε ändert sich proportional dem Druckunterschied und hängt sehr von der Steinbeschaffenheit ab. Nach Bansen beträgt ε bei

Silikatsteinen	0,1 bis 0,27 m³ · cm/m²h mm W.-S.
trockenen, nicht rissigen Mörtelfugen	7 bis 13 m³ · cm/m²h mm W.-S.
mörtellosem Mauerwerk mit geschliffenen Steinen	35 bis 50 m³ · cm/m²h mm W.-S.
gewöhnlichen Steinen mit Mörtel gemauert und getrocknet	12 bis 18 m³ · cm/m²h mm W.-S.
geschliffenen Steinen mit Mörtel gemauert und getrocknet	12 bis 18 m³ · cm/m²h mm W.-S.

Eine trockene, nicht rissige Mörtelfuge ist also 50 bis 100mal gasdurchlässiger als der Stein selbst. Rechnerisch ergibt sich hieraus für eine 115 mm dicke Mauerwand aus 115 · 230 · 65 mm Steinen mit 3 mm dicken Fugen und einer Gesamtfugenlänge von rd. 20 m eine Durchlässigkeitszahl von rd. 1 $m^3 \cdot cm/m^2 h$ mm W.-S. Da Versuche an solchen Wänden aber Werte bis zu 17,5 ergaben, müssen die beim Trocknen entstandenen Risse in den Mörtelfugen die Gasdurchlässigkeit auf mehr als das Zehnfache erhöht haben. Mauerwerk muß auch aus diesem Grunde sehr sorgfältig ausgetrocknet werden.

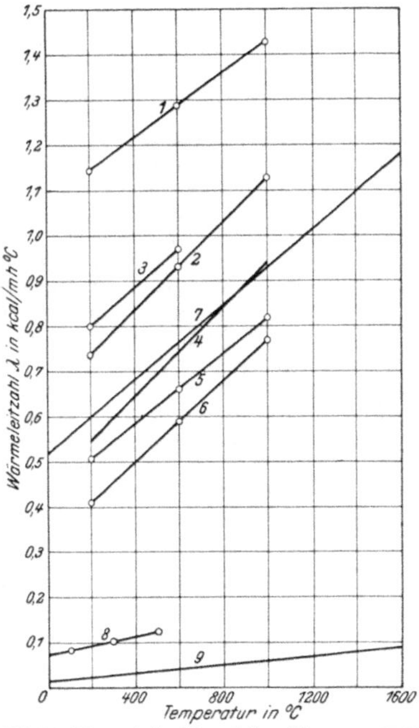

Abb. 81. Wärmeleitzahlen einiger Einmauerungsstoffe. *1* Magnesit; *2* Dinas; *3* bis *6* Schamottesteine; *7* mittlere Kurve für Schamottesteine; *8* Kieselgursteine, $\gamma = 300$ kg/m³; *9* ruhende Luft.

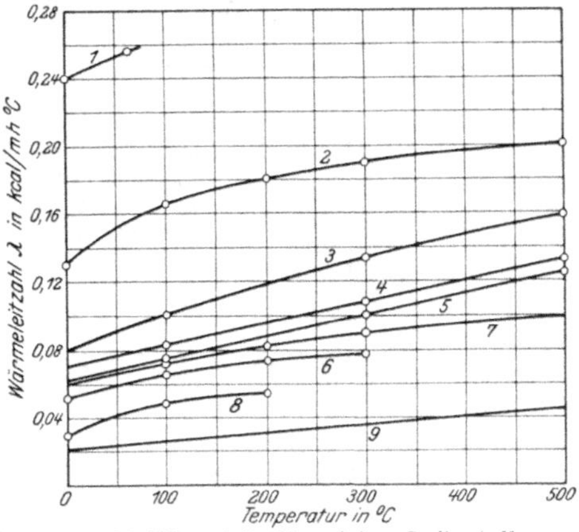

Abb. 82. Wärmeleitzahlen einiger Isolierstoffe. *1* Schlackenbeton; *2* Asbest; *3* bis *5* Kieselgursteine, $\gamma = 600$, 400, 300 kg/m; *6* loser Kieselgur; *7* Schlackenwolle, $\gamma = 420$ kg/m³; *8* Korkmehl; *9* ruhende Luft.

Äußerer Anstrich hat offenbar wenig Zweck, weil die meiste Luft durch die Fugen und nicht durch die Steine eindringt. E. H. **Schulz** fand für die Luftdurchlässigkeit feuerfester Steine gleicher Herstellung folgende Werte: Schamottesteine 0,01 bis 1,71, Silikatsteine 0,06 bis 0,47, Karborundumsteine 0,01 bis 2,70, Isoliersteine 0,22 bis 1,94 $m^3 \cdot cm/m^2 \cdot h \cdot$ mm W.-S.

3. Die Brennstoffaschen. Zusammensetzung und Verhalten der Brennstoffasche sind von größter Bedeutung. Der Einfluß der Asche macht sich bei der Verbrennung, der Einmauerung, dem eigentlichen Kessel, im Auswurf der Schornsteine und in den Abfuhrkosten geltend.

Die Verbrennung kann durch Menge und Zusammensetzung der Asche sehr beeinträchtigt werden, wenngleich geeignete Roste Kohlen bis zu 50 vH Aschengehalt recht gut verarbeiten. Einige Aschen zerstören die Roststäbe schnell und verursachen durch Umhüllen unausgebrannter Kohlenstückchen nennenswerte Verluste, S. 188. Asche kann auch durch Verschmieren der Rostspalten oder durch Schlackenkuchen die gleichmäßige Zufuhr der Verbrennungsluft verhindern und die Umgegend durch Flugaschenauswurf der Schornsteine belästigen. Der Wert einer Kohle geht mit zunehmendem Aschengehalt meist rascher zurück als dem abnehmenden Heizwert entspricht.

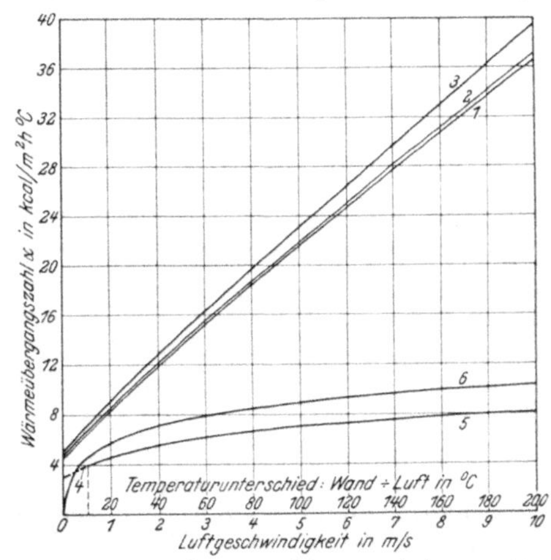

Abb. 83. Wärmeübergangszahlen $\alpha_{ü}$ zwischen warmen Wänden und Luft.

1 Wandoberfläche poliert *2* Wandoberfläche gewalzt *3* Wandoberfläche gerauht	für senkrechte Wände abhängig von der Luftgeschwindigkeit
4 Temperaturunterschied Wand ÷ Luft < 10° *5* Temperaturunterschied Wand ÷ Luft > 10°	für senkrechte Wände und Rohre, abhängig vom Temperaturunterschied

6 Waagerechte Wand, abhängig vom Temperaturunterschied.

Schließlich kann Asche feuerfestes Mauerwerk vorzeitig zerstören und die Heizflächen verhältnismäßig schnell so stark verschmutzen, daß die Kesselleistung erheblich zurückgeht. Die äußere Reinigung des Kessels ist eine lästige teure Arbeit und verringert die jährliche Verfügbarkeit unter Umständen erheblich, S. 65. Während gut ausgebrannte Schlacke aus Rostfeuerungen bei kostenfreier Abfuhr etwa 2 bis 3 RM/t einbringt, muß man für die Abfuhr von Asche aus Staubfeuerungen noch 2 bis 3 RM/t bezahlen.

Zahlentafel 9 zeigt die Zusammensetzung einiger Steinkohlenaschen. Zusammensetzung, Schmelzpunkt und Verhalten der Aschen sind selbst bei Kohlen aus derselben Grube zuweilen außerordentlich verschieden. Als mittlere Zusammensetzung einer gut ausgebrannten Asche wird z. B. angegeben: 40 bis 60 vH SiO_2; 20 bis 35 vH Al_2O_3; 5 bis 25 vH Fe_2O_3; 1 bis 15 vH CaO; 0,5 bis 4 vH MgO; 1 bis 4 vH $Na_2O + K_2O$. Aschen mit viel Flußmitteln (Kalk, Magnesia, Alkalien und Eisen) haben einen niedrigeren Schmelzpunkt und sind flüssiger als Aschen mit viel Tonerde und Kieselsäure. Eisenoxyd (Fe_2O_3) ist die Hauptursache des Schmelzens bei niederer Temperatur. Enthält eine Asche über 15 bis 20 vH Eisenoxyd und eine entsprechende Menge freier Kieselsäure, so tritt die für die Schlackenbildung verantwortliche Bildung von Ferrosilikat ein. In reduzierender Atmosphäre, wie sie im Brennstoffbett meist vorhanden ist, bilden die Oxydationsstufen des Eisens die gefährlichen, niedrig schmelzenden Oxydulaschen, begünstigt durch das bei der Verbrennung von Eisenpyrit (FeS_2) entstehende Eisenoxyd. Deshalb haben Kohlen mit hohem Schwefelgehalt vielfach einen so schlechten Ruf als Schlackenbildner, S. 21. Je eisenhaltiger eine Asche ist, um so stärker beeinflußt die Atmosphäre ihren Schmelzpunkt. Steinkohlenaschen enthalten häufig 5 bis 50 vH Eisenoxyd, Braunkohlenaschen nur in Ausnahmefällen 10 bis 20 vH. Daß trotzdem zahlreiche Braunkohlenaschen viel leichter schmelzen (manchmal schon unter 800°), rührt von ihrem hohen Gehalt an Alkalisalzen her.

Zahlentafel 9. Zusammensetzung der Asche einiger Steinkohlen.

Herkunft der Kohle	SiO_2 vH	Al_2O_3 vH	Fe_2O_3 vH	CaO vH	MgO vH
Deutsche Kohlen:					
Ruhr	27,4	22,6	46,9	2,7	
Aachen	1,7	2,1	60,8	19,2	5,0
Oberschlesien	55,4	18,9	16,1	3,2	1,9
Niederschlesien	31,3	8,3	54,5	3,4	1,6
Sachsen	45,3	22,5	25,8	2,8	0,5
Amerikanische Kohlen:					
Thomson, Ala.	54,8	27,0	7,0	4,3	1,7
Pocahontas Nr. 3 W.-Va.	37,2	25,5	11,8	12,6	1,9
Coal Creek, Tenn.	12,3	12,2	69,7	3,9	0,7

Nach S. 30 wird bei gasarmen Brennstoffen mehr Wärme durch Verbrennung in der Kohlenschicht auf dem Rost entwickelt und daher mehr von der zugeführten Luft im Kohlenbett verbraucht als bei gasreichen. Infolgedessen ist bezogen auf den Koksrückstand der Luftüberschuß bei gasarmen Brennstoffen niedriger und daher die Temperatur im Kohlenbett höher. Dieselbe Asche ist deshalb bei gasreichen Brennstoffen in Hinsicht auf Schlackenbildung weniger gefährlich. Bei Beurteilung des voraussichtlichen Verhaltens einer bestimmten Asche auf dem Rost muß daher auch die Natur des Brennbaren der Kohle berücksichtigt werden.

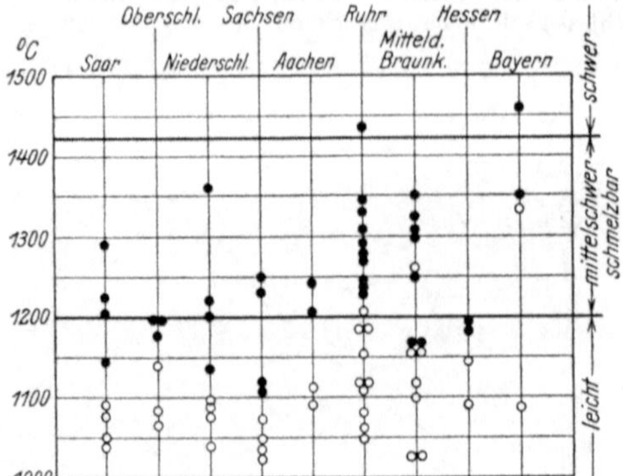

Abb. 84. Kegelerweichungs- und -schmelzpunkte deutscher Kohlenaschen. Nach Baum.

Fieldener schlägt folgende Einteilung der Aschen vor: schwer schmelzbar (Schmelzpunkt > 1425°), mittelschwer schmelzbar (Schmelzpunkt 1200 bis 1425°), leicht schmelzbar (Schmelzpunkt < 1200°). Beim Schmelzen einer Asche unterscheidet man den **Erweichungspunkt,** bei dem sich zuerst eine Formänderung als Sinterung der Oberfläche zeigt; den **Schmelzpunkt,** bei dem ein aus der Asche gebildeter Kegel sich neigt oder zusammenschmilzt und den **Fließpunkt,** bei dem auch der Rest der Form verloren geht. Abb. 84 zeigt die Kegelerweichungs- und -schmelzpunkte einiger deutscher Kohlenaschen. Der Erweichungsbereich ist wichtiger als der Beginn des völligen Zusammenfließens, weil Betriebsstörungen meist durch Verkleben und Zusammenbacken der Rückstände auf dem Rost und ihr Ankleben an der Einmauerung entstehen.

Die beste Auskunft über das Verhalten einer Asche gibt das **Verfahren von Bunte-Baum,** bei dem ein aus ihr angefertigter Zylinder in elektrischem Kohlengrießofen allmählich erhitzt und die Veränderung seiner Höhe selbsttätig aufgezeichnet wird. Abb. 85 zeigt, wie außerordentlich verschieden sich Aschen verhalten. Einige fließen kurz nach dem Erweichungspunkt sehr schnell zusammen, *D* und *F*, bei einer zweiten Gruppe erfolgt das Zusammenschmelzen ganz allmählich, *A* und *H*, und bei einer dritten Gruppe liegt zwischen dem ersten Erweichen und dem Zusammenschmelzen ein großer Temperaturbereich, in dem der Probekörper seine Konsistenz kaum ändert, *B*, *C* und *E*. Bemerkenswert sind die Aschen *A* und *B*, die denselben Schmelzpunkt (1610°) haben, von denen aber die erste schon bei 1275° allmählich erweichte und dann in einem sehr viskosen Fluß zusammenschmolz, während die zweite erst bei etwa 1410° zusammenzuschmelzen begann.

Trotz desselben „Erweichungspunktes“ können sich zwei Aschen bei weiterem Erhitzen außerordentlich verschieden verhalten. Die Aschen *G* und *H* stammen von derselben Braunkohle. *H* ist die ursprüngliche, *G* die durch Extrahieren mit destilliertem Wasser von Alkalien befreite Asche. *G* beginnt zwar ebenfalls bei etwa 1015° zu sintern, aber infolge Entfernung der den Schmelzpunkt erniedrigenden Alkalien erst bei etwa 1220° zu schmelzen. Eine völlige Übereinstimmung zwischen dem Versuch im Laboratorium und dem Betrieb ist noch nicht erzielt. Schließlich spielt noch der Umstand eine Rolle, ob die Asche im Betrieb angefallen oder im Laboratorium gewonnen ist und ob letztere bei Förderkohle aus deren groben oder feinen Bestandteilen oder einer Durchschnittsprobe stammt. Nach Abb. 86 beginnen im Betrieb gewonnene Schlacken bereits bei 1200° stark zu erweichen und sind schon bei 1250° in einem Zustand, der bei Laboratoriumsasche erst bei 1400° eintritt. Auch der Schmelzpunkt der Laboratoriumsaschen liegt um rd. 100° höher als der der im Betrieb gewonnenen. Schlacke erweicht in den meisten Fällen bei erheblich höheren Temperaturen als die entsprechende, gleichfalls aus dem Betriebe stammende Asche, schmilzt dann aber sehr rasch zusammen.

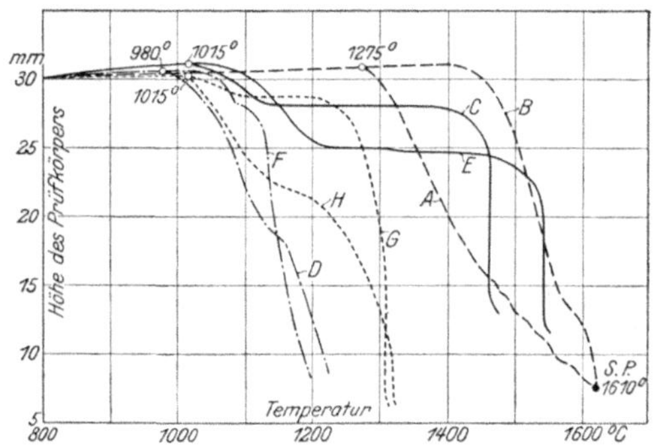

Abb. 85. Erweichungskurven von Aschen deutscher Kohlen.

4. Einwirkung der Asche auf Einmauerung und Heizfläche. Je mehr Flußmittel Asche enthält, ein um so stärkerer Angriff auf das Mauerwerk ist zu erwarten, weil eine Asche mit viel Flußmitteln leicht schmilzt und daher schon bei mäßigen Temperaturen in die den Angriff besonders begünstigende halbflüssige oder flüssige Form kommt. Die Stärke des Schlackenangriffes hängt außer von der Zusammensetzung einer Asche von der Feuerraum- bzw. Steintemperatur und der Viskosität und Menge der angreifenden Asche ab und erfolgt durch Erosion.

Die geschmolzene Asche greift die Steinoberfläche an, löst etwas Steinmaterial auf und dringt allmählich in das Steingefüge ein, wobei sie die der Erosion unterworfene Fläche sehr vergrößert. Bei ihrem Herunterfließen an der Steinoberfläche wird das aufgelöste Material entfernt und auf dem Stein bleibt ungesättigte Asche zurück, die von neuem angreift. Gleichzeitig werden nicht zersetzte Steinteilchen durch Auflösung ihres Bindemittels zusammen mit der niederfließenden Asche weggewaschen. Schließlich kann besonders bei Staubfeuerungen ein Stein durch das Aufprallen und das Niederfließen geschmolzener Asche auch rein mechanisch stark abgenutzt werden. Das Eindringen der Asche scheint übrigens gewisse Steine spröde zu machen, wodurch sie leicht reißen. Manche Steine bilden einen glasigen, porzellanartigen Überzug, der gegen weiteren Schlackenangriff sehr unempfindlich sein kann.

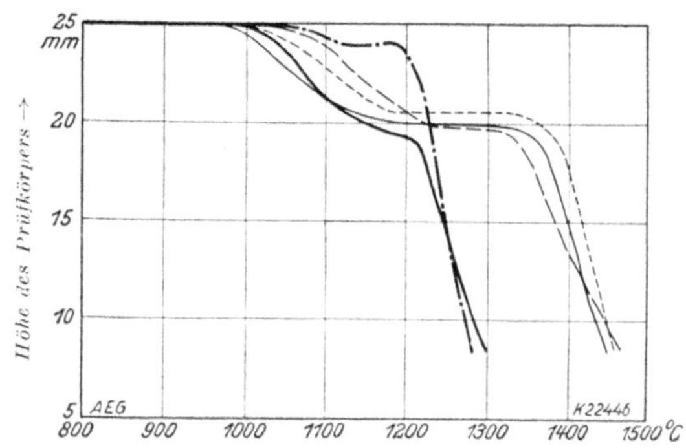

Abb. 86. Erweichungskurven von Asche derselben Kohle.

	Erweichungsbeginn	Schmelzpunkt	
—·—·— Schlacke	1060°	1320°	Im Betrieb gewonnen
——— Flugasche	980°	1320°	
——— Förderkohle, Durchschnittsprobe	970°	1420°	Im Laboratorium verascht
— — — Förderkohle, Feines	1020°	1420°	
Förderkohle, Grobes	990°	1450°	

Herrscht in einer Feuerung Überdruck, so kann das Mauerwerk — möglicherweise durch eine Art „Oberflächenverbrennung“ in der heißesten Steinschicht — leicht zerstört werden. Nach F. Hartmann verursacht bei Vorhandensein von CO ein Ablagern von Kohlenstoff im Stein zwischen 400 und 500° sein Reißen, wenn vorhandenes Eisenoxyd nicht sehr fein in der Steinmasse verteilt ist. Feuerungen, die unter Unterdruck stehen, saugen dagegen durch das Mauerwerk Luft an, die auf seiner dem Feuerraum zugekehrten

Seite eine oxydierende, die Schmelztemperatur erhöhende Atmosphäre zu erzeugen und die Wirkung von Asche und Schlacke zu verzögern scheint.

Infolge der zahlreichen mitwirkenden Einflüsse ermöglicht die chemische Untersuchung allein kein sicheres Urteil über die Widerstandsfähigkeit eines Steines gegen Aschenangriff. Am besten bohrt man im Laboratorium in die zur Auswahl stehenden Probesteine ein Loch, in das die betreffende Asche gefüllt wird. Die Steine werden darauf in einem Ofen langsam über den Aschenschmelzpunkt erwärmt und nach etwa 1 h wieder langsam abgekühlt. Ein Schnitt durch die Achse des Loches gibt dann ein Maß vom Aschenangriff, Abb. 87. Um ihn deutlicher zu machen, sind in Abb. 87 bis 89 die ursprünglichen Lochabmessungen mit eingetragen. Ein Laboratorium gibt das angegriffene Schamottevolumen in vH bezogen auf einen Rauminhalt von rd. 2000 cm^3 (ungefähres Volumen eines Normalsteines) an. Ein Angriff bis etwa 2 vH gilt noch als zulässig.

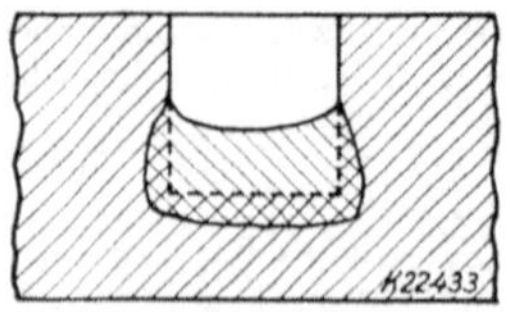

Abb. 87. Probestein nach dem Versuch.

Schamotte

Schlacke

Angriff

----- Ursprüngliche Größe des Loches.

Abb. 88 und 89 zeigen das Verhalten zweier Steine gleicher „Feuerfestigkeit“ (SK) bei der gleichen Schlacke und Versuchstemperatur (1410°). Der Angriff ist bei Abb. 89 mehr als doppelt so groß wie in Abb. 88. „Steinsorten gleicher Güte“ (gleicher Konventionsklasse) können sich also beim gleichen Brennstoff ganz verschieden verhalten. Andererseits kann ein Stein, der von einer Kohle kaum angegriffen wird, von einer anderen rasch zerstört werden. Wenn auch im allgemeinen der Aschenangriff mit steigender Temperatur wächst, so gibt es doch Fälle, wo selbst eine erhebliche Temperaturerhöhung kaum von Einfluß ist. Dagegen kann ein Versuch mit Asche derselben Kohle recht verschieden ausfallen, je nachdem wie sie gewonnen wurde, Zahlentafel 10.

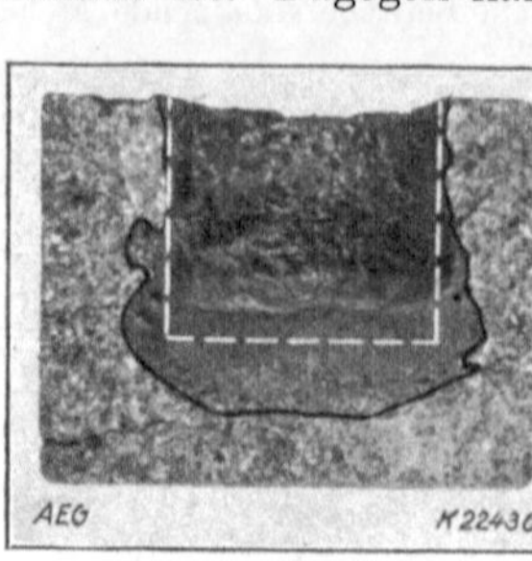

Abb. 88.

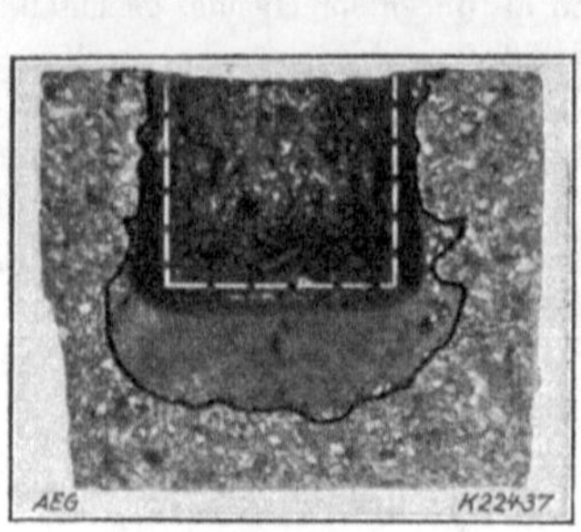

Abb. 89.

Abb. 88 u. 89. Unterschied des Angriffes der gleichen Schlacke bei gleicher Versuchstemperatur auf verschiedene Steinsorten.

Aschenansätze an den Siederohren treten als Anwehung, Ansinterung und Verschlackung auf. Die Anwehungen halten lediglich infolge des Haftvermögens der trockenen Aschenteilchen. Ansinterungen beruhen auf der Kohäsion der hoch erhitzten Aschenteile oder darauf, daß einzelne davon bereits plastisch geworden sind und als Bindemittel für die übrigen wirken. Bei Verschlackungen ist ein erheblicher Teil der Asche zum Schmelzen gekommen. Während sich Anwehungen leicht abblasen lassen oder von selbst abfallen, können Ansinterungen und Verschlackungen nur mit großer Mühe und oft nur bei stillgelegtem Kessel abgestoßen werden. Größere Aschen- und Schlackenansätze bilden sich besonders bei salzhaltigen Aschen, weil die dampfförmigen Alkalisalze an den Rohren kondensieren und entweder allein oder zusammen mit den Anwehungen, bei denen sie wie eine Art Bindemittel wirken, einen Überzug von schlechter Wärmeleitfähigkeit bilden. Dadurch steigt die Oberflächentemperatur, die Granulierwirkung der „kalten“ Siederohre hört auf und es setzen sich immer höher schmelzende Bestandteile der Asche fest. Schließlich kann der ganze Überzug zum Erweichen kommen und in zähflüssigem Zustand auch sehr schwer schmelzende Asche zum Anbacken bringen. Insbesondere bei Staubfeuerungen sollte

Zahlentafel 10. Verhalten von auf verschiedene Weise gewonnenen Aschen gegenüber feuerfesten Steinen.

Art der Schlacke	Brennstoffsorte	Steinsorte	Versuchstemperaturen °	Schlackenangriff vH
Laboratoriumsschlacke	II	C	1410	1,05
„	II	D	1410	2,37
„	I	B	1480	1,79
Betriebsasche	I	B	1480	1,91
Betriebsschlacke	I	B	1480	2,49

daher Flugasche nur mit einer unter ihrem Erweichungspunkt liegenden Temperatur mit der Kesselheizfläche in Berührung kommen, S. 170.

Hoher Salzgehalt einer Kohle (Kochsalz, Glaubersalz usw.) ist u. a. deshalb so unangenehm, weil die im Feuerraum verdampften Salze auch den Überhitzer, die Nachheizfläche und den Ekonomiser mit einer manchmal außerordentlich festhaftenden Salzkruste überziehen. Gußeiserne Rippenrohrekonomiser werden bei solchen Kohlen zweckmäßigerweise mit vergrößerter Rohrteilung ausgeführt und ihre Züge und Aschentrichter mit säurebeständigen Steinen ausgekleidet, da man dann die Krusten von Zeit zu Zeit durch eingespritztes Wasser leicht wegwaschen kann.

5. Aufbereitung von Kohle nach Lessing. Der ungünstige Einfluß der Asche auf Verbrennung, Ausmauerung, Heizfläche, Mahlen einer Kohle, Abfuhr der Verbrennungsrückstände und Schornsteinauswurf wurde bereits auf S. 61 behandelt. Da die Kraftwerke immer größer werden, muß dem Schornsteinauswurf besonders in der Nähe von Städten große Aufmerksamkeit geschenkt werden. Bei einer durchschnittlichen Tagesleistung von 100000 kW und Kohle mit 10 vH Asche werden bei Staubfeuerungen ohne bzw. mit Flugaschenfängern rd. 100 bzw. 20 t Staub täglich in die Atmosphäre geworfen. Hierzu kommen unter Umständen noch große Mengen schwefliger Säure, die Menschen, Pflanzen und Bauwerken gleich abträglich ist. Vorrichtungen zu ihrem Auswaschen sind noch kaum erprobt und außerordentlich teuer (25 bis 30 RM je kW Kraftwerksleistung).

Da die Kesselreserve mit von der für die äußere Kesselreinigung benötigten Zeit abhängt, beeinflußt der Aschengehalt die Anlagekosten von Kraftwerken auch mittelbar erheblich (rd. 200 h Stillstand kosten etwa soviel wie ein Mehrverbrauch an Kohle von 1 vH während des ganzen Jahres). Um Kohle weiter als bisher von mineralischen Bestandteilen zu reinigen, hat Lessing ein Verfahren ausgebildet, das auf der Ausnutzung der verschiedenen spezifischen Gewichte von Kohle und Mineralien in einer gesättigten Kalzium-Chlorid-Lösung als Absetzflüssigkeit beruht. Nach Lessing kann ein Aschengehalt von 1,5 bis 4 vH durch keine Aufbereitung entfernt werden. Dieser Betrag ist erheblich anders zusammengesetzt als die durch Verwerfungen oder Abbau, S. 19, in die Kohle gelangten mineralischen Beimengungen. Die Mischung beider Aschenarten soll eine der Ursachen der Schlackenbildung sein. Mit dem Lessingschen Verfahren sollen sich bei den meisten Kohlen Aschengehalte von 2 bis 4 vH erzielen und gerade die Bestandteile ausscheiden lassen, die am hohen Kraftbedarf und der starken Abnutzung der Mühlen und am Schornsteinauswurf von Staubfeuerungen schuld sind. Auch der überwiegende Teil des Schwefels soll hierbei ausgeschieden werden. Die Kosten für das Waschen nach Lessing von 1 t Kohle sollen 50 bis 80 Pfg. betragen.

Es gehen also in der Aufbereitungs- und Feuerungstechnik von Steinkohlen zwei Tendenzen parallel: Das Bestreben, auch sehr feinkörnige, nicht backende Kohlen und sehr aschenreiche Kohlen befriedigend auf Rosten zu verfeuern, sowie das Bestreben, aschenhaltige Kohle in geeigneten Fällen durch weitgehende Verminderung des Aschengehaltes in feuerungstechnischer und sonstiger Beziehung zu veredeln.

IV. Der Wärmeübergang in Wasserrohrkesseln.

A. Die Gesetze über den Wärmeübergang in rauchgasberührten Heizflächen.

1. Einleitung. Wärme kann durch Leitung, Konvektion und Strahlung übertragen werden.

Bei Übertragung durch **Leitung** wandert sie entweder in demselben Körper oder in verschiedenen miteinander in enger Berührung stehenden Körpern von den Stoffteilchen höherer nach denen tieferer Temperatur, ohne daß die Stoffteilchen ihre gegenseitige Lage zueinander zu ändern brauchen. Übertragung nur durch Leitung ist demnach lediglich in festen Körpern möglich.

Durch **Konvektion** wird Wärme übertragen, wenn sie mit dem Stoffteilchen wandert, an das sie gebunden ist, dabei in ein Gebiet anderer Temperatur kommt, um sich dort durch Leitung kälteren Stoffteilchen mitzuteilen. Die Strömung des Mediums kann entweder frei, d. h. nur durch den Unterschied der Dichten des Mediums hervorgerufen oder erzwungen, d. h. durch äußere Kräfte verursacht sein, was für unsere Betrachtungen die weitaus größere Bedeutung hat.

In den folgenden Untersuchungen interessiert insbesondere der Fall, wo flüssige oder gasförmige Körper an metallenen Flächen, z. B. Rohren, entlang strömen. Innerhalb der Flüssigkeit bzw. des Gases wird die Wärme teils durch Leitung, teils durch Konvektion fortgepflanzt, während der Wärmeaustausch zwischen Wandung und Flüssigkeit bzw. Gas durch Leitung erfolgen muß. Diese ganze Erscheinung soll **Wärmeübergang durch Berührung** genannt werden.

Schließlich kann Wärme noch durch **Strahlung** übertragen werden. Dieser Vorgang kann zwischen zwei Körpern, z. B. einer heißeren und einer kälteren Platte, erfolgen, ohne daß zwischen ihnen ein dritter vermittelnder Körper ist. Sie ist also im Gegensatz zur Übertragung durch Leitung oder Konvektion auch in der Luftleere möglich. Sind dagegen zwischen zwei Körpern, wie z. B. der glühenden Brennstoffschicht auf einem Roste und den Wasserrohren eines Kessels, gasförmige Bestandteile, so wird je nach deren Charakter die vom Rost ausgestrahlte Wärme mehr oder weniger abgeschwächt. Andererseits haben aber Wasserdampf, Kohlensäure und namentlich bei Staubfeuerungen auch schwebende Kohlen- und Aschenteilchen eine Eigenstrahlung, die das Gesamtbild wesentlich beeinflußt.

2. Strömung und Wärmeübergang. a) Die Reynoldssche Zahl. Man unterscheidet zwischen **laminarer** (oder paralleler) und **turbulenter** Strömung. Bei der laminaren fließen sämtliche Teilchen parallel durch das Rohr, bei der turbulenten wird die der Rohrachse parallele Hauptstromrichtung von einer mehr oder weniger heftigen radialen Bewegung der Teilchen begleitet.

Bezeichnet

v = Geschwindigkeit des Mediums (Gas oder Flüssigkeit) im Rohr in m/s,

d = Rohrdurchmesser in m,

μ = Zähigkeit des Mediums bei der mittleren Temperatur aus Gas- bzw. Flüssigkeits- und Rohrwandtemperatur in kg s/m^2,

ϱ = Massendichte des Mediums bei der mittleren Temperatur aus Gas- bzw. Flüssigkeits- und Rohrwandtemperatur in kg s^2/m^4,

λ = Wärmeleitzahl des Mediums bei der mittleren Temperatur aus Gas- bzw. Flüssigkeits- und Rohrwandtemperatur, d. h. die Wärmemenge, die je 1 m^2 und h durch eine Schicht des Mediums von 1 m Stärke bei einem Temperaturunterschied von 1^0 hindurchgeht, in kcal/mh^0 C,

α_B = Wärmeübergangszahl durch Berührung zwischen Heizmittel und Heizfläche, d. h. diejenige Wärmemenge, die auf 1 m² Fläche in 1 h bei 1° Temperaturunterschied zwischen wärmeabgebendem oder wärmeaufnehmendem Mittel und Heizfläche übertragen wird, in kcal/m²h° C,

so wird die Strömung gekennzeichnet durch die dimensionslose **Reynoldssche Zahl**

$$R = \frac{v \cdot d \cdot \varrho}{\mu}. \qquad (17)$$

Überschreitet R unter technischen Bedingungen 2300 bis 3000, so geht die laminare in die turbulente Strömung über, wodurch sich das Verhalten des strömenden Mediums erheblich ändert. Bei laminarer Strömung ist z. B. der Druckverlust der durchströmenden Menge, bei turbulenter annähernd ihrem Quadrat proportional. Auch die übertragene Wärmemenge ist bei turbulenter Strömung weit größer, da der Wärmeübergang an das

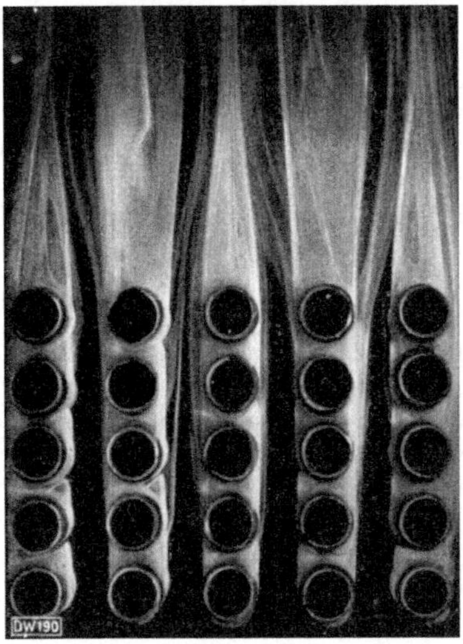

Abb. 90.

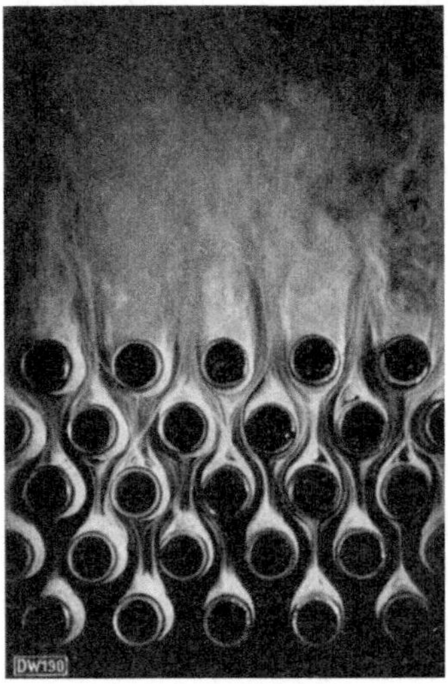

Abb. 91.

Abb. 90 u. 91. Strömung durch ein Bündel mit fluchtenden und mit versetzten Rohren. (Luftgeschwindigkeit = 1 m/s, Rohrdurchmesser = 17 mm). Nach Lohrisch.

Innere der strömenden Masse nicht mehr nur durch Leitung erfolgt, die infolge des geringen Wärmeleitvermögens von Flüssigkeiten und Gasen klein ist, sondern durch Konvektion verursacht durch die senkrecht zur Heizfläche gerichteten Geschwindigkeitskomponenten. In der Technik kommt fast nur turbulente Strömung vor.

Es hat sich bei Untersuchungen über die Wärmeübertragung als zweckmäßig erwiesen, die gewonnenen Werte in logarithmischem Maßstab darzustellen und hierbei die Reynoldssche Zahl als Abszisse und die **Nusseltsche Kenngröße**

$$\mathrm{Nu} = \frac{\alpha_B \cdot d}{\lambda} \qquad (18)$$

als Ordinate zu wählen. Durch die neueren Forschungsarbeiten ist zwar ein innerer Zusammenhang in die scheinbar ganz regellosen Ergebnisse früherer Untersuchungen gekommen, aber auch heute kann man noch öfters im Zweifel sein, welche Formel für einen bestimmten Zweck die geeignetste ist. Es wurden daher in diesem Buche für ähnliche Verhältnisse die jeweils am zweckmäßigsten erscheinenden Formeln gewählt.

Thoma hat einen engen Zusammenhang zwischen Wärmeübergang und Diffusion nachgewiesen und die Wärmeübergangszahl aus der gemessenen Diffusion mittelbar bestimmt. Auf diese Weise ist es auch gelungen, die Strömvorgänge an Heizflächen sichtbar zu machen. Abb. 90 und 91 zeigen z. B., was für große tote Räume zwischen den aufeinanderfolgenden, nicht versetzten Rohrreihen im Gegensatz zu versetzten Rohren entstehen. Nach Lohrisch kann bei großen Gasgeschwindigkeiten (große Reynoldssche Zahl) die der Gasströmung abgewandte Seite des Rohrumfanges mehr Wärme aufnehmen als die ihr zugekehrte, während bei kleiner Geschwindigkeit das Gegenteil zutrifft, Abb. 92. Stelle B wird nämlich stets von frischen Heizgasen umspült, die beiderseitig abgelenkt werden und eine nach A hin immer stärker anwachsende Grenzschicht bilden, die sich bei A schließlich wieder vom Rohr ablöst, Abb. 93. Daher ist bei B der Wärmeübergang am größten. Hinter A nimmt er wieder zu, weil die auf der hinteren Rohrhälfte gebildeten Wirbel zunächst auf C auftreffen und dort ähnliche Verhältnisse wie in B schaffen. Bei A dagegen vereinigen sich die Gasteile, denen auf der Vorder- und auf der Rückseite des Rohres bereits Wärme entzogen wurde, die daher nur noch verminderte Wärmeabgabefähigkeit haben. Bei Erhöhung der Gasgeschwindigkeit über ein gewisses Maß hinaus werden die Teilchen im Wirbelgebiet viel inniger mit der Heizfläche in Berührung gebracht als auf der Vorderseite. Dieser Umstand erklärt auch, weshalb bei Kohle mit hohem Aschengehalt die Rückseite der Wasserrohre manchmal rascher abgeschliffen wird als die Vorderseite.

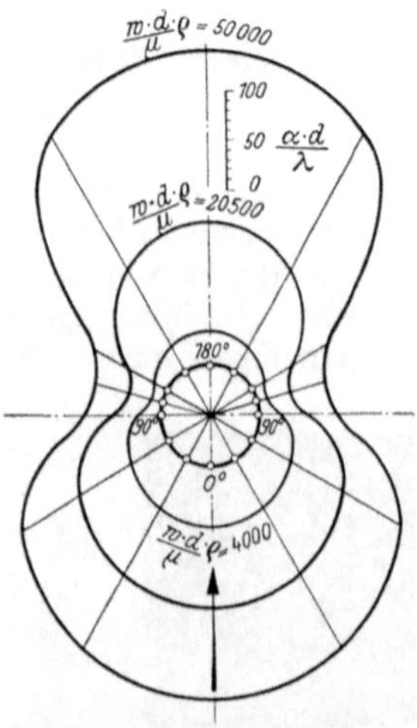

Abb. 92. Veränderlichkeit der Wärmeübergangszahl α_B über dem Umfang eines von den Gasen senkrecht angeblasenen Rohres bei drei verschiedenen Reynoldsschen Zahlen. Nach Lohrisch.

b) **Äußerer Wärmeübergang.** Nach Reiher gilt für den **äußeren Wärmeübergang**, d. h. die von einem strömenden Mittel an die Außenfläche eines Rohres übertragene Wärme, bei zur Rohrachse senkrechter Gasströmung und einer Teilung etwa gleich dem doppelten Durchmesser bei fluchtender Anordnung

$$\alpha_B = c \cdot \frac{\lambda}{d} \cdot \left(\frac{v \cdot d \cdot \varrho}{\mu}\right)^{0,654} \text{ kcal/m}^2\text{h}\,^0\text{C}, \tag{19}$$

versetzter Anordnung

$$\alpha_B = c \cdot \frac{\lambda}{d} \cdot \left(\frac{v \cdot d \cdot \varrho}{\mu}\right)^{0,69} \text{ kcal/m}^2\text{h}\,^0\text{C}. \tag{20}$$

v ist die Geschwindigkeit an der engsten Stelle zwischen zwei nebeneinander liegenden Rohren in m/s. Je nach der Zahl der hintereinander befindlichen Rohrreihen (2; 3; 4; 5) beträgt c bei fluchtenden Rohren 0,122; 0,126; 0,129; 0,131, bei versetzten 0,100; 0,113; 0,123; 0,131.

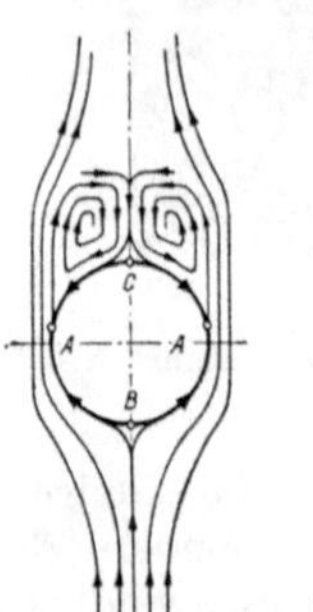

Abb. 93. Strömungsschema zu Abb. 92 bei hoher Gasgeschwindigkeit. Nach Lohrisch.

Bei versetzten Rohren ist der Wärmeübergang und der Einfluß der Geschwindigkeit größer, weil das strömende Mittel stärker durchgewirbelt wird. Bei fluchtender Anordnung hat die vorderste Rohrreihe, auf die die Gase aufprallen, den größten Wärmeübergang, die weiteren Reihen treten um so stärker zurück, je später sie folgen, weil sie im Strömungsschatten liegen. Bei versetzter Anordnung dagegen treffen Teilchen, die an der vorhergehenden Reihe keine Wärme abgaben, mit voller Wucht auf die darauffolgende auf und geraten so in immer stärkere Wirbelung.

Die Wärmeübergangszahl eines einzelnen, senkrecht von den Gasen bespülten Rohres hängt erheblich davon ab, ob es glatt ist oder nicht und ob die Strömung normal ober turbulent vor sich geht, indem z. B. die normale Strömung durch ein dem Versuchsrohr vorgeschaltetes Röhrenbündel gestört wird.

Bei einem **einzelnen** senkrecht von den Gasen bespülten Rohr ist nach Reiher bei normaler Strömung

$$\alpha_{B_{\text{norm}}} = 0{,}35 \cdot \frac{\lambda}{d} \cdot \left(\frac{v \cdot d \cdot \varrho}{\mu}\right)^{0,56} \text{ kcal/m}^2\text{h}\,^0\text{C}, \tag{21}$$

bei stark tubulenter Strömung

$$\alpha_{B_{\text{turb}}} = 0{,}264 \cdot \frac{\lambda}{d} \cdot \left(\frac{v \cdot d \cdot \varrho}{\mu}\right)^{0,648} \text{ kcal/m}^2\text{h}\,^0\text{C}. \tag{22}$$

Unter mittleren in Dampfkesseln vorkommenden Verhältnissen ist $\alpha_{B_{turb}}$ um 50 bis 75 vH größer als $\alpha_{B_{norm}}$.

Nach Jürgens kann man bei freier Strömung für **Platten mit Walzhaut** setzen

$$\text{für } v \leqq 5 \text{ m/s} \quad \alpha_B = 5{,}0 + 3{,}4 \cdot v \quad \text{kcal/m}^2\text{h}\,^0\text{C}, \tag{23}$$

$$\text{für } v > 5 \text{ m/s} \quad \alpha_B = 6{,}14 \cdot v^{0{,}78} \quad \text{kcal/m}^2\text{h}\,^0\text{C}. \tag{24}$$

Über den äußeren Wärmeübergang an Rohre, zu denen das Medium parallel strömt, liegen sehr wenig Untersuchungen vor. Nach Nusselt ist es bei ± 15 vH Genauigkeit bis zu Temperaturen von 1000° zulässig Formel (25) auch für Strömung eines Gases außerhalb des Rohres parallel zu seiner Achse zu verwenden, S. 99.

c) Innerer Wärmeübergang. Auch beim **inneren Wärmeübergang**, d. h. bei der von einem strömenden Mittel an die Innenfläche eines Rohres oder umgekehrt übertragenen Wärmemenge muß man zwischen laminarer und der im Kesselbau fast immer vorliegenden turbulenten Strömung unterscheiden.

α) Für **turbulent strömende Gase** gilt nach Nusselt

$$\alpha_B = 23{,}7 \cdot L^{-0{,}05} \cdot d^{-0{,}16} \cdot (v \cdot p)^{0{,}79} \cdot \lambda^{0{,}21} \cdot (\gamma_1 \cdot c_p)^{0{,}79} \quad \text{kcal/m}^2\text{h}\,^0\text{C}. \tag{25}$$

Hierin bedeuten:

L = bespülte Rohrlänge in m,

c_p = wahre spezifische Wärme des Gases bei konstantem Druck bei der mittleren Temperatur aus Gas- und Rohrwandtemperatur in kcal/kg° C,

p = Druck des Gases in at abs,

γ_1 = spezifisches Gewicht des Gases bei der mittleren Temperatur aus Gas- und Rohrwandtemperatur und 1 at abs Druck in kg/m³.

Die Länge des Rohres ist von Einfluß, weil durch scharfe Kanten und andere Ursachen an seinem Eintritt Wirbel entstehen, die den Wärmedurchgang erhöhen, sich aber mit der Zeit wieder beruhigen. Formel (25) gilt sinngemäß auch für überhitzten Wasserdampf, Formel (79), wobei aber nach Schack mit großen Fehlern zu rechnen ist. Für Gase und überhitzten Wasserdampf gibt es noch zahlreiche andere, teils aus (25) abgeleitete Formeln.

β) Die Wärmeübergangszahl zwischen turbulent strömendem, **nicht verdampfendem Wasser** und einem Rohr wird ermittelt aus der Schackschen Formel

$$\alpha_B = 2900 \cdot v^{0{,}85} \cdot (1 + 0{,}014\, t_w) \quad \text{kcal/m}^2\text{h}\,^0\text{C}, \tag{26}$$

hierin bedeutet

t_w = mittlere Wassertemperatur in °C.

Formel (26) ist brauchbar für mehr als etwa 1000 mm lange Rohre von 10 bis 100 mm Durchmesser. Die größte Abweichung gegenüber Meßwerten beträgt bei Wassertemperaturen von 60 bis 100° etwa 5 bis 10 vH.

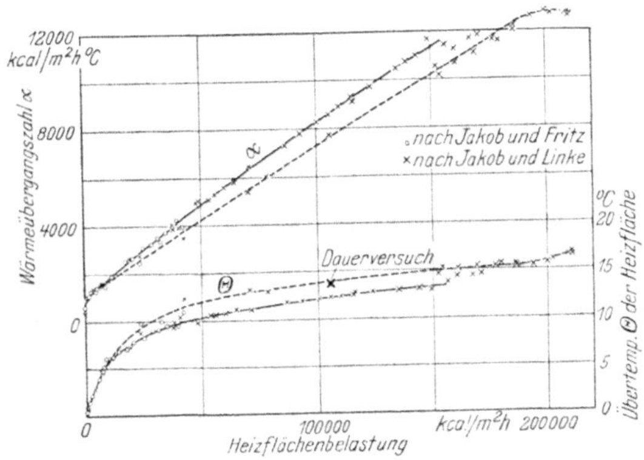

Abb. 94. Übertemperatur der Heizfläche und Wärmeübergangszahl bei glatten Heizflächen und siedendem Wasser von atmosphärischem Druck in Abhängigkeit von der Heizflächenbelastung. Nach Jakob.

γ) Der Wärmeübergang bei **siedendem Wasser** wurde besonders von Cleve, Jakob und E. Schmidt untersucht. Nach Cleve (1929) ist in den Siederohren von Wasserrohrkesseln, in denen das Wasser die Geschwindigkeit v_w m/s, die Dampfblasen v_D m/s haben, S. 138, der Wärmeübergang zwischen Rohrwand und Gemisch etwa so groß, wie wenn die Rohre allein von Wasser mit der Geschwindigkeit v_w m/s durchströmt werden würden. Nach Jakob und Fritz (1931) hängt bei Verdampfen von Wasser an einer waagerechten Heizfläche der Wärmeübergang von der Rauhigkeit der Heizfläche ab und kann sich bei sehr rauhen Flächen durch Zufälligkeiten stark ändern. Nach Jakob (1932) hängt bei glatten Heizflächen, wie sie z. B. in sauberen Siederohren vorliegen, der Wärmeübergang von der Heizflächenbelastung gemäß der voll ausgezogenen Kurve in Abb. 94 ab, geht aber zuweilen plötzlich ohne erkennbaren Anlaß auf die Werte der gestrichelten Kurve zurück. Bei den höchsten Belastungen ist offenbar nur die obere der beiden Temperaturkurven und daher auch nur die tiefer liegende Kurve der Wärmeübergangszahlen stabil. Ferner scheint die Wärmeübergangszahl mit rd. 13000 kcal/m²h⁰ C einen Höchstwert zu erreichen und dann wieder abzunehmen. Die bei atmosphärischem Druck gewonnenen Werte von Abb. 94 stimmen gut mit Messungen von E. Schmidt (1933) an Siederohren bei 40 at Druck überein, die Werte von 6000 bis 13000 kcal/m^2h^0 C ergaben, wobei die große Zahl für etwa 200000 kcal/m^2h, die kleine für niedere Heizflächenbelastung gilt. Der Wärmeübergang bei siedendem Wasser hängt also vom Druck offenbar nur sehr wenig ab und kann für Siederohre aus Abb. 94 entnommen werden. Hierbei rechnet man der Sicherheit wegen am besten mit den gestrichelten Kurven.

δ) Für die Wärmeübergangszahl bei **kondensierendem Dampf** werden Werte von 3200 bis 30000 kcal/m^2h^0 C angegeben. Ein für die üblichen Rechnungen brauchbarer Wert ist $\alpha_B = 10000$ kcal/m^2h^0 C.

3. Durch Berührung übertragene Wärmemenge. Es bezeichnen:

Q = stündlich übertragene Wärmemenge in kcal/h,
F = Heizfläche in m^2,
α = Wärmeübergangszahl zwischen Heizmittel und Heizfläche, S. 67, in kcal/m^2h^0 C,
t_1 = Temperatur des Heizmittels in ^{0} C,
t_2 = Temperatur der Heizfläche in ^{0} C.

Dann ist:

$$Q = \alpha \cdot F \cdot (t_1 - t_2) \text{ kcal/h}. \tag{27}$$

Die übertragene Wärmemenge ist also proportional der Übertragungsfläche und dem Temperaturunterschied zwischen wärmeabgebendem Medium und Heizfläche. Der Faktor α ist ein Erfahrungswert, die sog. **Wärmeübergangszahl.**

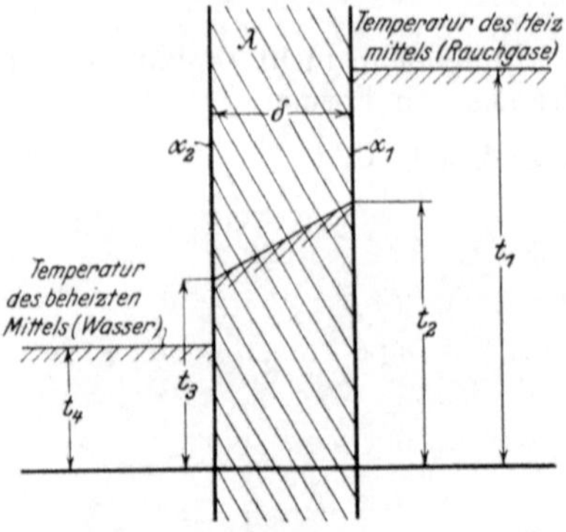

Abb. 95. Schema des Wärmedurchganges durch eine reine Wand.

So einfach auf Grund dieser Formel die Ermittlung der übertragenen Wärme zunächst scheint, so verwickelt wird sie in fast allen praktisch vorkommenden Fällen dadurch, daß die Wärmeübergangszahl nach Abschnitt 2 von zahlreichen Punkten, wie Beschaffenheit und Form der Heizfläche, Temperatur, Strömungsform, Geschwindigkeit und physikalischen Eigenschaften des strömenden Mediums, abhängt und daß t_1 und t_2 fast nie konstant sind. Bei den bisherigen Ausführungen wurden nur die Vorgänge auf einer Seite der Heizfläche betrachtet. Tatsächlich muß aber die Wärme bei ihrem Durchgang vom heißen zum kalten Medium zunächst einen Widerstand beim Übergang an die Heizfläche, dann den Widerstand der Heizfläche selbst und schließlich den Widerstand zwischen Heizfläche und wärmeaufnehmendem Körper überwinden. Jeder dieser Widerstände ist mit einem gewissen Temperaturabfall verbunden, Abb. 95.

Ist

α_1 = **Wärmeübergangszahl** zwischen Heizmittel und Heizfläche, d. h. diejenige Wärmemenge, die auf 1 m^2 Fläche in 1 h bei 1^0 Temperaturunterschied zwischen wärmeabgebendem Mittel und Heizfläche übertragen wird, in kcal/m^2h^0 C,

α_2 = **Wärmeübergangszahl** zwischen Heizfläche und beheiztem Medium, d. h. diejenige Wärmemenge, die auf 1 m^2 Fläche in 1 h bei 1^0 Temperaturunterschied zwischen Heizfläche und wärmeaufnehmendem Mittel übertragen wird, in kcal/m^2h^0 C,

δ = Dicke der Heizfläche in m,

λ = **Wärmeleitzahl** der Heizfläche, d. h. die Wärmemenge, die durch 1 m² Heizfläche von 1 m Dicke bei 1° Temperaturunterschied zwischen Innen- und Außenseite übertragen wird, in kcal/m h ° C,

so läßt sich die Größe:

k = **Wärmedurchgangszahl** zwischen wärmeabgebendem und wärmeaufnehmendem Medium, d. h. die Wärmemenge, die auf 1 m² Heizfläche von δ m Dicke bei 1° Temperaturunterschied zwischen wärmeabgebendem und wärmeaufnehmendem Körper in 1 h übertragen wird, in kcal/m²h ° C

ausdrücken durch:

$$k = \frac{1}{\frac{1}{\alpha_1} + \frac{\delta}{\lambda} + \frac{1}{\alpha_2}} \text{ kcal/m}^2\text{h}\,^\circ\text{C}, \tag{28}$$

und es wird:

$$Q = k \cdot F \cdot (t_1 - t_4) \text{ kcal/h}, \tag{29}$$

wobei bedeutet:

t_1 = Temperatur des wärmeabgebenden Mittels in ° C,
t_4 = Temperatur des wärmeaufnehmenden Mittels in ° C.

Die Temperaturen t_2 (Temperatur der Heizfläche auf der Seite des heizenden Mediums) und t_3 (Temperatur der Heizfläche auf der Seite des beheizten Mediums werden gefunden aus den Formeln

$$Q = \alpha_1 \cdot F \cdot (t_1 - t_2) \text{ kcal/h}, \tag{30}$$

$$Q = \frac{\lambda}{\delta} \cdot F \cdot (t_2 - t_3) \text{ kcal/h}, \tag{31}$$

$$Q = \alpha_2 \cdot F \cdot (t_3 - t_4) \text{ kcal/h}. \tag{32}$$

In vielen Fällen liegen nun, was die Temperaturen der beiden die Heizfläche bespülenden Medien betrifft, die Verhältnisse so, daß sie, wie z. B. bei der reinen Kesselheizfläche, auf der einen Seite praktisch genügend genau als konstant angenommen werden dürfen (Wasserseite), während sie auf der andern allmählich abnehmen. Bei Überhitzern, Ekonomisern und Luftvorwärmern dagegen ändern sie sich auf beiden Seiten der Heizfläche dauernd. Infolgedessen muß die sog. **„mittlere Temperaturdifferenz“** ermittelt werden, d. h. diejenige Differenz zwischen zwei konstant gedachten Temperaturen des wärmeabgebenden und des wärmeaufnehmenden Mediums, bei welchen dieselbe Wärmemenge übertragen würde wie unter den tatsächlich obwaltenden Verhältnissen. Auf die „mittlere Temperaturdifferenz“ ist auch der Umstand von Einfluß, ob jeweils die höchsten und die tiefsten Temperaturen von wärmeabgebendem und wärmeaufnehmendem Medium an derselben Stelle der Heizfläche auftreten (**Gegenstrom**), oder ob das eine Medium da am heißesten bzw. kältesten ist, wo das andere seine tiefste bzw. höchste Temperatur hat (**Gleichstrom**). Im ersten Falle ist unter sonst gleichen Voraussetzungen die übertragene Wärme größer als im zweiten, bei einem dritten typischen Strömungszustand fließt das eine Medium senkrecht zum anderen (**Kreuzstrom**). Er liegt z. B. dann vor, wenn ein senkrechtes Rohrbündel, dessen Rohre von Wasser durchflossen werden, in einem horizontalen Rauchgasstrom untergebracht ist. Die für diese kennzeichnenden Fälle gültigen Formeln für die „mittlere Temperaturdifferenz“ sind auf S. 96 angegeben.

Setzt sich die Wand aus mehreren Schichten zusammen, was z. B. bei einer Kesselheizfläche der Fall ist, die außen mit einer δ_1 m starken (Ruß-) Schicht mit der Wärmeleitzahl λ_1 und innen mit einer δ_2 m starken (Kesselstein-) Schicht mit der Wärmeleitzahl λ_2 bedeckt ist, während die Wandstärke der Heizfläche selbst δ m und ihre Wärmeleitzahl λ betragen, Abb. 96, so ist:

$$k = \frac{1}{\frac{1}{\alpha_1} + \frac{\delta_1}{\lambda_1} + \frac{\delta}{\lambda} + \frac{\delta_2}{\lambda_2} + \frac{1}{\alpha_2}} \text{ kcal/m}^2\text{h}\,^\circ\text{C}. \tag{33}$$

Diese Formeln gelten genau für ebene Heizflächen, sind aber auch bei Dampfkesseln, die vorwiegend aus zylindrischen Körpern bestehen, brauchbar. In den allermeisten Fällen ist die Wärmeübergangszahl auf der Wasserseite weit größer als auf der Rauchgasseite. Daher genügt es für **Kessel- und Ekonomiserheizflächen** in reinem Zustand, die auf der einen Seite von Rauchgasen, auf der anderen von Wasser bespült werden, lediglich den Vorgang auf der Rauchgasseite zu betrachten. Man kann dann als Heizfläche die von Rauchgasen bespülte Oberfläche, als Wärmedurchgangszahl k die Wärmeübergangszahl α_1 von Rauchgasen an Heizfläche einsetzen. Dabei sind sowohl der Wärmeübergangswiderstand von Heizfläche an Wasser als auch der Wärmeleitungswiderstand im Metall der Heizfläche vernachlässigt, welch letzterer bei der Heizfläche von Wasserrohrkesseln wegen der geringen Wandstärke (0,003—0,008 m) verschwindend klein ist. $\left(\frac{\delta}{\lambda}\right.$ für Wasserrohre von Kesseln rd. $\frac{1}{5000}$ bis rd. $\frac{1}{10000}$ gegenüber $\frac{1}{\alpha_1}$ von rd. $\frac{1}{10}$ bis rd. $\left.\frac{1}{60}\right)$. Siehe auch Beispiel 21, S. 103.

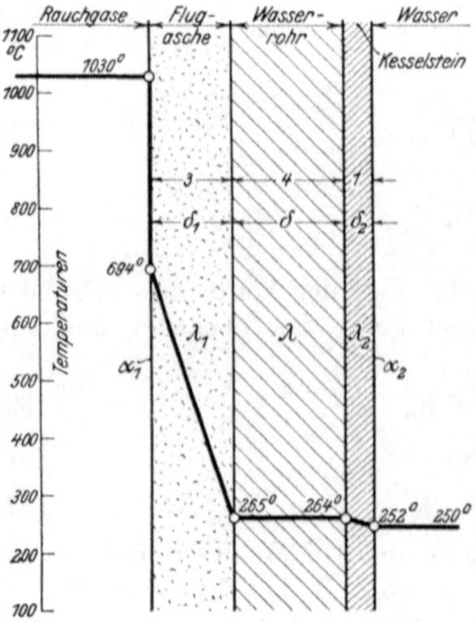

Abb. 96. Schema des Wärmedurchganges durch eine beiderseits verschmutzte Wand.

Bei **Überhitzern und Luftvorwärmern** dagegen kann im allgemeinen der Wärmeübergang an Dampf bzw. Luft nicht unberücksichtigt bleiben. Man kann bei ihnen unter Vernachlässigung des Widerstandes der Rohrwandung mit genügender Genauigkeit setzen:

$$k = \frac{1}{\frac{1}{\alpha_1} + \frac{1}{\alpha_2}} \text{ kcal/m}^2\text{h}\,{}^0\text{C}. \tag{34}$$

Bei **Luftvorwärmerrohren** wird als Heizfläche F das arithmetische Mittel zwischen äußerer und innerer Rohroberfläche gewählt.

Bei **Überhitzern** wird die äußere Rohroberfläche als Heizfläche gerechnet.

4. Wärmeübergang durch Strahlung. a) Strahlung fester Körper. Wärme- und Lichtstrahlung sind elektromagnetische Schwingungsvorgänge, die sich im leeren Raum mit 300000 km/s Geschwindigkeit fortpflanzen und lediglich durch die Wellenlänge voneinander unterscheiden. Eine besondere Art des Wärmeüberganges ist die Wärmeübertragung durch **Strahlung,** bei der eine Umsetzung der Wärme in strahlende Energie stattfindet. Wenn man sagt, ein Körper strahle einem anderen Wärme zu, so ist dies nach Gröber nur eine gekürzte Ausdrucksweise für einen in Wirklichkeit sehr verwickelten Vorgang. Die von einem festen, flüssigen oder gasförmigen Körper ausgestrahlte Wärmemenge ist im allgemeinen nur ein Teil der von ihm ausgestrahlten Energie.

Unter dem Begriff **„schwarzer Körper"** versteht man nach Planck Körper, bei welchen alle auffallenden Strahlen absorbiert und keine reflektiert werden. Nach Kirchhoff sendet ein schwarzer Körper die größte bei einer bestimmten Temperatur mögliche Strahlung aus **„schwarze Strahlung"**. Man sagt, er habe die **Absorptionsfähigkeit** oder den **Schwärzegrad** $S = 1$. In der Technik gibt es aber keine absolut schwarzen Körper, da alle Körper weniger Energie ausstrahlen oder absorbieren als der absolut schwarze bei der gleichen Temperatur. Ihr Schwärzegrad ist also kleiner als 1. Man nennt sie **Graustrahler** oder **graue Körper.**

Stefan und Boltzmann haben gezeigt, daß die je m² und h nach allen Richtungen ausgestrahlte Energie Q_Σ eines grauen Körpers beträgt

$$Q_\Sigma = S \cdot C_s \cdot \left(\frac{T}{100}\right)^4 \text{ kcal/m}^2\text{ h}. \tag{35}$$

Dabei ist S der Schwärzegrad des betreffenden grauen Körpers und C_s in kcal/m²h (⁰abs)⁴ die sog. **Strahlungszahl** des schwarzen Körpers. Zwischen dem **Strahlungsvermögen,** das der Strahlungszahl C proportional ist, und dem Absorptionsvermögen oder Schwärzegrad S grauer Körper gilt nach Kirchhoff

$$C = k \cdot S \text{ kcal/m}^2\text{ h } (^0\text{abs})^4, \tag{36}$$

d. h. die Strahlungszahl C eines grauen Körpers ist bei einer bestimmten Temperatur und Wellenlänge seinem Absorptionsvermögen proportional. Der Schwärzegrad S ist also eine dimensionslose Größe ($\leqq 1$). Ein grauer Körper sendet demnach bei einer gewissen Temperatur um so mehr Wärme- und Lichtstrahlen aus, je mehr er von diesen Strahlen absorbiert, d. h. je schwärzer er ist. Für den schwarzen Körper ist $S = 1$ und $C = k = 4{,}95$, folglich ist für graue Körper

$$C = 4{,}95 \cdot S \text{ kcal/m}^2\text{ h } (^0\text{abs})^4. \tag{37}$$

Abb. 97 zeigt, wie groß bei einem schwarzen Körper die Strahlungsintensität für verschiedene Wellenlängen ist. Hat ein Strahl auf dem Wellenlängenbereich $d\,\lambda$ die Intensität J_λ kcal/m³h, so ist die von ihm in der Zeiteinheit (Stunde) ausgestrahlte Energie (Wärme) $J_\lambda \cdot d\,\lambda$ kcal/m²h. Ein Maß der bei einer bestimmten Temperatur, z. B. 1000° abs, von 1 m² Fläche in 1 h von allen Wellenlängen ausgesandten Energiemenge gibt der Flächeninhalt zwischen Kurve a und Abszissenachse, der gleich $\int J \cdot d\,\lambda$ kcal/m²h ist. Die Strahlungszahl C_s eines schwarzen Körpers ist also gleich dem im Wärmemaß ausgedrückten Flächeninhalt einer Planckschen Kurve dividiert durch die vierte Potenz der zugehörigen absoluten Temperatur. Die Lichtstrahlen haben eine Wellenlänge von 0,4 bis 0,8 μ, die der Wärmestrahlen liegt zwischen 0,8 μ und 340 μ $\left(1\,\mu = \frac{1}{1000}\text{ mm}\right)$. Der Anteil der Lichtstrahlung ist daher selbst bei 1500° abs nur ein kleiner Teil der Gesamtstrahlung. Die Lichtstrahlen spielen also bei den in Dampfkesselfeuerungen vorkommenden Temperaturen nur eine untergeordnete Rolle, die weitaus größte Wärmemenge wird durch die dem Auge nicht sichtbare **dunkle Wärmestrahlung** übertragen, was für die Beurteilung der Strahlung **nicht leuchtender Flammen** von großer Bedeutung ist.

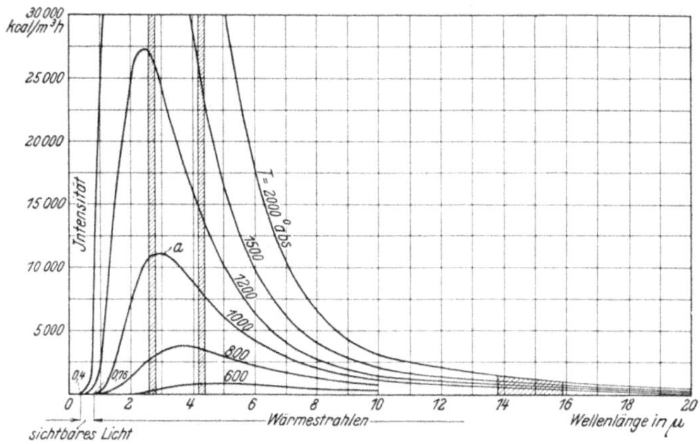

Abb. 97. Strahlungsintensität J_λ eines schwarzen Körpers (Plancksche Strahlungskurven).

Die schnelle Zunahme der Strahlungsintensität mit der Temperatur zeigt ein Vergleich der Kurven für 1000 und 1200° abs. Das Maximum der Strahlungsintensität verschiebt sich dabei in das Gebiet der kürzeren Wellenlängen. Bei grauen Körpern liegen die Planckschen Kurven durchweg niedriger als bei schwarzen, jedoch sind alle Ordinaten proportional verkürzt. Graue Körper absorbieren also bei ein und derselben Temperatur immer denselben Bruchteil von sämtlichen auffallenden Strahlen verschiedener Wellenlänge. Viele in der Technik verwendete Körper sind aber auch keine Graustrahler, weil sie gewisse Wellenlängen mehr und andere weniger absorbieren, ihre Absorption ist **selektiv.** Ihre Strahlungskurven verlaufen nicht stetig, sondern haben, je weniger grau der betreffende Körper ist, um so mehr Wellenlücken. Für sie gilt das Stefan-Boltzmannsche Gesetz nicht mehr. Der Schwärzegrad einiger Körper ändert sich mit der Temperatur und wird um so größer, je rauher die Fläche, je höher ihre Temperatur und je dicker bei metallischen Flächen die Oxydationsschicht ist. Für den praktischen Bedarf hat es sich aber als zweckmäßig erwiesen, trotzdem die Annahme bestehen zu lassen, als ob die ausgestrahlte Wärme proportional der vierten Potenz der absoluten Temperatur der ausstrahlenden Fläche sei und von Fall zu Fall den Schwärzegrad durch Versuch zu ermitteln, Zahlentafel 11.

Man muß sich daher bei Rechnungen über Wärmeübertragung durch Strahlung vergegenwärtigen, daß das Stefan-Boltzmannsche Gesetz die tatsächlichen Vorgänge in Dampfkesselfeuerungen nur angenähert richtig wiedergibt. Das Bemühen, die subtilsten Vorgänge in solchen Feuerungen auf Grund der

Zahlentafel 11. Zusammenstellung der Strahlungszahlen C einiger wichtiger technischer Körper.

Stoff	Oberflächenbeschaffenheit	Temperatur °	C in kcal/m² h (° abs)⁴	Stoff	Oberflächenbeschaffenheit	Temperatur °	C in kcal/m² h (° abs)⁴
Aluminium	poliert	580	0,28	Kupfer	oxydiert	~ 600	2,8—3,6
Eisen	frisch abgeschmirgelt	20	1,20	Kupfer	schwarz	25	3,86
				Ölanstrich	—	—	3,86
Gußeisen	frisch abgedreht	22	2,16	Lack	schwarz glänzend	25	4,35
Eisen	Walzhaut	21	3,26	Kalkmörtel	rauh, weiß	21—83	4,6
Eisen	rauhe oder glänzende Oxydschicht	24	4,00	Kohle	geschliffen	630	3,9
				Schamottesteine	im Betrieb glasiert	1000	3,7
Schmiedeisen	matt oxydiert	26—356	4,76	Schamottesteine	aus industriellen Feuerungen	1000	3,5—3,7
Gußeisen	rauh oxydiert	—	4,81				
Kupfer	schwach poliert	57—273	0,85				

uns heute bekannten Gesetze über die Wärmestrahlung zu verfolgen, ist daher nutzlos, überflüssig und nicht selten irreführend.

b) Strahlung von Gasen und Flammen. Lange Zeit wurde angenommen, daß der Wärmeübergang zwischen Gasen und Wänden allein auf Leitung und Konvektion beruhe, bis Nusselt und Schack nachwiesen, daß vor allem Wasserdampf und Kohlensäure wirksame Strahler sind. Im Gegensatz zu grauen festen Körpern erstreckt sich aber ihre Strahlung nur auf einen oder wenige schmale Wellenlängenbereiche. Die in Abb. 97 schraffierten Streifen stellen z. B. die Wellenlängengebiete dar, die von der Kohlensäure ausgestrahlt und absorbiert werden. Kohlensäure und Wasserdampf strahlen also nur auf drei verhältnismäßig schmalen Wellenlängenbereichen Wärme aus. Für diese Art Strahlung ist das Stefan-Boltzmannsche Gesetz unbrauchbar. Von technischer Bedeutung ist von der **Gasstrahlung** namentlich die Strahlung von Kohlensäure und Wasserdampf, für die Schack das Strahlungsvermögen untersucht und für deren Berechnung er ein Näherungsverfahren entwickelt hat, das für technische Bedürfnisse genügend genau ist. Es zeigt sich, daß die Strahlung von dem Produkt aus Partialdruck des strahlenden Gases p in at abs und der Stärke der strahlenden Schicht s in mm abhängig ist.

In Abb. 98 und 99 wurde für Wasserdampf und für Kohlensäure die Strahlung dargestellt, wie sie bei den in Dampfkesseln vorkommenden Verhältnissen bei Verfeuerung von Braunkohle von 4000 kcal/kg unterem Heizwert und 14 vH CO_2-Gehalt etwa ist. Aus Tafel 11 (s. S. 101) läßt sich der Partialdruck der Kohlensäure zu 0,125 at abs, des Wasserdampfes zu 0,130 at abs ermitteln. Für Schichtstärken von $s = \infty$ (Kurve a), $s = 1000$ mm (Kurve b) und $s = 100$ mm (Kurve c) hat dann das Produkt $p \cdot s$ die Werte ∞, 125, 12,5 für Kohlensäure bzw. ∞, 130, 13,0 für Wasserdampf. Im unteren Teil von Abb. 98 und 99 wurde die Strahlung für diese drei verschiedenen Schichten in vH der Strahlung eines gleich heißen grauen Körpers aufgetragen. Man sieht, daß CO_2-Schichten von mehr als 1000 mm Dicke fast dieselbe Wärmemenge ausstrahlen wie eine unendlich starke CO_2-Schicht. Bei H_2O sind die Unterschiede besonders bei Temperaturen unter 800° größer. Immerhin strahlen CO_2- bzw. H_2O-Schichten von 100 mm Stärke, wie sie in Kesselzügen häufig vorkommen, noch 3—11 vH bzw. 2—6 vH der Strahlung eines gleich heißen grauen Körpers mit der Strahlungszahl $C = 4{,}2$ kcal/m²h (° abs)⁴ aus. Über dieser Darstellung wurden für dieselben Verhältnisse die entsprechenden Wärmebelastungen der Heizfläche aufgetragen unter der Annahme, daß die Wassertemperatur im Rohr 250° (entsprechend 40 at abs) betrage. Zum Vergleich wurde noch die Heizflächenbelastung durch reine Berührung eingezeichnet, wie sie sich bei schon günstigen Verhältnissen ergibt. Da in den Rauchgasen stets CO_2 und H_2O gleichzeitig vorkommen, ist zu beachten, daß sich die Wärmebelastungen der Heizfläche durch CO_2- und H_2O-Strahlung addieren. Im Gebiete höherer Temperaturen und den in Kesselzügen häufigen Schichtstärken von 100 mm kann also die Gasstrahlung ebenso stark oder stärker sein als die Wärmeübertragung durch reine Berührung. Bei größerer Schichtstärke oder ungünstigerem Wärmeübergang durch Berührung, z. B. bei kleiner Rauchgasgeschwindigkeit, kann die Belastung durch Strahlungswärme die durch reine Berührungswärme überwiegen. Der Einfluß der Strahlung von Gasen innerhalb der sog. Berührungsheizfläche von Dampfkesseln ist also sehr beträchtlich.

Bei Dampfkesselfeuerungen sind aber die Gasschichten in der Nähe der Heizfläche oft kühler als die davon entfernteren und absorbieren dann einen erheblichen Betrag der von den heißen Gasschichten ausgestrahlten Wärme, weshalb zweckmäßigerweise mit einer Temperatur gerechnet wird, die näher der Temperatur der kälteren Schichten liegt als der arithmetischen mittleren Gastemperatur, wie sie sich über den ganzen betrachteten Querschnitt ergibt.

Man ist von früher her, als man den Einfluß der Gasstrahlung noch nicht erkannt hatte, gewohnt, unter „Wärmeübertragung durch Berührung“ sowohl die durch reine tatsächliche Berührung als auch die durch Gasstrahlung übertragene Wärme zu verstehen. Aber erst seit etwa 10 Jahren hat man die Ursache der durch die Erfahrung in zahllosen Fällen längst festgestellten Zunahme der „Wärmeübertragung durch Berührung" mit wachsender Temperatur erkannt und rechnerisch zu erfassen gelernt, nämlich die „Gasstrahlung". Trotz vielfacher Bemühungen war es früher nicht gelungen, eine gesetzmäßige Abhängigkeit der „Wärmeübertragung durch Berührung" von der Temperatur festzustellen, da der Einfluß von CO_2- und H_2O-Gehalt, Partialdruck, Schichtstärke, Temperatur usw. auf die Gasstrahlung noch nicht erforscht war. Die frühere

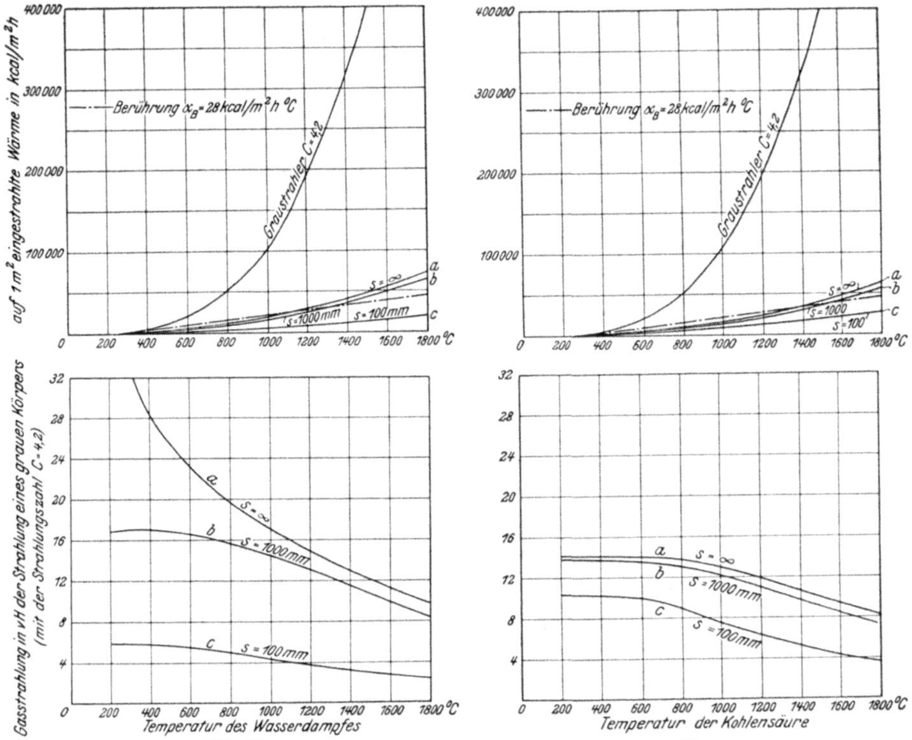

Abb. 98. Abb. 99.

Abb. 98 u. 99. Strahlung von Wasserdampf und Kohlensäure in den Rauchgasen von Braunkohle von $\mathfrak{H}_u$ = 4000 kcal/kg verglichen mit einem Graustrahler unter den in Dampfkesseln herrschenden Verhältnissen.

große Unsicherheit im Berechnen von rauchgasbespülten Heizflächen besteht heute nicht mehr und es war vorwiegend nur der Mangel an einfachen Berechnungsverfahren, der bisher die praktische Verwertung der wichtigen neuen Erkenntnisse erschwerte.

Noch erheblich größer als die Strahlung von Kohlensäure und von Wasserdampf ist die von leuchtenden Kohlenwasserstoff- und von Kohlenstaubflammen. Die Leuchtwirkung von Kohlenwasserstoffflammen entsteht dadurch, daß die Spaltungstemperatur der Kohlenwasserstoffe überschritten wird und sie nicht genügend Sauerstoff zu ihrer sofortigen Verbrennung vorfinden. Der abgeschiedene, außerordentlich fein zerteilte Ruß nimmt aus der ihn umgebenden heißen Gashülle Wärme auf und strahlt sie an die Umgebung ab. Das einzelne Rußteilchen läßt rd. 95 vH der auftreffenden Strahlen durch und sendet nur rd. 5 vH von der Strahlung eines gleich großen schwarzen Körpers aus. Die Strahlung der ungeheuer vielen hintereinander befindlichen Rußteilchen addiert sich aber in einem solchen Maße, daß von einer genügenden Flammendicke an (1 bis 2 m) die Flammenstrahlung bis zu 95 vH derjenigen eines schwarzen Körpers derselben Temperatur werden kann, so daß es oft zulässig ist, die Wärmeausstrahlung leuchtender Flammen so zu berechnen, als ob es sich um eine schwarze, ebenso große, strahlende

Fläche handle. Die Strahlungszahl leuchtender Kohlenwasserstoffflammen ist um so größer, je günstiger die Voraussetzungen für das Spalten der Kohlenwasserstoffe liegen und je schwerer sie sind.

Bei Kohlenstaubflammen tritt zur Strahlung der leuchtenden Gasmassen noch die der in ihnen schwebenden Staubteile. Je mehr Staub die Flamme enthält, um so größer ist ihre Strahlungszahl. Auch bei ihr gibt es eine Dicke, von der ab sie praktisch dieselbe Strahlungszahl wie ein schwarzer Körper hat.

c) Wärmeaustausch strahlender Flächen. Wenn sich zwei Körper bestrahlen, so erfolgt die Wärmeübertragung nicht so, daß lediglich der heißere Körper Wärme nach dem kälteren sendet, vielmehr strahlt auch der kältere Körper Wärme nach dem heißeren. Da aber die Wärmemengen proportional der vierten Potenz der absoluten Temperaturen sind, überwiegt die vom heißeren Körper an den kälteren abgestrahlte Wärmemenge die den umgekehrten Weg gehende.

Stehen sich zwei im Verhältnis zu ihrem Abstande sehr große Flächen gleicher Abmessung, zwischen denen sich kein die Strahlung beeinflussendes Medium befindet, gegenüber und ist

C = Strahlungszahl für die beiden im Wärmeaustausch stehenden Flächen in kcal/m²h (° abs)⁴,
F = Größe einer jeden Fläche in m²,
T_1 = Temperatur der heißeren Fläche in ° abs,
T_2 = Temperatur der kälteren Fläche in ° abs,

so beträgt die stündlich von der heißen an die kalte Fläche übergegangene Wärmemenge

$$Q_\Sigma = C \cdot F \cdot \left[\left(\frac{T_1}{100}\right)^4 - \left(\frac{T_2}{100}\right)^4\right] \text{ kcal/h}. \tag{38}$$

Sind die beiden Flächen nicht von derselben Oberflächenbeschaffenheit, sondern ist

C_1 = Strahlungszahl der heißeren Fläche kcal/m²h (° abs)⁴,
C_2 = Strahlungszahl der kälteren Fläche in kcal/m²h (° abs)⁴,
C_s = Strahlungszahl des schwarzen Körpers in kcal/m²h (° abs)⁴,

so ist in Formel (38) zu setzen

$$C = \frac{1}{\frac{1}{C_1} + \frac{1}{C_2} - \frac{1}{C_s}} \text{ kcal/m}^2\text{ h } (^\circ\text{abs})^4. \tag{39}$$

Nach Reutlinger und Wamsler beträgt bei Feuerungen von Dampfkesseln C = 4,0 bis 4,2 kcal/m²h (° abs)⁴.

Sind die beiden einander bestrahlenden Flächen nicht gleich groß, so ist für den Fall, daß von der kleineren Fläche aus nichts als die große Fläche gesehen werden kann, in Formel (38) für F der Inhalt und für C die Strahlungszahl der kleineren Fläche einzusetzen.

Ist

Q_n = in senkrechter Richtung zu einer Fläche ausgestrahlte Wärmemenge in kcal/h,
φ = Winkel zwischen der Strahlenrichtung und dem Lot auf die ausstrahlende Fläche in °,

so ist nach Lambert die nach Richtung φ ausgestrahlte Wärmemenge

$$Q = Q_n \cdot \cos\varphi \text{ kcal/h}. \tag{40}$$

Gleichung (40) gilt aber im allgemeinen nur bei diffus strahlenden Flächen, d. h. solchen, die auffallendes Licht nicht spiegelnd reflektieren, sondern es wie eine glatte weiße Kreidefläche nach allen Seiten gleichmäßig zerstreuen. Für blanke Metalle gilt das Lambertsche Gesetz nicht. Aus dem Lambertschen Gesetz folgt, daß die von einer Ebene in senkrechter Richtung ausgestrahlte Wärmemenge beträgt

$$Q = \frac{Q_\Sigma}{\pi} \text{ kcal/h}, \tag{41}$$

$$= \frac{C \cdot F \cdot \left[\left(\frac{T_1}{100}\right)^4 - \left(\frac{T_2}{100}\right)^4\right]}{\pi} \text{ kcal/h}, \tag{42}$$

und die in Richtung φ ausgestrahlte Wärmemenge

$$Q = \frac{C \cdot F \cdot \left[\left(\frac{T_1}{100}\right)^4 - \left(\frac{T_2}{100}\right)^4\right]}{\pi} \cdot \cos\varphi \ \ \text{kcal/h}. \qquad (43)$$

Ist J_1 die Strahlungsintensität eines punktförmigen Körpers in kcal/m³h in 1 m Entfernung, so ist sie in r m Entfernung

$$J = \frac{J_1}{r^2} \ \text{kcal/m}^3\text{h}. \qquad (44)$$

Diese Beziehung wird um so ungenauer, je größer die räumliche Erstreckung des Körpers im Vergleich zur Entfernung r wird. Die Strahlungsintensität einer unendlich großen Fläche dagegen ist unabhängig von der Entfernung. Hierauf ist zurückzuführen, daß die mit einem Strahlungspyrometer gemessene Temperatur vom Abstand des Beobachters von der anvisierten Fläche solange unabhängig bleibt, als die anvisierte Fläche das ganze Gesichtsfeld des Pyrometers ausfüllt, also unendlich groß erscheint.

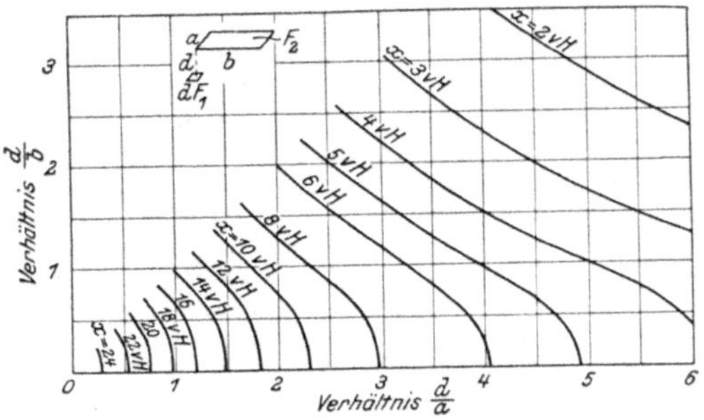

Abb. 100. x gibt an, wieviel vH der von dF_1 ausgestrahlten Wärme das zu dF_1 parallele, d entfernte Rechteck mit den Seiten a und b erreichen, dessen eine Ecke senkrecht über dF_1 liegt.

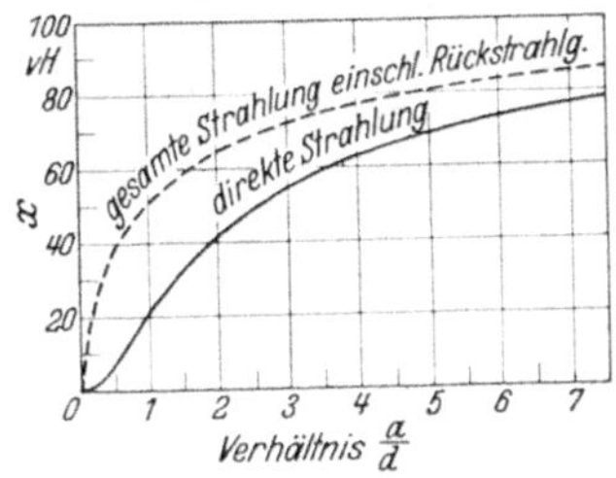

Abb. 101. x gibt an, wieviel vH der von einem Quadrat mit der Seite a ausgestrahlten Wärmemenge ein ebenso großes paralleles Quadrat in der Entfernung d erreichen.

Um die schnelle Berechnung des Wärmeaustausches durch Strahlung zwischen zwei Flächen zu erleichtern, haben Hottel u. a. für einige häufiger vorkommende Fälle Gleichungen und Schaubilder entwickelt, Abb. 100—105. Liegt z. B. eine Ecke eines zum Flächenelement dF_1 parallelen Rechteckes F_2 mit den Seiten a und b in einer Senkrechten auf dF_1 und ist $\frac{d}{a}$ und $\frac{d}{b}$ das Verhältnis zwischen dem Abstand d beider Flächen und den beiden Rechteckseiten, so kann der Betrag x, der angibt, wieviel von den von dF_1 ausgesandten Strahlen Fläche F_2 erreichen, aus Abb. 100 entnommen werden. Die nach Fläche F_2 eingestrahlte Wärmemenge ist dann

$$Q = \frac{x}{100} \cdot C \cdot dF_1 \cdot \left[\left(\frac{T_1}{100}\right)^4 - \left(\frac{T_2}{100}\right)^4\right] \ \text{kcal/h}. \qquad (45)$$

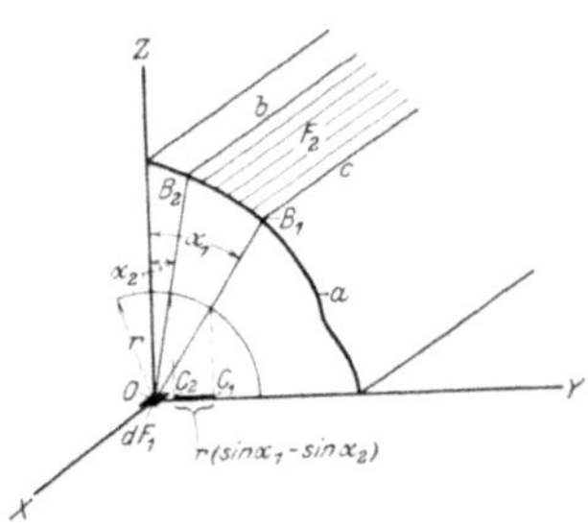

Abb. 102. Schema für die Wärmeübertragung durch Strahlung der heißen Fläche dF_1 nach einem unendlich breiten, der X-Achse parallelen Flächenstreifen F_2.

Mit Gleichung (45) kann man den Wärmeaustausch zwischen dF_1 und einem beliebigen zu ihm parallelen Rechteck finden, indem man F_2 so in 4 kleinere Rechtecke unterteilt, daß ihre gemeinsame Ecke senkrecht über dF_1 liegt.

In Abb. 101 ist x für zwei gleich große, parallele, einander gegenüberliegende Quadrate, die miteinander im Strahlungsaustausch stehen, in Abhängigkeit vom Verhältnis $\frac{\text{Seite der Quadrate}}{\text{Abstand der Quadrate}}$ für den Fall dargestellt, daß die Quadrate frei im Raum liegen und daß sie durch wärmedichte, rückstrahlende Flächen miteinander verbunden sind.

Die in der YZ-Ebene in Abb. 102 gelegene Kurve a sei der Schnitt einer in der X-Richtung unendlichen Fläche, die dadurch entsteht, daß eine zur X-Achse parallele Gerade an Kurve a entlang geführt wird. b und c seien die parallelen Begrenzungslinien eines Ausschnittes F_2 auf dieser Fläche, die die Leitlinie a in B_1 und B_2 schneiden, α_1 und α_2 die Winkel zwischen der Flächennormalen OZ zu dF_1 und den Strahlen OB_1 und OB_2. Die von dF_1 in den unendlich breiten Flächenstreifen F_2 eingestrahlte Wärmemenge ist dann

$$Q = C \cdot dF_1 \cdot \frac{\sin\alpha_1 - \sin\alpha_2}{2} \cdot \left[\left(\frac{T_1}{100}\right)^4 - \left(\frac{T_2}{100}\right)^4\right] \ \text{kcal/h}. \qquad (46)$$

Zieht man in der YZ-Ebene um O einen Kreis mit dem Halbmesser $r = 1$, so ist das Stück $C_1 C_2$ dividiert durch 2 gleich dem Koeffizienten $x = \frac{\sin\alpha_1 - \sin\alpha_2}{2}$, mit dem der Ausdruck $C \cdot dF_1 \cdot \left[\left(\frac{T_1}{100}\right)^4 - \left(\frac{T_2}{100}\right)^4\right]$ multipliziert werden muß, um die eingestrahlte Wärme zu erhalten.

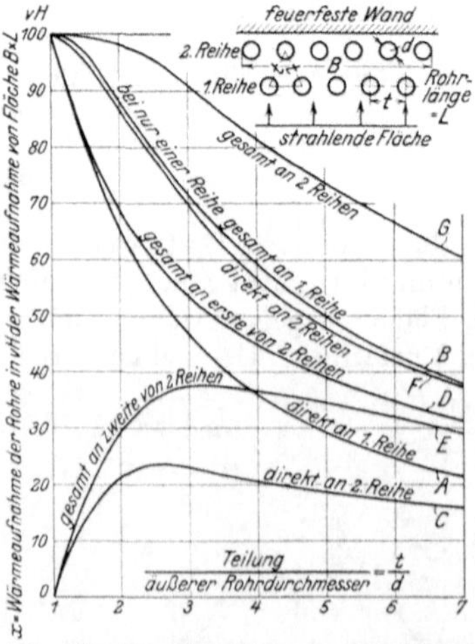

Abb. 103. Koeffizient x, mit dem die von den Rohren bedeckte Fläche $B \cdot L$ m² multipliziert werden muß, um die einer bzw. zwei versetzten Rohrreihen mit dahinterliegender Wand äquivalente kalte Fläche in m² zu erhalten. Nach Hottel.

Die bestrahlten Heizflächen von Dampfkesseln sind selten ebene Flächen, sondern bestehen fast immer aus Reihen oder Bündeln von glatten Rohren oder von Rohren mit seitlichen Flossen, Abb. 295. Die Wärmeaufnahme wird also meistens von der einer ebenen „kalten" Fläche abweichen. Das hat man längst erkannt, nur bestand zunächst Unsicherheit darüber, wie man bei den von einer glatten Wand abweichenden Ausführungsformen die „kalte" Fläche errechnen soll. Die einen sagten, man solle die projizierte Rohroberfläche = Durchmesser × Rohrlänge × Rohrzahl in Ansatz bringen, während andere den halben Rohrumfang vorschlugen. Wenngleich es für manche Zwecke ausreicht, mit der projizierten Fläche zu rechnen, so ist es doch oft erwünscht, die bestrahlte Rohrheizfläche durch eine unter tunlichster Anpassung an die wirklichen Verhältnisse ermittelte Fläche zu ersetzen, die man in die einschlägigen Formeln einsetzen muß, um die in die Rohre tatsächlich eingestrahlte Wärme zu erhalten. Sie möge **äquivalente Kühlfläche** genannt werden und wird zweckmäßigerweise in vH der von den Rohren bedeckten Wandfläche angegeben, die bei z Rohren von d m Durchmesser, L m Länge und t m Teilung rd. $L \cdot z \cdot t$ m² beträgt und **bedeckte Fläche** heißen möge. Der Umrechnungskoeffizient heiße x.

Ramsin hat für einen Schrägrohr- und zwei Steilrohrkessel mit verschiedener Rohranordnung und verschiedenem Rohrdurchmesser untersucht, wieviel vH die ersten sechs Rohrreihen von der insgesamt in die von ihnen bedeckte Fläche eingestrahlten Wärme aufnehmen, Zahlentafel 12. Rohrreihe I allein nimmt also 54 bis 73 vH, Rohrreihe I + II 76 bis 90 vH von der Wärme auf, die die von ihnen bedeckte glatte Deckfläche bei gleicher Temperatur aufnehmen würde.

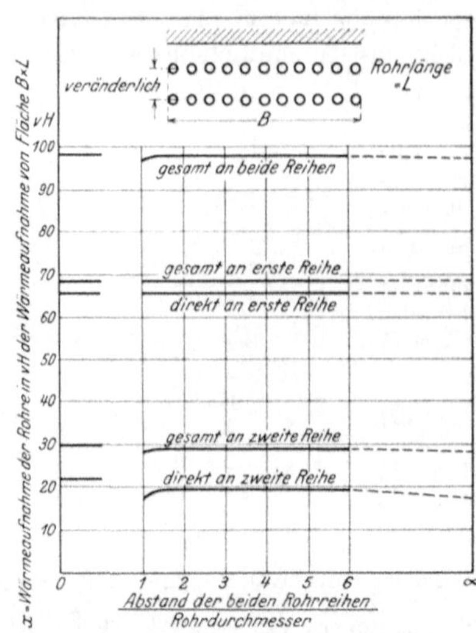

Abb. 104. Koeffizient x, mit dem die von den Rohren bedeckte Fläche $B \cdot L$ m² multipliziert werden muß, um die einer bzw. zwei fluchtenden Rohrreihen von der Teilung $t = 2\,d$ mit dahinterliegender Wand äquivalente kalte Fläche in m² zu erhalten. Nach Hottel. (Die Kurven auf der linken Seite geben zum Vergleich die Abb. 103 entnommenen Verhältnisse bei 2 versetzten Rohrreihen mit der Rohrteilung $t = 2\,d$ an.)

Nicht ganz so einfach liegen die Verhältnisse beim Kühlrost und in vielen Fällen auch bei den übrigen Feuerraum-Kühlflächen, sobald zur direkten Einstrahlung von den Feuerraumwänden rückgestrahlte Wärme hinzutritt. Hottel hat für zwei versetzte, Abb. 103, und zwei fluchtende, Abb. 104, Rohrreihen mit und ohne wärmedichte, rückstrahlende Wand hinter der zweiten Reihe die Wärmeaufnahme in vH der bedeckten Fläche angegeben. Kurve A in Abb. 103 gibt den Anteil an, welcher von der ersten von zwei

Zahlentafel 12. Anteil x der ersten sechs Rohrreihen in vH der in die von ihnen bedeckten Fläche insgesamt eingestrahlten Wärmemenge.

Kesselbauart	Schrägrohr	Steilrohr	
Rohre:			
Durchmesser . . . . mm	102	82,5	60
Teilung in der Breite mm	178	133,5 u. 171,5	95 u. 195
Teilung in der Tiefe . mm	152	160	110
Anteil x	vH	vH	vH
Reihe I	73,2	69,6	54,2
„ I + II	90,4	88,3	76,2
„ I bis III	96,2	94,4	84,9
„ I „ IV	97,5	97,0	89,4
„ I „ V	98,3	98,0	—
„ I „ VI	98,7	—	—

Rohrreihen direkt aufgefangen wird, Kurve B den Anteil, wenn hinter einer einzigen Reihe eine rückstrahlende Wand sitzt, wie es bei vielen Kühlflächen, s. S. 173, der Fall ist. Bei zwei Rohrreihen ohne Rückwand ist die in beide zusammen eingestrahlte Wärme, Kurve F, gleich der Summe aus Kurve A und C, mit Rückwand gleich der Summe aus Kurve D und E oder G. Das Verhältnis Rohrteilung zu Rohrdurchmesser ist bei Kühlflächen vielfach und bei der Vorheizfläche von Dampfkesseln meist 1,8 bis 2,2, im Mittel 2,0, oder, wenn die beiden ersten Rohrreihen zur Verhinderung der Brückenbildung weitere Teilung haben und bei Kühlrosten, S. 175, 3,7 bis 4,3, im Mittel 4,0. Nach Abb. 103 nehmen bei $\frac{t}{d} = 2$ und 4 die beiden ersten Rohrreihen mit bzw. ohne dahinter liegender feuerfester Wand 98 bis 81 vH bzw. 87 bis 57 vH der Wärme auf, die in die von ihnen bedeckte Fläche eingestrahlt wird. Die Werte von Ramsin, Zahlentafel 12, stimmen mit denen von Hottel, Abb. 103, sehr gut überein. In Wirklichkeit befindet sich fast immer auf der zweiten oder dritten Rohrreihe des Kessels eine Zugscheidewand oder es folgen 5 bis 7 Reihen unmittelbar aufeinander. Bei normaler Rohrteilung bleibt man also innerhalb der Fehlergrenze, wenn man die Heizfläche der Rohre durch die von ihnen bedeckte Fläche ersetzt. Auch bei zwei fluchtenden Rohrreihen mit darauffolgender rückstrahlender Wand liegen bei normaler Rohrteilung die Verhältnisse nicht viel anders, Abb. 104, und die Entfernung der beiden Rohrreihen voneinander spielt bei der angenommenen Teilung $t = 2d$ kaum eine Rolle.

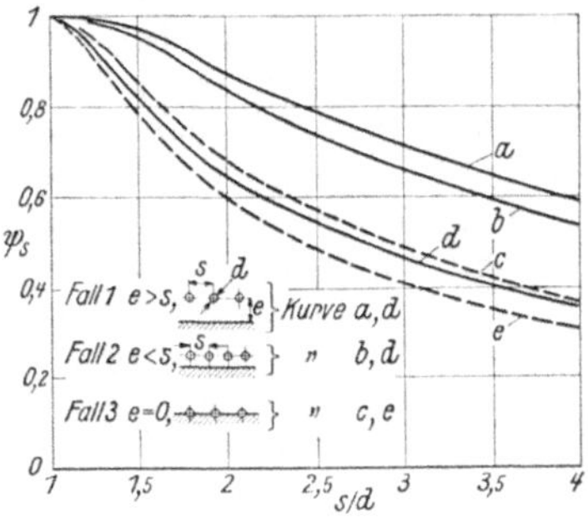

Abb. 105. Koeffizient x (ψ_s), mit dem die von den Rohren bedeckte Fläche $B \cdot L$ m² multipliziert werden muß, um die einer Rohrreihe mit dahinterliegender Wand äquivalente kalte Fläche in m² zu erhalten. Nach Eckert.
a gesamte Einstrahlung in die Rohrreihe nach Fall 1, b nach Fall 2, c nach Fall 3; d bzw. e unmittelbare Einstrahlung nach Fall 1 und 2 bzw. nach Fall 3.

Die Seitenwände von Feuerräumen sind oft mit einer einzigen Reihe glatter gerader Rohre, die entweder unmittelbar nebeneinander liegen oder einen gewissen Abstand voneinander und von der feuerfesten Wand haben, bedeckt. Wärmeaufnahme bzw. Kühlwirkung hängen davon ab, wie dicht die Rohre beieinander stehen und wie groß ihr Abstand von der Wand ist, oder ob sie teilweise in die Wand eingebettet sind. Stehen die Rohre von der Wand ab und nimmt auch ihre Rückseite durch Reflektion der heißen Feuerraumwand Wärme auf, so würde man wesentlich zu hohe Feuerraumtemperaturen errechnen, wenn man als Kühlfläche nur die projizierte Oberfläche der der unmittelbaren Strahlung ausgesetzten Rohre in Ansatz brächte. Abb. 105 gibt x (ψ_s) für verschiedenen Abstand einer Rohrreihe von der feuerfesten Wand an. Sie ist auch für Flossenrohre brauchbar, wenn man den Abstand der beiden Außenkanten der Flossen gleich dem Rohrdurchmesser d setzt. Sind die Flossen unmittelbar aneinandergereiht, so wird x (ψ_s) $= 1$. Sind einmal glatte 100 mm-Rohre mit 180 mm Teilung dicht vor einer Wand angeordnet, das andere Mal 100 mm-Rohre mit 40 mm breiten Flossen unmittelbar aneinandergereiht, so ist bei den glatten Rohren $x = 92$ vH, d. h. die äquivalente Kühlfläche ist um 8 vH kleiner als bei Flossenrohren, Kurve b in Abb. 105.

B. Wärmeübergang und Zugverlust von Heizflächen.

1. Berechnung des Zugverlustes. a) Heizflächen aus glatten Rohren. Nach Kapitel IV A, S. 67 ist der Wärmeübergang zwischen Gasen und Heizflächen um so größer, je turbulenter die Gasströmung erfolgt. Um mit kleinen Heizflächen auszukommen, muß man daher hohe Gasgeschwindigkeiten anwenden. Von einem bestimmten Betrag an entstehen aber solche Strömwiderstände, daß ihre Überwindung mehr kostet und mit größeren Unzuträglichkeiten verbunden ist als eine Verkleinerung der Heizfläche Vorteile bringt. Mit natürlichem Schornsteinzug lassen sich bei den heute vielfach üblichen tiefen Abgastemperaturen von 150 bis 200⁰ keine beträchtlichen Rauchgasgeschwindigkeiten erzeugen, Saugzuganlagen aber erfordern einen Arbeitsaufwand, der einer Verschlechterung des Kesselwirkungsgrades gleichkommt. Man muß daher zwischen Größe und Zugverlust von Heizflächen einen vorteilhaften Ausgleich schaffen und besonders auf die Vermeidung solcher Strömwiderstände achten, die den Wärmeübergang nicht erhöhen. Die zuverlässige Vorausberechnung der **Zugverluste** (Strömverluste) rauchgasberührter Heizflächen ist von großer Wichtigkeit, da die Fehlbemessung der Saugzugventilatoren oder Schornsteine schwerwiegende Folgen haben könnte.

Die Zahl zuverlässiger Messungen über den Zugverlust von Dampfkesselheizflächen ist sehr gering und im allgemeinen auf Gasgeschwindigkeiten unter 10 m/s beschränkt. Man muß daher von Formeln ausgehen, die im Laboratorium an Apparaten von verhältnismäßig kleinen Abmessungen gewonnen wurden und versuchen, sie mit Messungen an ausgeführten Kesselanlagen durch Einführen von Beiwerten in Übereinstimmung zu bringen. Die Zuverlässigkeit der in diesem Abschnitt entwickelten Formeln hängt daher davon ab, wie sich ein bestimmter Fall mit den ihnen zugrunde liegenden Verhältnissen deckt.

Der Zugbedarf eines Kessels setzt sich zusammen aus den Zugverlusten

1. durch Reibung beim geradlinigen Durchströmen eines Rohrbündels (Reibungsverluste),
2. durch Ablenkung der Gase von der geradlinigen Strömung (Umlenkverluste),
3. durch plötzliche Änderung der Gasgeschwindigkeit bzw. des Stromquerschnittes (Ein- und Austrittsverluste) und
4. dadurch, daß die heiße, in einem Kesselzug eingeschlossene Gassäule entgegen ihrem Auftrieb von oben nach unten strömen muß (Auftriebverluste).

Der Zugbedarf eines Kessels ist recht verschieden je nach der Zahl der hintereinander liegenden Rohrreihen, der Größe und Einbaustelle des Überhitzers, der Zahl und Ausbildung der Züge, der mittleren Rauchgasgeschwindigkeit und -temperatur, der Rohrteilung u. a. m. Folgendes Berechnungsverfahren geht daher vom Reibungsverlust je durchströmte Rohrreihe von Kessel und Überhitzer bzw. je m Rohrlänge aus und erfaßt die Widerstände durch Umlenkungen und Querschnittsänderungen getrennt.

Nach Reiher ist der Zugverlust **je Rohrreihe** bei einer zu ihr senkrechten Strömung und glatten, sauberen Rohren unter gewissen Voraussetzungen

a) bei fluchtender Rohranordnung

$$h_R = 0{,}0022 \cdot \frac{\varrho \cdot v^2}{d} \cdot \left(\frac{v \cdot d \cdot \varrho}{\mu}\right)^{-0{,}0272} \text{ mm W.-S.}, \tag{47}$$

b) bei versetzter Rohranordnung

$$h_R = 0{,}028 \cdot \frac{\varrho \cdot v^2}{d} \cdot \left(\frac{v \cdot d \cdot \varrho}{\mu}\right)^{-0{,}24} \text{ mm W.-S.} \tag{48}$$

Nach Fritzsche ist bei Strömung in einem Rohr mit normaler Rauhigkeit der Zugverlust **je m Rohrlänge**

$$h_R = 0{,}00094 \cdot \frac{\gamma^{0{,}852} \cdot v^{1{,}852}}{d^{1{,}269}} \text{ mm W.-S.} \tag{49}$$

Die Bedeutung der Buchstaben ist auf S. 66 erklärt.

Formel (49) kann auch zur Berechnung des Reibungsverlustes in einem Röhrenbündel verwendet werden, in dem die Gase auf der Außenseite der Rohre parallel zur Rohrachse strömen. An Stelle des Rohrdurchmessers d ist dann der **hydraulische Durchmesser**

$$d' = \frac{4 \cdot F}{U} \text{ m} \tag{50}$$

zu setzen. Hierin bedeuten:

U = von den Rauchgasen umspülter Umfang der Rohre (und der den Rauchgaskanal bildenden Wände) im Strömquerschnitt in m,
F = von den Rauchgasen durchströmter Querschnitt in m².

Ist ferner bei Umlenkungen mit **scharfkantigen** Ecken:

v_1 = Geschwindigkeit der Rauchgase am Anfang der Umlenkung in m/s,
v_2 = dasselbe in der Mitte der Umlenkung in m/s,
v_3 = dasselbe am Ende der Umlenkung in m/s,
g = 9,81 = Erdbeschleunigung in m/s²,

so betragen die **Umlenkverluste** in den Kesselzügen bei einer Umlenkung von

$$45^0: h_{\text{Uml}} = 0{,}25 \cdot \frac{\gamma}{2g} \cdot (v_1^2 + v_3^2) \text{ mm W.-S.}, \tag{51}$$

$$90^0: h_{\text{Uml}} = \frac{\gamma}{2g} \cdot (v_1^2 + v_3^2) \text{ mm W.-S.}, \tag{52}$$

$$180^0: h_{\text{Uml}} = \frac{\gamma}{2g} \cdot (v_1^2 + v_2^2 + v_3^2) \text{ mm W.-S.} \tag{53}$$

Bei Umlenkungen mit stark abgerundeten Ecken und guter Rauchgasführung sind die Umlenkverluste nur etwa $^1/_4$ so groß. Bei zwei dicht hintereinander liegenden Umlenkungen von je 90° ist nur eine Umlenkung von 180° zu rechnen. Ist der Umlenkquerschnitt durch Siederohre verengt, so ist für v_1, v_2 und v_3 die im verengten Querschnitt herrschende Geschwindigkeit einzusetzen.

Ist bei einer Erweiterung des Rauchgasquerschnittes

f_1 = Zugquerschnitt vor der Erweiterung in m²,
v_1 = Gasgeschwindigkeit vor der Erweiterung in m/s,
f_2 = Zugquerschnitt nach der Erweiterung in m²,

so ist der **Austrittsverlust** der Gase (z. B. beim Übergang von einem Rohrbündel mit dem Querschnitt f_1 m² und der Geschwindigkeit v_1 m/s auf den vollen Querschnitt des Zuges f_2 m²) infolge Verzögerung und teilweiser Vernichtung der Geschwindigkeitsenergie

$$h_{\mathrm{Aus}} = \left(1 - \frac{f_1}{f_2}\right)^2 \cdot \frac{v_1^2}{2g} \cdot \gamma \text{ mm W.-S.} \tag{54}$$

Die Eintrittsverluste bei plötzlicher Querschnittsverengung sind bei Kesselheizflächen im allgemeinen wegen ihrer Geringfügigkeit von untergeordneter Bedeutung und können meist vernachlässigt werden.

Ist

H = Höhe eines Zuges in m,

T = mittlere Gastemperatur im Zug in ^{0} abs,

so beträgt bei einer Temperatur der Außenluft von 20^0 der **Auftrieb** im Zug

$$h_{\mathrm{Auftr}} = H \cdot \left(1{,}2 - \frac{365}{T}\right) \text{ mm W.-S.} \tag{55}$$

Er vergrößert den Zugbedarf, wenn die Gase von oben nach unten strömen und verkleinert ihn im umgekehrten Fall.

Der gesamte Auftrieb von mehreren auf- und absteigenden Zügen $\Sigma h_{\mathrm{Auftr}}$ wird berechnet, indem man von der Summe der Auftriebe in allen steigenden Zügen die Summe der Auftriebe in allen fallenden Zügen abzieht. Ein positiver Wert von $\Sigma h_{\mathrm{Auftr}}$ bedeutet, daß der Zugbedarf um diesen Betrag kleiner ist und umgekehrt. Aus 84 Versuchswerten wurde festgestellt, daß man einen mit der Praxis gut übereinstimmenden Gesamtzugverlust erhält, wenn man die Teilverluste nach Formel (47) und (48) mit $z = 2{,}5$, nach Formel (49) mit $z = 1{,}7$ multipliziert, weil Kesselrohre nicht so glatt sind wie die bei den Laboratoriumsversuchen benutzten Rohre. Der größte Unterschied zwischen berechneten und gemessenen Werten ist dann $\pm$ 15 vH, was für praktische Bedürfnisse ausreicht.

Der **Zugbedarf von Wasserrohrkesseln** läßt sich also berechnen aus der Formel

$$h_{\mathrm{tot}} = \Sigma\,(z \cdot h_R) + \Sigma\,h_{\mathrm{Uml}} + \Sigma\,h_{\mathrm{Aus}} - \Sigma\,h_{\mathrm{Auftr}} \text{ mm W.-S.} \tag{56}$$

Bei ungewöhnlich sauberen Rohren ist z etwas kleiner, bei stark verschmutzten etwas größer als 2,5 bzw. 1,7.

Strömen die Rauchgase schräg zur Rohrachse, so zerlegt man ihre Geschwindigkeit in eine senkrechte und eine parallele Komponente und errechnet für beide den zugehörigen Zugverlust. Der Zugverlust steigt bei Schrägrohrkesseln etwa mit der 2,0 ten, bei Steilrohrkesseln etwa mit der 2,1 ten Potenz der Rauchgasmenge in Nm³/s.

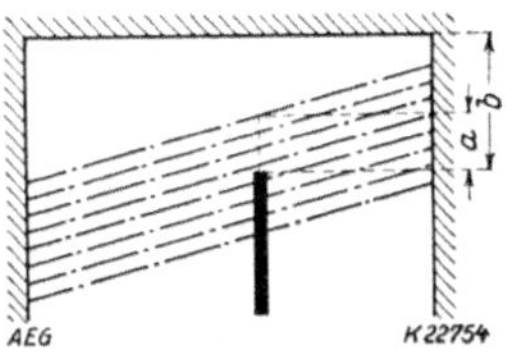

Abb. 106. Schema für Rauchgasumlenkung um 180° mit teilweiser Verengung des Umlenkquerschnittes durch Siederohre.

Zur raschen Ermittlung des Reibungsverlustes h_R bei zu den Rohren senkrechter Strömung dient für fluchtende Rohre Tafel 1, für versetzte Rohre Tafel 2, bei paralleler Strömung Tafel 3, linker unterer Maßstab[1]. Die Werte der Tafeln 1 und 2 enthalten bereits den Faktor 2,5, die von Tafel 3 den Faktor 1,7.

Austrittsverluste entstehen, so oft die Rauchgase aus einem Rohrbündel austreten oder wenn innerhalb des gleichen Rohrbündels zwei aufeinander folgende Rohrreihen um mehr als etwa das Dreifache des Rohrdurchmessers voneinander entfernt sind. Umlenkverluste treten zwischen je zwei Zügen, zuweilen auch am Ende eines Kessels auf. Liegen in der Umlenkung Siede- oder Überhitzerrohre, so ist mit dem verengten Rauchgasquerschnitt zu rechnen. Wird, wie in Abb. 106, der Querschnitt in der Umlenkung nur teilweise durch Rohre verengt, so berechnet man zuerst den Zugverlust h', wenn der Querschnitt nicht durch die obersten vier Rohrreihen verengt wäre. Der wirkliche Zugverlust ist dann $h = n \cdot h'$, worin $n = 1 + 2{,}5 \cdot \frac{a}{b}$ ein brauchbarer Beiwert ist.

b) Heizflächen aus Rippenrohren (Rippenrohrekonomiser). Der Zugverlust von Rippenrohrekonomisern hängt von der Zahl der Rohrreihen, dem Rohrdurchmesser, der Teilung und Form der Rippen und dem Verschmutzungszustand ab. Abb. 107 und 108 zeigen bei 20 bis 23 mm und bei 30 mm Rippenteilung die von den Ekonomiserfirmen angegebenen Werte und einige um den Auftrieb verminderte Meßwerte. Sie stimmen nur zum Teil gut miteinander überein. Ähnlich wie beim Kessel scheint auch beim Ekonomiser der Zugverlust bei Rohbraunkohle infolge der stärkeren Verschmutzung größer als bei Steinkohle zu sein. Die Kurven in Abb. 107 und 108 reichen aber für die meisten vorkommenden Fälle aus. Umlenkungen der Rauchgase und der Auftrieb müssen nach Formel (51) bis (53) und (55) errechnet und zu den Angaben der Abb. 107 und 108 addiert bzw. von ihnen abgezogen werden. Der große, möglicherweise von Verschmutzung herrührende Unterschied

[1] Der Gebrauch von Kurve I in Tafel 1 bis 3 ist auf S. 99 erklärt.

zwischen den Kurven *A*, *B* und *C* und den von den Firmen angegebenen Werten in Abb. 108 zeigt, daß man in Zweifelsfällen gut daran tut, reichliche Zuschläge zu machen.

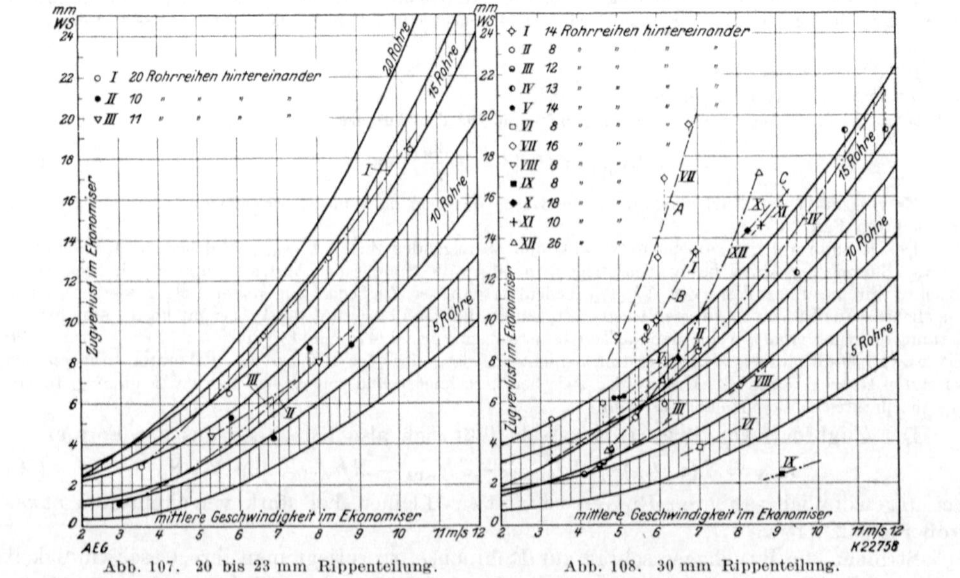

Abb. 107. 20 bis 23 mm Rippenteilung. Abb. 108. 30 mm Rippenteilung.

Abb. 107 u. 108. Von den Firmen angegebene und gemessene Zugverluste von Rippenrohr-Ekonomisern mit 20 bis 23 mm und mit 30 mm Rippenteilung bei verschiedener Rauchgasgeschwindigkeit und Rohrzahl.

—— Angabe der Ekonomiser-Firmen. –·–·– Steinkohle, – – – Braunkohle } gemessene Werte.

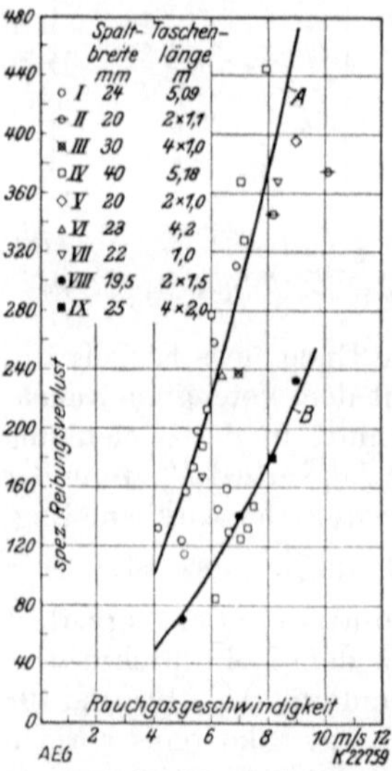

Abb. 109. Spezifische Reibungsverluste von Plattenluftvorwärmern in mm W.-S. für 1 m Plattenlänge, 1 mm Spaltbreite und $\gamma = 1$ kg/m³ spezifisches Gewicht der Rauchgase bei verschiedener Rauchgasgeschwindigkeit.

c) **Heizflächen aus Platten (Taschenluftvorwärmer).** In Abb. 109 ist der Reibungsverlust von Plattenluftvorwärmern auf Platten von 1 m Länge und auf eine Spaltbreite von $s = 1$ mm umgerechnet, unter der Voraussetzung, daß die Exponenten in Formel (49) auch für derartige flache Kanäle gelten. Er liegt auf zwei deutlich ausgeprägten Kurven *A* und *B*, von denen *A* für normal verschmutzte Gasspalten im Betriebszustand (Fall 1), *B* für Luftspalten und saubere Gasspalten (Fall 2) gilt.

Den Kurven entsprechen folgende Gleichungen

$$\text{Fall 1:}\quad h_R = 0{,}00125 \cdot \frac{\gamma^{0,852} \cdot v^{1,852}}{s^{1,269}} \cdot L \text{ mm W.-S.}, \tag{57}$$

$$\text{Fall 2:}\quad h_R = 0{,}000593 \cdot \frac{\gamma^{0,852} \cdot v^{1,852}}{s^{1,269}} \cdot L \text{ mm W.-S.}, \tag{58}$$

hierin bedeutet

s = Spaltweite in m.

Die Werte lassen sich aus Tafel 3 entnehmen, indem man die dort auf dem rechten unteren Maßstab in mm W.-S. eingetragenen Werte in Fall 1 mit 3,2, in Fall 2 mit 1,52 sowie mit der Taschenlänge L multipliziert.

Bei den in Deutschland üblichen Plattenluftvorwärmern treten Umlenkverluste nur luftseitig auf. Je nachdem, ob die Luft im Gegen- oder im Kreuzstrom zu den Rauchgasen strömt, wird sie innerhalb der Taschen oder außerhalb derselben in besonderen Hauben umgelenkt. Die Umlenkverluste können aus folgender Formel ermittelt werden

$$h_{\text{Uml}} = \zeta \cdot \frac{v^2 \cdot \gamma}{2g} \text{ mm W.-S.} \tag{59}$$

Bei einer Umlenkung innerhalb der Taschen um 90° ist $\zeta = 0{,}5$ bis 2. Die kleinen Werte gelten für großen Umlenkradius und ein großes Verhältnis von Kanalbreite: Kanallänge. Die Verlustziffer der Umkehrhauben von Kreuzstromluftvorwärmern mit Umlenkungen um 180° ist im Durchschnitt $\zeta = 2{,}0$; hierbei ist v die Geschwindigkeit am Ein- oder Austritt der Haube.

Die Ein- und Austrittsverluste betragen

$$h_{\text{Ein}} = \zeta_e \cdot \frac{v_1^2 \cdot \gamma}{2\,g} \text{ mm W.-S.,} \tag{60}$$

$$h_{\text{Aus}} = \zeta_a \cdot \frac{v_1^2 \cdot \gamma}{2\,g} \text{ mm W.-S.} \tag{61}$$

v_1 ist die Geschwindigkeit im kleineren Querschnitt. Die Verlustziffern ζ_e und ζ_a zeigt Abb. 110 als Funktion von $\frac{f_1}{f_2}$. Die Werte von ζ_e gelten nur für **plötzliche** Querschnittsverengung; bei zugespitzten Taschen sind sie etwa halb so groß. ζ_a ist bei den gebräuchlichen Taschenformen ziemlich unabhängig von der Art der Querschnittserweiterung.

d) Röhrenluftvorwärmer. Der Reibungsverlust beim Durchströmen glatter gerader Rohre kann ermittelt werden aus der Formel

$$h_R = 0{,}00094 \cdot \frac{\gamma^{0,852} \cdot v^{1,852}}{d^{1,269}} \cdot L \text{ m W.-S. m} \tag{62}$$

Die Werte für 1 m Rohrlänge können, wie ein Vergleich mit Meßwerten zeigt, im Gegensatz zu Plattenluftvorwärmern aus Tafel 3, rechter unterer Maßstab, ohne Korrektur entnommen werden. Nach Abb. 111 stimmen die gemessenen mit den errechneten Zugverlusten nach Abzug des Auftriebes befriedigend überein.

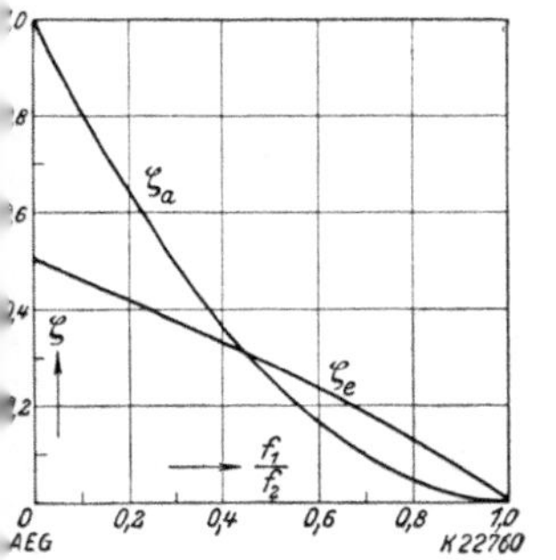

Abb. 110. Verlustziffer ζ_e und ζ_a in Abhängigkeit von der Querschnittsveränderung $\frac{f_1}{f_2}$ (f_1 kleiner Querschnitt, f_2 großer Querschnitt).

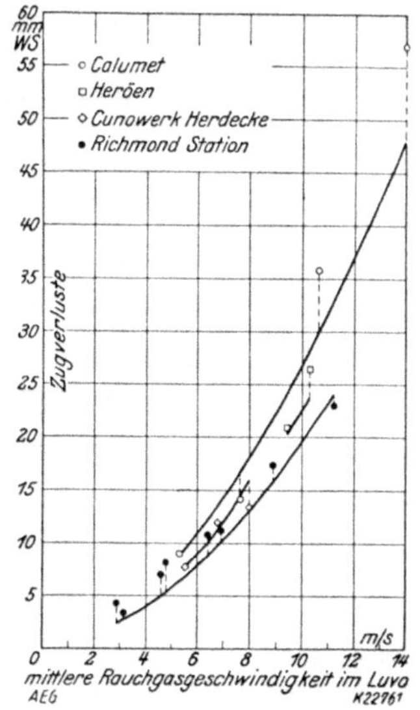

Abb. 111. Gemessene und errechnete Zugverluste von Röhrenluftvorwärmern bei verschiedener Rauchgasgeschwindigkeit (die Kurven sind gerechnet, die Punkte gemessen).

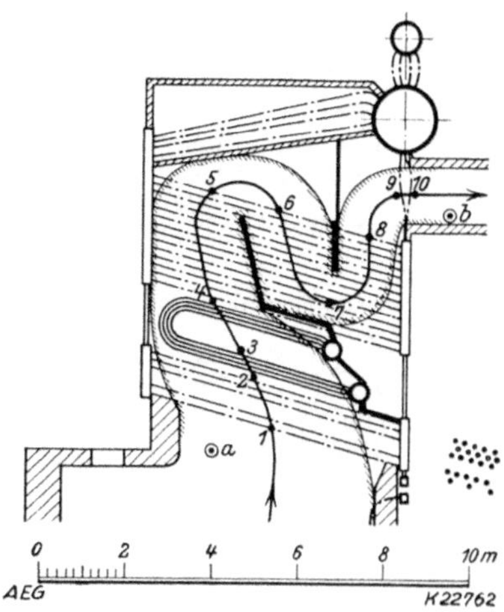

Abb. 112. Voraussichtliche Gasströmung in einem 2000 m²-Sektionalkessel.

Beispiel 1: Berechnung des Zugbedarfes des Sektionalkessels in Abb. 112.

Kesselheizfläche	2000 m²,
Lichte Kesselbreite	11450 mm,
Zahl der Sektionen	60,
Siederohrdurchmesser	100 mm,
Überhitzerrohrreihen nebeneinander	126,
Durchmesser der Überhitzerrohre	38 mm,
Teilung:	
Siederohre	190 mm,
Überhitzerrohre	76 mm,
Brennstoff	Braunkohlenstaub,
Unterer Heizwert	4600 kcal/kg,
Kohlenverbrauch	14630 kg/h,
CO_2-Gehalt	15,1 vH,
Rauchgasmenge je kg Kohle	6,8 Nm³/kg,
Rauchgasmenge je s	27,6 Nm³/s,
Spezifisches Gewicht der Rauchgase bei 0° 760 mm Q.-S.	1,32 kg/m³.

Zugverluste durch:

1. Reibung in der Vorheizfläche, Punkt 1 bis 2.

t_m = 1070° C = 1343° abs,
f_m = 4,4 · (11,45—60 · 0,1) = 24 m²,
v_m = 5,65 m/s,
h_R für 4,5 versetzte Rohrreihen (Tafel 2) = 0,40 mm W.-S.

2. Austritt aus der Vorheizfläche, Punkt 2.

t = 900° C = 1173° abs,
f_1 = 4,4 · (11,45—60 · 0,1) = 24 m²,
f_2 = 4,4 · 11,45 = 50,5 m²,
v_1 = 4,95 m/s,

$$\left(1 - \frac{f_1}{f_2}\right)^2 = \left(1 - \frac{24}{50{,}5}\right)^2 = 0{,}28$$

$$h_{\text{Aus}} = 0{,}28 \cdot \frac{v_1^2}{2\,g} \cdot \gamma = 0{,}28 \cdot \frac{4{,}95^2}{2\,g} \cdot 0{,}308 = 0{,}11 \text{ mm W.-S.}$$

3. Reibung in der 1. Überhitzerhälfte, Punkt 2 bis 3.

$t_m =$ 830° C = 1103° abs,

$f_m = 4{,}6 \cdot (11{,}45 - 126 \cdot 0{,}038) = 30{,}6$ m²,

$v_m = 3{,}64$ m/s,

h_R für 4 fluchtende Rohrreihen (Tafel 1) = 0,21 mm W.-S.

4. Austritt aus der 1. Überhitzerhälfte, Punkt 3.

$t =$ 760° C = 1033° abs,

$f_1 = 4{,}6 \cdot (11{,}45 - 126 \cdot 0{,}038) = 30{,}6$ m²,

$f_2 = 4{,}6 \cdot 11{,}45 = 52{,}7$ m²,

$v_1 = 3{,}42$ m/s,

$$\left(1 - \frac{f_1}{f_2}\right)^2 = \left(1 - \frac{30{,}6}{52{,}7}\right)^2 = 0{,}18,$$

$$h_{\text{Aus}} = 0{,}18 \cdot \frac{v_1^2}{2g} \cdot \gamma = 0{,}18 \cdot \frac{3{,}42^2}{2g} \cdot 0{,}35 = 0{,}04 \text{ mm W.-S.}$$

5. Reibung in der 2. Überhitzerhälfte, Punkt 3 bis 4.

$t_m = 690°$, $f_m = 25{,}3$ m², $v_m = 3{,}85$ m/s,

h_R für 4 fluchtende Rohrreihen (Tafel 1) = 0,26 mm W.-S.

6. Austritt aus der 2. Überhitzerhälfte, Punkt 4.

$t = 620°$, $f_1 = 22{,}6$ m², $f_2 = 39$ m²,

$v_1 = 4{,}0$ m/s, $\left(1 - \frac{f_1}{f_2}\right)^2 = 0{,}18,$

h_{Aus} = 0,06 mm W.-S.

7. Reibung im 1. Zug hinter Überhitzer, Punkt 4 bis 5.

$t_m = 530°$, $f_m = 12{,}5$ m², $v_m = 6{,}5$ m/s,

h_R für 14 versetzte Rohrreihen (Tafel 2). = 2,18 mm W.-S.

8. Austritt aus 1. Zug, Punkt 5 [1].

$t = 440°$, $f_1 = 11{,}4$ m², $f_2 = 24$ m²,

$v_1 = 6{,}32$ m/s, $\left(1 - \frac{f_1}{f_2}\right)^2 = 0{,}28,$

h_{Aus} = 0,29 mm W.-S.

9. Umlenkung zwischen 1. und 2. Zug um 180°, Punkt 5 bis 6.

$t =$ 440° C = 713° abs,

$f_1 = 24$ m², $f_2 = 15$ m², $f_3 = 21{,}8$ m²,

$v_1 = 3{,}0$ m/s, $v_2 = 4{,}8$ m/s, $v_3 = 3{,}3$ m/s,

$$h'_{\text{Uml}} = \frac{3{,}0^2}{2g} \cdot 0{,}505 + \frac{4{,}8^2}{2g} \cdot 0{,}505 + \frac{3{,}3^2}{2g} \cdot 0{,}505 = 1{,}10 \text{ mm W.-S.}$$

$$n = 1 + 2{,}5 \cdot \frac{0{,}34}{1{,}40} = 1{,}6,$$

$h_{\text{Uml}} = 1{,}6 \cdot h'_{\text{Uml}}$ = 1,76 mm W.-S.

10. Reibung im 2. Zug, Punkt 6 bis 7.

$t_m = 400°$, $f_m = 9{,}25$ m², $v_m = 7{,}35$ m/s,

h_R für 10 versetzte Rohrreihen [2] (Tafel 2) = 2,12 mm W.-S.

11. Umlenkung zwischen 2. und 3. Zug um 180°, Punkt 7.

$t_m =$ 360° C = 633° abs,

$f_1 = 8{,}73$ m², $f_2 = 10{,}45$ m², $f_3 = 8{,}2$ m²,

$v_1 = 7{,}35$ m/s, $v_2 = 6{,}12$ m/s, $v_3 = 7{,}80$ m/s,

$$h_{\text{Uml}} = \frac{7{,}35^2}{2g} \cdot 0{,}57 + \frac{6{,}12^2}{2g} \cdot 0{,}57 + \frac{7{,}8^2}{2g} \cdot 0{,}57 = 4{,}35 \text{ mm W.-S.}$$

12. Reibung im 3. Zug, Punkt 7 bis 8.

$t_m = 342°$, $f_m = 8{,}2$ m², $v_m = 7{,}6$ m/s,

h_R für 10 versetzte Rohrreihen (Tafel 2) = 2,35 mm W.-S.

13. Austritt aus 3. Zug, Punkt 8.

$t = 325°$, $f_1 = 8{,}2$ m², $f_2 = 17{,}2$ m²,

$v_1 = 7{,}4$ m/s, $\left(1 - \frac{f_1}{f_2}\right)^2 = 0{,}28,$

h_{Aus} = 0,47 mm W.-S.

14. Umlenkung hinter 3. Zug um 90°, Punkt 8 bis 10.

$t = 325°$, $f_1 = 17{,}2$ m², $f_3 = 14{,}3$ m²,

$v_1 = 3{,}52$ m/s, $v_3 = 4{,}22$ m/s,

h_{Uml} = 0,93 mm W.-S.

15. Reibung in den Fallrohren, Punkt 9 bis 10.

$t = 325°$, $f = 6{,}8$ m², $v = 8{,}9$ m/s,

h_R für 1 Rohrreihe (Tafel 1) = 0,20 mm W.-S.

16. Austritt aus den Fallrohren, Punkt 10.

$t = 325°$, $f_1 = 6{,}8$ m², $f_2 = 14{,}3$ m²,

$v_1 = 8{,}9$ m/s, $\left(1 - \frac{f_1}{f_2}\right)^2 = 0{,}28,$

h_{Aus} = 0,68 mm W.-S.

Summe sämtlicher Verluste = 16,41 mm W.-S.

17. Auftriebe.

1. Zug: 6 m hoch, $t_m = 840°$: $h_{\text{Auftr}} = +$ 5,24 mm W.-S.

2. Zug: 2,5 m hoch, $t_m = 500°$: $h_{\text{Auftr}} = -$ 1,65 mm W.-S.

3. Zug: 2,1 m hoch, $t_m = 342°$: $h_{\text{Auftr}} = +$ 1,28 mm W.-S.

$\Sigma h_{\text{Auftr}} = +$ 4,87 mm W.-S.

Berechneter Zugbedarf $h_{\text{tot}} = 16{,}41 - 4{,}87 = 11{,}54$ mm W.-S.

Gemessener Zugbedarf zwischen Punkt a und b = 11,4 mm W.-S.

Beispiel 2: Berechnung des rauchgasseitigen Zugbedarfes eines Röhrenluftvorwärmers.

Luftvorwärmerheizfläche	1537 m²,
Röhren:	
Anzahl	796,
Länge	9,75 m,
Innerer Durchmesser	56,5 mm,
Querschnitt vor und hinter Luftvorwärmer f_2	4,7 m²,
Vor Luftvorwärmer werden die Rauchgase umgelenkt um	180°,
Brennstoff	Steinkohle,
Unterer Heizwert	6330 kcal/kg,
Kohlenverbrauch	2760 kg/h,
CO_2-Gehalt	11,5 vH,
Rauchgasmenge je kg Kohle	11,55 Nm³/kg,
Rauchgasmenge je s	8,85 Nm³/s,
Spezifisches Gewicht der Rauchgase bei 0°, 760 mm Q.-S.	1,35 kg/m³.

[1] Es entsteht hier eine kleine Ungenauigkeit dadurch, daß der Einfachheit halber angenommen wird, daß die ganze Rauchgasmenge aus dem Rohrbündel austritt.

[2] Von den 14 Rohrreihen können nach Abb. 112 nur 10 als senkrecht bespült angesehen werden.

1. Eintritt.

$t = 388^0$, $f_1 = 796 \cdot \frac{0{,}0565^2}{4} = 2{,}0\ \mathrm{m}^2$, $v_1 = 10{,}7$ m/s,

$\frac{f_1}{f_2} = \frac{2{,}0}{4{,}7} = 0{,}425$, ζ_e (Abb. 110) $= 0{,}32$,

$h_{\mathrm{Ein}} = 0{,}32 \cdot \frac{v_1^2}{2g} \cdot \gamma = 0{,}32 \cdot \frac{10{,}7^2}{2g} \cdot 0{,}56$

$= 1{,}05$ mm W.-S.

2. Reibung.

$t_m = 307^0$, $f = 2{,}0\ \mathrm{m}^2$, $v_m = 9{,}4$ m/s,

$h_R = 9{,}75 \cdot 1{,}6$ (Tafel 3) $= 15{,}6$ mm W.-S.

3. Austritt.

$t = 226^0$, $f_1 = 2{,}0\ \mathrm{m}^2$, $v_1 = 8{,}1$ m/s, $\frac{f_1}{f_2} = \frac{2{,}0}{4{,}7} =$

$= 0{,}425$, ζ_a (aus Abb. 110) $= 0{,}33$,

h_{Aus} $= 0{,}82$ mm W.-S

4. Umlenkung vor Luftvorwärmer.

$t = 388^0$, $f_1 = 3{,}15\ \mathrm{m}^2$, $f_2 = 3{,}15\ \mathrm{m}^2$, $f_3 = 4{,}7\ \mathrm{m}^2$,

$v_1 = 6{,}8$ m/s, $v_2 = 6{,}8$ m/s, $v_3 = 4{,}56$ m/s,

h_{Uml} $= 3{,}25$ mm W.-S.

Summe sämtlicher Verluste $= 20{,}72$ mm W.-S.

5. Auftrieb (Strömung senkrecht aufwärts).

$H = 11{,}25$ m, $T_m = 580^0$ abs,

$h_{\mathrm{Auftr}} = 11{,}25 \cdot \left(1{,}2 - \frac{365}{580}\right) = +\ 6{,}42$ mm W.-S.

Berechneter Zugbedarf

$h_{\mathrm{tot}} = 20{,}72 - 6{,}42$ $= 14{,}3$ mm W.-S.

Gemessener Zugbedarf $= 14{,}8$ mm W.-S.

Beispiel 3: Berechnung des rauchgasseitigen Zugbedarfes eines Plattenluftvorwärmers.

Luftvorwärmerheizfläche	3000 m²,
Taschen:	
Anzahl 2 × 66	132,
Länge	5,09 m,
Breite	2,24 m,
Spaltbreite der Rauchgastaschen	24 mm,
Spaltbreite der Lufttaschen	16 mm,
Blechstärke	2 mm,
Taschenform	zugespitzt,
Brennstoff	Steinkohlenstaub,
Unterer Heizwert	7250 kcal/kg,
Kohlenverbrauch	5830 kg/h,
CO_2-Gehalt Mitte Luftvorwärmer	13 vH,
Rauchgasmenge je kg Kohle	11,5 Nm³/kg,
Rauchgasmenge je s	18,6 Nm³/s,
Spezifisches Gewicht der Rauchgase 0°, 760 mm Q.-S.	1,35 kg/m³.

1. Eintritt.

$t = 327^0$ C $= 600^0$ abs,

$f_1 = 132 \cdot 2{,}24 \cdot 0{,}024 = 7{,}1\ \mathrm{m}^2$,

$v_1 = 5{,}75$ m/s,

$\frac{f_1}{f_2} = \frac{24}{24 + 15 + 4} = 0{,}545$,

$\zeta_e = \frac{1}{2} \cdot 0{,}26$ (Abb. 110[1]) $= 0{,}13$,

$h_{\mathrm{Ein}} = 0{,}13 \cdot \frac{v_1^2}{2 \cdot g} \cdot \gamma = 0{,}13\,\frac{5{,}75^2}{2 \cdot g} \cdot 0{,}615$

$= 0{,}14$ mm W.-S.

2. Reibung.

$t_m = 257^0$, $f = 7{,}1\ \mathrm{m}^2$, $v_m = 5{,}1$ m/s,

$h_R = 3{,}2 \cdot 5{,}09 \cdot 0{,}66$ (aus Tafel 3)

$= 10{,}77$ mm W.-S.

3. Austritt.

$t = 188^0$, $f_1 = 7{,}1\ \mathrm{m}^2$, $v_1 = 4{,}45$ m/s,

$\frac{f_1}{f_2} = \frac{24}{24 + 16 + 4}$ $= 0{,}545$,

ζ_a (aus Abb. 110) $= 0{,}21$,

h_{Aus} $= 0{,}17$ mm W.-S.

Zusammenstellung der Verluste.

1. Eintritt	0,14 mm W.-S.
2. Reibung	10,77 mm W.-S.
3. Austritt	0,17 mm W.-S.
Summe:	11,08 mm W.-S.

4. Auftrieb (Strömung senkrecht abwärts).

H = Höhendifferenz der Zugmeßstellen $= 6{,}5$ m,

$t_m = 257^0$ C $= 530^0$ abs,

$h_{\mathrm{Auftr}} = -\,6{,}5 \cdot \left(1{,}2 - \frac{365}{530}\right) = -3{,}32$ mm W.-S.

Berechneter Zugbedarf

$h_{\mathrm{tot}} = 11{,}08 + 3{,}32$ $= 14{,}4$ mm W.-S.

Gemessener Zugbedarf $= 14$ mm W.-S.

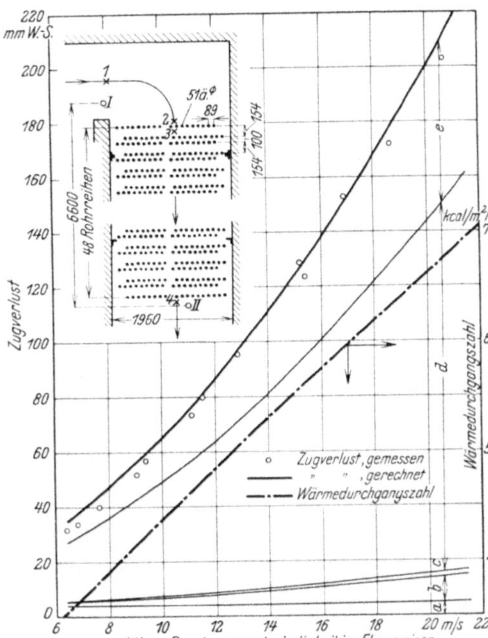

Abb. 113. Schema und gemessener und berechneter Zugverlust, sowie Wärmedurchgangszahl eines 820 m²-Stahlrohrekonomisers im Calumet-Kraftwerk, Abb. 123.

Beispiel 4. In Abb. 113 sind die gemessenen und die berechneten Zugverluste eines 820 m²-Stahlrohrekonomisers aus dem Calumet-Kraftwerk, Abb. 123, eingetragen. Er besteht aus 48 übereinander liegenden Reihen von je 18 Rohren, die mit Ausnahme der ersten und letzten Reihe in Gruppen von je zwei 100 mm

[1] Wegen zugespitzter Taschen nur halber Wert von ζ_e.

voneinander entfernten Reihen unterteilt sind. Die rauchgasbespülte Rohrlänge beträgt rd. 5600 mm. Der gesamte Zugverlust setzt sich zusammen aus

Verlust a = Auftrieb zwischen Meßstelle I und II,
„ b = Umlenkverlust vor Ekonomiser, Punkt 1 bis 2,
„ c = Austrittsverlust am Ende des Ekonomisers, Punkt 4,
Verlust d = Reibungsverlust in 48 Rohrreihen,
„ e = Austrittsverluste hinter jeder aus zwei Rohrreihen bestehenden Gruppe, da zwischen ihnen der Abstand (154 mm) größer als der dreifache Rohrdurchmesser (3 × 51 mm) ist.

Wie Abb. 113 zeigt, stimmen die gemessenen und die berechneten Werte sehr gut miteinander überein.

2. Leistung und Zugverlust rauchgasberührter Heizflächen. a) Die Ausgangswerte.

Bei zu den Rohren senkrechter Gasströmung läßt sich folgende Beziehung zwischen Zugverlust durch Reibung h_R je Rohrreihe in mm W.-S. und Wärmeübergangszahl durch Berührung α_B ableiten:

Für fluchtende Rohre

$$h_R = 1{,}86 \cdot \alpha_B^{3{,}07} \cdot t^{-0{,}208} \cdot 10^{-5} \text{ mm W.-S.}, \tag{63}$$

für versetzte Rohre

$$h_R = 0{,}704 \cdot \alpha_B^{2{,}55} \cdot d^{-0{,}45} \cdot 10^{-5} \text{ mm W.-S.} \tag{64}$$

Für zu den Rohren parallele Strömung wird

$$h_R = 0{,}625 \cdot \alpha_B^{2{,}345} \cdot n^{1{,}269} \cdot d^{1{,}644} \cdot 10^{-4} \text{ mm W.-S.} \tag{65}$$

In Formel (65) bedeutet:

h_R = Zugverlust je m Rohrlänge in mm W.-S. und
n = Anzahl der Rohre je m² freier Rauchgasquerschnitt.

Die Formeln (63) bis (65) enthalten bereits den auf S. 81 erwähnten Faktor $z = 2{,}5$ bzw. 1,7.

Bei fluchtenden Rohren ist der Einfluß des Rohrdurchmessers, bei versetzten Rohren und bei Strömung parallel zur Rohrachse der Einfluß der Temperatur auf den Zusammenhang zwischen h_R und α_B sehr gering und daher in Formel (63) bzw. (64) vernachlässigt. Gleichungen (63) bis (65) sind aber aus folgenden Gründen nur beschränkt brauchbar:

1. Der für die Wärmeübertragung durch Berührung maßgebende Zugverlust durch Reibung ist nur ein Teil des gesamten Zugverlustes, da noch die Verluste durch Verzögerung und durch Umlenkungen hinzukommen.
2. Die Richtung der Gasströmung im ganzen Kessel ist selten nur senkrecht oder nur parallel zu den Rohren.
3. Zu der durch Berührung übertragenen Wärme kommt noch die durch Gasstrahlung, die vom Zugverlust unabhängig ist.
4. Der Auftrieb in den Kesselzügen kann das Bild wesentlich ändern.
5. Zunehmende Verschmutzung eines Kessels vergrößert seinen Zugbedarf und verkleinert gleichzeitig die durch Berührung und Gasstrahlung übertragene Wärme.

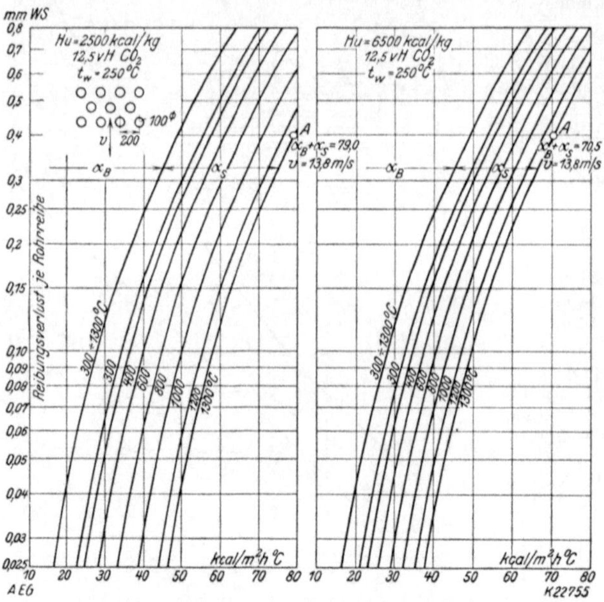

Abb. 114. Abb. 115.

Abb. 114 u. 115. Abhängigkeit der Wärmeübergangszahl durch Berührung und Strahlung ($\alpha_B + \alpha_S$) vom Reibungsverlust h_R je Rohrreihe bei verschiedenen Temperaturen.

Die Umlenkungen vergrößern zwar infolge der stärkeren Turbulenz den Wärmeübergang, wenn auch voraussichtlich nicht viel. Größer könnte ihr Einfluß auf die Wärmeübertragung dadurch sein, daß sie Strähnen von ungleich heißen Gasen durchmischen, S. 119 und 120.

Den Zusammenhang zwischen Reibungsverlust je Rohrreihe und durch Berührung (α_B) und Gasstrahlung (α_S) aufgenommener Wärme bei versetzten Rohren und senkrechter Gasströmung zeigen Abb. 114 und 115. (Der Abszissenmaßstab beginnt erst bei $\alpha_B + \alpha_S = 10$ kcal/m² h° C.) Der dem Zugverlustbereich je Rohrreihe von 0,025 bis

0,8 mm W.-S. entsprechende Geschwindigkeitsbereich beträgt etwa 3 bis 15 m/s. Nach Abb. 114 und 115, die den großen Einfluß der Gasstrahlung (α_S) heißer Gase für normale Rohrteilung besonders bei kleiner Gasgeschwindigkeit deutlich zeigen, wird die Wärmeübergangszahl $\alpha_B + \alpha_S$ beim gleichen Reibungsverlust h_R um so größer, je höher die Gastemperatur ist.

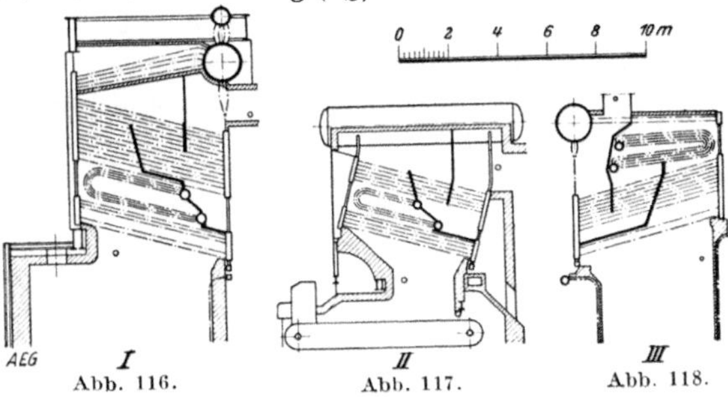

Abb. 116. Böhlen. Abb. 117. Hamburger Hochbahn. Abb. 118. Huntley.
Abb. 116—118. Schema von 3 Sektionalkesseln mit verschieden eingebautem Überhitzer.

b) Untersuchung ausgeführter Anlagen. Die gerechneten Zugverluste von drei Anlagen mit Sektionalkesseln, von denen „Hamburger Hochbahn", Abb. 117, mit Wanderrosten, Böhlen, Abb. 116, und Huntley, Abb. 118, mit Staubfeuerungen ausgestattet sind, sind in Abb. 119 bis 121 in Abhängigkeit von der mittleren Rauchgasgeschwindigkeit in Kessel und Überhitzer dargestellt. Vom gemessenen Zugbedarf wurde der Auftrieb in den Kesselzügen abgezogen, damit der Einfluß der Verluste durch Rohrreibung, Umlenkung und Verzögerung rein zum Ausdruck kommt. Der Zugverlust ist bei der gleichen mittleren Rauchgasgeschwindigkeit in Huntley mehr als doppelt so groß als bei der Hamburger Hochbahn. In der oberen Hälfte von Abb. 119 bis 121 sind die absoluten Zugverluste durch Rohrreibung, Verzögerung und Umlenkung für Kessel und Überhitzer unterteilt. In der unteren Hälfte ist der jeweilige, gesamte Zugbedarf gleich 100 vH gesetzt. Der für die Wärmeübertragung durch Berührung wirksame Zugverlust durch Reibung h_R beträgt bei der Hamburger Hochbahn nur 46 bis 43 vH, in Huntley 60 bis 57 vH des gesamten Zugbedarfes. Der sehr hohe Zugverlust in Huntley rührt aber fast ganz von dem rd. 10mal größeren Widerstand des Überhitzers her, dagegen sind bei gleicher Gasgeschwindigkeit die absoluten Reibungsverluste in den Siederohren bei beiden Kesseln nur wenig verschieden. Der Einfluß der Überhitzeranordnung auf den Zugbedarf eines Kessels wird noch klarer durch Abb. 122, die die Rauchgasgeschwindigkeit und die Zunahme des Zugverlustes durch Reibung und Austritt, aber nicht durch Umlenkung, in den verschiedenen Teilen der Kessel- und Überhitzerheizfläche sowie Zahl, Anordnung und Durchmesser der Überhitzer- und Kesselrohre zeigt. Der Huntley-Überhitzer hat in Richtung des Rauchgasweges 14 versetzte Rohrreihen (tatsächlich 20, von denen aber bei der Rauchgasumlenkung nur etwa 14 senkrecht bespült werden), der der Hamburger Hochbahn nur

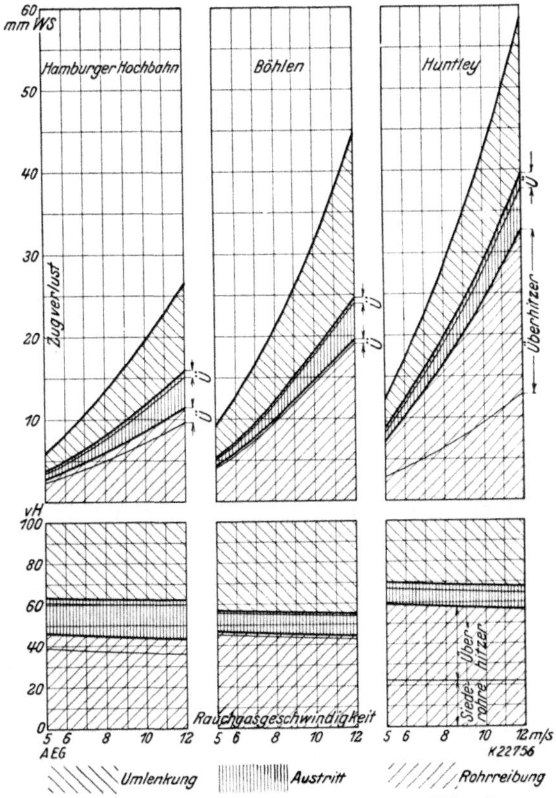

Abb. 119. Abb. 120. Abb. 121.
Abb. 119—121. Zugverhältnisse von 3 Sektionalkesseln in Abhängigkeit von der mittleren Rauchgasgeschwindigkeit.

sechs fluchtende; die Rauchgasgeschwindigkeiten liegen bei ersteren zwischen 9 und 10 m/s, bei letzteren zwischen 6 und 8 m/s.

Während aber bei der Hamburger Hochbahn die Rauchgase den als Zwischendecküberhitzer ausgebildeten Überhitzer in einer geraden glatten Bahn durchströmen, müssen sie in Huntley, wo er zwischen erstem und zweitem Kesselzug eingebaut ist, gerade da eine Richtungsänderung von 180° vornehmen, wo ihnen schon die eng geteilten Überhitzerschlangen großen Widerstand bieten.

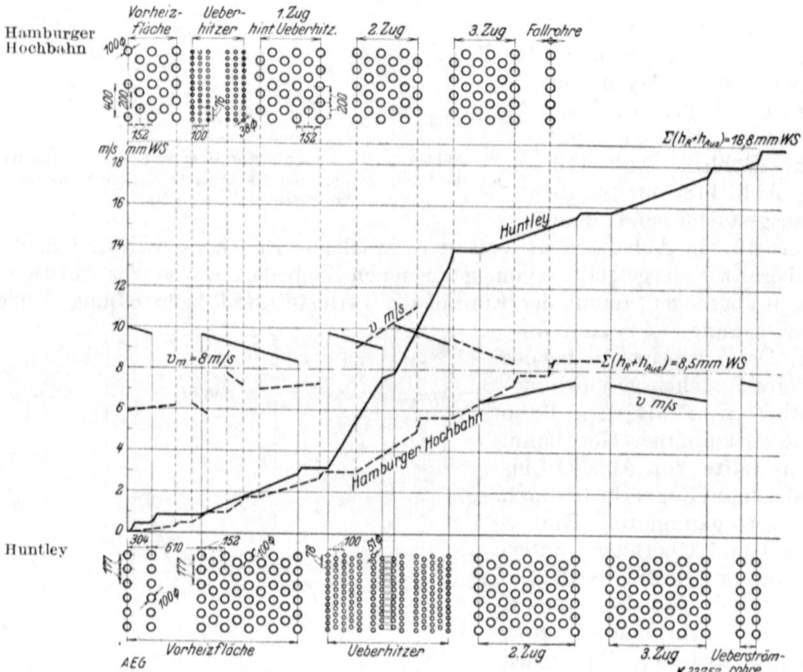

Abb. 122. Rauchgasgeschwindigkeit und Zunahme der Zugverluste durch Reibung und Austritt in Abhängigkeit von der Heizflächenanordnung bei zwei Kesseln mit annähernd gleicher mittlerer Rauchgasgeschwindigkeit.

Die drei Kessel in Abb. 123 bis 126 haben zwar dieselbe Bauart und ähnliche Feuerungen. Spezifische Heizflächenbelastung und stündliche Dampferzeugung sind aber so verschieden, daß sie sich als Vergleichsmaßstab nicht eignen. Daher wurde in Abb. 127 vom Werte $\frac{G}{F}$ in Nm^3/m^2s ausgegangen, der angibt, wieviel Nm^3/s Rauchgase durch 1 m^2 Querschnitt des Feuerungsmaules strömen. Nach Abb. 127 ist der Zugverlust im Kessel und Überhitzer beim selben Werte $\frac{G}{F} = 1$ in Huntley beinahe dreimal so groß wie in Calumet. Außer der ungünstigeren Einbaustelle des Überhitzers ist hieran der Umstand schuld, daß die Gase in Calumet den Kessel in einem einzigen, über 4000 mm tiefen Zug, in Huntley in 3 Zügen durchströmen, von denen der schmalste nur 1430 mm tief ist. Auch der Unterschied zwischen Huntley und Cahokia rührt vom Überhitzereinbau her. Es ist daher erklärlich, daß bei hoher Überhitzung Zwischendecküberhitzer immer mehr angewendet werden.

Nach Abb. 128 bis 130 beträgt der Kraftbedarf der Motoren für die Unterwind- und Saugzugventilatoren und Einblasemühlen in dem dargestellten Belastungsbereich zwischen 2,3 und 3,4 vH der in der Kohle zugeführten Wärme[1]. Hiervon entfallen 40 bis 75 vH auf die Mühlen samt Exhaustoren. Der Kraftbedarf der vollbelasteten Mühlen wurde

[1] Je nach der Mengenregelung der Unterwind- und Saugzugventilatoren geht ein erheblicher Teil des Kraftbedarfes durch elektrische oder mechanische Verluste verloren.

zu 19 kWh/t, der Dampfverbrauch des Werkes zu 5 kg/kWh, die Zahl der Mühlen je Kessel zu 2 bzw. 3 angenommen.

Beispiel 5: Der Zugverlust des Calumet-Ekonomisers, der das Wasser bis auf Sättigungstemperatur erwärmt, ist sehr groß. Es soll daher untersucht werden, ob es mit Rücksicht auf den Kraftbedarf des Saugzuges nicht wirtschaftlicher gewesen wäre, ie Gasgeschwindigkeit herabzuse t zen und etwas kleineren Kesselwirkungsgrad in Kauf zu nehmen. (Die dBenutzung von Tafel 5, 7, 9, 11 und 14 ist in Abschnitt C erklärt).

Ausgangswerte:

Speisewassermenge	97211 kg/h,	Kohlenmenge	11290 kg/h,
Rauchgase: je kg Kohle	9,2 Nm³/kg,	Feuermaulquerschnitt	28 m²,
je h	104000 Nm³/h,	$\frac{G}{F} = \frac{104000}{3600 \cdot 28} =$	1,03 Nm³/m²s,
Zugverlust im Ekonomiser . . .	120 mm W.-S.,	Mittlere Gasgeschwindigkeit . . .	13,8 m/s.

Wie würden sich die Verhältnisse ändern, wenn der Ekonomiser bei gleicher Heizfläche und gleicher Rohrteilung so umgebaut würde, daß die mittlere Rauchgasgeschwindigkeit 6 m/s statt 13,8 m/s beträgt?

Es ist zunächst festzustellen, um wieviel infolge der verminderten Geschwindigkeit die Wärmeübertragung im Ekonomiser (k-Wert) zurückgeht und der Abgasverlust steigt, da sich die Größe der nachgeschalteten Heizflächen nicht ändern soll.

a) Ermittlung der Rauchgasabkühlung im Ekonomiser.

Ausgangswerte:

Ekonomiserheizfläche . . . . 821 m, Speisewassermenge . . . . 97211 kg/h

Temperaturen:

Rauchgase vor Ekonomiser . . . . . 687°, Speisewasser vor Ekonomiser . . . . . 86°

Rauchgasgeschwindigkeit im Ekonomiser . . . . 6 m/s

Daraus ergibt sich mit Hilfe von Tafeln 5, 7, 9, 11 und Grundaufgabe 3:

Wärmedurchgangszahl k im Ekonomiser . . . . 39 kcal/m² h° C

Mittlere Temperaturdifferenz im Ekonomiser . . . . 370°

Rauchgastemperatur hinter Ekonomiser . . . . 361°

b) Ermittlung der Rauchgasabkühlung im Luftvorwärmer.

Ausgangswerte:

Luftvorwärmerheizfläche . . . . 3690 m²

Temperaturen:

Rauchgase vor Luftvorwärmer . . . . 361°, Luft vor Luftvorwärmer . . . . 39°

Aus diesen Werten wird mit Hilfe von Tafel 5, 7, 14 und Grundaufgabe 4 gefunden:

Mittlere Temperaturdifferenz im Luftvorwärmer . . . . 130°

Abgastemperatur bei einer Rauchgasgeschwindigkeit im Ekonomiser von 6,0 m/s . . . 180°

von 13,8 m/s . . . 143°.

Mit Hilfe von Tafel 5 findet man die Erhöhung des Abgasverlustes zu 1378000 kcal/h entsprechend einer Kohlenmenge ($\mathfrak{H}_u = 6490$ kcal/kg) von 212 kg/h.

Bei 6 m/s Rauchgasgeschwindigkeit ergibt sich der Zugverlust im Ekonomiser zu rd. 40 mm W.-S. bei $\frac{G}{F} = 0{,}57$. Um diese Geschwindigkeit auch bei der großen Last $\left(\frac{G}{F} = 1{,}03\right)$ und bei der etwas erhöhten mittleren Rauchgastemperatur im Ekonomiser (524° gegenüber 482° vor der Änderung) zu verwirklichen, müßte der Querschnitt des Ekonomisers rd. $\frac{13{,}8\,(524 + 273)}{6\,(482 + 273)} = 2{,}43$mal vergrößert werden. Da die Heizfläche ungeändert bleiben soll, wird seine Höhe 2,43mal geringer. Da etwa im selben Maße auch der Zugverlust fällt, beträgt er nur noch rd. $\frac{40}{2{,}43} =$ rd. 16,5 mm W.-S. Somit ist

gesamte Verkleinerung des

Zugverlustes = 120 — 16,5 = ... 103,5 mm W.-S.

Damit verkleinert sich die Zugstärke am Ventilatoreintritt gegen die

Zugstärke bei hoher Geschwindigkeit auf . . . . 211 — 103,5 = 107,5 mm W.-S.

und der Kraftbedarf des Saugzuges von

273 kW auf rd. $273 \cdot \frac{107{,}5}{211} =$ . . . . 139 kW, somit ist die Arbeitsersparnis = 273 — 139 = 134 kW,

Dampfverbrauch je kWh (angenommen) 5 kg/kWh, Verdampfungsziffer (Versuchswert) 8,62 kg/kg,

somit beträgt die:

Kohlenersparnis $\frac{5 \cdot 134}{8{,}62} =$ . . . . rd. 78 kg/h.

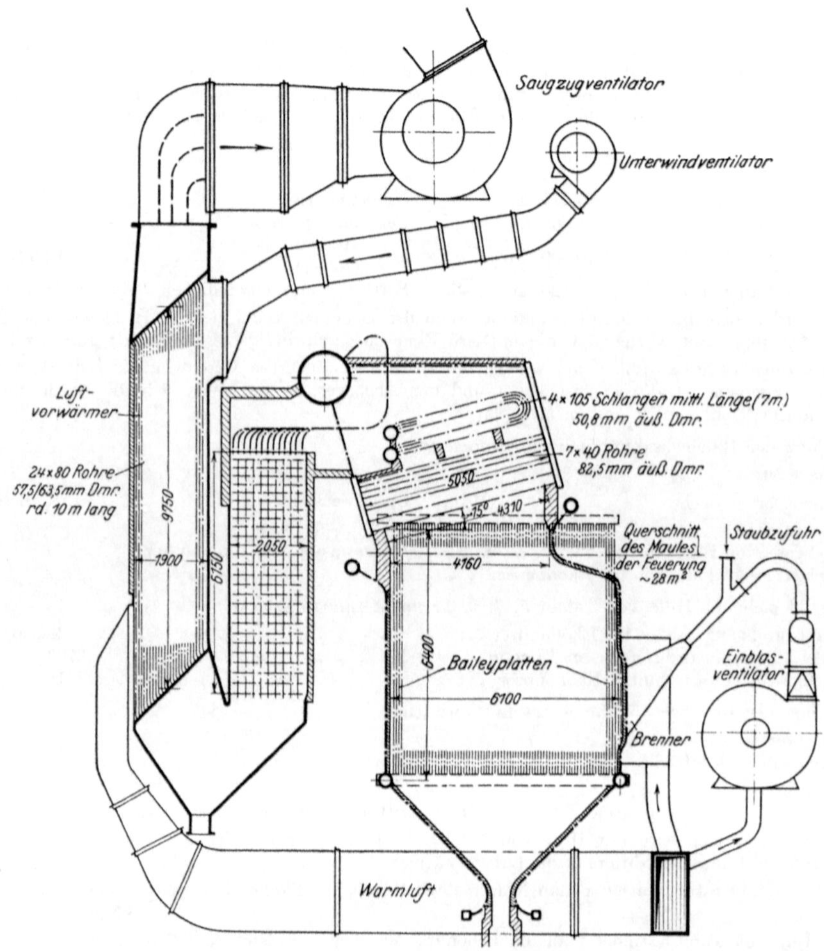

Abb. 123. Calumet-Kraftwerk.

Abb. 123—126. Drei amerikanische

Durch Verkleinern der Rauchgasgeschwindigkeit im Ekonomiser auf 6 m/s würde man zwar am Kraftbedarf der Saugzuganlage rd. 78 kg/h Kohle sparen, müßte aber infolge des höheren Abgasverlustes, um die gleiche Dampfleistung zu erzielen, rd. 212 kg/h Kohle mehr aufwenden. Obwohl das angewandte Rechnungsverfahren nicht ganz korrekt ist, zeigt es doch, daß die hohe Rauchgasgeschwindigkeit wirtschaftlich ist, wenigstens solange man den durch den größeren Eigenverbrauch verursachten Mehrverbrauch an Anlagekosten außer Betracht läßt, S. 310.

In ähnlicher Weise kann man mit Hilfe des Preises von 1 m² Ekonomiserheizfläche errechnen, ob es sich lohnen würde, die Gasgeschwindigkeit im Ekonomiser zwar auf 6 m/s herabzusetzen, aber gleichzeitig seine Heizfläche so zu vergrößern, daß der Abgasverlust konstant bleibt.

c) Wärmedurchgangszahl und Zugverlust von Heizflächen aus Rippenrohren. Für Ekonomiser werden in steigendem Maße Rippenrohre benutzt. Nach Abb. 131, in die zum Vergleich noch die Werte für den Stahlrohrekonomiser aus Abb. 113 eingetragen sind, Kurve *f*, sind Abstand, Form und Durchmesser der Rippen, sowie lichter Durchmesser und Teilung der Rohre ebenso wie die Wärmedurchgangszahl außerordentlich verschieden. Um zu zeigen, daß es falsch wäre, aus der Wärmedurchgangszahl

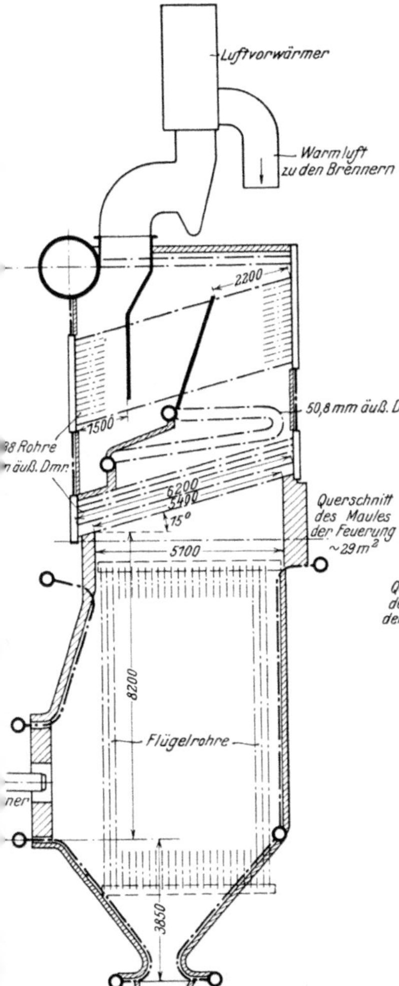

Abb. 124. Cahokia-Kraftwerk (Erweiterung). Sektionalkessel mit Kohlenstaubfeuerungen.

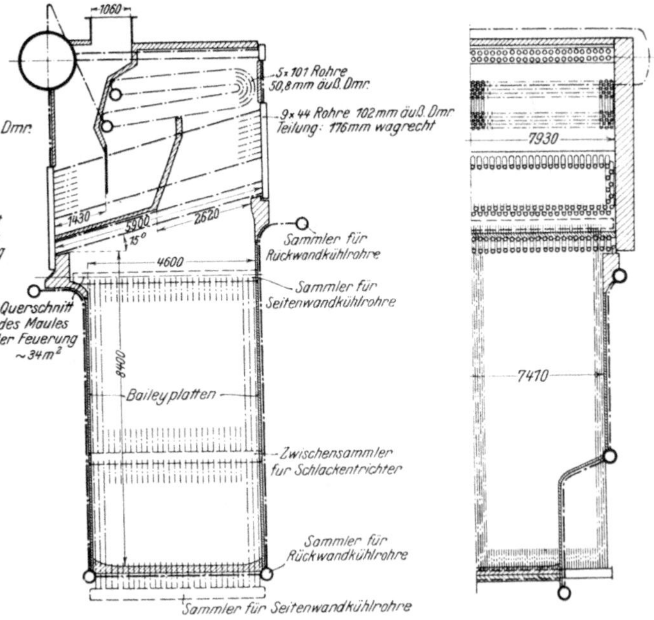

Abb. 125 u. 126. Huntley-Kraftwerk.

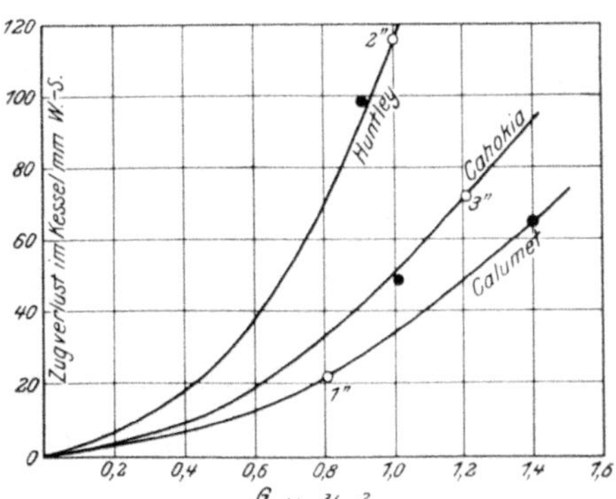

Abb. 127. Zugverlust im Kessel in Abhängigkeit von der durch 1 m² Feuerraummaulquerschnitt in 1 s strömenden Rauchgasmenge in Nm³ bei den 3 in Abb. 123—126 dargestellten Kesseln.

ohne weiteres einen Schluß auf die Wertigkeit eines Ekonomisers zu ziehen, wurde für 9 m/s mittlere Rauchgasgeschwindigkeit, 60 bzw. 150° Ein- bzw. Austrittstemperatur des Speisewassers, 50000 kg/h Speisewassermenge, 66000 Nm³/h Rauchgasmenge und 438 bzw. 220° Ein- bzw. Austrittstemperatur der Rauchgase, der umbaute Raum in m³ und der Zugverlust in mm W.-S. für 7000 mm rauchgasbespülte Rohrlänge bei Ekonomiser *a* und für 2500 mm Rohrlänge bei Ekonomiser *b* bis *e* errechnet. Die betreffenden Werte sind an der Ordinate 9 m/s eingetragen. Der größte Zugverlust, Kurve *b*, ist rd. doppelt so groß wie

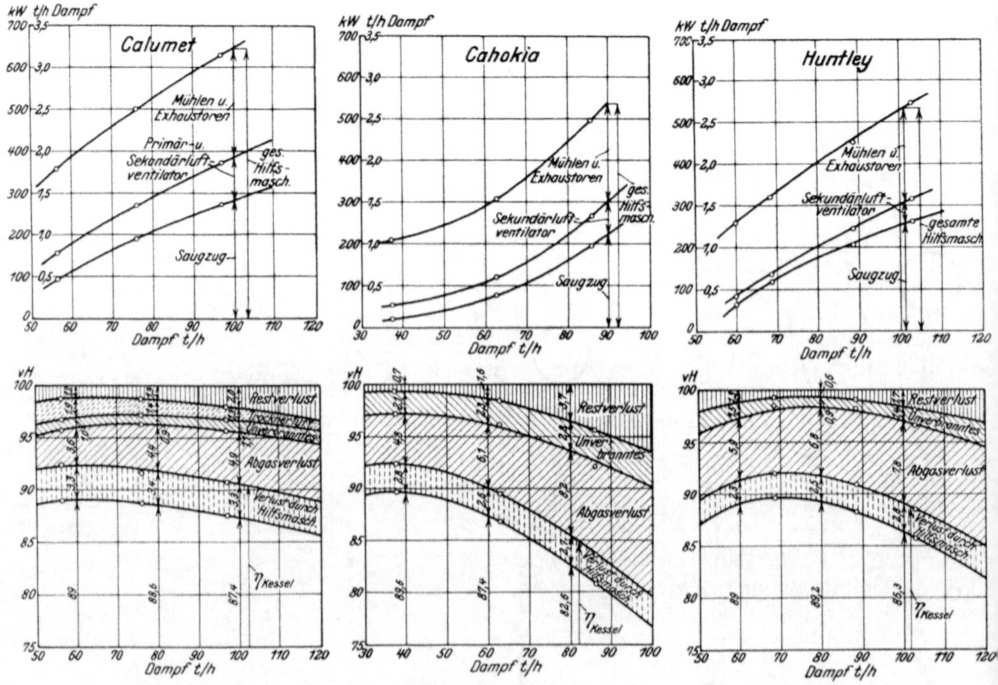

Abb. 128. Abb. 129. Abb. 130.

Abb. 128 – 130. Wärmebilanz und Kraftbedarf der Hilfsmaschinen der drei Kessel in Abb. 123 – 126.

der kleinste, Kurve *d*, der größte umbaute Raum, Kurve *d*, rd. 50 vH größer als der kleinste, Kurve *c*. Man muß daher außer dem Preis und der sonstigen Eignung eines bestimmten Ekonomisers stets Wärmedurchgangszahl, Raumbedarf und Zugverlust gemeinsam betrachten und wird z. B. da, wo die verfügbare Zugstärke gering ist, unter Umständen lieber einen Ekonomiser mit niedriger Wärmedurchgangszahl und großem Raumbedarf, aber kleinem Zugverlust wählen. Nicht selten sind geringe Empfindlichkeit gegen äußere Verschmutzung und bequeme Reinigungsmöglichkeit ausschlaggebend, S. 65. Grundsätzlich hängt bei gegebener Gasgeschwindigkeit, Rohrlänge und Rohrteilung die Zahl der nebeneinander liegenden Rohre von der durchfließenden Rauchgasmenge in Nm³/s, die Zahl der übereinander liegenden Reihen von der Wärmedurchgangszahl, der zu übertragenden Wärmemenge und den Temperaturen der Rauchgase und des Speisewassers am Ein- und Austritt des Ekonomisers ab. Der Zugverlust von Ekonomisern kann daher selbst bei gleicher Wärmedurchgangszahl sehr verschieden ausfallen.

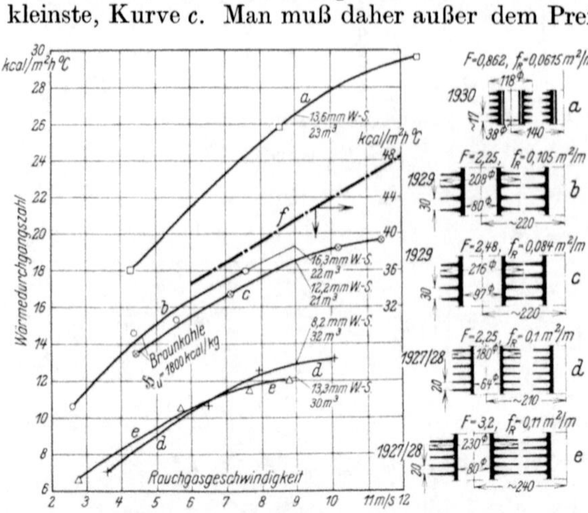

Abb. 131. Wärmedurchgangszahlen verschiedener Rippenrohrekonomiser in Abhängigkeit von der mittleren Rauchgasgeschwindigkeit. *F* Heizfläche von 1 m Rohrlänge in m², f_R engster lichter Rauchgasquerschnitt zwischen zwei nebeneinander liegenden Rippenrohren auf 1 m Rohrlänge in m². Kurve *f* ist die aus Abb. 113 übertragene Wärmedurchgangszahl. *b* und *c* haben quadratische, *a*, *d* und *e* runde Rippen.

C. Die Berechnung rauchgasberührter Heizflächen.

1. Erklärung der Rechentafeln 4 bis 20. Infolge der schwierigen versuchstechnischen Klärung und rechnerischen Erfassung der Vorgänge bei der Verbrennung und der Wärmeübertragung von Rauchgasen an Heizflächen stößt die Berechnung von Feuerungen und Dampfkesseln auf größere Schwierigkeiten als die vieler anderer Wärmekraftmaschinen.

Selbst die Vorgänge in einer einfachen Feuerung sind so verwickelt, daß erst in den letzten Jahren ihre wissenschaftliche Klärung erheblich weitergekommen ist. Für die Praxis ist es aber von größter Wichtigkeit, aus dem Zustand roher Schätzungen und Faustformeln herauszukommen. Schon die zuverlässige Messung der Rauchgastemperaturen ist wegen der Abstrahlung der Thermometer an die Heizflächen oft sehr umständlich. Aber nicht nur Abstrahlung fälscht die gemessenen Rauchgastemperaturen, sondern auch die ungleiche Verteilung der Temperatur, der Gasgeschwindigkeit und des CO_2-Gehaltes in einem bestimmten Rauchgasquerschnitt. Für die Bestimmung der Feuerraumtemperatur gilt Ähnliches. Alles in allem sind die Verhältnisse so, daß nur wenige exakte Temperaturmessungen der Rauchgase an Betriebskesseln vorliegen. Die letzten Jahre haben aber so viele neue Erkenntnisse gebracht, daß Verfasser mit ihrer Hilfe das nachstehend beschriebene graphisch-rechnerische Verfahren ausarbeiten konnte, das genügend genaue Lösung auch verwickelter Zusammenhänge ermöglicht, wenn man sich der Mühe unterzieht, sich wenigstens in großen Zügen mit seinem Entstehen und der Art, wie es angewendet werden muß, vertraut zu machen. Die Tafeln gelten für einen eindeutig bestimmten Vorgang. So ist z. B. Tafel 10 unter der Voraussetzung entworfen, daß die ganze Länge und der gesamte Umfang sämtlicher Rohre vollständig gleichmäßig und mit derselben Geschwindigkeit von den Rauchgasen bespült werden. Tatsächlich trifft dies z. B. bei Steilrohrkesseln, für die Tafel 10 in erster Linie in Frage kommt, fast nie genau zu. Es wird vielmehr parallele Strömung nur auf dem mittleren Teil der Rohre stattfinden, während der obere und untere vorwiegend schräg oder senkrecht unter Bevorzugung eines Teiles ihres Umfanges bespült wird. Bei genaueren Rechnungen kann daher ein Mittelwert für senkrechte und parallele Bespülung eingesetzt oder eine andere geeignete Korrektur vorgenommen werden. Stets aber setzen die Tafeln sinngemäßen Gebrauch unter verständiger Berücksichtigung des besonderen Falles voraus. Rein mechanische Anwendung könnte mehr schaden als nützen. Bei etwas Umsicht und gesundem Menschenverstand werden sie sehr gute Dienste leisten, besonders wenn man sich ein Bild über den Einfluß gewisser Änderungen machen will. Hierbei können einfache Überlegungen zur Erzielung zuverlässiger, den jeweiligen Verhältnissen gut Rechnung tragender Ergebnisse beitragen. Soll z. B. ermittelt werden, wie ein Vergrößern des Überhitzers in einem bestimmten Kessel Überhitzung und Wirkungsgrad beeinflußt, so geht man, falls der Kessel in seinem bisherigen Zustande bereits untersucht wurde, zweckmäßigerweise so vor, daß man zunächst die Rechnung ohne Rücksicht auf die gemessenen Werte für den Kessel in seinem alten und dann in seinem neuen Zustand ausführt. Dann berichtigt man sinngemäß die Rechnungsergebnisse für den neuen Zustand entsprechend der Abweichung zwischen den gemessenen und den für den alten Zustand errechneten Werten.

Die Tafeln zerfallen in zwei Gruppen:

a) die allgemein gültigen, zur Ermittlung des Luftbedarfes, der entstehenden Rauchgasmenge, des Wärmeinhaltes und der spezifischen Wärme der Rauchgase in Abhängigkeit vom unteren Heizwert der Kohle, dem Luftüberschuß und der Rauchgastemperatur, ferner zur Bestimmung des mittleren Temperaturgefälles;

b) die Tafeln, welche für die im Kesselbau häufig vorkommenden Abmessungen berechnet sind.

Um die Benutzung zu erleichtern, sind bei den eingetragenen Beispielen die Ausgangspunkte stets mit A_1, A_2 usw. bezeichnet. Zwischenpunkte tragen die Bezeichnung B mit entsprechendem Index, der so gewählt ist, wie die Punkte nacheinander durchlaufen werden müssen. Ein Sprung in der Numerierung, wenn also z. B. in einem Linienzug auf B_3 nicht B_4, sondern ein B mit anderem Index folgt, zeigt an, daß man von einem neuen Anfangspunkt A ausgehen muß, hinter dem dann der laufende Punkt, also B_4 auftritt. Punkte, welche ein Ergebnis anzeigen, sind mit C_1, C_2 usw. bezeichnet.

Es kann natürlich auch der Fall vorkommen, daß eine Größe gesucht ist, die beim eingezeichneten Beispiel gegeben war und umgekehrt. Dann wird die Pfeilrichtung im Diagramm ganz oder teilweise umzukehren sein, was bei einiger Übung keine Schwierigkeiten macht.

Tafel 4: Theoretische Luftmenge und Rauchgasmenge je kg vollständig verbrannte Kohle in $\mathrm{Nm^3/kg}$ und $\mathrm{m^3/kg}$ bei 760 mm Q.-S. in Abhängigkeit vom unteren Heizwert der Kohle $\mathfrak{H}_u$, vom Luftüberschuß λ und der Rauchgastemperatur t_R.

Die Kurven haben für die üblichen Kohlensorten eine Genauigkeit von $\pm$ 3 bis 4 vH. Sie gelten unter der Voraussetzung, daß die Kohle vollständig verbrennt.

Tafel 4 dient zum schnellen Auffinden der theoretisch nötigen Verbrennungsluft für 1 kg Kohle sowie der bei vollständiger Verbrennung mit verschiedenem Luftüberschuß daraus entstehenden Rauchgasmenge in $\mathrm{m^3}$ bei 760 mm Q.-S. für Temperaturen zwischen 0 und 1600°.

Zwar sind je nach dem Gehalt an Asche, Wasser, Kohlenstoff und flüchtigen Bestandteilen Luftbedarf und Rauchgasmenge bei demselben Heizwert etwas verschieden. Für die weitaus meisten Fälle genügt jedoch Tafel 4 durchaus. Die Skala „$\mathrm{m^3}$ Rauchgas $\left|\frac{t_R}{760}\right|$ kg Kohle" ist aus Zweckmäßigkeitsgründen im logarithmischen Maßstab gezeichnet.

Für die Umrechnung des Volumens von $\mathrm{Nm^3}$ ($1\,\mathrm{Nm^3} = 1\,\mathrm{m^3}$ bei 0° und 760 mm Q.-S.) in $\mathrm{m^3}$ gelten folgende Formeln:

a) Für andere Temperatur t^0:

$$V = V_{\mathrm{Nm^3}} \cdot \frac{273 + t}{273}\ \mathrm{m^3}. \tag{66}$$

b) Für anderen Druck und andere Temperatur t^0.

Fall I. Druck in b mm Q.-S. als absoluter Druck gemessen:

$$V = 2{,}78 \cdot V_{\mathrm{Nm^3}} \cdot \frac{273 + t}{b}\ \mathrm{m^3}. \tag{67}$$

Fall II. Druck in h mm W.-S. Überdruck (+) oder Unterdruck (—) über bzw. unter einem Barometerstand von b' mm Q.-S. gemessen:

$$V = 2{,}78 \cdot V_{\mathrm{Nm^3}} \cdot \frac{273 + t}{b' \pm \frac{h}{13{,}6}}\ \mathrm{m^3}. \tag{68}$$

Fall III. Druck in p at abs gemessen:

$$V = V_{\mathrm{Nm^3}} \cdot \frac{273 + t}{264{,}2 \cdot p}\ \mathrm{m^3}. \tag{69}$$

Beispiel 6: Wie groß ist bei vollständiger Verbrennung der theoretische Luftbedarf bei 0° und 760 mm Q.-S. von 1 kg Kohle mit 6900 kcal/kg unterem Heizwert?

Man gehe von Punkt A der Skala für den Heizwert senkrecht nach oben bis zum Schnitt B_1 mit der Linie „theoretischer Luftbedarf" und findet dort 7,45 $\mathrm{Nm^3}$ Luft/kg Kohle, Punkt C_1.

Beispiel 7: Wie groß ist für 1 kg obiger Kohle bei einem CO_2-Gehalt von 14 vH das Rauchgasvolumen bei 500° und 20 mm W.-S. Unterdruck, wenn der Barometerstand 750 mm Q.-S. beträgt?

Man findet zuerst in dem kleinen Diagramm in der Mitte oben bei $CO_{2\,\max} = 18{,}7$ vH für einen CO_2-Gehalt von 14 vH ein $\lambda = 1{,}34$. Nun folgt man von A aus dem eingezeichneten Linienzug über B_2 bei $\lambda = 1{,}34$ nach C_2, wo die Rauchgasmenge zu 10,3 $\mathrm{Nm^3/kg}$ Kohle ($\mathrm{m^3}$ bei 0°, 760 mm Q.-S.) abgelesen werden kann. Geht man weiter über B_3 (500°), so findet man bei C_3 das Rauchgasvolumen zu 29,1 $\mathrm{m^3/kg}$ Kohle bei 500° und 760 mm Q.-S. Im vorliegenden Fall ist das Rauchgasvolumen bei einem anderen Druck gesucht. Man rechnet am einfachsten das Volumen von 0° und 760 mm Q.-S. nach Formel (68) um:

$$V = 2{,}78 \cdot 10{,}3 \cdot \frac{273 + 500}{750 - \frac{20}{13{,}6}} = 29{,}6 \text{ m}^3/\text{kg Kohle.}$$

Tafel 5: Wärmeinhalt von 1 Nm³ Rauchgas in kcal/Nm³ in Abhängigkeit vom unteren Heizwert der Kohle $\mathfrak{H}_u$, dem CO_2-Gehalt der Rauchgase und der Rauchgastemperatur t_R.

Die Kurven sind auf ± 3 bis 4 vH genau. Sie gelten unter der Voraussetzung, daß die Kohle vollständig verbrannt ist. Der Bereich 0 bis 400° ist in größerem Maßstabe dargestellt. Mit Tafel 5 kann man den Wärmeinhalt in kcal von 1 Nm³ Rauchgas, d. h. von einer solchen Menge, die bei 0° und 760 mm Q.-S. 1 m³ einnimmt, in Abhängigkeit vom unteren Heizwert der Kohle, vom Kohlensäuregehalt und von der Temperatur der Rauchgase bestimmen. Die Berechnung des Wärmeinhaltes J von 1 m³ bei beliebigem Zustand aus dem Wärmeinhalt J_{Nm^3} von 1 Nm³ (= 1 m³ bei 0° und 760 mm Q.-S.) erfolgt nach folgenden Formeln:

a) Für andere Temperatur t^0:

$$J = J_{\text{Nm}^3} \cdot \frac{273}{273 + t} \text{ kcal/m}^3. \tag{70}$$

b) Für anderen Druck und andere Temperatur t^0.

Fall I. Druck in b mm Q.-S. als absoluter Druck gemessen:

$$J = J_{\text{Nm}^3} \cdot \frac{b}{2{,}78 \cdot (273 + t)} \text{ kcal/m}^3. \tag{71}$$

Fall II. Druck in h mm W.-S. Überdruck (+) oder Unterdruck (—) über bzw. unter einem Barometerstand b' mm Q.-S. gemessen:

$$J = J_{\text{Nm}^3} \cdot \frac{b' \pm \frac{h}{13{,}6}}{2{,}78 \cdot (273 + t)} \text{ kcal/m}^3. \tag{72}$$

Fall III. Druck in p at abs gemessen:

$$J = J_{\text{Nm}^3} \cdot \frac{264{,}2 \cdot p}{273 + t} \text{ kcal/m}^3. \tag{73}$$

Beispiel 8: Wie groß ist der Wärmeinhalt von 1 m³ Rauchgas aus Kohle von 6900 kcal/kg unterem Heizwert bei 14 vH CO_2-Gehalt, 800° und 15 mm W.-S. Unterdruck bei 740 mm Q.-S. Barometerstand?

Zunächst wird der Wärmeinhalt von 1 Nm³ Rauchgas ermittelt, indem in den Hilfskurven in der rechten oberen Ecke von A_1 (6900 kcal/kg Heizwert) dem eingezeichneten Linienzug folgend bis zum Schnitt mit einer 14 vH CO_2-Gehalt entsprechenden Kurve, Punkt B_1, dann horizontal bis zur rechten Ordinatenachse, Punkt B_2, gegangen wird. B_2 wird mit Punkt 0 verbunden, indem man die Verbindungslinie entsprechend zwischen den eingezeichneten Linien verlaufen läßt. Eine Vertikale durch A_2 (800°) trifft diese Verbindungslinie bei B_3, eine Horizontale durch B_3 gibt auf der linken Ordinatenachse den Wärmeinhalt von 1 Nm³ Rauchgas zu 279 kcal/Nm³ an, Punkt C. 1 m³ bei den angegebenen Umständen (800° und 15 mm W.-S. Unterdruck unter 740 mm Q.-S.) hat dann nach Formel (72) einen Wärmeinhalt von:

$$J = 279 \cdot \frac{740 - \frac{15}{13{,}6}}{2{,}78 \cdot (273 + 800)} = 69 \text{ kcal/m}^3.$$

Beispiel 9: Wie groß ist der Wärmeinhalt der aus 1 kg vollständig verbrannter Kohle von 6900 kcal/kg unterem Heizwert bei 14 vH CO_2-Gehalt der Rauchgase entstehenden Rauchgasmenge bei 800°?

In Beispiel 7 wurde die Rauchgasmenge unter denselben Verhältnissen zu 10,3 Nm³ kg Kohle ermittelt. In Beispiel 8 ergab sich der Wärmeinhalt von 1 Nm³ zu 279 kcal. Demnach ist der Wärmeinhalt der Rauchgase aus 1 kg Kohle bei den gegebenen Verhältnissen:

$$10{,}3 \cdot 279 = 2874 \text{ kcal/kg Kohle.}$$

Tafel 6: Mittlere spezifische Wärme bei konstantem Druck von 1 Nm³ Luft und 1 Nm³ Rauchgas zwischen 0 und $t_R{}^0$ in kcal/Nm³ °C in Abhängigkeit vom unteren Heizwert der Kohle $\mathfrak{H}_u$, vom CO_2-Gehalt der Rauchgase und der Rauchgastemperatur t_R.

Bedeuten:

$\left|C_p^m\right|_0^t$ = mittlere spezifische Wärme bei konstantem Druck von 1 Nm³ (1 m³ bei 0° und 760 mm Q.-S.) des jeweils durch Index gekennzeichneten Gases zwischen 0° und t^0 in kcal/Nm³ °C,

r_{CO_2} = CO_2-Raumanteil in vH des trockenen Rauchgases (Anzeige des Orsatapparates),

r'_{CO_2} = desgleichen in vH des nassen Gases,

$$m = \frac{r'_{CO_2}}{r_{CO_2}},$$

so ist

$$\left|C_p^m\right|_0^t = \left|C_{p_{H_2O}}^m\right|_0^t - m \cdot \left[\left|C_{p_{H_2O}}^m\right|_0^t - \left|C_{p_{N_2}}^m\right|_0^t - r_{CO_2}\left(\left|C_{p_{CO_2}}^m\right|_0^t - \left|C_{p_{N_2}}^m\right|_0^t\right)\right] \text{ kcal/Nm}^3\,{}^0\text{C}. \quad (74)$$

Die spezifischen Wärmen nach Tafel 6 berücksichtigen also den Gehalt der Rauchgase an CO_2, N_2, O_2 und Wasserdampf. Die mittleren spezifischen Wärmen der einzelnen Bestandteile der Rauchgase sind nach Hütte Bd. 1, 25. Auflage, S. 472 eingesetzt.

Der Wärmeinhalt bei t^0 ist:

$$J_{Nm^3} = \left|C_p^m\right|_0^t \cdot t \text{ kcal/Nm}^3. \quad (75)$$

Die mittlere spezifische Wärme bei konstantem Druck zwischen zwei beliebigen Temperaturen t_1 und t_2 beträgt:

$$\left|C_p^m\right|_{t_2}^{t_1} = \frac{\left|C_p^m\right|_0^{t_1} \cdot t_1 - \left|C_p^m\right|_0^{t_2} \cdot t_2}{t_1 - t_2} \text{ kcal/Nm}^3\,{}^0\text{C}. \quad (76)$$

Im allgemeinen arbeitet man bequemer unmittelbar mit dem Wärmeinhalt, Tafel 5. Bei genaueren Rechnungen ist aber zuweilen auch die Kenntnis der spezifischen Wärme erwünscht. Wird die spezifische Wärme bezogen auf das Volumen von 1 m³ Rauchgas bei beliebiger Temperatur und beliebigem Druck gewünscht, so erfolgt die Umrechnung innerhalb des praktisch vorkommenden Bereiches mit genügender Genauigkeit nach Formel (70) bis (73) auf S. 95, indem in diese der der Tafel 6 entnommene Wert $\left|C_p^m\right|_0^t$ in kcal/Nm³°C statt J_{Nm^3} eingesetzt wird.

Beispiel 10: Wie groß ist die mittlere spezifische Wärme zwischen 0° und 1100° von 1 Nm³ Rauchgasen mit $\lambda = 1{,}34$ Luftüberschuß aus Kohle von 5000 kcal/kg unterem Heizwert?

Im kleinen Hilfsdiagramm links unten findet man für $\lambda = 1{,}34$ und ein $CO_{2\,max}$ von 18,7 vH einen CO_2-Gehalt von 14 vH. Sodann folgt man von A_1 (5000 kcal/kg) aus dem senkrechten Linienzug bis zum Schnitt B_1 mit der Kurve $CO_2 = 14$ vH, dann horizontal bis zum Schnittpunkt B_2 mit dem ersten der den oberen rechten Quadranten bedeckenden Kreise. Nun sucht man den Schnittpunkt A_2 der zur Rauchgastemperatur 1100° gehörigen Radialen mit der Kurve für $CO_2 = 14$ vH. Auf einem konzentrischen Kreis durch A_2 geht man bis zum Schnittpunkt B_3 mit einem radialen Strahl durch B_2. Eine Senkrechte durch B_3 nach unten schneidet die von A_3 (1100°) kommende Horizontale in Punkt C, dem gesuchten Wert von 0,359 kcal/Nm³ °C.

Beispiel 11: Welche Wärmemenge geben 500 Nm³ des in Beispiel 10 beschriebenen Rauchgases bei Abkühlung von 1100° auf 700° her?

Ähnlich wie in Beispiel 10 wird die mittlere spezifische Wärme zwischen 0° und 700° zu 0,350 kcal/Nm³ gefunden. Die entzogene Wärmemenge ist dann

$$Q = \left(\left|C_p^m\right|_{0^0}^{1100^0} \cdot 1100 - \left|C_p^m\right|_{0^0}^{700^0} \cdot 700\right) \cdot 500 = (0{,}359 \cdot 1100 - 0{,}350 \cdot 700) \cdot 500 = 74\,950 \text{ kcal.}$$

Beispiel 12: Welches ist die mittlere spezifische Wärme desselben Rauchgases zwischen 1100° und 700°? Nach Formel (76) ist:

$$\left|C_p^m\right|_{700^0}^{1100^0} = \frac{0{,}359 \cdot 1100 - 0{,}350 \cdot 700}{1100 - 700} = 0{,}375 \text{ kcal/Nm}^3\,{}^0\text{C.}$$

Tafel 7: Mittlere logarithmische Temperaturdifferenz Δt_m in °C, abhängig vom Quotienten $\frac{\Delta k}{\Delta g}$ sowie der Temperaturdifferenz Δg.

Da die Temperaturen des wärmeabgebenden und -aufnehmenden Mittels sich entlang der Heizfläche meist ändern, muß man bei Wärmeübergangsrechnungen zunächst die **mittlere Temperaturdifferenz** suchen, die angibt, wie groß der Unterschied zwischen zwei fiktiven, überall als konstant vorausgesetzten Temperaturen beider Medien sein müßte, damit dieselbe Wärmemenge übertragen wird. Die mittlere Temperaturdifferenz hängt davon ab, wie eine Heizfläche angeordnet ist und wie sie von den beiden Medien bespült wird. Man unterscheidet zwischen Gleichstrom, Gegenstrom und Kreuzstrom.

Gleichstrom besteht, wenn beide Medien an derselben Stelle in die Heizfläche eintreten und sie in derselben Richtung durchströmen, wenn also z. B. bei einem Ekonomiser da, wo die Rauchgase mit der höchsten Temperatur eintreten, das Wasser mit der tiefsten eintritt, Abb. 133. **Gegenstrom** ist vorhanden, wenn das umgekehrte der Fall ist, also höchste Rauchgastemperatur und höchste Wassertemperatur und umgekehrt am Anfang bzw. Ende der Ekonomiserheizfläche auftreten, Abb. 132. Bei **Kreuzstrom** schließlich strömen die Gase senkrecht zur Fließrichtung des Wassers. Er läßt sich aber nicht so einfach definieren wie die beiden anderen Strömungen, da die wasserseitige Schaltung eine Reihe von Variationen zuläßt. Es können zwar die Rauchgase noch senkrecht zu den Rohren strömen, die Schaltung kann aber derart sein, daß für die Berechnung der mittleren Temperaturdifferenz praktisch Gleich- oder Gegenstrom vorliegt. Unter sonst gleichen Verhältnissen ist die mittlere Temperaturdifferenz bei reinem Gegenstrom am größten, bei reinem Gleichstrom am kleinsten, bei Kreuzstrom kann sie so hoch wie bei Gegenstrom und so niedrig wie bei Gleichstrom sein. Die genaue Berechnung des Wärmeüberganges im reinen Kreuzstrom ist äußerst umständlich. Doch läßt auch er sich mit Tafel 7 genügend genau erfassen.

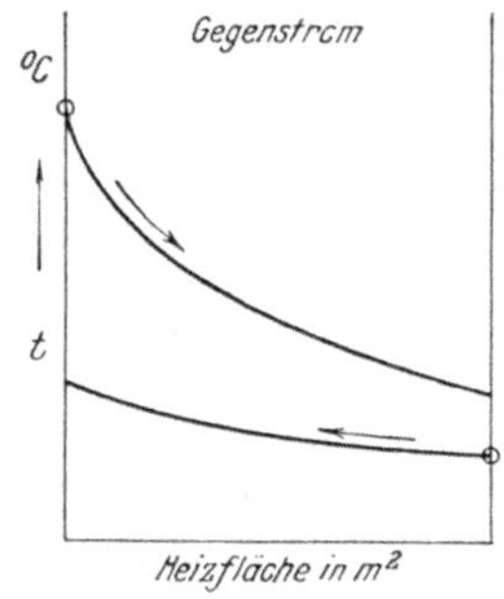

Abb. 132.

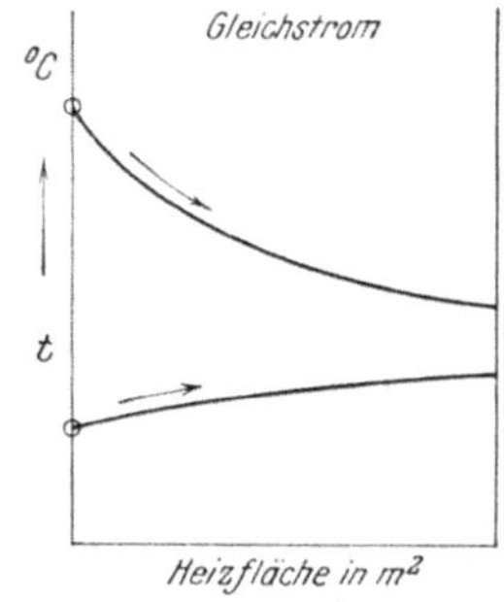

Abb. 133.

Abb. 132 u. 133. Schematischer Temperaturverlauf bei Gegenstrom und bei Gleichstrom.

Ist gemäß dem kleinen Hilfsbild in Tafel 7:

Δg = Temperaturdifferenz auf der Seite, wo sie am größten ist (am Anfang oder Ende der Heizfläche) in °C,
Δk = Temperaturdifferenz auf der Seite, wo sie am kleinsten ist (am Anfang oder Ende der Heizfläche) in °C,
so beträgt die mittlere logarithmische Temperaturdifferenz:

$$\Delta t_m = \Delta g \cdot \frac{1 - \frac{\Delta k}{\Delta g}}{\ln \frac{\Delta g}{\Delta k}} \ {}^{\circ}\mathrm{C}. \qquad (77)$$

Die Formel kann bei Gleichstrom und bei Gegenstrom angewendet werden. In der Technik wird der Einfachheit wegen vielfach statt mit der genauen, d. h. der logarithmischen Temperaturdifferenz, mit der

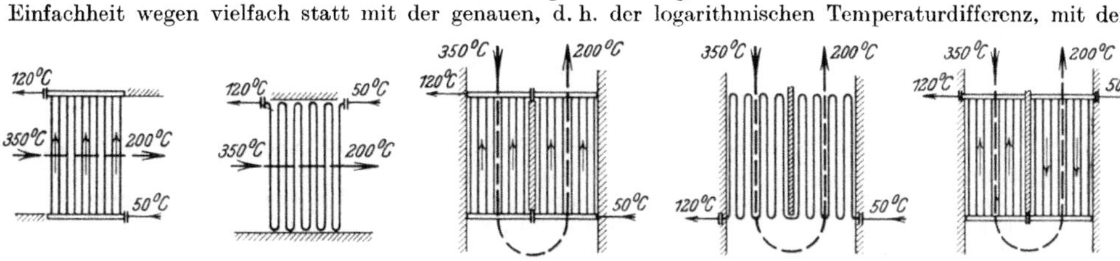

Fall	I	II	III	IV	V
Δt_m	176	188	177	186	188°
dasselbe	93,6 %	100	94,2	98,8	100 vH

Abb. 134. Mittlere logarithmische Temperaturdifferenz Δt_m bei verschiedenen Ekonomiser-Schaltungen mit gleichen Anfangs- und Endtemperaturen von Wasser und Rauchgasen.

arithmetischen gerechnet. Da Tafel 7 aber die Berechnung des logarithmischen Wertes sehr erleichtert, ist seine ausschließliche Verwendung vorzuziehen.

Um ein Bild vom Einfluß verschiedener Schaltungen auf die mittlere Temperaturdifferenz zu geben, sind in Abb. 134 fünf Fälle dargestellt. In Fall I, der reinem Kreuzstrom am besten entspricht, strömen die Rauchgase senkrecht zu den Ekonomiserrohren, die wasserseitig sämtlich parallel geschaltet sind, derart, daß das kalte Wasser unten ein- und das warme oben austritt. In Fall II werden die Rohre nacheinander von Wasser durchströmt. Diese Art Kreuzstrom entspricht praktisch genau reinem Gegenstrom. In den übrigen drei Fällen ist die Ekonomiserheizfläche in zwei Züge unterteilt gedacht, Gase und Wasser strömen teils in gleicher, teils in entgegengesetzter Richtung parallel zueinander. Die Rohre sind wasserseitig teils hintereinander, teils parallel geschaltet, die Rauchgase strömen durchweg zuerst durch die eine, dann durch die andere Ekonomiserhälfte. Wie man sieht, variiert unter den angenommenen Temperaturverhältnissen die mittlere Temperaturdifferenz nur um rund 6 vH. Mit Hilfe von Abb. 134 bzw. eines für andere Verhältnisse angefertigten Schemas kann man sich auch in sehr verwickelten Fällen schnell ein Bild von den Genauigkeitsgrenzen machen und braucht dann mit Hilfe von Tafel 7 nur entweder mit Gleichstrom oder Gegenstrom zu rechnen und das Ergebnis etwas zu berichtigen.

Beispiel 13: Wie groß ist Δt_m bei einem Ekonomiser mit Gegenstromschaltung, in dem die Rauchgase von 467 auf 312° abgekühlt werden und das Wasser sich von 120° auf 180° erwärmt?

$$\Delta g = 467 - 180 = 287\,^0;\quad \Delta k = 312 - 120 = 192\,^0;\quad \frac{\Delta k}{\Delta g} = \frac{192}{287} = 0{,}669\,.$$

Nach dem in Tafel 7 eingezeichneten Linienzug ergibt sich $\Delta t_m = 236^0$.

Tafeln 8 bis 10 geben Wärmeübergangszahlen von Gasen an Rohrbündel abhängig von Rohrwandtemperatur, Rohrdurchmesser und der Art, Geschwindigkeit, Temperatur und Strömung eines Gases. Die für die Tafeln benutzten Formeln wurden auf Grund der Ähnlichkeitstheorie allgemein aufgestellt und ihre Konstanten durch Versuche bestimmt. Für eine völlig einwandfreie Übertragung der Gleichungen auf einen andern Wärmeaustauscher müssen daher eine Reihe von Ähnlichkeitsbedingungen erfüllt sein, und zwar müssen sowohl die Temperatur- als auch die Geschwindigkeitsfelder, sowie die geometrischen Abmessungen denen des Versuchsapparates ähnlich sein. Die beiden ersten Bedingungen sind im allgemeinen sehr schwer zu erfüllen. Ferner wurden die Versuche mit vollkommen ,,beruhigter" turbulenter Strömung durchgeführt, bei welcher keine vom Eintritt oder der Wand verursachten Wirbel bestehen. Besonders im Dampfkesselbetrieb liegt aber selten eine ,,beruhigte" turbulente Strömung vor. Infolgedessen ist die Zuverlässigkeit bzw. Genauigkeit der Formeln nicht in sämtlichen Fällen dieselbe, S. 119.

Tafel 8 und 9: Wärmeübergangszahl durch Berührung α_B von Gasen an Rohrbündel in kcal/m²h⁰ C bei fluchtender (Tafel 8) bzw. versetzter (Tafel 9) Rohranordnung und Gasströmung **senkrecht** zu den Rohren in Abhängigkeit von der Gastemperatur, der Rohrwandtemperatur t_w, der Gasart, der Gasgeschwindigkeit v, dem Rohrdurchmesser d und der Zahl der hintereinanderliegenden Rohrreihen.

Die Tafeln sind unter Benutzung der von Reiher angegebenen Formel für den Wärmeübergang bei einer zu den Rohren **senkrechten** Strömung errechnet. Tafel 8 gilt für **fluchtende**, Tafel 9 für **versetzt** angeordnete Rohre.

Bedeuten:

α_B = Wärmeübergangszahl durch Berührung in kcal/m²h ⁰C, S. 67,
λ = Wärmeleitzahl des Gases bei der mittleren Temperatur aus Gas- und Rohrwandtemperatur in kcal/m h ⁰C, S. 66,
ϱ = Massendichte des Gases bei der mittleren Temperatur aus Gas- und Rohrwandtemperatur in kgs²/m⁴,
μ = Zähigkeit des Gases bei der mittleren Temperatur aus Gas- und Rohrwandtemperatur in kgs/m²,
v = Gasgeschwindigkeit an der engsten Stelle zwischen den Rohren in m/s,
d = Rohrdurchmesser in m,
c = Konstante,

so ist:

$$\alpha_B = c \cdot \frac{\lambda}{d} \cdot \left(\frac{v \cdot d \cdot \varrho}{\mu}\right)^n \text{ kcal/m}^2\,\text{h}^0\,\text{C}\,. \tag{78}$$

Die Tafeln wurden für einen Druck des Gases von 1 at abs aufgestellt und gelten deshalb für die bei Dampfkesseln vorkommenden Drücke genügend genau. Die Werte λ, ϱ, μ sind Funktionen der Temperaturen und der Rauchgaszusammensetzung, was in beiden Tafeln ebenso wie der Einfluß der Zahl der Rohrreihen berücksichtigt ist. Für fluchtende Rohranordnung ist $n = 0{,}654$, für versetzte $n = 0{,}69$.

Die Rohrwandtemperatur kann in diesen Tafeln bei Kessel- und Ekonomiserheizflächen ausreichend genau gleich der mittleren Wasser- (Sattdampf-) Temperatur mit einem Zuschlag von 5 bis 15⁰ gesetzt werden. Bei Überhitzern genügt es meist, sie gleich der mittleren Temperatur des überhitzten Dampfes einschließlich eines Zuschlages von 20 bis 50⁰ einzusetzen. Ein Fehler bei dieser Schätzung hat auf die Wärmeübergangszahl nur geringen Einfluß. Will man aber genauer rechnen, so kann man die Übertemperatur der Rohre aus Abb. 135 und 136 ermitteln und von ihr bei Benutzung der Tafeln für die Berechnung von Überhitzern ausgehen.

α_B für Geschwindigkeiten über 15 m/s findet man, indem man zunächst α_B für $v = 10$ m/s bestimmt und dann mit dem Wert multipliziert, der für die gewünschte Geschwindigkeit in Hilfskurve *I* auf Tafel 8 und 9 angegeben ist.

Beispiel 14: Gesucht: Wärmeübergangszahl α_B durch Berührung a) für fluchtende, b) für versetzte Rohranordnung bei 1030° Rauchgastemperatur, 265° Rohrwandtemperatur, Steinkohle, 6 m/s Rauchgasgeschwindigkeit, 83 mm äußeren Rohrdurchmesser, 10 Rohrreihen.

Es ergeben sich für:

a) fluchtende Rohranordnung nach Tafel 8:

$\alpha_B = 22{,}6$ kcal/m²h° C;

b) versetzte Rohranordnung nach Tafel 9:

$\alpha_B = 31{,}5$ kcal/m²h° C.

Beispiel 15: Wie groß wäre α_B, wenn die Geschwindigkeit in Beispiel 14 bei fluchtender Rohranordnung 25 m/s statt 6 m/s betragen hätte?

Für die Werte in Beispiel 14 und $v = 10$ m/s findet man zunächst $\alpha_B = 31{,}6$ kcal/m²h° C. Der Beiwert in Hilfskurve *I* für $v = 25$ m/s ist 1,82. Somit ist das gesuchte

$\alpha_B = 31{,}6 \times 1{,}82 = 57{,}5$ kcal/m²h° C.

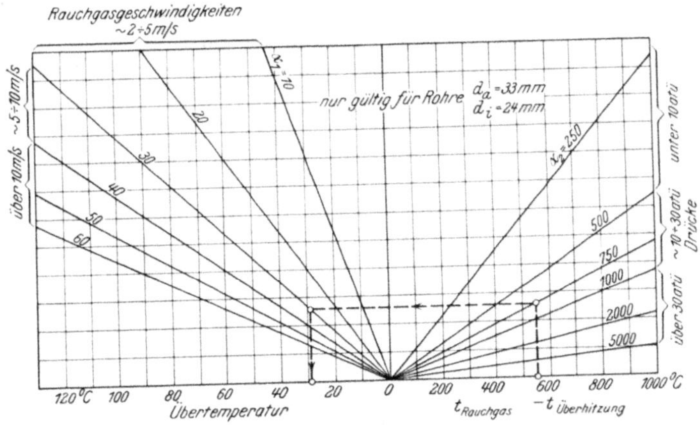

Abb. 135.

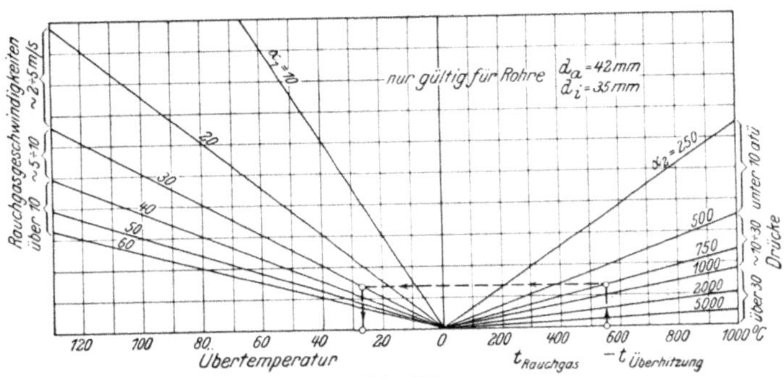

Abb. 136.

Abb. 135 u. 136. Übertemperatur der Außenwand von Überhitzerrohren über die Dampftemperatur in Abhängigkeit von der Differenz $t_{Rauchgas} - t_{Überhitzung}$ zwischen Rauchgastemperatur und Temperatur des überhitzten Dampfes.

Beispiel: Rauchgastemperatur 950°, Dampftemperatur 400°, Differenz beider $t_{Rauchgas} - t_{Überhitzung} = 550°$; Dampfdruck ~ 20 at entsprechend $\alpha_2 \sim 750$ kcal/m²h° C; Rauchgasgeschwindigkeit ~ 5 m/s entsprechend $\alpha_1 \sim 30$ kcal/m²h° C. Wie groß ist die Außentemperatur der Rohre?

Übertemperatur 29° bei 24/33 mm Rohren, Übertemperatur 27° bei 35/42 mm Rohren,
Außenwandtemperatur 400 + 29 = 429° bei 24/33 mm Rohren,
Außenwandtemperatur 400 + 27 = 427° bei 35/42 mm Rohren.

Tafel 10: Wärmeübergangszahl durch Berührung α_B von Gasen an Rohrbündel in kcal/m²h° C für Gasströmung **parallel** zu den Rohren in Abhängigkeit von der Gastemperatur, der Rohrwandtemperatur t_w, der Rohrlänge, der Gasart, der Gasgeschwindigkeit v und dem Rohrdurchmesser d.

Tafel 10 ist grundsätzlich ebenso aufgebaut wie Tafel 8 und 9, behandelt aber eine zu den Rohren **parallele** Gasströmung auf Grund der von Nusselt und Groeber angegebenen Formeln.

Es bedeuten:

L = bespülte Rohrlänge in m,

c_p = wahre spezifische Wärme des Gases bei konstantem Druck bei der mittleren Temperatur aus Gas- und Rohrwandtemperatur, d. h. die Wärmemenge, die nötig ist, um **1** kg des Gases um 1° zu erwärmen in kcal/kg° C,

γ_1 = spezifisches Gewicht des Gases bei der mittleren Temperatur aus Gas- und Rohrwandtemperatur und 1 at abs Druck in kg/m³,

p = Druck des Gases in at abs.

Die Bedeutung der übrigen Größen ist unter „Tafel 8 und 9" geschildert.

Dann ist:

$$\alpha_B = 23{,}7 \cdot L^{-0,05} \cdot d^{-0,16} \cdot (v \cdot p)^{0,79} \cdot \lambda^{0,21} \cdot (\gamma_1 \cdot c_p)^{0,79} \text{ kcal/m}^2\text{ h }^0\text{ C}. \qquad (25)$$

Diese Formel wurde für einen Druck des Gases von 1 at abs dargestellt, was mit genügender Genauigkeit den bei Dampfkesseln vorkommenden Verhältnissen entspricht. Im übrigen gilt für den Gebrauch der Tafeln das zu Tafel 8 und 9 Gesagte.

Die Formel ist aus Versuchen, bei denen die Rauchgase durch die Rohre strömen, gewonnen und aus Mangel einer besseren für den Fall benutzt, daß die Gase die Rohre parallel zu ihrer Achse umspülen. Die Zulässigkeit dieses Vorgehens ist auf S. 69 erörtert.

Umspülen die Rauchgase die Rohre parallel zu ihrer Achse, so muß an Stelle des Rohrdurchmessers der sog. **hydraulische Durchmesser** d' treten. Ist

F = der von den Rauchgasen durchströmte Querschnitt in m²,
U = Umfang der von den Rauchgasen bespülten Rohre in m,

so ist

$$d' = \frac{4 \cdot F}{U} \text{ m}. \qquad (50)$$

Tafel 10 wurde für den bei Steilrohrkesseln häufigen Fall aufgezeichnet, daß die Mittelpunkte von je vier benachbarten Rohren auf den Ecken eines Quadrates liegen und daß die Rohrteilung gleich dem 2,4fachen Rohrdurchmesser ist. Für andere Teilungen gibt Hilfskurve *II* an, mit welchem Wert das aus Tafel 10 ermittelte α_B multipliziert werden muß, um den zu der tatsächlichen Teilung gehörenden Wert zu erhalten. Sitzen die Rohrmitten in den Ecken von Rechtecken, so genügt es, für die Größe t des Teilungsverhältnisses $\frac{t}{d}$ in Hilfskurve II das arithmetische Mittel aus der horizontalen und vertikalen Rohrteilung zu nehmen. Wie man aus Hilfskurve *I* die Wärmeübergänge bei Geschwindigkeiten über 15 m/s findet, wurde unter Tafel 8 und 9 auf S. 99 gezeigt.

Beispiel 16: Gesucht: Wärmeübergangszahl α_B durch Berührung für Strömung parallel zu den Rohren bei 1030° Rauchgastemperatur, 265° Rohrwandtemperatur, Steinkohle, 10 m Rohrlänge, 6 m/s Rauchgasgeschwindigkeit, 83 mm Rohrdurchmesser, 185 mm Rohrteilung, also $\frac{t}{d} = 2{,}23$.

Nach dem eingezeichneten Linienzug ist für $\frac{t}{d} = 2{,}4$ $\alpha_B = 8{,}8$ kcal/m²h° C. Aus Hilfstafel II findet man für das vorliegende Teilungsverhältnis $n = 1{,}03$, damit $\alpha'_B = 1{,}03 \cdot 8{,}8 = 9{,}1$ kcal/m²h° C.

Je nach der Art der Gasströmung ergeben sich somit für sonst gleiche Verhältnisse von Rauchgasgeschwindigkeit, Rohrdurchmesser usw. bei den in den beiden Beispielen gewählten Ausgangswerten folgende Wärmeübergangszahlen:

Strömung senkrecht zu Rohren: versetzte Rohranordnung	fluchtende Rohranordnung	Strömung parallel zu Rohren:
31,5	22,6	9,1 kcal/m²h° C
100	72	28,9 vH.

Die Unterschiede können also sehr beträchtlich werden. Wegen des größeren Zugverlustes bei versetzten Rohren und zu den Rohren senkrechter Gasströmung müssen aber die Gasgeschwindigkeiten meist niedriger gewählt werden als bei fluchtender Anordnung oder Parallelströmung. Ferner spielt, wie bei Tafel 11 noch gezeigt wird, wenigstens bei hohen Temperaturen die Eigenstrahlung der Gase eine Rolle. Für den gesamten Wärmedurchgang von Rauchgasen bis Wasser oder Dampf ist dann noch der Wärmeübergang von Heizfläche an Wasser oder Dampf (in seltenen Fällen auch der Wärmeleitungswiderstand der Trennwand) zu beachten. Der Einfluß der Gasströmung auf den gesamten Wärmedurchgang ist daher meist geringer als bei der Wärmeübergangszahl α_B selbst. Hierüber finden sich nähere Angaben auf S. 214.

Tafel 11: Wärmeübergangszahl durch Gasstrahlung α_s für CO_2- und H_2O-Schichten in kcal/m²h° C in Abhängigkeit von der Rauchgastemperatur t_R, der Rohrwandtemperatur t_w und dem Produkt aus Partialdruck p und Schichtstärke s des strahlenden Gases.

Im Gebiete höherer Temperaturen (etwa über 500°) spielt die Eigenstrahlung der Gase eine beträchtliche Rolle. Von den bei Dampfkesseln in Frage kommenden Gasen haben nur Kohlensäure und Wasserdampf eine nennenswerte Eigenstrahlung. Die entsprechenden Werte $(\alpha_s)_{CO_2}$ und $(\alpha_s)_{H_2O}$ in kcal/m²h °C müssen aus Tafel 11 ermittelt und zu α_B addiert werden, um den gesamten Wärmeübergang α_1 auf der Rauchgasseite zu erhalten. Die Eigenstrahlung der Gase hängt ab von dem Produkt aus der Stärke der Gasschicht und dem Partialdruck der Kohlensäure bzw. des Wasserdampfes in den Rauchgasen, die aus den beiden Hilfstafeln auf der rechten Seite von Tafel 11 in Abhängigkeit vom unteren Heizwert der Kohle und dem CO_2-Gehalt der trockenen Rauchgase (Orsatanzeige) entnommen werden können. Diese Hilfstafeln stellen den Volumenanteil der Kohlensäure an den nassen Rauchgasen dar, der bei dem meist vorkommenden Druck der Rauchgase von rd. 1 at abs gleich dem Partialdruck ist. Sollte dieser Druck einmal wesentlich von 1 at abs abweichen, so wäre der auf den Hilfsdiagrammen abgelesene Wert noch mit ihm zu multiplizieren, um den tatsächlichen Partialdruck zu bekommen. Die Dicke der strahlenden Gasschicht läßt sich bei Taschenluftvorwärmern mit Heizflächen aus ebenen, parallelen Flächen einfach definieren, nicht aber bei Schrägrohr- oder Steilrohrkesseln. Man muß sich daher bei Ermittlung der Stärke der Gasschicht mit einem etwas roh gegriffenen Wert begnügen. Kleine Abweichungen von der tatsächlich wirksamen Stärke haben aber auf das Gesamtergebnis keinen großen Einfluß. Man kommt der Wirklichkeit sehr nahe, wenn man als Stärke s der strahlenden Gasschicht die aus der Skizze auf Tafel 11 rechts oben sich ergebenden Werte wählt. Hierzu bedarf es im allgemeinen keiner umständlichen Ermittlung, da man die betreffenden Maße meist aus den Kesselzeichnungen entnehmen kann. Ist die Schichtstärke in beiden Richtungen stark verschieden, so rechnet man am einfachsten mit dem Mittelwert aus beiden.

Der Gebrauch von Tafel 11 ist folgender:

Man geht für den Fall der CO_2-Strahlung zunächst von der Rauchgastemperatur, Punkt A, senkrecht nach oben bis zum Schnitt mit der entsprechenden Kurve $p \cdot s$, Punkt B_1. Der Wert s wird aus den Abmessungen des Kessels ermittelt, p für CO_2 der oberen Hilfstafel an der rechten Seite von Tafel 11 in Abhängigkeit vom unteren Heizwert und dem CO_2-Gehalt (Orsatanzeige) entnommen. Von B_1 geht man horizontal nach C_1 und findet dort die Größe φ. Darauf wird auf derselben Senkrechten von A aus bis zu der gegebenen Rohrwandtemperatur gegangen, Punkt B_2, von hier aus waagerecht bis zum Schnitt mit der entsprechenden φ-Linie, Punkt B_3, und dann senkrecht nach C_2, wo $(\alpha_s)_{CO_2}$ für die CO_2-Strahlung abzulesen ist. Auf entsprechende Weise wird die Größe $(\alpha_s)_{H_2O}$ für die Strahlung des Wasserdampfes aus der unteren Hälfte von Tafel 11 ermittelt. Beide Werte addiert, geben den Wärmeübergang von den Rauchgasen an die Rohrwand durch Gasstrahlung. Die Größe φ ist das Strahlungsvermögen des betreffenden Gases in vH der Strahlung des absolut schwarzen Körpers.

Beispiel 17: Gesucht: Wärmeübergangszahl durch Gasstrahlung für eine Kohle von $\mathfrak{H}_u = 6900$ kcal/kg, 14 vH CO_2 im Orsat, 185 mm Rohrteilung, 83 mm Rohrdurchmesser, 265° Rohrwandtemperatur für eine Rauchgastemperatur von

a) $t_R = 1030°$ (Vorheizfläche eines Kessels), b) $t_R = 493°$ (Nachheizfläche eines Kessels).

Aus den Hilfsdiagrammen auf der rechten Seite ergibt sich $p_{CO_2} = 0{,}13$ at abs, $p_{H_2O} = 0{,}06$ at abs.

Nach der Skizze rechts oben ist $s = 185 - \frac{83}{2} = 143{,}5$ mm,

$$(p \cdot s)_{CO_2} = 0{,}13 \cdot 143{,}5 = 18{,}7; \quad (p \cdot s)_{H_2O} = 0{,}06 \cdot 143{,}5 = 8{,}6;$$

a)		b)	
$t_R = 1030°$		$t_R = 493°$	
$\varphi_{CO_2} = 6{,}55$ . .	$(\alpha_s)_{CO_2} = 11{,}9$ kcal/m²h° C	$\varphi_{CO_2} = 9{,}25$ . .	$(\alpha_s)_{CO_2} = 5{,}3$ kcal/m²h° C
$\varphi_{H_2O} = 2{,}75$ . .	$(\alpha_s)_{H_2O} = 4{,}9$ kcal/m²h° C	$\varphi_{H_2O} = 3{,}8$ . .	$(\alpha_s)_{H_2O} = 2{,}0$ kcal/m²h° C
	$\alpha_s = 16{,}8$ kcal/m²h° C		$\alpha_s = 7{,}3$ kcal/m²h° C

Tafel 12: (Innere) Wärmeübergangszahl α_2 von Rohrwand an überhitzten Dampf in kcal/m²h °C in Abhängigkeit von Dampfdruck p, mittlerer Dampftemperatur, Länge einer Rohrschlange L, innerem Rohrdurchmesser d und Dampfgeschwindigkeit v.

Tafel 12 gibt die Wärmeübergangszahl α_2 in kcal/m²h⁰C von Rohrwandung an die Rohre durchströmenden überhitzten Dampf nach der von Nusselt und Gröber stammenden Formel:

$$\alpha_2 = 23{,}7 \cdot L^{-0{,}05} \cdot d^{-0{,}16} \cdot v^{0{,}79} \cdot \lambda^{0{,}21} \cdot (\gamma \cdot c_p)^{0{,}79} \text{ kcal/m}^2\text{h}^0\text{C}. \qquad (79)$$

Hierin bedeuten:

L = Länge einer Rohrschlange in m,
d = innerer Rohrdurchmesser in m,
v = Dampfgeschwindigkeit in m/s,
λ = Wärmeleitzahl des Wasserdampfes in kcal/mh⁰C, S. 66,
γ = spezifisches Gewicht des Wasserdampfes in kg/m³,
c_p = wahre spezifische Wärme des Wasserdampfes bei konstantem Druck in kcal/kg⁰C, S. 69.

L ist diejenige beheizte Länge Rohr, durch welche der einzelne Teildampfstrom unter stetiger Erwärmung bei konstantem Querschnitt fließt. Im allgemeinen wird die gesamte Länge aus einem einzigen glatten, völlig in den Rauchgasen liegenden Rohr bestehen. Bei Ausführungen, bei denen die Rohrschlangen aus einzelnen durch Sammler miteinander verbundenen Rohrabschnitten hergestellt sind, ist L gleich der Länge jedes einzelnen beheizten Rohrabschnittes zwischen zwei Sammlern und die mittlere Dampftemperatur in dem betrachteten Rohrabschnitt einzusetzen.

Man geht vom Dampfdruck, Punkt A, senkrecht bis zum Schnitt mit der passenden Kurve für die mittlere Dampftemperatur, Punkt B_1, dann waagerecht zu einer der Linien für die Länge der Rohrschlangen, Punkt B_2, senkrecht zum inneren Rohrdurchmesser, Punkt B_3, waagerecht zur Dampfgeschwindigkeit, Punkt B_4, und erhält in Punkt C auf der waagerechten Achse den gesuchten Wert von α_2 in kcal/m²h⁰C.

Beispiel 18: Gesucht: Wärmeübergangszahl α_2 für einen Überhitzer von 50 m durchgehender Schlangenlänge, 32 mm innerem Rohrdurchmesser, 20 m/s Dampfgeschwindigkeit zur Überhitzung von Sattdampf von 40 at abs auf 425⁰.

Die zugrunde zu legende Dampftemperatur ist das Mittel aus der Sättigungstemperatur und der Endtemperatur, also $\frac{250 + 425}{2} = 337^0$. Damit ergibt sich $\alpha_2 = 1030$ kcal/m²h⁰C.

Die genaue Ermittlung der Rohrwandtemperatur bei Überhitzern ist sehr umständlich. Sie ist daher in Abb. 135 und 136 für zwei in der Praxis häufig vorkommende Rohrabmessungen bei reiner Heizfläche auf Grund einer Näherungsgleichung graphisch dargestellt, S. 99.

Tafel 13: Wärmedurchgangszahl k in kcal/m²h⁰C in Abhängigkeit von den Wärmeübergangszahlen α_1 und α_2.

Kennt man die Wärmeübergangszahl von Gas an Heizfläche und von Heizfläche an beheiztes Medium, so beträgt die Wärmedurchgangszahl:

$$k = \frac{1}{\frac{1}{\alpha_1} + \frac{\delta}{\lambda} + \frac{1}{\alpha_2}} \text{ kcal/m}^2\text{h}^0\text{C}. \qquad (28)$$

Hierin bedeuten:

α_1 = Wärmeübergangszahl auf der beheizten Seite der Heizfläche in kcal/m²h⁰C,
α_2 = Wärmeübergangszahl auf der gekühlten Seite der Heizfläche in kcal/m²h⁰C,
δ = Wandstärke der Heizfläche in m,
λ = Wärmeleitzahl der Heizfläche in kcal/mh⁰C.

Bei Wasserrohrkesseln, Überhitzern, Luftvorwärmern und Ekonomisern mit reiner Heizfläche kann der Wärmedurchgangswiderstand durch die Rohrwandung hindurch fast stets vernachlässigt werden, weil er gegenüber den beiden übrigen Werten sehr klein ist. Dadurch vereinfacht sich obige Formel zu:

$$k = \frac{1}{\frac{1}{\alpha_1} + \frac{1}{\alpha_2}} \text{ kcal/m}^2\text{h}^0\text{C}. \qquad (34)$$

Zunächst wird α_1 als Summe von α_B und α_S aus Tafel 8 bis 11 oder 14, sowie α_2 aus Tafel 12 oder 14 entnommen. Folgt man dann in Tafel 13 von der Achse für α_1 ausgehend, Punkt A, dem eingezeichneten Weg, so findet man an der Ordinatenachse den gewünschten Wert in kcal/m²h⁰C.

Beispiel 19: Bei einem Überhitzer sei die Wärmeübergangszahl

von Gas an Rohrwand zu $\alpha_1 = 43{,}5$ kcal/m²h⁰C,
von Rohrwand an Dampf zu $\alpha_2 = 1030$ kcal/m²h⁰C

ermittelt worden.

Für diese beiden Werte ergibt sich nach dem in Tafel 13 eingetragenen Linienzug ein Wert für die Wärmedurchgangszahl von $k = 41{,}6$ kcal/m² h° C.

Beispiel 20: Bei einer Kesselheizfläche sei die Wärmeübergangszahl von Rauchgasen an Rohrwand ermittelt worden zu $\alpha_1 = 34{,}1$ kcal/m² h° C.

Für α_2 kann man etwa mit 4000 kcal/m² h° C rechnen, Abb. 94.

Aus Tafel 13 ergibt sich dann für $\alpha_1 = 34{,}1$ kcal/m² h° C und $\alpha_2 = 4000$ kcal/m² h° C eine Wärmedurchgangszahl $k = 33{,}8$ kcal/m² h° C.

Der Unterschied zwischen der Wärmedurchgangszahl k und der Wärmeübergangszahl von Rauchgasen an Rohrwand ist also bei obigen Annahmen nur rd. 1 vH. Noch geringer ist der Einfluß der Rohrwandstärke bei reiner Heizfläche. Natürlich kann die Abweichung auch größer als 1 vH werden, doch wird sie stets innerhalb des Fehlerbereiches des Verfahrens bleiben.

Es genügt daher, bei wasserbespülten reinen Heizflächen mit gutem Wasserumlauf, wie z. B. den Rohren von Wasserrohrkesseln und Ekonomisern, an Stelle der Wärmedurchgangszahl k die Wärmeübergangszahl α_1 von Rauchgasen an Rohrwand zu setzen.

Soll der Einfluß der Wandstärke der Heizfläche und von Verunreinigungen auf der Wasser- und der Rauchgasseite berücksichtigt werden, so lautet die Formel:

$$k = \frac{1}{\frac{1}{\alpha_1} + \frac{\delta_1}{\lambda_1} + \frac{\delta}{\lambda} + \frac{\delta_2}{\lambda_2} + \frac{1}{\alpha_2}} \text{ kcal/m}^2\text{ h}^0\text{ C}. \qquad (33)$$

Hierin bedeuten:

α_1 = Wärmeübergangszahl auf der beheizten Seite der Heizfläche in kcal/m² h° C,
α_2 = Wärmeübergangszahl auf der gekühlten Seite der Heizfläche in kcal/m² h° C,
δ_1 = Dicke der Verunreinigung auf der beheizten Seite der Heizfläche in m,
λ_1 = Wärmeleitzahl der Verunreinigung auf der beheizten Seite der Heizfläche in kcal/mh° C,
δ = Wandstärke der Heizfläche in m,
λ = Wärmeleitzahl der Heizfläche in kcal/mh° C,
δ_2 = Dicke der Verunreinigung auf der gekühlten Seite der Heizfläche in m,
λ_2 = Wärmeleitzahl der Verunreinigung auf der gekühlten Seite der Heizfläche in kcal/mh° C.

Die Wärmeleitzahl λ in kcal/mh° C beträgt für:

Flußeisen, Flußstahl, Gußeisen	40—60	Flugasche	0,06—0,1
		Kesselstein	0,07—2,0
Kupfer	260—340	Ölbelag	rd. 0,1
Messing	70—100		

Die Wärmeleitzahl von Kesselstein hängt von seiner Zusammensetzung ab. Ein **gipsreicher** Belag setzt sich als Stein von hoher Dichte ab und hat verhältnismäßig gutes Wärmeleitvermögen (~ 0,7 bis 2,0 kcal/mh° C). **Kalkreiche** Beläge haben im allgemeinen eine Leitzahl von rd. 1 kcal/mh° C, können aber gelegentlich auch sehr porös auftreten; die Wärmeleitzahl sinkt dann unter 0,2 kcal/mh° C. **Siliziumreiche** Ablagerungen haben selbst im günstigsten Fall eine Wärmeleitzahl unter 0,2 kcal/mh° C, der kleinste festgestellte Wert war 0,07 kcal/mh° C bei einem sehr lockeren, porösen Stein. Derartige Steine können daher schon bei Stärken unter 1 mm hoch belasteten Kesselrohren äußerst gefährlich werden, S. 178.

Beispiel 21: Für dieselbe Heizfläche wie in Beispiel 20 soll für den Fall, daß das Rohr außen durch eine 3 mm starke Flugaschenschicht ($\lambda_1 = 0{,}08$ kcal/mh° C), innen durch eine 1 mm starke Kesselsteinschicht ($\lambda_2 = 1$ kcal/mh° C) verunreinigt ist, die Wärmedurchgangszahl unter Berücksichtigung der Wärmeleitzahl der 4 mm starken Rohrwand gerechnet werden.

Es ist also:

$\alpha_1 = 34{,}1$ kcal/m² h° C, $\delta = 0{,}004$ m, $\alpha_2 = 4000$ kcal/m² h° C, $\lambda = 40$ kcal/mh° C.
$\delta_1 = 0{,}003$ m, $\delta_2 = 0{,}001$ m, $\lambda_1 = 0{,}08$ kcal/mh° C, $\lambda_2 = 1$ kcal/mh° C.

$$k = \frac{1}{\frac{1}{34{,}1} + \frac{0{,}003}{0{,}08} + \frac{0{,}004}{40} + \frac{0{,}001}{1} + \frac{1}{4000}}$$

$$= \frac{1}{0{,}02933 + 0{,}03750 + 0{,}00010 + 0{,}00100 + 0{,}00025} = 14{,}7 \text{ kcal/m}^2\text{ h}^0\text{ C}.$$

Es ist deutlich zu erkennen (siehe auch Abb. 96), daß vor allem der Flugaschenbelag den Wärmeübergang verschlechtert. Kesselstein kann eine ähnliche Wirkung haben, ist aber weit unangenehmer, weil er die Temperatur des Rohres erhöht und seine Festigkeit gefährdet.

Tafel 14: Wärmeübergangszahlen durch Berührung α_B in kcal/m²h⁰C für Taschen- bzw. Röhrenluftvorwärmer auf Luft- und Rauchgasseite in Abhängigkeit von der Luft- bzw. Rauchgastemperatur, der Wandtemperatur t_w, der Taschen- bzw. Rohrlänge, der Gasart, der Luft- bzw. Rauchgasgeschwindigkeit v und dem Wandabstand der Taschen bzw. dem Rohrdurchmesser.

Tafel 14 dient zum Auffinden der Wärmeübergangszahlen von Rauchgasen an Luftvorwärmerheizfläche einerseits und von dieser an Luft andererseits bei zu den Rohren paralleler Gasströmung und kann für Taschen- und Röhrenluftvorwärmer benutzt werden. In beiden Fällen werden die Wärmeübergangszahlen von Rauchgasen an Rohrwand und von Rohrwand an Luft getrennt voneinander ermittelt. Es genügt, wenn man die Wandtemperatur als arithmetisches Mittel aus mittlerer Rauchgas- und mittlerer Lufttemperatur einsetzt. Sind die Geschwindigkeiten der Rauchgase und der Luft sehr verschieden, so liegt sie mehr nach der mittleren Temperatur des schneller strömenden Mediums zu. Eine genaue Berechnung der Wandtemperatur ist nur selten nötig und erfolgt derart, daß das arithmetische Mittel als erste Näherung zur Berechnung der Wärmeübergangszahlen zwischen Rauchgasen und Wand und zwischen Wand und Luft benutzt und die genaue Rohrwandtemperatur nach Formel (30) bis (32), S. 71, ermittelt wird.

Bei **Taschenluftvorwärmern** ist als Wandabstand der Taschen jeweils die lichte Weite der Rauchgas- bzw. Luftkanäle einzusetzen. Tafel 14 wird sowohl für den Wärmeübergang Rauchgas-Wand als auch Wand-Luft benutzt.

Bei **Röhrenluftvorwärmern** strömen dagegen im allgemeinen nur die Rauchgase durch die Rohre, die Luft senkrecht oder parallel dazu. In diesem Falle wird nur der Wärmeübergang Rauchgas-Wand aus Tafel 14, der Übergang Wand-Luft aus Tafel 8, 9 oder 10 bestimmt. Die Heizfläche von Röhrenluftvorwärmern wird aus dem arithmetischen Mittel von Außen- und Innendurchmesser errechnet.

Beispiel 22: Taschenluftvorwärmer: Rauchgastemperatur 246⁰, Lufttemperatur an derselben Stelle 97,5⁰, Taschenlänge rd. 5 m, Breite des Rauchgasspaltes 40 mm, Breite des Luftspaltes 18 mm, Rauchgasgeschwindigkeit 7 m/s, Luftgeschwindigkeit 10 m/s. Gesucht: Wärmedurchgangszahl k in kcal/m²h⁰C.

$$\text{Mittlere Wandtemperatur} = \frac{246 + 97{,}5}{2} = \text{rd. } 172^0.$$

Von 246⁰ Rauchgastemperatur, Punkt A, senkrecht nach oben bis zum Schnitt mit 172⁰ Rohrwandtemperatur, Punkt B_1, waagerecht bis zu 5 m Taschenlänge für Steinkohle, Punkt B_2, senkrecht abwärts bis 7 m/s Rauchgasgeschwindigkeit, Punkt B_3, waagerecht nach rechts bis 40 mm Spaltbreite, Punkt B_4, senkrecht aufwärts bis zur Abszissenachse gibt in Punkt C

$$\alpha_{B\,\text{Rauchgas}} = 19{,}7 \text{ kcal/m}^2\text{h}^0\text{C}.$$

Auf dieselbe Weise wird gefunden:

$$\alpha_{B\,\text{Luft}} = 31{,}6 \text{ kcal/m}^2\text{h}^0\text{C}.$$

Nach Beispiel 19, S. 102, gibt Tafel 13 die gesuchte Wärmedurchgangszahl zu

$$k = 12{,}1 \text{ kcal/m}^2\text{h}^0\text{C}.$$

Der Anteil der Wärmeübertragung durch Strahlung kann infolge der niedrigen Temperaturen und kleinen Schichtstärken vernachlässigt werden.

Beispiel 23: Röhrenluftvorwärmer: Rauchgastemperatur 246⁰, Lufttemperatur 97,5⁰, Rohrdurchmesser 57/51,5 mm, Luft strömt außen parallel zu den Rohren, Rauchgase strömen durch die Rohre, Rauchgasgeschwindigkeit 7 m/s, Luftgeschwindigkeit 10 m/s, Rohrlänge rd. 5 m.

$$\text{Mittlere Rohrwandtemperatur} = \frac{246 + 97{,}5}{2} = \text{rd. } 172^0.$$

Der weitere Rechnungsvorgang ist analog Rechenbeispiel 22, es ist nur darauf zu achten, daß im Gegensatz zu Beispiel 22 $\alpha_{B\,\text{Luft}}$ aus Tafel 10 unter Berücksichtigung des Teilungsverhältnisses ermittelt wird.

Man findet: $\alpha_{B\,\text{Rauchgas}} = 21$ kcal/m²h⁰C, $\alpha_{B\,\text{Luft}} = 29{,}5$ kcal/m²h⁰C

und aus Tafel 13: $k = 12{,}3$ kcal/m²h⁰C.

Beispiel 24: Derselbe Röhrenluftvorwärmer wie in Beispiel 23, nur möge die Luft nicht parallel, sondern senkrecht zu den fluchtend angeordneten Rohren strömen (mehr als 10 Rohrreihen).

Die Rohrwandtemperatur und $\alpha_{B\,\text{Rauchgas}}$ bleiben ungefähr wie in Beispiel 23, aber $\alpha_{B\,\text{Luft}}$ ändert sich und muß aus Tafel 8 ermittelt werden. Der Rechnungsgang ist wie in Beispiel 22 und 23

$$\alpha_{B\,\text{Rauchgas}} = 21 \text{ kcal/m}^2\text{h}^0\,\text{C}, \quad \alpha_{B\,\text{Luft}} = 44 \text{ kcal/m}^2\text{h}^0\,\text{C}, \quad k = 14{,}2 \text{ kcal/m}^2\text{h}^0\,\text{C}.$$

Ein Vergleich der Ergebnisse der Beispiele 22 bis 24 gibt ein Bild von der durch andere Konstruktion unter sonst gleichen Verhältnissen zu erwartenden Änderungen der Wärmedurchgangszahl bzw. der erforderlichen Heizfläche.

Mit Hilfe von Tafel 4 bis 14 kann die Heizfläche F von Kesseln, Überhitzern, Ekonomisern und Luftvorwärmern bzw. die Rauchgasabkühlung (Temperaturverlauf) in einer Heizfläche schnell gefunden werden, indem man von folgender Grundgleichung ausgeht:

$$F = \frac{\text{stdl. übertragene Wärmemenge}}{\text{Wärmedurchgangszahl} \cdot \Delta t_m} = \frac{Q}{k \cdot \Delta t_m} \text{ m}^2. \tag{80}$$

Hierin ist:

Δt_m = mittlere logarithmische Temperaturdifferenz zwischen Wärmeträger und Wärmeaufnehmer in ^{0} C, S. 96.

Die übertragene Wärmemenge kann entweder aus der Wärmeabgabe des Wärmeträgers (Rauchgase) oder der Erwärmung des Wärmeaufnehmers (Wasser, Dampf, Luft) ermittelt werden.

Bedeutet:

B = stündlich verbranntes Kohlengewicht in kg/h,

J_{R_1} und J_{R_2} bzw. J_{L_1} und J_{L_2} = Wärmeinhalt von 1 Nm³ Rauchgas bzw. Luft am Ein- bzw. Austritt aus Heizfläche F in kcal/Nm³,

V_R = aus 1 kg verbrannte Kohle entstehendes Rauchgasvolumen in Nm³/kg,

D = stündlich verdampftes Wassergewicht in kg/h,

V_L = von 1 kg verbrannter Kohle erwärmte Verbrennungsluftmenge in Nm³/kg,

i_1 und i_2 = Wärmeinhalt von 1 kg des Wärmeaufnehmers (Wasser, Dampf) am Eintritt bzw. Austritt aus Heizfläche F in kcal/kg,

so ist, wenn man vom Wärmeträger ausgeht,

$$F = \frac{(J_{R_1} - J_{R_2}) \cdot V_R \cdot B}{k \cdot \Delta t_m} \text{ m}^2 \tag{81}$$

und wenn man vom Wärmeaufnehmer ausgeht

$$F = \frac{(i_2 - i_1) \cdot D}{k \cdot \Delta t_m} \text{ m}^2 \tag{82}$$

oder

$$F = \frac{(J_{L_2} - J_{L_1}) \cdot V_L \cdot B}{k \cdot \Delta t_m} \text{ m}^2. \tag{83}$$

V_R wird aus Tafel 4, J_{R_1} und J_{R_2} bzw. J_{L_1} und J_{L_2} aus Tafel 5, k aus Tafel 8 bis 14, Δt_m aus Tafel 7 bestimmt. i_1 und i_2 findet man für Dampf und Wasser aus der Molliertafel bzw. aus der Dampftabelle in der „Hütte", Bd. 1.

Die Anwendung der Tafeln wird für jede der folgenden 4 **Grundaufgaben** getrennt und vollständig gezeigt, damit der Leser im Bedarfsfalle unter der betreffenden Aufgabe den ganzen Rechnungsgang findet.

Grundaufgabe 1: Kesselheizfläche (Vorheizfläche und Nachheizfläche) in m² für B kg stündlich vollständig verbrannte Kohle in Abhängigkeit vom unteren Heizwert der Kohle $\mathfrak{H}_u$, dem CO_2-Gehalt der Rauchgase, den Rauchgastemperaturen t_R vor und hinter der Heizfläche, der Rauchgasmenge je kg Kohle, der Wärmedurchgangszahl k und der mittleren Temperaturdifferenz Δt_m.

Häufig wird die Kesselheizfläche gesucht, die nötig ist, um die bei vollständiger Verbrennung einer gewissen Brennstoffmenge entstehende Rauchgasmenge bei einem gewissen CO_2-Gehalt von einer Anfangstemperatur t_1 auf eine Endtemperatur t_2 abzukühlen. Bei Kesseln mit Überhitzern muß diese Rechnung meist für die Vorheizfläche und die Nachheizfläche getrennt ausgeführt werden. Ist der CO_2-Gehalt der Rauchgase vor und hinter einer Heizfläche etwas verschieden, so rechnet man am einfachsten mit dem Mittelwert aus beiden und bestimmt damit auch die Rauchgasmenge auf 1 kg Kohle. Für Vorheizfläche, Überhitzer, Nachheizfläche und Ekonomiser kann dann mit dem zugehörigen mittleren CO_2-Gehalt gerechnet und dadurch der allmählich zunehmende Luftüberschuß berücksichtigt werden. Ist der Abfall des CO_2-Gehaltes in einer Heizfläche groß, so wird nach S. 128 verfahren.

Beispiel 25: Gegeben:

Kohlenmenge	8290 kg/h	Unterer Heizwert	6900 kcal/kg
CO_2-Gehalt	14 vH	Wärmedurchgangszahl	34,1 kcal/m² h °C
Rauchgastemperatur vor Heizfläche	1260°	Temperatur des Kesselwassers	250°
„ nach „	800°		

Gesucht: Die erforderliche Kesselheizfläche (Vorheizfläche).

Aus Tafel 4 findet man für 14 vH CO_2 und 18,7 vH $CO_{2\,max}$ den Wert $\lambda = 1{,}34$ und hiermit und mit $\mathfrak{H}_u = 6900$ kcal/kg die Rauchgasmenge $V_R = 10{,}3$ Nm³/kg Kohle. Mit Tafel 5 wird $J_{R_1} = 450$, $J_{R_2} = 279$ kcal/m³, mit Tafel 7 $\Delta t_m = 756°$ ermittelt. Mit diesen Werten ergibt sich die Kesselheizfläche

$$F = \frac{(J_{R_1} - J_{R_2}) \cdot V_R \cdot B}{k \cdot \Delta t_m} = \frac{(450 - 279) \cdot 10{,}3 \cdot 8290}{34{,}1 \cdot 756} = 567 \text{ m}^2.$$

Die Ermittlung von k ist in Beispiel 37, S. 125, gezeigt.

Grundaufgabe 2: Rauchgastemperaturen vor bzw. hinter Überhitzer sowie Überhitzerheizfläche in m² für B kg stündlich vollständig verbrannte Kohle in Abhängigkeit vom unteren Heizwert der Kohle $\mathfrak{H}_u$, dem CO_2-Gehalt der Rauchgase, den Rauchgastemperaturen t_R hinter bzw. vor Überhitzer, der Verdampfungsziffer, der Überhitzungswärme, der Rauchgasmenge je kg Kohle, der Wärmedurchgangszahl k und der mittleren Temperaturdifferenz Δt_m.

Beispiel 26: Gesucht sind Heizfläche des Überhitzers und Rauchgastemperatur hinter Überhitzer bei einer stündlich verbrannten Kohlenmenge von 8290 kg/h, einer Kohle von 6900 kcal/kg unterem Heizwert, 14 vH CO_2, 800° Rauchgastemperatur vor Überhitzer, einer Verdampfungsziffer von 9,05, einer Überhitzung des Dampfes auf 425° bei 40 at abs, einer Rauchgasgeschwindigkeit von 7 m/s, einer Dampfgeschwindigkeit von 20 m/s, Rohrdurchmessern von 32/42 mm, Rohrteilung von 97 mm, Schlangenlänge von 50 m. Die Rauchgase strömen senkrecht zu den Rohren und der Dampf soll im Gegenstrom zu den Rauchgasen geführt werden. Die Feuchtigkeit des Sattdampfes sei 0 vH.

Zunächst wird die Rauchgastemperatur hinter Überhitzer bestimmt. Aus der JS-Tafel von Mollier oder aus der „Hütte" findet man die Wärmeaufnahme von 1 kg Dampf im Überhitzer $i_2 - i_1 = 115$ kcal/kg, aus Tafel 4 $V_R = 10{,}3$ Nm³/kg, aus Tafel 5 den Wärmeinhalt der Rauchgase am Eintritt in den Überhitzer $J_{R_1} = 279$ kcal/Nm³. Es gilt die Gleichung

$$(J_{R_1} - J_{R_2}) \cdot V_R \cdot B = D \cdot (i_2 - i_1) \text{ kcal/h},$$
$$(279 - J_{R_2}) \cdot 10{,}3 \cdot 8290 = 8290 \cdot 9{,}05 \cdot 115 \text{ kcal/h}.$$

Hieraus findet man $J_{R_2} = 178$ kcal/kg und damit aus Tafel 5 $t_{R_2} = 520°$. Mit diesem Wert wird aus den Tafeln 8, 11, 12 und 13 die Wärmedurchgangszahl $k = 41{,}6$ kcal/m² h °C und aus Tafel 7 die mittlere Temperaturdifferenz $\Delta t_m = 319°$ ermittelt. Die Überhitzerheizfläche ergibt sich aus

$$F = \frac{D \cdot (i_2 - i_1)}{k \cdot \Delta t_m} = \frac{8290 \cdot 9{,}05 \cdot 115}{41{,}6 \cdot 319} = 650 \text{ m}^2.$$

Grundaufgabe 3: Rauchgastemperaturen vor bzw. hinter Ekonomiser sowie Ekonomiserheizfläche in m² für B kg stündlich vollständig verbrannte Kohle in Abhängigkeit vom unteren Heizwert der Kohle $\mathfrak{H}_u$, dem CO_2-Gehalt der Rauchgase, den Rauchgastemperaturen hinter bzw. vor Ekonomiser t_R, der Verdampfungsziffer, der Speisewassererwärmung, der Rauchgasmenge je kg Kohle, der Wärmedurchgangszahl k und der mittleren Temperaturdifferenz Δt_m.

Das Verfahren gilt für Glattrohr- und für Rippenrohrekonomiser. Häufig rechnet man, daß 1 m² Heizfläche eines normalen gußeisernen Glattrohrekonomisers von

116/96 mm Rohrdurchmesser etwa soviel leistet wie 1,6 bis 1,9 m² Rippenrohrheizfläche. Man kann dann bei der Berechnung von Rippenrohrekonomisern zunächst die Heizfläche eines Glattrohrekonomisers ermitteln und sie mit 1,6 bis 1,9 multiplizieren. Wegen weiteren Angaben über die Wärmedurchgangszahl von Ekonomisern siehe S. 92 und Abb. 113 und 131. Wegen der unvermeidlichen Zufälligkeiten und Ungenauigkeiten der Messung des Wärmedurchganges an Ekonomisern tut man bei Benutzen dieser Werte im Zweifelsfalle gut daran, die Heizfläche reichlich zu bemessen und, falls für einen Ekonomiser auffallend hohe Wärmedurchgangszahlen angegeben werden, auch die Größe seines Zugverlustes zu prüfen, S. 92. Wenn aber für eine bestimmte Konstruktion die Wärmedurchgangszahl einmal zuverlässig gemessen worden ist, kann es unter ähnlichen Bedingungen vorteilhafter sein, mit dem Meßwert und nicht mit einem aus den Tafeln oder Abb. 131 ermittelten Werte zu rechnen.

Beispiel 27: Für einen Schlangenrohrekonomiser in Gegenstromschaltung, bei dem die Rauchgase senkrecht zu den fluchtend angeordneten Rohren strömen, sind Heizfläche und Rauchgastemperatur vor Ekonomiser zu bestimmen für 8290 kg/h verlustlos verbrannte Kohle, $\mathfrak{H}_u = 6900$ kcal/kg, 14 vH CO_2-Gehalt, 312° Rauchgastemperatur hinter Ekonomiser, 9,05 Verdampfungsziffer, 7 m/s Rauchgasgeschwindigkeit, 120° Eintrittstemperatur, 180° Austrittstemperatur des Wassers, 85 mm Rohrteilung, 45 mm äußeren Rohrdurchmesser.

Aus Tafel 4 findet man für 14 vH CO_2 und $CO_{2\,\max} = 18{,}7$ den Wert $\lambda = 1{,}34$ und damit für $\mathfrak{H}_u = 6900$ kcal/kg die Rauchgasmenge $V_R = 10{,}3$ Nm³/kg. Die Wärmeaufnahme des Wassers kann man genügend genau gleich seiner Erwärmung setzen. Es gilt daher die Gleichung

$$(J_{R1} - J_{R2}) \cdot V_R \cdot B = D\,(i_2 - i_1)\ \text{kcal/h}\,.$$

Aus Tafel 5 wird gefunden $J_{R2} = 105$ kcal/Nm³, damit wird

$$(J_{R1} - 105) \cdot 10{,}3 \cdot 8290 = 9{,}05 \cdot 8290 \cdot 60\ \text{kcal/h}\,.$$

Hieraus ergibt sich $J_{R1} = 157{,}5$ kcal/Nm³ und aus Tafel 5 $t_{R1} = 467°$. Für die weitere Berechnung muß man die Wärmedurchgangszahl k und die mittlere Temperaturdifferenz Δt_R zwischen Rauchgasen und Wasser im Ekonomiser ermitteln. Wie dies geschieht, ist in Beispiel 37, Punkt 7 auf S. 127 gezeigt, wo diese beiden Werte zu $k = 40{,}4$ kcal/m² h °C und $\Delta t_m = 236°$ bestimmt sind. Mit ihnen ergibt sich die gesuchte Ekonomiserheizfläche zu

$$F = \frac{D \cdot (i_2 - i_1)}{k \cdot \Delta t_m} = \frac{9{,}05 \cdot 8290 \cdot 60}{40{,}4 \cdot 236} = 472\ \text{m}^2.$$

Grundaufgabe 4: Rauchgasabkühlung bzw. Luftvorwärmung und Luftvorwärmerheizfläche in m² für B kg stündlich vollständig verbrannte Kohle in Abhängigkeit vom unteren Heizwert der Kohle $\mathfrak{H}_u$, dem CO_2-Gehalt der Rauchgase, den Rauchgas- bzw. Lufttemperaturen, der Rauchgas- bzw. Luftmenge je kg Kohle, der Wärmedurchgangszahl k und der mittleren Temperaturdifferenz Δt_m.

Beispiel 28: Gegeben: Bauart: Plattenluftvorwärmer.

Lufttemperatur:

Eintritt Luftvorwärmer	20°	Rauchgasgeschwindigkeit	7 m/s
Austritt Luftvorwärmer	175°	Luftgeschwindigkeit	10 m/s
Kohlenverbrauch des Kessels	8290 kg/h	Breite des Rauchgasspaltes	40 mm
Unterer Heizwert der Kohle	6900 kcal/kg	Breite des Luftspaltes	18 mm
CO_2-Gehalt der Rauchgase	14 vH	Anteil der den Luftvorwärmer durchstreichenden Luftmenge an der gesamten Verbrennungsluft	85 vH
Rauchgastemperatur hinter Luftvorwärmer	180°		

Gesucht: Rauchgastemperatur vor Luftvorwärmer, Luftvorwärmerheizfläche.

Zunächst muß die Rauchgastemperatur vor Luftvorwärmer ermittelt werden. Nach Tafel 4 ist für 1 kg Kohle von $\mathfrak{H}_u = 6900$ kcal/kg die theoretisch erforderliche Luftmenge 7,45 Nm³/kg (Beispiel 6, S. 94). Der Luftüberschuß beträgt nach Tafel 4 bei 14 vH CO_2-Gehalt $\lambda = 1{,}34$, somit die tatsächlich zugeführte Luftmenge $1{,}34 \cdot 7{,}45 = 10$ Nm³/kg und die Rauchgasmenge nach Tafel 4 10,3 Nm³/kg. Je 1 kg verbrannte Kohle beträgt die den Vorwärmer durchströmende Luftmenge $0{,}85 \cdot 10 = 8{,}5$ Nm³/kg.

Der Wärmeinhalt der Luft vor und nach Luftvorwärmer beträgt nach Tafel 5 6 und 53 kcal/Nm³, der der Rauchgase hinter Luftvorwärmer 63 kcal/Nm³. Die Rauchgastemperatur vor Luftvorwärmer wird gefunden aus der Gleichung

$$(J_{R_1} - J_{R_2}) \cdot V_R \cdot B = (J_{L2} - J_{L1}) \cdot V_L \cdot B\ \text{kcal/h}$$

$$(J_{R_1} - 63) \cdot 10{,}3 \cdot 8290 = (53 - 6) \cdot 10 \cdot 8290 \cdot 0{,}85\ \text{kcal/h}\,.$$

Hieraus ergibt sich $J_{R_1} = 102$ kcal/kg, wozu man aus Tafel 5 eine Rauchgastemperatur von 312° findet. Da nun sämtliche Temperaturen bekannt sind, kann aus Tafel 7, nach Beispiel 13, S. 98, die mittlere Temperaturdifferenz $\Delta t_m = 148°$ und aus Tafel 13 und 14 nach Beispiel 22, S. 104, die Wärmedurchgangszahl $k = 12{,}1$ kcal/m² h °C ermittelt werden. Die gesuchte Luftvorwärmerheizfläche ergibt sich dann aus Gleichung

$$F = \frac{(J_{R_1} - J_{R_2}) \cdot V_R \cdot B}{k \cdot \Delta t_m} = \frac{(102 - 63) \cdot 10{,}3 \cdot 8290}{12{,}1 \cdot 148} = \text{rd. } 1900\ \text{m}^2 .$$

Tafel 15 und 16: Kesselheizfläche in m² je 1 Nm³/s Rauchgasvolumen bei versetzten und bei fluchtenden Rohren und Gasströmung **senkrecht** zur Rohrachse in Abhängigkeit von der mittleren Rauchgasgeschwindigkeit v und dem Unterschied zwischen der Rauchgastemperatur vor und hinter der Heizfläche und der Sattdampftemperatur bei $\mathfrak{H}_u = 6500$ und 2500 kcal/kg unterem Heizwert der Kohle und 13 vH CO_2-Gehalt der Rauchgase.

Da Schrägrohrkessel im allgemeinen ähnlichen Aufbau, annähernd gleiche Teilung und bis etwa 50 at auch annähernd gleichen Durchmesser der Wasserrohre haben und da der CO_2-Gehalt der Rauchgase bei modernen Kesseln über einen weiten Belastungsbereich nahezu konstant bleibt und sich auch innerhalb der Züge nur wenig ändert, reichen für viele Fälle, wo es auf große Genauigkeit nicht ankommt, Tafel 15 und 16 aus. Sie gestatten, für mittlere Werte von Teilung (200 mm) und Durchmesser (100 mm) der Wasserrohre und für 13 vH CO_2-Gehalt, ohne daß vorher die Wärmeübergangszahlen und die mittleren Temperaturdifferenzen ermittelt zu werden brauchen, abzulesen, wieviel m² Kesselheizfläche bei gegebener Rauchgasgeschwindigkeit und bei Gasströmung senkrecht zur Rohrachse zum Abkühlen von 1 Nm³/s Rauchgasen von 1450° (1200° über Siedetemperatur) auf eine beliebige Temperatur nötig sind. Sie wurden für 250° Sattdampftemperatur und 15° Übertemperatur der Rohraußenwand berechnet, sind aber auch für andere Sattdampftemperaturen brauchbar, da sie vom Unterschied zwischen Rauchgas- und Sattdampftemperatur ausgehen. Daß der mit 15° angenommene Temperaturabfall in der Rohrwand sich mit der spezifischen Heizflächenbelastung ändert, ist von untergeordneter Bedeutung. Der Temperaturbereich von 800 bis 1200° Übertemperatur ist der besseren Deutlichkeit wegen noch in größerem Maßstab dargestellt. Die Wärmeübergangszahl zwischen Rohrwand und Wasser α_2 wurde zu 4000 kcal/m²h °C angenommen, der Wärmeleitwiderstand der Rohrwand vernachlässigt.

Tafel 15 und 16 sind häufig genügend genau auch für andere CO_2-Gehalte als 13 vH brauchbar, wenn man vom sekundlichen Gasvolumen für den gegebenen CO_2-Gehalt ausgeht. Dasselbe gilt, solange der Heizwert $\mathfrak{H}_u$ nicht beträchtlich von 2500 bzw. 6500 kcal/kg abweicht, falls man bei Ermittlung des Rauchgasvolumens je kg verbrannte Kohle aus Tafel 4 von dem betreffenden Heizwert ausgeht.

Für Gasströmung parallel zur Rohrachse, wie sie bei Steilrohrkesseln vorliegt, wurde keine Tafel entworfen, weil Aufbau, Rohrteilung und -anordnung von Steilrohrkesseln nicht so einheitlich sind wie bei Schrägrohrkesseln.

Beispiel 29: Wie groß ist bei einem Sektionalkessel mit fluchtenden Siederohren von 100 mm äußerem Durchmesser die Kesselheizfläche vor und hinter Überhitzer für folgende Verhältnisse:

Verbranntes Kohlengewicht	7200 kg/h,	unterer Heizwert der Kohle	6500 kcal/kg,
mittlerer CO_2-Gehalt der Rauchgase	13 vH		
Rauchgastemperaturen:			
im Feuerraum	1400°,	vor Überhitzer	1000°,
hinter Überhitzer	720°,	hinter Kessel	475°,
Temperatur des Kesselwassers . . .	250°,	mittlere Gasgeschwindigkeit	6 m/s.

Aus Tafel 4 findet man für 13 vH CO_2 und $CO_{2\,max} = 18{,}7$ vH die Luftüberschußzahl $\lambda = 1{,}44$ und für $\mathfrak{H}_u = 6500$ kcal/kg das aus 1 kg Kohle entstehende Rauchgasvolumen $= 10{,}5$ Nm³. Damit wird die sekundliche Rauchgasmenge $= \frac{7200 \cdot 10{,}5}{3600} = 21{,}0$ Nm³/s. Zur Ermittlung der Vorheizfläche geht man in Tafel 15 und 16 von $\Delta t_1 = 1400 - 250 = 1150°$, Punkt A_1, waagerecht bis zum Schnitt mit der Kurve $v = 6$ m/s, Punkt B_1, von dort aus senkrecht nach unten bis zum Schnitt mit der Abszissenachse und erhält in Punkt C_1 den Wert 1,5 m²/Nm³/s. Ebenso findet man aus $\Delta t_2 = 1000 - 250 = 750°$, Punkt A_2, über Punkt B_2 in Punkt C_2 den Wert 16 m²/Nm³/s. Die Differenz dieser beiden Werte gibt die gesuchte spezifische Heizfläche zu 14,5 m²/Nm³/s. Somit ist die Vorheizfläche $= 14{,}5 \cdot 21 = 305$ m². Die Nachheizfläche ermittelt man ebenso zu 735 m².

Beispiel 30: Wie hoch wird bei der in Beispiel 29 ermittelten Vorheizfläche von 305 m² und 12,0 vH CO_2-Gehalt die Rauchgastemperatur vor Überhitzer, wenn nur 4800 kg/h Kohle verbrannt werden und die Feuerraumtemperatur 1260° beträgt?

Nach Tafel 4 ist die aus 1 kg verbrannte Kohle entstehende Rauchgasmenge 11,35 Nm³/kg bzw. 15,1 Nm³/s. Die spezifische Heizfläche beträgt somit $\frac{305}{15,1} = 20,2$ m²/Nm³/s. Bei einer vorläufig zu 860° geschätzten Rauchgastemperatur vor Überhitzer ist die mittlere Rauchgastemperatur in der Vorheizfläche $\frac{1260 + 860}{2} = 1060^0$ und das tatsächliche Rauchgasvolumen $15,1 \cdot \frac{1060 + 273}{273} = 73,8$ m³/s gegenüber $21 \cdot \frac{1200 + 273}{273} = 113,2$ m³/s in Beispiel 29. Die mittlere Rauchgasgeschwindigkeit beträgt somit $6 \cdot \frac{73,8}{113,2} = 3,9$ m/s. Aus Tafel 15 findet man zu $\Delta t_1 = 1260 - 250 = 1010^0$ und $v = 3,9$ m/s den Wert 6,75 m²/Nm³/s. 6,75 + 20,2 ergeben 26,95 m²/Nm³/s. Zu diesem Werte und $v = 3,9$ m/s gehört nach Tafel 15 eine Temperaturdifferenz $\Delta t_2 = 615^0$. Die Rauchgastemperatur vor Überhitzer beträgt also 615 + 250 = 865°. Sollte sie wesentlich von der geschätzten Temperatur abweichen, so ist die angenommene Rauchgastemperatur sinngemäß zu ändern und die Rechnung zu wiederholen.

Tafel 17 bis 20: Mittlere Feuerraumtemperatur in °C für Kohlenstaub- und Rostfeuerungen für verschiedene Feuerraumgrößen in Abhängigkeit vom unteren Heizwert der Kohle $\mathfrak{H}_u$, dem Luftüberschuß, der Flammenbelastung, der Kühlziffer ψ und der Temperatur der Verbrennungsluft.

Feuerräume von einfacher Form (Verfahren A). Tafel 17 bis 20 beruhen auf Untersuchungen von Wohlenberg und seinen Mitarbeitern, die es sehr geschickt verstanden haben, die hauptsächlichsten Vorgänge in einer Feuerung zu berücksichtigen. Um aber überhaupt rechnen zu können, mußten sie einige Annahmen machen, die nicht immer voll erfüllt werden. Z. B. ist vorausgesetzt, daß im ganzen Feuerraum dieselbe Temperatur, Gaszusammensetzung und spezifische Wärmeentbindung herrscht, daß der Feuerraum würfelförmige Gestalt hat und daß die Seite des Würfels, an der die völlig verbrannten Verbrennungsprodukte austreten, von Kesselheizfläche gebildet wird. Die Verbrennung müßte also am Feuerraumende schlagartig aufhören. Gemäß dem Vorgang von Wohlenberg wird unter **mittlerer Feuerraumtemperatur** die Temperatur verstanden, mit der die Rauchgase den Feuerraum unter obigen Voraussetzungen verlassen. Diese wenig glückliche Bezeichnung wurde übernommen, weil sie in die Weltliteratur übergegangen ist und eine neue Bezeichnung Verwirrung anrichten könnte. In Wirklichkeit sind Temperatur, Gaszusammensetzung und Wärmeentbindung fast nie im ganzen Feuerraum gleich, S. 119, und die Verbrennung hört weder schlagartig noch genau da auf, wo die Kesselheizfläche beginnt. Vielmehr befindet sich zwischen eigentlichem Feuerraum und Eintritt in die Kesselheizfläche oft ein mit ausgebrannten Rauchgasen angefüllter Schacht, in dem unter Umständen ein erheblicher Temperaturabfall erfolgt, selbst wenn keine Kühlflächen in ihn eingebaut sind, S. 116.

Es wird zunächst der einfache Fall behandelt, daß die Wohlenbergschen Voraussetzungen im großen und ganzen zutreffen. Stets ist, wenn man zu brauchbaren Ergebnissen kommen will, Vertrautheit mit den Vorgängen in Feuerungen und die Fähigkeit unerläßlich, Einflüsse, die sich formelmäßig nicht erfassen lassen, in geeigneter Weise zu berücksichtigen.

An Hand der Tafeln kann man sich einen sehr guten, wenn auch der absoluten Größe nach nicht immer ganz zutreffenden Einblick in die verwickelten Vorgänge in Feuerräumen verschaffen. Tafel 17 bis 19 sind für Kohlenstaubfeuerungen, Tafel 20 ist für Roste bestimmt. Damit Verwechslungen der Tafeln vermieden werden, ist Tafel 20 etwas anders angeordnet als die drei übrigen. Sämtliche Tafeln wurden für zwei verschiedene Heizwerte und Luftüberschußzahlen entworfen. Die Temperatur der Heizfläche ist durchweg zu 230° angenommen, doch macht es sehr wenig aus, ob sie 100° höher oder niederer ist. Tafel 17 gilt für 3 m, Tafel 18 für 6 m, Tafel 19 für 9 m Kantenlänge eines würfelförmigen Feuerraumes. Für Rostfeuerungen wurde nur Tafel 20 für 6 m Kantenlänge entworfen. Für Tafel 20 lagen lediglich die Ausgangswerte bei zwei verschiedenen Feuerraumbelastungen vor. Die Kurven wurden daher unter möglichster

Anpassung ihres Charakters an die mit 3 Ausgangswerten gezeichneten Tafeln 17 bis 19 entworfen.

Da viele Feuerungen keine würfelförmige Gestalt haben, muß man unter geschicktem Einfühlen in die tatsächlichen Verhältnisse schätzen, welcher Würfel etwa einen äquivalenten Feuerraum gäbe, oder ihn nach S. 112 bis 115 ermitteln.

Feuerräume derselben Größe und Form können sich durch den Grad unterscheiden, in welchem ihre Wandungen mit Kühlfläche ausgekleidet sind. Bezeichnet

S_H = Summe der gesamten im Feuerraum angebrachten „kalten Flächen" bzw. der ihnen äquivalenten kalten Flächen (S. 78 und 79) in m²,

S_S = Summe der nicht mit „kalten Flächen" ausgekleideten feuerfesten Wandflächen in m²,

dann ist die Kühlziffer:

$$\psi = \frac{S_H}{S_H + S_S} \cdot 100 \text{ vH}. \tag{84}$$

Sie gibt an, welcher Teil der Innenfläche des Feuerraumes von **kalten Flächen** (Heizflächen) bedeckt ist. Diese Flächen werden auch vielfach Kühlflächen, Kühlheizflächen und Strahlungsheizflächen genannt. In diesem Buche werden Strahlungsheizflächen, die nicht ein Teil der eigentlichen Kesselheizfläche, sondern in besondere Sammelkästen eingewalzt sind, im allgemeinen als **Kühlflächen** oder **Kühlheizflächen** bezeichnet. Kühlflächen, deren Rohre mit 300 bis 400 mm Teilung oberhalb der Schlackentrichter sitzen und zum Abschrecken der niederrieselnden Schlackentröpfchen dienen, heißen **Kühlroste, Granulierroste** oder **Abschreckroste.** Der Begriff „kalte Flächen" umfaßt aber sämtliche von Wasser bzw. von Dampf gekühlte und der Strahlung des Feuerraumes ausgesetzte Heizflächen, somit sowohl einen Teil der Kesselheizfläche als auch die eigentliche Kühlfläche. Da in sämtlichen Tafeln ein würfelförmiger Feuerraum vorausgesetzt ist, dessen obere Fläche gleichzeitig den Eintritt der Rauchgase in die Kesselzüge bildet und von Wasserrohren durchzogen wird, zwischen welchen die Verbrennungsprodukte abziehen, beträgt die Kühlziffer bei einem Feuerraum ohne zusätzliche Kühlfläche

bei Rosten $\psi_{\min} = \frac{1}{5}$

bei Kohlenstaubfeuerungen $\psi_{\min} = \frac{1}{6}$

Sind aber sämtliche Wandflächen, d. h. bei Rosten 5 und bei Staubfeuerungen 6, mit Heizfläche belegt, so ist

bei Rosten $\psi_{\max} = \frac{5}{5}$

bei Staubfeuerungen $\psi_{\max} = \frac{6}{6}$

Allerdings sind in Wirklichkeit die Kühlflächen oft keine Ebenen. Wie dann bei genauer Ermittlung der äquivalenten kalten Flächen vorgegangen werden muß, ist auf S. 78 und 79 gezeigt. In vielen Fällen reicht es aber aus, wenn man die Projektion der kalten Flächen auf die Wand, vor der sie angebracht sind, als äquivalente Flächen wählt. Als „kalte" Kesselheizfläche kann man nach S. 78 mit genügender Genauigkeit fast immer die glatte bedeckte Fläche des Rohrbündels bzw. deren Projektion in das Feuerraummaul nehmen. Nach einiger Betriebszeit sind die bestrahlten Heizflächen oft mit Asche und Schlacke überzogen. Bei Kohlen, die zur Bildung solcher Ansätze neigen, sollte man daher nur mit 60 bis 80 vH der bestrahlten Heizfläche rechnen, um die allmähliche Verschmutzung zu berücksichtigen.

Wie die „kalten Flächen" innerhalb der Feuerräume angeordnet sind, ist bei Staubfeuerungen von kleinerer Bedeutung als bei Rosten, weil die für die Strahlung vom Rost nach der „kalten Fläche" maßgeblichen Strahlungswinkel zwischen beiden bei derselben Größe der „kalten Fläche" je nach ihrer Lage zum Rost anders sind. Dieser Umstand wird aber dadurch weitgehend ausgeglichen, daß der Feuerraum von leuchtenden, stark strahlenden Flammen erfüllt ist.

Wohlenberg hat bei sämtlichen Rechnungen vorausgesetzt, daß die Flamme von allen Seiten des Feuerraumes 150 mm entfernt, das Flammenvolumen also kleiner als das Feuerraumvolumen ist. Der Unterschied zwischen beiden wird um so geringer, je größer ein Feuerraum ist. Die Voraussetzung eines gewissen Abstandes zwischen Flamme und Wand ist richtig, das Maß von 150 mm wird freilich oft eher zu niedrig als zu hoch sein.

Da aber in der Praxis ganz allgemein mit der spezifischen **Feuerraumbelastung** und nicht mit der **Flammenbelastung** gearbeitet wird, hätte es nahe gelegen, Tafel 17 bis 20 auf ersterer aufzubauen. Dies geschah mit aus dem Grunde nicht, um den Leser immer wieder auf eine wichtige, den Wohlenbergschen Berechnungen zugrunde liegende Voraussetzung hinzuweisen. Auf jeder Tafel ist angegeben, mit welcher Zahl die spezifische Feuerraumbelastung multipliziert werden muß, um die Flammenbelastung zu erhalten, die als Maßstab dient. Flammenbelastung in Tafel 17 bis 20 bedeutet lediglich die im Brennstoff, nicht aber die in der Verbrennungsluft dem Feuerraum zugeführte Wärme, ist also

$$\mathfrak{B}_{Fl} = \frac{B \cdot \mathfrak{H}_u}{V_{Fl}} \text{ in kcal/m}^3\text{h}. \tag{85}$$

Hierin bedeutet

B = stündlich vollständig verbrannte Kohlenmenge in kg/h,
$\mathfrak{H}_u$ = unterer Kohlenheizwert in kcal/kg,
V_{Fl} = Flammenvolumen in m³.

Im Gegensatz zu Tafel 17 bis 20 ist bei sämtlichen Abbildungen dieses Buches die spezifische Feuerraumbelastung als Maßstab gewählt, weil diese Bezugsgröße in der Praxis allein üblich ist.

Beispiel 31: Es wird die Feuerraumtemperatur in einer Kohlenstaubfeuerung für folgende Verhältnisse gesucht:

Spezifische Feuerraumbelastung .	130000 kcal/m³ h	CO_2-Gehalt im Feuerraum (Orsatanalyse)	14 vH
unterer Heizwert der Kohle . .	6900 kcal/kg	Temperatur der Verbrennungsluft	150°
verbrannte Kohlenmenge . . .	8290 kg/h	Kühlziffer	ψ = 0,38.

Nach Tafel 4 ist bei 14 vH CO_2 der Luftüberschuß $\lambda = 1{,}34$, der theoretische Luftbedarf von 1 kg Kohle 7,45 Nm³/kg, der tatsächliche Luftbedarf $1{,}34 \cdot 7{,}45 = 10$ Nm³/kg.

Es ist:

in der Kohle zugeführte Wärme = $8290 \cdot 6900$	=	57100000 kcal/h
erforderliches Feuerraumvolumen = $\dfrac{57\,100\,000}{130\,000}$	=	440 m³
Kantenlänge des würfelförmig gedachten Feuerraumes = $\sqrt[3]{440}$	=	7,60 m
Kantenlänge des Flammenvolumens (S. 111) $\sim$ 7,60 — 0,30	= rd.	7,30 m
Flammenvolumen 7,30³	= rd.	386 m³
Flammenbelastung $\dfrac{57\,100\,000}{386}$	= rd.	150000 kcal/m³ h.

Der Unterschied zwischen dem Heizwert von 6900 kcal/kg und demjenigen, der den Tafeln 17 bis 20 zugrunde gelegt wurde (6800 kcal/kg) ist so klein, daß man die Tafeln ohne Berichtigung verwenden kann.

Hinsichtlich der Feuerraumgröße und des Luftüberschusses sind jedoch die Abweichungen von den den Tafeln zugrunde gelegten Werten zu erheblich, als daß man ohne Interpolation zu einem genügend genauen Ergebnis gelangen könnte. Man geht daher etwa folgendermaßen vor. Mit Hilfe der Tafeln 17, 18 und 19 ermittelt man für drei verschiedene Feuerraumkantenlängen je zwei Werte für die Feuerraumtemperatur, entsprechend einem Luftüberschuß von $\lambda = 1{,}2$ bzw. $\lambda = 1{,}4$. Dabei legt man die gegebenen Werte für Flammenbelastung, Kühlziffer, Lufttemperatur und einen unteren Heizwert von 6800 kcal/kg zugrunde.

Die so erhaltenen Feuerraumtemperaturen werden über der Feuerraumkantenlänge aufgetragen, so daß man zwei Kurven erhält. Über der errechneten Kantenlänge (7,60 m) findet man zwei Werte für die Feuerraumtemperatur, entsprechend $\lambda = 1{,}2$ und $\lambda = 1{,}4$. Durch geradlinige Interpolation zwischen diesen beiden Werten wird sodann die Feuerraumtemperatur für den tatsächlichen Luftüberschuß ermittelt.

Für den Fall, daß auch der Heizwert der Kohle beträchtlich von den den Tafeln zugrunde gelegten Werten abweichen sollte, hätte man zunächst auf dem eben geschilderten Wege für jeden der beiden Heizwerte (6800 bzw. 2800 kcal/kg) eine Feuerraumtemperatur zu ermitteln. Durch lineare Interpolation zwischen diesen Werten könnte man sodann die dem vorliegenden Heizwert entsprechende Feuerraumtemperatur festlegen.

An Hand von Tafel 18 soll die Ermittlung der Feuerraumtemperatur gezeigt werden. Auf einer Tafel sind jeweils vier voneinander unabhängige Darstellungen nebeneinander gestellt, und zwar für je zwei verschiedene Heizwerte immer zwei verschiedene Luftüberschußzahlen. Man ermittelt zunächst die Feuerraumtemperatur für 6 m Kantenlänge, $\mathfrak{H}_u = 6800$ kcal/kg und $\lambda = 1{,}2$. Die entsprechende Darstellung befindet sich auf Tafel 18 ganz links. Im unteren Teil sucht man den Punkt A_1 als Schnittpunkt des Kreises für die Flammenbelastung 150000 kcal/m³h mit dem Radius für die Kühlziffer $\psi = 0{,}38$. Von A_1 aus geht man senkrecht nach oben auf die $\psi = 0{,}38$ entsprechende Kurve, Punkt B. Durch B legt man eine Horizontale. Diese wird von einer Vertikalen durch den einer Lufttemperatur von 150° entsprechenden Punkt A_2 in Punkt C geschnitten. Punkt C gibt durch seine Lage zu den Linien konstanter Feuerraumtemperatur den gesuchten Wert zu 1250° an.

Auf ganz dieselbe Weise wird die Feuerraumtemperatur aus der zweiten Darstellung von links auf Tafel 18 für $\lambda = 1{,}4$ zu 1200° bestimmt.

Wie bereits angedeutet, werden die entsprechenden Werte auch für die Kantenlängen 3 und 9 m ermittelt und dann graphisch dargestellt. Für 7,60 m Kantenlänge und $\lambda = 1{,}34$ ergibt sich damit die endgültige Feuerraumtemperatur zu 1260°.

Etwas einfacher wird die Bestimmung, wenn man nur zwischen 6 und 9 m Feuerraumkantenlänge linear interpoliert, an Stelle der Interpolation zwischen 3, 6 und 9 m. Das Ergebnis wird dadurch zwar etwas ungenauer, man bekommt 1255° statt 1260°. Der Unterschied ist also in diesem Falle nur sehr klein.

Die Berechnung von Feuerräumen mit armierten Kühlflächen (Baileyplatten) wird auf S. 179 und in Beispiel 39 beschrieben.

Es werden nunmehr die Fälle erörtert, die weniger einfach liegen. Zunächst wird an einem Beispiel gezeigt, welche Fehler etwa entstehen, wenn man die äquivalente Heizfläche von Kühlrosten und -flächen nicht nach dem Verfahren von Hottel, S. 78, errechnet, sondern gleich ihrer projizierten Fläche oder gleich dem halben Umfang der Kühlrohre setzt.

Beispiel 32: Einfluß der Ermittlung der äquivalenten Heizfläche auf die errechnete mittlere Feuerraumtemperatur.

Feuerraumkantenlänge $= k =$ . .	6 m	Unterer Heizwert	6800 kcal/kg
Oberfläche des Feuerraumes $= 6 \cdot k^2 = 6 \cdot 36 =$	216 m²	Luftüberschuß	1,2
Flammenbelastung	200000 kcal/m³ h	Temperatur der Verbrennungsluft . .	200°

Der würfelförmige Feuerraum besitze einen Kühlrost mit einem Verhältnis von Teilung t zu Rohrdurchmesser d gleich 4, seine Decke soll durch die Kesselheizfläche abgeschlossen sein. Die Rechnung wurde unter der Annahme durchgeführt, daß außer dem Kühlrost keine weiteren Kühlflächen vorhanden sind, Fall I, und daß außerdem Seitenwände und Vorder- und Rückwand des Feuerraumes völlig mit Kühlflächen bekleidet sind, Fall II, die aus glatten, in einigem Abstand vor den Wänden angeordneten Rohren mit einem Verhältnis $t:d = 2$ bestehen.

Zahlentafel 13. Einfluß der Errechnung der äquivalenten Heizfläche auf die mittlere Feuerraumtemperatur.

Äquivalente Heizfläche ermittelt als	Projizierte Kühlfläche		Halber Umfang der Kühlrohre		Nach Hottel		
Fall:	I	II	I	II	I	II	
Feuerraumdecke . . . . . m²	1,0	1,0	1,0	1,0	1,0	1,0	
Kühlrost . . . . m²	0,25	0,25	0,393	0,393	0,59	0,59	
Seitenwände, Vorder- und Rückwand . . . . m²	—	2,0	—	3,184	—	3,52	$\times k^2$
Summe der „kalten" Flächen m²	1,25	3,25	1,393	4,577	1,59	5,11	
Kühlziffer	0,21	0,54	0,23	0,76	0,27	0,85	
mittlere Feuerraumtemperatur . . . . °	1408	1280	1400	1230	1388	1210	

Bei der einfacheren Rechenweise kann also die errechnete mittlere Feuerraumtemperatur bis zu etwa 70° zu hoch werden.

Solange ein Feuerraum einigermaßen kubische Gestalt hat, kann er ohne weiteres durch seinen äquivalenten Würfel ersetzt werden, nicht aber, wenn er von der Würfelform erheblich abweicht. Die beiden nachstehend beschriebenen Verfahren, die sich an Überlegungen von Wohlenberg anlehnen, sind einfach und übersichtlich und geben auch für verwickelte Feuerräume brauchbare Werte.

Verwickelte Feuerräume für Roste (Verfahren B). In Abb. 137 ist Linienzug $A\,B\,C\,D\,E\,F\,G\,H\,J\,K\,A$ der Querschnitt durch einen Feuerraum, $A\,B$ die unterste Wasserrohrreihe, $F\,G$ der Wanderrost mit dem Zündgewölbe $H\,J$. Es kommt nun darauf an, bestrahlte Kesselheizfläche und strahlenden Rost tunlichst richtig zu erfassen. Soweit es sich um den offenen, durch Verlängerung der Strecken $K\,J$ bzw. $C\,D$ bis zu ihrem Schnitt mit dem Rost $F\,G$ in Punkt 3 und 2 bzw. mit den Wasserrohren in Punkt 6 und 7 bestimmten Teil des Feuerraumes handelt, stehen sich bestrahlte Fläche 6 7 und strahlende Fläche 2 3 ähnlich vollwertig gegenüber wie zwei parallele Flächen eines Würfels. Dagegen werden Teile A 6 und B 7 der „kalten" Fläche von der Strahlung des Rostes und der Flammenmasse verhältnismäßig weniger getroffen als Teil 6 7, und Teile G 3 und 2 F des Rostes strahlen infolge ihrer versteckten Lage verhältnismäßig weniger Wärme aus als Teil 2 3. Sie müssen daher durch andere annähernd gleichwertige Strecken ersetzt werden, die einen Teil der in sich geschlossenen Umgrenzung eines ideellen Feuerraumes bilden und ähnliche Wertigkeit haben wie z. B. Teile 6 7 bzw. 2 3. Dazu muß man sie so legen, daß einem Ersatzstück der „kalten" Fläche ein von der parallelen Lage nicht allzuweit entferntes Ersatzstück der Rostfläche gegenübersteht. Aus diesen Erwägungen ergibt sich, daß man von Fall zu Fall sich darüber klar werden muß, wie man am zweckmäßigsten vorgeht. Man muß auch darauf achten, daß der Querschnitt des ideellen Feuerraumes sich dem des tatsächlichen möglichst gut anpaßt. Je besser es gelingt, diese Forderungen zu erfüllen, um so besser werden Rechnung und Wirklichkeit miteinander übereinstimmen. In Abb. 137 sind 6 7 und 3 2 die diesen Forderungen genügenden Teile der bestrahlten Heizfläche A B bzw. der strahlenden Rostfläche F G und brauchen daher nicht ersetzt zu werden. Dagegen muß man von den Wasserrohren die Flächen (Strecken) A 6 und 7 B und vom Rost die Flächen G 3 und 2 F in geeigneter Weise ersetzen. Das kann z. B. für Teile A 6 und 7 B geschehen, indem man Flächen (Strecken) sucht, die den Rost unter demselben Blickwinkel sehen, wie die Strecken A 6 und 7 B, jedoch möglichst senkrecht zur Blickrichtung liegen. Auf die gleiche Weise kann man die Teile G 3 und 2 F ersetzen.

Hierzu zieht man von Punkt A den äußersten linken Strahl A $\mathfrak{A}$, von Punkt 6 den äußersten rechten Strahl 6 F, die den Rost gerade noch treffen und sich in X schneiden. Ein von 6 auf ihre Winkelhalbierende gefälltes Lot 6 5 ist dann der Ersatz für Strecke A 6. Die schräg gegenüberliegende Strecke 2 F des Rostes wird ersetzt durch die auf der Halbierungslinie des Winkels A 2 U/U F D durch Punkt 2 errichtete Senkrechte 2 1. Die Teile 7 B und G 3 werden auf Grund ganz analoger Erwägungen ersetzt. Das Lot 7 8 auf der Winkelhalbierenden von Winkel J 7 Y/Y B C tritt an die Stelle der kalten Strecke 7 B. Beim Ersatz von G 3 ergibt sich dadurch eine kleine Abweichung, daß ein Teil dieser Strecke überhaupt keine kalte Fläche sehen kann. Man bestimmt daher zunächst den Punkt G', der gerade noch den äußersten Punkt B der Wasserrohre sieht und ersetzt das Stück G' 3 durch die Senkrechte auf die Winkelhalbierende der äußersten Strahlen durch G' und 3, die in diesem besonderen Falle beide durch Punkt B gehen müssen. Unberücksichtigt bleibt Teil G G' des Rostes, was aber nur sehr wenig ausmachen kann, weil auf ihm nur wenig Wärme entwickelt wird. Die schraffierte Fläche 1 2 3 4 J K 5 6 7 8 C D 1 mal der Feuerraumbreite gibt dann das Volumen des äquivalenten Würfels, dessen Kantenlänge bei Aufsuchen der mittleren Feuerraumtemperatur aus den Tafeln 17 bis 20 benutzt wird. Die Kühlziffer ist

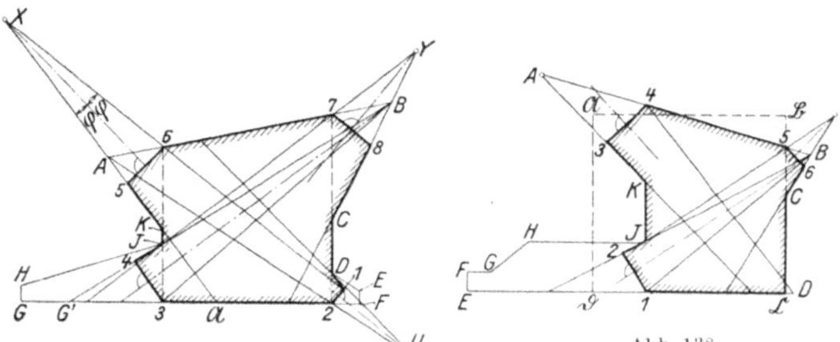

Abb. 137 u. 138. Schematischer Querschnitt durch den Feuerraum von 2 Schrägrohrkesseln mit Wanderrosten zum Ermitteln des äquivalenten Würfels und der Kühlziffer.

$$\psi = \frac{\text{Strecke } 5\,6\,7\,8 \cdot \text{Feuerraumbreite}}{\text{Strecke } 4\,JK\,5\,6\,7\,8\,CD\,1 \cdot \text{Feuerraumbreite} + 2 \cdot \text{Fläche } 1\,2\,3\,4\,JK\,5\,6\,7\,8\,CD\,1}.$$

Die Feuerraumbelastung wird aus dem tatsächlichen Feuerraumvolumen und nicht aus dem des äquivalenten Würfels ermittelt.

Ist der Feuerraum senkrecht zur Bildebene von Abb. 137 erheblich breiter als hoch, so tritt gegenüber einem würfelförmigen Feuerraum eine weitere Änderung ein, die bei der Rechnung gleichfalls berücksichtigt werden muß. Die Wirkung der kalten Flächen macht sich dann stärker geltend, weil die Winkel, unter welchen die verschiedenen Teile des Rostes die kalte Fläche sehen, größer werden. An Hand einer Skizze läßt sich zeigen, daß, wenn ein Feuerraum von quadratischem Querschnitt doppelt so breit wie hoch bzw. tief ist, der mittlere Winkel, unter dem der Rost die kalte Fläche sieht, rd. 30° größer ist als bei einem Würfel. Diesem Umstand kann man Rechnung tragen, indem bei Feuerräumen, die ungefähr doppelt so breit wie hoch sind, vom mittleren innerhalb der Feuerraumvorsprünge gelegenen Teil der Trennfläche (z. B. Trapez 2 3 6 7 in Abb. 137) der zwei gleich großen nebeneinander gedachten Feuerraumhälften $^2/_3$ als kalte Fläche gerechnet werden. Die Kühlziffer wird dann

$$\psi = \frac{\text{Strecke } 5\,6\,7\,8 \cdot {}^1/_2 \text{ Feuerraumbreite} + {}^2/_3 \cdot \text{Fläche } 2\,3\,6\,7\,2}{\text{Strecke } 4\,JK\,5\,6\,7\,8\,CD\,1 \cdot {}^1/_2 \text{ Feuerraumbreite} + 2 \cdot \text{Fläche } 1234\,JK\,5\,6\,7\,8\,CD\,1}.$$

Als Kantenlänge wird die eines äquivalenten Würfels von halber Feuerraumbreite gewählt; das Volumen des äquivalenten Würfels ist also z. B. gleich der schraffierten Fläche 1 2 3 4 J K 5 6 7 8 C D 1 · $^1/_2$ Feuerraumbreite, Abb. 137. Für andere Feuerraumbreiten wird $^2/_3$ durch einen etwas anderen passenden Wert ersetzt. Liegen in den Seitenwänden oder in der Stirn- oder Rückwand des Feuerraumes noch Kühlflächen, so sind diese zum Zähler der Kühlziffer hinzuzuzählen.

In Beispiel 33 ist der Rechnungsgang für den Feuerraum in Abb. 138 gezeigt, der annähernd doppelt so breit wie hoch ist. Aus den aus S. 122 ersichtlichen Gründen wurde die mittlere Feuerraumtemperatur sowohl aus den für Rostfeuerungen als auch den für Staubfeuerungen entworfenen Tafeln ermittelt.

Beispiel 33: Berechnung der mittleren Feuerraumtemperatur im Feuerraum nach Abb. 138.

Feuerraum: Breite $2 \cdot 2{,}77 =$	5,54 m
gesamtes Volumen	59 m³
Rostfläche	32,7 m²
verfeuerte Kohlenmenge abzüglich des beim Versuch gemessenen Unverbrannten	2900 kg/h
unterer Kohlenheizwert	7204 kcal/kg
Feuerraumbelastung $= \frac{2900 \cdot 7204}{59}$	354000 kcal/m³ h
Flammenbelastung für [1]	
3 m Kantenlänge $= 354000 \cdot 1{,}372 =$	486000 kcal/m³ h
6 „ „ $= 354000 \cdot 1{,}166 =$	413000 kcal/m³ h
9 „ „ $= 354000 \cdot 1{,}107 =$	392000 kcal/m³ h
CO_2-Gehalt am Kesselende (beim Versuch gemessen)	12,5 vH
CO_2-Gehalt im Feuerraum (angenommen)	13,5 vH
Luftüberschuß im Feuerraum	1,4
Lufttemperatur	27°
gemessene Feuerraumtemperatur (Mittelwert vor den Rohren)	1320°
Fläche des Polygons $1\,2\,J\,K\,3\,4\,5\,6\,C\,\mathfrak{C}\,1$ zur Ermittlung von ψ und k (schraffierter Umriß in Abb. 138) =	7,89 m²
Inhalt des Prismas über diesem Polygon $= 2{,}77 \cdot 7{,}89 =$	21,8 m³
äquivalente Kantenlänge $\sqrt[3]{21{,}8} = k =$	2,8 m
Oberfläche des Prismas = Strecke $1\,2\,J\,K\,3\,4\,5\,6\,C\,\mathfrak{C}\,1 \cdot 2{,}77 + 2 \cdot$ Fläche $1\,2\,J\,K\,3\,4\,5\,6\,C\,\mathfrak{C}\,1 =$	49,4 m²
heiße Fläche = Strecke $\mathfrak{C}\,1\,2 \cdot 2{,}77 =$	9,15 m²
Nenner von $\psi = 49{,}4 - 9{,}15 =$	40,25 m²
kalte Fläche = Strecke $3\,4\,5\,6 \cdot 2{,}77 + {}^2/_3 \cdot$ Fläche des Trapezes $\mathfrak{C}\,1\,4\,5\,\mathfrak{C} =$	15,84 m²
Kühlziffer $= \frac{15{,}84}{40{,}25} = \psi =$	0,39

Belastung des Kessels	halb	voll
Belastung von 1 m² Kesselheizfläche einschließlich der im Überhitzer aufgenommenen Wärme	13300	26350 kcal/m² h
Desgl. bezogen auf Dampf von 640 kcal/kg Erzeugungswärme	20,75	41,1 kg/h
Feuerraumvolumen (tatsächlich)	59	m³
Feuerraumbelastung	185000	354000 kcal/m³ h
äquivalente Kantenlänge	2,8	m
Kühlziffer ψ	0,39	
mittlere Feuerraumtemperatur nach		
Tafel 20 für Rostfeuerungen	1252	1400°
Tafel 17 bis 19 für Staubfeuerungen	1172	1311°

Wie noch auf S. 122 gezeigt wird, rechnet man auch bei Rostfeuerungen im allgemeinen am besten mit Tafel 17 bis 19 und nicht mit Tafel 20.

Verwickelte Feuerräume für Staubfeuerungen (Verfahren C). Die Feuerräume in Abb. 139 bis 142 weisen insofern eine weitere Verwicklung auf, als zwischen eigentlicher Feuerkammer und erster Wasserrohrreihe ein Schacht angeordnet ist. Die Flamme soll bereits an seinem Anfang völlig ausgebrannt sein. Infolge des Schachtes wird die Kühlwirkung der Kesselheizfläche kleiner als wenn sie in der Deckfläche eines Würfels von annähernd gleichem Volumen säße, außerdem kühlt sich die Gasmasse im Schacht durch Wärmestrahlung nach der Kesselheizfläche zu ab. Beim Ermitteln der Feuerraumbelastung, mit der in Tafel 17 bis 20 gegangen wird, darf das Schachtvolumen natürlich nicht berücksichtigt werden, da ja in ihm keine Verbrennung mehr erfolgt. Man errechnet daher zunächst die „mittlere Feuerraumtemperatur" in Ebene $A\,A$, in der die Verbrennung im wesentlichen beendet ist und dann erst die Gasabkühlung im Schacht. Der Teil der Feuerkammer unterhalb von Ebene $A\,A$ ist dann der eigentliche Verbrennungsraum und die „mittlere Feuerraumtemperatur" ist gleich der in Ebene $A\,A$ herrschenden Temperatur.

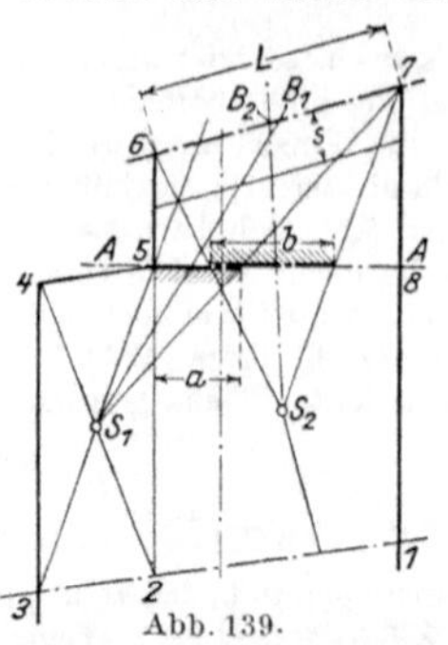

Abb. 139.

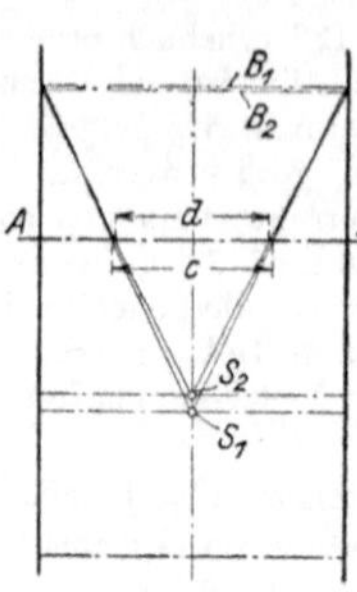

Abb. 140.

Abb. 139 u. 140. Schematischer Längs- und Querschnitt durch den Feuerraum eines Schrägrohrkessels mit Kohlenstaubfeuerung zum Ermitteln der Kühlziffer.

Um die Temperatur in Ebene $A\,A$ feststellen zu können, muß man zunächst ermitteln, wie groß die Kühlziffer für den Feuerraum mit dem Längsschnitt 1 3 4 5 8 1, Abb. 139, bzw. 1 3 4 5 6 1 in Abb. 141 ist, da jetzt nicht mehr das volle Produkt aus Tiefe und Breite des Feuerraumschachtes (= der Projektion der

[1] Siehe Hinweis auf S. 111, erster Absatz.

Kesselheizfläche in das Feuerraummaul hinein) als äquivalente Kühlfläche des Kesselrohrbündels eingesetzt. werden darf. Man kann hierbei so vorgehen, daß man sich den Feuerraum in 2 Teile, z. B. mit den Längsschnitten 1 2 5 8 1 und 2 3 4 5 2 in Abb. 139, bzw. 1 2 5 6 1 und 2 3 4 5 2 in Abb. 141 unterteilt denkt und annimmt, daß die Schwerpunkte S_1 und S_2 dieser beiden Teile die Punkte mit den mittleren Strahlungsverhältnissen seien. Zieht man im Längsschnitt des Feuerraumes von S_1 und S_2 die beiden Strahlen, die gerade noch auf Wasserrohre treffen, so schneiden sie von Strecke $A\,A$ die beiden Strecken a und b heraus. Die Halbierungslinien der Strahlungswinkel treffen die Ebene der untersten Rohrreihe im Längsschnitt der Feuerungen in den Punkten B_1 und B_2, die im Querschnitt als horizontale Gerade $B_1\,B_2$ erscheinen. (Daß sie in Abb. 139 und 141 so dicht zusammenfallen, beruht auf Zufall.)

Die von S_1 bzw. S_2 im Querschnitt nach den Schnittpunkten dieser Geraden mit den äußeren Begrenzungslinien der Feuerräume gezogenen Strahlen durchstoßen Ebene $A\,A$ in den Endpunkten der Strecken c, d. Bezeichnet man mit V_1 bzw. V_2 die Volumina der beiden Teile der eigentlichen nach oben durch Ebene $A\,A$ begrenzten Brennkammer, so ergibt sich die „kalte Fläche" des Kesselrohrbündels zu

$$F_{Rb} = \frac{V_1 \cdot a \cdot c + V_2 \cdot b \cdot d}{V_1 + V_2}\ \text{m}^2. \qquad (86)$$

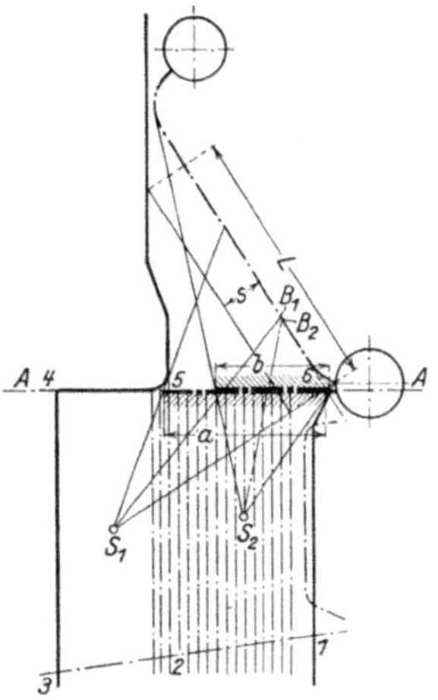

Abb. 141.

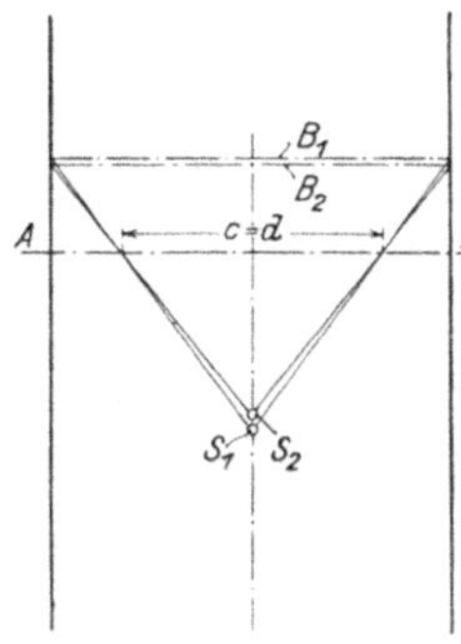

Abb. 142.

Abb. 141 u. 142. Schematischer Längs- und Querschnitt durch den Feuerraum eines Steilrohrkessels mit Kohlenstaubfeuerung zum Ermitteln der Kühlziffer.

Sind außerdem noch besondere Kühlflächen von der äquivalenten Größe F_K m² vorhanden, so ist die Kühlziffer

$$\psi = \frac{F_{Rb} + F_K}{\text{gesamte Oberfläche des dem Feuerraum unterhalb Ebene } A\,A \text{ äquivalenten Würfels}}. \qquad (87)$$

Sind die Seitenwände des Schachtes zwischen Feuerraummaul und erster Rohrreihe gleichfalls mit Kühlfläche bedeckt, so werden fast stets die Strecken B_1 und c bzw. B_2 und d in Abb. 140 und 142 identisch werden. Tragen auch Stirnseite und Rückseite Kühlflächen, so wird wenigstens für Punkt S_2 in Abb. 139 und 141 in den meisten Fällen Strecke 5 8 bzw. 5 6 und b identisch. Bei allseitig mit Kühlfläche ausgekleidetem Schacht wird man häufig die äquivalente kalte Fläche des Kesselrohrbündels einfach gleich der horizontalen Fläche des Feuerraummaules setzen dürfen.

Beispiel 34: Berechnung der mittleren Feuerraumtemperatur (Ebene $A\,A$) des Feuerraumes in Abb. 139 und 140.

1. Ausgangswerte:

Feuerraum: Breite	5,675 m
Tiefe	7,200 m
Höhe (gemessen von Mitte Kühlrost bis Ebene $A\,A$)	5,780 m
Volumen = 5,675 · Fläche 1 2 3 4 5 8 1 = 5,675 · 41,5 =	234 m³
Stündlich verbrannte Kohlenmenge	4560 kg/h
Unterer Kohlenheizwert	7320 kcal/kg
Feuerraumbelastung = $\frac{4560 \cdot 7320}{234}$ =	143000 kcal/m³ h
Flammenbelastung für rd. 6 m Kantenlänge = 143000 · 1,166 =	167000 kcal/m³ h
CO_2-Gehalt im Feuerraum	14,0 vH
Luftüberschuß im Feuerraum	1,34
Heißlufttemperatur = 0,8 · 240 + 0,2 · 30[1] = rd.	200°
Bestimmung der Temperatur t_1 in Ebene $A\,A$:	
Fläche 2 3 4 5 2 =	14,0 m²
Fläche 1 2 5 8 1 =	27,2 m²
Inhalt des Prismas über Fläche 2 3 4 5 2 = 5,675 · 14 =	79,5 m³
Inhalt des Prismas über Fläche 1 2 5 8 1 = 5,675 · 27,2 =	154,5 m³
Summe	234 m³
Kantenlänge des äquivalenten Würfels = $\sqrt[3]{234}$ =	6,16 m
Strecke a in Abb. 139	1,7 m
Strecke b in Abb. 139	2,5 m
Strecke c in Abb. 140	3,0 m
Strecke d in Abb. 140	2,9 m
äquivalente Kühlfläche des Kesselbündels $F_{Rb} = \frac{79{,}5 \cdot 1{,}7 \cdot 3{,}0 + 154{,}5 \cdot 2{,}5 \cdot 2{,}9}{234}$	6,5 m²

[1] 20 vH der Verbrennungsluft werden als kalte Einblaseluft zugeführt.

äquivalente Fläche des Kühlrostes nach Hottel, S. 78	21,9 m²
gesamte äquivalente Kühlfläche = 6,5 + 21,9 =	28,4 m²
Oberfläche des äquivalenten Würfels = 6 · 6,16² =	228 m²
Kühlziffer $\psi = \frac{28,4}{228} =$	0,125
mittlere Feuerraumtemperatur in Ebene $A\,A$	1405°

2. Berechnung der Rauchgasabkühlung in Feuerraumschächten. Form und Höhe des Schachtes beeinflussen nicht nur die mittlere Feuerraumtemperatur, sondern auch die Temperatur, mit der die Verbrennungsprodukte in den eigentlichen Kessel eintreten, da sich diese beiden Werte infolge der Gasabkühlung im Schacht nicht mehr decken. Auch bei Schächten mit sehr gut isolierten nicht gekühlten Seitenwänden erfolgt ein Temperaturabfall, da die Rauchgase nach der „sichtbaren" Kesselheizfläche Wärme mittelbar und unmittelbar abstrahlen. Ein von Weidmann angegebenes Verfahren zur Ermittlung der Gasabkühlung beruht auf der Überlegung, daß die von der Gasmasse im Schacht ausgestrahlte Wärmemenge gleich dem Unterschied der Wärmeinhalte des Gases an seinem Anfang und Ende ist. Es berücksichtigt nur die Gasstrahlung, also nicht die im Schacht von den Wänden rückgestrahlte und die vom Feuerraum durch die (die Strahlungswärme teilweise absorbierende) Gassäule hindurch eingestrahlte Wärme. Der hierdurch verursachte Fehler kann im ungünstigsten Fall etwa 25 bis 30 vH der errechneten Gasabkühlung betragen. Im allgemeinen reicht es aus, wenn man von den nach Weidmann bestimmten Werten 10 bis 15° abzieht. Das Verfahren unterscheidet zwischen der Abkühlung bei Strömung der Gase senkrecht und parallel zu einer kalten Fläche. Für die erste Strömungsart kann die Gasabkühlung Δt_R in Abhängigkeit von der Temperatur, der Schichtstärke s und der auf den Normalzustand (0°, 760 mm Q.-S.) bezogenen Geschwindigkeit der Gase aus Abb. 143 entnommen werden. Bei Strömung entlang einer kalten Fläche muß man Δt_R mit $\frac{F_s}{s \cdot b}$ multiplizieren, um die gesuchte Abkühlung zu erhalten. Hierin bedeutet

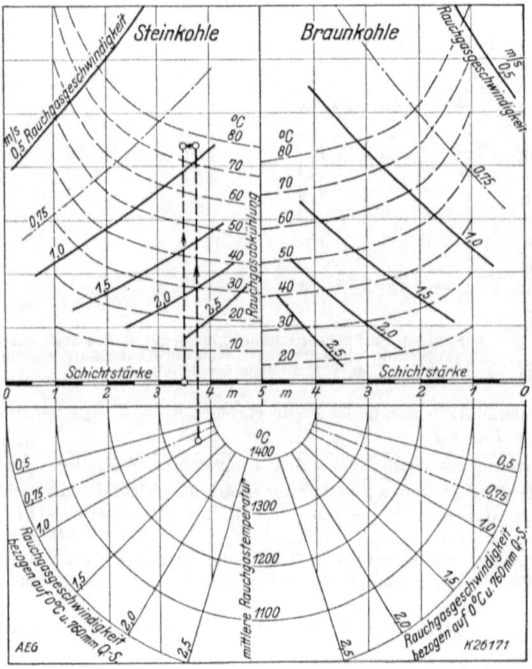

Abb. 143. Abkühlung von Rauchgasen aus Steinkohle von 6800 kcal/kg und Braunkohle von 2800 kcal/kg unterem Heizwert durch Wärmestrahlung beim Strömen senkrecht gegen eine kalte Fläche für verschiedene Schichtdicken, mittlere Temperaturen und auf den Normalgaszustand (0° und 760 mm Q.-S.) bezogene Strömgeschwindigkeiten des Gases bei einem Luftüberschuß von 20 bis 40 vH. Nach Weidmann.

s = Schichtstärke des strahlenden Gases in m,
b = Breite des Schachtes in m,
F_s = Größe der von einer s m dicken Gasschicht bestrahlten kalten Fläche in m².

In Wirklichkeit strömen die Gase meist nur parallel zu den Kühlflächen, aber senkrecht oder schräg zur bestrahlten Kesselheizfläche. Es genügt aber, wenn man mit dem Fall rechnet, der mit den tatsächlichen Verhältnissen an besten übereinstimmt.

Beispiel 35: Die Gasabkühlung im Schacht des Sektionalkessels (zwischen Ebene I und Ebene II) in Abb. 144 soll für die in Zahlentafel 14 angegebenen Ausgangswerte für folgende Fälle bestimmt werden:

Fall 1. Der Schacht ist ungekühlt; Abstrahlung findet nur an die vordersten Kesselrohre statt.
Fall 2. Vorder- und Rückwand sind vollständig gekühlt.
Fall 3. Vorder- und Rückwand sind vollständig, die Seitenwände bis 2 m über Ebene I gekühlt.

Man schätzt zunächst die Gasabkühlung und führt dann mit Hilfe von Abb. 143 die Rechnung durch, die wiederholt werden muß, wenn geschätzter und errechneter Wert nicht miteinander übereinstimmen.

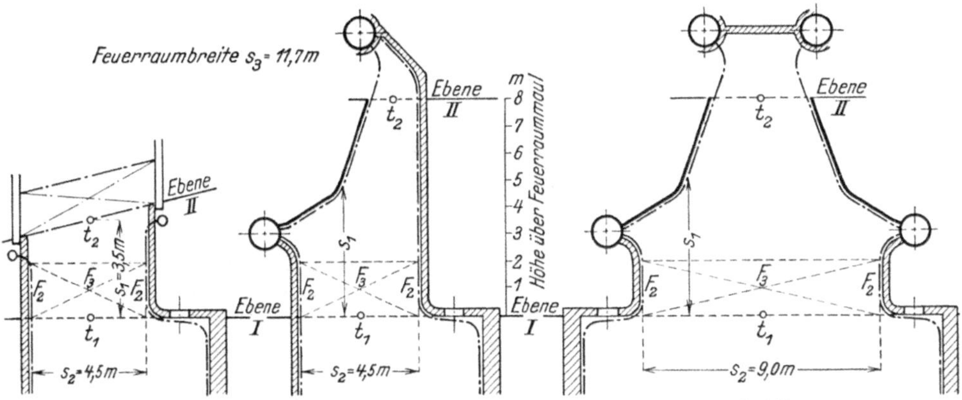

Abb. 144. Abb. 145. Abb. 146.

Abb. 144—146. Schnitte durch 3 Kessel mit einem Schacht zwischen Feuerraum und vorderster Siederohrreihe.

Bei Steilrohrkesseln verfährt man ganz ähnlich, geht aber schrittweise vor, da sich Schichtstärke und Geschwindigkeit des Gases längs des Gasweges ändern, Abb. 145 und 146.

Meistens genügt es, wenn man für ein paar typische Bauformen und verschiedene Gastemperaturen die Abkühlung ausrechnet und sie von Fall zu Fall von der aus den Feuerraumabmessungen bestimmten mittleren Feuerraumtemperatur abzieht, um die Gastemperatur am Eintritt in die Kesselheizfläche zu erhalten.

3. Rechnungshilfen. Viele Untersuchungen werden sehr erleichtert, wenn man schnell angeben kann, um wieviel °C sich die Rauchgastemperatur hinter Kessel durch eine mäßige Änderung der Kesselbelastung, z. B. infolge etwas anderer Rostbelastung, Dampferzeugung oder Speisewassertemperatur ungefähr ändert. Eine genaue Nachrechnung ist besonders bei Kesseln mit Ekonomisern und Luftvorwärmern zeitraubend, weil sich außer den Rauchgastemperaturen vor und hinter Ekonomiser und Luftvorwärmer auch die Vorwärmung von Speisewasser und Verbrennungsluft ändern und man die zueinander passenden Werte durch Probieren suchen muß.

Zahlentafel 14. Ausgangswerte und Ergebnisse der Berechnung der Gasabkühlung im Feuerraumschacht (Ebene I bis Ebene II) von Abb. 144.

Fall	1	2	3
Heizwert der Kohle . . . kcal/kg		6800	
Luftüberschußzahl		1,2	
Rauchgasgeschwindigkeit im Schacht (0°, 760 mm Q.-S.) m/s		0,95	
Mittlere Feuerraumtemperatur in Ebene I . . . . °		1400	
Schichtdicke s_1 . . . . m	3,5	3,5	3,5
Schichtdicke s_2 . . . . m	—	4,5	4,5
Kalte Fläche F_2 . . . . m²	—	2 · 35,1	2 · 35,1
Schichtdicke s_3 . . . . m	—	—	11,7
Kalte Fläche F_3 . . . . m²	—	—	2 · 9,0
Mittlere Rauchgastemperatur zwischen Ebene I und II (geschätzt) . . . . °	1360	1310	1290
Abkühlung durch Strahlung an die vordersten Kesselrohre (Strömung senkrecht zur kalten Fläche) . . . . . °	75	72	70
Abkühlung durch Strahlung an Kühlflächen (Strömung parallel zur kalten Fläche) °	—	103	145
Gesamte Abkühlung . . . . . °	75	175	215
Rauchgastemperatur vor den Rohren in Ebene II . . . . °	1325	1225	1185

Bedeutet

F_{II} = Kesselheizfläche in m²,

f_{Kp} = projizierte Fläche der Feuerraumkühlflächen ausschließlich des Anteiles der bestrahlten Kesselheizfläche in m²,

M = von der Kesselanlage erzeugtes Dampfgewicht in kg/h,

B = dem Feuerraum zugeführtes Brennstoffgewicht in kg/h,

Q_L = fühlbare, in der Verbrennungsluft durch deren Übertemperatur gegenüber der Außenluft dem Feuerraum zugeführte Wärme in kcal/h,

$i_{ü}$ = Wärmeinhalt des überhitzten Dampfes hinter Überhitzer in kcal/h,

i_{wa} = Wärmeinhalt des Speisewassers beim Austritt aus dem Ekonomiser in kcal/kg,
W_K = Wärmeaufnahme von Kessel- und Überhitzerheizfläche bezogen auf 1 m² Kesselheizfläche in kcal/m²h,
W_B = Wärmezufuhr zum Feuerraum bezogen auf 1 m² Kesselheizfläche in kcal/m² h,

so ist

$$W_K = \frac{M \cdot (i_{ü} - i_{wa})}{F_H + f_{Kp}} \text{ kcal/m}^2\text{ h}, \tag{88}$$

$$W_B = \frac{B \cdot \mathfrak{H}_u + Q_L}{F_H + f_{Kp}} \text{ kcal/m}^2\text{ h}. \tag{89}$$

Durch Auswerten zahlreicher Versuche wurde gefunden, daß ein Zusammenhang zwischen der Differenz von Rauchgastemperatur t_R und Sattdampftemperatur t_S einerseits und W_K bzw. W_B andererseits besteht. Mit W_K als Abszissenachse streuen die Versuchspunkte weniger, weil der Einfluß der verschieden großen Feuerungsverluste wegfällt. In Abb. 147 und 148 ist die für Braunkohle und Steinkohle und 12 bis 15 vH CO_2-Gehalt der Rauchgase gültige Änderung der Rauchgastemperatur hinter Kessel $\Delta\, t_R$ für eine Änderung von W_K bzw. W_B um 1000 kcal/m²h und Werte von $t_R - t_S = 100^0$, 150^0 und 200^0 dargestellt. Um zu sehen, wie die empirisch gewonnenen Kurven mit errechneten Werten übereinstimmen, wurde $\Delta\, t_R$ für zwei 40 at-Sektionalkessel mit Ekonomisern und denselben Betriebsdaten und Wirkungsgraden, von denen der eine mit Steinkohle ($\mathfrak{H}_u = 6800$ kcal/kg), der andere mit Braunkohle ($\mathfrak{H}_u = 2800$ kcal/kg) beheizt wird, aus den Kesselabmessungen errechnet, Punkte *a* in Abb. 148. Ein dritter Kessel mit Ekonomiser und Luftvorwärmer wurde lediglich für Steinkohle durchgerechnet, Punkte *b* in Abb. 148. Die Übereinstimmung zwischen gemessenen und errechneten Werten befriedigt, da der CO_2-Gehalt der Rauchgase, der $\Delta\, t_R$ beeinflußt, bei den einzelnen Versuchen verschieden war. Häufig wird die Genauigkeit der aus Abb. 147 und 148 ermittelten Werte ausreichen, andernfalls führt man mit ihnen die genaue Rechnung durch und kommt dann meist mit einem Rechnungsgang zum Ziel.

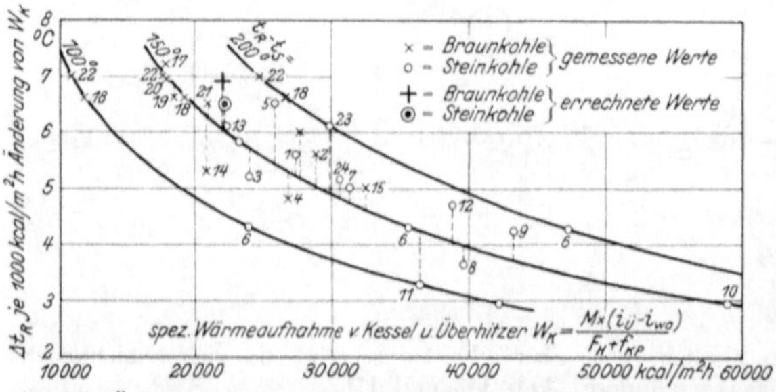

Abb. 147. Änderung $\Delta\, t_R$ der Rauchgastemperatur hinter Kessel t_R bei einer Änderung der spezifischen auf 1 m² Kesselheizfläche einschließlich projizierter Kühlfläche bezogenen Wärmeaufnahme W_K von Kessel und Überhitzer von 1000 *kcal/m²h* bei einer Differenz $t_R - t_S$ zwischen Rauchgastemperatur am Kesselende t_R und Sattdampftemperatur t_S von 100, 150 und 200°.

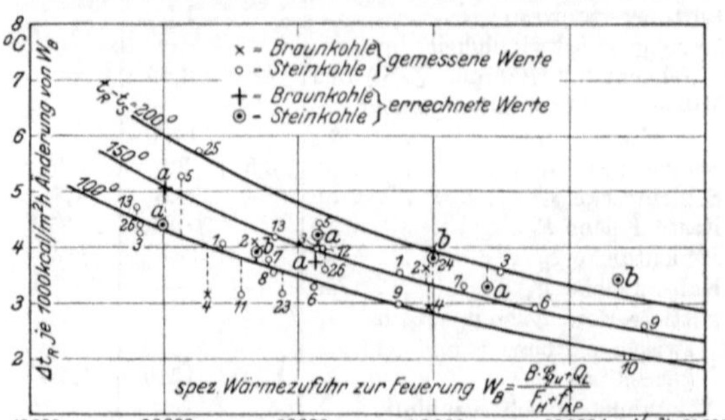

Abb. 148. Änderung $\Delta\, t_R$ der Rauchgastemperatur hinter Kessel t_R bei einer Änderung der spezifischen auf 1 m² Kesselheizfläche einschließlich projizierter Kühlfläche bezogenen Wärmezufuhr zur Feuerung W_B von 1000 *kcal/m²h* bei einer Differenz $t_R - t_S$ zwischen Rauchgastemperatur t_R und Sattdampftemperatur t_S von 100, 150 und 200°.

Beispiel 36: Um wieviel °C ändert sich die Rauchgastemperatur hinter dem in folgender Zusammenstellung beschriebenen Kessel, wenn bei gleichbleibender Dampfleistung die Speisewassertemperatur am Kesseleintritt (hinter Ekonomiser) von 100 auf 200° erhöht wird?

Kesselheizfläche = F_H	500 m²		überhitzter Dampf	450°
Kühlfläche	0 m²		Abgase hinter Kessel	350°
Dampferzeugung	20000 kg/h	Wärmeinhalt:	überhitzter Dampf	795 kcal/kg
Dampfdruck	40 atü		Speisewasser bei 100°	100 kcal/kg
Temperaturen: Sattdampf	250°		Speisewasser bei 200°	204 kcal/kg

Die Wärmeaufnahme von Kessel- und Überhitzerheizfläche bezogen auf 1 m² Kesselheizfläche ist bei Speisewasser von 100°

$$W_{K_{100}} = \frac{20\,000 \cdot (795 - 100)}{500} = 27\,800 \text{ kcal/m}^2\text{ h}$$

und vermindert sich durch Übergang auf Speisewasser von 200° auf $W_{K_{200}} = 23640$ kcal/m²h, d. h. um 4160 kcal/m²h. Die Rauchgase verlassen somit den Kessel nach Abb. 147, Kurve $t_R - t_S = 100°$, mit einer um $4{,}16 \cdot 3{,}9° = 16{,}2°$ tieferen Temperatur, also mit 334°.

Tatsächlich wird sich infolge des kleineren Kohlenverbrauches im allgemeinen auch die Überhitzung etwas erniedrigen, wodurch die Größe $W_{K_{200}}$ etwas kleiner und dadurch die Erniedrigung der Abgastemperatur etwas größer als 16,2° ausfällt. Doch braucht im allgemeinen diese geringfügige Korrektur nicht berücksichtigt zu werden.

Abb. 148 wird ähnlich benutzt, wenn z. B. eine andere Kohlenmenge verbrannt werden soll.

D. Zuverlässigkeit der Tafeln 4 bis 20.

1. Von den Tafeln nicht erfaßte Einflüsse. Bei Erklärung von Tafel 4 bis 20 wurde darauf hingewiesen, daß sie nur für ganz bestimmte Voraussetzungen gelten, die mit den wirklichen Verhältnissen nicht immer übereinstimmen. Deshalb müssen Abweichungen beim Gebrauch der Tafeln in geeigneter Weise berücksichtigt werden.

Während die Tafeln 17 bis 20 die mittlere Feuerraumtemperatur bei vollständigem Ausbrand angeben, können in Wirklichkeit unverbrannte Gase in die Vorheizfläche gelangen. Will man die dadurch verursachte Verringerung der Feuerraumleistung berücksichtigen, so empfiehlt sich folgender Rechnungsweg:

Zunächst ermittelt man die mittlere Feuerraumtemperatur t_F für vollständige Verbrennung des aufgegebenen Brennstoffes aus Tafel 17 bis 20. Es gilt dann

$$\left(\left| C_p^m \right|_0^{t_F} \cdot t_F - J_{R\,1}\right) \cdot V_R \cdot B + K \cdot \left[\left(\frac{T_F}{100}\right)^4 - \left(\frac{T_H}{100}\right)^4\right] + \alpha_B \cdot F_w \cdot \Delta t_m = B \cdot \mathfrak{H}_u \text{ kcal/h.} \quad (90)$$

Hierin bedeutet:

$C_p^m \Big|_0^{t_F}$ = mittlere spezifische Wärme (S. 96) in kcal/Nm³ °C,
$J_{R\,1}$ = Wärmeinhalt von 1 Nm³ Rauchgase bei Raumtemperatur in kcal/Nm³,
B = Gewicht der stündlich verbrannten Kohle in kg/h,
V_R = Rauchgasvolumen (S. 94) in Nm³/kg,
K = eine Konstante, die von einer großen Anzahl von Faktoren abhängt und in der Arbeit von Wohlenberg und Morrow näher bestimmt ist, Lit.-Nachw. 309,
T_F = $t_F + 273°$,
T_H = Temperatur der Heizfläche in ° abs,
F_w = Fläche der Feuerraumwände in m²,
α_B = Wärmeübergangszahl durch Berührung in kcal/m² h° C,
Δt_m = mittlere Temperaturdifferenz zwischen Feuerraumwand und der daran entlang strömenden Gasschicht in ° C,
$\mathfrak{H}_u$ = unterer Heizwert der Kohle in kcal/kg.

Ziehen x vH des Heizwertes der aufgegebenen Kohle in unverbrannten Gasen ab, so kann die mittlere Feuerraumtemperatur t'_F, solange das Unverbrannte nicht 5 bis 10 vH überschreitet, aus folgender Gleichung durch Probieren bestimmt werden:

$$\left(\left| C_p^m \right|_0^{t'_F} \cdot t'_F - J_{R\,1}\right) \cdot V_R \cdot B + K\left[\left(\frac{T'_F}{100}\right)^4 - \left(\frac{T_H}{100}\right)^4\right] + \alpha_B \cdot F_w \cdot \Delta t'_m = \frac{100 - x}{100} \cdot B \cdot \mathfrak{H}_u \text{ kcal/h.} \quad (91)$$

$\Big| C_p^m \Big|_0^{t'_F}$ findet man aus Tafel 6, $J_{R\,1}$ aus Tafel 5, V_R aus Tafel 4, T_H = Sättigungstemperatur + 15°, $\alpha_B = 8$ bis 12 kcal/m² h° C. Die Konstante K wird aus Gleichung (90) ermittelt. Als Anhalt möge dienen, daß die mittlere Feuerraumtemperatur um etwa 30 bis 40° niedriger ist als bei vollkommenem Ausbrand, wenn 5 vH des Kohlenheizwertes durch unverbrannte Gase aus dem Feuerraum weggeführt werden. Da der Wärmeinhalt der Rauchgase am Ende der Vorheizfläche bei Nachverbrennungen gleich dem Wärmeinhalt an ihrem Anfang, vermindert um die durch Berührung und Strahlung abgegebene und vermehrt durch die durch Nachverbrennung freigewordene Wärmemenge ist, kann auch die Rauchgastemperatur hinter der Vorheizfläche durch Probieren leicht festgestellt werden.

Berechnete und gemessene mittlere Feuerraumtemperatur bzw. Rauchgastemperatur am Eintritt in die Kesselheizfläche stimmen, von unvermeidlichen Meßfehlern abgesehen, deshalb öfters nicht miteinander überein, weil man nicht immer genau weiß, wo die Verbrennung beendet ist. Eine Nachrechnung ergab aber, daß es ohne wesentlichen Einfluß bleibt, ob sie sich etwas in den Schacht zwischen Feuerraum und Kessel hinein erstreckt oder nicht. Ein weiterer Grund für die Differenz von Meß- und Rechenwert ist die zuweilen große Verschiedenheit des CO_2-Gehaltes an verschiedenen Stellen des

Feuerraummaules, Abb. 149. Diese sich manchmal bis ans Ende der Heizfläche fortsetzende, **Strähnen- oder Gassenbildung** genannte Erscheinung bewirkt häufig erhebliche Temperaturunterschiede in beiden Richtungen eines Rauchgasquerschnittes.

Schließlich muß man beachten, daß die Rauchgase die Züge oft nicht voll ausfüllen, indem man in die Kesselzeichnung die voraussichtliche Bahn der Rauchgase einträgt und aus ihr bespülte Heizfläche und wirksame Gasgeschwindigkeit bestimmt. Der in toten Ecken liegende Teil der Heizflächen von verminderter Wirkung kann zur Sicherheit, und um allmählichem Verschmutzen Rechnung zu tragen, zu der errechneten zugeschlagen werden. Die Beurteilung, wie die Gasströmung verläuft, setzt eine gewisse Erfahrung voraus. Abb. 112 gibt einen Anhalt, wie bei ihrer Ermittlung vorgegangen werden kann. Wegen solcher Unsicherheiten sollte man bei Neuausführungen die Heizflächen unter verschiedenen Annahmen durchrechnen, wie dies in Abb. 150 für den Kessel in Abb. 435 geschehen ist, damit man sie bei Bedarf später ohne Schwierigkeiten ändern kann. *I* in Abb. 150 gibt an, welche Heizflächen sich bei den gewählten Abmessungen der Trommeln, Sammler und Rauchgaswege überhaupt unterbringen lassen, *II* wie groß sie bei 1270° Feuerraumtemperatur und völlig trockenem Sattdampf werden, *III* und *IV*, wie groß sie werden, wenn die Verschmutzung der Kühlflächen etwas stärker oder schwächer bzw. die Feuerraumtemperatur etwas höher oder tiefer ist als bei der Berechnung angenommen wurde, *V* gilt für den Fall, daß die Feuerraumtemperatur so hoch wie in Fall II ist, der Kesseldampf aber 3 vH Wasser enthält, *VI*, wenn im Gegensatz zu Fall II der CO_2-Gehalt nur 12 vH statt 13 vH beträgt, aber trotzdem 87,5 vH Wirkungsgrad erzielt werden sollen.

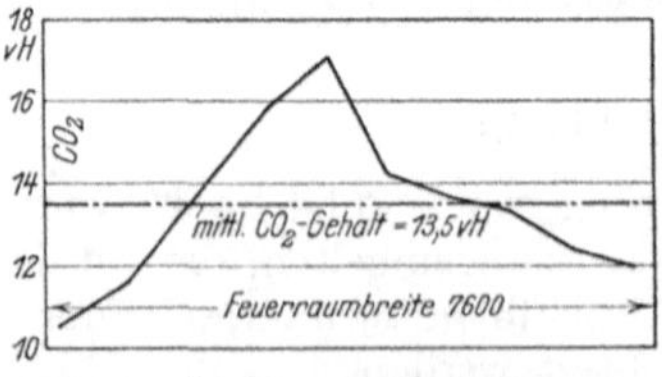

Abb. 149. Örtlicher und mittlerer CO_2-Gehalt der Verbrennungsprodukte im Feuerraum eines mit Doppelender-Unterschubrosten ausgestatteten Sektionalkessels von 5300 mm Tiefe und 7600 mm Breite des Feuerraumes.

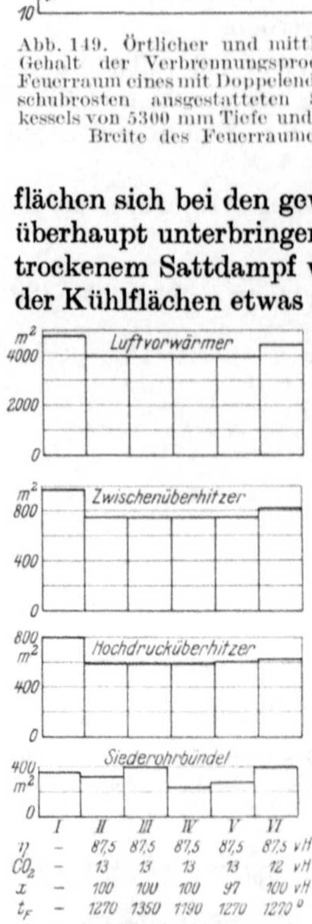

Abb. 150. Unterbringbare und unter verschiedenen Voraussetzungen benötigte Größe der Heizfläche des Kessels in Abb. 435.

2. Übereinstimmung zwischen Messung und Rechnung. a) Mittlere Feuerraumtemperatur. Die Zuverlässigkeit von Tafel 17 bis 20 wurde durch Vergleich der mit ihnen errechneten Temperaturen mit Werten untersucht, die an den betreffenden Kesseln mit einem geeichten Teilstrahlungspyrometer gemessen worden waren. Beim Messen lassen sich auch bei großer Sorgfalt Irrtümer nicht immer vermeiden, weil man oft nur einen Teil des Meßquerschnittes anvisieren kann und weil sich oft während der Messungen die Temperaturen verschieben. Nach Kuhn ist die Übereinstimmung zwischen der Anzeige von Absauge- und von optischen Pyrometern sehr gut, Abb. 223 (bei 1400° tatsächlicher Temperatur Unterschiede zwischen den Angaben beider Instrumente von $\pm$ 10 bis $\pm$ 20°), aber die Rauchgastemperatur im selben Querschnitt sind oft bis zu 100° verschieden. Eine ähnliche Streuung stellte auch Verfasser fest.

In Zahlentafel 15 sind gemessene und errechnete Feuerraumtemperaturen am Ende des eigentlichen Feuerraumes und unmittelbar vor der ersten Rohrreihe für einige Kessel mit Staubfeuerungen einander gegenübergestellt. Die äquivalente Kühlfläche wurde auf dreierlei Weise ermittelt: als Projektion der Kühlrohre auf die hinter ihnen befindliche Feuerraumwand, als halber Umfang der Kühlrohre und nach Hottel, S. 78. Die kalte Fläche des Kesselrohrbündels wurde bei Anlage I bis V und VIII nach S. 114 und 115 bestimmt. Bei Anlage IV und VII liegt die erste Kesselrohrreihe zum größten Teil in der Feuerraumdecke, es genügte daher, ihre äquivalente Kühlfläche gleich ihrer Senkrechtprojektion zu setzen. Rauchgastemperatur vor den Rohren und bei Verlassen des eigentlichen Feuerraumes sind bei ihnen identisch. Die Kühlziffer wurde überall durch Division der äquivalenten Kühlfläche durch die Oberfläche des äquivalenten Würfels gefunden.

Zahlentafel 15. **Vergleich gemessener und errechneter Feuerraumtemperaturen in Kohlenstaubfeuerungen.**

	Anlage	Feuerraumbelastung kcal/m³ h	Kühlziffer projiziert	Kühlziffer 1/3 Umfang	Kühlziffer Nach Hottel	Kantenlänge d. äquivalenten Würfels m	Temperaturen gemessen im Feuerraumhals °	Temperaturen gemessen vor den Rohren °	errechnet im Feuerraumhals projiziert °	errechnet im Feuerraumhals 1/3 Umf. °	errechnet im Feuerraumhals Hottel °	errechnet vor den Rohren projiziert °	errechnet vor den Rohren 1/3 Umf. °	errechnet vor den Rohren Hottel °
I	Gersteinwerk Steilrohr-Kessel I	56 700	0,22	0,32	0,39	6,75	1050	973	1192	1145	1112	1050	1005	975
									+142	+95	+62	+77	+32	+2
	V_F = 307 m³	100 000	0,22	0,32	0,39	—	1170	1090	1285	1235	1200	1178	1130	1100
									+115	+65	+30	+88	+40	+10
	$\mathfrak{H}_u$ = 7284 kcal/kg	135 000	0,22	0,32	0,39	—	1280	1203	1342	1295	1267	1255	1210	1185
									+62	+15	—13	+52	+7	—18
	$D_{165\,000}$ = 71,5 t/h	165 000	0,22	0,32	0,39	—	1342	1262	1390	1342	1308	1308	1265	1240
									+48	±0	—34	+46	+3	—22
II	Gersteinwerk Steilrohr-Kessel II; V_F = 307 m³	130 000	0,22	0,32	0,39	6,75	—	1230	1340	1298	1265	1245	1202	1172
									—	—	—	+15	—28	—58
	$\mathfrak{H}_u$ = 7183 kcal/kg; $D_{154\,000}$ = 68,5 t/h	154 000	0,22	0,32	0,39	—	—	1275	1375	1330	1295	1292	1248	1215
									—	—	—	+17	—27	—60
III	Gersteinwerk Steilrohr-Kessel III; V_F = 348 m³	120 000	0,31	0,38	0,50	7,03	—	1202	1317	1282	1220	1240	1202	1142
									—	—	—	+38	±0	—60
	$\mathfrak{H}_u$ = 7289 kcal/kg; $D_{140\,000}$ = 69,5 t/h	140 000	0,31	0,38	0,50	—	—	1233	1350	1322	1265	1288	1250	1200
									—	—	—	+55	+17	—33
IV	Böhlen Steilrohr-Kessel vor Umbau	84 000	0,42	0,45	0,49	7,3	1100	957	1095	1087	1078	936	930	923
									—5	—13	—22	—21	—27	—34
	V_F = 430 m³	123 000	0,42	0,45	0,49	—	1225	1057	1200	1192	1182	1068	1062	1054
									—25	—33	—43	+11	+5	—3
	$\mathfrak{H}_u$ = 4600 kcal/kg; $D_{152\,000}$ = 80 t/h	152 000	0,42	0,45	0,49	—	1262	1117	1265	1259	1250	1144	1140	1132
									+3	—3	—12	+27	+23	+15
V	Böhlen Steilrohr-Kessel nach Umbau	130 500	—	—	1,06	7,55	1110	985	—	—	1103	—	—	960
									—	—	—7	—	—	—25
	V_F = 430 m³	193 500	—	—	1,06	—	1153	1017	—	—	1205	—	—	1075
									—	—	+52	—	—	+58
	$\mathfrak{H}_u$ = 4600 kcal/kg; $D_{260\,000}$ = 146 t/h	260 000	—	—	1,06	—	1216	1067	—	—	1280	—	—	1158
									—	—	+64	—	—	+91
VI	Gölzau LHB.-Strahlungs-Kessel; V_F = 110 m³	127 000	0,57	0,89	0,77	4,8	—	1145	—	—	—	1135	1082	1102
									—	—	—	—10	—63	—43
	$\mathfrak{H}_u$ = 5862 kcal/kg; $D_{158\,000}$ = 22 t/h	158 000	0,57	0,89	0,77	—	—	1190	—	—	—	1210	1155	1172
									—	—	—	+20	—35	—18
VII	Anina Hanomag-Steilrohr-Kessel	80 000 $\mathfrak{H}_u$ = 4856	0,14	0,16	0,21	5,35	—	1181	—	—	—	1135	1117	1078
									—	—	—	—46	—64	—103
		$\mathfrak{H}_u$ = 6800	0,14	0,16	0,21	—	—	—	—	—	—	1200	1187	1155
									—	—	—	+19	+6	—26
	V_F = 152,5 m³; $\mathfrak{H}_u$ = 4856 kcal/kg	103 500 $\mathfrak{H}_u$ = 4856	0,14	0,16	0,21	—	—	1222	—	—	—	1192	1178	1152
									—	—	—	—30	—44	—70
	$D_{103\,500}$ = 20 t/h	$\mathfrak{H}_u$ = 6800	0,14	0,16	0,21	—	—	—	—	—	—	1265	1252	1225
									—	—	—	+43	+30	+3
VIII	Cuno-Werk Babcock-Sektional-Kessel; V_F = 298 m³; $\mathfrak{H}_u$ = 6930 kcal/kg; $D_{143\,000}$ = 51 t/h	143 000	0,075	—	0,125	6,15	1400÷1450	1200	1435	—	1405	1310	—	1285
									+10	—	—20	+110	—	+85

Anmerk.: Die senkrechten Zahlen geben die Abweichungen der errechneten Werte vom Meßwert an.

Nach Zahlentafel 15 decken sich Rechnung und Messung bald beim einen, bald beim anderen Verfahren zur Ermittlung der äquivalenten Kühlfläche besser. Es hängt dies mit dem verschiedenen Ausbrand der Gase und der verschiedenen Verschmutzung der kalten Flächen zusammen. Sind letztere sauber, so wird die Rechnung nach Hottel, sind sie verschmutzt, das Rechnen mit der projizierten Kühlfläche bessere Übereinstimmung ergeben. Zweckmäßigerweise rechnet man nur nach Hottel und berücksichtigt die Verschmutzung, indem man nicht die volle äquivalente Kühlfläche einsetzt.

Der Unterschied zwischen Meß- und Rechenwert von rd. — 60 bzw. rd. — 90° bei 190000 bzw. 260000 kcal/m³h Feuerraumbelastung in Fall V, Abb. 151, dürfte davon herrühren, daß die Verbrennung an der Meßstelle noch nicht beendet war. Bei Anlage VII liegt die gemessene Temperatur wahrscheinlich infolge des sehr hohen Aschengehaltes von 30 vH der Kohle so beträchtlich oberhalb der gerechneten. Tafel 17 bis 20 sind nämlich für Kohlen mit normalem Aschengehalt errechnet, d. h. einem Heizwert von 4856 kcal/kg entspricht eine Kohle mit wesentlich mehr Wasser und weniger Asche als die verfeuerte. Daher haben Rauchgase von der Tafel 17 bis 20 zugrunde liegenden Zusammensetzung eine höhere spezifische Wärme als die aus der verfeuerten Kohle entwickelten oder aber, wenn man mit dem Heizwert von 4856 kcal/kg in die Tafeln geht, wird die errechnete Feuertemperatur zu nieder. Man geht daher in solchen Fällen besser vom Heizwert der Reinkohle aus und rechnet daraus den Heizwert der Rohkohle für einen Aschengehalt von etwa 10 vH um. Damit erhält man 6520 kcal/kg unteren Heizwert, mit dem die errechneten Temperaturen um rd. 72° höher werden und mit den gemessenen recht befriedigend übereinstimmen, Zahlentafel 15.

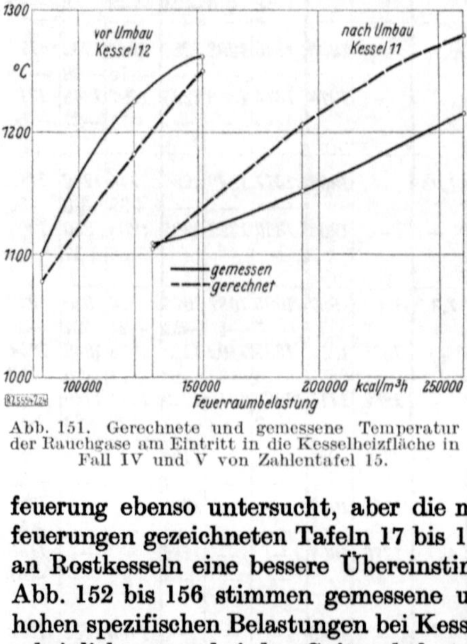

Abb. 151. Gerechnete und gemessene Temperatur der Rauchgase am Eintritt in die Kesselheizfläche in Fall IV und V von Zahlentafel 15.

Friedewald und Höhne haben fünf Steilrohr- und Sektionalkessel für Stein- und Braunkohle und einen Sektionalkessel mit Staubfeuerung ebenso untersucht, aber die mittlere Feuerraumtemperatur mit den für Staubfeuerungen gezeichneten Tafeln 17 bis 19 ermittelt, weil sich hierbei bei vielen Versuchen an Rostkesseln eine bessere Übereinstimmung mit den Meßwerten ergeben hatte. Nach Abb. 152 bis 156 stimmen gemessene und berechnete Temperaturen mit Ausnahme der hohen spezifischen Belastungen bei Kessel III und V sehr gut miteinander überein. Wahrscheinlich waren bei den Spitzenbelastungen die Rauchgase vor den Rohren noch nicht ganz ausgebrannt (Kessel V ist für 42 t/h Höchstlast gebaut, wurde aber mit 51 t/h betrieben), worauf auch die Gasanalyse schließen läßt. Auch bei Rostfeuerungen geben somit Tafel 17 bis 19 sehr brauchbare Werte. **Es empfiehlt sich daher, auch bei Rostfeuerungen mit Tafel 17 bis 19 und nicht mit Tafel 20 zu rechnen.** Alles in allem stimmen gemessene und berechnete Temperatur gut überein, besonders wenn man die Unsicherheit infolge Strähnenbildung, Verschmutzung und unvollkommener Verbrennung berücksichtigt, deren Größe meist unbekannt ist. Eine bessere Übereinstimmung mit einer optischen Messung als auf ± 20° kann nach Lage der Dinge auch vom besten Rechenverfahren freilich nicht erwartet werden, S. 160.

b) Temperaturverlauf in Berührungsheizflächen. Dieselben Vergleichsrechnungen wurden für die Rauchgasabkühlung in den Berührungsheizflächen durchgeführt, indem man Gasgeschwindigkeit und wirksame Heizfläche (rd. 80 bis 85 vH der tatsächlichen Heizfläche) aus dem Strömungsbild der betreffenden Kessel ermittelte. Die Rechnung ergab, daß bei Kessel I und II einer Änderung der mittleren Feuerraumtemperatur von 7 bis 8° eine Änderung der Gastemperatur hinter Kessel von nur 1° entsprach, in den nachgeschalteten Heizflächen wird das Verhältnis noch kleiner. Selbst Fehler bei Ermittlung der Feuerraumtemperatur von 50° sind daher auf den errechneten

Wirkungsgrad der Anlage oder die Größe von Ekonomiser und Luftvorwärmer ohne wesentlichen Einfluß. Ähnliches gilt nach Abb. 346 auch für den Einfluß von Nachverbrennungen. Der größte Unterschied zwischen gemessener und errechneter Gastemperatur am Kesselende liegt zwischen 8 und 22° und erreicht nur bei Kessel V, wo mit Nachverbrennung zu rechnen ist, 29°. Die Tafeln gestatten also, die Rauchgastemperatur am Kesselende bei reiner Kesselheizfläche sehr zuverlässig und den Abgasverlust auf 0,3 bis 0,7 Punkte genau voraus zu berechnen.

c) Temperatur des überhitzten Dampfes. Teilweise nicht so gut ist die Übereinstimmung zwischen errechneter und gemessener Temperatur des überhitzten Dampfes, weil die unbekannte, in den Rechnungen zu 0 vH angenommene Feuchtigkeit des Sattdampfes, die teilweise sehr verwickelte Überhitzerschaltung, Nachverbrennungen und

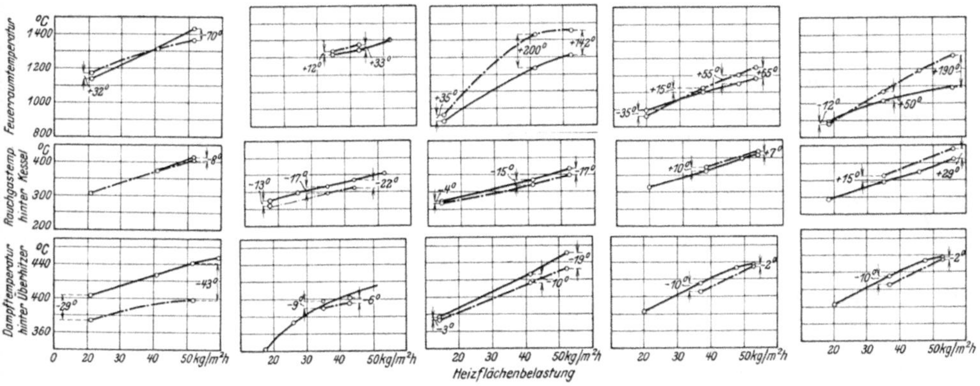

	Abb. 152.	Abb. 153.	Abb. 154.	Abb. 155.	Abb. 156.
	I	II	III	IV	V
	Sektionalkessel (Abb. 402)	Sektionalkessel (Abb. 416)	Sektionalkessel	Steilrohrkessel	Steilrohrkessel
	Wanderrost	Wanderrost	Unterwind-Wanderrost	Unterwind-Muldenrost	Unterwind-Schrägrost
	gasreiche Steinkohle	gasreiche Steinkohle	magere Steinkohle	Braunkohle	Braunkohle
$\mathfrak{H}_u$	7200	7300	7400	1800	1800 kcal/kg
q_r[1]	1000000	1040000	1260000	950000	970000 kcal/m²h
q_f[1]	554000	360000	340000	240000	315000 kcal/m³h

Abb. 152—156. Vergleich der gemessenen und der berechneten Temperaturen von 5 Wasserrohrkesseln. ——— Meßwerte; —·—·— Rechenwerte.

selbst leichte Verschmutzung der Kühl- und Vorheizflächen von großem Einfluß sind. Aber auch hier genügen die Tafeln durchaus.

Lediglich die Nachrechnung des von Kuhn untersuchten Temperaturverlaufes in dem mit Staub gefeuerten Sektionalkessel in Abb. 224, Kessel VIII in Zahlentafel 15, erzielte keine befriedigende Übereinstimmung. Es liegt dies aber sicher an sehr starker Verschmutzung der Heizflächen. Die durch den Revisionsverein vorgenommenen Abnahmeversuche ergaben nämlich wesentlich tiefere Abgastemperaturen, obgleich der Überhitzer noch nicht seine spätere Größe hatte, und auch eine Anfrage bestätigte die starke Verschmutzung während der Kuhnschen Versuche.

3. Vollständiges Rechenbeispiel. Zu Übungszwecken soll nunmehr die Durchführung von zwei vollständigen Kesselberechnungen gezeigt werden. Bei Neukonstruktionen, von denen noch keine Zeichnung vorliegt, rechnet man zunächst ohne Berücksichtigung der Einschnürung des Rauchgasweges bei Durchströmen der Heizfläche mit angenommenen Gasgeschwindigkeiten und schlägt für tote Ecken usw. auf die ermittelten Werte 10 bis 15 vH zu. Mit den auf diese Weise gefundenen Heizflächen wird der erste Entwurf angefertigt. Zeigt sich, daß hierbei gegenüber den Rechenwerten nur geringfügige Änderungen nötig sind, so wird man im allgemeinen die Rechnung nicht zu berichtigen brauchen, andernfalls muß sie wiederholt werden, wobei auch die voraussichtliche Gestalt der Gasströmung berücksichtigt werden kann.

[1] q_f spezifische Feuerraum-, q_r spezifische Rostbelastung bei der Höchstlast des Kessels.

Beispiel 37: Berechnung eines Dreitrommel-Steilrohrkessels mit Staubfeuerung, Ekonomiser und Luftvorwärmer.

Ausgangswerte:

Stündliche Dampfmenge	75 t/h	CO_2-Gehalt	14 vH
Kesseldruck	40 at abs	Feuerraumbelastung	rd. 130000 kcal/m³h
Dampftemperatur	425°	Feuerraumgestalt	würfelförmig
unterer Heizwert der Kohle $\mathfrak{H}_u$	6900 kcal/kg	Kühlziffer des Feuerraumes ψ	rd. 0,38

Temperaturen:

Rauchgase: vor Überhitzer	800°	hinter Luftvorwärmer	180°
Speisewasser: vor Ekonomiser	120°	hinter Ekonomiser	180°
Luft: vor Luftvorwärmer	20°	hinter Luftvorwärmer	175°

Durch den Luftvorwärmer strömender Anteil der gesamten Verbrennungsluft . . . 85 vH
Verlust durch Unverbranntes, Strahlung usw. (Restverlust) . . . 4,9 vH

Geschwindigkeiten:

Rauchgase in: Kesselheizfläche	6 m/s	Überhitzer	7 m/s
Ekonomiser	7 m/s	Luftvorwärmer	7 m/s
Dampf im Überhitzer	20 m/s	Luft im Luftvorwärmer	10 m/s

Rohrdurchmesser:

Wasserrohre	75/83 mm	Überhitzerrohre	32/42 mm	Ekonomiserrohre	35/45 mm

Rohrteilung über die Breite des Kessels:

Kessel	185 mm	Überhitzer	97 mm	Ekonomiser	85 mm

Rohrteilung in senkrechter Richtung:

Kessel	185 mm	Überhitzer	97 mm	Ekonomiser	85 mm

Taschenluftvorwärmer:

Breite des Luftspaltes	18 mm	Breite des Rauchgasspaltes	40 mm

Anordnung der Überhitzerrohre und Ekonomiserrohre fluchtend,
Gasströmung zu den Überhitzerrohren und Ekonomiserrohren senkrecht.

1. Stündlicher Kohlenverbrauch.

Zunächst muß der stündliche Kohlenverbrauch bzw. die entstehende Rauchgasmenge ermittelt werden, wozu die Aufstellung der Wärmebilanz nötig ist.

Es betragen:

Luftüberschuß nach Tafel 4, Beispiel 7, S. 94, λ	1,34
Wärmeinhalt von 1 Nm³ Rauchgas bei 14 vH CO_2 und 180° (aus Tafel 5)	60 kcal/Nm³
Desgl. bei 20°	6 kcal/Nm³
Rauchgasmenge je kg Kohle nach Tafel 4, Beispiel 7, S. 94	10,3 Nm³/kg
Abgasverlust je kg Kohle $= 10{,}3 \cdot (60 - 6)$	556 kcal/kg
Desgl. in vH des Kohlenheizwertes $= \frac{556 \cdot 100}{6900}$	8,1 vH
Restverlust (lt. Voraussetzung)	4,9 vH
somit	
Kesselwirkungsgrad $= 100 - (8{,}1 + 4{,}9)$	87,0 vH
Wärmeinhalt von: 1 kg Dampf von 40 at abs und 425° (JS-Diagramm)	782 kcal/kg
1 kg Speisewasser von 120°	rd. 120 kcal/kg
Erzeugungswärme von 1 kg Dampf $= 782 - 120$	662 kcal/kg
Verdampfungsziffer $= \frac{6900 \cdot 0{,}87}{662}$	9,05 kg/kg
Stündlicher Kohlenverbrauch $= \frac{75000}{9{,}05}$	8290 kg/h

2. Feuerraumtemperatur.

Feuerraumbelastung nach Annahme	rd. 130000 kcal/m³ h
In Kohle zugeführte Wärme $= 8290 \cdot 6900$	57100000 kcal/h
Volumen des Feuerraumes = rd. $\frac{57100000}{130000}$	rd. 440 m³
Kantenlänge des Feuerraumes = rd. $\sqrt[3]{440}$	rd. 7,60 m
Kantenlänge des Flammenvolumens (S. 111) $\sim 7{,}60 - 0{,}30$	rd. 7,30 m
Flammenvolumen $= 7{,}30^3$	rd. 386 m³
Flammenbelastung $= \frac{57100000}{386}$	rd. 150000 kcal/m³ h

Es wurde vorausgesetzt, daß nur 85 vH der gesamten Verbrennungsluft auf 175° vorgewärmt und die restlichen 15 vH als kalte Einblaseluft zusammen mit dem Kohlenstaub zugeführt werden. Somit ist mittlere Temperatur der Verbrennungsluft $= 0{,}85 \cdot 175 + 0{,}15 \cdot 20 =$ rd. 150°.

Diese Lufttemperatur ist beim Ermitteln der Feuerraumtemperatur zu benutzen. Den Rechnungsgang im einzelnen unter Verwendung obiger Zahlenwerte zeigt Beispiel 31, S. 111, wonach sich ergibt:

Feuerraumtemperatur . . . . 1260°

3. Belastung der Feuerraumkühlfläche.

Feuerraumkantenlänge, siehe unter 2. . . . . rd. 7,60 m
Oberfläche des würfelförmig gedachten Feuerraumes $= 6 \cdot 7{,}60^2$ . . . . 346 m²
Kühlziffer nach Annahme 0,38

somit

projizierte Kühlfläche, S. 122, einschließlich bestrahlter Kesselheizfläche $= 0{,}38 \cdot 346$. rd. 130 m²

Der Feuerraum sei ähnlich ausgeführt wie in Abb. 219, d. h. mit senkrecht von oben nach unten blasenden Brennern. Unter mittleren Verhältnissen kann man dann annehmen, daß der Vorbau für die Brenner im Innern des Feuerraumes gemessen rd. 2500 mm tief ist, infolgedessen ist die

dem Feuer ausgesetzte projizierte Länge der untersten Wasserrohrreihe =
rd. 7600 — 2500 . . . . 5100 mm
bestrahlte projizierte Kesselheizfläche, S. 110, $= 7{,}6 \cdot 5{,}1$ . . . . rd. 39 m²
projizierte Kühlfläche ohne bestrahlte Kesselheizfläche = 130 — 39 . . . . 91 m²
Verbrennungsluftmenge (aus Tafel 4) $= 7{,}45 \cdot 1{,}34$ . . . . 10 Nm³/kg

Dem Feuerraum zugeführte Wärme:

in der Kohle (abzüglich Restverlust)[1]	54400000 kcal/h
in der Verbrennungsluft (aus Tafel 5 für 150° — 20° = 130° Übertemperatur) = $40 \cdot 10 \cdot 8290$	3320000 kcal/h
insgesamt:	57720000 kcal/h
fühlbare Rauchgaswärme bei 1260° (aus Tafel 4 und 5) $= 10{,}3 \cdot 450 \cdot 8290$	38400000 kcal/h
von der Kühlfläche aufgenommene Strahlungswärme	19320000 kcal/h
Belastung von 1 m² projizierter Kühlfläche durch eingestrahlte Wärme $= \frac{19320000}{130}$.	rd. 150000 kcal/m² h

Zu diesem Betrag kommt für die bestrahlte Kesselheizfläche noch die durch Berührung mit den heißen Gasen aufgenommene Wärme.

4. Vorheizfläche.

Rauchgastemperatur: vor bzw. nach Vorheizfläche . . . . 1260° bzw. 800°

Damit sind

mittlere Rauchgastemperatur $= \frac{1260 + 800}{2}$ . . . . 1030°
Rohrwandtemperatur (= Siedetemperatur + 15°) . . . . 265°

Mit Rücksicht auf die besondere Art der Rauchgasströmung im vorderen Bündel wird bei der Berechnung des Wärmeüberganges für α_B das arithmetische Mittel aus den Werten für Strömung der Gase parallel und senkrecht zu den Rohren benutzt.

Für fluchtende Rohranordnung und Strömung senkrecht zu den Rohren ist nach Tafel 8, Beispiel 14, S. 99, für $t_R = 1030°$, $t_W = 265°$, Steinkohle, $v = 6$ m/s, $d = 83$ mm, 10 Rohrreihen:
Wärmeübergangszahl von Rauchgasen an Rohrwand $= \alpha_B$[2] . . . . 22,6 kcal/m² h° C

Ferner bei Strömung parallel zu den Rohren nach Tafel 10, Beispiel 16, S. 100, für $t_R = 1030°$, $t_W = 265°$, Steinkohle, rd. 10 m Rohrlänge, $v = 6$ m/s, $d = 83$ mm:
Wärmeübergangszahl von Rauchgasen an Rohrwand α_B[2] . . . . 12 kcal/m² h° C
Mittel aus beiden Werten $\alpha_B = \frac{22{,}6 + 12}{2}$ . . . . 17,3 kcal/m² h° C

Nach Tafel 11, Beispiel 17, S. 101, wird für $\mathfrak{H}_u = 6900$ kcal/kg, 14 vH CO_2 am Orsat gemessen, 185 mm Rohrteilung, 83 mm ä. Rohrdurchmesser, Stärke der strahlenden Schicht $s = 185 - \frac{83}{2} = 143{,}5$ mm

$(p \cdot s)_{CO_2} = 0{,}13 \cdot 143{,}5 = 18{,}7$; $(\varphi)_{CO_2} = 6{,}55$; $(\alpha_s)_{CO_2}$ . . . . 11,9 kcal/m² h° C
$(p \cdot s)_{H_2O} = 0{,}06 \cdot 143{,}5 = 8{,}6$; $(\varphi)_{H_2O} = 2{,}75$; $(\alpha_s)_{H_2O}$ . . . . 4,9 kcal/m² h° C
gesamte Wärmeübergangszahl von Rauchgasen an Rohrwand $\alpha_1 = 17{,}3 + 11{,}9 + 4{,}9 =$ 34,1 kcal/m² h° C

Aus den auf S. 72 angegebenen Gründen kann gesetzt werden:

Wärmedurchgangszahl von Rauchgasen an Kesselwasser $k = \alpha_1$ . . . . 34,1 kcal/m² h° C

Es betragen ferner:

kleinstes Temperaturgefälle zwischen Rauchgasen und Wasser $\Delta k = 800 - 250 = 550°$
größtes Temperaturgefälle zwischen Rauchgasen und Wasser $\Delta g = 1260 - 250 = 1010°$

$\frac{\Delta k}{\Delta g} = \frac{550}{1010}$ 0,544

[1] Dabei ist vorausgesetzt, daß der Verlust an Unverbranntem sehr gering ist.
[2] α_B ist noch nach Tafel 7 der 1. Auflage des Buches, d. h. mit $d = d'$ gerechnet.

Mit diesen Werten findet man aus Tafel 7
mittlere Temperaturdifferenz Δt_m . . . . 756°
und nach Grundaufgabe 1, Beispiel 25, S. 106
Heizfläche für 1 kg/h Kohle . . . . 0,069 m²/kg
gesamte Vorheizfläche = 0,069 · 8290 . . . . rd. 570 m²

5. Überhitzerheizfläche.

In Beispiel 26 der Grundaufgabe 2, S. 106, ist für die gleichen Verhältnisse wie im vorliegenden Fall gezeigt, wie gefunden wird:
Rauchgastemperatur hinter Überhitzer . . . . 520°

Damit sind die für die Ermittlung der Wärmeübergangszahlen maßgebenden Temperaturen:
mittlere Rauchgastemperatur $t_R = \frac{800 + 520}{2}$ . . . . 660°

Die Rohrwandtemperatur wurde schätzungsweise 25° höher als die mittlere Dampftemperatur angenommen, also zu
$t_{IV} = \frac{250 + 425}{2} + 25$ . . . . 362°

Der Dampf soll den Überhitzer im Gegenstrom zu den Rauchgasen durchfließen.

Aus Tafel 8 findet man für $t_R = 660°$, $t_{IV} = 362°$, Steinkohle, $v = 7$ m/s, $d = 42$ mm, 10 Rohrreihen
Wärmeübergangszahl Rauchgase an Rohrwand durch Berührung α_B . . . . 33,4 kcal/m² h° C

Aus Tafel 11 findet man für $\mathfrak{H}_u = 6900$ kcal/kg, 14 vH CO_2-Gehalt (Orsatanzeige), 97 mm Rohrteilung, 42 mm ä. Rohrdurchmesser und mittlere Stärke der strahlenden Schicht $s = 97 - \frac{42}{2} = 76$ mm
$(p \cdot s)_{CO_2} = 0{,}13 \cdot 76 = 9{,}9$; $(\varphi)_{CO_2} = 7{,}5$; $(\alpha_s)_{CO_2}$ . . . . 8,1 kcal/m² h° C
$(p \cdot s)_{H_2O} = 0{,}06 \cdot 76 = 4{,}56$; $(\varphi)_{H_2O} = 2{,}1$; $(\alpha_s)_{H_2O}$ . . . . 2,0 kcal/m² h° C

Somit ist:
gesamte Wärmeübergangszahl von Rauchgasen an Rohrwand $\alpha_1 = 33{,}4 + 8{,}1 + 2{,}0 =$ 43,5 kcal/m² h° C

In Beispie l18, S. 102, ist für die gleichen Verhältnisse wie im vorliegenden Fall gezeigt, wie aus Tafel 12 gefunden wird:
innere Wärmeübergangszahl von Rohrwand an überhitzten Dampf α_2 . . . . 1030 kcal/m² h° C

Aus den auf S. 102 angegebenen Gründen kann gesetzt werden:
Wärmedurchgangszahl Rauchgase an Dampf $k = \frac{1}{\frac{1}{\alpha_1} + \frac{1}{\alpha_2}}$ kcal/m² h° C.

Mit $\alpha_1 = 43{,}5$ kcal/m² h° C und $\alpha_2 = 1030$ kcal/m² h° C erhält man nach Tafel 13, Beispiel 19, S. 102, Wärmedurchgangszahl $k = 41{,}6$ kcal/m² h° C.

Mit den Werten $\Delta k = 520 - 250 = 270°$, $\Delta g = 800 - 425 = 375°$, $\frac{\Delta k}{\Delta g} = 0{,}72$ wird aus Tafel 7 gefunden:
mittlere Temperaturdifferenz Δt_m . . . . 319°

Nach Grundaufgabe 2, Beispiel 26, S. 106:
Überhitzerheizfläche für 1 kg/h Kohle . . . . 0,079 m²/kg
gesamte Überhitzerfläche = 0,079 · 8290 . . . . 655 m²

Die Nachheizfläche des Kessels kann erst errechnet werden, wenn die Rauchgastemperatur vor Ekonomiser festliegt. Für die Ekonomiserheizfläche gilt insofern dasselbe, als erst die Rauchgastemperatur vor Luftvorwärmer bestimmt sein muß. Aus diesem Grunde wird zunächst der Luftvorwärmer und dann der Ekonomiser berechnet.

6. Luftvorwärmerheizfläche.

In Beispiel 28 der Grundaufgabe 4, S. 107, ist für die gleichen Verhältnisse wie im vorliegenden Fall gezeigt, wie gefunden wird:
Rauchgastemperatur vor Luftvorwärmer . . . . 312°

Damit sind die für die Ermittlung der Wärmedurchgangszahl maßgebenden Temperaturen:
mittlere Rauchgastemperatur $= \frac{180 + 312}{2}$ . . . . 246°
mittlere Lufttemperatur $= \frac{175 + 20}{2}$ . . . . 97,5°
mittlere Wandtemperatur $= \frac{246 + 97{,}5}{2}$ . . . . rd. 172°

In Beispiel 22, S. 104, ist mit den Zahlenwerten des vorliegenden Falles gezeigt, wie aus Tafel 14 gefunden wird:
Wärmedurchgangszahl k . . . . 12,1 kcal/m² h° C

Mit den Werten $\Delta k = 312 - 175 = 137^0$, $\Delta g = 180 - 20 = 160^0$, $\frac{\Delta k}{\Delta g} = 0{,}856$ wird aus Tafel 7 gefunden:

mittlere Temperaturdifferenz Δt_m . . . . 148°

Nach Grundaufgabe 4, Beispiel 28, S. 107:

Luftvorwärmerheizfläche für 1 kg/h Kohle . . . . 0,228 m²/kg
gesamte erforderliche Luftvorwärmerheizfläche = 0,228 · 8290 . . . . rd. 1900 m²

7. Ekonomiserheizfläche.

Die unter Punkt 6 ermittelte Rauchgastemperatur vor Luftvorwärmer von 312° ist gleich der Rauchgastemperatur hinter Ekonomiser.

In Beispiel 27, S. 107, wurde für die gleichen Verhältnisse wie im vorliegenden Fall gefunden:

Rauchgastemperatur vor Ekonomiser . . . . 467°

Damit sind:

mittlere Rauchgastemperatur $= \frac{312 + 467}{2}$ . . . . 390°

mittlere Rohrwandtemperatur (= mittlere Wassertemperatur + 10°) $= \frac{120 + 180}{2} + 10$ 160°

Der Ekonomiser sei ein Schlangenrohrvorwärmer in Gegenstromschaltung, bei dem die Rauchgase senkrecht zu den fluchtend angeordneten Rohren strömen.

Aus Tafel 8 findet man für $t_R = 390^0$, $t_W = 160^0$, Steinkohle, $v = 7$ m/s, $d = 45$ mm, 10 Rohrreihen
Wärmeübergangszahl von Rauchgasen an Rohrwand durch Berührung α_B . . . . . . 37 kcal/m²h° C

Ferner findet man aus Tafel 11 für $\mathfrak{H}_u = 6900$ kcal/kg, 14 vH CO_2-Gehalt (Orsatanzeige), $t = 85$ mm, $d = 45$ mm und mittlere Stärke der strahlenden Schicht $s = 85 - \frac{45}{2} =$ rd. 62,5 mm

$(p \cdot s)_{CO_2} = 0{,}13 \cdot 62{,}5 = 8{,}1$; $(\varphi)_{CO_2} = 8{,}2$; $(\alpha_s)_{CO_2}$ . . . . 2,6 kcal/m²h° C
$(p \cdot s)_{H_2O} = 0{,}06 \cdot 62{,}5 = 3{,}8$; $(\varphi)_{H_2O} = 2{,}2$; $(\alpha_s)_{H_2O}$ . . . . 0,8 kcal/m²h° C

Somit ist:

gesamte Wärmeübergangszahl von Rauchgasen an Rohrwand $\alpha_1 = 37 + 2{,}6 + 0{,}8 =$ 40,4 kcal/m²h° C
und nach S. 72:

Wärmedurchgangszahl von Rauchgasen an Speisewasser $k = \alpha_1$ . . . . 40,4 kcal/m²h° C

In Beispiel 13, S. 98, ist mit den Zahlenwerten des vorliegenden Falles gezeigt, wie aus Tafel 7 gefunden wird:

mittlere Temperaturdifferenz Δt_m . . . . 236°.

Nach Grundaufgabe 3, Beispiel 27, S. 107, ist

Ekonomiserheizfläche für 1 kg/h Kohle . . . . 0,057 m²/kg
gesamte Ekonomiserheizfläche = 0,057 · 8290 . . . . 472 m²

8. Nachheizfläche.

Rauchgastemperatur vor Nachheizfläche (= hinter Überhitzer) nach 5. . . . . 520°
Rauchgastemperatur hinter Nachheizfläche (= vor Ekonomiser) nach 7. . . . . 467°
mittlere Rauchgastemperatur $= \frac{520 + 467}{2}$ . . . . 493°
Rohrwandtemperatur (= Siedetemperatur + 15°) . . . . 265°

Aus Tafel 10 erhält man für fluchtende Rohranordnung und Gasströmung parallel zu den Rohren, $t_R = 493^0$, $t_W = 265^0$, Steinkohle, $v = 6$ m/s, $d = 83$ mm, 10 m Rohrlänge:

Wärmeübergangszahl Rauchgase an Rohrwand durch Berührung α_B . . . . 14,2 kcal/m²h° C

In Beispiel 17, S. 101, ist mit den Zahlenwerten des vorliegenden Falles gezeigt, wie aus Tafel 11 gefunden wird:

Wärmeübergangszahl durch Gasstrahlung α_s . . . . 7,3 kcal/m²h° C
gesamte Wärmeübergangszahl von Rauchgasen an Rohrwand $\alpha_1 = 14{,}2 + 7{,}3$ . . . . 21,5 kcal/m²h° C
Nach S. 72:

Wärmedurchgangszahl von Rauchgasen an Kesselwasser $k = \alpha_1$ . . . . 21,5 kcal/m²h° C

Mit den Werten $\Delta k = 467 - 250 = 217^0$, $\Delta g = 520 - 250 = 270^0$, $\frac{\Delta k}{\Delta g} = 0{,}804$ kann aus Tafel 7 gefunden werden:

mittlere Temperaturdifferenz Δt_m . . . . 242°

Aus Grundaufgabe 1 ergibt sich sodann ähnlich Beispiel 25, S. 106:

Nachheizfläche für 1 kg/h Kohle . . . . 0,04 m²/kg
gesamte Nachheizfläche = 0,04 · 8290 . . . . 332 m²

9. Zusammenstellung der für den ersten Entwurf ermittelten Heizflächen.

Es betragen somit:

reine Kühlfläche (voller Umfang)	286 m^2,	Vorheizfläche des Kessels	570 m^2
Nachheizfläche des Kessels	332 m^2,	gesamte Kesselheizfläche	1188 m^2
Überhitzerheizfläche	655 m^2,	Ekonomiserheizfläche	472 m^2
Luftvorwärmerheizfläche			1900 m^2

Beispiel 38: Kontrollrechnung an einem ausgeführten Kessel. Es soll geprüft werden, wie die mit den Tafeln ermittelten Werte mit Meßergebnissen an Kessel Nr. 22 des Calumet-Kraftwerkes in Chikago übereinstimmen, Abb. 123. Der Kessel ist ein Babcock-Sektionalkessel mit Bailey-Staubfeuerung, Ekonomiser und Luftvorwärmer. Die Rechnung wird so durchgeführt, daß die Wärmedurchgangszahl k in kcal/m^2 h° C einmal aus der beim Versuch übertragenen Wärme, d. h. den Temperaturen und Mengen des heizenden und beheizten Mittels errechnet wird. Ein zweites Mal wird sie auf Grund der Geschwindigkeiten mit Hilfe der Tafeln 8 bis 14 bestimmt, und dann mit dem ersten Wert verglichen, so daß man daraus ein Bild über die Zuverlässigkeit der Tafeln erhält.

Ausgangswerte:

Dampferzeugung	97211 kg/h	Kesseldruck	22,8 at abs
Unterer Heizwert	6490 kcal/kg	CO_2-Gehalt hint. Kessel	15,4 vH
Kohlenmenge	11290 kg/h	Verdampfungsziffer	8,62 kg/kg

Temperaturen:

Überhitzter Dampf	390°	Speisewasser vor Ekonomiser	86°
Rauchgase: vor Ekonomiser	687°	Luft: vor Luftvorwärmer	39°
nach Ekonomiser	277°	nach Luftvorwärmer	197°
nach Luftvorwärmer	143°		

Durchmesser:

Wasserrohre	74/82,5 mm	Ekonomiserrohre außen	50,8 mm
Überhitzerrohre außen	50,8 mm	Luftvorwärmerrohre	57,5/63,5 mm

1. Luftvorwärmer.

Wie aus der benutzten Literaturquelle hervorgeht, wird ein Teil der durch den Luftvorwärmer strömenden Luft zum Trocknen der Kohle vor ihrer Vermahlung verwendet, der dann ins Freie zieht. Dafür wird etwas kalte Luft unmittelbar den Brennern zugeführt. Angaben über die betreffenden Luftmengen, die offenbar nicht beträchtlich sind, werden nicht gemacht. Aus diesem Grunde ist die Aufstellung einer zuverlässigen Wärmebilanz des Luftvorwärmers nicht möglich. Wenn hier trotzdem so gerechnet wird, als ob die gesamte Verbrennungsluft durch den Luftvorwärmer strömte, so geschieht dies lediglich, um den Rechnungsgang zu zeigen.

Röhrenluftvorwärmer. Reine Gegenstromschaltung. Luft- und Rauchgase strömen parallel zu den Rohren.

Ermittlung der Wärmedurchgangszahl k:

a) aus den Versuchswerten auf Grund der übertragenen Wärmemenge:

Heizfläche (Mittelwert aus Gas- und Luftseite) . . . 3690 m^2

Heizfläche je kg/h Kohle $\frac{3690}{11\,290}$ . . . 0,327 m^2/kg

Mit den Werten $\Delta k = 277 - 197 = 80°$, $\Delta g = 143 - 39 = 104°$, $\frac{\Delta k}{\Delta g} = 0{,}77$ wird aus Tafel 7 gefunden:

mittlere Temperaturdifferenz Δt_m . . . 91,5°

Ferner ist:

CO_2-Gehalt vor bzw. nach Luftvorwärmer . . . 14,8 bzw. 13,6 vH

Aus Tafel 4 findet man:

Rauchgasmenge: vor Luftvorwärmer (14,8 vH CO_2) . . . 9,25 Nm^3/kg
hinter Luftvorwärmer (13,6 vH CO_2) . . . 9,95 Nm^3/kg

tatsächliche, dem Feuerraum zugeführte Luftmenge (entspr. 15,4 vH CO_2-Gehalt, $\lambda = 1{,}21$ im Feuerraum) $= 7{,}05 \cdot 1{,}21$ . . . 8,55 Nm^3/kg

Luftmenge vor Luftvorwärmer $= 8{,}55 + (9{,}95 - 9{,}25)$ . . . 9,25 Nm^3/kg

Dabei wurde angenommen, daß die Luftmenge, die die Rauchgase verdünnt, von der Luftseite herüberkommt, daß die Zunahme des Rauchgasvolumens also gleich der Abnahme des Luftvolumens ist.

Aus Tafel 5 ergibt sich:

Wärmeinhalt:

von 1 Nm^3 Rauchgas vor Luftvorwärmer . . . 93 kcal/Nm^3

von 1 Nm^3 Rauchgas hinter Luftvorwärmer . . . 47,5 kcal/Nm^3

der Rauchgase von 1 kg Kohle: vor Luftvorwärmer $= 9{,}25 \cdot 93$ . . . 860 kcal/kg
hinter Luftvorwärmer $= 9{,}95 \cdot 47{,}5$ . . . 473 kcal/kg

von 1 Nm^3 Luft vor Luftvorwärmer . . . 12,5 kcal/Nm^3

von 1 Nm^3 Luft hinter Luftvorwärmer . . . 61,5 kcal/Nm^3

der Luft für 1 kg Kohle: vor Luftvorwärmer $= 9{,}25 \cdot 12{,}5$ . . . . 116 kcal/kg
hinter Luftvorwärmer $= 8{,}55 \cdot 61{,}5$ . . . . 525 kcal/kg
im Luftvorwärmer den Rauchgasen von 1 kg Kohle entzogen $= 860 - 473$ . . . . . 387 kcal/kg
im Luftvorwärmer der Verbrennungsluft von 1 kg Kohle zugeführt $= 525 - 116$ . . . 409 kcal/kg

Es scheint, daß die der Luft zugeführte Wärmemenge größer ist als die den Rauchgasen entzogene. Dies ist natürlich unmöglich und erklärt sich im vorliegenden Fall dadurch, daß weniger Luft, als der Rechnung zugrunde gelegt wurde, durch den Luftvorwärmer strömt. Aber auch wenn dies nicht zutreffen würde, tritt diese Erscheinung öfter auf, und zwar infolge von Meßfehlern, vor allem bei der Bestimmung der Rauchgastemperaturen (S. 13), die sich auch bei sonst genau durchgeführten Kesselversuchen oft nicht vermeiden lassen.

Mit Hilfe von Grundaufgabe 4 kann man ähnlich Beispiel 28 die beim Versuch erreichte Wärmedurchgangszahl k ermitteln. Da in diesem Falle aus den eingangs erwähnten Gründen die Luftmenge nicht genau bekannt ist, ist es das gegebene, bei der Ermittlung der Wärmedurchgangszahl k die Rauchgasabkühlung zugrunde zu legen.

Damit wird
Wärmedurchgangszahl k . . . . 12,9 kcal/m² h° C

b) Errechnung von k mit Hilfe der Tafeln auf Grund der Abmessungen des Luftvorwärmers (Geschwindigkeit der Luft und der Rauchgase):

In gleicher Weise wie in Beispiel 24, S. 105, errechnet, ergibt sich Wärmedurchgangszahl $k = 14$ kcal/m² h° C gegenüber dem Versuchswert $k = 12{,}9$ kcal/m² h° C.

2. Ekonomiser.

Gegenstromschaltung. Strömung der Rauchgase senkrecht zu den versetzten Ekonomiserrohren.

Ermittlung der Wärmedurchgangszahl k:

a) aus den Versuchswerten auf Grund der übertragenen Wärmemenge:

Heizfläche . . . . 821 m²
Heizfläche je kg/h Kohle $= \frac{821}{11\,290}$ . . . . 0,0726 m²/kg
CO_2-Gehalt vor bzw. nach Ekonomiser . . . . 15,4 bzw. 14,8 vH
mittlerer CO_2-Gehalt im Ekonomiser . . . . 15,1 vH

Damit ergibt sich aus Tafel 4:

Luftüberschuß λ 1,25
Rauchgasmenge je kg Kohle . . . . 9,2 Nm³/kg

Aus Tafel 5 findet man:

Wärmeinhalt von 1 Nm³ Rauchgas: vor bzw. nach Ekonomiser . . . . 241 bzw. 100 kcal/Nm³

somit

im Ekonomiser je Nm³ Rauchgas übertragene Wärme . . . . 141 kcal/Nm³
desgl. je kg Kohle $= 9{,}2 \cdot 141$ . . . . 1300 kcal/kg
3 vH Verlust im Ekonomiser angenommen . . . . 40 kcal/kg

somit

ins Speisewasser je kg Kohle übergegangen . . . . 1260 kcal/kg
Zunahme des Wärmeinhaltes von 1 kg Speisewasser $= \frac{1260}{8{,}62}$ . . . . 146 kcal/kg
Wärmeinhalt des Speisewassers nach Ekonomiser $= 86 + 146$ . . . . 232 kcal/kg

Da die Siedetemperatur bei 219° liegt, folgt, daß bei dieser Last bereits etwas Wasser im Ekonomiser verdampft ist, ein Umstand, dem übrigens bereits bei der Konstruktion des Ekonomisers Rechnung getragen und der bewußt herbeigeführt wurde. Es beträgt also

Speisewassertemperatur Austritt Ekonomiser . . . . 219°

Mit den Werten $\Delta k = 277 - 86 = 191°$, $\Delta g = 687 - 219 = 468°$, $\frac{\Delta k}{\Delta g} = 0{,}410$ wird aus Tafel 7 gefunden:

mittlere Temperaturdifferenz Δt_m . . . . 310°

Diese Art der Berechnung ist hier nicht ganz korrekt, da die Temperatur des Speisewassers nicht kontinuierlich von Eintritt bis Austritt Ekonomiser steigt, sondern im letzten Stück, wo das Wasser verdampft, konstant bleibt. Da dieses Stück aber im Verhältnis zur ganzen Erwärmung klein ist, erscheint die angewandte Berechnung noch gerechtfertigt. Bei einer stärkeren Abweichung vom stetigen Verlauf müßte man die Heizfläche unterteilen in einen Teil, in dem die Wassertemperatur ansteigt, und einen Teil, in dem sie konstant ist.

Mit obigen Werten ergibt sich

Wärmedurchgangszahl $k = \frac{1260}{0{,}0726 \cdot 310}$ . . . . 55,8 kcal/m² h° C

b) Errechnung mit Hilfe der Tafeln auf Grund der Abmessungen des Ekonomisers.

Ebenso wie in Beispiel 37, Punkt 7, S. 127, wird gefunden $k = 82{,}4$ kcal/m² h° C. Der große Unterschied gegenüber 55,8 kcal/m² h° C rührt voraussichtlich von falschen Messungen her, S. 93 und 119.

3. Überhitzer.

Dampf und Rauchgase fließen praktisch im Kreuzstrom, die Rauchgase strömen senkrecht zu den fluchtend angeordneten Überhitzerrohren.

Ermittlung der Wärmedurchgangszahl k:

a) aus den Versuchswerten auf Grund der übertragenen Wärmemenge:

Die Temperatur der Rauchgase hinter Überhitzer ist in den Versuchsdaten nicht aufgeführt. Da eine einwandfreie Rechnung aus der Temperatur vor Ekonomiser (687°) nicht möglich ist, wurde die Abkühlung an der verhältnismäßig kleinen Heizfläche hinter Überhitzer (Verbindungsrohre der Sektionen mit der Trommel) zu rd. 20° angenommen, damit wird:

Rauchgastemperatur hinter Überhitzer . . . . rd. 710°

Verdampfungsziffer $= \frac{97\,211}{11\,290}$ . . . . 8,62 kg/kg

Sattdampftemperatur (22,8 at abs) . . . . 219°

Heißdampftemperatur . . . . 390°

Überhitzungswärme (bei 2 vH Dampffeuchtigkeit, die der großen Kesselbelastung wegen so hoch angenommen wurde) aus JS-Diagramm 770 — 660 . . . 110 kcal/kg

Aus Tafel 4 für $\mathfrak{H}_u = 6490$ kcal/kg, 15,4 vH CO_2-Gehalt:

Rauchgasmenge je kg Kohle . . . . 8,9 Nm³/kg

Mit diesen Werten findet man nach Grundaufgabe 2:

Rauchgastemperatur vor Überhitzer . . . . 1000°

Um den Strömungsverhältnissen Rechnung zu tragen, wird als mittlere Temperaturdifferenz das arithmetische Mittel aus den Werten für Gleich- und Gegenstrom gesetzt.

Gleichstrom: $\Delta k = 710 - 390 = 320$ $\quad \Delta g = 1000 - 219 = 781$ $\quad \frac{\Delta k}{\Delta g} = 0{,}41$

nach Tafel 7 $\Delta t_m = 517°$

Gegenstrom: $\Delta k = 710 - 219 = 491$ $\quad \Delta g = 1000 - 390 = 610$ $\quad \frac{\Delta k}{\Delta g} = 0{,}805$

nach Tafel 7 $\Delta t_m = 545°$

mittlere Temperaturdifferenz im Überhitzer $\Delta t_m = \frac{545 + 517}{2}$ . . . . 531°

Überhitzerheizfläche nach Zeichnung . . . . 467 m²

Heizfläche je kg/h Kohle $= \frac{467}{11\,290}$ . . . . 0,0415 m²/kg

Mit diesen Werten findet man nach Grundaufgabe 2:

Wärmedurchgangszahl k . . . . 43,1 kcal/m² h° C

b) Errechnung mit Hilfe der Tafeln auf Grund der Überhitzerabmessungen:

In gleicher Weise wie in Beispiel 37, Punkt 5, S. 126, errechnet, ergibt sich Wärmedurchgangszahl $k = 46{,}8$ kcal/m² h° C gegenüber dem Versuchswert $k = 43{,}1$ kcal/m² h° C.

Da infolge der konstruktiven Ausbildung die Rauchgase sämtliche Heizflächen fast voll bespülen müssen, konnte mit ihrer tatsächlichen Größe gerechnet werden. Lediglich bei der Kesselheizfläche ist eine kleine tote Ecke vorhanden, ihr Einfluß ist aber wegen der hohen Wärmeübertragung der beiden untersten Rohrreihen infolge Flammenstrahlung so gering, daß er vernachlässigt werden kann.

E. Vorausberechnung des Kesselwirkungsgrades.

1. Zulässige Abgastemperatur. Die wirtschaftlichste Abgastemperatur hängt von der Benutzungsdauer und vom Wärmepreis ab. Je mehr Jahresstunden ein Kessel vollbelastet in Betrieb ist und je mehr der Brennstoff kostet, um so niedrigere Abgastemperaturen rentieren sich. Heute lohnt sich häufig eine so tiefe Abkühlung der Rauchgase, daß man oft zur Anwendung künstlichen Zuges gezwungen ist. Bei Ermittlung der wirtschaftlichen Abgastemperatur müssen Energieverbrauch und Anlagekosten des Saugzuges und die durch ihn bedingte Kraftwerksvergrößerung berücksichtigt werden, falls er nicht schon zum raschen Forcieren der Kessel nötig ist. 120 bis 150° Abgastemperatur und 85 bis 90 vH Kesselwirkungsgrad bei Vollast sind in Elektrizitätswerken keine Seltenheit mehr, Abb. 157. Die Abgastemperatur sollte aber auch bei Teillast so hoch sein, daß äußere Korrosionen der Heizfläche durch Kondensation des Wasserdampfes und der Schwefelsäure in den Rauchgasen nicht auftreten können. Abb. 158 zeigt den Taupunkt des Wasserdampfes und für Lufttemperaturen von 0°, 10° und 20° die bei Luftvorwärmern zulässige tiefste Abgastemperatur bei völlig trockener Verbrennungsluft.

Nach Gumz hängen die Korrosionen vom Taupunkt der Schwefelsäure ab. Er soll bei Schwefelgehalten der Kohle von 2 vH und darüber um 10 bis 55° höher als der ohne Berücksichtigung des brennbaren Schwefels errechnete Wasserdampftaupunkt liegen. Man sollte auch deshalb über den Werten von Abb. 158 bleiben, weil fast stets tote Ecken auftreten, in denen die Temperatur der Abgase fühlbar unter ihrer mittleren Temperatur liegen kann. Bei Teillast kann man sich zwar helfen, indem man die Temperatur der Luft beim Eintritt in den Luftvorwärmer durch Rücksaugen bereits vorgewärmter Luft erhöht oder nur einen Teil der gesamten Verbrennungsluft durch den Luftvorwärmer schickt. Sobald die Abgastemperatur festliegt, läßt sich mit der Siegertschen Formel oder genauer mit Tafel 4 bis 6 der Abgasverlust bestimmen. Der

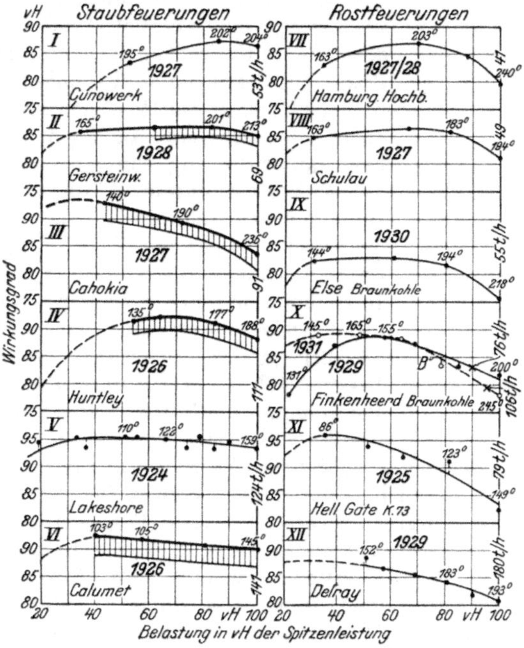

Abb. 157. Wirkungsgradkurven von 12 neuzeitlichen Dampfkesseln bei Teillast. Die Zahlen an den Kurven sind die Abgastemperatur bei der betreffenden Belastung. Die in die Ordinate 100 vH eingeschriebenen Zahlen geben die Spitzenleistung des betreffenden Kessels in t/h für 640 kcal/kg Erzeugungswärme an.

||||| Eigenverbrauch der Hilfsmaschinen.

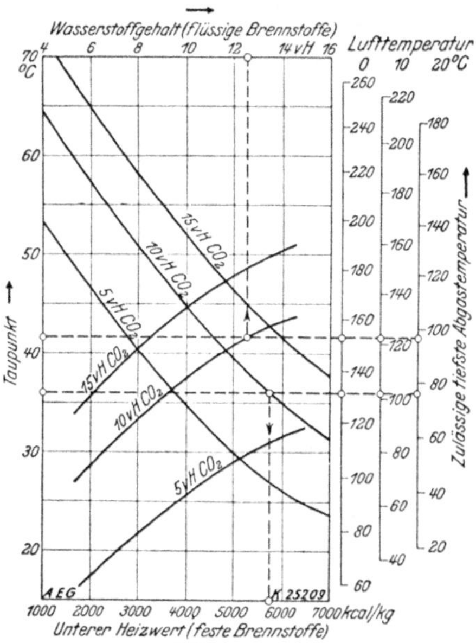

Abb. 158. Taupunkt von Wasserdampf und mit Rücksicht auf das Ausscheiden von Wasser aus den Rauchgasen zulässige tiefste Abgastemperatur für feste und flüssige Brennstoffe bei trockener Verbrennungsluft.

CO_2-Abfall zwischen Feuerraum und Ende Ekonomiser oder Luftvorwärmer beträgt etwa 0,5 bis 3 vH. Die kleinen Werte gelten für organisch aufgebaute, blechummantelte, solid konstruierte und ausgeführte Anlagen, die hohen für mangelhafte Einmauerung und längere gemauerte Rauchgaskanäle zwischen den einzelnen Heizflächen. Bei guten modernen Anlagen sind 1 bis 1,5 vH brauchbare Werte.

2. Verlust durch Unverbranntes in den Rückständen. Während bei Staubfeuerungen der Verlust durch Unverbranntes in den Feuerungsrückständen meist unter 0,1 bis 0,3 vH liegt, kann er bei Rostfeuerungen beträchtliche Werte erreichen, wenn die Kohle viel und leicht schmelzende Asche enthält, S. 62. Gut ausgebrannte Schlacke von Steinkohle bzw. von Braunkohle enthält bei 600000 bis 800000 kcal/m²h Rostbelastung etwa 10 bis 20 bzw. 5 bis 15 vH Kohlenstoff, bei Steinkohle mit 10 vH Aschengehalt gehen somit 1 bis 2 vH des Heizwertes in der Schlacke verloren. Der Verlust wird bei gleichem Ausbrand um so größer, je höher der Aschengehalt ist. Weitere Brennstoffverluste werden durch Flugkoks, Flugasche und unverbrannte Gase verursacht. Der Flugkoksverlust ist besonders bei feinkörniger, nicht backender, mit hoher spezifischer Rostbelastung verbrannter Kohle unter Umständen beträchtlich, allgemein gültige Angaben über seine Größe lassen sich nicht machen. In Abb. 159 ist der Verlust an Verbrennlichem in Asche, Schlacke, Flugkoks und unverbrannten Gasen für Rostfeuerungen, in Abb. 160 für Staubfeuerungen in Abhängigkeit von der spezifischen Rost- bzw. Feuerraumbelastung aus zahlreichen Versuchen eingetragen. Die beiden dick ausgezogenen Kurven geben die oberen und unteren Grenzwerte an. Abb. 160 enthält auch die aus Abb. 159 übernommenen auf spezifische Feuerraumbelastung umgerechneten Kurven für mechanische Roste für Stein- und Braunkohle, weil die Verluste bei Rostfeuerungen außer von der Rost- auch von der Feuerraumbelastung abhängen.

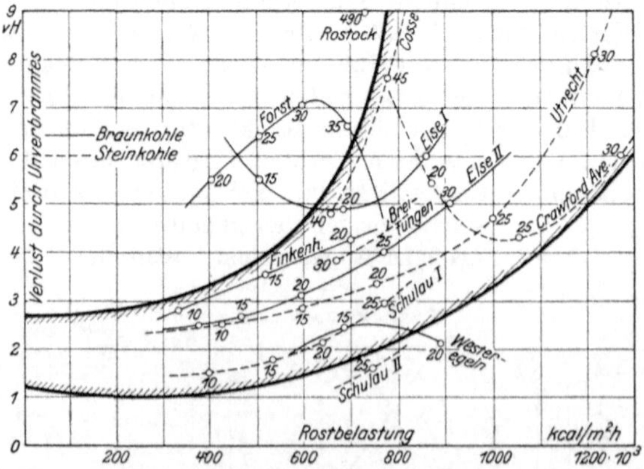

Abb. 159. Verlust an Verbrennlichem in Asche, Schlacke, Flugkoks, unverbrannten Gasen bei Rostfeuerungen = 100 − Kesselwirkungsgrad − (Verlust durch fühlbare Wärme der Abgase + aus Abb. 161 errechnetem Restglied) in vH in Abhängigkeit von der Rostbelastung.

$$\text{Rostbelastung} = \frac{\text{dem Feuerraum zugeführte Kohle} \times \text{unterem Heizwert}}{\text{Rostfläche}}$$

Die an den Kurven eingetragenen Zahlen geben die spezifische Feuerraumbelastung =

$$\frac{\text{im Feuerraum tatsächlich verbrannte Kohle} \times \text{unterem Heizwert}}{\text{Feuerraumvolumen}}$$

in 10^4 kcal/m³h an.

3. Verlust durch Wärmeableitung und -abstrahlung. Schließlich geht noch eine gewisse Wärmemenge durch Leitung und Strahlung der Kesselummantelung verloren, die meist **Restverlust** genannt wird. Er ist bei modernen Kesseln hoher Leistung sehr klein. Die unmittelbare Bestimmung des Restgliedes ist meines Wissens bisher einwandfrei nicht geglückt. In Abb. 161 wurde daher das „Restglied" zahlreicher Versuche in Abhängigkeit von der Kesselbelastung eingetragen. Es enthält außer dem Verlust für Wärmeableitung- und -abstrahlung noch Verluste durch unverbrannte Gase, Flugasche und Flugkoks, die sich der getrennten Messung entzogen. Immerhin wird man annehmen dürfen, daß das Minimum der verschiedenen Kurven die Kesselbelastung darstellt, bei der die der Messung entzogenen Verluste für Unverbranntes sehr gering sind. Die Minima müssen daher nahe der wirklichen Größe des Restgliedes liegen, das somit bei vollbelasteten Kesseln von 40 t/h bzw. 100 t/h Leistung höchstens 1,5 bzw. 0,8 vH beträgt. Nach Abb. 161 wird das Restglied um so kleiner, je größer die Leistung eines Kessels ist.

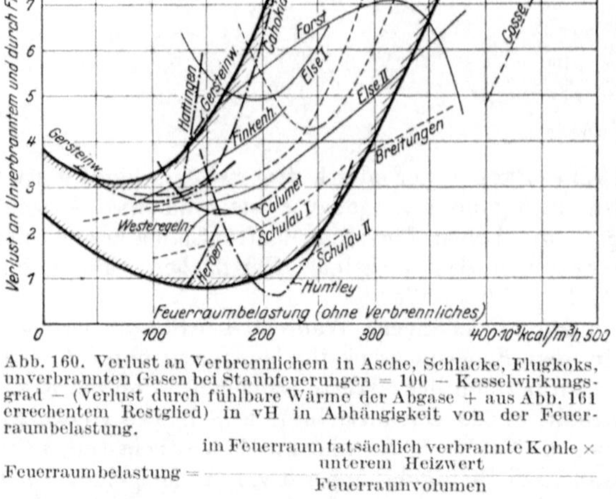

Abb. 160. Verlust an Verbrennlichem in Asche, Schlacke, Flugkoks, unverbrannten Gasen bei Staubfeuerungen = 100 − Kesselwirkungsgrad − (Verlust durch fühlbare Wärme der Abgase + aus Abb. 161 errechentem Restglied) in vH in Abhängigkeit von der Feuerraumbelastung.

$$\text{Feuerraumbelastung} = \frac{\text{im Feuerraum tatsächlich verbrannte Kohle} \times \text{unterem Heizwert}}{\text{Feuerraumvolumen}}$$

4. Aufstellung der Wärmebilanz. Mit Hilfe der Angaben in Abschnitt 1. bis 3. kann die Wärmebilanz bzw. der Wirkungsgrad eines Kessels vorausberechnet werden. In Zweifelsfällen kann man wenigstens die Grenzen angeben, zwischen denen er liegt. In Abb. 162 ist für die 3 Kessel in Abb. 123 bis 126 die in der Kohle zugeführte, in Abhängigkeit von der im Dampf nutzbar wiedergewonnenen Wärme aufgetragen. Der Leerlaufverbrauch in Calumet und Huntley ist 3 bis 6 vH, in Cahokia 2,5 bis 5,5 vH des Verbrauches bei der größten Dampferzeugung

Sein wahrscheinlichster Wert ist in Calumet und Huntley etwa 4 vH, in Cahokia 3,5 vH. Man kann ferner für Calumet zwischen 40 und 100 vH Kesselleistung die Abhängigkeit der im erzeugten Dampf nutzbar wiedergewonnenen von der dem Kessel in der Kohle zugeführten Wärme durch eine durch den Nullpunkt gezogene Gerade darstellen, die größte Abweichung zwischen ihr und der tatsächlichen Leistungskurve liegt unter 1,5 vH, d. h. der Wirkungsgrad ist in diesem Belastungsgebiet fast konstant. In Huntley und in Cahokia dagegen sind die Abweichungen von einer solchen Geraden bei hoher Last erheblich größer, Abb. 162.

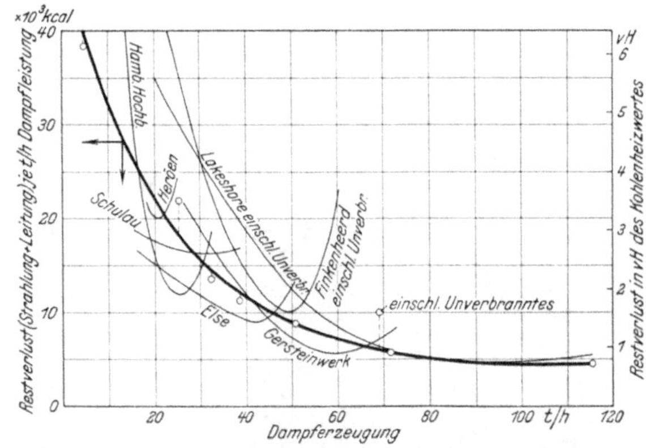

Abb. 161. Ungefährer Höchstwert des Restverlustes (Verlust für Strahlung und Wärmeleitung der Kesselummantelung) in Abhängigkeit von der größten während der Versuche mit dem betreffenden Kessel erreichten Dampferzeugung unter den Versuchsbedingungen.

Für die meisten Fälle läßt sich die Charakteristik eines Kessels zwischen Leerlauf und normaler Belastung durch eine Gerade wiedergeben, die auf der Ordinatenachse einen Leerlaufsverlust von 3 bis 4 vH abschneidet und oberhalb der normalen Belastung etwas nach oben abgebogen ist.

4. Angabe der Kesselbelastung (Boiler rating). Die Angabe der Kesselleistung in t/h ist nicht eindeutig, da je nach dem Kesseldruck und der Temperatur des Speisewassers bzw. des Dampfes, die heute etwa zwischen 60 und 300° bzw. zwischen 200 und 500° liegt, die tatsächliche Wärmeleistung bei derselben stündlichen Dampferzeugung bis zu 25 vH verschieden sein kann.

In Amerika bezeichnete man nach Solberg mit einer „Kessel HP" ursprünglich die der Umwandlung von 30 lb/h (13,6 kg/h) Wasser von 100° F (38° C) in Dampf von 70 lb/sq.i. Überdruck (4,9 atü) entsprechende Wärmemenge (8450 kcal/h) und änderte sie später in 34,5 lb/h Wasser von 212° F (100° C) in Dampf von 212° F (100° C) oder eine Wärmeaufnahme von 33480 BTU/h (8441 kcal/h) um. Es bildete sich dann die Gewohnheit heraus, 1 „Kessel HP" und 10 sq.ft. (0,929 m²) Kesselheizfläche einander gleich zu setzen und von 100 vH Belastung zu sprechen, wenn ein Kessel ohne Überhitzer mit 3348 BTU /sq.ft. h (9073 kcal/m² h) belastet ist. 200 vH Belastung bedeutet also nicht, daß ein Kessel um 100 vH überlastet ist, sondern sagt lediglich, daß seine Belastung 6696 BTU/sq.ft. h (18146 kcal/m² h) beträgt. Bei Kesseln mit Überhitzern werden die „Kessel HP" aus der Gleichung bestimmt:

$$HP = \frac{\text{Wärmeaufn. in Kessel + Überhitzer}}{3348}. \quad (92)$$

Bei Kesseln mit Ekonomisern und Luftvorwärmern wird die Bezeichnung noch unklarer, weil keine Einheitlichkeit über die Art der Berechnung zu bestehen scheint.

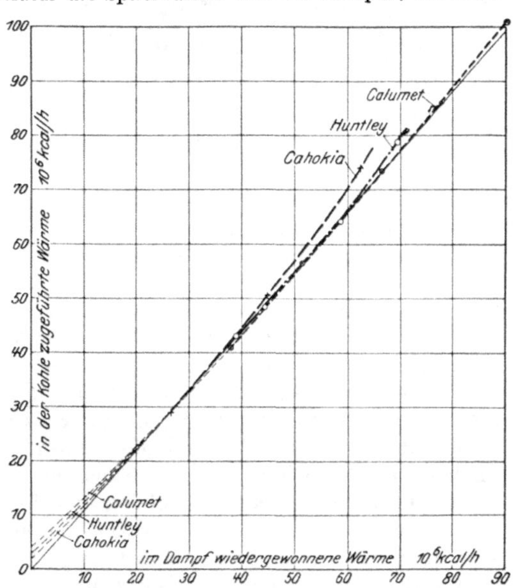

Abb. 162. Abhängigkeit der im Dampf wiedergewonnenen von der in der Kohle zugeführten Wärme bei den drei in Abb. 123 bis 126 dargestellten Kesseln.

In Deutschland liegen die Verhältnisse ähnlich verworren. Selbst die Angabe der Kesselleistung in kg/h Normaldampf ist nicht eindeutig, da unter Wärmeinhalt des Normaldampfes manchmal 639 kcal/kg (Dampf von 1 ata aus Wasser von 0°), das andere Mal 539 kcal/kg (Dampf von 1 ata aus Wasser von 100°) verstanden werden, oft aber die Angabe fehlt, welche Definition gemeint ist. Auch berücksichtigen manche Angaben nur die in Kessel und Überhitzer, andere auch die im Ekonomiser aufgenommene Wärme. Ferner wird die Feuerraumkühlfläche bald als Kesselheizfläche gerechnet, bald nicht. Am einwandfreiesten ist die Angabe der in sämtlichen Heizflächen (Kessel + Überhitzer + Ekonomiser) bei der höchstzulässigen Dampferzeugung des Kessels aufgenommenen Wärme und der dazu benötigten Heizflächen der verschiedenen Teile.

V. Der Wasserumlauf.

Georg Klingenberg, Berlin, 1870—1925. Einer der Pioniere im Bau von Kraftwerken und in der Verteilung elektrischer Energie.

1. Ursache und Zweck des Wasserumlaufes. Wird der geneigte Teil einer mit zwei senkrechten Schenkeln an einen Wasserbehälter angeschlossenen Rohrschleife beheizt, so fängt das darin befindliche Wasser nach einiger Zeit an zu kreisen, weil sein spezifisches Gewicht im aufsteigenden Rohrstück leichter als im nicht beheizten fallenden wird. Allmählich wird auch der Wasservorrat im Behälter wärmer, bis er schließlich eine solche Temperatur erreicht, daß ein Teil des umlaufenden Wassers zu verdampfen beginnt. Der **Fallrohr** genannte Rohrschenkel, in dem das Wasser abwärts strömt, ist dann mit Wasser von annähernd Sättigungstemperatur, der andere, **Steigrohr** genannte, mit einem Dampf-Wassergemisch gefüllt, das um so mehr Dampf enthält, je stärker beheizt und je länger das von den Rauchgasen bespülte schräge, **Siederohr** genannte Rohrstück ist. Mit zunehmender Dampfbildung steigt die Eintrittsgeschwindigkeit des Wassers ins Siederohr, die im vorliegenden Fall gleich der Eintrittsgeschwindigkeit ins Fallrohr ist, und **Umlaufgeschwindigkeit** heißt. An denselben Behälter bzw. an ein Fallrohr können mehrere Siederohre angeschlossen werden. Der in dem aus dem Steigrohr austretenden Gemisch enthaltene Dampf trennt sich im Behälter vom Wasser und kann irgendeinem Verwendungszweck zugeführt werden. Wird ebensoviel Dampf entnommen, wie entwickelt wird, so stellt sich ein bestimmter Druck im **Dampfraum** über dem Wasserspiegel und eine bestimmte Umlaufgeschwindigkeit ein, die im allgemeinen mit der Beheizung zunimmt. Soll der Wasserstand konstante Höhe haben, so muß dem Behälter ebensoviel **Speisewasser** zugeführt werden, wie Dampf entnommen wird. Je nach der Temperatur des Speisewassers und dem Verhältnis zwischen stündlich gespeister Wassermenge und Wasservorrat im Behälter fängt die Verdampfung in den Siederohren früher oder später an, die Umlaufgeschwindigkeit hängt also auch von der Speisewassertemperatur ab. Diese recht verwickelten Vorgänge nennt man den **natürlichen** oder **selbsttätigen Wasserumlauf.** Auf ihm beruht das Arbeiten der meisten Wasserrohrkessel.

Guter Wasserumlauf ist von großer Bedeutung. Dadurch, daß er die Dampfblasen von ihrem Entstehungsorte sofort wegführt, verhindert er örtliche Überhitzung und unzulässige Erwärmung der Wasserrohre, die nicht nur zu Ausbeulungen, Durchbrennen und Korrodieren der Rohre führen, S. 146, sondern auch infolge ungleicher Wärmedehnung der einzelnen Rohre Krummwerden der Rohre, undichte Walzstellen und Nietnähte sowie Risse der Trommelbleche verursachen können. Da große Kessel oft aus vielen hundert Rohren bestehen, die von Rauchgasen sehr verschiedener Temperatur beheizt werden, und da die Rauchgastemperaturen an einer bestimmten Stelle der Kesselheizfläche oft häufig und stark schwanken, erfahren die einzelnen Teile außerordentlich zahlreiche Bewegungen und Längenänderungen, die trotz ihrer scheinbaren Geringfügigkeit bei hohen Drücken um so gefährlicher werden können, als auch bei gebogenen Rohren und beweglich gelagerten Trommeln große Kesselkörper immerhin verhältnismäßig starr sind. Es kommt daher darauf an, unvermeidliche Bewegungen und Längenänderungen so klein und so gleichmäßig als möglich zu machen, indem man dafür sorgt, daß sie auch bei plötzlichen Belastungswechseln im ganzen Kessel möglichst gleichzeitig und in gleicher Größe und Richtung auftreten, wozu guter Wasserumlauf unerläßlich ist. Bereits während des Anheizens soll das Wasser durch alle Teile kräftig umlaufen, weil sonst durch stagnierende kalte „Nester" erhebliche Werkstoffspannungen auftreten können. Dagegen beeinflußt der Wasserumlauf den Wirkungsgrad eines Kessels kaum, solange er zum Aufrechterhalten eines geordneten Betriebes überhaupt ausreicht. Eindeutiger kräftiger Wasserumlauf ist also unerläßliche Voraussetzung für hochwertige Wasserrohrkessel.

2. Theorien über den natürlichen Wasserumlauf. Münzinger stellte die erste auf physikalischen Grundlagen beruhende Theorie auf (1919), indem er folgende vereinfachende Annahmen machte:

1. Dampfblasen und Wasser haben in den Siederohren gleiche Geschwindigkeit,
2. Steig- und Fallrohre stehen senkrecht,
3. die Fallrohre führen nur dampffreies Wasser von Sättigungstemperatur,
4. die Höhe der Wassersäule im Oberkessel ist so klein, daß sie gegenüber der Wassersäule in den Rohren vernachlässigt werden kann,
5. Selbstverdampfung (S. 138) findet nicht statt.

Es bezeichnen:

q_k = spezifische Belastung der Rohrheizfläche in kcal/m² h,
L = Länge eines Rohres in m,
v_1 = Eintrittsgeschwindigkeit des Wassers ins Steigrohr (Umlaufgeschwindigkeit) in m/s,
v_2 = Austrittsgeschwindigkeit des Dampf-Wassergemisches aus dem Steigrohr in m/s,
w_2 = Wassergehalt des Dampf-Wassergemisches am Steigrohraustritt in Raumteilen in vH,
t_s = Sättigungstemperatur des Wassers in °C,
γ_0 = spezifisches Gewicht von Wasser von 4° in kg/m³,
γ_s = spezifisches Gewicht von Wasser von t_s ° in kg/m³,
g = Fallbeschleunigung in m/s²,
ζ = Beiwert, der angibt, wieviel von der am Austritt aus dem Fallrohr vorhandenen Geschwindigkeitshöhe des Wassers wieder in Druck umgesetzt wird.

Ferner bedeuten, bezogen auf eine Wassersäule von 4°:

$\mathfrak{h}_{Dr}$, h_{Dr} = statische Druckhöhe an der Unterkante der Rohre in m W.-S.,
$\mathfrak{h}_{Be}$, h_{Be} = Widerstandshöhe für die Wasserbeschleunigung am Rohreintritt in m W.-S.,
$\mathfrak{h}_{Ste}$, h_{Ste} = Stoßverlust am Rohreintritt in m W.-S.,
$\mathfrak{h}_{Sta}$, h_{Sta} = Stoßverlust am Rohraustritt in m W.-S.,
$\mathfrak{h}_R$, h_R = Rohrreibungsverlust in m W.-S.,
h_{Bea} = Widerstandshöhe für die Beschleunigung des Dampf-Wassergemisches im Steigrohr von der Eintrittsgeschwindigkeit v_1 auf die Austrittsgeschwindigkeit v_2 in m W.-S.,

wobei sich die deutschen Buchstaben auf die Fallrohre, die lateinischen auf die Steigrohre beziehen.

Ist nur ein Steigrohr und ein unbeheiztes Fallrohr von gleicher Länge und gleichem Durchmesser vorhanden, so muß das Wasser am Eintritt ins Fallrohr zuerst auf die Geschwindigkeit v_1 beschleunigt werden, wozu die Druckhöhe $\mathfrak{h}_{Be}$ nötig ist. Am Eintritt ins Fallrohr erfährt es den Stoßverlust $\mathfrak{h}_{Ste}$, im Fallrohr den Reibungsverlust $\mathfrak{h}_R$, an seinem Austritt den Stoßverlust $\mathfrak{h}_{Sta}$. Ganz ähnlich treten am Steigrohreintritt der Beschleunigungsverlust h_{Be} und der Stoßverlust h_{Ste}, im Steigrohr der Reibungsverlust h_R und an seinem Austritt der Stoßverlust h_{Sta} auf, zu denen im Gegensatz zum Fallrohr noch der Beschleunigungsverlust h_{Bea} kommt, weil das Volumen und infolgedessen auch die Geschwindigkeit v_2 des austretenden Dampf-Wassergemisches größer ist als die Eintrittsgeschwindigkeit v_1.

Für den Gleichgewichtszustand des kreisenden Wassers gilt:

$$\mathfrak{H}_{Dr} = \mathfrak{h}_{Dr} - h_{Dr} = \mathfrak{h}_{Ste} + \zeta \frac{v_1^2 \cdot \gamma_s}{2g \cdot \gamma_0} + \mathfrak{h}_R + h_{Be} + h_{Ste} + h_{Bea} + h_R + h_{Sta} \text{ m W.-S.,} \quad (93)$$

d. h. der **Umlaufhöhe** genannte statische Druckunterschied zwischen den Inhalten des Steig- und des Fallrohres $\mathfrak{H}_{Dr} = \mathfrak{h}_{Dr} - h_{Dr}$ ist gleich der Summe sämtlicher durch die Strömgeschwindigkeit verursachter Druckverluste.

Für die Umlaufgeschwindigkeit v_1 gilt nach Münzinger[1]:

$$c_1 \cdot v_1^2 + c_2 \cdot q_k \cdot v_1 + c_3 \cdot \frac{v_1}{q_k} \cdot \lg\left(c_4 \cdot \frac{q_k}{v_1} + 1\right) - c_5 = 0. \quad (94)$$

[1] Lit.-Nachw. Nr. 176.

Die Werte c_1 bis c_5 hängen von den Rohrabmessungen, dem Dampfdruck und der Eintrittstemperatur des Wassers in den Kessel ab und wechseln von Fall zu Fall. In der Originalarbeit[1] ist gezeigt, wie sie berechnet werden, man tut aber gut daran, die von Cleve[2] gemessenen Koeffizienten an Stelle der in der Münzingerschen Arbeit verwendeten, mittlerweile überholten, zu benutzen.

Nach Abb. 163, die für 10 at Kesseldruck und 3 bzw. 6 m lange Rohre von 50/57 und 100/107 mm Durchmesser die Abhängigkeit der Umlaufgeschwindigkeit v_1, der Geschwindigkeit des austretenden Dampf-Wassergemisches v_2 und seines in Raumteilen gemessenen Wassergehaltes w_2 von der Heizflächenbelastung q_k zeigt, nimmt die Umlaufgeschwindigkeit zunächst bis auf 1,5 bis 2 m/s schnell zu und fällt dann wieder langsam, weil nach Abb. 164 und 165 von einer bestimmten Heizflächenbelastung an die Reibungs- und Beschleunigungsverluste schneller als der statische Druckunterschied zwischen Steig- und Fallrohr anwachsen. Die theoretisch ermittelte Umlaufgeschwindigkeit erreicht also bei Rohren der im Landdampfkesselbau üblichen Abmessungen schon bei einer Heizflächenbelastung von 75000 bis 150000 kcal/m²h ihren Höchstwert von 1,4 bis 2,2 m/s, der durch lange und weite Rohre bis um etwa 30 vH gesteigert und durch kurze und weite Rohre mehr in das Gebiet höherer Heizflächenbelastungen geschoben werden kann. Die Austrittsgeschwindigkeit des Dampf-Wassergemisches aus den Wasserrohren beträgt bei 10 bis 20 at Kesseldruck 4 bis 16 m/s.

Der Wassergehalt des austretenden Gemisches w_2 fällt mit steigender Heizflächenbelastung parabelähnlich und hängt vom Kesseldruck sehr stark ab. Er fällt ferner mit steigender Länge und abnehmendem Durchmesser der Wasserrohre. Bei gleicher Heizfläche eines Rohres erhöht ihn die Vergrößerung des Rohrdurchmessers stärker als die ihr entsprechende Verringerung der Rohrlänge, Abb. 163. Abb. 164 und 165 zeigen die Ursache des eigentümlichen Verlaufes der Eintrittsgeschwindigkeit v_1. Bemerkenswert ist der mit zunehmender Heizflächenbelastung sehr schnell wachsende Beschleunigungsverlust im Steigrohr h_{Bea}. Die Summe der Verluste im Fallrohr ist in die Größe $\Sigma\mathfrak{h}$

[1] Lit.-Nachw. Nr. 176.

[2] Cleve (1929) hat den Beiwert ζ zur Ermittlung des Druckverlustes $\zeta \cdot \frac{v^2}{2g}$ beim Ein- und Austritt von Wasser für ein glatt eingewalztes, 10 mm über die Trommelwand vorstehendes und ein umgebördeltes Rohr von 60/54 mm Durchmesser bestimmt, je nachdem ob das Wasser nach Verlassen des Rohres seine Richtung beibehält oder umgelenkt wird. Ein Teil des in der folgenden Tabelle mit negativem Vorzeichen eingesetzten Stoßverlustes beim Eintritt wird beim Verlassen des Rohres wieder gewonnen, der betreffende Beiwert hat daher ein positives Vorzeichen. Die Werte können auch für andere im Kesselbau vorkommende Rohrweiten verwendet werden.

Zahlentafel 16. Beiwert ζ zum Ermitteln der Ein- und Austrittsverluste eines Rohres bzw. der Verluste beim Durchströmen einer Kesseltrommel nach der Formel $h = \zeta \cdot \frac{v^2}{19{,}62}$ (nach Cleve).

Strömrichtung	Umlenkung in der Kesseltrommel			
	0°	157°	0°	157°
	Glatt eingewalzt		Umgebördelt	
Eintritt ins Rohr	— 1,19	— 1,56	— 1,02	— 1,26
Austritt aus dem Rohr	+ 0,17	+ 0,11	+ 0,26	+ 0,21
Ein- u. Austritt	— 1,02	— 1,45	— 0,76	— 1,05

Bei einem geraden Rohr von 54 mm lichter Weite mit leichtem Kesselsteinansatz betrug oberhalb einer Reynoldsschen Zahl von $R = 53000$ die Rohrreibungszahl $\lambda = 0{,}0226$.

Ist

h = Druckabfall durch Rohrreibung in m Druckhöhe des strömenden Mediums,

d = lichter Rohrdurchmesser in m,

L = gerade Länge des Rohres in m,

so ist

$$h = \lambda \cdot \frac{v^2 \cdot L}{19{,}62 \cdot d} \text{ m des strömenden Mediums.} \qquad (95)$$

Nach Hopf und Fromm ist

$$\lambda = 10^{-2}\left(\frac{k}{d}\right)^{0{,}314} \qquad (96)$$

worin $\frac{k}{d}$ die sog. relative Rauhigkeit ist. Auf Grund der Messung von Cleve ergibt sich hiermit für Rohre mit glattem, dünnem Kesselsteinansatz $k = 0{,}73$. Nach Hopf und Fromm ist für glatte, neue Metallrohre $k = 1{,}5$, für alte angerostete Rohre werden Werte bis $k = 5$ genannt.

zusammengefaßt, die ein Maß für die Umlaufgeschwindigkeit des Wassers gemäß der Gleichung $\Sigma \mathfrak{h} = c \cdot v_1^2$ gibt, worin c eine von den Rohrabmessungen und dem Kesseldruck abhängige Zahl ist. Nach Abb. 166 ändert sich die Umlaufgeschwindigkeit auch durch sehr starke Druckerhöhung nur wenig (bis 20 at $v_1 = 1{,}95$ m/s, bei 100 at $v_1 = 1{,}65$ m/s). Der Unterschied zwischen den Druckhöhen im Fallrohr $\mathfrak{h}_{Dr}$ und im Steigrohr h_{Dr} wird nämlich zwar mit zunehmendem Druck immer kleiner, gleichzeitig geht aber infolge des fallenden spezifischen Dampfvolumens auch der Beschleunigungsverlust im Steigrohr h_{Bea} stark zurück. Dagegen fällt die Austrittsgeschwindigkeit des Dampf-Wassergemisches beträchtlich (bei 20 at $v_2 = 7{,}5$ m/s, bei 100 at $v_2 = 2{,}7$ m/s).

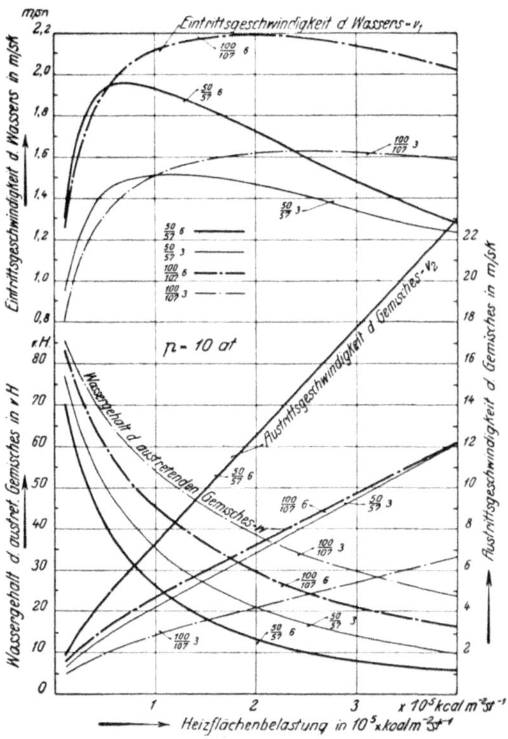

Abb. 163. Abhängigkeit der nach Münzinger errechneten Werte der Umlaufgeschwindigkeit v_1, der Geschwindigkeit v_2 und des Wassergehaltes w_2 des aus dem Steigrohr austretenden Dampf-Wassergemisches von der spezifischen Heizflächenbelastung für Rohre von 3 und 6 m Länge, 50/57 mm und 100/107 mm Durchmesser bei einem Dampfdruck von 10 at abs.

Da unter sonst gleichen Umständen der Wärmeübergang zwischen Rohrwand und Dampf viel kleiner ist als zwischen Rohrwand und Wasser, S. 72, ist mangelhafte **Kühlung von Siederohren** aus zwei Gründen denkbar. Erstens könnte die Umlaufgeschwindigkeit zum sofortigen Wegführen der Dampfblasen nicht ausreichen, wodurch die betreffende Rohrstelle bei genügend hoher Rauchgastemperatur durchbrennt, S. 144. Dampfblasen strömen nämlich besonders bei Schwachlast oder in wenig geneigten, nur an einer schmalen Stelle kräftig beheizten Rohren erst nach Erreichen einer bestimmten Größe ab. Zweitens könnte der Wassergehalt des Dampf-Wassergemisches bei langen und hochbelasteten Rohren so klein werden, daß der Wärmeübergang auf einen unzulässig niederen Betrag sinkt. Tatsächlich war diese Befürchtung bis vor wenigen Jahren fast allgemein. Sie ist aber hinfällig, da nach den Versuchen von Jakob und E. Schmidt die Verdampfung überaus turbulent und daher unter einem sehr hohen Wärmeübergang verläuft. Man darf nämlich die in Siederohren sich vollziehende Dampfentwicklung nicht etwa mit einem Vorgang vergleichen, bei dem an der beheizten Stelle Dampf mit Wasser gemischt in einem gleichmäßigen Strom vorbeiziehen würde. Außerdem kommt zunehmendem Dampfgehalt der Umstand zugute, daß je dampfhaltiger das Gemisch bei Durchströmen der Siederohre wird, es um so rascher fließt, Abb. 163, wodurch der Wärmeübergang vergrößert wird. Solange das Gemisch also noch einigermaßen Wasser enthält,

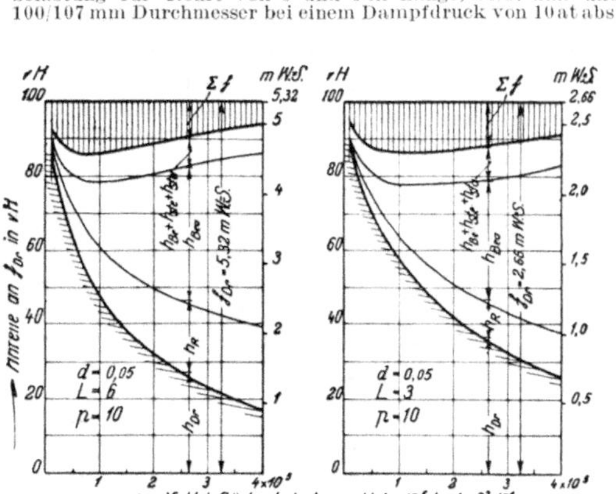

Abb. 164. Abb. 165.

Abb. 164 u. 165. Abhängigkeit der nach Münzinger errechneten Widerstandshöhen h_{Dr}, h_R, h_{Bea}, $h_{Br} + h_{St} + h_{Sta}$ und der Summe der Verluste im Fallrohr $\Sigma \mathfrak{h}$ von der spezifischen Heizflächenbelastung für 10 at abs Druck, Rohrlängen von 3 und 6 m und 50/57 mm Rohrdurchmesser.

ist ungenügender Wasserumlauf bei innerlich sauberen Rohren fast niemals schuld am Durchbrennen, wenn nicht irgendein schwerer Mangel vorliegt (Verstopfung, unzulässige Verengung usw.) oder die Dampfblasen nicht von ihrem Entstehungsort weggespült werden. Durchgebrannte Rohre sind vielmehr beinahe immer auf Kesselstein zurückzuführen, der schon in sehr geringer Stärke verhängnisvoll werden kann, S. 178.

Kesselsteinbildung erfolgt nach Eberle unabhängig von der Gewichtswirkung da am stärksten, wo die Beheizung und Dampfbildung am stärksten ist, Abb. 167. Auch über die Rohrlänge ist sie etwa proportional der Beheizung der betreffenden Stelle, Abb. 168. Es spielt also keine Rolle, ob ein Rohr senkrecht oder geneigt, von oben oder von unten beheizt ist. Die im Wasser gelösten Bestandteile setzen sich da ab, wo die Verdampfung erfolgt. Ob aber die Ansicht von Eberle, daß Kesselsteinbildung auch durch große Wassergeschwindigkeiten nicht verhindert werden kann, zutrifft, ist nach Feststellungen von Zarnitz und auf Grund der Erfahrungen an Kesseln mit Zwangsumlauf unsicher, S. 259. Freilich ist es sehr zweifelhaft, ob das Mitführen der Kesselsteinbildner und Salze im Dampf das kleinere Übel ist, weil es überaus unangenehme Erosionen und Verstopfungen der Turbinenbeschaufelung verursachen kann.

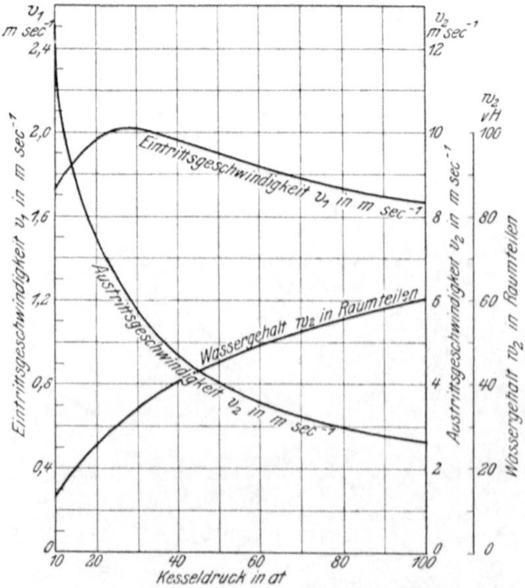

Abb. 166. Nach Münzinger errechneter Wasserumlauf in einem senkrechten von einem gleich weiten unbeheizten Fallrohr versorgten Steigrohr von 50 mm l. W. und 6 m Länge bei 200000 kcal/m²h Heizflächenbelastung bei verschiedenem Kesseldruck.

Nach Berner lassen sich Kessel nur bis etwa 15 atü durch Soda allein frei von Kesselstein halten, je höher der Druck ist, um so schneller bildet sich Stein. Bei Kessel für hohe Drücke sind sowohl bei enthärtetem Speisewasser als auch bei Kondensat Zusätze nötig, die ähnlich wirken wie Soda bei niederem Druck. Besonders bewährt hat sich Trinatriumphosphat, das auch die Anreicherung des Kesselwassers mit Salzen und die Gefahr der Laugensprödigkeit verringert, S. 52.

Untersuchungen der letzten Jahre haben gezeigt, daß infolge der **Relativgeschwindigkeit** der Dampfblasen und der **Selbstverdampfung** die tatsächliche Umlaufgeschwindigkeit von

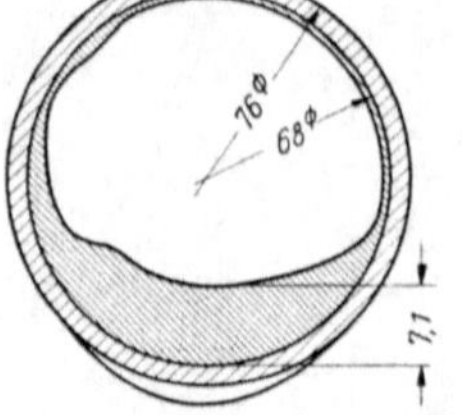

Abb. 167. Unterschied zwischen der Steindicke auf der dem Feuer ausgesetzten Seite und der Rückseite eines Siederohres. Nach Eberle. (Die Steindicke ist in doppelter Vergrößerung eingezeichnet.)

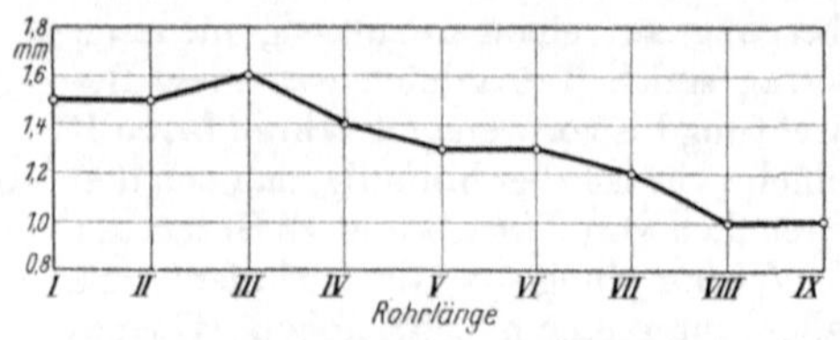

Abb. 168. Verlauf der Ablagerung von Kesselstein über die Länge eines Siederohres. Nach Eberle. (Das Siederohr gehört in die erste Reihe des Kessels in Abb. 225. I entspricht 100 vH, IX 0 vH.)

der nach Münzinger errechneten erheblich abweicht. Die ersten bei atmosphärischem Druck durchgeführten Versuche zur Bestimmung der Relativgeschwindigkeit der Dampfblasen gegenüber dem Wasser (1929) ergaben, daß sie um so höher ist, je größer der Rohrdurchmesser und je kleiner das spezifische Gewicht des Gemisches ist (unter mittleren Verhältnissen etwa 1 bis 2 m/s). Nach neueren Versuchen von E. Schmidt (1933) geht sie mit zunehmendem Druck stark zurück (bei 40 at nur noch $^1/_3$ der Werte bei 1 at), Abb. 169, und ist innerhalb des technisch wichtigsten Durchmesserbereiches von 50 bis

90 mm vom Rohrdurchmesser praktisch unabhängig. Da die voreilenden Dampfblasen das spezifische Gewicht des Dampf-Wassergemisches im Steigrohr verkleinern, fällt die Umlaufgeschwindigkeit. Die Relativgeschwindigkeit der Dampfblasen verringert also den Wasserumlauf, und zwar bei niederen Drücken (10 bis 20 at) viel mehr als bei hohen.

Die Selbstverdampfung äußert sich darin, daß, wenn Wasser von Sättigungstemperatur in einem Rohr nach oben strömt, ein Teil davon infolge seiner mit fallendem Druck abnehmenden Flüssigkeitswärme auch bei unbeheizten Rohren verdampft, Abb. 170. In Siederohren tritt also zur Dampfbildung durch äußere Beheizung noch die durch Selbstverdampfung. Strömt dagegen das Wasser in einem beheizten Fallrohr nach unten, so wird die Bildung von Dampfblasen durch die zunehmende Flüssigkeitswärme teilweise oder ganz unterdrückt, weil die zugeführte Wärme zuerst zur Aufrechterhaltung der Sättigungstemperatur verbraucht wird, **Verdampfungsverhinderung.** Da durch Selbstverdampfung in Steigrohren mehr, in beheizten Fallrohren weniger Dampf erzeugt wird als der Beheizung entspricht, unterstützen beide im Gegensatz zur Relativgeschwindigkeit der Dampfblasen den Wasserumlauf, Kurven A und B in Abb. 178.

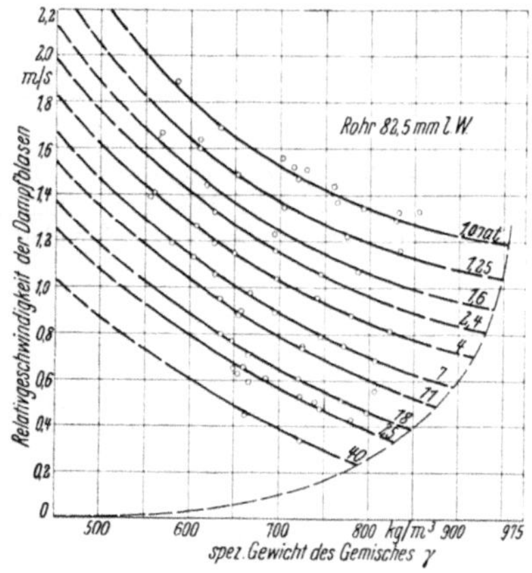

Abb. 169. Relativgeschwindigkeit der Dampfblasen in einem senkrechten Rohr von 82,5 mm l. W. bei verschiedenem Kesseldruck und verschiedenem spezifischen Gewicht des Dampf-Wassergemisches. Nach E. Schmidt.

Beträgt

f = lichter Querschnitt eines Rohres in m²,
v = Eintrittsgeschwindigkeit von Wasser von Sättigungstemperatur ins Rohr in m/s,
Z = Zunahme der Flüssigkeitswärme auf 1 m Tiefe (Konstante der Selbstverdampfung) in kcal/kg m W.-S.,
H = Höhenunterschied zwischen oberem und unterem Ende des Rohres in m,
r_p = Verdampfungswärme beim Druck p in kcal/kg,

so ist das durch Selbstverdampfung entwickelte Dampfgewicht

$$D_i = f \cdot v \cdot \gamma_s \cdot Z \cdot H \cdot \frac{1}{r_p} \text{ kg/s}. \qquad (97)$$

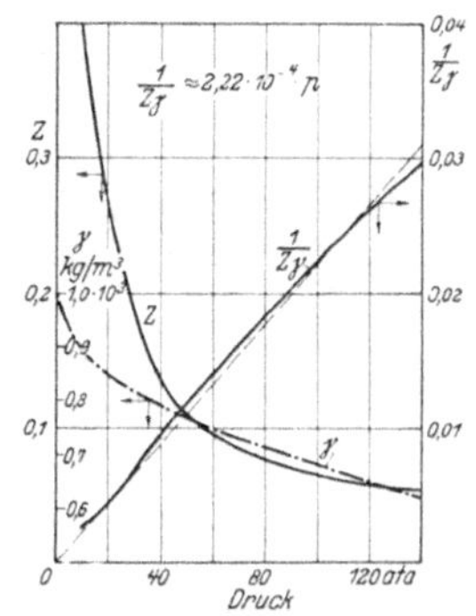

Abb. 170. Zunahme der Flüssigkeitserhöhung Z in kcal/kg m W.-S., spezifisches Gewicht von Wasser von Sättigungstemperatur γ_s in kg/m³ und Größe $\frac{1}{\gamma_s \cdot Z}$ in Abhängigkeit vom Kesseldruck.

Die Größe Z nimmt nach Abb. 170 mit steigendem Kesseldruck ab, d. h. der Einfluß der Selbstverdampfung auf den Wasserumlauf ist bei niederen Kesseldrücken viel größer als bei hohen. Z. B. entspricht bei 10 at Druck die Selbstverdampfung in einem senkrechten Siederohr von 100 mm lichter Weite der hohen Heizflächenbelastung von fast 150 kg/m² h. Bei beheizten Fallrohren gibt es eine Mindestgeschwindigkeit $v_{\min}$, bei der die Verdampfungsverhinderung eben noch ausreicht, um die Bildung von Dampfblasen zu unterbinden, bei der also die durch äußere Beheizung entwickelte Dampfmenge ebenso groß ist wie die durch Verdampfungsverhinderung verschluckte. Bedeutet

k = Wärmedurchgangszahl zwischen Rauchgasen und Rohrinhalt in kcal/m² h° C,
Δt = mittlerer Temperaturunterschied zwischen Rauchgasen und Rohrinhalt in ° C,
d_a = äußerer Rohrdurchmesser in m,
d_i = innerer Rohrdurchmesser in m,
L = beheizte Rohrlänge in m,

so läßt sich, da sich der Ausdruck $\frac{1}{\gamma_s \cdot Z}$ nach Abb. 170 fast linear mit dem Druck ändert, die eben noch zulässige Mindestgeschwindigkeit im Fallrohr errechnen aus

$$v_{\min} = 2{,}47 \cdot k \cdot \Delta t \cdot p \cdot \frac{L}{H} \cdot \frac{d_a}{d_i^2} \cdot 10^{-7} \text{ m/s}. \qquad (98)$$

$v_{\min}$ wächst proportional mit dem Dampfdruck, ist bei großem Rohrdurchmesser niederer als bei kleinem und bei senkrechten, geraden Rohren ($H = L$) unabhängig von der Rohrlänge. Abb. 171 zeigt die Mindestgeschwindigkeit $v_{\min}$ für senkrechte gerade Rohre für starke bzw. schwache Beheizung (Rauchgasgeschwindigkeit 10 m/s, Rauchgastemperatur $t_R = 800°$ bzw. 4 m/s, $t_R = 400°$).

Abb. 172 gibt den Faktor α wieder, mit dem die Werte von Abb. 171 multipliziert werden müssen, wenn die Rohre geneigt sind. Je enger und je weniger steil beheizte Fallrohre sind, um so schneller muß das Wasser in ihnen niederströmen, wenn sich keine Dampfblasen bilden sollen.

Nach Cleve beträgt die im günstigsten Falle mögliche größte Geschwindigkeit im Fallrohr

$$v_{\max} = \sqrt{\frac{5{,}9 \cdot H}{1{,}45 + 0{,}023 \frac{L}{d_i}}} \text{ m/s}. \tag{99}$$

Ein Rohr wirkt um so sicherer als Fallrohr, je kleiner $v_{\min}$ gegenüber dem erreichbaren $v_{\max}$ ist. Bis zu 50 at ist nach Abb. 171 Dampfbildung in beheizten Fallrohren von 100 mm lichter Weite selbst bei hoher Temperatur und großer Geschwindigkeit der Rauchgase kaum zu befürchten; viel ungünstiger verhalten sich dagegen enge Rohre. Haben Fall- und Steigrohre gegen die Horizontale nur wenig Steigung, so verschlechtern sich die Verhältnisse, weil $v_{\min}$ zu- und $v_{\max}$ abnimmt. Hätte das Rohrbündel z. B. eine Neigung von 45°, so müßte nach Abb. 171 und 172 bei 100 at Kesseldruck und 6 m langen Rohren von 100 mm lichter Weite bei 600° Temperatur und 4 m/s Geschwindigkeit der Rauchgase $v_{\min} = 1{,}4 \cdot 2{,}68 = 3{,}75$ m/s sein, während $v_{\max}$ nur 3,55 m/s betragen kann; das Rohr wird daher wahrscheinlich nicht als Fallrohr, sondern als Steigrohr wirken.

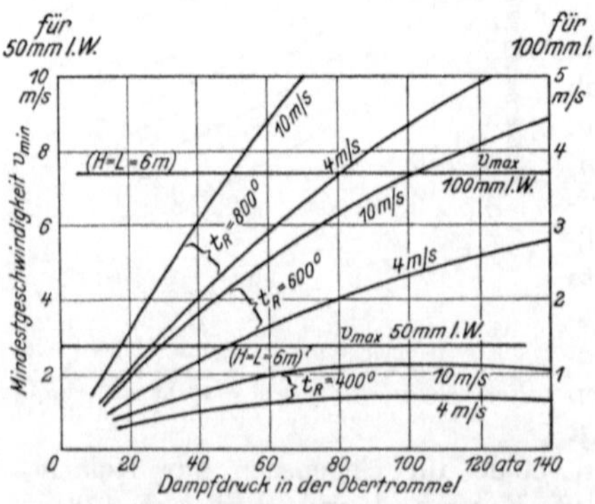

Abb. 171. Zum Verhindern von Dampfentwicklung in beheizten senkrechten Fallrohren erforderliche kleinste Wassergeschwindigkeit v_{min} und maximal mögliche Wassergeschwindigkeit v_{max} bei 6 m langen Rohren von 50 bzw. 100 mm lichter Weite in Abhängigkeit vom Kesseldruck. (Nach genauer Formel berechnet.)

Nach Seidel hat die Durchrechnung einer ganzen Anzahl von Kesseln ergeben, daß die Wassergeschwindigkeit in Fallrohren nicht größer ist als die Relativgeschwindigkeit der Dampfblasen bei atmosphärischem Druck. In Fallrohren gebildeter Dampf fließt daher immer nach oben ab. Bei Niederdruckkesseln aber, wo die Wassergeschwindigkeit größer als die Relativgeschwindigkeit werden kann, verhindert die Verdampfungsverhinderung schon vorher den Eintritt von Dampfblasen in die Untertrommel. Das Wasser in der Untertrommel von Steilrohrkesseln ist daher unter normalen Verhältnissen wohl immer dampffrei. Wenngleich Dampfbildung in Fallrohren nicht unbedingt gefährlich ist, so sollte man sie der Sicherheit wegen lieber vermeiden.

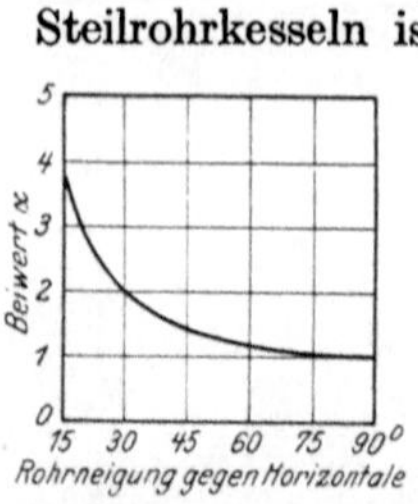

Abb. 172. Berichtigungsfaktor α für Abb. 171 bei geneigten Fallrohren von 6m Länge und 50mm lichtem Durchmesser in Abhängigkeit von der Rohrneigung gegen die Horizontale.

Zusammenfassend läßt sich folgendes sagen:

1. Je höher der Kesseldruck, je geringer die Rohrneigung und je kleiner der Rohrdurchmesser ist, um so nachteiliger sind beheizte Fallrohre.

2. Bei Drücken über 50 at sind stark beheizte Fallrohre möglichst zu vermeiden.

Cleve und Blau stellten an Modellapparaten beim Anheizen und im Beharrungszustand **Pulsationen**, d. h. Gebiete mit unregelmäßiger Wasserströmung infolge plötzlichen Austretens großer Dampfmengen aus dem Steigrohr fest. Sie treten bei geringer Dampfbildung und oberhalb eines gewissen Beheizungsbereiches, in dem das Wasser am schnellsten und gleichmäßigsten strömt, bei sehr hoher Dampfbildung auf.

3. Tatsächlicher Wasserumlauf in Steilrohrkesseln. Bei den meisten Kesseln kommt weder auf jedes Steigrohr ein Fallrohr, noch sind die einzelnen Steigrohre unter sich, noch auf ihrer ganzen Länge gleichmäßig beheizt, noch liegen die Fallrohre immer kalt. Seidel hat ein Verfahren zur Ermittlung der tatsächlichen Umlaufgeschwindigkeit unter Berücksichtigung der Selbstverdampfung, der Relativgeschwindigkeit der Dampfblasen und der Beheizung der Fallrohre entwickelt, das hier kurz skizziert wird. Wegen Einzelheiten muß auf die Originalarbeit[1] verwiesen werden.

Bedeutet:

P_I = Druck im Dampfraum des Oberkessels in kg/m²,

P_{II} = Druck in der Mittelebene der unteren Kesseltrommel in kg/m²,

[1] Lit.-Nachw. Nr. 263 und 264.

L = Länge der senkrechten Fall- bzw. Steigerohre zwischen den Einwalzstellen in der Ober- bzw. Untertrommel in m,
γ_m = mittleres spezifisches Gewicht des Inhaltes eines Fallrohres in kg/m³,
γ'_m = mittleres spezifisches Gewicht des Inhaltes eines Steigrohres in kg/m³,
V_{St} = Strömverluste im Steigrohr in kg/m²,
V_F = Strömverluste im Fallrohr in kg/m²,
f = lichter Querschnitt eines Fallrohres in m²,
f' = lichter Querschnitt eines Steigrohres in m²,
v_0 = Eintrittsgeschwindigkeit des Wassers ins Fallrohr in m/s,
v'_0 = Eintrittsgeschwindigkeit des Wassers ins Steigrohr in m/s,

so gelten für jedes einzelne Steig- bzw. Fallrohr folgende Gleichungen:

$$P_{II} - P_I = L \cdot \gamma'_m + V_{St} \quad \text{kg/m}^2, \tag{100}$$

$$P_{II} - P_I = L \cdot \gamma_m - V_F \quad \text{kg/m}^2. \tag{101}$$

Die Größe $P_{II} - P_I$ ist für sämtliche Kesselrohre gleich. Durch die Fallrohre muß ebensoviel Wasser in die Untertrommel zufließen, wie durch die Steigrohre aus ihr abströmt. Da nach Messungen an ausgeführten Kesseln der Wasserinhalt überall fast genau Sättigungstemperatur hat, gilt die weitere Gleichung

$$v_0 \cdot \gamma_s \cdot f = v'_0 \cdot \gamma_s \cdot f' \quad \text{kg/s}. \tag{102}$$

Das mittlere spezifische Gewicht in den Steig- und Fallrohren wird gefunden, indem man die Rohrlänge in mehrere Strecken unterteilt und für jede Strecke aus der auf ihr herrschenden Rauchgastemperatur die

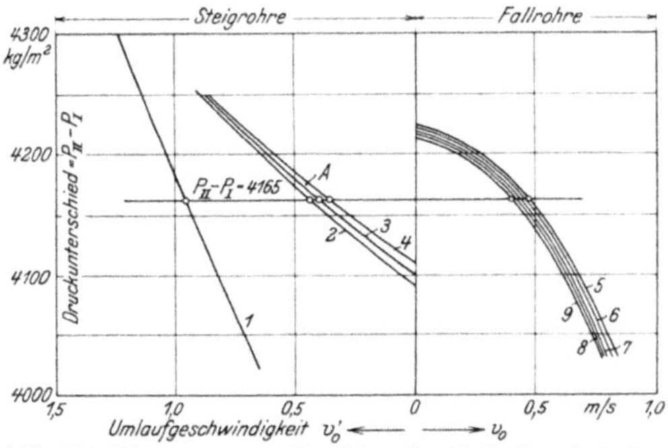

Abb. 173. Diagramm zum Ermitteln der Umlaufgeschwindigkeit in den Steig- und Fallrohren eines 40 at-Zweitrommel-Steilrohrkessels nach Abb. 177 mit 4 m langen Rohren von 70/80 mm Durchmesser auf Grund der Kontinuitätsgleichung. Nach Seidel.

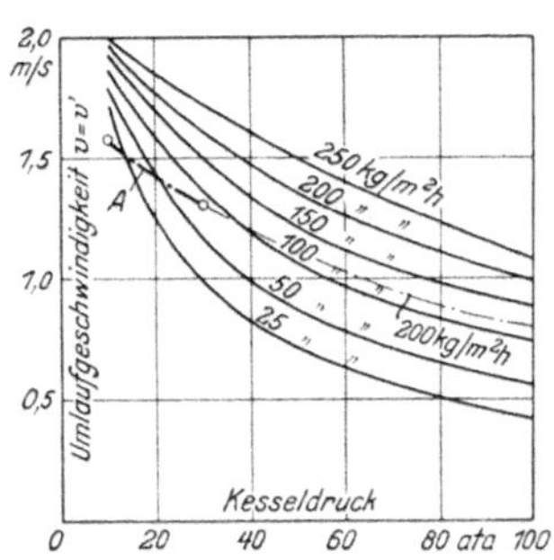

Abb. 174. Nach Seidel unter Berücksichtigung der Selbstverdampfung und der Relativgeschwindigkeit der Dampfblasen errechnete Umlaufgeschwindigkeit v_1 in einem senkrechten Rohr von 6 m Länge und 70 mm lichte Weite in Abhängigkeit vom Kesseldruck bei verschiedenen spezifischen Heizflächenbelastungen. (Bezogen auf Dampf von dem betreffenden Druck aus Speisewasser von der zugehörigen Sättigungstemperatur).

sekundliche Dampferzeugung durch äußere Beheizung ermittelt. Bei beheizten Fallrohren muß man von der durch äußere Wärmezufuhr entwickelten Dampfmenge die durch Verdampfungsverhinderung verschluckte abziehen, bei Steigrohren die durch Selbstverdampfung freigewordenen Dampfmenge addieren, um das in jedem Querschnitt insgesamt strömende Dampfvolumen zu erhalten. Schließlich muß noch die Relativgeschwindigkeit der Dampfblasen berücksichtigt werden. Die Rechnung wird durch **Umlaufdiagramme**, deren Entwurf die Originalarbeit schildert, sehr vereinfacht. Die Strömverluste V_F bzw. V_{St} werden unter Benutzung der von E. Schmidt und Cleve gefundenen Beiwerte nach den von Münzinger angegebenen Formeln berechnet. Man kann dann nach Gleichung (100) bzw. (101) für verschiedene Geschwindigkeiten v_0 bzw. v'_0 die Größe $P_{II}—P_I$ für jedes einzelne Rohr in einem Schaubild kurvenmäßig darstellen und durch Probieren denjenigen Betrag von $P_{II} - P_I$ bestimmen, bei dem die zugehörigen v_0 bzw. v'_0 Gleichung (102) erfüllen und hat damit die gesuchten Geschwindigkeiten in den Fall- bzw. Steigrohren. Eine solche Ermittlung ist in Abb. 173 für den Kessel in Abb. 177 bei 40 at Dampfdruck durchgeführt. Die Kontinuitätsgleichung wird bei $P_{II} - P_I = 4165$ kg/m² erfüllt. Der Schnitt von $P_{II} - P_I = 4165$ kg/m² mit den v'_0- und v_0-Kurven gibt daher die Wassergeschwindigkeit in den Steigrohren 1 bis 4 und den Fallrohren 5 bis 9, die in Abb. 178 eingetragen sind.

In Abb. 174 ist nach Seidel für ein aus einem nicht beheizten senkrechten Fallrohr und einem ebenso langen senkrechten Steigrohr bestehendes System die Umlaufgeschwindigkeit für verschiedene Belastungen der Steigrohre errechnet. Nach Abb. 174 erhöht eine Steigerung der Heizflächenbelastung auf den zehnfachen Betrag (von 25 auf 250 kg/m²h) die Umlaufgeschwindigkeit bei 10 at Kesseldruck auf 115 vH, bei 100 at auf 250 vH des Ausgangswertes. Sie hängt also bei hohem Kesseldruck von der Beheizung weit stärker ab als bei tiefem. Ferner stellt sich bei hohem Kesseldruck erst bei hoher Heizflächenbelastung reger Umlauf ein. Seidel hat aber seine Rechnungen noch mit einer vom Kesseldruck unabhängigen Relativgeschwindigkeit der Dampfblasen durchgeführt, S. 144. Infolgedessen ergeben sich bei hohen Kesseldrücken zu kleine Umlaufgeschwindigkeiten. Abb. 175 und 176 mit Meßwerten von einem Versuchskessel (1933) zeigen eine wesentlich geringere Abnahme der Umlaufgeschwindigkeit mit zunehmendem Kesseldruck. Bei engen Rohren (30 mm lichte Weite) und niedrigem Druck geht sogar die Umlaufgeschwindigkeit mit steigender Heizflächenbelastung zurück, Abb. 176, dann kommt ein Druckbereich, in dem weder der Dampfdruck noch die Heizflächenbelastung die Umlaufgeschwindigkeit wesentlich ändern. E. Schmidt vermutet, daß der Reibungswiderstand des Dampf-Wassergemisches im Steigrohr erheblich größer ist als bei Messungen mit reinem Wasser. In Abb. 174 ist die aus Abb. 175 entnommene Kurve A für 200 $kg/m^2 h$ Heizflächenbelastung eingetragen. Obgleich sie für andere Rohrabmessungen

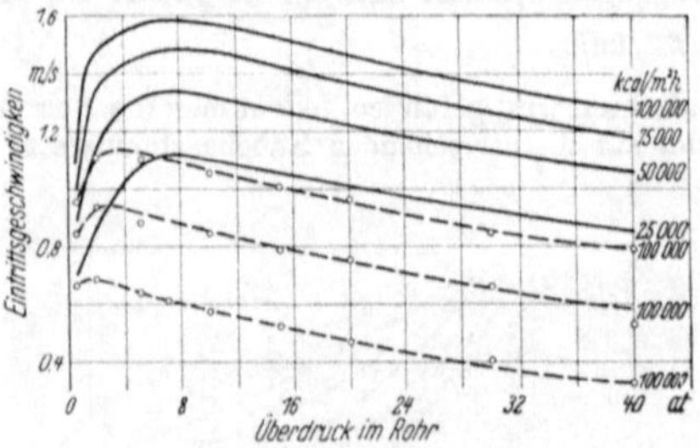

Abb. 175. Rohrdurchmesser 57,5 mm.

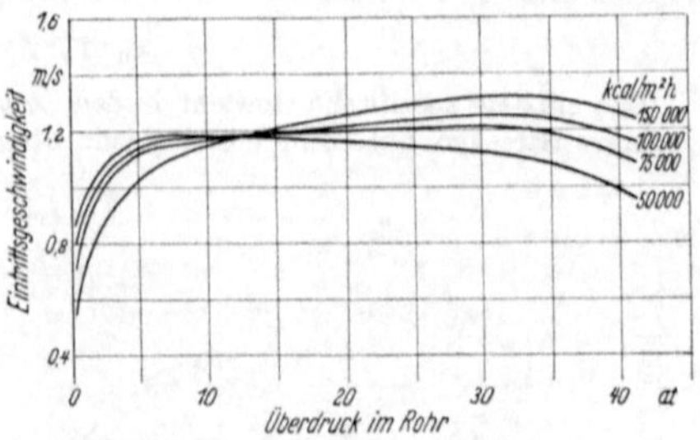

Abb. 176. Rohrdurchmesser 30 mm.

Abb. 175 u. 176. Wasserumlaufgeschwindigkeit in Abhängigkeit vom Kesseldruck und der Heizflächenbelastung bei 6 m langen Steigrohren. Nach E. Schmidt.
——— ohne Drosselung, – – – – mit verschieden hohen Drosselwiderständen.

und andere Art der Beheizung gilt, zeigt sie doch, daß die Seidelschen Kurven mit zunehmendem Druck offenbar zu rasch fallen.

Infolge der verschieden starken Beheizung der zahlreichen Rohre eines Kessels ist auch die Wassergeschwindigkeit in ihnen verschieden. Während sie in einigen Reihen bei allen Belastungen verhältnismäßig hoch ist, erreicht sie in anderen nur kleine Beträge, und manche Rohre haben fast überhaupt keine oder eine um Null herum pendelnde, bald steigende, bald fallende Strömung. Durch die Beheizung gebildete Dampfblasen bleiben daher längere Zeit haften und können mit der Rohrwand in Reaktion treten, S. 245. Korrosionen durch stagnierende Blasen hören bei Wandtemperaturen unter 400^0 nach Bildung einer dünnen Oxydationsschicht von selbst auf, greifen aber bei höheren Temperaturen schnell um sich. Infolge der wesentlich größeren Sättigungstemperatur und des schwächeren Wasserumlaufes sind die Rohre von Höchstdruckkesseln gegen Korrodieren weit empfindlicher als bei 10 bis 20 at Druck. Besonders korrosiv wirkt lufthaltiges Speisewasser. Ein Gehalt von mehr als 0,02 bis 0,03 mg/l freier Sauerstoff ist bei hohen Drücken unzulässig, kann auch bei einiger Sorgfalt unschwer vermieden werden. Schon bei 0,2 bis 0,5 mg/l sind heftige Korrosionen bei hohem Kesseldruck selbst bei sehr gutem Wasserumlauf zu erwarten. Durch die isolierende Wirkung stagnierender Dampfblasen können örtliche Wandtemperaturen über 400^0 auch bei sauberen Rohren entstehen. Korrosionen erfolgen bei 500 bis 600^0 Rauchgastemperatur in Rohren mit schwachem Umlauf meist nur dann, wenn sie keinen Kesselstein haben, der schützend wirkt. Bei stark beheizten Rohren dagegen kann der Kesselstein zusammen mit der unter ihm stets vorhandenen Oxydschutzschicht reißen und die blanke Metallwand dem Angriff der Dampfblasen preisgeben, der am gefährlichsten wird, wenn sich die Steinschalen nicht ganz von der Wand lösen. Das Wasser sollte also in allen Rohren und bei jeder Belastung eindeutig und kräftig umlaufen und besonders da, wo die Rauchgase heißer als 500 bis 600^0 sind, nie stagnieren.

Sind sämtliche Rohre zwischen Ober- und Untertrommel beheizt, so wirken sie bis zu einer bestimmten Reihe als Steigrohre, dahinter als Fallrohre. Es kommt nicht darauf an, daß das Wasser in einigen wenigen Reihen sehr rasch fließt, sondern darauf, daß eine gewisse Mindestgeschwindigkeit nirgends und womöglich bei keiner Last unterschritten wird. Das Ideal wäre, wenn in der einen Hälfte der Rohrreihen das Wasser mit der Geschwindigkeit v nach oben, in der anderen nach unten strömte. Dies ist aber nicht erreichbar und auch nicht nötig, solange das Wasser mit einer gewissen Mindestgeschwindigkeit überall eindeutig umläuft. Die Wassergeschwindigkeit in den Steigrohren nimmt im allgemeinen um so mehr ab, je weiter sie vom Feuerraum entfernt sind. Auch in den Fallrohren kann sie je nach der Beheizung sehr verschieden sein. Infolgedessen kann es vorkommen, daß einige Rohre fast keine Strömung haben oder je nach der Kesselbelastung einmal als Steig- und einmal als Fallrohre wirken und daher gefährdet sind.

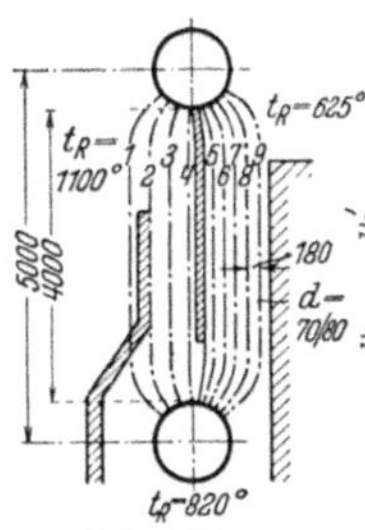
Abb. 177.

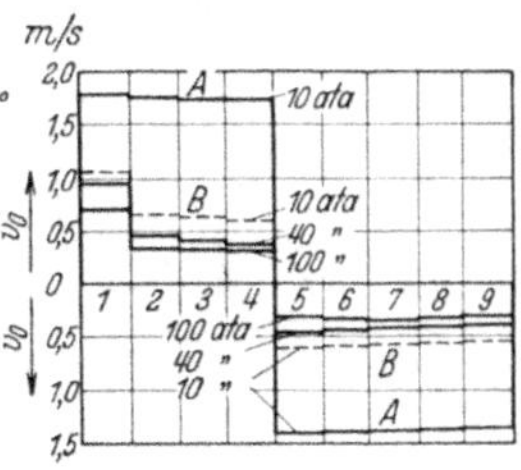
Abb. 178.

Abb. 177 u. 178. Schema eines Steilrohrkessels und zugehörige Umlaufgeschwindigkeiten bei 10, 40 und 100 ata Kesseldruck. Mittlere Rauchgasgeschwindigkeit 6 m/s. Nach Seidel.
Kurve A mit Berücksichtigung der Selbstverdampfung.
Kurve B ohne Berücksichtigung der Selbstverdampfung.

Seidel hat den Umlauf in einigen typischen Kesseln berechnet, Abb. 177 und 179. Wenngleich er noch von konstanter Relativgeschwindigkeit der Dampfblasen ausging, so sind die Berechnungen doch aufschlußreich. Bei dem Zweitrommel-Steilrohrkessel in Abb. 177, bei dem der größte Teil der ersten Rohrreihe der strahlenden Wärme des Feuerraumes ausgesetzt und der Überhitzer hinter dem Kessel eingebaut ist, ergeben sich die Geschwindigkeiten in Abb. 178. Da von Rohrreihe 1 abgesehen die Steigrohre ähnlich wie die Fallrohre unter sich ziemlich gleich stark beheizt sind, herrscht in ihnen auch annähernd dieselbe Wassergeschwindigkeit und der Übergang zwischen letzter Steigrohr- und erster Fallrohrreihe ist scharf ausgeprägt. Selbst bei 100 at Kesseldruck sind die Umlaufverhältnisse noch recht günstig.

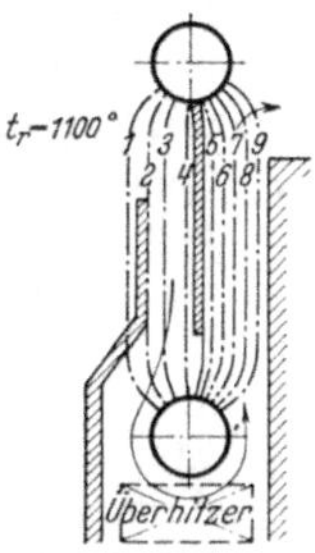
Abb. 179.

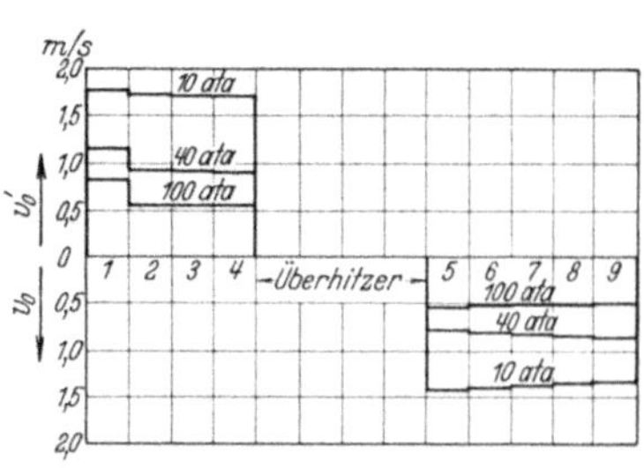
Abb. 180.

Abb. 179 u. 180. Schema eines Steilrohrkessels mit einem zwischen erstem und zweitem Zug eingebauten Überhitzer und zugehörige Umlaufgeschwindigkeiten bei 10, 40 und 100 ata Kesseldruck. Nach Seidel.

Sitzen dagegen im fallenden Zug z. B. 9, im steigenden 6 Siederohrreihen, so liegt bei 40 at Kesseldruck die Wassergeschwindigkeit in 6 Steigrohrreihen unter 0,2 m/s, die Umlaufverhältnisse sind also wesentlich ungünstiger als in Abb. 178. Wird der Überhitzer zwischen erstem und zweitem Zug angeordnet, Abb. 179 und 180, so sind bei 40 at und besonders bei 100 at die Geschwindigkeiten in den meisten Rohren fast doppelt so groß wie in Abb. 178. Ähnlich hat Seidel gezeigt, daß bei 40 at Druck und Anordnung von vier unbeheizten Fallrohrreihen zwischen Rohrreihe 4 und 5 in Abb. 177 die Fallrohre 5 bis 9 zu Steigrohren mit einer erheblich kleineren Wassergeschwindigkeit als in Abb. 178 werden. Wenngleich durch die Voraussetzung einer konstanten Relativgeschwindigkeit die tatsächlichen Werte bei höheren Drücken von den errechneten merklich abweichen, so zeigen die Berechnungen doch, daß bei Kesseln ohne unbeheizte Fallrohre der Umlauf um so besser wird, je größer der Unterschied in der Beheizung der als Steigrohre und der als Fallrohre gedachten Rohrreihen ist. Diese Erkenntnis hat bereits in den Zweitrommel-Steilrohrkesseln mehrerer deutscher Kesselfabriken ihre Auswirkung gefunden. Die Folgerung, daß unbeheizte Fallrohre bei hohen Drücken dem Wasserumlauf unter allen Umständen mehr schaden als nützen, steht übrigens mit den Erfahrungen an derartigen, bestens bewährten 100-at-Kesseln in Widerspruch und kann, seitdem man die starke Abhängigkeit der Relativgeschwindigkeit der Dampfblasen vom Druck kennt, mindestens in dieser allgemeinen Form nicht mehr aufrechterhalten werden. Wichtig ist dagegen das Vermeiden unklarer Strömverhältnisse besonders in den Reihen, wo Gastemperaturen über 600° auftreten, weil sonst Korrosionen zu befürchten sind, S. 142. Sehr starke Korrosionen haben sich z. B. bei dem 30-at-Kessel in Abb. 181, aber nur in den vor Überhitzer, d. h. in der kritischen Zone gelegenen Reihen 6 bis 9 eingestellt. Die vordere Untertrommel war nämlich nur durch einige wenige kalt liegende Fallrohre mit der hinteren Obertrommel verbunden, wodurch die weniger stark beheizten Rohrreihen des vorderen Bündels ungenügend mit Wasser versorgt wurden (siehe den Einfluß von Drosselwiderständen in Abb. 175). Nach Anschluß der Reihen 8 und 9 an die hintere Obertrommel gemäß Lage A in Abb. 182 arbeitete der Kessel gut.

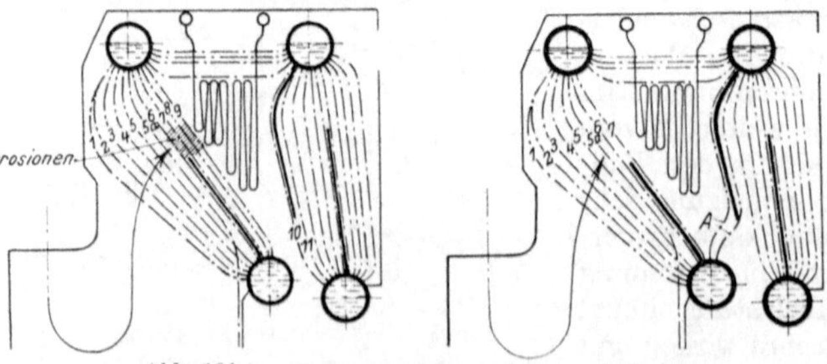

Abb. 181. Abb. 182.

Abb. 181 u. 182. 30-at-Kessel mit mangelhaftem Wasserumlauf vor und nach Umbau.

Aus vorstehenden Ausführungen geht u. a. hervor, wie vorsichtig man in der praktischen Verwertung von Erkenntnissen sein muß, die aus verwickelten Rechnungen gewonnen wurden, weil sie durch nicht erfaßte Zufälligkeiten oder dadurch, daß irgendein Einfluß noch nicht erkannt ist oder übersehen wird, leicht erheblich von der Wirklichkeit abweichen können. Dazu kommen noch die Irrtümer, die bei schwierigen mathematischen Ableitungen auch tüchtigen Rechnern zuweilen unterlaufen. Durch die Feststellung der Abhängigkeit der Relativgeschwindigkeit der Dampfblasen wird die Brauchbarkeit des Seidelschen Berechnungsverfahrens nicht beeinträchtigt, nur muß man bei seiner Benutzung die neuesten Werte für die Relativgeschwindigkeit zugrunde legen. Infolge seiner Umständlichkeit wird es aber in der Praxis im allgemeinen nur für grundsätzliche Entscheidungen in Frage kommen, besonders wenn die Reibung von Dampf-Wassergemischen zuverlässiger bekannt ist. Bei Steilrohrkesseln mit 3 und mehr Trommeln tritt noch die weitere Schwierigkeit hinzu, daß die Größe einiger für die Berechnung notwendiger Widerstände noch nicht genügend zuverlässig angegeben werden kann.

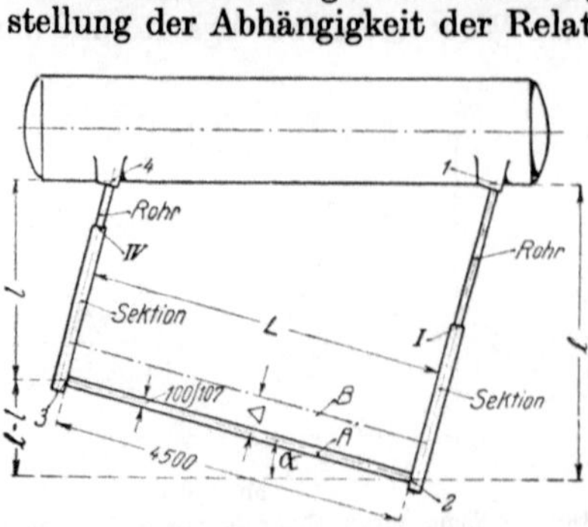

Abb. 183. Schema eines Sektionalkessels mit einer einzigen Siederohrreihe und längs liegender Obertrommel.

Eine ungefähre Vorstellung von der Größe der umlaufenden Wassermenge erhält man aus dem Umstand, daß sie unter besonders günstigen Voraussetzungen bei Drücken bis 40 at und 40 bis 50 kg/m²h Heizflächenbelastung etwa gleich der 120 bis 150fachen, bei 100 at etwa gleich der 25 bis 50fachen erzeugten Dampfmenge ist.

4. Tatsächlicher Wasserumlauf in Schrägrohrkesseln. Der Wasserumlauf in Schrägrohrkesseln ist rechnerisch schwieriger als bei Steilrohrkesseln erfaßbar, weil

1. das kreisende Dampf-Wassergemisch nicht aus in sich geschlossenen, aus den Siederohren unmittelbar in die Obertrommel eintretenden Strömen von gleichbleibendem Querschnitt besteht und die bei der Mischung mehrerer Ströme entstehenden Verluste sich nur roh schätzen lassen,

2. die einzelnen Siederohre einander stärker als bei Steilrohrkesseln beeinflussen,

3. infolge der 15 bis 22° selten übersteigenden Neigung der Siederohre die Reibung der Dampfblasen an der Rohrwand eine ziemliche Rolle spielt, deren Größe nur schwer beurteilt werden kann. Unter der vereinfachenden Annahme, daß der Kessel nur eine

einzige Siederohrreihe habe, Abb. 183, wurde nach dem Verfahren von **Münzinger** unter Vernachlässigung von Dampfvoreilung und Selbstverdampfung der Einfluß des Rohrdurchmessers und des Dampfdruckes untersucht, Abb. 184. Die beiden kräftig gezeichneten, das schraffierte Gebiet einschließenden Kurven gelten für 10 ata Kesseldruck und 50 und 100 mm lichte Weite, die dünn ausgezogene Kurve gilt für Rohre von 100 mm lichte Weite und 20 ata Kesseldruck. Die Umlaufgeschwindigkeit v_1 liegt oberhalb einer Heizflächenbelastung von 100000 kcal/m²h um rd. 20 vH tiefer als bei Steilrohrkesseln mit gleich langen Rohren von 100 bis 107 mm Durchmesser, das Dampf-Wassergemisch hat daher einen kleineren Wassergehalt als bei Steilrohrkesseln. Wählt man doppelt soviel Rohre von halber lichter Weite, so wird v_1 bei hoher Heizflächenbelastung erheblich größer. Infolgedessen geht der Wassergehalt des Dampf-Wassergemisches bei Sektionalkesseln mit engen Rohren lange nicht so stark wie bei Steilrohrkesseln zurück. Bemerkenswert ist der große Widerstand des kurzen Verbindungsstutzens zwischen der dampfführenden Sektion und dem Oberkessel (Punkt IV—4) und der kleine Widerstand der hinteren Sektion (Punkt 1—2), Abb. 185.

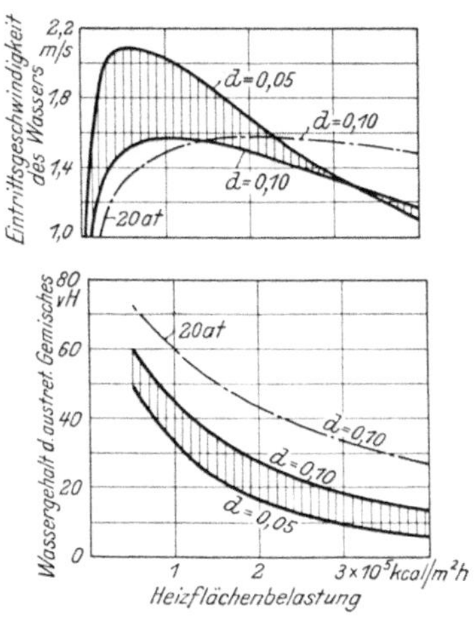

Abb. 184. Nach **Münzinger** errechneter Wasserumlauf in einem Sektionalkessel nach Abb. 183 mit 4,5 m langen Siederohren von 50/57 und 100/107 mm Durchmesser bei 10 und 20 ata Kesseldruck.

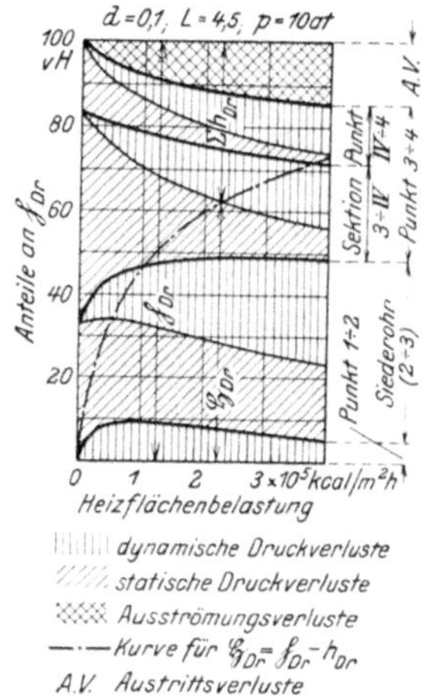

Abb. 185 Einzelwiderstände eines Sektionalkessels nach Abb. 183 bei 10 ata Kesseldruck.

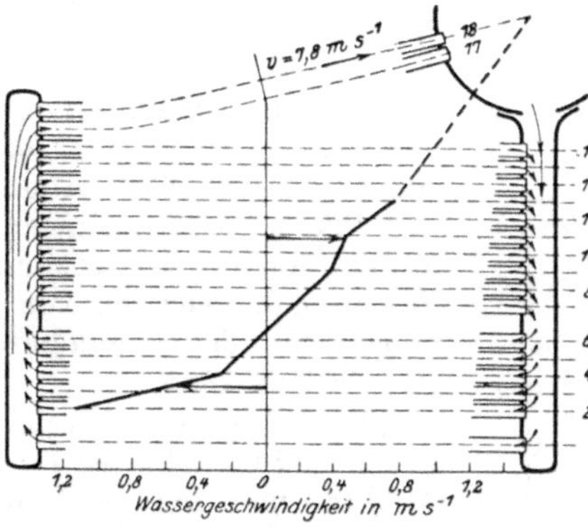

Abb. 186. Gemessener Wasserumlauf in einem Schrägrohrkessel der amerikanischen Einheitsschiffe.

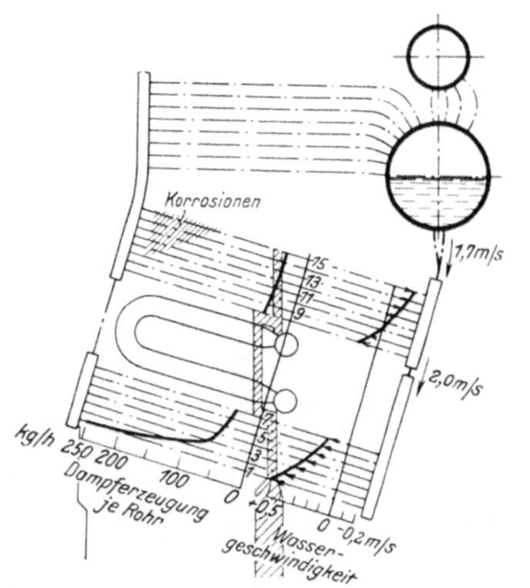

Abb. 187. Gemessener Wasserumlauf in einem deutschen 45 atü-Sektionalkessel bei 50 t/h Leistung. Nach **Ziegler**.

Der Wasserumlauf ist um so stärker, je größer die Entfernung der Siederohrmitte vom Wasserspiegel in der Obertrommel ist. Deshalb und weil sie am stärksten beheizt ist, hat die unterste Rohrreihe den schnellsten Wasserumlauf.

Der Widerstand der Verbindungsrohre zwischen dampfführenden Sektionen (Wasserkammern) und Obertrommel kann es mit sich bringen, daß ein Teil des aus den untersten Siederohrreihen austretenden Wassers nicht zur Obertrommel, sondern durch die oberen

Siederohrreihen hindurch unmittelbar zurück zu den vorderen Sektionen strömt, Abb. 186 und 187. Der Kessel hat dann zwei parallele Wasserläufe, einen über die Obertrommel, der gleichzeitig den entwickelten Dampf aus dem Rohrsystem ableitet, einen zweiten durch die oberen Siederohre, in denen das Wasser abwärts strömt. Bei dem Sektionalkessel in Abb. 187 war die Wassergeschwindigkeit in den obersten Rohrreihen sehr klein und abwärts gerichtet. Infolgedessen blieben die Dampfblasen an der oberen Rohrwand hängen und korrodierten sie (Rauchgastemperatur etwa 600°). Abhilfe brachten am unteren Ende der Rohre eingebaute Stopfen mit enger Öffnung, die die Wasserströmung entgegen der Rohrneigung verhindern. Von zwei gleichen, im selben Kessel eingebauten Rohren ohne und mit Stopfen war die Wandtemperatur des Rohres ohne Stopfen in der oberen Hälfte, wo sich Dampfblasen stauten, um rd. 100° höher als beim anderen Rohr, das auf der ganzen Länge gleichmäßig gekühlt wurde.

5. Wasserumlauf in Kühlrosten. Bei Einführung von Granulierrosten wurde befürchtet, daß der Wasserumlauf zur Kühlung nicht ausreiche. Es wurde daher (1921) der Wasserumlauf in den Siederohren eines 10-ata-Zweitrommel-Steilrohrkessels und in den ebenso langen Rohren eines Granulierrostes, Abb. 188 und 189, nach Münzinger errechnet, um von dem bekannten Verhalten der Siederohre auf das unbekannte der Granulierroste schließen zu können.

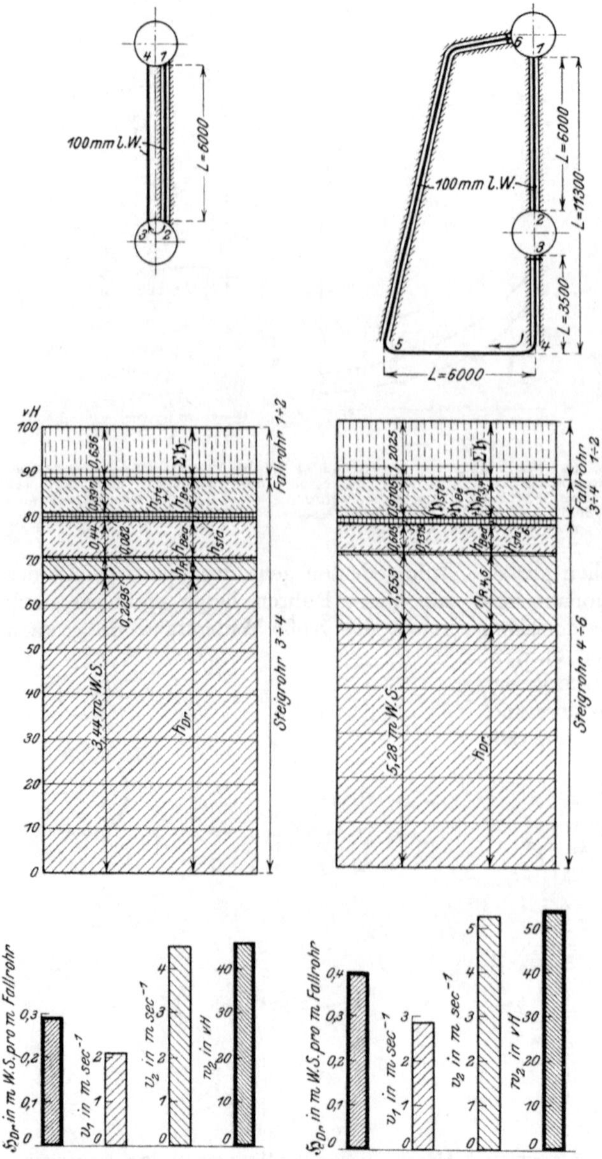

Abb. 188. Abb. 189.

Abb. 188 u. 189. Untersuchung des Wasserumlaufes in den 6 m langen Siederohren von 100 mm lichter Weite eines Steilrohrkessels mit ebenso weiten unbeheizten Fallrohren und in den 6 m langen Kühlrostrohren vom selben Durchmesser. Die schraffierten Rohre sind unbeheizt. Kesseldruck 10 ata, Heizflächenbelastung 100000 kcal/m²h.

Des besseren Vergleiches wegen sind im mittleren Teil von Abb. 188 und 189 die Umlaufhöhen $\mathfrak{H}_{Dr}$ in beiden Fällen gleich groß gezeichnet, ihren tatsächlichen Wert zeigt der unterste Streifen. Die Eintrittsgeschwindigkeit des Wassers in den Granulierrost v_1 und der Wassergehalt des aus ihm austretenden Dampf-Wassergemisches w_2 sind größer als die für das Siederohr in Abb. 188 gültigen Werte. Da die Eintrittsgeschwindigkeit des Wassers in die Siederohre in Abb. 188 sich als völlig ausreichend erwiesen hat, war die Annahme berechtigt, daß auch die im Granulierrost zu erwartende Geschwindigkeit ausreicht, was die spätere Erfahrung voll bestätigte.

6. Fall- und Steigrohre von Kühlflächen. Allgemeingültige Angaben über die je Kühlrohr mindestens erforderliche Zahl von Fall- und Steigrohren lassen sich nicht machen. Auf ein Verhältnis der Zahl der Fallrohre zu den Kühlrohren von 1:6 bis 1:8 wird man aber nur unter besonders günstigen Voraussetzungen heruntergehen, z. B. wenn die Fallrohre kurz und frei von scharfen Krümmungen sind, da sonst zu große Reibungswiderstände und ungleichmäßige Verteilung des Wassers auf die angeschlossenen Kühlrohre zu befürchten sind, wenigstens wenn die Eintrittssammelkästen der Kühlrohre nicht verhältnismäßig großen Querschnitt haben. Auf 1 Steigrohr kommen im allgemeinen 1 bis 3 Kühlrohre. An sich begünstigt eine reichliche Zahl von Steigrohren den Wasserumlauf und die gleichmäßige Verteilung des umlaufenden Wassers auf die Kühlrohre. Durch zu reichliche Steigrohrquerschnitte können sich aber Dampf und Wasser besonders bei Schwachlast entmischen, wodurch der Umlauf schwer beeinträchtigt werden kann. Hierin ist der Grund dafür zu suchen, daß manche Kühlrohrdurchbrenner bei Verkleinern des Verhältnisses $\frac{\text{Zahl der Steigrohre}}{\text{Zahl der Kühlrohre}}$ von $\frac{1}{1}$ auf $\frac{1}{3}$ aufhörten. Je kleiner aber die Zahl der auf 1 Kühlrohr kommenden Fall- und Steigrohre gemacht wird, um so mehr muß man sie so anordnen, daß die Kühlrohre gleichmäßig beaufschlagt werden. Während die Verwendung sehr weiter Fallrohre ($>$ 150 bis 200 mm) bei zweckmäßigem Anschluß an die Sammelkästen von Kühlflächen keine Nachteile hat, können sehr weite Steigrohre Dampf und Wasser entmischen. Bei der Wahl großer Steigrohrdurchmesser muß man daher besonders bei Kesseln vorsichtig sein, die häufig mit Schwachlast arbeiten.

7. Wasserumlauf in Kurzschlußrohren. Zwischen den unteren und oberen mit dem Kessel durch Fall- und Steigrohre verbundenen Sammlern von Feuerraumkühlrohren werden vielfach zur Verbesserung des Wasserumlaufes unbeheizte Kurzschlußrohre angeordnet, weil sie sich oft leichter unterbringen lassen als eine ausreichende Zahl von Fall- und Steigrohren. Nach Seidel erhöhen Kurzschlußrohre die Eintrittsgeschwindigkeit des Wassers in die Kühlrohre nur wenig, wenn der Querschnitt der Fall- und Steigrohre im Verhältnis zu dem der Kühlrohre groß ist (etwa 1:1:1). Die Zunahme ist besonders bei großem senkrechtem Abstand H des unteren Sammlers der Kühlrohre vom Anschluß der Fall- und Steigrohre an die Obertrommel des Kessels klein und kann oberhalb eines bestimmten Abstandes sogar negativ werden. Aber bei knappem Querschnitt der Fall- und Steigrohre kann man durch Kurzschlußrohre ausreichenden Wasserumlauf in den Kühlrohren erzielen. Haben sämtliche Rohre gleichen Durchmesser und ist z_F, z_{St}, z_W, z_K die Zahl der Fall-, Steig-, Kühl- und Kurzschlußrohre, so sinkt die Eintrittsgeschwindigkeit des Wassers in die Kühlrohre nach Seidel im ungünstigsten Falle nur um 6 vH der Höchstwerte, wenn das Verhältnis $z_F:z_{St}:z_W:z_K$ von 1:1:1:1 in 1:1:2:2 geändert wird. D. h. selbst gleichzeitige Verkleinerung der Zahl der Fall- und Steigrohre auf die Hälfte der Kühlrohre verringert den Wasserumlauf in letzteren kaum, wenn auf jedes Kühlrohr ein gleich weites Kurzschlußrohr kommt. Aber stets bleibt der Wasserumlauf Fallrohr-Kühlrohr-Steigrohr bestehen. Die Annahme, daß bei reichlichen Kurzschlußrohren im wesentlichen nur der in den Kühlrohren entwickelte Dampf durch die Steigrohre abziehe, wird durch Rechnung und Modellversuch als falsch erwiesen. Der Wasserumlauf geht sogar selbst dann, wenn $z_F = z_{St} = z_W = z_K$ ist, mit zunehmender Höhe H immer mehr auf das System Fallrohr-Kühlrohr-Steigrohr über, wobei die Fallgeschwindigkeit im Kurzschlußrohr schnell abnimmt und unter mittleren Verhältnissen (70 mm Rohrdurchmesser, Länge der senkrechten Kühlrohre 6 m, Belastung der Kühlrohre auf ihren vollen Umfang bezogen 140 kg/m²h) bei etwa $H = 16$ m zu Null wird. Der Einfluß des Betriebsdruckes auf die Umlaufverhältnisse scheint gering zu sein.

8. Störungen des Wasserumlaufes. Die Faustregel, daß unbeheizte Fallrohre den besten Wasserumlauf geben, gilt nicht immer. Bei kaltem Speisewasser kann es z. B. bei kleinem Wasserraum und unbeheizten Fallrohren vorkommen, daß das Wasser in einzelne Siederohre mit einer erheblich unter dem Siedepunkt liegenden Temperatur eintritt und die dem statischen Druck entsprechende Sättigungstemperatur erst erreicht, wenn es eine gewisse Rohrlänge durchströmt hat. Beheizt man nun die Fallrohre immer stärker, so nimmt der Umlauf zu und erreicht seinen Höchstwert, wenn das Wasser die Fallrohre gerade mit Siedetemperatur verläßt. Die Dampfbildung setzt dann unmittelbar am Anfang der Siederohre ein. Bei noch stärkerer Beheizung geht der Wasserumlauf wieder zurück. Infolge der Selbstverdampfung behält er aber seine Richtung unter Umständen auch dann noch bei, wenn die Siederohre überhaupt nicht mehr beheizt werden. Es besteht dann **„umgekehrter Wasserlauf“** bei dem das Wasser in gewissen Rohren fällt, in anderen steigt, trotzdem erstere wesentlich stärker beheizt sind.

Die eigentümlichen periodischen **Pulsationen,** bei denen das Gemisch in den Steigrohren plötzlich aufkocht und Wasser in den Dampfraum der Obertrommel schleudert, rühren nach E. Schmidt und Cleve davon her, daß das durch die Fallrohre schnell nachstürzende Wasser nicht rasch genug auf Sättigungstemperatur erwärmt wird, wodurch der Umlauf fast zum Aufhören kommt. Nunmehr steigt die Wassertemperatur allmählich bis auf Sättigungstemperatur, worauf Selbstverdampfung eintritt, die in Abständen von einigen Minuten erneutes Aufkochen und neue Pulsationen verursacht.

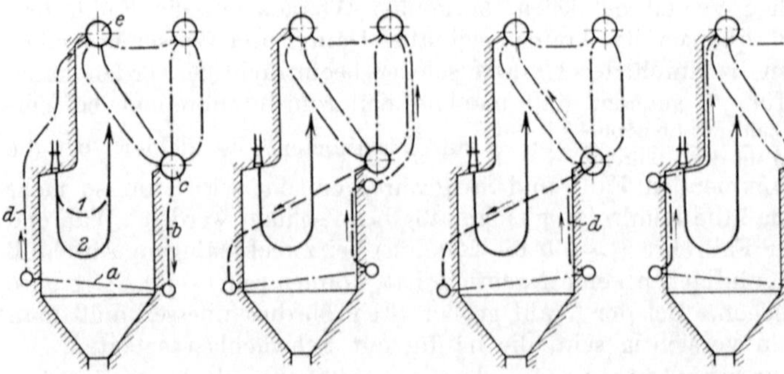

Abb. 190. Abb. 191. Abb. 192. Abb. 193.

Abb. 190–193. Günstige und ungünstige Schaltungen von Kühlrosten.

Besonders bei Schrägrohrkesseln und Kühlrosten sind zuweilen Rohre bis auf eine schmale stark belastete Stelle kaum beheizt. Infolge der geringen Gesamtwärmeaufnahme des Rohres ist der Umlauf nur schwach, wodurch die entwickelten stagnierenden Dampfblasen die hoch belastete Stelle überhitzen. Die Kühlung von Granulierrosten ist bei gleicher Eintrittsgeschwindigkeit des Wassers meist ungünstiger als die der Siederohre von Schrägrohrkesseln, weil gerade der Teil des Rohrumfanges beheizt wird, wo die Dampfblasen sich sammeln und beim Anheizen und bei Schwachlast hängen bleiben können. Granulierroste werden daher zuweilen trotz oder vielmehr infolge kleiner spezifischer Belastung schadhaft. Aber auch andere Gründe können verhängnisvolle Stockungen des Wasserumlaufes bewirken. In Abb. 190 ist z. B. Kühlrost *a* durch das unbeheizte Fallrohr *b* mit Untertrommel *c* und durch das unbeheizte Steigrohr *d* mit Obertrommel *e* verbunden. Während der Anheizperiode hat die Staubflamme etwa Lage 1, beheizt also den Kühlrost nur schwach. Das Kesselwasser kann daher schon ziemlich warm sein, bevor sich im Kühlrost Dampfblasen bilden, die nur intermittierend abziehen, weil ja das Wasser gar nicht oder nur schwach umläuft. Außerdem hat es während dieser Periode eher die Neigung von *e* über *d*, *a*, *b* nach *c*, d. h. im Kühlrost abwärts zu strömen, weil die Wassersäule in den unbeheizten Steigrohren *d* schwerer ist als in dem ihnen an senkrechter Erstreckung entsprechenden Teil der Siederohre des Kessels, die bereits warmes Wasser führen. Je nachdem, ob durch den im Kühlrost einsetzenden Wasserumlauf seine Steig- und Fallrohre (einschließlich etwaiger einen Teil derselben bildender Kesselrohre) annähernd gleiche Temperatur erreicht haben, bevor sich in den Kesselsiederohren Dampf bildet oder nicht, kann die Wasserströmung im Kühlrost wieder zum Stillstand kommen, oft wird sie aber solange abwärts gerichtet bleiben, bis die verstärkte Flamme allmählich ihre normale Lage 2 erreicht und lebhafte Dampfentwicklung bewirkt. Von einem bestimmten Punkt an wird dann die abwärts gerichtete Wasserströmung aufhören und nach ihrem Durchgang durch den Nullpunkt aufwärts erfolgen. Während der Umkehr können aber die Rohre durch stagnierende Dampfblasen unzulässig erhitzt werden, und wenn sich der Vorgang häufig wiederholt, aufreißen oder sich krumm ziehen. Eine Anordnung nach Abb. 191 oder 192 ist günstiger. Bei Ausführung nach Abb. 192 sollten die Rückwandrohre *d* an Siederohre des vorderen Bündels angeschlossen werden, deren kräftiger Wasserumlauf dem Kühlrost frühzeitig genügend Wasser zuführt. Auch eine Anordnung nach Abb. 193 fördert den Wasserumlauf im Kühlrost. Ferner sollten wenigstens Kühlroste mit unbeheizten Steigrohren reichlich geneigt sein ($\geqq$ 12 bis 15°).

9. Wasserumlauf in Kesseln mit mehreren Obertrommeln. Um die benötigte Kesselheizfläche und den erforderlichen Wasser- und Dampfraum unterbringen zu können und auch des Wasserumlaufes wegen werden Steilrohrkessel vielfach mit mehreren Obertrommeln und einer passenden Anzahl Untertrommeln gebaut. Der Wasserumlauf vieler Drei- und Viertrommelkessel war so gedacht, daß das aus dem vorderen Rohrbündel ausgeworfene Wasser von der vorderen zur hinteren Obertrommel und von dort über das hintere Rohrbündel und die Untertrommel zum vorderen Rohrbündel zurückfließt. Dampf- und Wasserräume beider Obertrommeln der meisten heutigen Dreitrommelkessel sind durch getrennte Rohrbündel miteinander verbunden, deren Rohre im allgemeinen den gleichen Durchmesser wie die Siederohre haben und gegen Beheizung geschützt sind. Weiträumige Verbindungsstutzen findet man kaum mehr, weil sie sehr starr sind, viel Anpaßarbeit verlangen und auch für den Wasserumlauf Nachteile haben.

Folgende Erörterungen gelten zunächst für einen Dreitrommelkessel mit einer Untertrommel, dessen vorderes bzw. hinteres Rohrbündel ausschlielich aus Steig- bzw. Fallrohren besteht. Infolge des Widerstandes der Wasserverbindungsrohre und des Unterschiedes der spezifischen Gewichte im vorderen und hinteren Rohrbündel stellt sich der Wasserstand vorn höher ein als hinten, da zum Überwinden des Strömwiderstandes des umlaufenden Wassers eine gewisse, mit der Kesselbelastung zunehmende Höhendifferenz nötig ist.

Überschreitet sie einen bestimmten Betrag, so kann die **selbsttätige Speisung** schwer leiden. Der in der vorderen Obertrommel eingebaute Speiseregler möge auf einen bestimmten Wasserstand eingestellt sein. Nimmt die Dampfentnahme plötzlich ab, so geht das Volumen des Kesselinhaltes wegen der geringeren Durchsetzung des Wassers mit Dampfblasen zurück, wodurch der Wasserspiegel in der vorderen Obertrommel fallen will. Der Regler läßt daher mehr Wasser eintreten als der vom Kessel abgegebenen Dampfmenge entspricht und überspeist um so mehr, je kälter das Speisewasser ist, weil infolge der Abkühlung durch die plötzlich in den Kessel geworfene Wassermenge sein Wasserinhalt noch stärker zusammensackt. Nimmt die Dampfentnahme plötzlich wieder zu, so kann es vorkommen, daß der Wasserspiegel erheblich über die zulässige Höhe steigt und aus dem Wasserstandsglas verschwindet. In der Vordertrommel eingebaute Speiseregler überspeisen daher bei fallender, in der hinteren Trommel eingebaute bei steigender Dampfentnahme, und zwar um so mehr, je kälter das Speisewasser ist[1]. Infolgedessen müssen die Wasserverbindungen zwischen den Obertrommeln um so reichlicher bemessen werden, je höher belastet ein Kessel ist. Bei unzureichenden Wasserverbindungen kann das Wasser aus der hinteren Obertrommel unter Umständen überhaupt verschwinden und der Wasserumlauf schwer gestört werden.

Wird zunächst angenommen, daß der Druck in den Dampfräumen beider Obertrommeln derselbe sei und der Wasserstand in der vorderen Obertrommel um Δh m höher liege als in der Hintertrommel, so kommt auf der rechten Seite von Gleichung (100) noch die Druckhöhe durch das Gewicht der aus dampfhaltigem Wasser bestehenden Säule Δh vom spezifischen Gewicht γ_{VOT} hinzu, während Gleichung (101) unverändert bleibt. Es gilt also

$$P_{II} - P_I = L \cdot \gamma'_m + \Delta h \cdot \gamma_{VOT} + V_{St} \text{ kg/m}^2, \tag{103}$$

$$P_{II} - P_I = L \cdot \gamma_m - V_F \text{ kg/m}^2. \tag{101}$$

[1] Ähnlich, wenn auch nicht so ungünstig, verhalten sich wegen der verschiedenen Durchsetzung des Wasserinhaltes mit Dampfblasen bei Schwach- und bei Vollast Steilrohr- und Schrägrohrkessel mit nur einer Obertrommel.

Das Umlaufschema des Dreitrommelkessels, Abb. 194, kann durch dasjenige eines Zweitrommelkessels ersetzt werden, bei dem die Steig- und Fallrohre durch eine Scheidewand in der Obertrommel getrennt sind, auf deren rechter Seite der Wasserspiegel um Δh m tiefer liegt als auf der linken, Abb. 195. Die Überhöhung des Wasserspiegels oberhalb der Steigrohre äußert sich darin, daß sich die Kurven für v_0' in Abb. 173 um den in kg/m² umgerechneten Höhenunterschied Δh nach oben verschieben. Es läßt sich zeigen, daß wenn bei einem 40-at-Dreitrommelkessel nach Abb. 194 die Wasser- und Dampfräume der Obertrommeln derart miteinander verbunden sind, daß in beiden gleicher Dampfdruck herrscht und der Wasserspiegel in der Vordertrommel 112 mm höher steht als in der Hintertrommel, Rohr 4 am Wasserumlauf nicht mehr teilnimmt[1]. Infolge seiner noch ziemlich kräftigen Beheizung wird es freilich in Wirklichkeit nur zeitweise strömungsfrei bleiben, da sich unmittelbar nach Aufhören der Strömung mehr Dampfblasen bilden, als dem Gleichgewicht des strömungsfreien Zustandes entspricht, die nach Erreichen einer bestimmten Größe den Rohrinhalt geiserartig vor sich her in die Obertrommel treiben. Durch das nachstürzende Wasser wird der Inhalt des Rohres spezifisch schwerer als im strömungsfreien Zustand, weshalb eine Zeitlang eine nach unten gerichtete Strömung erfolgt, bis sie durch den zunehmenden Dampfgehalt allmählich zur Ruhe kommt und der Vorgang sich wiederholt.

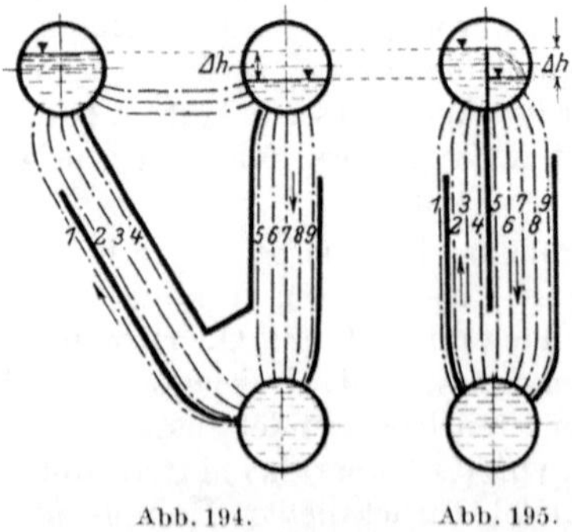

Abb. 194. Abb. 195.

Abb. 194 u. 195. Umlaufschema eines Dreitrommel-Steilrohrkessels und äquivalentes für einen Zweitrommelkessel gezeichnetes Umlaufschema.

Da die Steigrohre ebenso stark beheizt werden wie in Abb. 173, die Umlaufgeschwindigkeit in ihnen aber abgenommen hat, wird der Dampfgehalt des sie verlassenden Dampf-Wassergemisches größer. Dadurch nimmt das spezifische Gewicht ihres Inhaltes ab und ermöglicht durch Verkleinerung des Betrages $L \cdot \gamma_m'$ in Gleichung (103) die Überwindung des höheren Wasserspiegels in der Vordertrommel. Wird der Wasserspiegelunterschied noch weiter gesteigert, so wird bald ein Punkt erreicht, wo überhaupt kein geschlossener, nach unten gerichteter Wasserumlauf mehr durch die Fallrohre 5 bis 9 erfolgt, sondern wo die vormaligen Steigrohre 2 bis 4 als Fallrohre für Steigrohr 1 wirken. Beide Rohrbündel haben dann einen mehr oder weniger voneinander unabhängigen Wasserumlauf.

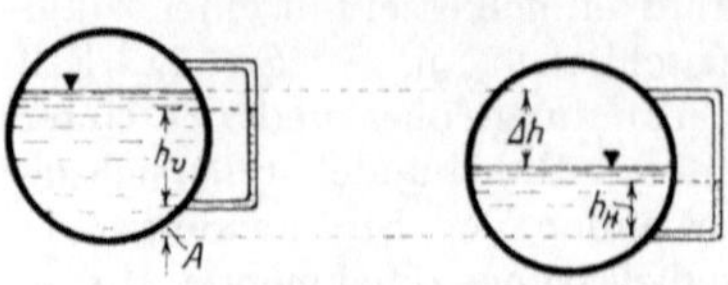

Abb. 196. Schema zum Ermitteln des wirklichen Unterschiedes der Wasserspiegel zweier Obertrommeln aus der Anzeige ihrer Wasserstandsgläser.

Der Unterschied der Wasserspiegel Δh bei knapp bemessenen Wasserüberströmrohren kann zum Verschwinden gebracht werden, wenn man den Querschnitt der Dampfüberströmrohre so bemißt, daß der Dampfüberdruck in der Vordertrommel gerade dem Werte Δh entspricht. Hierdurch wird zwar ein besseres Arbeiten selbsttätiger Speisewasserregler erreicht, die ungünstige Beeinflussung des Wasserumlaufes bleibt aber bestehen. Knappe Verbindungen zwischen den Untertrommeln von Viertrommelkesseln können den Wasserumlauf ähnlich verschlechtern wie zwischen den Obertrommeln.

Abb. 197.

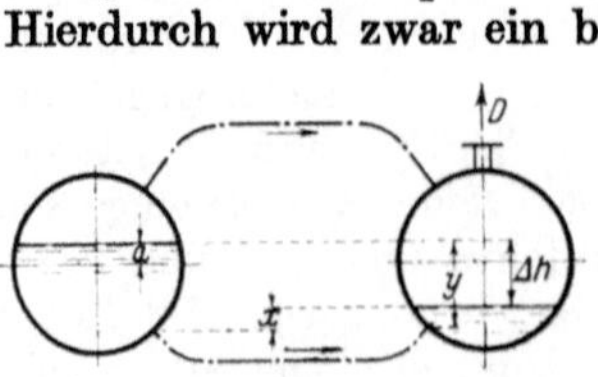

Abb. 198.

Abb. 197 u. 198. Verschiedene Anordnung der Wasserüberströmrohre zwischen den 2 Obertrommeln eines Dreitrommel-Steilrohrkessels.

Ist

A = senkrechter Abstand der Mitten der unteren Wasserstandsanschlußstutzen in der Vorder- und Hintertrommel, Abb. 196, in m,

γ_w = spezifisches Gewicht des Wassers in der Hintertrommel in kg/m³,

γ_{gem} = spezifisches Gewicht des Inhaltes der Vordertrommel in kg/m³,

h_v, h_H = Wasserstandshöhe im Schauglas über der Mitte der unteren Wasserstandsanschlußstutzen, Abb. 196, in m,

960 = angenommenes spezifisches Gewicht des Wassers in den Schaugläsern in kg/m³,

so beträgt der tatsächliche Höhenunterschied der Wasserspiegel in der Vordertrommel und Hintertrommel unter Berücksichtigung der Anzeige der Wasserstände

$$\Delta h \approx A + \left(\frac{\gamma_w}{\gamma_{gem}} \cdot h_v - h_H\right) \cdot \frac{960}{\gamma_w} \text{ m}. \qquad (104)$$

Bei gleichem Höhenunterschied Δh der Wasserspiegel in der vorderen und hinteren Obertrommel fließt eine verschiedene Wassermenge durch die Überströmrohre, je nachdem ob ihre Einmündung in die Hintertrommel unter dem Wasserspiegel liegt oder nicht,

[1] Die Rechnungen sind noch mit den für 1 at gültigen Werten der Relativgeschwindigkeit der Dampfblasen gegenüber dem Wasser durchgeführt, s. S. 138.

Abb. 197 und 198. In Abb. 197 wird die durchströmende Wassermenge um so größer, je größer Δh ist, in Abb. 198 nimmt sie bei gleichbleibendem Wasserstand in der Vordertrommel von dem Augenblicke an nicht mehr zu, wo die Einmündung der Überströmrohre in die Hintertrommel sich vom Wasser zu entblößen beginnt. Die Auswirkung verschieden angeordneter Überströmrohre bei 37 atü Kesseldruck zeigt Abb. 200 für eine Rohrreihe aus 5 Rohren von 83/75 mm Durchmesser, die in Fall I beträchtlich tiefer in die Hintertrommel münden als in Fall II. Abb. 199. Infolgedessen ist bei konstantem Wasserstand in der Vordertrommel und gleichem Wasserspiegelunterschied die überströmende Wassermenge in Fall I größer als in Fall II. Beide Werte bleiben hinter dem Betrag zurück, der sich ergeben würde, wenn sämtliche Rohre dauernd unter Wasser ausmünden, Fall III. Die Wasserüberströmrohre sollten daher in die hintere Obertrommel tunlichst tief ausmünden. Aus ähnlichen Gründen verschwindet bei manchen Kesseln mit weiten, für Wasser und Dampf gemeinsamen Überströmstutzen das Wasser aus der hinteren Obertrommel von einer bestimmten Belastung an völlig.

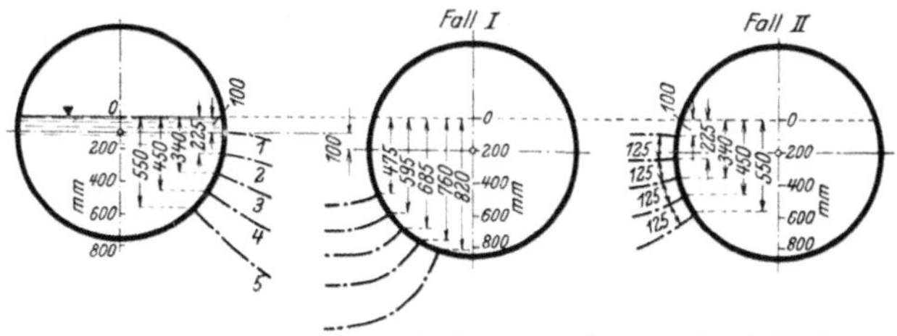

Abb. 199. Schema von zwei verschiedenen Anordnungen der Verbindungsrohre zwischen den Wasserräumen der Obertrommeln eines Dreitrommel-Steilrohrkessels.

Auch der Kesseldruck beeinflußt die durch die Überströmrohre fließende Wassermenge. Sind die Dampf- und Wasserüberströmrohre bei 100 at Kesseldruck genau so bemessen und angeordnet wie in Fall III, so geht z. B. bei 200 mm Wasserspiegelunterschied zwischen beiden Obertrommeln die umlaufende Wassermenge von 125 m^3/h bei 37 atü auf 97 m^3/h bei 100 atü, d. h. um rd. 22 vH, hauptsächlich deshalb zurück, weil der Unterschied der Drücke in den Dampfräumen beider Obertrommeln kleiner geworden ist.

Abb. 201 bis 203 stellen Dreitrommelkessel, Abb. 204 bis 207 Viertrommelkessel, Abb. 208 und 209 Fünftrommelkessel dar. Der mit S bezeichnete Pfeil gibt an, in welche Trommel gespeist, der Buchstabe D, wo der erzeugte Dampf entnommen wird. Die übrigen Pfeile zeigen, in welcher Richtung das Wasser bei Vollast voraussichtlich umläuft. Die letzten Reihen des vordersten Rohrbündels haben oft fallende Wasserströmung, wenn die Umlaufquerschnitte zwischen den Obertrommeln oder bei Kesseln mit mehreren Untertrommeln zwischen diesen zu knapp sind, besonders wenn die letzten Rohrreihen hinter der Zugscheidewand liegen. In Abb. 202 strömt das Wasser unter Umständen auch in einigen Rohren zwischen den Trommeln a und b abwärts. In Abb. 203 ist die hintere Obertrommel so tief gelagert, daß sie unter allen Umständen ganz mit Wasser gefüllt bleibt.

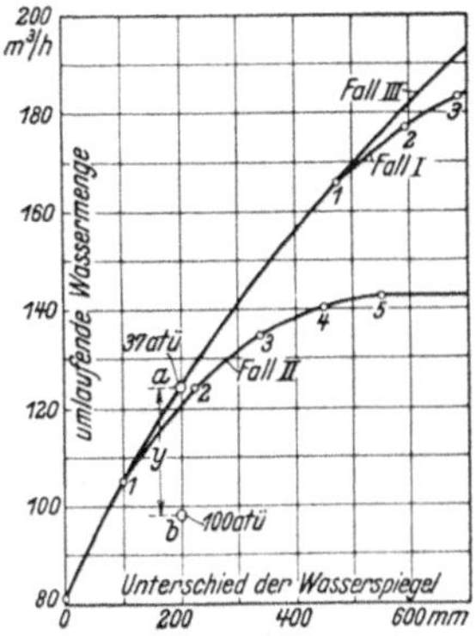

Abb. 200. Einfluß der Anordnung der Wasserüberströmrohre zwischen den Obertrommeln eines Dreitrommel-Steilrohrkessels in Abb. 199 auf die umlaufende Wassermenge.

In Abb. 204 sind die Rohre des vordersten Rohrbündels abwechselnd an die erste und zweite Obertrommel angeschlossen, um durch eine geringe Belastung des Dampfraumes bzw. der Spiegelfläche trockenen Dampf zu erzielen. Dieses Ziel kann aber, wie im folgenden Abschnitt gezeigt wird, einfacher erreicht werden. Eine wasserseitige Verbindung der beiden vorderen Obertrommeln in Abb. 204 ist auf Grund des beabsichtigten Wasserumlaufes an sich nicht nötig. Im allgemeinen tut man trotzdem gut daran, sie vorzusehen, damit größere Wasserspiegelunterschiede verursacht durch das verschiedene spezifische Gewicht des Inhaltes der beiden über die Untertrommel miteinander kommunizierenden Rohrbündel a und b nicht auftreten können. Ist die Untertrommel des hinteren Rohrbündels ähnlich wie in Abb. 206 nicht in den eigentlichen Wasserkreislauf eingeschaltet, so können in ihr bei lufthaltigem Speisewasser Korrosionen entstehen. Die

Obertrommel *a* in Abb. 209, die gleichfalls am Wasserumlauf nicht teilnimmt, soll die Erzeugung trockenen Dampfes bezwecken, hat aber keinen wesentlichen, praktischen Nutzen, S. 154. Soll zwischen zwei Obertrommeln kein Wasserumlauf erfolgen, *a* und *b* in Abb. 208, so brauchen die Wasserverbindungen nur zum Nachströmen der verdampften Wassermenge aus der Trommel, in die gespeist wird (*b*), ausreichen. Nie darf

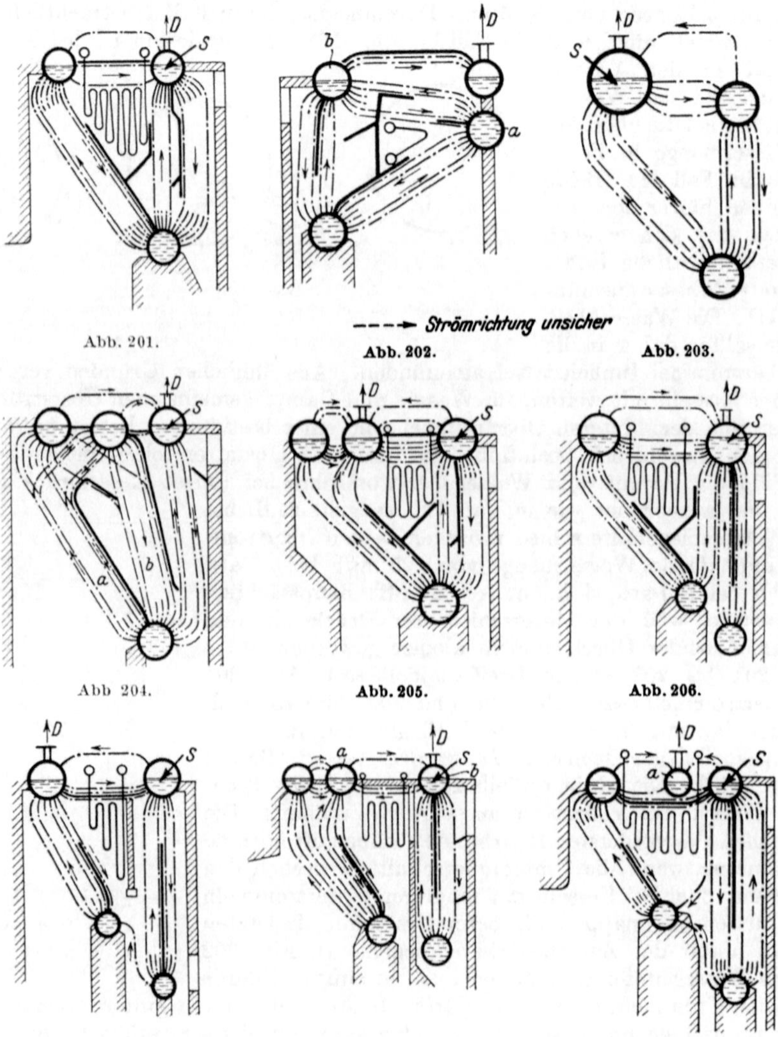

Abb. 201. Abb. 202. Abb. 203.

Abb. 204. Abb. 205. Abb. 206.

Abb. 207. Abb. 208. Abb. 209.

Abb. 201–209. Wasserumlaufschema verschiedener Steilrohrkessel.

der Unterschied des Druckes im Dampfraum zweier Obertrommeln, der im allgemeinen zwischen $\frac{1}{100}$ bis $\frac{5}{100}$ at liegt, so groß werden, daß er den Wasserumlauf gefährdet.

Der Umstand, daß die in der 7. Rohrreihe des vordersten Rohrbündels von Abb. 210 gemessene Umlaufgeschwindigkeit höher als in sämtlichen übrigen Rohrreihen ist, rührt voraussichtlich davon her, daß der mit hoher Geschwindigkeit in die Untertrommel eintretende Umlaufwasserstrom gerade auf die letzte Rohrreihe zufließt, also fast keinen Umlenkungsverlust erleidet, S. 136.

10. Mitreißen von Wasser mit dem Dampf. Der erzeugte Sattdampf soll tunlichst trocken sein, weil Überhitzer und Turbinen durch die im übergerissenen Wasser enthaltenen Unreinigkeiten verschmutzen. Außerdem kann hoher Wassergehalt undichte Walzstellen der Überhitzerrohre und Wasserschläge in den Turbinen herbeiführen. Man hat Wasserrohrkesseln lange Zeit sehr feuchten Dampf zugeschrieben und geglaubt, die Dampffeuchtigkeit wachse mit der Kesselbelastung, weil man annahm, daß der Dampf durch seine Geschwindigkeit fein verteilte Wassertröpfchen mitreiße. Aber auch trockener aus unreinem Speisewasser erzeugter Dampf führt manchmal den bei der Verdampfung der Wassertröpfchen entstehenden Rückstand in Flockenform mit sich. Nach Vorkauf muß man bei Betrachten der Einflüsse, die das Wegführen von Wasser im erzeugten Dampf bewirken, unterscheiden, ob das Kesselwasser rein oder durch Zusätze, die besonders während der chemischen Aufbereitung hinein gelangen, verschmutzt ist. Stets kommt es auf das Heranziehen des gesamten Dampfraumes zum Ausdampfen und auf das Vermeiden toter Ecken an, wozu sich z. B. Prallbleche eignen. Bis zu einer Belastung, die im folgenden als „zulässige" bezeichnet wird, ist der Wassergehalt des erzeugten Dampfes sehr gering (Bruchteile eines Prozent), steigt aber bei ihrem Überschreiten schnell an. Die zulässige Belastung wird zweckmäßigerweise auf das erzeugte Dampfvolumen und die Spiegelfläche bzw. den Dampfraum in der Obertrommel bezogen. Bei reinem Kesselwasser und ganz ausgenutztem Dampfraum besteht ein gesetzmäßiger Zusammenhang zwischen erzeugter Dampfmenge und Dampfraumvolumen. Strömt der Dampf gleichmäßig verteilt durch die Wasserschicht in der Trommel und werden die von ihm mitgerissenen Wasserteilchen senkrecht nach oben mitgerissen, so gelten die Werte von Abb. 211, d. h. bei ganz ausgenutztem Dampfraum ist bei Atmosphärendruck eine Belastung von etwa 5000 $m^3/m^3\,h$ zulässig. Wird dagegen das Dampf-Wassergemisch ähnlich wie in Abb. 214, Fall *d*, oberhalb des Wasserspiegels in den Dampfraum derart eingeführt, daß das mitgerissene Wasser nach unten auf die Spiegelfläche geschleudert wird, so kann man noch höher gehen als in Abb. 211. Ganz ähnlich wirkt ein- oder mehrmalige Richtungsänderung durch Prallbleche im Dampfraum. Die zulässige Dampfraumbelastung fällt mit wachsendem Kesseldruck, weil der Dampf immer schwerer, das Wasser immer leichter, ihre Trennung also immer schwieriger wird. Beim kritischen Druck müßte demnach die zulässige Belastung Null sein. In vielen Kesseln werden aber Spiegelfläche und Dampfraum nicht voll ausgenutzt, weil die Siederohre nur einen Teil des Trommelumfanges besetzen und recht verschiedene Dampfmengen ausstoßen und weil der Dampf aus der Trommel vielfach nur an wenigen Stellen abfließt. Je nach dem Anteil des toten Dampfraumes bleibt die zulässige Belastung bis zu etwa 30 vH hinter den Werten von Abb. 211 zurück, wenn man nicht durch Einbauten für eine gleichmäßige Ausfüllung des Dampfraumes sorgt.

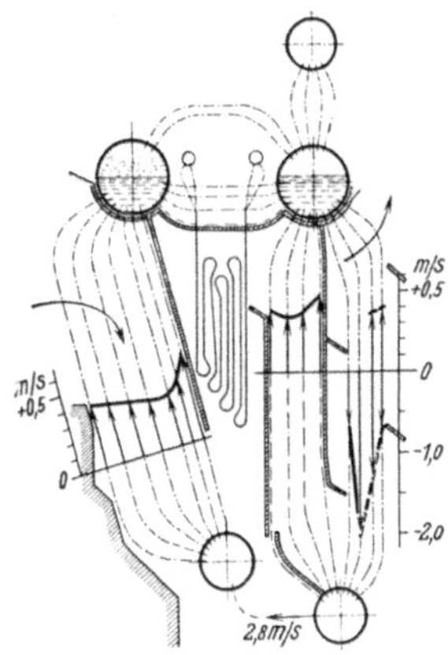

Abb. 210. Gemessene Richtung und Geschwindigkeit des Wasserumlaufes in einem 45 atü-Steilrohrkessel bei 50 t/h Höchstleistung. Nach Ziegler.

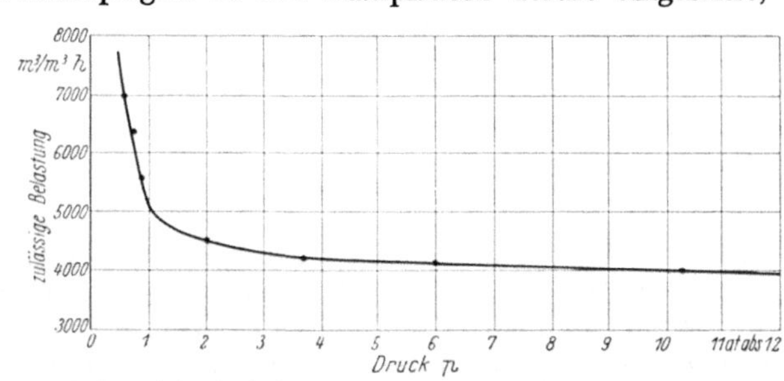

Abb. 211. Zulässige Belastung von 1 m³ Dampfraum in der Obertrommel bei reinem Speisewasser in m³/h Dampf des betreffenden Druckes bei Kesseldrücken bis 12 at abs. Nach Vorkauf.

Enthält aber das Kesselwasser Natronlauge (NaOH), Glaubersalz (Na_2SO_4), Kochsalz (NaCl) und Soda (Na_2CO_3), so tritt im Dampfraum Schaumbildung auf, die die Verhältnisse erheblich verschlechtert, weil das im Schaum enthaltene Wasser vom abströmenden Dampf mitgerissen wird und die Schaumschicht sich immer wieder neu bildet. Die zulässige Belastung fällt zunächst mit der Konzentration bis zu einem Punkte, von dem an die mitgerissene Wassermenge nicht mehr zunimmt, gleichgültig wie hoch die Konzentration ist. Die kritische Konzentration liegt aber so tief, daß sie im praktischen Kesselbetriebe meist überschritten wird. Da nun der Kesselinhalt um so konzentrierter wird, je mehr Wasser verdampft, ist man gezwungen, einen bestimmten Prozentsatz der verdampften Wassermenge dauernd oder intermittierend abzulassen. Abb. 212 zeigt die für verschiedene Lösungen aus reinem Kondensat und Lauge bei einem bestimmten Dampfraum und atmosphärischem Druck zulässigen Belastungen in Abhängigkeit von der Konzentration. Der kritische Punkt liegt bei Natronlauge mit etwa 0,25 vH am tiefsten, bei Kochsalz mit etwa 1,0 vH am höchsten, also in allen Fällen sehr nieder. Auch eine Vermischung mehrerer Laugen verändert die Verhältnisse nicht. In den weiteren Ausführungen wird daher unter Lauge eine Lösung von NaOH, Na_2SO_4, Na_2CO_3 und NaCl verstanden, deren Konzentration über dem kritischen Punkt in Abb. 212 liegt.

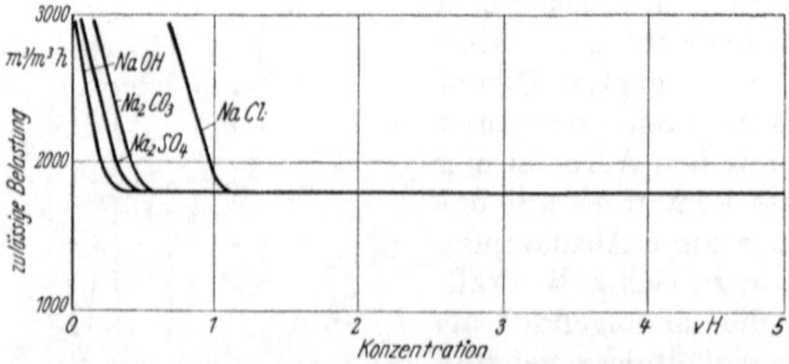

Abb. 212. Für einen bestimmten Dampfraum bei atmosphärischem Druck zulässige Belastung in Abhängigkeit von der Konzentration des Kesselwassers mit verschiedenen Lösungen. Nach Vorkauf.

Auch bei laugehaltigem Wasser fällt die zulässige Belastung ebenso wie bei chemisch reinem Wasser mit dem Druck, außer der Größe spielt jetzt aber auch die Höhe des Dampfraumes, d. h. die Entfernung zwischen Wasserstand und Scheitel der Kesseltrommel eine Rolle. Ist R_{v_0} die bei Atmosphärendruck zulässige Belastung, so beträgt sie bei einem beliebigen Druck

$$R_{v_p} = f \cdot R_{v_0} \text{ vH}. \qquad (105)$$

f kann Abb. 213 entnommen werden.

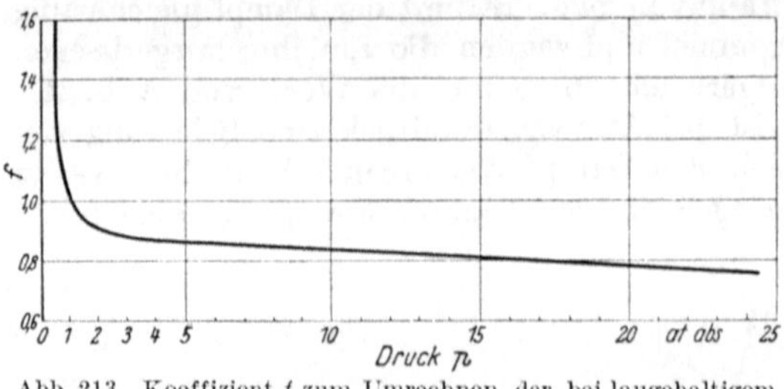

Abb. 213. Koeffizient f zum Umrechnen der bei laugehaltigem Kesselwasser zulässigen Belastung des Dampfraumes auf einen vom atmosphärischen abweichenden Kesseldruck. Nach Vorkauf.

Als besonders wichtig hat sich bei laugenhaltigem Wasser die Art der Dampfeinführung in die Obertrommel erwiesen. Je dichter unter dem Wasserspiegel der Dampf eingeführt wird, Entfernung H_w in Abb. 214, um so größer ist infolge der abnehmenden Schaumbildung die zulässige Belastung. Erfolgt die Dampfzufuhr z. B. von der Seite her nach Abb. 214, Fall *c*, so wird an dieser Stelle lediglich Wasser energisch hochgeworfen, aber kein Schaum gebildet. Die günstigsten Verhältnisse ergeben sich bei Fall *d*, weil die Dampfblasen nicht mehr durch die Wasseroberfläche strömen. Kurve *k* in Abb. 214 gilt für eine Längstrommel, an deren einem Ende der Dampf durch das Wasser hindurch einströmt. Die Werte von Kurve *k* liegen etwas höher als bei einer Quertrommel vom selben Dampfraumvolumen. Aus Abb. 214 kann die zulässige Belastung für die verschiedenartigsten Verhältnisse ermittelt werden.

Bei Kesseln mit Dampfsammler, Fall *h*, liegen die Verhältnisse etwa gerade so, wie wenn keiner vorhanden, der Dampfraum aber um das Dampfsammlervolumen größer wäre. Der Einbau eines Prallbleches in den Dampfsammler, Fall *i*, bringt eine kleine Verbesserung. Dampfsammler scheinen demnach keine stärkere wasserabscheidende Wirkung zu haben als eine entsprechend vergrößerte Obertrommel, sind also im allgemeinen entbehrlich. Nach Selikin sinkt aber schon durch sehr geringe Zusätze von Huminsäure ($^1/_{10}$ vT) oder von wenigen Tropfen Öl infolge der außerordentlich verstärkten Schaumbildung die zulässige Grenzleistung auf $^1/_4$ bis $^1/_5$ des Wertes von Laugenlösungen in reinem Kondensat. Kolloidalgelöste Bestandteile und Schlamm, die selbst bei sehr weitgehend enthärtetem Wasser als Nachreaktion im Kessel entstehen, sollen ähnlich wirken. Man sollte daher bei chemisch gereinigtem Speisewasser unter den Werten von Abb. 212 bis 214 bleiben.

Wird Dampf nicht durch Beheizung, sondern durch plötzlichen Druckabfall entwickelt, so können sich die Verhältnisse erheblich ändern und es läßt sich in Übereinstimmung

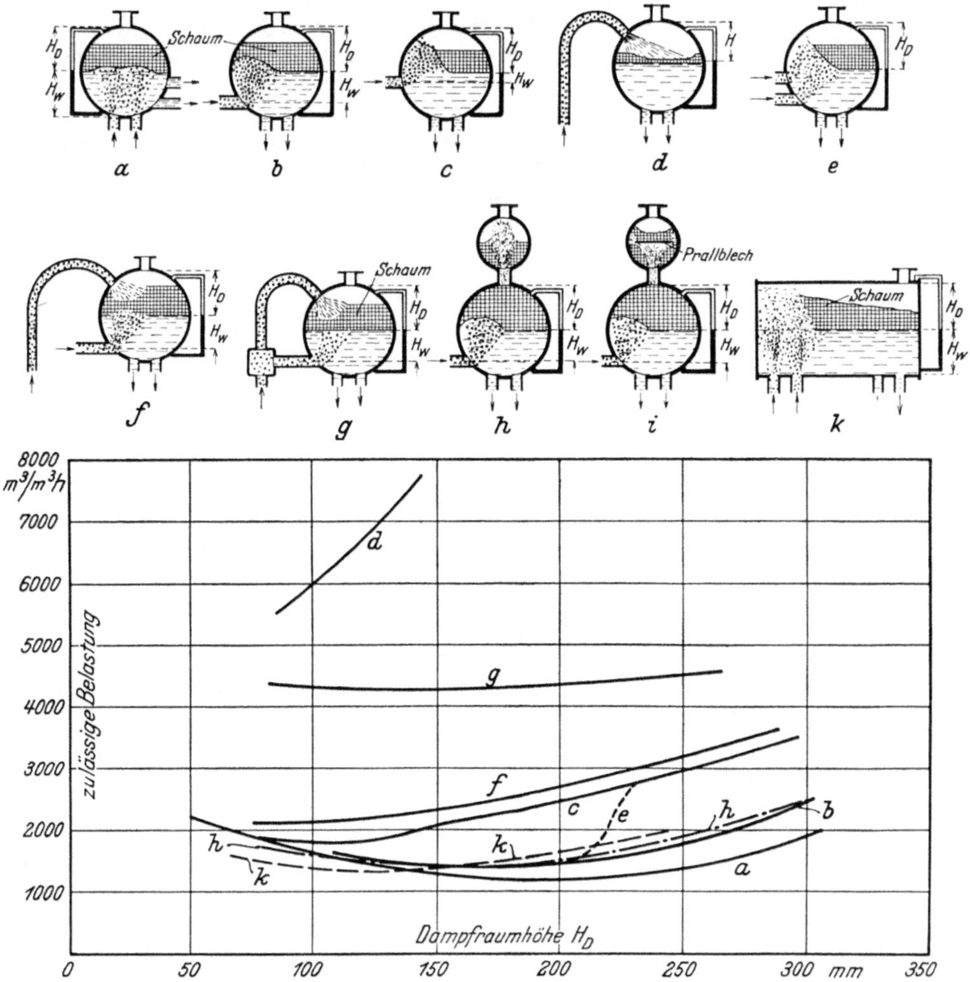

Abb. 214. Zulässige Belastung des Dampfraumes von Oberkesseln bei laugenhaltigem Kesselwasser und atmosphärischem Druck in Abhängigkeit von der Dampfraumhöhe H_D und der Einmündung der Steigrohre in die Obertrommel, Fall *a* bis *k*. Nach Vorkauf.

mit der praktischen Erfahrung zeigen, daß ein Kessel bei Belastungsschwankungen am meisten zum Spucken neigt. Wegen Ermittlung des hierbei zulässigen Wertes wird auf die Originalarbeit[1] von Vorkauf verwiesen.

Die aus Abb. 214, Fall *d*, sich ergebende günstige Wirkung von oberhalb des Wasserspiegels ausmündenden Steigrohren auf die Erzeugung trockenen Dampfes wird u. a. durch Versuche an zwei Sektionalkesseln mit den in Abb. 215 und 216 dargestellten Obertrommeln insofern bestätigt, als hohe Kesselbeanspruchung wenig oder keinen Einfluß hatte, solange der Wasserstand niedrig, d. h. unterhalb der Ausmündung der Steigrohre

[1] Lit.-Nachw. Nr. 292.

in den Dampfraum gehalten wurde und die Konzentration des Kesselwassers gering war. Bei einer Konzentration von 5000 mg/l enthielt der erzeugte Dampf bei einer Obertrommel nach Abb. 216 nicht mehr feste Bestandteile als bei einer Obertrommel nach Abb. 215 bei 2500 mg/l, wenn in beiden Fällen der normale Wasserstand eingehalten wurde. Nur bei hoher Konzentration und stark schwankendem Wasserspiegel nahm das vom Dampf mitgerissene Wasser zu.

Der günstige Einfluß über dem Wasserspiegel ausmündender Steigrohre ist wichtig, weil er das Trommelvolumen zu verringern gestattet und weil an dieselbe Trommel mehr Heizfläche angeschlossen werden kann. Gleicht man den Wasserstandsunterschied zwischen zwei Obertrommeln dadurch aus, daß man den Dampfdruck in der vorderen Trommel etwas höher hält als in der hinteren, so erreicht man manchmal unbewußt das Aufhören des zuweilen aus scheinbar unerklärlichen Gründen auftretenden Spuckens eines Kessels, weil dann die Steigrohre über dem Wasserspiegel ausmünden.

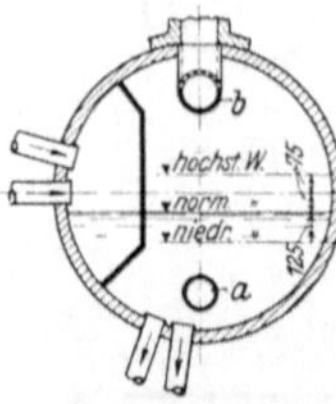

Abb. 215.

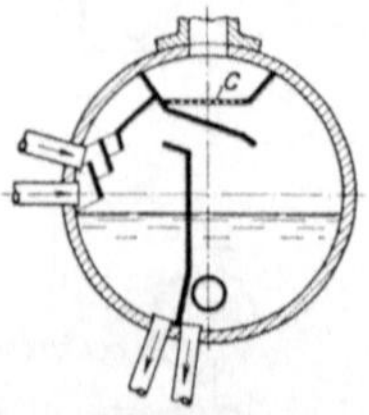

Abb. 216.

Abb. 215 u. 216. Einbauten in den Obertrommeln von Sektionalkesseln [Abb. 215 mit „Marineprallwänden", Abb. 216 mit „Jalousieprallwänden" (Shutters)].

Nach Abb. 211 und 213 nimmt die auf 1 m^3/h erzeugte Dampfmenge bezogene zulässige Belastung des Dampfraumes bzw. der Spiegelfläche mit steigendem Druck zwar ab, aber weit langsamer als dem abnehmenden spezifischen Dampfvolumen entspricht. Von zwei Kesseln für 20 und 100 at Druck derselben in t/h ausgedrückten Leistung kommt daher der 100-at-Kessel mit kleineren Trommeln aus. Auch zum Unterbringen der benötigten Heizfläche genügt ein geringerer Trommeldurchmesser, weil bei hohem Druck die benötigte Kesselheizfläche meist verhältnismäßig klein wird, S. 254. Während bei etwa 20 at nicht selten zwei Obertrommeln von 1500 mm lichte Weite und mindestens eine Untertrommel von etwa gleichem Durchmesser erforderlich sind, genügt bei Hochdruckkesseln für 80 bis 100 at häufig eine Obertrommel von 1100 bis 1200 mm lichte Weite und eine noch etwas engere Untertrommel. Durch Erkennen dieser Zusammenhänge konnten die Kosten von Hochdruckkesseln erheblich verbilligt werden.

Berner gibt für die 98 at-Anlage im Lakeside-Kraftwerk bzw. die 120 at-Anlage auf Grube Ilse folgende Werte für das Wasser im Kessel an, die sich im Betriebe gut bewährt haben: Phosphatzusatz 50 bzw. 5 bis 10 mg/l, Natronzahl 60 bis 180 bzw. 20 bis 28 mg/l, Abdampfrückstand in beiden Fällen 400 mg/l. Schmidt-Hartmann-Kessel, S. 257, sollen bis 40 g/l Salzgehalt vertragen, Löffler-Kessel, S. 261, sollen keinen wesentlich höheren Salzgehalt als normale Wasserrohrkessel zulassen, weil der umgepumpte Dampf sonst Wasser mitreißt.

VI. Feuerraum und Feuerungen.

A. Die Vorgänge in Feuerräumen.

1. Temperaturverteilung in Feuerräumen. Schon auf S. 109 und 119 wurde darauf hingewiesen, daß im Gegensatz zu der aus Zweckmäßigkeitsgründen gemachten Annahme von Wohlenberg und Mitarbeitern im allgemeinen weder Temperatur, Wärmeentbindung

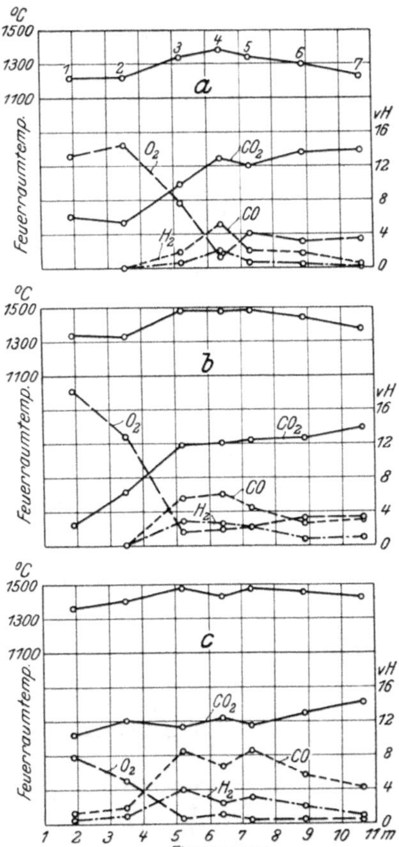

Abb. 217.
In 1200 mm Abstand von Seitenwand gemessen.

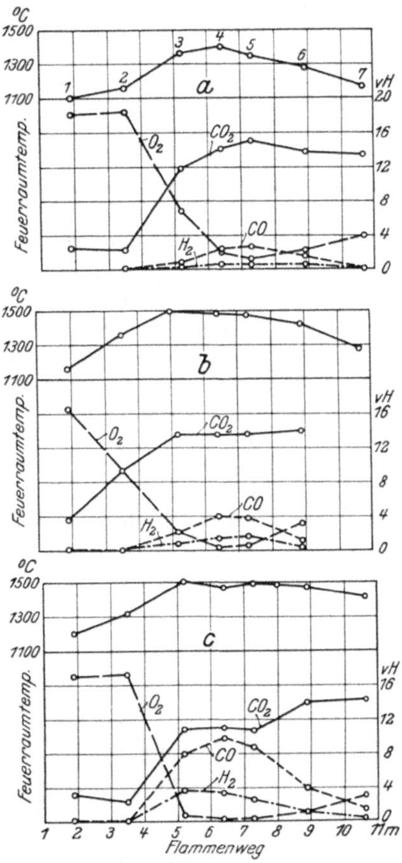

Abb. 218.
In 150 mm Abstand von Seitenwand gemessen.

Abb. 217 u. 218. Temperaturverlauf und Gaszusammensetzung in der in Abb. 219 und 220 dargestellten Kohlenstaubfeuerung im Cahokia-Kraftwerk.

Fall	Kesselbelastung kg/m²h (Dampf von 640 kcal/kg)	Feuerraumbelastung kcal/m³h
a	20	78000
b	27	106500
c	34	137000

noch CO_2-Gehalt im ganzen Feuerraum gleich groß sind. Nach Abb. 217 und 218 durchströmte z. B. die Flamme den Feuerraum in Abb. 219 und 220 in einer ausgeprägten Bahn, deren Lage und Temperaturverteilung mit der spezifischen Feuerraumbelastung wechselt. Aber auch senkrecht zur Flammenbahn herrschen auf demselben Meridian am Rande der Flamme andere Temperaturen als mehr nach ihrer Mitte zu.

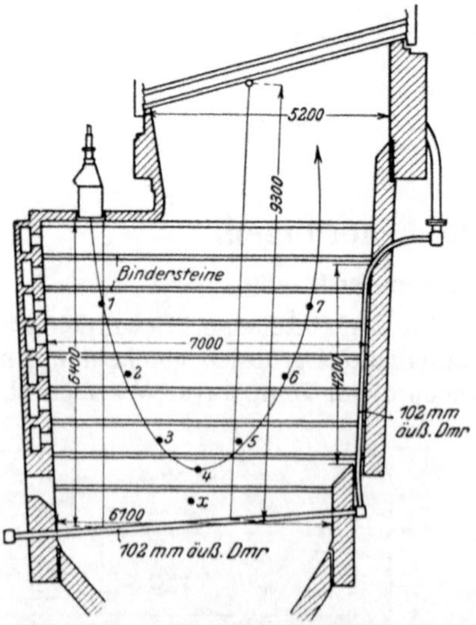

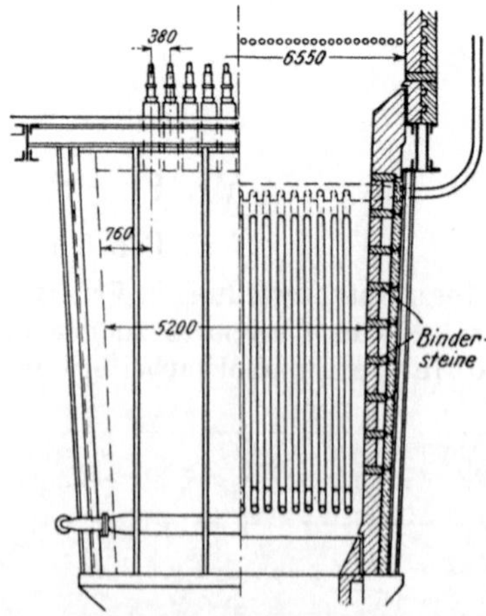

Abb. 219. Punkte 1 bis 7 sind luftgekühlt; Punkt x nicht. Abb. 220.
Abb. 219 u. 220. Lopulco-Kohlenstaubfeuerung im Cahokia-Kraftwerk.

Kuhn hat in dem Feuerraum in Abb. 221 die Gastemperatur mit Absauge- und optischen Pyrometern ungewöhnlich sorgfältig gemessen und festgestellt, daß je nach der Lage und Wirbelung der Flammenbahn sich zwischen Flamme und Wandung oder in der Flamme selbst Schichten kohlensäurearmer Gase bilden, die fast nur durch Berührung und Leitung Wärme aufnehmen und daher verhältnismäßig kalt bleiben, Abb. 222 bis 224. Zutritt von Falsch- und Sekundärluft wirkt ähnlich; die Gastemperatur in der Nähe der Feuerraumwände

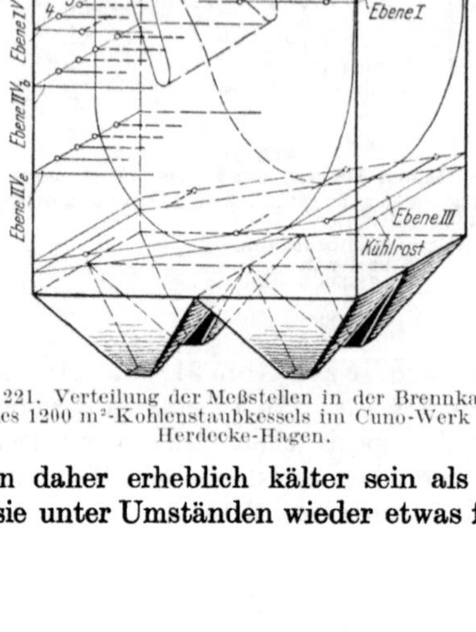

Abb. 221. Verteilung der Meßstellen in der Brennkammer des 1200 m²-Kohlenstaubkessels im Cuno-Werk in Herdecke-Hagen.

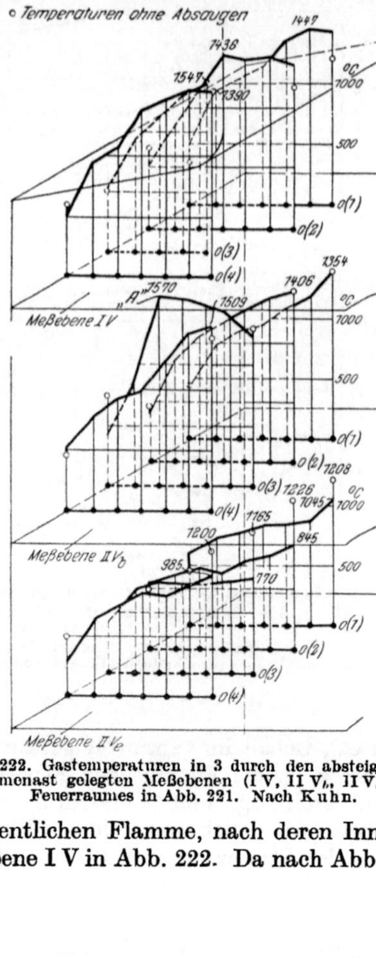

Abb. 222. Gastemperaturen in 3 durch den absteigenden Flammenast gelegten Meßebenen (I V, II V_b, II V_e) des Feuerraumes in Abb. 221. Nach Kuhn.

kann daher erheblich kälter sein als in der eigentlichen Flamme, nach deren Inneren zu sie unter Umständen wieder etwas fällt, Meßebene I V in Abb. 222. Da nach Abb. 221

der absteigende Flammenast sich immer weiter von der Stirnwand entfernt, die Absaugepyrometer aber nur etwa 1700 mm weit in die Brennkammer eintauchten, erfaßten sie in Meßebene II V_e den heißesten Flammenkern überhaupt nicht, in Meßebene II V_b infolge der eigentümlichen Brenneranordnung nur in einem Punkt, *A* in Abb. 222. Nach Abb. 223 ist die Gastemperatur in der Nähe der Wände tief, wenn dort auch der CO_2-Gehalt tief ist, Punkt *B*, und umgekehrt, Punkt *C*. In derselben Entfernung von der Seitenwand und nach Zurücklegen ungefähr des gleichen Flammenweges können die Temperaturen sehr verschieden sein, Meßstellen auf der rechten Seite der Brennkammer in Abb. 223. Selbst genaue Temperaturmessungen in Feuerräumen geben daher leicht ein falsches Bild, wenn parallel mit ihnen nicht die Gaszusammensetzung untersucht wird.

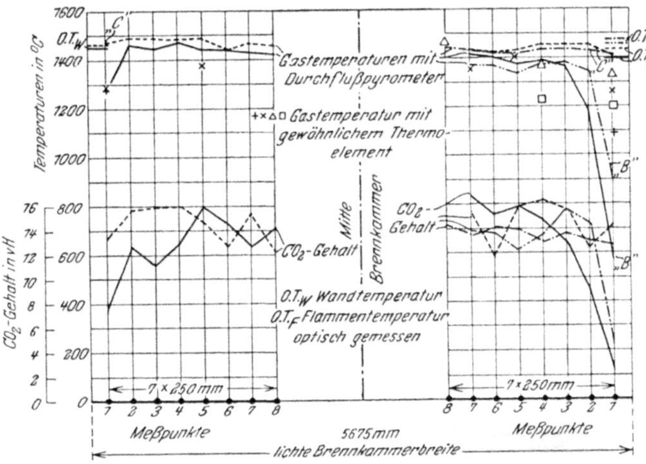

Abb. 223. Gastemperaturen und CO_2-Gehalte in einer durch den aufsteigenden Flammenast gelegten Meßebene (*I*) bis 2000 mm Abstand von den beiden Seitenwänden und der Rückwand des Feuerraumes in Abb. 221. Nach Kuhn.
+ ——— Meßstelle Seitenwand vorn, × -------- Meßstelle Seitenwand hinten,
△ -·-·-·- Meßstelle Rückwand links, □ -··-··- Meßstelle Rückwand rechts.

Die höchsten gemessenen Temperaturen von über 1600° herrschten nahe den Brennern, wo sich der Einfluß der Sekundärluft noch nicht äußerte. Unmittelbar am Brennermaul wurden 1430° gemessen. Nach Abb. 224 ist aber trotz der geringen durch die Brenner verursachten Turbulenz und der auf der großen Stirnfläche mit geringer Geschwindigkeit eintretenden Sekundärluft der größte Teil des Feuerraumes mit einem Flammenmeer von annähernd homogener Gastemperatur (1400 bis 1450°) gefüllt. Lediglich an der Stirnwand, über dem Schlackenrost und unterhalb der Siederohre, wo größere Mengen Kaltluft eindringen bzw. starke Wärmeabstrahlung erfolgt, ist die Zone hoher Temperaturen von der Feuerraumummantelung zurückgedrängt.

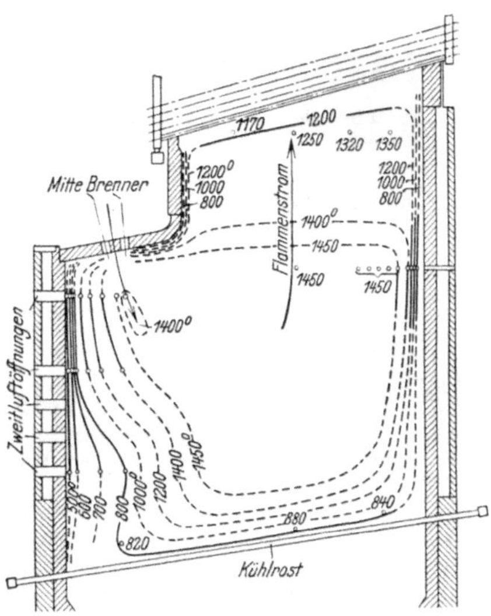

Abb. 224. Mutmaßlicher Verlauf der Isothermen in der Symmetrie-Ebene des Feuerraumes in Abb. 221. Nach Kuhn.

Die optisch gemessenen Temperaturen sind, je nachdem ob Wand oder Flamme anvisiert wurde, mit OT_W bzw. OT_F bezeichnet, Abb. 223. Im aufsteigenden Gasstrom, wo die Flamme schon durchsichtig ist, also von etwaiger Lichtreflektion aus der heller leuchtenden Flamme abgesehen, die Temperatur der gegenüberliegenden Wand gemessen wird, Meßebene I in Abb. 221 und 223, ist die optisch gemessene Wandtemperatur in Übereinstimmung mit Messungen an der Feuerkammer in Cahokia, Abb. 217 und 218, praktisch gleich der Temperatur des Flammenkerns und erheblich höher als die der ihr unmittelbar benachbarten Gasschichten. Da, wo die Durchflußpyrometer die anvisierte Flamme und nicht lediglich die kältere zwischen ihr und der Wandung befindliche Gasmasse erfassen, stimmen elektrisch und optisch gemessene Temperatur fast völlig überein, Abb. 223. Man kann also mit optischen Pyrometern die Temperatur der Flamme zuverlässig messen, indem man sie selbst oder eine solche Stelle der von ihr bestrahlten gemauerten Feuerraumwände anvisiert, die keine nennenswerte Wärmemenge abstrahlen kann.

Thermoelemente ohne Strahlungsschutz messen in der kalten Schicht zwischen Wand und Flamme infolge Wärmeeinstrahlung bis zu 450° zu hoch, in der Flamme bis zu 100° zu tief, sind also für Bestimmung der wahren Gastemperatur ganz ungeeignet. Aber auch Absaugepyrometer scheiden, da sie sehr unhandlich und teuer sind, in den allermeisten Fällen aus. Die Praxis ist daher auf die sehr bequemen optischen Pyrometer angewiesen. Eine Übereinstimmung von ± 20° zwischen aus Tafel 17 bis 20 errechneter und tatsächlicher Gastemperatur ist aber nach Lage der Dinge schon sehr gut und eine Übereinstimmung zwischen errechneter und optisch gemessener mittlerer Feuerraumtemperatur in der Größenordnung von wenigen °C verlangen kann nur jemand, der mit den Vorgängen in Feuerräumen nicht vertraut ist, S. 122.

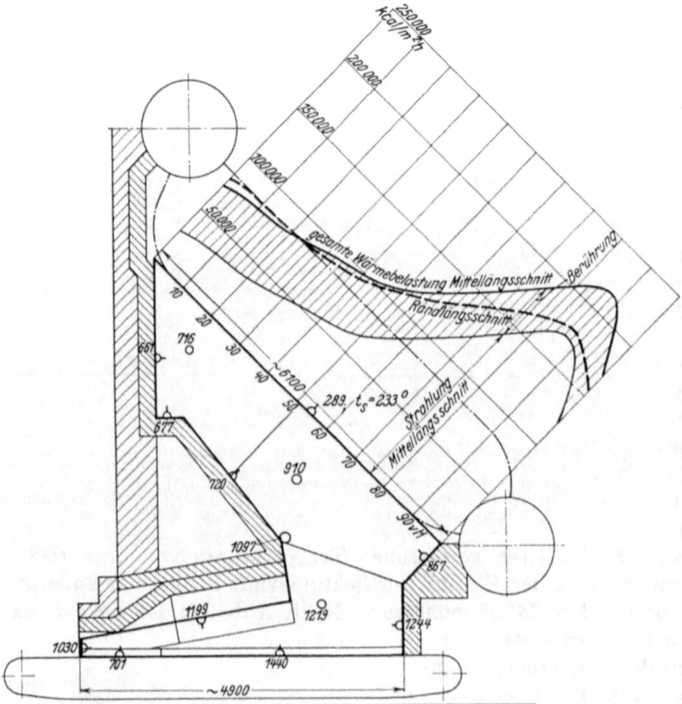

Abb. 225. Errechnete Temperaturverteilung im Feuerraum und Wärmebelastung der ersten Siederohrreihe eines Steilrohrkessels mit Wanderrost. Nach Seibert.

Einige Jahre vor Wohlenberg hatte Münzinger ein graphisch-rechnerisches Verfahren zum Bestimmen der mittleren Feuerraumtemperatur angegeben, das den Einfluß der Flammenstrahlung außer acht läßt, aber grundsätzlich richtigen Aufschluß über den Einfluß der Feuerraumform gibt. Eine im Zusammenhang hiermit entwickelte Annäherungsformel lautet

$$0{,}0056 \cdot \varphi' \cdot \frac{F_R}{F_H} \cdot \frac{1}{D}\left(\frac{T_R}{100}\right)^4 + 0{,}00054 \cdot t_R = 1\,. \qquad (106)$$

Hierin bedeutet:

F_R = Rostfläche in m²,
F_H = Kesselheizfläche in m² (ohne Überhitzer und Ekonomiser),
D = Belastung von 1 m² Kesselheizfläche (ohne Überhitzer und Ekonomiser), aber unter Verrechnung der im Überhitzer aufgenommenen Wärmemenge, bezogen auf eine Erzeugungswärme von 640 kcal/kg in kg/m² h,
T_R = absolute Temperatur der Brennstoffschicht (Rostoberfläche) in ° abs,
t_R = Temperatur der Brennstoffschicht (Rostoberfläche) in °C,
φ' = 0,45 für schwach belastete Kessel mit kleiner Rostfläche,
φ' = 0,70 für Hochleistungskessel mit großer Rostfläche.

Seibert hat durch ein (für die Praxis zu umständliches) Verfahren die großen Temperaturunterschiede innerhalb eines Feuerraumes von unregelmäßiger Form nachgewiesen, Abb. 225. Folgende Formel von Orrok ist in Amerika beliebt:

$$X = C_R \cdot H_a \cdot \frac{1}{1 + \frac{A \cdot \sqrt{C_R}}{59{,}6}} \ \text{kcal/m}^2\text{h}\,. \qquad (107)$$

Hierin bedeuten:

X = an 1 m² bestrahlte, projizierte Heizfläche stündlich übertragene Wärmemenge in kcal/m² h,
C_R = stündlich verfeuerte Kohlenmenge je m² bestrahlte Heizfläche in kg/m² h,

H_a = im Feuerraum verfügbare Wärmemenge aus 1 kg Kohle in kcal/kg = unterer Heizwert der Kohle abzüglich der Verluste in der Feuerung,

A = Verbrennungsluftmenge in kg je kg Kohle.

Abb. 226 zeigt die theoretische Verbrennungstemperatur, die entstehen würde, wenn die Verbrennung bei konstantem Druck verlustlos und ohne Wärmeabgabe an Heizflächen stattfände.

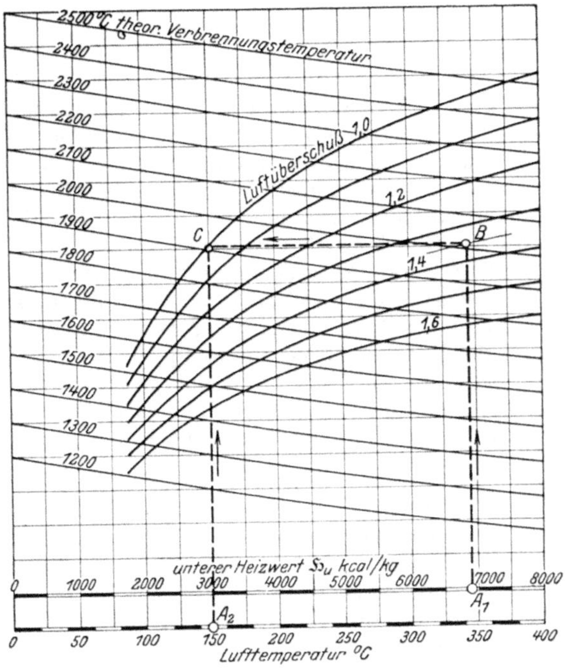

Abb. 226. Ermittlung der theoretischen Verbrennungstemperatur. Beispiel: Theoretische Verbrennungstemperatur bei 6900 kcal/kg unterem Heizwert (Punkt A_1); 1,34 Luftüberschuß (Punkt B); 150° Temperatur der Verbrennungsluft (Punkt A_2). Der gesuchte Wert beträgt 1910° (Punkt C).

2. Wärmebilanz von Feuerräumen. Das Sankey-Diagramm in Abb. 227 gibt ein gutes Bild von den Vorgängen in einer Kohlenstaubfeuerung mit hohlen gemauerten Wänden, durch die die Verbrennungsluft angesaugt wird. Nach oben ist der als würfelförmig vorausgesetzte Feuerraum durch die Kesselheizfläche H_1 abgeschlossen, ferner ist angenommen, daß ein Teil der Feuerraumwände mit Kühlfläche H_2 bedeckt ist. Der Flamme wird stündlich eine bestimmte Wärmemenge Q_T zugeführt, die sich aus der durch Verbrennung des Kohlenstaubes entstehenden Wärme Q_B, aus der Wärme Q_{LS} in der in den hohlen Feuerraumwänden erhitzten Verbrennungsluft und aus der von der Kesselheizfläche zurückgestrahlten Wärme $q_{HS} + q_{HT}$ zusammensetzt. Ein bestimmter Teil Q_{TS} von Q_T geht an die Schamottewandungen S durch Strahlung, ein anderer Z_S durch Berührung mit der Flamme über. Vom Betrage $Q_{TS} + Z_S$ geht die Wärmemenge Q_{LS} durch die Feuerraumwand hindurch und wird von der Verbrennungsluft in die Flamme zurückgeführt. X_S geht durch Leitung und Wärmestrahlung der Feuerwandungen in die Atmosphäre des Kesselhauses verloren, $q_{SH} + Q_{SH}$ werden von den Wandungen S an die Heizflächen H_1 und H_2 abgestrahlt, und zwar q_{SH} durch vollkommene Reflexion (dieser Betrag würde also die Wand nicht erhitzen). Q_{SH} wird von der Wand absorbiert, erhitzt sie daher, und wird von ihr nach der Heizfläche wieder abgestrahlt. Von der insgesamt in

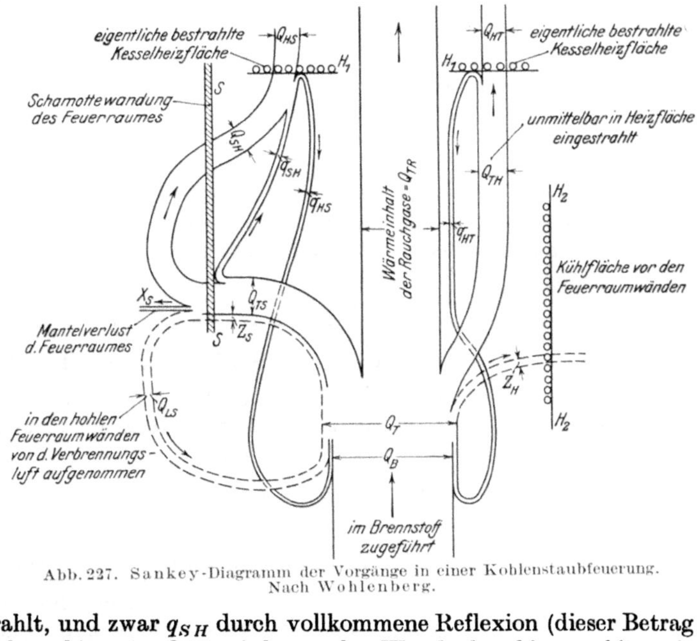

Abb. 227. Sankey-Diagramm der Vorgänge in einer Kohlenstaubfeuerung. Nach Wohlenberg.

die Kesselheizfläche über die Wand S eingestrahlten Wärme $Q_{SH} + q_{SH}$ kcal/h gehen Q_{HS} kcal/h ins Kesselwasser über, q_{HS} kcal/h werden in die Flamme zurückgestrahlt.

Q_{TH} kcal/h werden unmittelbar in die Heizflächen H_1 und H_2 eingestrahlt, die hiervon wieder q_{HT} kcal/h in die Flamme reflektieren, so daß $Q_{HT} = Q_{TH} - q_{HT}$ kcal durch direkte Strahlung ins Kesselwasser gehen. Die Kühlfläche an den Seitenwänden nimmt durch Berührung mit der Flamme Z_H kcal/h auf. Die in diese Kühlfläche eingestrahlte Wärme wird als in dem in die eigentliche Kesselheizfläche eingestrahlten Betrag $Q_{SH} + q_{SH} + Q_{TH}$ kcal/h enthalten vorausgesetzt. Die durch Berührung an die Kühlfläche übertragene Wärme Z_H wird für sich betrachtet, weil sie die Feuerraumtemperatur wesentlich beeinflussen kann. Natürlich nimmt auch die in Abb. 227 horizontal eingezeichnete, eigentliche Kesselheizfläche H_1 Wärme durch Berührung mit der Flamme bzw. den Verbrennungsprodukten auf, doch hat dieser Betrag im Gegensatz zu Z_H keinen merklichen Einfluß auf die Höhe der Feuerraumtemperatur. Q_{TR} stellt diejenige Wärme dar, die von den Rauchgasen als fühlbare Wärme in den Teil der eigentlichen Kesselheizfläche mitgeführt wird, der der Bestrahlung durch die Flamme entzogen ist. Für jede Feuerung ohne Luftvorwärmung durch die Abgase gilt bei vollständiger Verbrennung

$$Q_B = Q_R + Q_F \text{ kcal/h}; \tag{108}$$

hierin bedeuten:

Q_B = durch Verbrennung der Kohle freigewordene Wärme in kcal/h,

Q_R = fühlbare Wärme in den Verbrennungsprodukten bei Eintritt in die Kesselheizfläche in kcal/h,

Q_F = von den festen und gasförmigen Teilen der Flamme im Feuerraum abgegebene Wärme in kcal/h.

Ist ferner:

G = Gewicht der Verbrennungsprodukte in kg/h,

t_1 = Außentemperatur in ^{0} C,

t_F = mittlere Feuerraumtemperatur in ^{0} C,

T_F = mittlere Feuerraumtemperatur in ^{0} abs;

T_H = Temperatur der Heizfläche in ^{0} abs,

$\left| c_p^m \right|_{t_1}^{t_F}$ = mittlere spezifische Wärme der Verbrennungsprodukte bei konstantem Druck zwischen t_1 und t_F in kcal/kg ^{0} C,

K = eine Konstante, die von mehreren Faktoren abhängt und in der Arbeit von Wohlenberg und Morrow näher bestimmt wird,

F_W = Fläche der Feuerraumwände in m^2,

α_B = Wärmeübergangszahl durch Berührung in kcal/m^2 h ^{0} C,

Δt_m = mittlere Temperaturdifferenz zwischen Feuerraumwand und der daran unmittelbar entlang strömenden Gasschicht in ^{0} C,

so ist in allgemeiner Form:

$$Q_R = G \left| c_p^m \right|_{t_1}^{t_F} (t_F - t_1) \text{ kcal/h}, \tag{109}$$

$$Q_F = K\,(T_F^4 - T_H^4) + F_W \cdot \alpha_B \cdot \Delta t_m \text{ kcal/h}, \tag{110}$$

d. h. die Wärmeabgabe in der Feuerung ist gleich der in die Heizfläche eingestrahlten plus der an die Feuerraumwände durch Berührung übertragenen Wärme.

Für das Schema in Abb. 227 beträgt die der Flamme insgesamt zugeführte Wärme:

$$Q_T = Q_B + Q_{LS} + q_{HS} + q_{HT} \text{ kcal/h}. \tag{111}$$

Die der Flamme entzogene Wärme ist

$$Q_{Diff} = X_S + Q_{HS} + Q_{HT} + Z_H \text{ kcal/h}. \tag{112}$$

Von vorstehenden Überlegungen und Gleichungen gingen Wohlenberg und Mitarbeiter bei dem von ihnen angegebenen Verfahren zur rechnerischen Ermittlung der Feuerraumtemperatur aus und berücksichtigten durch Koeffizienten und Hilfsrechnungen die zahlreichen Einflüsse, die in einer Feuerung eine Rolle spielen. Sie setzten hierbei eine im ganzen Feuerraum gleich hohe Temperatur und bei Kohlenstaubfeuerungen eine im ganzen Feuerraum gleichmäßige Verbrennung des Kohlenstaubes sowie einige andere Dinge voraus, die tatsächlich nicht genau zutreffen, S. 109 und 120.

Man könnte glauben, daß, sobald die Feuerraumtemperatur gegeben ist, auch die von den kalten Flächen aus der Flamme aufgenommene Wärme festliegen, also ein eindeutiger Zusammenhang zwischen der Feuerraumtemperatur und ihr bestehen müsse. Dies ist nicht der Fall, weil je nach dem CO_2-Gehalt die Rauchgase eine ganz verschiedene Wärmemenge in die eigentliche Kesselheizfläche führen. Wie in Beispiel 37 Punkt 3, S. 125 gezeigt wurde, muß man daher zur Berechnung der von den kalten Flächen aufgenommenen Wärmemenge zunächst aus der mittleren Feuerraumtemperatur und der Menge der Verbrennungsprodukte ermitteln, wieviel Wärme in den Kessel mitgeführt

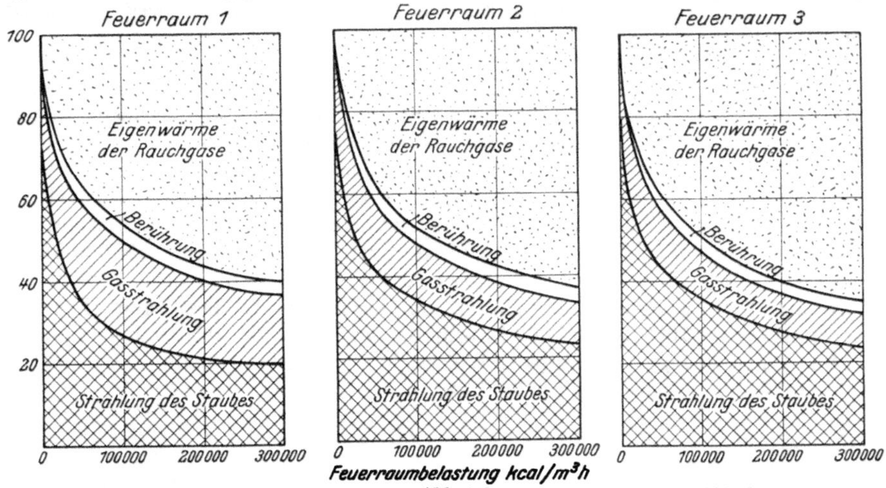

	Abb. 228.	Abb. 229.	Abb. 230.
Feuerraumvolumen	28,4	227	766,1 m³
dasselbe	1	8	27

Temperatur der Verbrennungsluft 20° — Unterer Heizwert der Kohle . . 6800 kcal/kg
Kühlziffer ψ . . . . 1 — Flüchtige Bestandteile der Kohle 32,4 vH.

Abb. 228—230. Wärmebilanz dreier Feuerräume verschiedener Größe mit Staubfeuerungen in vH des unteren Heizwertes der Kohle.

wird; die Differenz gegenüber der dem Feuerraum im Brennstoff (und unter Umständen in der vorgewärmten Verbrennungsluft) zugeführten Wärme abzüglich der Feuerungsverluste gibt dann den gesuchten Betrag. Im folgenden werden drei Feuerräume und Kohlensorten behandelt, die Wohlenberg seinen Untersuchungen zugrunde legte.

Zahlentafel 17. Zusammenstellung der Ausgangswerte für Rechnungen von Wohlenberg.

Feuerraum:		1		2		3
Kantenlänge		3050	$2 \cdot 3050 =$	6100	$3 \cdot 3050 =$	9150 mm
Feuerraumvolumen V_F .	$3{,}05^3 =$	28,4	$6{,}1^3 =$	227,0	$9{,}15^3 =$	766,1 m³
Flammenvolumen V_{Fl} . .	$(3{,}05 - 0{,}305)^3 =$	20,7	$(6{,}1 - 0{,}305)^3 =$	194,8	$(9{,}15 - 0{,}305)^3 =$	693,1 m³
$\frac{\text{Feuerraumvolumen}}{\text{Flammenvolumen}}$ . . .		1,372		1,166		1,107

Bezeichnung der Kohle	Nr.	1	2	3
Unterer Heizwert	kcal/kg	6800	7790	8050
Feuchtigkeit	vH	6	3	0
Flüchtige Bestandteile	vH	32,4	13,0	0
Fixer Kohlenstoff	vH	54,3	78,8	100
Asche	vH	7,3	5,2	0

Kohle Nr. 1 ist also eine gasreiche Steinkohle von mittlerem Aschen- und Wassergehalt, Kohle 3 ein fiktiver, aus reinem Kohlenstoff bestehender, von flüchtigen Bestandteilen freier Brennstoff, wie er in der Praxis nicht vorkommt. Bei sämtlichen

Untersuchungen wurde angenommen, daß die Staubteilchen einen mittleren Durchmesser von 0,05 mm haben, was etwa 75 vH Durchsatz durch ein Sieb mit 6400 Maschen/cm² entspricht.

Die Veröffentlichungen von Wohlenberg und Mitarbeitern entnommenen Abb. 228 bis 237, die ebenso wie andere Abbildungen aus amerikanischen Veröffentlichungen auf die Feuerraumbelastung (statt der bei uns ganz ungebräuchlichen Flammenbelastung) umgezeichnet wurden, zeigen die Wärmebilanz von Kohlenstaubfeuerungen, deren Feuerräume völlig mit Kühlfläche ausgekleidet sind (Feuerräume Nr. 1, 2 und 3), bei verschiedener spezifischer Feuerraumbelastung und einer Verbrennungslufttemperatur von 20°. Es ist also durchweg die Kühlziffer $\psi = \frac{s_H}{s_H + s_S} = 1$. Die Abb. 228 bis 230 lehren folgendes:

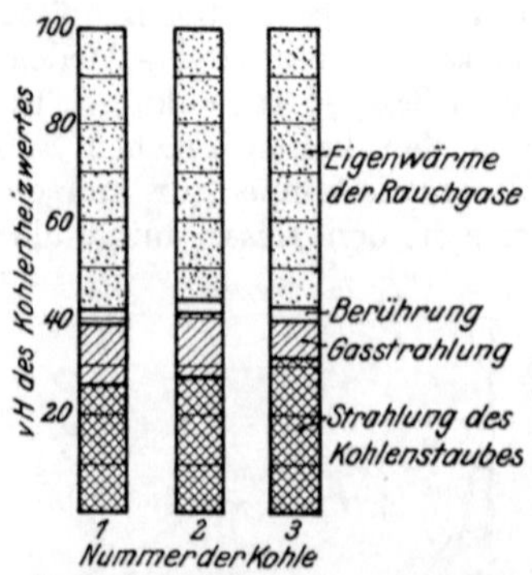

Abb. 231. Wärmebilanz vom Feuerraum 2 (227 m³) bei drei verschiedenen Kohlen. Staubfeuerung, Feuerraumbelastung = 190000 kcal/m³h, Luftüberschuß $\lambda = 1{,}2$, Kühlziffer $\psi = 1{,}0$.)

1. Der Anteil der durch den brennenden Kohlenstaub ausgestrahlten an der dem Feuerraum insgesamt zugeführten Wärme ist um so höher, je kleiner die spezifische Feuerraumbelastung ist.

2. Bei gasreicher Kohle beträgt die Gasstrahlung je nach der Feuerraumgröße zwischen spezifischen Feuerraumbelastungen von rd. 100000 und 300000 kcal/m³h etwa 100 bis 30 vH der Strahlung des Kohlenstaubes.

3. Je nach der Feuerraumgröße führen die Rauchgase bei spezifischen Feuerraumbelastungen von rd. 65000 bis 300000 kcal/m³h etwa 40 bis 65 vH der dem Feuerraum zugeführten Wärmemenge als fühlbare Wärme in die Kesselzüge.

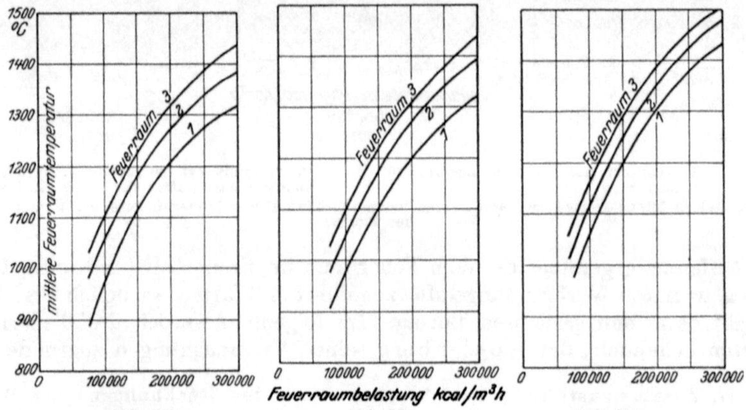

	Abb. 232.	Abb. 233.	Abb. 234.
Kohle Nr.	1	2	3
Unterer Heizwert der Kohle . . .	6800	7790	8050 kcal/kg
Flüchtige Bestandteile der Rohkohle	32,4	13,0	0 vH
Temperatur der Verbrennungsluft	260	260	260 °

Abb. 232—234. Mittlere Feuerraumtemperatur bei drei verschieden großen Feuerräumen mit Staubfeuerung und drei verschiedenen Kohlensorten (Kühlziffer $\psi = 1{,}0$, Luftüberschuß $\lambda = 1{,}2$).

Da der Anteil der fühlbaren, von den Verbrennungsprodukten in die Kesselzüge getragenen Wärme an der der Feuerung insgesamt zugeführten mit steigender Feuerraum- bzw. Kesselleistung steigt, das Rauchgasgewicht aber etwa proportional der erzeugten Dampfmenge zunimmt und dadurch die Rauchgastemperatur ansteigt, erklärt es sich, daß bei Berührungsüberhitzern die Überhitzung um so höher wird, je stärker ein Kessel belastet ist, Abb. 361, S. 225. Diese Erscheinung wird, wenigstens bei Rostfeuerungen, oft noch dadurch verstärkt, daß mit zunehmender Kesselbelastung die Verbrennungsgase bei Eintritt in die Kesselzüge noch nicht ganz ausgebrannt sind und vollends verbrennen, Abb. 346, S. 220.

3. Die Haupteinflüsse auf das Verhalten von Feuerräumen. a) Kohlenzusammensetzung. Abb. 231 zeigt die Wärmebilanz für die drei auf S. 163 gekennzeichneten Kohlen und Feuerraum 2 bei rd. 190000 kcal/m³h Feuerraumbelastung. Der Anteil der Strahlung des Kohlenstaubes an der insgesamt entwickelten Wärme ist bei der gasärmsten Kohle am größten, der der Eigenstrahlung der Gase am kleinsten. Die Eigenwärme der in die Kesselzüge strömenden Rauchgase ist in allen drei Fällen nahezu gleich groß. Abb. 232 bis 234 geben die Feuerraumtemperaturen für dieselben drei Kohlen und die Feuerräume 1 bis 3 bei einer Temperatur der Verbrennungsluft von rd. 260°. Die Feuerraumtemperaturen sind bei Verbrennung reinen Kohlenstoffes am höchsten, zwischen Kohle Nr. 1 und 2 besteht kaum ein Unterschied. Innerhalb der üblichen Grenzen (rd. 15 bis 35 vH) hat also der Gasgehalt auf die mittlere Feuerraumtemperatur einen vernachlässigbaren Einfluß. Oberhalb rd. 200 m³ beeinflußt die Feuerraumgröße die Feuerraumtemperatur nur noch wenig, bei rd. 800 m³ Inhalt ist sie z.B. in Abb. 232 bis 234 nur um rd. 50° höher als bei rd. 200 m³.

Zahlentafel 18. Zusammensetzung von zwei Steinkohlen.

Kohlensorte:		I	II
Gehalt an:			
Wasser	vH	42,4	3,2
Flüchtigen Bestandteilen	vH	25,0	31,0
Fixem Kohlenstoff	vH	28,7	59,6
Asche	vH	3,9	6,2
Heizwert:			
Reinkohle, oberer	kcal/kg	6540	8660
Rohkohle, oberer	kcal/kg	3514	7848
Rohkohle, unterer	kcal/kg	3105	7551

Unterschiede im Wasser- und Aschengehalt und der Reinkohle, Zahlentafel 18, geben bei derselben spezifischen Feuerraumbelastung und dem gleichen CO_2-Gehalt verschiedene mittlere Feuerraumtemperaturen. Da auf 1 kg Kohle II $\frac{7551}{3105} = 2{,}43$ kg Kohle I kommen, muß bei letzterer 32,2mal mehr Wasser verdampft und überhitzt werden, was die Feuerraumtemperatur herabdrückt. In 1 kg Kohle I sind 0,287 kg Kohlenstoff enthalten gegenüber 0,596 kg bei Kohle II. Die Gewichte und strahlenden Oberflächen der bei Staubfeuerungen in der Zeiteinheit im Feuerraum schwebenden, glühenden, verkokten Kohlenteilchen verhalten sich daher bei gleich feiner Ausmahlung und unter der Voraussetzung, daß die Volumenänderung der Staubteilchen während der Entgasung bei beiden Kohlensorten gleich verläuft, Kohle I : Kohle II = $(2{,}43 \cdot 0{,}287) : (1 \cdot 0{,}596) = 1{,}17 : 1$. Die Wärme ausstrahlende Oberfläche der glühenden Staubteilchen ist somit bei Kohle I etwa 17 vH größer, was die mittlere Feuerraumtemperatur noch weiter verkleinert. Trotzdem strahlen bei Kohle I die schwebenden Staubteilchen eine kleinere absolute Wärmemenge aus, weil durch den hohen Gehalt an Wasser die Feuerraumtemperatur schon an sich erheblich tiefer liegt. Ein streng gesetzmäßiger Zusammenhang zwischen mittlerer Feuerraumtemperatur und dem (unteren) Heizwert einer Kohle kann also nicht bestehen, weil ihr Gehalt an Wasser und an Asche und die Zusammensetzung der Reinkohle eine Rolle spielen. Die Untersuchung von sechs Kohlen hat aber ergeben, daß die Abweichungen von einer mittleren Kurve nicht beträchtlich sind, wenn man den Heizwert als Abszisse wählt, Abb. 235. Es ist daher auch zulässig, bei Heizwerten, die zwischen den in Tafel 17 bis 20 benutzten (6800 und 2800 kcal/kg) liegen, so zu verfahren wie in Beispiel 31, S. 111.

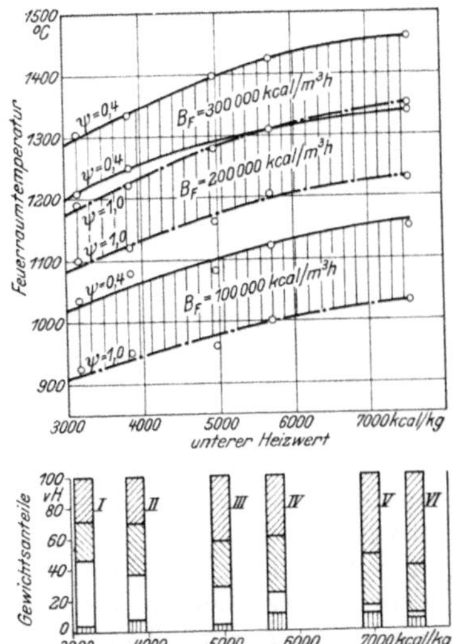

Abb. 235. Mittlere Feuerraumtemperatur in Abhängigkeit vom unteren Heizwert der Kohle bei verschiedener Feuerraumbelastung B_F und Kühlziffer ψ.

Fester Kohlenstoff.
Flüchtige Bestandteile.
Wasser.
Asche.

Feuerraumvolumen 216 m³.
Verbrennungslufttemperatur 20°.
Luftüberschuß λ = 1,2.

Abb. 236 und 237 zeigen die Feuerraumtemperaturen für Rostfeuerungen für 6800 und 2800 kcal/kg unterem Heizwert, 0° und 400° Temperatur der Verbrennungsluft und für eine Kühlziffer von 0,2 und 0,8. 4000 kcal/kg Unterschied im Heizwert verändern somit die Feuerraumtemperatur um 110 bis 230°. Bei kleiner Feuerraumbelastung ist die Differenz am kleinsten.

b) **Temperatur der Verbrennungsluft.** Nach Abb. 236 und 237 erhöht die Vorwärmung der Verbrennungsluft von 0° auf 400° die Feuerraumtemperatur um rd. 150 bis 175°. Es genügt daher oft, wenn man in dem untersuchten Bereich für je 100° höhere Lufttemperatur mit einer um 30 bis 45° höheren Feuerraumtemperatur rechnet.

Soll der Kesselwirkungsgrad derselbe sein, gleichgültig, ob das Speisewasser in einem Ekonomiser (Fall 1) oder die Verbrennungsluft um einen äquivalenten Betrag in einem Luftvorwärmer (Fall 2) vorgewärmt wird, wird also in beiden Fällen die gleiche Kohlenmenge verbrannt und dasselbe Rauchgasgewicht erzeugt, so tritt bei vorgewärmter Verbrennungsluft und gleichbleibendem Feuerraum eine größere Wärmemenge in die Kesselzüge ein. Die Wärmeaufnahme der Vorheizfläche nimmt zwar infolge des größeren Temperaturgefälles und der höheren Rauchgasgeschwindigkeit gleichfalls zu, trotzdem wird dem Überhitzer in Fall 2 mehr Wärme zugeführt als in Fall 1. Soll daher die Überhitzung dieselbe bleiben, so muß man entweder den Überhitzer verkleinern oder aber, wenn auch die Rauchgastemperatur vor Überhitzer dieselbe sein soll, die Vorheizfläche vergrößern. Infolge des in beiden Fällen als gleich vorausgesetzten Wirkungsgrades kommt bei einem dem Luftvorwärmer äquivalenten Ekonomiser auf die Kesselheizfläche eine kleinere Wärmeaufnahme. **Bei Kesseln mit Luftvorwärmern ohne Ekonomiser muß daher die Kesselheizfläche im allgemeinen etwas größer gemacht werden als bei einem Kessel mit äquivalentem Ekonomiser, wenn in beiden Fällen derselbe Wirkungsgrad verlangt wird und das Speisewasser dieselbe Temperatur hat.**

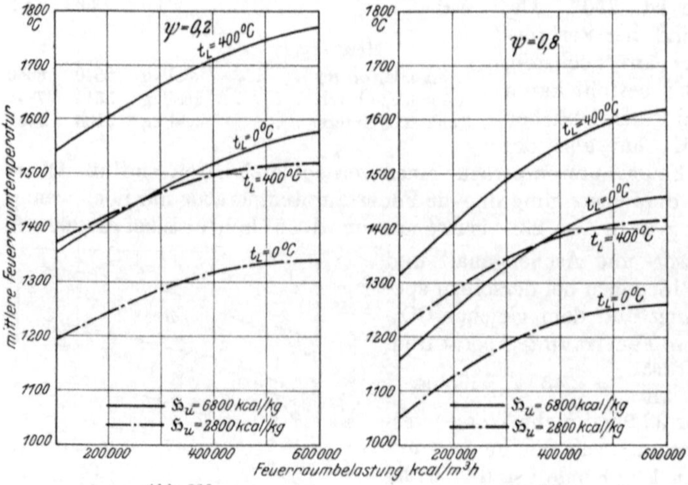

	Abb. 236.	Abb. 237.
Feuerraumvolumen	227	227 m³
Kühlziffer ψ	0,2	0,8
Luftüberschuß λ	1,4	1,4

Abb. 236 u. 237. Mittlere Feuerraumtemperatur in Rostfeuerungen bei verschiedener Kühlziffer, Verbrennungslufttemperatur und verschiedenem Heizwert der Kohle.

Die vom Rauchgasstrom in den verschiedenen Heizflächen abgegebenen und die dort vom Speisewasser bzw. der Verbrennungsluft aufgenommenen Wärmemengen sind in Abb. 238 und 239 für einen bestimmten Fall maßstäblich eingezeichnet. Da Luftvorwärmer und Ekonomiser dieselbe Wärmemenge aufnehmen sollen, muß der Wärmeinhalt der Rauchgase an ihrem Ein- und Austritt derselbe sein. Während in Abb. 239 dem Feuerraum nur die Brennstoffwärme, d. h. in einem bestimmten Zeitraum 100 kcal zugeführt werden, kommen in Abb. 238 noch die von der Verbrennungsluft im Luftvorwärmer aufgenommenen 5,9 kcal hinzu. Kessel und Überhitzer müssen also im ersten Fall 81,6 kcal, im zweiten 87,5 kcal aufnehmen, weil das Speisewasser einmal mit 11,9 kcal, das andere Mal nur mit 6,0 kcal Wärme in den Kessel kommt.

Meistens liegt aber das Problem etwas anders. Entweder verwendet man nämlich heiße Luft, damit eine schlechtzündende Kohle besser, d. h. mit höherem Wirkungsgrad oder in einem kleineren Feuerraum verbrennt. Dann hat die Luftvorwärmung einen mittelbaren Vorteil. Oder aber das Speisewasser ist bereits so heiß, daß es die Rauchgase in einem Ekonomiser nur noch wenig und nur mit einer verhältnismäßig großen Heizfläche, also hohen Baukosten, abkühlen könnte. Dann ist die Luftvorwärmung ein willkommenes einfaches Mittel, um die Rauchgase mit mäßigen Kosten weitgehend auszunutzen. Abb. 240 zeigt, wie mit steigender Temperatur der Verbrennungsluft der Anteil der fühlbaren, in den heißen Rauchgasen in den Kessel mitgeführten Wärme an der im Brennstoff (ohne die fühlbare Wärme der Heißluft) zugeführten immer kleiner wird.

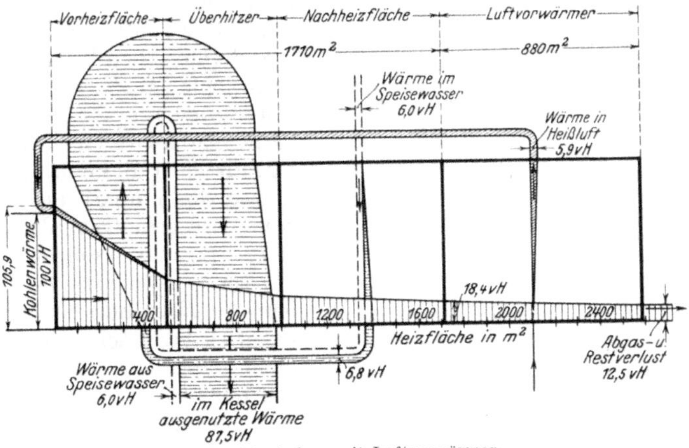

Abb. 238. Anlage mit Luftvorwärmer.

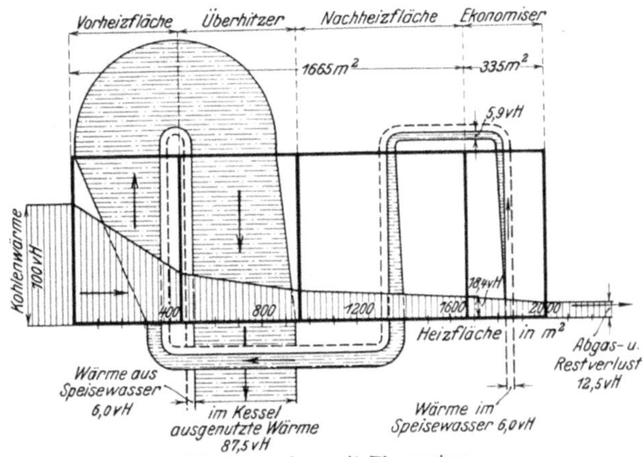

Abb. 239. Anlage mit Ekonomiser.

Abb. 238 u. 239. Vergleich zweier Kesselanlagen mit derselben Überhitzerheizfläche und Nachheizfläche, derselben Dampferzeugung und demselben Wirkungsgrad, von denen die eine mit einem Ekonomiser, die andere mit einem äquivalenten Luftvorwärmer ausgestattet ist.

Dampferzeugung	47 t/h	Kesseldruck	40 at abs.
Temperaturen:		Temperaturen:	
Speisewasser vor Ekonomiser	50°	Rauchgase Eintritt in Fuchs	200°
Speisewasser nach Ekonomiser rd.	100°	CO_2-Gehalt der Rauchgase	15 vH
Überhitzter Dampf	450°	Restglied einschl. Unverbranntem	3,8 vH.
Rauchgase vor Überhitzer	800°		

c) **Verschiedene spezifische Feuerraumbelastung bei gleicher Gesamtbelastung.** Die mit Hilfe der Tafeln 17 bis 19 entworfene Abb. 241 gibt für Kühlziffer $\psi = 1{,}0$ die mittleren Feuerraumtemperaturen für verschiedene Größen und spezifische Belastungen des Feuerraumes und ist von Wert, wenn entschieden werden soll, welchen Einfluß die Erhöhung der spezifischen Feuerraumbelastung bei gleicher verbrannter Kohlenmenge hat. Punkt A_1 gilt z. B. für einen Feuerraum, in dem rd. 15,1 t/h Kohle bei 200000 kcal/m³h Feuerraumbelastung verbrannt werden, wobei sich die mittlere Feuerraumtemperatur auf 1320° einstellt. Die Kantenlänge dieses Feuerraumes wäre 8,0 m, sein Volumen 512 m³. Würde jetzt dieselbe Kohlenmenge mit 400000 kcal/m³h spezifischer Belastung in einem anderen Feuerraum verbrannt, dessen Kantenlänge somit $\sqrt[3]{\frac{512}{2}} = 6{,}35$ m sein müßte, so stiege die Feuerraumtemperatur um 125° auf rd. 1445°, Punkt B_1. Wäre dagegen der größere Feuerraum nur mit 100000 kcal/m³h beansprucht gewesen entsprechend einer stündlichen Kohlenmenge von rd. 7,5 t/h, hätte die Feuerraumtemperatur also nur rd. 1095° betragen, Punkt A_2, so wäre sie bei Verkleinerung seines Volumens auf die Hälfte um rd. 180° auf 1275°, Punkt B_2, gestiegen.

Eine Vergrößerung der spezifischen Feuerraumbelastung um 100 vH bei derselben stündlich verbrannten Kohlenmenge erhöht innerhalb des normalen Belastungsbereiches die Feuerraumtemperatur um 110 bis 180°. Die kleinen Werte gelten bei hoher, die großen bei niederer Beanspruchung. Die Temperatursteigerung wird nur wenig von der Auskleidung des Feuerraumes mit Kühlflächen beeinflußt, sobald mindestens zwei Wände mit ihnen belegt sind. Bei niederen Belastungen kann eine Mindertemperatur von 170 bis 180° gute Verbrennung in Frage stellen, bei hohen Belastungen kann eine Mehrtemperatur dazu führen, daß die Asche schmilzt oder dünnflüssig wird, was besonders verhängnisvoll ist, wenn die Feuerraumtemperatur bereits nahe beim Erweichungspunkt der feuerfesten Ausmauerung liegt. Da nun besonders bei Kesseln mit Ekonomisern und Luftvorwärmern die Warmlufttemperatur kurz nach dem Anheizen und bei Schwachlast, d. h. gerade dann, wenn es besonders nötig wäre, ihren Wert bei Vollast nicht erreicht, kann es zweckmäßig sein, bei Schwachlast nur einen Teil der Rauchgase durch den Ekonomiser zu schicken.

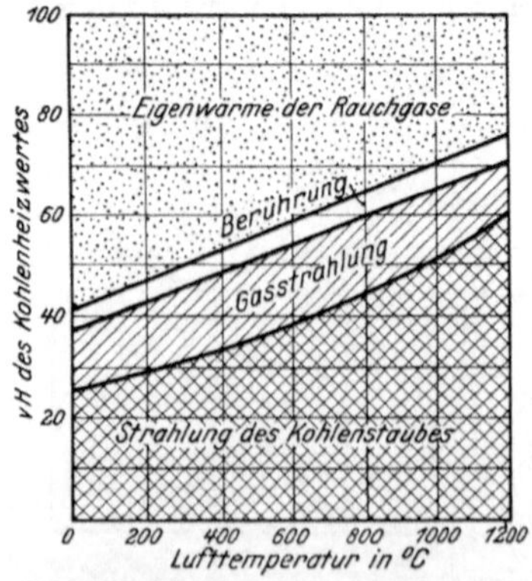

Abb. 240. Wärmebilanz des Feuerraumes einer Kohlenstaubfeuerung bei konstanter Feuerraumbelastung (rd. 190000 kcal/m³h) in Abhängigkeit von der Temperatur der Verbrennungsluft bezogen auf die im Brennstoff zugeführte Wärme (ohne Berücksichtigung der in der Verbrennungsluft zugeführten Wärme). (Feuerraumgröße = 227 m³; Luftüberschuß $\lambda = 1{,}2$; Kühlziffer $\psi = 1{,}0$; unterer Heizwert der Kohle $\mathfrak{H}_u = 6800$ kcal/kg.) Nach Wohlenberg.

d) Feuerungsart. Abb. 242 zeigt für eine Staub- und eine Rostfeuerung, die unter denselben Bedingungen arbeiten, den Verlauf der Feuerraumtemperaturen in Abhängigkeit von der spezifischen Feuerraumbelastung bei 0° und 400° Verbrennungslufttemperatur. Bei 0° Lufttemperatur sind außerdem noch die Verhältnisse untersucht, wenn an vier Wandungen Kühlflächen angebracht sind. Nach Abb. 242 ist die Feuerraumtemperatur bei derselben Feuerraumbelastung bei Rosten durchweg höher als bei Staubfeuerungen; der Unterschied nimmt mit zunehmender Feuerraumbelastung ab. Bei kleinen Feuerraumbelastungen ist der Unterschied zwischen Rosten und Staubfeuerungen um so größer, je weniger Wände Kühlflächen tragen. Dieses eigentümliche Verhalten ist hauptsächlich auf zwei Ursachen zurückzuführen: einmal liegen bei Staubfeuerungen die Abstrahlungsverhältnisse nach der kalten Fläche günstiger als bei Rosten, zum andern wird mit steigender Feuerraumbelastung bei Kohlenstaubfeuerungen die Zahl der in der Flamme schwebenden Staubteilchen immer größer. Dadurch nimmt zwar die die Wärme ausstrahlende Fläche zu, trotzdem erhöht sich die Zahl der die kalte Fläche treffenden Wärmestrahlen nicht im selben Maße, weil immer mehr der vom Flammenkern ausgesandten Strahlen auf Staubteilchen am Rande der Flamme stoßen und dadurch am Erreichen der kalten Fläche verhindert werden und weil weniger Zeit zur Abkühlung zur Verfügung steht.

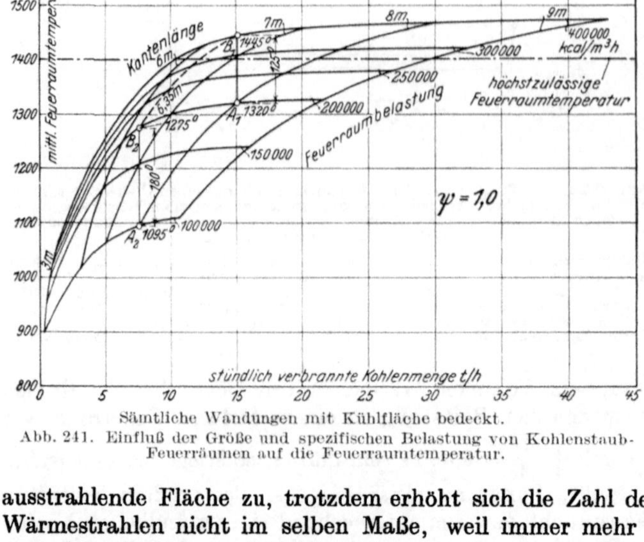

Sämtliche Wandungen mit Kühlfläche bedeckt.

Abb. 241. Einfluß der Größe und spezifischen Belastung von Kohlenstaub-Feuerräumen auf die Feuerraumtemperatur.

Man darf aber aus Abb. 242 keine weitgehenden Schlüsse über das Verhalten von Rosten und von Staubfeuerungen ziehen, weil die Verhältnisse sich durch Zufälligkeiten, die Form des Feuerraumes gegenüber den Voraussetzungen von Abb. 242 verschieben können und weil, wie bereits auf S. 122 erwähnt wurde, errechnete und gemessene mittlere Feuerraumtemperatur tatsächlich am besten miteinander übereinstimmen, wenn man auch bei Rostfeuerungen mit den für Staubfeuerungen entworfenen Tafeln 17 bis 19 rechnet. Dies rührt davon her, daß infolge des beherrschenden Einflusses der Strahlung des die Brennkammer erfüllenden Flammenmeeres die Verhältnisse bei beiden Feuerungen sich mehr ähneln, als Wohlenberg bei seinen Rechnungen vorausgesetzt hat. Da ferner

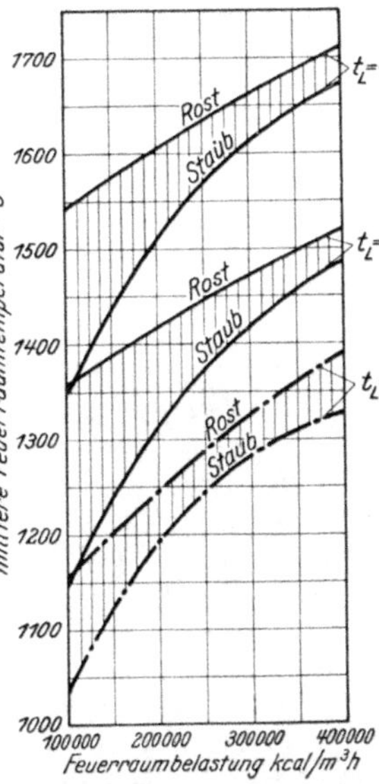

Abb. 242. Abhängigkeit der mittleren Feuerraumtemperatur von der spezifischen Feuerraumbelastung bei Rosten und bei Kohlenstaubfeuerungen bei 0° und 400° Temperatur der Verbrennungsluft. (Feuerraumgröße = 227 m³, Luftüberschuß $\lambda = 1,4$, unterer Heizwert der Kohle $\mathfrak{H}_u = 6800$ kcal/kg.)

——— 1 Wand kalt; bei Rost $\psi = 0,2$; bei Staub $\psi = 0,167$;

– · – · – 4 Wände kalt; bei Rost $\psi = 0,8$; bei Staub $\psi = 0,667$.

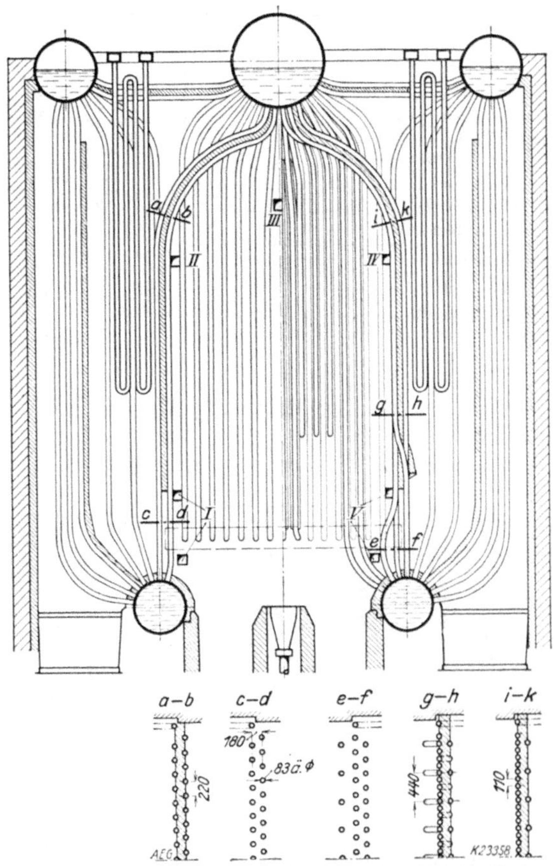

Abb. 243. Werk I. Kessel vor (links) und nach (rechts) dem Umbau. Feuerraumtemperaturen:

I und V = 1140° (1320°),
II und IV = 1270° (1500°),
III = 1500° und mehr.

Die eingeklammerten Zahlen bedeuten die Feuerraumtemperatur vor, die nicht eingeklammerten Zahlen nach Umbau des Kessels.

die Rauchgase von Rostfeuerungen bei Eintritt in die Kesselheizfläche nicht selten noch brennbare Bestandteile enthalten, ist auch die aus Tafel 17 bis 19 ermittelte Temperatur zuweilen zu hoch, erniedrigt doch nach S. 119 bereits ein Gehalt der Rauchgase an brennbaren Bestandteilen von 5 vH des Heizwertes von Steinkohle die mittlere Feuerraumtemperatur um etwa 30 bis 40°.

e) Kühlung des Feuerraumes. Feuerraumkühlung hat besonders bei Brennstoffen mit leicht schmelzender oder salzhaltiger Asche große Vorteile. Von den nachstehend beschriebenen Anlagen verfeuert Werk I Braunkohlenschwelkoks von etwa 5800 kcal/kg unterem Heizwert, 17 vH flüchtigen Bestandteilen, 19 vH Asche und 6 vH Wasser. Die Schwelkoksasche sintert bei 1200° deutlich und schmilzt zwischen 1300° und 1350° zu einem Glasfluß zusammen:

Die Hauptdaten des Kessels, Abb. 243, sind:

Zahlentafel 19. Hauptdaten des Kessels nach Abb. 243 in Werk I.

	Vor	Nach
	Umbau	
Heizfläche:		
Kessel, einschließlich Kühlflächen an Vorder- und Rückwand . . . m²	500	512
Kühlflächen (projiziert) . . . . . m²	43	81
Kühlziffer . . . . vH	30	57
Spezifische Feuerraumbelastung:		
bei normaler Last . . . . kcal/m³ h	175 000	
bei Höchstlast. . . . . . kcal/m³ h	220 000	
Verbrennungslufttemperatur . . . . ⁰	rd. 300	
Garantiewerte:		
Kesselbelastung	norm.	max.
Dampferzeugung . . . . t/h	17,5	21,0
Wirkungsgrad. . . . . vH	84	81

Die Feuerraumtemperaturen besonders im oberen Teil der Brennkammerkuppel stiegen bis auf 1600⁰. Dadurch überzogen sich die Rohre mit einer schaumigen Aschenschicht, Abb. 246, und der Durchtritt der Rauchgase am unteren Ende der Siederohre setzte sich schnell zu,

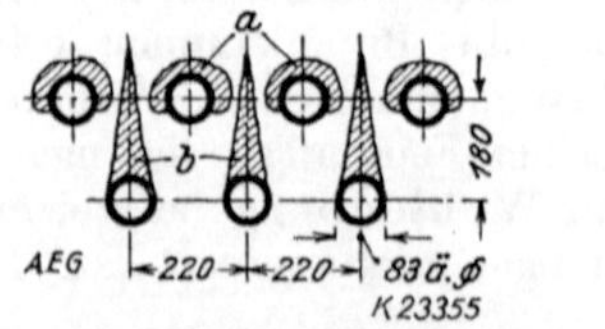

Abb. 244. Werk I. Form der Schlackenansätze am Eintritt der Rauchgase in die Wasserrohrbündel des Kessels in Abb. 243, links.
a Aschenansätze auf der ersten Rohrreihe, *b* Aschenansätze auf der zweiten Rohrreihe.

Abb. 244 und 245. Der zähflüssige Überzug konnte nur bei kaltem Kessel entfernt werden. Ferner wurden die senkrechten Mauerwerkstreifen zwischen den Kühlrohren der Feuerraumstirn- und -rückwand stark angegriffen, Abb. 246. Trotz täglich mehrmaligen

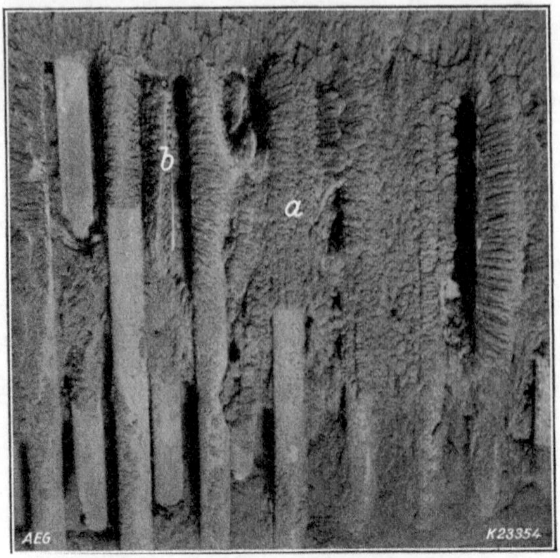

Abb. 245. Werk I. Verschlackung am Eintritt der Rauchgase in die Wasserrohrbündel des Kessels in Abb. 243, links.
a Aschenansätze auf der ersten Rohrreihe,
b Aschenansätze auf der zweiten Rohrreihe.

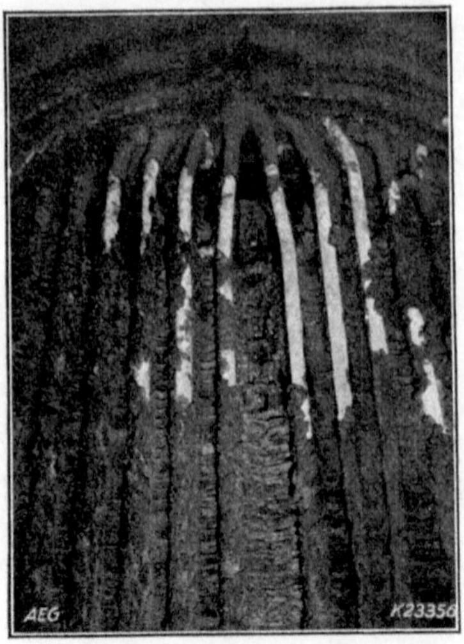

Abb. 246. Werk I. Aschenansätze auf den Rückwandkühlrohren und Zerstörung der Mauerstreifen zwischen den Kühlrohren des Kessels in Abb. 243, links.

Abblasens konnten die Kessel im Dauerbetrieb nur 14,4 t/h mittlere Leistung erzeugen und mußten nach zwei bis drei Wochen wegen vollkommener Verschlackung außer Betrieb genommen werden. Es wurden daher die Kühlflächen im Feuerraum stark vergrößert, indem die vordersten Wasserrohre, die früher teilweise in die Zugscheidewände eingebettet waren, freigelegt wurden, und indem man die zweite Rohrreihe oberhalb des Rauchgasdurchtrittes in die Ebene der ersten vorzog und in die Vorder- und Rückwand des Feuerraumes zusätzliche Rohre einbaute. Außerdem wurde jedes vierte Rohr der vordersten Rohrreihe am Rauchgasdurchtritt weit nach dem Feuerraum vorgebogen, um Brückenbildung durch Aschenansätze zu erschweren, Abb. 243, rechts.

Der Umbau bewährte sich bestens. Gleichzeitig wurde die Ausmahlung von 1 vH Rückstand auf dem 900 M/cm² Sieb auf 15 vH erhöht, ohne daß der Wirkungsgrad oder das Arbeiten des Kessels irgendwie gelitten hätte. Die Temperaturen an verschiedenen Stellen des Feuerraumes bei rd. 16 t/h Dampferzeugung vor und nach Umbau sind in Abb. 243 angegeben. Den sonstigen Erfolg des Umbaues zeigen Zahlentafel 20 und 21.

Zahlentafel 20. Betriebsverhältnisse vor und nach Umbau des Kessels in Abb. 243, Werk I.

	Vor Umbau	Nach Umbau
Mittlere Kesselbelastung zwischen zwei Reinigungen . . . . kg/h	14400	19500
Im Dauerbetrieb erzielbare Höchstleistung . . . . kg/h	15000	22000
Äußere Reinigung ist nötig nach h	677	4000
Äußere Reinigung und Überholung dauert Arbeiterstunden	1164	556
Kosten einer äußeren Reinigung:		
Löhne für Reinigung der Brennkammer und Rohre . . . RM	316	340
Baustoffe für Mauerwerkserneuerung . . . . RM	1422	138
Löhne für Mauerwerkserneuerung . . . . RM	602	75
Gesamtkosten . . . . . . RM	2340	553

Zahlentafel 21. Vorteile der gröberen Ausmahlung nach Umbau des Kessels in Abb. 243, Werk I.

	Früher	Jetzt
Rückstand auf dem 900 M/cm²-Sieb . . . . vH	1,0	10 bis 15
Verschlackung des Kessels . . .	—	weit kleiner
Tägliche Betriebszeit der Mühlen h	22	10 bis 12
Leistung einer Mühle . . . . t/h	7	13,5
Kraftverbrauch der Mühlen an der Welle . . . . kWh/t	21	13,4
Stromkosten je 1 t Staub bei Annahme eines Strompreises von 3 Rpf./kWh. . . . . . . Rpf./t	63	40
Bedienungskosten . . . . . Rpf./t	34	21
Instandsetzungskosten . . . Rpf./t	31	19
Betriebskosten für Erzeugung von 1 t Staub . . . . . Rpf./t	128	80
Ersparnis durch gröbere Ausmahlung . . . . Rpf./t	—	48

In Werk II mit Kesseln für 42 atü und 435⁰ wird mitteldeutsche Rohbraunkohle auf vollmechanischen Schrägrosten verfeuert. Die grubenfeuchte Kohle enthält 2 bis 4 vH Koch- und Glaubersalz, ihre Asche hat sehr niedrigen Schmelzpunkt (1040 bis 1080⁰).

Zahlentafel 22. Hauptdaten der Kesselanlage von Werk II.

Zusammensetzung der Kohle:

Gehalt an Wasser	vH	44 bis 46
Gehalt an Asche	vH	7 bis 11
Gehalt an flüchtigen Bestandteilen	vH	26 bis 27
Gehalt der Asche an Koch- und Glaubersalz	vH	24 bis 43
Unterer Heizwert	kcal/kg	2700 bis 3100

Hauptdaten des Kessels:

Kesselheizfläche	m²	500
Spezifische Feuerraumbelastung bei		
normaler Last	kcal/m³ h	129000
Höchstlast	kcal/m³ h	167000
Rostfläche	m²	32
Spezifische Rostbelastung bei		
normaler Last	kcal/m² h	615000
Höchstlast	kcal/m² h	790000

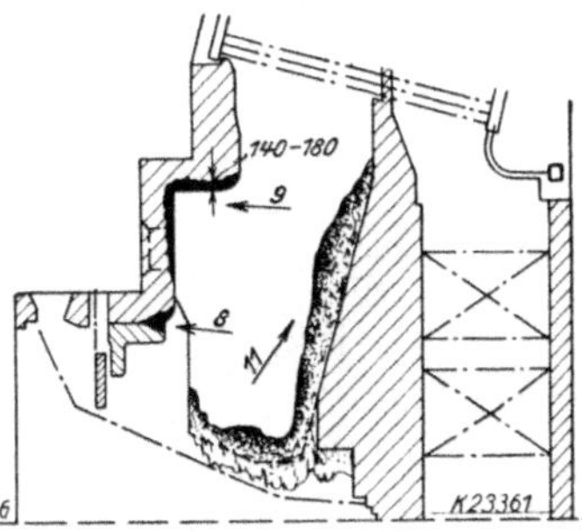

■ Auswaschungen ▨ Schlacke

Abb. 247. Werk II. Skizze mit den Anfressungen des Mauerwerkes und den Schlackenansätzen. Pfeil 9 zeigt, von wo Abb. 248 aufgenommen wurde.

Da zur Leistungssteigerung auch Schwelkoksstaub als Zusatzbrennstoff verfeuert werden sollte, wurde oberhalb des Rostes ein Staubbrenner angebracht. Jeder Kessel sollte dauernd höchstens 28000 kg/h und bei Zuschalten des Staubbrenners 35000 kg/h Dampf erzeugen. Die feuerfeste Ausmauerung wurde aber schnell stark angegriffen, Abb. 247 und 248, und außerordentlich starke Schlackenansätze beeinträchtigten das Arbeiten der Feuerung erheblich, Abb. 247. Auch die Kesselheizfläche hatte Aschenansätze und der Rippenrohr-Ekonomiser war mit einer mehrere Millimeter starken, harten Salzkruste überzogen, auf der sich lockere Flugasche festgesetzt hatte. Nach etwa 1200 Betriebsstunden war die Zugstärke im Feuerraum durch die Verschmutzung der Heizflächen so zurückgegangen, daß „Stauhitze“ auftrat. Es wurden daher 70 m² projizierte Kühlfläche eingebaut, Abb. 249. Im Ekonomiser wurde eine senkrechte Rohrreihe entfernt und die übrigen auseinandergerückt, um einen größeren Durchgang für die Rauchgase zu schaffen. Die ausgebaute Heizfläche wurde durch zwei zusätzliche waagerechte Reihen ersetzt. Während früher nur mit mäßigem CO_2-Gehalt gearbeitet werden konnte, kann jetzt hinter Kessel bei Höchstlast mit 13 vH CO_2-Gehalt gefahren werden. Die Ansätze bilden nur noch lockere Bärte, die im Feuerraum zum Teil bei Lastwechsel von selbst abfallen bzw. sich bedeutend leichter als früher abstoßen lassen. Das vorher beobachtete Fließen der Schlacke an den Wänden in der oberen Feuerraumhälfte tritt nicht mehr ein. Schlacke und Flugasche enthalten nur 8 bis 10 vH Verbrennliches. Die Flamme ist länger geworden, aber vor Erreichen der Kesselrohre völlig ausgebrannt. Mit dem Rost allein werden jetzt 36,7 t/h Leistung entsprechend 73,4 kg/m²h spezifischer Heizflächenbelastung erreicht. Die im Feuerraum bei Normallast vor (eingeklammerte Werte) und nach dem Umbau herrschenden

Abb. 248. Werk II. Anfressungen der Hängedecke. Blickrichtung 9 in Abb. 247.

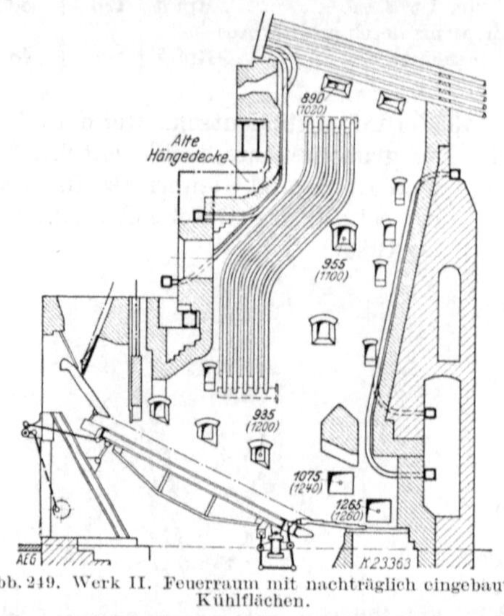

Abb. 249. Werk II. Feuerraum mit nachträglich eingebauten Kühlflächen.

Die eingeklammerten Zahlen bedeuten die Feuerraumtemperaturen vor, die nicht eingeklammerten nach Einbau der Kühlflächen.

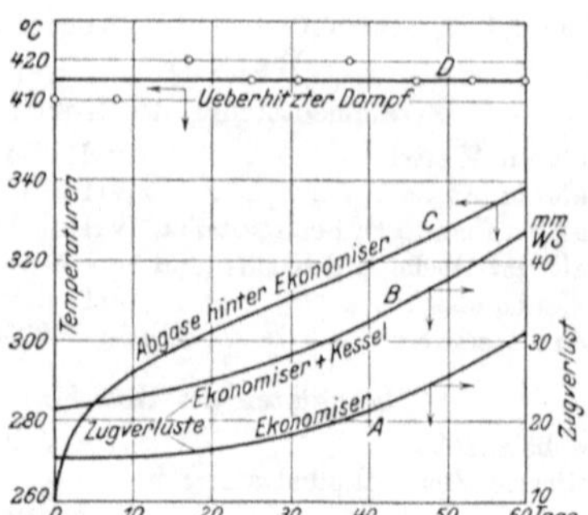

Abb. 250. Werk II. Betriebsergebnisse des umgebauten Kessels in Abb. 249.

Temperaturen zeigt Abb. 249. Sie sind um rd. 130 bis 150° niedriger als früher. Die Kessel können jetzt 13 Wochen gegenüber früher $7^1/_2$ in Betrieb gehalten werden, bevor sie äußerlich gereinigt zu werden brauchen. Die in einer Betriebsperiode insgesamt erzeugte Dampfmenge beträgt 50000 t gegenüber früher 20000 t. Abb. 250 zeigt den infolge der Aschenansätze zunehmenden Zugverlust zwischen Ekonomiserein- und -austritt, Kurve *A*, und erster Siederohrreihe und Ekonomiseraustritt, Kurve *B*. Die Abgastemperatur wächst beträchtlich an, Kurve *C*, trotzdem blieb die Überhitzung praktisch gleich, Kurve D, weil die zunehmende Verschmutzung des Überhitzers der steigenden Gastemperatur entgegenwirkt.

Werk III verbrennt Braunkohlenschwelkoks von 6000 kcal/kg unterem Heizwert, 24 vH Aschengehalt und 1 vH Wassergehalt auf einem Unterwindwandererrost, Abb. 251. Die Asche beginnt bei 1300° zu erweichen und ist bei 1350° geschmolzen.

Zahlentafel 23. Hauptabmessungen des Kessels von Werk III in Abb. 251.

	Vor Umbau	Nach Umbau
Heizfläche:		
Kessel . . . . m²	400	384
Kühlfläche projiziert . . . m²	—	38,4
Rostfläche . . . . m²	13,44	
Spezifische Rostbelastung bei normaler Last . . . kcal/m² h	rd. 950000	
Feuerraumbelastung bei normaler Last . . . . . kcal/m³ h	rd. 180000	
Normale Dampferzeugung . kg/h	16000	

Zahlentafel 24. Hauptwerte vor und nach Umbau des Kessels von Werk IV.

	Vor Umbau	Nach Umbau
Heizflächen:		
Kessel . . . . m²	1280	
Kühlfläche . . . . m²	170	383
Temperatur der Verbrennungsluft °	250 bis 300	
Höchste erreichbare Dampferzeugung . . . . t/h	80	145
Feuerraumbelastung . . kcal/m³ h	165000	280000
Abgastemperatur vor Luftvorwärmer . . . . °	520	480

Bereits nach etwa 1500 h war das 250 mm starke Schamottefutter der Seitenwände auf einer Fläche von etwa 2 m² weggefressen und auch die übrige Ausmauerung stark beschädigt.

In den Feuerraum wurden 38 m² projizierte Kühlfläche eingebaut, Abb. 251; hierdurch stieg die Kühlziffer von 20 auf etwa 55 vH und die Feuerraumtemperatur über

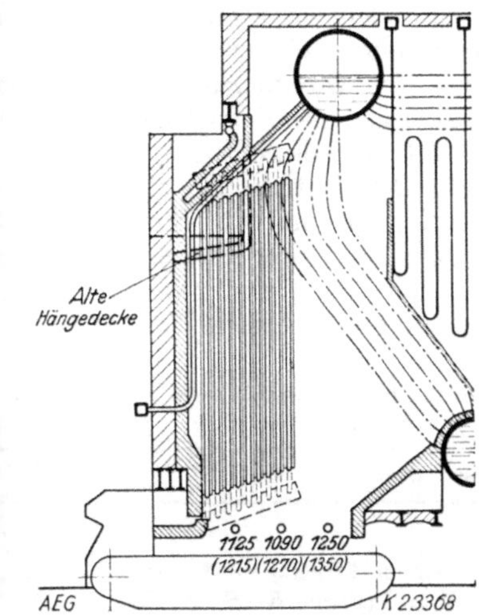

Abb. 251. Werk III. Kessel mit Unterwindwanderrost vor und nach Umbau.

Die eingeklammerten Zahlen bedeuten die Feuerraumtemperaturen vor, die nicht eingeklammerten nach dem Umbau.

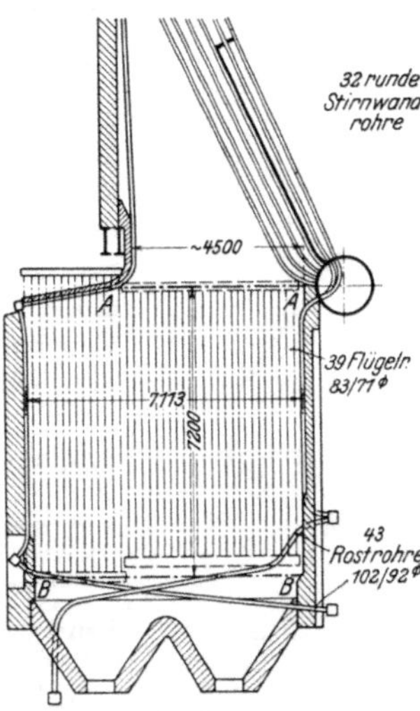

Abb. 252.

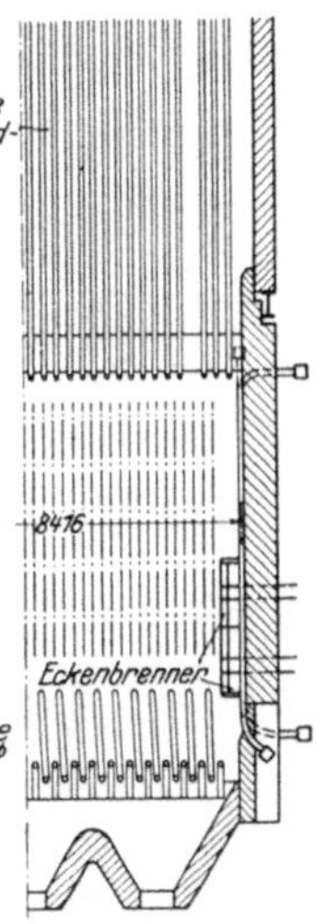

Abb. 253.

Abb. 252 u. 253. Werk IV (Kraftwerk Böhlen). Brennkammer des Steilrohrkessels Nr. 11 nach Umbau.

Brennkammervolumen zwischen $A-A$ und $B-B$ 430 m³.
In Vorder- und Rückwand je 41 Flügelrohre 83/71 ⌀.
Kühlfläche im Feuerraum (nach Hottel) 323 m².
Kühlziffer φ (nach Hottel) 1,0.

Rost fiel bei gleichem CO_2-Gehalt der Rauchgase bis um 200°; ein einwandfreier Dauerbetrieb ist jetzt mit normalen Instandhaltungskosten möglich.

In Werk IV (Kraftwerk Böhlen) konnte die Dampferzeugung des mit Braunkohlenstaub von 4700 kcal/kg Heizwert gefeuerten 1280 m²-Steilrohrkessels Nr. 11 durch Vergrößerung der Kühlfläche und Ersatz der senkrechten Brenner durch je 2 in den vier Feuerraumecken übereinander eingebaute Wirbelbrenner von 80 auf 145 t/h (d. h. 15,5 t/mh Breitenleistung) erhöht werden, Abb. 151, 252 und 253.

f) Gestalt des Feuerraumes. Nach S. 116 kühlen sich Rauchgase in einem zwischen eigentlichem Feuerraum und Kessel angeordneten Schacht unter Umständen erheblich ab. Je nachdem, ob der Schacht ungekühlt ist (Fall 1), ob seine Vorder- und Rückseite völlig gekühlt sind (Fall 2) und ob außerdem noch die Seitenwände bis 2 m oberhalb des Feuerungsmaules Kühlflächen haben (Fall 3), beträgt beim Sektionalkessel in Abb. 144 der Abfall der Rauchgastemperatur zwischen Ebene I und II 75 bzw. 175 bzw. 215°. Für die beiden Steilrohrkessel in Abb. 145 und 146 zeigt Abb. 254 die errechnete Gastemperatur an verschiedenen Stellen des Schachtes bei vollbelasteten Kesseln. Die Gasabkühlung zwischen Feuerraum und erster Siederohrreihe ist besonders beim Einender-Steilrohrkessel mit gekühltem Schacht groß. Aus Abb. 144, 145, 146 und 254 lassen sich folgende Schlüsse ziehen: Durch Anordnung eines Schachtes zwischen Feuerraum und Kessel kann die Rauchgastemperatur bei Eintritt in den eigentlichen Kessel stark herabgesetzt und sein Verschlacken wirkungsvoll vermindert werden. Wird der Schacht allseitig mit Kühlfläche ausgekleidet, so kühlen sich die Rauchgase um 30 bis 40° je 1 m Schachthöhe ab. Bei Steilrohrkesseln werden der größeren Schachthöhe wegen die Rauchgase unter sonst gleichen Verhältnissen stärker abgekühlt als bei Sektionalkesseln. Steilrohrkessel sind daher gegen Verschmutzen durch mitgerissene geschmolzene Asche weniger empfindlich und besonders für Brennstoffe mit viel oder leicht schmelzender Asche oft besser geeignet.

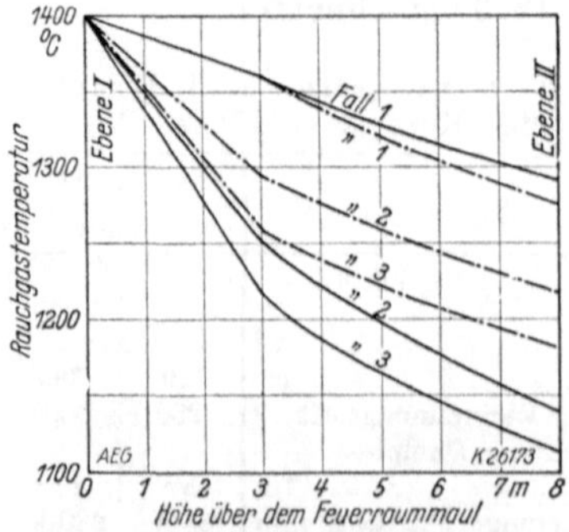

——— Einender-Steilrohrkessel,
—·— Doppelender-Steilrohrkessel.

Abb. 254. Verlauf der Rauchgastemperatur im Feuerungsschacht der beiden Steilrohrkessel in Abb. 145 und 146.

Im Gegensatz zu dem Steilrohrkessel in Abb. 255 verschlackte ein unter gleichen Betriebsbedingungen arbeitender Sektionalkessel desselben Werkes außerordentlich schnell. Der Unterschied ihrer Feuerräume bestand darin, daß nur der Steilrohrkessel einen Schacht zwischen unterster Siederohrreihe und Feuerraummaul hatte. Die Berechnung mit Hilfe von Tafel 17 bis 19 ergab folgende Werte:

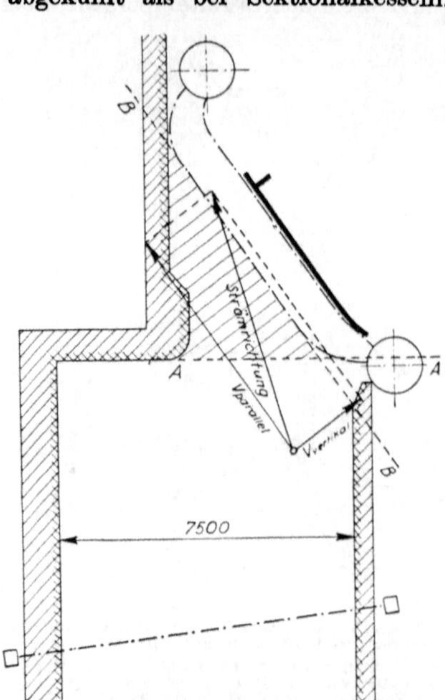

Abb. 255. Schnitt durch den Feuerraum eines Steilrohrkessels.

Zahlentafel 25. Rauchgastemperatur im Feuerraum von zwei Kesseln.

Kesselsystem	Schrägrohr	Steilrohr
Rauchgastemperatur		
im eigentlichen Feuerraum (Ebene A—A) °	1242	1225
bei Eintritt in den Kessel (Ebene B—B) °	1240	1165

Die um 75° kältere Rauchgastemperatur bei Eintritt in die Kesselheizfläche des Steilrohrkessels wirkt sich aber wegen des Verlaufes der Erweichungskurve der Asche der unter ihm verbrannten Kohle sehr stark aus, Abb. 256. Während der kritische Temperaturbereich beim Steilrohrkessel (1165 bis 1225°) im Anfang der Erweichung liegt, liegt er beim Schrägrohrkessel (1240°) da, wo die Asche bereits sehr erweicht und plastisch ist. Jeder kleine Aschenansatz an den Siederohren des Sektionalkessels rückt daher die Gastemperatur noch näher an den Punkt, an dem die Asche zu fließen beginnt, während die Gastemperatur beim Steilrohrkessel hiervon weit entfernt bleibt. Auch die steile Lage der Siederohre in Abb. 255 trug zu dem günstigeren Verhalten des Steilrohrkessels bei. Zerlegt man nämlich die Rauchgasgeschwindigkeit beim Eintritt ins Rohrbündel in eine zum Rohr senkrechte und eine parallele Komponente, so ist die senkrechte, das Ankleben bewirkende Komponente beim Steilrohrkessel rd. 2 m/s, beim Schrägrohrkessel rd. 6 m/s. Bei letzterem ist daher die Tendenz zum Bilden von Ansätzen rd. 9mal größer.

4. Verhalten bestrahlter Heizflächen.

a) Nackte Rohre. Die Kühlroste des Kessels in Abb. 257 haben eigene Speisung; die in ihnen verdampfte Wassermenge konnte daher zuverlässig gemessen werden.

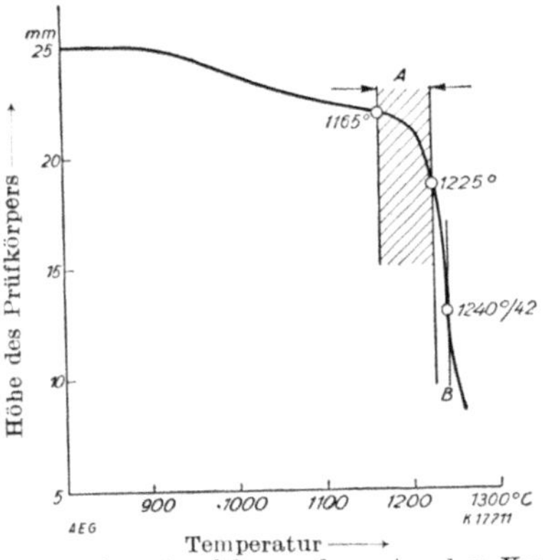

Abb. 256. Aschenschmelzkurve der unter dem Kessel in Abb. 255 verfeuerten Kohle. *A* Steilrohrkessel, *B* Sektionalkessel.

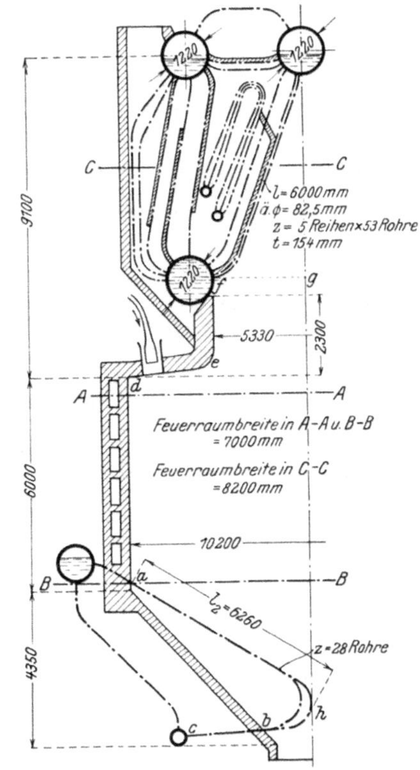

Abb. 257. Stirlingkessel mit Kühlrosten im Trenton Channel-Kraftwerk.

Zahlentafel 26 enthält die Hauptdaten des Kessels, Kurve *A* in Abb. 258 gibt für verschiedene Kesselbelastung die von 1 m² projizierter Oberfläche der Kühlrostrohre aufgenommene Wärmemenge in kcal/m²h an. Da nur ein Teil der Länge der Kühlrostrohre voll an der Strahlung teilnimmt, wurde Kurve *A* auf diejenige Rohrlänge umgerechnet, die der Strahlung voraussichtlich ausgesetzt war, Kurve *B*. Für verschiedene Kesselbelastungen wurde darauf mit Hilfe von Tafel 19 die mittlere Feuerraumtemperatur, Kurve *C*, und daraus die pro m² projizierte Oberfläche der reduzierten Länge der Kühlrostrohre übertragene Wärme ausgerechnet, Kurve *D*[1]. Kurven *B* und *D* stimmen über einen weiten Belastungsbereich recht gut miteinander überein. Die auf den vollen Umfang der Kühlrostrohre bezogene spezifische Belastung (Kurve *E*) ist

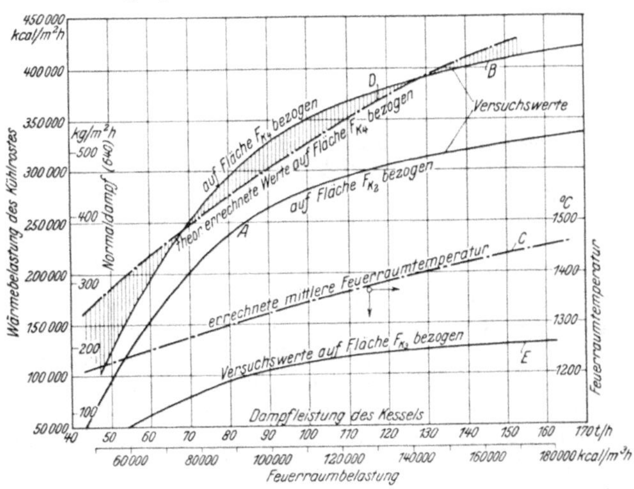

Abb. 258. Versuchsergebnisse an den Kühlrosten im Trenton Channel-Kraftwerk.

[1] Die Berechnung stammt aus einer Zeit, als Abb. 103 bis 105 noch nicht vorlagen.

Zahlentafel 26. Versuche am Kühlrost eines Stirlingkessels im Trenton Channel-Kraftwerk, Abb. 257.

Nr.		
1	gesamte Kesselheizfläche einschließlich Kühlrost	2700 m^2
	Feuerraum:	
2	Volumen	710 m^3
3	gleichwertiger Würfel: Kantenlänge	8,92 m
4	Oberfläche	477 m^2
5	Tiefe	10,2 m
6	Breite: oben	8,2 m
7	unten	7,0 m
8	mittlere Rohrlänge in der Kesselvorheizfläche	6,0 m
9	bestrahlte Fläche des ersten Bündels $= 2 \cdot 6{,}0 \cdot 8{,}2 =$	98,5 m^2
10	dieselbe in Ebene A—A projiziert $= 5{,}33 \cdot 8{,}2 =$	43,6 m^2
	Kühlrost:	
11	gesamte Länge eines Rohres innerhalb des Feuerraums $l_1 =$	7,8 m
12	äußerer Rohrdurchmesser	82,5 mm
13	Rohrzahl in beiden Kesselhälften $z =$	56
14	gesamte tatsächliche Heizfläche $F_{K_1} = \pi \cdot 0{,}0825 \cdot 7{,}8 \cdot 56$	113 m^2
15	dieselbe projiziert gerechnet $F_{K_2} = 0{,}0825 \cdot 7{,}8 \cdot 56$	36 m^2
16	als wirksam vorausgesetzte Rohrlänge $l_2 =$	6,26 m
17	als wirksam vorausgesetzte Heizfläche $F_{K_3} = \pi \cdot 0{,}0825 \cdot 6{,}26 \cdot 56 =$	91,0 m
18	dieselbe projiziert gerechnet $F_{K_4} = \frac{91{,}0}{\pi} =$	29,0 m^2
19	dieselbe in Ebene B—B projiziert $F_{K_5} = \frac{56}{2} \cdot 10{,}2 \cdot 0{,}0825 =$	23,5 m
20	gesamte projizierte Kühlfläche im Feuerraum $= 43{,}6 + 23{,}5 =$	67,1 m^2
21	Kühlziffer $\psi = \frac{67{,}1}{477} =$	0,141

Nr.	Versuchswerte:				
22	stündliche Dampfmenge	kg/h	45360	90720	136080
23	Erzeugungswärme	kcal/kg	654	664	670
24	Feuerraumbelastung	kcal/m^3 h	49000	100000	151000
25	Feuerraumtemperatur	°	1220	1320	1410
26	Rauchgasmenge je kg Kohle	Nm^3/kg	10	10	10
27	Wärmeinhalt von 1 Nm^3 bei Feuerraumtemperatur	kcal/Nm^3	438	477	513
28	Kohlenheizwert (unterer)	kcal/kg	7670	7670	7670
29	derselbe abzüglich der Verluste in der Feuerung (angenommen 2 vH)	kcal/kg	7520	7520	7520
30	Wärmeinhalt der Gase vor Kessel auf 1 kg Kohle	kcal/kg	4380	4770	5130
31	im Feuerraum auf 1 kg Kohle übertragen	kcal/kg	3140	2750	2390
32	stündliche Kohlenmenge	kg/h	4530	9250	13950
33	im Feuerraum stündlich übertragen	kcal/h	14200000	25400000	33400000
34	Heizflächenbelastung des Kühlrostes bezogen auf $F_{K_4} = \frac{(33) \times 23{,}5}{67{,}1 \times 29{,}0} =$	kcal/m^2 h	171000	307000	403000

gleich $\frac{1}{\pi}$ mal derjenigen in Kurve A, überschreitet also auch bei der höchsten Kesselbelastung 130000 kcal/m^2h nicht. Die Wärmebeanspruchung eines Rohres der ersten Wasserrohrreihe eines hochbelasteten Kessels zeigen Abb. 259 und 260. Bezogen auf seine projizierte Fläche ist das Rohr durch die Feuerraumstrahlung bei 1430° mittlerer Feuerraumtemperatur mit rd. 410000 kcal/m^2h belastet, Fläche $a\ b\ c\ d$ in Abb. 259, entsprechend einer übertragenen Wärmemenge je m Rohrlänge von $410000 \cdot 0{,}0825 =$ 33800 kcal/h. Dazu kommt auf dem ganzen Rohrumfang die Wärmeübertragung durch reine Berührung, welche unter den Annahmen des Beispieles rd. 30000 kcal/m^2h ausmacht, und schließlich noch die durch Gasstrahlung der nicht mehr leuchtenden, an dem Rohr vorüberstreichenden, in die Kesselzüge fließenden Rauchgase, die aber strenggenommen nur auf dem Teil $\pi \cdot d - d$ wirkt, während sie für den Rest schon in der Feuerraumstrahlung erfaßt ist. Die entsprechende Wärmemenge ist gleich den Flächen (*i k d e* + *l m f c*), wenn auch die Trennung zwischen Wärmeaufnahme durch strahlende Wärme des Feuerraumes und strahlende Wärme des vorbeistreichenden, nicht mehr leuchtenden Gase nicht so scharf möglich ist, wie in Abb. 259 angenommen wurde. Die Summe sämtlicher schraffierter Flächen, d. h. Fläche ***i k a b l m h g*** ist die pro m Rohrlänge und Stunde insgesamt aufgenommene Wärme. Ihr Inhalt ist gleich Fläche *n o h g*, somit ist die im Mittel von 1 m² voller Rohroberfläche insgesamt durch Strahlung und Berührung aufgenommene Wärmemenge rd. 180000 kcal/m² h. Bei Feuerungen mit sehr wenig Kühlfläche und sehr hoher Belastung können noch größere spezifische Höchstbelastungen auftreten und einem Rohr durch örtliche Überhitzung unter Umständen gefährlich werden. Man darf aber annehmen, daß bei zweckmäßig gebauten Feuerräumen bezogen auf eine größere Rohrlänge (3000 bis 8000 mm) eine spezifische Belastung des ganzen Rohrumfanges von rd. 200000 kcal/m² h nicht wesentlich überschritten wird. Tatsächlich dürfte die spezifische Wärmebelastung über den Rohrumfang etwa nach der Kurve ***i p q r m*** verlaufen, d. h. der Wert von 440000 kcal/m² h wird nur in der Rohrmitte erreicht und verflacht dann beiderseitig auf rd. 62000 kcal/m² h. Abb. 260 zeigt den Verlauf der Wärmebelastung über den Rohrumfang noch deutlicher. Kurve *a* ist gleichzeitig auch ein Maß für die Übertemperatur der Außenwand des Rohres über die Siedetemperatur des Wassers. Durch den tangentialen Wärmefluß in der Rohrwand erfolgt eine kleine Absenkung der der Wärmebelastung *a b* entsprechenden, für die Festigkeit des Rohres maßgebenden Temperatur der Außenwand. Kurve *c* veranschaulicht den Verlauf der Übertemperatur der Außenwand unter Berücksichtigung dieses tangentialen Wärmeflusses. Aus ähnlichen Gründen, und weil das Rohr vom Feuer ja nicht lediglich parallel zur Linie *b a* bestrahlt wird, findet ein allmählicher Übergang der Belastung von der Feuerseite auf die dem Feuer abgewendete Seite zu statt.

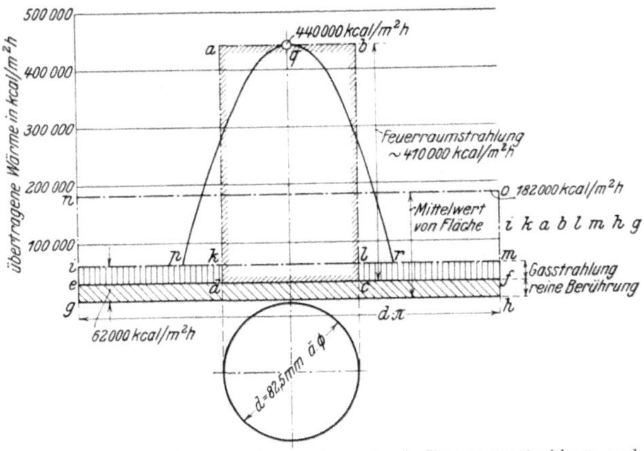

Abb. 259. Wärmebeanspruchung eines durch Feuerraumstrahlung und Berührung hochbelasteten Kühlrostrohres in Abb. 257.

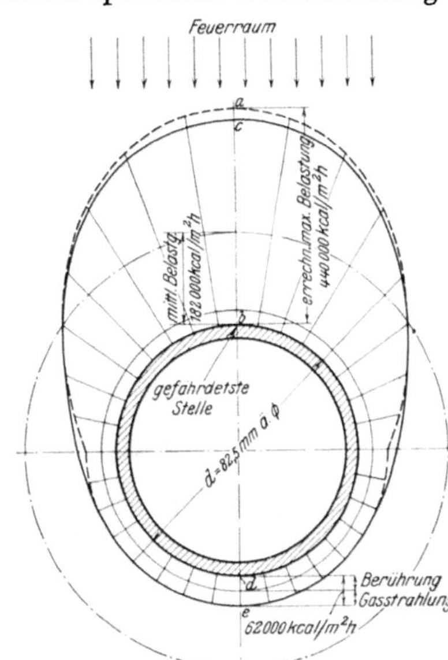

Abb. 260. Wärmebeanspruchung eines durch Feuerraumstrahlung und Berührung hochbelasteten Kühlrostrohres in Polarkoordinaten.

Nun ist aber die Voraussetzung einer völlig parallelen Richtung der die Rohre treffenden Wärmestrahlen wahrscheinlich zu ungünstig. Man wird der Wirklichkeit näher kommen, wenn man annimmt, daß die dem Feuerraum zugewandte Hälfte zwar viel stärker als die abgekehrte, aber ziemlich gleichmäßig belastet ist und wenn man die höchste Beanspruchung zu etwa 300000 kcal/m² veranschlagt. Man wird weiter voraussetzen dürfen, daß sich diese Belastung statt über die Hälfte, etwa über $^3/_4$ des Umfanges solcher Rohre erstreckt, die mit weiter Teilung in einigem Abstand vor einer Schamottewand angeordnet sind. Zwischen 200000 und 300000 kcal/m² h örtlicher Belastung entsprechend einer gleichmäßig über den ganzen Rohrumfang verteilt gedachten

Belastung von 150000 bis 220000 kcal/m²h dürfte die höchste Belastung der dem Feuer voll ausgesetzten Rohre bei etwa 1450° Feuerraumtemperatur im allgemeinen liegen. Bei so hoher Wärmeaufnahme wird die Wandung der Rohre außer durch den in ihrem Innern wirksamen Überdruck noch durch zusätzliche Spannungen **(Wärmespannungen)** beansprucht, die dadurch entstehen, daß die äußere heißere Rohrwand durch die innere kältere daran gehindert wird, sich ihrer Temperatur entsprechend zu dehnen. Sie können nach den von Lorenz angegebenen Formeln berechnet werden[1]. Infolgedessen ist die Sicherheit der Rohre gegen Aufreißen lange nicht so groß, als man auf Grund der Berechnungsformel annehmen könnte, S. 55. Sie geht bei Kesselsteinansatz noch weiter zurück, weil dann die Rohrwand sich unter Umständen erheblich über die Sättigungstemperatur des Kesselwassers hinaus erhitzt, wodurch die Streckgrenze weit unter ihren Betrag bei Raumtemperatur fallen kann. Nach Zahlentafel 27 sind hochbelastete Siederohre schon bei $^1/_{10}$ mm bösartigem Kesselstein gefährdet, S. 103, obgleich sie durch den Dampfdruck nur mit 2 kg/mm² beansprucht sind.

Zahlentafel 27. Einfluß von Kesselstein verschiedener Zusammensetzung auf das Verhalten hochbelasteter Siederohre von 82,5/72,1 mm Durchmesser (Beanspruchung durch inneren Überdruck = 2 kg/mm²).

1	Kesselstein:	Art	—	ohne	gutartig		bösartig	
2	Kesselstein:	Stärke	mm	—	0,1	0,5	0,1	0,2
3	Kesselstein:	Wärmeleitzahl	kcal/mh° C	—	2,0		0,2	
4	Höchste spezifische Heizflächenbelastung		kcal/m² h	200000 *300000*	200000 *300000*		200000 *300000*	
5	Wärmeübergangszahl zwischen Rohrwand und Wasser		kcal/m² h° C	4000	4000		4000	
6	Kesseldruck		ata	30	30		30	
7	Temperaturen:	Kesselwasser	°	233	233	233	233	233
8	Temperaturen:	Kesselstein Wasserseite	°	—	283 *308*	283 *308*	283 *308*	283 *308*
9	Temperaturen:	Rohrwand innen t_{ri}	°	283 *308*	293 *323*	333 *383*	383 *458*	483 *608*
10	Temperaturen:	Rohrwand außen t_{ra}	°	304 *339*	314 *354*	354 *414*	404 *489*	504 *639*
11	Festigkeit:	Streckgrenze bei t_{ri}	kg/mm²	15,0 *14,0*	14,5 *13,5*	13,0 *11,4*	11,5 *9,3*	8,5 *3,5*
12	Festigkeit:	Zerreißgrenze bei t_{ri}	kg/mm²	48,5 *47,0*	48,0 *46,0*	45,0 *38,8*	38,5 *30,0*	27,0 *12,6*
13	Sicherheit der Rohrinnenwand gegen:	Fließen	ohne Beachtung der Temperaturspannungen	7,5 *7,0*	7,3 *6,7*	6,5 *5,7*	5,8 *4,6*	4,3 *1,8*
14	Sicherheit der Rohrinnenwand gegen:	Aufreißen	ohne Beachtung der Temperaturspannungen	24,3 *23,5*	24,0 *23,0*	22,5 *19,4*	19,3 *15,0*	13,5 *6,3*
15	Sicherheit der Rohrinnenwand gegen:	Fließen	mit Beachtung der Temperaturspannungen	2,2 *1,65*	2,1 *1,6*	1,9 *1,34*	1,7 *1,1*	1,2 *<1*
16	Sicherheit der Rohrinnenwand gegen:	Aufreißen	mit Beachtung der Temperaturspannungen	7,0 *5,5*	6,9 *5,4*	6,5 *4,6*	5,6 *3,5*	3,9 *1,5*

Die starke Belastung der Rohrmitte, Strecke ab in Abb. 260, erklärt, weshalb die Ausbeulung fast stets an dieser Stelle beginnt. Besonders groß ist diese Gefahr bei Kühlrostrohren, da sie gerade an den Stellen beheizt werden, wo die Dampfblasen sich sammeln und bei nicht ganz tadellosem Wasserumlauf örtliche Überhitzung verursachen können.

Bald nach Einführung der Staubfeuerungen erkannte Murray den Vorteil zusammenhängender Kühlflächen und reihte zunächst parallele Wasserrohre unmittelbar aneinander. Der nächste Schritt waren die sog. Fin-, Flossen- oder Flügelrohre, d. h. Rohre mit

[1] Lit.-Nachw. Nr. 144.

beiderseitig angeschweißten Blechstreifen, die rechnerisch ebenso behandelt werden können wie gewöhnliche Wasserrohre. Bailey klemmte etwas später auf die Kühlrohre sog. **Bailey-Platten,** die aus Gußeisen mit oder ohne einem feuerfesten Futter bestehen. Reine Gußeisenplatten werden besonders für den Schlackenfall von Staubfeuerungen mit flüssigem Schlackenabzug, Platten mit Karborundumfutter von hoher Wärmeleitzahl da verwendet, wo besonders hohe Temperaturen herrschen und die Kühlfläche außergewöhnlich stark beansprucht wird.

Wohlenberg und Brooks haben zur Vereinfachung der Rechnung angenommen, daß Bailey-Platten aus Metallwänden bestehen, die durch satt anliegende Schamotteschichten einer bestimmten Wärmeleitzahl vor der unmittelbaren Berührung durch das Feuer geschützt sind. Abb. 261 gibt für Steinkohle, eine Staubfeuerung mit 190000 kcal/m³h spezifischer Feuerraumbelastung, 1,2 Luftüberschuß, 20° Lufttemperatur und 6 m Feuerraumkantenlänge an, wie sich mittlere Feuerraumtemperatur und mittlere Außentemperatur der Kühlflächenverkleidung bei verschieden dicker Abdeckung ändern. Dabei ist in allen Fällen angenommen, daß der ganze Feuerraum mit Heizflächen ausgelegt ist, von denen der jeweils angegebene Bruchteil blank, der Rest abgedeckt ist. Die Kurven 1/6 würden also gelten, wenn die Deckenfläche des Feuerraumwürfels durch die Projektion des Kesselbündels gebildet wird (das als blanke Heizfläche rechnet), während die ganze eigentliche Kühlfläche verkleidet ist. Bemerkenswert ist, daß von etwa 150 mm Stärke der Verkleidung an die Verhältnisse praktisch dieselben sind, wie wenn überhaupt keine Kühlfläche vorhanden wäre, gleichgültig, ob der Feuerraum weitgehend mit blanken Kühlflächen ausgekleidet ist oder nicht. Die Feuerraumtemperaturen in Abb. 261 sind daher für $\delta = 150$ mm die gleichen, wie sie aus Tafel 18 für $\psi = 1/6$, $2/6$ usw. ermittelt werden können. Ebenso stimmt die Temperatur für $\delta = 0$, d. h. wenn alle Kühlflächen blank sind, mit dem Werte aus Tafel 18 für $\psi = 1{,}0$ überein. Die von Wohlenberg und Brooks gefundenen Ergebnisse zeigen auch für andere Feuerraumbedingungen immer dasselbe charakteristische Bild.

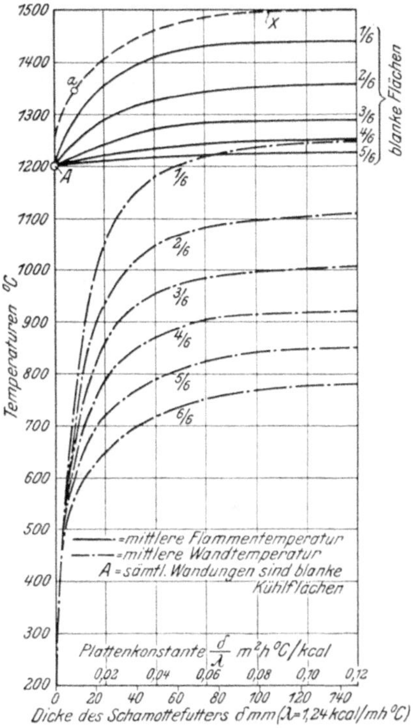

Abb. 261. Mittlere Feuerraum- und mittlere Wandungstemperatur in Feuerräumen mit armierten Kühlflächen.

Spezifische Feuerraumbelastung = 190000 kcal/m³h; Luftüberschuß = 1,2; Lufttemperatur = 20°; Feuerraumkantenlänge = 6 m; unterer Heizwert der Kohle = 6800 kcal/kg.

Dieser Umstand ermöglicht die Verwendung von Abb. 261 für die verschiedenartigsten Kühlflächen. Zu diesem Zwecke sind die mittleren Temperaturen im Feuerraum und auf der äußersten Schicht der Schutzbekleidung für sechs verschiedenartige Auskleidungen eingetragen. Ferner wurde als Hauptmaßstab nicht die Dicke der Schutzschicht, sondern der eine Verkleidungskonstruktion kennzeichnende Quotient

$$\frac{\delta}{\lambda} = \frac{\text{Dicke der Schutzschicht in m}}{\text{Wärmeleitzahl der Schutzschicht in kcal/m h °C}},$$

der **Plattenkonstante** genannt werden möge, verwendet. Die Dicke der Schutzschicht bei einer Wärmeleitzahl von 1,24 kcal/mh° C ist lediglich als Nebenmaßstab eingetragen. Will man für eine beliebig ausgeführte armierte Kühlfläche die mittlere Feuerraumtemperatur bestimmen, so braucht man lediglich, wenn Größe und spezifische Belastung des Feuerraumes, Lufttemperatur, Luftüberschuß und Kohlenheizwert gegeben sind, aus

Tafel 17, 18 oder 19 die zugehörige Feuerraumtemperatur für $\psi = 1$ und für ein ψ ermitteln, das sich ergibt, wenn man nur die blanken Kühlflächen berücksichtigt, die verkleidete Kühlfläche also als nicht vorhanden betrachtet. Diese beiden Werte werden in ein Koordinatensystem nach Abb. 261 eingetragen, der erste für $\frac{\delta}{\lambda} = 0$, der zweite für $\frac{\delta}{\lambda} = 0{,}12$. Durch diese beiden Punkte läßt sich mit genügender Genauigkeit eine Kurve vom selben Charakter wie die Feuerraumtemperatur legen. Hierauf sucht man für die vorliegende Verkleidungskonstruktion den Wert $\frac{\delta}{\lambda}$ in $m^2 h^0$ C/kcal und findet als Schnittpunkt der Ordinate durch diesen Wert mit der Temperaturkurve die gesuchte Feuerraumtemperatur. Setzt sich die Kühlflächenbekleidung ähnlich wie Bailey-Platten aus mehreren Körpern zusammen, so wird, wie in Beispiel 39 gezeigt wird, der Quotient $\frac{\delta}{\lambda}$ der ganzen Platte bestimmt und mit ihm ebenso wie vorher beschrieben verfahren.

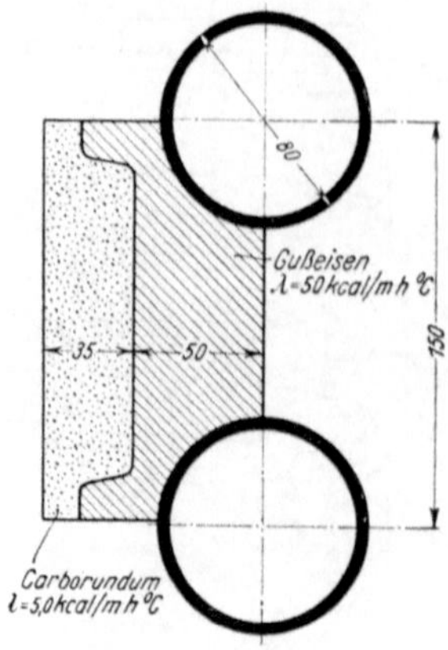

Abb. 262. Schema einer armierten Kühlplatte (zu Rechenbeispiel 39).

Zuweilen werden Kühlrohre unmittelbar in Mauerwerk eingebettet, indem die Schamottesteine mehr oder weniger fest auf ihnen aufliegen oder indem die Rohre mit etwas Spiel von den Steinen umfaßt werden. Im Gegensatz zu den Abb. 261 zugrunde liegenden Annahmen muß bei fast allen solchen Ausführungen mit einem erheblichen Wärmewiderstand und daher auch Temperatursprung zwischen Rohrwand und Schutzschicht gerechnet werden. Die Feuerraum- und vor allem die Wandungstemperaturen in Abb. 261 sind Mindestwerte, die nur bei gut anliegenden Kühlplatten erreicht werden. Da aber selbst dann bereits bei 150 mm Stärke der Schamotteschutzschicht die dahinterliegenden Rohre nicht mehr fühlbar kühlen, muß bei lose eingemauerten Rohren die Kühlwirkung erst recht vernachlässigbar sein. Solche Schutzschichten werden daher trotz der hinter ihnen liegenden Rohre oft schnell zerstört.

Beispiel 39: Ein würfelförmiger Feuerraum von 9 m Kantenlänge einer Kohlenstaubfeuerung ist oben durch das Röhrenbündel des Kessels abgeschlossen, während sämtliche übrigen Wandungen durch Bailey-Platten nach Abb. 262 verkleidet sind. Es soll ermittelt werden, wieviel die Feuerraumtemperatur dadurch steigt, daß die Kühlflächen nicht blank sind.

Ausgangswerte:

Kantenlänge des Würfels	9 m	Feuerraumbelastung	200000 kcal/m³ h
Flammenbelastung	222000 kcal/m³ h	Luftüberschußzahl	1,2
Lufttemperatur	20°	Brennstoff	Steinkohle
Unterer Heizwert	rd. 6800 kcal/kg		

Aus Tafel 19 ergibt sich für obige Ausgangswerte:

Feuerraumtemperatur für $\psi = 1{,}0$ . . . . 1255°

Wenn man jetzt annimmt, daß fünf Wandungen aus feuerfesten Baustoffen beständen, wäre die Kühlziffer $\psi = 1/6$. Hierzu findet man aus Tafel 19:

Feuerraumtemperatur für $\psi = 1/6$ . . . . 1500°

Mit diesen beiden Werten zeichnet man in der oben beschriebenen Weise eine Kurve auf, welche die Abhängigkeit der Feuerraumtemperatur von der Größe $\frac{\delta}{\lambda}$ wiedergibt, Kurve X in Abb. 261.

An sich läßt sich der Wert δ für den Gußeisenteil der Platte nur annähernd bestimmen, da die Weglänge der Wärme durch das Gußeisen je nach der Stelle auf der Platte verschieden ist. Da aber der Widerstand des Gußeisens gegenüber dem des Karborundums klein ist, spielt diese Unsicherheit keine Rolle. Man kann im vorliegenden Falle die Dicke $\delta_G = 0{,}05$ m, die Wärmeleitzahl $\lambda_G = 50$ kcal/mh° C setzen, während für das Karborundum $\delta_K = 0{,}035$ m, $\lambda_K = 5$ kcal/mh° C beträgt.

Damit ist:

$$\frac{\delta}{\lambda} = \frac{\delta_K}{\lambda_K} + \frac{\delta_G}{\lambda_G} = \frac{0{,}035}{5} + \frac{0{,}050}{50} = 0{,}007 + 0{,}001 = 0{,}008\,.$$

Zu diesem Werte findet man aus der vorher aufgezeichneten Kurve X die gesuchte Feuerraumtemperatur zu 1340°, Punkt a in Abb. 261.

Zum Vergleich soll die Feuerraumtemperatur bestimmt werden, die sich einstellen würde, wenn die Kühlrohre nicht durch Bailey-Platten geschützt wären. In diesem Falle wäre, da die Kühlrohre von 80 mm äußerem Durchmesser mit 150 mm Teilung verlegt sind, die Kühlziffer etwa:

$$\psi = \frac{1}{6} + \frac{5}{6} \cdot \frac{80}{150} = \ldots\ldots\ldots \quad 0{,}61$$

Aus Tafel 19 ergibt sich damit:

Feuerraumtemperatur . . . . 1310°

Die Temperaturerhöhung durch die Bailey-Platten beträgt somit gegenüber derselben Anzahl ungeschützter Rohre rd. 30°, ist also nicht groß. Bei Rechnen nach Hottel, das richtiger ist, kann die Temperaturerhöhung bis 100° betragen. Bei einem Karborundumfutter wäre die Temperatursteigerung erheblich höher gewesen.

5. Die Einmauerung. Die Einmauerung des Feuerraumes verlangt größte Sorgfalt, weil sie hoch beansprucht und für Betriebssicherheit und Wirtschaftlichkeit eines Kessels hervorragend wichtig ist. Die Lebensdauer feuerfester Steine hängt außer ihrer Eignung für eine bestimmte Asche vor allem von der höchsten Temperatur ab, die sie annehmen. Kohlenstaubfeuerungen stellen an die Verbrennungskammer besonders hohe Anforderungen, S. 34. Es ergaben sich daher schon bei den ersten Ausführungen so große Schwierigkeiten, daß man zunächst die am höchsten beanspruchten Mauerwerkspartien mittels Luft kühlte und sie später durch wassergekühlte „kalte Flächen“ schützte bzw. ersetzte. Die Not hat sich auch hier als vorzüglicher Lehrmeister erwiesen und sehr zur Verbesserung der Leistung und Betriebssicherheit von Dampfkesseln beigetragen.

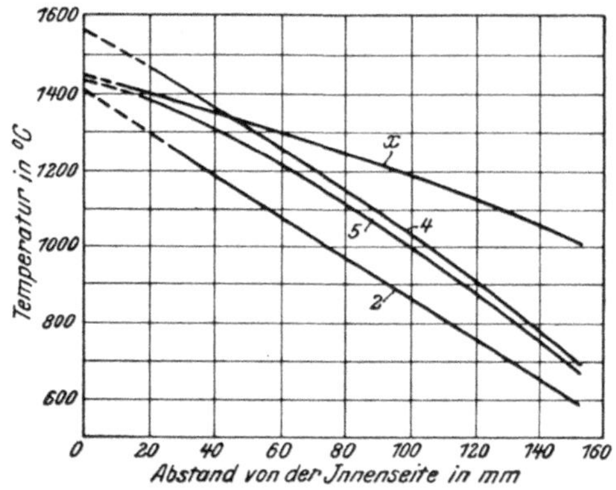

Punkt x ist nicht luftgekühlt.

Abb. 263. Temperaturverlauf in der Wand der in Abb. 219 und 220 dargestellten Kohlenstaubfeuerung in den entsprechend bezeichneten Punkten bei 103000 kcal/m² h Feuerraumbelastung.

Abb. 263 zeigt mittels Thermoelementen gemessene Temperaturen in den Feuerraumwänden der in Abb. 219 und 220 dargestellten Kohlenstaubfeuerung. Die Meßstellen waren in verschiedener Entfernung von der heißen Außenseite im Innern der Schamottesteine an den in Abb. 220 angegebenen Stellen angebracht. Vor diesen Steinen wurden auch bei nahezu derselben Belastung die in Abb. 217 und 218 aufgezeichneten Flammentemperaturen in 150 und 1200 mm Abstand von der Wand gemessen. Ein Vergleich zwischen der Außentemperatur der Steine und der Flammentemperatur in 150 und 1200 mm Abstand zeigt in Übereinstimmung mit den Ausführungen auf S. 158 und mit Abb. 223, daß die Wandtemperatur etwas höher als die Gastemperatur in 1200 mm Abstand und beträchtlich höher als die Gastemperatur in nur 150 mm Abstand von ihr ist. Es soll daher rechnerisch versucht werden, sich ein ungefähres Bild von dem unter verschiedenen Verhältnissen möglichen Unterschied zwischen Feuer- und Wandtemperatur zu machen. Zunächst wird eine einfache, massive Wand aus Schamottesteinen unter Vernachlässigung der vom Feuer in sie eingestrahlten Wärme behandelt. Nach S. 60 und Abb. 81 und 82 nehmen die Wärmeleitzahlen feuerfester Baustoffe mit der Temperatur zu. Innerhalb eines bestimmten Temperaturintervalles wird man aber schon der Einfachheit wegen mit dem Mittelwert aus den beiden zu der höchsten und tiefsten Temperatur gehörenden Wärmeleitzahlen rechnen. Im Falle von Abb. 264 entsteht dadurch in der Mitte der Wand ein Fehler von rd. 100°. Auf die Temperatur t_3 der kalten Außenseite ist die Stärke des Wärmeüberganges zwischen Feuergasen und Wand nur von sehr kleinem Einfluß. Beträgt z. B. die Rauchgastemperatur $t_1 = 1500°$, so steigt die Außenwandtemperatur nur um rd. 3°, wenn die Wärmeübergangszahl α_1 von 20 auf 40 kcal/m² h° C erhöht und die Wärme lediglich durch Berührung an die Wand übertragen werden würde.

Je dünner eine Wand ist, um so schmaler ist das Gebiet gefährlicher Temperaturen. Würde z. B. für einen gewissen Schamottestein eine Temperatur von 1300° bereits kritisch sein, so würde sie bei 1500° Feuerraumtemperatur in eine 1200 mm starke Wand 140 bis 160 mm, in eine 400 mm starke Wand nur 30 bis 50 mm tief eindringen. Man müßte eine Mauer aber meist unzulässig dünn machen, wenn hierdurch ihre heißeste Temperatur erheblich abgesenkt werden soll.

Andererseits würden reine Schamottewandungen außerordentlich dick und teuer werden, wenn die Temperatur ihrer Außenseite eine erträgliche Höhe nicht überschreiten darf. Als oberste Grenze kann man eine Wandaußentemperatur von 60 bis 80° annehmen, die, wenn sie auf einer größeren Fläche auftritt, bereits lästig für die Bedienung werden kann. Es wird daher nur die innerste Wandschicht von 250 bis 380 mm Stärke aus

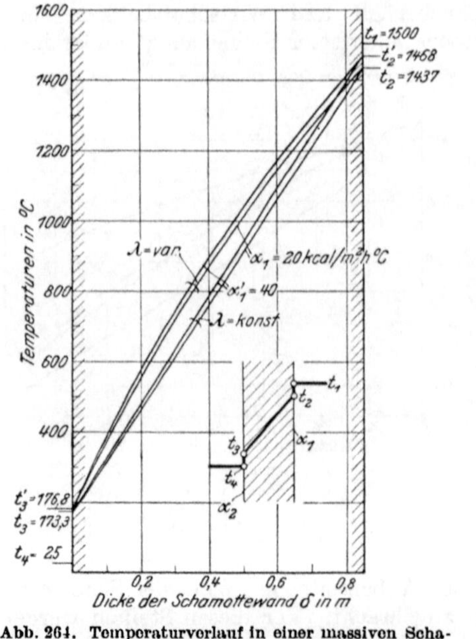

Abb. 264. Temperaturverlauf in einer massiven Schamottewand bei Rechnen mit konstanter und mit von der Temperatur abhängiger Wärmeleitzahl der Schamotte für 20 und 40 kcal/m²h° C Wärmeübergangszahl zwischen Rauchgas und Wand und 8,5 kcal/m²h° C Wärmeübergangszahl zwischen Wand- und Außenluft.

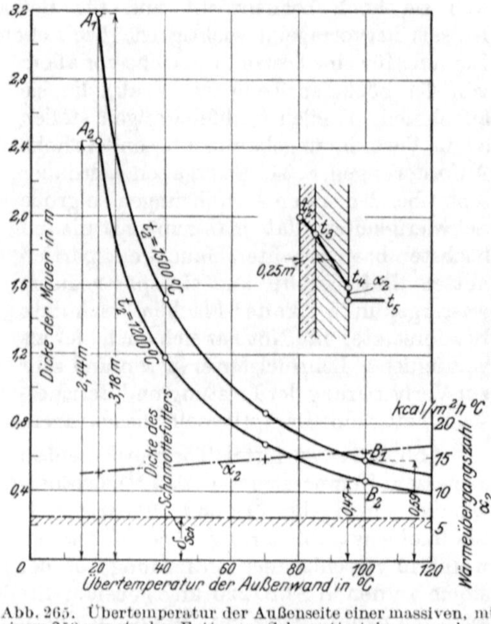

Abb. 265. Übertemperatur der Außenseite einer massiven, mit einem 250 mm starken Futter aus Schamottesteinen versehenen Mauer aus Ziegelsteinen verschiedener Dicke bei 1200 und 1500° Temperatur der Innenseite.

Schamottesteinen erster Qualität, der Rest aus niederer Qualität und aus Ziegelsteinen ausgeführt, die nicht viel heißer als 400° werden dürfen, da sie sonst brüchig werden.

Abb. 265 zeigt für Temperaturen der Innenwand von 1200 und 1500° und für eine aus einem 250 mm starken Schamottefutter und einer darauf folgenden Ziegelsteinschicht verschiedener Stärke bestehende Wand die für eine bestimmte Außentemperatur erforderliche Mauerwerksdicke. Die Lufttemperatur ist dabei sehr hoch zu 40° angenommen. In die Wärmeübergangszahl α_2 zwischen Außenwand und Kesselhausatmosphäre wurde auch die an benachbartes Mauerwerk von Lufttemperatur abgestrahlte Wärme eingeschlossen. Es ist also vorausgesetzt, daß der betrachtete Kessel von lauter kalten Kesseln umgeben ist, weshalb α_2 in der in Abb. 265 angegebenen Weise mit der Übertemperatur der Außenwand wächst. Die Mauerstärke hängt viel mehr von der verlangten Übertemperatur der Außenwand als von der Innenwandtemperatur ab. Z. B. wird sie bei 100° Übertemperatur nur um 120 mm größer (590 statt 470 mm), wenn die Innenseite 1500 statt 1200° heiß ist, Punkte B_1 und B_2. Will man mit mäßigen Übertemperaturen auskommen (20 bis 40°), so reicht die Isolierwirkung von gewöhnlichem Ziegelmauerwerk im Bereiche hoher Feuerraumtemperaturen nicht mehr aus.

Beispiel 40: Die Berechnung zusammengesetzter Wände erfolgt ganz ähnlich wie die auf S. 103 und im Beispiel 21 beschriebene Berechnung von Wasserrohren mit Kesselsteinansatz. Mit den in Abb. 266 benutzten und unter sinngemäßer Anwendung der auf S. 103 erklärten Bezeichnungen ist

$$Q = k\,(t_1 - t_5) = \alpha_1\,(t_1 - t_2) = \frac{\lambda_{Sch}}{\delta_{Sch}} \cdot (t_2 - t_3)\ \text{kcal/m}^2\,\text{h}$$

$$= \frac{\lambda_z}{\delta_z} \cdot (t_3 - t_4) = \alpha_2 \cdot (t_4 - t_5)\ \text{kcal/m}^2\,\text{h}\,{}^0\text{C}.$$

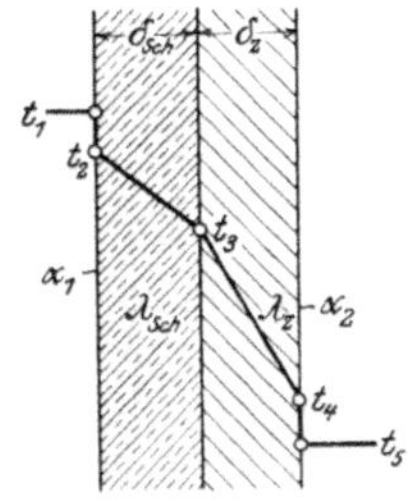

Abb. 266. Schema des Temperaturverlaufes in einer zusammengesetzten Feuerraumwand.

Daraus läßt sich ableiten:

$$k = \frac{1}{\frac{1}{\alpha_1} + \frac{\delta_{Sch}}{\lambda_{Sch}} + \frac{\delta_z}{\lambda_z} + \frac{1}{\alpha_2}}\ \text{kcal/m}^2\,\text{h}\,{}^0\text{C}.$$

Im allgemeinen werden als bekannt anzusehen sein α_1, α_2, λ_{Sch}, λ_z, δ_{Sch}, t_1, t_4 und t_5. Für die Bestimmung der Temperaturen gelten folgende Gleichungen:

$$t_2 = t_1 - \frac{k}{\alpha_1}(t_1 - t_5)^0,\quad t_3 = t_2 - \frac{k \cdot \delta_{Sch}}{\lambda_{Sch}}(t_1 - t_5)^0,$$

$$t_4 = t_3 - \frac{k \cdot \delta_z}{\lambda_z}(t_1 - t_5)^0,\quad t_4 = t_5 + \frac{k}{\alpha_2}(t_1 - t_5)^0.$$

Wenn man ein bestimmtes t_4 einhalten will, kann man aus der letzten Gleichung k und damit die erforderliche Wandstärke δ_z errechnen.

In Wirklichkeit ist aber die Temperatur an verschiedenen Stellen der Innenwand einer Feuerkammer um so verschiedener, je ungleichmäßiger verteilt die Wärmeentbindung erfolgt, je verwickelter die Form des Feuerraumes ist und je stärker einzelne

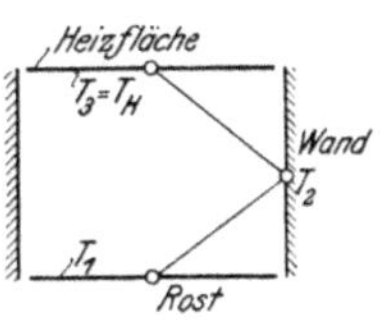

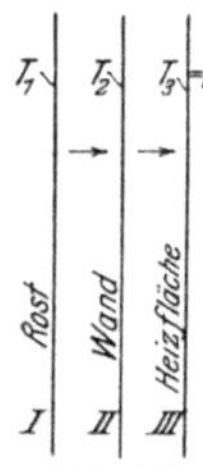

Abb. 268.

Abb. 267 u. 268. Schema bei einmaligem Reflektieren eines Wärmestrahles durch die Feuerraumwand.

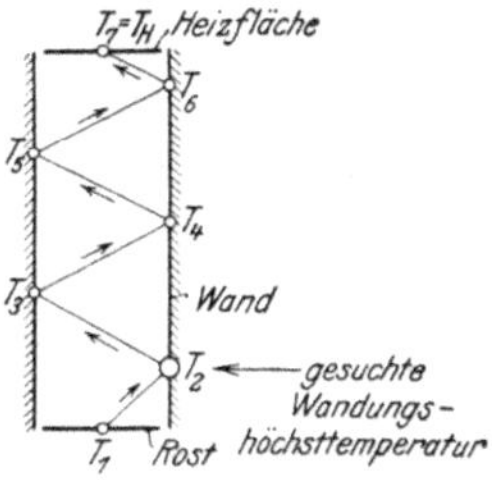

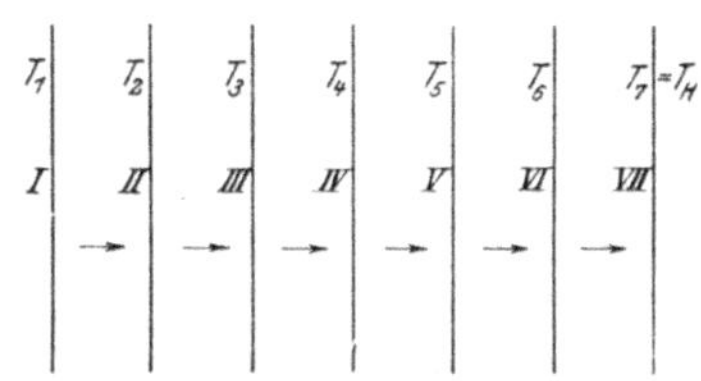

Abb. 270.

Abb. 269 u. 270. Schema bei fünfmaligem Reflektieren eines Wärmestrahles durch die Feuerraumwand.

Wandungsteile dem wärmeentziehenden Einfluß benachbarter „kalter Flächen" ausgesetzt sind. Überdruck in gemauerten Feuerräumen sollte unter allen Umständen vermieden werden, da er, von anderen Übelständen abgesehen, das Mauerwerk sehr schnell zerstören kann, S. 63.

Die Verhältnisse lassen sich bildmäßig recht gut überblicken, wenn man von der (in Wirklichkeit natürlich nicht zutreffenden) Annahme ausgeht, daß lediglich die Rostfläche Wärme ausstrahlt und daß auf ihr eine gleichmäßige, und zwar die höchste Temperatur im Feuerraum herrscht. Die vom Rost ausgehenden Wärmestrahlen können dann, wie dies in Abb. 267 und 268 dargestellt ist, nach ihrem Auftreffen auf eine bestimmte Wandstelle unmittelbar oder wie in Abb. 269 und 270 erst nach wiederholtem Reflektieren die Heizfläche erreichen.

Vernachlässigt man zunächst die Wärmeübertragung durch Berührung zwischen Rauchgasen und der als vollkommen wärmedicht vorausgesetzten Wand, so lassen sich die Temperaturen der Feuerraumwand wie folgt genügend genau berechnen. Für mehrfache Rückstrahlung kann man mit den in Abb. 269 und 270 eingetragenen Bezeichnungen schreiben:

$$4\left[\left(\frac{T_1}{100}\right)^4 - \left(\frac{T_2}{100}\right)^4\right] = 4\left[\left(\frac{T_2}{100}\right)^4 - \left(\frac{T_3}{100}\right)^4\right] = \cdots = 4\left[\left(\frac{T_{n-1}}{100}\right)^4 - \left(\frac{T_n}{100}\right)^4\right]\ \text{kcal/m}^2\,\text{h}. \tag{113}$$

Dabei ist $T_n = T_H$ gleich der abs. Temperatur der Heizfläche.

n ist gleich 3, wenn der Strahl auf seinem Wege vom Rost zur kalten Fläche 1mal, und 7, wenn er wie in dem auf Abb. 269 dargestellten Beispiel 5mal auf

Feuerraumwände auftraf. Die allgemeine Lösung für die interessierende Wandtemperatur T_2 lautet:

$$\left(\frac{T_2}{100}\right)^4 = \frac{1}{n-1}\left[(n-2)\left(\frac{T_1}{100}\right)^4 + \left(\frac{T_n}{100}\right)^4\right] (^0\,\mathrm{abs})^4. \tag{114}$$

Bei einer Rohrwandtemperatur T_n von $250 + 273^0$ C wird

$$\left(\frac{T_2}{100}\right)^4 = \frac{1}{n-1}\left[(n-2)\left(\frac{T_1}{100}\right)^4 + 750\right] (^0\,\mathrm{abs})^4. \tag{115}$$

In Abb. 271 ist für Feuerraum-(Rost-)Temperaturen von 1000 bis 1600° der Unterschied zwischen ihnen und den Wandtemperaturen T_2 (erstes Auftreffen des vom Rost kommenden Strahles) für verschieden häufige Rückstrahlung dargestellt. Bereits bei vierfacher Rückstrahlung ist diese Wandtemperatur nur noch rd. 60 bis 120° von der Rosttemperatur entfernt, d. h. in der Nähe des Rostes liegt die Schamottetemperatur nahe der Temperatur des Brennstoffbettes. Da oft nahezu der ganze Feuerraum mit einer leuchtenden Flamme von starker Eigenstrahlung erfüllt ist, so ist

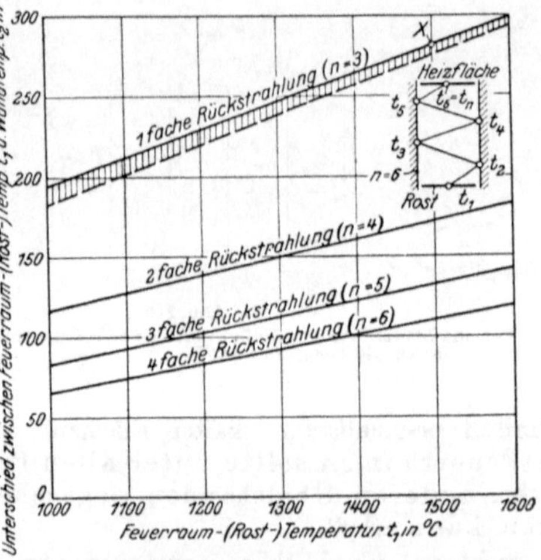

Abb. 271. Unterschied zwischen Rosttemperatur und heißester Feuerraumwandtemperatur je nachdem, wie oft der Wärmestrahl vor Erreichen der Heizfläche von der Feuerraumwand reflektiert wurde.

——— ohne, - - - mit } Berücksichtigung der durch Berührung von den Rauchgasen an die Wand übertragenen Wärme.

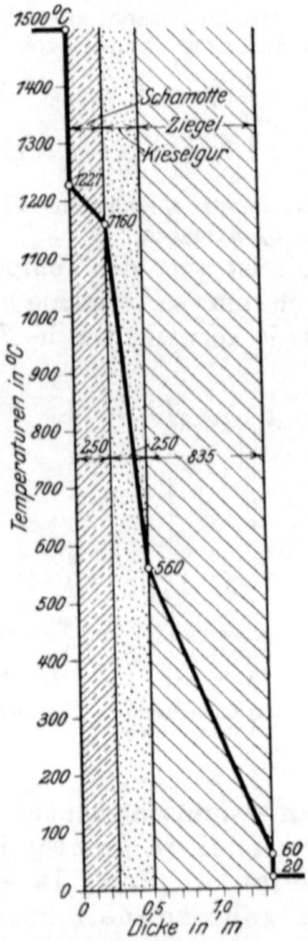

Abb. 272.

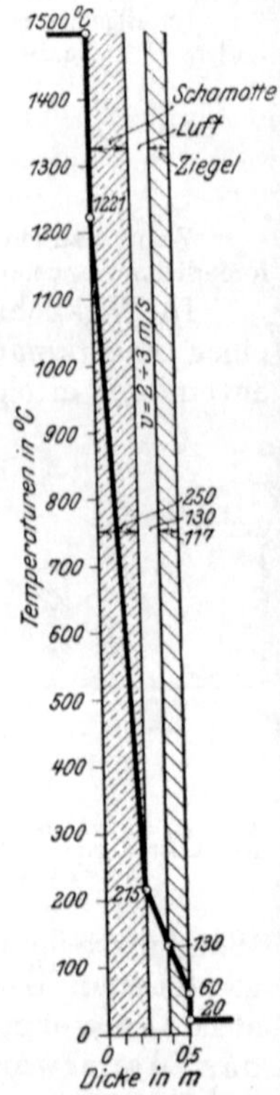

Abb. 273.

Abb. 272 u. 273. Temperaturverlauf in zwei verschieden ausgeführten Feuerraumwänden bei 1500° Feuerraum-(Rost-)Temperatur bei einmaligem Reflektieren der vom Rost ausgesandten Wärmestrahlen durch die untersuchte Wandstelle und gleicher Außentemperatur der Wand (60°).

es vollkommen verständlich, daß die Innenseite der Feuerraumwände nur wenige °C kälter als die Flamme ist, Abb. 223, selbst wenn an ihr entlang wesentlich kühlere Gase strömen, da der Einfluß der Strahlung den der Berührung bei weitem überwiegt.

Unter Berücksichtigung der durch Berührung von den heißen Rauchgasen an die als wärmedicht betrachtete Wand übergehenden Wärme gilt für dreifache Rückstrahlung annähernd:

$$4\left[\left(\frac{T_1}{100}\right)^4 - \left(\frac{T_2}{100}\right)^4\right] + \alpha_{1B}(T_1 - T_2) = 4\left[\left(\frac{T_2}{100}\right)^4 - \left(\frac{T_3}{100}\right)^4\right] \mathrm{kcal/m^2h}, \tag{116}$$

$$4\left[\left(\frac{T_2}{100}\right)^4 - \left(\frac{T_3}{100}\right)^4\right] + \alpha_{1B}(T_1 - T_3) = 4\left[\left(\frac{T_3}{100}\right)^4 - \left(\frac{T_4}{100}\right)^4\right] \mathrm{kcal/m^2h}, \tag{117}$$

$$4\left[\left(\frac{T_3}{100}\right)^4 - \left(\frac{T_4}{100}\right)^4\right] + \alpha_{1B}(T_1 - T_4) = 4\left[\left(\frac{T_4}{100}\right)^4 - 750\right] \mathrm{kcal/m^2h}. \tag{118}$$

Aus diesen drei Gleichungen läßt sich eine nur noch T_2 als Unbekannte enthaltende Schlußgleichung ableiten, die durch Probieren gelöst werden kann. Die Annahme, daß die Temperatur der Rauchgase, die an den Feuerraumwänden entlang streichen, durchweg gleich der Rosttemperatur sei, stimmt natürlich nicht. Die auf diese Weise ermittelten Temperaturen liegen also eine Kleinigkeit zu hoch. Für den Fall einfacher Rückstrahlung kann T_2 aus der ersten Gleichung gefunden werden, indem man $T_3 = T_H$ setzt. Mit den so erhaltenen Werten wurde die gestrichelte Linie in Abb. 271 ermittelt, nach der der Einfluß der durch Berührung übertragenen Wärme auf die Wandtemperatur sehr gering ist (nur rd. 10°). Wärmeübertragung durch Berührung zwischen Rauchgasen und Schamottewänden in Feuerräumen ist also fast ohne Bedeutung für die Wandtemperatur. Die oft rasche Zerstörung von Stellen, an denen heiße Gase mit großer Geschwindigkeit entlang strömen, rührt hauptsächlich vom mechanischen und chemischen Angriff der Gase und der in ihnen schwebenden Asche her.

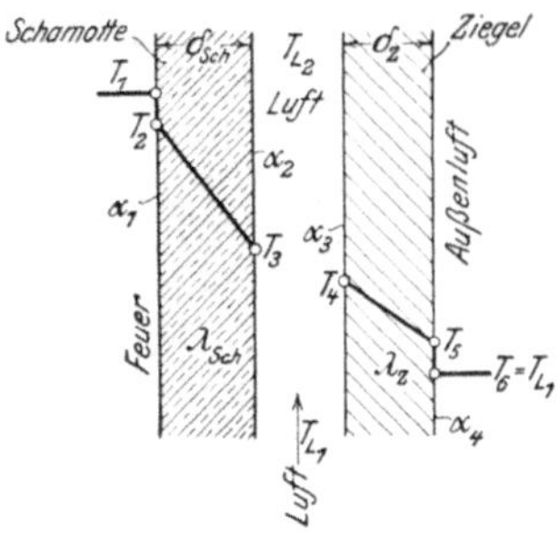

Abb. 274. Temperaturschema zum Berechnen einer hohlen, von der Verbrennungsluft gekühlten Feuerraumwand.

Es wurden schließlich noch die Feuerraumwände in Abb. 272 und 273 untersucht. Hierbei wurden sowohl die durch Berührung von den heißen Rauchgasen übertragenen als auch die von der Wand ins Kesselhaus bzw. die Kühlluft abgegebenen Wärmemengen berücksichtigt und angenommen, daß die vom Rost ausgehenden Wärmestrahlen von der untersuchten Wandstelle unmittelbar nach der Heizfläche zurückgestrahlt werden. Die Feuerraum-(Rost-)Temperatur wurde zu 1500°, die der Heizfläche zu 250° und die der Außenluft zu 20° vorausgesetzt. Die Außentemperatur der Einmauerung wurde zu 60° angenommen und errechnet, wie stark die Ziegelschicht sein muß, um diese Temperatur zu erreichen. Die Schamotteschicht wurde stets zu 250 mm, ihre Wärmeleitzahl $\lambda_{Sch} = 0{,}9$ kcal/mh° C angenommen. Die Kieselgurschicht in Abb. 272 sei 250 mm stark und habe eine Wärmeleitzahl $\lambda = 0{,}1$ kcal/mh° C.

Für Abb. 274 (luftgekühlte Feuerraumwand) gelten nachstehende Voraussetzungen und Ansätze.

Beispiel 41: Wie stark wird die Ziegelschicht einer luftgekühlten Feuerraumwand unter der Voraussetzung einer einfachen Rückstrahlung für folgende Verhältnisse?

Temperaturen:

Feuerraum (Rost) t_1	1500°	α_{1B} (Anteil durch Berührung an der Wärmeübergangszahl)	20 kcal/m² h° C
Heizfläche t_H	250°	α_{2B} (Anteil durch Berührung an der Wärmeübergangszahl)	16 kcal/m² h° C
Außenseite der Wand t_5	60°	α_{3B} (Anteil durch Berührung an der Wärmeübergangszahl)	16 kcal/m² h° C
Luft t_6, t_{L1}	20°	α_4	6 kcal/m² h° C
Kühlluftmenge G_L je m² Wandfläche	a) 150 kg/m² h	λ_{Sch}	0,9 kcal/m h° C
	b) 300 kg/m² h	δ_{Sch}	0,25 m
		λ_z	0,4 kcal/m h° C

Es lassen sich folgende Gleichungen aufstellen:

$$4\left[\left(\frac{T_1}{100}\right)^4 - \left(\frac{T_2}{100}\right)^4\right] + \alpha_{1B}(T_1 - T_2) = 4\left[\left(\frac{T_2}{100}\right)^4 - \left(\frac{T_H}{100}\right)^4\right] + \frac{\lambda_{Sch}}{\delta_{Sch}}(T_2 - T_3) \text{ kcal/m}^2\text{h}, \qquad (119)$$

$$G_L\,(c_p^m)_L \cdot (T_{L2} - T_{L1}) + \alpha_4(T_5 - T_6) = \frac{\lambda_{Sch}}{\delta_{Sch}}(T_2 - T_3) \text{ kcal/m}^2\text{h}, \qquad (120)$$

$$G_L\,(c_p^m)_L \cdot (T_{L2} - T_{L1}) = \alpha_{2B}(T_3 - T_{Lm}) + \alpha_{3B}(T_4 - T_{Lm}) \text{ kcal/m}^2\text{h}, \qquad (121)$$

$$4\left[\left(\frac{T_3}{100}\right)^4 - \left(\frac{T_4}{100}\right)^4\right] = \alpha_{3B}(T_4 - T_{Lm}) + \alpha_4(T_5 - T_6) \text{ kcal/m}^2\text{h}, \qquad (122)$$

$$T_{Lm} = \frac{T_{L1} + T_{L2}}{2}\,{}^\circ\text{C}, \qquad (123)$$

$$\frac{\lambda_z}{\delta_z}(T_4 - T_5) = \alpha_4(T_5 - T_6) \text{ kcal/m}^2\text{h}. \qquad (124)$$

Aus diesen Gleichungen wird angenähert ermittelt:

Fall a)	Fall b)
$G_L = 150$ kg/m² h	$G_L = 300$ kg/m² h
$t_2 = 1221^0$	$t_2 = 1220^0$
$t_3 = 215^0$	$t_3 = 200^0$
$t_4 = 130^0$	$t_4 = 103^0$
$t_{L2} = 114^0$	$t_{L2} = 68^0$
$t_5 = 60^0$	$t_5 = 60^0$
$\delta_z = 0{,}117$ m	$\delta_z = 0{,}072$ m

Für 150 kg/m² h Luftmenge wurden die Verhältnisse in Abb. 273 dargestellt.

Auf die Temperatur der dem Feuer zugekehrten Seite einer von der Verbrennungsluft gekühlten Schamottehohlwand ist es also bei Flammentemperaturen von 1300 bis 1500° fast ohne Einfluß, ob viel oder wenig Kühlluft benutzt wird. Den Grund zeigt eine einfache Überlegung. Unter den Voraussetzungen von Abb. 273 werden von 1 m² Wandfläche nach außen abgegeben: an die Kühlluft rd. (150 bis 300) · 0,24 · (94 bzw. 48) = 3380 bis 3445 kcal/m² h, ans Kesselhaus 6 · (60 — 20) = 240 kcal/m² h, insgesamt also rd. 3620 bis 3685 kcal/m² h. Wäre bei einer völlig wärmedichten Wand und einfacher Rückstrahlung an „kalte Flächen" bei $t_1 = 1500^0$ Feuerraum-(Rost-)Temperatur die Wandtemperatur $t_2 = 1218^0$,

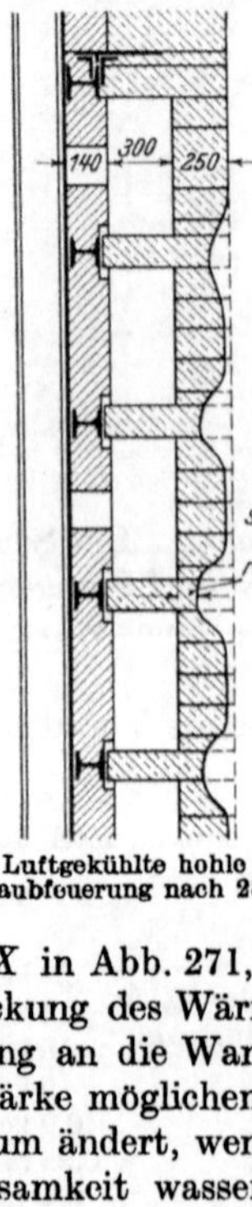

Abb. 275. Luftgekühlte hohle Feuerraumwand einer Kohlenstaubfeuerung nach 2800 Betriebsstunden.

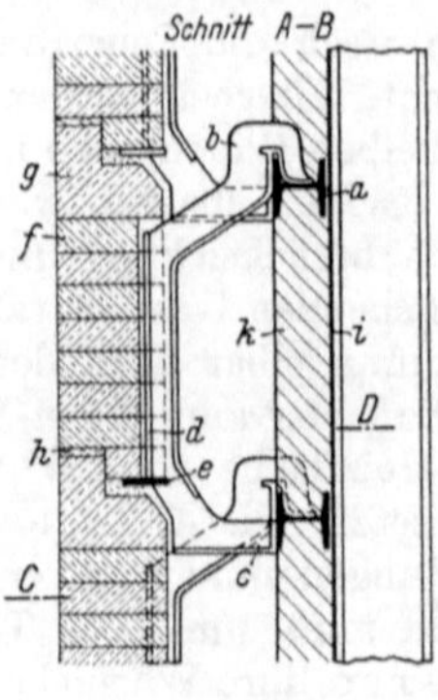

Abb. 276.

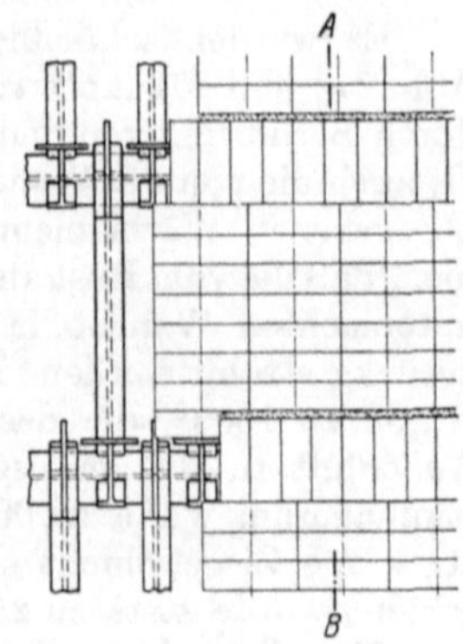

Abb. 277.

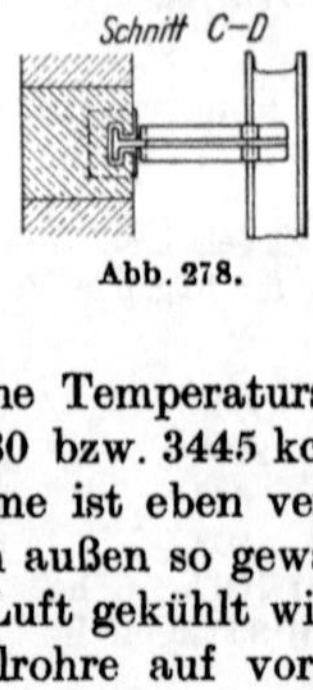

Abb. 278.

Abb. 276–278. Detrick-Feuerraumwand. *a* horizontaler Riegel des Traggerüstes; *b* Halteeisen; *c* Fuß von *b*; *d* unterster in Flansch von *b* eingefädelter Stein; *e* Tragnase von *b*; *f* oberster in Flansch von *b* eingefädelter Stein; *g* loser Schlußstein; *h* Ausdehnungsschlitz; *i* Blechmantel; *k* Isoliersteine.

Punkt *X* in Abb. 271, so würde schon eine Temperatursenkung der Wand um rd. 5° zur Deckung des Wärmeverlustes von 3380 bzw. 3445 kcal/m²h ausreichen. Die durch Strahlung an die Wand übertragene Wärme ist eben verglichen mit der bei normaler Wandstärke möglichen Wärmeabgabe nach außen so gewaltig, daß die Innentemperatur sich kaum ändert, wenn die Wand durch Luft gekühlt wird. Die auf S. 180 festgestellte Unwirksamkeit wasserdurchströmter Kühlrohre auf vorgesetzte Schamottewände von mehr als 100 mm Dicke wird hierdurch mittelbar bestätigt.

Kühlung durch Verbrennungsluft ist aber trotzdem vorteilhaft, weil eine dünnere Schamotteschicht im Gebiete gefährlicher Temperaturen bleibt und der Aufwand an Baustoffen am kleinsten und die Ummantelung am dünnsten wird. Der Kessel wird daher schmal und braucht wenig Platz.

Abb. 275 zeigt die luftgekühlte Feuerraumwand einer Kohlenstaubfeuerung nach etwa 2800 Betriebsstunden. Der vorher errechnete geringfügige Temperaturunterschied zwischen den Stellen der Wand, an die Kühlluft heran kann, und den Bindersteinen, wo dies nicht der Fall ist, mag zu der stärkeren Abnutzung der Bindersteine zwar beigetragen haben, doch sind so krasse Unterschiede im Steinangriff wie in Abb. 275 schon Ausnahmen und rühren wohl von verschiedener Qualität der Binder- und Normalsteine her.

Die feuerfesten Steine der Wandungen größerer Brennkammern werden meist derart mit einem Traggerüst verankert, daß sie untereinander und gegenüber dem Gerüst eine gewisse Beweglichkeit haben und durch darüber liegende Steine nur wenig belastet sind, damit sie sich beim Glühendwerden ungehindert ausdehnen können und damit zu der hohen thermischen nicht noch eine nennenswerte mechanische Beanspruchung kommt. Außerdem müssen sich schadhafte Stellen bequem und ohne gesunde Partien in Mitleidenschaft zu ziehen, auswechseln lassen. Meist wird die Feuerraumummantelung doppelwandig ausgeführt. Die äußere, kalt liegende Wand besteht aus dem Gerüst für die feuerfeste Innenwand und trägt gleichzeitig die luftdichte Blechummantelung und das Futter von Isoliersteinen. Bei der Ausführungsform nach Abb. 276 bis 278 sind in die horizontalen Riegel *a* des Traggerüstes parallele gußeiserne Formeisen *b* von mäßiger Länge eingehängt, die sich mit Fuß *c* lose gegen den senkrechten Flansch des nächst tieferen Riegels stützen und auf deren senkrechten Teil die einzelnen Steine aufgefädelt werden. Der unterste bis zum Feuerraum durchgehende Stein *d* ruht auf einem auf Nase *e* aufsitzenden Halbstein, der oberste Stein *g* sitzt lose auf dem letzten eingefädelten Stein *f*. Die Formeisen *b* der untereinander liegenden Felder sind um eine halbe Steinreihe versetzt. Je zwei horizontale Bahnen werden durch einen mit Asbest ausgefüllten Ausdehnungsschlitz getrennt. In vertikaler Richtung sind in angemessenen Abständen ähnliche Schlitze vorgesehen. Bei anderen Konstruktionen ist die Wand in einzelne horizontale Streifen unterteilt, die mit geeigneten Organen mit horizontalen Trageisen verankert werden. Das Gewicht der eigentlichen Kesseleinmauerung oberhalb der Feuerraumwände ruht auf dem Kesselgerüst auf und belastet letztere überhaupt nicht, Abb. 375 und 377.

B. Die Feuerungen.

1. Roste für Steinkohle. a) Einleitung. Steinkohle wird unter größeren Kesseln auf Wanderrosten, Unterschubrosten (Stokern) und Umwälzrosten (Über- oder Rückschubrosten) verfeuert. Unterwind erhöht spezifische Leistung, Wirkungsgrad und Anpassungsfähigkeit erheblich und wird immer mehr angewendet. Außer technischen Gründen haben Herkommen und Zufall dazu beigetragen, daß in gewissen Ländern, wie Deutschland, Wanderroste, in anderen, wie Amerika, Unterschubroste vorherrschen. Die bei uns entstandenen Überschubroste sind im Ausland noch wenig verbreitet und pendelnde Feuerbrücken kennt man in manchen fremden Ländern kaum. In der letzten Zeit haben sich die Grenzen zwischen der Brauchbarkeit von Wander- und Unterschubrosten immer mehr verwischt und die Tendenz zielt immer stärker auf universal brauchbare Feuerungen.

Die Eignung eines Rostes für eine bestimmte Kohle hängt von ihrem Verhalten im Feuer und der Belastungskurve eines Werkes ab. Bei Verbrennen sehr backfähiger Kohlen in hoher Schicht entstehen z. B. leicht größere Kokskuchen, wodurch der Abbrand an verschiedenen Stellen des Rostes ungleichmäßig wird. Bei feinkörnigen nicht backenden Brennstoffen dagegen bilden sich leicht Löcher im Kohlenbett, wodurch die Leistung einiger Rostpartien zurückgeht, während andere überlastet und feine Kohlenstückchen von den Verbrennungsprodukten mitgerissen werden. Kohlen mit viel Asche, die zur Bildung von Schlackenkuchen neigen, verbrennen besser, wenn sie wenig geschürt werden. Bei Waschbergen, Feinkohlen, Kohlenschlamm ist die Rostleistung kleiner, weil die vielen mineralischen Beimengungen eine innige Berührung der brennbaren Bestandteile mit der Luft verhindern, wenn das Brennstoffbett nicht dauernd durchgeschürt wird. Soll eine Feuerung lange mit gebänktem Feuer arbeiten, aber wieder schnell auf volle Leistung kommen, so muß einerseits verhindert werden, daß das Feuer bis auf den Rostbelag durchbrennt, andererseits ein glühender Kern erhalten bleiben, der beim Hochheizen nur angefacht zu werden braucht. Die Rostfläche muß daher verhältnismäßig klein, die Schichthöhe verhältnismäßig groß sein und wirksame Schürvorrichtungen müssen die während des Bänkens zusammengebackene und teilweise erloschene Brennstoffschicht aufbrechen, mit der noch brennenden Kohle vermischen und das Feuer schnell über den ganzen Rost verbreiten.

Im Feuerraum sollen die brennbaren Gase und in gewissem Maße auch mitgerissene Kohlenteilchen vor ihrem Eintritt in die kalte Kesselheizfläche ausbrennen. Da der

Luftüberschuß an verschiedenen Stellen der Rostfläche vielfach recht verschieden ist und damit gut ausgebrannte Gasmassen mit Strähnen unverbrannter Gase durchmischt werden, ist bei großen Kesseln ein Abstand von 4 bis 7 m, im Mittel 4,5 bis 5,5 m, zwischen Rost und Kesselheizfläche erforderlich. Bei hoher spezifischer Rostbelastung und feinkörniger Kohle sollte des Flugkoksverlustes wegen die Gasgeschwindigkeit im Feuerraum 3 bis 4 m/s nicht überschreiten. Je nach der Kohlensorte und dem Flugkoksverlust, den man in Kauf nehmen will, darf die Feuerraumbelastung bis 300000 bis 450000 kcal/m^3 h betragen, S. 132. Je stärker belastet und je höher ein Feuerraum ist, um so mehr sollten seine Wände mit Kühlflächen belegt sein, die eine der größten Errungenschaften der modernen Feuerungstechnik sind. Armierung der Feuerraumseitenwände bis zu etwa 300 mm über der Rostfläche mit wasserdurchströmten Kühlbalken oder La Mont-Elementen verhindert das Ausbacken von Schlacke. Die Steigrohre der Kühlbalken sollten beheizt sein, weil der Wasserumlauf in ihnen sonst unzuverlässig wird.

b) Wanderroste. Wanderroste führen den Brennstoff etwa 70 bis 150 mm hoch in den Feuerraum ein und befördern die ausgebrannten Rückstände in den Schlackenfall.

Die Vorschubgeschwindigkeit bei normaler bzw. höchster Rostbelastung beträgt bei Rosten ohne Unterwind 100 bzw. 200 mm/min, bei Unterwindwanderrosten etwa doppelt soviel, doch werden Vorschubgeschwindigkeiten bis zu 600 bis 800 mm/min vorgesehen, um den Kessel forcieren oder, wenn Gefahr in Verzug ist, den Rost schnell leerfahren zu können.

Je mehr sich die Brennstoffschicht dem Rostende nähert, um so dünner wird sie. Ein gewisser Aschengehalt ist unerläßlich, da er das Rostende vor der Feuerraumhitze schützt. Da die Brennstoffschicht auf Wanderrosten nicht gestört wird, eignen sie sich für Kohle mit viel und verhältnismäßig leicht schmelzender Asche. Von Schlacke umschlossene Kohle gelangt aber leicht unverbrannt in den Schlackenfall, weil sie während der Verbrennung nicht durchgearbeitet wird. Aus ähnlichen Gründen sind Wanderroste für stark backende oder feinkörnige Kohlen, die infolge ihres dichten Zusammensetzens nicht genügend Luft durchlassen, weniger geeignet als andere Bauarten. Bis etwa zum Jahre 1920 wurde Unterwind bei Wanderrosten in Deutschland nur wenig benützt. Da man die Vorteile hoher Feuerräume noch nicht kannte, brauchte man zum Zünden der Kohle lange Zündgewölbe, deren Unterhaltung teuer war und die hohe Leistungen nicht zuließen. Selbst bei geeigneter Kohle konnten auf 1 m^2 Rostfläche nur 100 bis 120 kg/h verbrannt werden, der Wirkungsgrad bei Schwachlast und die Schmiegsamkeit der Roste waren schlecht und für längeres Arbeiten mit gebänktem Feuer eigneten sie sich nicht. Außerdem waren sie nur für verhältnismäßig wenige Kohlensorten gut brauchbar. In Amerika wurden Wanderroste ohne Unterwind lange Zeit fast nur im Westen und mittleren Westen für Kohle mit hohem zu Schlackenbildung neigendem Aschengehalt (über 12 vH) verwendet, versagten aber bei den aschenarmen, backenden, bituminösen und halbbituminösen Kohlen des Ostens.

Um höhere Leistungen zu erzielen und die Luftzufuhr dem Luftbedarf anpassen zu können, benutzt man in Deutschland seit etwa 8 Jahren Unterwind und unterteilt den Rost in mehrere Zonen (meist 3 bis 5), denen die Luft durch Klappen aus einem gemeinsamen Windkanal zugeführt wird, Abb. 279. Die Windpressung beträgt bis 50, meist 20 bis 40 mm W.-S., die Warmlufttemperatur bis 200°. Die Zonen müssen gegeneinander dicht abschließen und werden zuweilen auch über die Rostbreite unterteilt, doch dient diese Unterteilung nur zum einmaligen Einstellen nach Inbetriebnahme oder bei Kohlenwechsel. Hierdurch und durch **pendelnde Feuerbrücken** kann man leergebrannte Roststellen ausgleichen und schlecht ausgebrannte Kohlenstücke vollends verbrennen und ist daher mit der Rostbreite nicht mehr an den mit Schüreisen beherrschbaren Bereich gebunden. 9 m breite Roste sind im Betrieb und Rostbreiten bis 12 m sind durch Nebeneinanderstellen von zwei 6 m breiten Rosten ausführbar. Die nutzbare Rostlänge liegt zwischen 5500 und 7300 mm. Je länger bei gleicher Gesamtfläche ein Rost ist, um so rascher nutzen sich infolge seines schnelleren Ganges Laufrollen, Gleitschienen usw. ab. Ohne Unterwind zieht man oft kürzere Roste vor, weil die an ihrem Anfang entstehenden Schwelgase sich mit der überschüssigen Luft an ihrem Ende besser mischen.

Da es für die meisten Kohlen eine günstigste Schichthöhe gibt, kann man zu große Rostlänge durch Verkleinern der Schichthöhe nur in beschränktem Maße ausgleichen.

Durch Zufall fand man, daß die Strahlung der Flammen und der glühenden CO_2- und H_2O-Schichten bei Feuerraumhöhen über 3000 mm selbst gasarme Brennstoffe vorzüglich zündet und Zündgewölbe entbehrlich macht. Durch diese Erkenntnis konnte die spezifische Leistung und die Schmiegsamkeit von Wanderrosten außerordentlich verbessert werden. Flammenrückführgewölbe über dem Rostende fördern den Ausbrand der Rückstände, erhöhen aber infolge der größeren Gasgeschwindigkeit den Flugkoksverlust, setzen die Kesselleistung herab und begünstigen Schlackenbildung. Bei Kohlen mit 6 bis 10 vH gutartiger Asche kann der Verlust in den Rückständen unter 1 vH gehalten werden, S. 132. Enge Rostspalten (1 bis 3 mm) verteilen den Unterwind gleichmäßiger über die Brennstoffschicht als breite, verkleinern den Rostdurchfall und erschweren bei feinkörniger, nicht backender Kohle die Bildung großer Löcher, weil infolge ihres hohen Widerstandes die Luft nicht mit übermäßiger Geschwindigkeit in leergebrannte Krater einströmt und dabei unter dauernder Vergrößerung ihres Durchmessers feine Kohle in den Feuerraum reißt.

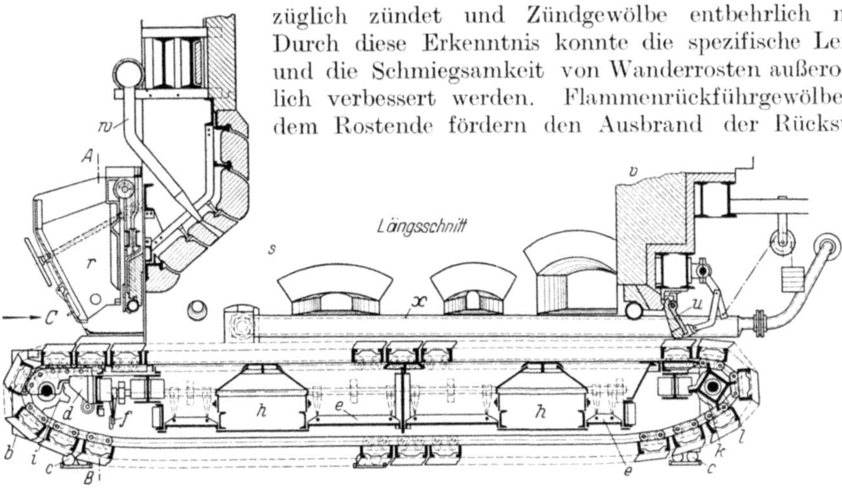

Abb. 279. Unterwindwanderrost von Walther & Cie., Köln. Baujahr 1930.
b Wangen; *c* Wangenstütze mit Rollen; *d* Spannvorrichtung; *e* Schieber für Rostdurchfall; *f* Entaschungshebel; *h* Windkanäle; *i* vorderes Antriebs-Kettenrad; *k* hinteres Kettenrad; *l* Schlackenabführungstrommel; *r* Kohlentrichter; *u* pendelnde Feuerbrücke; *w* Zweiluftleitung; *x* Kühlbalken.

Die zum Durchzünden nasser oder heizwertarmer Brennstoffe erforderlichen Wärmemengen können bei kalter Verbrennungsluft so groß sein, daß ihre Übertragung einen erheblichen Teil der Rostlänge benötigt. Aber selbst wasser- und aschenreiche Braunkohlen lassen sich auf Wanderrosten mit Kaltluft verfeuern, Abb. 280 und 281, doch werden Rostgeschwindigkeit und Schichthöhe unwirtschaftlich klein und es besteht die Gefahr, daß die Zündung abreißt und das Feuer allmählich erlischt. Bei normaler Geschwindigkeit des Rostes ist die Kohle selbst an seinem Ende noch lange nicht trocken und erst recht nicht ausgebrannt, Abb. 280. Die Verhältnisse ändern sich, wenn man auch von der Rostfläche aus durchzündet, indem man heiße Gase aus dem Feuerraum in den als Trockner ausgebildeten Kohlentrichter drückt, Abb. 282 und glühenden Flugkoks unmittelbar über dem Belag des vorderen Rostendes in die Kohlenschicht einbläst. Die Zündung gasarmer Braunkohlenbriketts kann durch Einbau eines Schrägrostes mit zackenförmig nach oben gebogenen Roststabenden unter den Kohlentrichter verbessert werden, auf den etwas glimmende Kohle gebracht wird, Abb. 283. Die Zacken halten die glimmenden Teile zurück, die als Grundfeuer die über sie hinweg rieselnde Kohle von unten her zünden.

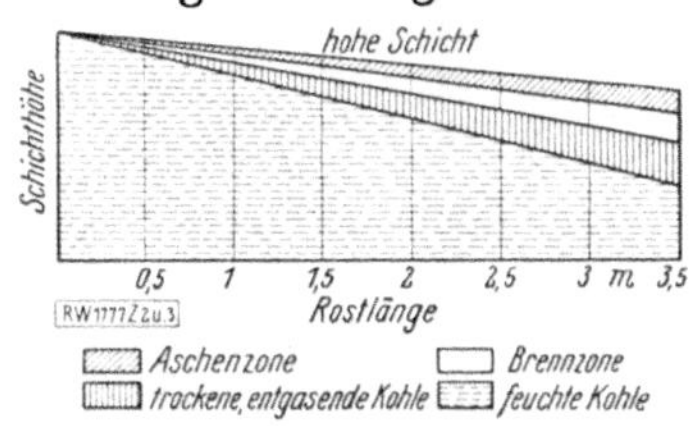

Abb. 280.

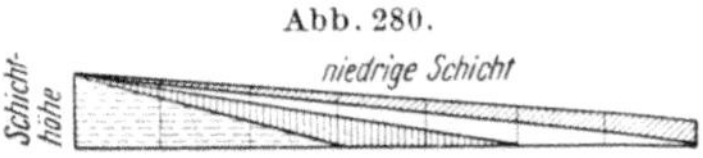

Abb. 281.

Abb. 280 u. 281. Änderungen im Brennstoffbett bei Verfeuern von Braunkohle von rd. 35 vH Aschengehalt und rd. 22 vH Aschengehalt auf Wanderrosten bei niedriger und hoher Schicht und nicht vorgewärmter Verbrennungsluft. Nach Arbatsky. (Schichthöhe in stark übertriebenem Maßstab gezeichnet.)

Kettenroste, bei denen die Roststäbe gleichzeitig die Kette bilden, haben infolge der Bewegung der Rostglieder gegeneinander eine gewisse selbstreinigende Wirkung, die man bei **Wanderrosten,** bei denen die Roststäbe unabhängig von der Kette sind und daher während des Betriebes schnell ausgewechselt werden können, durch kleine, den Rost an seiner Umkehr abklopfende Hämmer, durch Auskippen der Roststäbe und ähnliche Mittel zu erreichen strebt. Infolgedessen ziehen manche Werke mit gleichmäßiger Belastung noch immer die primitiven Kettenroste vor. Man hat ferner versucht, backende Brennstoffe dadurch aufzulockern, daß sägenartig geformte, wassergekühlte, in der Brennstoffschicht liegende Rohre quer zur Rostbahn eine hin- und hergehende Bewegung ausführen. Die Kohlenschichtregler sind mit Vorrichtungen versehen, um verschiedenen Abbrand über der Rostbreite ausgleichen zu können. Manchmal werden zwei Kohlentrichter hintereinander angeordnet, damit man gleichzeitig gasarme und gasreiche Brennstoffe in übereinander liegenden Schichten verfeuern kann.

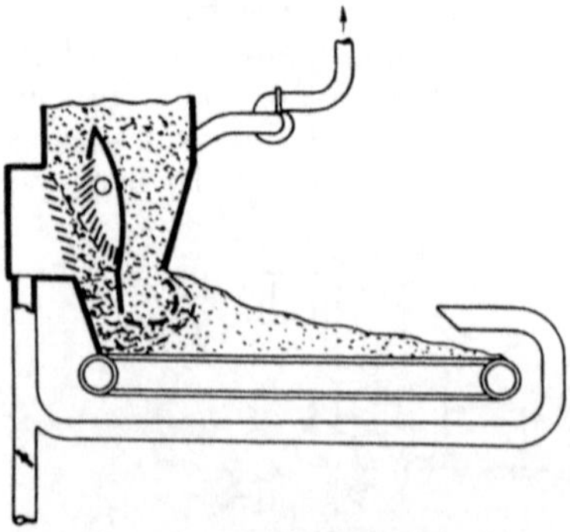

Abb. 282. Arbatsky-Füllschacht für die Verbrennung von Rohbraunkohle auf Wanderrosten.

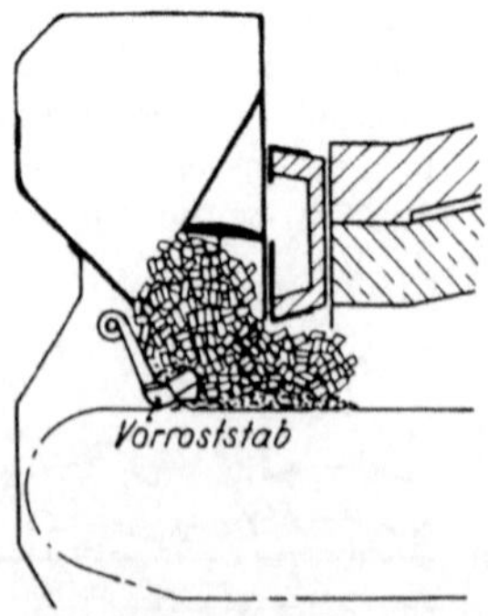

Abb. 283. Bamag-Bessert-Vorrost für die Zündung von Briketts auf Wanderrosten.

Auf modernen Unterwindwanderrosten mit Feuerbrücken lassen sich beliebige Steinkohlen mit mehr als 3 vH flüchtigen Bestandteilen, wie Magerfeinkohle, Mittelprodukte, Kohlenschlamm, Schwelkoks, Anthrazit- und Koksgrus mit annehmbarem Wirkungsgrad und hoher Leistung verfeuern, nicht aber Stückkoks wegen seines ungünstigen Verhältnisses von Kornoberfläche zu Korngewicht, Abb. 21. Rückführung und Verbrennung des in die Züge mitgerissenen Flugkokses ist in verschiedenen Werken mit verhältnismäßig primitiven Mitteln (Luft geringer Pressung als Träger und Düsen als Einblaseorgane) erfolgreich geglückt.

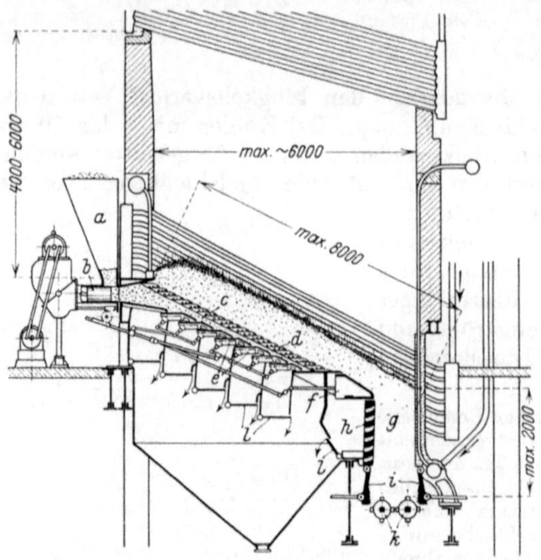

Abb. 284. Schnitt durch einen Taylor-Unterschubrost. *a* Kohlentrichter; *b* Kohlenzuteilkolben; *c* Retortenmulde; *d* feststehende Düsenplatten; *e* Retortenschieber; *f* Schürplatte am Retortenende; *g* Ausbrennschacht; *h* Luftdüsenplatte am Ausbrennschacht; *i* schwingende Quetschplatten; *k* rotierende Schlackenbrecher, *l* Luftregelklappen.

Bei gut sortierter Steinkohle sind Rostleistungen bis zu 350 kg/m²h bzw. 2,4 Millionen kcal/m²h möglich, doch empfiehlt es sich im allgemeinen nicht, über 250 kg/m²h zu gehen. Je feinkörniger und gasärmer eine Kohle ist, um so niederer muß die Rostbelastung sein. Für oberschlesische Nuß- bzw. Staubkohle von etwa 6000 kcal/kg Heizwert wurden in einem bestimmten Fall bei 40 m² Rostfläche 200 bzw. 160 kg/m² h, bei niederschlesischer Staubkohle 130 kg/m² h als Dauerbelastung empfohlen. Bezogen auf die Rostbreite wurden Grenzwerte bis zu 2 bis 3 t/mh Kohle bzw. 17 bis 20 t/mh Normaldampf (640 kcal/kg Erzeugungswärme) erzielt, für durchschnittliche Fälle kann man aber nur mit 50 bis 70 vH dieser Werte rechnen. Bei größeren Kesseln und Feuerraumbelastungen über 225000 kcal/m³h empfiehlt sich der Einbau von Kühlflächen. Die zulässige Feuerraumbelastung beträgt bis 300000 bis 450000 kcal/m³ h.

c) Unterschubroste. Unterschubroste oder Stoker dominieren im Osten Amerikas, kommen aber auch in den anderen Teilen der U.S.A. in zahllosen Exemplaren vor und finden seit 6 Jahren auch in Deutschland Eingang. Die bei größeren Kesseln, bei denen hohe Leistung, guter Wirkungsgrad und Vermeidung von Handarbeit verlangt wird, verbreitetste Bauart besteht aus gleichen nebeneinander angeordneten, geneigten Retorten oder Mulden *c*, Abb. 284 und 285, die durch von den Retortenwänden gebildete

Luftkanäle mit treppenartig aufeinander geschichteten Düsenplatten *d* voneinander getrennt sind. Kolben *b* drücken die Kohle in die Retorten. An den Rost schließt sich Ausbrennschacht *g* an, an dessen unterem Ende Walzen *k* die Schlacke vor ihrem Abgang zerkleinern. Ausbrennschächte mit wassergekühlter Rückwand und Doppelbrechwalzen haben sich in großen Werken bestens bewährt, sind aber teuer. Hubzahl und Ausschlag der beweglichen Teile sind ebenso wie die Luftzufuhr zu den verschiedenen Rostpartien in weiten Grenzen verstellbar. Retortenschieber *e* durchschüren das Brennstoffbett und drücken den frischen Brennstoff auf der ganzen Retortenlänge unter die brennende Kohle, durch welche die Schwelgase vor ihrem Eintritt in den Feuerraum strömen. Mit zunehmendem Brennstoffweg wird die Aschenschicht immer höher, Abb. 286. Die Kohle wird vom Grundfeuer gezündet und wandert allmählich auf dem Rost abwärts. Die Unterwindpressung beträgt bis 200 mm W.-S., die Schichthöhe 400 bis 700 mm. Unterschubroste sind gegen ungleiche oder wechselnde Körnung unempfindlicher als Wanderroste.

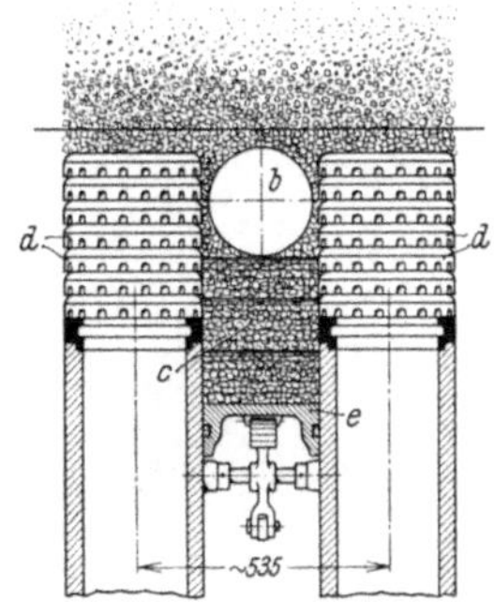

Abb. 285. Schnitt durch eine Retorte des Unterschubrostes in Abb. 284 in größerem Maßstab.

Auch auf Stokern kann man heute gasarme Brennstoffe verfeuern, wenn sie genügend backen und nicht allzu hart sind. Ihre eigentliche Domäne sind aber Kohlen mit folgenden Grenzwerten: Flüchtige Bestandteile über 14 vH, Schlackenschmelzpunkt über 1200°, Feuchtigkeit unter 10 bis 15 vH, Aschengehalt unter 20 vH. Anthrazite, Koksgrus und Mischungen dieser Brennstoffe mit gashaltiger Kohle, sowie feinkörnige (Körnung 0 bis 10 mm), nicht backende Kohlen eignen sich im allgemeinen für Stoker nicht. Gasarme Kohlen nützen wegen ihrer meist großen Härte die beweglichen Teile stark ab. Im Schlakkenschacht können die Rückstände vollends gründlich ausbrennen, Abb. 287. Bei niedrig schmelzender Asche verschmiert und verbrennt der Rostbelag leichter als bei Wanderrosten, da er während des Betriebes unzugänglich ist. Wenngleich schadhafte Rostteile leicht ausgewechselt werden können, so setzt diese Arbeit doch oft einen Stillstand des Kessels voraus, während bei Wanderrosten der Rostbelag ohne Betriebsunterbrechung erneuert werden kann. Schlackenkuchen, die sich der Einwirkung der automatischen Schürvorrichtungen entziehen, können, wenn sie nicht rechtzeitig mit dem Schüreisen zerschlagen werden, das Arbeiten der Feuerung schwer beeinträchtigen. Da Stoker auf ihrer ganzen Länge hoch mit Kohle bedeckt sind und die Zündung im wesentlichen vertikal erfolgt, lassen sie sich schnell forcieren und lange Zeit mit einem Mindestabbrand an Kohle gebänkt betreiben. In dieser Beziehung sind sie auch wohl heute noch Wanderrosten überlegen. Da aber bei gedämpftem Feuer nur wenig Luft durch den Rost strömt, hängen die Instandhaltungskosten sehr von der Tüchtigkeit der Heizer und davon ab, wie häufig und wie lange gebänkt gefahren wird. Hierauf sind auch die oft sehr voneinander abweichenden Angaben über Unterhaltungskosten zurückzuführen. Bei Vollast befindet sich auf dem Rost soviel glühende Kohle, daß das Feuer nicht ohne Verluste schnell stark gedämpft werden kann. In den meisten Elektrizitätswerken weiß man freilich, wann und um

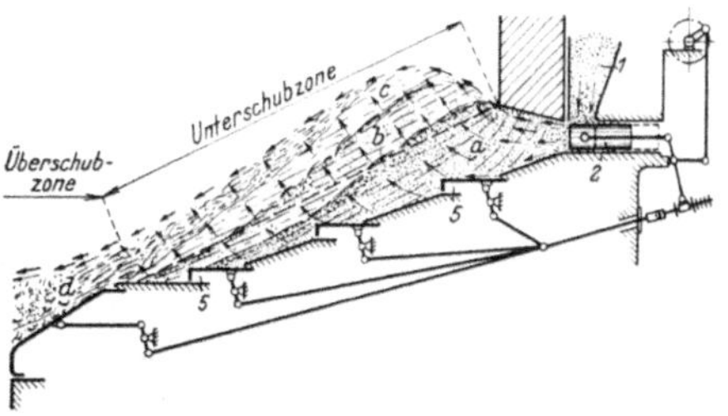

Abb. 286. Arbeitsschema des Unterschubrostes in Abb. 284 und 285.

a Zone mit frischem Brennstoff; *b* Entgasungszone; *c* eigentliche Brennzone mit glühendem Brennstoff; *d* weitgehend ausgebrannte Rückstände.
1 Kohlentrichter; *2* Kohlenzuteilkolben; *5* Retortenschieber.

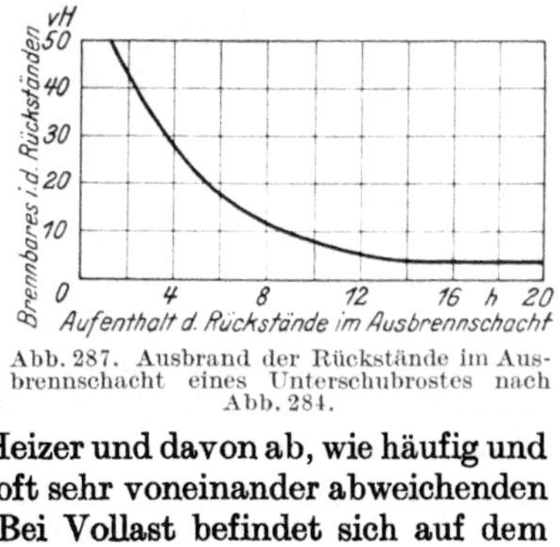

Abb. 287. Ausbrand der Rückstände im Ausbrennschacht eines Unterschubrostes nach Abb. 284.

wieviel die Last abnimmt und kann sich beizeiten einrichten. Infolge der großen glühenden Kohlenmenge sprechen Unterschubroste bei Überlast etwas besser an als Wanderroste, selbst wenn die Heizer nicht sehr gewandt sind. Im allgemeinen verläuft ihre Wirkungsgradkurve etwas flacher und vielleicht auch etwas höher als bei Unterwindwanderrosten, der Unterschied ist aber klein und gibt kein ganz richtiges Bild von der Wirtschaftlichkeit, weil die Windpressung bis zu viermal so groß ist wie bei Wanderrosten.

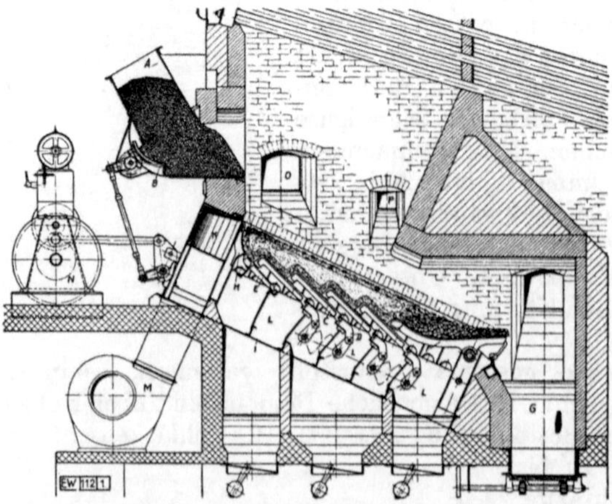

Abb. 288. Martin-Rückschubrost der Dürrwerke A.G., Ratingen, zum Verfeuern von Kohlenschlamm.

A Kohlentrichter; *B* Kohlenzuteiler; *C* bewegliche Rostplatten; *D* Antrieb der Rostplatten; *E* feste Anfangsplatte; *F* Austragrost; *G* Schlackenfall; *K* Unterwindkanal; *L* Unterwindzonen; *M* Unterwindgebläse; *N* Rostantrieb.

Warmlufttemperaturen bis zu 200° haben sich bewährt und man hofft, bald auf 250° gehen zu können. Man sollte annehmen, daß sich leergebrannte oder schlecht ausgebrannte Stellen leichter beseitigen lassen als bei Wanderrosten, da Kohlen- und Luftzufuhr über Rostbreite und -länge willkürlich verändert werden können. Mindestens bei großen Stokern ist die Überlegenheit aber nicht beträchtlich, weil es schwer fällt, schlechte Stellen durch das Flammenmeer hindurch festzustellen. Unterschubroste sind teurer und komplizierter als Unterwindwanderroste und bei Unachtsamkeit der Heizer Beschädigungen mehr ausgesetzt.

Belastbarkeit und Breitenleistung bezogen auf die projizierte Rostfläche sowie Feuerraumbelastung sind ungefähr ebenso wie bei Unterwindwanderrosten. Stoker werden einschließlich Ausbrennschacht bis zu 8 m Länge und bis zu etwa 10 m Breite, also bis zu etwa 80 m² projizierte Fläche oder 200 t/h Dampfleistung bei Einenderkesseln geliefert.

d) Rückschub- oder Überschubroste. Überschubroste dienten ursprünglich zum Verfeuern bzw. Vernichten sehr aschenreicher, heizwertarmer Brennstoffe, wie z. B. von Hausmüll. Allmählich sind aus ihnen vielseitig verwendbare Roste von hoher spezifischer Leistung und guter Wärmeausnutzung geworden. Der Rost in Abb. 288, der Kohlenschlamm bis 50 vH Aschengehalt und 20 vH Wassergehalt verarbeitet, besteht aus einer breiten, tiefen Mulde, deren Boden gegenläufige Rostplatten bilden, die den Brennstoff entgegen der Rostneigung bewegen und regellos durcheinander mischen. Feinere Teile werden mehr nach dem oberen Ende, gröbere mehr nach der Mitte geschoben, was den Rost selbst gegen starke Schwankungen in der Brennstoffbeschaffenheit sehr unempfindlich macht, Abb. 289. So oft die beiden oberen Enden zweier übereinander liegender Rostplatten zum Fluchten kommen, fällt etwas Kohle von der höheren Platte auf die tiefere, wodurch die ganze Rostbedeckung mit Zündkernen durchsetzt wird. Der große Kohlenvorrat und die rasche Auflockerung der Brennstoffschicht durch die beweglichen Rostplatten machen Rückschubroste gut forcierbar.

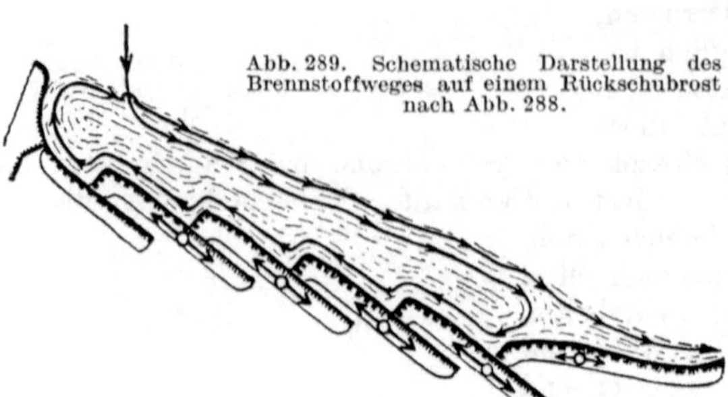

Abb. 289. Schematische Darstellung des Brennstoffweges auf einem Rückschubrost nach Abb. 288.

Die Schütthöhe beträgt bis zu 300 bis 400 mm, die Pressung unter dem Rost bis zu 120 mm W.-S. Rückschubroste verarbeiten fast ohne Nachhilfe von Hand Kohlenschlamm, gemischte Kohlen mit einer Körnung von 0 bis 80 mm, Waschberge mit Aschengehalten bis zu 65 vH und feuchte Rohbraunkohlen, Abb. 288. Für Kohlen mit weniger als 13 vH flüchtigen Bestandteilen eignen sie sich bisher nicht, für hochwertige Kohlen kommen sie in Betracht, wenn der verfügbare Platz für einen Wanderrost nicht ausreicht oder wenn auch minderwertige Kohlen verfeuert werden sollen. Rückschubroste sind etwas teurer als gleichwertige Unterwindwanderroste mit Feuerbrücke und Seitenkühlbalken. Der Abstand zwischen Rost und erster Siederohrreihe und die Gasgeschwindigkeit im Feuerraum sind etwa ebenso groß wie bei Unterwindwanderrosten. Rückschubroste werden bis zu 5,6 m Breite und rd. 7 m Länge bzw. rd. 39 m² Rostfläche gebaut. Mit Waschbergen von 0 bis 60 mm Körnung, 50 vH Aschengehalt, 7 vH Wassergehalt und 3200 kcal/kg Heizwert wurden bei gutem Ausbrand bis zu 770 kg/m² h, mit Mittelprodukten von 3800 bis 4300 kcal/kg Heizwert bis zu 600 kg/m² h, mit rheinischer Rohbraunkohle von 1700 kcal/kg Heizwert und 60 vH Wassergehalt bis zu 1150 kg/m² h (2 Millionen kcal/m²h) Rostbelastung erreicht. Bei hochwertiger Steinkohle werden normale Rostleistungen von 1,8 bis 2 Millionen kcal/m² h empfohlen. Die Breitenleistung beträgt bei hochwertiger Steinkohle bis zu 1,7 t/mh Kohle bzw. bis zu 15 t/mh Normaldampf (640 kcal/kg Erzeugungswärme).

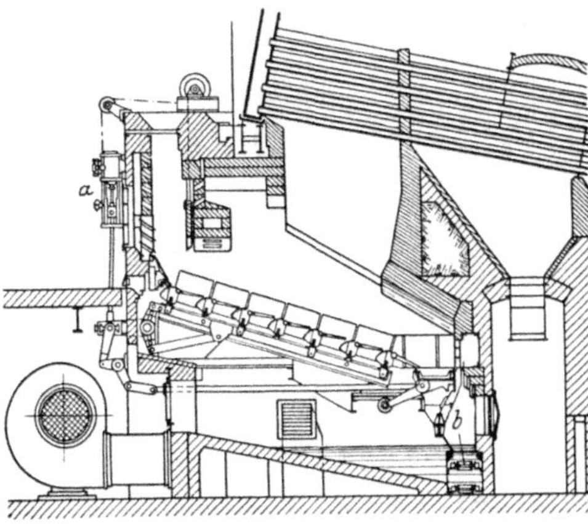

Abb. 290. Kümarost von Topf & Söhne, Erfurt. *a* ölgesteuerter Antrieb der Rostbahnen; *b* Kratzerband zur Schlackenabfuhr.

2. Roste für Braunkohle. a) Allgemeines. Infolge ihrer großen Feuchtigkeit (Wassergehalt bis 60 vH), ihrer oft sehr mulmigen (feinen), vielfach von groben Stücken durchsetzten Körnung und der starken Änderungen, die Korngröße, Gewicht und Rutschwinkel bei fortschreitender Trocknung auf dem Rost durchmachen, stellt Rohbraunkohle an Rostfeuerungen besondere Ansprüche. Mit dem lange Zeit als „minderwertig" angesehenen Brennstoff von 1700 bis 2500 kcal/kg Heizwert werden jetzt Wirkungsgrade und Leistungen erzielt, die noch vor 15 Jahren ganz unvorstellbar waren. Solange nur kleine Kessel gebaut wurden und der Wettbewerb zwischen Steinkohle und Braunkohle nicht so scharf wie heute war, d. h. bis etwa zum Jahre 1920, wurde, von Muldenrosten abgesehen, Braunkohle fast nur auf festen, nicht mechanischen **Treppenrosten** verbrannt. Ihre Neigung ist etwa gleich dem Böschungswinkel der Kohle, die durch ihre Schwere über die schräge Rostfläche auf den horizontalen Ausbrennrost niederrieselt, auf dem das Grundfeuer brennt und der zum Entschlacken dient. Je stärker der Zug ist, um so leichter kommt die Kohle ins Rutschen. Mit dem Abbrennen wird der Böschungswinkel der Kohle allmählich überschritten, wodurch die Brennstoffschicht unter entsprechender Zufuhr frischer Kohle rutscht, bis sich ein neuer Gleichgewichtszustand gebildet hat. Da nasse Kohle schwerer rutscht als trockene, Feuchtigkeitsgehalt und Körnung sich aber aus äußeren Gründen und durch die fortschreitende Trocknung auf dem Rost dauernd ändern, ist der Brennstoffnachschub auf starren Treppenrosten ungleichmäßig. Luft und brennbare Gase werden daher um so mangelhafter gemischt, als die Luft durch die verhältnismäßig weit voneinander entfernten, treppenförmig übereinander liegenden Rostplatten, zwischen denen hindurch das Feuer beobachtet und geschürt wird, in dicken Schichten in das Brennstoffbett strömt. Infolge des kleinen Rostwiderstandes treten bei der bis zu 25 mm W.-S. betragenden Zugstärke im Feuerraum die bereits bei Wanderrosten besprochenen Nachteile auf, besonders wenn sehr feine Kohle mit größeren Stücken durchsetzt ist. Ferner backt Schlacke an den feststehenden Rostplatten leicht fest und bei manchen Kohlen schlagen beim „Überschütten" des Rostes große Flammen in den Heizerstand, gefährden die Mannschaften und verschlechtern die Kesselhausluft. Bei gebänktem Feuer entstehen erhebliche Verluste. Schließlich wird wegen der geringen spezifischen Rostleistung nur eine bescheidene Kesselleistung erzielt und infolge der vielen Schürarbeit kann ein Heizer nur 3 bis 4 Kessel mit einer Gesamtdampfleistung von 40 bis 60 t/h bedienen.

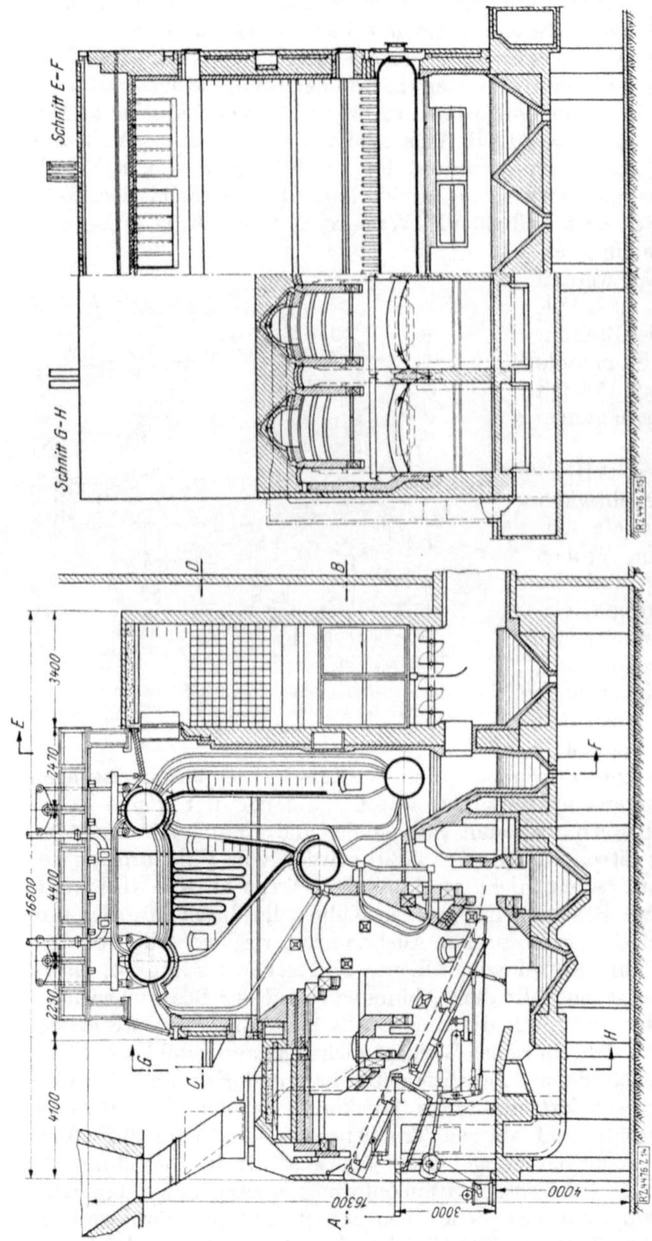

Abb. 291. 40 at-Steinmüller-Viertrommelsteilrohrkessel von 1350 m² Heizfläche mit 85 m²-Doppelvorschubrost für Rohbraunkohle von 2250 kcal/kg unterem Heizwert für eine höchste Dampferzeugung von 105 t/h im Kraftwerk Finkenheerd. Baujahr 1930. Überhitzerheizfläche = 516 m², Ekonomiserheizfläche = 1260 m², Luftvorwärmerheizfläche = 2380 m². Wirkungsgradkurve siehe Abb. 157.

Man versuchte Rostleistung und -beschikkung dadurch zu verbessern, daß man dem eigentlichen Rost einen Trockenschacht vorschaltete, der aber sehr groß und mindestens ebenso teuer wie aktive Rostfläche wird und in dem Kohlen von hohem Teergehalt leicht hängen bleiben. Man ging daher zu mechanischen Rosten mit Unterwind über und verwendet feststehende Treppenroste heute fast nur noch in kleinen Betrieben und da, wo keine geübten Heizer zur Verfügung stehen.

b) Mechanische Braunkohlenroste. Da die Kohle mechanisch vorgeschoben wird, kann man die Neigung so klein machen, daß die Roste gegen Änderungen des Wassergehaltes und der Körnung und andere schwer beherrschbare Einflüsse fast unempfindlich sind. Durch anderen Gang oder Hub der Vorschuborgane wird die Kohlenzufuhr der Dampfentnahme angepaßt, dauerndes Umwälzen der Schicht bringt immer neuen Brennstoff mit Luft in Berührung und verhindert das besonders bei salzhaltigen Kohlen lästige Ansetzen von Schlacke. Auch die Entaschungsvorrichtung kann mechanisch betätigt werden. Die Rostlänge konnte durch Mechanisierung vergrößert und die Schürarbeit so eingeschränkt werden, daß bei großen Kesseln ein Heizer für etwa 100 bis 120 t/h Dampferzeugung ausreicht. Zunächst wurde der eigentliche Treppenrost beibehalten und mit mechanischem Vorschub versehen, später wurden die treppenförmig angeordneten

Rostplatten vielfach durch glatte mit Schlitzen oder Löchern versehene Platten oder durch nebeneinander gereihte Roststäbe ersetzt (Schrägroste). Bei einigen Systemen ist die Rostfläche in horizontale Streifen, bei anderen in schachbrettartige Felder unterteilt, die abwechselnd fest und beweglich sind; beim Rost in Abb. 290 führen die gelenkig miteinander verbundenen Rostplatten eine wellenartige Bewegung aus. So erwünscht bei schlackender Kohle mechanisches Aufbrechen von Schlackenansätzen durch Unterteilung und Bewegung der Rostplatten ist, so können zu heftige Bewegungen bei Kohlen mit viel Wasser und wenig Asche das wichtige Grundfeuer leicht zerstören. Überhaupt macht ein an sich vorzüglicher Rost wegen scheinbarer Nebensächlichkeiten zunächst

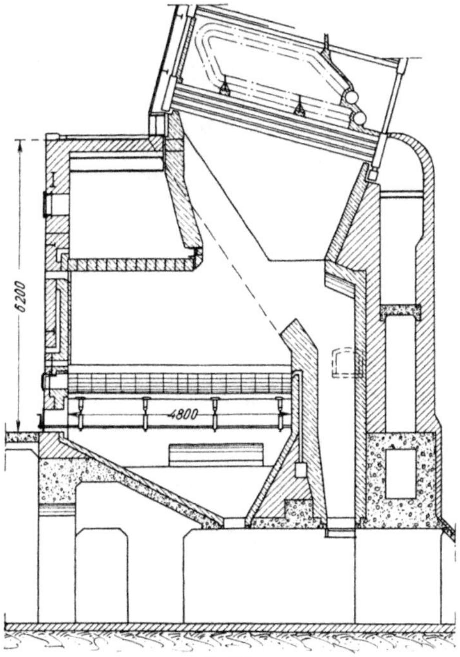

Abb. 292.

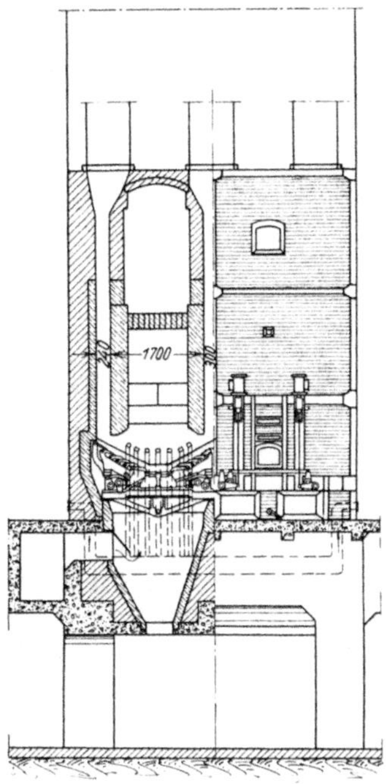

Abb. 293.

Abb. 292 u. 293. Mechanischer Muldenrost von Fränkel & Viebahn, Leipzig.

manchmal den Eindruck eines völligen Versagers. Etwas Geduld überwindet aber solche Kinderkrankheiten meist rasch.

6000 mm sind die äußerste, heute ausführbare Länge von Schrägrosten. Reicht sie zum Unterbringen der Rostfläche nicht aus, so muß man zu **Doppelrosten** übergehen, Abb. 291. Die einzelnen, nebeneinander liegenden Bahnen von Schrägrosten sind 2 bis 4,5 m breit und werden noch vielfach durch Wände voneinander getrennt, weil man sich davon eine bessere Leistung verspricht und weil man größere Weiten erst seit Einführung der Hängedecken überspannen kann. Doch sind Trennwände oft nicht nur überflüssig, sondern schädlich, weil sie den Überblick über die mittleren Rostbahnen erschweren und viel Reparaturkosten verursachen. Auch die Behauptung, daß schmalere Roste besser regelbar seien als breite, trifft nur noch bedingt zu. Die Feuerführung mehrbahniger bzw. breiter Schrägroste wird durch einen Gang am hinteren Rostende, der auch das Beseitigen von Schlackenverstopfungen gestattet und von dem aus man das Feuer beobachten kann, erleichtert.

Einige mechanische Stufenroste können auch Steinkohle verfeuern. Wenngleich man von dieser Möglichkeit wegen der hohen Feuerraumtemperatur nur in Ausnahmefällen Gebrauch machen wird, so ist sie doch wertvoll, weil eine für längere Zeit reichende Menge von Reservekohle gestapelt werden kann, was bei Rohbraunkohle nicht möglich ist.

Nach Berner beträgt die freie Rostfläche bei Treppenrosten 25 bis 65 vH, bei Stufenrosten 15 bis 18 vH, bei Rosten mit Düsenplatten 5 bis 8 vH der Gesamtfläche. Kleine freie Rostfläche und Einteilung des Rostes in Zonen von regelbarer Pressung haben auch bei Braunkohle die auf S. 188 und 189 beschriebenen Vorteile.

Eine zweite beliebte Feuerung sind **Muldenroste**, Abb. 292 und 293, die gleichfalls mit Unterwind und mechanischem Vorschub für sämtliche Kesselgrößen gebaut werden. Die Kohle wird in schmalen, die Seitenwände der Feuerung bildenden Schächten vorgetrocknet, bevor sie auf den schwach geneigten, aus mechanisch betätigten Stufenplatten bestehenden Rost kommt. Die Entschlackung der senkrecht zum Kessel liegenden Roste erfolgt durch Kippen des mittleren Rostteiles. Man schreibt Muldenrosten, die bis zu 3 × 6 m Rostfläche gebaut werden, größere Unempfindlichkeit gegen mulmige Kohlen zu, für sehr aschenreiche Kohlen sind sie weniger geeignet. Schließlich kann nach S. 193 Rohbraunkohle auch auf Rückschubrosten sowie auf Arbatsky-Unterwindwanderrosten verfeuert werden, die bei 2450 kcal/kg Heizwert und 50 vH Wassergehalt Rostbelastungen über 1100 kg/m²h bzw. 2,7 Millionen kcal/m²h erzielen sollen.

Zahlentafel 28. Ungefähre Grenzleistungen von Braunkohlenrosten im Jahre 1933.

	Je m² Rostfläche		Je m Rostbreite	
	verbrannte Kohlenmenge kg/m²h	in der Kohle zugeführte Wärmemenge kcal/m²h	verbrannte Kohlenmenge t/mh	entwickelte Menge Normaldampf von 640 kcal/kg[1] t/mh
Feste Treppenroste ohne Unterwind . .	250	750000	1,0	3,0
Mechanische Schrägroste mit Unterwind	400—600	1,1 Millionen	3,0	9,3
Doppelroste mit Unterwind	400—500	0,9—1,1 Millionen	3,5	11,0
Muldenroste mit Unterwind	400—500	1,1 Millionen	2,8	8,8
Rückschubroste mit Unterwind	750	1,6 Millionen	4,0	7,5
Arbatsky-Wanderroste	1100	2,4 Millionen	3,6	11,0

Die Feuerräume können bis zu 300000 bis 450000 kcal/m³h belastet werden und sollten etwa ebenso hoch sein wie bei Unterwindwanderrosten. Der Unterdruck im Feuerraum beträgt bei Rosten ohne Unterwind bis zu 25 mm W.-S., mit Unterwind 3 bis 10 mm W.-S.; die Pressung der Luft unter dem Rost 10 bis 50 mm W.-S. Die höchstzulässige Rost- und Feuerraumbelastung, die sehr von der Beschaffenheit (Körnung, Gas- und Wassergehalt) einer Kohle, ihrer Asche und vom zugelassenen Flugkoksverlust abhängt, zeigt Zahlentafel 28. Die auf 1 m² Rostfläche bezogenen Werte geben aber kein richtiges Bild, weil sie nicht berücksichtigen, daß manche Roste länger gebaut werden können als andere und weil die Berechnung der Rostfläche nicht einheitlich ist. Manche Firmen rechnen den Abschlackrost z. B. als Rostfläche, andere nicht. Die auf 1 m Feuerungs- oder Kesselbreite bezogenen Werte sind daher oft aufschlußreicher.

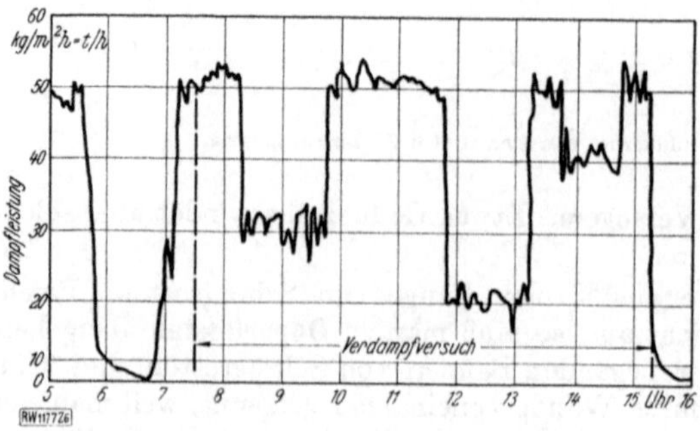

Abb. 294. Belastung während eines Versuches an einem mechanischen Muldenrost mit Unterwind.

Kolonne 3 und 4 in Zahlentafel 28 zeigen die Überlegenheit mechanischer Roste mit Unterwind über feste Treppenroste ohne solchen, die in der auf 1 m² Rostfläche bezogenen Leistung nicht zum Ausdruck kommt. Nach Berner hängt die Breitenleistung vom Wassergehalt bzw. Heizwert von Braunkohle nur wenig ab. Auf 1 m Feuerungsbreite werden daher bei hochwertiger Braunkohle sehr große Wärmeleistungen erzielt. Bei den Belastungen von Zahlentafel 28 liegen die Wirkungsgrade mechanischer Roste zum Teil 5 bis 10 vH höher als die älterer feststehender Treppenroste. Die große Steigerung der Rostbelastung ist um

[1] Bei 80 vH Wirkungsgrad.

so wichtiger, als es bei der billigen Braunkohle meist mehr auf Ersparnis an Anlagekosten als auf etwas besseren Wirkungsgrad ankommt. Die große Unabhängigkeit des Wirkungsgrades moderner Braunkohlenfeuerungen von wechselnder Belastung zeigt der Umstand, daß bei Kohle von etwa 2200 kcal/kg Heizwert der Wirkungsgrad eines mechanischen Unterwind-Muldenrostes bei einer Belastung nach Abb. 294 nur um 1 bis allerhöchstens 2 vH schlechter war als bei fast konstanter Last (rd. 83 vH). Die Abhängigkeit des Kesselwirkungsgrades zahlreicher Feuerungen für Steinkohle und Braunkohle von der Belastung zeigt Abb. 157.

Die jährlichen Unterhaltungskosten gibt Berner für den Anfang zu 2 bis 3 vH, für die späteren Jahre zu 4 bis 6 vH des Rostpreises an.

3. Kohlenstaubfeuerungen. a) Brenner und Feuerraum. Nach vieljährigem Bemühen glückte die Verbrennung von Kohlenstaub unter Wasserrohrkesseln erstmals befriedigend im Jahre 1918 im Oneida-Kraftwerk und etwas später in größerem Maßstabe im Lakeside-Kraftwerk der Milwaukee Electric Railway & Light Co. Es vergingen aber noch einige Jahre bis die Feuerungen wirklich betriebssicher und wirtschaftlich arbeiteten. Außer auf einwandfrei aufbereiteten Staub und reichlich bemessene Feuerräume ist der in Milwaukee erzielte Erfolg zurückzuführen auf

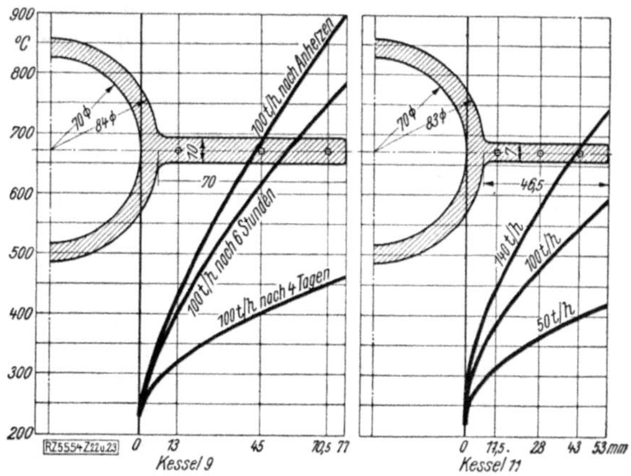

Abb. 295. Abb. 296.

Abb. 295 u. 296. Temperaturverlauf in den Flossen von Murray-Kühlrohren bei verschiedener Kesselbelastung und Betriebszeit. Nach Zeuner.

1. einstellbare Zufuhr des Staubes zu den Brennern durch Zuteilschnecken mit veränderlicher Drehzahl und Regelung der Primär- und Sekundärluftzufuhr durch Klappen,

2. Brenner mit guter Mischung von Luft und Kohlenstaub und günstigem Austrittsquerschnitt,

3. senkrecht nach unten gerichtetes Einblasen des Staubes in den Feuerraum mit unterer Flammenumkehr,

4. Zufuhr eines Teiles der Sekundärluft in zahlreichen senkrecht zur Flammenbahn gerichteten Bändern von der Feuerraumstirnwand aus,

5. Kühlung des Feuerraumbodens und Granulierung der aus der Flamme ausgeschiedenen geschmolzenen Asche durch Kühlroste,

6. von der Sekundärluft durchströmte und gekühlte Feuerraumwandungen,

7. Unabhängigkeit des Feuerraumfutters von der äußeren Feuerraumummantelung.

Durch 1. wurde gute Anpassung der Feuerung an Belastungswechsel, durch 2. bis 4. turbulente Verbrennung und fortwährende Zufuhr frischer Luft zum Staub, durch 5. die Beseitigung der überaus lästigen Verschlackung des Feuerraumbodens, durch 5. und 6. angemessene Feuerraumtemperaturen und genügende Lebensdauer der feuerfesten Ausmauerung, durch 7. ausreichende Unempfindlichkeit der Feuerraumwände gegen Belastungsschwankungen und einfaches Auswechseln schadhafter Steine erreicht. Insbesondere der Granulierrost hat sich als ein überaus glücklicher Gedanke erwiesen und erheblich zum schließlichen Erfolg von Staubfeuerungen beigetragen, da vor seinem Auftauchen der Feuerraum rasch verschlackte. Die Schwierigkeit bei Einführung von Kohlenstaubfeuerungen lag nämlich weniger in der Meisterung der eigentlichen Verbrennung als in der Beherrschung der Verschlackung von Feuerraum und Kessel und der mangelhaften Widerstandsfähigkeit der feuerfesten Ausmauerung gegen Schlackenangriff und hohe Temperaturen. Selbst Ersatz der Schamottesteine durch Karborundum- und andere Spezialsteine nützte wenig. Man schützte daher zunächst auch einen Teil der Seitenwände durch Kühlflächen und ummantelte schließlich den ganzen Feuerraum mit ihnen. Murray ersetzte glatte Kühlrohre durch Rohre mit aufgeschweißten Flossen, die **Murray-, Fin- oder Flossenrohre** genannt und mit der Flossenkante aneinander gereiht werden, Abb. 295 und 296. Die anfänglich 70 mm breiten Flossen brachten eine erhebliche Ersparnis, weil sie etwa $1^1/_2$ glatte Rohre ersetzten. Ihre Außenkante war aber bei hoher Feuerraumbelastung weit heißer als die Rohrwand, wodurch die Flossen verzunderten und an ihrer Anschweißstelle häufig unter gleichzeitiger Beschädigung der Rohre abrissen. Eine Verminderung der Flossenbreite auf 25 bis 30 mm beseitigte die Anstände im wesentlichen, verminderte aber den Preisvorsprung vor glatten Rohren so stark, daß man heute letztere öfters vorzieht. Bei nackten Rohren wird die Feuerraumtemperatur bei Schwachlast leicht zu tief, außerdem sind sie gegen Kesselstein sehr empfindlich, S. 178. Bailey klemmt daher auf die Rohre gußeiserne Platten, deren zylindrische Auflagefläche mit einer plastischen Masse von hohem Wärmeleitvermögen ausgeschmiert wird, Abb. 297. Je nach der gewünschten Temperatur werden nackte oder mit Schamotte- oder Karborundum ausgekleidete Platten verwendet. Auch Schlackentrichter, Abb. 301, werden oft mit Bailey-Platten ausgefüttert. Später wurde die Feuerraumbelastung so erhöht bzw. die Wärmeleitfähigkeit der Platten so verringert, daß die Asche flüssig abgezogen werden kann. Man wählt dann das Wärmeleitvermögen der Platten so, daß eine erstarrte Schlackenschicht auf ihnen haften bleibt, die sie gegen weiteren Angriff von Schlacke schützt. Schließlich wurde auch eine Bodenkonstruktion gefunden, die der Beanspruchung durch das Schlackenbad standhält, das wie Petroleum in allerfeinste Risse eindringt, die beim Stillsetzen eines Kessels in der im Sumpf zurückbleibenden Schlacke entstehen. Dadurch wird bei wiederholtem Anheizen das starre, kalte Schlackenbett und infolge davon auch die Feuerraumummantelung immer mehr auseinander getrieben.

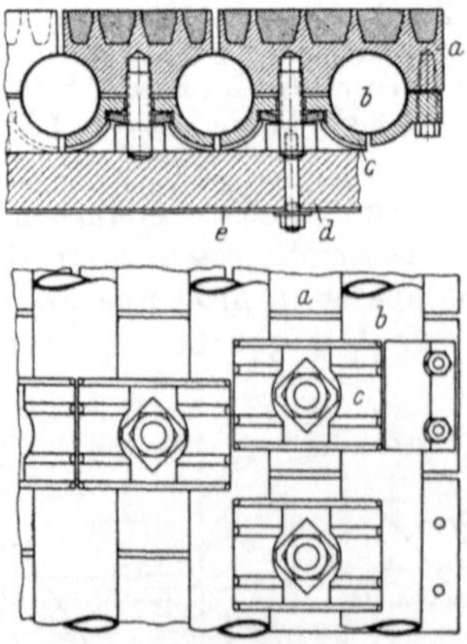

Abb. 297. Mit Bailey-Platten armierte Kühlrohre.
a Bailey-Platte mit Schamottefutter; *b* Kühlrohr; *c* Befestigungsschelle; *d* Isolierschicht; *e* Blechverkleidung.

Durch Abschrecken mit Wasser in einem eigenartigen Trog erstarrt die flüssig abgezogene Schlacke zu kleinen harten Körnern, die bequem transportiert werden können und als Füllstoffe guten Absatz finden. Kessel mit **flüssigem Schlackenabzug** bauen wesentlich niedriger als Kessel mit festem.

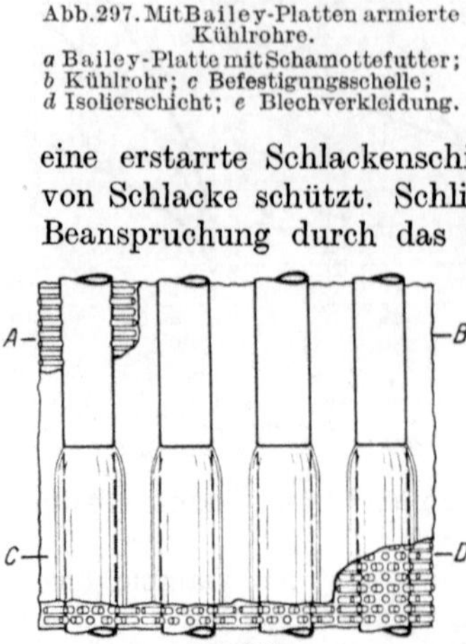

Abb. 298.

Abb. 299.

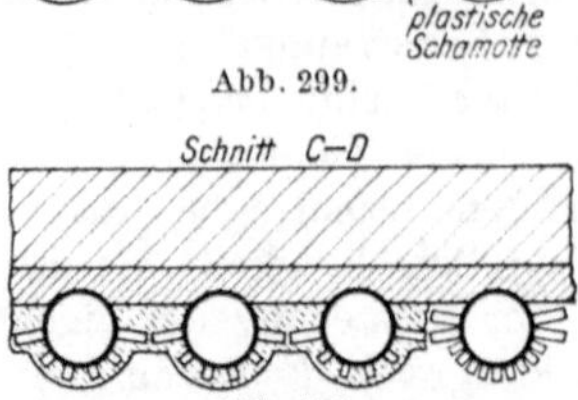

Abb. 300.

Abb. 298–300. Bailey-Zapfenrohre mit aufgeschmiertem feuerfesten Mantel. Baujahr 1931.

Im Jahre 1931 brachte Bailey Rohre mit aufgeschweißten Zapfen heraus, die das als Brei aufgeschmierte Schamottefutter halten und kühlen und billiger als Bailey-Platten sein sollen, Abb. 298 bis 300. Nach Bildung einer Schutzschicht rieselt weitere geschmolzene Schlacke an den Feuerraumwänden in den mit nackten Bailey-Platten ausgekleideten Schlackensumpf. Im kälteren Teil des Feuerraumes ist nur der Raum zwischen je zwei Rohren mit einem Schamottefutter versehen, Schnitt $A-B$. Um das trotz weiterer Teilung zuweilen schnelle Verschlacken der vordersten Siederohre des Kessels zu verhindern, sind ihnen in Abb. 301 und 302 schirmartig angeordnete **Zapfenrohre** mit allseitigem Schamotteüberzug vorgeschaltet, die die Siederohre vor der vollen Hitze des Feuerraumes schützen und durch Abschrecken die zwischen ihnen durchziehenden Schlackentröpfchen weniger klebrig machen. Der in Abb. 301 unterhalb der Schirmrohre gelegene Teil des Feuerraumes soll selbst bei sehr leicht schmelzender Asche bis zu 450000 kcal/m³ h, der gesamte Feuerraum bis zu 315000 kcal/m³ h gegenüber nur 270000 kcal/m³ h bei der früheren Ausführung, Abb. 123, belastet werden können.

Bei luftdurchströmten gemauerten Hohlwänden ohne Kühlflächen ist eine Feuerraumbelastung von 100000 bis 150000 kcal/m³h, falls sie teilweise mit Kühlflächen belegt sind, von 150000 bis 200000 kcal/m³ h, bei vollständig gekühlten Feuerräumen von 200000 bis 250000 kcal/m³h, bei Auskleidung mit Bailey-Platten und flüssigem Schlackenabzug von 250000 bis 300000 kcal/m³ h zulässig. Die unteren Werte gelten für leicht schmelzende Asche (Schmelzpunkt 1100 bis 1200°), die oberen für Schmelzpunkte über 1300°. Die zulässige Belastung hängt mehr als bei mechanischen Rosten von dem zugelassenen Flugkoksverlust und außerdem von der Kohlensorte, der Mahlfeinheit, den Brennern und der Größe und Ausführung des Feuerraumes ab, ohne deren Kenntnis sich keine bestimmten Angaben machen lassen. Für allgemeine Rechnungen kann man 150000 bis 200000 kcal/m³ h annehmen.

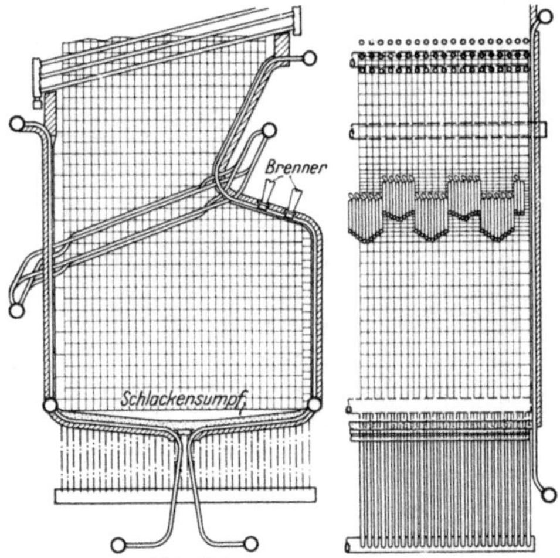

Abb. 301. Abb. 302.

Abb. 301 u. 302. Brennkammer mit Bailey-Schirmrohren und flüssigem Schlackenabzug im State Line-Kraftwerk bei Chicago. Baujahr 1931.
Schirmrohre: ä.D. 68 mm, Teilung 150 mm, Durchmesser des Schamottemantels 125 mm.

Die Kohlenstaubbrenner wurden in den letzten Jahren erheblich verbessert. Die Längsseiten der früher üblichen **Flachbrenner** (Schwalbenschwanzbrenner) mit unterer Flammenumkehr, Abb. 219, werden jetzt meist senkrecht zur Feuerraumstirnwand gestellt, weil die durch letztere einströmende Sekundärluft sich besser mit dem Staub mischt und weil die Relativbewegung der Staubteile gegen die sie umhüllende Gasschicht bei hochkantiger Flammenumkehr stärker ist. Der Austritt der Staubdüsen moderner Flachbrenner hat meist gewellten oder zickzackförmigen Querschnitt, damit der Staubstrahl zerrissen und mit der Luft innig gemischt wird. Doch ist mit nach unten blasenden Flachbrennern nur eine mäßige Turbulenz erzielbar, während nach Abschnitt II, B, 3 hohe Feuerraumleistung Temperatur, Turbulenz und Zeit erfordert. Je kleiner eine dieser Größen ist, um so größer müssen die übrigen werden, wenn dasselbe erreicht werden soll. Die Erhöhung der Temperatur ist aber aus verschiedenen Gründen nur bis zu einer bestimmten Grenze zulässig. Innige Mischung von Staub und Luft am Brenneraustritt und während der Verbrennung ist dagegen ein besonders wirkungsvolles Mittel zum Erzielen hoher Feuerraumleistungen. Man geht daher immer mehr zu horizontalen **Wirbelbrennern** über.

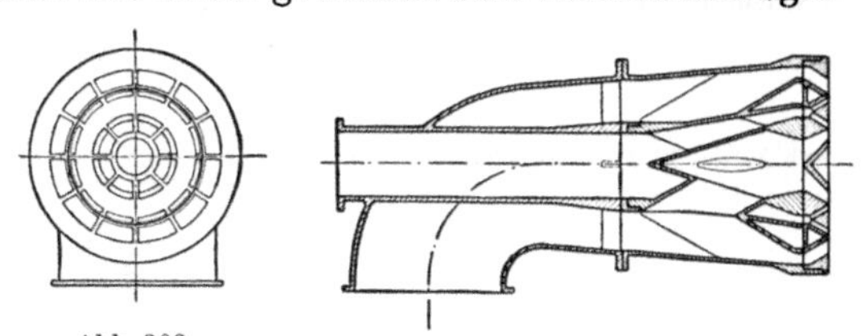

Abb. 303. Abb. 304.

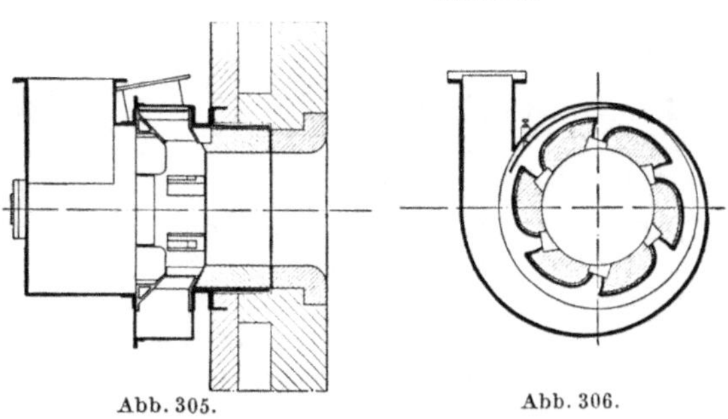

Abb. 305. Abb. 306.

Abb. 303—306. Wirbelbrenner der Kohlenstaubfeuerung G.m.b.H., Berlin. Baujahr 1931.

Beim Brenner in Abb. 303 und 304 werden Staubluftgemisch und Zweitluft durch konzentrische kreisförmige Schlitze gegeneinander geblasen, wodurch das Gemisch den Brenner in viele kleine Wirbel aufgelöst verläßt. Beim Brenner in Abb. 305 und 306 strömt das Staubluftgemisch durch mehrere Düsen tangential gegen die axial fließende Sekundärluft und gibt der Flamme einen Drall. Die Mündung des Flachbrenners in Abb. 307 bis 309 sitzt zwischen zwei Kühlrohren, die Zweitluft wird dicht hinter der Staubdüse abwechselnd von links und rechts schräg dazu eingeführt. Auch durch Gegeneinanderblasen der in gegenüberliegenden

Feuerraumwänden angeordneten Brenner oder durch Blasen von vier in den Ecken des Feuerraumes untergebrachten Brennern nach einem gemeinsamen Kreis wird hohe Turbulenz erreicht, Abb. 383 bis 385. Bei Feuerungen mit flüssigem Schlackenabzug begünstigt die Strahlung des glühenden Schlackenbades die Verbrennung und vermindert den Schornsteinauswurf etwas. Bei gasarmen Brennstoffen bevorzugt man vielfach senkrechte Flachbrenner mit unterer Flammenumkehr und stufenweiser Zufuhr der Sekundärluft durch die der besseren Zündung wegen oft ungekühlte Feuerraumstirnwand.

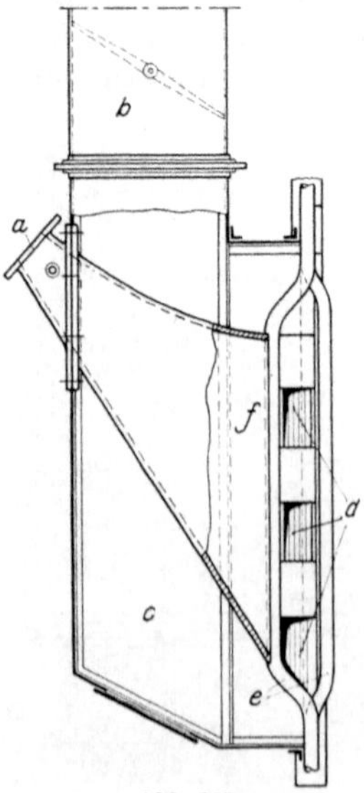

Abb. 307.

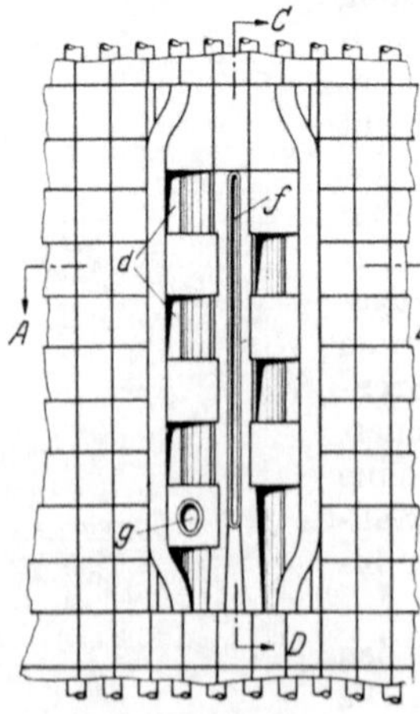

Abb. 308.

Flüssiger Schlackenabzug hat besonders im mittleren Westen Amerikas große Bedeutung für Kohlen erlangt, die wegen ihres hohen (12 bis 14 vH) Gehaltes an sehr leicht schmelzender Asche (Schmelzpunkt 1000 bis 1100°) auf Wanderrosten nur mäßige Leistung geben, konnte sich aber in Europa u. a. wegen des hohen Preises und weil in derselben Anlage auch Kohlen mit schwer schmelzender Asche verbrannt werden müssen, noch nicht recht einführen. Aber auch in den Vereinigten Staaten wird die Frage aufgeworfen, ob für derartige Kohlen alles in allem sich Unterwindwanderroste nicht doch besser eignen.

a Eintritt des Staubluftgemisches;
b Eintritt der Sekundärluft;
c Sekundärluftkammer;
d Eintritt der Sekundärluft in Feuerraum;
e seitlich abgebogene Kühlrohre;
f Brennerdüse;
g Schauöffnung.

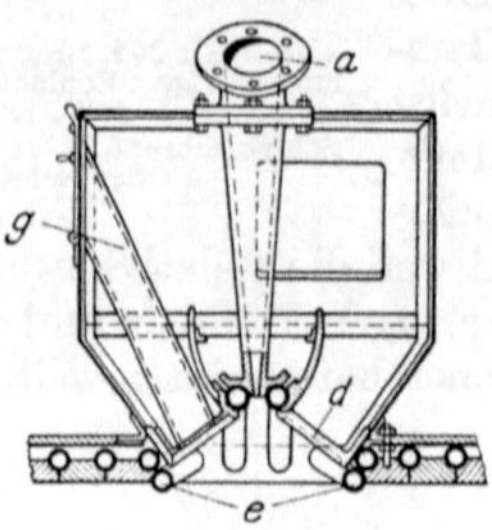

Abb. 309.

Abb. 307–309. Calumet-Flachbrenner von **Bailey**. Baujahr 1928.

b) Zentralmahlanlagen und Einblasemühlen. Kohlenstaub kann entweder in einer selbständigen Mahlanlage für sämtliche Kessel gemeinsam hergestellt und den Bunkern im Kesselhaus mit Schnecken oder durch Preßluft zugeführt oder aber für jeden Kessel getrennt erzeugt und von der Mühle unmittelbar in den Feuerraum eingeblasen werden. Bei zentraler Aufbereitung teilen Schnecken oder

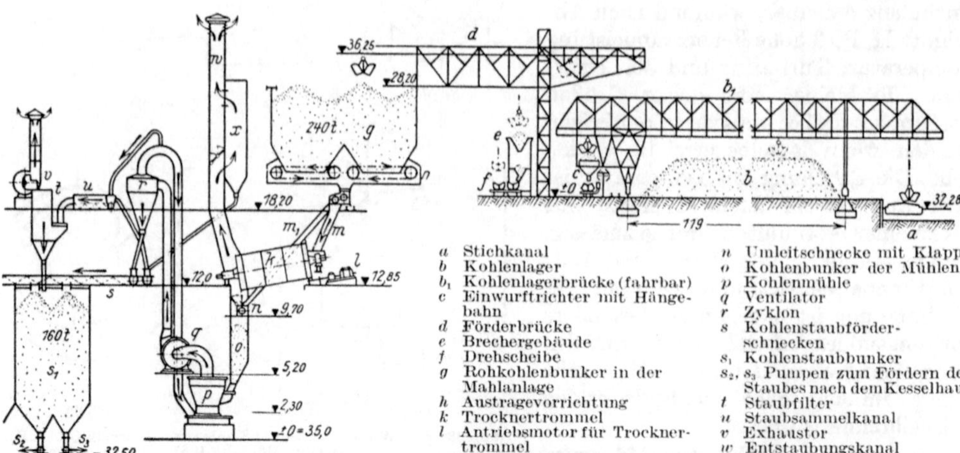

a Stichkanal
b Kohlenlager
b_1 Kohlenlagerbrücke (fahrbar)
c Einwurftrichter mit Hängebahn
d Förderbrücke
e Brechergebäude
f Drehscheibe
g Rohkohlenbunker in der Mahlanlage
h Austragevorrichtung
k Trocknertrommel
l Antriebsmotor für Trocknertrommel
m Einwurfschurre
m_1 Umleitschurre mit Klappe
n Umleitschnecke mit Klappe
o Kohlenbunker der Mühlen
p Kohlenmühle
q Ventilator
r Zyklon
s Kohlenstaubförderschnecken
s_1 Kohlenstaubbunker
s_2, s_3 Pumpen zum Fördern des Staubes nach dem Kesselhaus
t Staubfilter
u Staubsammelkanal
v Exhaustor
w Entstaubungskanal
x Elektroentstaubung der Trockner.

Abb. 310. Schema der Kohlenstaubaufbereitungsanlage von Kraftwerk Klingenberg. Baujahr 1925.

Zellenräder am Kesselbunkerauslauf den Staub entsprechend der Kesselbelastung dem von besonderen Ventilatoren gelieferten Einblaseluftstrom zu. Bei Einblasemühlen sitzt die Zuteilvorrichtung vor der Mühle, die gerade soviel Staub erzeugen muß, als verbraucht wird. Der Mühlenventilator dient auch zum Einblasen des Staubes. Bis etwa zum Jahre 1924 wurden Einblasemühlen kaum benutzt, weil Staubaufbereitung und -verbrennung noch im Anfang der Entwicklung steckten und man die Heizer nicht mit der Bedienung der Mühlen belasten wollte, die noch nicht so zuverlässig wie heute waren und feuchte Kohle ohne vorherige Trocknung nicht vermahlen konnten. Abb. 310 zeigt den Weg der Kohle vom Lagerplatz bis zu den Staubpumpen s_2, s_3 der nach Abb. 311 ausgeführten Aufbereitungsanlage. Da sich feuchter Staub nicht stapeln läßt, muß die Kohle vor dem Mahlen getrocknet werden. Die Trockner und die für sie und die Mühlen benötigten Entstaubungsvorrichtungen, die Transportvorrichtungen innerhalb des Aufbereitungsgebäudes und zwischen ihm und dem Kesselhaus machen Zentralmahlanlagen weitläufig und teuer. Wenngleich sie heute erheblich einfacher und billiger als die im Jahre 1925 entworfene Anlage in Abb. 311 gebaut werden können, Abb. 312, so geben Kessel mit Einblasemühlen doch beträchtlich kompendiösere, einfachere und wohlfeilere Kraftwerke. Der Preisunterschied ist freilich nicht ganz so groß, wie es manchmal den Anschein hat, weil die den einzelnen Kesseln zugeordneten Einblasemühlen für die vielleicht nur selten vorkommende Spitzenlast des Kessels bemessen werden müssen, während die Mühlenleistung von Zentralanlagen nur etwa der durchschnittlichen Kraftwerksleistung am Tage der höchsten Belastung zu entsprechen braucht. Da man jetzt auch sehr feuchte Kohlen mittels heißer Gase in der Mühle gut trocknen kann **(Mahltrocknung)**, entfällt bei Einblasemühlen der komplizierte Apparat für Trocknung, Zwischentransporte im Mahlhaus, Entstaubung und Staubtransport zum Kesselhaus. Bauliche Kosten entstehen nur insoweit, als das Kesselhaus zum Unterbringen der Mühlen vergrößert werden muß. Bei Einblasemühlen geht der gesamte Staub durch den Ventilator und greift ihn daher stärker als bei Staubbunkerung an, wo er hinter den Zyklon geschaltet werden kann.

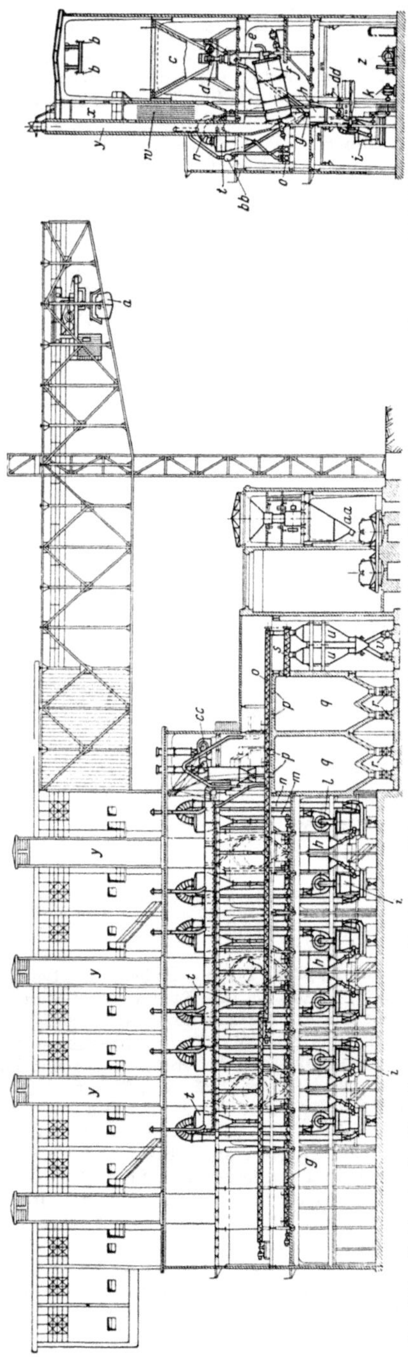

Abb. 311. Kohlenstaubaufbereitungsanlage von Kraftwerk Klingenberg der Berliner Städtische Elektrizitätswerke A.G. Entwurf: AEG Berlin. Baujahr 1925. *a* Kübelkatze; *b* Laufbahn für *a*; *c* Rohkohlenbunker; *d* Bunkerentleerung; *e* Kohlenzulauf zum Trockner; *f* Trockner; *g* Schnecken für Trockenkohle; *h* Mühlenbunker; *i* Mühlen; *k* Motoren für *i*; *l* Mühlengebläse; *m* Luftleitung zum Zyklon *t*; *n* Luftleitung vom Zyklon *t*; *o* Schnecken für Kohlenstaub; *p* Einwurf von *o* in Pumpenbunker; *q* Pumpenbunker; *r* Staubpumpen; *s* Rückführschnecke zum Pumpenbunker; *t* Zyklon; *u* Wiegebunker; *v* Staubpumpen unter dem Wiegebunker; *w* Elektrofilter; *x* Schlot des Elektrofilters; *y* Umgehungsschlot; *z* Kompressorenraum; *aa* Brecheranlage; *bb* Entstaubungs-Sammelkanal; *cc* Schlauchfilter; *dd* Motoren für Mühlengebläse.

In Abb. 313 sind die Herstellungskosten von Kohlenstaub von vier deutschen Anlagen einheitlich auf einen Strompreis von 1,5 Pfg./kWh, einen Preis des Trockendampfes von 1,35 M/t und 12 vH Verzinsung und Abschreibung der Summe umgerechnet, die die betreffende Anlage im Jahre 1932 gekostet hätte. Der Einfluß anderer Strom-, Dampf- oder Kapitalkosten läßt sich schnell ermitteln. Fall I, II und IV gelten für

Zentralanlagen mit rotierenden Dampftrocknern und Steinkohle, Fall *III* für eine Zentralanlage ohne Trockner für Braunkohlenschwelkoks. Die gesamten Aufbereitungskosten sind in Anlage *I* beträchtlich höher als in *II*, weil sie die älteste ist, wesentlich feuchtere Rohkohle verarbeitet und eine ausgedehnte Staubtransportanlage und reichliche Reserven hat. Ein Teil der Kostenunterschiede ist darauf zurückzuführen, daß die einzelnen Faktoren nicht überall gleich erfaßt werden konnten. Die gesamten Aufbereitungskosten liegen nach Abb. 313 zwischen 1,50 und 2,20 M/t bzw. 1,75 und 2,45 M/t, je nachdem, ob in 3 oder 2 Schichten gemahlen wird. Bei einer nach den letzten Erkenntnissen erbauten großen Anlage sind unter günstigen Verhältnissen 1,50 bzw. 1,80 M/t frei Kesselhausbunker erzielbar, in älteren Mahlanlagen betragen die Gesamtaufbereitungskosten bis doppelt soviel. Die Werte unter *Ia* bis *IIIa* für Einblasemühlen gelten unter der Voraussetzung, daß zu einem Kessel von 70/90 t/h Dampferzeugung 2 Mühlen von je 10 t/h Leistung gehören, von denen eine in Reserve steht, daß dieselben Mühlen wie in Fall *I* bis *III* als Einblasemühlen verwendet

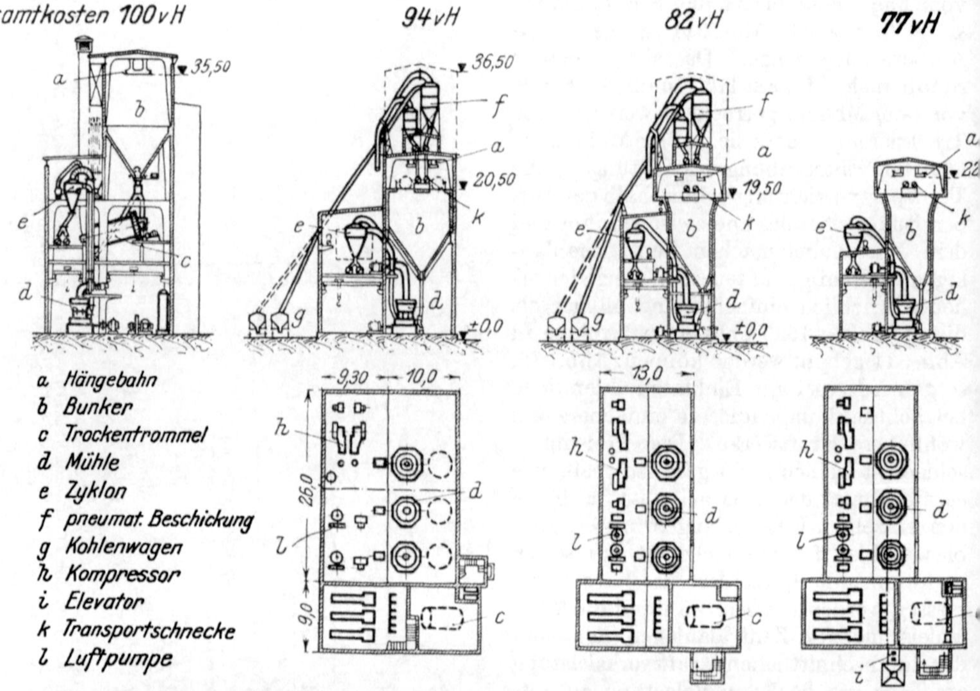

Abb. 312. Anordnung und Gesamtkosten von vier Kohlenstaubaufbereitungsanlagen gleicher Leistung mit pneumatischer Kohlenzufuhr und mit Kohlenzufuhr durch Elektro-Hängebahn verglichen mit einer Anordnung nach Abb. 311. (Gesamtkosten bei Ausführung nach Abb. 311 = 100 vH.) Entwurf: AEG Berlin. Entwurfsjahr 1926.

werden und daß Kapital-, Strom-, Bedienungs-, Schmier- und Reparaturkosten der Mühlen ebenso hoch wie in Fall *I* bis *III* sind. Bei den Kapitalkosten wurde die zum Unterbringen der Einblasemühlen erforderliche Vergrößerung des Kesselhauses berücksichtigt. Da die rein baulichen Kosten niederer sind und die zahlreichen Hilfseinrichtungen einer Zentralanlage wegfallen, betragen die Gesamtaufbereitungskosten bei einer auf die Normalleistung der Mühlen bezogenen jährlichen Betriebsstundenzahl von 7500 bzw. 3000 nur etwa 0,84 bis 1,10 M/t bzw. 1,26 bis 1,55 M/t oder 48 bis 85 vH, im Mittel 50 bis 70 vH der Kosten bei zentraler Aufbereitung. Fall *V* und *VI* zeigen die Aufbereitungskosten für hochmoderne als Einblasemühlen ausgebildete Walzen- und Schlägermühlen auf Grund der von den Lieferfirmen garantierten Werte für Reparaturen und Stromverbrauch. Sie betragen bei hoher Benutzungsdauer nur etwa 30 bis 40 vH der Werte von Fall *I* bis *III*. Besondere Kosten für Bedienung wurden bei Einblasemühlen nicht in Ansatz gebracht, da sie vom Heizer mitgewartet werden können. Bei besonderen Wärtern ist ein Betrag von etwa 0,10 bis 0,20 M/t erforderlich. Die Anlagekosten je t jährlich erzeugten Staubes betrugen im Jahre 1932 bei großen Zentralmahlanlagen einschließlich Gebäude und Staubtransportvorrichtungen zum Kesselhaus bei zwei- bzw. dreischichtigem Betrieb etwa 4 bis 5 RM bzw. 6 bis 7 RM, bei Kesseln von 90 t/h Höchstleistung mit zwei 10 t/h Einblasemühlen samt Antriebsmotoren und Vergrößerung des Kesselhauses und 3000 bzw. 7500 Stunden jährlicher Vollastbenutzungsdauer rd. 5 bzw. 2 RM.

Zu den Aufbereitungskosten kommen noch die Kosten für die Beförderung der Kohle vom Eisenbahnwagen bzw. Schiff ins Aufbereitungsgebäude. Sie sind nach Abb. 313 (Bekohlen) je nach den Entlade- und Stapelvorrichtungen und dem Kohlenvorrat, der auf Lager genommen werden muß, außerordentlich verschieden. Unter mittleren Verhältnissen ist mit 0,30 bis 0,40 RM/t zu rechnen.

Ein Mittelding zwischen Zentralmahl- und Einzelanlagen sind Anlagen, in denen die mit Mahltrocknung arbeitenden Mühlen zwar im Kesselhaus aufgestellt sind, aber

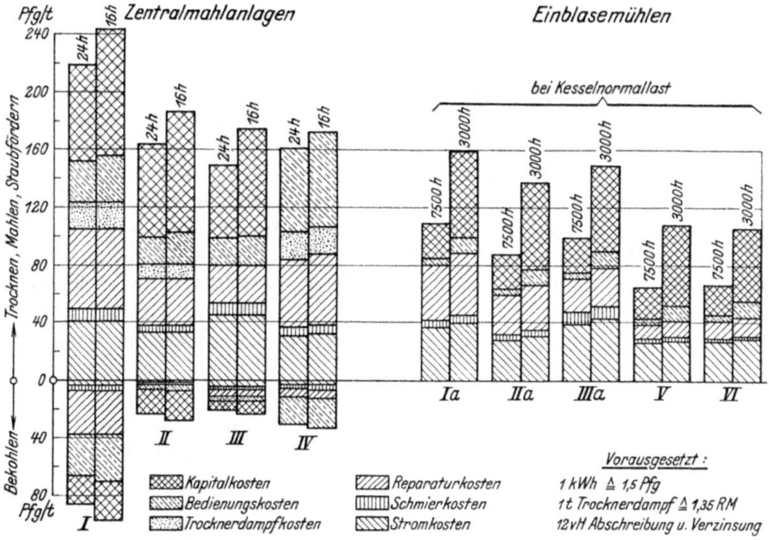

Baujahr	1925	1928	1928	1926	1925	1928	1928	1932	1932
Kohlensorte	Steinkohle	Steinkohle	Braunkohlen-Schwelkoks	Steinkohle	Steinkohle	Steinkohle	Braunkohlen-Schwelkoks	Magerkohle	Magerkohle
Wassergehalt der Kohle vH	8	3÷5	5÷8	10				max. 8	max. 8
Zahl der Mühlen insgesamt	10	4	2	2	16	16	16	16	16
„ „ „ je Kessel					2	2	2	2	2
Nennleistung einer Mühle t/h	12 u. 15	12	12 ×)	5	10	10	10	10	10
Mühlenbauart	Fliehkraftpendel u. Walzen	Walzen	Walzen	Fliehkraftpendel	Fliehkraftpendel u. Walzen	Walzen	Walzen	Walzen	Schläger
Jährliche Staubleistung d. Mahlanlage bei 3 bezw. 2 tägl. Arbeitsschichten t	800000/600000	270000/210000	91000/61000	38000/25000	—	—	—	—	—
Jährl. Staubleistung je Kessel bei 7500 bezw. 3000 Normallaststunden t	—	—	—	—	52000/21000	52000/21000	52000/21000	52000/21000	52000/21000

×) Bei Ausmahlung auf 10 vH R/Sieb Nr. 30; inzwischen durch Verbesserungen auf 16 t/h erhöht. Bei 1 vH R/Sieb Nr. 30 Nennleistung rd. 7,5 t/h.

Abb. 313. Erreichbare Mindestwerte der Aufbereitungskosten von 1 t Staub frei Kesselbunker bei Zentralmahlanlagen, Fall *I* bis *IV*, und Einblasemühlen, Fall *Ia* bis *IIIa*, *V* und *VI*. Preisgrundlage 1932. Mit Ausnahme von Fall *IV* sind sämtliche Anlagekosten, auch diejenigen für den baulichen Teil mitberücksichtigt.

unter Zwischenschaltung von Zyklonen auf Vorratsbunker arbeiten, von denen der Staub durch Schnecken den Brennern zugeteilt wird. Sie sind am Platze, wenn gelegentlich sehr starke Spitzen auftreten und die Sicherheit gegen Störungen an den Mühlen besonders groß sein soll. In Abb. 314 arbeiten zwei Schlägermühlen, die aus dem Kessel heiße Rauchgase ansaugen, über Zyklone auf einen gemeinsamen Bunker. Die Umlaufluft der Mühlen dient zum Einblasen von gebunkertem, durch Schnecken zugeteilten Staub. Der Staub kann aber den Brennern auch unmittelbar zugeführt werden. Wird noch gebunkerter Staub zugesetzt, so kann der Kessel erheblich mehr Dampf erzeugen als der Mühlenleistung entspricht.

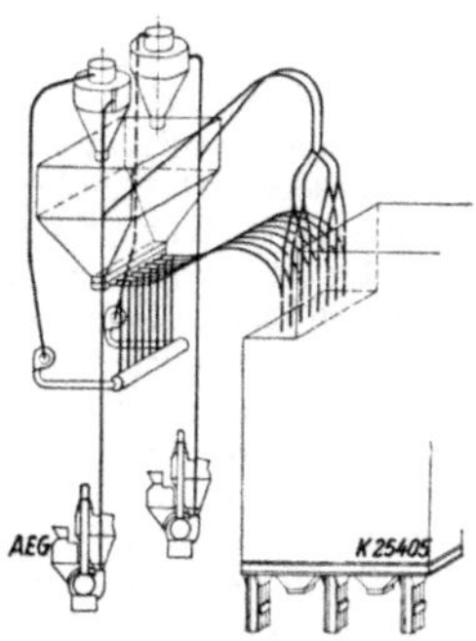

Abb. 314. Kessel mit Kohlenstaubfeuerung der Kohlenstaubfeuerung G. m. b. H. mit zwei Einblasemühlen für direktes Einblasen und für Bunkerung des Kohlenstaubes im Kraftwerk der Falvahütte.

Je nach der Bauart können bis zu 2 Minuten vergehen, bis sich Einblasemühlen einer anderen Kesselbelastung völlig angepaßt haben, bei gebunkertem Staub erfolgt das Anpassen schneller, wenngleich der Unterschied nicht groß ist. Übrigens arbeiten Zuteilschnecken bei kleiner Drehzahl oft stoßweise und lassen gelegentlich Staub „durchschießen". Einblasemühlen eignen sich daher fast immer ebenso gut wie Zentralmahlanlagen.

Der größere spezifische Kraftbedarf von Einblasemühlen bei Teillast wird durch den Wegfall des Kraftverbrauches der Hilfsapparate zentraler Aufbereitungsanlagen meistens ausgeglichen. Da außerdem größere Kessel schon der Sicherheit wegen mindestens zwei Mühlen haben, kann durch Abschalten einer davon auch bei Teillast günstiger Kraftverbrauch erzielt werden. Öfterer Wechsel der Kohle stellt an die Aufmerksamkeit der Heizer unter Umständen erheblich Ansprüche, falls die Einstellung der Mühlen wesentlich geändert werden muß. Der Kesselwirkungsgrad ist bei zentraler Aufbereitung und Einzelmühlen derselbe, wenn beide Anlagen gleich gut durchgebildet sind. Bei Vergleichsversuchen im Calumet-Kraftwerk lag der Unterschied unter 0,5 vH. Unter Berücksichtigung des im allgemeinen größeren Kraftbedarfes von Zentralmahlanlagen sind Einblasemühlen, denen die Zukunft gehört, auch wärmewirtschaftlich überlegen. Sie werden bei zweireihigen Kesselhäusern entweder zwischen den einander gegenüberliegenden Kesseln im Aschenkeller oder hinter den Kesseln in schmalen niederen Anbauten ans Kesselhaus aufgestellt, Abb. 534. Durch Einziehen von Trennwänden lassen sich Lärm und Schmutz vom eigentlichen Kesselhaus leicht fernhalten.

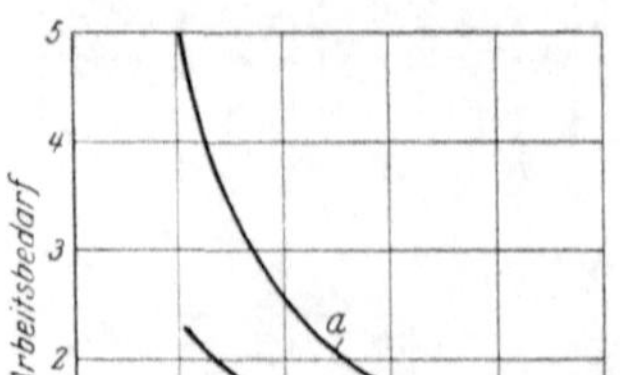

Abb. 315. Arbeitsbedarf einer Rohrmühle (a) und einer Dreiwalzenringmühle (b) zum Mahlen von 1 t Kohle bei Teilbelastung. Nach Rammler. (Arbeitsbedarf bei Vollast bei beiden Mühlen = 1 gesetzt.)

c) Kohlenstaubmühlen. Die zahlreichen Mühlenkonstruktionen lassen sich in folgende Hauptklassen einteilen:

Schwerkraftmühlen (Kugel-, Rohr- und Verbundmühlen), Fliehkraftmühlen (Raymond-Pendelmühle, Fuller-Kugelmühle), Federkraftmühlen (Dreiwalzenringmühle, Lösche-Mühle), Schlägermühlen (Resolutor-, Aero- und ähnliche Mühlen), Prallmühlen (Pneuko- und Angermühle).

Schwerkraftmühlen bestehen aus stahlgepanzerten, langsam rotierenden horizontalen Zylindern mit Durchmessern bis zu etwa 2,5 m und Längen bis zu etwa 12 m, die mit Stahlkugeln oder anderen harten Mahlteilen gefüllt sind. Sie zermahlen die Kohle durch den Stoß und die reibende Wirkung der auf die Kohle niederstürzenden, durch die Drehung der Trommel mitgenommenen Kugeln, sind außerordentlich stabil, einfach und betriebssicher, für Anthrazit, Koks und ähnliche sehr harte Brennstoffe allein geeignet, gegen eingedrungene Metallstücke unempfindlich und stellen an die Bedienung ganz geringe Ansprüche. Nach Rammler garantieren die Mühlenfirmen je t Staub 3 bis 5 Pfg. Verschleißkosten. Der Platzbedarf von Rohrmühlen ist groß, ihr Kraftverbrauch übertrifft den aller anderen Mühlen, Abb. 315. Schwerkraftmühlen haben für Kraftwerke erst durch Einführung der Windsichtung Bedeutung gewonnen, weil sie ihre Länge (auf etwa $^1/_3$), Anlagekosten und spezifischen Kraftbedarf erheblich verkleinert hat. Rohrmühlen mit Windsichtern sind gegen feuchte Kohle unempfindlicher als solche mit Siebsichtung und ermöglichen Mahltrocknung. Wegen der großen Kohlenfüllung folgen sie bei direktem Einblasen Belastungsänderungen langsamer als andere Bauarten. Da sie bei Leerlauf und Vollast fast dieselbe Leistung aufnehmen, ist ihr spezifischer Kraftbedarf bei Teillast sehr hoch. Mit Windsichtern werden sie bis 25 t/h Leistung gebaut. Die Ventilatoren verbrauchen etwa 40 vH des gesamten Kraftbedarfes. Ummantelung der Mühlen mit schalldichten Gehäusen vermindert den Lärm sehr.

Fliehkraftmühlen zermahlen die Kohle durch den Druck, den schnell rotierende Kugeln (Fuller-Mühle) oder pendelnd aufgehängte Mahlwalzen (Raymond-Mühle) infolge der Zentrifugalkraft auf horizontale feststehende Mahlringe bzw. die zwischen beiden befindliche Kohle ausüben. Platzbedarf, Gewicht, Kraftverbrauch und Empfindlichkeit gegen feuchte Kohle sind kleiner als bei Schwerkraftmühlen. Sie eignen sich für Mahltrocknung, die aber bei Pendelmühlen geeignete Schmiermittel und -vorrichtungen verlangt, weil sich sonst die Pendel leicht festklemmen und viel Fett verbrauchen. Da die Drehzahlen über 10mal größer, die spezifischen Mahlflächen aber erheblich kleiner als bei Schwerkraftmühlen sind, haben sie schnelleren Verschleiß. Trotz gutem Auswuchten treten zuweilen freie Massenkräfte auf, weshalb sie reichliche Fundamente benötigen. Fliehkraftmühlen sind nicht so betriebssicher wie Kugelmühlen und gegen eingedrungene Metallteile empfindlich, die Kohle wird ihnen daher über Magnetabscheider zugeleitet. Sie werden mit Siebsichtern oder den in Kraftwerken bevorzugten Windsichtern ausgestattet. Mit zunehmendem Verschleiß der Mahlteile geht die Mahlfeinheit zurück. Da die Mühlen nur verhältnismäßig wenig Kohle enthalten und ihr spezifischer Kraftbedarf bei Teillast nur langsam wächst, eignen sie sich als Einblasemühlen. Die größte Leistung einer Fuller-Kugelmühle mit Windsichtern und Mahltrocknung beträgt rd. 50 t/h, der Kraftverbrauch von Mühle und Ventilator bei 54 bzw. 44 t/h Leistung wird bei Steinkohle zu 12,5 bzw. 14 kWh/t bei 26 vH Rückstand auf Sieb Nr. 70 angegeben.

Bei **Federkraftmühlen** werden die Mahlwalzen durch Federn gegen die Mahlschüssel gedrückt. Der bei Dreiwalzenringmühlen senkrechte Mahlring wird durch die Reibung der angetriebenen Mahlwalzen in Drehung versetzt, bei Federkraftpendelmühlen (Lösche-Mühle) wird die horizontale Mahlschüssel angetrieben, gegen die die feststehenden, pendelnd gelagerten Mahlwalzen gepreßt werden. Da bei Federkraftpendelmühlen keine freien Massenkräfte auftreten, können sie für größere Leistungen als Dreiwalzenringmühlen gebaut werden.

deren Leistung 6 bis 8 t/h nicht überschreiten sollte. Die Mühlen haben mäßigen Verschleiß, kleinen Platzbedarf, flache Charakteristik, niedrigen Kraftverbrauch, Abb. 315, eignen sich für Mahltrocknung und als Einblasemühlen und sind gegen eingedrungene Metallstücke etwas weniger empfindlich als Fliehkraftmühlen.

Bei **Schlägermühlen** wird die Kohle durch den Stoß schnell rotierender Schläger und durch Schleudern gegen die Mahlbahn zermahlen und durch Wind gesichtet. Schlägermühlen sind gegen feuchte Kohle am unempfindlichsten, haben den kleinsten Platzbedarf und das geringste Gewicht, eignen sich für Mahltrocknung und wegen ihrer flachen Charakteristik und ihres sehr kleinen Kohleninhaltes auch als Einblasemühlen vorzüglich. Sie laufen sehr ruhig, brauchen nur kleine Fundamente und wenig Wartung, sind aber gegen eingedrungene Metallteile empfindlich. Ventilator und Schlägerrad sitzen auf derselben Welle. Die verhältnismäßig große Abnutzung der Mahlteile fällt wenig ins Gewicht, weil sie rasch ausgewechselt und aus billigen Stoffen hergestellt werden können und weil Schlägermühlen an sich billig sind. Die Mühlen werden bis zu 8 bis 10 t/h Leistung gebaut, die beliebteste Größe in Deutschland ist 5 bis 7 t/h.

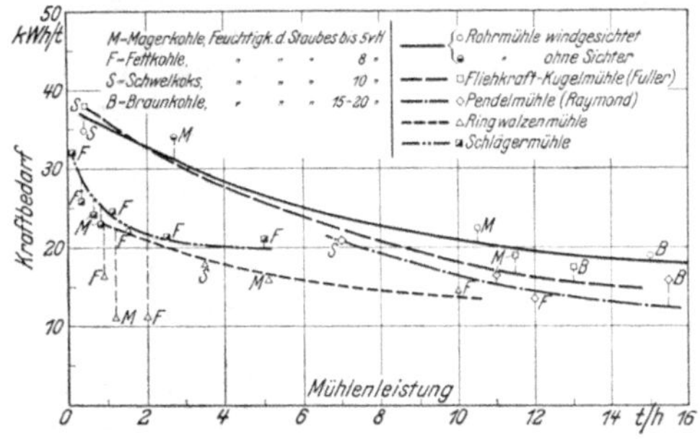

Abb. 316. Spezifischer Vollast-Kraftverbrauch von Mühle, Aufgabevorrichtung und Ventilator an der Motorkupplung gemessen bei Ausmahlen auf 15 vH Rückstand auf Sieb Nr. 70 bei verschiedenen Kohlensorten in Abhängigkeit von der Mühlenleistung in t/h.

Prallmühlen schleudern die Kohle in einem Luftstrahl gegen Prallflächen, haben keine beweglichen Teile und brauchen keine Schmierung. Anfänglich war der spezifische Kraftbedarf sehr hoch (60 bis 80 kWh/t), weil man Luftpressungen von 1,5 bis 2 atü für nötig hielt. Die Angermühle verwendet aber Luft von nur 150 mm Q.-S. Druck und verbraucht bei 15 vH Rückstand auf Sieb Nr. 70 nur etwa 20 kWh/t. Wenngleich die bisherigen Prallmühlen nur etwa 1 bis 2 t/h leisten, so verdienen sie wegen ihrer Einfachheit doch alle Beachtung.

Gasarme Steinkohle wird im allgemeinen auf 10 bis 12 vH, gasreiche Steinkohle auf 15 bis 18 vH, Braunkohle und Braunkohlenschwelkoks auf 30 bis 40 vH Rückstand auf Sieb Nr. 70 ausgemahlen. Feinere Ausmahlung erhöht zwar im allgemeinen Kesselleistung und -wirkungsgrad. Da aber gleichzeitig der Kraftverbrauch der Mühle wächst und ihre Leistung zurückgeht, muß von Fall zu Fall die wirtschaftlichste Ausmahlung ermittelt werden. Bei Versuchen mit Braunkohlenschwelkoks an dem Kessel in Abb. 243 konnte selbst bei Vergröberung der Ausmahlung von 1,75 vH Rückstand auf Sieb Nr. 30 bzw. 25 vH auf Sieb Nr. 70 auf 12,5 vH bzw. 42 vH Rückstand eine Verschlechterung des Wirkungsgrades nicht festgestellt werden. Bei gelegentlichen kurzen Spitzen ist ein gewisser Verlust infolge zu grober Ausmahlung meist vorteilhafter als die Aufstellung ungebührlich großer Mühlen.

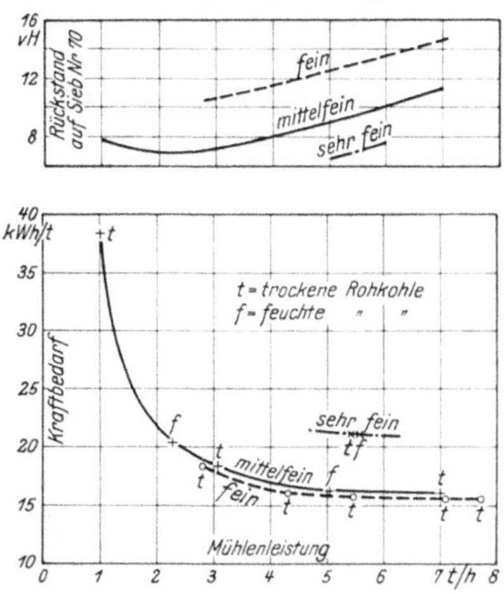

Abb. 317. Spezifischer Kraftverbrauch einer 7 t/h-Resolutormühle samt Aufgabevorrichtung und Ventilator an der Motorkupplung bei rd. 6 bis 10 und rd. 10 bis 14 vH Rückstand auf Sieb Nr. 70 bei Vermahlen von westfälischer Magerkohle von 7799 kcal/kg Heizwert, 7,2 vH Aschengehalt und 1,8 vH Wassergehalt in Abhängigkeit von der Mühlenbelastung bei Mahltrocknung durch Rauchgase. Baujahr 1931.

Abb. 316 zeigt für verschiedene Brennstoffe und Mühlen den an der Motorkupplung gemessenen Volllastkraftverbrauch von Mühle, Aufgabevorrichtung und Ventilator bei 15 vH Rückstand auf Sieb Nr. 70 in Abhängigkeit von der Mühlenleistung. Er liegt bei 10 t/h-Mühlen etwa zwischen 14 und 20 kWh/t. Bemühungen, die „Mahlbarkeit" einer Kohle im Laboratorium festzustellen, hatten noch keinen vollen Erfolg, das sicherste sind daher Mahlversuche im großen, bevor man sich für eine bestimmte Mühle entscheidet. Abb. 317 zeigt den an der Kupplung gemessenen Kraftverbrauch einer 7 t/h-Resolutormühle mit Mahltrocknung bei westfälischer Steinkohle. Bei Mahltrocknung scheint die Feuchtigkeit der Kohle innerhalb gewisser Grenzen ohne Einfluß auf Leistung und spezifischen Kraftverbrauch zu sein.

Abb. 318 zeigt das mit zunehmender Ausmahlung schnelle Anwachsen des spezifischen Kraftbedarfes einer etwa halb belasteten amerikanischen Mehrkammerschlägermühle. Bei einer vollbelasteten deutschen 5 t/h-Einkammerschlägermühle war die Zunahme weit geringer, Abb. 319.

Zusammenfassend kann folgendes gesagt werden: Die zunehmende Beliebtheit von Einblasemühlen hat zur Bevorzugung einfacher, elastischer, für Mahltrocknung geeigneter Mühlen von geringem Platzbedarf und flacher Charakteristik geführt, bei denen keine großen freien Massenkräfte auftreten können. Für gasreiche Brennstoffe kommen besonders Fliehkraftmühlen, Dreiwalzenringmühlen, Federpendelmühlen und Schlägermühlen in Betracht. Dreiwalzenringmühlen sind wegen der großen frei umlaufenden Massen für Leistungen von mehr als 6 bis 8 t/h (bei Steinkohle) weniger geeignet; Pendelfliehkraftmühlen werden bis etwa 15 t/h Leistung gebaut. Schlägermühlen (Höchstleistung 10 t/h) sind gegen feuchte Kohlen am unempfindlichsten, brauchen sehr wenig Wartung, eignen sich für Mahltrocknung, haben aber verhältnismäßig hohen Verschleiß; Kugelfliehkraft- und Pendelfederkraftmühlen kommen bis zu den höchsten Leistungen in Frage (25 bis 50 t/h), eignen sich für Mahltrocknung und direktes Einblasen, sind aber teurer und erfordern schwerere Fundamente als Schlägermühlen. Sehr harte Brennstoffe, wie Koks, manche Anthrazite und andere magere Kohlen können nur in Rohrmühlen befriedigend vermahlen werden. Universalmühlen gibt es also noch nicht, vielmehr muß von Fall zu Fall die geeignetste Mühle ermittelt werden. Bei kleiner Benutzungsdauer verdienen billige, bei kurzzeitigen scharfen Spitzen verhältnismäßig kleine überlastbare Mühlen den Vorzug, selbst wenn ihr Kraftbedarf verhältnismäßig hoch und ihre Ausmahlung während der Spitze verhältnismäßig grob ist.

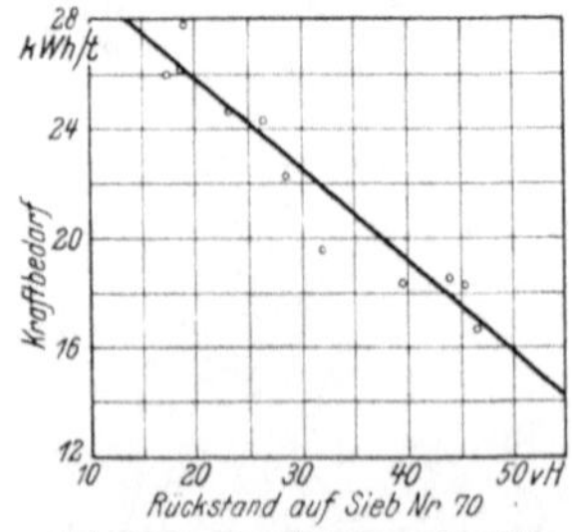

Abb. 318. Spezifischer Kraftbedarf einer mit 45 bis 55 vH ihrer Volleistung belasteten, mit Warmluft von 200° arbeitenden Simplex-Mühle im Cahokia-Kraftwerk bei verschiedener Ausmahlung von Steinkohle von etwa 5600 kcal/kg Heizwert, 9 bis 10 vH Wassergehalt und 12 bis 18 vH Aschengehalt. Nach Tenney. Baujahr 1927.

4. Elastizität von Feuerungen. Mit der absoluten und spezifischen Leistung wurde auch die **Elastizität** von Feuerungen durch Unterwind, Zoneneinteilung, hohe Feuerräume und andere Mittel erheblich verbessert. Schulte und Presser haben sie als die Zeit in Sekunden definiert, die die Steigerung auf das Doppelte der Anfangsbelastung dauert, wenn während des Hochheizens gerade soviel Wasser gespeist wie Dampf entnommen (angepaßte Speisung) und der Kesseldruck konstant gehalten wird. Rosin und Mitarbeiter verstehen unter Elastizität die je Minute erzielte in vH der Vollast ausgedrückte Zunahme der Dampferzeugung, wenn man von einer bestimmten Belastung aus hochheizt. Der Einfachheit wegen wird die Elastizität von Feuerung und Kessel in einen Wert zusammengefaßt, der ein Bild von der Schmiegsamkeit einer Kesselanlage gibt, obgleich er infolge seiner Abhängigkeit vom Zustand des Feuers und der Höhe der Belastung am Anfang und Ende des Forcierens nicht eindeutig ist.

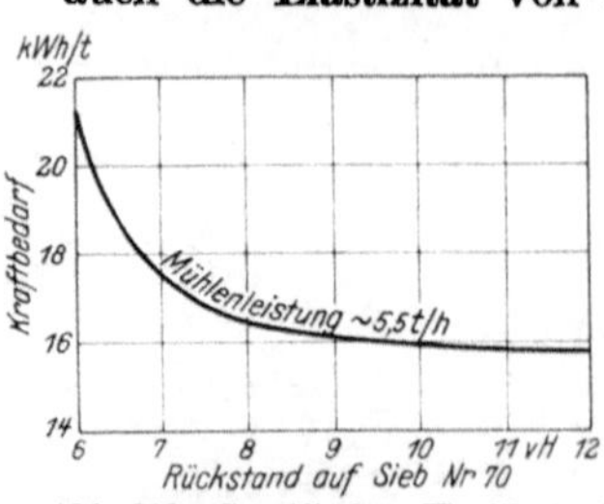

Abb. 319. Spezifischer Kraftbedarf einer vollbelasteten deutschen Einkammerschlägermühle bei verschieden feiner Ausmahlung von westfälischer Steinkohle von 7790 kcal/kg Heizwert und 0/10 mm Körnung.

Beim Hochheizen aus kaltem Zustand unterscheidet Prätorius zwischen

Anheizzeit = Zeit bis zum Beginn der Verdampfung.
Regelzeit = Zeit vom Beginn der Verdampfung bis zum Erreichen der Vollast.
Speicherzeit = Zeit vom Beginn der Verdampfung bis zum Erreichen des Beharrungszustandes, der vorhanden ist, wenn das Kesselmauerwerk nicht mehr Wärme aufnimmt, als es nach außen abgibt.
Einlaufzeit = Summe aus Anheizzeit und Regelzeit.
Aufwärmzeit = Summe aus Anheizzeit und Speicherzeit.

Die Einlaufzeit eines Kessels hängt außer von der Elastizität und der größten absoluten Leistung einer Feuerung vom Wasserinhalt und der Heizfläche des Kessels ab. Je größer Fläche und spezifische Belastung des Rostes und je kleiner der Wasserinhalt sind, um so rascher kommt der Kessel auf Vollast. Ob unter sonst gleichen Verhältnissen ein Mehr an Heizfläche die Einlaufzeit verkürzt, hängt davon ab, ob der Einfluß der tieferen Rauchgasabkühlung den des größeren Wasserwertes überwiegt. Ähnliches gilt von der Feuerraumkühlung, die außer der Wärmeaufnahmefähigkeit auch den Wasserinhalt eines Kessels vergrößert, Abb. 419, und daher nicht unbedingt die Einlauf-, wohl aber die Speicherzeit verkürzt, weil gemauerte Feuerkammern erst nach langer Dauer ihre Beharrungstemperatur erreichen. Bei alten Kesseln und Rosten dauert die Anheizzeit bis zu 10 Stunden, die Regelzeit bis zu 3 Stunden. Beim 140 t/h-Steilrohrkessel in Abb. 252 vergingen beim Anheizen aus dem kalten Zustand $2^1/_4$ Stunden, bis der volle Druck, $3^1/_4$ Stunden, bis die volle Leistung erreicht war. Bei modernen Kesseln mit mechanischen Unterwindrosten dauert die Anheizzeit etwa 60 bis 120, die Regelzeit 20 bis 60, die Einlaufzeit 80 bis 180 Minuten. Bei entsprechend gebauten Kesseln mit Staubfeuerungen oder mit Öl und ähnlichen Mitteln präparierten Unterwindrosten kann aber im Notfall Halblast in 10 bis 30 Minuten, Vollast in 20 bis 40 Minuten erreicht werden, wenn der Wasserinhalt des Kessels durch fremden Dampf hoch vorgewärmt wird, und selbst diese Zeiten lassen sich noch wesentlich verringern. Ohne Zwang sollte man aber solche Rekordzeiten vermeiden. In vielen größeren Elektrizitätswerken spielt besonders kurze Einlaufzeit keine entscheidende Rolle, da fast immer soviel Kessel in Betrieb gehalten werden, daß der plötzliche Ausfall eines von ihnen nicht viel ausmacht. Dagegen müssen Dampfkraftwerke, die mit Wasserkraftwerken parallel arbeiten und bei Wasserüberfluß stilliegen, bei Leitungs- oder anderen Störungen sehr schnell in Gang kommen. Zwar vergeht erhebliche Zeit, bis größere Turbinen und Generatoren so gleichmäßig durchgewärmt sind, daß sie die Last übernehmen können. Da man aber die Turbinen erst anwärmen kann, wenn Dampf zur Verfügung steht, ist kurze Einlaufzeit der Kessel unerläßlich. Es empfehlen sich daher elastisch gebaute blechummantelte Kessel (wie z. B. Quertrommelsektionalkessel) mit kleinem Wasserinhalt, der durch Dampf aus einem Elektrokessel auf hoher Temperatur gehalten wird und mechanische Feuerungen mit starken Unterwind- und Saugzugventilatoren. Präparieren der Roste mit Holz und ölgetränkten Putzlappen oder Ölzusatzfeuerungen beschleunigen das Hochheizen erheblich. Einlauf- und Aufwärmzeit sind um so kürzer, je kürzer die vorangegangene Betriebsunterbrechung war und je sorgfältiger der Zutritt von Luft zu Feuerung und Kessel während des Stillstandes verhindert wurde, Abb. 320 und 321.

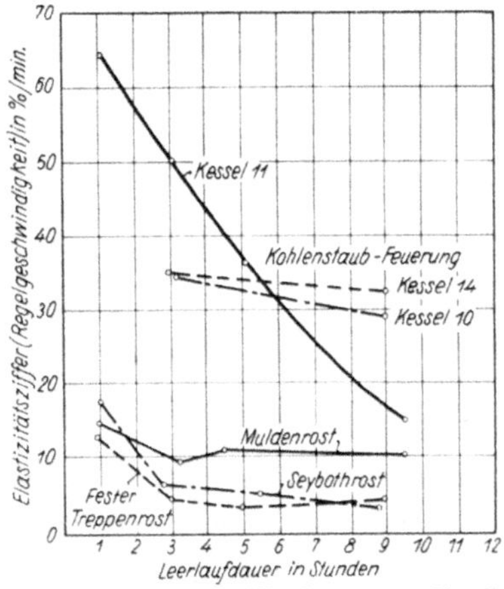

Abb. 320. Elastizitätsziffer bei „angepaßtem" Speisen zwischen 0 und 90 vH der Vollast gemessen an Kesseln mit Braunkohlenfeuerungen beim Hochheizen aus dem Leerlauf in Abhängigkeit von der vorausgegangenen Stillstandszeit. Heizwert der Braunkohle rd. 2300 kcal/kg. Nach Rosin, Rammler und Kauffmann.
Kessel 11 = 140 t/h-Steilrohrkessel mit Staubfeuerung, allseitig gekühltem Feuerraum und Eckenbrenner, Baujahr 1929; Kessel 10 = 100 t/h-Sektionalkessel mit teilweise gekühltem Feuerraum und Deckenbrennern, Baujahr 1926; Kessel 14 = 90 t/h-Steilrohrkessel, sonst ebenso wie Kessel 10, Baujahr 1926.

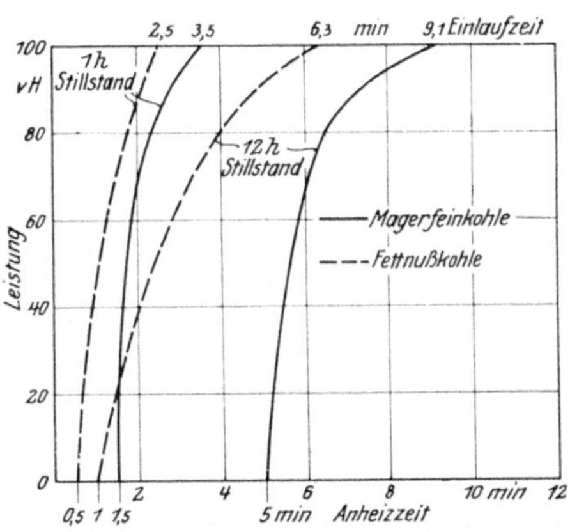

Abb. 321. Einlaufzeiten von Kesseln mit Unterwindzonenwanderrosten bei Magerfeinkohle und Fettnußkohle nach verschiedener Stillstandsdauer.

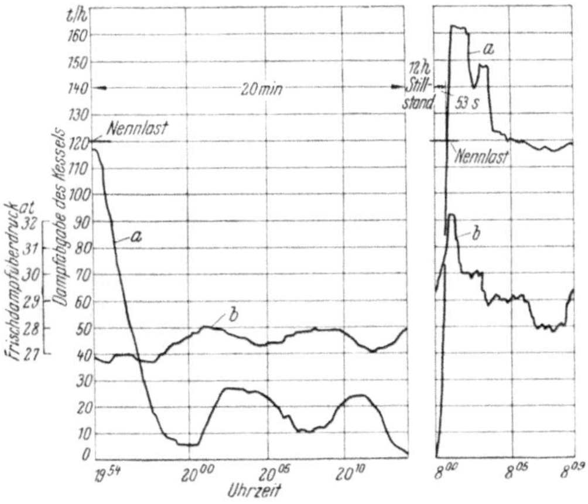

Abb. 322. Anfahrversuch des Kessels in Abb. 387 mit 67 m² Taylor-Unterschubrost nach 12stündigem Stillstand. *a* Dampfabgabe des Kessels; *b* Druck im Dampfraum des Kessels.

Vorzüglich bewährt haben sich bei intermittierend betriebenen Kesseln **Zugsperren**, die das Auskühlen des Kessels durch die vom Schornsteinzug während des Stillstandes durchgesaugte Luft verhindern.

Der aus dem Jahre 1928 stammende Kohlenstaubkessel in Abb. 252 erreicht nach 9stündiger Pause in 15 Minuten, nach einem Stillstand von Sonnabend abend bis Montag früh in 50 bis 60 Minuten wieder volle Leistung. Ein mit Braunkohle von 52 vH Wassergehalt und 1780 kcal/kg Heizwert gefeuerter Steilrohrkessel von 910 m² Heizfläche mit mechanischem Stufenrost und warmem Unterwind kam nach 1stündiger

Pause in 2 Minuten von 10 auf 50 kg/m² h, nach 14stündiger Pause in 10 Minuten auf 50 kg/m² h Leistung. Beim 140 t/h-Steilrohrkessel in Abb. 252 vergingen nach vorherigem 1- bis 3stündigem Leerlauf bis zum Erreichen von 90 vH der Vollast 120 Sekunden. Unterschubroste kommen je nach der Kohlensorte und der Dauer des Betriebes mit gebänktem Feuer in 5 bis 10 Minuten unschwer von Leerlauf auf Vollast. Beim Kessel in Abb. 387 mit Unterschubrost vergingen nach 12stündigem Stillstand 53 Sekunden bis zum Erreichen der Nennlast von 120 t/h, Abb. 322.

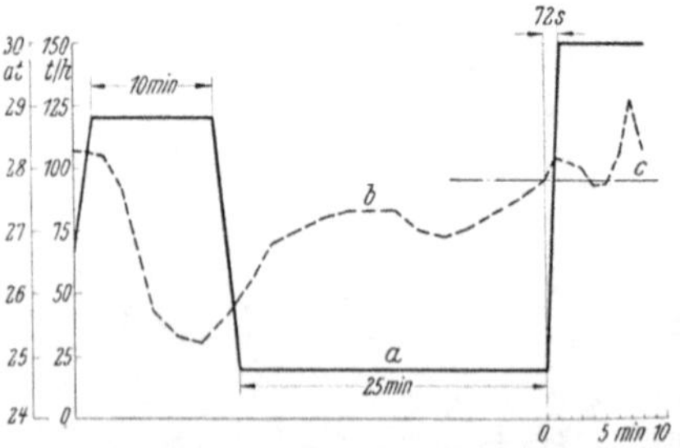

Abb. 323. Elastizitätsversuch an dem 67 m²-Taylor-Unterschubrost des Kessels in Abb. 387 bei der Verdampfung angepaßter Speisung. *a* Dampfentnahme; *b* Kesseldruck; *c* gewollter Kesseldruck.

Bei Unterwindwanderrosten und bei Staubfeuerungen dauerte nach Versuchen von Schulte und Presser mit Ruhr- und Saarkohlen eine Steigerung von 50 auf 100 vH der Vollast 15 bis 150 Sekunden, bei Ausscheiden der extremen Fälle 15 bis 30 Sekunden, wobei es bei Rosten kaum etwas ausmachte, ob Magerkohle, Koksgrus, Eß- oder Fettkohle verfeuert wurde. Auch das Feuerungssystem hatte nur wenig Einfluß und die Feuerung mit dem kleinsten Kohlenvorrat im Feuerraum war nicht die anpassungsfähigste, sondern die mit einem gewissen in hoher feuerungstechnischer Bereitschaft befindlichen Brennstoffbett. Dagegen spielte die Leistungsfähigkeit der Unterwind- und Saugzuggebläse und der Umstand eine große Rolle, ob die verschiedenen Bedienungshebel dicht beieinander vereinigt waren oder nicht. Bei Versuchen mit Unterwindwanderrosten und oberschlesischer Staubkohle (Körnung 0 bis 10 mm) wurden für Leistungssteigerungen von 50 auf 100 vH Belastung bzw. Leistungsabnahmen von 100 auf 50 vH 14 bis 40 bzw. 37 bis 50 Sekunden festgestellt. Bei dem 2400 m²-Sektionalkessel mit Taylor-Unterschubrost in Abb. 387 dauerte eine Leistungssteigerung um 100 vH im Mittel 20 bis 30 Sekunden, eine Steigerung von 20 auf 150 t/h 72 Sekunden, Abb. 323. Auch die Elastizität mechanischer Braunkohlenroste wurde in den letzten Jahren erheblich erhöht, erreicht aber die von Steinkohlenfeuerungen noch nicht, Abb. 324.

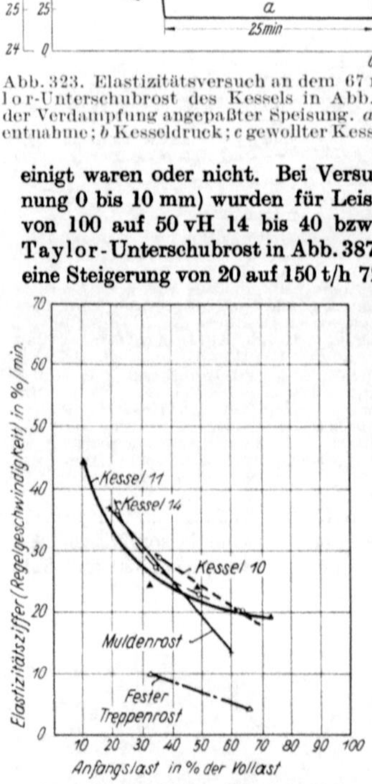

Abb. 324. Elastizitätsziffer bei selbsttätigem Speisen zwischen der durch die Abszisse gegebenen Anfangslast und 90 vH Vollast bei Verfeuern von Golpa-Braunkohle von rd. 2200 kcal/kg Heizwert unter einem 500 m²-Steilrohrkessel mit feststehendem Treppenrost, Baujahr 1915, und einem 1000 m²-Steilrohrkessel mit mechanischem Muldenrost und warmem Unterwind, Baujahr 1927, sowie bei den in Abb. 320 näher gekennzeichneten Kesseln mit Staubfeuerungen für Braunkohlenstaub von 4700 kcal/kg Heizwert. Nach Rosin, Rammler und Kauffmann.

Stillstands- und Leerlaufverluste hängen von vielen Zufälligkeiten, insbesondere von der Dauer des Stillstandes und vom Dichthalten der Rauchgasschieber ab. Der Leerlaufverbrauch von Kesseln mit mechanischen Rosten oder Staubfeuerungen beträgt bei Steinkohle 3 bis 6 vH, bei Braunkohle 3 bis 8 vH des Vollastverbrauches. Die kleinen Werte gelten für moderne Kessel mit geringer Mantelfläche und Unterwindzonenrosten. Durch Abschalten einiger Brenner kann auch bei Staubfeuerungen mit sehr geringer Last gefahren werden. Bei Braunkohlenstaubfeuerungen ist man bis auf Belastungen von $^1/_{20}$ bis $^1/_{30}$ der Vollast heruntergekommen, bei Steinkohlenstaub sind Werte unter $^1/_5$ bis $^1/_{10}$ der Vollast oft nur schwierig erreichbar.

Je größer die Mauerwerksmassen eines Kessels sind, um so mehr ist sein Wirkungsgrad bei schroffen Belastungswechseln vom Wirkungsgrad bei konstanter Last verschieden. Abb. 325 zeigt Ergebnisse von Abnahmeversuchen an einem Sektionalkessel, dessen Feuerraum mit Bailey-Platten völlig ausgekleidet ist. Er war die Nacht über mit 12 t/h belastet und wurde etwa 2 Stunden vor Versuchsbeginn auf Versuchslast hochgefeuert. Aus sehr sorgfältigen Zwischenabschlüssen am Ende jeder Stunde wurde die Verdampfungsziffer in der ersten, der ersten plus zweiten, der ersten, zweiten plus dritten usw. Stunde bis Versuchsende ermittelt. Durch den völligen Wegfall gemauerter Feuerraumwände ist der Einfluß der „trägen Massen“ so gering geworden, daß der Wirkungsgrad in der ersten Versuchsstunde von demjenigen während des ganzen Versuches um höchstens $^1/_2$ vH abweicht.

Da bei schroffen Belastungsänderungen ein fühlbarer Spannungsabfall im Kessel in Kauf genommen werden kann, der eine zusätzliche Dampfmenge freimacht, und da im praktischen Betrieb die Kessel nicht wie bei den Versuchen „angepaßt“, sondern selbsttätig gespeist werden, sind sie in Wirklichkeit elastischer als in Abb. 320 bis 324 zum Ausdruck kommt. Bei steigender Belastung vermindern nämlich die Speiseregler den Wasserzufluß, bei fallender verstärken sie ihn vorübergehend, wodurch beim Hochheizen zusätzliche Wärme für die Dampfbildung frei und bei Belastungsabnahmen überschüssige Wärme gebunden wird. Moderne Feuerungen und Kessel können daher sämtliche vorkommenden Spitzen sicher und ohne besondere Hilfsmittel decken.

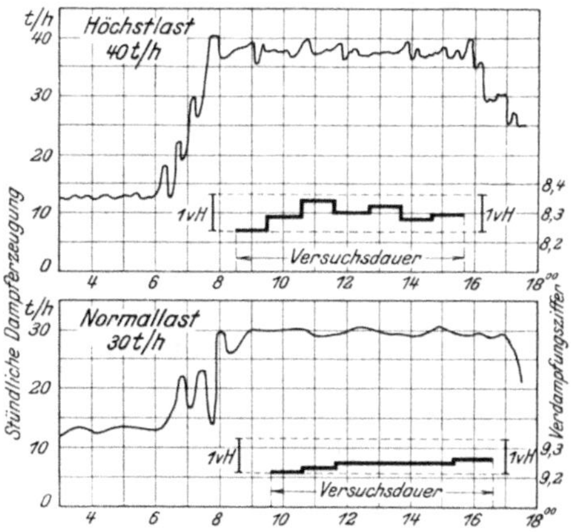

Abb. 325. Versuchsergebnisse an einem 740 m²-Babcock-Stork-Sektionalkessel für 35 at Druck mit Ekonomiser, Luftvorwärmer, Unterwindwanderrost und mit Bailey-Platten völlig ausgekleideter Brennkammer bei Verfeuern von westfälischer Magerkohle von 7400 kcal/kg Heizwert und 11 vH flüchtigen Bestandteilen im Kraftwerk Merwedekanal in Utrecht.

5. Mechanische Roste oder Staubfeuerungen. Beurteilung und Werdegang von Staubfeuerungen stimmten in Deutschland und Amerika nicht immer überein. Zunächst erblickte man in beiden Ländern den Vorteil von Staubfeuerungen fast ganz in der höheren Lage und dem flacheren Verlauf der Wirkungsgradkurve und im kleineren Leerlaufsverlust. Während aber in Amerika schon sehr früh neue große Kessel mit Staubfeuerungen ausgestattet wurden, deren Feuerraum sich den besonderen Bedingungen unschwer anpassen ließ, wurden in Deutschland fast nur alte Kessel zu ihrem Einbau zur Verfügung gestellt, bei denen sich die erforderlichen Feuerräume nicht unterbringen ließen und die auch sonst vielfach ungeeignet waren. Die erzielten Preise waren außerdem meist ganz unzureichend und an Leistung, Wirkungsgrad, Anpassungsfähigkeit und Unterhaltungskosten wurden häufig unvernünftige Anforderungen gestellt. Die wenig ermutigenden, an solch ungeeigneten Objekten gewonnenen Erfahrungen wurden verallgemeinert, ohne daß man den tieferen Ursachen auf den Grund ging. Die Erkenntnis, daß der Lieferant bei Behebung der Kinderkrankheiten einer gewissen Geduld und Mitarbeit des Kraftwerksbesitzers bedarf, war nur wenig vorhanden und so erklärt es sich, daß, während Staubfeuerungen in Amerika schnell vervollkommnet werden konnten, sie bei uns nur langsam vorwärts kamen, bis der erhöhte Stromverbrauch zum Bau von Steinkohlenkraftwerken mit großen Kesseln zwang, für die es noch keine brauchbaren Roste gab. Zu jener Zeit (1924—1925) stand aber in Deutschland der höhere Wirkungsgrad schon nicht mehr allein im Vordergrund, sondern die Möglichkeit der Verfeuerung billiger, aber für die jenesmaligen Roste ungeeigneter Staub- und Magerfeinkohlen. Ihr Minderpreis wog die Aufbereitungskosten reichlich auf. Wider Erwarten zog aber der Preis der Staubkohlen an und Unterwindwanderroste wurden innerhalb weniger Jahre so verbessert, daß Staubkohlen auch auf ihnen verbrannt werden konnten. Da im Gegensatz zu Amerika die deutschen Kesselfirmen an Rosten weit mehr interessiert waren und es beim Herauskommen der ersten hochwertigen Wanderroste noch keine

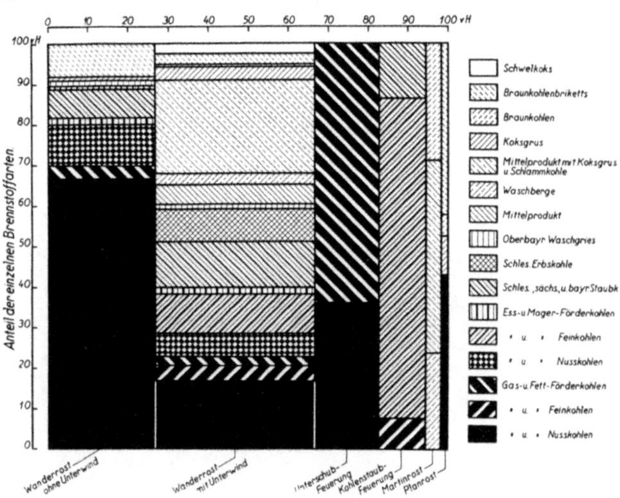

Abb. 326. Anteil der verschiedenen Feuerungssysteme an den in den Jahren 1928—1931 gebauten deutschen Wasserrohrkesseln.

billigen Flugaschenfänger und Einblasemühlen mit Mahltrocknung gab, überrascht es nicht, daß Kohlenstaubfeuerungen in Deutschland einen Rückschlag erlitten, Abb. 326. In Amerika dagegen werden nach Bleibtreu etwa 20 vH der in öffentlichen Elektrizitätswerken verbrauchten Kohle gemahlen und etwa 70 vH der im Jahre 1929 erbauten Steinkohlen-Elektrizitätswerke wurden mit Staubfeuerungen ausgestattet. Nach S. 253 ist die jährliche Bereitschaftszeit von Kesseln mit Staubfeuerungen größer als von Kesseln mit mechanischen Rosten. Hierauf legt aber der Amerikaner besonderen Wert. Zu der größeren Beliebtheit von Staubfeuerungen in Amerika hat schließlich eine gewisse gefühlsmäßige Einstellung, d. h. der Faktor „Mensch" mit seinen unberechenbaren Vorlieben und Stimmungen beigetragen, deren frühzeitiges Erkennen für den geschäftlichen Erfolg so wichtig ist.

Zur Zeit eignen sich nur Staubfeuerungen für Einenderkessel von mehr als 200 t/h Leistung und für Warmlufttemperaturen von über 250°. Sie sind auch möglicherweise bei leicht zündenden Brennstoffen, wie z. B. Braunkohlenschwelkoks, die nur grob ausgemahlen zu werden brauchen, grundsätzlich überlegen. Staubfeuerungen stellen wenigstens bei großen Kesseln geringere Anforderungen an Aufmerksamkeit und Intelligenz der Heizer als mechanische Roste und ermöglichen die größte Dampferzeugung je Heizer.

Da es jetzt wirkungsvolle billige Flugaschenfänger und Einblasemühlen mit Mahltrocknung gibt, dürfte sich auch in Deutschland das durch ihren inneren Wert begründete Gleichgewicht zwischen Rosten und Staubfeuerungen einstellen. Bei hohem Druck sind wegen der hohen zulässigen Luftvorwärmung bereits heute Kessel mit Einblasemühlen nicht oder nur geringfügig teurer als mit Unterwindwanderrosten.

VII. Das Verhalten von Dampferzeugern.

A. Wärmeübergangszahl und Berührungsheizfläche.

Sir Charles A. Parsons, Newcastle, England, 1854–1931. Neben de Laval Schöpfer der Dampfturbine. Einer der Heroen der Technik.

1. Einleitung. Unter **Berührungsheizfläche von Kesseln** soll hier diejenige Kesselheizfläche verstanden werden, in welcher der Rauchgasstrom bereits in verhältnismäßig schmale Streifen unterteilt ist. Sie beginnt also mit der ersten Rohrreihe, unabhängig davon, ob sie noch der Strahlung vom Feuerraum her ausgesetzt ist oder nicht. Man kann aber von einer reinen Berührungsheizfläche in dem Sinne, daß sie lediglich durch Berührung Wärme aufnimmt, überhaupt nicht sprechen, weil — besonders bei hohen Temperaturen — ein erheblicher Teil der Wärme durch Gasstrahlung an die Heizfläche übergeht.

Die **Rauchgasgeschwindigkeit** in den Zügen deutscher Wasserrohrkessel beträgt im allgemeinen bei normaler Belastung bis 6 bis 8 m/s, bei maximaler Last und bei hoch belasteten Kesseln, sog. **Hochleistungskesseln,** 8 bis 10 m/s. Vereinzelt wird bis 15 m/s gegangen. Einige Kesselfirmen wählen bei Schrägrohr- und Steilrohrkesseln dieselbe Gasgeschwindigkeit, andere lassen bei ersteren nur eine um 10 bis 20 vH kleinere zu. Bei Kesseln mit 4 oder mehr Zügen ist infolge der vielen Umlenkungen der Zugverlust bei derselben Rauchgasgeschwindigkeit größer als bei nur 2 oder 3 Zügen. Bei großen Kesseln (über 1000 m²) kann im allgemeinen die Gasgeschwindigkeit etwas höher als bei kleineren sein.

Im **Überhitzer** ist die Rauchgasgeschwindigkeit vielfach etwas geringer, und **über dem Rost** geht man des Flugkoksverlustes wegen nicht gern über 3 bis 4 m/s.

In **Rippenrohrekonomisern** wählt man 4 bis 10 m/s, in gußeisernen Glattrohrekonomisern etwa 3 bis 5 m/s, in **Luftvorwärmern** rauchgasseitig 5 bis 10 m/s, luftseitig etwa 7 bis 12 m/s. Aber auch hier kommen gelegentlich höhere Werte vor.

In jüngster Zeit (1932) hat Münzinger empfohlen, bei öl- oder gasgefeuerten Zwanglaufkesseln auf 25 bis 50 m/s Rauchgasgeschwindigkeit zu gehen, während der Velox-Kessel (1931) mit der außerordentlich hohen Geschwindigkeit von 200 bis 300 m/s und darüber arbeitet, S. 263, wobei die Wärmeübergangszahlen weit über den im Kesselbau gewohnten Werten liegen. Nach Noack macht sich bei Geschwindigkeiten von $^1/_3$ der Schallgeschwindigkeit und darüber der Einfluß der elastischen Flüssigkeit und der Verdichtbarkeit in steigendem Maße bemerkbar und auch die Eigenreibung des Gasstromes spielt eine gewisse Rolle.

Zunächst wird der Einfluß von Gasgeschwindigkeit, Rohranordnung, Rauchgaszusammensetzung usw. auf die eigentliche Kesselheizfläche für zwei Kohlen von $\mathfrak{H}_u = 2224$ kcal/kg und $\mathfrak{H}_u = 6926$ kcal/kg, 5 und 10 m/s Rauchgasgeschwindigkeit, 10 und 15 vH CO_2-Gehalt, Rauchgastemperaturen zwischen 1400 und 400° und äußere Rohrdurchmesser von 50 und 100 mm untersucht. Der Wärmeleitwiderstand der

Rohrwand und der Wärmeübergangswiderstand im Innern des Rohres wurden dadurch berücksichtigt, daß die Rohrwandtemperatur bei einem Druck des siedenden Wassers von rd. 40 at zu 265 statt 250° angenommen wurde.

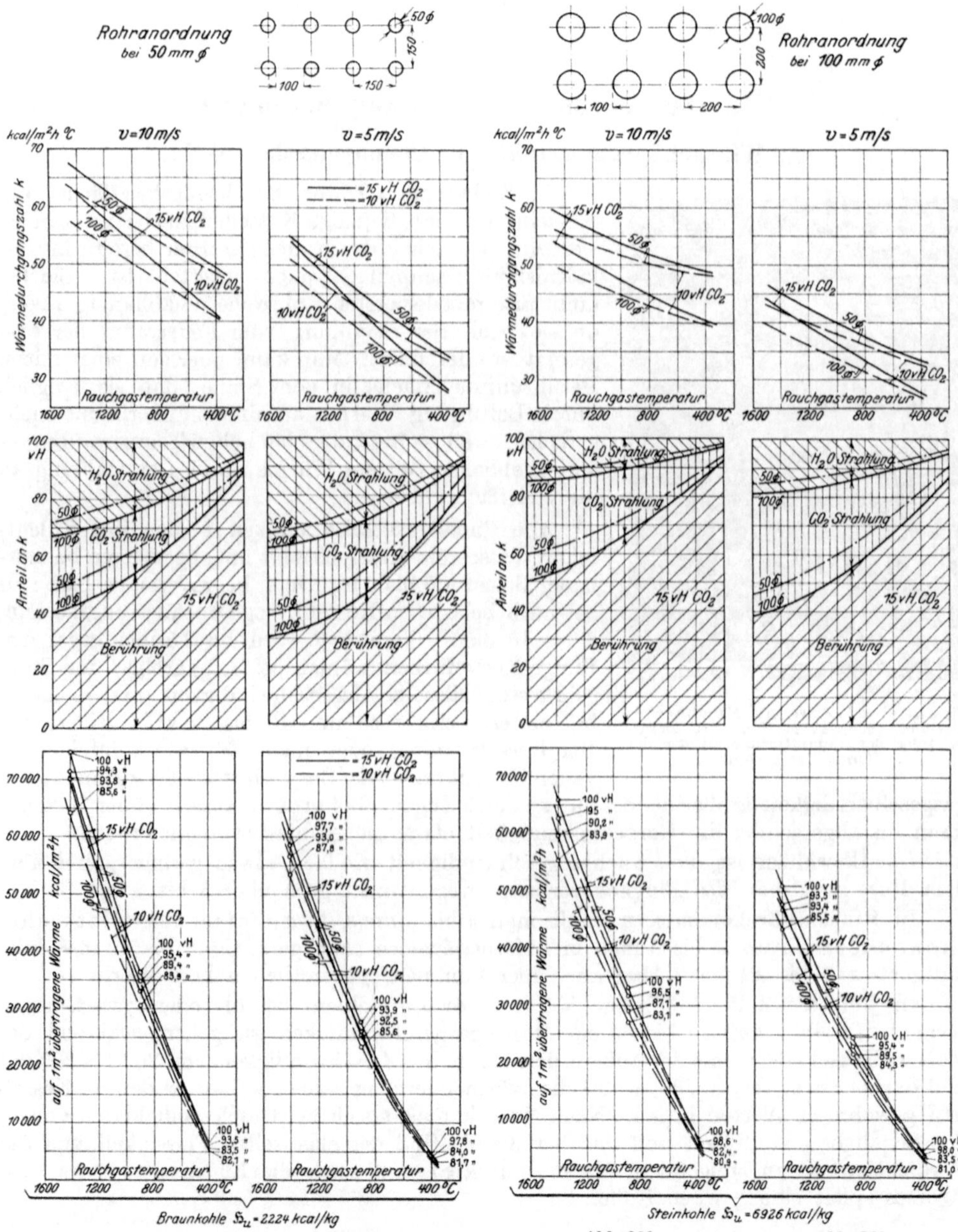

Abb. 327. Abb. 328. Abb. 329. Abb. 330.

Abb. 327–330. Einfluß des Rohrdurchmessers, der Rauchgasgeschwindigkeit, des Heizwertes der Kohle und des CO_2-Gehaltes der Rauchgase auf die Wärmedurchgangszahl k.

2. Einflüsse auf die Wärmeübergangszahl von Kesselheizflächen. a) Durchmesser der Siederohre. Die Rohre sollen gemäß dem Schema in Abb. 327 bis 330 angeordnet sein und senkrecht zur Achse von den Gasen bespült werden. Die Teilung wurde so gewählt, daß der lichte Abstand zwischen 2 Rohren 100 mm beträgt, ein Maß, das man nicht gern unterschreitet, um Brückenbildung durch Flugasche und Ruß zu vermeiden und die Rohre bequem auswechseln zu können[1]. Nach Abb. 327 bis 330 ist unter sonst gleichen Verhältnissen die Wärmedurchgangszahl k bei kleinem Durchmesser zum Teil erheblich höher als bei großem. Der Rohrdurchmesser wirkt sich vor allem auf α_B aus, das mit abnehmendem Durchmesser wächst. Bei kleiner Gasgeschwindigkeit und hohen Temperaturen ist daher die Einwirkung des Durchmessers geringer als bei niederen Temperaturen und hoher Geschwindigkeit. Abb. 327 bis 330 zeigen, daß bei kleinem Rohrdurchmesser der Anteil der durch Berührung übertragenen Wärme an der insgesamt übertragenen höher ist als bei großem. In allen Fällen geht der Anteil der Wärmeübertragung durch Berührung mit wachsender Rauchgastemperatur sehr schnell zurück und ist bei 1500° zum Teil noch nicht einmal halb so groß wie bei 200 bis 400°. Der Einfluß der Gasstrahlung ist also bei höheren Temperaturen um so bedeutender, je kleiner die Rauchgasgeschwindigkeit ist, weil sie die durch Strahlung übertragene Wärme nicht beeinflußt. Zunehmende Rauchgasgeschwindigkeit erhöht die Wärmedurchgangszahl und die übertragene Wärme bei niederer Rauchgastemperatur verhältnismäßig mehr als bei hoher, da der Einfluß der Gasstrahlung im ersten Fall geringer ist. Die Wärmeaufnahme von 1 m² Heizfläche kann bei denselben Werten von CO_2-Gehalt, Temperatur und Geschwindigkeit der Rauchgase je nach der Höhe der Gastemperatur für die beiden gewählten Rohrdurchmesser bis zu rd. 20 vH verschieden sein.

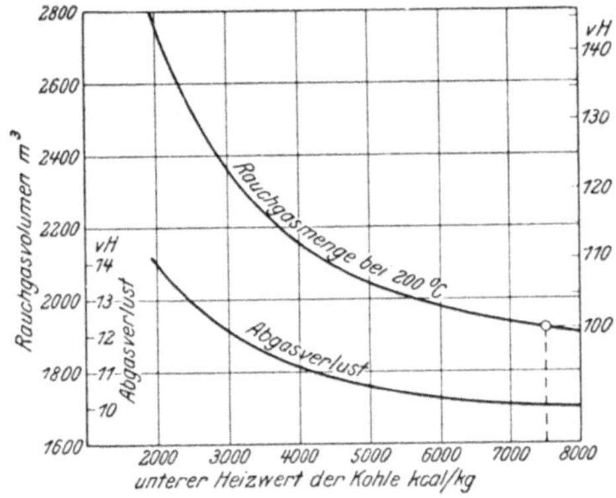

Abb. 331. Beim Erzeugen von 1000 kg Normaldampf in Abhängigkeit vom unteren Heizwert der verbrannten Kohle entstehende Rauchgasmenge in m³ bei derselben Abgastemperatur (200°).
(Verlust durch Unverbranntes, Leitung und Strahlung = 4 vH, CO_2-Gehalt = 14 vH.)

b) **Zusammensetzung der Rauchgase und der Kohle.** Da bei gleicher Rauchgasgeschwindigkeit die durch reine Berührung übertragene Wärme gleich bleibt, die durch Gasstrahlung aber mit dem CO_2-Gehalt der Rauchgase wächst, ist die gesamte Wärmedurchgangszahl k um so größer, je höher der CO_2-Gehalt ist, Abb. 327 bis 330. Die Unterschiede können immerhin fühlbar sein und fallen mit der Rauchgastemperatur. Eine Änderung des CO_2-Gehaltes wirkt sich unmittelbar und mittelbar aus. Unmittelbar beeinflußt wird der Anteil der CO_2- und der H_2O-Strahlung, die mit dem CO_2-Gehalt steigen. Bei Temperaturen unter 400 bis 500° nähern sich die Kurven verschiedenen CO_2-Gehaltes sehr stark, weil hier der Einfluß der Strahlung unbedeutend wird. Mittelbar wird die Wärmedurchgangszahl durch den CO_2-Gehalt auch insofern beeinflußt, als sich bei derselben verbrannten Kohlenmenge Temperatur, Volumen und Geschwindigkeit der Rauchgase ändern, doch soll dieser Einfluß nicht gleichzeitig untersucht werden, da sich sonst die einzelnen Auswirkungen überlagern. Infolge des hohen Wasserdampfgehaltes der Rauchgase ist die Wärmedurchgangszahl k bei Braunkohle wesentlich größer als bei Steinkohle. Die Werte für α_B und $(\alpha_s)_{CO_2}$ sind in ihren absoluten Größen einander ziemlich gleich. Der Unterschied wird durch den Betrag von $(\alpha_s)_{H_2O}$ hervorgerufen, der bei Braunkohle natürlich erheblich größer ist. **Dies ist einer der beiden Gründe, weshalb Leistung und Wirkungsgrad von Braunkohlenkesseln trotz des kleineren Heizwertes der Braunkohle verglichen mit Steinkohlenkesseln so günstig sind.** Nicht nur mit Rücksicht auf das Verschmutzen der äußeren Kesselheizfläche ist daher im Gebiet hoher Rauchgastemperaturen reichliche Rohrteilung bei Rauchgasen mit hohem Gehalt an Kohlensäure und Wasserdampf vorteilhaft, sondern

[1] Bei 100 mm äußerem Rohrdurchmesser wären natürlich 100 mm lichter Rohrabstand zu klein, das Maß von 100 mm wurde aber gewählt, um denselben Abstand wie bei 50 mm äußerem Rohrdurchmesser zu haben.

auch deshalb, weil sie infolge der dickeren strahlenden Gasschicht die übertragene Wärme erhöht. Um auch den Kern der Gasströme an die Wasserrohre heranzubekommen und die Kesseltrommeln besser auszunutzen, sind aber der Rohrteilung verhältnismäßig enge Grenzen gesetzt. Mit fallender Rauchgastemperatur nimmt auch der Wärmeübergang durch Strahlung ab, und infolgedessen ist der Abfall der k-Kurven mit der Temperatur bei Braunkohlen größer als bei Steinkohle. Unter 400 bis 500° Gastemperatur verschwindet der Einfluß der Gasstrahlung fast ganz. In Abb. 331 ist für verschiedene Kohlenheizwerte unter der Voraussetzung, daß die Abgastemperatur (200°) und der Verlust durch Unverbranntes, Leitung und Strahlung (4 vH) durchweg gleich sind, das bei Erzeugung von 1000 kg Normaldampf (640 kcal/kg Erzeugungswärme) entstehende Rauchgasvolumen bei 200° aufgetragen. Es ist bei Braunkohle rd. 45 vH größer als bei Steinkohle. Dadurch ergeben sich bei minderwertigen Braunkohlen von hohem Wassergehalt bei gleichen Strömquerschnitten größere Geschwindigkeiten und erheblich höhere Wärmedurchgangszahlen, die der zweite Grund für das günstige Verhalten von Braunkohlenkesseln sind.

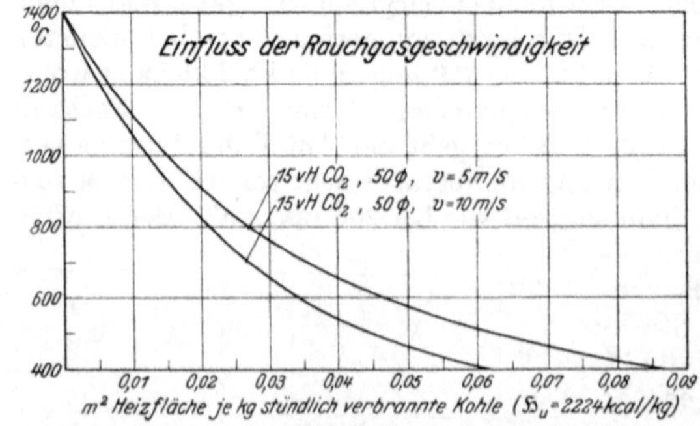

Abb. 332.

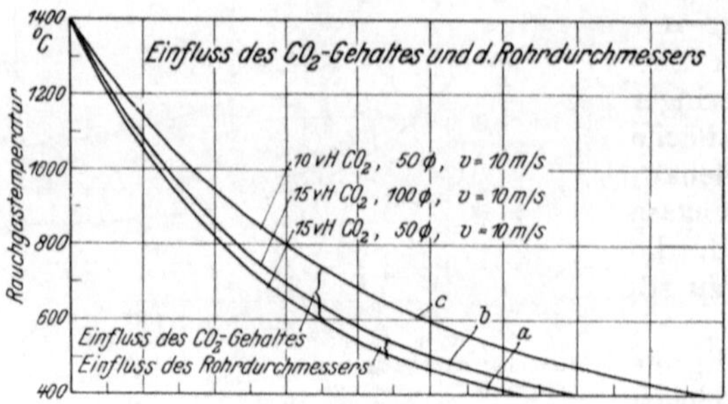

Abb. 333.

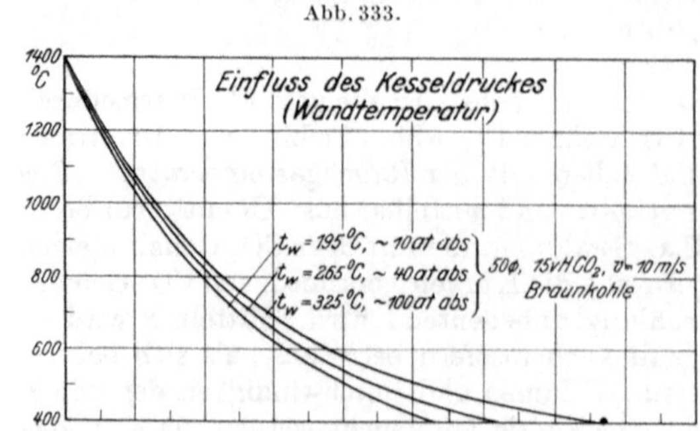

Abb. 334.

Abb. 332—334. Einfluß von CO_2-Gehalt, Rohrdurchmesser, Rauchgasgeschwindigkeit und Kesseldruck auf die zur gleichen Gasabkühlung benötigte Kesselheizfläche. (Voraussetzung ist, daß kein Überhitzer eingebaut ist.)

Es wurde bereits auf S. 100 darauf hingewiesen, daß die Art der Rauchgasströmung (senkrecht oder parallel zu den Rohren) bei höheren Temperaturen die Wärmedurchgangszahl nicht so sehr verändert, wie auf Grund der Tafeln 8, 9 und 10 angenommen werden könnte, weil zu der durch Berührung noch die durch Gasstrahlung übertragene Wärme kommt. Mit Hilfe der Tafeln läßt sich zeigen, daß α_1 bei versetzten Rohren und senkrecht zu ihnen gerichteter Gasströmung besonders bei tiefer Rauchgastemperatur mehr als doppelt so groß ist als bei paralleler Gasströmung, bei der es natürlich gleichgültig bleibt, ob die Rohre versetzt sind oder nicht. Bei senkrechter Gasströmung und besonders bei versetzten Rohren ist α_1 im Gebiete tiefer Temperaturen bei 50 mm Rohrdurchmesser bis zu rd. 20 vH größer als bei 100 mm Durchmesser. Vor allem bei Abhitzekesseln für verhältnismäßig reine Gase und reines Speisewasser empfehlen sich daher enge, versetzt angeordnete, von den Gasen senkrecht bespülte Rohre.

Dadurch, daß bei gewissen Sonderkesseln (Loeffler-, La Mont-, Benson-Kessel) der Rohrdurchmesser nur rd. halb so groß ist wie bei Kesseln normaler Bauart, wird die Wärmeübertragung fühlbar verbessert.

Rein senkrechte bzw. rein parallele Gasströmung liegt in Wasserrohrkesseln selten vor. Man überlegt daher zunächst an Hand der Zeichnung, ob sich die Gasströmung im Kessel mehr der senkrechten oder der parallelen nähert und wählt danach für die Berechnung Tafel 8, 9 oder 10. Bei Schrägrohrkesseln überwiegt fast stets senkrechte Gasströmung, bei Steilrohrkesseln können die Verhältnisse sehr verschieden liegen, man wird aber der Wirklichkeit in vielen Fällen genügend nahe kommen, wenn man für α_1 den Mittelwert aus senkrechter und paralleler Strömung einsetzt. Lediglich im letzten Zug mancher Steilrohrkessel mit langen Rohren herrscht ausgesprochener Parallelstrom vor, weshalb dort hohe Gasgeschwindigkeiten besonders vorteilhaft sind.

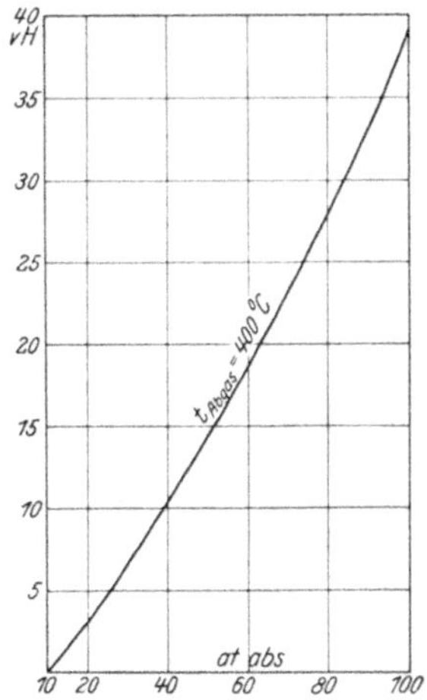

Abb. 335. Verhältnismäßige Vergrößerung der Kesselheizfläche bei höherem Kesseldruck zum Erreichen desselben Kesselwirkungsgrades bei 1400° Eintrittstemperatur und 400° Austrittstemperatur der Rauchgase. (Voraussetzung ist, daß kein Überhitzer eingebaut ist.)

In Abb. 332 bis 334 sind die untersuchten Einflüsse in ihrer Auswirkung auf die „Berührungsheizfläche" eines ganzen Kessels dargestellt. Als Brennstoff wurde Braunkohle von 2224 kcal/kg unterem Heizwert, als Anfangstemperatur 1400° angenommen und die zur Abkühlung auf eine bestimmte Endtemperatur benötigte Heizfläche je 1 kg stündlich verbrannte Kohle ermittelt.

3. Einflüsse auf die Berührungsheizfläche von Kesseln. a) Rauchgasgeschwindigkeit und -zusammensetzung. Nach Abb. 327 bis 330 liegen die k-Kurven bei hoher Geschwindigkeit um einen gewissen Betrag ziemlich annähernd parallel höher als bei kleiner. Die Rauchgasgeschwindigkeit ist nur von Einfluß auf α_B, während α_s unabhängig davon ist. Nach Abb. 332 ist unter sonst gleichen Verhältnissen bei 5 m/s Rauchgasgeschwindigkeit eine um 40 vH größere Heizfläche nötig als bei 10 m/s, wenn die aus derselben verbrannten Kohlenmenge entstehenden Rauchgase von 1400 auf 400° abgekühlt werden sollen. Bei einer Abkühlung auf 800° beträgt der Unterschied noch 30 vH. Der Einfluß der Rauchgasgeschwindigkeit auf die Wärmeaufnahme ist also sehr stark, ihm gegenüber tritt der Einfluß des Rohrdurchmessers zurück. Doch wäre bei Abkühlung von 1400 auf 400° bei den in Abb. 333 gewählten Verhältnissen bei 100 mm äußerem Rohrdurchmesser immerhin eine um rd. 12 vH größere Heizfläche nötig als bei 50 mm, Kurven *a* und *b*. Abb. 333 zeigt auch den Einfluß des CO_2-Gehaltes der Rauchgase unter der Voraussetzung gleicher Rauchgasgeschwindigkeit, Kurven *a* und *c*. Er ist sehr beträchtlich, denn bei Abkühlung von 1400 auf 400° braucht man unter sonst gleichen Verhältnissen bei 10 vH CO_2-Gehalt eine um rd. 40 vH größere Heizfläche als bei 15 vH, wobei allerdings auch eine rd. 35 vH größere Wärmemenge übertragen wird. In Wirklichkeit macht sich verschiedener CO_2-Gehalt etwas anders geltend, weil bei höherem CO_2-Gehalt die Rauchgasmengen, also auch die Geschwindigkeiten kleiner, dafür aber die Anfangstemperaturen höher werden.

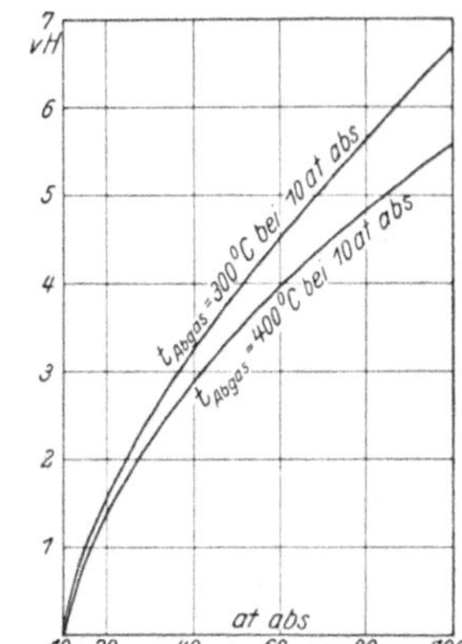

Abb. 336. Einbuße an Wirkungsgrad infolge höheren Kesseldruckes bei derselben Kesselheizfläche und 1400° Eintrittstemperatur und 400° bzw. 300° Austrittstemperatur der Rauchgase bei 10 at abs. (Voraussetzung ist, daß kein Überhitzer eingebaut ist.)

b) Kesseldruck. Mit zunehmendem Druck geht die mittlere Temperaturdifferenz zwischen Rauchgasen und Heizfläche zurück. Daher ist z. B. bei 100 at Dampfspannung und Abkühlung der Rauchgase von 1400 auf 400° eine um rd. 40 vH größere Kesselheizfläche nötig als bei 10 at, Abb. 334. Man wählt daher bei so hohem Druck die Abgastemperatur am Kesselende zweckmäßigerweise höher. Abb. 335 zeigt, um wieviel vH unter den vorausgesetzten Verhältnissen die sog. „Berührungsheizfläche" vergrößert werden muß, um bei höheren Drücken als 10 at dieselbe Abgastemperatur (400°) zu erzielen. Abb. 336 gibt an, um wieviel der Wirkungsgrad von Kesseln (ohne Überhitzer) bei konstanter Kesselheizfläche fällt, wenn der Druck über 10 at abs steigt, und wenn bei 10 at abs die Abgastemperatur 300 bzw. 400° betrug.

Für die „Berührungsheizfläche" von Kesseln können demnach folgende Schlüsse gezogen werden:

1. Die übertragene Wärme wächst infolge der Gasstrahlung mit zunehmender Rauchgastemperatur unter sonst gleichen Verhältnissen stark an. Hohe Gasgeschwindigkeit hat daher im Gebiet hoher Gastemperaturen weniger Bedeutung als bei Temperaturen unter 500°.

2. Bei demselben Gasdurchgangsquerschnitt zwischen den Wasserrohren ist die übertragene Wärmemenge bei kleinem äußeren Durchmesser größer als bei großem.

3. Versetzt angeordnete Rohre sind bei senkrechter Gasströmung für den Wärmeübergang vorteilhaft.

4. Die Rauchgase heizwertarmer Braunkohlen haben bei höheren Temperaturen günstigere Eigenschaften für den Wärmeübergang an die Heizfläche als die hochwertiger Steinkohlen.

5. Rauchgase von hohem CO_2-Gehalt geben im Gebiet hoher Temperaturen unter sonst gleichen Verhältnissen eine merklich höhere Wärmedurchgangszahl als solche von niederem.

6. Bei Abkühlung der Rauchgase durch Verdampfungsheizflächen unter etwa 600° macht sich ein Dampfdruck über 60 bis 70 at auf die benötigte „Berührungsheizfläche" stark bemerkbar.

B. Das Verhalten des eigentlichen Kessels.

1. Einflüsse auf die Gesamtheizfläche von Kesseln. a) Zusammensetzung der Kohle. Abb. 337 bis 340 zeigen, welche Heizflächen zum Erzielen derselben Dampfmenge, Überhitzung und Abgastemperatur bei Stein- und bei Braunkohle nötig sind. Bei ersterer wurde eine Staubfeuerung, bei letzterer ein Wanderrost angenommen, für deren Unterbringung der Kessel 34 bzw. 39 Rohrreihen breit sein muß. Dadurch und infolge der bei Braunkohle größeren Rohrteilung (190 mm gegenüber 175 mm) sind die Rauchgasquerschnitte um rd. 30 vH größer. Da aber auch das Rauchgasvolumen für dieselbe von den Heizflächen aufgenommene Wärmemenge bei Braunkohle 30 bis 40 vH größer ist, liegen die Rauchgasgeschwindigkeiten bei ihr durchweg um rd. 7 vH höher. Die Feuerraumtemperatur wurde bei Steinkohle zu 1250°, bei Braunkohle zu 1170° vorausgesetzt und danach Größe und Kühlfläche des Feuerraumes errechnet. Bei Steinkohle ist außer der bestrahlten Kesselheizfläche noch besondere Kühlfläche nötig. Der Ekonomiser wurde bei Braunkohle so bemessen, daß gerade die Sättigungstemperatur erreicht wird. Da bei ihr die Rauchgase den Überhitzer mit 620° verlassen, ist noch eine gewisse Nachheizfläche nötig im Gegensatz zum Steinkohlenkessel, wo sie unzweckmäßig wäre.

Nach Abb. 337 bis 340 würden beim selben Gesamtaufwand an Heizfläche die Rauchgase von Rohbraunkohle nur auf 295 gegenüber 215° bei Steinkohle abgekühlt werden, zum Erreichen derselben Abgastemperatur ist eine um rd. 330 m² größere Gesamtheizfläche nötig. Aber auch bei derselben Abgastemperatur von 215° und demselben Restglied ist der auf den unteren Heizwert bezogene Wirkungsgrad bei beiden Kohlensorten nicht gleich, weil die Verbrennungsprodukte der Braunkohle eine größere Eigenwärme haben. Nach 985 m² Heizfläche sind zwar die Rauchgase in beiden Fällen auf 505° abgekühlt, Punkt A in Abb. 340, wie aber Abb. 337 zeigt, sind bei Braunkohle dabei erst rd. 74 vH der insgesamt zu übertragenden Wärmemenge an das Wasser bzw. den Dampf übergegangen gegenüber 82 vH bei Steinkohle. Die bei derselben Gastemperatur von 1 m² Heizfläche aufgenommene Wärmemenge ist aus den weiter oben angegebenen Gründen bei Braunkohle durchweg größer. (Die Kühlfläche wurde mit ihrem vollen Umfang eingesetzt.) Am höchsten belastet wird bei Sektionalkesseln die erste und zweite Rohrreihe des eigentlichen Kessels, da zu der vom Feuer eingestrahlten noch die Wärme hinzukommt, welche die vorüberströmenden Gase abgeben. Da bei der Steinkohlenfeuerung die kalten Flächen aus der eigentlichen Kühlfläche und aus den vom Feuer bestrahlten Rohrreihen des Kessels, bei Braunkohle nur aus letzteren bestehen, erklärt sich die trotz der tieferen Temperaturen erheblich höhere (auf den vollen Rohrumfang bezogene) spezifische Wärmebelastung bei Braunkohle, Abb. 338 und 339.

b) **Größe der Vorheizfläche.** Abb. 341 und 342 zeigen die Verhältnisse bei verschiedener Belastung und Vorheizfläche des Kessels für konstanten CO_2-Gehalt der Rauchgase (15 vH). In sämtlichen Fällen wurde ein konstanter Verlust durch Unverbranntes, Leitung und Strahlung vorausgesetzt. Im Falle I ist angenommen, daß die Rauchgase mit $t_{R\ddot{u}} = 800^0$, im Fall II mit $t_{R\ddot{u}} = 1000^0$ bei 47 t/h Dampferzeugung in den Überhitzer eintreten. Diese Dampferzeugung entspricht einer ungefähren Heizflächenbelastung der Kessel von 40 kg/m²h. Bei derselben stündlichen Dampferzeugung wurde in beiden Fällen die Feuerraumtemperatur zu 1300⁰ und die

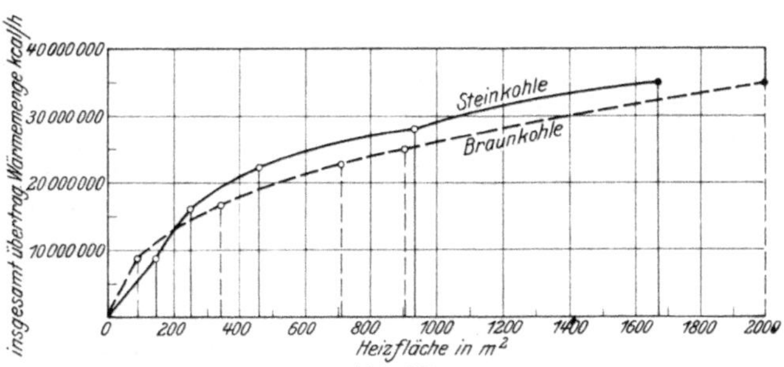

Abb. 337.

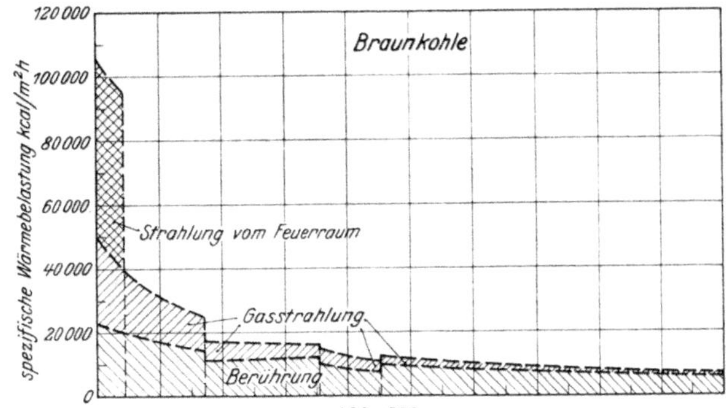

Abb. 338.

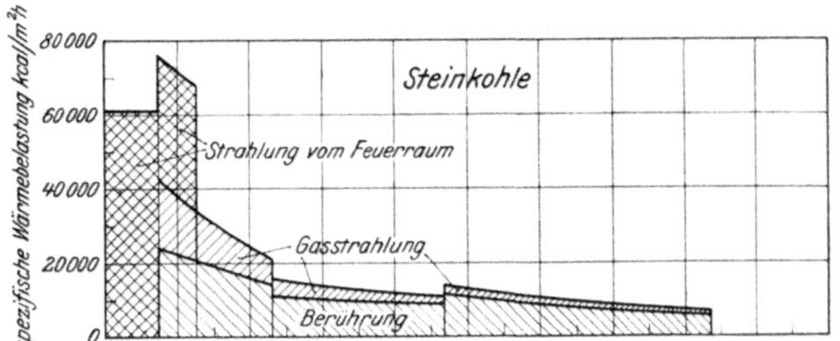

Abb. 339.

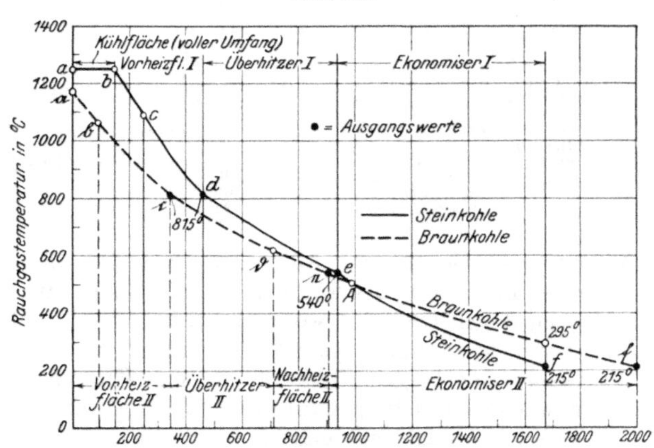

Abb. 340.

Ausgangswerte:

Brennstoff	Steinkohle	Rohbraunkohle
Unterer Heizwert	6926	2224 kcal/kg
CO_2-Gehalt der Rauchgase	13,5	13,5 vH
Verlust durch Strahlung, Wärmeleitung und Unverbranntes	4,5	4,5 vH
Wirkungsgrad	85,7	82 vH
Dampferzeugung	47	47 t/h
Kesseldruck	40	40 at abs
Temperaturen:		
Rauchgase: Feuerraum	1250	1170°
vor Überhitzer	815	815°
hinter Ekonomiser	215	215°
Speisewasser vor Ekonomiser	50	50°
Überhitzter Dampf	450	450°
Rohrteilung:		
Kessel	175	190 mm
Überhitzer	100	108 mm
Ekonomiser	85	85 mm
Äußerer Rohrdurchmesser:		
Kessel	75	75 mm
Überhitzer	42	42 mm
Ekonomiser	45	45 mm
Rohranordnung:		
Kessel	fluchtend	fluchtend
Überhitzer	,,	,,
Ekonomiser	,,	,,
Mittlere Rauchgasgeschwindigkeit:		
Kessel	6,6	7,0 m/s
Überhitzer	8,0	8,6 m/s
Ekonomiser	6,8	7,2 m/s

Abb. 337–340. Einfluß des Brennstoffes auf die zum Erreichen derselben Abgastemperatur benötigte Heizfläche.

Abgastemperatur zu 200⁰ gewählt. Nach Abb. 342 ist bei großer Vorheizfläche eine größere Gesamtheizfläche zur Erzielung desselben Kesselwirkungsgrades nötig, weil durch den Überhitzer das mittlere Temperaturgefälle verkleinert wird. Die in dem untersuchten Belastungsbereich auftretenden Wirkungsgradunterschiede sind aber mit Ausnahme kleiner Kesselbelastungen nicht nennenswert. **Wird daher ein Kessel vorwiegend mit schwacher Belastung gefahren, so empfiehlt sich der besseren Wärmeausnutzung wegen eine kleinere Vorheizfläche, die bei schwankender Last auch gleichmäßigere Überhitzung gibt**, weil der Überhitzer bereits als Strahlungsüberhitzer wirkt.

c) **Mit der Belastung veränderlicher CO_2-Gehalt der Rauchgase.** Im Gegensatz zu den Voraussetzungen von Abb. 341 und 342 fällt im praktischen Betrieb der Kohlensäuregehalt der Rauchgase mit abnehmender Belastung, was in den folgenden

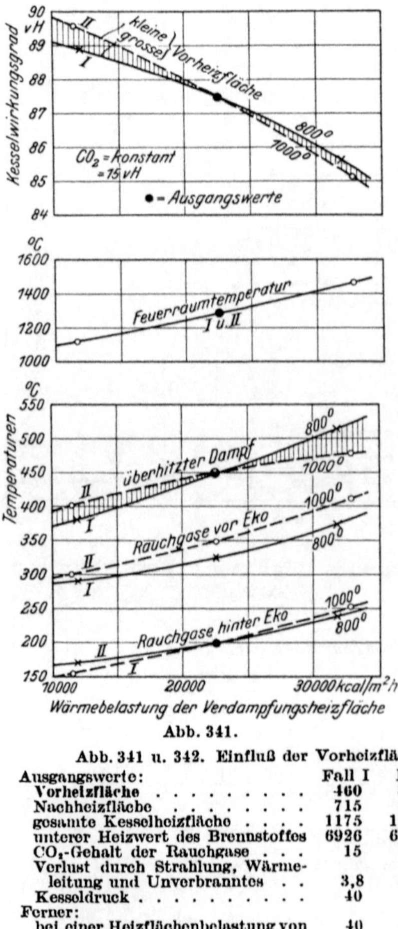

Abb. 341.

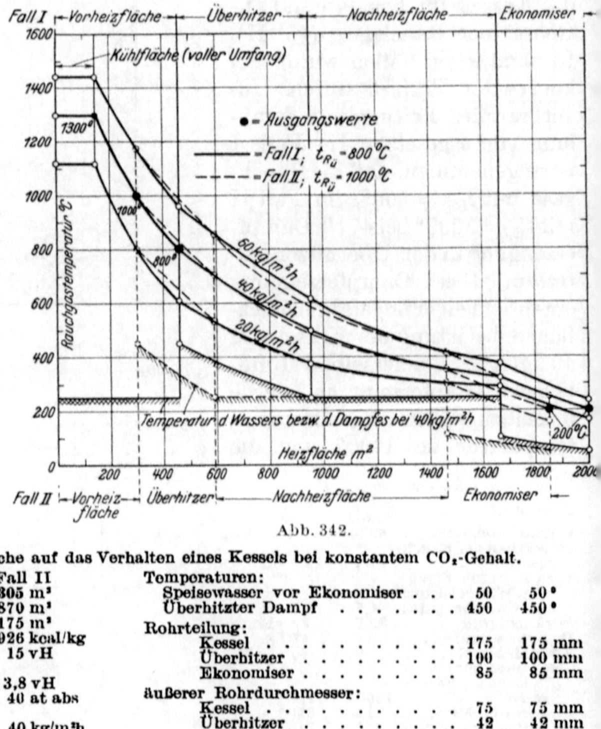

Abb. 342.

Abb. 341 u. 342. Einfluß der Vorheizfläche auf das Verhalten eines Kessels bei konstantem CO_2-Gehalt.

	Fall I	Fall II
Ausgangswerte:		
Vorheizfläche	460	305 m²
Nachheizfläche	715	870 m²
gesamte Kesselheizfläche	1175	1175 m²
unterer Heizwert des Brennstoffes	6926	6926 kcal/kg
CO_2-Gehalt der Rauchgase	15	15 vH
Verlust durch Strahlung, Wärmeleitung und Unverbranntes	3,8	3,8 vH
Kesseldruck	40	40 at abs
Ferner:		
bei einer Heizflächenbelastung von	40	40 kg/m²h
Dampfleistung	47	47 t/h
Temperaturen:		
Rauchgase: Feuerraum	1300	1300°
vor Überhitzer	800	1000°
hinter Ekonomiser	200	200°

Temperaturen:		
Speisewasser vor Ekonomiser	50	50°
Überhitzter Dampf	450	450°
Rohrteilung:		
Kessel	175	175 mm
Überhitzer	100	100 mm
Ekonomiser	85	85 mm
äußerer Rohrdurchmesser:		
Kessel	75	75 mm
Überhitzer	42	42 mm
Ekonomiser	45	45 mm
mittlere Rauchgasgeschwindigkeit:		
Kessel	6	6 m/s
Überhitzer	7	7 m/s
Ekonomiser	6	6 m/s

Bildern berücksichtigt ist. Auch hier wurde überall ein konstanter Verlust durch Unverbranntes, Leitung und Strahlung angenommen. In Abb. 343 ist im zweiten Abschnitt von oben angegeben, mit welchem Abfall des CO_2-Gehaltes bei fallender Belastung in Fall II gerechnet wurde. Zum Vergleich sind überall auch die Werte bei gleichbleibendem CO_2-Gehalt eingetragen. Wie die obersten Kurven zeigen, wird der Kesselwirkungsgrad bei schwacher Belastung durch den fallenden Kohlensäuregehalt um nahezu 2 vH verschlechtert. Es wäre natürlich falsch, die Einbuße an Kesselwirkungsgrad einfach dadurch zu berücksichtigen, daß man mit derselben Abgastemperatur den Abgasverlust auf Grund des niederen CO_2-Gehaltes errechnet, weil er sich außer im größeren Rauchgasgewicht auch durch geringere Anfangs- aber höhere Endtemperaturen der Rauchgase geltend macht.

Mit der Belastung zurückgehender CO_2-Gehalt bewirkt gleichmäßigere Überhitzung. Die Vorwärmung des Speisewassers wird aus ähnlichen Gründen wie die Überhitzung durch den kleineren CO_2-Gehalt erhöht. Unter den Verhältnissen von Abb. 343 ist dies ohne Nachteil, anders aber kann es z. B. bei minderwertiger Rohbraunkohle werden, wenn der Ekonomiser schon bei gutem Feuer das Speisewasser hoch vorwärmt, da dann durch schlechte Feuerführung im Ekonomiser unter Umständen Verdampfung eintritt.

d) Größe der Nachheizfläche. Besonders bei hochbelasteten Kesseln ersetzt man der größeren Billigkeit wegen immer mehr die Nachheizfläche durch Ekonomiserheizfläche. Es wurde daher angenommen, daß bei dem vorhin durchgerechneten Kessel mit absinkendem CO_2-Gehalt, Abb. 343, Fall II, Nachheizfläche und Ekonomiser durch einen so großen Ekonomiser ersetzt seien, daß sich bei mittlerer Last (rd. 47 t/h entsprechend rd. 40 kg/m²h beim Kessel mit Nachheizfläche) dieselbe Abgastemperatur und damit derselbe Wirkungsgrad ergeben, Abb. 344 und 345. Ohne Nachheizfläche braucht man erheblich weniger Gesamtheizfläche (rd. 24 vH). Nach Abb. 345 ist unter den Annahmen des Beispieles auch bei hoher Belastung die Wasseraustrittstemperatur von der Sättigungstemperatur noch reichlich entfernt, der Wegfall der Nachheizfläche also unbedenklich. In beiden Fällen ist die Temperatur des überhitzten Dampfes bei derselben stündlichen Dampfleistung dieselbe und auch der Verlauf des Kesselwirkungsgrades nur unwesentlich verschieden.

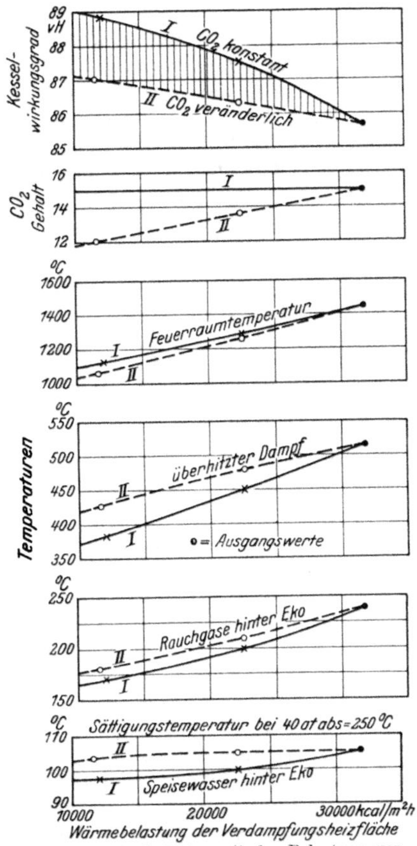

Abb. 343. Einfluß des mit der Belastung veränderlichen CO_2-Gehaltes auf das Verhalten eines Kessels[1] mit großer Vorheizfläche.

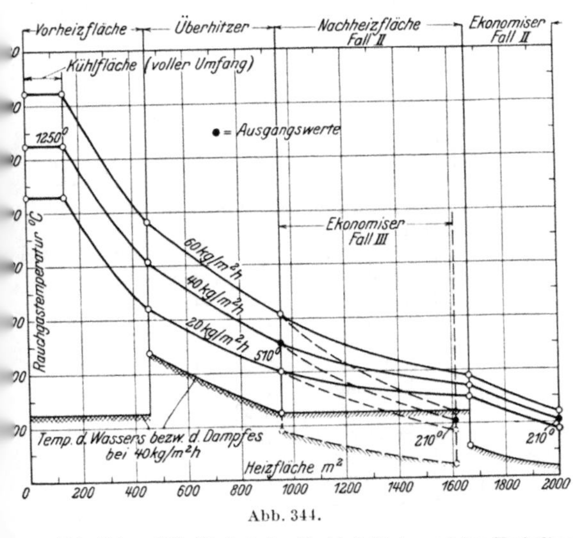

Abb. 344.

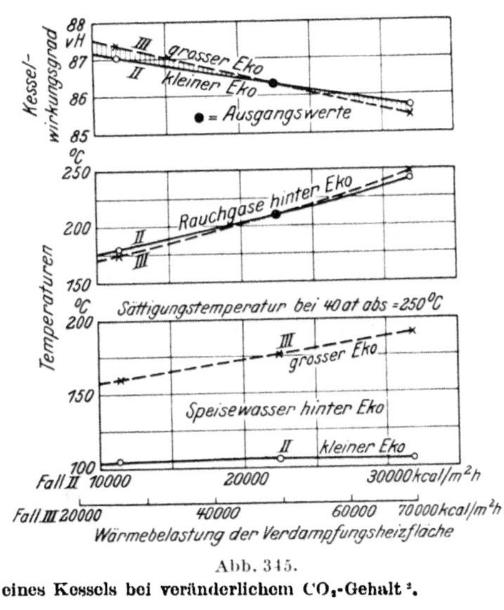

Abb. 345.

Abb. 344 u. 345. Einfluß der Nachheizfläche auf das Verhalten eines Kessels bei veränderlichem CO_2-Gehalt[2].

[1] Fall I in Abb. 341 und 342 und Fall I in Abb. 343 sind identisch.
[2] Fall II in Abb. 343 und Fall II in Abb. 344 und 345 sind identisch.

e) Nachverbrennungen. Sofern unverbrannte Gase in den Fuchs ziehen, können sie mit einer erheblichen Einbuße an Wirkungsgrad verbunden sein. Es gibt aber zahlreiche Kessel, die mit gutem Wirkungsgrad arbeiten, obgleich sich die Verbrennung der Gase noch ziemlich weit in die Kesselzüge hinein erstreckt. Aber auch bei ihnen kann der Überhitzer leiden.

Nach Abb. 346 wird, wenn ein Teil der brennbaren Gase, deren Wärmewert 10 bis 15 vH des Kohlenheizwertes ist, erst in der Vorheizfläche des Kessels ausbrennt, der Kesselwirkungsgrad kaum verschlechtert, dagegen steigt die Dampftemperatur von 450 auf 522°, also sehr stark. Beide Erscheinungen werden durch praktische Erfahrungen bestätigt. In letzter Zeit häufen sich die Fälle, in welchen Überhitzer zu klein bemessen wurden. Die Firmen berufen sich dabei manchmal darauf, daß in ausgeführten ähnlichen Anlagen die gewählte Größe richtig gewesen sei. Soweit nicht grundsätzliche Fehler vorliegen, ist die Ursache öfter die, daß bei den älteren Anlagen Nachverbrennungen in der Heizfläche stattfanden, die bei der neuen Anlage infolge verbesserter Roste, größerer Feuerräume usw. sich nicht mehr einstellten.

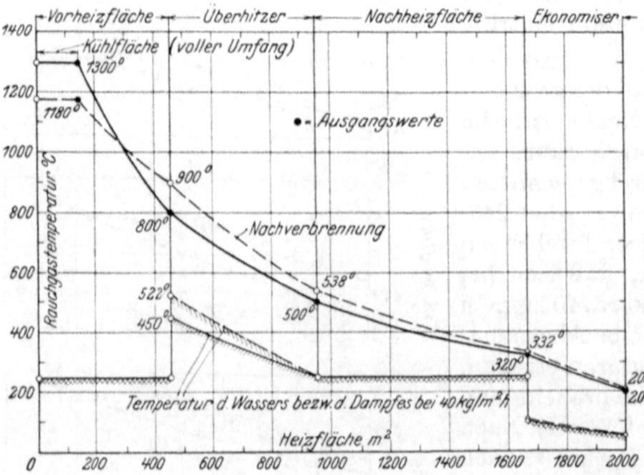

Abb. 346. Einfluß von verlustloser Nachverbrennung auf Überhitzung und Wirkungsgrad eines Kessels.

f) Luft- und Speisewasservorwärmung (Kessel I). Dieselbe Abgastemperatur bzw. derselbe Wirkungsgrad können bei gleicher Rostgröße und -belastung und derselben Breite und Tiefe des Kesselblockes mit einem recht verschiedenen Verhältnis von Ekonomiser- zu Luftvorwärmerheizfläche erzielt werden. Für nachstehende Ausgangswerte wurde daher untersucht, wie groß die benötigten Heizflächen bei einer Temperatur der Verbrennungsluft von 100 bis 300° werden, je nachdem ob die Abgastemperatur 200°

Zahlentafel 29. Zusammenstellung der wichtigsten Ausgangswerte für **Kessel I.**

Fall		A	B
Dampferzeugung	t/h	67	
Dampfdruck	atü	40	
Temperaturen:			
überhitzter Dampf	°	450	
Speisewasser Eintritt Ekonomiser	°	150	
Feuerraum	°	veränd.	1440
Rauchgase vor Überhitzer	°	1000	950
Abgase	°	**200**	**160**
Kaltluft	°	20	
CO_2-Gehalt der Rauchgase:			
im Feuerraum	vH	13,3	
am Luvo-Ende	vH	12,0	
Kühlfläche		konst.	veränd.
Speisewasseraufwärmung	°	25 u. 85	
Unterer Heizwert der Kohle	kcal/kg	6000	
Rostfläche	m^2	36	
Spezifische Rostbelastung	kg/m^2h	237	230
Spezifische Feuerraumbelastung	$kcal/m^3h$	228000	223500

Fall		A und B
Kesselblock:		
Breite	mm	rd. 8000
Tiefe	mm	rd. 12800
Abmessungen der Heizflächen:		
Kessel:		
Bauart		Sektionalkessel
Rohrdurchmesser	mm	81
Rohrlänge	mm	6500
Rohrteilung	mm	175
Überhitzer:		
Rohrdurchmesser	mm	38
Rohrteilung	mm	60 bis 65
Ekonomiser (Rippenrohr):		
Rohrlänge	mm	2500
Rohrteilung	mm	220
Rippenteilung	mm	30
Kreuzstromluftvorwärmer:		
Plattenlänge	mm	2500
Plattenbreite	mm	1500
Weite: Rauchgasspalt	mm	rd. 35
Luftspalt	mm	rd. 21
Blechdicke	mm	2

(Fall A) oder 160⁰ (Fall B) beträgt. Beide Fälle wurden für eine Speisewasseraufwärmung im Ekonomiser von 25 und 85⁰ durchgerechnet. In Fall A wurde schließlich noch eine konstante Kühlfläche im Feuerraum, also eine mit der Luftvorwärmung veränderliche Feuerraumtemperatur, in Fall B eine veränderliche Kühlfläche und eine konstante Feuerraumtemperatur von 1440⁰ vorausgesetzt.

Da Breite und Tiefe des Kesselblockes ebenso wie die Gesamtanordnung als unveränderlich angenommen wurden, wird in sämtlichen Fällen auch die benötigte Kesselhausgrundfläche gleich. Die Rauchgastemperaturen vor Überhitzer wurden in beiden Fällen verschieden, und zwar so hoch gewählt, daß bei 85⁰ Speisewasservorwärmung und 350⁰ Warmlufttemperatur keine Kesselnachheizfläche hinter Überhitzer mehr nötig ist.

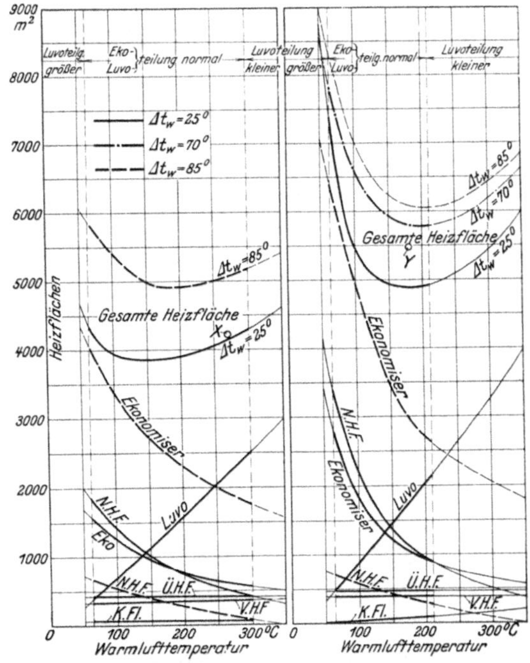

Abb. 347 (Fall A). Abb. 348 (Fall B).

Abb. 347 u. 348. Benötigte Heizflächen von Kessel, Überhitzer, Ekonomiser und Luftvorwärmer des in Zahlentafel 29 gekennzeichneten 40 at-Kessels von 67 t/h Dampferzeugung bei Abgastemperaturen von 200⁰ (Fall A) und 160⁰ (Fall B), verschiedener Speisewasseraufwärmung im Ekonomiser (25,70 und 85⁰) und Warmlufttemperatur (50 bis 300⁰) (Kessel I).

Abb. 347 und 348 zeigen die Größe der einzelnen Heizflächen für eine Speisewasseraufwärmung um $\Delta t_w = 25$ und 85⁰. Die Heizfläche des Luftvorwärmers ist in beiden Fällen gleich, da ihn die Rauchgase zuletzt bespülen und eine konstante Abgastemperatur (200⁰ in Fall A, 160⁰ in Fall B) vorausgesetzt ist. In Fall A wird die Gesamtheizfläche bei 150 und 175⁰, in Fall B bei 175 bis 200⁰ Warmlufttemperatur am kleinsten. In Fall B wächst die Kühlfläche (*K.Fl.*) mit zunehmender Warmlufttemperatur, da die Feuerraumtemperatur konstant bleiben soll. Ohne wesentliche Änderungen der Abmessungen der Grundfläche und des Gesamtaufbaues des Kessels ist jedoch im Fall A nur eine Warmlufttemperatur von 65 bis 300⁰, in Fall B von 65 bis 210⁰ (stark ausgezogener Teil der Kurven) erzielbar. Ferner kann in Fall B das Speisewasser um nicht mehr als 70⁰ erwärmt werden, weil sonst entweder die Außenmaße des Kesselblockes oder die Teilung der Ekonomiserrippen oder die Abmessungen der Luftvorwärmertaschen geändert werden müßten, ein einwandfreier Vergleich also unmöglich werden würde. Die den in Abb. 347 und 348 eingetragenen Punkten X und Y entsprechenden Ausführungen des Kessels zeigen Abb. 349 und 350. Die Höhe der Kesseldecke über Aschenkellerflur liegt in dem ausführbaren Bereich zwischen 19 und 21 m.

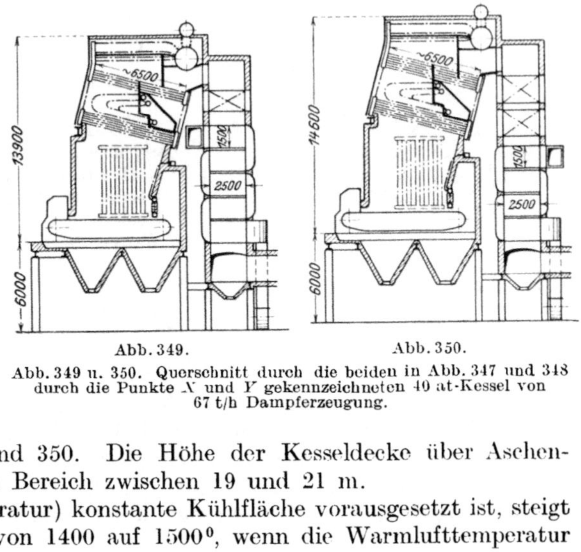

Abb. 349. Abb. 350.

Abb. 349 u. 350. Querschnitt durch die beiden in Abb. 347 und 348 durch die Punkte X und Y gekennzeichneten 40 at-Kessel von 67 t/h Dampferzeugung.

Da in Fall A (200⁰ Abgastemperatur) konstante Kühlfläche vorausgesetzt ist, steigt die mittlere Feuerraumtemperatur von 1400 auf 1500⁰, wenn die Warmlufttemperatur von 65 auf 300° zunimmt, Abb. 351. Die Rauchgastemperaturen vor und hinter Überhitzer sind infolge entsprechend bemessener Vorheizflächen bei sämtlichen Warmlufttemperaturen gleich hoch. Die mit der Warmlufttemperatur steigende spezifische Leistung der Kesselheizfläche in Abb. 352 erklärt sich daraus, daß gleichzeitig die Rauchgastemperatur am Ende des Kessels und damit auch die mittlere Temperaturdifferenz zwischen Rauchgasen und Kesselheizfläche zunimmt. Die Warmlufttemperatur bzw. die Größe der Luftvorwärmer-

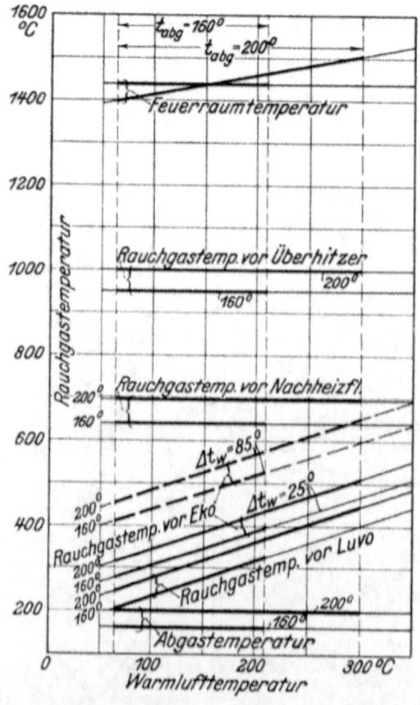

Abb. 351. Rauchgastemperaturen an den wichtigsten Stellen des durch die Abb. 347 und 348 gekennzeichneten 40 at-Kessels von 67 t/h Dampferzeugung bei 200° (Fall A) und 160° (Fall B) Abgastemperatur.

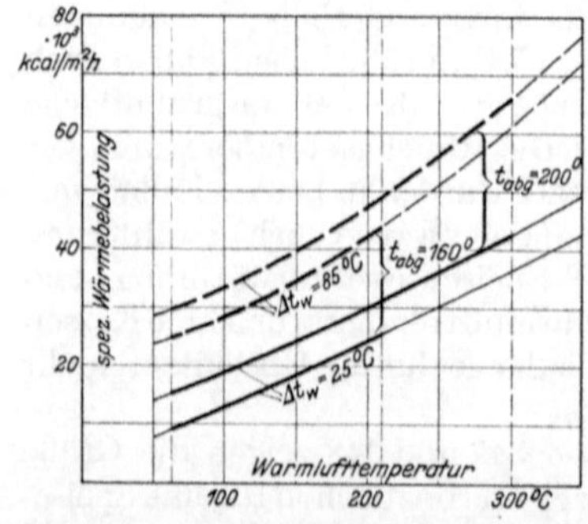

Abb. 352. Spezifische Wärmebelastung der Kesselheizfläche in 10³ kcal/m²h des durch die Abb. 347 und 348 gekennzeichneten 40 at-Kessels von 67 t/h Dampferzeugung bei 200° (Fall A) und 160° (Fall B) Abgastemperatur in Abhängigkeit von der Speisewasseraufwärmung im Ekonomiser (25 und 85°) und der Warmlufttemperatur (60 bis 300°) (Kessel I).

heizfläche beeinflußt den Kraftbedarf der Saugzug- und Unterwindventilatoren stark, Abb. 353, die für 200° Abgastemperatur und 25° Speisewasservorwärmung getrennt dargestellt sind. Der Eigenbedarf liegt in dem untersuchten Bereich bei 65° Warmlufttemperatur und 25° Speisewasservorwärmung mit 45 kW am niedersten, bei 300° Warmlufttemperatur und 85° Speisewasservorwärmung mit 135 kW am höchsten. Je nach den besonderen Verhältnissen verbrauchen also bei gleicher Dampferzeugung und gleichem Wirkungsgrad die Ventilatoren etwa 0,4 bis 1,3 vH der erzeugten Dampfmenge.

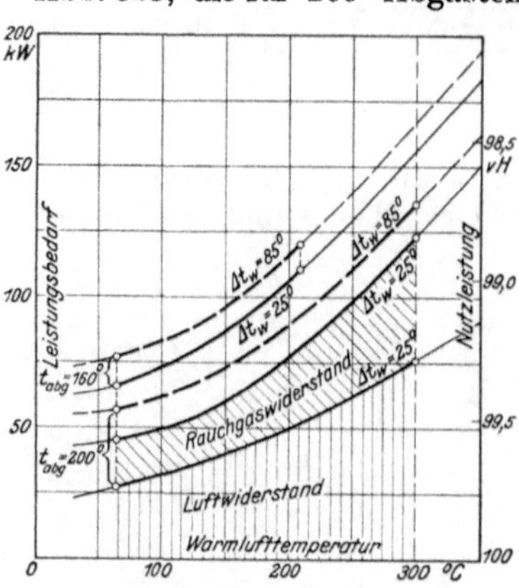

Abb. 353. Kraftbedarf der Saugzug- und Unterwindventilatoren des in Abb. 347 u. 348 gekennzeichneten 40 at-Kessels von 67 t/h Dampferzeugung bei 200° (Fall A) und 160° (Fall B) Abgastemperatur in Abhängigkeit von der Speisewasseraufwärmung im Ekonomiser (25 und 85°) und der Warmlufttemperatur (60 bis 300°) (Kessel I).

Zahlentafel 30. Zusammenstellung der wichtigsten Ausgangswerte für Kessel II.

Höchste Leistung	67 t/h
Dampfdruck	40 atü
Temperaturen:	
Überhitzter Dampf	450°
Heißluft	150°
Wasser vor Ekonomiser	150°
nach Ekonomiser	rd. 220°
Feuerraum	1430°
Gase im Fuchs	rd. 160°
CO_2-Gehalt im Fuchs	12 vH
unterer Heizwert	6000 kcal/kg
Höchste Rostbelastung	rd. 200 kg/m² h

g) Abgastemperatur bzw. Kesselwirkungsgrad **(Kessel II).** Im Gegensatz zu Abschnitt f wird untersucht, wie die Verhältnisse bei gleicher Kesselheizfläche, Rostfläche, Warmlufttemperatur und Dampferzeugung werden, wenn man durch Ändern der Heizflächen von Ekonomiser und Luftvorwärmer die Abgastemperatur, d. h. den Wirkungsgrad ändert. Den Aufbau des Kessels zeigt Abb. 350, die benötigten Heizflächen und die Speisewassertemperatur hinter Ekonomiser, Abb. 354. Da der Wirkungsgrad mit steigender Abgastemperatur fällt, wächst die spezifische Rostbelastung von rd. 208 kg/m²h bei 160° auf 224 kg/m²h bei 255°.

h) Spezifische Rostbelastung bei veränderlicher Abgastemperatur (**Kessel III**). Bei Verwendung der Ausgangswerte von Zahlentafel 30 und Beibehalten derselben Rostfläche und Kesselheizfläche steigt, wenn der Rost mit 300 kg/m²h statt mit rd. 200 kg/m²h belastet wird, die Abgastemperatur z. B. von 160 auf 205°, die Dampferzeugung von 67 auf rd. 87,5 t/h, Abb. 354 bis 356. Die Wirkungsgradeinbuße ist aber infolge der Zunahme des Verlustes an Unverbranntem bei einer so starken Erhöhung der spezifischen Rostbelastung meist wesentlich größer als der Temperaturerhöhung um 45° (rd. 2,5 vH) entspricht. Z. B. wurde im vorliegenden Fall angenommen, daß der Verlust durch Unverbranntes und Flugkoks sich von 3 vH bei 200 kg/m²h Rostbelastung auf 10 vH bei 300 kg/m²h erhöht, Abb. 357. Bemerkenswert ist der hohe Zugbedarf von

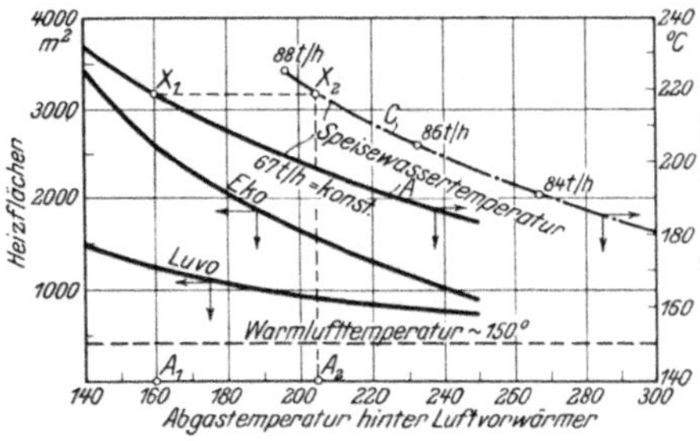

Abb. 354. Ekonomiser- und Luftvorwärmer-Heizfläche und Luft- und Speisewasseraustrittstemperaturen in Abhängigkeit von der Abgastemperatur hinter Luftvorwärmer bei einem Kessel von 1100 m² Heizfläche und rund 200 kg/m²h Rostbelastung (67 t/h Dampferzeugung) (Kessel II).

Der horizontale Abstand zwischen Kurven *A* und *C* (Strecke X_1 X_2) gibt an, um wieviel ° die Abgastemperatur steigt, wenn dieselbe Anlage mit einer Rostbelastung von 300 kg/m²h statt rd. 200 kg/m²h betrieben wird.

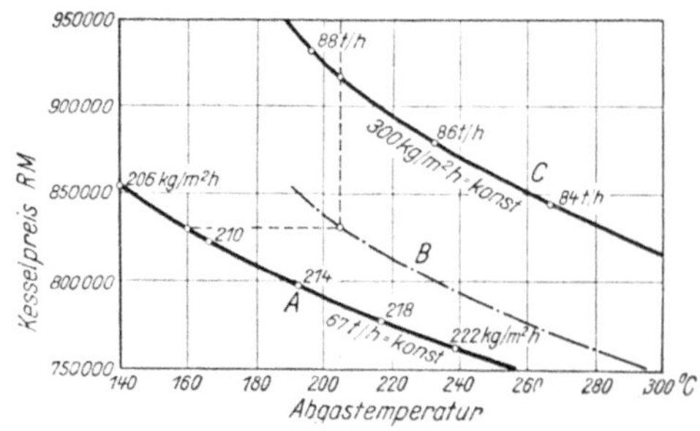

Abb. 355.

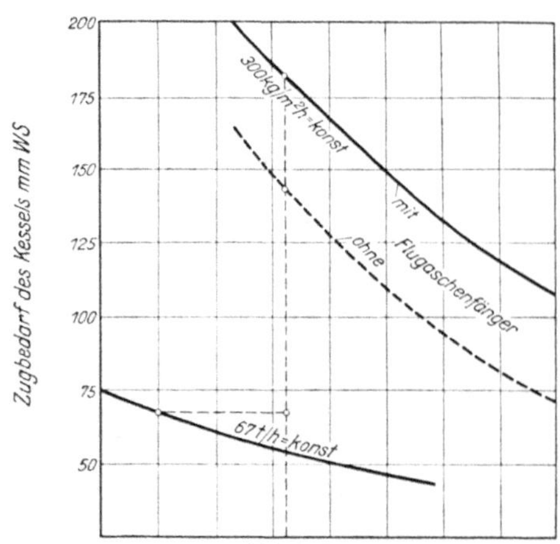

Abb. 356.

Abb. 355 u. 356. Preis und Zugbedarf von betriebsfertigen 40 at-Kesseln (einschließlich Montage und Unterwindventilator samt Motor) derselben Kesselheizfläche und Rostfläche bei rd. 200 und rd. 300 kg/m²h Rostbelastung mit verschiedener Ekonomiser- und Luftvorwärmerheizfläche (verschiedener Abgastemperatur) (Kessel III).

Die Zahlen in Abb. 355 geben die Rostbelastung in kg/m²h bzw. die Dampferzeugung in t/h an.

Zahlentafel 31. Zusammenstellung der wichtigsten Ausgangswerte für **Kessel IV**.

Fall	A	B	C
Kesselbauart		Sektionalkessel	
Feuerraumhöhe . . . . . m	6,0	6,3	6,5
Dampferzeugung . . . . . t/h		110	
Dampfdruck . . . . . . atü		110	
Temperaturen:			
Überhitzter Dampf . . . °		460	
Speisewasser:			
Eintritt Ekonomiser . . °		210	
Austritt Ekonomiser . . °		305	
Feuerraum . . . . °	1350	1350	1400
Warmluft . . . . °		180	
Abgase . . . . °		200	
Unterer Heizwert der Kohle . . . . . kcal/kg		6800	
Feuerungssystem		Unterwind-Wanderrost	
Spezifische Rostbelastung kg/m²h	**150**	**200**	**300**
Verlust durch Flugkoks, Asche und Unverbranntes . vH	1,5	3,0	10,0
CO_2-Gehalt der Rauchgase im ganzen Kessel . . . . vH		14,0	
Wirkungsgrad . . . . . vH	**87,5**	**86,0**	**79,0**
Errechnete Kesselblockabmessungen:			
Breite . . . . m	12,8	9,9	7,1
Tiefe . . . . m	11,6	11,6	11,6
Höhe über Aschenkellerflur m	17,0	17,8	18,5

145 mm W.-S. bei 300 kg/m²h Rostbelastung, sowie der gegenüber 200 kg/m²h Rostbelastung 2,3mal größere Kraftbedarf der Unterwind- und Saugzugventilatoren, Abb. 357.

i) Spezifische Rostbelastung bei konstanter Abgastemperatur (**Kessel IV**). Für die Berechnung wurden die Ausgangswerte von Zahlentafel 31 benutzt.

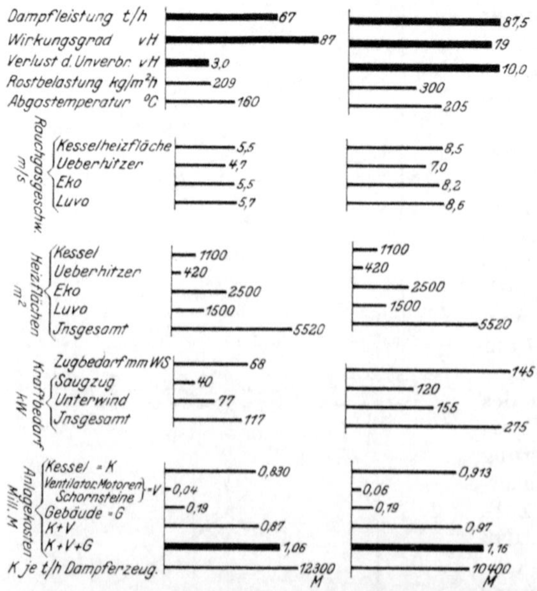

Abb. 357. Hauptdaten von zwei 40 at-Sektionalkesseln mit Unterwindwanderrosten und derselben Heizfläche von Kessel, Ekonomiser und Luftvorwärmer und derselben Rostfläche bei rd. 200 und 300 kg/m²h spezifischer Rostbelastung bzw. 67 und 87,5 t/h Dampferzeugung (Kessel III).

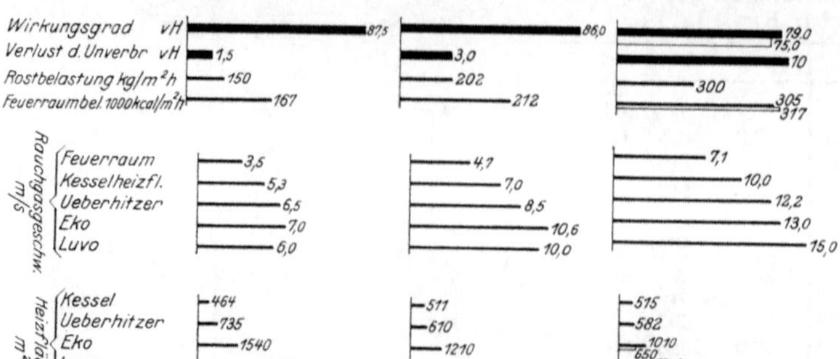

Abb. 358. Hauptdaten von drei 110 at-Sektionalkesseln mit Unterwindwanderrosten, Ekonomisern und Luftvorwärmern derselben Dampferzeugung (110 t/h), Abgastemperatur (200°), Vorwärmung der Verbrennungsluft (160°) und des Speisewassers (95°) bei 150, 200 und 300 kg/m²h spezifischer Rostbelastung (Kessel IV). ▬ 200° Abgastemperatur; ═ 260° Abgastemperatur.

Zahlentafel 32. Zusammenstellung der Ausgangswerte für die Berechnung der Heizfläche und Anlagekosten von Kesseln derselben elektrischen Nutzleistung aber von verschiedenem Dampfdruck (Kessel V).

Bauart:	
Feuerung	Kohlenstaub
Kessel	Zweitrommelsteilrohr
Feuerraumbelastung	rd. 200000 kcal/m³ h
Wirkungsgrad	86 vH
Temperaturen:	
Luft vor Luftvorwärmer	20°
nach Luftvorwärmer	350°
Feuerraum	1350°
Abgase nach Luftvorwärmer	200°
Dampf hinter Überhitzer:	
bis 50 atü	455°
50 bis 100 atü	465°
über 100 atü	490°
Speisewasser vor Ekonomiser:	
16 bis 24,5 atü	rd. 140°
38 bis 65 atü	rd. 160°
108 bis 140 atü	rd. 190°
Wassererwärmung im Ekonomiser	40°

Abb. 358 zeigt die hauptsächlichsten Ergebnisse. Der Kraftbedarf von Saugzug- und Unterwindventilatoren in den drei untersuchten Fällen verhält sich wie 100:230:380, ist also bei der doppelten Rostbelastung rd. 4mal so groß.

k) Dampfdruck (Kessel V). Auch heute noch werden zuweilen für dieselbe elektrische Nutzleistung eines Kraftwerkes bei 20 at und bei 50 at Druck Kessel nahezu gleicher Abmessungen angeboten, was natürlich falsch ist, da nicht nur die absolute Größe der erzeugten Dampfmenge, sondern auch das Größenverhältnis der einzelnen Heizflächen zueinander (Kessel, Überhitzer, Ekonomiser und Luftvorwärmer) verschieden sein muß, wenn in beiden Fällen Bestwerte erreicht werden sollen. Die Heizflächen wurden daher für 16 bis 140 at für konstante elektrische Nutzleistung des Kraftwerkes bei Frischwasserkühlung der Kondensatoren von 24000/30000 kW für die Ausgangswerte in Zahlentafel 32 errechnet. In allen Fällen wurde die thermisch günstigste Aufteilung der Gesamtheizfläche auf Kessel, Überhitzer, Ekonomiser usw. vorausgesetzt.

In sämtlichen Fällen ist die Abgastemperatur (Wirkungsgrad), die Feuerraumtemperatur und die Kühlziffer gleich. Die spezifische Feuerraumbelastung ist bei 140 at rd. 15 vH höher als bei 16 at, weil sonst infolge des kleineren Feuerraumes die Feuerraumtemperatur niedriger als 1350° werden würde. Die Luftvorwärmerheizfläche wird mit wachsendem Druck kleiner, weil der spezifische Kohlenverbrauch zurückgeht, die Ekonomiserheizfläche nimmt etwas zu, weil infolge der Vorwärmung durch angezapften Turbinendampf Eintritts- und Austrittstemperatur des Speisewassers steigen, Abb. 359.

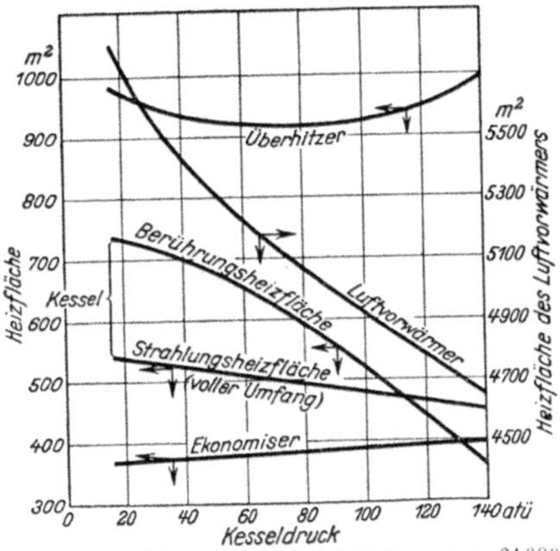

Abb. 359. Für einen Dampferzeuger von 24000/30000 kW elektrischer Nutzleistung benötigte Heizflächen in Abhängigkeit vom Kesseldruck bei gleichbleibendem Kesselwirkungsgrad (Kessel V). (Angeschlossene Turbinen haben Frischwasserkühlung.)

2. Verhalten von Überhitzern. a) **Berührungsüberhitzer und Strahlungsüberhitzer.** Nach Abb. 360 steigt bei Berührungsüberhitzern die Überhitzung mit wachsender Kesselbelastung in Bestätigung praktischer Erfahrungen an. Dies ist besonders bei Elektrizitätswerken unangenehm, weil sie oft mit so hohen Frischdampftemperaturen arbeiten, daß eine wesentliche Steigerung über die gewünschte Dampftemperatur hinaus die Turbine gefährden kann. Man legt daher den Überhitzer so aus, daß er bei Spitzen die eben noch zulässige Überhitzung gibt. Da aber die Kessel verhältnismäßig selten mit ihrer Spitze fahren, bedeutet die fallende Überhitzung eine fühlbare Einbuße an Wirtschaftlichkeit, weil sie den Wärmeverbrauch der Turbinen erhöht. Außerdem kann die Dampffeuchtigkeit in den Niederdruckstufen so groß werden, daß die Beschaufelung vorzeitig schadhaft wird. Da die Regelung der

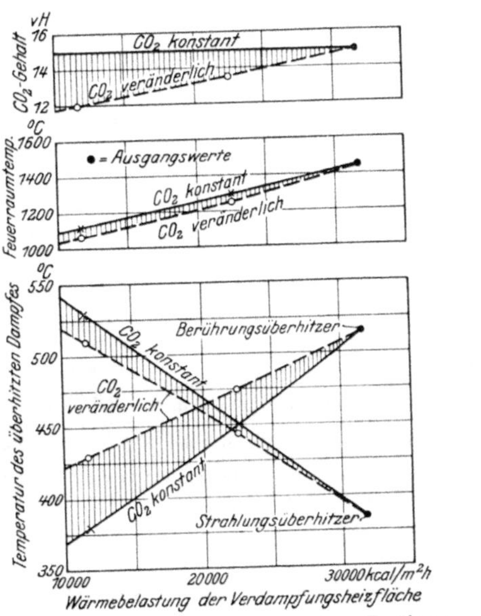

Abb. 360. Verhalten von Strahlungs- und von Berührungsüberhitzern bei verschiedener Kesselbelastung und konstantem und veränderlichem CO_2-Gehalt der Rauchgase.

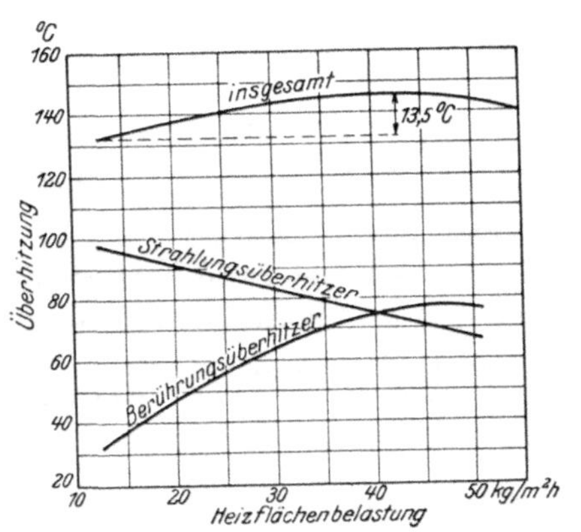

Abb. 361. Überhitzung bei einem Kessel mit hintereinander geschalteten Berührungs- und Strahlungsüberhitzern.

Überhitzung durch Rauchgasklappen bisher befriedigend nicht geglückt ist, werden zuweilen Heißdampfregler verwendet.

Die Amerikaner legen manchmal den ganzen Überhitzer oder einen Teil davon in den Feuerraum. Abb. 360 zeigt, wie sich bei wechselnder Belastung die Dampftemperatur bei Strahlungsüberhitzern bei gleichbleibendem oder bei mit der Belastung abnehmendem

CO_2-Gehalt der Rauchgase ändert. Ein Vergleich mit den für dieselben Verhältnisse, Abb. 343, entnommenen Kurven eines Berührungsüberhitzers zeigt, daß die Überhitzung im Gegensatz zu Berührungsüberhitzern mit steigender Kesselbelastung abnimmt, was die Praxis gleichfalls bestätigt, Abb. 361. Der Grund ist darin zu suchen, daß die Feuerraumtemperatur mit steigender Belastung wächst. Die Gase führen daher prozentual mehr Wärme aus dem Feuerraum fort, weshalb der Strahlungsüberhitzer bei annähernd konstanter Verdampfungsziffer verhältnismäßig weniger Wärme je kg durchströmenden Dampf aufnimmt. Durch die steigende Feuerraumtemperatur wird zwar die von 1 m² Strahlungsüberhitzer-Heizfläche aufgenommene Wärmemenge größer als vorher, aber nicht in dem zur Aufrechterhaltung derselben Überhitzung erforderlichen Maße. Ferner wird nach Abb. 360 bei Strahlungsüberhitzern die Überhitzung viel weniger vom CO_2-Gehalt beeinflußt. Durch Hintereinanderschalten von Berührungs- und Strahlungsüberhitzern läßt sich über einen weiten Bereich nahezu gleichbleibende Überhitzung erzielen, Abb. 361, solange letzterer durch Schlacke nicht verschmutzt ist.

Beispiel 42: Gesucht ist die Heizfläche eines Strahlungsüberhitzers für eine Kohlenstaubfeuerung mit folgenden Verhältnissen:

Ausgangswerte:

Feuerraum: Kantenlänge	6 m	Dampfdruck	40 at abs
Belastung	160000 kcal/m³ h	Temperaturen: Sattdampf	250°
Kühlziffer ψ	0,3	Heißdampf	450°
unterer Heizwert der Kohle $\mathfrak{H}_u$.	6926 kcal/kg	Luft	20°
stündliche Kohlenmenge	5770 kg/h	Verdampfungsziffer	8,15 kcal/kg
Wassergehalt des Sattdampfes . .	0 vH	CO_2-Gehalt	15 vH

Aus Tafel 18 ergibt sich:

Flammenvolumenbelastung 160000 · 1,166 . . . . rd.	185000 kcal/m³ h
Feuerraumtemperatur	1300°
Rauchgasmenge je kg Kohle aus Tafel 4 ($\lambda = 1,25$)	9,65 Nm³/kg
Wärmeinhalt von 1 Nm³ Rauchgas bei 1300° aus Tafel 5	468 kcal/Nm³
Je 1 kg verbrannte Kohle:	
dem Feuerraum zugeführte Wärme	6926 kcal/kg
aus dem Feuerraum in den Rauchgasen weggeführte Wärme = 9,65 · 468	4520 kcal/kg
im Feuerraum an „kalte Flächen" durch Strahlung übertragene Wärme	2406 kcal/kg
projizierte „kalte Flächen" im Feuerraum = $6 \cdot 6^2 \cdot 0,3$	65 m²
Wärmeinhalt: überhitzter Dampf	795 kcal/kg
Sattdampf	667 kcal/kg
Überhitzungswärme	128 kcal/kg
Wärmeaufnahme des Überhitzers = 5770 · 8,15 · 128	6030000 kcal/h
Wärmebelastung von 1 m² projizierter „kalter Fläche" $= \frac{2406 \cdot 5770}{65}$	214000 kcal/m² h
Erforderliche Überhitzerheizfläche (projiziert gerechnet) $= \frac{6\,030\,000}{214\,000}$	28,2 m².

Diese Rechnung ist insofern nicht ganz richtig, als Tafel 18 mit einer Temperatur der kalten Flächen von 230° gerechnet ist, während die Temperatur des Strahlungsüberhitzers im Mittel $\frac{450 + 250}{2}$ + rd. 30° = rd. 380° ist. Da die durch Strahlung übertragene Wärme proportional der Differenz der vierten Potenzen der absoluten Temperaturen zweier Flächen ist, wäre die Umrechnungszahl ungefähr:

$$\frac{(1300 + 273)^4 - (230 + 273)^4}{(1300 + 273)^4 - (380 + 273)^4} = 1,02\,.$$

Die Korrektur kann vernachlässigt werden, zumal man wegen der Verschmutzung die Heizfläche größer als die errechnete macht.

b) Abhilfe bei unrichtiger Überhitzung. Bei zu reichlich bemessenen Überhitzern sollte man durch Abdecken einen Teil der Überhitzerfläche ausschalten oder Rauchgase am Überhitzer vorbeileiten. Oft bleibt aber nichts übrig als eine Anzahl Überhitzerrohre zu entfernen. Manchmal wird zwar dadurch, daß man einen Teil des Überhitzers durch Überströmrohre kurz schließt und nicht allen Dampf durch die Überhitzerrohre schickt, scheinbar billig der gewünschte Erfolg erreicht. Doch geschieht dies oft auf Kosten der Lebensdauer der Überhitzerrohre, da der sie durchströmende

Dampf noch höher als vorher überhitzt wird, und hierdurch und infolge der verringerten Dampfgeschwindigkeit die Rohre unzulässig heiß werden können. Bei Verkleinerung der Überhitzerheizfläche muß die Dampfströmung manchmal etwas geändert werden, damit der Spannungsabfall nicht zu groß wird.

Beispiel 43: Berechnung der Verkleinerung eines Überhitzers bei zu hoher Dampftemperatur.

Bei einem Kessel war auf Grund folgender Verhältnisse die Heizfläche des Überhitzers zu 830 m² gewählt worden:

Stündliche Dampfmenge	40 t/h	CO_2-Gehalt im Überhitzer	14,5 vH
Dampfdruck	22,5 at abs	Durchmesser der Überhitzerrohre	32/38 mm
Dampftemperatur	425°	Wirkungsgrad des Kessels	82 vH
Speisewassertemperatur	145°	Unterer Heizwert der Kohle $\mathfrak{H}_u$	6800 kcal/kg

Statt der gewünschten 425° betrug die Temperatur 470° und es fragt sich, um wieviel der Überhitzer etwa verkleinert werden muß. Die Rauchgastemperatur vor Überhitzer konnte nicht genau bestimmt werden, mußte aber zwischen 800 und 900° liegen. Infolgedessen wird die Berechnung für diese beiden Grenzfälle durchgeführt, wobei der Einfachheit wegen angenommen wird, daß sich der Kesselwirkungsgrad durch die Verkleinerung des Überhitzers nicht fühlbar verschlechtert.

Dampftemperatur	425	470°	Speisewassertemperatur	145	145°
Wärmeinhalt: Frischdampf	787	810 kcal/kg	Erzeugungswärme des Dampfes	642	665 kcal/kg
Sattdampf			Stündliche Kohlenmenge	4600	4760 kg/h
(2 vH Wasser)	660	660 kcal/kg	Verdampfungsziffer	8,7	8,4
Überhitzungswärme	127	150 kcal/kg	Rauchgasmenge pro kg Kohle	9,8	9,8 Nm³/kg

a) Rauchgastemperatur vor Überhitzer angenommen zu	800	800°
Dann ist nach Grundaufgabe 2, Beispiel 26, S. 106:		
Rauchgastemperatur hinter Überhitzer	480	433°
Δt_m im Überhitzer	315	270°

Wenn Index 1 die Verhältnisse bei zu hoher, Index 2 bei richtiger Überhitzung bezeichnet, so ist, da k als konstant vorausgesetzt wird:

$$\frac{F_2}{F_1} = \frac{\Delta t_{m1} \cdot Q_2}{\Delta t_{m2} \cdot Q_1}.$$

Richtige Überhitzerfläche $F_2 = F_1 \dfrac{\Delta t_{m1} \cdot Q_2}{\Delta t_{m2} \cdot Q_1} = 830 \dfrac{270 \cdot 127}{315 \cdot 150}$ . . . . 604 m².

b) Rauchgastemperatur vor Überhitzer angenommen zu	900	900°
Dann ist nach Grundaufgabe 2, Beispiel 26, S. 106:		
Rauchgastemperatur hinter Überhitzer	580	533°
Δt_m im Überhitzer	419	371°

richtige Überhitzerheizfläche $F_2 = F_1 \dfrac{\Delta t_{m1} \cdot Q_2}{\Delta t_{m2} \cdot Q_1} = 830 \dfrac{371 \cdot 127}{419 \cdot 150}$ . . . . 624 m².

Für die Entscheidung, um wieviel der Überhitzer verkleinert werden muß, ist es also von keinem wesentlichen Einfluß, ob die Rauchgastemperatur vor Überhitzer um 50° zu tief oder zu hoch angenommen wird. Innerhalb dieses Genauigkeitsbereiches wird man aber in vielen Fällen die tatsächliche Rauchgastemperatur mit einfachen Mitteln messen können. Wichtig ist es dagegen, daß die Dampftemperatur (470°) einwandfrei gemessen wurde. Nach der Rechnung müßte also der Überhitzer um etwa 830 — 614 = 216 m² verkleinert werden. Tatsächlich wird eine Verkleinerung um rd. 180 m² schon ausreichen, weil durch Entfernen der Rohrschlangen die Rauchgasgeschwindigkeit fällt und auch die Menge und die Temperatur der Rauchgase etwas abnimmt, so daß die Voraussetzung eines gleichbleibenden k nicht ganz richtig war.

Ist die Überhitzerheizfläche zu klein (S. 120), so kann zunächst versucht werden, durch Erhöhung der Rauchgasgeschwindigkeit im Überhitzer oder durch seine gleichmäßigere Bespülung oder durch Abdecken oder Verkleinern der Vorheizfläche Besserung zu schaffen.

Beispiel 44: Folgender Fall, der wegen der Konstruktion des Überhitzers und des Mangels an Versuchsergebnissen der Berechnung zunächst Schwierigkeiten entgegenstellte, zeigt, wie sich die Ursache ungenügender Überhitzung und die zu ihrer Abhilfe erforderlichen Maßnahmen feststellen lassen. Der betreffende Kessel, Abb. 416, ist durch nachstehende Werte gekennzeichnet:

Ausgangswerte:

Dampfdruck	31 at abs	Rostfläche	36 m²
Leistung: normal	31,5 t/h	Kesselheizfläche	900 m²
dauernd maximal	38,7 t/h	Vorheizfläche	407 m²
vorübergehend maximal	45,0 t/h	Überhitzerheizfläche	500 m²
Eintrittstemperatur des Speisewassers	110°	Ekonomiserheizfläche	1620 m²
Vorgeschriebene Dampftemperatur	410°	unterer Heizwert	rd. 7100 kcal/kg

Versuchswerte:

Leistung . . . . 41,2 t/h CO_2-Gehalt: nach Ekonomiser . . . 11,8 vH
Dampftemperatur . . . . 382° im Feuerraum . . . . . 12,5 vH

Rauchgastemperaturen:

Vor erster Rohrreihe bei Normallast (mittlere Feuerraumtemperatur) . . . . 1120°
nach Kessel bei 31,5 t/h (geschätzt) . . 310° bei 41,2 t/h (gemessen) . . . . 333°.

Die Kesselfirma hoffte durch Abmauern der beiden Wasserrohrreihen des Kessels unterhalb der Zugscheidewand die Temperatur der in den Überhitzer eintretenden Rauchgase um den zum Erreichen von 410° Dampftemperatur erforderlichen Betrag erhöhen zu können. Da es sich um die Änderung von vier Kesseln handelte und da auch der Sattdampf unzulässig feucht sein konnte, mußte der geeignetste Weg zur Abhilfe sorgfältig geprüft werden.

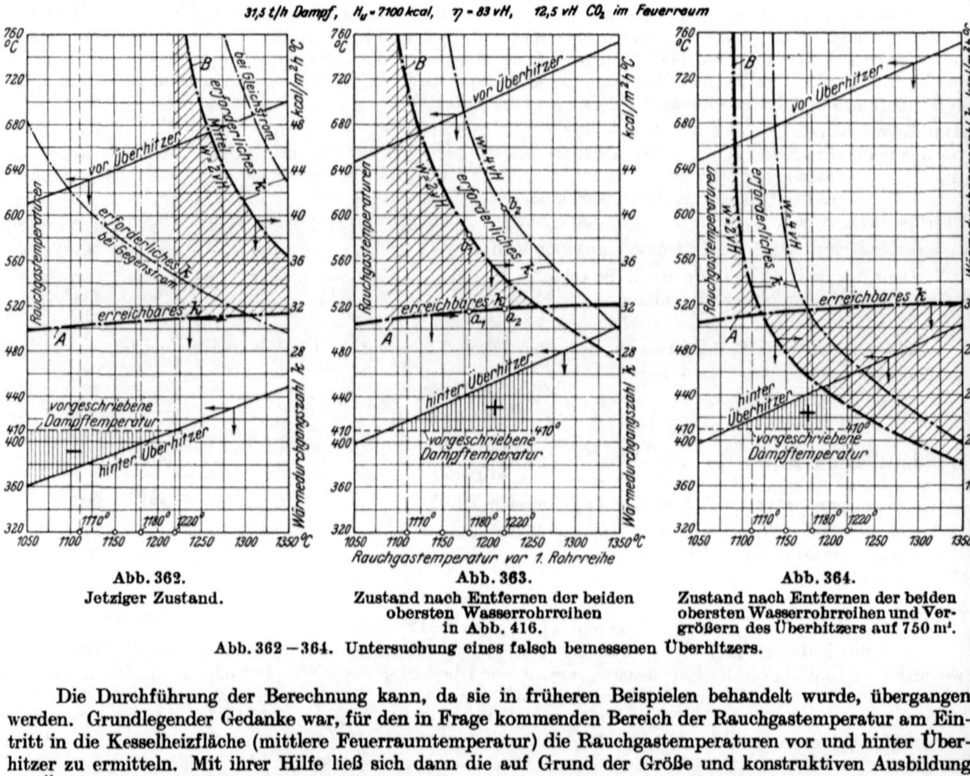

Abb. 362. Jetziger Zustand.

Abb. 363. Zustand nach Entfernen der beiden obersten Wasserrohrreihen in Abb. 416.

Abb. 364. Zustand nach Entfernen der beiden obersten Wasserrohrreihen und Vergrößern des Überhitzers auf 750 m².

Abb. 362–364. Untersuchung eines falsch bemessenen Überhitzers.

Die Durchführung der Berechnung kann, da sie in früheren Beispielen behandelt wurde, übergangen werden. Grundlegender Gedanke war, für den in Frage kommenden Bereich der Rauchgastemperatur am Eintritt in die Kesselheizfläche (mittlere Feuerraumtemperatur) die Rauchgastemperaturen vor und hinter Überhitzer zu ermitteln. Mit ihrer Hilfe ließ sich dann die auf Grund der Größe und konstruktiven Ausbildung des Überhitzers erreichbare Wärmedurchgangszahl k errechnen und mit dem Wert vergleichen, der vorhanden sein muß, wenn bei einer bestimmten Dampffeuchtigkeit 410° Dampftemperatur erreicht werden sollen. Der Überhitzer arbeitet weder in reinem Gleich-, noch Gegenstrom. Die Schwierigkeiten der rechnerischen Erfassung werden noch dadurch erhöht, daß die Dampftemperatur von 410° zum Teil etwas höher liegt als die Rauchgastemperatur hinter Überhitzer. Es wurde daher in Abb. 362 bis 364 mit dem Mittelwert von k bei Gleich- und bei Gegenstromschaltung gerechnet. In Abb. 362 ist für 2 vH Dampffeuchtigkeit das erforderliche k auch bei Gleich- und Gegenstrom eingezeichnet, in Abb. 363 und 364 ist nur noch der Mittelwert aus Gleich- und Gegenstrom aufgenommen. Abb. 362 zeigt, daß innerhalb des in Frage kommenden Bereiches der Rauchgastemperatur vor erster Rohrreihe (1110 bis 1150°) die tatsächlich erreichbare Wärmedurchgangszahl k weit kleiner ist als sie zum Erzielen der vorgeschriebenen Überhitzung sein müßte. Um zu kontrollieren, ob die gemessene Temperatur der Rauchgase am Eintritt in den Kessel von 1120° kein Zufallswert ist, wurde sie aus der Temperatur am Kesselende rückwärts errechnet. Sie ergab sich unter Annahme einer Dampffeuchtigkeit von 2 vH zu 1110°, von 4 vH zu 1150°, stimmt also mit dem gemessenen Werte gut überein. Durch Abdecken der beiden Wasserrohrreihen unterhalb der Zugscheidewand würde die mittlere Feuerraumtemperatur um rd. 70° erhöht, also bei 2 vH Dampffeuchtigkeit 1180°, bei 4 vH Dampffeuchtigkeit 1220° betragen. Nach Abb. 362 ist auch in diesem Temperaturbereich, wie der Abstand zwischen den Kurven A und B zeigt, die erreichbare Wärmedurchgangszahl zu klein. Das Abdecken der beiden Wasserrohrreihen kann daher nicht die erforderliche Wirkung erzielen. Herausnehmen der zwei Wasserrohrreihen unmittelbar vor Überhitzer erhöht die Rauchgastemperaturen vor und hinter ihm auf die in Abb. 363 angegebenen Werte. Aber auch dann bleibt noch ein beträchtlicher Abstand zwischen Kurve *A* und *B*. Selbst gleichzeitiges Abdecken der beiden untersten Rohrreihen reicht, wie die Strecken $a_1\,b_1$, $a_2\,b_2$ zeigen, nicht aus. In Abb. 364 sind schließlich die Verhältnisse für den Fall untersucht, daß nach Entfernen der beiden obersten Wasserrohrreihen der gewonnene Raum zum Vergrößern des Überhitzers von 500 m² auf 750 m² benutzt wird. Dann sind erforderliche und erreichbare Wärmedurchgangszahl unter der Voraussetzung einer Dampfnässe von nicht mehr als 2 vH bei 1110 bis 1140° Rauchgastemperatur vor erster Rohrreihe nahezu gleich. Eine Vergrößerung des Überhitzers und gleichzeitige Verkleinerung der Vorheizfläche des Kessels ist also unerläßlich. Die grundsätzliche Schwäche der jetzigen Anordnung besteht darin, daß die Rauchgase hinter Überhitzer fast dieselbe Temperatur haben wie der überhitzte Dampf. Ein wesentlicher Teil seiner Heizfläche ist daher fast wirkungslos.

Wegen der schwierigen rechnerischen und experimentellen Erfassung der mittleren Feuerraumtemperatur, auf deren Richtigkeit der benutzte Rechnungsgang beruht, der eigenartigen Überhitzerschaltung und anderer Zufälligkeiten sollte man zunächst die beiden obersten Wasserrohrreihen ausbauen, da man dann die errechnete Vergrößerung des Überhitzers noch berichtigen kann, falls errechnete und gemessene Erhöhung der Überhitzung nicht miteinander übereinstimmen.

c) Einfluß der Speisewassertemperatur auf die Überhitzung. Wird eine Kesselanlage mit wesentlich kälterem Wasser gespeist als bei ihrer Berechnung vorgesehen war, so kann die Überhitzung unzulässig hoch

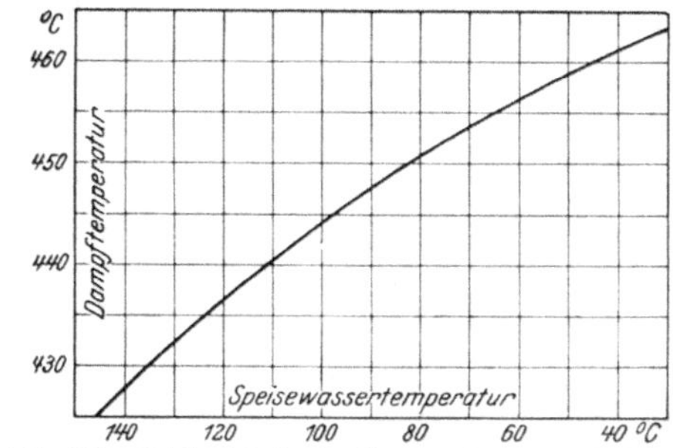

Feuerung:	Kohlenstaubfeuerung
Heizflächen:	
Kessel	1450 m²
Überhitzer	830 m²
Luftvorwärmer	3000 m²
Dampfdruck	23,5 at abs
CO_2-Gehalt der Rauchgase	13 vH
Unterer Heizwert der Kohle	6800 kcal/kg
Normale Speisewassertemperatur	145°
Entsprechende Dampftemperatur	425°
Dampferzeugung	50 t/h
Kesselwirkungsgrad	82 vH

Abb. 365. Abhängigkeit der Temperatur des überhitzten Dampfes von der Speisewassertemperatur bei konstanter Dampferzeugung und konstantem CO_2-Gehalt der Rauchgase.

steigen. Muß nämlich der Kessel dieselbe Dampfmenge hergeben, so wird infolge der größeren Erzeugungswärme mehr Kohle verbrannt, und es treten bei einer bestimmten Belastung mehr und heißere Gase in den Überhitzer ein als seiner Berechnung zugrunde gelegt wurde. Abb. 365 zeigt, daß unter den Rechnungsannahmen eine Erniedrigung der Speisewassertemperatur um rd. 100° bei gleichbleibender Dampferzeugung die Überhitzung um rd. 35° erhöht. Insbesondere bei Kraftwerken mit Vorwärmung des Speisewassers durch Anzapfdampf der Turbinen kann es in der ersten Zeit nach Inbetriebsetzung vorkommen, daß nicht die endgültige Speisewassertemperatur erzielt wird. Man sollte daher bereits beim Entwurf eines Kessels Vorsorge treffen, daß durch Wegnahme einiger Zuglenkplatten oder durch andere einfache Mittel ein Teil der Rauchgase am Überhitzer vorbeigeleitet werden kann.

3. Höchstleistung ganzer Dampfkesselheizflächen. Die Auskleidung der Feuerräume mit Kühlflächen hat dazu geführt, daß die durch Ausnutzung der Flammenstrahlung erzielbare spezifische Leistungssteigerung der Kesselheizfläche vielfach sehr überschätzt wird. In Wirklichkeit liegen die Verhältnisse so, daß bei einer bestimmten Kühlziffer und Rauchgasgeschwindigkeit die Leistung der Kesselheizfläche und die Temperatur, mit welcher die Rauchgase aus ihr austreten, eng zusammenhängen. Um dies zu zeigen, wurden in Abb. 366 und 367 die Verhältnisse für einen würfelförmigen Feuerraum von 6 m Kantenlänge und rd. 260000 kcal/m³h Belastung bei 5 und 15 m/s Geschwindigkeit der Gase in der Berührungsheizfläche untersucht. Es wurde angenommen, daß in Fall *a* keine Kühlfläche vorhanden ist, die Strahlung des Feuers sich also nur auf die vordersten Rohrreihen des Kessels auswirken kann ($\psi = 0{,}167$) und daß in Fall *b* der gesamte Feuerraum mit Kühlfläche ausgelegt ist ($\psi = 1{,}0$). Die Eintrittstemperatur der Rauchgase in den Überhitzer wurde zu 900°, die Temperatur des überhitzten Dampfes zu 450° angenommen. Die Feuerraumtemperatur beträgt dann in Fall *a* 1590°, in Fall *b* 1320°

und die Rauchgastemperatur nach der zweiten Kesselrohrreihe bei $v = 15$ m/s 1330 bzw. 1095°. Wenn man nun die Leistung der für eine bestimmte Rauchgasabkühlung erforderlichen Heizfläche untersucht, so muß man sich zunächst klar darüber sein, worauf man sie beziehen will, weil sich danach die einzusetzende Größe der Feuerraumkühlfläche richtet. Innerhalb der eigentlichen Berührungsheizfläche werden als Heizfläche alle von Wasser einerseits und Rauchgasen andererseits bespülten Flächen des Kesselkörpers betrachtet, selbst wenn sie infolge ihrer räumlichen Lage kaum zur Wärmeübertragung beitragen können. Bei der Kühlfläche dagegen hat man sich daran gewöhnt, die Heizfläche nicht aus dem vollen Rohrumfang, sondern aus seinem in die Feuerraumumgrenzung projizierten Wert, also nur $\frac{1}{\pi}$ davon, zu errechnen, S. 110. Maßgebend für die Wertigkeit eines Maschinenteiles sind aber letzten Endes die auf seine Leistung bezogenen Anlagekosten.

In Abb. 366 und 367 sind die ausgezogenen Kurven mit dem ganzen, die strichpunktierten mit dem projizierten Umfang der glatten Kühlrohre errechnet. Will man sich ein

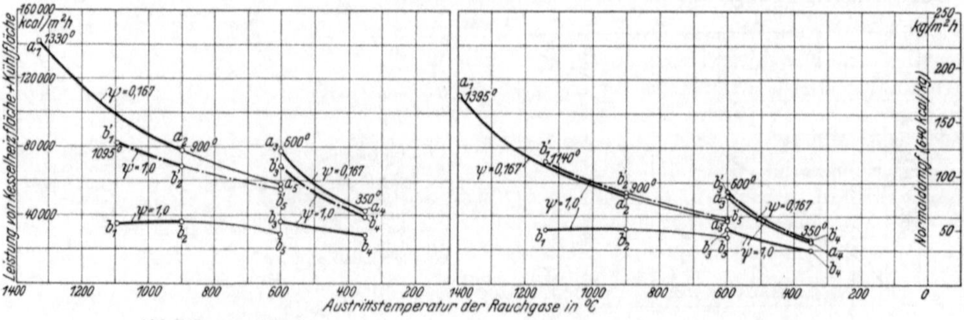

Abb 366. $v = 15$ m/s Abb. 367. $v = 5$ m/s

Abb. 366 u. 367. Spezifische Heizflächenleistung in kcal/m²h bei Abkühlung der Rauchgase auf eine bestimmte Austrittstemperatur. Zugrunde gelegt ist eine Kohlenstaubfeuerung von 6 m Kantenlänge der würfelförmigen Brennkammer und 260000 kcal/m³h Belastung mit einer Kühlziffer $\psi = 0{,}167$, Fall a, und $\psi = 1{,}00$, Fall b (eine Seite und alle Seiten mit Kühlflächen belegt). Zwischen 900° und 600° Rauchgastemperatur ist ein Überhitzer eingebaut.
Fall b = ——— Kühlfläche mit vollem Umfang eingesetzt. Fall b' = —·— Kühlfläche projiziert gerechnet.

Bild von der Ausnutzung der Anlagekosten machen, so geht man am besten vom vollen Umfang der Kühlrohre aus. Nach Abb. 366 beträgt bei 15 m/s Rauchgasgeschwindigkeit die Leistung von 1 m² Heizfläche, wenn keine besonderen Kühlflächen vorhanden sind ($\psi = 0{,}167$), 78000 bzw. 42000 kcal/m²h, je nachdem ob die Rauchgase auf 900 bzw. auf 350° abgekühlt werden, Punkte a_2 und a_4. Bei völlig mit Kühlflächen ausgekleideten Feuerräumen ($\psi = 1{,}0$) sind die entsprechenden auf 1 m² Kesselheizfläche und Kühlfläche (voller Umfang) bezogenen Werte 36000 bzw. 28000 kcal/m²h, Punkte b_2 und b_4. Bei 5 m/s Gasgeschwindigkeit liegen die Verhältnisse ähnlich. Die spezifische Heizflächenleistung sagt also nicht viel, wenn nicht gleichzeitig angegeben wird, mit welcher Temperatur die Gase die Kesselheizfläche verlassen. Ferner sieht man, daß die auf 1 m² Gesamtheizfläche (Kesselheizfläche + Kühlfläche) bezogene Heizflächenleistung bei Einbau von Kühlflächen selbst dann kleiner bleibt, wenn man nur mit ihrem projizierten Umfang rechnet, Punkte b_2' und b_4'. Lediglich bei mäßiger Gasgeschwindigkeit ($v = 5$ m/s) ergeben sich bei Rechnen mit dem projizierten Umfang bei Vorhandensein besonderer Kühlflächen etwas günstigere Heizflächenleistungen als bei ungekühlten Feuerräumen. Wie auf S. 169 und 170 näher gezeigt wird, haben aber Kühlflächen so große mittelbare Vorteile, daß sie sich auch dann fast stets lohnen, wenn sie einschließlich dem zugehörigen Kesselkörper teurer sind als ein anderer Kesselkörper, der ohne sie den gleichen Wirkungsgrad erzielt.

VIII. Der Aufbau von Wasserrohrkesseln.

A. Kessel bis 50 at Dampfdruck.

1. Wahl des Kesselsystemes. Es gibt zwei Systeme von Wasserrohrkesseln mit natürlichem Wasserumlauf: Steilrohr- und Schrägrohrkessel. In Wirklichkeit ist die Trennung zwischen beiden nicht ganz eindeutig, da typische Kennzeichen des einen Systems, wie z. B. geringe Rohrneigung, öfters auch beim anderen vorkommen. Im allgemeinen haben aber **Steilrohrkessel** stark geneigte, gekrümmte, unmittelbar in die Ober- und Untertrommeln eingewalzte Siederohre, während bei **Schrägrohrkesseln** die vorwiegend geraden Siederohre meist 12 bis 15° Neigung haben, in mit den Obertrommeln verbundene Wasserkammern oder Sektionen eingewalzt und durch Handlochverschlüsse zugänglich sind. Statt der 200 bis 300 mm tiefen für viele nebeneinander liegende Rohrreihen gemeinsamen Kammern von **Wasserkammerkesseln** werden heute fast nur noch nahtlos hergestellte Sektionen von etwa 150 × 150 mm l. W. verwendet, die durch eingewalzte Rohre mit der Obertrommel in Verbindung stehen. **Teilkammer-** oder **Sektionalkessel** sind wesentlich elastischer als Wasserkammerkessel. Die an die Obertrommel angenieteten Hälse der Wasserkammern schwächen deren Mantel und verursachen Spannungen im Kesselkörper, die oft Nietlochrisse herbeiführen. Außerdem schädigt die teuere, schwer kontrollierbare Anpaßarbeit bei nicht ganz sachgemäßer Ausführung die Kesselbleche und verträgt sich nicht mit modernen Herstellungsgrundsätzen. Sektionen dagegen sind für Massenfabrikation vorzüglich geeignet. Die zahlreichen Handlochverschlüsse, deren Entfernen und Wiedereinbauen viel Sorgfalt und Zeit erfordern, sind eine Schwäche von Schrägrohrkesseln, halten aber bei geeigneten Dichtungen auch bei 100 at Druck vorzüglich dicht, wenn die Kessel gut hergestellt sind. Handlochleckagen können daher bei einer Wertung beider Kesselsysteme ausscheiden, weil die Bestellung eines Kessels bei einer Fabrik ohne Erfahrung auch dann verfehlt ist, wenn sie erheblich billiger liefert als eine erstklassige Konkurrenz. Der Unbequemlichkeit der Handlochverschlüsse steht der große Vorteil gegenüber, daß der innere Zustand der Siederohre schnell festgestellt werden kann und das innere Reinigen sowie Auswechseln schadhafter Rohre nur einen Bruchteil der bei Steilrohrkesseln benötigten Zeit dauert. Bei letzteren vergehen $1^1/_2$ bis 3 Tage, bevor der Kessel sich so abgekühlt hat, daß man in seinem Inneren arbeiten kann, während bei Schrägrohrkesseln das Auswechseln von Siederohren im Notfall schon etwa 5 Stunden nach Abschalten vom Dampfnetz möglich ist. *Sektionalkessel werden daher Steilrohrkesseln bei kleiner Kesselreserve öfters vorgezogen.*

Der Preis von Sektionalkesseln hängt sehr vom Umsatz ab, da sich die Vorrichtungen zum Herstellen der Sektionen nur bei großer Produktion rentieren. Kann daher eine Firma jährlich nur wenige Kessel absetzen und die Sektionen nicht preiswert beziehen, so lohnt sich für sie der Bau von Sektionalkesseln nicht. Im Wettbewerb zwischen mehreren Firmen mit großer Produktion, von denen die einen nur Sektional-, die anderen nur Steilrohrkessel bauen, tritt der Preisunterschied gegenüber anderen Punkten, wie z. B. Rücksichten auf den allgemeinen Aufbau einer Anlage, zurück. Infolgedessen ist, je nachdem ob Ekonomiser oder Luftvorwärmer oder beide gleichzeitig verwendet werden, und je nach der Feuerungsart, der Rauchgasabfuhr usw., bald das eine, bald das andere Kesselsystem etwas im Vorteil.

Bei aschereichen Brennstoffen werden vielfach Steilrohrkessel bevorzugt, da die Flugasche von den steilen Rohren leichter abfällt und geräumige Aschentrichter besser untergebracht werden können. Bei salzhaltiger Kohle dagegen, die Ansinterungen an den Siederohren verursacht, S. 171, läßt sich die Heizfläche von Sektionalkesseln besser sauber halten. Trotzdem kann man auch in dieser Beziehung von keiner unbedingten Überlegenheit eines Systems sprechen, da schwierige Brennstoffe unter beiden mit gutem Erfolge verbrannt werden. Bei chemisch gereinigtem Wasser sind Sektionalkessel dadurch im Vorteil, daß die am meisten gefährdeten zwei oder drei untersten Siederohrreihen wesentlich schneller ausgebohrt werden können. Dagegen setzt sich bei manchem Wasser zuweilen Schlamm in den obersten Siederohren von Schrägrohrkesseln ab, S. 146, der zu Rohrschäden führen kann. Müssen die Kessel in sehr kurzer Zeit aus kaltem Zustand auf vollen Dampfdruck kommen, so verdienen oft Sektionalkessel wegen des kleineren Wasserinhaltes, des elastischeren Kesselkörpers und deshalb den Vorzug, weil durch Einblasen von Dampf in das tiefer liegende Ende der untersten Siederohrreihen größere Temperaturunterschiede des Kesselkörpers beim schnellen Hochheizen etwas leichter vermieden werden können.

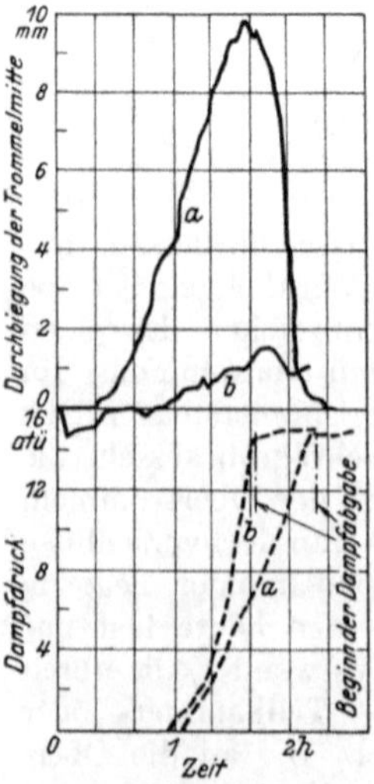

Abb 368. Durchbiegung der Mitte der Untertrommel eines Steilrohrkessels ohne (Kurve *a*) und mit (Kurve *b*) Einblasen von Dampf während des Anheizens. Nach Guilleaume.

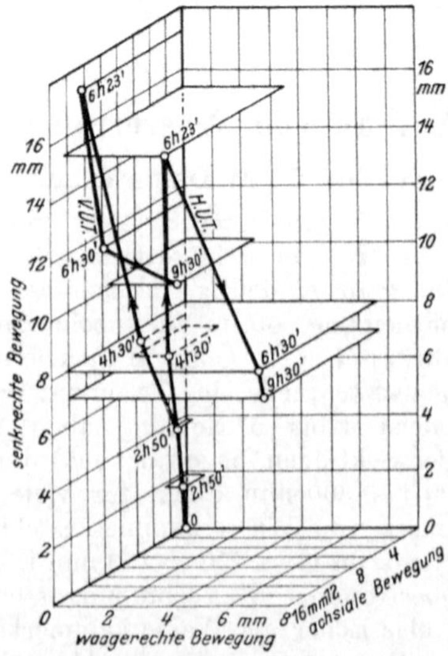

Abb. 369. Räumliche Bewegung der Mitte der Böden der beiden Untertrommeln eines Viertrommel-Steilrohrkessels bei einem Anheizversuch ohne Dampfanwärmung. Nach Doerffel. (*H.U.T* hintere Untertrommel; *V.U.T* vordere Untertrommel.)

Alles in allem läßt sich nur von Fall zu Fall entscheiden, welches Kesselsystem geeigneter ist. Nicht selten sind beide gleich brauchbar, persönliche Liebhaberei oder geschäftliche Erwägungen geben dann den Ausschlag. Man versteht daher heute schwer, daß noch vor 20 Jahren das Bekenntnis zu einem System beinahe ein Dogma bedeutete. Die Entwicklung ist aber über Schlagwort und Interessentenstandpunkt hinweggeschritten und hat zur Vervollkommnung beider Systeme geführt, weil beide lebensfähig sind.

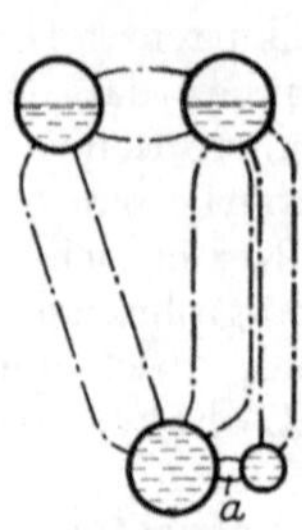

Abb. 370. Unzweckmäßig angeordnete Untertrommeln eines Viertrommel-Steilrohrkessels.

2. Der Kesselkörper. Je elastischer der Kesselkörper ist und je weniger größere Temperaturunterschiede in ihm vorkommen können, um so weniger sind undichte Walz- und Nietstellen, Nietlochrisse und andere Schädigungen der Trommeln, Sammler und Siederohre zu befürchten. Temperaturunterschiede im Kesselkörper können von seiner wasser- und seiner rauchgasberührten Seite her auftreten, und zwar während des Anheizens leichter und stärker als im normalen Betriebe. Insbesondere im unteren Teil der Untertrommeln von Steilrohrkesseln kann sich beim Anheizen eine stagnierende Schicht kalten Wassers bilden, die an der Erwärmung erst teilnimmt, wenn der Kessel auf die Dampfleitung geschaltet wird und lebhafter Wasserumlauf einsetzt. Dadurch entstehen Temperaturunterschiede zwischen oberem und unterem Teil der Trommel bis zu 170°, wodurch sie sich krumm zieht. Da die Rauchgase am Anfang der Kesselheizfläche viel heißer als an ihrem Ende sind, liegt die Wandtemperatur der vordersten Siederohre höher als die der übrigen. Der dadurch verursachte unvermeidliche Temperaturunterschied ist bei innerlich reinen Rohren, gutem Wasserumlauf und mäßig breitem Feuerraum klein. Fühlbare Beträge können bei breiten Kesseln auftreten, da auch im Dauerbetrieb die

Verbrennung nicht immer auf der ganzen Rostbreite gleich erfolgt, S. 120. Bei halbmechanischen Rosten für feuchte Braunkohle überstürzt sich z. B. oft ein Teil des Rostes und nimmt dadurch vorübergehend an der Verbrennung kaum mehr teil, wodurch Unterschiede der Rauchgastemperatur von mehreren hundert Grad zwischen dem heißesten und kältesten Teil der Kesselbreite entstehen. Örtliche Nachverbrennungen, teilweise verschmutzte Kesselheizfläche, tote Ecken in der Rauchgasführung und sonstige Gründe wirken ähnlich. Deshalb sollten Kessel so gebaut sein, daß größere Temperaturunterschiede auf der Wasserseite überhaupt nicht auftreten und, soweit sie von der Rauchgasseite herrühren, unschädlich bleiben.

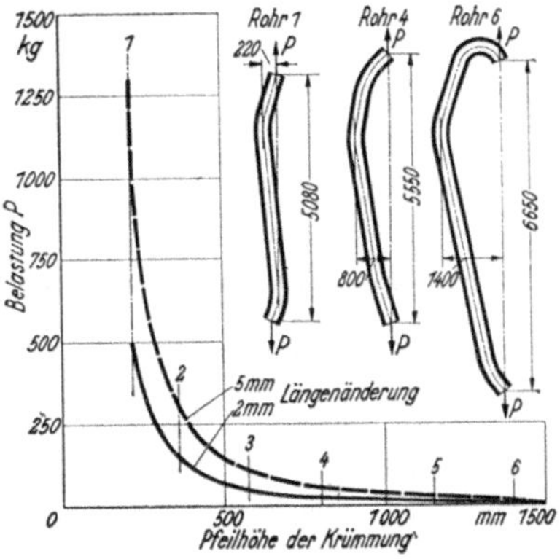

Abb. 371. Zum Erzielen einer Längenänderung von 2 und 5 mm erforderliche Kräfte bei Rohren mit verschieden starker Krümmung.

Kurve *a* in Abb. 368 zeigt die Durchbiegung der Untertrommel eines Steilrohrkessels, wenn das Anheizen ohne besondere Maßnahme erfolgte, Kurve *b* bei Einblasen von Dampf über ihrem Boden. Abb. 369 zeigt, welch große Lagenänderung die Untertrommeln des Kessels in Abb. 370 beim Anheizen ausführen und wie sie infolge des Temperaturausgleiches bei beginnender Dampfabgabe eine Umkehrbewegung machen. Wenngleich die Verschiebungen nicht ohne weiteres ein Maß für die Beanspruchung der Trommelwandungen sind, so gefährden sie doch Dichthalten und Betriebssicherheit unelastischer Kesselkörper. Zwar treten im Dauerbetrieb ähnlich große Verschiebungen nicht auf, aber auch dann „atmet" ein Kessel, wodurch Trommelwand und Kesselrohre Wechselbeanspruchungen erfahren, S. 57. Es ist freilich ebenso schwer, einen Kessel so zu bauen, daß er billigen Preis, kräftigen Wasserumlauf, große mechanische Elastizität und gute Wärmeausnutzung in sich vereinigt, wie es verfehlt ist, ihn nur nach einem dieser Punkte zu beurteilen.

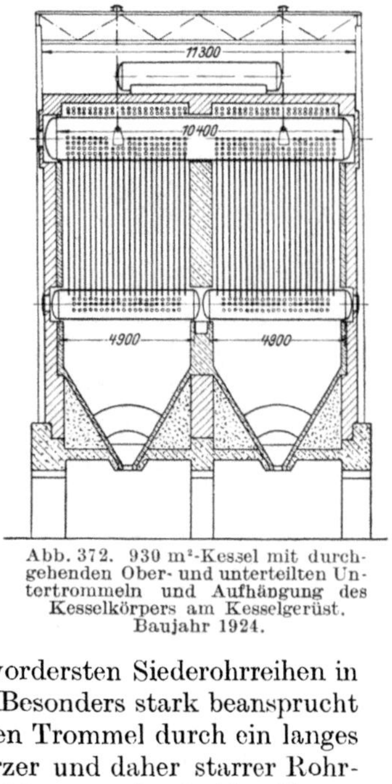

Abb. 372. 930 m²-Kessel mit durchgehenden Ober- und unterteilten Untertrommeln und Aufhängung des Kesselkörpers am Kesselgerüst. Baujahr 1924.

Eine Trommel wird um so weniger beansprucht, je ungehinderter sie Wärmedehnungen folgen kann und je geringeren äußeren Kräften sie ausgesetzt ist. Die Siederohre sollten daher möglichst elastisch und die Trommeln so gelagert sein, daß sie wenigstens in der Richtung der Hauptdehnung ungehindert ausweichen können. Verbindungsstutzen mit gekümpelten Anschlußflanschen oder angenietete Wasserkammerhälse sind mindestens für größere Kessel und Drücke über 15 at ungeeignet und gekrümmte Siederohre verdienen bei Steilrohrkesseln trotz der schwierigeren inneren Reinigung den Vorzug vor geraden. Abb. 371 zeigt, welche Kraft zur Erzeugung einer Längenänderung von 2 und 5 mm je nach der Pfeilhöhe der Krümmung nötig ist bzw. vom Rohr ausgeübt wird, wenn es eine solche Längenänderung ausführen will. Ein Betrag von 5 mm erfordert bei Rohr 1 mit 220 mm Pfeilhöhe eine Kraft von rd. 1300 kg, bei Rohr 4 mit 800 mm Pfeilhöhe von nur rd. 60 kg. Die Rohre, die am meisten nachgeben müssen, sollten daher auch am stärksten gekrümmt sein, was sich bei Einführung der vordersten Siederohrreihen in den Dampfraum der Obertrommeln leicht ermöglichen läßt. Besonders stark beansprucht sind die Einwalzstellen von Trommeln, die mit einer zweiten Trommel durch ein langes Rohrbündel und mit einer dritten durch einige Reihen kurzer und daher starrer Rohrstummel verbunden sind. Die großen gegenseitigen Verschiebungen der beiden Untertrommeln des Kessels in Abb. 370 während des Anheizens machen es verständlich, weshalb an den Einwalzstellen kurzer Verbindungsstummel so leicht Leckagen oder Risse auftreten.

Unterteilung der Untertrommeln breiter Kessel in zwei Trommeln von etwa halber Länge verkleinert die Wärmespannungen. Die Trennwand in Abb. 372 zum Schutz der gegeneinander gekehrten Böden der unterteilten Untertrommeln und zum Ausfüllen der von Siederohren nicht besetzten Lücke läßt sich unschwer vermeiden, Abb. 377.

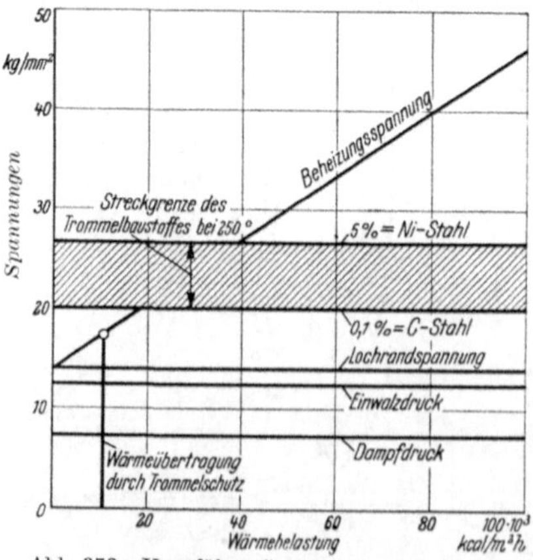

Abb. 373. Ungefähre Spannungen am inneren Lochrand einer Kesseltrommel von 1300 mm l. W., 57 mm Wandstärke und 37 at Überdruck bei verschieden starker Beheizung.

Damit sich die Obertrommeln, an denen der ganze Kesselkörper hängt, ungehindert verschieben können, werden sie auf beweglichen Stühlen gelagert oder am Kesselgerüst oder Kesselhausdach aufgehängt, Abb. 372, 375 und 377.

Trommeln mit Längsnietnähten werden in Deutschland bei Drücken über 15 bis 20 at immer mehr durch geschweißte Trommelschüsse mit eingenieteten Böden und bei Drücken über 35 bis 40 at durch geschweißte Trommeln mit angekümpelten Böden oder aus dem Vollen geschmiedete Trommeln ersetzt, S. 57, und auch das Ausland schließt sich immer mehr dem deutschen Vorgehen an. Geschweißte Trommeln von mehr als 9 bis 10 m Länge führt man mit zwei Rundnähten aus, die man in das Mauerwerk der Seitenwände des Kessels legt, da dann die zum Einwalzen von Siederohren verfügbare Trommellänge am größten und keine Rundnaht beheizt wird. Aus dem vollen geschmiedete Trommeln werden mit einer zylindrischen Länge bis zu 16 m hergestellt. Will man bei sehr breiten Kesseln mäßigen Preis mit hoher Sicherheit verbinden, so kann man geschmiedete Obertrommeln und unterteilte geschweißte Untertrommeln verwenden, Abb. 375 bis 377. Der früher beträchtliche Preisunterschied zwischen geschweißten und geschmiedeten Trommeln mit eingenieteten Böden und aus einem Stück durch Schmieden oder Schweißen hergestellten Trommeln ist in den letzten Jahren immer kleiner geworden. Werden Trommeln von heißen Rauchgasen bespült, so kommen zur Beanspruchung durch Dampfdruck, Einwalzdruck, Spannungserhöhung am Lochrand und Biegungsspannung unter Umständen noch beträchtliche Wärmespannungen infolge des Temperaturunterschiedes zwischen Außen- und Innenseite, Abb. 373, wodurch die Baustoffbeanspruchung über die Streckgrenze steigen kann. Man schützt sie daher durch Torkretieren oder Ummauern.

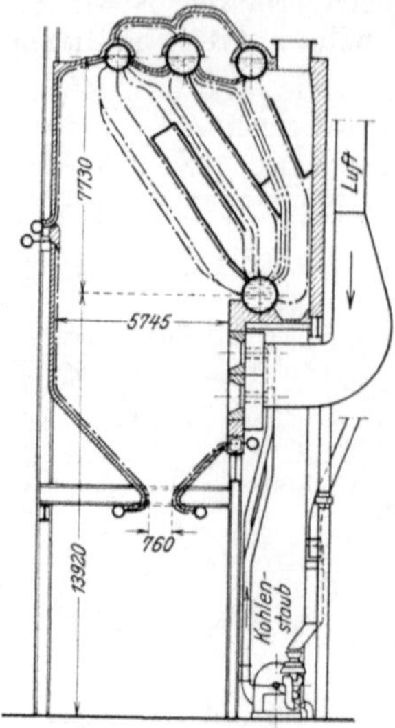

Abb. 374. 14 atü-Stirling-Kessel der Babcock & Wilcox Co. von 1770 m² Heizfläche ohne Überhitzer für 114 t/h Leistung mit zwei Einblas-Kohlenstaubmühlen und weitgehend gekühltem Feuerraum im Kneeland-Street-Heizwerk in Boston.

3. Steilrohrkessel. Des übersichtlicheren Wasserumlaufes und der geringeren Kosten wegen ist man in Deutschland bestrebt, mit nur zwei Trommeln auszukommen, obgleich auch Mehrtrommelkessel mit gutem Wasserumlauf gebaut werden können. Da bei Einenderkesseln die benötigte Kesselheizfläche stets mit drei, höchstens vier Trommeln untergebracht werden kann, ging die Entwicklung in Deutschland bei Drücken bis etwa 40 at auf Vier- oder Dreitrommelkessel und bei höheren Spannungen auf Drei- oder Zweitrommelkessel. Viertrommelkessel werden bei uns meist mit zwei Ober- und zwei Untertrommeln gebaut, im Ausland findet man oft eine Ausführung mit drei Obertrommeln und einer Untertrommel, Abb. 374. Eine Trommel sollte womöglich nicht mit mehr als zwei anderen durch Siederohre verbunden sein, wenn sie nicht lang und stark gekrümmt sind und sich nicht zwei Rohrbündel in annähernd gleicher Richtung ausdehnen, oder wenn die

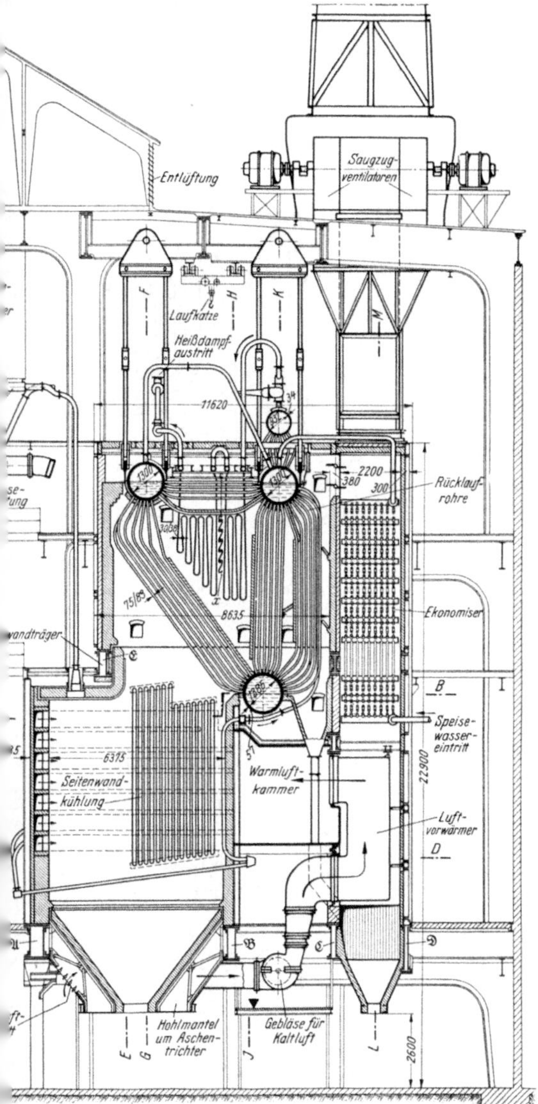

Abb. 375.

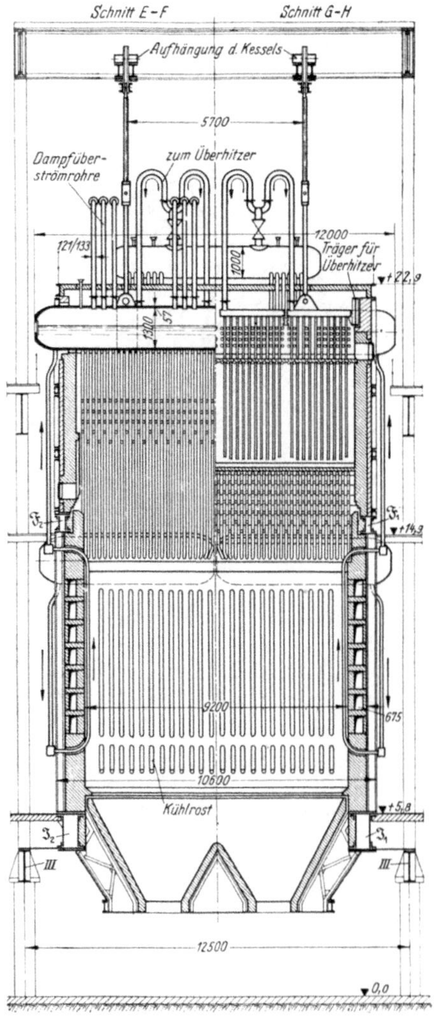

Abb. 377.

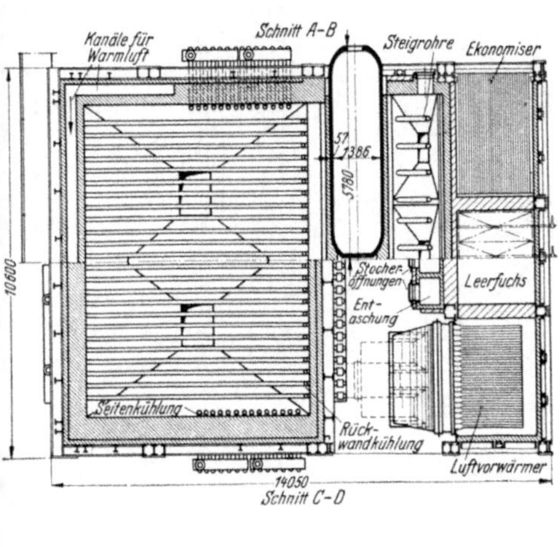

Abb. 376.

Abb. 375—377. 37 at-Dreitrommel-Steilrohrkessel von 1750 m² Heizfläche mit Ekonomiser, Luftvorwärmer und Kohlenstaubfeuerung für 75 t/h Höchstlast im Klingenbergwerk der Berliner Städtische Elektrizitätswerke A. G. Gesamtanordnung: Bauart AEG-Dr. Münzinger. Baujahr 1925.

dritte Trommel nicht weitgehende Bewegungsfreiheit hat. Abb. 291 zeigt einen großen deutschen Viertrommel-Steilrohrkessel (zugehörige Wirkungsgradkurve in Abb. 157). Der Dreitrommel-Steilrohrkessel in Abb. 375 bis 377 ist in Deutschland sehr beliebt, doch ließe man heute die vordersten

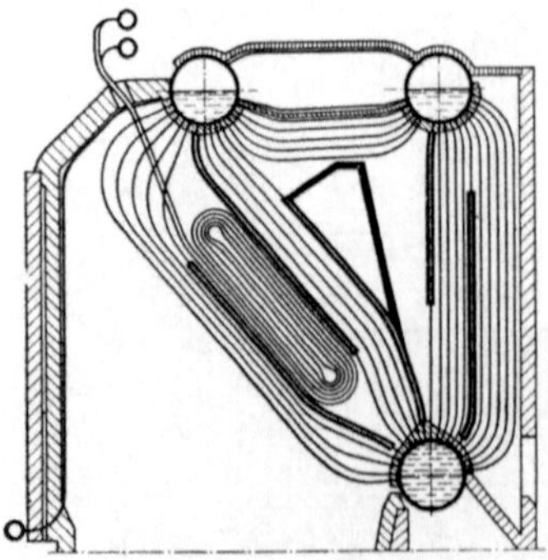

Abb. 378. Ladd-Belleville-Steilrohrkessel. Baujahr 1932.

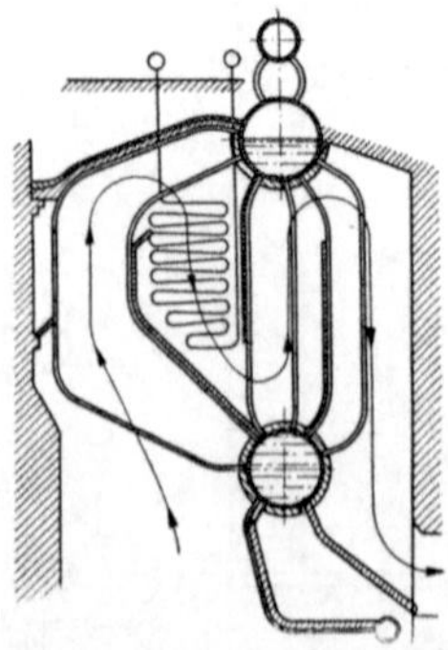

Abb. 379. 38 at-Borsig-Zweitrommel-Steilrohrkessel von 350 m² Heizfläche für 22 t/h Höchstlast im Kraftwerk der Stadt Bremen. Baujahr 1930.

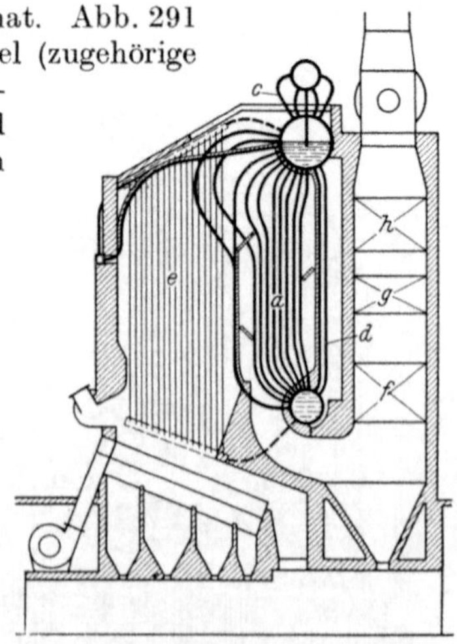

Abb. 380. Dürr-Zweitrommel-Steilrohrkessel mit Umwälzrost. Baujahr 1930. *a* Siederohre (Steigrohre); *d* unbeheizte Fallrohre; *e* Kühlrohre; *f* Überhitzer; *g* Ekonomiser; *h* Luftvorwärmer.

Siederohrreihen über Wasserspiegel ausmünden, S. 154. Die Bewertung von Kesseln hängt auch von individuellen Ansichten und nationalen Eigentümlichkeiten ab und ist nicht absolut. Z. B. würden manche deutsche Ingenieure die Zugänglichkeit zum Überhitzer, die Auswechselbarkeit der Wasserrohre und die beheizten Verbindungsrohre zwischen den Obertrommeln des Kessels in Abb. 378 bemängeln, der sich in Frankreich großer Beliebtheit erfreut. Der 38 at-Zweitrommel-

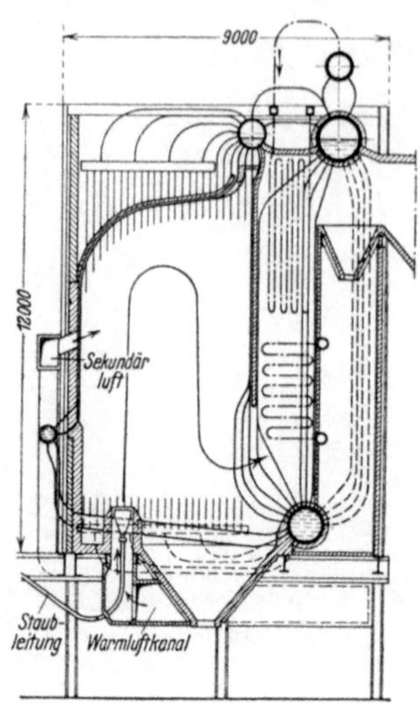

Abb. 381. Kohlenstaubkessel der Linke-Hoffmann-Busch-Werke mit von unten nach oben blasender Umkehrflamme. Baujahr 1930.

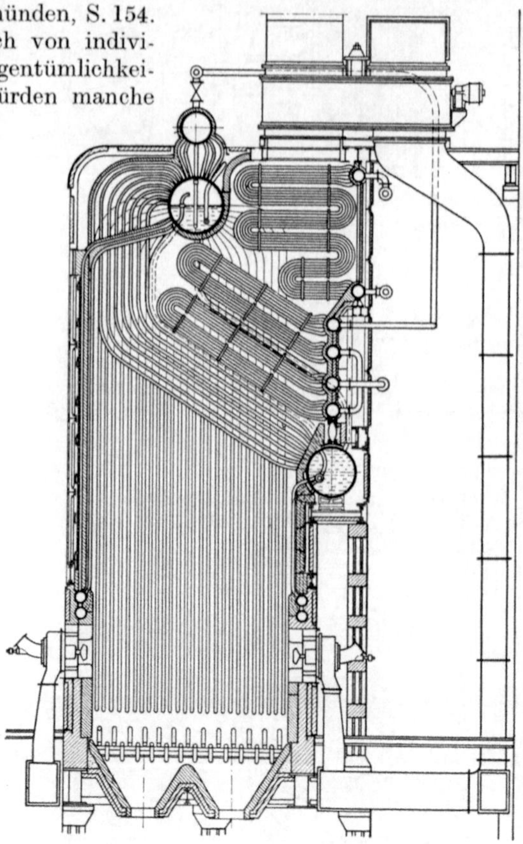

Abb. 382. Möller-Zweitrommel-Steilrohrkessel. Baujahr 1931.

Steilrohrkessel in Abb. 379 ist bemerkenswert durch die stark gekrümmten vordersten Siederohre und den Einbau des Überhitzers. Die Feuerräume der Zweitrommelkessel in Abb. 380 bis 382 sind fast ganz mit Kühlrohren bekleidet, die in Abb. 382 unmittelbar in die Obertrommel münden. In Abb. 382 ist der Überhitzer in mehrere Pakete unterteilt, zwischen denen die durch Formsteine der Beheizung entzogenen Fallrohre des Kessels sitzen.

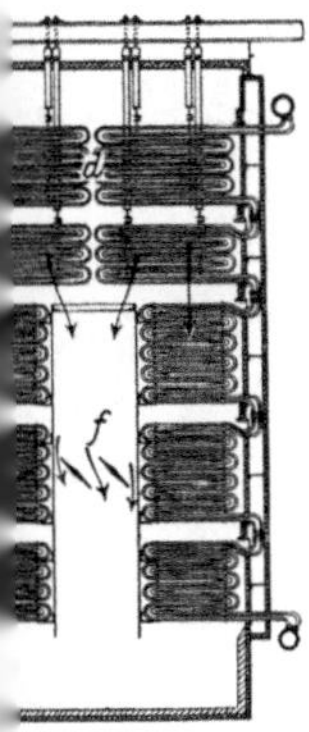

Abb. 383.

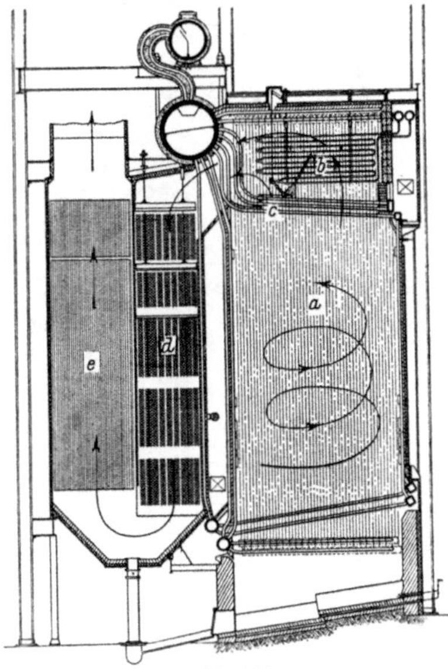

Abb. 384.

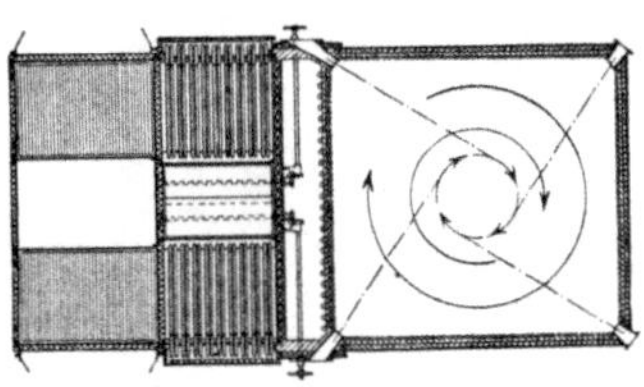

Abb. 385.

Abb. 383–385. Wood-Kessel mit Ecken-Kohlenstaubbrennern, Frischdampfüberhitzer, Zwischenüberhitzer und Luftvorwärmer der Combustion Engineering Corporation. Baujahr 1932.

a wassergekühlter Feuerraum; *b* Frischdampfüberhitzer; *c* Regulierklappe; *d* Zwischenüberhitzer; *e* Luftvorwärmer; *f* Regulierklappen für Zwischenüberhitzer.

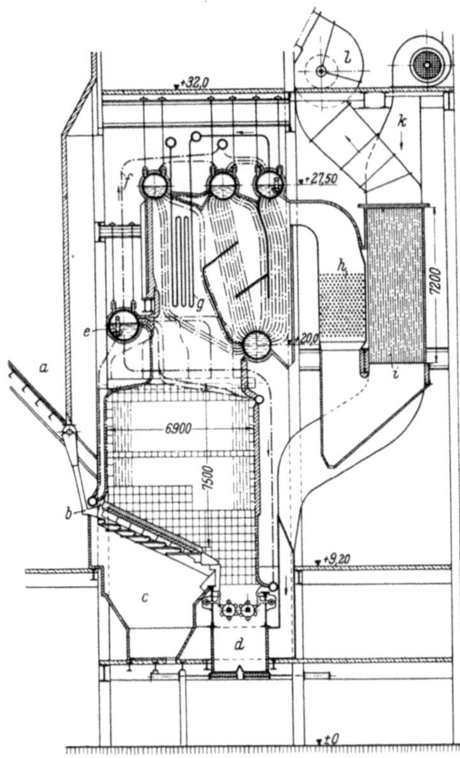

Abb. 386. 32 at-Stirling-Kessel von 2200 m² Heizfläche mit Taylor-Unterschubrost von 57 m² Fläche für 190 t/h Leistung mit Ekonomiser und Luftvorwärmer im Delray-Kraftwerk in Detroit. Baujahr 1928.

Lichte Feuerraumbreite rd. 8 m, Warmlufttemperatur 165 bis 195°, Erwärmung des Speisewasssers 30°, Dampftemperatur rd. 385°, Abgastemperatur bei 190 t/h 180°.

Organischer Zusammenbau von Feuerung und Kessel und weitgehende Feuerraumkühlung vereinfacht den Kesselaufbau, gibt geringen Platzbedarf und vermeidet die zum Unterstützen der gemauerten Wände benötigten Tragkonstruktionen, Abb. 381 bis 385.

In Abb. 386 wurde unter den eigentlichen Kessel ein zweiter, davon unabhängiger geschoben, dessen Siederohre den ausschließlich aus Strahlungsheizfläche bestehenden Feuerraum bilden, um die langen schwer unterbringbaren Fall- und Steigrohre für die Kühlflächen zu sparen und gesicherten Wasserumlauf zu erzielen.

Bei Steinkohle sind für Dampfleistungen über 200 t/h, bei Braunkohle über 120 t/h teils wegen der herstellbaren Trommellänge, teils weil das Bauen von mehr als 10 m breiten Rosten auf Schwierigkeiten stößt, Doppelenderkessel nötig. Bei Staubfeuerungen hat man zwar an sich in der Bemessung der Feuerraumbreite freie Hand. Wegen der Wärmedehnungen von Kessel und Einmauerung, der Unterstützung des Überhitzers und anderer

Teile, der guten Durchmischung der Verbrennungsprodukte, der gleichmäßigen Bespülung der Heizfläche durch die Rauchgase u. a. m. überschreitet man aber eine lichte Feuerraumbreite von 10 m auch hier nicht gern. Doppelenderkessel sind unübersichtlicher als Einenderkessel. Die Forderung, auf gegebenem Raum tunlichst viel Dampf zu erzeugen, zwingt aber in Amerika auch heute noch öfters zu ihrer Aufstellung. Der größte mit Kohlenstaub gefeuerte

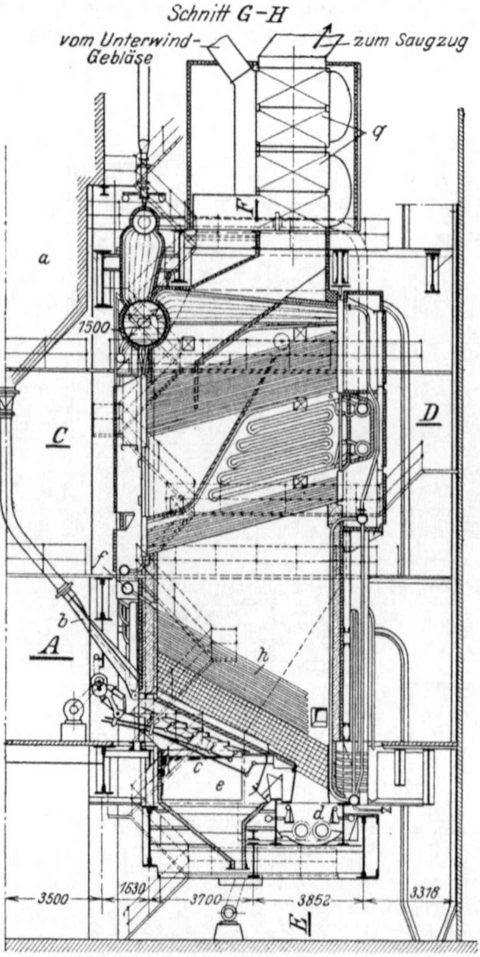

Abb. 387. 32 atü-Borsig-Sektionalkessel mit Taylor-Unterschubrost und Taschenluftvorwärmer für 150 t/h Höchstlast im Kraftwerk West der Berliner Städtische Elektrizitätswerke A.G. Baujahr 1929.

Heizflächen: Kessel 2180 m²; Kühlfläche 240 m²; Überhitzer 600 m²; Luftvorwärmer 2760 m²; projizierte Rostfläche 67 m²; Brennkammerinhalt 467 m³; lichte Feuerraumbreite 10650 mm; Abmessungen der Siederohre 102 mm ä. D., 7000 mm Länge. Temperaturen: Dampf 420°, Warmluft 170°.

a Kohlenbunker; *b* Kohlenlutte; *c* Unterschubrost; *d* Schlackenfall; *e* Unterwindkammer; *f* Sekundärluftzufuhr; *h* Seitenwandkühlung; *q* Plattenluftvorwärmer.

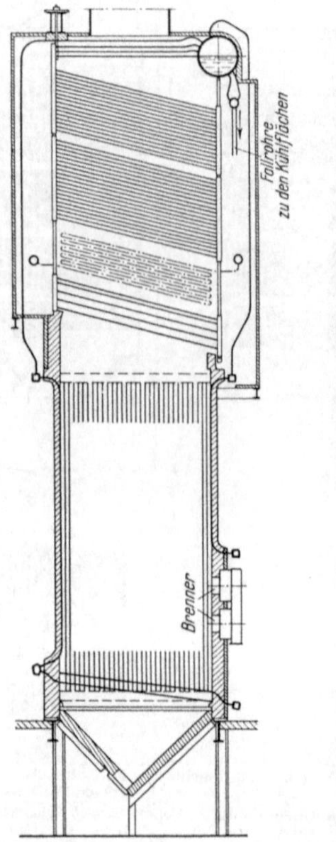

Abb. 388. 3300 m²-Walsh-Weidner-Einzugsektionalkessel für 34 atü Druck, 400° Dampftemperatur und rd. 120 t/h Höchstlast mit Kohlenstaubfeuerung im Duluth-Kraftwerk der Minnesota Power a. Light Co. Baujahr 1930.

Zahl der übereinander liegenden Rohrreihen 43, Zahl der nebeneinander liegenden Sektionen 38. Je ein Kessel ist auf eine 25000 kW-Turbine geschaltet.

Doppelender-Steilrohrkessel hat 570 t/h Leistung und rd. 6000 m² Kesselheizfläche, Zahlentafel 2, S. 12.

Zum Vermeiden von Verstopfungen durch Schlacke und Flugasche empfiehlt sich bei hochbelasteten Rosten und bei Staubfeuerungen eine weitere Teilung und ein Auseinanderziehen der zwei oder drei vordersten Siederohrreihen wenigstens am Eintritt der Rauchgase in die Kesselheizfläche, Abb. 375, 380 und 381.

4. Schrägrohrkessel. Bis etwa 1910 hatten in Deutschland fast alle Schrägrohrkessel längsliegende Obertrommeln. Die angekümpelten Hälse der Wasserkammern bzw. der zum Anschluß der Sektionen dienenden Sattelstücke waren an die Obertrommel angenietet, S. 231. Die ohnehin große Starrheit von Wasserkammerkesseln wurde bei Kammern mit Doppelhälsen für Kessel mit zwei Obertrommeln noch erhöht. Man verbindet daher etwa seit 1920 Wasserkammern und Sektionen durch eingewalzte Rohre unmittelbar mit der Obertrommel, wodurch auch Kammerkessel sich für Drücke bis etwa 25 at eignen, wenn die Kammern nicht breiter als 4 bis 5 m sind. Klingenberg hat als einer der ersten (1908) erkannt, daß für öffentliche Elektrizitätswerke Schrägrohrkessel mit Quertrommeln oft geeigneter sind. Bei Quertrommelkesseln genügt bis zu den höchsten Leistungen eine einzige Trommel, die gegen Beheizung einfacher geschützt werden kann als Längstrommeln. Weitere Vorzüge sind der bequemere Einbau des Überhitzers, die einfachere Einmauerung, die kleinere Mantelfläche (wegen der geringeren Wärmeverluste), der Wegfall der Wasserspiegelunterschiede von Kesseln mit mehreren Längstrommeln und ihr bequemer Zusammenbau mit Ekonomiser und Luftvorwärmer. Heute ist der Quertrommel-Sektionalkessel der in Elektrizitätswerken der ganzen Welt am meisten benutzte Dampferzeuger.

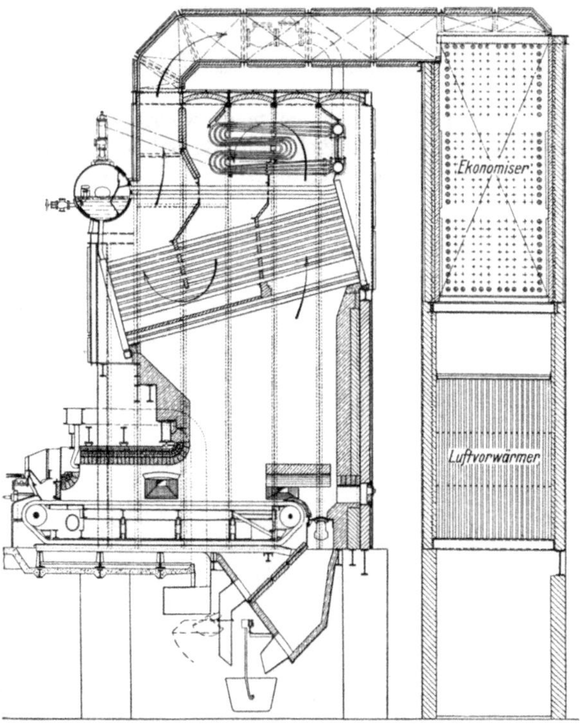

Abb. 389. 21 atü-Sektionalkessel von Babcock a. Wilcox Ltd., London, mit 1060 m² Heizfläche für 34 t/h Leistung und 380° Dampftemperatur im Kearsley-Kraftwerk der Lancashire Electric Power Co., England. Baujahr 1928.

Heizflächen: Überhitzer 510 m², Ekonomiser 770 m², Luftvorwärmer 1060 m², Rostfläche 36 m². Warmlufttemperatur 92°, Speisewasseraufwärmung im Ekonomiser von 93° auf 138°, Abgastemperatur 112°.

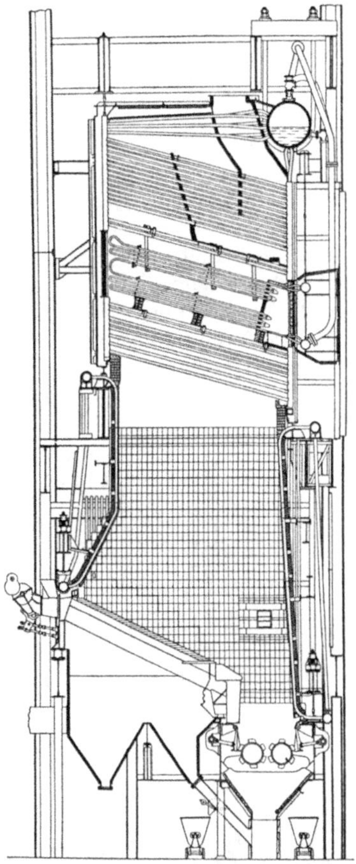

Abb. 390. 43 at-Sektionalkessel von Babcock a. Wilcox, Ltd., London, mit Taylor-Unterschubrost von 70 m² Rostfläche für 140 t/h höchste Dauerleistung im Kraftwerk Battersea der London Power Co. Baujahr 1932.

Heizflächen: Kessel 2450 m², Bailey-Platten 217 m², Überhitzer 1015 m², Ekonomiser 1660 m², Luftvorwärmer 5320 m², Abb. 520. Temperaturen: Dampf 470°, Warmluft 160°, Rauchgase hinter Luftvorwärmer 125°.

Während man anfänglich nicht wagte, die Siederohre hochbelasteter Quertrommelkessel länger als 4,5 bis 5 m zu machen, geht man heute bis zu 7 m, selbst wenn die ganze Rohrlänge dem Feuer ausgesetzt ist, Abb. 387. Bei gleicher Heizfläche wird ein Kessel mit langen Rohren billiger als mit kurzen, da weniger Sektionen und Rohrverschlüsse gebraucht werden. Eine weitere Verbilligung läßt sich durch viele übereinander liegende Rohrreihen erzielen. Der Prozentsatz derartiger Kessel, bei denen die obersten Rohre

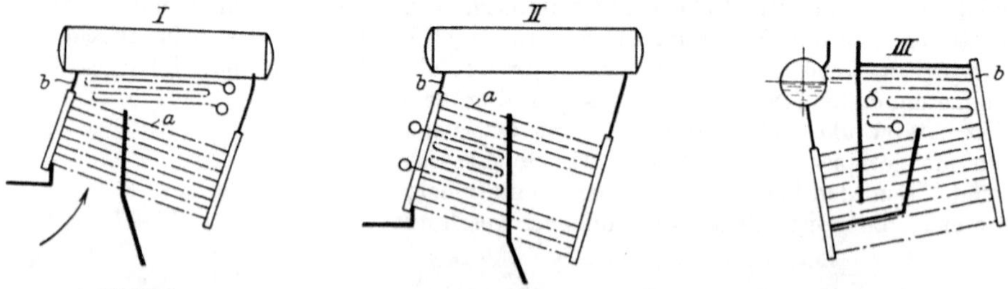

Abb. 391. Abb. 392. Abb. 393.
Abb. 391–393. Verschiedene Einbauarten des Überhitzers in Sektionalkessel.

korrodierten, S. 146, ist so klein, daß kein Anlaß besteht, sie nicht weiter aufzustellen und die Ungewißheiten eines neuen Typs auf sich zu nehmen. Kessel mit 20 übereinander liegenden Rohrreihen sind nicht selten, dagegen dürfte der Einzugkessel in Abb. 388 die Grenze des Zweckmäßigen bereits überschreiten.

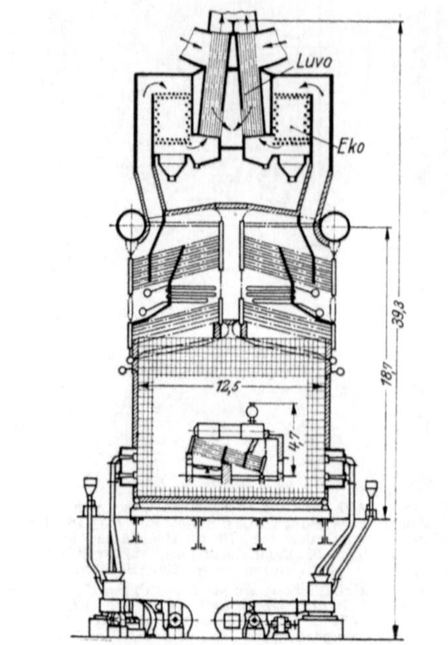

Abb. 394. 360 t/h-Sektional-Doppelenderkessel von 4800 m² Heizfläche mit Kohlenstaubfeuerung, Ekonomiser und Luftvorwärmer der Babcock & Wilcox Co., New York, im Hell Gate Kraftwerk, New York. Baujahr 1929.
Brennkammervolumen 1275 m³.
Zum Vergleich ist der größte B.u.W.-Kessel aus dem Jahre 1876 eingezeichnet.

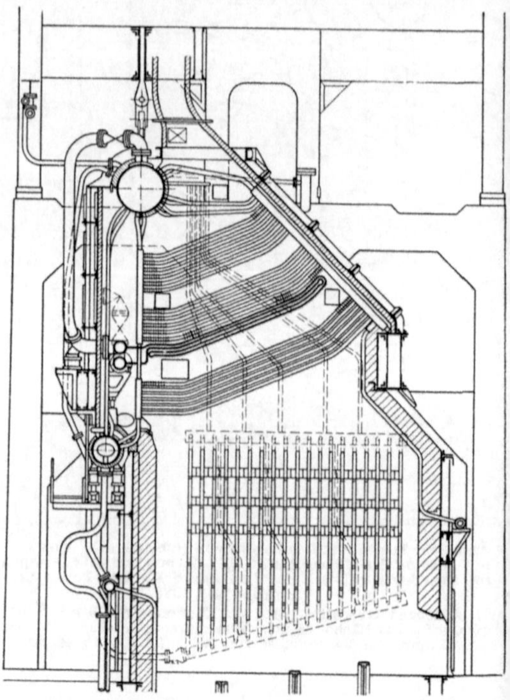

Abb. 395. 30 atü Rauber-Luquet-Einzug-Sektionalkessel mit Unterschubrost für 135 t/h höchste Leistung im Kraftwerk Genevilliers bei Paris. Baujahr 1930.
Kesselheizfläche mit bzw. ohne Rippen 2870 bzw. 1060 m². Überhitzerheizfläche mit bzw. ohne Rippen 620 bzw. 237 m². Durchmesser der glatten bzw. der Rippenrohre 83/94 bzw. 74/82 mm. Zugverlust von Kessel und Überhitzer veranschlagt auf 15 mm W.-S. bei 135 t/h Dampferzeugung

Über eine gewisse Länge der Sektionen geht man schon aus Herstellungsrücksichten nicht gern hinaus. Reicht sie zum Unterbringen der gewünschten Rohrzahl nicht aus, so verbindet man mehrere Sektionen durch Rohrstummel, Abb. 387 und 388.

Unterteilte Sektionen erleichtern den Einbau der Überhitzer, die bis etwa zum Jahre 1920 fast ausschließlich oberhalb des Siederohrbündels zwischen erstem und zweitem

Zuge angeordnet wurden, Abb. 389 und 416. Bei der heutigen hohen Dampftemperatur wird hierbei aber die Heizfläche und der Zugverlust so groß, S. 87 und 88, daß sie jetzt oft zwischen dem unterteilten Siederohrbündel im ersten Zug untergebracht werden **(Zwischendecküberhitzer).** Die günstigste Anordnung auch mit Bezug auf die Verbindung der Überhitzersammler mit dem Kessel ergibt sich nach Abb. 387, 388 und 390, wo die Sammler der Beheizung durch die Rauchgase entzogen und die Einwalzstellen leicht zugänglich sind. Bemerkenswert ist der Unterschied in der Ausführung der Überhitzer, Zugscheidewände und Feuerräume der sich sonst ziemlich ähnlichen Kessel in Abb. 387, 388 und 390.

Der Einbau des Überhitzers beeinflußt auch das Verhalten des Kessels. Bei Abb. 391 kommen an die oberste Siederohrreihe *a* heißere Rauchgase als bei

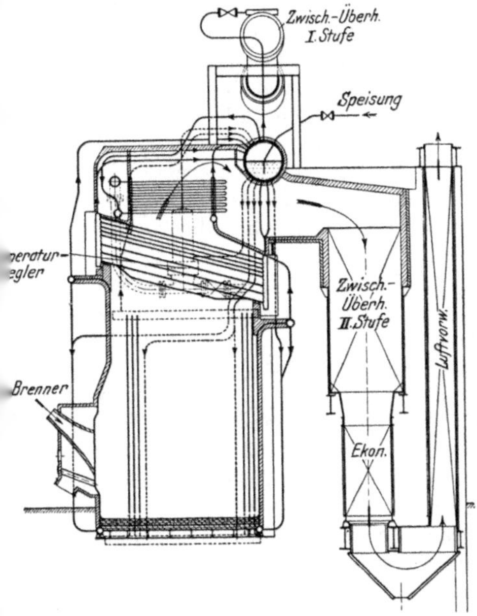

Abb. 396. 100 at-Sektionalkessel mit durch Sattdampf und Rauchgase beheiztem Zwischenüberhitzer, Ekonomiser und Röhrenluftvorwärmer der Babcock & Wilcox Co., New York, im South Amboy-Kraftwerk in New Jersey. Baujahr 1929.

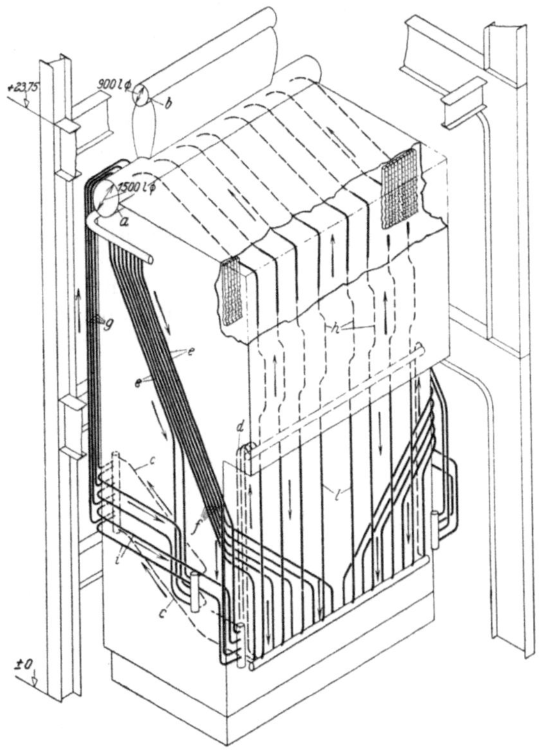

Abb. 397. Dampf- und wasserseitiger Anschluß der Kühlflächen des 2400 m²-Borsigkessels in Abb. 387 an den Kessel. *a* Obertrommel; *b* Dampfsammler; *c* Seitenwandkühlung, Rohre 73,5/83 Durchmesser; *d* Rückwandkühlung, Rohre 73,5/83 Durchm.; *e* Fallrohre für *c*, 116,5/127 Durchm.; *f* Fallrohre für *d*, 116,5/127 Durchm.; *g* Steigrohre für *c*; *h* Steigrohre für *d*; *i* Kurzschlußrohre für *c*; *l* Kurzschlußrohre für *d*.

Abb. 392, bei schlammhaltigem oder hartem bzw. lufthaltigem Wasser ist daher die Gefahr von Durchbrennern und Korrosionen der Rohre *a* in Abb. 391 größer. In Abb. 393 kann das Dampfwassergemisch aus den hinteren Sektionen *b* leichter abströmen als in Abb. 391 und 392, da sich jede Sektion durch mehrere über dem Wasserspiegel ausmündende Rücklaufrohre mit der Obertrommel verbinden läßt, S. 145. Bei gleich vielen übereinander liegenden Rohrreihen ist daher auch die Neigung des Wassers, in den oberen Reihen abwärts zu fließen, in Abb. 393 etwas kleiner.

Wie sich Sektionalkessel als Doppelenderkessel ausbilden lassen, zeigt Abb. 394, die auch wegen des Vergleiches von Raumbedarf und Leistung der größten Babcockkessel aus den Jahren 1929 und 1876 (2,4 t/h Leistung) Interesse verdient.

Je nachdem, ob man die Sektionen schräg, Abb. 389, oder senkrecht, Abb. 388, 390 und 394 anordnet, muß ihre Rückseite glatt sein oder treppenförmige Auspressungen für die Rohrlöcher erhalten. Der äußere Eindruck senkrechter Sektionen ist — wenigstens auf der Zeichnung — oft günstiger. Die etwas teureren Kessel mit senkrechten Sektionen

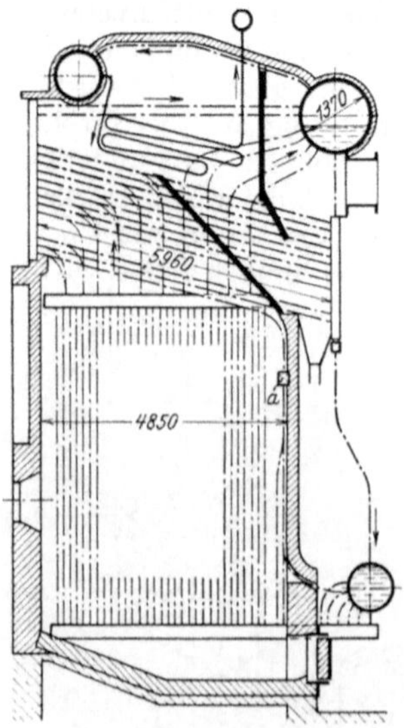

Abb. 398. Sektionalkessel mit Kohlenstaubfeuerung.

brauchen besonders dann nicht immer weniger Platz, wenn Ekonomiser oder Luftvorwärmer hinter dem Kessel sitzen, da dann zwischen hinteren Sektionen und Ekonomiser sowieso Raum gelassen werden muß, damit man an die Siederohrverschlüsse heran kann, Abb. 416. Schräge Sektionen geben bei tiefliegenden Kohlenbunkern, die billiger als hochliegende sind, in zweireihigen Kesselhäusern einen helleren und luftigeren gemeinsamen Heizerstand, dagegen behindern die Tragsäulen der Obertrommeln bei senkrechten Sektionen den Einbau von Kühlflächen in die Brennkammerseitenwände nicht, weil sie in den Ecken des Kesselblockes stehen. Meist ist es aber unerheblich, wie die Sektionen liegen.

Heute haben Schrägrohrkessel wegen des Zugverlustes fast nur noch zwei oder drei Züge. Der in Frankreich beliebte Kessel in Abb. 395, dessen Sektionen zum Erzielen annähernd gleicher Gasgeschwindigkeit schräg zusammenlaufen, hat nur einen Zug. Die zwei bis sechs untersten Siederohrreihen bestehen aus glatten, alle übrigen und der Überhitzer aus Rippenrohren. Da die Sektionen und die Obertrommel ebensoviel kosten wie bei normalen Kesseln, die Rippenrohre aber teurer sind als glatte, ist der Kessel voraussichtlich nicht wesentlich billiger als normale Sektionalkessel. Das Auswechseln der Rohre, durch die man nicht hindurchsehen kann, ist umständlicher als bei normalen Kesseln. Dagegen ist der Zugverlust sehr gering und die Rippen verschmutzen wegen der hohen Gasgeschwindigkeit (10 bis 15 m/s) nicht. Zum Vermeiden von Ansätzen läßt man zwischen den ersten Rohrreihen öfters größere Zwischenräume, Abb. 388, 390, oder biegt jedes zweite Rohr der ersten Reihe nach unten durch, Abb. 396, und macht auch die Rohrteilung größer.

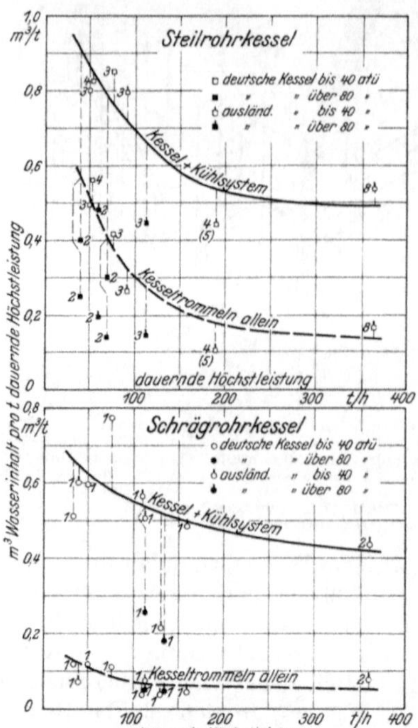

Abb. 399 u. 400. Wasserinhalt je t/h dauernde Höchstleistung von Steilrohr- und Schrägrohrkesseln in Abhängigkeit von der dauernden Höchstleistung. (Die Ziffern neben den Signaturen bedeuten die Zahl der Kesseltrommeln.)

5. Anschluß der Kühlflächen. Über Bemessung und Anordnung der Fall- und Steigrohre der Kühlflächen ist auf S. 147 und 148 Näheres gesagt. Unter ähnlichen Verhältnissen arbeitende Rohre breiter Kühlflächen werden in Gruppen zusammengefaßt und erhalten getrennte Fall- und Steigrohre, Abb. 396 und 397. Kühlflächen mit unübersichtlichem Wasserumlauf schaltet man lieber nicht parallel, damit nicht die eine Kühlfläche der anderen das Wasser wegnimmt. Weite Fallrohre löst man vor dem Anschluß an den Sammelkasten in mehrere, gleichmäßig über seine Länge verteilte engere Rohre auf. Oft übernehmen Siederohre, an die die Rückwandkühlrohre unmittelbar oder über Zwischenstücke angeschlossen werden, die Rolle von Steigrohren, Abb. 375 und 398. Umlenkstücke in der Untertrommel zwischen Kühlrohr und Siederohr erschweren das Befahren der Trommeln und verursachen bei schlechter Montage schwere Umlaufstörungen, Abb. 382.

Von den Untertrommeln mit Wasser versorgte Kühlflächen belasten die Fallrohre von Steilrohrkesseln zusätzlich, die daher entsprechend bemessen werden müssen. Ablaßvorrichtungen sollten nicht in unmittelbarer Nähe der Einwalzstellen von Kühlrohren angebracht oder nur bei ganz schwacher Last betätigt werden, da sie sonst den Wasserumlauf gefährden.

6. Speichervermögen von Wasserrohrkesseln. Das Speichervermögen von Kesseln muß im Zusammenhang mit der Feuerung betrachtet werden. Durch selbsttätige Speise- und Feuerregler, Unterwind und Saugzug wurde die Elastizität der Kessel so verbessert, daß auch Dampferzeuger mit kleinem Wasserinhalt für Werke mit sehr scharfen Spitzen brauchbar sind. Ein gewisser Wasserraum ist aber schon deshalb wertvoll, damit man über unvorhergesehene Zwischenfälle, wie z. B. Speisestörungen, ohne Beunruhigung des Betriebes hinwegkommt. Der Wasserinhalt muß um so größer sein, je träger die Feuerung, je gasärmer die Kohle und je weniger gewandt die Bedienung ist. Im Vergleich zu Großwasserraumkesseln (4 bis 7 m^3 Wasserinhalt je t/h höchste Dampferzeugung) haben Steil- und Schrägrohrkessel sehr kleinen Wasserinhalt (bei Kesseln von 50 t/h Dampferzeugung etwa 0,6 bis 0,9 m^3/t/h, bei 300 t/h Dampferzeugung etwa 0,4 bis 0,5 m^3/t/h, bei einigen Schrägrohrkesseln für hohen Druck 0,2 bis 0,25 m^3/t/h), Abb. 399 und 400. Bemerkenswert ist, daß der Anteil des Wasserinhaltes der Trommeln bei Quertrommel-Sektionalkesseln bzw. Steilrohrkesseln von mehr als 150 t/h Leistung nur etwa 15 bzw.

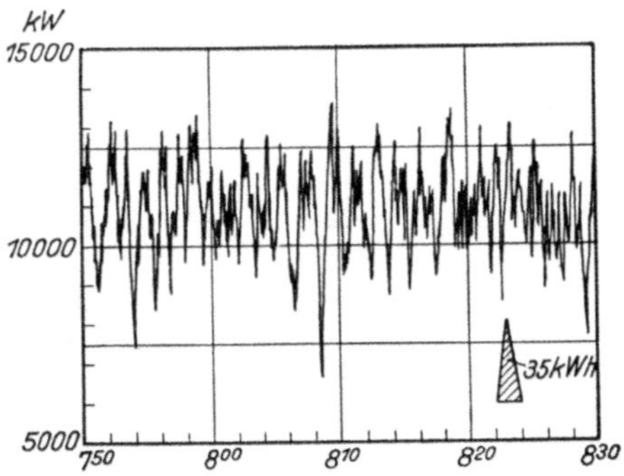

Abb. 401. Momentanwerte der Belastungskurve des Hochbahnkraftwerkes Barmbeck zwischen 7^{50} u. 8^{30}.

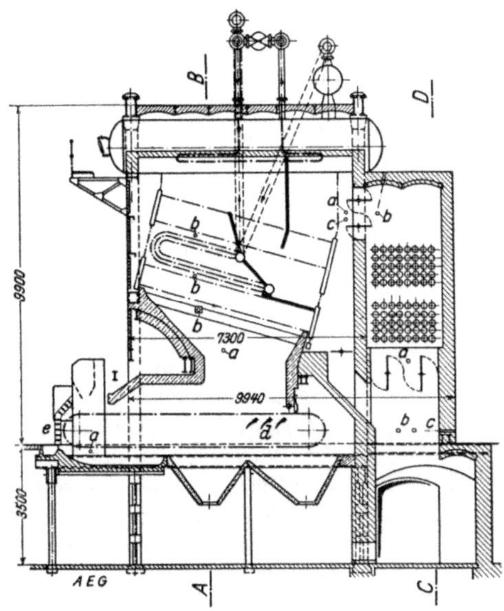

Abb. 402.

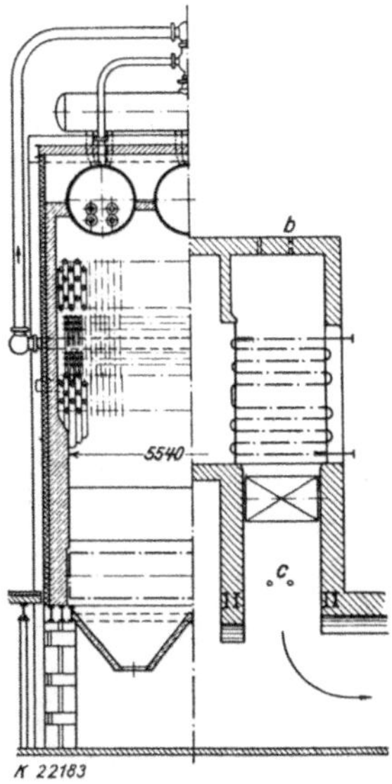

Abb. 403.

Abb. 402 u. 403. 20 at-Sektionalkessel von 624 m^2 Heizfläche mit drei längs liegenden Obertrommeln der Deutschen Babcockwerke für 37 t/h größte Leistung im Kraftwerk Barmbeck der Hamburger Hochbahn A.G. Baujahr 1927.

30 vH des gesamten Wasserinhaltes ausmacht. Zufügen einer weiteren Obertrommel vergrößert also das Speichervermögen nicht viel, weshalb Sektionalkessel mit mehreren Obertrommeln im allgemeinen nur für Werke mit ungewöhnlich scharfen Spitzen Zweck haben. Im Bahnkraftwerk Barmbeck überlagern z. B. sehr kurzzeitige Schwankungen von ± 5000 kW eine mittlere Belastung von nur 11000 kW, weshalb Sektionalkessel mit drei Längstrommeln gewählt wurden, Abb. 402 und 403, von denen ein einziger die größte Momentanspitze von 35 kWh bei nur 0,5 at Druckabsenkung aufnimmt, Abb. 401.

Die tatsächliche Wasserspiegelbelastung von Sektionalkesseln mit einer Quertrommel ist nicht um soviel größer als die von Steilrohrkesseln wie es nach Abb. 404 den Anschein hat, weil im Gegensatz zu den ihr zugrunde liegenden Annahmen etwa 75 vH der erzeugten Dampfmenge allein in der vordersten Obertrommel entbunden werden.

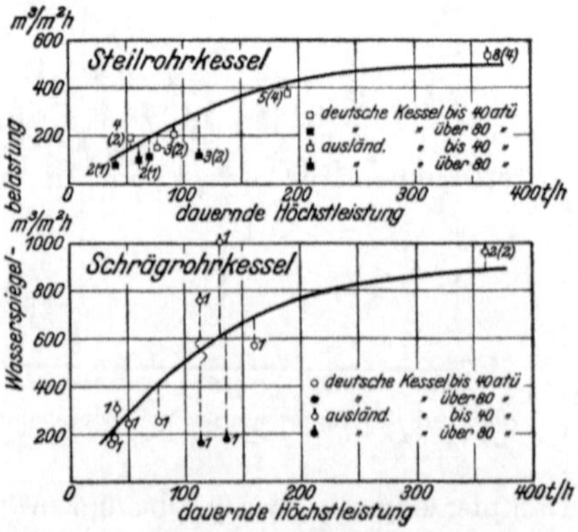

Abb. 404. Wasserspiegelbelastung = stündlich erzeugtes Dampfvolumen bezogen auf gesamte Spiegelfläche aller Obertrommeln in m³/m² h bei der höchsten Kesselleistung. Wasserspiegelunterschiede zwischen den Obertrommeln und stärkere Belastung der vordersten Obertrommel sind nicht berücksichtigt.

Nicht eingeklammerte Ziffern = Zahl sämtlicher Kesseltrommeln; eingeklammerte Ziffern = Zahl der Kesseltrommeln mit Ausdampffläche.

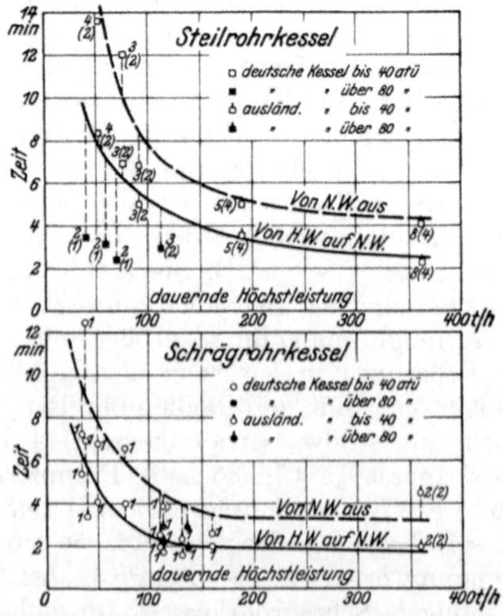

Abb. 405. Zeit in Minuten, die vergeht, bis das Wasser vom höchsten zulässigen Wasserstand (*H.W.*) auf den niedrigsten zulässigen Wasserstand (*N.W.*) bzw. vom niedrigsten zulässigen Wasserstand (*N.W.*) bis zum tiefsten Punkt der Obertrommeln (völlige Entleerung der Obertrommeln) gefallen ist.

Nicht eingeklammerte Ziffern = Zahl sämtlicher Kesseltrommeln, eingeklammerte Ziffern = Zahl der Obertrommeln.

Bei versagender Speisung vergehen bei Sektionalkesseln mit Quertrommeln von 50 bzw. 400 t/h Leistung, etwa 4,8 bzw. 1,8 Minuten, bis das Wasser vom höchstzulässigen auf den niedrigstzulässigsten Wasserstand und weitere 8 bzw. 3 Minuten, bis es von diesem bis auf den tiefsten Punkt der Trommel gefallen ist, Abb. 405. Stand bei Versagen der Speisung der Wasserstand gerade auf seinem niederstzulässigen Wert, so ist bei vollbelasteten Quertrommel-Sektionalkesseln nach 3 bis 4, bei Steilrohrkesseln nach 4 bis 7 Minuten kein Wasser mehr in den Obertrommeln. Da bei vielen Kesseln die Wasserversorgung der Heiz- und Kühlflächen schon wesentlich früher unsicher wird, empfiehlt es sich, die Fallrohre möglichst tief an die Obertrommeln anzuschließen bzw. ein zweites Speisesystem anzuordnen, das bei Absenkung des Wasserstandes unter seine tiefste zulässige Höhe automatisch die Speisung übernimmt.

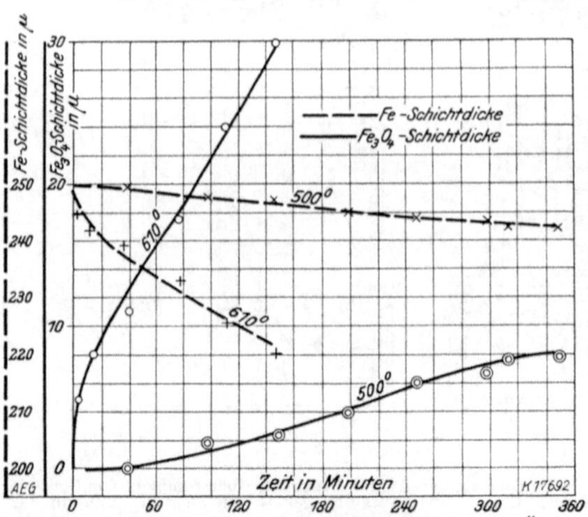

Abb. 406. Abnahme der Wandstärke (Fe-Schichtdicke) von Überhitzerrohren aus SM-Stahl von 40 bis 44 kg/mm² Festigkeit und Zunahme der Oxydschicht (Fe_3O_4-Schichtdicke) bei Durchleiten von überhitztem Wasserdampf und 500 und 610° Wand- bzw. Dampftemperatur nach Versuchen der AEG. (Strömgeschwindigkeit des Dampfes etwa 1 m/s.)

7. Überhitzer für hohe Dampftemperaturen. Die heutigen hohen Dampftemperaturen stellen an die mechanische Festigkeit und an die Widerstandsfähigkeit gegen chemischen Angriff der Innen- und Außenseite von Überhitzerschlangen sehr hohe Anforderungen. Bei inneren Korrosionen handelt es sich um eine Reaktion zwischen Rohrwand und Wasser und nicht um thermische Dissoziation des Wasserdampfes:

$$3\,Fe + 4\,H_2O = Fe_3O_4 + 4\,H_2$$
Eisen + Wasserdampf = Eisenoxyd + Wasserstoff.

Die Reaktion wird mit steigender Temperatur immer heftiger. Versuche der AEG haben nach Erreichen eines annähernd konstanten Verlaufes der Korrosionskurve eine mittlere Reaktionsgeschwindigkeit bei 500° Temperatur von 0,03 μ/min, bei 610° von 0,16 μ/min ergeben, Abb. 406. Bei 600° kann somit 1 mm Rohrwandstärke in 100 Stunden zerstört werden. Bei 500° bildet sich schon nach etwa 6 Stunden eine das Rohr vor weiterer Korrosion schützende Oxydschicht, aber bei 610°, wenn überhaupt, erst viel später. Korrosionen sind also bei 600° viel heftiger als bei 500° und selbst im günstigsten Falle erfolgt ein Schutz gegen weitere Zerstörung erst nach langer Zeit. Bei wesentlichem Überschreiten von 500° kann somit ein SM-Stahlrohr schnell zerstört werden. Es ist anzunehmen, daß im Dampf mitgeführte Alkalien und Chloride die Korrosion durch Wasserdampf erheblich beschleunigen und daß infolge der Temperaturschwankungen der Rauchgase und der Vibration der Überhitzerschlangen die Oxydschicht im Gegensatz zum Laboratoriumsversuch reißt und dadurch weitere Korrosion ermöglicht. Nach F e l l o w s wächst die Angriffsgeschwindigkeit mit steigender Wandtemperatur und fällt mit wachsender Oxydschicht, Abb. 408. Der Druck scheint innerhalb der im Kesselbau üblichen Grenzen keine Rolle zu spielen, Abb. 409; Chromstahl wurde weit weniger angegriffen als gewöhnlicher SM-Stahl, Abb. 407. Bei 4 m/s Dampfgeschwindigkeit war die Korrosion viel schwächer als bei der bei den Versuchen benutzten Geschwindigkeit von 0,13 m/s, bei 15 m/s war überhaupt kein Angriff mehr zu erkennen.

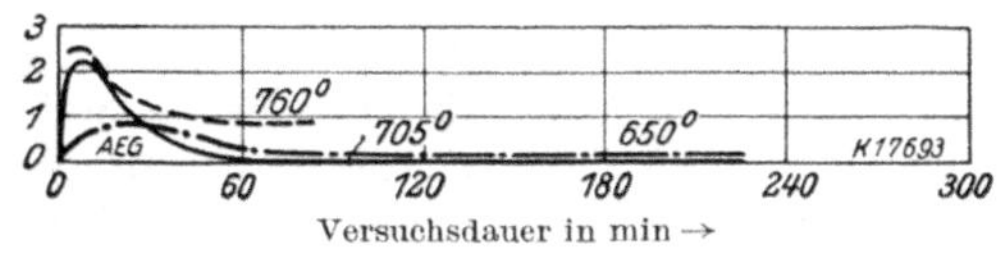

Abb. 407.

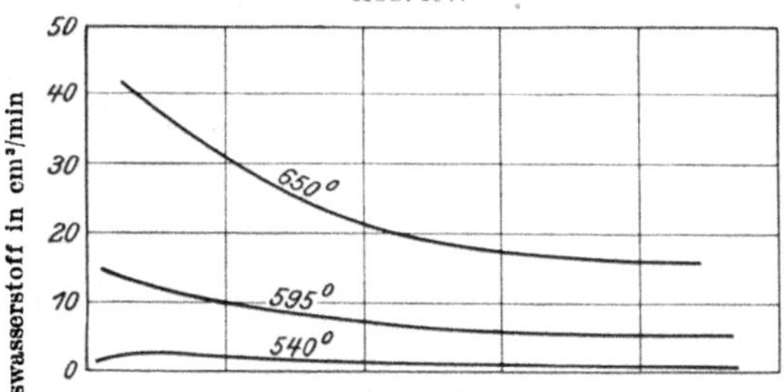

Abb. 408.

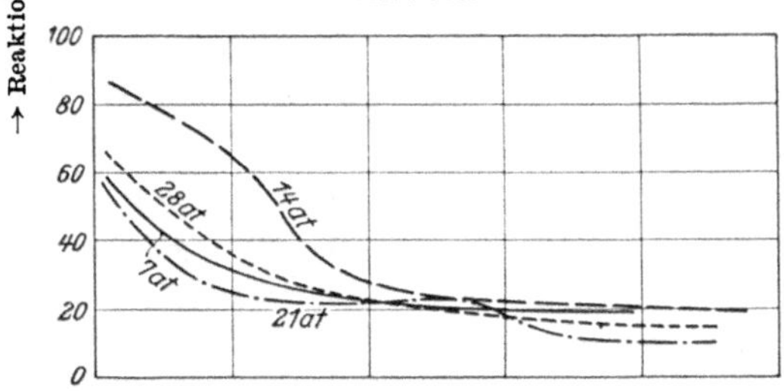

Abb. 409.

Abb. 407—409. Reaktionswasserstoff in cm³/min bei verschiedenen Temperaturen, Drücken und Baustoffen nach Versuchen von F e l l o w s.
Abb. 407. Chromstahlrohre bei 650, 705, 760° und rd. 30 atü.
Abb. 408. SM-Stahlrohre bei 540, 595 und 650° und rd. 30 atü.
Abb. 409. SM-Stahlrohre bei verschiedenen Drücken. Temperatur in der Rohrmitte rd. 650°.

Infolge des Kriechens, S. 48, darf, weil die Außenwandtemperatur hochbelasteter Überhitzerrohre oft 100° über der Dampftemperatur liegt, ihre Beanspruchung bei hoher Dampftemperatur nur einen Bruchteil der bei Raumtemperatur zulässigen betragen. Abb. 410 zeigt z. B. die prozentuale Vergrößerung des äußeren Durchmessers eines Rohres aus einem Strahlungsüberhitzer nach 3250 Betriebsstunden. Infolge der durch die Wirbelung des Dampfes besseren Kühlung sind die Krümmungen weit weniger deformiert als das gerade Rohr. Nach Abb. 411 nimmt das mittlere „Kriechen" sämtlicher Rohre proportional mit der Betriebsdauer zu, Kurve *A*. Kurve *B* zeigt die gemessenen Höchstwerte. Manche Firmen benutzen zur Schonung der heißesten Rohre hohe Dampfgeschwindigkeit oder verwenden nur Gleichstromüberhitzer, Abb. 390.

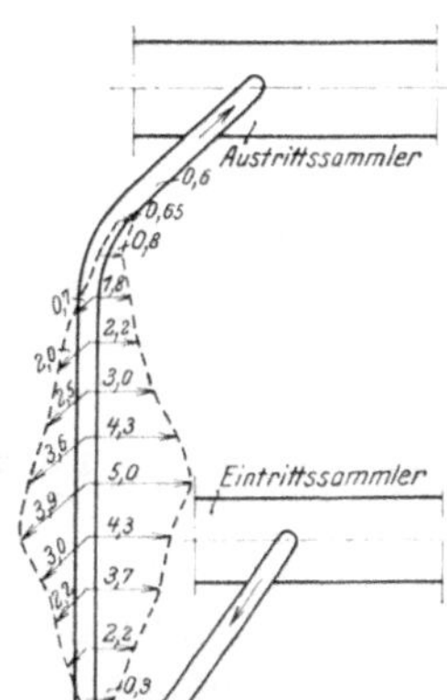

Abb. 410. Prozentuale Vergrößerung des Durchmessers eines 2''-Rohres aus einem Strahlungsüberhitzer durch „Kriechen" nach 3250 Betriebsstunden.

Nach Inbetriebnahme eines Werkes arbeitet manchmal die Speisewasservorwärmung durch Anzapfdampf noch nicht. Dadurch kann die Dampftemperatur erheblich über den zulässigen Wert steigen, S. 229, weshalb Überhitzer leicht abdeckbar sein sollten.

In 60 amerikanischen Kraftwerken lag die während jährlich 100 (natürlich nicht zusammenhängenden) Stunden beobachtete Höchsttemperatur bis zu 67°, im Mittel 23° über der „normalen“ Dampftemperatur, ohne daß sicher ist, ob die höchsten vorkommenden Werte überhaupt erfaßt wurden. Die Kessel- und Turbinenfirmen haben daher Bedenken, für sehr hohe Dampftemperatur uneingeschränkte Gewähr zu übernehmen. Durch automatische Heißdampftemperaturregler läßt sich aber unschwer konstante Überhitzung erzielen.

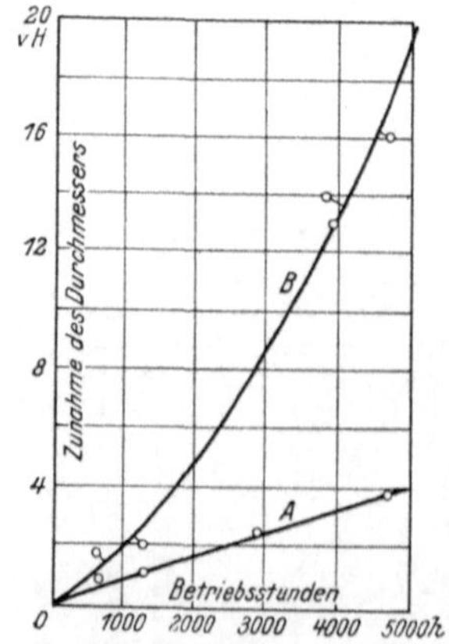

Abb. 411. Prozentuale Vergrößerung des Durchmessers von 2″-Rohren aus einem Strahlungsüberhitzer infolge von „Kriechen“ in Abhängigkeit von der Betriebszeit. *A* durchschnittliche Vergrößerung sämtlicher Rohre, *B* festgestellte Höchstwerte der Vergrößerung.

Sind die Bolzen der Überhitzerverschlüsse nicht genügend kräftig, so längen sie sich unter dem Einfluß ihrer zum Dichthalten erforderlichen Vorspannung schon nach kurzer Zeit so stark, daß die Verschlüsse blasen. Ähnliche Schwierigkeiten treten an den Flanschverbindungen der Dampfleitungen durch Kriechen und durch Überbeanspruchung infolge der Temperaturunterschiede zwischen Schrauben und Rohr während des Anheizens auf.

8. Berührungs- und Strahlungsüberhitzer. Die Überhitzer werden in immer heißere Rauchgastemperaturen (bis zu etwa 1100°) gerückt und haben dadurch mehr und mehr die Eigenschaften von Strahlungsüberhitzern angenommen, die an den Feuerraumwänden untergebracht werden, sehr hohe spezifische Leistung haben, keinen Zugverlust verursachen und den eigentlichen Kessel erheblich vereinfachen. Sie sind, soweit es sich um die Seitenwände des Feuerraumes handelt, einfacher als vom Kesselwasser durchströmte Kühlflächen, weil sie nur eine Leitung zum Verbinden mit dem Kessel benötigen. Werden Strahlungsüberhitzer bei Kesseln mit Kohlenstaubfeuerungen in den Seitenwänden des Feuerraumes untergebracht, so kann durch Regelung der Kohlenzufuhr zu den seitlichen Brennern die Frischdampftemperatur in gewissen Grenzen geregelt werden. Bei hintereinander geschalteten Strahlungs- und Berührungsüberhitzern ist die Überhitzung über einen großen Belastungsbereich fast konstant, Abb. 361. Wegen der geringen Kühlwirkung von Niederdruckdampf sind Strahlungsüberhitzer für Drücke unter 30 at weniger geeignet. Statt der vor etwa 10 Jahren verwendeten Rohre mit aufgeschrumpften Gußeisenhülsen *A* und der später benutzten schweren geschmiedeten Sektionen *B* und *C* in Abb. 412[1] verwendet man jetzt glatte runde Rohre *D* und *E* von 5 bis 10 mm Wandstärke aus Sonderstahl, die entweder dicht nebeneinander unmittelbar auf oder mit großer Teilung (etwa 250 mm) vor der Feuerraumwand angeordnet werden, Abb. 413. Das Anfahren des Kessels ist bei dünnwandigen Rohren schwierig, weil ihre Masse so klein ist und eine Füllung des Überhitzers mit Wasser sich nicht bewährt hat. Im Lakeside-Kraftwerk verkleinert man daher die Kohlenstaubzufuhr unmittelbar nach Zünden der Brenner bis zum Erreichen des vollen Dampfdruckes auf einen solchen Betrag, daß eine Gastemperatur in der Nähe der Elemente von 540° nicht überschritten wird. Die Dampfgeschwindigkeit bei 90 at Druck beträgt 15 bis 45 m/s, die Leistung von 1 m^2 Heizfläche bei 250 mm Abstand der Rohre vom Mauerwerk und 5 bis 7,5 mm Wandstärke 100000 bis 150000 kcal/m^2 h, die Übertemperatur der Außenwand über die Dampftemperatur bei gewöhnlichem Kohlenstoffstahl etwa 125°, bei Chromstahl etwa 140°. 200000 kcal/m^2 h bezogen auf den vollen Rohrumfang gelten zur Zeit als äußerste noch zulässige Belastung. Mehrjährige Erfahrung hat gezeigt, daß die Rohre nach Vergrößern ihres Durchmessers um 29 vH reißen. Man wechselt sie daher nach 20 vH Dehnung entsprechend einer Lebensdauer von 4 bis 5 Jahren aus, die wegen des billigen Preises der Rohre als ausreichend betrachtet wird.

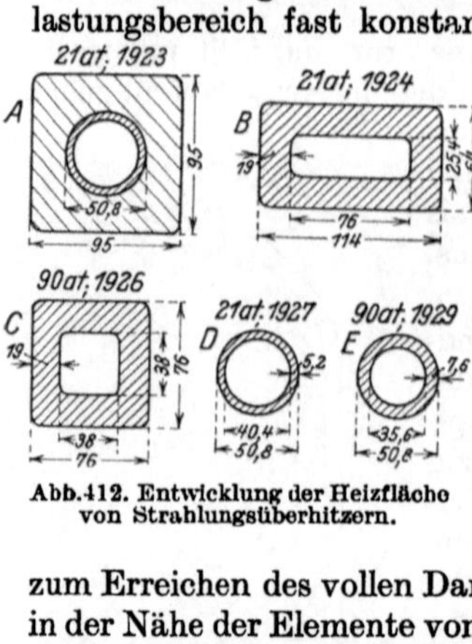

Abb. 412. Entwicklung der Heizfläche von Strahlungsüberhitzern.

[1] Die große Wandstärke verursachte außerordentlich hohe Wärmespannungen, S. 255.

9. Ausführung und Einbau der Überhitzer. Die aus Sonderstahl hergestellten Schlangen für die höchsten Temperaturen sollten leicht auswechselbar sein, S. 241. Die Schlangen werden entweder durch Einwalzen, Verschweißen oder mittels Bund und Konus mit den Sammlern verbunden. Zur Verminderung der Zahl der Verschraubungen werden zuweilen mehrere Schlangen an ein Anschlußstück angeschweißt. Die reichlich bemessenen Befestigungsschrauben sind aus Stahl hoher Warmfestigkeit. Zum Anschweißen der Schlangen an die Sammler werden zuweilen aus der Sammlerwandung kurze Anschlußstummel mit allmählichem Übergang in die Rohrwandstärke herausgearbeitet. Unmittelbares Verschweißen der Schlangen mit der vollen Wandstärke der Sammler empfiehlt sich nicht. Liegen die Sammler nicht im Freien, Abb. 394, 402 und 416, so sollten sie gegen Berührung durch die Rauchgase geschützt werden. Verbindet man Kessel und Eintrittssammler durch zahlreiche Rohre von 70 bis 100 mm Durchmesser miteinander oder walzt man die Überhitzerschlangen unmittelbar in die Kesseltrommel ein, Abb. 398, so fallen ein oder zwei Ventile und recht komplizierte Dampfleitungen weg, ferner wird der Dampfraum der Obertrommel besser ausgenutzt, S. 153, und der Dampf gleichmäßiger auf die Überhitzerschlangen verteilt.

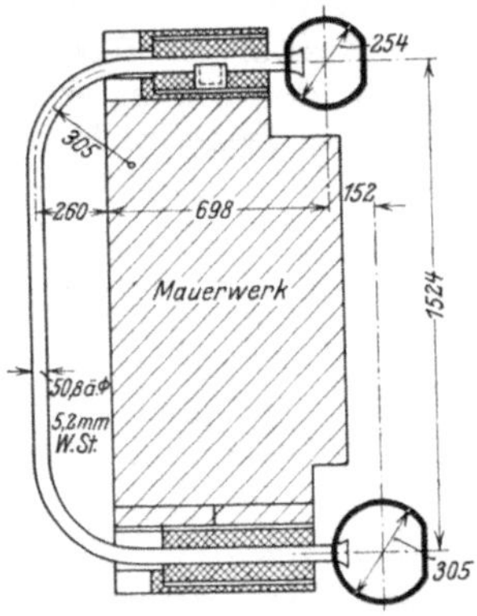

Abb. 413. Strahlungsüberhitzer der Foster Wheeler Corp., New York, aus glatten in 260 mm Abstand vor der Feuerraumwand verlegten 2''-Rohren. Baujahr 1930.

Bei Steilrohrkesseln überwiegen hängende Überhitzer, die zwischen erstem und zweiten Siederohrbündel, Abb. 375, oder zwischen den auseinandergezogenen Rohren desselben Bündels, Abb. 378, oder zwischen je zwei nebeneinander liegenden Siederohrreihen des vordersten Rohrbündels oder hinter Kessel, Abb. 380, 382, eingebaut werden. Über den Überhitzereinbau in Schrägrohrkesseln wurde auf S. 241 berichtet.

Rauchgasklappen zur Regelung der Überhitzung klemmen, verziehen sich und verzundern schnell. Einspritz-Temperaturregler arbeiten gut, doch muß das Wasser rein und luftfrei sein. Manche Werke lehnen sie wegen der Gefahr von Wasserschlägen ab. Oberflächenapparate, in denen einem Zweigstrom des Dampfes ein Teil seiner Überhitzung durch das Kesselwasser entzogen wird, werden am besten zwischen den in zwei Hälften unterteilten Überhitzer geschaltet, damit die Dampftemperatur nirgends die gewünschte Höhe überschreitet, und entweder in eine Obertrommel, Abb. 402 und 403, oder in besondere druckfeste Behälter eingebaut, Abb. 396.

10. Gesamtaufbau und Kesselgerüst. Die Wahl eines bestimmten Kesseltyps hängt auch davon ab, ob mit Rücksicht auf vorteilhaften Gesamtaufbau des Werkes die Rauchgase besser unten oder oben aus dem Kessel abgeführt und wie Ekonomiser und Luftvorwärmer am besten angeordnet werden. Denn immer ist eine möglichst vorteilhafte Gesamtlösung und nicht die Aufstellung eines bestimmten Kessels entscheidend, selbst wenn er an sich anderen vielleicht etwas überlegen oder billiger ist. Ein Mindestmaß an Raumbedarf, Bauhöhe, Mantelfläche und Rauchgaskanälen bei guter Zugänglichkeit aller Teile zeigt Abb. 375 bis 377. Auch der Zusammenbau in Abb. 384 ist sehr gedrängt. Unter dem Kessel auf gleicher Höhe wie der Feuerraum eingebaute Ekonomiser geben gleichfalls einen sehr kompendiösen Kesselblock. Steht zum sorgfältigen Durcharbeiten eines Projektes nicht genügend Zeit zur Verfügung, so sollte man eine tunlichst normale Anordnung wählen, damit mit der Herstellung von Kessel und Zubehör begonnen

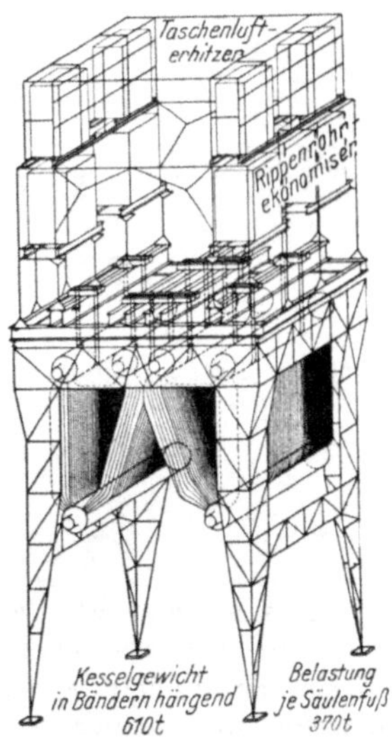

Abb. 414. Gerüst zu einem 42 atü-Hanomag-Kessel von 1985 m² Heizfläche und 110 t/h Dampferzeugung im Werk Oppau der I. G. Farbenindustrie. Baujahr 1925.

werden kann, auch wenn die Zusammenstellungs- und Gebäudezeichnungen noch nicht fertig sind.

Je größer die Kessel sind, um so mehr kommt es auf statisch einwandfreie Kesselgerüste an, die den Kesselkörper tragen und der Einmauerung Halt geben. Gerüste von Kesseln hoher Leistung haben, was nicht immer beachtet wird, die Abmessungen großer Hochbauten, sind aber ungünstiger beansprucht, weil sich einseitige Erwärmung einzelner Träger nicht immer vermeiden läßt, wodurch sie sich ausdehnen und krumm ziehen. Das Kesselgerüst muß daher nicht nur große Kräfte ohne nennenswerte Deformation aufnehmen können, sondern gegen unvermeidliche Wärmedehnungen genügend nachgiebig sein. Abb. 414 zeigt die große Belastung eines bis Oberkante Taschenlufterhitzer 36 m hohen Kesselgerüstes, Abb. 415 die Kühlung der der Erwärmung ausgesetzten Gerüstteile durch Luft und die Vereinigung starrer und beweglicher Knotenpunkte des Kessels in Abb. 375 bis 377. Das Aufhängen der Obertrommeln am Dach des Kesselhauses kommt nur für Großkessel in Frage.

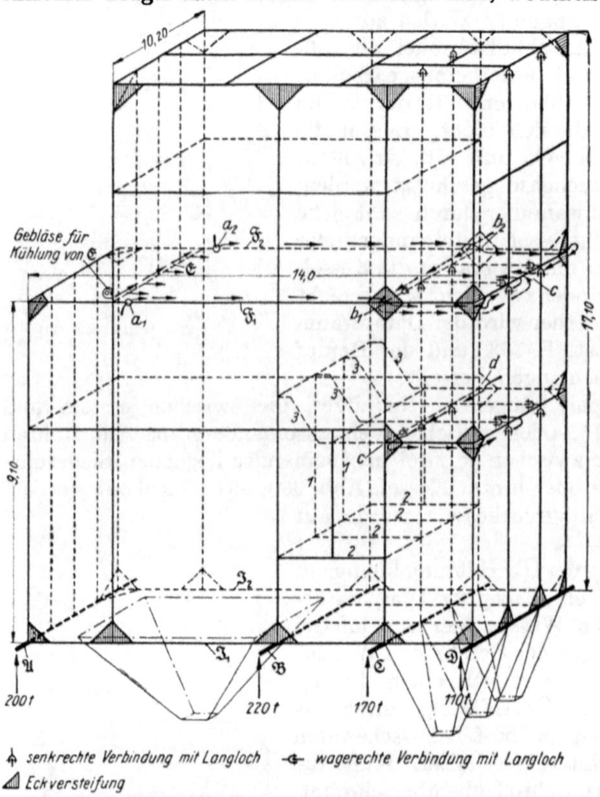

Abb. 415. Gerüst für den Kessel in Abb. 375 bis 377. Baujahr 1925. Entwurf: AEG

𝔄, 𝔅, 𝔈, 𝔇, 𝔍₁, 𝔍₂ Tragrost.

111 Rückwand, 222 Boden, 333 Decke der Warmluftkammer.

a_1, a_2 Eintritt der vom Schornsteinzug angesaugten Kühlluft in die hohlen Träger $\mathfrak{F}_1$, $\mathfrak{F}_2$. b_1, b_2, c, d luftgekühlte Träger. 𝔈 durch besonderen Ventilator gekühlter Träger für Kesselstirnwand und Feuerraumdecke.

11. Ekonomiser. In deutschen Anlagen werden bis zu Kesseldrücken von etwa 45 at wegen ihrer Billigkeit, Zuverlässigkeit und ihrem kleinen Platzbedarf fast nur noch Rippenrohrekonomiser aus Sondergußeisen verwendet. Vorteilhaft ist eine Anordnung, bei der die Umkehrstücke des Ekonomisers an einen Leerfuchs, Abb. 402 und 403, oder an einen Raum stoßen, dessen gegenüberliegende Wand die Sektionen des Kessels bilden, Abb. 416 und 417.

Das Ausland benutzt selbst bei mäßigen Dampfdrücken fast nur Stahlekonomiser mit glatten Rohren oder mit aufgeschrumpften Rippengußkörpern. Die geraden Rohre stählerner Ekonomiser werden durch Umkehrstücke miteinander verbunden und bilden einzelne voneinander getrennte oder lediglich durch einen gemeinsamen Eintritts- und einen gemeinsamen Austrittssammler miteinander verbundene Windungen. Stahlekonomiser sind gegen innere Korrosionen empfindlicher und teurer als gußeiserne Rippenrohrekonomiser, aber auch für höchste Drücke und für Verdampfungsekonomiser geeignet. Sie haben den Vorteil, daß die einzelnen Rohrstücke beliebig lang gemacht werden können, bzw. daß bei fortlaufend gebogenen Rohren nur eine Seite des Ekonomisers zugänglich zu sein braucht. Die Stahlrohre werden mit den Sammlern und Umkehrstücken durch Einwalzen oder durch Flanschen verbunden. Ekonomiser sollten vom Wasser von unten nach oben durchströmt werden. Bei Kesseln mit Ekonomisern und hoher Luftvorwärmung ist bei durch Anzapfdampf auf 120 bis 200⁰ vorgewärmtem

Speisewasser die Spanne zwischen Sättigungstemperatur und der Temperatur, mit der Wasser aus dem Ekonomiser austritt, schon bei normaler Belastung und vorschriftsgemäßer Feuerführung klein. Da sich daher bei Bedienungsfehlern oder Schwachlast leicht Dampf im Ekonomiser bildet, lag es nahe, ihn so zu bauen, daß dies nichts schadet. **Verdampfungsekonomiser** (steaming economiser) wirken teils als Vorwärmer, teils als Verdampfer. Damit der Dampf ungehindert abströmen und der Kessel bei einem Ekonomiserschaden nicht leerlaufen kann, münden die einzelnen Ekonomiserschlangen über dem Wasserspiegel in die Kesseltrommel, Abb. 468. Durch eine absperrbare Leitung kann Kesselwasser dem Eintrittskasten des Ekonomisers oder seines heißesten Teiles zuströmen, damit bei Schwachlast oder Leerlauf sich ein Wasserumlauf einstellt und das verdampfte Wasser ersetzt wird.

Auf Rauchgasumführungskanäle wird vielfach verzichtet, weil Ekonomiser heute ebenso betriebssicher wie Kessel sind und weil die meist undichten Absperrklappen dauernde Wärmeverluste verursachen.

Bei Kesseln für Spitzenwerke, die schnell auf Druck kommen müssen und nur kurz in Betrieb sind, sollte der Ekonomiser klein sein, damit er beim Anheizen nicht kocht. Feuerraumkühlflächen empfehlen sich bei ihnen oft nicht, weil die Kohle bei Schwachlast weniger gut zündet und weil infolge des größeren durch die Kühlflächen und ihre Steig- und Falleitungen manchmal verursachten „Wasserwertes“ des Kessels die Anheizzeit verlängert wird, Abb. 418 und 419.

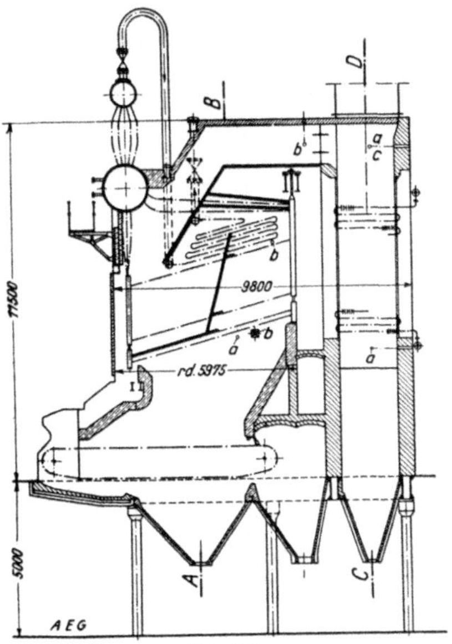

Abb. 416.

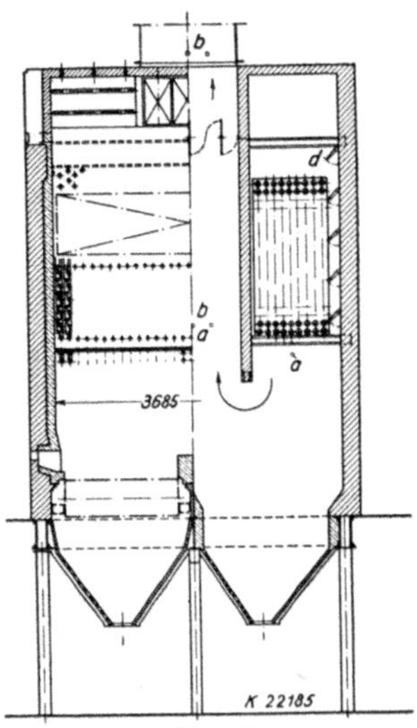

Abb. 417.

Abb. 416 u. 417. 30 atü-Rota-Sektionalkessel von 900 m² Heizfläche für 47 t/h größte Leistung und 410° Dampftemperatur mit gußeisernem Rippenrohrekonomiser im Kraftwerk Schulau der E.W. Unterelbe A.G. Baujahr 1927.

12. Luftvorwärmer. In Deutschland überwiegen Plattenvorwärmer, in Amerika halten sich Platten- und Röhrenvorwärmer etwa die Waage, in England scheinen Ljungström- und Röhrenvorwärmer etwa gleich beliebt zu sein. Taschen- und Röhrenvorwärmer werden in zahlreichen Varianten gebaut, die sich oft nur durch konstruktive Einzelheiten unterscheiden, und müssen praktisch gasdicht sein. Die Länge einer Tasche beträgt bis zu 5500 mm, ihre Breite bis 2500 mm. Bei hoher Luftvorwärmung werden die Taschen aus legiertem Stahlblech angefertigt. Seit einiger Zeit werden auch aus gußeisernen Elementen bestehende Luftvorwärmer gebaut. Bei deutschen Röhrenvorwärmern strömen die Rauchgase meist um, bei amerikanischen und englischen fast immer durch die Rohre. Bei Luftvorwärmern mit sehr langen (bis 10 m) von den Gasen durchströmten Rohren wird die Gesamtanordnung einfach und der Platzbedarf klein, weil sie seitlich nicht zugänglich zu sein brauchen, Abb. 515, 516, 519 und 520.

Beim Ljungströmvorwärmer übertragen rotierende Blechpakete die abwechselnd von beiden Medien bespült werden, die Wärme der Rauchgase an die Luft. Schadhafte „Heizfläche“ kann leicht ausgewechselt und der Apparat bequem der gewünschten Warmlufttemperatur angepaßt werden. Die Undichtigkeitsverluste moderner Ljungströmvorwärmer sind mindestens bei den üblichen Druckunterschieden zwischen Rauchgas- und Luftseite gering. Ihr rotierender Antrieb ist weniger wegen der verbrauchten Energie als deshalb unerwünscht, weil er ein neues Wartung verlangendes Glied ins Kraftwerk bringt. Ihre weite Verbreitung zeigt aber ihre hohe Betriebssicherheit. Bei der Wahl von Luftvorwärmern wird nicht immer beachtet, welche Bauart die preiswerteste und vorteilhafteste Gesamtanlage gibt. Wenngleich sich eine grundsätzliche Angabe hierüber

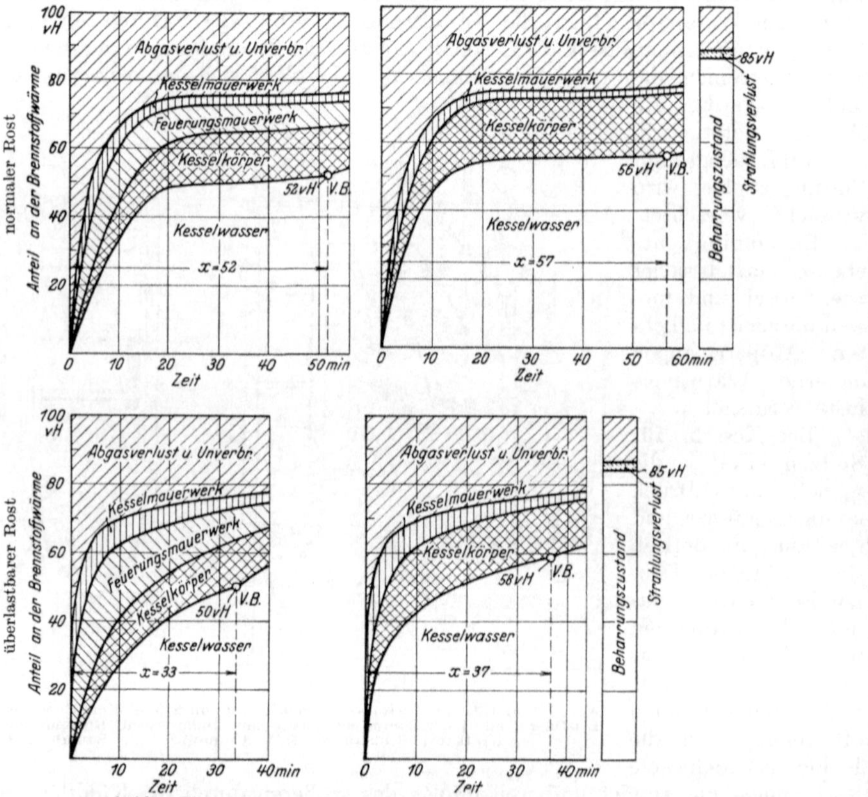

ungekühlter Feuerraum
Abb. 418.

gekühlter Feuerraum
Abb. 419.

Abb. 418 u. 419. Verteilung der einem 36 at-Sektionalkessel von 800 m² Heizfläche während des Anheizens aus kaltem Zustand zugeführten Wärme bei normalem und hoch überlastbarem Rost, ungekühltem und allseitig gekühltem Feuerraum. (Die schmalen Felder an der rechten Seite geben die Wärmeverteilung im Dauerbetrieb, die Werte x die Zeit in min bis zum Erreichen des vollen Druckes an.)

nicht machen läßt, so kann man doch auf Grund der verschiedenen Konstruktionsmerkmale gewisse Richtlinien aufstellen. Hinter oder an den Seitenwänden von Taschenvorwärmern braucht man Raum zum Auswechseln schadhafter Taschen, unter oder über Röhrenluftvorwärmern ist hierzu viel Höhe nötig, Abb. 516 und 520, während man bei Ljungströmvorwärmern mit wenig Platz über dem Apparat auskommt. Andererseits bedingen Ljungströmvorwärmer wieder Rücksichten, die bei anderen Systemen nicht beachtet zu werden brauchen. Es gibt daher Fälle, wo Oberflächen- oder Ljungströmvorwärmer unbedingt den Vorzug verdienen, selbst wenn der Preis des einen oder anderen Systemes in dem betreffenden Fall teurer als der des konkurrierenden ist. Dadurch, daß bei Ljungströmvorwärmern die aus einem großen Querschnitt kommenden Rauchgase in einen erheblich kleineren Querschnitt zusammengezogen werden müssen, wird unter Umständen die gleichmäßige Bespülung der vorgeschalteten Heizfläche beeinträchtigt, aber auch dieser Einfluß ist selten so stark, daß er bei der Wahl eines Systems entscheidend ins Gewicht fällt.

Die Bedeutung von Luftvorwärmern geht über die eines bequemen billigen Mittels zur Ausnutzung der Abgaswärme weit hinaus, da ohne sie der Vorteil hoher Dampfdrücke bzw. hoher Speisewasservorwärmung durch Anzapfdampf nur mangelhaft ausgenutzt werden könnte. Die teuere Apparatur für Vorwärmung durch Anzapfdampf aus der Turbine rentiert sich natürlich nur, wenn der Wirkungsgrad der Kesselanlage durch die Dampfvorwärmung nicht merklich zurückgeht oder wenn die benötigten rauchgasberührten Heizflächen zum Erzielen desselben Wirkungsgrades wie mit kaltem Speisewasser nicht wesentlich vergrößert zu werden brauchen. Da in vielen Kraftwerken bei Speisewasser von 40 bis 60° Abgastemperaturen von 140 bis 160° noch wirtschaftlich sind, findet übrigens die Möglichkeit, eine Einbuße an Kesselwirkungsgrad bei durch Anzapfdampf vorgewärmtem Speisewasser durch größere Ekonomiser zu vermeiden, sehr bald eine Grenze. Nach Abb. 420 geht z. B. bei 35 t/h Dampferzeugung der Kesselwirkungsgrad von 87,9 auf 84,7 vH, d. h. um 3,6 vH zurück, wenn das Speisewasser 150 statt 50° warm ist. Da aber diese Vorwärmung nach Abb. 51 den Wärmeverbrauch der Turbinen um etwa 5,5 vH erniedrigt, verbliebe, wenn man den Ekonomiser ebenso groß wie bei Wasser von 50° machen würde, nur ein Gewinn von 1,9 vH, den die Kapitalkosten der Vorwärmanlage aufzehren. Die Verhältnisse sind weit günstiger, wenn hinter den Ekonomiser ein Luftvorwärmer geschaltet wird, da der Ekonomiser in eine heißere Rauchgaszone rückt und die höhere Eintrittstemperatur des Speisewassers infolge der höheren mittleren Rauchgastemperatur im Ekonomiser den Kesselwirkungsgrad nur wenig beeinflußt. Deshalb ist auch die Entwicklung von Rosten, die ähnlich hohe Lufttemperaturen wie Kohlenstaubfeuerungen vertragen, so wichtig.

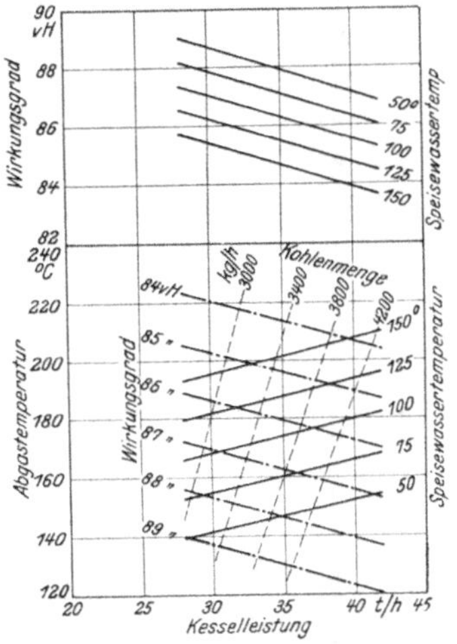

Abb. 420. Abgastemperatur und Wirkungsgrad eines Kessels mit Ekonomiser ohne Luftvorwärmer bei verschiedener Speisewassertemperatur.

Heizfläche:
Kessel . . . . . 900 m²
Ekonomiser . . 1620 m²
Rostfläche . . . . . 36 m²
Dampfdruck . . . . 27 atü
Dampftemperatur . 400°

CO_2-Gehalt Kesselende:
Normallast 11,5 vH, Höchstlast 12 vH

CO_2-Gehalt Ekonomiserende:
Normallast 10,6 vH, Höchstlast 11,1 vH.

13. Einlaufzeit und Betriebssicherheit von Kesselanlagen. Kessel können nicht auf dem Versuchsfeld der Fabrik ausprobiert werden. Außerdem liegt bei Kesseln fast jeder Fall anders, sei es was den Brennstoff oder die verlangte Überhitzung oder einen der zahlreichen anderen, Bemessung und Konstruktion beeinflussenden Punkte betrifft. Örtliche Verhältnisse verlangen vielfach erhebliche Abweichungen von erprobten Ausführungen und bis vor kurzem konnten Kessel einigermaßen zuverlässig nicht berechnet werden. Außerdem sind selbst Kohlen derselben Grube nicht selten sehr verschieden und dieselben Kohlen verhalten sich je nach Feuerraumtemperatur und -gestaltung, Rostsystem usw. oft ganz anders. Auch bei sorgfältiger Konstruktion und Bemessung vergeht daher zuweilen beträchtliche Zeit, bis eine Kesselanlage tadellos arbeitet. Änderungen nach Inbetriebnahme eines Kessels werden besonders dann nötig, wenn errechnete und tatsächliche Temperaturen nicht miteinander übereinstimmen, der Zugverlust zu groß ist oder anderes mehr. Man sollte daher schon beim Entwurf auf einfache Abänderungsmöglichkeit achten, S. 120, und z. B. die Heizflächen lieber zu reichlich als zu knapp bemessen, da es fast stets billiger ist, ein Zuviel als ein Zuwenig auszugleichen.

Dazu kommt, daß fehlerhafte Stellen der Baustoffe, wie Risse oder Doppelungen der Siederohre, nicht immer bemerkt werden. Die Untersuchungsmethoden werden zwar immer vollkommener und der Prozentsatz fehlerhafter Bauteile immer kleiner. Man kommt aber schließlich an einen Punkt, wo es auch vom geldlichen Standpunkt aus zweifelhaft ist, ob eine noch weitere Verfeinerung der Abnahmeverfahren oder ein gelegentlicher Mangel am fertigen Kessel das kleinere Übel ist. Menschliche Unvollkommenheit setzt eben auch im Kesselbau gewisse Grenzen und ein Übermaß an Kontrollen und Sicherheiten geht schließlich an sich selbst zugrunde.

Eines der Hauptsorgenkinder während der ersten Betriebszeit sind Rohrreißer infolge von Materialfehlern. Da große Kessel 1000 bis 2000 Siederohre haben, kann man die Scherereien ermessen, die schon 0,5 vH fehlerhafte Rohre verursachen, wenn sie zu verschiedener Zeit platzen.

Nach Abb. 421 traten an einem mit chemisch gereinigtem Wasser (Kalk-Soda-Verfahren) von rd. 200 mg/l Rückstand gespeisten 42 at-Steilrohrkessel von 110 t/h Dampferzeugung während der ersten $3^1/_2$ Betriebsjahre 5mal durch Platzen von Granulierrost- und Wandkühlrohren, 4mal durch Platzen von Überhitzerschlangen und 3mal durch versagende Siederohre Anstände auf. Durch allmähliches Ausscheiden fehlerhafter und Umbau unzweckmäßiger Teile stiegen die jährlichen Betriebsstunden von 5400 im ersten auf 6900 im dritten Jahre, für die Zukunft rechnet man mit 7800 bis 8000 Stunden. In amerikanischen Kraftwerken wurden mit destilliertem Speisewasser Betriebszeiten von über 8760 Stunden ohne innere Reinigung erreicht, doch legen sie den Hauptwert mehr auf unbedingte Zuverlässigkeit eines Kessels während der drei wichtigsten Wintermonate als auf sehr lange Betriebsperioden.

Abb. 422 zeigt Zahl und Art der an zwei Gruppen von je vier Kesseln nach Abb. 375 bis 377 in 5jährigem Betriebe aufgetretenen Schäden, die außerhalb der planmäßigen

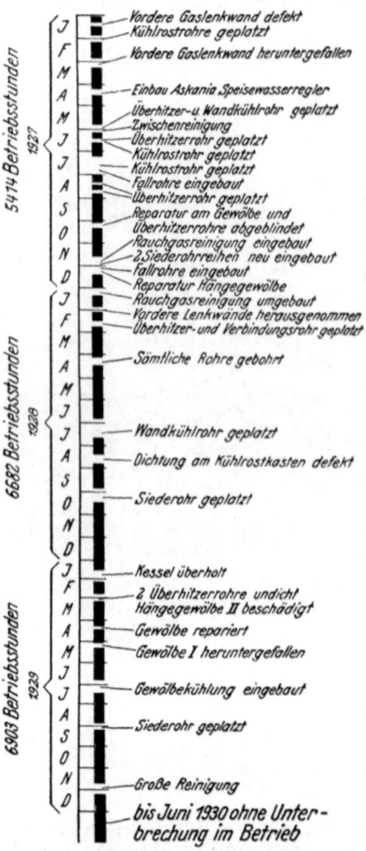

Abb. 421. Verhalten eines 42 at-Doppelender-Steilrohrkessels von 1985 m² Heizfläche nach Abb. 414 mit Kohlenstaubfeuerung für 110 t/h Dampferzeugung während der ersten $3^1/_2$ Betriebsjahre. Nach Pfleiderer. Baujahr 1925.

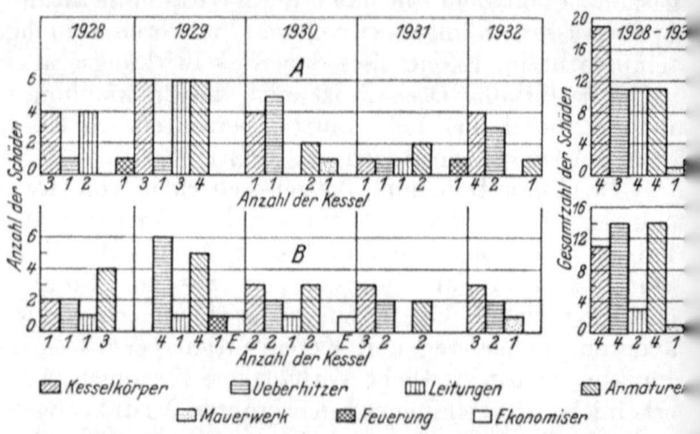

Abb. 422. Zahl der außerhalb der planmäßigen Überholungen auftretenden, z einem Stillstand von 3 bis 10 Tagen zwingenden Schäden an acht Steilroh kesseln mit Kohlenstaubfeuerungen nach Abb. 375 bis 377. Nach Ellric A = 4 Kessel mit stark gekühlter Brennkammer; B = 4 Kessel mit schwach g kühlter Brennkammer. Die Zahlen am Fuße der Balken geben an, wievi der vier zu einer Gruppe gehörenden Kessel an den Schäden beteiligt sin

Überholungen zu 3 bis 10tägigem Stillstand zwangen. Die Schäden an den Kesselkörper waren vorzugsweise Rohrreißer. Bemerkenswert ist, daß im Gegensatz zu den weite unten erwähnten amerikanischen Feststellungen an den Luftvorwärmern überhaupt kei Schaden vorkam. In Wirklichkeit war aber die Bereitschaftszeit der vier zu Gruppe A ge hörenden Kessel, die ebenso wie die vier Kessel in Gruppe B gebaut sind, aber weit größer Feuerraumkühlflächen haben, wesentlich größer, da bei ihnen infolge der geringeren Mauer werksreparaturen in der Brennkammer die Zeit zwischen zwei Überholungen bzw. äußere Reinigungen etwa 3150 gegen nur 1760 Stunden bei den Kesseln B betrug.

Nach 3jährigen Erhebungen von Hirshfeld und Morgan an 244 über gan Amerika verteilten Dampferzeugern von mehr als 14 at Druck und mehr als 1000 m² Heiz fläche sind Kessel für Drücke von 28 bis 35 at mit Rosten während 77 vH, mit Staub feuerungen während 90 vH des ganzen Jahres nicht schadhaft. Zieht man sämtlich

Kessel mit Drücken über 14 at in Betracht, so lauten die entsprechenden Zahlen 83 bzw. 87 vH. Staubfeuerungen sind daher betriebssicherer als Roste und fast so zuverlässig wie Turbinen, die weniger als 7 Jahre im Betriebe sind und für die eine Bereitschaftszeit von 92 vH des ganzen Jahres angegeben wird. Ferner hat sich gezeigt, daß

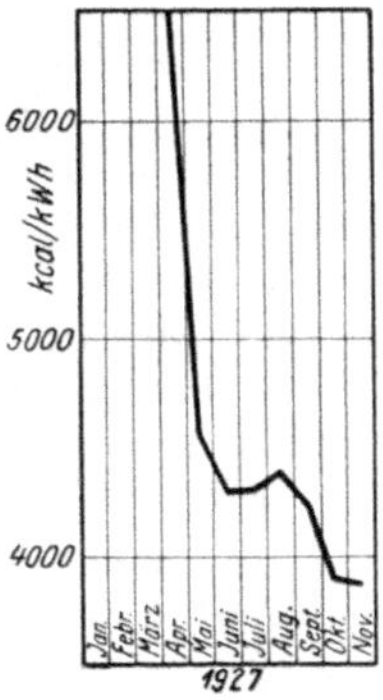

Abb. 423. Wärmeverbrauch je erzeugte kWh in Großkraftwerk Klingenberg während der ersten acht Betriebsmonate. Nach Rehmer.

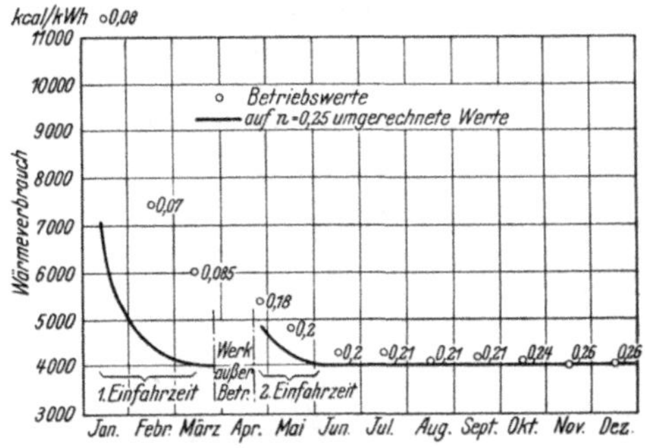

Abb. 424. Wärmeverbrauch je erzeugte kWh in Kraftwerk Schulau während des ersten Betriebsjahres. (Auf denselben Ausnutzungsfaktor $n = 0,25$ umgerechnet.)

große Kessel mehr ununterbrochene Betriebsstunden erreichen als kleine, offenbar weil sie sorgfältiger hergestellt werden, vielleicht auch, weil große Kraftwerke geschulteres Personal haben. Eine Abhängigkeit der Bereitschaftszeit von der Heizflächen- und

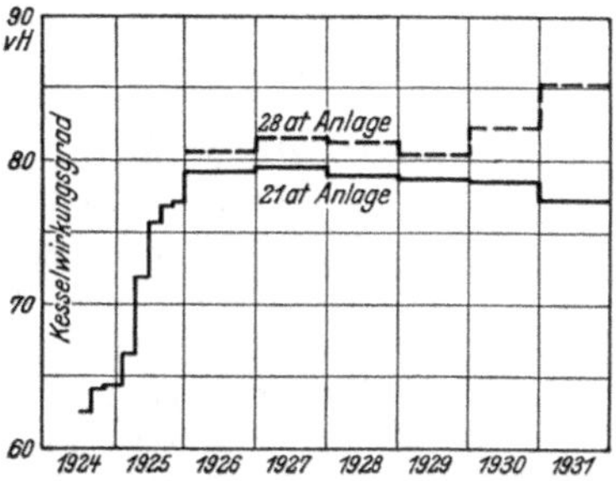

Abb. 425. Kesselwirkungsgrad der älteren (21 at und 150 t/h-Kessel) und der neueren Kesselanlage (28 at und 210 t/h-Kessel) von Hudson Avenue-Kraftwerk in Brooklyn bei New York, siehe auch Abb. 426. Baujahr 1924—1932.

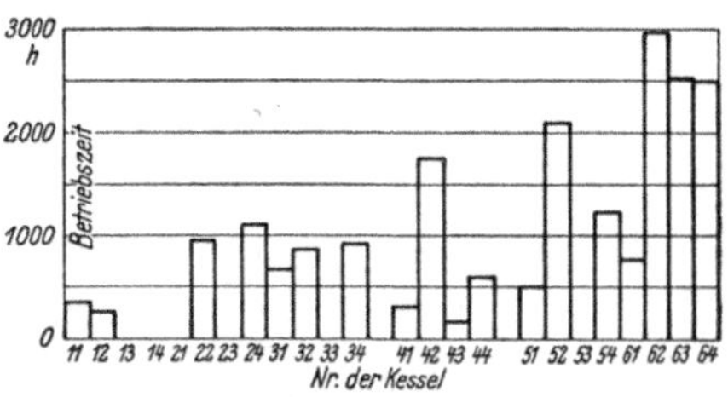

Abb. 426. Betriebszeit zwischen zwei Kesselreinigungen in Hudson Avenue-Kraftwerk in Abhängigkeit von der Zeit, zu welcher die Kessel in Betrieb kamen, siehe auch Abb. 425. Die Kessel sind in der Reihenfolge, in der sie aufgestellt wurden, numeriert.

Feuerraumbelastung war nicht feststellbar, auch Brennstoff und Kesseldruck scheinen nur wenig Einfluß zu haben, dagegen verringern Luftvorwärmer die Bereitschaftszahl. Die Feststellungen zeigen, wie falsch die Ansicht ist, als ob hoher Kesseldruck oder hohe Heizflächenbelastung die Betriebssicherheit verkleinern. Bezogen auf 1000 t verdampftes Wasser wurden an 43 amerikanischen Kesseln für die Beseitigung von Schäden während der Zeit, während welcher die Kessel außer Betrieb sind, die in Zahlentafel 33 angegebenen, die Überlegenheit großer Kessel bestätigenden Arbeitsstunden festgestellt.

Zahlentafel 33. Auf 1000 t verdampftes Wasser zur Beseitigung von Schäden erforderliche Zeit.

Dauernd zulässige höchste Kesselleistung	Erforderliche Arbeiterstunden
t/h	h
130	5,3
100	5,5
50	11,0
40	18,0

Die Betriebsunterbrechungen durch schadhafte oder mangelhaft bediente oder schlecht belastete Kessel äußern sich auch im Wärmeverbrauch je kWh, Abb. 423 und 424. Das Erlernen der richtigen Fahrweise großer Roste (Unterschubroste) dauert oft viele Monate, Abb. 425. Der spätere Abfall der Wirkungsgradkurve in Abb. 425 rührt davon her, daß mehr Kessel in Bereitschaft gehalten wurden. Die starke Zunahme der zwischen zwei Kesselreinigungen möglichen Betriebszeit in Abb. 426 ist nach B. Houghton großenteils darauf zurückzuführen, daß man im Laufe der Jahre lernte, die Unterschubroste so zu fahren, daß keine geschmolzene Schlacke mehr von den Rauchgasen mitgerissen wurde und die Kesselzüge verstopfte. Man kann annehmen, daß je nach Größe und Charakter eines Kraftwerkes 1 bis 3 Jahre vergehen, bevor es seinen möglichen Mindestwärmeverbrauch erreicht hat.

Der rascheste und billigste Weg zum beseitigen der Kinderkrankheiten ist verständnisvolle Zusammenarbeit mit dem Kesselhersteller und eigenes Handanlegen. Die Diskussion über die „Schuld" hat Zeit, bis die Anlage gut arbeitet. Die Leistungen des amerikanischen Dampfkesselbaues sind nicht zuletzt in der Unterstützung begründet, die er in dieser Beziehung bei den Besitzern großer Kesselanlagen gefunden hat. Häufen sich aber in einem Kraftwerk Anstände an Kesseln, die sich in zahlreichen anderen Anlagen bewährt haben, so sollte man auch die Eignung des Bedienungspersonals sorgsam prüfen, denn ein tüchtiger Kraftwerksleiter wird auch Schwierigkeiten, die in manchem Werk eine Quelle unaufhörlichen Ärgers sind, nicht selten spielend überwinden.

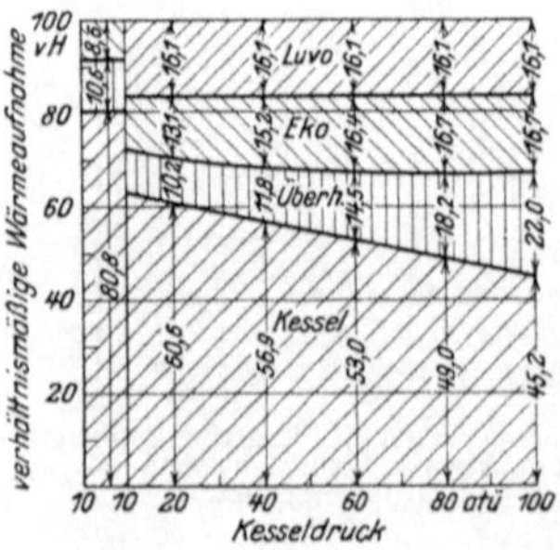

Abb. 427.

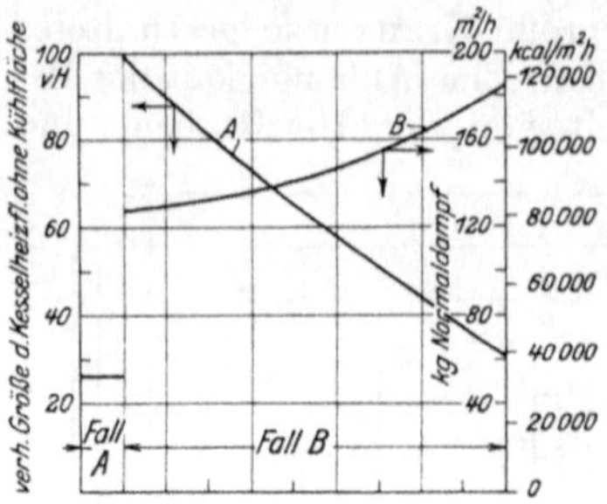

Abb. 428.

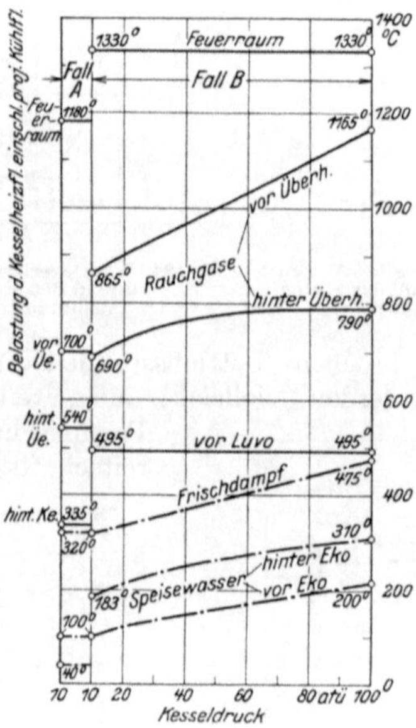

Abb. 429.

Abb. 427–429. Hauptwerte von Kesseln ohne Nachheizfläche mit gleichem Wirkungsgrad und gleicher Dampferzeugung bei verschiedenen Kesseldrücken. (Der Überhitzer sitzt hinter der Kesselheizfläche).

Fall		A	B
Kesseldruck	atü	10	10–100
Temperaturen:			
Überhitzter Dampf	°	320	320–475
Speisewasser vor Ekonomiser	°	40	100–220
Speisewasser nach Ekonomiser	°	100	183–310
Verbrennungsluft	°	20	350
Rauchgase im Fuchs	°	200	200
Unterer Heizwert der Kohle	kcal/kg	6500	6500
CO_2-Gehalt der Rauchgase	vH	13	13
Rauchgasgeschwindigkeit im Kessel	m/s	8	8
Feuerraumbelastung	kcal/m³ h	200000	200000

B. Höchstdruck- und Sonderkessel.

1. Wärmetechnische Grundlagen.

Kessel von mehr als etwa 50 at Konzessionsdruck werden vielfach mit dem Sammelbegriff **Höchstdruckkessel** bezeichnet, den seiner Kürze wegen auch dieses Buch benutzt. Drücke von 50 bis 70 at spielen in Elektrizitätswerken noch kaum eine Rolle, weil man sich vor der hohen Frischdampftemperatur scheut, die bei Kondensationsturbinen ohne Zwischenüberhitzung erforderlich ist, Abb. 45. Abb. 427 bis 429 zeigen die Hauptwerte von Kesseln desselben Wirkungsgrades und derselben Leistung bei verschiedenem Druck. Fall A betrifft eine Anlage ohne Regenerativverfahren und Luftvorwärmer, Fall B Anlagen mit Regenerativverfahren und hochvorgewärmter Verbrennungsluft. Die Frischdampftemperatur wurde derart gewählt, daß die Dampfnässe in den letzten Turbinenstufen bei allen Drücken einen zweckmäßigen angemessenen Betrag nicht übersteigt. In Fall A erwärmen Ekonomiser das Speisewasser von 40 auf 100°. In Fall B wird es auf eine dem Frischdampfdruck angemessene Temperatur durch Anzapfdampf vorgewärmt und in Verdampfungsekonomisern vollends auf Sattdampftemperatur erhitzt.

Nach Abb. 429 verlassen die Rauchgase bei dem 10 atü-Kessel von Fall A die Kesselheizfläche mit 700°, bei dem 10 atü- bzw. dem 100 atü-Kessel in Fall B mit 865 bzw. 1165°. Die Dampferzeugung von 1 m² Kesselheizfläche in den drei Fällen beträgt 53, 128 und 185 kg/m² h Normaldampf, Abb. 428. Die hohe spezifische Leistung von Kesseln für hohen Druck rührt also besonders von der hohen Abgastemperatur hinter Kessel und nicht von grundlegenden Verbesserungen des Kessels her. Der Anteil der Kesselheizfläche an der gesamten übertragenen Wärme ist bei hohem Druck kleiner als bei niederem. Nach Abb. 427 nimmt in modernen Kesselanlagen mit Luftvorwärmern die eigentliche Kesselheizfläche bei 10 atü Druck etwa 63 vH, bei 100 atü aber nur etwa 45 vH der gesamten übertragenen Wärmemenge auf gegenüber rd. 81 vH bei älteren 10 atü-Kesseln ohne Luftvorwärmer.

2. Ausführung von Höchstdruckkesseln. Da 1 m² Kesselheizfläche mehr als 1 m² Ekonomiser- oder Luftvorwärmerheizfläche kostet, Abb. 483, verbilligt hohe Wasser- und Luftvorwärmung Höchstdruckkessel beträchtlich. Staubfeuerungen, die die höchsten Lufttemperaturen zulassen, sind bei Höchstdruckkesseln besonders vorteilhaft, bei denen infolge der verhältnismäßig kleinen Kesselheizfläche und der hohen zulässigen Wasserspiegelbelastung, S. 156, weniger bzw. engere Trommeln als bei Niederdruckkesseln genügen. Trommeln und Sammler, aber auch Siede- und Überhitzerrohre werden meist aus Sonderstahl ausgeführt, S. 55. Der Siederohrdurchmesser beträgt unter 40 at meist 80 bis 100 mm, bei 80 at und darüber im allgemeinen 50 bis 80 mm. Unbeheizte Fallrohre erhalten manchmal größeren Durchmesser als beheizte Siederohre, da sie keinen Wärmespannungen ausgesetzt sind, die an der kühleren Wandseite als Zug-, an der wärmeren als Druckspannungen auftreten. Auf der Innenseite des Rohres ist daher die Gesamtspannung am größten. Nach Abb. 430

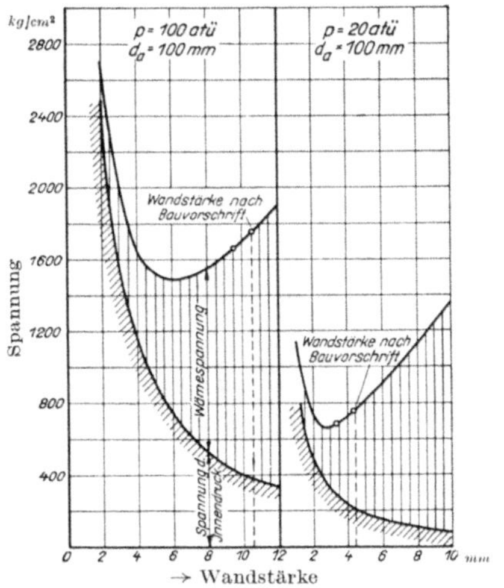

Abb. 430. Gesamtspannung in Siederohren von 100 mm ä. D. bei 300000 kcal/m² h Wärmebelastung und 100 und 20 atü Kesseldruck.

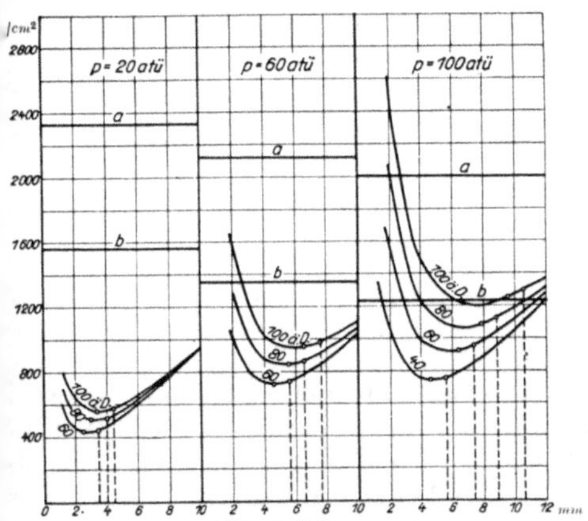

Abb. 431. Gesamtspannung in Siederohren von verschiedenem Durchmesser bei 20, 60 und 100 atü Kesseldruck und 200000 kcal/m² h Wärmebelastung.
a Streckgrenze für legierten Stahl;
b Streckgrenze für Flußstahl.

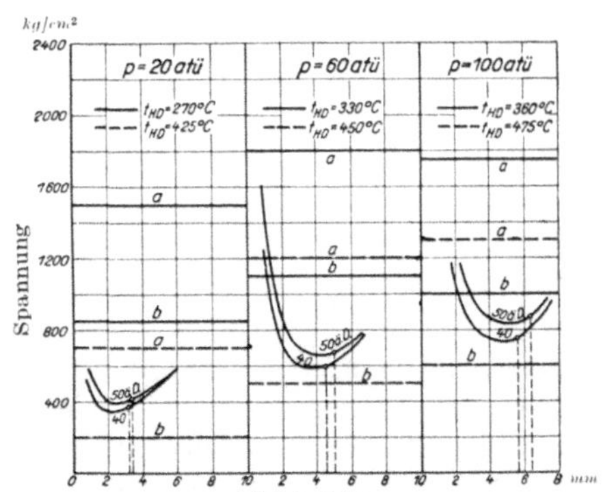

Abb. 432. Gesamtspannung in Rohren von Strahlungsüberhitzern bei 200000 kcal/m² h Wärmebelastung in Abhängigkeit von der Wandstärke.
a Streckgrenze für legierten Stahl;
b Streckgrenze für Flußstahl.

wachsen bei beheizten Rohren die Wärmespannungen mit zunehmender Wandstärke weit schneller als die Spannungen durch inneren Überdruck abnehmen. Infolgedessen fällt die Gesamtspannung bis zu einer bestimmten Wandstärke und steigt dann wieder rasch an.

Die früheren amtlichen Bauvorschriften verlangten im Glauben, dadurch die Sicherheit zu erhöhen, für die am stärksten beheizten Siederohre einen Zuschlag von 1 mm Wandstärke, außerdem mußte in Formel (16) $k = 5$ statt 6,4 bzw. 8,0 kg/mm² gesetzt werden, S. 55. Daß dadurch das Gegenteil des Gewünschten erzielt wurde, zeigt Abb. 430 für ein Rohr von 100 mm äußerem Durchmesser, bei dem bei 100 at (10,5 mm Wandstärke) die tatsächliche Beanspruchung nicht, wie man annehmen könnte, 380, sondern 1750 kg/mm² beträgt.

Wenngleich auch die neuen Vorschriften Wärmespannungen nicht berücksichtigen, so stimmt die nach ihnen ermittelte Beanspruchung mit der tatsächlichen doch weit besser überein. Ein Vergleich der Gesamtspannung mit den zu der betreffenden Rohrwandtemperatur gehörenden Streckgrenzenwerten für Flußstahl, Kurve *b*, in Abb. 431 läßt erkennen, wie gering die Sicherheit stark beheizter Flußstahlsiederohre von großem Durchmesser bei mehr als 50 atü ist. Für Strahlungsüberhitzer scheiden Flußstahlrohre meist ganz aus, Abb. 432.

3. Höchstdruckkessel mit natürlichem Wasserumlauf. Höchstdruckkessel mit natürlichem Wasserumlauf werden ebenso gebaut wie Kessel für niederen Druck, Abb. 468, nur Zahl und Durchmesser der Kesseltrommeln (bei Steilrohrkesseln in Deutschland meist zwei, im Ausland meist drei Trommeln von 900 bis 1200 lichter Durchmesser) und der Anteil der

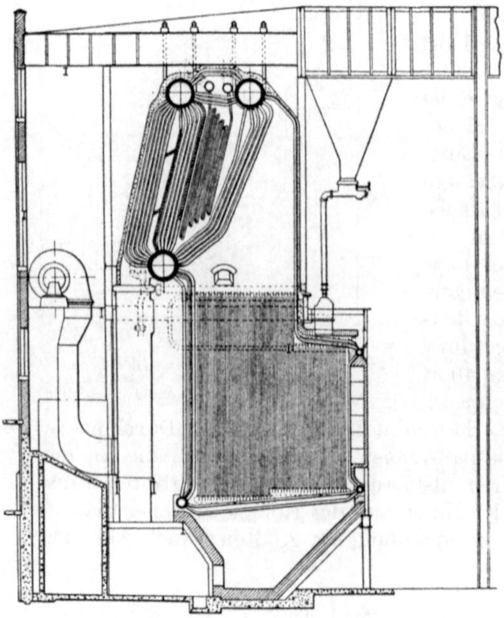

Abb. 433. 100 at-Steilrohrkessel für 135 t/h Leistung und 420° Dampftemperatur mit Kohlenstaubfeuerung, Strahlungsfrischdampfüberhitzer, Berührungszwischenüberhitzer und Plattenluftvorwärmer der Combustion Engineering Corp. im Lakeside-Kraftwerk in Milwaukee. Baujahr 1929.

Heizflächen: Kessel 2200 m²; Kühlfläche 495 m²; Strahlungsüberhitzer 120 m²; Zwischenüberhitzer 1040 m²; Luftvorwärmer 7200 m². Feuerraumvolumen 807 m³. Feuerraumbelastung rd. 130000 kcal/m³ h, lichte Weite aller Trommeln 1000 mm.

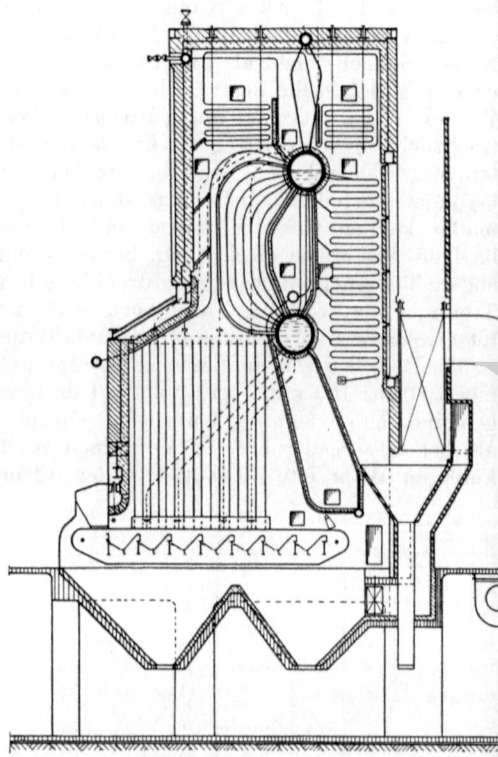

Abb. 434. 100 at-Borsig-Zweitrommel-Steilrohrkessel.

Kesselheizfläche an der Gesamtheizfläche sind kleiner und auf unbeheizte Fallrohre wird größerer Wert gelegt. Abb. 433 zeigt einen in Amerika oft verwendeten Höchstdruckkesseltyp. Stirn- und Rückwand sowie der Boden des Feuerraumes sind durch Kühlrohre geschützt, an den Seitenwänden sitzen Frischdampf-Strahlungsüberhitzer aus glatten 2″-Rohren. Der Dampf durchströmt zuerst ihren der größten Hitze ausgesetzten, in der Nähe der Brenner gelegenen Teil. Der Zwischenüberhitzer ist da angeordnet, wo sonst der Frischdampfüberhitzer sitzt.

Die zahlreichen heutigen Höchstdruckkesselbauarten rühren von der Neuartigkeit der Aufgabe und davon her, daß manche Kessel ungewöhnlichen räumlichen Verhältnissen angepaßt werden müssen. Schließlich weichen manche Firmen im Glauben, etwas Besonderes bieten zu müssen, vom Normalen zu sehr ab oder machen persönlichen Liebhabereien ihrer Kunden zuviel Konzessionen. Die Entwicklung strebt aber unverkennbar auf wenige Typen zu. Die Kessel in Abb. 434 und 435 haben nur eine Ober- und eine Untertrommel und gegen Beheizung geschützte Rücklauf- und über dem Wasserspiegel ausmündende Siederohre.

Die zweckmäßigste Einbaustelle für den Überhitzer hängt vom Aufbau des Kessels und von den örtlichen Verhältnissen ab. Während man in Deutschland bei Höchstdruck Steilrohrkessel bevorzugt, trifft in Amerika eher das Gegenteil zu. Bei Höchstdruckkesseln mit Frischdampf- und Zwischenüberhitzern sind Verdampfungsekonomiser auch deshalb angenehm, weil eine Fehlbemessung der ihnen vorgeschalteten Heizflächen, die unter Umständen zur Dampfbildung im Ekonomiser führt, nichts ausmacht.

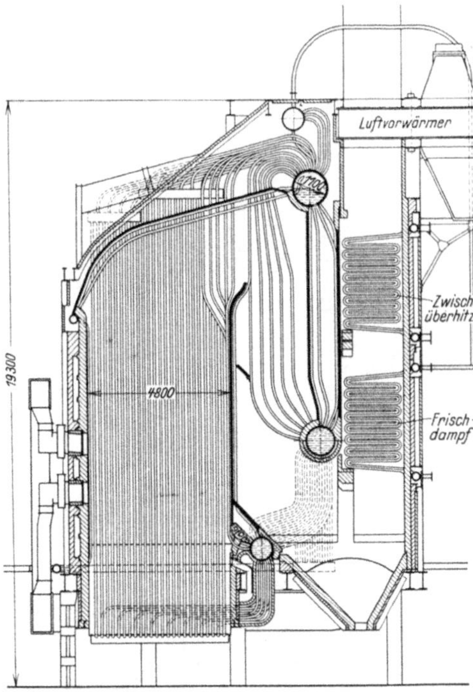

Abb. 435. 110 at-Zweitrommel-Steilrohrkessel für 75 t/h Leistung und 450° Dampftemperatur der Dürrwerke mit KSF-Kohlenstaubfeuerung, Frischdampf- und Zwischenüberhitzer und Ljungströmluftvorwärmer. Baujahr 1932.

Beim **Sulzer-Eintrommel-Kessel** in Abb. 436 wirken die unbeheizten Schenkel der U-förmig gebogenen Rohre als Fallrohre.

Der **Baumann-Kessel,** Abb. 437, hat nur bestrahlte Verdampfungsheizfläche, auf die zwei hintereinander geschaltete Überhitzer *a* und *b* folgen, zwischen die ein Oberflächendampfkühler *d* geschaltet ist. Der Dampf durchströmt zuerst Überhitzer *a*, dann Kühler *d*, der mit der Kesseltrommel *c* wasserseitig durch Leitung *e*, dampfseitig durch Leitung *f* in Verbindung steht. Von *d* strömt der gekühlte Dampf durch Überhitzer *b* und dann zur Turbine. Je weiter Ventil *g* geöffnet ist, um so höher steht das Wasser in *d* und um so tiefer ist die Frischdampftemperatur. Der Baumann-Kessel gestattet zwar eine Regelung der Überhitzung in weiten Grenzen, doch muß man von Fall zu Fall ermitteln, ob die Überhitzerheizfläche *a* die gesamte wegfallende Berührungsheizfläche des Kessels ersetzen kann, was um so eher zutrifft, je höher der Dampfdruck, die Frischdampftemperatur und die Temperatur ist, mit der das Speisewasser in den Kessel eintritt.

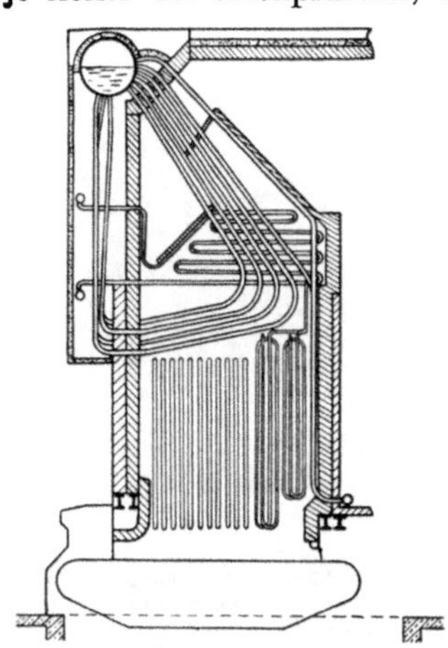

Abb. 436. Sulzer-Eintrommel-Kessel.

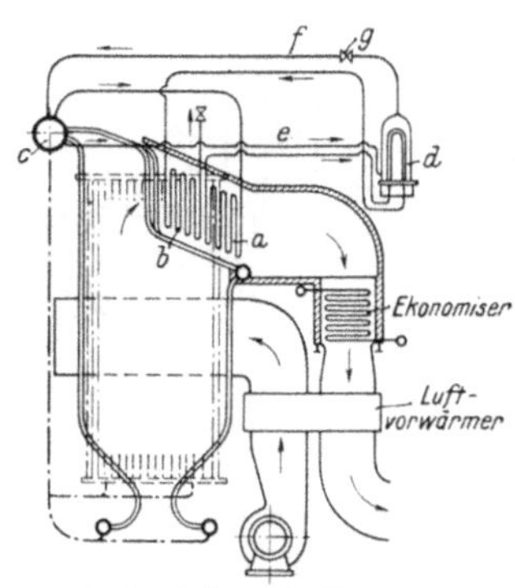

Abb. 437. Schema des Baumann-Kessels.

Der **Schmidt-Hartmann-Kessel,** Abb. 438, hat eine primäre, von den Rauchgasen beheizte Heizfläche *a* und eine sekundäre *b*, die von dem in *a* entwickelten Dampf durchströmt und vom Speisewasser umspült wird. Das Primärsystem wird mit destilliertem Wasser gefüllt, das in ununterbrochenem Kreislauf durch die Rohrschlangen *a* fließt. Zwischen Schlangen *a* und *b* ist Trommel *c* geschaltet, in der sich Wasser und Dampf des aus den Schlangen *a* ausströmenden Gemisches trennen. Nach *b* gelangt nur Dampf, wodurch die Wärmedurchgangszahl der sekundären Heizfläche statt 1000 rd. 3000 kcal/m² h° C beträgt. Das in Trommel *c* ausgeschiedene Wasser läuft durch Fallrohre *d* nach Sammler *e* zurück, wohin auch das Kondensat aus *b* durch Leitung *g* strömt. Da sich in der Primärheizfläche kein Kesselstein bildet, eine innere Reinigung also nicht in Frage kommt, kann sie aus langen, mehrfach gewundenen Schlangen bestehen, die wenige Walzstellen geben. Der auf der Sekundärheizfläche gebildete Kesselsteinansatz soll nur bei stark kieselsäurehaltigem Speisewasser nicht leicht abwaschbar sein. Je kleiner die Sekundärheizfläche *b* ist und je mehr sie verschmutzt, um so höher steigt der Druck in *a* und *b* über den Betriebsdruck (Druck in Trommel *f*). Deshalb muß die Sekundärheizfläche *b*

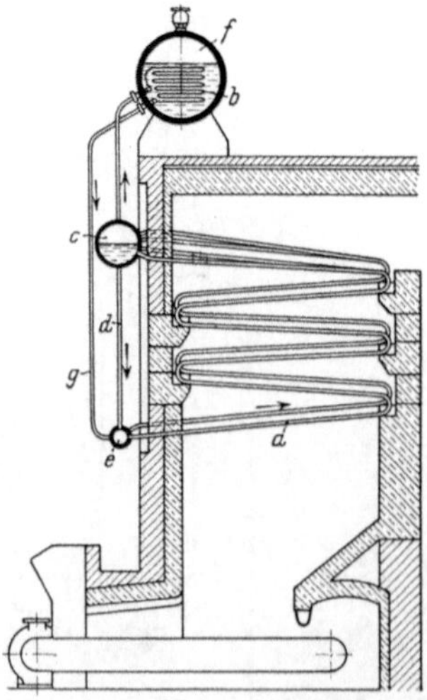

Abb. 438. Primär- und Sekundärteil eines Schmidt-Hartmann-Höchstdruckkessels.

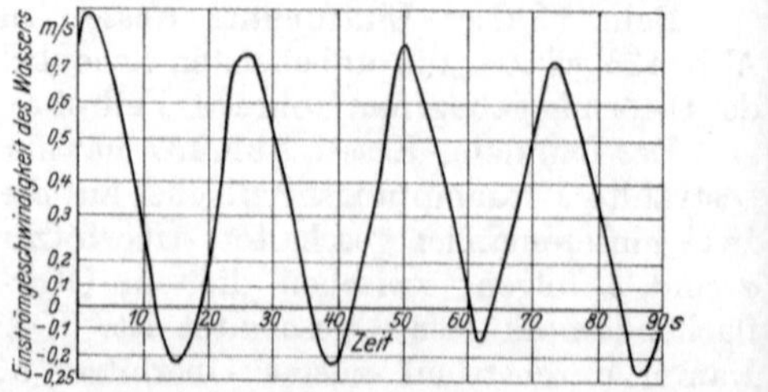

Abb. 439. Eintrittsgeschwindigkeit des Wassers in das Primärsystem eines Schmidt-Hartmann-Kessels von 30/38 mm Durchmesser und 13,6 m Länge einer Schlange. Nach Hartmann und Kehrer. Dampfdruck 85 atü, zufließende Wassermenge 0,910 m³/h.

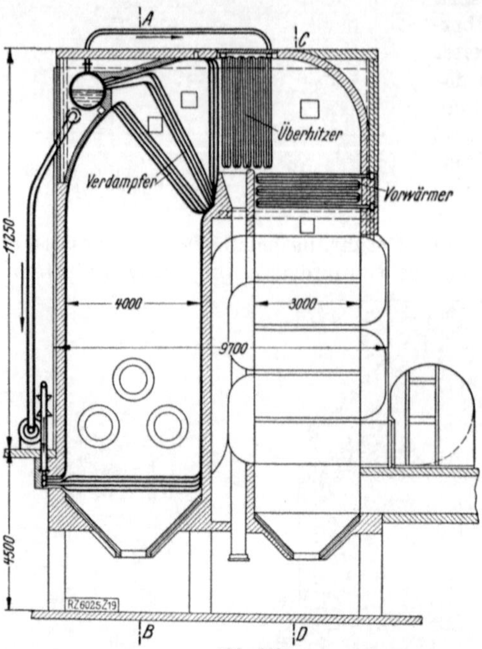

Abb. 440.

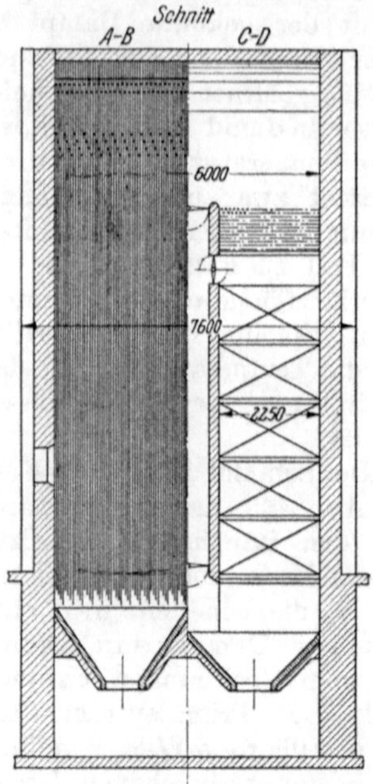

Abb. 441.

Abb. 440 u. 441. 100 at-La Mont-Kessel für 75 t/h Leistung und 450° Dampftemperatur mit Luftvorwärmer un Kohlenstaubfeuerung. Baujahr 1932.
Verdampferheizfläche 660 m²; Überhitzer 470 m²; Ekonomiser 252 m²; Luftvorwärmer 3800 m². Feuerraumbelastun 240000 kcal/m³ h; umgepumpte Wassermenge 480 m³/h; erforderlicher Überdruck der Umwälzpumpe 3 at; Kraftbeda der Umwälzpumpe 45 kW.

verhältnismäßig reichlich bemessen werden. Das Wasser wird in Trommel *f* gespeist der entwickelte Dampf auf die übliche Weise überhitzt.

Messungen haben gezeigt, daß das Wasser immer eindeutig und in der gleichen Richtung wie der ent stehende Dampf umläuft und daß der Wasserzufluß parallel geschalteter Schlangen sich nach ihrer Beheizun selbsttätig regelt. Die Kesselbelastung ändert die umlaufende Wassermenge nur wenig. In den am höchsten belasteten Schlangen treten regelmäßige Pulsationen auf, Abb. 439, wobei sehr kurzzeitig etwas Wasser in den Eintrittssammler zurückgestoßen wird. Die mittlere Eintrittsgeschwindigkeit bei starker Beheizung ist etwa 0,2 bis 0,3 m/s, die mittlere Austrittsgeschwindigkeit 0,3 bis 1,2 m/s. Nach Hartmann und Kehrer beträgt bei 300000 kcal/m² h Wärmebelastung und 120 at Druck die Außenwandtemperatur einer Schlange von 40 mm lichter Weite 323 + 137 = 460° und ist nur um etwa 40° höher als bei Zwangumlauf von nicht siedendem, mit 2 m/s Geschwindigkeit strömendem Wasser. Nach Angaben der Erbauerin haben die Schlangen bis zu 300000 kcal/m² h Belastung gute Lebensdauer.

Als Primärsystem kann auch ein normaler Höchstdruckkessel verwendet werden, dessen Dampf zu über ihm angeordneten Wärmeaustauschern und von dort als Kondensat zurück zum Kessel fließt. Der wie üblich eingebaute Überhitzer wird dann von dem mittelbar erzeugten Dampf durchströmt.

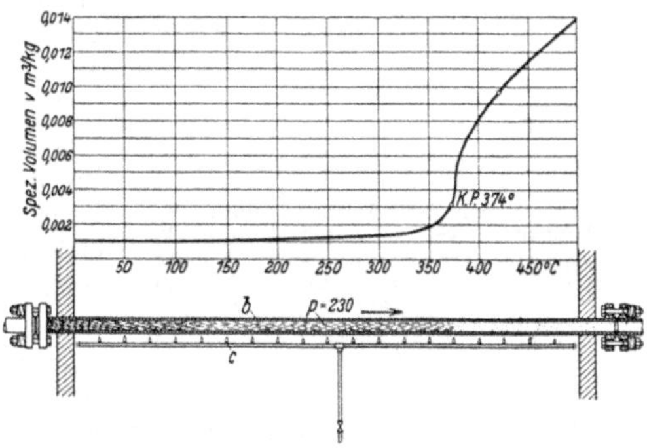

Abb. 442. Schematische Darstellung der Arbeitsweise von Benson-Kesseln.

4. Kessel mit künstlichem Wasserumlauf (Zwangumlaufkessel). Seit etwa 10 Jahren wird immer mehr Zwangumlauf angewendet, wie z. B. beim **La Mont-Kessel,** Abb. 440 und 441, bei dem das Wasser mittels einer Umwälzpumpe, deren Antrieb 0,5 bis 1 vH der erzeugten Dampfmenge benötigt, zu Verteilern gedrückt wird, an die die Verdampferschlangen angeschlossen sind. Um den einzelnen Schlangen die ihrer Heizflächenbelastung entsprechende Menge zumessen zu können, und damit zufällige Unterschiede ihres Widerstandes die Wasserverteilung nicht unerwünscht beeinflussen, sitzen an ihrem Eintritt

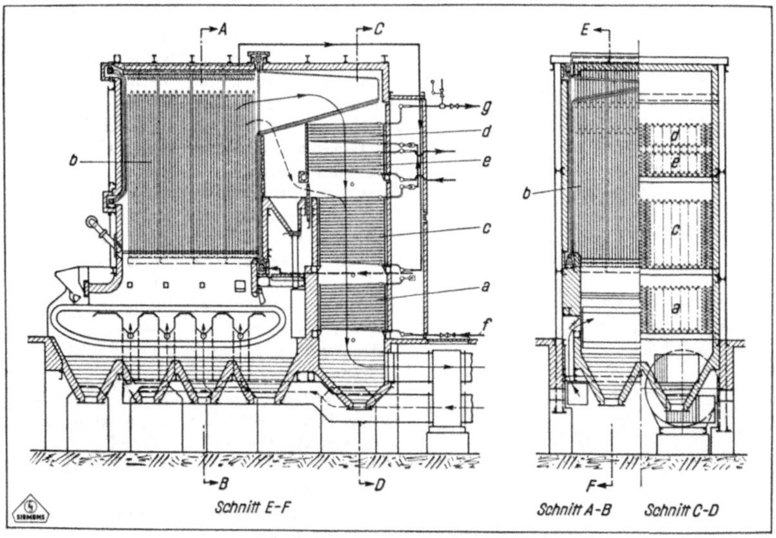

Abb. 443. Abb. 444.

Abb. 443 u. 444. SSW-Benson-Kessel mit Unterwindwanderrost, Kohlenstaub-Zusatzfeuerung und Ljungström-Luftvorwärmer. Baujahr 1933.

a Ekonomiser; *b* Strahlungsheizfläche; *c* Berührungsheizfläche; *d* Hochdrucküberhitzer; *e* Zwischenüberhitzer; *f* Speisewassereintritt in *a*; *g* Frischdampfaustritt aus *d*.

Verengungen, die bei Vollast einen Überdruck in den Verteilkästen von etwa 30 m W.-S. erzeugen. Den Rohrschlangen fließt etwa 4- bis 10mal soviel Wasser zu, als sie verdampfen. In der Obertrommel wird das Wasser aus dem Dampf-Wassergemisch ausgeschieden. Der Zwangumlauf ermöglicht die Verwendung enger Rohre (im allgemeinen 30/38 mm Durchmesser) und fast völlige konstruktive Freiheit im Aufbau des Kessels, der sich für alle Drücke eignet. La Mont-Elemente werden auch zum Auskleiden von

Feuerräumen verwendet und sollen bis zu 210000 kcal/m²h Wärmebelastung (bezogen auf den vollen Rohrumfang) gute Lebensdauer haben.

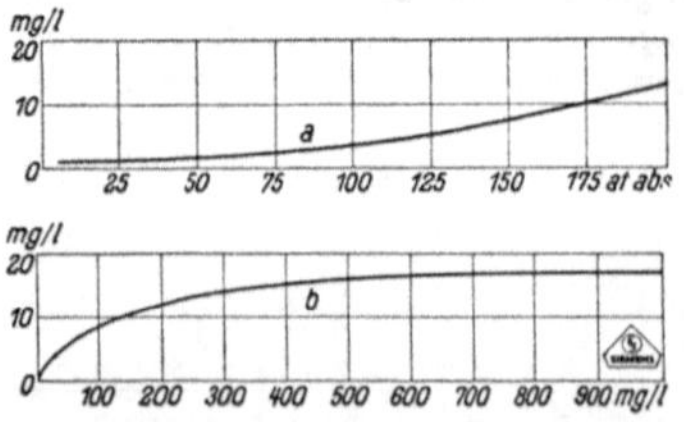

Abb. 445. Salzgehalt des Frischdampfes bei Zwanglaufkesseln. Nach Gleichmann.
Kurve *a* in Abhängigkeit vom Kesseldruck bei 425° Dampftemperatur und 25 mg/l Salzgehalt des Speisewassers. Kurve *b* in Abhängigkeit vom Salzgehalt des Speisewassers bei 100 at Kesseldruck und 425° Dampftemperatur.

5. Zwangdurchlauf-(Einrohr-)Kessel. Im **Benson-Kessel** wird das Wasser in Rohrschlangen unter überkritischem Druck (> 225 at) über die kritische Temperatur (374°) erhitzt. Da beim kritischen Zustand das spezifische Volumen von Wasser und Dampf gleich groß, Abb. 442, die Verdampfungswärme also Null ist, geht das Wasser unmittelbar in Dampfform über. Im Gegensatz zum La Mont-Kessel wird dem Benson-Kessel nur genau soviel Wasser zugeführt, als augenblicklich verdampft. Er hat von sämtlichen Kesseln den kleinsten Wasserinhalt und weder Trommeln noch Wasserstandsanzeiger.

Abb. 443 und 444 zeigen einen Benson-Kessel mit Unterwindwanderrost und Kohlenstaubzusatzfeuerung. Da Benson-Kessel keine wesentliche Ausgleichsmöglichkeit bei Änderung einer Betriebsgröße haben, müssen Speisung, Brennstoffzufuhr und Dampfentnahme sehr schnell aufeinander abgestimmt werden.

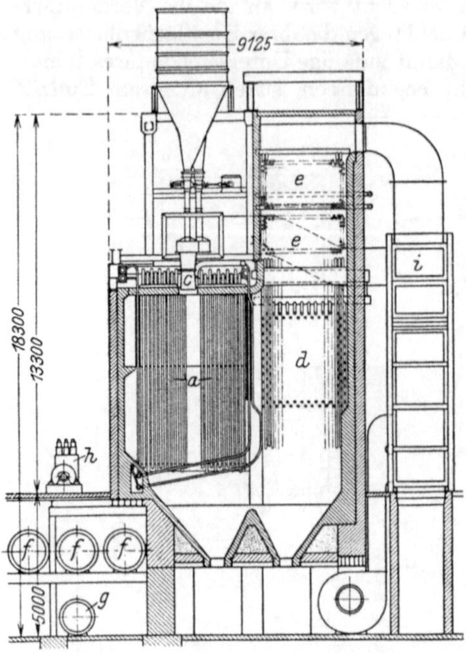

Abb. 446. 130 at-Löffler-Kessel für 75 t/h Leistung und 500° Dampftemperatur im Kraftwerk Karolinenschacht der Witkowitzer Steinkohlengruben. Baujahr 1931.
a Strahlungsüberhitzer; *c* Kohlenstaubbrenner; *d* Nachüberhitzer; *e* Speisewasservorwärmer; *f* Verdampfertrommeln; *g* Schlammtrommel; *h* Umwälzpumpe; *i* Plattenlufterhitzer.

Der Dampfdruck wird durch ein Drosselventil konstant gehalten, die Speisewassermenge entweder durch die Dampfspannung vor der Turbine, durch die Belastung der Turbine oder bei Vorschaltanlagen durch den Gegendruck des Niederdrucknetzes geregelt. Die Brennstoffzufuhr wird grundsätzlich von der Dampfaustrittstemperatur beeinflußt. Um Regelverzögerungen tunlichst zu verkürzen, wird der Regelimpuls von einer hinter der Strahlungsheizfläche eingebauten Temperaturmeßstelle (Wassertemperatur) abgeleitet, da diese Wassertemperatur auf Belastungsänderungen viel rascher anspricht als die Temperatur des Frischdampfes und ein gesetzmäßiger Zusammenhang zwischen beiden besteht. Bei Belastungszunahme wird z. B. durch den fallenden Frischdampfdruck die Speisewasserzufuhr verstärkt. Dadurch sinkt die Heißdampf- bzw. die Wassertemperatur und leitet eine Vergrößerung der Brennstoffzufuhr ein. Kleine Lastspitzen bis zu 110 vH der Normallast und 90 Sekunden Dauer können nach Gleichmann durch Absenkung der Frischdampftemperatur um rd. 20° aus der im Kessel (Eisen + Wasser) aufgespeicherten Wärme gedeckt werden, was zum Einleiten der Regelvorgänge ausreicht.

Werden Zwangdurchlauf-Kessel mit unterkritischem Druck betrieben, dann kann das Drosselventil zum Konstanthalten des Druckes wegfallen. Es hat sich gezeigt, daß sie auch mit Drücken von 30 bis 100 at gut arbeiten.

Das Speisewasser für Benson-Kessel und ähnliche Kessel muß gut enthärtet sein, aber auch bei enthärtetem Wasser sind schwere Rohrdurchbrenner aufgetreten, deren Ursache schließlich darin erkannt wurde, daß gelöste Salze sich an der Rohrwand kurz nach dem Übergang des Wassers in Dampf ablagerten. Man verlegte daher diese Zone in ein Gebiet mäßiger Rauchgastemperaturen und löste den Teil der Heizfläche, in dem die Salzansätze auftreten, in parallel geschaltete Pakete auf, die während des Betriebes durchgespült werden können. Nach Kurve *a* in Abb. 445 ist der Salzgehalt des Dampfes bei konstantem Salzgehalt des Speisewassers bei 150 at etwa 3mal so groß wie bei 30 at. Er wächst ferner mit zunehmendem Salzgehalt des Speisewassers zunächst schnell, steigt aber von 500 mg/l an kaum mehr, Kurve *b*.

Kohlenstaubgefeuerte Benson-Kessel sollen in 10 bis 15 Minuten vom kalten Zustand auf Dampfabgabe gebracht werden können.

Dem Benson-Kessel ähnlich ist der **Sulzer-Einrohr-Kessel,** der aus engen, sehr langen Rohrschlangen besteht. Die Regelung der Speisung und der Brennstoffzufuhr erfolgt selbsttätig. Der Kessel arbeitet mit 40 bis 120 at Dampfdruck.

6. Kessel mit mittelbarer Dampferzeugung. Der **Löffler-Kessel,** Abb. 446, ist seinerzeit aus der Überlegung entstanden, daß infolge der großen Wärmeübergangszahl zwischen Rohrwand und hochgespanntem Dampf, S. 98, selbst der Flamme ausgesetzte Überhitzerrohre ausreichend gekühlt werden. Löffler-Kessel verwenden überhitzten Dampf als Wärmeträger und vermeiden dadurch Kesselsteinbildung in der rauchgasbeheizten Heizfläche. Aus Trommel *B* in Abb. 447 wird mittels Umwälzpumpe *U* Sattdampf abgesaugt und durch den aus einem Strahlungsteil *S* und einem Berührungsteil *N* bestehenden Kessel (Überhitzer) gepumpt und dann nach

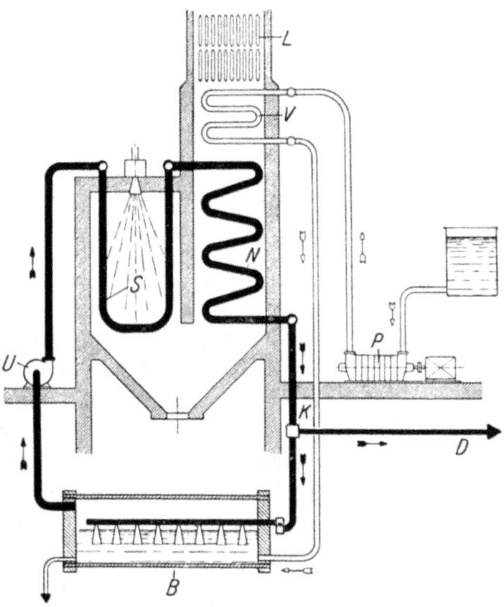

Abb. 447. Arbeitsschema des Löffler-Kessels. *B* Verdampfertrommel; *D* Leitung zur Turbine; *K* Abzweigstück; *L* Luftvorwärmer; *N* zweite Stufe des Überhitzers; *P* Speisepumpe; *S* erste Stufe des Überhitzers; *U* Dampfumwälzpumpe; *V* Ekonomiser.

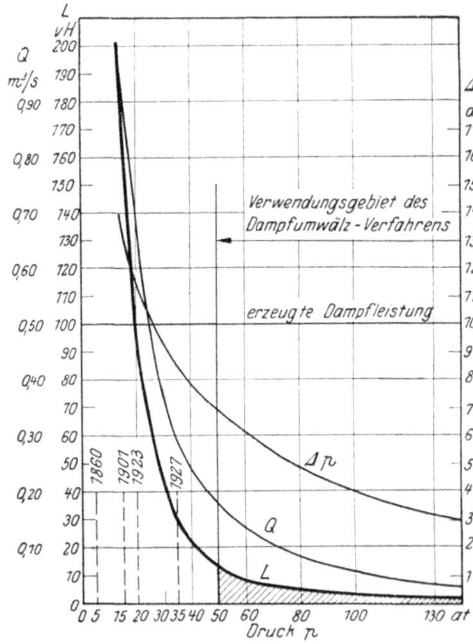

Abb. 448. Druckhöhe Δp, Umwälzdampfmenge *Q* je kg erzeugten Dampf und in vH der erzeugten Dampfmenge ausgedrückter Arbeitsbedarf *L* der Umwälzpumpe von Löffler-Kesseln in Abhängigkeit vom Kesseldruck.

Trommel *B* zurückgeleitet, wo ihn unterhalb des Wasserspiegels ausmündende Düsen gleichmäßig auf den Wasserinhalt verteilen, an den er unter Verdampfung einer entsprechenden Wassermenge seine Überhitzung abgibt. Etwa $^1/_3$ des umgepumpten Dampfes strömt durch Leitung *D* zur Turbine, der Rest geht nach Trommel *B* zurück. Kompressions- und Reibungsarbeit der Umwälzpumpen werden als nutzbare Wärme wiedergewonnen. Beim Inbetriebsetzen wird nach vorherigem Absperren von Leitung *D* Dampf aus einem anderen Kessel oder aus einem kleinen Hilfskessel in den Dampfraum von Trommel *B* geleitet und dann Umwälzpumpe *U* angelassen. Bei Kesseln, die nur die Nacht hindurch stillgesetzt werden, reicht der am anderen Morgen noch vorhandene Dampfdruck zum Anlassen aus. Umwälzdampfmenge und Kraftbedarf der Umwälzpumpe sind um so kleiner, je höher die Speisewasservorwärmung im Ekonomiser, die Überhitzung und der Kesseldruck sind. Abb. 448 zeigt, wie groß unter mittleren Verhältnissen die für 1 kg erzeugten Dampf erforderliche Menge Umwälzdampf *Q*, die Druckhöhe Δp und der in vH der erzeugten Dampfmenge angegebene Kraftbedarf *L* der Umwälzpumpe sind, wenn die Geschwindigkeit des Dampfes so gewählt wird, daß seine Kühlwirkung bei allen Drücken gleich groß ist. Wählt man bei 100 at etwa 20 m/s Geschwindigkeit, denen bei 20 at etwa 100 m/s entsprechen, so würde bei 20 at der erzeugte Dampf gerade zum Antrieb der Umwälzpumpe ausreichen. Bei 130 at, dem für Löffler-Kessel wirtschaftlichsten Betriebsdruck, verbraucht der Turbinenantrieb der Umwälzpumpe je nach der Kesselgröße 1,2 bis 2,0 vH der erzeugten Dampfmenge, bei Teillast nimmt der Kraftbedarf schnell ab, Abb. 449. Der durch die Umwälzpumpe bedingten Komplikation stehen wesentliche Vorteile gegenüber, da die Dampfströmung im Überhitzer nicht mehr von der Kesselbelastung abhängt. Er wird daher auch bei aufhörender Dampfentnahme gut gekühlt. Ferner läßt sich durch Ändern der Drehzahl der Umwälzpumpe (bis 15 t/h Kesselleistung Kolbenpumpen, darüber rotierende Pumpen) die Überhitzung bei Belastungsänderungen konstant halten. Wenig Logik und Gefühl für geschäftliche Möglichkeiten zeigt der Vorschlag, die Umwälzpumpe dadurch zu ersetzen, daß mehrere Löffler-Kessel mit einem Benson-Kessel zusammenarbeiten und die Druckdifferenz zwischen beiden in einem Strahlapparat zum Dampfumwälzen in den Löffler-Kesseln benutzt wird. Die Spiegelbelastung der Verdampfertrommeln beträgt etwa 120 bis 150 m^3/m^2h. Infolge der ausschließlichen Verwendung von Schweißverbindungen können für die Überhitzerschlangen (meist 40 bis 50 mm lichter Durchmesser) sehr harte Kohlenstoffstähle von hoher Festigkeit (dünne Wandstärken) verwendet werden. Der am höchsten belastete Teil der Überhitzerheizfläche wird aus Molybdänstahl gemacht.

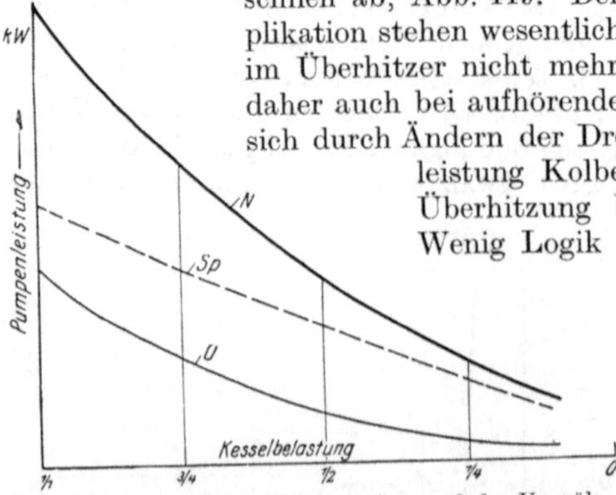

Abb. 449. Leistungsbedarf der Speise- und der Umwälzpumpe von 130 at-Löffler-Kesseln bei Teillast. *Sp* Speisepumpe; *U* Umwälzpumpe; *N* beide Pumpen zusammen.

Beim **Brown-Boveri-Kessel** erzeugt ein Primärkessel etwas Sattdampf, dessen Spannung um den Druckverlust des nachgeschalteten Systems über der gewünschten Frischdampfspannung liegt. Dieser Erregerdampf wird nach Durchströmen eines Überhitzers in ein weites Rohr geleitet, in welchem soviel Wasser in ihn eingespritzt wird, daß er seine Überhitzung gerade verliert. Alsdann wird mit dem um das jeweils verdampfte Einspritzwasser vergrößerten Dampfgewicht der Vorgang so oft wiederholt, bis die gewünschte Sattdampfmenge, die auf übliche Weise überhitzt wird, erreicht ist. Jeder Rohrstrang erhält seinen eigenen Verdampfer, 4 bis 5v H der benötigten Frischdampfmenge sollen als Erregerdampf genügen.

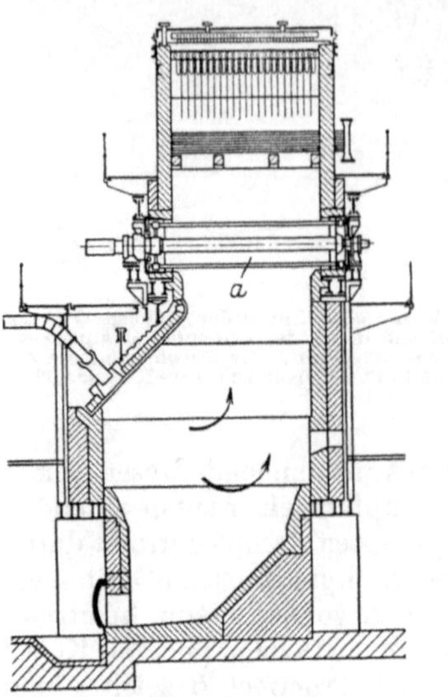

Abb. 450.

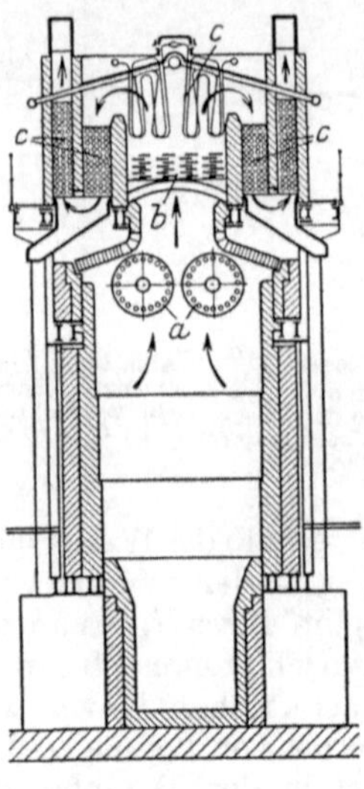

Abb. 451.

Abb. 450 u. 451. Atmos-Kessel mit Kohlenstaubfeuerung. Baujahr 1931. *a* **Käfigrotoren;** *b* **Überhitzer;** *c* **Ekonomiser.**

7. Sonstige Sonderkessel. Die Heizfläche des **Atmos-Kessels,** Abb. 450 und 451, besteht aus Käfigrotoren, Abb. 452 und 453, die mit 15 bis 20 minutlichen Umdrehungen umlaufen und um deren Achse die Siederohre *k* konzentrisch angeordnet sind. Das Speisewasser wird durch die hohle Achse den Siederohren zugeführt, die es etwa zur Hälfte füllt. Der erzeugte Dampf und überschüssiges Wasser fließen durch Überläufe nach dem zentralen Dampfraum, von wo aus der Dampf durch die hohle Achse zum Überhitzer strömt. Den Wasserzufluß regelt ein eigenartiger Apparat selbsttätig. Die Verdampferrohre haben

80 mm lichte Weite und sind etwa 4 m lang. Ein Rotor erzeugt bis zu 20 t/h Dampf und hat einen Kraftverbrauch von 0,25 bis 0,4 kW.

Velox-Kessel arbeiten mit Rauchgasgeschwindigkeiten von 200 bis 300 m/s und weichen von normalen Dampferzeugern am meisten ab, Abb. 454. Wollte man das zugehörige Gebläse auf die übliche Weise antreiben, so würde sein Kraftbedarf wegen des hohen Strömverlustes untragbar groß werden (bis zu 30 vH der Kesselleistung). Beim **Gleichdruck-Velox-Kessel**, der besonders für schwer zündende Brennstoffe, wie Rohöl oder Kohlenstaub aus Steinkohle in Betracht kommt, wird daher durch den von Gasturbine *e* angetriebenen Kompressor *g* die Verbrennungsluft auf 2 bis 2,5 ata verdichtet und Brenner *a* kontinuierlich zugeführt. Ein Teil des Überdruckes dient zum Erzeugen der hohen Gasgeschwindigkeit, der Rest wird in Gasturbine *e* ausgenutzt, indem die Heizfläche und Druck und Temperatur der Gase so abgestimmt werden, daß die Leistung der Gasturbine zum Antrieb von Kompressor *g* und Umwälzpumpe *k* ausreicht. Um den Druckverlust in den von den Verbrennungsgasen durchspülten senkrechten Heizrohren *c* von 10 bis 25 mm Durchmesser klein zu halten, ist ihr Einlauf düsen-, ihr Auslauf diffusorförmig gestaltet. Nach Durchströmen der Heizrohre gelangen die Verbrennungsgase zu Überhitzer *d*, den sie mit der für die benötigte Turbinenleistung erforderlichen Temperatur von 650 bis 700° verlassen. Die Gastemperatur hinter Turbine beträgt etwa 550 bis 600°, hinter Ekonomiser etwa 160°. Das Speisewasser wird dem Saugstutzen von Pumpe *k* zugeführt, die ein Mehrfaches der Speisewassermenge im Kessel umwälzt. Die Trennung von Wasser und Dampf erfolgt im Fliehkraftdampfabscheider *m*.

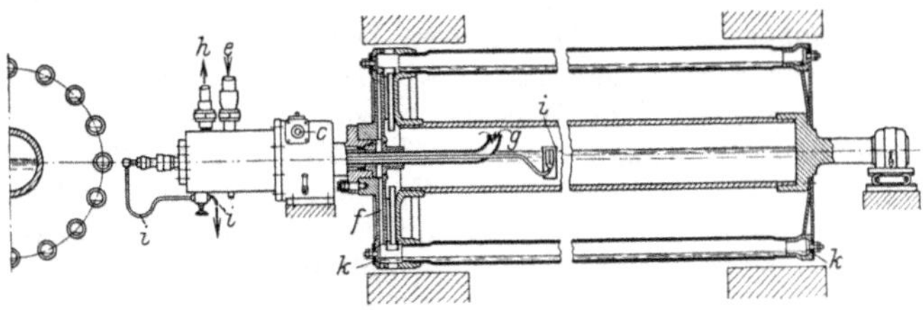

Abb. 452. Abb. 453.

Abb. 452 u. 453. Käfigrotor eines Atmos-Kesssel.
c Antrieb des Rotors; *e* Speisewassereintritt; *f* Speisewasserzufluß zu den Verdampferrohren; *g* Dampfabfluß; *h* Dampfanschluß an Überhitzer; *i* zum Speiseregler; *k* Verschlußdeckel.

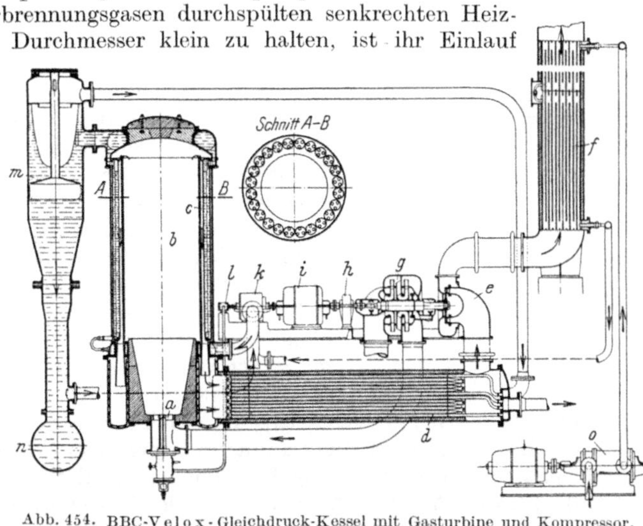

Abb. 454. BBC-Velox-Gleichdruck-Kessel mit Gasturbine und Kompressor. Baujahr 1932.
a Brenner; *b* Brennkammer; *c* Verdampferrohre; *d* Überhitzer; *e* Gasturbine; *f* Ekonomiser; *g* Kompressor; *h* Getriebe; *i* Hilfsmotor zum Anlassen und Regeln; *k* Umwälzpumpe; *l* Brennstoffpumpe; *m* Fliehkraft-Dampfabscheider; *n* Beruhigungsgefäß; *o* Speisepumpe.

Beim **Verpuffungs-Velox-Kessel**, der für Gase, Dieselöle und Braunkohlenstaub in Frage kommt, wird die Verbrennungskammer periodisch mit verdichtetem Gemisch geladen. Nach Abschluß sämtlicher Ventile wird gezündet, wobei der Druck auf den 4- bis 6fachen Ladedruck steigt. Nach beendeter Verbrennung öffnet sich ein hinter den Heizrohren sitzendes Entladeventil und läßt die Gase solange zur Turbine strömen, bis der Kammerdruck etwa auf den Ladedruck gefallen ist. Damit ein kontinuierlicher Gasstrom entsteht, arbeiten auf eine Turbine mehrere Verpuffungskammern, die je Minute 40 bis 60 Arbeitsspiele machen.

Das Gleichdruckverfahren ist universaler anwendbar und auch konstruktiv offenbar weiter entwickelt. Es wird daher im folgenden allein behandelt. Bei Ladedrücken von

2 bis 2,5 ata benötigen verpuffende Brennstoffe je 1000 kW Kesselleistung etwa 1 m³ Inhalt der Verbrennungskammer, mit Masut wurden bei 2,4 ata Ladedruck bis zu 1500 kW/m³ erreicht, was bei Annahme eines Wärmeverbrauches von 3000 kcal/kWh Brennkammerbelastungen von 3 bis 4,5 Millionen kcal/m³ h entspricht. Nach Noack wurden sogar bis zu rd. 8 Millionen kcal/m³ h erzielt. Der Kraftbedarf des Kompressors, der in der Wärmebilanz etwa dem Luftvorwärmer bei normalen Kesseln entspricht, beträgt 10 bis 30 vH der vom Dampf in der Turbine erzeugten Leistung.

Die sehr große Gasgeschwindigkeit in Gemeinschaft mit dem hohen Gasdruck gibt außerordentlich hohe Wärmedurchgangszahlen und daher sehr kleine Heizflächen. Für den Verdampferteil wird eine Heizflächenleistung von 200000 bis 300000 kcal/m² h angegeben. Für den Durchfluß der Rauchgase werden im Verdampferteil je 1000 kW Kesselleistung nur etwa 150 cm² Querschnitt gebraucht. Infolgedessen werden Velox-Kessel sehr klein und können im Maschinenraum untergebracht werden. Sie arbeiten automatisch, indem sich je nach der benötigten Dampfmenge die Drehzahl des Kompressers g und der Brennstoffpumpe l ändert. Infolge des kleinen Wasserinhaltes und des Wegfallens jeder Einmauerung kommen Velox-Kessel in 6 Minuten auf vollen Druck. Das Verhalten eines Velox-Gleichdruckkessels bei Teillast zeigt Abb. 455. Die eigentliche Domäne von Velox-Kesseln sind Drücke bis etwa 40 at, S. 267, wenngleich sie für jeden Druck gebaut werden können.

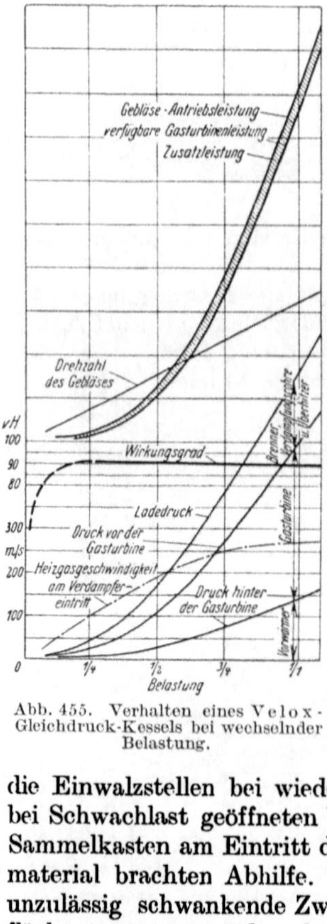

Abb. 455. Verhalten eines Velox-Gleichdruck-Kessels bei wechselnder Belastung.

8. Erfahrungen mit Höchstdruckkesseln. Von den ersten Ausführungen abgesehen sind bei Höchstdruckkesseln kaum mehr Schwierigkeiten aufgetreten als bei normalen Drücken. Nach Berichten sind die 100 at-Kessel einiger amerikanischer Werke während 85 vH der verfügbaren Jahresstunden im Betrieb und mußten selbst nach 24000 Betriebsstunden innerlich nicht gereinigt werden, obgleich bis zu 2 vH chemisch gereinigtes Zusatzwasser gespeist wird. Die meisten Rohrschäden rührten, ähnlich wie in Deutschland, von mangelhaft entlüftetem Speisewasser her (Sauerstoffgehalt soll $< 0{,}03$ mg/l sein). In einigen Werken machten undichte Handlochverschlüsse und Rohreinwalzstellen der Ekonomiser Schwierigkeiten, die teils vom „Überwalzen“, teils davon herrührten, daß durch Dampfbildung bei Schwachlast die Einwalzstellen bei wiedereinsetzender Speisung abgeschreckt wurden. Einbau einer bei Schwachlast geöffneten Verbindung zwischen dem Wasserraum des Kessels und dem Sammelkasten am Eintritt des heißen Ekonomiserteiles, S. 249, sowie anderes Dichtungsmaterial brachten Abhilfe. Auch die mit der Kesselbelastung und dem Luftüberschuß unzulässig schwankende Zwischenüberhitzung führte Anstände herbei, die durch Oberflächentemperaturregler abgestellt wurden. Zuweilen verstopfte auch die Beschaufelung der Turbinen, weil die Kessel infolge unzureichenden Abschlämmens spuckten. Als sehr empfindlich erwiesen sich die Absperrorgane der Speise- und Dampfleitungen selbst gegen winzige Schmutzteile, wie Sand, Zunder u. dgl. Der Hauptteil der Klagen rührt aber von den Speisepumpen her, deren Bronzelaufräder unter starken Erosionen litten und durch Stahlräder ersetzt wurden, und deren Wellen, Zwischenböden, Druckausgleichkolben und Stufendichtungen nicht befriedigten. Zuweilen traten auch Versager infolge von Dampfbildung in der Pumpe durch zu heißes Wasser auf. Aber auch diese Schwierigkeiten scheinen im großen und ganzen überwunden zu sein. In einem deutschen Werk waren innerhalb 15000 Betriebsstunden nicht mit dem Hochdruckdampf zusammenhängende Gründe, sondern platzende Wasserstandsgläser, Verschlackung des Feuerraumes, schadhafte Überhitzeraufhängung usw. schuld an erzwungenen Stillständen. Vorzüglich bewährt haben sich Wasserstände, bei denen das Schauglas durch einige Lagen Glimmer ersetzt ist. Über Anstände durch mangelhaften Wasserumlauf wurde auf S. 146 berichtet.

9. Aussichten der Sonderkessel. Bei Beurteilung der Aussichten von Sonderkesseln unter sich und im Wettbewerb mit normalen Höchstdruckkesseln ist Zurückhaltung geboten, weil die Entwicklung noch im Fluß begriffen ist. Außerdem fehlt in Deutschland fast jeder Absatz, ohne den ein einwandfreier Kostenvergleich nicht möglich ist, da bei der Preisstellung zur Zeit oft nur die Absicht entscheidet, unter allen Umständen das Geschäft zu machen. Schließlich läßt sich auf Grund der wenigen Ausführungen nicht immer sicher sagen, ob Anstände von grundsätzlichen Mängeln oder von Zufälligkeiten herrühren.

Der **Schmidt-Hartmann-Kessel** ist im Prinzip ein mit einem Dampferzeuger kombinierter Dampfumformer. Die Heizfläche der langen mehrfach gebogenen Schlangen ist zweifellos billiger als bei geraden Siederohren. Dafür muß aber das Primär- und das Sekundärsystem für einen um 30 bis 50 at über der Frischdampfspannung liegenden Druck gebaut werden und es sind doppelte Sätze von Armaturen nötig. Auch wenn der Kessel chemisch aufbereitetes Wasser verträgt, bietet er Elektrizitätswerken keinen wesentlichen Vorteil, da dort die Zusatzwassermenge sehr klein und eine Destillieranlage entsprechend billig ist. Aber selbst bei chemischer Aufbereitung eines erheblichen Prozentsatzes des Speisewassers übernehmen namhafte Kesselfirmen heute bei normalen Höchstdruckkesseln weitgehende Garantien. Schließlich wird es oft einfacher und alles in allem auch billiger sein, entweder das Wasser zu destillieren oder den Abdampf der Turbinen Dampfumformern zuzuführen, um das Kondensat wiederzugewinnen. Die Reinigung der Sekundärsysteme ist unbequemer als die der Heizelemente von Destillieranlagen oder Dampfumformern und zwingt zum Stillsetzen des ganzen Kessels. Die Beobachtung der Wasserstandsgläser und Manometer zweier Systeme erschwert den Betrieb, und Rohrdurchbrenner dürften nicht sehr viel weniger unangenehm sein als bei normalen Kesseln.

Haben die der größten Hitze ausgesetzten Schlangen gute Lebensdauer, ändert sich die beabsichtigte Wasserverteilung auf die verschiedenen Stränge mit der Zeit nicht und machen geringe Verunreinigungen des Speisewassers nichts aus, so haben **La Mont-Kessel** recht gute Aussichten. Im Gegensatz zu Kühlflächen mit natürlichem Wasserumlauf lassen sich La Mont-Elemente mit dem eigentlichen Kessel bequem verbinden und eignen sich auch zum billigen Armieren niedriger langgestreckter Flächen, wie z. B. der unmittelbar über dem Rost liegenden Teile von Feuerraumwänden. Plötzliches Anheizen und schroffe Belastungswechsel verträgt der La Mont-Kessel wahrscheinlich gut.

Die Wettbewerbsfähigkeit des **Benson-Kessels** hängt u. a. von seiner Empfindlichkeit gegen unvermeidliche Verunreinigungen des Speisewassers ab. Da bereits bei 100 at Zentrifugalspeisepumpen Schwierigkeiten machen, ist die Notwendigkeit, auf einen über doppelt so hohen Druck zu fördern, wenig erwünscht. Berichte über den Benson-Kessel an Bord von Schiffen lauten günstig, aus Landanlagen dagegen liegen noch nicht viel längere Erfahrungen vor. Der Kessel eignet sich für Massenherstellung und läßt sich örtlichen Verhältnissen leicht anpassen. Seine Anheizzeit ist kurz. In vielen Fällen wird es zweckmäßiger sein, zwar den Zwangdurchlauf des Benson-Kessels beizubehalten, den Kessel aber nur mit 40 bis 100 at Druck zu betreiben. Da Zwangdurchlaufkessel keine Sammler brauchen, sind sie leichter und möglicherweise auch billiger als Zwangumlaufkessel, aber erst die Erfahrung kann lehren, ob dieser Vorteil nicht durch ihre größere Empfindlichkeit gegen Mitreißen von Salz im Dampf erkauft wird. Auch das einwandfreie Arbeiten von Zwangdurchlaufkesseln dürfte etwas stärker von der Zuverlässigkeit der Bedienung und von immerhin nicht ganz einfachen Regelapparaten abhängen als bei Zwangumlaufkesseln, bei denen auch das Abschlämmen bequemer ist.

Die Ausführungen über den Benson-Kessel gelten großenteils auch für den **Sulzer-Einrohrkessel.**

Auch der **Löffler-Kessel** gestattet gute Anpassung an örtliche Verhältnisse. Daß er mit fremdem Dampf angelassen werden muß, ist meist nebensächlich und Dampfumwälzpumpen sind jetzt sehr vollkommen. Infolge der von der Kesselbelastung unabhängigen Dampfgeschwindigkeit haben auch die heißesten Rohrschlangen voraussichtlich gute Lebensdauer und die einfache Regelbarkeit der Überhitzung ist ein wesentlicher Vorteil. Da infolge des Kraftbedarfes der Umwälzpumpe ein dauernder Brennstoffmehrverbrauch von 1 bis 2 vH entsteht, muß ein Kraftwerk entsprechend größer gebaut werden, wenn die Nutzleistung dieselbe wie bei normalen Kesseln sein soll. Die Kesselanlage kostet etwa $^1/_3$ des ganzen Werkes, S. 318, jedes auf die volle Werksleistung bezogene Prozent Eigenverbrauch verteuert also das Werk um mindestens 3 vH der Kosten der Kesselanlage oder aber ein Kessel ohne Eigenbedarf darf unter sonst gleichen Verhältnissen um rd. 3 vH teurer sein als einer mit 1 vH Eigenbedarf, wenn das Kraftwerk in beiden Fällen gleichviel kosten soll. Ganz ähnliches gilt natürlich auch für die Umwälzpumpe des La Mont-Kessels oder die Speisepumpe des Benson-Kessels. Gegen chemisch aufbereitetes Speisewasser ist der Löffler-Kessel wahrscheinlich unempfindlicher als normale Höchstdruckkessel und die meisten Sonderkessel. Da aber etwa 300 vH der Nutzdampfmenge durch den Wasserinhalt der Verdampfertrommeln strömen gegenüber 20 bis 40 vH bei normalen Kesseln mit oberhalb dem Wasserspiegel ausgießenden Siederohren, brauchen Löffler-Kessel bei chemisch aufbereitetem Speisewasser voraussichtlich verhältnismäßig große Trommelvolumina. Die gleichmäßige Verteilung des Dampfes auf parallel geschaltete Schlangen dürfte unschwer gelingen und Verstopfungen dürften weniger zu befürchten sein als bei La Mont-Kesseln.

Brown-Boveri-Kessel brauchen statt Dampfumwälzpumpen Pumpen zum Einspritzen des Wassers, beherrschen aber die Überhitzung und die Kühlung der Überhitzerschlangen nicht so gut wie Löffler-Kessel, die ihnen auch sonst überlegen sind.

Bei **Atmos-Kesseln** müßte man, wenn der Feuerraum gekühlt werden soll, neben den Rotoren Heizflächen mit normalem Wasserumlauf verwenden. Dann ist aber nicht einzusehen, weshalb letztere nicht auch für die eigentliche Kesselheizfläche ausreichen sollen.

Wenngleich **Velox-Kessel** in erster Linie für Öl und Gas in Betracht kommen, da ihre Heizrohre dem Angriff der in den Verbrennungsprodukten von Staubfeuerungen enthaltenen Asche nicht genügend lange standhalten dürften, so eröffnen sich ihnen doch in Spitzen- und Reservekraftwerken infolge ihrer schnellen Startbereitschaft und ihres gegenüber Dieselmotoren weit kleineren Raumbedarfes günstige Aussichten. Ähnliches gilt für Schiffe, wo geringer Platzbedarf und kleines Gewicht noch wichtiger sind, sowie für den Export nach Übersee, weil Velox-Kessel zusammengebaut versandt werden können, die Kesselmontage also wegfällt. In Deutschland werden mit Gas 21 vH des von Eigenanlagen gelieferten Stromes bzw. 9,9 vH des gesamten deutschen Stromverbrauches erzeugt, Gas spielt also in der deutschen Kraftwirtschaft eine bedeutende Rolle. Mit Gas gefeuerte, auf Dampfturbinen arbeitende Sonderkessel sind aber Großgasmaschinen dadurch überlegen, daß ihr Wärmeverbrauch bei Teillast viel weniger zunimmt (Leerlaufsverbrauch 12 bis 15 vH des Vollastverbrauches gegenüber 40 bis 45 vH bei Gasmaschinen) und daß der Leistung einer Dampfturbine praktisch keine Grenzen gezogen sind (Gasmaschinenhöchstleistung ungefähr 6000 bis 8000 kW). Auch der Preis solcher Dampfkraftanlagen dürfte, besonders bei Berücksichtigung der Kosten von Gebäuden und Fundamenten, fühlbar niedriger sein. Die Speisewasserfrage wird im folgenden Abschnitt behandelt.

10. Aussichten von Kesseln mit sehr kleinem Wasserraum (Schnellkessel). Die Technik blieb, als sie die durch reines Speisewasser erschlossenen Möglichkeiten einmal erkannt hatte, nicht lange dabei stehen, sie nur bei Kesseln mit natürlichem Wasserumlauf (Feuerraumkühlflächen) auszunutzen, sondern nahm die fast vergessenen Bemühungen früherer Generationen (Perkins 1828, Serpollet 1880, De Laval 1897) wieder auf. Am weitesten gingen hierbei Benson, Doble und Sulzer. Durch die Entwicklung empfindlicher selbsttätiger Regelorgane wurde die andere Schwierigkeit, mit der Schnellkessel früher nicht fertig wurden, nämlich die erforderliche, fast augenblickliche Anpassung der Brennstoffzufuhr an die Dampfentnahme, wenigstens bei Öl, Gas und

Kohlenstaub überwunden. Aber auch bei mechanischen Rosten mit automatischer Feuerregelung werden Schnellkessel oft befriedigend arbeiten, wenn man die Kalt- und Warmwasserbehälter der nach Abb. 554 ausgeführten Vorwärmanlage reichlicher als üblich bemißt und überschüssigen Frischdampf durch ein selbsttätiges Überströmventil in den Warmwasserbehälter *f* leitet. Bei größeren Werken beträgt der Inhalt des Kaltwasserbehälters 0,25 bis 0,3 m³ je t größte Dampferzeugung der Kesselanlage, der des Warmwasserbehälters etwa doppelt soviel. Durch Vergrößern des letzteren um 50 vH läßt sich die größte Dampferzeugung der Kesselanlage etwa 2 Minuten lang speichern, was zum Überwinden der Trägheit von Rostfeuerungen genügt. Die hierdurch entstehende Verteuerung des Kraftwerkes beträgt nur etwa 0,4 M. je kW Kraftwerksleistung, S. 318. Es bleiben daher gegen Schnellkessel in Elektrizitätswerken im wesentlichen 3 Bedenken: ungenügende Forcierbarkeit, Versagen der Speisung und chemische Verunreinigungen des Speisewassers. Mindestens bei Öl und Gas ist genügende Forcierbarkeit sicher erreichbar und selbst kurzzeitiges Ausbleiben des Speisewassers läßt sich fast sicher verhindern. Kesselsteinbildner im Speisewasser dagegen sind nicht zulässig, können aber in ortsfesten Anlagen auch unschwer vermieden werden. Anders verhält es sich mit chemischen, für das Aufrechterhalten genügender Alkalität erforderlichen Beimengungen, deren Mitführen im Frischdampf zu Verstopfungen der Turbinenbeschaufelung führen kann. In dieser Beziehung sind Kessel wie der La Mont- oder Velox-Kessel Zwangdurchlauf-(Einrohr-)Kesseln überlegen.

Da die schraubenartig gewundenen Schlangen von engem Rohrdurchmesser außerordentlich elastisch sind, können Schnellkessel ohne Schaden viel rascher vom kalten Zustand aus hochgeheizt werden als normale Wasserrohrkessel.

Schnellkessel erscheinen besonders aussichtsreich, wenn man auf Rauchgasgeschwindigkeiten von 25 bis 50 m/s geht, S. 211, die bei normalen Wasserrohrkesseln nicht angewendet werden können, da bei letzteren nach Abb. 119 bis 121 etwa 50 vH des Zugbedarfes von Umlenk- und Austrittsverlusten verschlungen werden. Schnellkessel mit hoher Rauchgasgeschwindigkeit müssen daher frei von Umlenkungen und Einschnürungen als Einzugkessel gebaut werden. Da der Rauchgasquerschnitt nur $^1/_3$ bis $^1/_5$ von dem üblicher Kessel beträgt und bei Öl weit größere Feuerraumbelastungen zulässig sind als bei Steinkohle, lassen sich die Querschnitte von Feuerraum und Kessel so aufeinander abstimmen, daß tote Ecken fast völlig wegfallen. Ferner werden nach einem Vorschlag von Münzinger Einblase- und Saugzugventilator in ein einziges vor den Luftvorwärmer geschaltetes Gebläse zusammengefaßt, Feuerung und Kessel arbeiten also mit Überdruck. Dadurch fällt eine Hilfsmaschine weg und es wird nur etwa 70 vH der Arbeit verbraucht, die bei getrennten Gebläsen nötig wäre, wenn eines davon Rauchgase von 160° absaugt.

Derartige Dampferzeuger, die **Hochgeschwindigkeitskessel** genannt werden mögen, können nach dem Löffler-, Benson-, La Mont- oder Sulzer-Verfahren arbeiten. Der Zugbedarf bei 90 vH Wirkungsgrad dürfte bei 25 bzw. 50 m/s Geschwindigkeit im Kessel 450 bzw. 1000 mm W.-S., der Kraftbedarf des Gebläses 1 bis 3 vH der Kesselleistung betragen, weil bei geeigneter Konstruktion nur rd. 10 vH des Zugbedarfes nutzlos verloren gehen und das Gebläse nur kalte Luft fördert.

Drücke von wesentlich mehr als 35 at haben bei Velox-Anlagen in thermischer Hinsicht wenig Wert, weil die Höhe der bei großem Druck unerläßlichen Anzapfdampfvorwärmung durch die Abgastemperatur beschränkt ist und weil die Heizflächen und damit der Zugverlust unerwünscht groß werden, wenn kein genügendes Temperaturgefälle zwischen Speisewasser und Abgasen besteht, da nach Abb. 455 schon bei 86° Speisewassertemperatur die Leistung der Gasturbine für den Antrieb des Kompressors etwa gerade noch ausreicht. Auch Luftvorwärmer sind beim Velox-Verfahren weniger vorteilhaft als bei Hochgeschwindigkeitskesseln, weil bei Schaltung des Kompressors vor den Luftvorwärmer die Eintrittstemperatur der Luft etwa 140° betragen, also nur wenig unter der der Abgase von 160° liegen würde, und weil bei Einbau des Kompressors hinter dem Luftvorwärmer sein um etwa 40 vH höherer Kraftbedarf wahrscheinlich nicht mehr von der Gasturbine allein gedeckt werden könnte. Hohe Anzapfvorwärmung, Luftvorwärmung und Betriebsdrücke eignen sich aber für Hochgeschwindigkeitskessel, deren Gewicht, Preis und Arbeiten vom Druck fast unabhängig sind, vorzüglich. Während Speisewassertemperaturen über 100° bei Velox-Anlagen aus den angegebenen Gründen schon reichlich hoch sind, sind bei Hochgeschwindigkeitskesseln 180° ohne weiteres zulässig und meistens auch zweckmäßig. Es scheint daher nicht unbillig, wenn man einen 35-at-Velox-Kessel mit einem 65-at-Hochgeschwindigkeitskessel vergleicht, wobei der Wärmeverbrauch für 1 kWh Nutzarbeit beim Velox-Verfahren um mindestens 4 vH größer werden dürfte. Mit Gas beheizte Hochgeschwindigkeitskessel bieten daher in Anlagen mit langer Ausnutzungsdauer, wie z. B. Hüttenwerken, vor Velox-Kesseln offenbar dadurch einen Vorteil, daß man den Druck so hoch wählen kann, wie es mit Rücksicht auf höchste thermische Wirtschaftlichkeit erwünscht ist. Dampfturbinen mit Velox- oder Hochgeschwindigkeitskesseln sind aber Großgasmaschinen dadurch überlegen, daß ihr spezifischer Wärmeverbrauch bei Teillast viel langsamer ansteigt (Leerlaufsverbrauch etwa 15 vH des Vollastverbrauches gegenüber

40 bis 50 vH bei Gasmaschinen), daß eine Einheit beliebig groß gebaut werden kann (Höchstleistung einer Gasmaschine 6000 bis 8000 kW), daß die Anlage- und Unterhaltungskosten wesentlich kleiner werden und daß das Gas vor seiner Verwendung nicht so sorgfältig gereinigt zu werden braucht.

11. Schlußbetrachtung. Zusammenfassend kann man sagen, daß im Jahre 1933 die Aussichten von Sonderkesseln vielleicht insofern nicht mehr so günstig sind wie etwa 5 Jahre vorher, als in der Zwischenzeit normale Höchstdruckkessel durch geschicktere Konstruktion und Verwendung besserer Baustoffe vereinfacht und verbilligt wurden, und als die Tendenz jetzt mehr auf Einfachheit als auf etwas geringeren Preis oder etwas höheren Wirkungsgrad gerichtet ist. Zudem sind wenigstens in Elektrizitätswerken, wo das Zusatzwasser nur wenige vH der erzeugten Dampfmenge beträgt, die Kosten von Destillieranlagen keineswegs so teuer oder ihre Bedienung so umständlich, daß sie große Neigung hätten, die bekannten Schwächen von Destillieranlagen gegen die unbekannten mit neuartigen Kesselsystemen verbundenen Unsicherheiten einzutauschen, solange nicht wesentliche Ersparnisse zu erwarten sind. Andererseits bieten Zwanglauf- bzw. Schnellkessel so große, noch unerschöpfte Möglichkeiten, daß sie, wenn vielleicht zunächst auch nur langsam, Kessel mit natürlichem Wasserumlauf an manchen Orten verdrängen werden. Jedenfalls sind überall Kräfte im Bau von Schnellkesseln am Werk, deren Erfolg Höchstdruckdampf neuen Auftrieb geben würde.

Die zuweilen sehr betonte „Explosionssicherheit" von Sonderkesseln spielt nicht die Rolle, wie oft angenommen wird. Die Zahl der Explosionen ist nämlich im Verhältnis zur Zahl der in Betrieb befindlichen Kessel an sich sehr gering, Abb. 20 bis 23, und wird infolge der im letzten Jahrzehnt erzielten Fortschritte in Zukunft noch weiter zurückgehen, zumal genietete Trommeln in Deutschland bei größeren Kesseln kaum mehr verwendet werden.

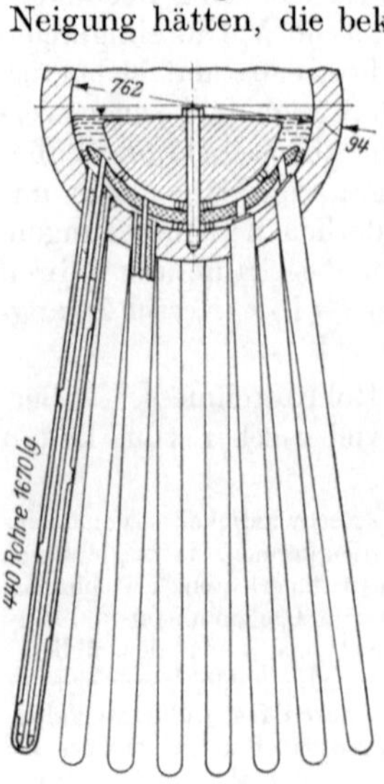

Abb. 456.

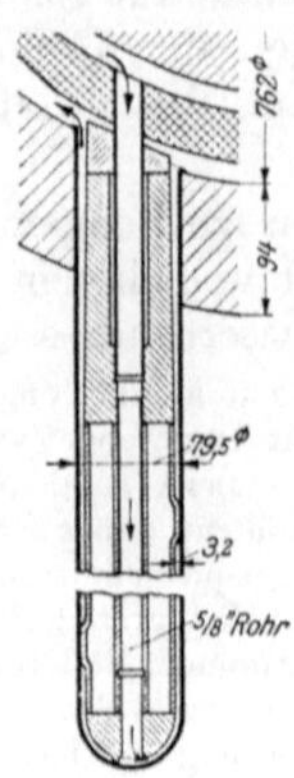

Abb. 457.

Abb. 456 u. 457. Verdampfer (insgesamt 7) eines Emmet-Quecksilberdampfkessels zum Erzeugen von 520 t/h Quecksilberdampf von 5,9 ata Druck für eine Leistung der Quecksilberdampf-Wasserdampf-Zweistoffanlage von 23000 kW im South Meadow-Kraftwerk. Baujahr 1928.
Abb. 456. Anordnung der Verdampferrohre.
Abb. 457. Schnitt durch Verdampferrohr (vergrößert).

C. Quecksilberdampfkessel (Emmet-Kessel).

Infolge der physikalischen und thermischen Eigenschaften des Quecksilbers und wegen ihres großen Inhaltes eignen sich normale Wasserrohrkessel nicht für das Verdampfen von Quecksilber. Seine mittlere spezifische Wärme zwischen 300 und 500° ist nur 0,032 kcal/kg °C, sein spezifisches Gewicht bei 0 bzw. 500° 13,6 bzw. 12,4 kg/l, sein Siedepunkt 351° bei 1 ata, 460° bei 5 ata. Nach zahlreichen Zwischenformen wurde im Jahre 1928 der Kessel in Abb. 456 und 457 gebaut, der mit dem Kessel von John Stevens aus dem Jahre 1804, Abb. 5 auf S. 4, eine auffallende Ähnlichkeit hat. Wegen des großen spezifischen Gewichtes und hohen Preises von Quecksilber muß der „Quecksilberraum" des Kessels möglichst klein sein. Da bei 500° eine 805 mm hohe Hg-Säule den Druck bereits um 1 at, den Siedepunkt um etwa 13° erhöht, muß der Abstand zwischen dem „Quecksilberspiegel" und dem tiefsten beheizten Punkt des Kessels geringer als bei normalen Wasserrohrkesseln sein, weil sonst das Quecksilber infolge seiner außerordentlich schnellen Erwärmung eine für die Baustoffe unzulässig hohe Temperatur annehmen würde. In mehrjährigem Betrieb hat sich Quecksilber als stabil und frei von jedem Angriff auf Eisen erwiesen. In dieser Hinsicht genügt also für Siederohre, Kesseltrommeln, Rohrleitungen, Ventilkörper, Kondensator- und Turbinengehäuse gewöhnlicher kohlenstoffarmer Stahl. Der Kessel in Abb. 458 besteht aus sieben gleichen Teilkesseln. In die geschmiedeten Trommeln sind je 440 kalorisierte Rohre mit toten Enden eingewalzt und verschweißt, Abb. 457. Der Quecksilberrücklauf erfolgt durch das vor Beheizung durch einen Hohlraum geschützte Innenrohr. Der Hohlraum soll außerdem im Verein mit eisernen Einsatzstücken in der Obertrommel und den Rohren den Quecksilberinhalt tunlichst verkleinern. Zur Zeit werden 2,3 kg Hg-Füllung je kW Gesamtleistung benötigt.

Man geht jetzt mit dem Kesseldruck bis auf etwa 8,3 ata entsprechend einer Sättigungstemperatur des Quecksilbers von 500°, da an die Kesselbaustoffe trotz dieses mäßigen Druckes wegen der geringen Warmfestigkeit bei so hoher Temperatur bereits beträchtliche Anforderungen gestellt werden, S. 47. Der Vergleich mit Wasserdampfüberhitzern für Höchstdruckkessel gibt insofern kein ganz richtiges Bild, als sie durchweg aus sehr engräumigen Teilen bestehen, während man bei den bisherigen Konstruktionen von Quecksilberdampfkesseln mit dem Trommeldurchmesser nicht unter einen bestimmten Betrag gehen kann, Abb. 456 und 457. Eine weitere Schwierigkeit bereitet die Kühlung der Feuerraumwände, da die senkrechte Erstreckung der Kühlrohre aus den oben genannten Gründen einen mäßigen Betrag nicht überschreiten darf und da der Zwang, mit kleinem Quecksilberinhalt auszukommen, die Konstruktionsmöglichkeiten weiter einengt. Man hat daher bei den ersten Ausführungen die Kühlflächen zur Verdampfung von Wasser benutzt, dessen Dampf dem im Quecksilberkondensator erzeugten zugesetzt wurde. Die dadurch bedingte Verschlechterung des Wirkungsgrades des Arbeitsverfahrens ist zwar nicht beträchtlich, aber doch unerwünscht. In letzter Zeit kühlt man daher den oberen Teil der Wände mit von Quecksilber durchströmten, den unteren mit von Wasser durchströmten Rohren, das Ziel muß aber die ausschließliche Verwendung von Quecksilber sein. Vorstehende Ausführungen und die Notwendigkeit, auch sehr geringe Verunreinigungen des Quecksilbers durch Rost, Eisenspäne, Hammerschlag usw. zu vermeiden, zeigen die eigenartigen Schwierigkeiten beim Bau von Quecksilberkesseln, lassen aber auch erkennen, in welcher Richtung die weitere Entwicklung voraussichtlich verlaufen wird. Man darf annehmen, daß sie sich von Konstruktionselementen normaler Wasserrohrkessel noch weiter entfernen wird, als es bereits jetzt der Fall ist.

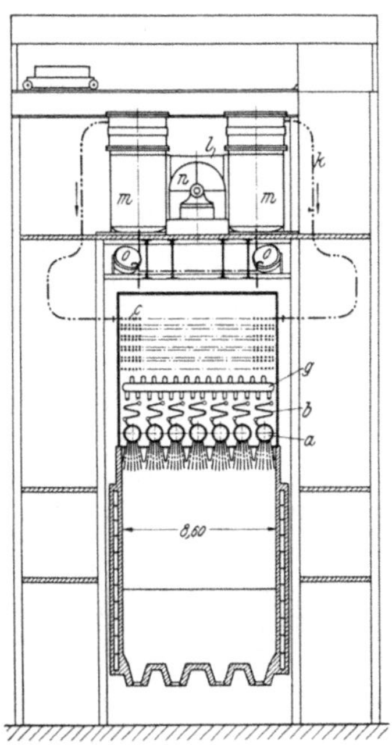
Abb. 458.

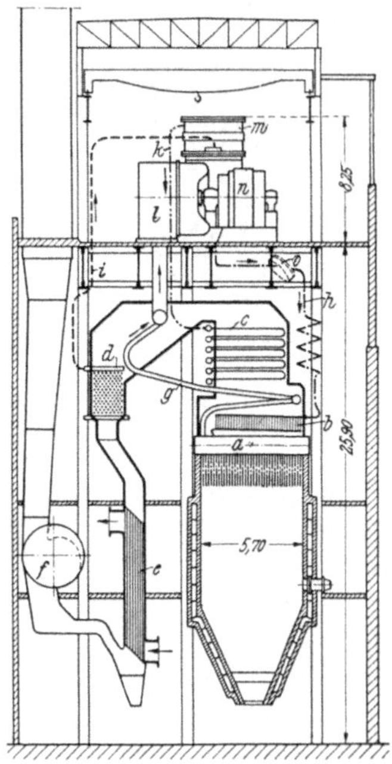
Abb. 459.

Abb. 458 u. 459. Anordnungsskizze der 23000 kW-Emmet-Anlage im South Meadow-Kraftwerk der Hartford Electric Light Co.
a Kesseltrommeln; *b* Quecksilberekonomiser; *c* Wasserdampfüberhitzer; *d* Wasserekonomiser; *e* Luftvorwärmer; *f* Saugzugventilator; *g* Quecksilberfrischdampfleitung; *h* Quecksilberkondensatrückleitung; *i* Wasserzufuhr zum Quecksilberkondensator; *k* Sattdampfleitung zwischen Quecksilberkondensator und Wasserdampfüberhitzer; *l* Quecksilberturbine; *m* Quecksilberkondensator; *n* Generator; *o* Reiniger für flüssiges Quecksilber.

Nach Bespülen der annähernd senkrechten Siederohre strömen die Rauchgase zwischen den gegen Wärmeaufnahme isolierten Kesseltrommeln hindurch zum Ekonomiser, der das Quecksilber auf annähernd Sättigungstemperatur erwärmt, dann durch den Wasserdampfüberhitzer und -ekonomiser und zuletzt durch den Luftvorwärmer, Abb. 458 und 459. Der Hg-Kondensator verdampft das zum Niederschlagen der Quecksilberdämpfe benutzte Wasser. Der durch die Rauchgase überhitzte Wasserdampf wird in einer normalen Turbine verarbeitet. Die zylindrischen Hg-Kondensatoren, deren Kühlrohre ähnlich ausgebildet sind wie die Siederohre des Kessels, sind rechts und links von der Hg-Turbine angeordnet. Sämtliche Quecksilber führenden Rohrleitungen sind durch Schweißung miteinander verbunden und liegen ebenso wie sämtliche Ventile in den Rauchgaszügen, damit entweichendes Quecksilber nicht in das Kessel- oder Maschinenhaus gelangt. Sollte irgendein Teil undicht werden, so würde das ausgeflossene Quecksilber sich in den Zügen ablagern und wiedergewonnen werden, weil es unter atmosphärischem

Druck bereits bei 351° kondensiert. Selbst feinste Spuren von Hg in den Rauchgaszügen zeigt ein Selenoxydindikator automatisch an.

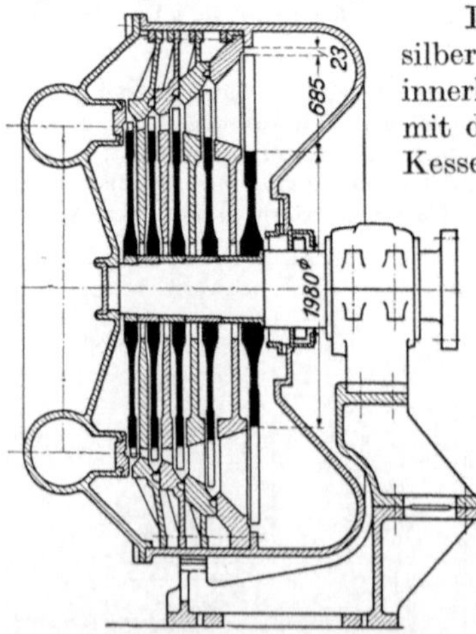

Abb. 460. 10000 kW-Quecksilberdampfturbine von 720 U/min der 23000 kW-Emmet-Anlage im South Meadow-Kraftwerk. Baujahr 1928.

Die Hg-Turbine steht über dem Kessel, damit die Quecksilber führenden Rohrleitungen möglichst kurz werden und innerhalb der Rauchgasfüchse verlegt werden können und damit das Hg-Kondensat durch seine eigene Schwere in den Kessel zurückfließt[1]. Um mit einer einzigen Stopfbüchse im ganzen System auszukommen, sitzt der Turbinenläufer freifliegend auf der Welle, doch wird diese Konstruktion jetzt verlassen und eine zweite Stopfbüchse in Kauf genommen. Das Turbinengehäuse und seine Verbindung mit den Kondensatoren sind dichtgeschweißt. Infolge des großen spezifischen Volumens des Hg-Dampfes und seiner kleinen Austrittsgeschwindigkeit (rd. $^1/_3$ von Wasserdampf bei gleichem Druck) erhält die Turbine niedere Drehzahl (600 bis 700 U/min) und verhältnismäßig große Abmessungen, Abb. 460.

Das Sicherheitsventil des Hg-Kessels pufft in einen der beiden Hg-Kondensatoren aus. Löst der Schnellschluß der Hg-Turbine aus, so strömt der erzeugte Hg-Dampf unmittelbar zum Kondensator, wodurch etwa $^3/_5$ der Volleistung weiter aufrecht erhalten werden können. Der andere Kondensator hat einen Notauspuff in die **Rauchgaszüge. Entsteht durch Platzen eines Kondensatorrohres oder durch Wassermangel ein anormaler Druck im Vakuumraum, so führt ein Ventil den Überdruck ab.**

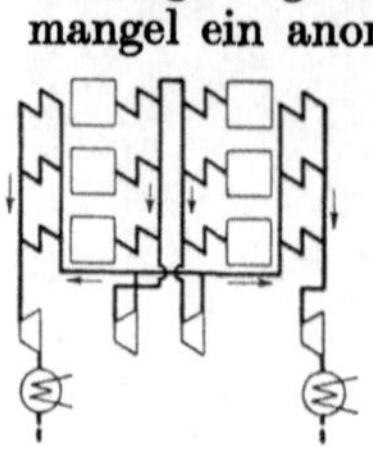

Abb. 461.

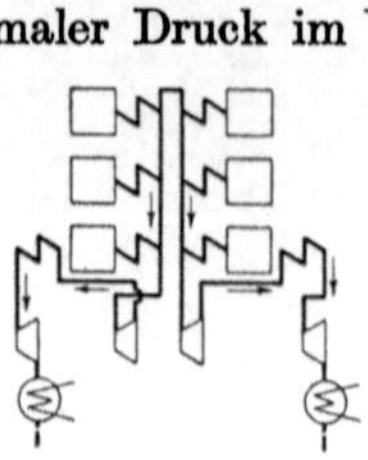

Abb. 462.

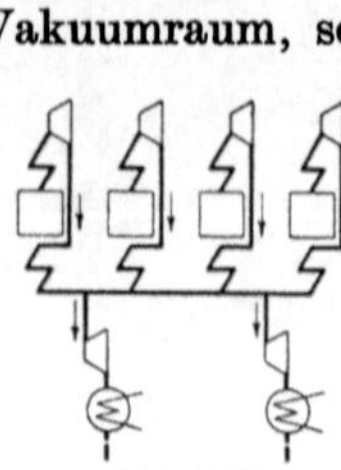

Abb. 463.

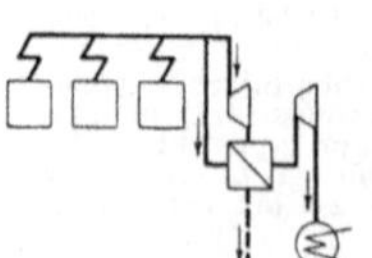

Abb. 464.

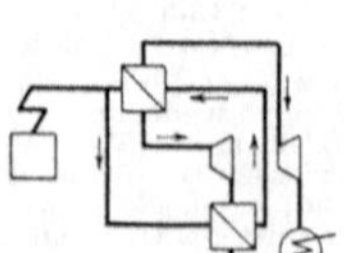

Abb. 465.

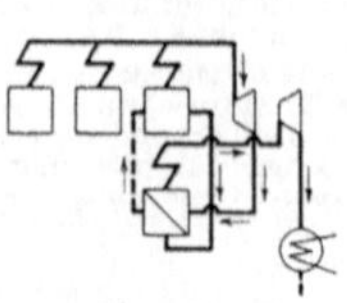

Abb. 466.

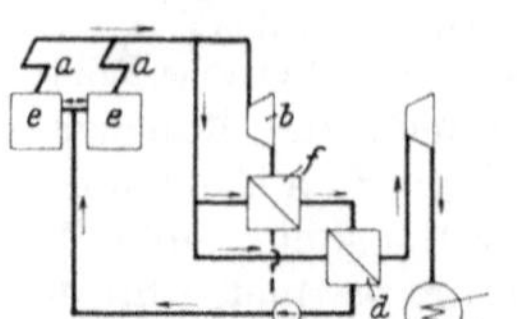

Abb. 467.

Legende zu Abb. 467:
a Frischdampfüberhitzer;
b Hochdruckstufe der Turbine;
c Umwälzpumpe für den Heizdampf;
d vom umgepumpten Frischdampf beheizter Zwischenüberhitzer;
e Kessel;
f von kondensierendem Frischdampf beheizter Zwischenüberhitzer.

Abb. 461—467. Verschiedene Schaltungen von rauchgasbeheizten und frischdampfbeheizten Zwischenüberhitzern.

Ist der Hg-Kessel gefüllt, so wird sein Mannloch dichtgeschweißt. Auch der Hg-Kondensator kann nicht verschmutzen und seine Luftleere sich nicht verschlechtern, weil auf der einen Seite Quecksilberdampf, auf der anderen reines Wasserkondensat ist.

D. Zwischenüberhitzung.

1. Rauchgase und Frischdampf als Heizmittel. Der Zweck der Zwischenüberhitzung wurde auf S. 38 behandelt. Mit Rauchgasen läßt sich beliebig hohe Überhitzung des Zwischendampfes und der kleinste Heizflächenaufwand erzielen. Bei Frischdampf-Zwischenüberhitzung dagegen muß die Wärme zuerst von den Rauchgasen an die Kessel bzw. Hochdruck-Überhitzerheizfläche und dann in Oberflächenapparaten vom Heiz- an den Zwischendampf übertragen werden. Bei Rauchgas-Zwischenüberhitzern kann man den Druck des Zwischendampfes stets so wählen und die Überhitzung so weit treiben, wie es die günstigste Wärmeausnutzung erfordert, bei frischdampfbeheizten Zwischenüberhitzern kommt man aber höchstens 20 bis 30° über die Sättigungstemperatur des Frischdampfes.

[1] Bei neueren Ausführungen wird der baulichen Schwierigkeiten wegen auf den natürlichen Quecksilberrücklauf verzichtet.

2. Schaltung von Zwischenüberhitzern. In Abb. 461 haben sämtliche sechs Kessel Frischdampf- und Zwischenüberhitzer und arbeiten auf zwei für die Hoch- und für die Niederdruckstufen der Turbinen gemeinsame Leitungssysteme. Da es nicht immer gelingt, den Zwischendampf gleichmäßig auf alle Kessel zu verteilen, wird er verschieden hoch überhitzt, was übrigens auch bei gleichmäßiger Verteilung der Fall wäre, falls nicht jeder Kessel stets gleich belastet ist. Ferner wird der Druckverlust des Zwischendampfes infolge der langen Leitungen unwirtschaftlich groß. Die Verhältnisse sind in Abb. 462, wo nur die den Turbinen benachbarten Kessel Zwischenüberhitzer haben,

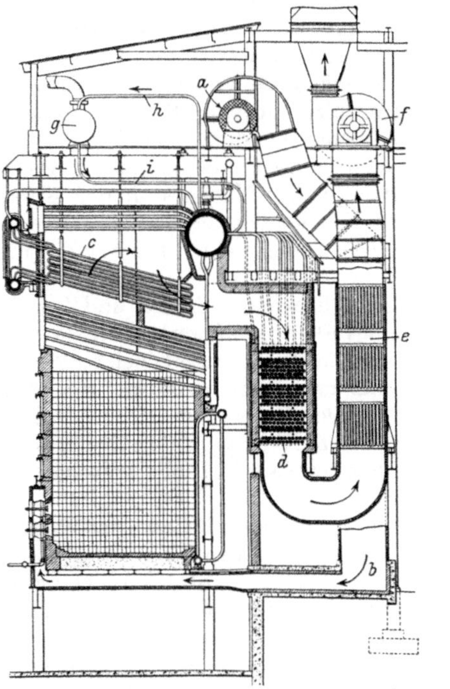

Abb. 468. 100 at-Sektionalkessel mit Hochdrucküberhitzer, dampfbeheiztem Zwischenüberhitzer, Foster-Rippenrohrekonomiser und Plattenluftvorwärmer im Kraftwerk B der San Antonio Public Service Co., USA. Baujahr 1930.

a Verbrennungsluftventilator; *b* Warmluftleitung; *c* Hochdrucküberhitzer; *d* Verdampfungsekonomiser; *e* Luftvorwärmer; *f* Saugzugventilator; *g* Zwischenüberhitzer; *h* Heizdampfleitung zwischen Kessel und *g*; *i* Rückführleitung des Heizdampfkondensates von *g* zum Kessel.

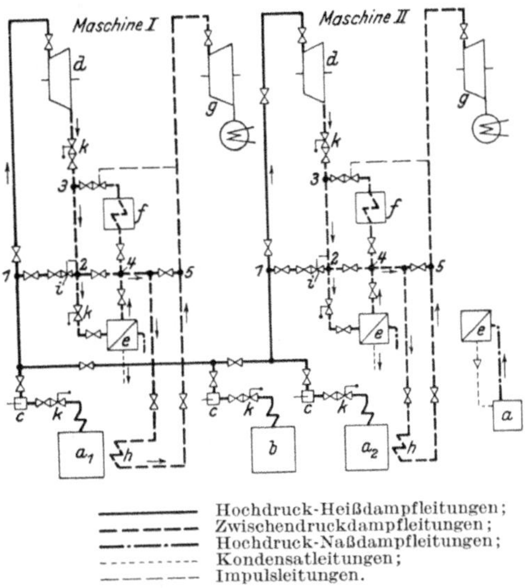

Abb. 469. Schaltschema der Frischdampf- und Zwischendampfleitungen des Kraftwerkes A der Pacific Gas and Electric Co. in San Francisco.

a_1 und a_2 Zwischenüberhitzerkessel; *b* gewöhnlicher Kessel; *c* Frischdampftemperaturregler; *d* Hochdruckstufe der Turbine; *e* durch gesättigten Frischdampf beheizte Vorstufe des Zwischenüberhitzers (zum Regulieren der Überhitzung des Zwischendampfes); *f* vom Zwischendampf durchströmter Speisewasservorwärmer (zur Herabsetzung der Temperatur des Zwischendampfes); *g* Niederdruckstufe der Turbine; *h* durch Rauchgase beheizter Zwischenüberhitzer; *i* Reduzierventil für Frischdampf; *k* Sicherheitsventile.

Die eingezeichneten Pfeile zeigen den Weg des Arbeitsdampfes im normalen Betriebe an. Ist die Hochdruckstufe der Turbine *d* außer Betrieb, so macht der Dampf folgenden Weg: a_1 bzw. a_2, *c*, *1*, *2*, *3*, *f*, *4*, *h*, *5*, *g*.

günstiger. Bei Ausfall eines Zwischenüberhitzerkessels muß aber die zugehörige Turbine ohne Zwischenüberhitzung arbeiten. Außerdem ist es schwierig, in den Zwischenüberhitzerkesseln sowohl die gewünschte Frischdampf- als auch Zwischendampftemperatur zu erzielen. Trotzdem ist diese Anordnung die gebräuchlichste. In Abb. 463 hat jeder Kessel einen Zwischenüberhitzer und eine dicht bei ihm aufgestellte Hochdruckturbine, deren Abdampf im selben Kessel zwischenüberhitzt und dann einem gemeinsamen Netz zugeführt wird. Diese Anordnung kommt aber nur für sehr große Werke in Frage. Z. B. würde bei Kesseln von 300 bis 500 t/h Dampferzeugung eine zwischen 100 und 20 at arbeitende Vorschaltturbine 27000 bis 47000 kW leisten, also mit Rücksicht auf günstigen Preis genügend groß sein, Abb. 531.

Da die Regelung der Überhitzung durch Rauchgasklappen nicht befriedigt, S. 247, schaltet man vor rauchgasbeheizte Zwischenüberhitzer zuweilen eine Vorwärmstufe, die von kondensierendem Frischdampf beheizt wird und sich leicht regeln läßt, Abb. 466 (Heizdampfkondensatrückleitung ist gestrichelt). Sie wird mit Sattdampf beheizt und am besten über dem Kessel aufgestellt, damit sein Kondensat von selbst zum Kessel zurückfließt, Abb. 396 und 468.

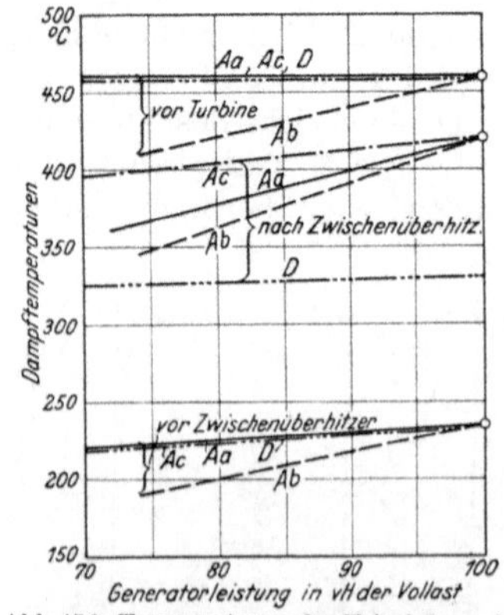

Abb. 470. Temperaturen des Frischdampfes und des Zwischendampfes vor und hinter Zwischenüberhitzer bei Rauchgaszwischenüberhitzung ohne (*Aa, Ab*) und mit (*Ac*) frischdampfbeheizter Vorstufe und bei Zwischenüberhitzung durch umgepumpten Frischdampf (*D*) mit und ohne Frischdampftemperaturregler.

Zwischenüberhitzung durch Rauchgase: *Aa* ——— mit Frischdampftemperaturregler; *Ab* – – – ohne Frischdampftemperaturregler; *Ac* —·— mit Frischdampftemperaturregler und durch kondensierenden Frischdampf beheizter Vorstufe des Zwischenüberhitzers;

umgepumpten Frischdampf: *D* —···— ohne durch kondensierenden Frischdampf beheizte Vorstufe.

In Abb. 464 bis 467 erfolgt die Zwischenüberhitzung nur durch Frischdampf. In Abb. 464 beheizt ein Teil des Frischdampfes, dessen Kondensat dem Vorwärmsystem des Turbinenkondensates (Speisewasser) zugeführt wird, den Zwischenüberhitzer. Soll der Zwischendampf wesentlich heißer als die Sättigungstemperatur des Frischdampfes sein, so wird eine Stufe nachgeschaltet, die der Frischdampf vor Eintritt in den Hochdruckteil der Turbine beheizt, Abb. 465. In Abb. 467 wird in den überdimensionierten Frischdampfüberhitzern *a* eine durch eine Umwälzpumpe *c* im Kreislauf gehaltene zusätzliche Dampfmenge überhitzt, die Zwischenüberhitzer *d* beheizt und nach Abgabe des größten Teiles ihrer Überhitzungswärme in den Wasserraum der Kessel *e* zurückkehrt. Die mit kondensierendem Frischdampf beheizte Vorstufe *f* übernimmt einen Teil der Zwischenüberhitzung.

Abb. 469 zeigt das Schema der Frisch- und Zwischendampfleitungen eines 100-at-Kraftwerkes mit Rauchgas-Zwischenüberhitzung und frischdampfbeheizter Vorstufe. Wärmeaustauschapparat *f* kühlt, wenn die Hochdruckstufe der Turbine außer Betrieb ist, den gedrosselten Frischdampf vor seinem Eintritt in den Zwischenüberhitzer durch das Speisewasser auf eine passende Temperatur ab.

Das Anlassen von Anlagen mit Rauchgas-Zwischenüberhitzern ist sehr umständlich. Bei der Anlage in Abb. 469 dauert es $1^1/_2$ bis 2 Stunden, bei älteren Werken bis zu 4 Stunden. Frischdampf-Zwischenüberhitzer verdienen deshalb in Anlagen, die häufig stillgelegt werden, den Vorzug.

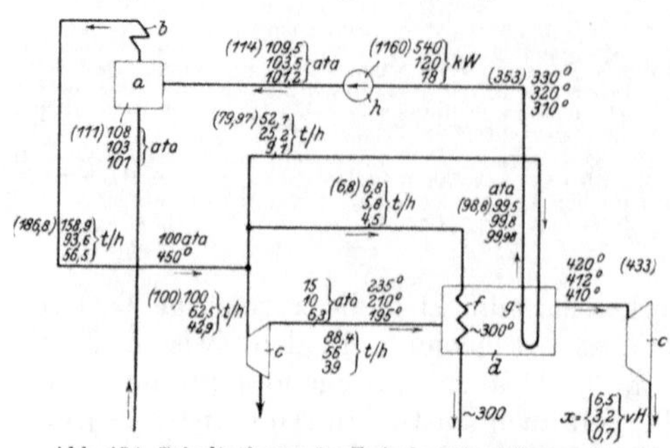

Abb. 471. Schaltschema der Zwischenüberhitzung durch umgepumpten Frischdampf mit durch kondensierenden Frischdampf beheizter Vorstufe.

Die eingetragenen Zahlen geben an den betreffenden Stellen für 100, 60 und 40 vH Last bei 14 vH CO_2-Gehalt der Rauchgase die Dampfmengen in t/h, Dampfzustände in ata und °C und den Kraftbedarf der Umwälzpumpe in kW an. Die Klammerwerte beziehen sich auf 100 vH Last und 12 vH CO_2-Gehalt der Rauchgase.

a Kessel; *b* Hochdrucküberhitzer; *c* Hoch- bzw. Niederdruckturbine; *d* Zwischenüberhitzer; *f* mit kondensierendem Frischdampf beheizte Vorstufe; *g* Zwischenüberhitzer für Umwälzdampf; *h* Umwälzpumpe.

3. Verhalten von Zwischenüberhitzern. In Zahlentafel 34, S. 275, und Abb. 470 sind für eine von zwei Kesseln mit Dampf von 100 at und 450° versorgte 50000 kW-Turbine die Verhältnisse für verschiedene Arten der Zwischenüberhitzung untersucht. Sie erfolgt in Fall A durch Rauchgase, in Fall B durch Rauchgase und eine frischdampfbeheizte Vorstufe, in Fall C durch kondensierenden Frischdampf, in Fall D durch umgepumpten Frischdampf ohne frischdampfbeheizte Vorstufe, in Fall E durch umgepumpten Frischdampf und eine frischdampfbeheizte Vorstufe auf 420°, in Fall F durch umgepumpten Frischdampf und eine frischdampfbeheizte Vorstufe auf 350°.

In Fall A bis C sind Temperaturregler für den Frischdampf vorgesehen, die in Fall D bis F überflüssig sind. Nach Abb. 470 geht bei Rauchgas-Zwischenüberhitzung ohne frischdampfbeheizte Vorstufe die Temperatur des überhitzten Zwischendampfes bei Teillast stark zurück, Fall Aa und Ab, am meisten wenn kein Frischdampftemperaturregler vorhanden ist, Fall Ab. Bei Zwischenüberhitzer durch Umpumpdampf stellt sie sich von allein praktisch konstant ein, Fall D. Auch die Frischdampftemperatur läßt sich durch Drehzahländerung der Umlaufpumpe konstant halten. Abb. 471, die für etwas andere Verhältnisse entworfen wurde, zeigt dasselbe Bild. Auch wenn der CO_2-Gehalt der Rauchgase von 14 auf 12 vH zurückgeht, ändert sich die Endtemperatur des Zwischendampfes nur von 420 auf 433° und in keinem Fall wird der Dampf in den Niederdruckstufen der Turbine zu naß (Wassergehalt $x = 0{,}7$ bis 6,5 vH).

Der Vollastwärmeverbrauch der Turbine samt Generator (ohne die Kesselverluste und ohne den Kraftbedarf der Hilfsmaschine) für 1 kWh (an den Generatorklemmen gemessen) ist mit 2340 kcal in Fall A und B am kleinsten und mit 2385 kcal in Fall D am größten (in Fall D ist der Wärmeverbrauch der Umwälzpumpe berücksichtigt). Der Unterschied liegt aber dicht an der Grenze der Berechnungsgenauigkeit. Der Wärmeverbrauch bei Zwischenüberhitzung durch kondensierenden Frischdampf, Fall C, und durch umgepumpten Frischdampf und eine kleine frischdampfbeheizte Vorstufe, Fall F, ist fast gleich. Da Gewicht und Druckverlust des umgepumpten Heizdampfes bei fallender Belastung sehr stark zurückgehen, wird der Wärmeverbrauch bei Teillast in Fall D bis F verhältnismäßig günstiger.

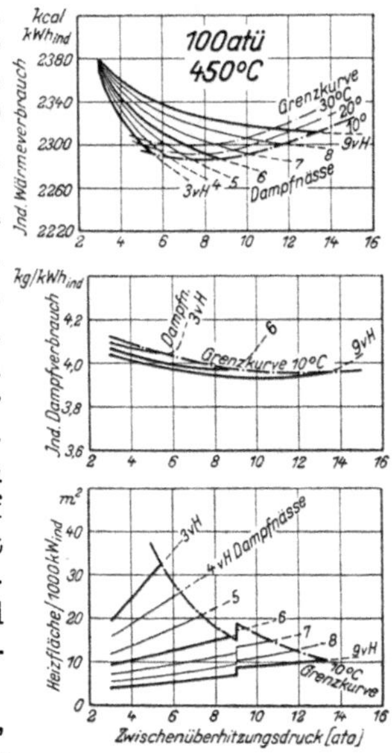

Abb. 472. Indizierter Wärme- und Dampfverbrauch für 1 kWh und benötigte Zwischenüberhitzerheizfläche für 1000 kW indizierte Leistung bei kondensierendem Frischdampf als Heizmittel, einstufiger Zwischenüberhitzung, dreistufiger Anzapfvorwärmung und Frischwasserkühlung. (Wirkungsgrad der Hochdruckstufe der Turbine 77 vH, der Niederdruckstufe 82 vH.)

In Abb. 472 ist für 100 atü Frischdampfdruck untersucht, wie groß bei Zwischenüberhitzung mit überhitztem Frischdampf der Wärme- und Dampfverbrauch je kWh und die benötigte Heizfläche[1] für 1000 kW indizierter Turbinenleistung bei verschiedenen Zwischendrücken in Abhängigkeit von der Dampfnässe in der letzten Turbinenstufe werden. Bei einem Zwischendruck von 10 ata bei der „Grenzkurve" 10° beträgt z. B. der indizierte Wärmeverbrauch 2290 kcal/kWh, der Dampfverbrauch 3,98 kg/kWh, die Dampfnässe in der letzten Turbinenstufe 7 vH, und die benötigte Heizfläche des Zwischenüberhitzers 14 m²/1000 kW indizierter Turbinenleistung. „Grenzkurve 10°" bedeutet, daß der Zwischendampf durch die Verdampfungswärme des Heizdampfes bis auf 10° unter die Sättigungstemperatur des letzteren überhitzt wird. Je größer das Temperaturgefälle ist, um so kleiner wird die benötigte Heizfläche, aber um so mehr bleibt die Temperatur des zwischenüberhitzten Dampfes hinter der Heizdampftemperatur zurück. Nach Abb. 472 gibt nicht der indizierte Dampfverbrauch, sondern der Wärmeverbrauch (einschließlich der für Zwischenüberhitzung und Anzapfvorwärmung benötigten Wärme) ein richtiges Bild von der thermischen Wirtschaftlichkeit. Der günstigste indizierte Wärmeverbrauch liegt für eine „Grenzkurve" von 10° bei einem Zwischendruck von 8 bis 10 vH des Frischdampfdruckes. Die Dampfnässe in den Niederdruckstufen beträgt dann 5 bis 7 vH. Ferner hängt nach Abb. 472 die Heizfläche des

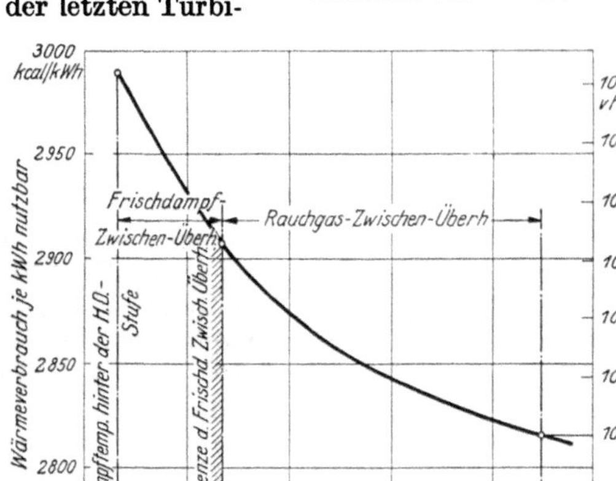

Abb. 473. Gesamt-Wärmeverbrauch (einschließlich Kesselverluste) für 1 kWh Nutzstromabgabe (niederspannungsseitig) bei Zwischenüberhitzung mittels Frischdampf und mittels Rauchgasen, einem Frischdampfzustand von 100 at und 475°, 18 ata Zwischendruck, Regenerativ-Speisewasservorwärmung und 0,04 at Kondensatordruck.

[1] Die Werte für die benötigten Heizflächen gelten nur in ihrem Verhältnis zueinander genau.

Zwischenüberhitzers stark von der in der Niederdruckstufe der Turbine zugelassenen Dampfnässe ab.

Zum Erzielen einer Dampfnässe am Kondensatoreintritt von 7 bis 8 vH genügt bei 100 bis 130 at Frischdampfdruck und 450 bzw. 480° Frischdampftemperatur bei günstiger Höhe des Zwischendruckes Zwischenüberhitzung mit kondensierendem Frischdampf, falls der Gütegrad der Turbine nicht wesentlich besser als 82 vH ist. Wird aber die Hochdruckturbine über der Niederdruckturbine aufgestellt, Abb. 19, so wird man beide Generatoren gern gleich groß ausführen und muß dann das Gefälle zwischen Frischdampf- und Kondensatordruck so unterteilen, daß beide Turbinenstufen gleich viel leisten. Deshalb wählte

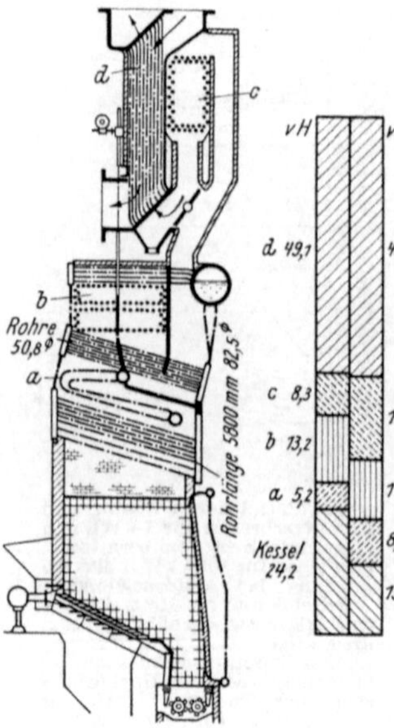

Abb. 474. 115 t/h Leistung. Baujahr 1927.

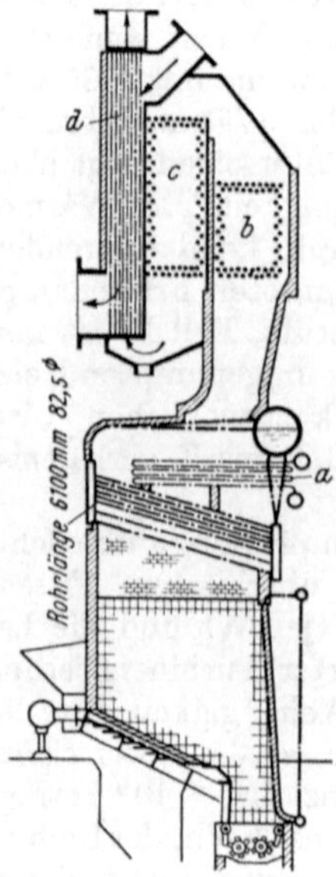

Abb. 475. 135 t/h Leistung. Baujahr 1928.

Abb. 474 u. 475. Zwischenüberhitzerkessel für 98/26 at Überdruck und 115 bzw. 135 t/h Leistung mit Unterschubrosten im Edgar-Kraftwerk in Boston.

a Frischdampfüberhitzer; *b* Zwischenüberhitzer; *c* Speisewasservorwärmer; *d* Luftvorwärmer.

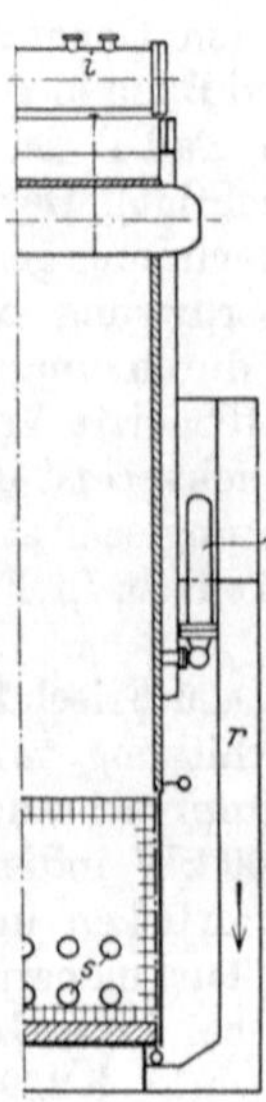

Abb. 476.

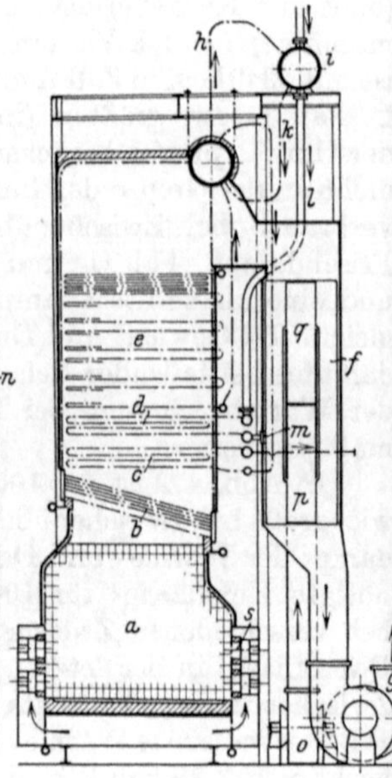

Abb. 477.

Abb. 476 u. 477. 100 at-Zwischenüberhitzerkessel neuester Bauart mit Staubfeuerung. Baujahr 1933. *a* Feuerraum; *b* Kesselbeizfläche; *c* Hochdrucküberhitzer; *d* Zwischenüberhitzer; *e* Ekonomiser; *f* Taschenluftvorwärmer; *g* Saugzugventilator; *h* Heizdampfleitung zu *i*; *i* mit gesättigtem Frischdampf beheizte Vorstufe von *d*; *k* Heizdampfkondensat-Rückleitung; *l* Leitung zwischen *i* und *d*; *m* Austritt aus *d*; *n* Hochdruckdampftemperaturregler; *o* Unterwindventilator; *p* Kaltluftsammelkasten; *q* Warmluftsammelkasten; *r* Warmluftkanal zwischen *q* und *s*; *s* Kohlenstaubbrenner.

man im Fordson-Kraftwerk (Frischdampfzustand 100 at und 385°) nur 4,9 atü Zwischendruck und eine Überhitzung des Zwischendampfes auf 260° und kam dadurch zwangläufig zur Zwischenüberhitzung durch Frischdampf. Weil der Durchmesser der Dampfleitungen zwischen Turbine und Zwischenüberhitzerkessel sonst unerwünscht groß wird, bevorzugt man bei 100 at Frischdampfdruck oft einen Zwischendruck von 20 bis 25 at. Mit kondensierendem Heizdampf kann man den Zwischendampf auf etwa 320° überhitzen. Hierbei ist nach Abb. 473 der Wärmeverbrauch 2910 gegenüber 2815 kcal/kWh bei Überhitzung auf 475°. Zwischenüberhitzung durch Rauchgase statt durch kondensierenden Frischdampf gibt also in diesem Falle 3,3 vH Ersparnis und empfiehlt sich daher bei großen Werken mit guter Ausnutzungsdauer.

Mit hochsiedenden im Kreislauf durch rauchgasbeheizte Vorwärmer und Röhrenzwischenüberhitzer gepumpten Flüssigkeiten als Wärmeträger wurde bisher kein befriedigender Erfolg erzielt.

Zusammenfassend kann gesagt werden, daß sich Rauchgas-Zwischenüberhitzung für große, günstig belastete Werke mit großen Maschineneinheiten empfiehlt, den höchsten thermischen Wirkungsgrad gibt und am besten bei 20 bis 25 vH des Frischdampfdruckes durchgeführt wird. Eine mit gesättigtem Frischdampf beheizte, über dem Zwischenüberhitzerkessel angeordnete Vorstufe erleichtert die Einhaltung der gewünschten Temperatur. Arbeiten auf eine Turbine mehrere Kessel, so ordnet man jeder Turbine eine Kesselgruppe zu, von der nur ein oder zwei Kessel Zwischenüberhitzer haben. Bei sehr großen Kesseln ist es unter Umständen vorteilhafter, in sämtliche Kessel Zwischenüberhitzer einzubauen und jeden Kessel auf eine besondere Hochdruckturbine zu schalten. Bei Werken mittlerer Größe oder Benutzungsdauer oder da, wo die Turbinen öfters stillgesetzt werden müssen oder wo der Betrieb möglichst einfach sein soll, ist Zwischenüberhitzung durch kondensierenden Frischdampf meist zweckmäßiger.

Zahlentafel 34. Zusammenstellung der Hauptwerte für verschiedene Arten von Zwischenüberhitzung, Preisgrundlage 1931—1932.

Pos.	Fall		A	B	C	D	E	F
	Zwischenüberhitzung durch		Rauchgase		kondensierenden Frischdampf	umgepumpten Frischdampf		
			ohne	mit		ohne	mit	mit
			frischdampfbeheizter Vorstufe			frischdampfbeheizter Vorstufe		
1	Frischdampf vor Turbine: Druck	at abs			100			
2	Temperatur	°			450			
3	Druck im Zwischenüberhitzer	at abs			15,0/13,5			
4	Temperatur vor Zwischenüberhitzer	°			235			
5	Temperatur nach Zwischenüberhitzer	°	420	420	330	330	420	350
6	Kondensatordruck	at abs			0,04			
7	Klemmenleistung des Generators	kW			50000			
8	Im Kessel verdampfte Wassermenge	t/h	191,5	191,5	225,4	177,5	173,6	204
9	Durch Hochdrucküberhitzer strömende Frischdampfmenge	t/h	191,5	191,5	225,4	296,5	300	260
10	In Hochdruckturbine eintretende Frischdampfmenge	t/h	191,5	191,5	206,0	189,8	179	195
11	Umgepumpte Heizdampfmenge	t/h	—	—	—	87,3	92,9	41,1
12	Kondensierende Heizdampfmenge	t/h	—	—	19,4	—	12,6	13,2
13	**Wärmeverbrauch bezogen auf die Generatorleistung**	kcal/kWh	**2340**	**2340**	**2360**	**2385**	**2370**	**2375**
14	Desgl. in vH	vH	100	100	100,9	101,9	101,3	101,5
15	**Anlagekosten:** Zwei betriebsfertige Kessel mit Unterwindwanderrosten, Unterwindventilatoren, Montage und sämtlichen Dampfleitungen zwischen Kessel und Turbine	M	**2360650**	**2408250**	**2397540**	**2372510**	**2564300**	**2383500**
16	Anlagekosten von: Frischdampfleitungen einschließlich Isolierung, Entwässerung, Montage	M	55650	55650	57000	86650	86650	86650
17	Zwischendampfleitungen einschließlich Isolierung, Entwässerung, Montage	M	70790	70790	—	—	—	—
18	Umpumpdampfleitung einschließlich Isolierung, Entwässerung, Montage	M	—	—	—	44400	44400	36400
19	Rauchgasbeheiztem Zwischenüberhitzer bzw. Mehrpreis für vergrößerten Hochdrucküberhitzer	M	144760	144760	—	160440	166440	104000
20	Dampfbeheizte Vorstufe zu 19	M	—	47600	—	—	} 268420	} 133620
21	Dampfbeheizter Zwischenüberhitzer	M	—	—	135000	74560		
22	Umwälzpumpe samt Antriebsturbine	M	—	—	—	42000	42000	37000
23	Frischdampftemperaturregler einschließlich Verteuerung durch größere Kesseltrommel	M	111500	111500	116700	—	—	—
24	Summe Pos. 16 bis 23	M	382700	430300	308700	530090	607910	397670
25	**Kosten der Zwischenüberhitzung Pos. 17 bis 22 je kW Generatorleistung**	M/kW	**4,31**	**5,26**	**2,70**	**6,42**	**10,42**	**6,22**
26	Dasselbe Pos. 17 bis 23 und Mehrkosten von Pos. 16 gegenüber Fall C, Pos. 16	M/kW	5,42	7,50	5,03	7,02	11,02	6,82

4. Kosten der Zwischenüberhitzung. Für die in Abschnitt 2 besprochenen sechs Fälle wurden die gesamten Anlagekosten ermittelt, Zahlentafel 34. Mit Ausnahme von Fall D bis F wurden die Kosten für einen Frischdampftemperaturregler und die für seinen Einbau erforderliche Vergrößerung der Obertrommel der Kessel zugeschlagen. Nach Pos. 25 in Zahlentafel 34 wird ein Kraftwerk durch Zwischenüberhitzung um etwa 3 bis 6 M/kW verteuert. Nach Pos. 15 ist die gesamte Anlage bei Zwischenüberhitzung durch Rauchgase ohne frischdampfbeheizte Vorstufe am billigsten, Fall A. Die anderen Verfahren mit Ausnahme von Fall E sind aber nur geringfügig teurer. Nicht die Anlagekosten, sondern allgemeine Erwägungen und betriebliche Eignung für einen bestimmten Fall sind daher für die vorteilhafteste Art der Zwischenüberhitzung entscheidend.

Daher wird man besonders bei Werken mit guter Benutzungsdauer und teurer Kohle Fall B bevorzugen, weil die Überhitzung des Frisch- und des Zwischendampfes in ziemlich weiten Belastungsgrenzen auf der gewünschten Höhe gehalten werden kann. Auch Fall C verdient wegen seiner Einfachheit Beachtung.

5. Ausführung von Zwischenüberhitzerkesseln. Zwischenüberhitzerkessel werden sehr verschieden, je nachdem, ob der Frischdampfüberhitzer als Berührungs- oder als Strahlungsüberhitzer gebaut ist. Strahlungsüberhitzer haben sich für Zwischenüberhitzung nicht bewährt.

Abb. 474 und 475 zeigen, daß trotz der größeren Leistung des jüngeren Kessels sein Gesamtaufwand an Heizfläche merklich kleiner und die eigentliche Kesselheizfläche kaum mehr halb so groß ist. Bei Abb. 474 soll noch ein großer motorbetätigter Rauchgasschieber die Höhe der Zwischenüberhitzung regulieren, bei Abb. 475 sind lediglich einige Deflektoren hierfür vorgesehen. Da wegen des Rückganges der Turbinenleistung der Spannungsabfall von Zwischenüberhitzern 0,5 bis 1 at meist nicht übersteigen darf, sind nur geringe Dampfgeschwindigkeiten zulässig. Zwischenüberhitzer werden zu den Rauchgasen fast stets im Gegenstrom geschaltet. Um ihr Verbrennen bei Turbinenstörungen zu verhindern, sind an ihrem Eintritt meist Klappen angeordnet, die automatisch Luft in die Kesselzüge einlassen, wenn der Zwischendampf ausbleibt. Abb. 476 und 477 zeigen einen Zwischenüberhitzerkessel neuester Bauart.

IX. Anlagekosten von Kesseln und Kesselhäusern.

A. Kosten von Wasserrohrkesseln.

John Anderson, Milwaukee, USA., 1872–1929.
Seiner Ausdauer und Tatkraft ist der Erfolg von Staubfeuerungen hauptsächlich zu verdanken.

1. Einleitung. Der Preis eines Kessels hängt noch mehr als z. B. die für bestimmte Verhältnisse benötigte Heizfläche oder günstigste Konstruktion von vielen, häufig wechselnden und zahlenmäßig oft nur unvollkommen erfaßbaren Einflüssen ab. Z. B. kann die Herstellung von Sektionen für eine Kesselfabrik mit großem Umsatz lohnend, für eine andere mit beschränktem vollkommen verlustbringend sein. Die eine Firma hat dann bei einem bestimmten Preis noch einen angemessenen Nutzen, während die andere unter Umständen knapp ihre Selbstkosten decken kann. Bei der Erstausführung eines ungewöhnlichen Kessels laufen manchmal so große Entwicklungskosten auf, daß es aus geschäftlichen Rücksichten nicht möglich ist, sie in seinem Preis voll in Anrechnung zu bringen. Eine Firma erleidet daher unter Umständen einen Verlust, wenn es zu keinen weiteren Ausführungen kommt, verdient aber gut, wenn sie noch mehrere solche Kessel absetzen kann.

Da die Kesselheizfläche zuweilen durch Einziehen von mehr Wasserrohren ohne Vergrößern der Trommeln erheblich vergrößert werden kann, während in einem anderen Fall auch die Trommeln, das Kesselgerüst und die Einmauerung in Mitleidenschaft gezogen werden, können die Kosten von 1 m² Kesselheizfläche bei zwei ganz ähnlichen Kesseln recht verschieden ausfallen, Abb. 483. Manche Teile der Heizfläche, z. B. die Feuerraumkühlfläche, kosten erheblich mehr als die eigentliche Kesselheizfläche. Hat daher von zwei Kesseln derselben Gesamtheizfläche der eine keine, der andere eine große Feuerraumkühlfläche, so muß auch der Preis von 1 m² Gesamtheizfläche verschieden sein.

Auch die Zahl der konkurrierenden Kesselfirmen oder die Konjunktur, die sich in den Löhnen, den Baustoffpreisen oder der Bevorzugung bestimmter Bautypen geltend macht, oder Außenseiter beeinflussen den Kesselpreis. Schließlich ist die eindeutige Bestimmung mancher Kosten nicht möglich oder so zeitraubend, daß man sich oft mit Schätzungen begnügen muß.

Die folgenden Ausführungen wollen und können daher keine Anleitung zur Kalkulation oder Beurteilung der Preiswürdigkeit von Kesseln sein. Dazu sind sie schon deshalb ungeeignet, weil die angeführten Beispiele zum Teil aus Perioden mit stark verschiedenen Grundpreisen stammen[1]. Wohl aber lassen sich aus den ermittelten Kosten, wenn man

[1] Einen ganz rohen Anhalt von der Bewegung der mittleren Jahrespreise seit 1925 gibt folgende Zusammenstellung, in der die 1932 gültigen Preise jeder Kategorie gleich 100 vH gesetzt sind:

Pos.			1925	1926	1927	1928	1929	1930	1931	1932
1	Gewerbliche Arbeitsmaschinen	vH	104	105	105	109	111	113	110	100
2	Kessel und Überhitzer	vH	—	94	105	115	123	124	114	100
3	Wanderroste	vH	113	115	117	120	120	117	110	100
4a	Bauten	vH	135	134	138	140	142	135	115	100
4b	Bauten	vH	—	—	—	133	135	130	118	100

Pos. 1 bis 3 beruhen auf Angebots- und Listenpreisen und geben daher die Preise, nur solange sie steigende Tendenz haben, richtig wieder, bleiben aber bei fallender Tendenz unter Umständen weit hinter den weniger ihre absolute Größe als ihr Verhältnis zueinander betrachtet, wichtige und für längere Zeit gültige Folgerungen ziehen. Rationelles Projektieren und Bauen von Kesselanlagen und von ganzen Kraftwerken ohne sorgfältiges Prüfen der Kostenfrage ist nicht möglich. Freilich darf man bei der Ermittlung von Baukosten ebenso wie bei manchen thermischen Untersuchungen nicht alles und jedes „berechnen" oder gesetzmäßige Zusammenhänge in Fällen aufstellen wollen, wo von einer Gesetzmäßigkeit schon wegen der unvermeidlichen Willkür bei Festsetzung der Rechnungsgrundlagen keine Rede sein kann.

Die folgenden Untersuchungen entstanden beim Fällen wichtiger Entscheidungen im Rahmen einer industriellen Tätigkeit. Sie stammen daher zum Teil aus ganz verschiedenen Zeiten, wodurch sich mancher Unterschied in den Voraussetzungen und Preisunterlagen erklärt. Sie bestätigen aber gemeinsam die bekannte Erscheinung, daß das Minimum des gesuchten Wertes (Kostenkurve) meist sehr flach verläuft. Ändern sich aber die Kosten nur geringfügig, wenn eine bestimmte Größe anders als ihr errechneter Bestwert gewählt wird, so entscheiden bei ihrer endgültigen Festlegung vor allem konstruktive und betriebstechnische Rücksichten oder Erwägungen allgemeiner Natur.

In den folgenden Abschnitten wird der Einfluß derjenigen Größen auf die Kosten eines Kessels untersucht, deren Einwirkung auf die Heizflächen in Kapitel VII B, f bis k, behandelt worden ist.

2. Einflüsse auf die Kosten von Kesseln. a) Luft- und Speisewasservorwärmung **(Kessel I).** Für die Ermittlung der Kesselkosten bei gleicher Dampfleistung, Abgastemperatur, Rostgröße und -belastung wurde von den Werten in Zahlentafel 29, S. 220, ausgegangen. Für die Kostenberechnung wurden die Werte von Zahlentafel 35 benutzt.

Zahlentafel 35. Ausgangswerte für die Kostenberechnung.

	Veränderliche Kosten M/m²	Feste Kosten RM
Heizfläche:		
Kühlsystem (voller Rohrumfang) .	380	2500
Kessel	132	196000
Ekonomiser (Rippenrohre)	32,4	2900
Luftvorwärmer	24,5	10400
Montage:		
Kessel einschließlich Kühlsystem .	26,2	48000
Ekonomiser	4,4	
Luftvorwärmer	3,9	

Unter festen Kosten sind diejenigen verstanden, die im Rahmen der gewählten Gesamtanordnung und Hauptdaten des Kessels unabhängig von der Größe der betreffenden Heizfläche sind.

Der größeren Deutlichkeit wegen sind in Abb. 478 und 479 die Kosten der einzelnen Heizflächen nur für $\Delta t_w = 85^0$ Speisewasservorwärmung eingezeichnet. Soweit den errechneten Werten eine im Rahmen der gewählten Grundlagen ausführbare Konstruktion entspricht, sind die Kurven in Abb. 478 und 479 dick gezeichnet. Obgleich nach Abb. 347 und 348 die Gesamtheizfläche bei 150 bis 200° Lufttemperatur am kleinsten wird, fallen nach Abb. 478 und 479 die Anlagekosten im Rahmen der ausführbaren Heizflächen bei der größten erreichbaren Luftvorwärmung am geringsten aus. Nach Abb. 478 kostet ein Kessel mit derselben Dampferzeugung und demselben Wirkungsgrad bei einer Speisewasservorwärmung von $\Delta t_w = 25^0$ rd. 875000 RM, wenn die Warmlufttemperatur 65° und nur rd. 660000 RM, wenn sie 300° beträgt. Der Kessel mit dem kleineren Luftvorwärmer ist also rd. 33 vH teuerer. Bei einer Speisewasservorwärmung um $\Delta t_w = 85^0$ ist die Zunahme der Kosten mit fallender Warmlufttemperatur schon lange nicht mehr so groß, dagegen ist sie bei 160° Abgastemperatur, Fall B, und 25° Wasservorwärmung noch stärker ausgeprägt, Abb. 479. Die Erniedrigung der Abgastemperatur von 200 auf 160°, entsprechend einer Wirkungsgradverbesserung um rd. 2,3 vH, erhöht bei 200°

Abschlußpreisen zurück. Unter Berücksichtigung dieses Umstandes dürfte der tatsächliche Stand der Maschinenpreise im Jahre 1932 etwa 20 bis 25 vH niedriger als im Jahre 1925 gewesen sein. Bei Pos. 2 ist die Unsicherheit besonders groß, weil Kesselgröße, Kesseldruck, Heizflächenbelastung und andere Umstände, die in der Zusammenstellung nicht zum Ausdruck kommen, von sehr starkem Einfluß sein können. Pos. 4a ist auf der vom Statistischen Reichsamt bis 1932, Pos. 4b auf der seit 1933 benützten, richtigeren Grundlage ermittelt, die für Januar bis Juli 1933 95 vH ergibt.

Warmlufttemperatur und 70° Speisewasservorwärmung die Kosten von 675000 RM auf 725000 RM, d. h. um rd. 7 vH. Eine um 10° tiefere Abgastemperatur verteuert somit Kessel I im Mittel um 1,8 vH. Die Verbilligung durch größere Ekonomiser beträgt bei gleichem Wirkungsgrad um so mehr, je geringer die Luftvorwärmung ist. Beispielsweise beträgt der Preisunterschied zwischen einer Wasservorwärmung um 25° und um 85° bei 60° Warmlufttemperatur 16 vH, bei 300° Warmlufttemperatur aber nur noch 3 vH, Abb. 478. Die aus Abb. 478 und 479 entwickelte Abb. 480 zeigt besonders deutlich, wie verschieden die Kosten eines Kessels mit derselben Dampferzeugung, demselben Wirkungsgrad und derselben Rostbelastung je nach der Vorwärmung von Verbrennungsluft und Speisewasser sind. Nach Abb. 478 und 479 wird bei gleichem Wirkungsgrad der Gesamtpreis um 2 bis 3 vH niedriger, wenn der Kessel keine oder nur verhältnismäßig kleine Kühlflächen hat, Kurve *A*, *B* und *C*.

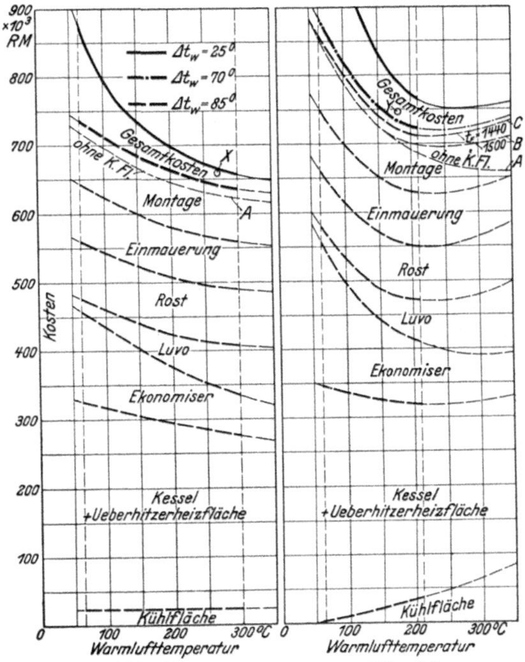

Abb. 478. Abgastemperatur 200°

Abb. 479. Abgastemperatur 160°

Abb. 478 u. 479. Kosten der einzelnen Heizflächen und Gesamtkosten der durch Abb. 349 und 350 gekennzeichneten 40 at-Kessel von 67 t/h Dampferzeugung bei 200° (Fall A) und 160° (Fall B) Abgastemperatur, bei 85° Speisewassererwärmung im Ekonomiser und Gesamtkosten bei 25° und 70° Speisewassererwärmung im Ekonomiser in Abhängigkeit von der Warmlufttemperatur (Kessel I). Kurve *A* = ungekühlter Feuerraum, Kurve *B* = kleine Kühlfläche (t_F = 1500°), Kurve *C* = große Kühlfläche (t_F = 1400°). Die zugehörigen Heizflächen siehe Abb. 347 und 348.

Unter mittleren Verhältnissen wird also eine Kesselanlage um so billiger, je höher Speisewasser und Verbrennungsluft vorgewärmt werden. Ist nur geringe Wasservorwärmung zulässig, so ist hohe Luftvorwärmung besonders vorteilhaft, S. 251. Nach Abb. 353 ist bei hoher Luft- und Speisewasservorwärmung mit billigen Kesselkosten hoher Kraftbedarf der Hilfsmaschinen verbunden. Außerdem müssen zum Erreichen derselben elektrischen Nutzleistung Kessel mit hohem Eigenverbrauch etwas größer ausgelegt werden. Man muß daher von Fall zu Fall prüfen, ob der billigere Kessel mit hohem Eigenbedarf oder der teurere mit geringem wirtschaftlicher ist. Bei Elektrizitätswerken ist meist das erstere der Fall. Beim Vergleich der verschiedenen Ausführungsmöglichkeiten muß schließlich noch die verschiedene Höhe des Kesselblockes berücksichtigt werden, weil sie die Baukosten des Kesselhauses beeinflußt.

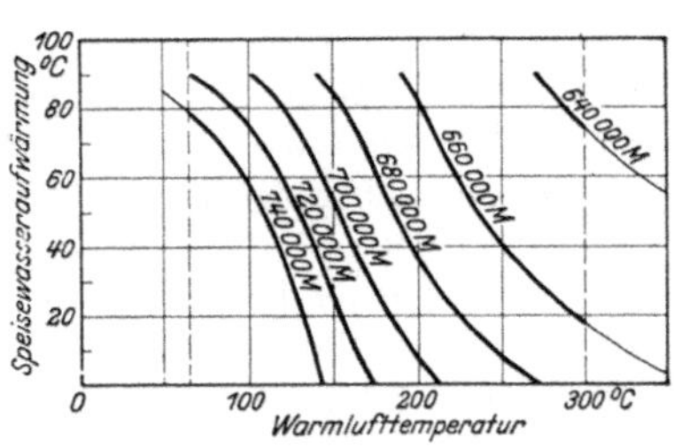

Abb. 480. Kosten von 40 at-Sektionalkesseln mit Unterwindwanderrosten, Ekonomisern und Luftvorwärmern bei derselben Dampferzeugung (67 t/h), Abgastemperatur (200°), Rostgröße (36 m²) und Breite (rd. 8 m) und Tiefe (rd. 12,5 m) des Kesselblocks in Abhängigkeit von der Vorwärmung des Speisewassers und der Verbrennungsluft. Eintrittstemperatur des Speisewassers in Ekonomiser 150° (Kessel I).

b) Abgastemperatur bzw. Kesselwirkungsgrad **(Kessel II).** Es wurde untersucht, wie teuer ein Kessel bei gleicher Kesselheizfläche, Rostfläche, Warmlufttemperatur und Dampferzeugung wird, wenn man durch Ändern der Heizflächen von Ekonomiser und Luftvorwärmer die Abgastemperatur, d. h. den Wirkungsgrad, ändert. Die Ausgangswerte zeigt Zahlentafel 30, S. 222, die benötigten Heizflächen Abb. 354, den Kesselpreis Kurve *A* in Abb. 355, S. 223. Den Rechnungen liegen aus einer anderen Periode mit schlechterer Konjunktur stammende, daher niederere Preise zugrunde als in Abschnitt *a*. Ein betriebsfertiger Kessel von 67 t/h dauernder Höchstleistung einschließlich Montage,

Unterwindgebläse und Antriebsmotor kostet bei 160° Abgastemperatur 830000 RM oder rd. 10 vH mehr als bei 255° Abgastemperatur. Einer um 10° tieferen Abgastemperatur entspricht somit in dem untersuchten Temperaturbereich im Mittel eine Verteuerung um 1,1 vH. Nach Abb. 479 kostet ein Kessel mit 160° Abgas-, 200° Warmlufttemperatur und einer Speisewasservorwärmung um 25° rd. 780000 RM. Der Unterschied von rd. 50000 RM, bzw. 6 vH gegenüber dem aus Abb. 354 sich ergebenden Werte rührt von dem Unterschied der Ausgangspreise und von der anderen Luft- und Speisewasservorwärmung her. Es muß auffallen, daß bei Kessel I eine Erniedrigung der Abgastemperatur von 200 auf 160° die Kesselkosten im Mittel um 1,8 vH je 10° Abgastemperaturänderung erhöht, aber bei Kessel II bei einer Änderung der Abgastemperatur von 255 auf 160° nur um 1,1 vH. Außer von zufälligen Unterschieden in den Grundpreisen rührt dies von folgendem her. Bei Kessel I ist in beiden Fällen die Warmlufttemperatur (200°) und die Speisewasseraufwärmung im Ekonomiser (70°) konstant. Dadurch ändern sich die Heizflächen von Kessel, Ekonomiser und Luftvorwärmer. Bei Kessel II dagegen ist die Kesselheizfläche und die Warmlufttemperatur konstant und es ändert sich nur die Speisewasseraufwärmung im Ekonomiser von 30 auf 70°. Infolgedessen steigen lediglich die Kosten der verhältnismäßig billigen Ekonomiser- und Luftvorwärmerheizflächen, so daß die auf dieselbe Rauchgasabkühlung bezogenen Mehrkosten nicht so groß ausfallen wie bei Kessel I, wo auch die wesentlich teuerere Kesselheizfläche vergrößert werden muß.

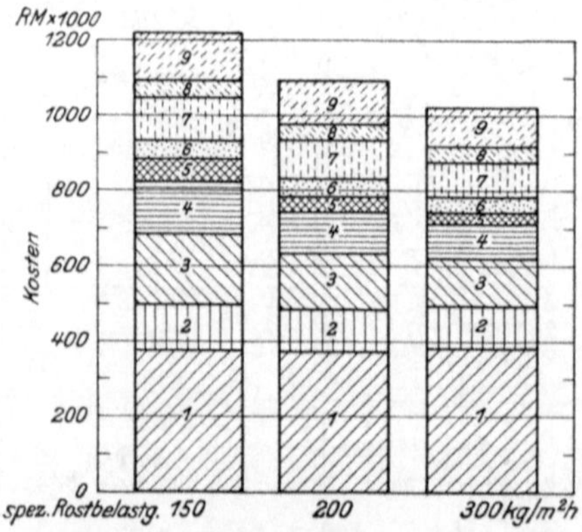

Abb. 481. Anteil der Einzelkosten am Gesamtpreis von drei 110 at-Sektionalkesseln mit Unterwindwanderrosten, Ekonomisern und Luftvorwärmern derselben Dampferzeugung (110 t/h), Abgastemperatur (200°), Vorwärmung der Verbrennungsluft (160°) und des Speisewassers (95°) bei 150, 200 und 300 kg/m²h spezifischer Rostbelastung (Kessel IV).

1 Kessel, Kesselgerüst, Treppen, Bühnen.
2 Überhitzer, Heißdampftemperaturregler.
3 Rost, Unterwindventilatoren, Luftleitungen.
4 Ekonomiser.
5 Luftvorwärmer.
6 Einmauerung.
7 Tragrost, Blechummantelung, Rauchgaskanäle, Isolierung.
8 Armaturen, Rohrleitungen, Rußbläser.
9 Montage.

c) Spezifische Rostbelastung bei veränderlicher Abgastemperatur **(Kessel III)**. Bei Verwendung der Ausgangswerte von Zahlentafel 30, S. 222, ergeben sich bei derselben Rostfläche und Kesselheizfläche, wenn der Rost mit 300 kg/m²h statt mit rd. 200 kg/m²h belastet wird, die Preise in Kurve *C* der Abb. 355 und in Abb. 357. Die Dampferzeugung steigt von 67 t/h auf rd. 87,5 t/h und der Kesselpreis von 830000 RM auf rd. 913000 RM. Die Verteuerung rührt von der um 1 m größeren Feuerraumhöhe, der größeren Feuerraumkühlfläche, dem bei so hoher Rostbelastung für erforderlich erachteten Heißdampftemperaturregler, dem schwereren Rost und den stärkeren Unterwindventilatoren her. Eine Erhöhung der Dampfleistung um 30 vH verteuert den Kessel bei Beibehaltung der gleichen Rostfläche und der gleichen Heizfläche von Kessel, Ekonomiser und Luftvorwärmer somit um etwa 10,5 vH. Bezogen auf 1 t/h Dampferzeugung kostet der Kessel bei 200 kg/m²h Rostbelastung 12300 RM, bei 300 kg/m²h nur 10400 RM.

d) Spezifische Rostbelastung bei konstanter Abgastemperatur **(Kessel IV)**. Zahlentafel 31, S. 223, und Abb. 358 zeigen die Ausgangswerte und die Ergebnisse. Die Steigerung der Rostbelastung von 150 auf 300 kg/m²h bei gleicher Dampferzeugung und gleicher Abgastemperatur verbilligt die Kesselanlage um rd. 16 vH und erhöht den Kraftbedarf der Saugzug- und Unterwindgebläse auf rd. das 4fache. Hätte man bei 300 kg/m²h Rostbelastung eine Abgastemperatur von 260° statt von 200° (Wirkungsgradverschlechterung rd. 3,3 vH) zugelassen, so hätten die Minderkosten rd. 19,5 vH statt rd. 16 vH ausgemacht und der Kraftbedarf der Ventilatoren wäre nur auf das 3,3fache angestiegen, Abb. 358. Den Anteil der Einzelkosten am Gesamtpreis der drei untersuchten Kessel zeigt Abb. 481.

Nach Kurve A und C in Abb. 355 kostet ein 40-at-Kessel von 67 t/h Dampferzeugung bei 215 kg/m² h Rostbelastung und 200° Abgastemperatur je t/h Dampferzeugung rd. 11800 RM, bei 85,5 t/h, 300 kg/m² h und 244° rd. 10050 RM. Somit beträgt der Preisunterschied bezogen auf 1 t/h Dampferzeugung rd. 17 vH gegenüber $\frac{1{,}09 - 0{,}98}{0{,}98} \cdot 100 = 11$ vH bei den eben untersuchten 100-at-Kesseln. Daß die prozentualen Preisunterschiede nicht in beiden Fällen gleich sind, rührt außer von den verschiedenen Ausgangswerten und Grundpreisen davon her, daß die beiden 40-at-Kessel mit Ausnahme der Kühlflächen gleiche Roste und Heizflächen haben, während sämtliche Abmessungen der beiden miteinander verglichenen 100-at-Kessel stark

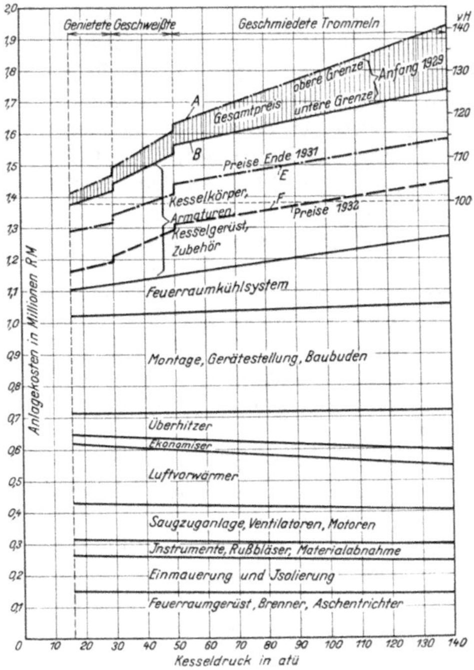

Abb. 482. Kosten eines Dampferzeugers für 24000/30000 kW elektrische Nutzleistung in Abhängigkeit vom Kesseldruck bei gleichem Kesselwirkungsgrad (Kessel V). (Werk hat Frischwasserkühlung.) Bei 24000 kW Nutzleistung leistet der Kessel bei 24,5; 38; 108 at Kesseldruck rd. 106, 106, 109 t/h Dampf.

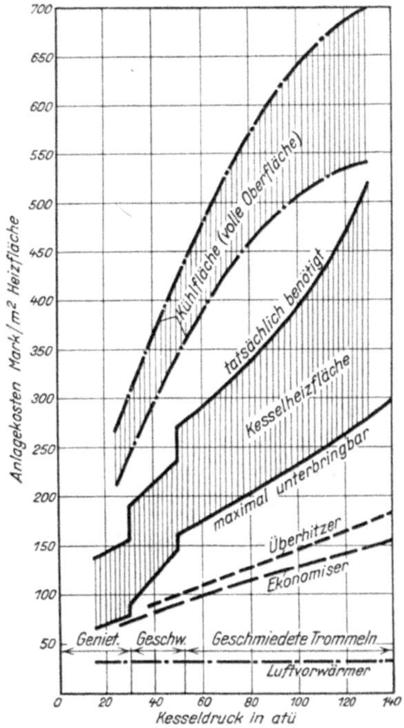

Abb. 483. Kosten von 1 m² Heizfläche der Kühlfläche, des Kessels, Überhitzers, Ekonomisers und Luftvorwärmers in Abhängigkeit vom Kesseldruck bei Kesseln von gleichem Wirkungsgrad für 24000/30000 kW elektrischer Nutzleistung. Preisgrundlage 1928.

voneinander abweichen. Außerdem stimmt die Dampfleistung der 100-at-Kessel miteinander überein, während die Dampfleistung des einen 40-at-Kessels um über 20 vH niedriger als die des anderen ist, wodurch sich der auf 1 t/h Dampferzeugung bezogene Preis zuungunsten des Kessels mit rd. 200 kg/m² h Rostbelastung verschiebt, ohne daß hieran der Unterschied der Rostbelastungen schuld ist. Der prozentuale Unterschied wird daher größer, als wenn beide in Abb. 355 dargestellten Kessel gleiche Dampferzeugung hätten.

e) Dampfdruck (Kessel V). Aus den auf S. 40 angegebenen Gründen wurden nicht die Kosten von Kesseln gleicher Dampfleistung, sondern gleicher elektrischer Nutzleistung errechnet. Die Ausgangswerte enthält Zahlentafel 32, S. 224, die benötigten Heizflächen Abb. 359. Bei Durchführung der Rechnungen (1928) bemaßen viele Kesselfirmen die Preise von Kesseln für hohen Druck noch sehr willkürlich, S. 224, da es bei ihnen Preisbildung nach rein kaufmännisch-technischen Gesichtspunkten kaum gab. Infolgedessen war auch eine gesetzmäßige Abhängigkeit der Angebotspreise von Kesseln vom Druck oft nicht erkennbar und die Beurteilung der Abhängigkeit der Wirtschaftlichkeit eines Werkes vom Kesseldruck nicht zuverlässig möglich. Um einen gesicherten Anschluß an die Preise von Kesseln für übliche Drücke zu erhalten, wurde von den in den Einzelheiten genau bekannten Kosten der 37-at-Steilrohrkessel im

Klingenberg-Werk ausgegangen, S. 235, indem man zunächst die Kosten der Baustoffe (Trommeln, Wasserrohre usw.) und Zeit und Lohn für ihre Bearbeitung (Bohren der Trommeln, Biegen der Rohre usw.) feststellte. Dadurch konnten die bei den Klingenberg-Werk-Kesseln in Ansatz gebrachten Generalien ermittelt werden. Bei Kesseln für anderen Druck wurden Material- und Arbeitskosten wieder gesondert errechnet und dieselben Generalien zugeschlagen.

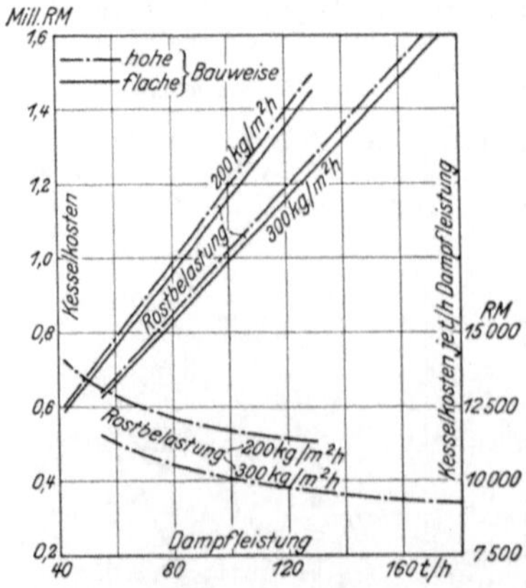

Abb. 484. Absolute und auf 1 t/h Dampferzeugung bezogene Kosten von 40 at-Sektionalkesseln mit Unterwindwanderrosten, Ekonomisern und Luftvorwärmern bei 200 und 300 kg/m²h Rostbelastung bzw. 160 und 200° Abgastemperatur in Abhängigkeit von der Dampferzeugung in t/h (Kessel VI).

Bis 30 at wurden genietete, von 30 bis 50 at geschweißte und über 50 at geschmiedete Kesseltrommeln vorausgesetzt. Damit ergaben sich je nach den Grundpreisen die zwischen den Kurven *A* und *B* in Abb. 482 liegenden Kesselkosten. Kurve *A* ist mit oberen Preisen für 1 m² Ekonomiser- und Überhitzerheizfläche und Glattrohr-Kühlflächen, Kurve *B* mit unteren Preisen und Flossenrohr-Kühlflächen errechnet. Die Kosten der einzelnen Bestandteile, wie Überhitzer, Ekonomiser usw. gehören zu Kurve *B*. Seit 1928 wurden im Bau von Höchstdruckkesseln durch einfachere Konstruktion und Entwicklung hochwertigerer Baustoffe große Fortschritte erzielt. Im Jahre 1930 galt etwa Kurve *B*, 1932 etwa Kurve *F*. Während also noch 1929 ein 100-at-Kessel mindestens 20 vH mehr kostete als ein 17-at-Kessel derselben elektrischen Nutzleistung, betrug 1932 der Unterschied nur noch 17 vH und wird wohl noch kleiner werden[1]. Es bedarf eben zum vollen Verwirklichen der durch die Theorie als möglich nachgewiesenen Ersparnisse immer einer gewissen Zeit.

Nach Kurve *F* in Abb. 482 kostet ein Kessel derselben elektrischen Nutzleistung und vom selben Wirkungsgrad bei 100 at Druck nur noch etwa 10 vH mehr als bei 40 at. Ein Preisunterschied dieser Größenordnung tritt aber nicht selten zwischen den Angeboten mehrerer Firmen auf erprobte Kessel für genau den gleichen Druck auf, weil sie oft nicht gleich vollständig sind oder verschiedenen Nutzen einschließen. Es ist daher verfehlt, bei grundsätzlichen Untersuchungen über die Aussichten hoher Dampfdrücke von Angeboten verschiedener Firmen auszugehen, ohne sich von ihrer Gleichwertigkeit zu überzeugen. Daß dies nicht immer geschieht, ist einer der Gründe dafür, daß Veröffentlichungen über den wirtschaftlichsten Dampfdruck zu so gegensätzlichen Folgerungen kommen und oft recht problematischen Wert haben.

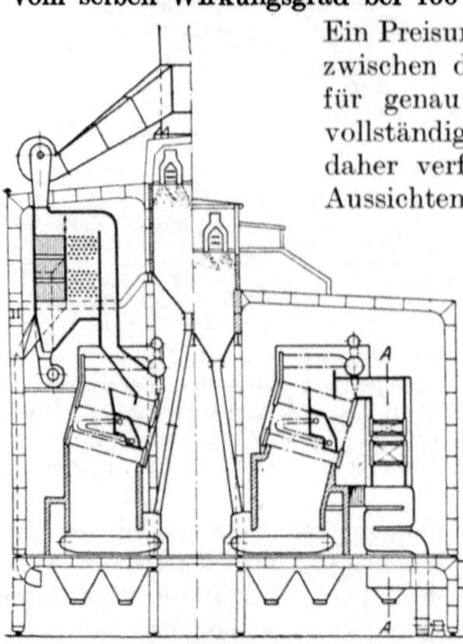

Abb. 485.

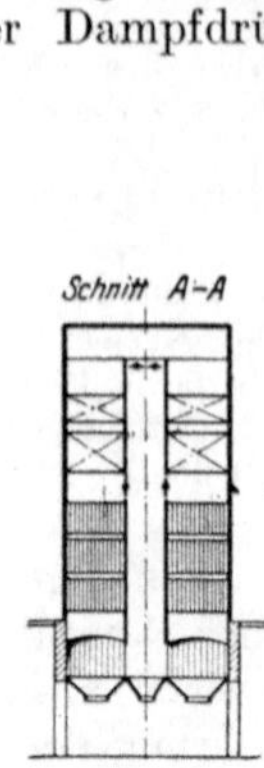

Abb. 486.

Abb. 485 u. 486. Kesselhausquerschnitt bei 40 at-Sektionalkesseln derselben Dampferzeugung bei hoher und bei flacher Bauweise.

Abb. 483 zeigt die Kosten von 1 m² verschiedener Heizflächen in Abhängigkeit vom Kesseldruck. Als Heizfläche der Kühlflächen wurde ihre volle Oberfläche gewählt. Der Preis von 1 m² Kühlfläche einschließlich Sammelkästen und Verbindungen mit dem eigentlichen Kessel hängt

[1] 1932—1933 waren infolge der schlechten Konjunktur und der verschiedenen Anwendung von Sonderstählen durch die Kesselfirmen die Preise von Höchstdruckkesseln sehr unstabil und wichen z. T. erheblich von Kurve *F* ab. Bei besserem Absatz und dem wahrscheinlich zulässigen, mäßigeren Gebrauch von Sonderstählen dürfte sich aber die durch Kurve *F* ausgedrückte verhältnismäßige Abhängigkeit der Preise zueinander wieder einstellen, Kurve *F* aber Abszisse 140 at bei etwa 1,5 Millionen RM schneiden, d.h. ab 50 at etwas steiler verlaufen.

sehr davon ab, ob sie aus glatten, dicht aneinandergereihten Rohren, aus Bailey-Platten oder aus Flügelrohren besteht. Die Dampfleistung eines Kessels bei einer bestimmten spezifischen Feuerraumbelastung hängt von der Breite des benötigten Feuerraumes ab, die die Länge der Kesseltrommeln bestimmt. Für eine bestimmte Dampferzeugung braucht man eine bestimmte Ausdampffläche bzw. einen bestimmten Dampfraum in den Obertrommeln. Auf die Abmessungen der Kesseltrommeln ist also innerhalb gewisser Grenzen die Größe der Kesselheizfläche von sekundärem Einfluß. Arbeitet ein Kessel z. B. mit hoher Vorwärmung des Speisewassers und der Verbrennungsluft und womöglich noch mit hoher Überhitzung, so ist bei gleichem Trommelvolumen wesentlich weniger Kesselheizfläche erforderlich, als wenn dies nicht der Fall ist. An dieselben Trommeln kann daher trotz gleichem Gesamtwirkungsgrad eine sehr verschiedene Rohrheizfläche angeschlossen sein. Infolgedessen wird der Preis von 1 m^2 Kesselheizfläche bei derselben Dampfleistung unter Umständen recht verschieden, je nachdem, ob die Trommeln nur mit so vielen Rohren besetzt sind, als man zu der erforderlichen Rauchgasabkühlung gerade benötigt oder mit der auf ihnen überhaupt unterbringbaren Zahl, Abb. 483.

f) Stündliche Dampferzeugung (**Kessel VI**). Abb. 484 zeigt für die Ausgangswerte in Zahlentafel 30, S. 222, die Abhängigkeit der Kosten betriebsfertiger Sektionalkessel mit Unterwindwanderrosten von der stündlichen Dampferzeugung für rd. 200 kg/m^2h Rostbelastung, 160^0 Abgastemperatur, 3 vH Verlust durch Flugkoks und Unverbranntes bzw. 87,5 vH Wirkungsgrad und 300 kg/m^2h, 205^0, 10 vH bzw. 79 vH Wirkungsgrad. Die Preise sind für hohe Bauweise, d. h. mit über den Kesseln liegenden Ekonomisern und Luftvorwärmern und für flache Bauweise, bei der die Ekonomiser und Luftvorwärmer hinter den Kesseln untergebracht sind, errechnet, Abb. 485 und 486. Da der mit der Leistung veränderliche Anteil der Kesselkosten fast proportional mit der Dampfleistung wächst, werden die Kosten je 1 t/h Dampferzeugung bei großen Kesseln erheblich billiger als bei kleinen und sind bei 175-t/h-Kesseln nur noch etwa 76 vH derjenigen von 45-t/h-Kesseln. Die großen Ersparnisse bei Kesseln sehr hoher Leistung und Rostbelastung zeigt ein Vergleich eines 175-t/h-Kessels mit 300 kg/m^2h Rostbelastung, der je 1 t/h Dampferzeugung rd. 9300 RM und eines 45-t/h-Kessels mit 200 kg/m^2h Rostbelastung, der rd. 13800 RM, also fast 50 vH mehr kostet. Allerdings erfolgt die Verbilligung zu Lasten des um rd. 10 vH schlechteren Wirkungsgrades (hauptsächlich infolge des sehr stark zunehmenden Verlustes durch Flugkoks und des größeren Kraftbedarfes der Unterwind- und Saugzugventilatoren). Trotzdem sind für manche Elektrizitätswerke Kessel sehr großer Dampferzeugung mit hochbelasteten Rosten das wirksamste Mittel zur Erniedrigung der Anlagekosten. Da die hohen Belastungen nur selten auftreten, spielt der Mehrverbrauch an Kohle meist eine untergeordnete Rolle, S. 309.

B. Der wirtschaftlichste Dampfdruck in Elektrizitätswerken.

1. Einleitung. In Elektrizitätswerken sind die wirtschaftlichen Aussichten hoher Dampfdrücke wegen der kurzen Benutzungsdauer und weil der Dampf auf sehr tiefe Spannung (0,04 bis 0,08 at abs) expandiert, im allgemeinen am geringsten. Hoher Frischdampfdruck erniedrigt bei ihnen den Kohlenverbrauch weniger, als z. B. in einer chemischen Fabrik, wo der Gegendruck 1 bis 5 at beträgt, weshalb sie mit Bezug auf die Wirtschaftlichkeit hoher Kesseldrücke einen unteren Grenzfall darstellen.

2. Anlagekosten von Elektrizitätswerken bei verschiedenem Dampfdruck. Da nach S. 40 der Eigenbedarf von Elektrizitätswerken sich mit dem Frischdampfdruck ändert, muß eine Wirtschaftlichkeitsberechnung von der gleichen elektrischen nutzbaren Leistung eines Werkes ausgehen. Sie beträgt in dem gewählten Beispiel 258400 kW (bei Generatorspannung gemessen), denen bei 38 atü Kesseldruck eine Generatorleistung der im Betriebe befindlichen Turbinen von 270000 kW entspricht. Es wurde angenommen, daß von vier aufgestellten Turbinen eine in Reserve steht. Die ausgebaute Kraftwerksleistung ist also bei 38 atü 360000 kW. Die Kessel haben Staubfeuerungen, der Staub wird in einer Zentralmahlanlage, die für einen Belastungsfaktor

$$m = \frac{\text{mittlere Nutzleistung des Werkes}}{\text{Spitzenleistung des Werkes}} \qquad (125)$$

von 0,65 ausgelegt ist, aufbereitet. Bei höherem Kesseldruck werden die Rohrleitungen, das Kesselhaus, die Kohlenmahlanlage und die Kühlwasserversorgung billiger, die übrigen Teile teurer und es ergeben sich bei einer Bauweise, wie sie etwa im Jahre 1928 modern war, mit den damals gültigen Preisen die Anlagekosten in Abb. 487. Bei 38 at Kesseldruck kostet somit das Werk 84,2 Millionen RM (Punkt A), wenn es Zweitrommelkessel hat. Bei Rückkühlung betragen die Kosten etwa 92 Millionen RM, d. h. rd. 10 vH mehr. Dreitrommel-Steilrohrkessel der jenesmal üblichen Auslegung erhöhen die Anlagekosten um etwa 7 vH. Die prozentuale Zunahme der Anlagekosten mit steigendem Druck zeigt Abb. 488. Nach Abb. 488 betrug im Jahre 1928 der Unterschied der Anlagekosten zweier Werke gleicher Nutzleistung bei 40 und bei 100 at Kesseldruck etwa soviel wie die üblichen Preisdifferenzen der von verschiedenen Firmen für völlig gleiche Verhältnisse abgegebenen Angebote, S. 282.

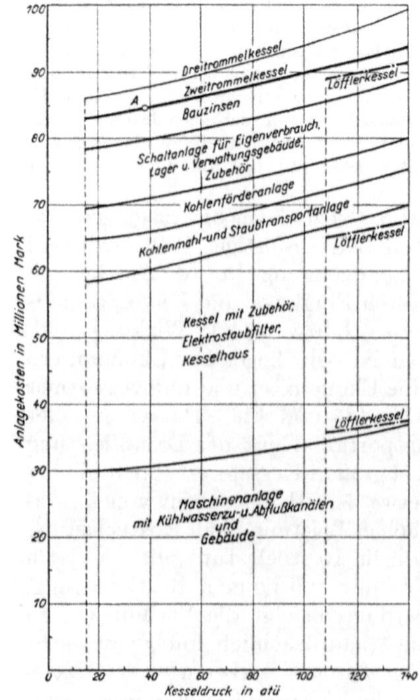

Abb. 487. Anlagekosten eines Kraftwerkes von 258400 kW nutzbarer Leistung (bei Generatorspannung gemessen) mit Kohlenstaubfeuerungen, Zentralmahlanlage und Frischwasserkühlung in Abhängigkeit vom Kesseldruck. Bauweise und Preisgrundlage 1928.

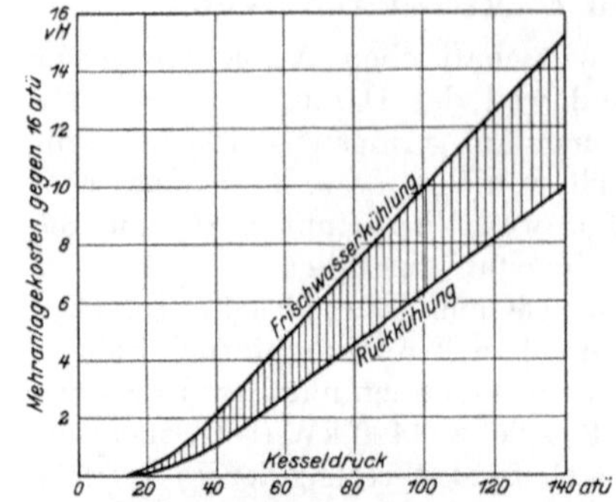

Abb. 488. Prozentuale Mehranlagekosten eines großen Elektrizitätswerkes (258400 kW nutzbare Leistung) mit Kohlenstaubfeuerungen bei höherem Frischdampfdruck gegenüber 17 at abs Frischdampfdruck bei Frischwasser- und bei Rückkühlung. Bauweise und Preisgrundlage 1928.

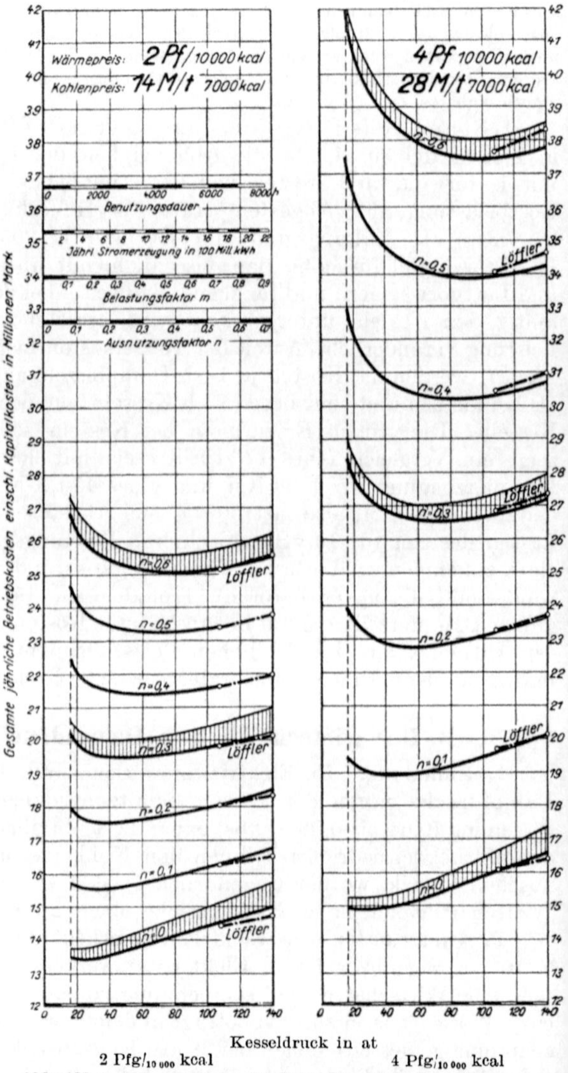

Abb. 489 u. 490. Gesamte jährliche Betriebskosten (Stromerzeugungskosten) einschließlich Kapitalkosten eines Kraftwerkes mit Frischwasserkühlung von 258400 kW Nutzleistung (bei Generatorspannung gemessen) bei 2 und 4 Pfg/10000 kcal Wärmepreis und 12 vH Kapitaldienst. Bauweise und Preisgrundlage 1928.

3. Stromkosten bei verschiedenem Dampfdruck. Abb. 489 und 490 zeigen für Frischwasserkühlung die gesamten Stromerzeugungskosten bei 12 vH Kapitaldienst für zwei Wärmepreise (2 und 4 Pfg./10000 kcal) und verschiedene Ausnutzungsfaktoren

$$n = \frac{\text{mittlere Nutzleistung des Werkes}}{\text{ausgebaute Maschinenleistung einschließlich Reserve}} \tag{126}$$

in Abhängigkeit vom Kesseldruck. Aus Abb. 489 und 490 und ähnlichen für anderen Kapitaldienst und für Werke mit Rückkühlung berechneten Schaubildern lassen sich folgende Schlüsse ziehen:

Bei mittleren und hohen Wärmepreisen und Ausnutzungsfaktoren von mehr als 25 vH fallen in Werken mit Zweitrommelkesseln die Stromerzeugungskosten bei einer Drucksteigerung von 17 at auf etwa 40 at Kesseldruck bei beiden Arten der Kühlung zuerst schnell, dann etwas langsamer. Darauf kommt ein Bereich, wo zwar noch eine weitere, aber bei hohem Kapitaldienst besonders bei Frischwasserkühlung kaum fühlbare Abnahme erfolgt. Bei billigem Wärmepreis muß der Ausnutzungsfaktor schon sehr gut sein, wenn ein Kesseldruck von 40 at noch nennenswerte Ersparnisse bringen soll. Bei noch höheren Drücken nehmen die gesamten jährlichen Betriebskosten wieder zu und sind bei Frischwasserkühlung und 100 bis 140 at Kesseldruck vielfach ebenso groß oder größer als bei 17 at. Der Ausnutzungsfaktor der meisten großen, günstig belasteten deutschen Elektrizitätswerke beträgt 30 bis 35 vH, vereinzelte erreichen bis 50 vH, die Mehrzahl arbeitet aber mit weniger als 30 vH. Nimmt man einmal 30 vH als Durchschnitt an, so erreichen die gesamten Erzeugungskosten von Werken mit Rückkühlung je nach dem Kapitaldienst (12 bis 16 vH) ihren niedrigsten Wert bei billigen Brennstoffkosten (2 Pfg./10000 kcal) bei 50 bis 60 at Kesseldruck, bei mittleren Brennstoffkosten (3 Pfg./10000 kcal) bei 65 bis 75 at Kesseldruck, bei hohen Brennstoffkosten (4 Pfg./10000 kcal) bei 80 bis 90 at Kesseldruck.

Bei Frischwasserkühlung liegen die niedrigsten Erzeugungskosten durchweg um 10 bis 15 at tiefer. Die Kostenkurven verlaufen aber in der Gegend ihres Minimums sehr flach. Zieht man daher die Unsicherheiten der Rechnung, das Risiko des höheren Druckes und die Zeit in Erwägung, die nötig ist, um die Mehranlagekosten aus den erzielten Betriebsersparnissen hereinzuholen, so war im Jahre 1928 bei den meisten großen deutschen Elektrizitätswerken ein Druck von mehr als 40 at nicht wirtschaftlich. Wenn man von höherem Dampfdruck mit Recht gewisse, dem größeren Risiko angemessene Gewinnchancen erwartet, so darf man bei Mehranlagekosten von 8 bis 10 vH doch nicht Ersparnisse an Stromerzeugungskosten in der Größenordnung von beispielsweise 15 bis 20 vH verlangen, wie dies zuweilen geschieht. In der Zwischenzeit haben sich die Verhältnisse zugunsten höherer Drücke verschoben, aber noch immer nicht genügend stark, um bei einer größeren Zahl von Elektrizitätswerken mit Frischwasserkühlung die bei Höchstdruck erforderliche Zwischenüberhitzung zu rechtfertigen. Drücke von 50 bis 60 at würden sich aber auch in deutschen Elektrizitätswerken öfters lohnen, wenn Überhitzer und Turbinen die erforderliche hohe Frischdampftemperatur auf die Dauer gut aushielten. Je stärker sich die Erkenntnis vom Wert der Ersparnis weniger Prozente wieder durchsetzt, um so leichter werden höhere Dampfdrücke Eingang finden, und je niedriger der Zinsfuß und je höher der Kohlenpreis ist, um so weiter kann der Ingenieur in der Anwendung komplizierter wärmesparender Mittel gehen. Hierbei kann ihn die Freude seiner Kundschaft am Neuen und auch die „Mode“ unterstützen, die sich wiederholt als Förderer des technischen Fortschrittes und als eine Art Vorahnung des für eine beginnende Periode Richtigen erwiesen hat.

C. Wirtschaftlichkeit von Emmet-Anlagen (Hg-H_2O-Anlagen).

Nach S. 44 ist bei derselben Anfangstemperatur (500°) der theoretische thermische Wirkungsgrad einer Emmet-Anlage um rd. 15 vH höher als der einer mit 100 at Frischdampfdruck und Kondensation arbeitenden Wasserdampfanlage. Bei einem Wirtschaftlichkeitsvergleich beider Verfahren müssen die tatsächlichen Wärmeverbräuche und der Einfluß der Kosten der Quecksilberfüllung berücksichtigt werden. Die Wärmeverbräuche in

Zahlentafel 36 gelten für eine mit Generatorspannung erzeugte nutzbare kWh einschließlich aller Verluste und des Kraftbedarfes sämtlicher Hilfsmaschinen (einschließlich Speise- und Kühlwasserpumpen), der bei Emmet-Anlagen nur etwa 50 vH desjenigen von 100-at-Wasserdampfanlagen ist. Bei 500° Anfangstemperatur braucht eine 100-at-Wasserdampfanlage mit einmaliger Zwischenüberhitzung und 5facher Anzapfung 2785 kcal/kWh, eine Emmet-Anlage mit einem Anfangszustand des Wasserdampfes von 23,5 at und zwei Anzapfungen 2350 kcal/kWh, also rd. 16 vH weniger, bei 538° Anfangstemperatur sinkt der Wärmeverbrauch einer Emmet-Anlage auf 2275 kcal/kWh.

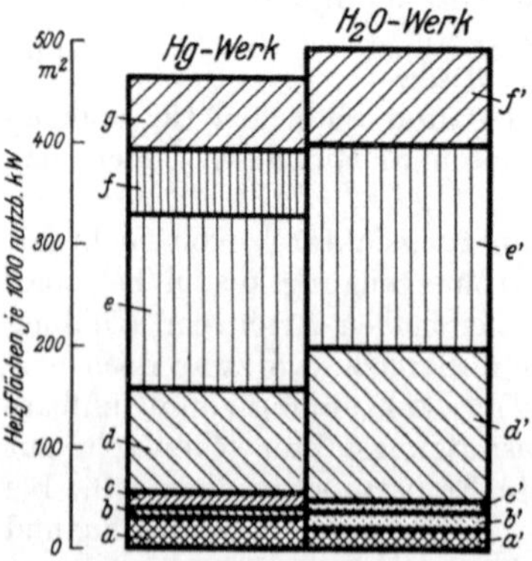

Abb. 491. Ungefährer Heizflächenbedarf für je 1000 kW Nutzleistung eines Emmet- und eines 100 at-Wasserdampf-Kraftwerkes.

Temperaturen: Frischdampf 500°, Warmluft 350°, Abgase 180°.

Emmet-Kraftwerk: *a* Hg-Kessel; *b* Hg-Vorwärmer; *c* Wasserdampfüberhitzer; *d* Speisewasservorwärmer; *e* Luftvorwärmer; *f* Hg-Kondensator; *g* Wasserdampfkondensator.

100 at-Wasserdampf-Kraftwerk: *a'* Wasserdampfkessel; *b'* Hochdrucküberhitzer; *c'* Zwischenüberhitzer; *d'* Speisewasservorwärmer; *e'* Luftvorwärmer; *f'* Wasserdampfkondensator.

Im South Meadow-Kraftwerk, S. 269, beträgt im Normalbetriebe bei 6 at abs Hg-Dampfdruck (390°) der mittlere Wärmeverbrauch je nutzbar abgegebene kWh 2560 kcal. Bei einer die letzten Erfahrungen berücksichtigenden 100000-kW-Anlage mit teilweise wassergekühltem Feuerraum soll er nur noch rd. 2400 kcal/kWh sein. Abb. 491 zeigt unter vereinfachenden Voraussetzungen (Feuerraumkühlflächen von Quecksilber durchströmt) den ungefähren Heizflächenbedarf einer Emmet- und einer 100-at-Wasserdampfanlage gleicher Nutzleistung. Der Gesamtaufwand an Heizflächen (einschließlich sämtlicher Kondensatoren) bezogen auf dieselbe nutzbare Leistung ist also bei einem Emmet-Werk nicht größer als bei einem 100-at-Wasserdampfwerk. Da bei gleicher nutzbarer Stromerzeugung die Turbinenleistung einer Hg-H_2O-Anlage nur 97,6 vH, die Leistung der Kühlwasserversorgung nur 76,5 vH und die Leistung der Bekohlungs- und Entaschungsanlage nur 85,5 vH der Werte einer 100-at-Wasserdampfanlage betragen, soll angenommen werden, daß die Anlagekosten eines Zweistoff-Kraftwerkes etwa ebenso groß wie die eines 100-at-Wasserdampfkraftwerkes sind. Sie mögen zu 275 RM/kW angesetzt werden. Die Kosten der Quecksilberfüllung betragen bei einem Quecksilberpreis von 10 RM/kg rd. 25 RM/kW. Bei 12 vH Kapitaldienst ergeben sich dann die Werte in Abb. 492, d. h. Emmet-Anlagen verdienen, da ihre Entwicklung noch jung ist, bereits heute große Beachtung.

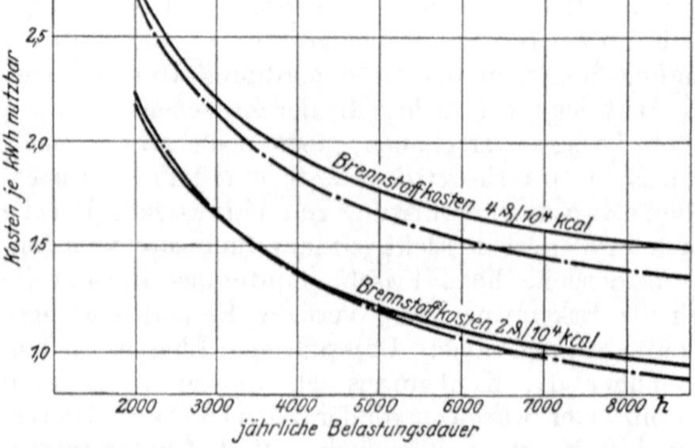

Abb. 492. Kosten von 1 kWh (nutzbar mit Generatorspannung abgegeben) in einem Emmet- und einem 100 at-Wasserdampf-Kraftwerk.

	100 at-Anlage	Emmet-Anlage
Frischdampfdruck	100	8,3 at abs
Frischdampftemperatur	500	500°
Anlagekosten	275	275 RM/kW
Quecksilberkosten	–	25 RM/kW
Kapitaldienst	12	12 vH
Wärmeverbrauch	2785	2350 kcal/kWh

——— 100 at-Wasserdampfanlage; —·— Emmet-Anlage.

Ein etwas unsicherer Posten der Vergleichsrechnung sind die Kosten der Quecksilberfüllung, da Quecksilber stets eines der spekulativsten Metalle gewesen ist. Von 1929 – 1932 kostete es ziemlich konstant etwa 12,3 RM/kg, d. h. rd. 3mal mehr als im Jahre 1913. Infolge der ungerechtfertigt hohen Preise ist aber die Außenseitererzeugung immer größer geworden und die Vorräte des den Handel in Europa beherrschenden Syndikates sollen im Jahre 1932 rd. 5500 t gegenüber einem Absatz im Jahre 1930 von nur etwa 1400 t betragen haben. Mitte 1932 wurde das Quecksilberkartell gekündigt und der Quecksilberpreis fiel von Januar bis Juli 193 von 9,75 auf 4,5 RM/kg frei Lager Hamburg, hat also wieder etwa Vorkriegshöhe erreicht. Nach Zahlentafel 37 betrug im Jahre 1930 der Weltvorrat rd. 2500 t, obgleich die Gruben nicht voll ausgenutzt waren und noch zahlreiche nicht erschlossene Vorkommen bestehen. Auf Grund dieser Verhältnisse wird man annehmen dürfen, daß weder eine Knappheit an Quecksilber noch eine untragbare Preiserhöhung eintreten wird, selbst wenn zahlreiche Emmet-Anlagen erstellt werden. Es besteht vielmehr gute Aussicht, daß bei den in Frage kommenden großen Abschlüssen der Quecksilberpreis 5 bis 6 RM/kg nicht überschreitet.

Zahlentafel 36. Hauptwerte einer 100-at-Wasserdampfanlage und einer unter verschiedenen Bedingungen arbeitenden Emmet-Anlage bei Frischwasserkühlung.

	Arbeitsweise	Wasserdampfanlage		Emmet-Anlage					
1	Wasserekonomiser	mit		mit	ohne	mit	ohne	mit	ohne
2	**Dampfdruck im Hg-Kessel . . . at abs**	—	—	**8,3**	**8,3**	**12,6**			
3	Anfangstemperatur des Dampfes . . . °	500				538			
4	**Druck des Wasserdampfes . . . at abs**	**100**[1]		**23,5**		**29,1**			
5	Temperatur des Wasserdampfes . . . °	500		410		400			
6	Druck im Wasserdampfkondensator . at abs	0,04							
7	Zahl der Anzapfungen	5	3	2				3	
8	Speisewassertemperatur vor Ekonomiser . °	220	140	110	—	110	—	155	—
9	Speisewassertemperatur vor Kessel . . . °	290		199	110	211	110	211	155
10	Gütegrad der Hg-Turbine . . . vH	—	—	77					
11	Gütegrad der H_2O-Turbine . . . vH	79 HDr. 85 NDr.		85				83	
12	Theoretischer thermischer Wirkungsgrad an der Welle gemessen . . . vH	40,9	39,6	44,9	47,0	45,9	48,3	47,1	48,6
13	$\eta_{mech + el}$ . . . vH	92							
14	Kesselwirkungsgrad . . . vH	87							
15	Kraftbedarf der Hilfsmaschinen einschließlich Hg-Speisepumpe in vH der erzeugten Arbeit . . . vH	5,6		2,7					
16	Tatsächlicher thermischer Wirkungsgrad einschließlich Hg-Pumpe . . . vH	30,9	29,9	35,0	36,6	35,7	37,6	36,7	37,8
17	**Wärmeverbrauch für eine nutzbar mit der Generatorspannung abgegebene kWh kcal/kWh**	**2785**	**2880**	**2460**	**2350**	**2410**	**2285**	**2345**	**2275**
18	Dasselbe in vH . . . vH	100	103,4	88,4	84,4	86,5	82,1	84,2	81,6

Zahlentafel 37. Übersicht über den Quecksilbermarkt im Jahre 1930.

Jährliche Welterzeugung	rd. 5500 t	Hg-Bedarf für 100000 kW Leistung	rd. 230 t
Europäischer Anteil	rd. 4600 t	Desgl. in vH der Welterzeugung	rd. 4 vH
Augenblicklicher Vorrat	rd. 2500 t	Syndikatspreis Ende 1930	rd. 12,6 RM/kg
Deutsche Einfuhr (Mittel aus den Jahren 1926 — 1929)	rd. 800 t/Jahr	Vorkriegspreis	rd. 4,3 RM/kg

D. Anordnung und Kosten vollständiger Kesselanlagen.

1. Einleitung. Ein kritischer Vergleich ganzer Kesselanlagen verlangt noch mehr Vorsicht als der von Kesseln, weil bei ihrer Planung oft Erwägungen mitsprechen, die aus Zeichnungen nicht immer ersichtlich sind. Beschränkter Platz, ungewöhnlicher Baugrund, kurze Bauzeit, Knappheit oder Überschuß an bestimmten Baustoffen, geschäftliche Rücksichten u. a. m. können zu Anordnungen führen, die dem Uneingeweihten leicht verfehlt erscheinen. Schließlich spielen durch die besonderen Verhältnisse eines Landes bedingte Eigentümlichkeiten sachlicher Natur manchmal eine ähnliche Rolle wie die mehr gefühlsmäßige, durch die charakterlichen Eigenschaften eines Volkes bedingte Einstellung zu Fragen der Energieerzeugung, deren Nichtbeachten oder Nichtverstehen an vielen abwegigen Urteilen über ausländische Anlagen schuld ist. Die Ansichten über den Wert natürlicher Belichtung und Belüftung, über Zugänglichkeit und Übersichtlichkeit sind in den einzelnen Ländern ebenso verschieden wie die Bewertung gewisser Apparate, auf die ein Land schwört, während ein anderes sie kaum beachtet.

[1] Die Zwischenüberhitzung erfolgt bei 28 at abs auf 430°.

Will man die Unterschiede in dieser Hinsicht zwischen Deutschland und anderen Reichen kurz formulieren, so kann man etwa sagen, daß der Deutsche dazu neigt, sich zu sehr in Einzelheiten zu verlieren, zu solide zu bauen und Dinge vorzusehen, die für den Betrieb zwar bequem aber nicht unbedingt erforderlich sind. Der Wert theoretischer Spitzfindigkeiten wird zuweilen überschätzt und verleitet manchmal zu einer Kritik, die über das Ziel hinausschießt und öfters mehr schadet als nützt. Hieran ist wohl der Umstand mit schuld, daß vielleicht in keinem anderen Lande der Käufer so hohe Anforderungen an Maschinen stellt wie bei uns. Auch in architektonischer Hinsicht und im Streben nach „gutem Aussehen" wird bei uns öfters des Guten zuviel getan. Andererseits dürfte beim Entwerfen und Bauen von Kraftwerken kaum anderswo so methodisch und gründlich vorgegangen werden wie in Deutschland, dessen beste Werke im harmonischen Abstimmen ihrer Bestandteile aufeinander und in der Unterordnung aller Maßnahmen unter eine leitende Idee unübertroffen sind.

Bei fremden Völkern, z. B. den Amerikanern, beeindruckt dagegen die Großzügigkeit, mit der sie schwierige Aufgaben anpacken und die Unbekümmertheit mit der sie sich an den Bau von Anlagen ungewöhnlicher Abmessungen oder Betriebsverhältnisse machen. Ihre reichen Mittel und die Bereitschaft des Bestellers, sich mit Kinderkrankheiten abzufinden und an dem mit vielen Neuerungen verbundenen Risiko teilzunehmen, erleichtern dieses Vorgehen ebenso wie die großen, den amerikanischen Kraftwerken gestellten Aufgaben und die Wertschätzung, deren sich das Sprichwort „Probieren geht über Studieren" drüben erfreut. Der amerikanische Kraftwerksbau hat durch seine imposanten Schöpfungen den europäischen stark beeinflußt, der aber manchmal allzusehr amerikanische Vorbilder benutzt, obgleich sie bei den vielfach ganz anderen Verhältnissen in Europa nicht immer am Platze sind.

2. Entwicklung in Deutschland von 1900 — 1932. Aufbau und Anordnung der Kesselhäuser haben in den letzten 30 Jahren starke Wandlungen durchgemacht. Um die Jahrhundertwende hatten die meisten Wasserrohrkessel handgefeuerte Planroste und mäßige Leistung (meist < 5 t/h). Ekonomiser wurden nur wenig verwendet. Die Wasserreinigung ließ oft viel zu wünschen übrig. Die Kohle wurde in Handkarren angefahren und von Hand aufgegeben, Aschenkeller waren nicht vorhanden und die im Erdreich gelegenen Rauchgaskanäle mußten mühselig von Flugasche gereinigt werden. Mit zunehmenden Ansprüchen an Leistung und Wirtschaftlichkeit baute man gußeiserne Glattrohrekonomiser ein, indem man vielfach mehrere Kessel auf einen gemeinsamen Ekonomiser (Zentralekonomiser) und einen gemeinsamen gemauerten Schornstein schaltete. Etwa um das Jahr 1902 begannen sich Wanderroste einzuführen. Etwa gleichzeitig stattete man größere Anlagen mit hochliegenden Bunkern aus, denen die Kohle durch Gurt- oder Becherförderer zugeführt wird und aus denen sie durch Lutten zu den Wanderrosten gelangt. Der Raum unter den Kesseln wurde zum Erleichtern der Entaschung unterkellert. Zuweilen wurde die ganze Kesselanlage aus Platzmangel über den Maschinen aufgestellt.

Mit Einführung der Dampfturbinen wurde der Platzbedarf der Kesselanlage im Vergleich zu dem der Turbinen immer größer, weshalb im Ausland bis zu drei Kesselanlagen übereinander errichtet wurden, Abb. 17. Der Notbehelfscharakter derartiger Lösungen und wärmetechnische Rücksichten drängten aber gebieterisch nach neuen Maßnahmen. Klingenberg erkannte als einer der ersten, wie nachteilig sich infolge der ausgedehnten Mantelflächen von Kesseln, Ekonomisern und Rauchgaskanälen der üblichen Bauart und Anordnung die konstanten Verluste auf den Wärmeverbrauch von Elektrizitätswerken auswirken und faßte daher Kessel und Ekonomiser in einen geschlossenen Block eng zusammen. Die großen Oberflächen, die sich durch die langen Rauchgasfüchse bei einem für mehrere Kessel gemeinsamen Schornstein ergaben, vermied er, indem er unmittelbar hinter jedem Kessel eine Saugzuganlage mit niederem Blechschlot aufstellte, Abb. 493. Die schwerfällige Kesseleinmauerung wurde durch einen Blechmantel mit Isolierfutter ersetzt und die für moderne Sektionalkessel so kennzeichnende vertikale Zugführung eingeführt. An die Stelle schwerer für einen Tages bedarf ausreichender Bunker traten Blechtaschen, die für 3 bis 4 Stunden genügen und am Kesselhausdach aufgehängt werden konnten. Die zweireihigen Kesselhäuser wurden, damit die Abmessungen von Kessel- und Maschinenräumen gut zueinander passen, senkrecht zum Turbinenhaus angeordnet. Durch diese und ähnliche Maßnahmen, wie Verdoppelung der bis dahin gebräuchlichen Geschwindigkeiten in den Dampfleitungen, Ausführung der Gebäude in Eisenkonstruktion mit dünnen Füllwänden, hat Kraftwerk Hegermühle den Bau von Elektrizitätswerken maßgebend beeinflußt. In der zur Zeit ihrer Erbauung (1915) einheitlichsten deutschen Kesselanlage von Kraftwerk Zschornewitz wurden die in Hegermühle als richtig erkannten Grundsätze auf Kessel mit Feuerungen für Rohbraunkohle übertragen, Abb. 494. Der eigenartige Brennstoff zwang freilich zu Mitteln, die bewirkten, daß rein äußerlich beide Werke einen ziemlich verschiedenen Eindruck machen. Beispielsweise waren im Gegensatz zu Hegermühle große Aschentrichter unter den Kesseln und leicht entaschbare Rauchgasfüchse nötig, die daher hoch

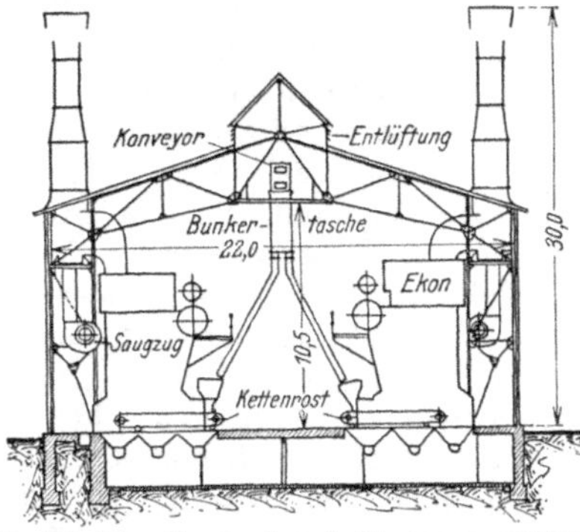

Abb. 493. Kesselhaus mit sechs blechummantelten 15 atü-Quertrommel-Sektionalkesseln von 15,8 t/h dauernder Höchstleistung mit hochgestellten liegenden schmiedeisernen Glattrohrekonomisern und Kettenrosten im Kraftwerk Hegermühle der Märkisches Eektrizitätswerk A.G. Entwurf AEG, Baujahr 1911.

Temperaturen: Dampf 350, Speisewasser 50°.

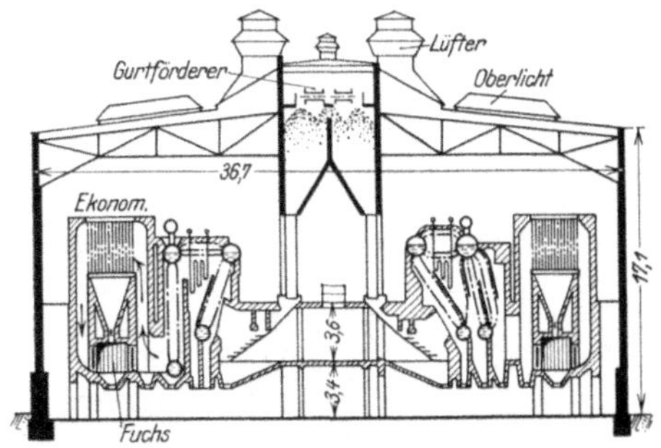

Abb. 494. Schnitt durch ein Kesselhaus von Kraftwerk Zschornewitz mit sechszehn 15 atü-Kesseln von 15 t/h dauernder Höchstleistung mit gußeisernen Glattrohrekonomisern und Braunkohlenfeuerungen. Entwurf AEG, Baujahr 1915.

Temperaturen: Dampf 350°, Speisewasser 70°.

gelegt und von einem Aschenkeller unterfangen wurden. Durch Anordnen der Aschenkellersohle auf Geländehöhe erhielten Licht und Luft ungehindert Zutritt und die Aschenwagen ließen sich von Hand bequem vors Kesselhaus schieben. Durch Aufstellen der Ekonomiser unmittelbar an der Kesselrückwand und durch die eigenartige Führung der Füchse unterhalb der Ekonomiser und zwischen ihrem Rauchgaszu- und -abfluß hindurch wurde auch bei Braunkohlenkesseln kleine Mantelfläche sowie gedrängter Gesamtaufbau erzielt. Abwechselnd verschieden lange Rohre der gußeisernen Glattrohrekonomiser und zur Rohrachse parallele Gasströmung ermöglicht in der 1922 errichteten Anlage in Abb. 495 bis 497 neue Verbesserungen. Die weiteren Fortschritte in Kesselanlagen für Rohbraunkohle bestehen hauptsächlich in der Einführung selbsttätiger Feuerungen, von Unterwind und von Luftvorwärmern, dem Ersatz von Glattrohr- durch Rippenrohrekonomiser und der Vervollkommnung der mechanischen Aschen- und Schlackenabfuhr. Im Jahre 1932 betrug die Kesselleistung 80 bis 100 t/h gegenüber 12 bis 15 t/h in Zschornewitz und der Platzbedarf der Kesselhäuser nur noch einen Bruchteil seines früheren Wertes, Abb. 498 bis 501. Das Kesselhaus von Kraftwerk Finkenheerd ist in Eisenbeton ausgeführt.

In Steinkohlenkesselhäusern wurden ähnliche Fortschritte erzielt. Im Kraftwerk Schulau, von dessen Kesselhaus nur die eine Hälfte ausgebaut ist, Abb. 502 und 503, wurden je zwei Kessel an einen gemeinsamen zwischen ihnen auf dem Dach aufgestellten 50 m hohen Blechschornstein angeschlossen. Das Gerüst der Kessel ist bis zum Fußboden des Aschenkellers durchgeführt, damit er hell und übersichtlich und die Kesselmontage und der Einbau einer mechanischen Entaschung erleichtert wird. Während der Kessel in Abb. 503 samt Ekonomiser, Luftvorwärmer und Saugzuganlage auf einem besonderen

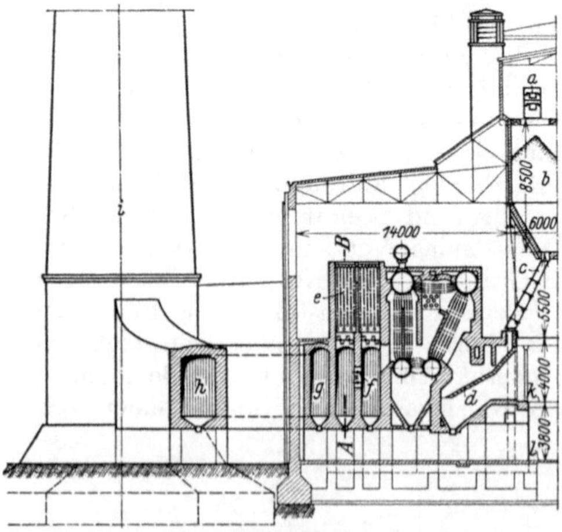

Abb. 495.

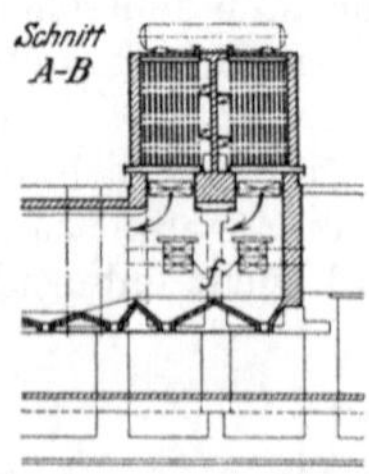

Abb. 496.

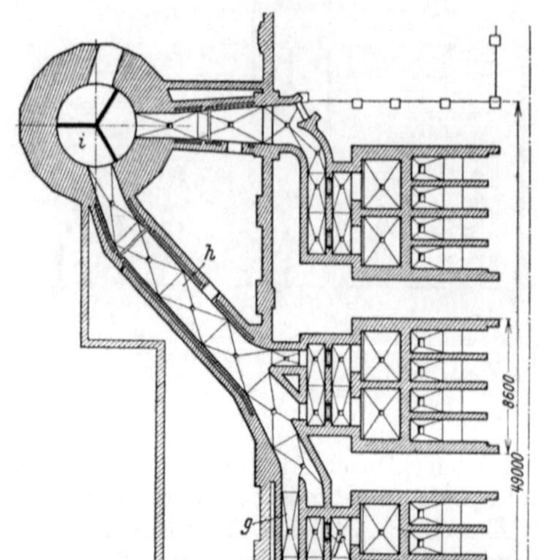

Abb. 497.

Abb. 495–497[1]. Schnitt durch das Kesselhaus von Kraftwerk Borken mit sechzehn 18,5 at-Steilrohrkesseln von 17 t/h dauernder Höchstleistung mit gußeisernen Glattrohrekonomisern mit abwechselnd verschieden langen Rohren und Braunkohlenfeuerungen. Entwurf AEG, Baujahr 1922.
Temperaturen: Dampf 375°, Speisewasser 40°.

Gerüst ruht, wurde im Klingenberg-Werk der Kesselkörper am Kesselhausdach aufgehängt, das auch die Blechschornsteine und die Saugzuganlage trägt, Abb. 504. Das Eisengerippe des Hauses dient gleichzeitig als Tragrost für die Kessel. Durch das Aufhängen der Kessel am Dach ist die Kesselmontage nicht mehr auf unsichere Provisorien angewiesen. Dagegen ist große Sorgfalt nötig, damit das Kesselgerüst, das im wesentlichen nur zum Tragen der Kesselummantelung dient, mit Bezug auf die aufgehängten Kesseltrommeln richtig montiert wird. – Aufhängung am Dach empfiehlt sich nur für große Kessel. Während in Klingenberg-Werk je zwei Kessel an einen zwischen ihnen aufgestellten 70 m hohen Schornstein ohne Futter angeschlossen sind, haben in Gerstein-Werk je drei Kessel einen gemeinsamen in der Mittelebene des Hauses stehenden, mit Steinen ausgefütterten Schornstein von 80 m Mündungshöhe, Abb. 505 und 506. Die Anordnung wurde gewählt, weil der Platz zwischen zwei Kesseln für die höheren und erheblich schwereren Schornsteine nicht ausgereicht hätte und weil Raum zum späteren Einbau von Staubfiltern großer Länge gelassen werden sollte. Auch infolge der Aufstellung von drei Kesseln in einer Reihe hätte sich eine Anordnung nach Abb. 526 nicht geeignet.

In der Anlage in Abb. 507 und 508 mit Einblasemühlen sind vier Kessel an einen Schornstein von 80 m Mündungshöhe angeschlossen. Die Flugaschenfänger sind ähnlich wie in Abb. 509 angeordnet, die Kessel stehen auf eigenen Gerüsten. In dem Werk mit den zur Zeit größten deutschen Kesseln (150 t/h) hängen die Kessel gleichfalls am Dach, Abb. 509. Da Kessel, Luftvorwärmer, Saugzuganlage und Staubfilter übereinander stehen, wird das Kesselhaus sehr hoch (45,6 m gegenüber 30,5 m in Abb. 504). Der für vier Kessel gemeinsame Eisenbetonschornstein von 110 m Mündungshöhe steht in der Kesselhausmitte, Abb. 525.

3. Ausländische Kesselanlagen. a) Amerika. Im Hudson Avenue-Kraftwerk mußten aus Mangel an Platz für ein Kohlenlager im Freien die Kesselhausbunker für den Bedarf einer Woche bemessen werden, Abb. 510. Durch unmittelbares Aneinanderreihen der vier Kesselhäuser ist die benötigte Grundfläche

[1] Der Platzersparnis wegen ist nur eine Kesselhaushälfte gezeichnet.

trotz der gewaltigen Bunker klein. Durch Feuerraumkühlung, bessere Roste, Einbau von Ekonomisern bzw. Luftvorwärmern u. a. m. konnte die Leistung einer Kesselreihe in vier Jahren von 70000 auf 100000 kW gesteigert werden, Abb. 510. Zugänglichkeit

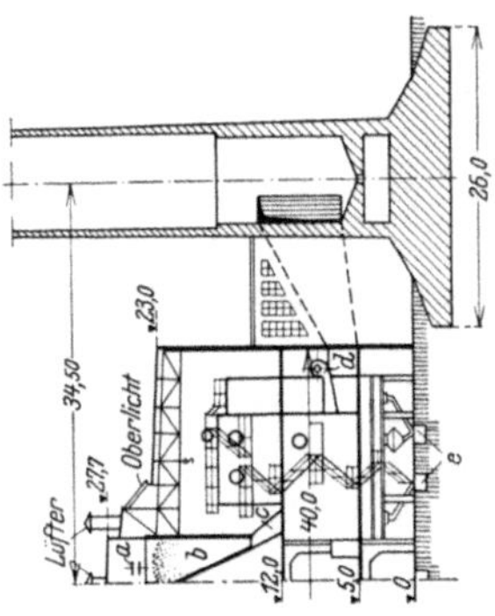

Abb. 499.

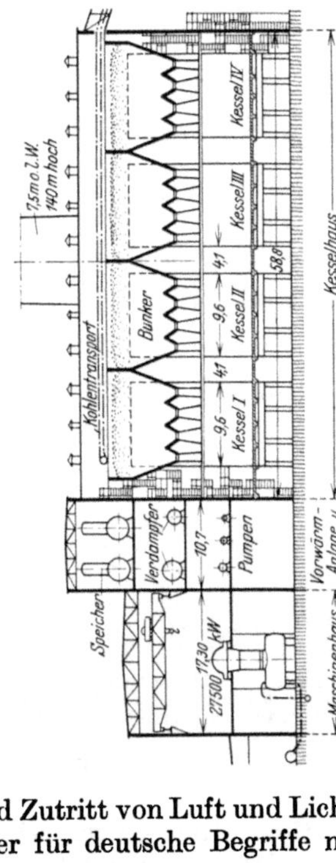

Abb. 498.

Abb. 498 u. 499. Kesselanlage des Kraftwerkes Else mit acht 26 at-Steilrohrkesseln von 50 t/h dauernder Höchstleistung mit gußeisernen Rippenrohrekonomisern, Plattenluftvorwärmern und Braunkohlenfeuerungen. Entwurf AEG, Baujahr 1928.

Temperaturen: Dampf 410°, Speisewasser 110°, Warmluft 120°.

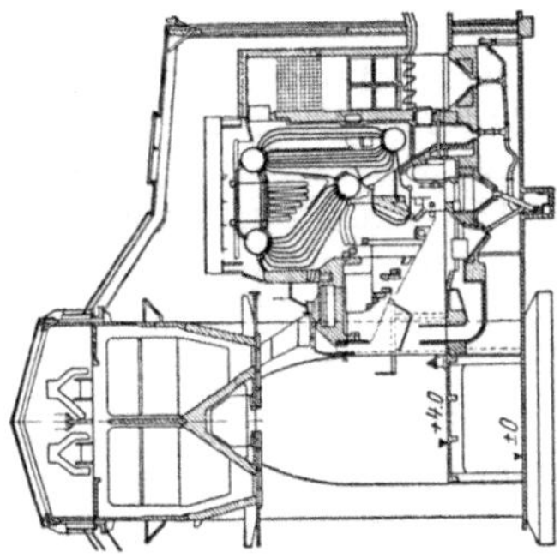

Abb. 501.

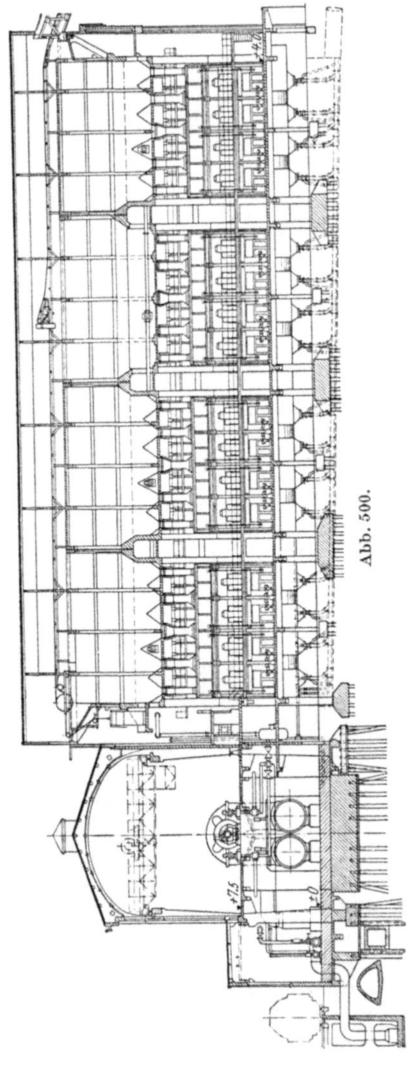

Abb. 500.

Abb. 500 u. 501. Kesselanlage des Kraftwerkes Finkenheerd mit acht 40 at-Steilrohrkesseln von 80 t/h dauernder Höchstleistung mit gußeisernen Rippenrohrekonomisern, Taschenluftvorwärmern und Steinmüllerrosten für Rohbraunkohle (Kessel siehe Abb. 291). Entwurf MEW, Baujahr 1929.

Temperaturen: Dampf 450°, Speisewasser 90°, Warmluft 170°.

und Zutritt von Luft und Licht befriedigen aber für deutsche Begriffe nicht.

Im East River-Kraftwerk mußte auf einem sehr schmalen Gelände eine möglichst große Leistung untergebracht werden, Abb. 511 und 512. Die Kühlwasserleitungen wurden daher zum Teil unter dem Kesselhaus hindurchgeführt. Durch größere Kessel konnte bei der Erweiterung auf gleichem Raum eine um 60 vH größere Dampferzeugung erzielt werden (363 statt 226 t/h). Die mangelhafte Belichtung und Zugänglichkeit und die sehr teure Verlegung der unzugänglichen Kühlwasserleitungen unterhalb der schweren Kessellasten sind nur wegen des sehr hohen Bodenpreises gerechtfertigt [1].

Delray-Kraftwerk ist wegen seiner Kessel und der sehr hohen zwischen sie heruntergezogenen Bunker bemerkenswert, Abb. 513. Auch im State Line-Kraftwerk konnten, da genügend Gelände zur Verfügung stand, Ekonomiser und Luftvorwärmer hinter den

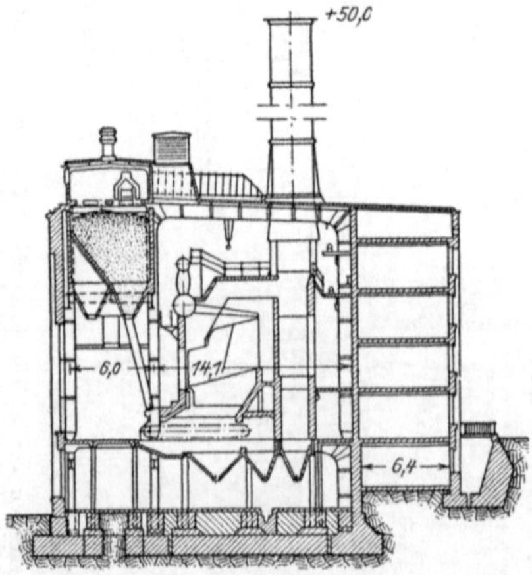

Abb. 502.

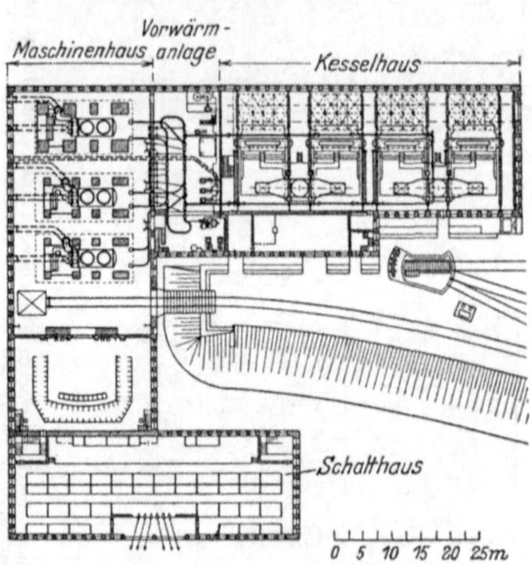

Abb. 503.

Abb. 502 u. 503. Kesselanlage des Kraftwerkes Schulau mit 30 atü-Sektionalkesseln von 40 t/h dauernder Höchstleistung mit gußeisernen Rippenrohrekonomisern und Wanderrosten (Wirkungsgradkurve Abb. 157). Entwurf AEG, Baujahr 1927.
Temperaturen: Dampf 410°, Speisewasser 110°.

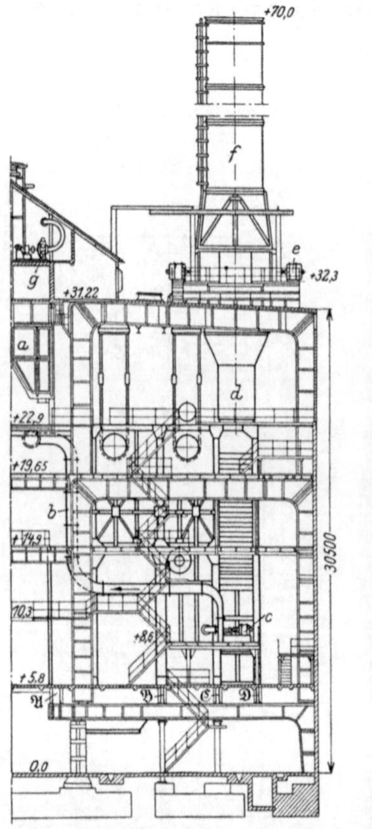

Abb. 504[2]. Kesselhaus von Klingenberg-Werk mit acht 38 at-Steilrohrkesseln von 75 t/h dauernder Höchstleistung mit Ekonomisern, Plattenluftvorwärmern und Kohlenstaubfeuerungen (Kessel siehe Abb. 375 bis 377). Entwurf AEG, Baujahr 1925.
Temperaturen: Dampf 420°, Speisewasser 140°, Warmluft 150°.

a Staubbunker; b Warmluftleitung zu Kohlenstaubzuteilern; c Einblasventilator; d Fuchs und Platz zum Einbau von Staubabscheidern; e Saugzugventilator; f Schornstein; 𝔄, 𝔅, ℭ, 𝔇 Unterzüge zum Tragen des Kesselgerüstes und der Einmauerung (siehe Abb. 375 bis 377 und 523).

Kesseln aufgestellt werden, Abb. 514 und 515. Auf ästhetische Rücksichten wird im Ausland weniger geachtet als bei uns, dagegen sucht man nach Möglichkeit marktgängige Kesselmodelle zu verwenden und hätte kein Verständnis dafür, wenn gerade kleine Werke glaubten, ohne Sonderkonstruktionen nicht auskommen zu können.

b) Norwegen. Ähnliches gilt für die Anlage in Abb. 516, die in allerkürzester Frist gebaut werden mußte. Sie steht in Norwegen, die Kesselfirma hatte ihren Sitz in London

[1] Für Großkraftwerke in Betracht kommendes Gelände kostet in Deutschland 1 bis 5 RM/m², nahe einer Großstadt 10 bis 15 RM/m², in der Nähe oder inmitten einiger amerikanischer Großstädte 60 bis 300 RM/m².

[2] Der Platzersparnis wegen ist nur eine Kesselhaushälfte gezeichnet.

der beratende Ingenieur in Berlin. Man entschied sich daher für eine Normalanordnung von Kessel und Luftvorwärmer und konnte dadurch fast unmittelbar nach Bestellung der Kessel mit dem Bau des Kesselhauses beginnen, das in Eisenbeton ausgeführt wurde, weil Kies und Zement dicht an der Baustelle verfügbar waren, während die Lieferung der Eisenkonstruktion mehrere Monate gedauert hätte.

c) England. Das Kesselhaus in Abb. 517 hat gemauerte Wände. Auf eine 32000-kW-Turbine arbeiten vier Kessel, die parallel zu ihr aufgestellt sind. Das stählerne Kesselhaus in Abb. 518 und 519 hat mit Asbest bekleidete Blechwände. Jeder Kessel hat zwei Unterwind- und Saugzugventilatoren, die in einem Geschoß über den Kesseln bzw. auf dem Dach stehen. Vor den Saugzugventilatoren sind Zyklonflugaschenfänger, hinter ihnen Gaswascher eingebaut. Die Blechschornsteine aus säurefestem Stahl haben nur 50 m Mündungshöhe. Jeder Kessel hat zwei Bunker a für den Rost und einen Bunker f für die Einblasemühlen l, da für die Staubfeuerungen billigere Kohle verwendet werden soll. Waagen, Mühlen und die Lutten zwischen Bunkern und Rost bzw. Mühlen würden in Deutschland erheblich anders angeordnet werden.

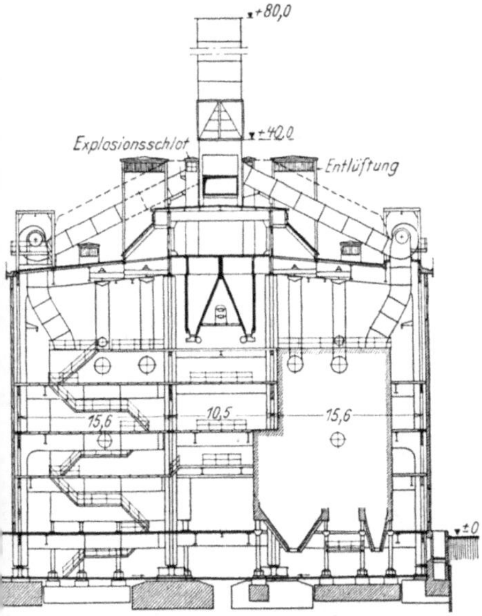

Schnitt durchs Kesselhaus
Abb. 505.

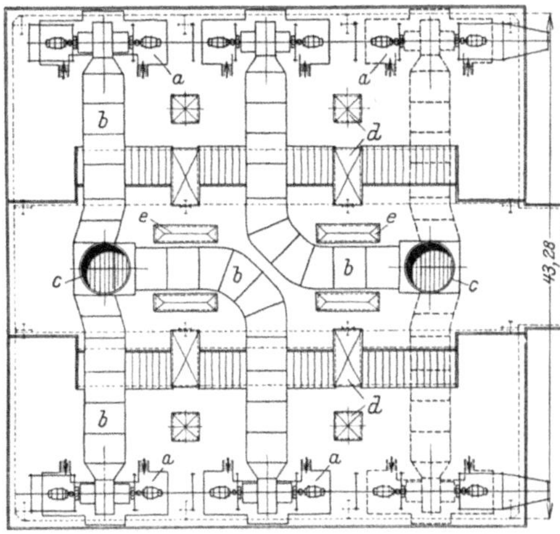

Blick aufs Kesselhausdach
Abb. 506.

Abb. 505 u. 506. Kesselhaus von Kraftwerk Gersteinwerk mit sechs 22,5 at-Steilrohrkesseln von 70 t/h dauernder Höchstleistung mit Plattenluftvorwärmern und Kohlenstaubfeuerungen. Entwurf AEG, Baujahr 1927.
Temperaturen: Dampf 400°, Speisewasser 160°, Warmluft 260°.
a **Saugzuganlage;** *b* **Rauchgasfuchs;** *c* **Schornstein;** *e* **Explosionsschlot der Kohlenstaubbunker.**

Kraftwerk Battersea, Abb. 520, das modernste Werk Englands, liegt im Weichbild der Stadt London und wurde nur unter der Bedingung konzessioniert, daß außer Flugkoks und -asche auch die Verbrennungsprodukte des brennbaren Schwefels in der Kohle aus den Rauchgasen entfernt werden. Die festen Bestandteile sollen Flugaschenabscheider e auffangen, die schweflige Säure wird in einer auf dem Dach angeordneten Waschanlage ausgeschieden, die je kW Kraftwerksleistung 25 bis 30 RM kosten soll. Ihr Erfolg kann von erheblichem Einfluß auf den Bau ähnlich gelegener, großer Kraftwerke werden und wird zeigen, ob bei feuchtem Klima nahe dem Verbraucherschwerpunkt gelegene Werke mit Waschanlagen für die Rauchgase oder Fernkraftwerke ohne sie, die lediglich sehr hohe Schornsteine, vielleicht in Verbindung mit Flugaschenfängern haben, vorteilhafter sind. Das Kesselhaus in Abb. 520 ist infolge der über den Kesseln aufgestellten Ekonomiser, Luftvorwärmer und Saugzuganlagen ebenso hoch wie in Abb. 509.

d) Frankreich. Das Kesselhaus in Abb. 521 besteht aus Eisenbeton. Eigenartig ist die Anordnung der Kohlenstaubbunker a über den Kesseln, für die wohl der Wunsch,

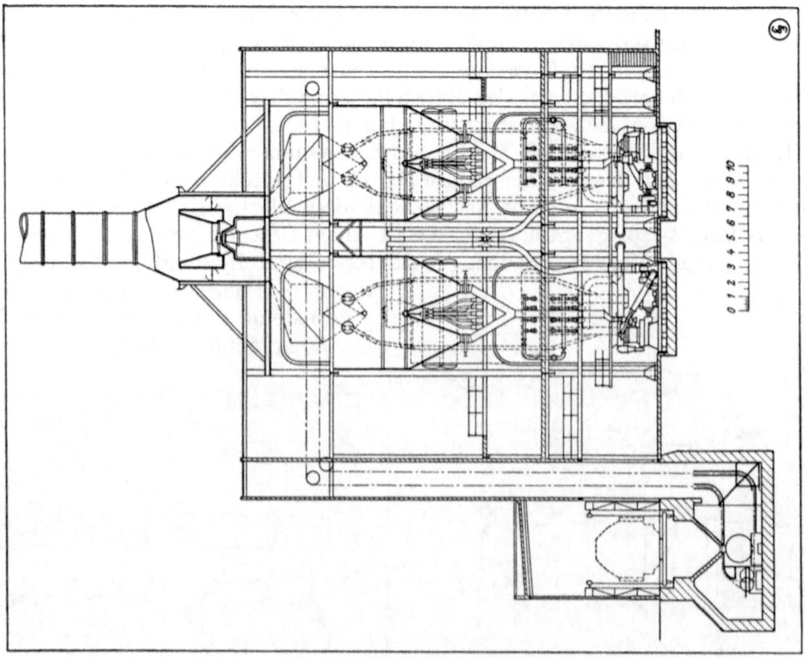

Abb. 508.

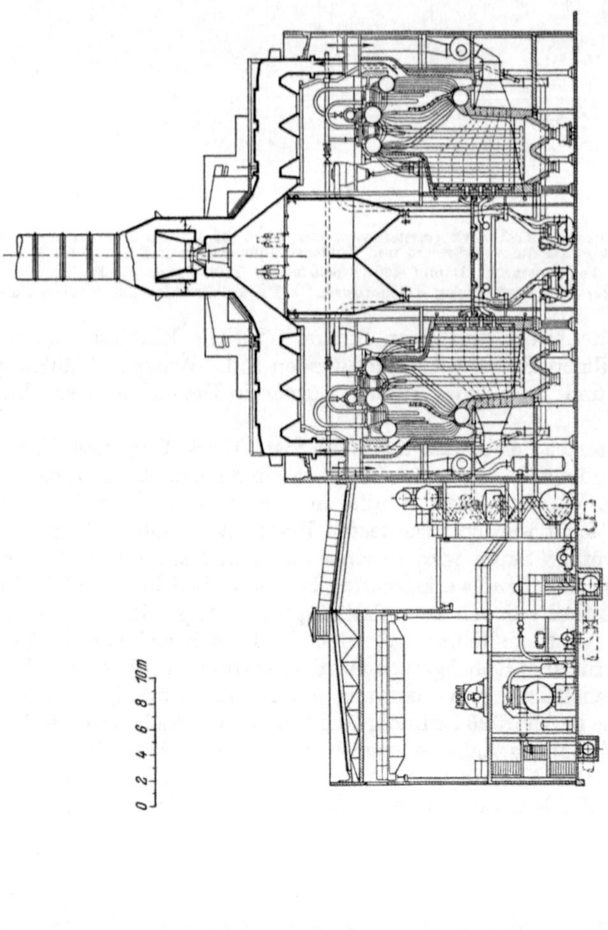

Abb. 507.

Abb. 507 u. 508. Kesselanlage des Industriekraftwerkes Holten mit vier 19 at-Steilrohrkesseln von 40 t/h vorübergehender Höchstleistung mit Ljungström-Luftvorwärmern und KSG-Kohlenstaubfeuerungen mit Einblasemühlen. Entwurf SSW, Baujahr 1928.

Temperaturen: Dampf 415°, Speisewasser 150°, Warmluft 250 bis 300°.

schwere Teile durch einen über Kesselhausmitte laufenden Kran auf die verschiedenen Kesselhausbühnen heben zu können, und Rücksichten auf Belichtung und Belüftung maßgebend waren. Bei der Anlage in Abb. 522 ist die gesamte Staubaufbereitung zwischen den Kesseln untergebracht. Die Bunker *b* der Mühlen werden mit Hilfe eines über ihnen

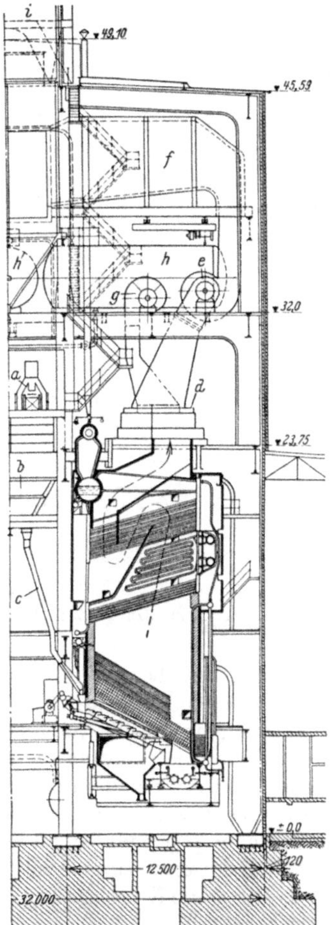

Abb. 509 [1]. Kesselanlage des Kraftwerkes West der Berliner Städtischen Elektrizitätswerke mit acht 32 atü-Sektionalkesseln von 150 t/h dauernder Höchstleistung mit Ljungström-Luftvorwärmern und Unterschubrosten (Kessel siehe Abb. 387). Entwurf SSW, Baujahr 1929.

Temperaturen: Dampf 430°, Speisewasser 150°, Warmluft 200°.

a Kohlenförderanlage; *b* Kohlenbunker; *c* Kohlenschurren; *d* Ljungström-Luftvorwärmer; *e* Saugzuggebläse; *f* Platz zum Einbau von Flugaschenfänger; *g* Unterwindgebläse.

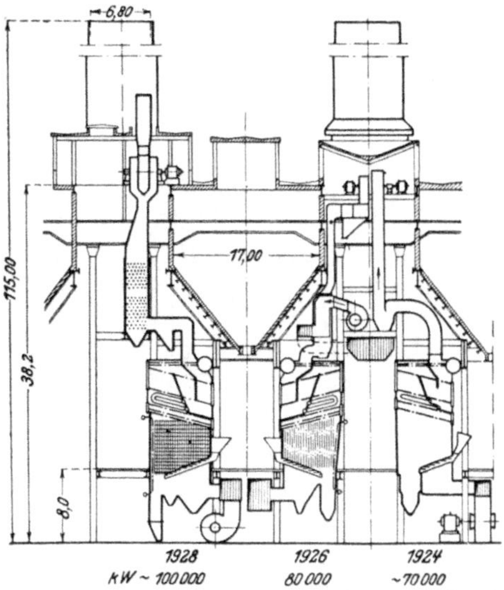

Abb. 510. Kesselhaus von Hudson Avenue-Kraftwerk in Brooklyn, USA. Entwurf: Th. E. Murray, Inc. Baujahr 1924–1928.

verschiebbaren Wagens *a* mit Kohle versorgt. Der Mühlenraum ist dunkel und mangelhaft zugänglich und die Staubbunker mit den zugehörigen Zyklonen und Staub- und Luftleitungen beeinträchtigen die Übersicht.

4. Konstruktion der Kesselhäuser. Da in modernen Anlagen Kessel und Gebäude in engem Zusammenhang stehen, muß der Kesselkonstrukteur und Kraftwerksbauer wenigstens in großen Umrissen die bautechnischen Grundlagen kennen.

Große Kesselhäuser werden entweder in Stahl oder Eisenbeton erstellt. Während die Stahlskelette in Deutschland fast immer als Vollwandkonstruktionen ausgeführt werden, bestehen sie im Ausland meist aus Fachwerk, das keinen so günstigen Eindruck macht und durch seine Sperrigkeit den Verkehr und das Unterbringen von Leitungen, Bühnen und Treppen mehr erschwert. Ferner lassen sich im Gegensatz zu Vollwandträgern größere Lasten nur an den Knotenpunkten aufhängen. Auch der umbaute Raum dürfte bei Vollwandträgern am kleinsten werden. Da sie außerdem die beste Übersichtlichkeit geben und nachträgliche Änderungen am leichtesten zulassen, verdienen sie im allgemeinen den Vorzug.

Das unterste Geschoß der Kesselhäuser in Abb. 504 und 523 besteht aus einem halben kontinuierlichen, von mehreren Pendelstützen unterstützten Rahmen. Auf ihm ruht der das Mittelgeschoß bildende Portalrahmen mit zwei Gelenken auf, auf dem in gleicher

[1] Der Platzersparnis wegen ist nur eine Kesselhaushälfte gezeichnet.

Weise der Portalrahmen des dritten Geschoßes sitzt. Die 120 t schweren Blechschornsteine und der 360 t schwere Kesselkörper werden vom obersten Portal getragen, Abb. 523.

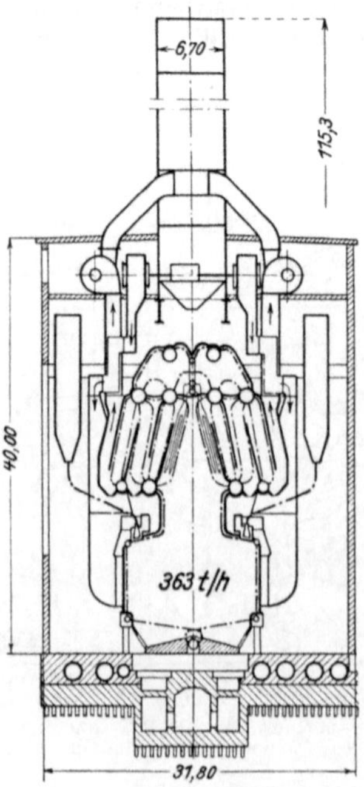

Abb. 511.

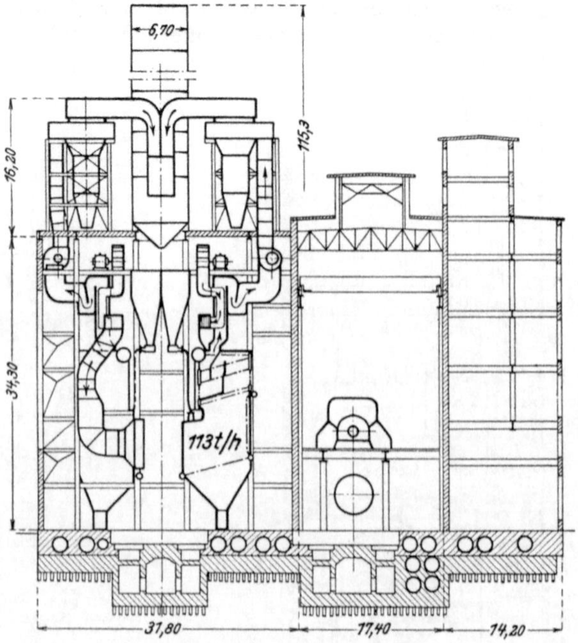

Abb. 512.

Abb. 511 u. 512. Querschnitte durch das Kesselhaus und Maschinenhaus von East River-Kraftwerk in New York. Entwurf: Th. E. Murray, Inc. Baujahr 1926 und 1929.

Die Staubbunker *a* ruhen auf Konsolen an den inneren Stielen der obersten, die übrigen Kessellasten von 2072 t mit den Unterzügen *d* auf dem untersten Rahmen. Um kurze Biegungslängen bzw. kleine Profile zu erhalten, sind die Unterzüge *d* durch je eine und die untersten Rahmen durch je drei Pendelstützen unterstützt. Die Hälfte jedes Kesselhauses ist für sich standsicher. Es ist daher gegen ungleiche Bodensenkungen unempfindlich und kann leicht umgebaut werden, falls später die Kessel gegen größere ausgetauscht werden sollten.

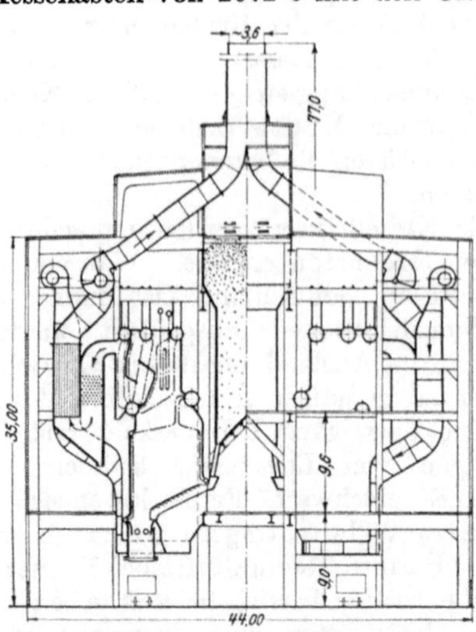

Abb. 513. Querschnitt durch das Kesselhaus von Delray-Kraftwerk in Detroit. Entwurf Detroit Edison Co. Baujahr 1929 (Kessel siehe Abb. 386).

Das Kesselhaus in Abb. 524 besteht im Querschnitt aus zwei gelenkig aufeinander gesetzten Halbportalen, deren nach der Kesselhausmitte zu gelegene Holme das Schornsteingewicht übertragen und nur vertikal belastet werden. Die senkrecht weniger beanspruchten Außenstützen übertragen die Windkräfte. Maßgebend für die Konstruktion war die Gefahr ungleicher Bodensenkungen infolge der unmittelbaren Nähe des Bergbaues. Bei größeren Senkungen können sämtliche Stützen durch hydraulische Pressen gehoben werden.

Auch die Eisenkonstruktion in Abb. 525 besteht aus gelenkig aufeinander gestellten Halbportalen. Die Kessel hängen am zweiten Portal von unten, die übrigen Kessellasten werden von einem Querriegel im untersten Halbportal getragen. Infolge der

Zahlentafel 38. Vergleich der Hauptwerte der Eisenkonstruktion der Kesselhäuser nach Abb. 504 und Abb. 509.

		Abb.504	Abb.509
1	Anlage	Abb.504	Abb.509
2	Baujahr	1925	1929
3	Kessel je Kesselhaus	8	8
4	Mündungshöhe der Schornsteine . . . m	70	110
5	Gewicht eines Schornsteines t	120	1136
6	Höhe des Kesselhauses . . m	30,5	45,6
7	Dampferzeugung eines Kesselhauses . . . t/h	800 [1]	1200

		Abb.504	Abb.509
8	Eisengewicht je m³ umbauter Raum . . . kg/m³	39,80	50,50
9	Eisenkosten [2] je m³ umbauter Raum . . . RM/m³	15,90	20,20
10	Eisengewicht je t/h Dampfleistung . . . t	4,91	5,83
11	Eisenkosten [2] je t/h Dampfleistung . . . RM	1960	2330

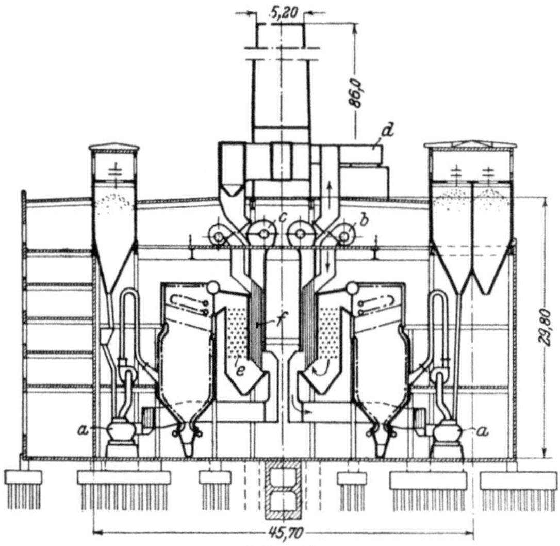

Abb. 514.

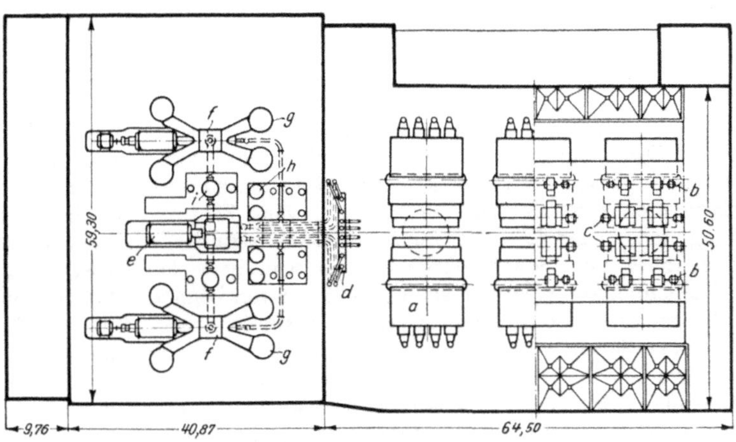

Abb. 515.

Abb. 514 u. 515. State Line-Kraftwerk in Chicago mit sechs 56 at-Sektionalkesseln von 200 t/h dauernder Höchstleistung mit Ekonomisern, Röhrenluftvorwärmern, Kohlenstaubfeuerungen und Einblasemühlen. Entwurf Sargent & Lundy, Baujahr 1928.

Temperaturen: Dampf 400°, Speisewasser 210°, Warmluft 270°.

[1] Auf Grund der bis dahin erzielten Fortschritte hätten im Jahre 1929 bei denselben Abmessungen in einem Kesselhaus nach Abb. 504 unschwer, und ohne das Gewicht der Eisenkonstruktion zu erhöhen, 800 t/h statt der projektierten 600 t/h erzeugt werden können.

[2] Bei einem Preis von 400 RM/t einschließlich Montage, Preisgrundlage 1930.

beträchtlichen Unterschiede in der Stegbreite, Abb. 387 und 509, treten exzentrische Belastungen auf, Abb. 525. Zahlentafel 38 zeigt die Auswirkung der senkrechten Bauweise und schwerer Schornsteine, S. 283, auf das Gewicht der Eisenkonstruktion des Kesselhauses.

Die Wände von Eisenfachwerksbauten bestehen im allgemeinen aus zwei 120 mm starken, durch eine 60 mm dicke Luftisolierschicht getrennten Teilen aus Hintermauerungssteinen bzw. Verblendklinkern, von denen einer eine Stahlfachwerkwand ist.

Eisenbeton wird bei großen Kesselhäusern selten benutzt, weil die Tragkonstruktion wesentlich plumper wird, Abb. 521, und weil sich später Rohrleitungen, elektrische Leitungen, Bedienungsvorrichtungen usw. nur schwierig anbringen lassen, wenn ihre genaue Lage nicht schon bei Anfertigung der Gebäudezeichnungen festlag. Die Entwürfe des Kesselhauses sind aber bei Auftragserteilung selten in den Einzelheiten durchgearbeitet. Auch aus unvorhergesehenen Gründen müssen öfters noch wesentliche Änderungen vorgenommen werden, wenn die Erstellung des Hauses unter

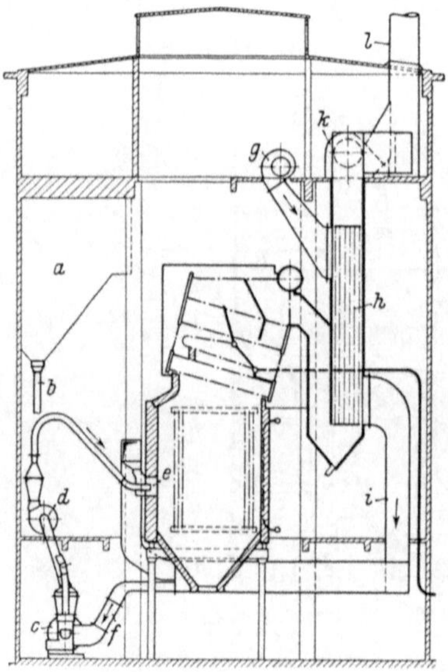

Abb. 516. Kesselanlage des Industriekraftwerkes Heröen mit vier 41 at-Sektionalkesseln von 25 t/h dauernder Höchstleistung mit Röhrenluftvorwärmern und Kohlenstaubfeuerungen. Entwurf AEG, Baujahr 1928. Temperaturen: Dampf 410°, Speisewasser 80°, Warmluft 290°.

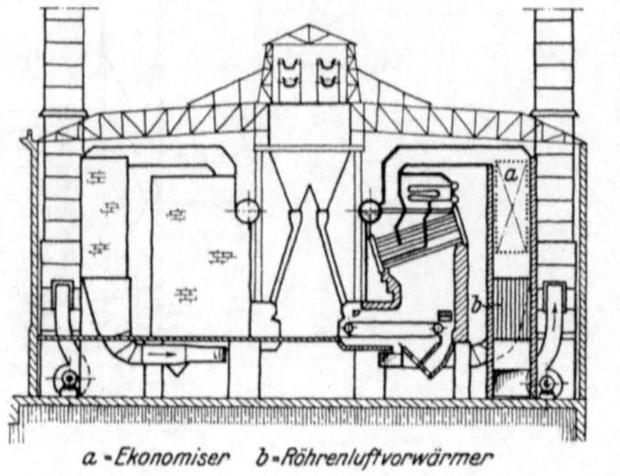

Abb. 517. Kearsley-Kraftwerk der Lancashire Electric Power Co. mit acht 24 at-Kesseln von 34 t/h dauernder Höchstleistung mit Ekonomisern, Röhrenluftvorwärmern und Wanderrosten (Kessel siehe Abb. 389). Entwurf Dr. H. F. Parshall, Baujahr 1930. Temperaturen: Dampf 375°, Speisewasser 93°, Warmluft 92°.

Umständen schon weit fortgeschritten ist. Dies ist aber bei Eisenbetonbauten oft kaum mehr möglich. Die Errichtung stählerner Kesselhäuser dauert nicht so lange wie solcher aus Eisenbeton, die Frost vorübergehend überhaupt unmöglich machen kann. Trotzdem verdient Eisenbeton zuweilen den Vorzug, z. B. wenn Kies und Zement besonders billig zur Verfügung stehen oder die Lieferung der Eisenkonstruktion zu lange dauert (Übersee).

Die Siederohre von Schrägrohrkesseln müssen in vielen Fällen unter den Ausläufen der Kohlenbunker vorbei ausgewechselt werden können. Steigen die Siederohre nach dem Bunker zu an, so müssen die Bunker besonders bei Kesseln mit Zwischendecküberhitzern höher liegen und werden daher teurer als bei umgekehrt geneigten Siederohren und über dem Rohrbündel angeordneten Überhitzern. Eine etwas kompliziertere Rauchgasführung zwischen Kessel und Luftvorwärmer oder Ekonomiser ist daher oft vorteilhafter, wenn sie eine entsprechende Rohrneigung ermöglicht. Bei Steilrohrkesseln können die Bunker oft tief zwischen den Kesseln angeordnet werden, Abb. 513, wodurch an Baukosten gespart wird. Um gute Belüftung, die unerläßlich ist, zu erreichen, sollte der natürliche Auftrieb der erwärmten Luft im Kesselhaus ausgenützt werden. Zugbildung ist zu vermeiden. Im Aschenkeller und Kesselhaus sind in geeigneter Höhe (richtige Lage der „neutralen Zone") ausgiebige Fensterflächen anzubringen, durch die die benötigte Verbrennungsluft zuströmen kann, ohne daß ein merklicher Unterdruck auftritt [1]. Sie sollen verstellbar sein, damit sich bei starkem Wind die luvseitigen Fenster

[1] Lit.-Nachw. Nr. 30.

schließen lassen. Auf dem Kesselhausdach sind über den Kesseln und oberhalb der schräg an die Bunkerlängswände anschließenden Glasoberlichter reichlich bemessene Entlüftungshauben anzuordnen, Abb. 494, 495, 499, 502, 505 und 506. Eine Entnahme der Verbrennungsluft oberhalb der Kesseldecke schadet der Belüftung manchmal mehr als sie nützt, weil sie den Abzug der erwärmten Kesselhausluft nach oben unter Umständen unterbindet; sind über den Kesseln noch Stockwerke, so liegen die Verhältnisse anders. Die Entfernung zweier nebeneinanderstehender Kessel beträgt je nach ihrer Größe meist

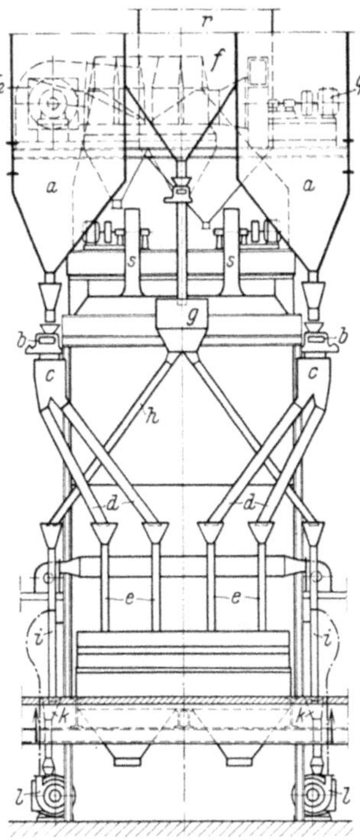

Abb. 518.

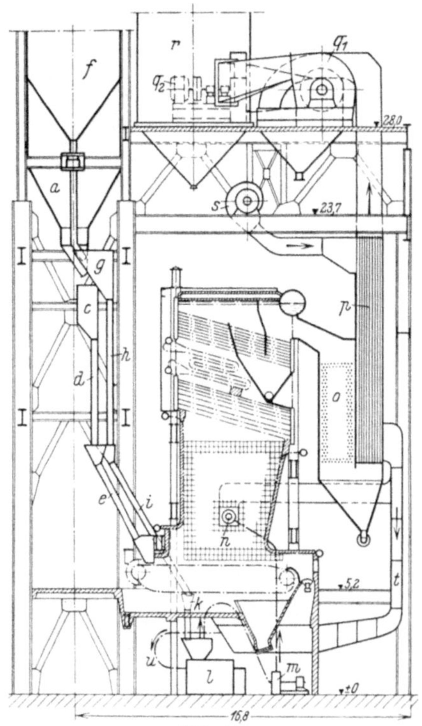

Abb. 519.

Abb. 518 u. 519. Kesselanlage des Clarence Dock-Kraftwerkes in Liverpool mit acht 32 at-Sektionalkesseln von 80 t/h dauernder Höchstleistung mit Ekonomisern, Röhrenluftvorwärmern, Wanderrosten und Kohlenstaubzusatzfeuerungen mit Einblasemühlen. Entwurf P. J. Robinson, Baujahr 1929.

Temperaturen: Dampf 400°, Speisewasser 150°, Warmluft —°.

a Kohlenbunker für Rost; *b* Kohlenwaage für Rostkohle; *c* Zwischenstück; *d* und *e* Kohlenlutten für Rost; *f* Kohlenbunker für Mühlen; *g* Zwischenstück mit Kohlenwaage; *h*, *i*, *k* Kohlenlutten für Mühlen; *l* Mühle; *m* Gebläse zu Mühle; *n* Staubbrenner; *o* Ekonomiser; *p* Röhrenluftvorwärmer; q_1 und q_2 Saugzuggebläse (zwei Stück je Kessel); *r* Schornstein; *s* Unterwindventilator; *t* Warmluftkanal; *u* Warmluftleitung zu *l*.

3 bis 5 m, der lichte Abstand ist aber infolge der Fall- und Steigrohre der Feuerraumkühlflächen und der Warmluftkanäle oft beträchtlich kleiner. Die zulässige Mindestentfernung hängt auch davon ab, ob die Längszüge zum Unterstützen der Kohlenbunker auf einer oder auf zwei, Abb. 500, Tragsäulen aufruhen. Im letzteren Fall muß man die Kessel weiter auseinanderrücken. Sollen vier große Kessel an einen auf dem Dach in der Kesselhausmitte aufgestellten, hohen Schornstein angeschlossen werden, Abb. 525, so sind zum Unterbringen der schweren Unterstützungskonstruktion Entfernungen bis zu 7 m zwischen den glatten Außenwänden zweier nebeneinanderstehender Kessel erforderlich, Abb. 509. Der Mindestabstand der Stirnwände zweier gegenüberstehender Kessel, der zwischen 6 und 12 m liegt, hängt von Kesselgröße, Feuerungssystem, Bunkeranordnung usw. ab, wird aber meist durch den verlangten Bunkerinhalt bestimmt. Der Mindestabstand zwischen den Feuerungsvorbauten kann zu 4 bis 5 m angenommen werden.

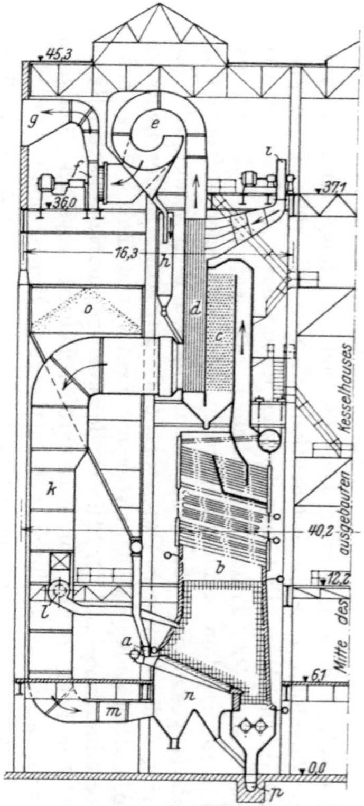

Abb. 520. Kesselanlage des Kraftwerkes Battersea der London Power Co. mit neun 43 at-Sektionalkesseln von 140 t/h Höchstleistung mit Stahlrohr-Ekonomisern, Röhren-Luftvorwärmern und Taylor-Unterschubrosten. Entwurf Dr. S. L. Pearce, Baujahr 1932. Daten und Zeichnung der Kessel siehe Abb. 390.

a Kohlentrichter; *b* Kessel; *c* Ekonomiser; *d* Luftvorwärmer; *e* Flugaschenabscheider; *f* Saugzugventilator; *g* Fuchs zum Gaswascher und Schornstein; *h* Flugaschensammler; *i* Unterwindventilator; *k* Warmluftkanal; *l* Gebläse für warme Sekundärluft; *m* Warmluftanschluß des Rostes; *n* Unterwindkammer; *o* Kohlenbunker.

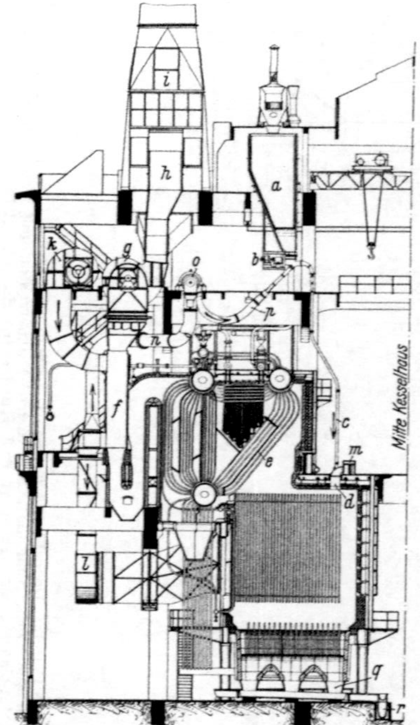

Abb. 521 [1]. Kesselanlage von Kraftwerk Issy-les-Moulineaux mit sechs 44 at-Kesseln von 100 t/h dauernder Höchstleistung mit Luftvorwärmern und Kohlenstaubfeuerungen. Entwurf Compagnie Parisienne de Distribution d'Electricité, Baujahr 1928. Temperaturen: Dampf 450°, Speisewasser 170°, Warmluft 220°.

a Kohlenstaubbunker; *b* Staubzuteiler; *c* Staubeinblaseleitung; *d* Brenner; *e* Kessel; *f* Luftvorwärmer; *g* Saugzugventilator; *h* Fuchs mit Modave-Flugaschenfänger; *i* Schornstein; *k* Unterwindventilator; *l* Warmluftkanal; *m* Warmluftanschluß von *d*; *n* Warmluftanschluß von *o*; *o* Einblaseluftventilator; *p* Warmluftanschluß von *b*; *q* Schlackenfall; *r* Spülrinne für Entaschung.

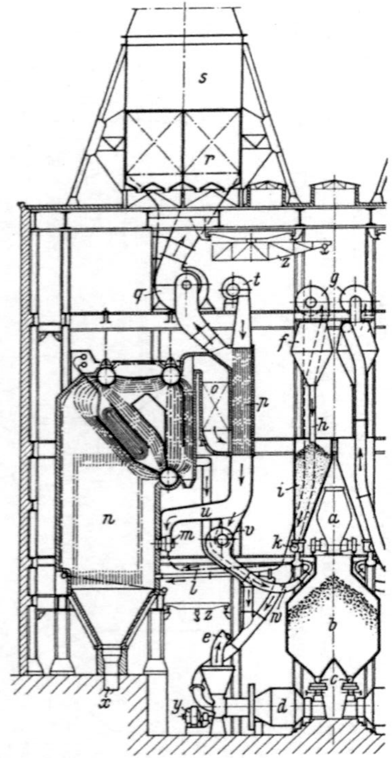

Abb. 522 [1]. Kesselanlage von Arrighi-Kraftwerk (Vitry Sud) der Union d'Electricité, Paris, mit sechs 35 atü-Kesseln von 135 t/h dauernder Höchstleistung mit Ekonomisern und Röhrenluftvorwärmern, langsam laufenden Kugelmühlen (Raymond-Hardinge), Mühlentrocknung und unmittelbarem Einblasen des Staubes. Entwurf Union d'Electricité. Baujahr 1931.
Temperaturen: Dampf 450°, Speisewasser 140°, Warmluft 130°, Abgase bei 110 bzw. 135 t/h 135 bzw. 150°.

a Kohlenfüllwagen; *b* Kohlenbunker für Mühlen; *c* Aufgabeapparate; *d* Mühle; *e* Luftleitung zu Zyklon; *f* Zyklon; *g* Mühlenventilator; *h* Staubabfluß aus Zyklon; *i* Staubbunker; *k* Staubzuteiler; *l* Staubeinblasleitung; *m* Brenner; *n* Feuerraum; *o* Ekonomiser; *p* Luftvorwärmer; *q* Saugzugventilator; *r* Modave-Aschenfänger; *s* Schornstein; *t* Ventilator für Verbrennungsluft; *u* Warmluftleitung; *v* Ventilator für Einblasluft; *w* Luftrückführung von Zyklon zu Mühle; *x* Schlackenabzug; *y* Antriebsmotor für Mühle; *z* Kran.

[1] Der Platzersparnis wegen ist nur eine Kesselhaushälfte gezeichnet.

5. Zusammenbau von Kesselhaus und übrigem Kraftwerk. Die zweckmäßigste Anordnung der Schornsteine (neben oder auf dem Kesselhaus) und der Kessel (Ekonomiser und Luftvorwärmer hinter dem Kessel, flache Bauweise, Abb. 485 rechts, oder über ihm, hohe Bauweise, Abb. 485 links) hängt u. a. von der gegenseitigen Lage von Kesselhaus und Maschinenhaus und dem Verhältnis der Leistung eines Kessels zur Leistung einer Turbine ab. Solange auf eine Turbine sechs bis acht Kessel kamen, ordnete man

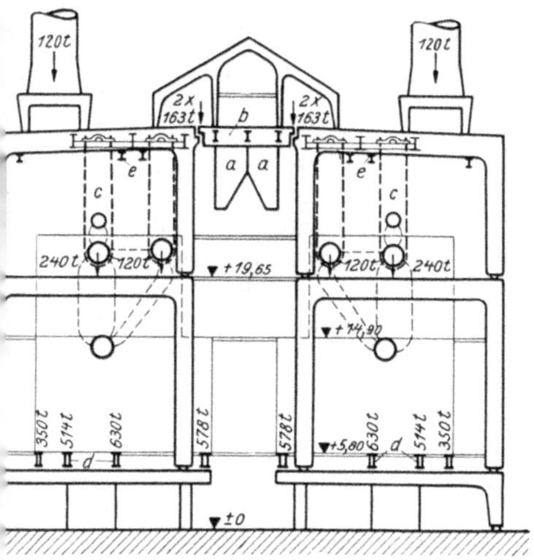

Abb. 523. Gerippe der Kesselhäuser von Klingenberg-Werk mit den auf ein Binderpaar kommenden Lasten (Binderentfernung 12500 mm). Entwurf AEG, Baujahr 1925.
a Kohlenstaubbunker; *b* Koppelträger; *c* Aufhängung des Kesselkörpers; *d* Tragrost des Kessels; *e* Laufkatzenbahn.

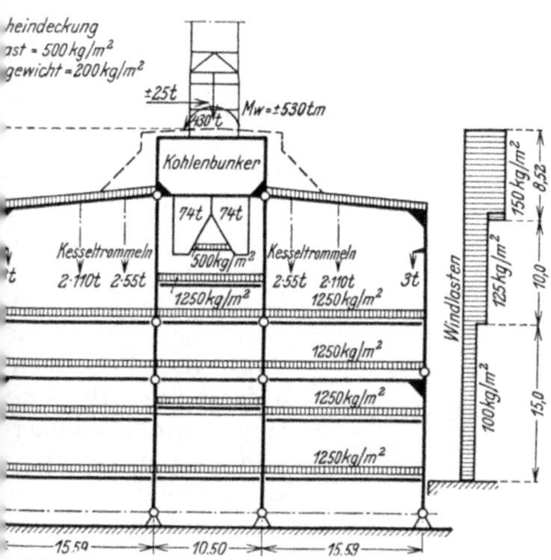

Abb. 524. Systemskizze und Belastungsschema des Kesselhauses von Gersteinwerk. Entwurf AEG, Baujahr 1927.

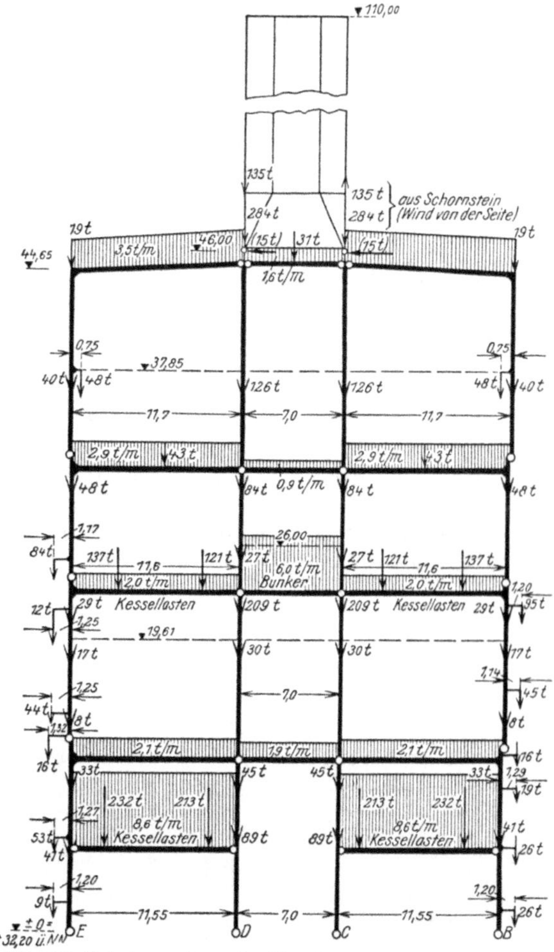

Abb. 525. Belastungsschema des Kesselhauses von Kraftwerk West. Nach Bernhard. (Siehe Abb. 387 und 509).

die Turbinen fluchtend und die Kesselhäuser senkrecht zum Maschinenraum an, wodurch die Rohrleitungen kurz und einfach wurden und die Gesamtbreite der durch die Schornsteine voneinander getrennten Kesselhäuser mit der Maschinenhauslänge befriedigend übereinstimmte. Standen dagegen die Schornsteine mit den Kesseln in einer Reihe an der Kopfseite des Kesselhauses, so wurden die zugehörigen Turbinen nebeneinander parallel zur Kesselhausachse aufgestellt. Infolge der geringen Turbinenleistung (15000 bis 20000 kW) wurde aber bei großen Werken der Maschinenraum sehr lang und die Gesamtanlage unübersichtlich. Im Klingenberg-Werk stehen die Kesselhäuser senkrecht zum

Maschinenraum. Da aber die Breite beider Häuser infolge der auf dem Dach stehenden Schornsteine wesentlich kürzer als die Länge der drei zugehörigen Turbinen ist, benutzte man den Raum zwischen ihnen zum Unterbringen der Vorwärmturbinen (Hausturbinen), der Speisepumpen und der Vorwärm- und Destillieranlage, Abb. 526. Vielfach ordnet man Vorwärm- und Destillieranlage zwischen Maschinenraum und den dazu senkrechten Kesselhäusern an, Abb. 498, 503, 507.

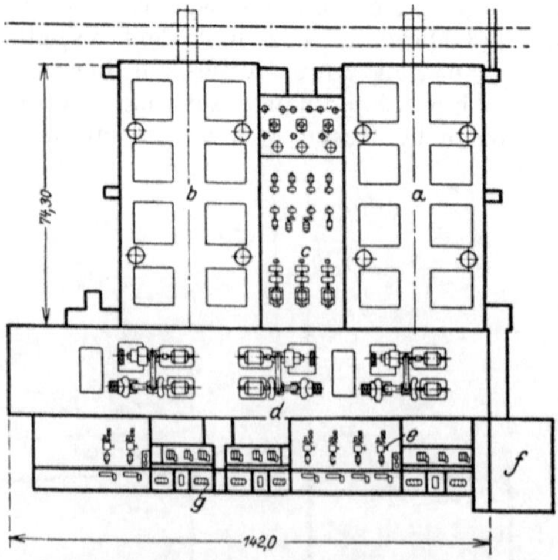

Abb. 526. Anordnung von Maschinenhaus und Kesselhäusern in Klingenberg-Werk.
a Kesselhaus A; *b* Kesselhaus B; *c* 10000 kW-Vorwärmturbinen; *d* 80000 kW-Hauptturbinen; *e* Kühlwasserpumpen für Kondensation; *f* Verwaltungsgebäude; *g* 44000 kVA-Transformatoren.

Da heute zwei bis drei Kessel für die größte Turbine ausreichen, ergeben sich bei einer Anordnung nach Abb. 538 die kürzesten Rohrleitungen und die vorteilhafteste Gesamtanordnung. Die Kesselhausbreite von State Line-Kraftwerk ist gerade so groß wie die Breitenerstreckung der dreigehäusigen 200000-kW-Turbine, Abb. 514 und 515.

Die Tendenz im Bau großer Steinkohlenkraftwerke mit Turbinen von 50000 bis 150000 kW Leistung geht auf das Zusammenfassen einer Turbine mit ein bis zwei Kesseln in eine Einheit unter weitgehendem Verzicht auf gegenseitige Aushilfe der zu verschiedenen Turbinen gehörenden Kessel, wodurch auch die Rohrleitungen am einfachsten werden. Es ergibt sich dann zwangläufig eine parallele Anordnung von Kesselhaus und Turbinenraum und eine Aufstellung der Schornsteine auf dem Kesselhausdach, Abb. 537 u d 538.

6. Kosten von Kesselanlagen. Die rein baulichen Kosten größerer Kesselhäuser einschließlich Bunker und sämtlicher Fundamente, aber ohne Schornsteine betrugen im Jahre 1929 je m³ umbauten Raum etwa 25 bis 35 RM/m³. Die hohen Werte gelten für verhältnismäßig kleine Kessel, hohe Bauweise, Abb. 485 links, auf dem Dach aufgestellte Schornsteine, große Bunker und keinen erstklassigen Baugrund. Der Grundflächenbedarf wird am kleinsten, wenn man Ekonomiser und Luftvorwärmer über den Kesseln und den Schornstein auf dem Dach anordnet, Abb. 527. Aber selbst bei derselben Gesamtanordnung fällt der spezifische Raumbedarf recht verschieden aus, je nachdem ob man den freien Platz aufs äußerste beschneidet oder nicht. Der Raumbedarf ist daher oft nur ein roher Maßstab für die Preiswürdigkeit einer Anlage, weil er nichts über die Zugänglichkeit sagt und weil bei einer Anordnung nach Abb. 527 die spezifischen Kosten je m³ umbauten Raum teurer werden als etwa bei Abb. 528. Es wird meist nur wenig gespart, wenn das Kesselhausdach tiefer als Bunkeroberkante liegt, da die

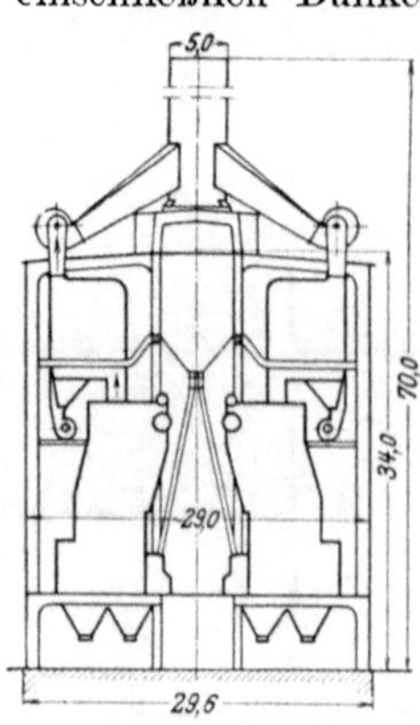

Abb. 527.

Abb. 528.

Abb. 527 u. 528. Breite zweier Kesselanlagen der gleichen Leistung und von gleichem Wirkungsgrad unter extremen Verhältnissen (siehe Abb. 485).

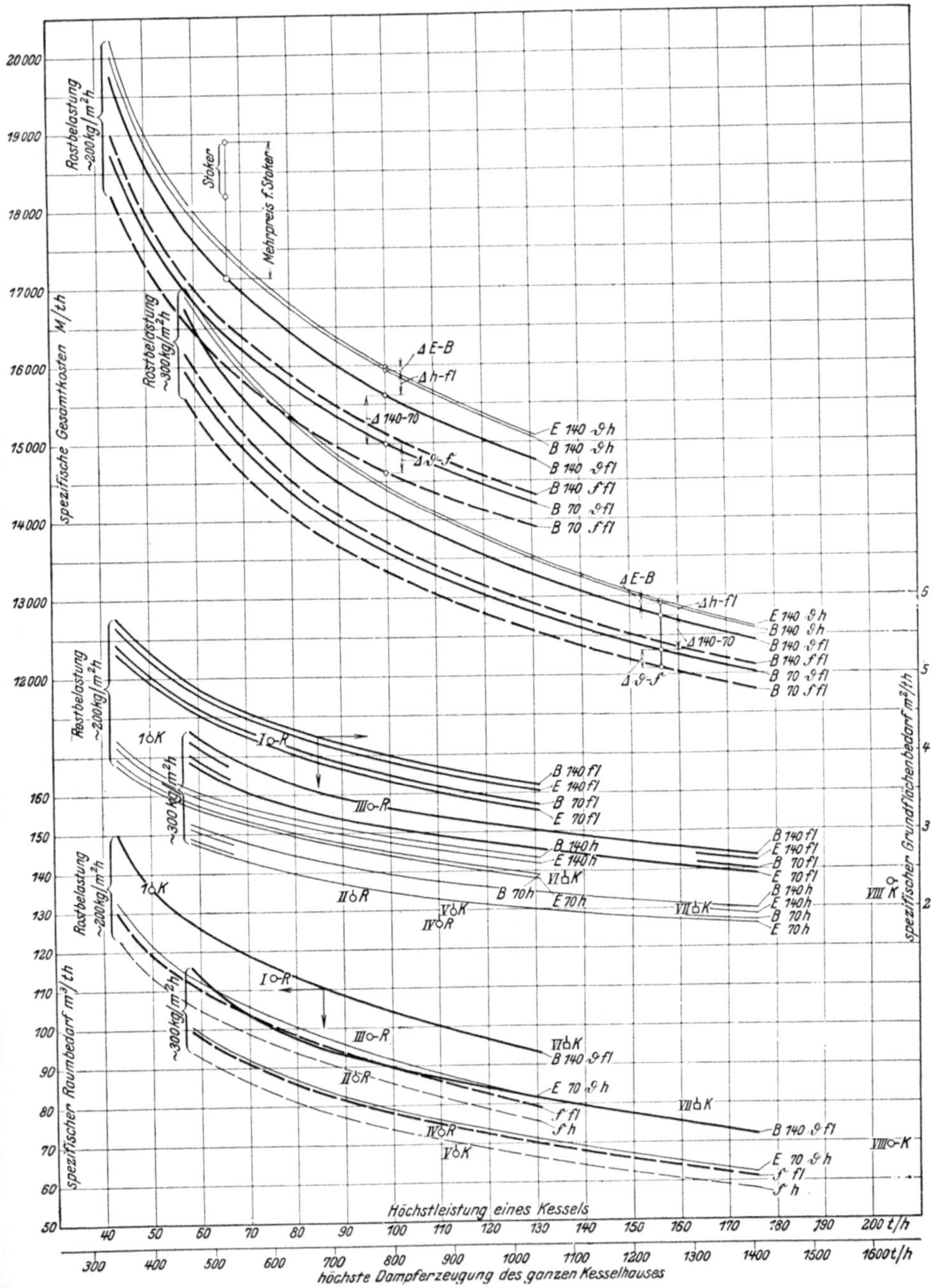

Abb. 529. Grundflächen- und Raumbedarf sowie Gesamtkosten je t/h Höchstdampferzeugung einer Kesselanlage bestehend aus acht 40 at-Kesseln mit Kesselhaus, Schornsteinen, sämtlichen Fundamenten (ohne Rohrleitungen, Speisepumpen, Bekohlung, Entaschung und Grundstück) in Abhängigkeit von der dauernden Höchstleistung eines Kessels (40 bis 175 t/h). Preisgrundlage 1929.

𝔇 Schornsteine auf Dach; 𝔉 Schornsteine auf Gelände; *h* hohe Bauweise (Abb. 485 links); *fl* flache Bauweise (Abb. 485 rechts); ♁ Einender-Kessel, hohe Bauweise; ○- Einender-Kessel, flache Bauweise; □ Doppelender-Kessel, hohe Bauweise; □- Doppelender-Kessel, flache Bauweise; *R* Rostfeuerung; *K* Kohlenstaubfeuerung; *I* Crawford Ave. 1924; *II* Hudson Ave. 1923; *III* Richmond 1926; *IV* Hudson Ave. 1928; *V* East River 1927; *VI* Trenton Channel 1924; *VII* Trenton Channel 1929; *VIII* State Line 1928; *1* Cuno-Werk 1928.

Windkräfte und Vertikallasten etwa dieselben bleiben. Infolgedessen ist es oft vorteilhaft, über den Kesseln reichlich Raum zu lassen, obgleich dadurch der auf 1 t/h erzeugten Dampf bezogene umbaute Raum größer wird, Abb. 504 und 523.

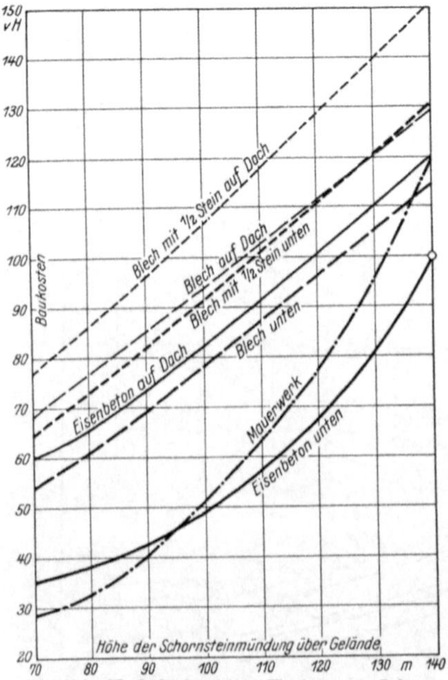

Abb. 530. Verhältnismäßige Kosten von Schornsteinen von 7 m l. W. einschließlich Rauchgasfüchsen und Fundamenten bzw. verstärkter Gebäudekonstruktion bei verschiedenartiger Ausführung und Anordnung für eine Mündungshöhe von 70 bis 140 m.

(Die Kosten eines auf Gelände [unten] stehenden Eisenbetonschornsteines von 140 m Mündungshöhe sind gleich 100 vH gesetzt.)

In Abb. 529 sind für ein Kesselhaus mit acht in zwei Reihen einander gegenüber aufgestellten 40-at-Kesseln Raumbedarf und Anlagekosten für 40 bis 175 t/h Höchstleistung eines Kessels, 200 und 300 kg/m²h Rostbelastung und hohe (h) und flache (fl) Bauweise errechnet, Abb. 485. Es sind durchweg aus Steifrahmen bestehende Fachwerksgebäude mit einfacher Architektur vorausgesetzt. Je vier Kessel haben einen Schornstein, in dem die Rauchgasgeschwindigkeit bei allen Kesselgrößen gleich ist. Auf dem Dach aufgestellte Schornsteine sind in Abb. 529 mit 𝔇, auf eigenem Fundament stehende mit 𝔉, solche aus Eisen mit *E*, Eisenbetonschornsteine mit *B* bezeichnet.

Die beiden untersten Kurvenscharen in Abb. 529 zeigen Grundflächen- und Raumbedarf für 1 t/h höchste Dampferzeugung des ganzen Kesselhauses. Bei Anlagen, deren Schornsteine auf besonderem Fundament stehen, bezieht sich der Grundflächenbedarf nur auf das eigentliche Kesselhaus, nicht auf den Platz für die Schornsteine. In die unteren Kurvenscharen wurden die Werte von neun Kraftwerken eingetragen.

Bebaute Grundfläche und umbauter Raum des Bauabschnittes 1928 von Hudson Avenue-Kraftwerk, Abb. 510, liegen nahe bei bzw. unter der tiefsten errechneten Kurve, Punkt *IV* in

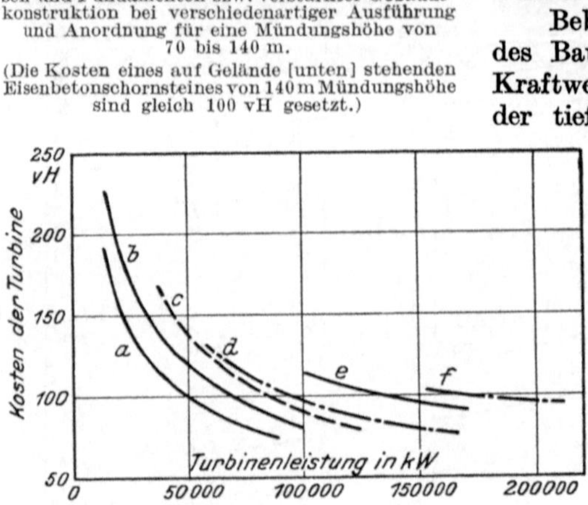

a —— 1 Gehäuse, 1 Welle, 20 ÷ 28 at, 400°; n = 1800
b, c, d: 2 Gehäuse, 2 Wellen, 90 / 1 Welle, 28 ÷ 42 / 1 Welle, 28 ÷ 42 at, 400°; n = 3600/1800, Zw.Ü. / 1800 / 1500
e, f: 3 Gehäuse, 1 Welle, 42 ÷ 90 / 3 Wellen, 42 at, 400°; n = 1800, Zw.Ü.

Abb. 531. Verhältnismäßige Kosten je kW von Dampfturbinen verschiedener Ausführung und für verschiedenen Druck bei Leistungen von 20000 bis 200000 kW. Nach Warren.

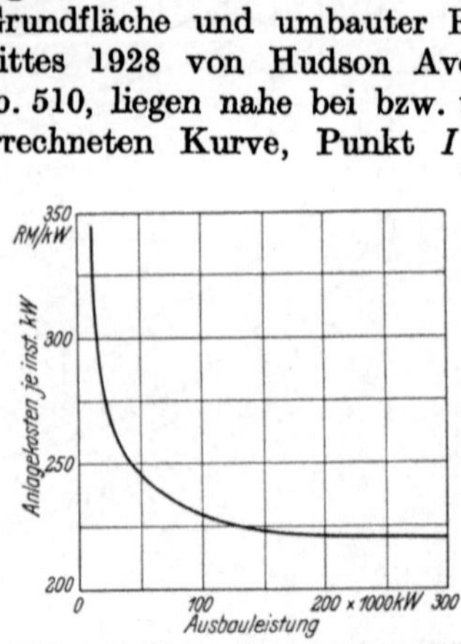

Abb. 532[1]. Anlagekosten je installiertes kW (Preisgrundlage 1929) deutscher Steinkohlen-Elektrizitätswerke mit Frischwasserkühlung einschließlich elektrischer Eigenbedarfsanlage, Nebenräumen und Warte, aber ohne Aufspannwerk, Grundstück und Bauzinsen in Abhängigkeit von der Ausbauleistung (Leistung der Turbinen = Leistung der Kessel.) Rückkühlung verteuert die Werte um etwa 20 RM/kW. Nach Wellmann.

Frischdampfzustand: 25 bis 36 atü, 400 bis 430°

Abb. 529, was nach seiner gedrängten Bauweise zu erwarten war. Trenton Channel-Kraftwerk, Punkte *VI* und *VII* in Abb. 529, hat über den Kesseln aufgestellte Ekonomiser. Sein trotz des niedrigen Grundflächenbedarfes etwas hoher Raumbedarf rührt von

[1] Siehe Fußnote [2], S. 306.

der Aufstellung der Saugzuganlagen unter Dach und der eigenartigen Anordnung der Ekonomiser und Kohlenstaubbunker her. Grundfläche und umbauter Raum des ersten Ausbaues von East River (113-t/h-Kessel), Abb. 512, liegen unter der tiefsten errechneten Kurve, Punkt *V* in Abb. 529. Bei seiner Erweiterung (363-t/h-Kessel) und im neuen Ford-Kraftwerk (318-t/h-Kessel) beträgt die bebaute Grundfläche sogar nur noch 1,11 bzw. 0,92 m²/th, der umbaute Raum nur noch 44,5 bzw. 34,6 m³/th. Die errechneten Kurven stimmen also gut mit ausgeführten Anlagen überein und können für die Ermittlung des Raum- und Platzbedarfes von Kesselanlagen benutzt werden, wenn man die Voraussetzungen beachtet, für welche sie entworfen wurden.

Nach Abb. 530, in der die Kosten eines auf eigenem Fundament (unten) stehenden Eisenbetonschornsteines von 140 m Mündungshöhe gleich 100 vH gesetzt wurden, sind bei Höhen von über 100 m auf besonderem Fundament stehende monolithische Eisenbetonschornsteine mit Isolierfutter durchweg am billigsten und auf dem Dach aufgestellte ausgefütterte Blechschornsteine durchweg am teuersten. Schornsteine aus Blech kosten stets mehr als aus Eisenbeton. Daß bei Höhen unter 90 m ein Schornstein aus Eisenbeton teurer als ein gemauerter wird, rührt von den Montagevorbereitungen her, deren Kosten sich bei kleiner Höhe stärker auswirken. Die Schornsteinkosten steigen vor allem bei Eisenbeton- und Mauerwerksschornsteinen auf besonderem Fundament stark mit der Höhe. Je nach dem Durchmesser (4 bis 7 m) verteuert eine Steigerung der Mündungshöhe auf das Doppelte (von 70 auf 140 m) die billigste Ausführung (Eisenbetonschornstein auf Gelände) auf das 3- bis 4fache, Eisenbetonschornsteine auf dem Dach auf das 2,1- bis 2,4fache.

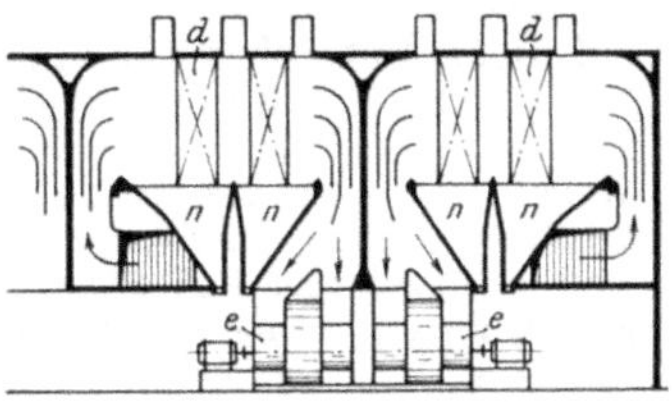

Abb. 533.

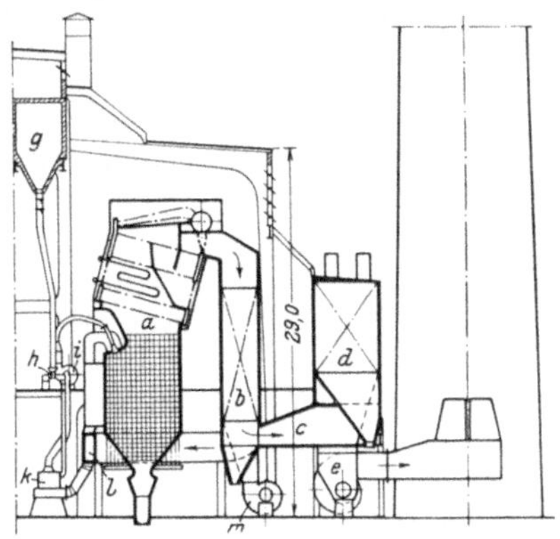

Abb. 534.

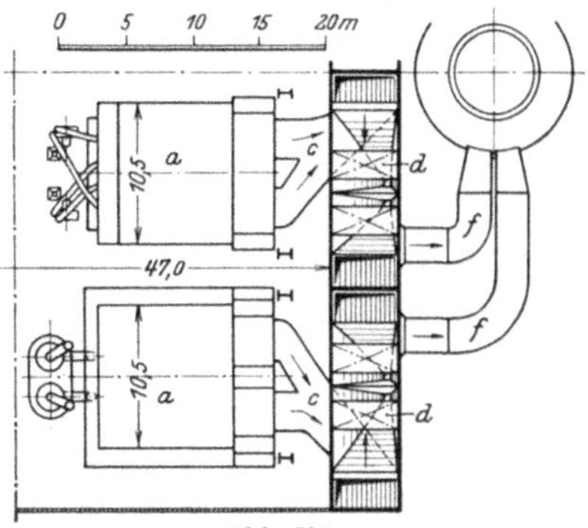

Abb. 535.

Abb. 533–535[1]. Entwurf der Kesselanlage für ein ausländisches Kraftwerk mit acht 38 at-Sektionalkesseln von 110 t/h dauernder Höchstleistung mit gußeisernen Rippenrohrekonomisern, Taschenluftvorwärmern und Kohlenstaubfeuerungen. Entwurf AEG, Entwurfsjahr 1931.

Temperaturen: Dampf 450°, Speisewasser 140°, Warmluft 300°.

a Kessel; *b* Luftvorwärmer; *c* Fuchs; *d* Elektrofilter; *e* Saugzugventilator; *f* Blechfüchse zum Schornstein; *g* Kohlenbunker; *h* Kohlenzuteiler; *i* Einblasventilator; *k* Mühle; *l* Warmluftkanal; *m* Unterwindventilator; *n* Aschentrichter.

7. Folgerungen für den Bau von Kesselanlagen. Aus Abb. 529 können folgende Richtlinien für den Bau großer Kesselanlagen aufgestellt werden:

1. Durch Wahl von Kesseln von annähernd 3facher Leistung (t/h) sinken bei gleicher Gesamtdampferzeugung die Kosten einer Kesselanlage je t/h höchster Dampferzeugung um etwa 25 vH.

2. Durch Erhöhung der Rostbelastung von 200 auf 300 kg/m²h bei gleichzeitiger entsprechender Verkleinerung von Heiz- und Rostfläche fallen vorsichtig gerechnet die Anlagekosten je 1 t/h höchster Dampferzeugung je nach der Kesselgröße um 6 (58-t/h-Kessel) bis 10 vH (130-t/h-Kessel).

[1] Der Platzersparnis wegen ist nur eine Kesselhaushälfte gezeichnet.

3. Eine Anlage mit acht rostgefeuerten Einender-Sektionalkesseln von 175 t/h und 300 kg/m²h Rostbelastung wird um rd. 35 vH billiger als eine ebenso leistungsfähige mit 32 Kesseln von 44 t/h und 200 kg/m²h.

4. Eine Kesselanlage wird um mindestens 2 vH billiger, wenn Ekonomiser und Luftvorwärmer hinter statt über den Kesseln stehen.

5. Eine Erhöhung auf dem Dach aufgestellter Schornsteine von 70 auf 140 m über Gelände verteuert eine Kesselanlage um 3 bis 4,5 vH, falls vier Kessel einen gemeinsamen Schornstein haben. Bei Einzelschornstein wird der Unterschied noch größer.

6. Bei monolithischen Eisenbetonschornsteinen von 140 m Mündungshöhe wird eine Kesselanlage um mindestens 3 vH billiger, wenn sie auf eigenem Fundament anstatt auf dem Dach stehen.

7. Der Anteil der Gebäudekosten (ohne Schornsteine) beträgt bei 40-t/h-Kesseln und 200 kg/m²h Rostbelastung etwa 22,5 vH, bei 175-t/h-Kesseln und 300 kg/m²h Rostbelastung etwa 18 vH der Kosten der ganzen Kesselanlage (ohne Rohrleitungen, Entaschung und Bekohlung).

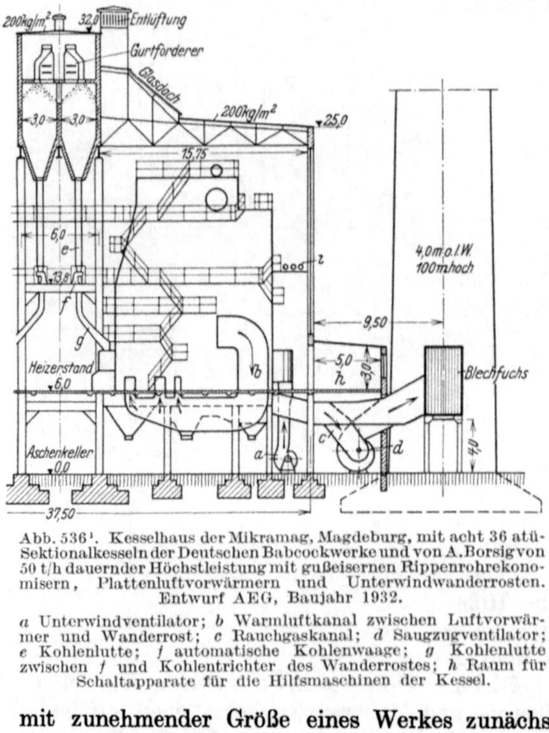

Abb. 536[1]. Kesselhaus der Mikramag, Magdeburg, mit acht 36 atü-Sektionalkesseln der Deutschen Babcockwerke und von A. Borsig von 50 t/h dauernder Höchstleistung mit gußeisernen Rippenrohrekonomisern, Plattenluftvorwärmern und Unterwindwanderrosten. Entwurf AEG, Baujahr 1932.

a Unterwindventilator; *b* Warmluftkanal zwischen Luftvorwärmer und Wanderrost; *c* Rauchgaskanal; *d* Saugzugventilator; *e* Kohlenlutte; *f* automatische Kohlenwaage; *g* Kohlenlutte zwischen *f* und Kohlentrichter des Wanderrostes; *h* Raum für Schaltapparate für die Hilfsmaschinen der Kessel.

Die Regel, daß größere Kessel den Vorzug verdienen, stimmt aber nicht immer. Werden z. B. ohne Reserve 3000 m² Kesselheizfläche benötigt, so können entweder drei 1000 m²-Kessel oder fünf 600 m²-Kessel aufgestellt werden. Einschließlich eines Reservekessels beträgt dann die gesamte Kesselheizfläche 4000 m² bzw. 3600 m². Da die Gesamtkosten in beiden Fällen etwa gleich hoch sind, wird man 600 m²-Kessel in völlig auf sich selbst angewiesenen Werken oder da, wo die Bedienung nicht ganz tadellos ist, öfters vorziehen. Fällt nämlich gerade während der Überholung des Reservekessels ein weiterer Kessel aus, so können noch 80 vH der vollen Leistung erzeugt werden gegen nur 66 vH bei 1000 m²-Kesseln.

Die Ersparnis an Anlagekosten bei Kesseln hoher Dampferzeugung mit stark überlastbaren Rosten ist so beträchtlich, daß dagegen ein um einige Prozent schlechterer Kesselwirkungsgrad oft völlig zurücktritt. Ähnlich, wenn auch nicht ganz so stark, wirkt die Aufstellung großer Turbinen, Abb. 531. Die Gesamtkosten je kW ausgebauter Leistung nehmen daher mit zunehmender Größe eines Werkes zunächst schnell und dann nur noch langsam bis zu einer Leistung von etwa 200000 kW ab, Abb. 532[2], wenn eine Turbine nicht mehr als 50000 bis 75000 kW und ein Kessel nicht mehr als 100 bis 150 t/h leistet. Bei 200- bis 400-t/h-Kesseln und 100000- bis 200000-kW-Turbinen liegen die Mindestkosten von etwa 220 RM/kW bei etwa 400000 kW ausgebauter Leistung[3] (Preisgrundlage 1929).

Die zweckmäßigste Bauweise von Kesselanlagen für große Elektrizitätswerke hängt sehr von der Schornsteinhöhe und von der Art der Zugerzeugung (natürlicher oder künstlicher Zug) ab. In Deutschland und einigen anderen europäischen Ländern zwingen

[1] Der Platzersparnis wegen ist nur eine Kesselhaushälfte gezeichnet.

[2] Die Werte der Kurve in Abb. 532 gelten ohne Reservekessel und -maschinen. Bei 20 vH Reserve und einer ausgebauten Kraftwerksleistung von 200000 kW steht also eine 40000-kW-Turbine und die entsprechende Kesselzahl in Reserve. Dieses Werk kostet 200000 · 220 RM = 44 Millionen RM und hat eine tatsächliche Spitzenleistung von 160000 kW.

[3] Auch die spezifischen Kosten für Reparaturen und Revisionen scheinen grundsätzlich mit der Größe einer Maschine zu fallen. Z. B. betrugen sie nach Gropp in 3jährigem Betriebe bei 70000-kW- und 5000- bis 16000k-W-Turbogeneratoren rd. 35 bzw. 85 Pfg/kW-Jahr.

nicht nur wegen des Auswurfes von Flugasche, sondern auch der großen in Betracht kommenden Gasmengen wegen die Aufsichtsbehörden und die Sorge vor Schadenersatzansprüchen der Umlieger immer mehr zu sehr hohen Kaminen. Bei großen Werken geht man daher nicht gern unter 100 bis 110 m Schornsteinhöhe bei Steinkohle und 110 bis 140 m bei Rohrbraunkohle[1]. Derartig hohe Schornsteine werden aber bei Aufstellung auf Dach sehr teuer. Für Europa verdient daher wenigstens bei Kesseln bis

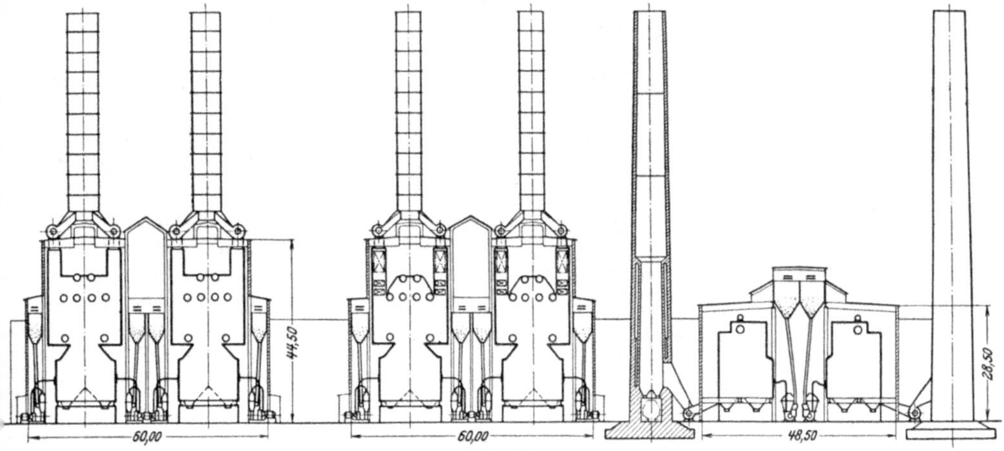

Abb. 537.

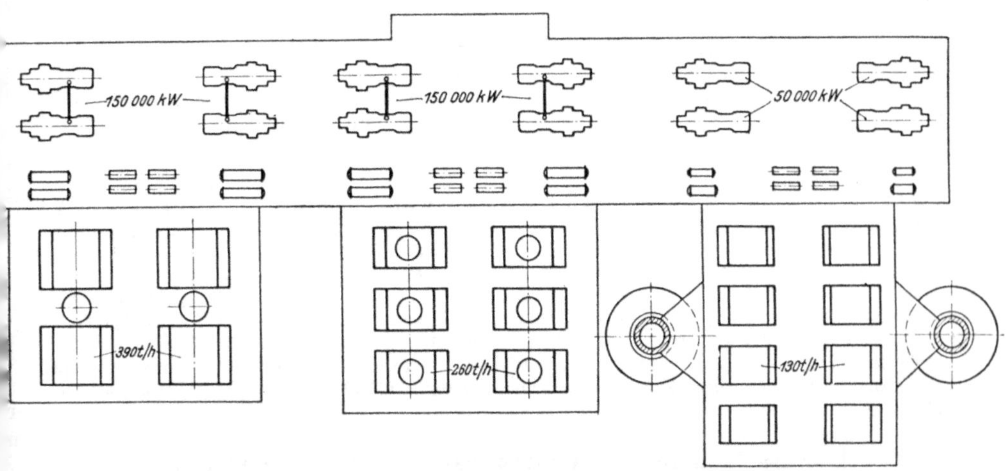

Abb. 538.

Abb. 537 u. 538. Entwurf eines in drei Ausbaustufen zu errichtenden Großkraftwerkes. Entwurf AEG, Entwurfsjahr 1930.

zu etwa 150 t/h Leistung die flache Bauweise mit neben dem Kesselhaus stehenden Eisenbetonschornsteinen im allgemeinen den Vorzug. Es spielt bei ihr keine große Rolle, ob die Schornsteine um 10 oder 20 m höher gemacht werden oder welches System von Flugaschenfängern man wählt. Verfasser hat deshalb in den letzten Jahren wiederholt diese Bauweise mit auf Aschenkellerfußboden aufgestellten Unterwind- und Saugzuggebläsen und mit etwa 4 m über Gelände angeordneten Füchsen aus Blech vorgeschlagen, Abb. 533 bis 536. Die niederen Anbauten sind sehr billig und beherbergen auch die Schalter und Widerstände für die Ventilatormotoren, Abb. 536. Das Kesselhaus wird überaus hell, die Bedienung sehr einfach, die Zugänglichkeit zu allen Teilen ist vorzüglich und

[1] Bei Rückkühlanlagen, die bis zu 50 m hoch sind, sollte schon wegen der Gefahr der Kondensation der schwefligen Säure in den Rauchgasen die Schornsteinhöhe in großen Braunkohlenwerken mindestens 100 m sein.

Ventilatorrad und -motor können bequem ausgewechselt werden. Flugaschenfänger werden womöglich vor die Saugzuggebläse geschaltet, da deren Lebensdauer dadurch manchmal verdoppelt wird. Daß bei der empfohlenen Bauweise selbst sehr viel Platz beanspruchende Abscheider vorzüglich untergebracht werden können, zeigen Abb. 533 bis 535. Übrigens sind bei Schornsteinen von über 100 m Höhe Flugaschenfänger oft entbehrlich oder werden so einfach, daß sie nicht viel mehr als ein vergrößerter Einlaßstutzen des Ventilators sind. Ihr Zweck ist dann weniger, Schornsteinauswurf weitgehend zu verhindern, als die Ventilatorräder durch Ausscheiden der gröbsten Teile zu schonen. Auf die angegebene Weise gebaute Kesselanlagen machen zwar nicht den imposanten Eindruck wie eine Anordnung nach Abb. 511, 512, 520 bis 522, ihre Baukosten sind aber geringer und ihr Betrieb ist erheblich bequemer und einfacher.

Abb. 539. Pappmodell zum Untersuchen der zweckmäßigsten Anordnung von Kesseln, Unterwind- und Saugzugventilatoren und Flugaschenfängern für ein großes ausländisches Kraftwerk. Entwurf AEG, Entwurfsjahr 1932.

a Kohlenbunker; *b* Kessel; *c* Ekonomiser und Plattenluftvorwärmer; *d* Unterwindventilator; *e* Saugzugventilator; *f* Flugaschenfänger; *g* Warmluftkanal zwischen Luftvorwärmer und Wanderrost; *h* Bedienungsgang am hinteren Rostende; *i* Oberlicht.

Ist die verfügbare Grundfläche sehr beschränkt oder sehr teuer, so müssen die Schornsteine auf Dach aufgestellt werden. Aber auch dann sollte man versuchen, mit der flachen Bauweise auszukommen. Wichtig ist dann ferner gute, womöglich trockene Entstaubung der Rauchgase, damit die Schornsteine nicht höher als etwa 80 m zu sein brauchen und aus Blech ohne Futter, d. h. mit kleinem Gewicht, hergestellt werden können. Bei Schaltung von 1 oder 2 sehr großen Kesseln auf eine Turbine und paralleler Aufstellung von Kessel- und Maschinenhaus ist man ohnehin gezwungen, die Schornsteine auf Dach aufzustellen, besonders wenn die Anlage mit Zwischenüberhitzung arbeitet.

Wie bei allmählichem Übergang zu großen Turbinen und Kesseln ein Kraftwerk, bei dessen erstem Ausbau die Schornsteine auf Gelände stehen, bequem zu Kaminen auf dem Dach übergehen kann, zeigen Abb. 537 und 538. Im ersten Ausbau sind vier Turbinen von je 50000 kW, später mindestens doppelt so große Turbinen geplant. Im ersten Ausbau werden acht 130-t/h-Kessel, im zweiten und dritten je nach der Entwicklung 260 -t/h-oder 390-t/h-Doppelenderkessel aufgestellt. Der erste Ausbau bildet ein organisches Ganzes und kann ohne Betriebsstörung leicht erweitert werden, wobei man in der Kessel- und Maschinengröße, der Wahl der Feuerungen und des Dampfdruckes freie Hand hat.

Die Zeichnung gibt oft kein genügend klares Bild von der zweckmäßigsten Gesamtanordnung, Papiermodelle können dann vorzügliche Dienste leisten und viel zum Auffinden einer schönen Lösung beitragen, Abb. 539.

E. Kesselanlagen für Kraftwerke mit Spitzenbelastung.

1. Belastungsverlauf bei Elektrizitätswerken. Die Belastung der meisten öffentlichen Elektrizitätswerke wechselt mit der Tages- und Jahreszeit sehr stark, Abb. 540. Die Kurve der **Jahresbenutzungsdauer** zeigt, wieviele Stunden im Jahr jede Belastung herrscht, Kurve *A* in Abb. 540. Die Fläche zwischen Kurve *A* und der Abszissenachse ist gleich der gesamten jährlichen Stromerzeugung; je völliger sie ist, um so gleichmäßiger ist ein Werk belastet. Die höchste Spitze kommt nur während weniger Jahresstunden vor. Der mit mehr als 50 vH der Spitze erzeugte Strom **(Spitzenstrom)** beträgt meist nur etwa 4 vH der gesamten Jahreserzeugung. Dieser kleinen Menge wegen muß ein Werk auf die doppelte Leistung ausgebaut werden. Infolgedessen kommt es darauf an, den Spitzenstrom mit möglichst billigen Maschinen zu decken, damit er durch den Kapitaldienst tunlichst wenig belastet wird. Der Wirkungsgrad der Maschinen spielt dagegen nur eine untergeordnete Rolle. Die überragende Bedeutung des Kapitaldienstes (Anlagekosten) bei kurzer Ausnutzungsdauer zeigen Abb. 541 bis 544. Sein Anteil an den Stromerzeugungskosten beträgt bei hochwertigen Maschinen (Werk I) und 8760 bzw. 25 jährlichen Betriebsstunden 27 bzw. 69 vH, bei einer Anlage mit einem um 50 vH höheren Wärmeverbrauch (Werk II) aber nur 16 bzw. 56 vH. Bei 8760 h Benutzungsdauer kostet 1 kWh in Werk I 1,70 Pfg., in Werk II 2,08 Pfg. oder 22 vH mehr. Bei 1000 h sind die Stromerzeugungskosten in beiden Werken gleich, bei 25 h liegen sie in Werk I um 8,4 vH höher als in Werk II. Trotz des viel schlechteren Wärmeverbrauches ist also das um 25 vH billigere Werk bei einer Benutzungsdauer unter 1000 h wirtschaftlicher, und zwar mehr als in Abb. 541 bis 544 zum Ausdruck kommt, weil in Wirklichkeit der Wärmeverbrauch einer um 25 vH billigeren Anlage nicht um 50 vH höher ist.

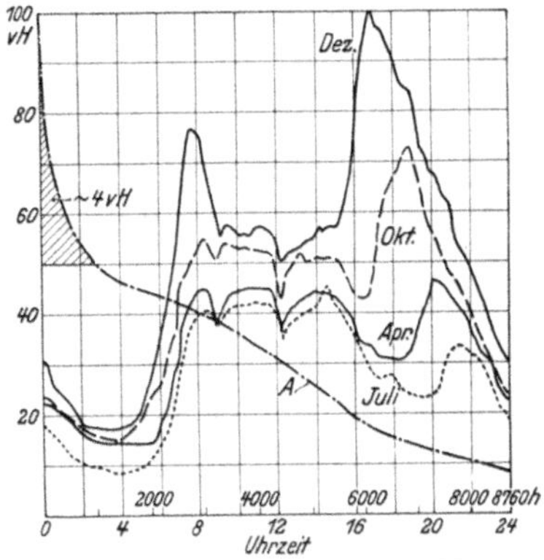

Abb. 540. Belastungsdiagramm und Kurve der Jahresbenutzungsdauer A einer Großstadt (Berlin).
(Nur 4 vH der gesamten jährlichen Stromlieferung werden mit einer Leistung von mehr als 50 vH der Spitze erzeugt.)

2. Kessel für Spitzenwerke. Ein hervorragendes Mittel zur Herabsetzung der Anlagekosten sind hochüberlastbare Roste, da nach S. 305 die Kesselanlage durch Erhöhen der Rostbelastung von z. B. 200 auf 300 kg/m²h um rd. 10 vH billiger wird. Nach S. 223 steigt dann der Verlust durch fühlbare Wärme in den Abgasen um 2,5 vH, wozu noch der meist wesentlich größere Mehrverlust an Unverbranntem kommt (Flugkoks), der im folgenden Beispiel mit 7 vH veranschlagt wurde, Abb. 545. Unter Berücksichtigung des etwas kleineren Mantelverlustes und des größeren Kraftverbrauches der Unterwind- und Saugzuggebläse ergibt sich bei 300 kg/m²h

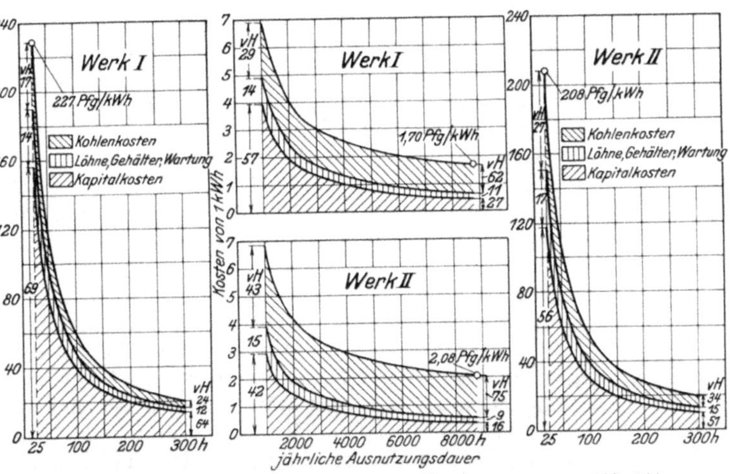

Abb. 541. Abb. 542 u. 543. Abb. 544.

Abb. 541–544. Gesamte Erzeugungskosten von 1 kWh bei einem thermisch hochwertigen Werk mit hohen Anlagekosten (Werk I) und einem thermisch weniger guten Werk mit niederen Anlagekosten (Werk II) in Abhängigkeit von der jährlichen Ausnutzungsdauer.

Werk		I	II
Anlagekosten für 1 kW ausgebaute Leistung	RM	265,–	200,–
Verzinsung	vH	5	5
Abschreibung	vH	7	7
Wärmepreis von 10000 kcal im Brennstoff gemessen	Pfg.	2,6	2,6
Wärmeverbrauch von 1 kWh	kcal/kWh	abhängig von der Ausnutzungsdauer	
Desgl. bei 8760 h Ausnutzungsdauer	kcal/kWh	3600	5400
Desgl. in vH	vH	100	150

Anmerkung: In den Posten Kohlenkosten sind die Preise für Schmiermittel und „Sonstiges“ enthalten.

Rostbelastung die Wirkungsgradkurve *II*, bei 200 kg/m²h Rostbelastung Kurve *I*, wenn man die Höchstleistung beider Kessel zu 100 vH setzt. Bei Vollast ist also der Wirkungsgrad von Kessel II um rd. 12 vH niederer. Mit den beiden Kurven findet man für ein

Großstadtelektrizitätswerk mit einer Abb. 540 ähnlichen Belastungskurve praktisch denselben Kohlenverbrauch, wenn der Dampf durch sechs oder durch acht Kessel gleicher Heizfläche mit 300 bzw. 200 kg/m²h Rostbelastung und 88 bzw. 66 t/h Dampferzeugung gedeckt wird, weil die 66-t/h-Kessel mit einer mittleren Leistung von rd. 23 t/h, die 88-t/h-Kessel mit rd. 31 t/h arbeiten. Infolgedessen ist nach Abb. 545 der mittlere Wirkungsgrad der 88-t/h-Kessel günstiger, wodurch der erheblich schlechtere Wirkungsgrad bei hohen Belastungen, die ja nur kurze Zeit auftreten, ausgeglichen wird. Aber auch wenn der Kohlenverbrauch der stark überlastbaren Kessel etwas größer ausfiele, würden sie in Spitzenwerken häufig den Vorzug verdienen.

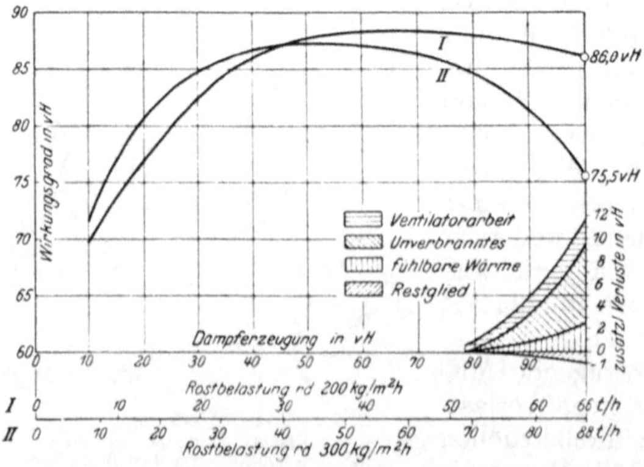

Abb. 545. Wirkungsgradkurve desselben Kessels bei rd. 200 und 300 kg/m²h spezifischer Rostbelastung bezogen auf die gleiche nutzbare Dampferzeugung (d. h. nach Abzug des Eigenverbrauches der Unterwind- und der Saugzugventilatoren).

Ein weiterer Schritt in dieser Richtung ist die an sich bekannte Verbindung von Unterwindwanderrosten mit Staubfeuerungen, bei der aber im Gegensatz zur bisherigen Praxis der Rost bei einer spezifischen Höchstbelastung von 200 bis 300 kg/m²h z. B. nur für 30 vH der Spitze ausreicht[1]. Bei höherem Dampfbedarf werden die Brenner unter entsprechender Verringerung der Rostbelastung eingeschaltet, die erst wieder von etwa 80 vH der Spitze an gesteigert wird. Dadurch wird außer Schonung des Rostes ein sehr flacher und hoher Verlauf der Wirkungsgradkurve, zuverlässiger Schwachlastbetrieb und sehr schnelle Forcierbarkeit erreicht und die Mühlen brauchen nur während verhältnismäßig weniger Jahresstunden zu laufen.

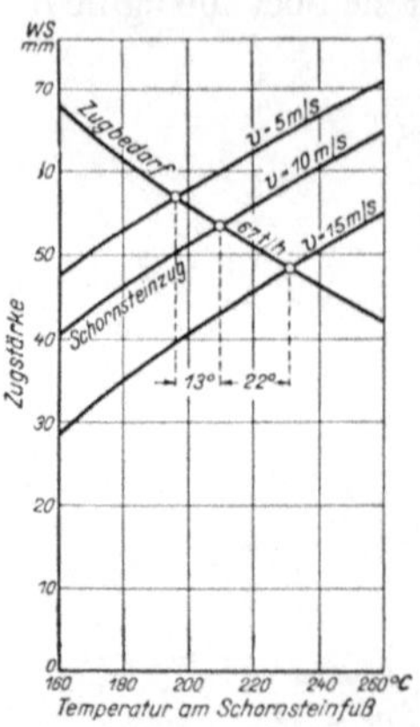

Abb. 546. Zugbedarf von 40 at-Sektionalkesseln für 67 t/h größte Dampferzeugung bei gleichbleibender Kesselheizfläche und Rostfläche aber verschiedener Ekonomiser- und Luftvorwärmerheizfläche bei rd. 200 kg/m²h spezifischer Rostbelastung und Zugstärke eines 140 m hohen Schornsteines im Sommer in Abhängigkeit von der Rauchgastemperatur am Schornsteinfuß und der mittleren Rauchgasgeschwindigkeit im Schornstein.

Bei hoch belasteten Kesseln kommt freilich selbst bei sehr hohen Schornsteinen natürlicher Zug nicht mehr in Frage, wenn die Abgastemperatur einen einigermaßen angemessenen Betrag nicht übersteigen soll. Während nämlich der Zugbedarf eines Kessels nach Abb. 485 und 486 bei rd. 200 kg/m²h Rostbelastung und 160° Abgastemperatur rd. 70 mm W.-S. beträgt, steigt er, wenn der gleiche Kessel mit 300 kg/m²h Rostbelastung betrieben wird, auf etwa 140 mm W.-S., Abb. 355. Nach Abb. 546 müßte die Abgastemperatur im Sommer, wo die warme Luft den Schornsteinzug herabsetzt, bereits bei 200 kg/m²h Rostbelastung 210 bzw. 230° betragen, je nachdem ob die Gasgeschwindigkeit in einem 140 m hohen Schornstein 10 bzw. 15 m/s ist. Natürlicher Zug scheidet aber für Spitzenwerke auch deshalb aus, weil die Kessel nicht rasch genug forciert werden könnten und der Betrieb von atmosphärischen Zufälligkeiten zu abhängig wäre. Wegen des hohen Zugbedarfes von Spitzenkesseln sollten die Antriebe für die Unterwind- und Saugzuggebläse tunlichst billig sein, da 1 kW Leistung der Eigenbedarfsanlage einschließlich der Antriebsmotoren für die Ventilatoren, der Umformer, Regelvorrichtungen und der Primäranlage 500 bis 600 RM gegenüber 250 RM von 1 kW Kraftwerksleistung kostet. Ein Eigenverbrauch von 5 vH (bezogen auf die Kraftwerksleistung) verteuert also bei elektrisch angetriebenen Hilfsmaschinen ein Elektrizitätswerk um etwa 10 vH. Elektrischer Antrieb ist freilich durch die bequeme Verteilung der elektrischen Energie und durch die einfache Wartung und Instandhaltung der Motoren besonders bei kleinen Leistungen (Rostantrieb) außerordentlich angenehm. Bei wechselnder Belastung müssen aber elektrisch angetriebene Ventilatoren entweder unter Verlusten gedrosselt oder kostspielige Vorrichtungen zur Drehzahländerung vorgesehen werden, während sich die Drehzahl von Dampfturbinen in beliebig weiten Grenzen und beliebig feiner

[1] Lit.-Nachw. Nr. 169.

Abstufung ohne weiteres verändern läßt. Daß man Dampfantrieb bisher nicht anwandte, lag an den kleinen und daher sehr unwirtschaftlichen Turbinen, die bei der früher üblichen Größe deutscher Kessel in Betracht gekommen wären, und daran, daß man mit ihrem Abdampf nichts anzufangen wußte. Treibt man dagegen die Unterwind- und Saugzuggebläse großer Kessel mit Dampfturbinen an, die mit verschiedenem Gegendruck arbeiten, und benutzt man ihren Abdampf zum stufenweisen Vorwärmen des Speisewassers, so wird die Turbinenbeschaufelung wegen des verhältnismäßig großen Dampfdurchsatzes für günstigen Dampfverbrauch genügend lang und der gesamte Abdampf der Hilfsbetriebe läßt sich außerordentlich wirtschaftlich unterbringen. Hilfsturbinen von 100 kW Leistung einschließlich der anteiligen Kessel und Rohrleitungen kosten etwa 350 RM/kW, bei größeren Leistungen noch weniger. Bei

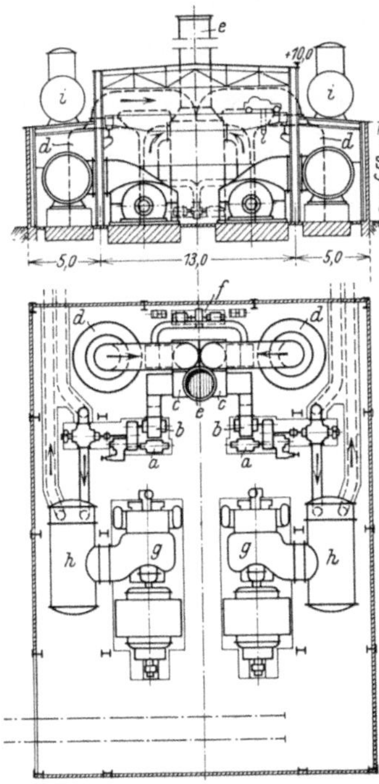

Abb. 547 u. 548.

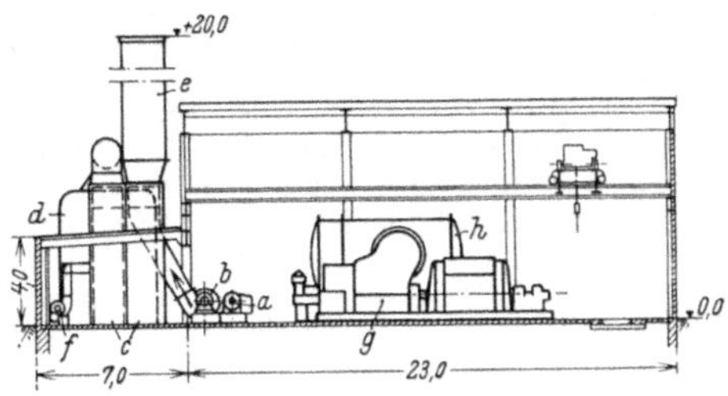

Abb. 549.

Abb. 547—549. Spitzenkraftwerk mit zwei Turbinen von je 12500 kW Leistung und zwei Hochgeschwindigkeitskesseln. Entwurf AEG, Entwurfsjahr 1933.

a durch Dampfturbine gemeinsam angetriebener Hilfsmaschinensatz; *b* Gebläse für Verbrennungsluft; *c* Luftvorwärmer; *d* Hochgeschwindigkeitskessel; *e* Schornstein; *f* Hilfsaggregat zum Anfahren der Kessel; *g* Turbine; *h* Kondensator; *i* Speisewasserbehälter.

0 Benutzungsstunden kommt die volle Ersparnis von 200 RM/kW gegenüber Elektroantrieb zur Geltung, mit zunehmender Stundenzahl wird sie wegen des größeren Wärmeverbrauches immer kleiner, je schlechter der Turbinenwirkungsgrad ist. Es müssen daher hochwertige Turbinen verwendet werden, deren Mehrpreis durch Ersparnisse an den anteiligen Kesselkosten wieder ausgeglichen wird. Bei 100-kW-Turbinen ist ein Wirkungsgrad von 50 bis 55 vH, bei 300-kW-Turbinen von 60 vH erreichbar. Berücksichtigt man, daß die Turbinen nicht dauernd vollbelastet laufen, und rechnet man den höheren Wärmeverbrauch auf Anlagekosten je kW um (15 vH für Verzinsung und Abschreibung), so ist nach Schult Dampfantrieb bei 50 bis 60 vH Turbinenwirkungsgrad noch bei 3500 Benutzungsstunden um 150 bis 180 RM/kW billiger als elektromotorischer. Bei vielen Elektrizitätswerken mit großen Kesseln verdient daher Dampfantrieb den Vorzug vor elektrischem, dem er auch durch größere Betriebssicherheit und einfachere Drehzahlregelung überlegen ist. Selbst unter Berücksichtigung seines höheren Wärmeverbrauches verbilligt er ein Kraftwerk um 2 bis 3 vH.

Manche Elektrizitätsgesellschaften haben unter ihren Anlagen ältere, abgeschriebene Werke, die zwar noch voll betriebsfähig, aber wärmewirtschaftlich so veraltet sind, daß sich ihr Dauerbetrieb nicht mehr lohnt. Trotzdem ist es oft wirtschaftlicher, sie zur Spitzendeckung vorübergehend wieder in Gang zu setzen, als neue Werke zu errichten, da ihr größerer Aufwand für Bedienung und Brennstoffkosten durch den Wegfall des Kapitaldienstes meistens mehr als wettgemacht wird. Auch eignen sie sich nicht selten zur Aufstellung einer Ruths-Anlage, S. 314.

Der Bau ausgesprochener Spitzenwerke hat einen neuen Auftrieb durch ölbeheizte Kessel mit hoher Rauchgasgeschwindigkeit erfahren, S. 263 und 267, da Raumbedarf und Kosten der Kesselanlage nur einen

Bruchteil der Werte normaler Anlagen betragen, Abb. 547 bis 549, da die Werke außerordentlich schnell vom kalten Zustand auf Vollast kommen (wichtig für Momentanreserve), praktisch keine Leerlaufsverluste haben und völlig automatisch arbeiten können. Da auch Belästigungen durch Schornsteinauswurf und Abfuhr der Rückstände wegfallen, können sie dicht beim Konsumschwerpunkt aufgestellt werden. Sie sind billiger, brauchen weniger Platz und können ebenso schnell starten und billigeres Öl verfeuern als Dieselanlagen. Daß der Wärmepreis von Öl 2 bis 3mal größer ist als von Steinkohle, ist infolge des kleinen Anteiles des Spitzenstromes an der gesamten Stromerzeugung von untergeordneter Bedeutung, S. 324. Hochgeschwindigkeitskessel bieten auch bei Aufstellung in normalen Dampfkraftwerken in geeigneten Fällen Vorteile.

Interessant ist der Vorschlag der Siemens-Schuckertwerke, je nach der Höhe der Werksbelastung mit verschiedenem Kesseldruck zu arbeiten, die Leistung der Turbine also nicht durch Zu- oder Abschalten von Düsen, sondern durch Erhöhen oder Verringern des Kesseldruckes zu verändern. Die Turbine arbeitet mit konstantem Eintrittsquerschnitt und hat nur ein einziges, im allgemeinen fast voll geöffnetes Drosselventil. Bei dem niedersten Kesseldruck, z. B. 35 at, strömt durch die Turbine ein bestimmtes Dampfgewicht, z. B. 20000 kg/h, und erzeugt eine bestimmte Leistung, z. B. 5000 kW. Bei dem höchsten Kesseldruck von beispielsweise 150 at schluckt die Turbine etwa das vierfache Dampfgewicht. Infolge des kleineren spezifischen Volumens fließt aber zwischen 35 und 150 at eine nahezu konstante Dampfmenge durch die Turbine. Da aber bei steigender Last die Luftleere im Kondensator zurückgeht, bleibt das Wärmegefälle und infolgedessen auch der spezifische Dampfverbrauch konstant. Zu jeder Turbinenleistung gehört somit ein ganz bestimmter Kesseldruck. Soll z. B. von 5000 kW auf 10000 kW gegangen werden, so wird die Speisepumpe auf den entsprechenden Druck eingestellt und die Brennstoff- und Verbrennungsluftzufuhr entsprechend (automatisch) erhöht. Die Siemens-Schuckertwerke erblicken den Vorteil dieser Betriebsweise in der Vereinfachung der Turbinenregelung, da Gruppen- und Überlastventile wegfallen. Die Erfahrung muß aber zeigen, ob die erheblich schwerere Ausführung fast aller Teile, wie Turbinen, Speisepumpen, Rohrleitungen diesen Vorteil aufwiegt und ob ein konstanter Kesseldruck von 30 bis 40 at in Verbindung mit erheblich leichteren Maschinen nicht den Vorzug verdient gegenüber einer 150-at-Anlage, deren spezifischer Wärmeverbrauch zwar nahezu konstant, aber nicht kleiner als bei einer für 35 at bemessenen Anlage ist. Außerdem können derartig geregelte Werke nur nach Fahrplan, aber nicht selbständig fahren.

X. Wirtschaftliche Fragen der Energieerzeugung und -verteilung.

A. Spitzendeckung durch Speicher und Dieselmotoren.

1. Allgemeines. Spitzenstrom läßt sich auch dadurch wirtschaftlich erzeugen, daß die in Schwachlastperioden anfallende überschüssige Energie thermisch, elektrisch oder hydraulisch gespeichert und später zum Decken des eine gewisse Leistung übersteigenden Betrages herangezogen wird. Die beiden letzteren Speicherungsarten eignen sich für alle Primärwerke (Dampf- und Wasserkraftwerke). Speicheranlagen können von Vorteil sein, solange sie weniger kosten als der durch sie ersetzte Teil des Primärwerkes. Nicht selten wird infolge der durch das Speichern verursachten günstigeren Belastung des Primärwerkes sein spezifischer Wärmeverbrauch verringert.

Seit einigen Jahren werden auch Dieselmotoren zur Spitzendeckung benutzt, S. 317. Sie kommen sehr schnell von kaltem Zustand auf Vollast, haben daher praktisch keine Leerlaufsverluste und können ähnlich wie elektrische Akkumulatoren sehr nahe bei dem Ort aufgestellt werden, wo die Spitze auftritt (Vergnügungs- und Geschäftsviertel in Großstädten). Dadurch fallen außer Leitungsverlusten erhebliche Anlagekosten weg, kosten doch die Verteilungsnetze samt Zubehör in Großstädten je kW etwa 3mal so viel wie das eigentliche Kraftwerk. Das normale Einsetzen eines 10000 kW-Dieselmotors dauert bei bereitstehenden Mannschaften bis zum parallelen Anschließen ans Netz nur etwa 4 Minuten; muß der Motor infolge eines unvorhergesehenen Vorfalles (plötzlicher Nebel, Ausfallen eines Kessels oder einer Turbine) eingreifen, so vergehen höchstens 6 Minuten. In der allerletzten Zeit sind zu Dieselmotoren noch Dampfkraftwerke in Sonderausführung getreten, S. 311.

2. Thermische Speicher. Man unterscheidet zwischen Gefälle und Gleichdruckspeichern. **Ruths- oder Gefällespeicher** bestehen aus in vollem Ladezustand zu etwa 90 vH mit Wasser gefüllten, in Kraftwerken meist stehenden Behältern bis zu 21 m Höhe und 4,5 m Durchmesser, die mit Vorrichtungen zum Niederschlagen des eingeleiteten Dampfes versehen sind, Abb. 550. Bei Schwachlast wird der Dampfüberschuß automatisch unter allmählicher Erhöhung des Behälterdruckes gespeichert, bei Spitzenlast geben die Speicher selbsttätig unter Drucksenkung Dampf ab, der entweder in besonderen Speicherturbinen (Kraftwerk Charlottenburg) oder in Turbinen, die mit Frischdampf, Speicherdampf und beiden gemeinsam arbeiten können (Gemeinschaftswerk Hattingen), die fehlende Leistung erzeugt. Ein Druckgefälle zwischen etwa 13 und 0,5 atü ist für Elektrizitätswerke am wirtschaftlichsten. 1 m³ Wasser speichert dann etwa 138 kg Dampf, die bei großen hochwertigen Speicherturbinen 16 bis 18 kWh leisten. Der zweckmäßigste Kesseldruck in reinen Ruths-Speicheranlagen ist etwa

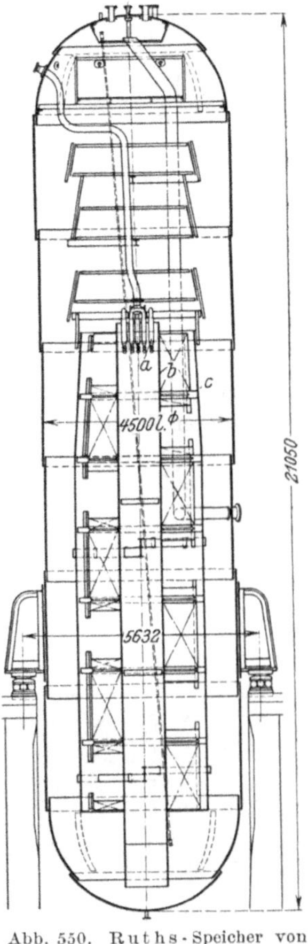

Abb. 550. Ruths-Speicher von 312,5 m³ Inhalt für 12 atü Höchstdruck im Kraftwerk Charlottenburg der Berliner Städtische Elektrizitätswerke A.G. Baujahr 1929. *a* Ladedüsen; *b* Laderohr; *c* Rohr zum Erzeugen eines Wasserumlaufes im Speicher beim Entladen (das Rohr ist oben in mehrere Ringe aufgelöst).

15 atü. Bei gleichzeitiger Stromerzeugung aus Frischdampf können höhere Kesseldrücke und eine Ausnutzung des Druckgefälles bis zum Speicherdruck von 13 atü in Vorschalt- oder Frischdampf-Speicherdampfturbinen wirtschaftlicher sein, Abb. 551. Die größte Speichereinheit hat etwa 300 m^3 Inhalt[1] und kann je nach der Spitzenform 4000 bis 5000 kWh hergeben und geladen etwa 2500 bis 3000 kW leisten. Bei Ruths-Speichern nimmt die Energieausbeute aus 1 m^3 Inhalt mit sinkendem Speicherdruck zunächst langsam und dann schnell ab. Der Leistungsunterschied zwischen geladenem und entladenem Speicher hängt von der Auslegung der Turbine, dem Querschnitt ihrer Einlaßventile und der Größe des Kondensators ab. Die Endleistung beträgt 20 bis 50 vH der Anfangsleistung. Bei lebenswichtigen Ruths-Anlagen wird die Leistung in mindestens zwei Speicherturbinen unterteilt, Reservespeicher sind nicht nötig, da der Ausfall eines Speichers bei einer größeren Batterie nicht viel ausmacht. Ein besonderer Vorteil von Ruths-Speichern ist, daß sie unabhängig von der augenblicklichen Belastung der Kessel sehr hohe Leistungen herzugeben vermögen, die die augenblickliche Leistung der Kesselanlage unter Umständen beträchtlich übersteigen. Bei dreieckiger Spitzenform sind Ruths-Speicher bis zu einer Spitzenbasis von etwa 4 Stunden billiger als die entsprechenden Kessel.

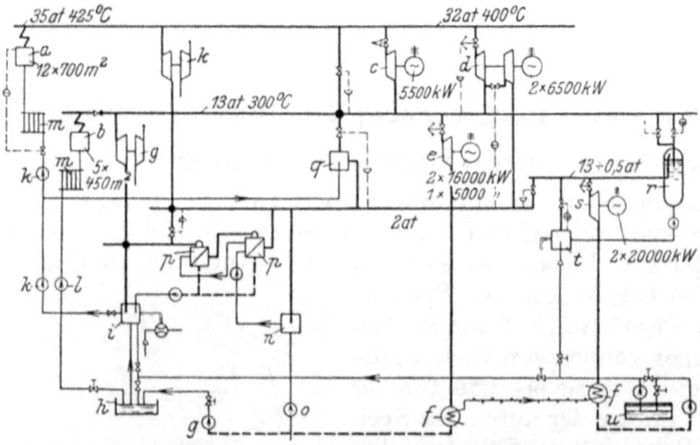

Abb. 551. Wärmeschaltschema eines kombinierten Frischdampf-Speicherdampfwerkes (Kraftwerk Charlottenburg).
a 35 at-Kessel; *b* Kessel (außer Betrieb); *c* und *d* Vorschaltturbinen; *e* Hauptturbinen; *f* Kondensatoren; *g* Hilfsturbine mit Pumpe; *h* Speisewasserbehälter; *i* Mischkondensator; *k* Speisepumpen 35 at; *l* Speisepumpe 13 at; *m* Ekonomiser; *n* Mischvorwärmer; *o* Rohwasserzufluß; *p* Zweistufenverdampfer; *q* Dampfkühler; *r* Ruths-Speicher 16 × 312,5 m^3; *s* Speicherturbine; *t* Entgaser; *u* Kondensatbehälter für Speicherbetrieb.
Dampf — Wasser — Kondensat — Kühlwasser — Luft — Überströmimpuls — Zuströmimpuls — Grenzimpuls.

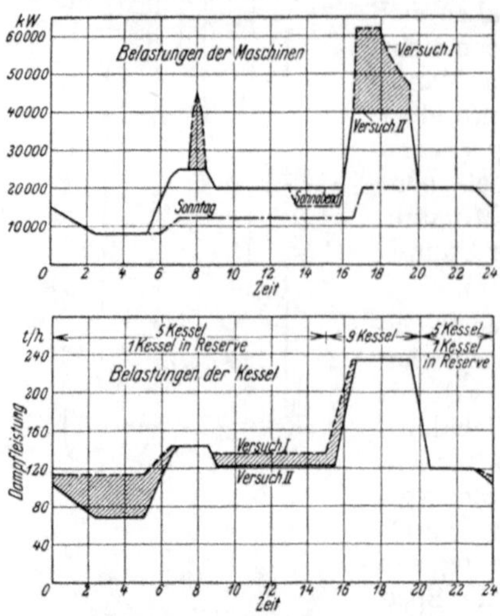

Abb. 552. Belastungsdiagramm der Maschinen- und Kesselanlage im Kraftwerk Charlottenburg während eines 14tägigen Dauerversuches.
(Die schraffierten Flächen geben die von den Ruths-Speichern gespeicherte Dampfmenge bzw. abgegebene Energie an.)

Je nach dem Anfangszustand des Dampfes (35 atü, 425° oder 15 atü, 350°) beträgt der Umformverlust ohne die Mantelverluste der Speicher bei einem Druckbereich zwischen 13 und 0,5 atü etwa 38 bis 25 vH, dasselbe Frischdampfgewicht würde also in einer normalen Turbine um 61 bis 33 vH mehr Arbeit leisten. Da dieser Verlust aber nur bei etwa 4 vH des insgesamt erzeugten Stromes auftritt, spielt er um so weniger eine Rolle, als er durch die bessere Belastung der Kesselanlage teilweise ausgeglichen wird. In Charlottenburg läuft eine Speicherturbine unter Stromaufnahme von etwa 500 kW und Zusatz von etwa 4700 kg/h Kühldampf auf das Netz geschaltet dauernd leer mit und erzeugt Blindstrom. Sie ist daher jederzeit als volle Momentanreserve verfügbar und kann so schnell von Null- auf Vollast gebracht werden, als es bei plötzlichem Leistungsausfall zum Verhindern des sonst unvermeidlichen Netzzusammenbruches nötig ist. Infolgedessen können die mit der Speicheranlage parallel arbeitenden Grundlastmaschinen der übrigen Kraftwerke ohne Rücksicht auf Augenblicksreserven voll ausgenutzt und ältere Werke bis zum Einsetzen der größten Winterspitze stillgelegt werden. Die Berliner Städtischen Elektrizitätswerke kostet nach Gropp eine von den Speichern gelieferte kWh bis 90 Stunden jährlicher Benutzungsdauer

[1] Als Speichervolumen wird der tatsächliche Rauminhalt, nicht die Wasserfüllung angegeben.

sogar weniger als eine mit den alten fast abgeschriebenen Kraftwerken erzeugte. Wenn in Charlottenburg das Belastungsdiagramm „Versuch I“ in Abb. 552 mit Speichern, „Versuch II“ ohne Speicher gefahren wurde, war der Kesselwirkungsgrad im ersteren Fall um 0,8 vH höher. Hätte man „Versuch I“ nur mit den Grundlastturbinen ausgefahren, so wäre der Gesamtwärmeverbrauch um 1,7 vH höher gewesen. Die Speicher brachten daher wärmewirtschaftlich mindestens keinen Verlust, obgleich in 24 Stunden 3,3 vH der zu ihrem einmaligen Aufladen benötigten Wärmemenge durch Ausstrahlung an die Umgebung (Mantelverlust) verloren gingen.

Gleichdruckspeicher werden in den Speisewasserkreislauf eingeschaltet und brauchen keine besonderen Turbinen. Das größte zweckmäßige Volumen ist etwa dasselbe wie bei Ruths-Speichern. In Schwachlastperioden erzeugt der überschüssige Dampf einen gewissen Heißwasservorrat, mit dem die Kessel während der Spitzen gespeist werden. Während dieser Zeit wird der Anzapfdampf für die Speisewasservorwärmung abgestellt und für Stromerzeugung frei, ohne daß der spezifische Wärmeverbrauch für 1 kWh zunimmt. Die Kessel werden also dauernd mit Wasser derselben Temperatur gespeist. Die Leistung von Gleichdruckspeichern ist um so größer, je höher das Speisewasser mittels Dampf vorgewärmt wird. Das Überschreiten einer gewissen Temperatur ist aber nicht wirtschaftlich, weshalb die theoretische Speicherleistung meist nicht voll ausgenutzt werden kann. Ekonomiser werden vorteilhafterweise zwischen Speicher und Kessel geschaltet. Die durch Gleichdruckspeicher erzielbare Leistungssteigerung hängt vom Kesseldruck und der Aufwärmung des gespeicherten Wassers ab und ist um so größer, je größer letztere ist.

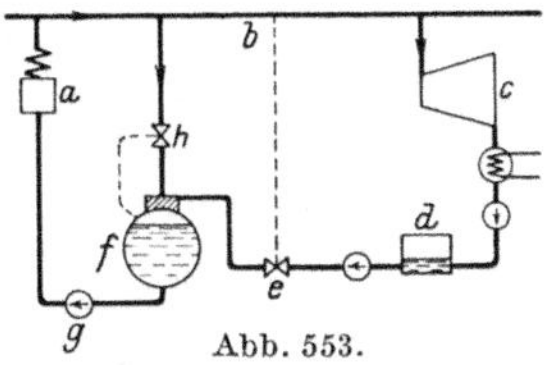

Abb. 553.

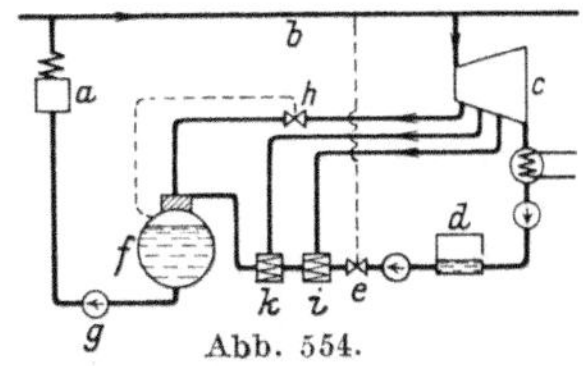

Abb. 554.

Abb. 553 u. 554. Schaltung von Gleichdruckspeichern mit getrenntem Kalt- und Warmwasserbehälter.

a Kessel; *b* Frischdampfleitung; *c* Turbine; *d* Kaltwasserspeicher; *e* vom Frischdampfdruck gesteuertes Drosselventil; *f* Warmwasserspeicher mit eingebautem Mischvorwärmer; *g* Speisepumpe; *h* vom Speicherdruck gesteuertes Überströmventil; *i* und *k* Röhrenvorwärmer.

Gleichdruckspeicher können auf die verschiedenartigste Weise ausgebildet werden. Man kann z. B. einen Heiß- und einen Kaltwasserspeicher vom selben Volumen anordnen, zwischen denen eine Zubringerpumpe sitzt. Abb. 553 zeigt diesen Fall für Speisewasservorwärmung durch Frischdampf. In Schwachlastperioden wird mehr kaltes Wasser, als in den Kessel gespeist wird, aus Kaltspeicher *d* nach Warmspeicher *f* gepumpt, in dessen oberem Teil ein Mischvorwärmer zum Niederschlagen überschüssigen Frischdampfes eingebaut ist. Bei Spitzen fällt der Druck in Leitung *b* etwas, wodurch sich Ventil *e* schließt. Dadurch steigt der Druck in Speicher *f*, schließt auch das auf einen bestimmten Dampfdruck eingestellte Ventil *h* entsprechend und gibt den vorher zu Speicher *f* strömenden Dampf zur Arbeitsleistung in der Turbine frei. Am Ende einer Schwachlastperiode ist Speicher *d* leer, Speicher *f* voll, nach einer Spitzenperiode ist es umgekehrt. Bei der heute in Großkraftwerken fast ausschließlich benutzten Speisewasservorwärmung durch Anzapfdampf wird die Speicherung nach Abb. 554, d. h. durch Absperren des Anzapfdampfes durchgeführt. Man kann aber Kalt- und Warmspeicher auch in einen einzigen Behälter vereinigen, in dem oben das wärmste, unten das kälteste Wasser ist, und dessen Wasserspiegel auf konstanter Höhe gehalten wird, Abb. 555. Speicher *e* wird bei Schwachlast geladen, indem mehr zufließendes Turbinenkondensat mittels Umwälzpumpe *f* über vom Anzapfdampf beheizte Röhrenvorwärmer *g* in den Dampfraum des Speichers gefördert wird, in dessen Dampfraum die dritte Vorwärmstufe (Mischvorwärmer) untergebracht ist. Am Ende des Ladens ist der ganze Speicher mit heißem Wasser gefüllt. Beim Entladen strömt Turbinenkondensat unmittelbar unten in den Speicher ein. Speisepumpe *h* entnimmt stets durch Leitung *i* das warme Wasser. Bei teilweiser Ladung liegt die Grenze zwischen heißem und kaltem Wasser je nach dem Ladezustand höher oder tiefer. Eine besondere Art von Gleichdruckspeichern sind **Kiesselbach-Speicher,** bei denen aber die Überhitzung des Frischdampfes sich je nach dem Grade der augenblicklichen Speicherung etwas ändert. Außerdem kann der Parallelbetrieb mehrerer Kessel Schwierigkeiten machen.

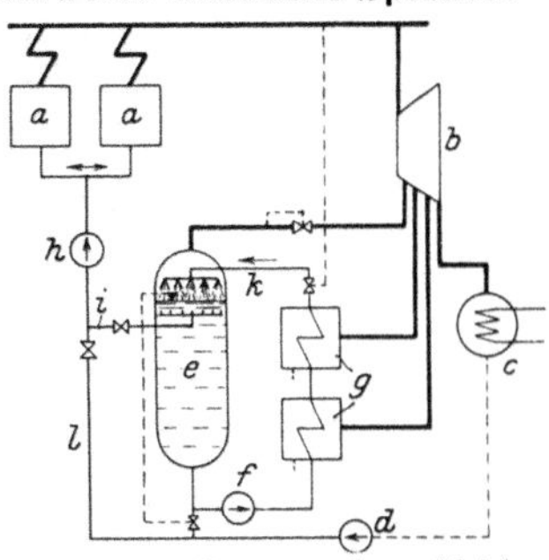

Abb. 555. Schema einer Gleichdruckspeicheranlage mit Umpumpen des Speicherinhaltes in Verbindung mit einer Kondensationsturbine mit drei Anzapfstellen. *a* Kessel; *b* Turbine; *c* Kondensator; *d* Kondensatpumpe; *e* Gleichdruckspeicher; *f* Umwälzpumpe; *g* Umwälzspeisewasservorwärmer; *h* Kesselspeisepumpe; *i* Entnahmeleitung; *k* Wasserumpumpleitung; *l* Notleitung (nur bei ausgeschaltetem Speicher im Betrieb).

Nach Schult werden die Anlagekosten von Gleichdruckspeichern (Warm- und Kaltspeicher, Fundamente, Unterstützungen, Pumpen und Armaturen[1]) bei einstufiger Vorwärmung (auf 165°) mit 12 RM/kWh,

[1] Die Kosten der auch ohne Gleichdruckspeicher vorhandenen Anzapfvorwärmung sind dabei nicht berücksichtigt.

bei zweistufiger Vorwärmung (auf 185°) mit 15 RM/kWh am niedrigsten. Die Anlagekosten von 1 kW Leistung bei dreieckiger Spitze mit 2 Stunden Basis sind gleich denen einer kWh. Von anderer Seite werden sie zu 25 RM/kW Speicherleistung angegeben. Kosten die Kessel ohne bzw. mit Haus 50 bis 60 bzw. 80 bis 90 RM/kW, so lassen sich bei einer dreieckigen Spitze durch Gleichdruckspeicher je kW Spitzenleistung eines Kraftwerkes etwa 5 bis 6 RM sparen. Unter mittleren Verhältnissen erniedrigt nach Schult Anzapfdampfvorwärmung die gesamten Stromerzeugungskosten (einschl. Kapitaldienst) um 3 vH, Gleichdruckspeicherung um weitere 1,5 vH. Bei 26 bis 90 at Frischdampfdruck beträgt bei zwei- bzw. dreistufiger Vorwärmung und Heißwassertemperaturen von 150 bis 190° die Leistungssteigerung durch Gleichdruckspeicher 11 bis 14 vH.

Ruths- und Gleichdruckspeicher können Dampf nur nach Maßgabe ihres Ladezustandes speichern. Solange sie nur teilweise geladen sind, können letztere weit größere Wärmemengen je Zeiteinheit aufnehmen als sie abgeben können. Bei plötzlichem starken Lastausfall haben daher die Heizer Zeit zum Dämpfen der Feuer. Durch Gleichdruckspeicher ist eine Steigerung der augenblicklichen Kraftwerksleistung von höchstens 15 bis 20 vH möglich. Ruths-Speicher haben dagegen eine fast unbeschränkte von der jeweiligen Kessel- bzw. Rostbelastung unabhängige Spitzenleistung. Bald sind Gefälle-, bald Gleichdruckspeicher, bald beide gemeinsam am vorteilhaftesten. Universeller verwendbar sind (wenigstens bei neuen Werken) Gleichdruckspeicher, doch sind in Elektrizitätswerken die Vorteile von Ruths-Speichern oft durchschlagender. Bei gleicher Leistung (kW) sind Speicher um so wirtschaftlicher als Kessel, je kürzer die Spitze dauert. Gleichdruckspeicher werden meist so bemessen, daß sie den Spitzen-Speisewasserbedarf während $1^1/_2$ bis 2 Stunden decken können. Zeiten von mehr als 2, höchstens 3 bis 4 Stunden lohnen sich selten.

Der Vorteil von Wärmespeichern ist wegen der inzwischen erfolgten Verbesserungen an Kesseln und Feuerungen heute nicht mehr so groß wie zur Zeit ihrer Einführung und wird jetzt in Elektrizitätswerken vorwiegend in der Ersparnis an Anlagekosten und bei Ruths-Speichern außerdem in der Momentanreserve und dem Lastausgleich zwischen parallel arbeitenden Kraftwerken erblickt.

3. Pumpspeicher. Bei der hydraulischen Speicherung wird durch Überschußstrom aus Dampfkraftwerken oder Laufwasserkräften Wasser in einen Hochbehälter gepumpt und in der Spitzenzeit zur Arbeitsleistung wieder herangezogen. Betriebstechnisch am vollkommensten sind Wasserkraftwerke mit großem (natürlichem) Oberbecken, denen ein Pumpwerk angegliedert wird, weil ihr Fassungsraum und ihre Maschinenleistung meist größer sind und das Hinzufügen der Pumpen sie nur wenig verteuert. Pumpspeicheranlagen kosten weniger als Laufwasserkräfte.

Turbine, Motorgenerator und Pumpe sitzen meist auf einer gemeinsamen liegenden Welle. Da der Übergang von Stromlieferung auf Pumpbetrieb und umgekehrt ohne Stillsetzen des Maschinensatzes möglich sein muß, wird die Pumpe entweder an den laufenden Motor an- oder von ihm abgekuppelt, oder läuft während der Stromabgabe leer in der Luft mit und wird vor Übergang auf Pumpbetrieb mit Wasser gefüllt. Die zahlreichen hierbei nötigen Betätigungen erfolgen selbsttätig so schnell, daß z. B. in Pumpspeicherwerk Herdecke die Inbetriebsetzung der Turbinen nur 120, der Übergang von Turbinen- auf Pumpenbetrieb nur 150 und von Pumpen- auf Turbinenbetrieb nur 50 Sekunden dauert. Pumpspeicherwerke sind als Momentanreserve besonders geeignet. Ein Mann genügt zum Bedienen der größten Einheit.

Im Gegensatz zu Turbinen nimmt der Wirkungsgrad von Pumpen bei Teillast schnell ab. Die Pumpen bzw. Turbinen werden daher in mehrere Sätze unterteilt, damit der gerade verfügbare Überschußstrom von Primärwerken mit möglichst geringen Verlusten in potentielle Energie umgesetzt werden kann.

Pumpspeicherwerke geben günstigenfalls bezogen auf die Oberspannungsseite des Transformators für beide Energierichtungen etwa 64 vH der aufgenommenen Energie wieder zurück. Vielfach übersteigt der Wirkungsgrad auch wegen der langen Fernleitungen zwischen Primär- und Pumpwerk 50 bis 60 vH nicht. Daher sind Pumpwerke natürlichen Speichern (Walchenseewerk) unterlegen und nur dann wirtschaftlicher als Dampfkraftwerke, wenn das Pumpwerk im Gegensatz zum Primärwerk nahe beim Versorgungsgebiet errichtet werden kann (Ersparnis an Fernleitungen und der zur Deckung der Leitungsverluste erforderlichen Vergrößerung des Primärwerkes). Außerdem erhöhen sie die Sicherheit der Strombelieferung. Baukosten und Wirtschaftlichkeit hängen stark vom Baugelände ab. Natürliche große Mulden, hohes Gefälle, kleiner Abstand zwischen oberem und unterem Becken und bequeme Anfahrwege für Baustoffe und Maschinen begünstigen niedere Baukosten. Infolge der erheblichen Ausdehnung der Baustelle ist größte Sorgfalt bei der Bauvorbereitung (Geländebohrungen) nötig um unliebsame Überraschungen zu vermeiden. Die Energieabgabe von Pumpspeichern ist im Gegensatz zu Ruths-Speichern fast unabhängig vom Ladezustand, ihr Speichervermögen in kWh weit größer als das von Ruths-Speichern (Speichervermögen bzw. Maschinenleistung der Ruths-Anlage in Charlottenburg 73000 kWh bzw. 50000 kW gegenüber 530000 kWh bzw. 140000 kW von Pumpspeicherwerk Herdecke). Pumpspeicher können aber im Gegensatz zu Ruths-Speichern und Dieselmotoren nicht an beliebigem Orte errichtet werden und sind infolge der hohen Verluste nur bei billigem Primärstrom und mäßigen Baukosten wirtschaftlich. Pumpspeicherwerke eignen sich im Rahmen einer ausgedehnten Verbundwirtschaft vorzüglich als **Führerwerke,** die in den einzelnen Bezirken der zusammengeschlossenen Netze für die Einhaltung einer gleichmäßigen Frequenz sorgen, den fahrplanmäßigen Leistungszufluß an der Kupplungsstelle regeln und die Spitzen des eigenen Versorgungsgebietes übernehmen, weil sie ihre Erzeugung einfach und mit gutem Wirkungsgrad der angeforderten Leistung anpassen können.

4. Elektrische Akkumulatoren. Akkumulatoren lassen sich am leichtesten dicht bei den Spitzenverbrauchern aufstellen und ermöglichen daher die größten Ersparnisse für Verteil- und Fernleitungen und die kleinsten Übertragungsverluste. Ihr von der Belastung fast unabhängiger Wirkungsgrad beträgt bei Gleichstromspeicherung etwa 70 vH, bei Drehstromspeicherung infolge der Umformverluste etwa 60 vH.

5. Dieselmotoren. Auch Dieselmotoren können meist nahe den Spitzenzentren aufgestellt werden und sind im Gegensatz zu Speichern stets mit ihrer vollen Leistung verfügbar. Dagegen verbessert die Übernahme des Spitzenstromes durch sie die Belastungsverhältnisse der zugehörigen Grundlastdampfkraftwerke in Schwachlastperioden nicht so wirkungsvoll, wie es mit letzteren zusammengebaute Ruths-Speicher tun. 10500-kW-Dieselmotoren sind im Betrieb (Hamburg), solche von 15000 kW Leistung sind entwickelt. Eine mit Generatorspannung nutzbar abgegebene kWh verbraucht innerhalb weiter Belastungsgrenzen etwa 2500 kcal; die Brennstoffkosten betragen bei einem Ölpreis von 120 bis 150 M/t 3,0 bis 3,8 Pfg/kWh.

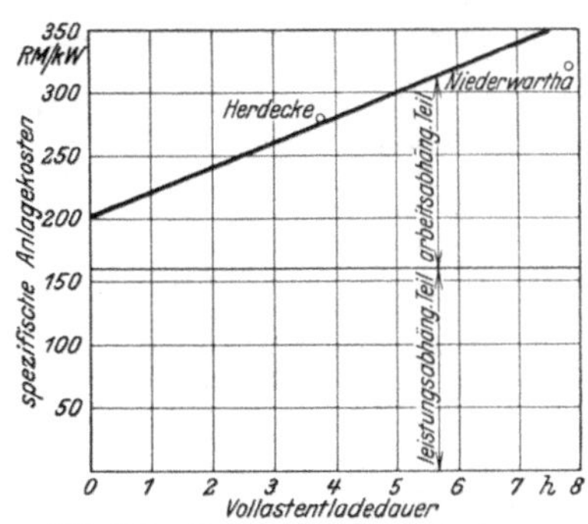

Abb. 556. Spezifische Anlagekosten von Pumpspeicherwerken in RM/kW unter besonders günstigen Voraussetzungen (hohes Gefälle, sehr billiges Baugeld) bezogen auf 1 kW größter Leistungsabgabe des Speichers.

6. Anlage- und Kapitalkosten (Preisgrundlage 1930). Bei Ruths- und Pumpspeichern hängen die Anlagekosten je kW höchste Leistung sehr davon ab, wie lange sie hergegeben werden soll. In Charlottenburg kostet 1 kW Spitzenleistung 204 bzw. 163 RM, je nachdem ob man sie auf eine Leistungsabgabe von 40000 kW während 1 h oder von 50000 kW während $^3/_4$ h bezieht. (Später ist nur noch eine geringere Leistung erzielbar.) Kosten für die anteilige Kesselanlage und Kühlwasserversorgung sind in diesen Preisen nicht enthalten. Wird eine selbständige Ruths-Anlage erstellt, so kommt für Kühlwasserversorgung und Kesselanlage noch ein Betrag von 20 bis 30 RM/kW hinzu. Bei angegliederten Ruths-Speichern von ähnlicher Bauweise sind für den von der Leistung abhängigen Teil 95 RM/kW, für den von der Arbeit abhängigen Teil bei 0,85 bzw. 1,60 h **Vollastentladedauer**[1] 32 bzw. 55 RM/kW auskömmliche Preise, S. 321.

Die Anlagekosten von Pumpwerken hängen von Gelände, Bodenbeschaffenheit und Vollastentladedauer ab. Außer der verlangten größten Leistungsabgabe spielt auch die von ihr oft verschiedene, meist kleinere Leistungsaufnahme der Pumpen eine Rolle. In Niederwartha wurde etwa die Hälfte der Anlagekosten im Rahmen der Erwerbslosenfürsorge als billiges Darlehen gegeben. Auch in Herdecke, wo das untere Becken gleichzeitig zur Reinigung der Ruhr dient, wurden die Tiefbauten als Notstandsarbeiten durchgeführt. Ähnlich wie bei Ruths-Speichern sind die Baukosten des maschinellen Teiles von der verlangten größten Leistung, die der Speicherbecken von der verlangten Dauer der Vollastentladung abhängig, Abb. 556.

[1] **„Vollastentladedauer"** ist die Zeit, in welcher der volle Speicher entladen werden würde, wenn die Turbine dauernd mit ihrer vollen Leistung liefe. Sie hat bei Ruths-Speichern lediglich rechnerische Bedeutung.

Zahlentafel 39. Berichtigte spezifische Baukosten von drei Elektrizitätswerken je kW ausgebaute Leistung einschließlich Kosten der Eigenbedarfsanlage, Projektierung und Bauleitung und der Bauzinsen, aber ohne Kosten für Aufspannanlage und Grunderwerb (Kesselreserve = 0vH).

Pos.	Anlage Nr.		1	2	3
	A. Technische Daten				
1	Ausgebaute Kraftwerksleistung	kW	270000	75000	180000
2	Kesselkonzessionsdruck	atü	37	30	26
3	Dampftemperatur am Kessel	°	410	400	410
4	Brennstoff		Steinkohle	Steinkohle	Braunkohle
5	Art der Feuerung		Kohlenstaub	Wanderrost	Schrägrost
6	Art der Zugerzeugung		Saugzug	Saugzug	Schornstein
7	Höhe der Schornsteinmündung über Gelände	m	70	50	140
8	Zahl der Kessel		16	8	16
9	Garantierte Dauerhöchstlast eines Kessels	t/h	—	40,8	43,0
10	Tatsächliche „ „ „	t/h	73,8	40,8	48,7
11	Kesselleistung bei bestem Wirkungsgrad	t/h	—	36,5	31,6
12	Kesselwirkungsgrad bei Pos. 10	vH	—	85,7	76,5
13	„ „ „ 11	vH	—	86,5	83,0
14	Zahl der Turbinen		3	3	5
15	Art der Kondensatorkühlung		Frischwasser	Frischwasser	Frischwasser
16	Temperatur des Speisewassers hinter Vorwärmeranlage	°	140	110	110
17	Dampfverbrauch von 1 mit Generatorspannung abgegebenen kWh im Vollastdauerbetrieb einschl. (bzw. ausschl.) Eigenkraftbedarf des Werkes	kg/kWh	4,55 (4,38)	4,53 (4,36)	4,50 (4,32)
18	Gesamtdampfbedarf im Vollastdauerbetrieb	t/h	1180	327	778
19	Bauzeit	Monate	21	18	22
	B. Spezifische Baukosten[1]				
20	Bekohlung, Entaschung einschließlich Gleis- und Hafenanlagen	M/kW	13,4	11,3	18,2
21	Zentrale Mahl- und Trockenanlage samt Kohlenstaubtransportanlage einschließlich der Kosten für das Aufbereitungsgebäude	M/kW	20,7	—	—
22	Kessel mit Feuerungen und allem Zubehör	M/kW	59,1	41,2	42,8
23	Speisepumpen und sämtliche Rohrleitungen im Kesselhaus	M/kW	6,6	6,2	5,6
24	Zugerzeugung (Ventilatoren samt Motoren, Füchse, Schornsteine)	M/kW	4,5	3,8	8,9
25	Elektrofilter	M/kW	9,6	—	—
26	Kesselhaus mit Bunkern	M/kW	27,4	22,6	19,4
27	Turbogeneratoren, Kühlwasser- und sonstige Rohrleitungen im Turbinenhaus	M/kW	44,2	54,9	48,0
28	Kühlwasserversorgung samt mechanischer Wasserreinigung	M/kW	7,2	14,7	9,4
29	Turbinen- und Pumpenhaus	M/kW	16,4	14,6	16,2
30	Vorwärmeranlage samt Rohrleitungen und Speisewasseraufbereitungs- und Destillieranlage samt Rohrleitungen	M/kW	5,9	11,8	8,6
31	Gebäude für Vorwärmeranlage	M/kW	3,1	6,4	3,5
32	Kräne	M/kW	1,3	1,5	0,8
33	Eigenbedarfsanlage, Warte, zugehörige Gebäude, Beleuchtung, Batterien, Kabel für Eigenbedarfsanlage und Warte	M/kW	11,7	15,1	14,9
34	Werkstatt, Nebenräume, Be- und Entwässerung des Werkes, Planieren des Geländes, Bauhilfsarbeiten	M/kW	6,7	13,3	10,8
35	Summe	M/kW	237,8	217,4	207,1

[1] Folgende Werte, die für große, voll ausgebaute Dampfkraft-Elektrizitätswerke unter denselben Voraussetzunge und für dieselbe Bezugsgröße wie die Werte in Zahlentafel 39 ermittelt wurden und die im Einzelfalle erheblich unter bzw. überschritten werden können, geben für mittlere Verhältnisse einen rohen Anhalt: Mehrkosten für örtlich bedingt zusätzliche Anlagen wie Häuser für Verwaltung und betriebswichtige Angestellte und Arbeiter, teure Straßenregulierungs arbeiten, Provisorien u.a.m. bis zu 8 RM/kW, meist nur 1 bis 3 RM/kW; Kosten der Aufspann- und Hochspannungs schaltanlage, die von der Höhe der Verteilspannung, der Zahl der abgehenden Leitungen und der Bauweise (offen ode geschlossen) sehr abhängen, 10 bis 35 RM/kW: bebaute Fläche bzw. umbauter Raum des eigentlichen Kraftwerkes 0,0 bis 0,12 m²/kW bzw. 1,2 bis 1,6 m³/kW; Platzbedarf des Kohlenlagers 0,03 bis 0,07 m²/kW; Platzbedarf der Gleisanlage und Freiflächen 0,2 bis 0,5 m²/kW, gesamter Platzbedarf des vollständigen Kraftwerkes samt allem Zubehör 0,4 bi 0,7 m²/kW. Bei Teilausbau sind vorstehende Werte meist erheblich größer (Kosten von 1 m² Kraftwerksgelände S. 292).

Die Dieselmotorenanlage in Hennigsdorf hat je kW größte Leistungsabgabe 225 RM/kW gekostet. An anderer Stelle gibt Gercke die Anlagekosten je nach der Motorenleistung (2500 bzw. 7500 kW) zu 284 bzw. 218 RM/kW an. Man wird daher bei Spitzendieselwerken mit großen Motoren ohne Grundstück, aber einschließlich Gebäude mit etwa 175 bis 230 RM/kW rechnen müssen.

Bei 1, 2 oder 3 Stunden Vollastentladedauer betragen die Anlagekosten elektrischer Akkumulatoren je 1 kW bzw. 1 kWh etwa 170, 270, 360 RM/kW bzw. 170, 130, 120 RM/kWh, die anteiligen Gebäudekosten betragen etwa 50 RM/kW. Dazu kommen noch die von der Vollastentladedauer unabhängigen Kosten der Schaltapparate und Zellenschalter bei Gleichstromspeicherung mit 35 RM/kW und der Umformer bei Drehstromspeicherung mit 85 RM/kW. Bei mittleren Spitzen und Gleichstromnetzen sind 365 RM/kW für Batterie, Gebäude, Zellenschalter und Leitungen innerhalb der Anlage, bei Drehstromnetzen 400 RM/kW für Batterie, Gebäude, Leitungen innerhalb der Anlage und Umformer brauchbare Mittelwerte.

Die in der Literatur angegebenen Anlagekosten je kW Leistung von Dampfkraftwerken weichen auch bei Werken annähernd gleicher Größe und Betriebsbedingungen oft stark voneinander ab, woraus zu Unrecht weitgehende, durch die Zeichnungen der Anlagen nicht gerechtfertigte Schlüsse gezogen werden. Schuld an den Unterschieden ist oft lediglich eine andere Marktlage (Konjunktur) oder die verschieden vollständige Erfassung der tatsächlich aufgelaufenen Baukosten (Schaltanlage, Verwaltungsgebäude, Wohnhäuser, das eine Mal eingeschlossen, das andere Mal nicht) oder der Umstand, daß die Anlagekosten im einen Fall für die ausgebaute, im anderen für die nutzbar abgegebene Leistung gelten, die wieder auf die Niederspannungs- oder die Hochspannungsseite der Transformatoren bezogen sein können. Während aber diese Unklarheiten im allgemeinen einfach beseitigt werden können, läßt sich meist nicht feststellen, wie groß die Kesselreserve ist und ob als Leistung eines Kessels die gilt, bei der er mit bestem Wirkungsgrad arbeitet, oder die, die er dauernd oder kurzzeitig und nur mit schlechterem Wirkungsgrad hergeben kann. Auch andere Teile sind manchmal entweder sehr knapp oder viel zu reichlich bemessen, wodurch die spezifischen Baukosten sehr stark beeinflußt werden können. Unter diesem Mangel an Vollständigkeit und Eindeutigkeit leidet der Wert sehr vieler statistischer Angaben, besonders aber ihre Brauchbarkeit für Betrachtungen grundsätzlicher Natur.

In Zahlentafel 39, die die Kosten von drei Grundlastwerken je kW ausgebaute Leistung auf Grund der zur Zeit ihrer Errichtung maßgebenden Preise zeigt, sind daher die Kosten sämtlicher Bestandteile eines Werkes auf dieselbe Leistung, und zwar die voll ausgebaute Kraftwerksleistung (Pos. 1) umgerechnet. Wenn also z. B. die Kesselanlage tatsächlich für eine andere Leistung ausgelegt war oder sich bei den Abnahmeversuchen eine andere als die von den vollbelasteten Turbinen benötigte Dampferzeugung der Kesselanlage ergab, wurde ermittelt, wie groß die Kosten der Kesselanlage geworden wären, wenn sie ebensoviel Dampf erzeugt hätte, wie die vollbelasteten Turbinen brauchen. Dasselbe gilt für sämtliche anderen Teile der Werke. Eine Kesselreserve ist demnach in den Preisen von Zahlentafel 39 nicht eingeschlossen, es sei denn, daß eine Turbine dauernd in Reserve stehen soll, wobei in Anlage 1 und 2 33 vH, in Anlage 3 20 vH der aufgestellten Kessel Reserve wären. Will man ermitteln, wie groß die Kosten werden, wenn z. B. 20 vH der aufgestellten (25 vH der in Betrieb befindlichen) Kessel in Reserve stehen sollen, so muß man die Werte von Pos. 20 bis 26 vergrößern. Hierbei wird es im allgemeinen genügen, wenn man Pos. 21, 22, 25 und 26 etwa mit 1,25 multipliziert, während Pos. 20, 23 und 24 mit einem wesentlich kleineren Wert vergrößert werden müssen. Jedenfalls kann man mit Zahlentafel 39 schnell und zuverlässig das Verhältnis der Kosten der einzelnen Teile eines Kraftwerkes zueinander unter den verschiedensten Voraussetzungen ermitteln, wobei Abb. 480, 482, 484 und 529 gute Dienste leisten können. In Zahlentafel 39 sind ferner sämtliche von Zufälligkeiten abhängige Kosten weggelassen, also beispielsweise die Kosten für besonders teure Straßenverlegung, große Verwaltungsgebäude, Arbeiterwohnhäuser und dergl. Dagegen enthalten die einzelnen Positionen die während 45 vH der Bauzeit bei 6 vH Verzinsung des betreffenden Teiles entstehenden Bauzinsen und die Ausgaben für Projektierung und Bauleitung. Nach Zahlentafel 39 wird der Einfluß von Kesseldruck, Kesselgröße usw. auf die Anlagekosten durch Zufälligkeiten völlig verwischt. Bei Anlage 2 waren die Kessel durch das Auftreten eines Außenseiters ungewöhnlich billig, Anlage 1 dagegen wurde in einer Hochkonjunktur gebaut. Von erheblichem Einfluß auf die Kosten der Kesselanlage ist die gewählte Kesselbeanspruchung bzw. der zugehörige Kesselwirkungsgrad. Während er z. B. bei der vollbelasteten Anlage 2 kaum niederer ist als bei der günstigsten Dampferzeugung der Kessel (0,8 Punkte), beträgt der Unterschied bei Anlage 3 weit mehr (6,5 Punkte) oder mit anderen Worten: Kesselanlage 3 wäre größer und teurer geworden, wenn man bei Vollast auf höheren Kesselwirkungsgrad Wert gelegt hätte. Anlage 3 ist auch deshalb bemerkenswert, weil sich bei den Abnahmeversuchen die zulässige Dauerhöchstlast zu 13 vH größer als die garantierte ergab. Da das Werk zunächst nur halb ausgebaut wurde, kann man sich bei der Erweiterung diesen Umstand zunutze machen. Meistens liegen die Verhältnisse aber so, daß bei Überschreiten der garantierten Dampferzeugung die Kesselreserve größer als beabsichtigt wird, was deshalb oft unerheblich ist, weil dann den Mehranlagekosten geringere laufende Kohlenkosten gegenüberstehen. Da beim ersten Ausbau manche Teile, wie z. B. die Bekohlungsanlage, oft schon für die endgültige Leistung eines Werkes bemessen werden müssen, sind die spezifischen Baukosten beim ersten Ausbau zuweilen beträchtlich größer als bei der voll ausgebauten Anlage. Mitte 1931 waren bei einem großen Steinkohlenkraftwerk mit Frischwasserkühlung 220 RM/kW, bei einem großen Braunkohlenkraftwerk mit Rückkühlung 240 RM/kW angemessene Werte, Abb. 532. Zahlentafel 41 auf S. 321 gibt eine Zusammenstellung der Mitte 1931 unter durchschnittlichen Verhältnissen auskömmlichen Baukosten von Grundlastwerken, Speicher- und Dieselanlagen. Angemessene Abschreibungszeiten, Ausgaben für Bedienung, Reparaturen usw. enthält Zahlentafel 40. (Beachte S. 321).

Zahlentafel 40. Sätze für Verzinsung, Abschreibung, Ausbesserungen und Bedienung.

	Abschreibungszeit	Höhe der Abschreibung		Reparaturen	Bedienung	Gesamte Kapitalkosten einschließlich Verzinsung	
Zinsfuß . . . vH		5	10			5	10
	Jahre	vH	vH	vH	vH	vH	vH
Anlageteil:							
Braunkohlenfernwerk mit zugehörigem Aufspannwerk	10	8	6,3	2,5	1,5	17	20,3
Ortskraftwerk mit zugehörigem Aufspannwerk	10	8	6,3	2,5	1,5	17	20,3
Dieselanlage mit zugehörigem Aufspannwerk	12	6,3	4,7	2	1	14,3	17,7
Ruths-Speicher (leistungs- und arbeitsabhängiger Teil) mit zugehörigem Aufspannwerk	12	6,3	4,7	2	1	14,3	17,7
Pumpspeicher[1]:							
Leistungsabhängiger Teil mit Aufspannwerk	20	3	1,7	2	1	11	14,7
Arbeitsabhängiger Teil	25	2,1	1	0,2	0,3	7,6	11,5
Fernleitungen und Kabel	20	3	1,7	0,8	0,8	9,6	13,3
Abspannwerk und Verteilschaltanlage	15	4,6	3,1	2	1	12,6	16,1

B. Steinkohle und Braunkohle in der öffentlichen Elektrizitätsversorgung Deutschlands.

1. Einleitung. Abb. 557 zeigt das Anwachsen der gesamten öffentlichen jährlichen Stromerzeugung Deutschlands und den Anteil der Braunkohle hieran zwischen 1920 und 1930.

[1] Wegen dem Veralten und weil nicht zu übersehen ist, wie sich Belastungsverhältnisse und Maschinen in einem Menschenalter gestalten werden, tut man gut daran, beim maschinellen (leistungsabhängigen) Teil von Pumpspeicherwerken nicht mehr als etwa 20 Jahre, beim vorwiegend bautechnischen (arbeitsabhängigen) Teil nicht mehr als 25 Jahre Lebensdauer anzunehmen.

Der öffentlichen Stromerzeugung von 16,4 Milliarden kWh standen 14,3 Milliarden kWh Erzeugung in Eigenanlagen gegenüber, die gesamte Stromerzeugung betrug somit im Jahre 1929 30,7 Milliarden kWh, die sich gemäß Abb. 558 auf die verschiedenen Energiequellen verteilten. Der Anteil des aus Braunkohle gewonnenen Stromes an der gesamten öffentlichen Stromerzeugung (47 vH) hat in dauernd steigender Tendenz im Jahre 1929 den Anteil des aus Steinkohle erzeugten Stromes (rd. 38 vH) erheblich überflügelt.

Welche Ursachen haben nun zu dieser Entwicklung geführt und wie wird sie sich voraussichtlich weiter gestalten?

Für die Untersuchungen wurde als Beispiel eine Stadt in ähnlicher Lage und mit ähnlicher Belastung wie Berlin gewählt, die vom mitteldeutschen Braunkohlenrevier etwa 150 km entfernt ist und Braunkohlenfernstrom sowie Steinkohle aus Oberschlesien oder dem Ruhrgebiet zur Eigenerzeugung bezieht. Die Frachtkosten betragen etwa 10 RM/t, so daß ein sehr großer Abnehmer im Werk mit einem Steinkohlenpreis von

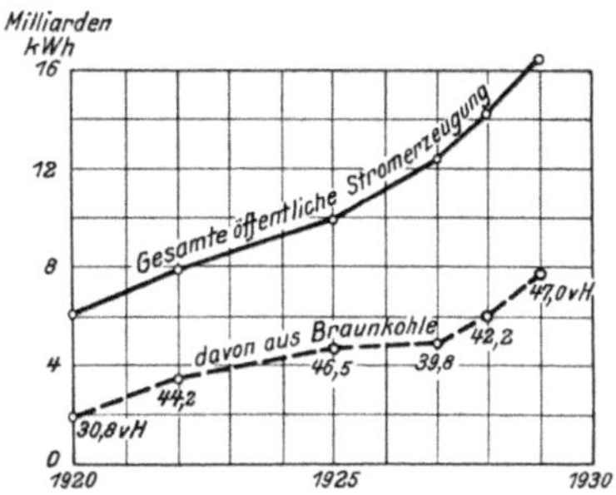

Abb. 557. Gesamte öffentliche Stromerzeugung Deutschlands und Anteil der Braunkohle hieran in den Jahren 1920 bis 1929.

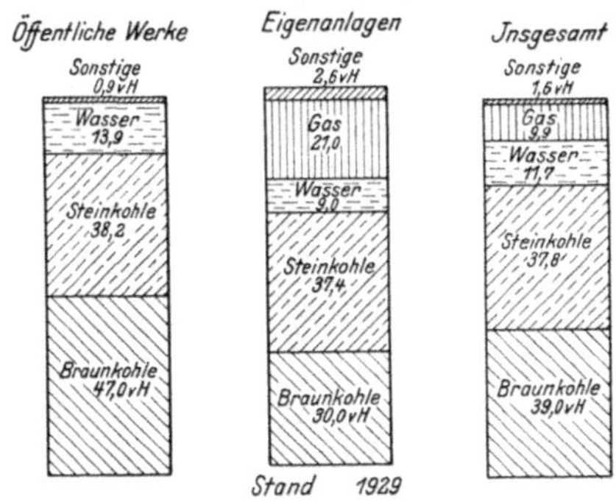

Abb. 558. Anteil der verschiedenen Energiequellen an der deutschen Stromerzeugung im Jahre 1929. Nach Schreiber.

etwa 18 RM/t ($\mathfrak{H}_u = 6670$ kcal/kg) rechnen muß. Die Gestehungskosten der Braunkohle liegen in einem großen auf der Grube gelegenen Werk zwischen 2 und 3 RM/t ($\mathfrak{H}_u =$ 2220 kcal/kg), wahrscheinlich aber näher an 2 RM/t. Brennöl für Dieselmotoren kostet im Mittel 135 RM/t ($\mathfrak{H}_u = 10000$ kcal/kg). Der Wärmepreis von Brennöl ist also 10- bis 15mal, der von Steinkohle 2- bis 3mal so hoch wie der von Braunkohle auf der Grube.

2. Wirtschaftlichste Kombination von Grundlast- und Spitzenwerken. Für obige Brennstoffpreise wurden die Stromerzeugungskosten für den Fall errechnet, daß der

Zahlentafel 41. Anlagekosten bezogen auf Nutzleistung (bei Fernleitung bezogen auf übertragene Leistung).

Kraftquelle	Braunkohlenfernwerk[1]	Steinkohlen-Ortskraftwerk	Dieselanlage	Ruths-Speicheranlage		Pumpspeicherwerk	
Vollastenladedauer . . . . h	—	—	—	0,85	1,60	1	5
Anlagekosten:	RM/kW	RM/kW	RM/kW	RM/kW	RM/kW	RM/kW	RM/kW
Eigentliches Kraftwerk ohne Grundstück:							
von Leistung abhängiger Teil	240	220	175	95	95	160	160
von Arbeit abhängiger Teil	—	—	—	32	55	60	140
Grundstück	5	10	5	3	3	—	—
Mehrkosten für Eigenverbrauch	10	10	—	2	2	—	—
Gesamtkosten	255	240	180	132	155	220	300
Aufspannwerk	12 bis 15[2]	10[2]	30[3]	30[3]		10[2]	
Fernleitung	68 bis 42	—	—	—		8	
Abspannwerk	13 bis 16	—	—	—		—	
60-kV-Verteilanlage	10	10	—	—		12	
60-kV-Kabel bis Verteilanlage.	—	10	—	—		—	

[1] Mit Rückkühlung. [2] Freiluftanlage. [3] Geschlossene Anlage.

gesamte Strom nur von einem Braunkohlenfern- oder nur von einem Steinkohlenortswerk oder von beiden gemeinsam ohne oder mit einem oder mehreren Sondermitteln zur Spitzendeckung erzeugt wird.

Als Entfernungen zwischen Stromquelle und 60-kV-Verteilnetz der Großstadt wurden angenommen: Braunkohlenfernwerk 150 km, Ortswerk 6 km, Pumpspeicher 20 km; Ruths-Speicher und Dieselmotoren sollen im Weichbild der Stadt liegen.

Sämtliche Kraftquellen mit Ausnahme des Braunkohlenfernwerkes seien unmittelbar an das 60-kV-Netz angeschlossen. Für die Fernübertragung wurde die für den untersuchten Fall jeweils wirtschaftlichste Spannung (100 bis 200 kV) gewählt. Im Ortswerk stehen gleich große Dampfturbinen von 50000 bis 100000 kW, darunter eine Reservemaschine. Orts- und Fernwerk sollen derselben Gesellschaft gehören, das Fernwerk beliefere noch andere Abnehmer.

Bei der Ermittlung der auf die Stromlieferung an die Stadt entfallenden Anlagekosten wurde im Fernwerk mit einer Maschinenreserve gerechnet, deren Leistung 20 vH der größten Spitze der Stromlieferung an die Stadt entspricht.

Damit die Untersuchung tunlichst allgemeine Bedeutung erhält, wurde sie für 36 verschiedene Kombinationen von Ruths-Speichern, Pumpspeichern, Dieselmotoren, Braunkohlenfern- und Steinkohlenortswerken durchgeführt. Für die Anlagekosten wurden die Werte von Zahlentafel 41, für Verzinsung, Abschreibung, Ausbesserungen und Bedienung die Werte von Zahlentafel 40 gewählt.

In Fall 1, Abb. 559, wird die gesamte Leistung nur von einem Braunkohlenfernwerk, in Fall 2 nur von einem Steinkohlenortswerk erzeugt. In Fall 21 liefert am Tage der größten Spitzenlast das Fernwerk 100000 kW, das Ortswerk 250000 kW, die Dieselanlage 50000 kW und das Pumpspeicherwerk 100000 kW größte Leistung in das 60-kV-Verteilnetz. Die erzeugte Arbeit und die Kessel- und Maschinenleistung müssen um die Übertragungsverluste größer sein. Die Reservemaschinen seien nur im Ortswerk aufgestellt, ferner sei stets eine Reservemaschine in Betrieb, damit bei Störungen eine volle Einheit möglichst nahe am Verteilnetz sofort verfügbar ist. Nur in den Fällen ohne Ortswerk laufe die Reservemaschine im Braunkohlenwerk.

Da nach Abb. 560 die gesamte Reserveleistung zwischen 70000 kW und 140000 kW liegt, sind nicht alle Fälle mit Bezug auf die Reserven gleichwertig. Die **Anlagekosten** einschließlich der elektrischen Fernübertragung sind mit 148 Millionen RM oder 296 RM/kW (bezogen auf 1 kW an das 60-kV-Verteilnetz abgegebene Leistung) am niedrigsten bei der Kombination von Fern- oder Ortswerk mit Dieselmaschinen und Ruths-Speichern, Fall 5 oder 13, und am höchsten mit 208 Millionen RM oder 416 RM/kW, wenn der Strom ausschließlich von einem Braunkohlenfernwerk geliefert wird, Fall 1. Aus Abb. 561 lassen sich folgende Schlüsse ziehen:

1. Die gesamten Anlagekosten sind bei reinem Fernstrombezug um rd. 40 vH höher als bei Deckung des Strombedarfs durch die billigste Kombination von Dieselmaschinen, Ruths-Speichern und Orts- oder Fernwerk.
2. Die Anlagekosten eines reinen Ortsdampfkraftwerkes sind um rd. 10 vH höher als die der billigsten Kombination.
3. Die Anlagekosten werden am kleinsten bei Deckung der Spitzen durch Dieselmaschinen und Ruths-Speicher.

Der Abhängigkeit des Wärmeverbrauchs der Ortsdampfkraftwerke vom Ausnutzungsfaktor wurde die in einem neueren, gut geleiteten Kraftwerk ermittelte Kurve zugrunde gelegt, Abb. 565. Für die übrigen Kraftquellen wurden folgende Werte angenommen: als Wärmeverbrauch der Braunkohlenwerke mit Rückkühlung 10 vH mehr als der Wärmeverbrauch von Ortskraftwerken, als Wärmeverbrauch von Dieselanlagen 2500 kcal/kWh, als Wärmeverbrauch von Ruths-Speicherwerken 5800 kcal/kWh, als Wirkungsgrad von Pumpspeicherwerken einschließlich der Auf- und Abspannverluste 58 vH. Außer daß im Ortswerk stets mindestens zwei Maschinen im Betrieb sind, wurde angenommen, daß nur so lange Fremdstrom in der in Abb. 559 angegebenen Höhe entnommen wird, als mindestens eine Maschine im Ortswerk noch etwa halb belastet ist. Der Bezug von Fernstrom sinkt daher zeitweise auf Null.

In allen Fällen wurde darauf geachtet, daß die Kraftquelle mit dem billigsten Brennstoff (Braunkohlenwerk) möglichst viel, die mit dem teuersten (Dieselanlage) möglichst wenig und das Ruths-Speicherwerk in solchem Umfange Strom liefert, daß das Ortskraftwerk möglichst günstig arbeitet.

Nach Abb. 562 sind die gesamten jährlichen **Brennstoffkosten** am niedrigsten (6,04 oder 9,06 Millionen RM je nach dem Braunkohlenpreis) in Fall 36 (ausschließlicher Fernstrombezug und 150000 kW Leistung des Pumpspeicherwerkes), am höchsten (16,3 Millionen RM) in Fall 2 (Strombezug ausschließlich aus einem Ortswerk). Ein Vergleich von Fall 1 und 36 zeigt, daß die Pumpspeicherverluste durch den besseren Ausnutzungsfaktor mehr als ausgeglichen werden.

Untersuchungen über Mittel zur Spitzendeckung gehen fast stets von der für die Berechnung einfacheren Annahme aus, daß diese Mittel nur beim Überschreiten der

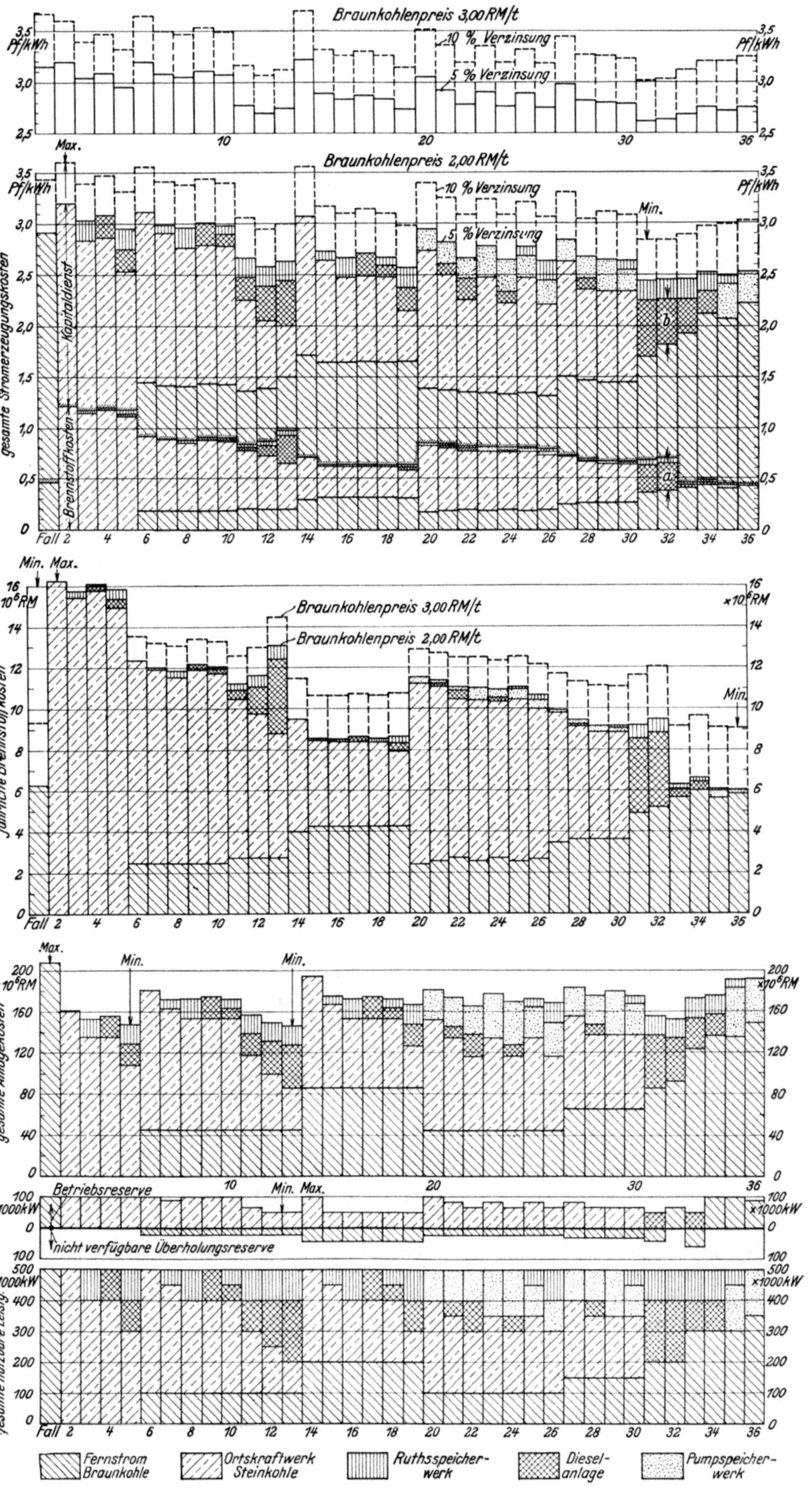

Braunkohlenpreis 3,00 RM/t
Pf/kWh
10 % Verzinsung
5 % Verzinsung
Max.
Braunkohlenpreis 2,00 RM/t
Min.
gesamte Stromerzeugungskosten
Kapitaldienst
Brennstoffkosten
a
b
Fall
Min. Max.
×10⁶ RM
Braunkohlenpreis 3,00 RM/t
Braunkohlenpreis 2,00 RM/t
jährliche Brennstoffkosten
Max.
Min.
gesamte Anlagekosten
Betriebsreserve
Min. Max.
×1000 kW
nicht verfügbare Überholungsreserve
gesamte nutzbare Leistg.
Fernstrom Braunkohle
Ortskraftwerk Steinkohle
Ruthsspeicherwerk
Dieselanlage
Pumpspeicherwerk

Spitzenleistung des Fern- oder Ortswerkes eingesetzt werden. Im Rahmen dieser Arbeit durchgeführte umfangreiche Rechnungen haben aber ergeben, daß man bis zu 5 vH der gesamten Brennstoffkosten sparen kann, wenn man Pump- und Ruths-Speicher verhältnismäßig häufig voll ausnutzt. Diese auch betrieblich angenehmste Arbeitsweise erhöht übrigens die Betriebsicherheit beträchtlich. Aus Abb. 562 lassen sich folgende Schlüsse ziehen:

1. Die Brennstoffkosten der teuersten Kombination sind 1,8- bis 2,7mal so hoch wie die der billigsten.

2. Die wirtschaftlichste ist auch die betriebstechnisch günstigste Fahrweise für Pump- und Ruths-Speicher.

3. Die Verluste der Pumpspeicherung werden durch die Brennstoffersparnis infolge der günstigeren Belastung des Dampfwerkes oft mehr als ausgeglichen.

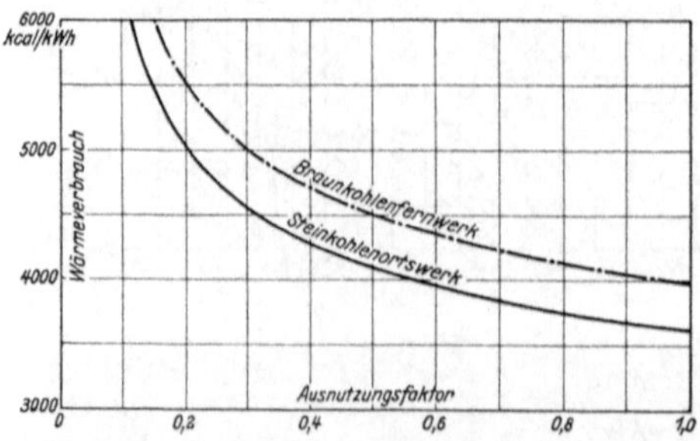

Abb. 565. Für die Berechnung benutzte Wärmeverbrauchskurven eines Braunkohlenfernwerkes mit Rückkühlung und eines Steinkohlenortswerkes mit Frischwasserkühlung bezogen auf 1 kWh nutzbar abgegebene elektrische Leistung.

Kesseldruck 35 bis 40 atü, Frischdampftemperatur 425 bis 450°.

Die gesamten **Stromerzeugungskosten,** Abb. 563 und 564, wurden für 5 und 10 vH Zinsfuß und auskömmliche, der Kraftquelle angemessene Sätze für Abschreibung, Reparaturen und Bedienung berechnet, siehe Zahlentafel 40. Sind die Brennölkosten oder die Anlagekosten der Dieselanlage z. B. um 20 vH höher als die für diese Rechnung benutzten Werte, so braucht man zu den Stromerzeugungskosten in Fall 32, Abb. 563, nur 20 vH der Größe *a* oder *b* zuzuschlagen. Diese Stromkosten sind bei 5 vH Zinsfuß und 2 RM/t Braunkohlenpreis mit 2,44 Pfg./kWh am niedrigsten bei einer Verbindung von Braunkohlenfernwerk, Dieselmaschinen und Ruths-Speichern, Fall 31, und mit 3,2 Pfg./kWh am höchsten beim Strombezug ausschließlich aus einem Steinkohlenortswerk, Fall 2. Abb. 563 und 564 zeigen folgendes:

1. Die Stromerzeugungskosten der teuersten Kombination sind um 20 bis 30 vH höher als die der billigsten.

2. Selbst eine Verdopplung des Zinsfußes (10 statt 5 vH) und eine Erhöhung des Braunkohlenpreises um 50 vH (3 statt 2 RM/t) ändert an der wirtschaftlichen Überlegenheit der günstigsten Kombinationen wenig.

3. Bei billiger Braunkohle ist durchweg eine Kombination von Fernwerk mit Dieselmaschinen- und Ruths-Speicher- oder Pumpspeicheranlagen am wirtschaftlichsten.

4. Abgesehen von wenigen Fällen mit sehr großen Dieselanlagen beeinflußt selbst eine Verdopplung des Ölpreises (135 RM/t) oder eine Erhöhung der Anlagekosten (175 RM/kW) um 20 vH die Wirtschaftlichkeit der betreffenden Kombination nur wenig.

5. Selbst wenn der Wirkungsgrad der Pumpspeicherwerke wesentlich unter den angenommenen 58 vH liegt, wird die Wirtschaftlichkeit der betreffenden Kombination kaum beeinträchtigt, sofern die Leistung des Speicherwerks einen angemessenen Wert nicht übersteigt. Die Entfernung der Pumpspeicher vom Braunkohlenfernwerk spielt nur eine untergeordnete Rolle, nicht aber die vom Verbraucherschwerpunkt.

Nach Abb. 566 liegt ein erheblicher Teil der volks- und industriereichsten Gebiete von Deutschland weniger als 150 km vom nächsten Braunkohlenvorkommen entfernt und daher für die wirtschaftliche Fernversorgung mit Braunkohlenstrom ebenso günstig oder günstiger als in unserem Rechenbeispiel. Zwar ist in Gebieten, die näher an Zechen liegen, die Fracht für Steinkohle billiger als 10 RM/t, dafür ist sie aber in anderen wieder höher, so daß sich, solange die Entfernung zwischen Braunkohlenwerk und Großstadt 150 km nicht übersteigt, die Einflüsse im ganzen etwa aufheben. Für die Wirtschaftlichkeit der Stromversorgung durch ein Fernwerk ist es unerheblich, ob man Steinkohle oder Braunkohle verfeuert, falls die Wärmepreise der beiden Brennstoffe gleich sind. Steinkohle dürfte somit nicht mehr als etwa 6 oder 9 RM/t kosten, wenn Braunkohle für 2 oder 3 RM/t zu haben ist. Die Verhältnisse verschieben sich gegenüber dem Rechenbeispiel zugunsten der Steinkohle, wenn bei Fernversorgung durch Steinkohlenkraftwerke auf der Zeche die Fernleitung kürzer als 150 km ist oder wenn bei Stromlieferung durch Ortskraftwerke die Fracht entsprechend niedrig ist, d. h. wenn die betreffende Stadt von der Zeche nicht weit entfernt oder mit ihr durch eine vorteilhafte Wasserstraße verbunden ist.

3. Braunkohle und Steinkohle in der öffentlichen Stromversorgung. Fall 1 und 33 bis 36 zeigen, wie gering der Anteil der Brennstoffkosten an den Stromerzeugungskosten bei billiger Braunkohle ist. Ist der Stromverbraucher vom Braunkohlenkraftwerk gar noch weniger weit entfernt als von der Wasserkraft oder der Zinsfuß höher als 5 vH, so werden die Verhältnisse für das Braunkohlenwerk noch günstiger. Braunkohle hat somit in der Energieerzeugung eine so starke Stellung, daß auch die wirtschaftlichen Aussichten der Ausnutzung der Elementarkräfte sehr zurückhaltend beurteilt werden müssen. Von Ausnahmefällen abgesehen, werden infolge der hohen Anlagekosten z. B. Wasserkräfte meist nur dann wettbewerbsfähig, wenn ihr Ausbau mittelbare Vorteile bringt.

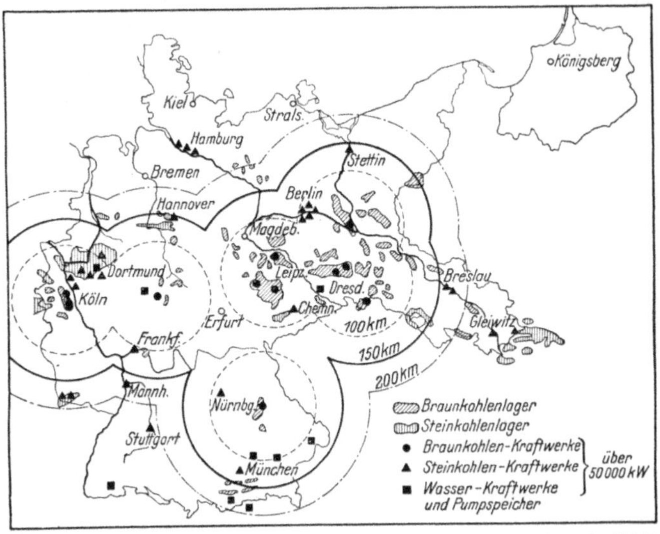

Abb. 566. Kohlenlager, Kraftwerke über 50000 kW Leistung und große Städte in Deutschland.

Aus demselben Grunde müssen auch die Aussichten des Ersatzes von Dampfkraft- durch Windkraftwerke skeptisch eingeschätzt werden. Selbst wenn ihre Baukosten nicht größer wären als die zum Teil auf recht vage Unterlagen sich stützenden Schätzungen, so würde sich das Bild durch die Anlagekosten der für Flautenzeiten zweifellos erforderlichen beträchtlichen Reserve-Dampfkraftwerke und Speicheranlagen und die Ausgaben für die zu ihrem Bereitschaftsdienst benötigten Mannschaften erheblich zu ihren Ungunsten verschieben, ganz zu schweigen von der Frage des Auftreibens der benötigten Kapitalien. So wünschenswert eine Kohlenersparnis an sich natürlich ist, so leicht wiegt ferner der Hinweis der Befürworter von Windkraftwerken auf die zu erwartende Erschöpfung der Kohlenlager in einer Zeit, deren dringendstes Problem es ist, möglichst vielen Menschen dauernde Arbeit zu schaffen und die schwerere Sorgen hat, als sich den Kopf darüber zu zerbrechen, wie unsere unter uns gänzlich unbekannten wirtschaftlichen und technischen Verhältnissen lebenden Nachkommen in ein paar hundert Jahren ihren Energiebedarf decken werden.

Selbstverständlich behält Steinkohle in der Stromversorgung Deutschlands auch in der Zukunft größte Bedeutung. Im Gegensatz zu unseren Annahmen gehören nämlich die Braunkohlenfernwerke fast immer einer anderen Gesellschaft als die Steinkohlenortswerke, so daß zu den Erzeugungskosten des Braunkohlenfernstromes in Abb. 563 und 564 noch der Gewinn hinzukommt. Ferner sind außer der Wirtschaftlichkeit andere Einflüsse wichtig bzw. ausschlaggebend, wie z. B. die sicherere Strombelieferung einer Großstadt oder volkswirtschaftliche Erwägungen und Rücksichten u. a. m.

Zusammenfassend läßt sich über die Stellung von Steinkohle und Braunkohle in der öffentlichen Stromversorgung Deutschlands etwa folgendes sagen: Das Braunkohlenwerk hat für Großabnehmer in der Nähe fast eine Monopolstellung und beherrscht die öffentliche Stromversorgung um so mehr, je weiter das versorgte Gebiet von den Steinkohlenzechen entfernt ist, besonders wenn nahe den Verbrauchsschwerpunkten billige

Pumpspeicherwerke errichtet werden können. In Verbindung mit Braunkohlenfernwerken sind Dieselkraftwerke für die Spitzendeckung vielfach ebenso wirtschaftlich wie Pumpspeicherwerke, denen sie besonders in flachen Gegenden überlegen sind. Steinkohle herrscht in der Nähe der Zechen sowie in einem großen Teil der deutschen Küstengebiete und Süddeutschlands. In Verbindung mit Steinkohlenortswerken sind Dieselmotoren- oder Ruths-Speicherwerke sehr wirtschaftlich, falls man letztere an ein vorhandenes Dampfkraftwerk angliedern kann.

Die Erzeugung eines Teiles des Stromes in Steinkohlenortswerken bei gleichzeitigem Fernstrombezug erhöht die Sicherheit der Stromversorgung, ermöglicht die Versorgung ganzer Häuserblocks mit Heizwärme und ist besonders dann wirtschaftlich, wenn Orts- und Fernwerk nicht derselben Gesellschaft gehören und wenn das betreffende Gebiet erheblich näher bei den Zechen als bei den Braunkohlengruben gelegen ist.

In Eigenanlagen dürfte auch weiterhin mehr Energie aus Steinkohle als aus Braunkohle gewonnen werden, Abb. 558, weil der Brennstoff in natura angefahren werden muß. Der hohe Anteil von Gas in Eigenanlagen rührt im wesentlichen von den zum Teil großen Kraftwerken der Hüttenwerke her.

Die Braunkohle verdankt ihre starke Stellung in der öffentlichen Stromversorgung Deutschlands vor allem

1. ihrer günstigen geologischen Lagerung in mächtigen, nicht tief gelegenen Flözen,
2. der Entwicklung hochwirksamer mechanischer Abbauverfahren,
3. der billigen Übertragbarkeit der auf den Gruben erzeugten hochgespannten elektrischen Energie,
4. der günstigen geographischen Lage der Fundstellen östlich und westlich vom industrie- und volksreichsten Teil Deutschlands und als breites Band mitten darin.

Trotz der günstigen natürlichen Voraussetzungen hätte Braunkohle aber wohl nie die hohe Bedeutung für die Elektrizitätsversorgung erlangt, wenn nicht die Technik ihre günstige Lagerung zur Entwicklung hochwirksamer Abbauverfahren benutzt und ihren großen Wasserballast dadurch wettgemacht hätte, daß sie den Transport der Rohkohle durch die weit billigere Fernübertragung des auf der Grube aus Rohkohle gewonnenen Stroms ersetzte.

Die meisten Braunkohlen-Elektrizitätswerke stehen zum Teil aus Gründen des Herkommens auf der Grube. Seitdem aber Gruben und Kraftwerke die heutige Ausdehnung erreicht haben, muß man die Kohle meist über erhebliche Entfernungen auf Zügen mit Elektrolokomotiven ins Kraftwerk fahren. Ob der Weg der Kohle noch um 20 bis 30 km länger wird, spielt daher betrieblich keine große Rolle mehr, da man die Kohle nicht umzuladen braucht. Liegt die Grube etwa 35 km weit von einem Fluß und ist das Gelände eben, von natürlichen oder künstlichen Hindernissen frei und landwirtschaftlich nicht wertvoll, so erhöhen sich die Anlagekosten durch die Kohlenbahn, bezogen auf 1 kW Kraftwerkleistung, um etwa 20 RM, während man infolge Wegfalls der Rückkühlanlage etwa 15 RM/kW spart. Das am Fluß errichtete Kraftwerk kostet also um rd. 2 vH mehr, spart aber rd. 8 vH Kohle und hat infolge des in unbeschränkter Menge verfügbaren Wassers einen wesentlich einfacheren Betrieb. Die Errichtung neuer Braunkohlenwerke an Flüssen dürfte daher Vorteile bieten, zumal die Werke in zunehmendem Maße darauf angewiesen sind, die Kohle von mehreren Gruben zu beziehen.

Anhang.

) Umrechnungstabelle von amerik. (englischen) in deutsche Maße und umgekehrt.

Der deutsche | amerik. Wert wird erhalten durch Multiplikation des amerik. | deutschen Wertes mit

Längen			
inch (1″, in)	25,4	0,03937	mm
foot (1′, ft.)	0,305	3,28	m
yard = 3′ (yd.)	0,9144	1,093	m
fathom = 6′	1,83	0,547	m
mile = 1760 yards	1,609	0,621	km
nautical mile = admiralty knot	1,853	0,539	km
Flächen			
square inch = sq. in.	6,45	0,155	cm^2
sq. foot	0,0929	10,76	m^2
acre	0,40	2,47	ha
sq. mile = 640 acres	2,59	0,386	km^2
Raummaße			
cu. inch	16,387	0,0610	cm^3
cu. foot	28,3	0,0353	l
cu. yard	0,7646	1,31	m^3
cu. ft. per minute	1,699	0,589	m^3/h
register ton = 100 cu. ft.	2,832	0,353	m^3
(ocean ton = 40 cu. ft.	1,133	0,8829	m^3)
Imp. gallon	4,544	0,2201	l
USA. gallon	3,785	0,2642	l
pint = $\frac{1}{8}$ Imp. gallon	0,568	1,76	l
barrel petroleum = 42 USA. gallons	1,590	0,6291	hl
Gewichte			
grain = $\frac{1}{7000}$ lb.	0,0648	15,43	g
ounce = $\frac{1}{16}$ lb. (oz.)	28,35	0,035	g
pound = 1 lb.	0,4536	2,20	kg
hundred weight = 112 lbs.	50,802	0,0197	kg
(short ton = 2000 lbs.	907,19	$\frac{1,102}{1000}$	kg)
long ton = 2240 lbs.	1016	$\frac{0,9842}{1000}$	kg
lbs. per lin. ft.	1,488	0,672	kg/lfd. m
Druck			
gauge pressure = Überdruck			
oz. per sq. inch	44	0,0227	mmWS
in. of water	25,4	0,0394	„
lb. per sq. inch	0,0703	14,2	kg/cm^2
lb. per sq. ft.	4,88	0,205	kg/m^2
ton per sq. inch	157,5	$\frac{6,35}{1000}$	kg/cm^2
in. mercury	345	$\frac{0,29}{100}$	mmWS
Dichte			
grain per cu. ft.	2,29	0,436	g/m^3
grain per imp. gallon	0,0143	70,12	kg/m^3
oz. per cu. ft.	1,0	1,0	kg/m^3
lb. per cu. ft.	16,0	0,0624	kg/m^3
lb. per gallon	100	0,01	kg/m^3
cu. ft. per pound	62,5	0,016	l/kg
„ „ „ „	0,0625	16,0	m^3/kg
Widerstandsmoment			
$inch^3$	16,39	0,0611	cm^3

Der deutsche | amerik. Wert wird erhalten durch Multiplikation des amerik. | deutschen Wertes mit

Trägheitsmoment			
$inch^4$	41,6	0,024	cm^4
Arbeit und Leistung			
ft. lbs.	0,1383	7,23	mkg
Horse Power.	1,0138	0,986	PS

B. H. P. = Brake Horse Power = Brems PS
1 HP = 746 W = 76 mkg/s
1 HP = 33000 ft. lbs. per min. = 550 ft. lbs. per s
1 kW = 1,359 PS = 1,34 HP = 738 ft. lbs. per s
1 kWh = 3411 B. T. U. = 860 kcal

Wasserhärte			
deg. of hardness Engl.	0,8	1,25	Deutsche Härtegrade

Temperatur

0°C = 32° Fahrenheit
—273°C = —459,4° „; 0° Fahrenheit = —17,75°C
100°C = 212 ° „; 100° „ = 37,8 °C
Temp. Celsius = $\frac{5}{9}$ (Temp. Fahrenheit — 32°)
„ Fahrenheit = $\frac{9}{5}$ Temp. Celsius +32°
„ Celsius abs. = $\frac{5}{9}$ (Temp. Fahrenheit +459,4°)
„ Fahrenheit abs. = $\frac{9}{5}$ Temp. Celsius +491,4°

Wärmegrößen			
B. T. U. = 1 deg. Fahr. per lb.	0,252	3,97	kcal
B. T. U. per lb.	0,555	1,80	kcal/kg
„ per cu. ft.	8,9	0,1121	$kcal/m^3$
„ per sq. ft.	2,71	0,369	$kcal/m^2$
„ per sq. ft. per hour per ° Fahr.	4,87	0,206	$kcal/m^2h°C$
B. T. U. per ft. per hour per ° Fahr.	1,49	0,671	kcal/mh°C
B. T. U. per in. per hour per ° Fahr.	17,85	0,056	kcal/mh°C

100% rating = 3,45 lbs. per sq. ft. per h. (Dampf v. 539 kcal/kg Erzeugungswärme)

100% rating	9073	$\frac{0,1102}{1000}$	$kcal/m^2h$
100% rating	16,85	$\frac{5,95}{100}$	kg $Dampf/m^2h$ v. 539 kcal/kg Erz.-W.

Kesselleistung

1 Boiler HP = 10 sq. ft. = 0,929 m^2

Die Angabe „1 Boiler HP = 15,65 kg/h Dampf = 8441 kcal/h“ bedeutet, daß 10 sq. ft. Kesselheizfläche bei 100% rating 15,65 kg Dampf von 539 kcal/kg Erzeugungswärme liefern. (Zur Zeit, als dieser Begriff festgesetzt wurde, konnte mit 15,65 kg Dampf 1 HPh erzeugt werden.) Siehe S. 133.

Normale Abmessungen

Waagerechte Rohrteilung b. amerik. Sektionalkesseln: Von 102 bis 210 mm schwankend, häufig 176 mm

Retortenteilung bei Unterschubstokern[1]:

Taylor	rd. 530 mm
Westinghouse, Frederick	„ 535 „
Riley Standard	„ 483 „
Riley Super	„ 560 „

[1] Die Feuerraumbreite amerikanischer Kessel wird vielfach nur durch die Zahl der Rostretorten angegeben.

b) Buchstabenverzeichnis.

Bezeichnung	Erläuterung der Bezeichnung	Dimension	Kommt vor in Gleichung[1]
A	Verbrennungsluftmenge je kg Kohle	kg/kg	107
A	senkrechter Abstand der Mitten der unteren Wasserstandsanschlußstutzen in der Vorder- und Hintertrommel voneinander	m	104
B	spezifische Belastung der Brennkammer von Staubfeuerungen	kcal/m^3 h	5
B	stündlich verbranntes bzw. dem Feuerraum zugeführtes Kohlengewicht	kg/h	81, 83, 89, 90, 91
$\mathfrak{B}_{Fl}$	spezifische Flammbelastung	kcal/m^3 h	85
b	absoluter Druck	mm Q.-S.	**67**, 71
b'	Barometerstand	mm Q.-S.	**68**, 72
C, C_1, C_2 . . .	Strahlungszahlen	kcal/m^2 h (^{0}abs.)^4	**36**, 37, 38, **39**, 42, 43, 45, 46
C_1, H_1, S_1, O_1, N_1	Gehalt der Kohle an Kohlenstoff usw. vor der Trocknung	vH	3
C_2, H_2, S_2, O_2, N_2	Gehalt der Kohle an Kohlenstoff usw. nach der Trocknung	vH	3
C_R	stündlich verfeuerte Kohlenmenge je m^2 bestrahlte Heizfläche	kg/m^{2}h	107
$\left.C_p^m\right\|_0^t, \left.C_p^m\right\|_{t_2}^{t_1}$.	mittlere spezifische Wärme von 1 Nm^3 Gas bei konstantem Druck zwischen 0^0 und t^0 bzw. zwei beliebigen Temperaturen t_1 und t_2	kcal/Nm^3 ^{0}C	**74**, 75, **76**, 90, 91, 120, 121
C_s	Strahlungszahl des schwarzen Körpers	kcal/m^2 h (^{0}abs.)^4	**35**, 39
c	Konstante		**19**, 20, 78
c	Reaktionsgeschwindigkeit, d. h. statistischer Mittelwert der stündlichen von 1 m^2 reagierender Kohlenoberfläche durch Verbrennung entwickelten Wärmemenge	kcal/m^2 h	9
c_1, c_2, c_3 . . .	Konstanten, abhängig von Rohrabmessungen, Dampfdruck, Eintrittstemperatur		94
c_p	wahre spezifische Wärme von Gasen bzw. Wasserdampf bei konstantem Druck	kcal/kg^{0}C	**25**, 79
$\left.c_p^m\right\|_{t_2}^{t_1}$	mittlere spezifische Wärme von 1 kg Gas bei konstantem Druck zwischen t_1 und t_2.	kcal/kg^{0}C	109
D	Belastung von 1 m^2 Kesselheizfläche (ohne Überhitzer und Ekonomiser), aber unter Verrechnung der im Überhitzer aufgenommenen Wärmemenge, bezogen auf eine Erzeugungswärme von 640 kcal/kg	kg/m^2 h	106
D	stündlich verdampftes Wassergewicht (die Heizfläche durchströmendes Wassergewicht)	kg/h	82
D	durch Selbstverdampfung entwickeltes Dampfgewicht	kg/s	97
d	Rohrdurchmesser.	m (mm)	16, 17 18, 19, 20, 21, 22, 25, 47, 48, 49, 62, 64, 65, 78, 95, 96
d'	hydraulischer Durchmesser	m	50
d_a, d_i	äußerer bzw. innerer Rohrdurchmesser	m	98, 99
E_s.	von der Oberfläche eines schwarzen Körpers ausgestrahlte Energie	kcal/m^2 h	
F	Querschnitt eines Probestabes	mm^2	11

[1] Die Bezeichnungen sind bei den mit fetten Zahlen angegebenen Gleichungen näher erklärt.

Bezeichnung	Erläuterung der Bezeichnung	Dimension	Kommt vor in Gleichung
F	spezifische Oberfläche von Staub	m^2/kg	**6**, 9
F	Feuerraummaulquerschnitt	m^2	
F	von den Rauchgasen durchströmter Querschnitt	m^2	50
F, F_1, F_2, dF	Heizfläche bzw. Größe der strahlenden Fläche	m^2	**27**, 29, 30, 31, 32, **38**, 42, 43, **45**, 46, 80, 81, 82, 83
F_H	Kesselheizfläche (ohne Überhizter und Ekonomiser).	m^2	88, 89, **106**
F_K	Kühlfläche des Feuerraumes ohne Kesselrohrbündel.	m^2	87
F_o, F_z	Querschnitt eines Probestabes vor Belastung bzw. nach Bruch	mm^2	15
F_R	Rostfläche	m^2	106
F_{Rb}	Kalte Fläche des Kesselrohrbündels	m^2	**86**, 87
F_W	Fläche der Feuerraumwände	m^2	**90**, 91, 110
f	Konstante		105
f, f'	lichter Querschnitt eines Rohres	m^2	97, 102
f_1, f_2	Rauchgasquerschnitt vor bzw. nach der Erweiterung	m^2	54
f_{Kp}	projizierte Fläche der Feuerraumkühlflächen ausschließlich des Anteiles der bestrahlten Kesselheizfläche	m^2	88, 89
G	Volumen bzw. Gewicht der Verbrennungsprodukte	Nm^3/s bzw. kg/h	109
G_L	Kühlluftmenge je m^2 Wandfläche	$kg/m^2\,h$	**120**, 121
g	Fallbeschleunigung = 9,81	m/s^2	
H	Höhe eines Zuges	m	55
H	Höhenunterschied zwischen oberem und unterem Ende eines Siederohres	m	**97**, 98, 99
H	Wasserstoffgehalt von Kohle (dem Gewicht nach)	vH	2
H_u	im Feuerraum verfügbare Wärmemenge aus 1 kg Kohle = unterer Heizwert der Kohle abzüglich der Verluste in der Feuerung	kcal/kg	107
H_{disp}	disponibler oder freier Wasserstoffgehalt von Kohle	vH	1
H_Σ	Gesamtwasserstoffgehalt von Kohle	vH	1
$\mathfrak{H}_{Dr}$	Umlaufhöhe von Kesseln	m W.-S.	93
$\mathfrak{H}_o$	oberer Heizwert von Kohle	kcal/kg	2
$\mathfrak{H}_u$	unterer Heizwert von Kohle	kcal/kg	**2**, 5, 85, 89, 90, 91
$\mathfrak{H}_{u1}$	unterer Heizwert von Kohle vor Trocknung	kcal/kg	4
$\mathfrak{H}_{u2}$	unterer Heizwert von Kohle nach Trocknung	kcal/kg	4
h	Überdruck oder Unterdruck über bzw. unter dem jeweiligen Barometerstand	mm W.-S.	**68**, 72
h	Druckabfall durch Rohrreibung in m Druckhöhe des strömenden Mediums	m	95
h_{Aus}	Austrittsverlust	mm W.-S.	**54**, 56, 61
h_{Auftr}	Auftrieb	mm W.-S.	**55**, 56
h_{Bea}	Widerstandshöhe für Beschleunigung des Dampfwassergemisches im Steigrohr von Eintrittsgeschwindigkeit v_1 auf Austrittsgeschwindigkeit v_2	m W.-S.	93
h_{Ein}	Eintrittsverlust	mm W.-S.	60
h_R	Zugverlust durch Reibung	mm W.-S.	**47**, 48, 49, 56, 57, 58, 62, 63, 64, 65
h_{tot}	Zugbedarf	mm W.-S.	56
h_{Uml}	Umlenkverlust	mm W.-S.	**51**, 52, 53, 56, 59
h_r, h_h	Wasserstandshöhe im Schauglas über der Mitte der unteren Wasserstandsanschlußstutzen	m	104
$\mathfrak{h}_{Be}, h_{Be}$[1]	Widerstandshöhe für Wasserbeschleunigung am Rohreintritt	m W.-S.	93
$\mathfrak{h}_{Dr}, h_{Dr}$[1]	statische Druckhöhe an Unterkante eines Siederohres	m W.-S.	93
$\mathfrak{h}_R, h_R$[1]	Rohrreibungsverlust	m W.-S.	93
$\mathfrak{h}_{Sta}, h_{Sta}$[1]	Stoßverlust am Rohraustritt	m W.-S.	93
$\mathfrak{h}_{Ste}, h_{Ste}$[1]	Stoßverlust am Rohreintritt	m W.-S.	93
J	Wärmeinhalt von 1 m^3 Rauchgas bzw. Luft bei beliebigem Zustand	$kcal/m^3$	**70**, 71, 72, 73

[1] Deutsche Buchstaben gelten für Fallrohre, lateinische für Steigrohre.

Bezeichnung	Erläuterung der Bezeichnung	Dimension	Kommt vor in Gleichung
J_{Nm^3}	Wärmeinhalt von 1 Nm³ (= 1 m³ bei 0° und 760 mm Q.-S.) Rauchgas bzw. Luft	kcal/Nm³	**70**, 71, 72, 73, 75
$J_{R_1}, J_{R_2}, J_{L_1}, J_{L_2}$	Wärmeinhalt von 1 Nm³ Rauchgas bwz. Luft am Ein- bzw. Austritt der Heizfläche F	kcal/Nm³	**81**, 83, 90, 91
$J\lambda$, J_1	Intensität der Strahlung	kcal/m²h	44
i_1, i_2	Wärmeinhalt von 1 kg des Wärmeaufnehmers (Wasser, Dampf) am Ein- bzw. Austritt aus Heizfläche	kcal/kg	82
$i_ü$	Wärmeinhalt des überhitzten Dampfes	kcal/kg	88
i_{wa}	Wärmeinhalt des Speisewassers am Austritt aus Ekonomiser	kcal/kg	88
K	Beschickung, d. h. im Feuerraum befindliches Kohlengewicht, wenn die Kohle unverbrannt durch den Feuerraum getragen werden würde	kg	**6**, 8, 9
K	Konstante		**90**, 91, 110
K_Z	Zugfestigkeit	kg/mm²	
K_z	Berechnungsfestigkeit	kg/mm²	16
k	Beanspruchung des Materials	kg/mm²	
k	Wärmedurchgangszahl	kcal/m²h°C	**28**, 29, 33, 34, 80, 81, 82, 83, 98
k	Konstante		36
k	Rauhigkeit von Rohren		96
k	Kantenlänge von Feuerräumen	m	
L	bespülte Rohrlänge bzw. Luftvorwärmertaschenlänge	m	**25**, 57, 58, **79**, 95, 98, 99
L	Länge der senkrechten Fall- bzw. Steigrohre zwischen den Einwalzstellen in Ober- bzw. Untertrommel	m	**100**, 101, 103
l, l_0	Länge bzw. ursprüngliche Länge eines Probestabes	mm	**12**, 13, 14
M	von Kesselanlage erzeugtes Dampfgewicht	kg/h	88
m	Belastungsfaktor		125
m	$\frac{CO_2\text{-Raumanteil in vH der nassen Rauchgase}}{CO_2\text{-Raumanteil in vH der trockenen Rauchgase}} = \frac{r'_{CO_2}}{r_{CO_2}}$		74
Nu	Nusseltsche Kenngröße		18
n	Anzahl der Rohre je m² freier Rauchgasquerschnitt		65
n	veränderlicher Zahlenwert		78, 114, 115
n	Ausnutzungsfaktor		126
O	Sauerstoffgehalt von Kohle		1
O	reaktionsfähige Oberfläche der in der Feuerung befindlichen Kohle	m²	6
P	Kraft	kg	11
P_I	Druck im Dampfraum einer Obertrommel	kg/m²	**100**, 101, 103
P_{II}	Druck in Mittelebene einer Untertrommel	kg/m²	**100**, 101, 103
p	Druck (des Gases, Dampfes usw.)	at abs	25, 69, 73, 98
p	Betriebsüberdruck	kg/cm²	16
Q	Feuerraumleistung	kcal/h	9
Q	übertragene Wärmemenge	kcal/h	**27**, 29, 30, 31, 32, 45, 46, 80
Q_1, Q_2	zugeführte bzw. abgeführte Wärmemenge	kcal	10
Q_B	durch Verbrennen von Kohle freigewordene Wärmemenge	kcal/h	**108**, 111
Q_{Diff}	der Flamme entzogene Wärmemenge	kcal/h	112
Q_F	von festen und gasförmigen Teilen der Flamme im Feuerraum abgegebene Wärmemenge	kcal/h	**108**, 110
Q_{HT}, Q_{HS}	durch direkte bzw. indirekte Strahlung an Kesselwasser übergehende Wärmemenge	kcal/h	112
Q_L	fühlbare in Verbrennungsluft durch deren Übertemperatur gegenüber der Außenluft dem Feuerraum zugeführte Wärme	kcal/h	89
Q_{LS}	Wärmemenge, die durch Feuerraumwand hindurch an Verbrennungsluft übergeht	kcal/h	111
Q_n	senkrecht zu einer Fläche ausgestrahlte Wärmemenge	kcal/h	40
Q_R	fühlbare Wärme in Verbrennungsprodukten bei Eintritt in Kesselheizfläche	kcal/h	**108**, 109

Bezeichnung	Erläuterung der Bezeichnung	Dimension	Kommt vor in Gleichung
Q_T	dem Feuerraum insgesamt zugeführte Wärmemenge	kcal/h	111
Q_Σ	nach allen Richtungen ausgestrahlte Energie bzw. an die kalten von den heißen Flächen übergegangene Wärmemenge	kcal/m² h	**35**, 38, 41
q_H	von 1 m² projizierter Kühlfläche aufgenommene Wärmemenge	kcal/m² h	
q_{HT}, q_{HS}	von Kesselheizfläche zurückgestrahlte Wärmemenge	kcal/h	111
q_k	spezifische Belastung der Rohrheizfläche	kcal/m² h	94
R	Reynoldssche Zahl		17
R_{r_p}, R_{r_0}	bei beliebigem bzw. atmosphärischem Druck zulässige Belastung des Dampfraumes	m³/m³h	105
r	Entfernung von einem strahlenden Körper	m	44
r_p	Verdampfungswärme bei Druck p	kcal/kg	97
S	Schwärzegrad eines Körpers		**35**, 36, 37
S, S_u	obere bzw. untere Streckgrenze	kg/cm²	
S_H	Summe der gesamten im Feuerraum angebrachten „kalten Flächen", nachdem sie auf die Wand projiziert wurden, vor der sie angebracht sind bzw. der ihnen äquivalten kalten Flächen	m²	84
S_S	Summe der nicht mit „kalten Flächen" ausgekleideten feuerfesten Wandflächen	m²	84
s	Spaltbreite von Luftvorwärmertaschen	m	57, 58
s	Stärke der strahlenden Gasschicht	mm	
s	Blechstärke	mm	16
T	mittlere Feuerraumtemperatur	°abs	5, 8
T_1, T_2	absolute Anfangstemperatur bzw. Endtemperatur eines Kreisprozesses	°abs	10
T, T_1, $T_2 .. T_n$	absolute Temperatur	°abs	35, 55, 113, 114, 115, 116, 117, 118, 119, 120, 121, 124
T_1, T_R	absolute Temperatur der (Brennstoffschicht) heißeren Fläche	°abs	**38**, 42, 43, 45, 46, **106**
T_2	absolute Temperatur der (Feuerraumwand) kälteren Fläche	°abs	**38**, 42, 43, 45, 46
T_F, T'_F	mittlere absolute Feuerraumtemperatur (= mittlere Rauchgastemperatur am Eintritt in Rohrbündel des Kessels)	°abs	**90**, 91, 110
T_{L_1}, T'_{L_2}, T_{Lm}	absolute Temperatur der Kühlluft vor bzw. nach Durchtritt durch Feuerraumwand	°abs	**120**, 121, 122, 123
T_H	absolute Temperatur der Heizfläche	°abs	**90**, 91, 110, 119
t	Rohrteilung	mm	
t, t_1, t_2, t_3, t_4	Temperatur	°C	27, 28, 29, 30, 31, 32, 63, 66, 67, 68, 69, 70, 71, 72, 73, 75, 76, 109
t_F, t'_F	mittlere Feuerraumtemperatur (= mittlere Rauchgastemperatur am Eintritt in Rohrbündel des Kessels)	°C	**90**, 91, 109
t_R	Rauchgastemperatur bzw. Temperatur der Brennstoffschicht (Rostoberfläche)	°C	
t_S	Sättigungstemperatur des Wassers	°C	
t_W	Rohrwandtemperatur	°C	106
t_W	mittlere Wassertemperatur	°C	26
U	von den Rauchgasen umspülter Umfang der Rohre (und der den Rauchgaskanal bildenden Wände)	m	50
V	Gasvolumen	m³	**66**, 67, 68, 69
V_0	Rauchgasmenge je kg Kohle	Nm³/kg	5, 8
V_F	Strömverlust im Fallrohr	kg/m²	101
V_F, V_1, V_2	Feuerraumvolumen	m³	86
V_{Fl}	Flammenvolumen	m³	85

Bezeichnung	Erläuterung der Bezeichnung	Dimension	Kommt vor in Gleichung
V_L	von 1 kg verbrannte Kohle erwärmte Verbrennungsluftmenge	Nm^3/kg	83
V_{Nm^3}	Volumen im Normalzustand (0°; 760 mm Q.-S.) . .	Nm^3	**66**, 67, 68, 69
V_R	aus 1 kg verbrannte Kohle entstehendes Rauchgasvolumen	Nm^3/kg	**81**, 90, 91
V_{St}	Strömverlust im Steigrohr	kg/m^2	**100**, 103
v	Verhältnis der Mindestfestigkeit der Längsnaht zur Zugfestigkeit des vollen Querschnittes		16
v	Geschwindigkeit (Dampf, Gas usw.)	m/s	17, 19, 20, 21, 22, 23, 24, 25, 26, 47, 48, 49, 57, 58, 59, 62, 78, 79, 95, 99
v, v_1	Eintrittsgeschwindigkeit des Wassers ins Steigrohr .	m/s	**93**, 94, **97**
v_0, v_0'	Eintrittsgeschwindigkeit des Wassers ins Fall- bzw. Steigrohr	m/s	102
v_1	größere Geschwindigkeit bei einer Querschnittsveränderung	m/s	**54**, 60, 61
v_1, v_2, v_3 . . .	Geschwindigkeit der Rauchgase am Anfang, in der Mitte und am Ende der Umlenkung	m/s	**51**, 52, 53, 54
v_2	Austrittsgeschwindigkeit des Wasser-Dampfgemisches aus Steigrohr	m/s	
W_H	Wärmezufuhr zum Feuerraum bezogen auf 1 m^2 Kesselheizfläche	$kcal/m^2h$	89
W_K	Wärmeaufnahme von Kessel- und Überhitzerheizfläche bezogen aus 1 m^2 Kesselheizfläche	$kcal/m^2h$	88
w	Wassergehalt der Kohle (dem Gewicht nach) . . .	vH	2
w_1, w_2	Wassergehalt der Kohle vor bzw. nach der Trocknung	vH	3, 4
w_2	Wassergehalt des Dampf-Wassergemisches am Steigrohraustritt in Raumteilen	vH	
X	an 1 m^2 bestrahlte, projizierte Heizfläche stündlich übertragene Wärmemenge	$kcal/m^2h$	107
X_S	Mantelverlust von Feuerraum	kcal/h	112
x	Beiwert (Sicherheitsfaktor)		16
x	Betrag, der angibt, wieviel von den von dF_1 ausgesandten Strahlen F_2 erreichen	vH	45
x	Betrag, der angibt, wieviel vH des Heizwertes der Kohle unausgebrannt in Rauchgasen enthalten sind . .	vH	91
Z	Brennzeit des gröbsten Kornes bzw. Aufenthaltsdauer von 1 m^3 Rauchgas in 1 m^3 Feuerraum	s	5
Z	Konstante		
Z	Zunahme der Flüssigkeitswärme auf 1 m Tiefe (Konstante der Selbstverdampfung)	kcal/kg m W.-S.	97
Z_H	von den Kühlflächen an den Seitenwänden des Feuerraumes durch Berührung aufgenommene Wärmemenge	kcal/h	112
z	Konstante für Rohrrauhigkeit		56
α	Winkel zwischen Flächennormale und Strahl	°	46
α, α_1, α_2 . . .	Wärmeübergangszahlen	$kcal/m^2h^0C$	27, **28**, 33, 34, 79, 120, 122, 124
α_B	Wärmeübergangszahl durch Berührung	$kcal/m^2h^0C$	**18**, 19, 20, 23, 24, 25, 26, 63, 64, 65, 78, 90, 91, 110, 116, 117, 118, 119, 121, 122
$\alpha_{B_{Norm}}$	Wärmeübergangszahl bei normaler Strömung	$kcal/m^2h^0C$	21
$\alpha_{B_{Turb}}$	Wärmeübergangszahl bei stark turbulenter Strömung	$kcal/m^2h^0C$	22
α_s	Wärmeübergangszahl durch Strahlung	$kcal/m^2h^0C$	
β	Abbrandzahl, d. h. Verhältnis der mittleren Oberfläche während Verbrennung zur ursprünglichen Oberfläche sämtlicher Kohlenkörner		**6**, 9

Bezeichnung	Erläuterung der Bezeichnung	Dimension	Kommt vor in Gleichung
γ	spezifisches Gewicht von Gas bzw. Dampf	kg/m³	49, 51, 52, 53, 54, 57, 58, 59, 60, 61, 62, 79
γ_0, γ_s	spezifisches Gewicht von Wasser von 4° bzw. t_s° . .	kg/m³	**93**, 97, 102
γ_1	spezifisches Gewicht von Gas bei 1 at abs Druck . .	kg/m³	25
γ_{gem}	spezifisches Gewicht des Inhaltes der Vordertrommel	kg/m³	104
γ_m, γ'_m	mittleres spezifisches Gewicht des Inhaltes eines Fall- bzw. Steigrohres	kg/m³	**100**, 101, 103
γ_{VOT}	spezifisches Gewicht des Inhaltes der vorderen Obertrommel	kg/m³	103
γ_w	spezifisches Gewicht des Wassers in Hintertrommel.	kg/m³	104
Δh	Wasserspiegeldifferenz zwischen vorderer und hinterer Obertrommel	m	**103**, 104
Δg	Temperaturdifferenz auf der Seite, wo sie am größten ist (am Anfang oder Ende der Heizfläche)	°C	77
Δk	Temperaturdifferenz auf der Seite, wo sie am kleinsten ist (am Anfang oder Ende der Heizfläche)	°C	77
Δt_m	mittlere Temperaturdifferenz	°C	**77**, 80, 81, 82, 83, 90, 91, 98, 110
Δl_1	elastische Längenänderung	mm	
Δl_2	bleibende Längenänderung	mm	
Δl	Längenänderung	mm	12, 13
δ	Bruchdehnung	vH	14
$\delta, \delta_1, \delta_2$ . . .	Dicke von wärmedurchflossenen Wänden oder Schichten	m	**28**, 31, 33, **119**, 120, 124
ε	Dehnung	vH	13
ε	Durchlässigkeitszahl	m³/m²h mm W.-S.	
ζ, ζ_e, ζ_a	Beiwert (Verlustziffer)		**59**, 60, 61, **93**
η_{therm}	thermischer Wirkungsgrad eines Kreisprozesses . . .	vH	10
λ	Luftüberschußzahl		
λ	Rohrreibungszahl		**95**, 96
$\lambda, \lambda_1, \lambda_2$ . . .	Wärmeleitzahlen	kcal/m h °C	**18**, 19, 20, 21, 22, 25, 28, 31, 33, 78, 79, 119, 120, 124
μ	Zähigkeit	kgs/m²	**17**, 19, 20, 21, 22, 47, 48, 78
ϱ	Massendichte	kg s/m⁴	**17**, 19, 20, 21, 22, 47, 48, 78
σ	Zugspannung	kg/mm²	11
σ_E	Elastizitäts(grenze)-spannung	kg/mm²	
σ_P	Proportionalitätsspannung	kg/mm²	
σ_Z	Zerreißlast (Bruchspannung)	kg/mm²	
φ	Strahlung der Gase in vH der Gesamtstrahlung des schwarzen Körpers		
φ	Winkel zwischen Strahlungsrichtung und Lot auf ausstrahlende Fläche	°	**40**, 43
φ	Oberflächenwertigkeit, d. h. der durch die Feuerung gegebene Ausnutzungsgrad der Reaktionsfähigkeit.		9
φ'	Konstante		106
ψ	Kühlziffer, Anteil der „kalten Flächen“ an Innenfläche eines Feuerraumes		84
ψ	Einschnürung	vH	15

Literaturverzeichnis[1].

Abkürzungen der Zeitschriftentitel. AEG-Mitt. = AEG Mitteilungen; Electr. Wld., N.Y. = Electrical World (New York); Elektr.-Wirtsch. = Elektrizitätswirtschaft; Fuel = Fuel in Science and Practice; Gen. electr. Rev. = General Electric Review; Gesundh.-Ing. = Gesundheits-Ingenieur; J. Inst. Fuel = Journal of the Institute of Fuel; J. Soc. chem. Ind. = Journal of the Society of Chemical Industry; Kruppsche Mh. = Kruppsche Monatshefte; Mech. Engng. = Mechanical Engineering; Mitt. Ver. Großkesselbes. = Mitteilungen der Vereinigung der Großkesselbesitzer; N.E.L.A. Publ. = National Electric Light Association. Serial Report of the Prime Movers Committee; Pwr. Plant Engng. = Power Plant Engineering: Reichsarb.-Bl. = Reichsarbeitsblatt; Sulzer Rdsch. = Sulzer Rundschau; Trans. Amer. Soc. mech. Engr. = Transactions of the American Society of Mechanical Engineers; Z. VDI = Zeitschrift des Vereins deutscher Ingenieure.

„A basis for stoker selection." Power Bd. 68 (1928) S. 1015. (VI)

Allgemeine Elektrizitäts-Gesellschaft: „Großkraftwerk Gersteinwerk der V.E.W., Mitteilung 1." (IX)

Aufhäuser: „Brennstoff und Verbrennung." I. u. II. Teil. Berlin: Julius Springer 1926. (II A, III B)

Aufhäuser: „Brennstoffe und Verbrennungsvorgang." S. 9/11. Berlin: VDI-Verlag 1921. (II B)

5 Aufhäuser: „Brennstoff-Untersuchungen 1929—30." Selbstverlag 1931. (I)

Aufhäuser: „Die deutschen Kohlen". Zweite Weltkraftkonferenz Bd. 6, Bericht Nr. 5 (II A).

Augustin-Normand, P.: „Quelques autres précurseurs des chaudières à circulation accélérée." Paris: Verlag Société d'Editions 1931. (I)

Babcock a. Wilcox Co.: „Steam." 36. Ausgabe. New York 1923. (I)

Bailey, E. G.: „Some factors in furnace design for high capacity. Trans. Amer. Soc. mech. Engr. Bd. 50 (1928) Nr. 33. (II B)

10 Bansen: „Gasdurchlässigkeit von Silikatsteinen, Mörtelfugen und Mauerwerk." Arch. Eisenhüttenwes. 1928 Heft 11. (III B)

„Barking power station." J. Inst. Fuel 1930 S. 21. (VIII)

Barth, R.: „Elastizitätsversuche beim Verfeuern von oberschlesischer Steinkohle." Arch. Wärmewirtsch. 1932 S. 93. (VI)

Baum, K.: „Die Bedeutung der organischen Bestandteile der Kohle für die Brennstofftechnik." Glückauf 1928 S. 1733. (III B)

Baumann, K.: Some considerations affecting the future development of the steam cycle." Trans. Instn. mech. Engr., London 1930. (II C)

15 Baumann, K.: „The multiple-superheater boiler." Power Bd. 72 (1930) S. 1019. (VIII)

Belohlavek, B.: „Die Umwälzpumpe des Löffler-Hochdruckkessels." Wärme 1932 S. 81. (VIII)

Berdelle: „Spitzendeckung und Belastungsausgleich durch elektrische Speicherbatterien." Elektrotechn. Z. 1927 S. 926. (X)

Berner: „Der Wasserumlauf in Dampfkesseln." Wärme 1930 S. 778. (V)

Berner: „Entwicklungstendenzen der Braunkohlenrostfeuerungen." Wärme 1929 S. 586. (VI)

20 Berner: „Hochleistungsrost für schwer zündende Brennstoffe." Wärme 1930 S. 431. (VI)

Berner: „Wasserumlauf und Dampfkesselkonstruktion." Z. VDI 1933 S. 223. (V)

Bernhard: „Die Bauanlagen des Großkraftwerkes West." Z. VDI 1931 S. 413. (IX)

Bertheau: „Dampfkesselstatistik." Reichsarb.-Bl. 1931 S. 221. (I)

„Betonschornsteine für Dampfkraftwerk Else." Kraftwerk 1930 S. 42. (IX)

25 Beuthner: „Dampfkraftwerk Heröen." Kraftwerk 1931 S. 30. (IX)

Beuthner: „Kraftwerk Barmbeck der Hamburger Hochbahn Aktiengesellschaft." Kraftwerk 1930 S. 77. (VIII)

Bewag: „Zuschrift. Elastizität von Steinkohlenfeuerungen." Arch. Wärmewirtsch. 1932 S. 133. (VI)

Biedermann: „Deutschlands Kohlenschätze." Berlin 1916 (II A)

Bleibtreu, H.: „Wanderrost oder Staubfeuerung." Z. VDI 1931 S. 1358. (VI)

30 Blümel, M.: „Lüftung von Kesselhäusern." Z. bayer. Revis.-Ver. 1932 S. 253. (IX D)

Boese, R.: „Schlackenangriffsversuche für feuerfeste Baustoffe." Kraftwerk 1930 S. 134. (III B)

Bonin: „Die Entwicklung der wärmewirtschaftlichen Grundlagen des Dampfkesselbaues." Arch. Wärmewirtsch. 1932 S. 57. (I)

Bosnjakovic, F.: „Berechnung einer Mischdampf-Kraftmaschine." Z. VDI 1931 S. 1197. (II C)

Bosse, H. u. Skroch, K.: „Erweiterung der elektrischen Zentrale Bismarck-Falvahütte." AEG-Mitt. 1931 S. 613. (VI)

35 Broido, B. N.: „Radiation in boiler furnaces." Mech. Engng. 1926 S. 133. (IV)

Büschler, P.: „Hanomag-Großkesselanlagen." Hanomag-Nachr. 1928 Heft 171 S. 1. (VIII)

[1] Die eingeklammerten römischen Zahlen geben das Kapitel an, für das die betreffende Literaturstelle hauptsächlich benutzt wurde.

Cassidy, P.: „High-capacity coal pulverizers at Kips Bay station.“ Power Bd. 75 (1932) S. 380. (VI)
„Clarence dock power station.“ Engineering 1931 S. 37. (IX)
Cleve, C.: „Modellversuche über den Wasserumlauf in Steil- und Schrägrohrkesseln.“ VDI-Forsch.-Heft Nr. 322. (IV, V)
Cleve, C.: „Neuere Wasserumlaufprobleme im Kesselbau.“ Arch. Wärmewirtsch. 1930 S. 359. (V)
Cleve, C.: „Wasserumlauf in Steil- und Schrägrohrkesseln.“ Arch. Wärmewirtsch. 1929 S. 379. (V)
Cochrane Corporation: „Finding and stopping waste in modern boiler rooms.“ Philadelphia 1928. (II A, III B)
Cushing u. Moore: „Direct-fired powdered-fuel boilers with well-type furnaces at Charles R. Huntley-Station.“ Trans. Amer. Soc. mech. Engr. Bd. 50 (1928) Nr. 8. (IV)
Daeves, Pfeiffer u. Urbancyk: „Werkstoffuntersuchungen an alten Dampfkesseln.“ Z. VDI 1932 S. 551. (III A)
„Das Aschenproblem.“ Arch. Wärmewirtsch. 1931 S. 65—90. (III B)
Deinlein: „Über die Lüftung von Kesselhäusern.“ Z. bayer. Revis.-Ver. 1932 S. 113. (IX D)
Deinlein: „Temperatur- und Luftmessungen an einem Wanderrost.“ Z. bayer. Revis.-Ver. 1928 S. 37. (II B)
von Delius: „Die Entwicklung im Bau und Betrieb von Abraumförderbrücken und deren Wirtschaftlichkeit.“ Braunkohle 1931 S. 646. (II A, X)
„Der Brown-Boveri-Dampferzeuger.“ BBC Nachr. 1932 S. 3. (VIII)
„Der Unterwind-Wanderrost als vielseitigste Feuerung.“ VDI-Nachr. 1932 Nr. 22. (VI)
Dion: „Betriebserfahrungen an einem 65 atü-Schmidt-Hanomag-Kessel.“ Mitt. Ver. Großkesselbes. 1930 Heft 29 S. 224. (VIII)
Doerffel: „Versuche zur Verkürzung der Anheizzeit von Steilrohrkesseln mit Rohbraunkohlenfeuerung.“ Mitt. Ver. Großkesselbes., 12. Sept. 1924 S. 76. (VIII)
Drewry, M. K.: „Radiant-superheater developments.“ Trans. Amer. Soc. mech. Engr. Bd. 54 (1932) Nr. 21. (VIII)
Eberle: „Das Mitreißen von Wasser aus dem Dampfkessel.“ Arch. Wärmewirtsch. 1929 S. 329. (V)
Eberle: „Die Wärmeleitfähigkeit von Kesselstein.“ Arch. Wärmewirtsch. 1929 S. 334. (V)
Eberle u. Holzhauer: „Die Wärmeleitfähigkeit von Kesselsteinen.“ Arch. Wärmewirtsch. 1928 S. 171. (IV, VIII)
Eckert: „Die Wertigkeit von Strahlungsheizflächen.“ Arch. Wärmewirtsch. 1932 S. 241. (IV)
„Eisenbetonschornsteine.“ Kraftwerk 1931 S. 65. (IX)
„Elastizität einer Unterschubfeuerung nach 12stündigem Stillstand.“ Arch. Wärmewirtsch. 1933 S. 43. (VI)
Emmet, W. L. R.: „The Emmet mercury vapor processresults accomplished.“ Gen. electr. Rev. 1929 S. 619. (VIII, IX)
Engle, M. a. Moultrop, J.: „Higher steam pressures and temperatures.“ Vortrag, Januar 1933. (IX B)
Englert: „Der Löffler-Kessel in ortsfesten und Schiffsanlagen.“ Z. bayer. Revis.-Ver. 1930 S. 209. (VIII)
Everts: „Die Lüftung von Kesselhäusern.“ Z. bayer. Revis.-Ver. 1913 S. 54. (IX D)
Fehling, R.: „Die Technik der Zuführung von Verbrennungsluft.“ Arch. Wärmewirtsch. 1930 S. 119. (II B)
Fellows, C. H.: Am. Water Works Assoc., Oktober 1929. (VIII)
„First outdoor mercury plant.“ Power Bd. 74 (1931) S. 621. (VIII, IX)
Fischer: „Berechnungswerte der Kesselbaustoffe bei höheren Temperaturen.“ Kruppsche Mh. 1931 S. 267. (III A)
Frahm: „Bericht über einen absichtlich herbeigeführten Salzeinbruch in das Speisewasser der Bensonkesselanlage des Dampfers „Uckermark.“ Werft Reed. Hafen 1932 Heft 9. (VIII)
Frantz: „Was der Dampfkessel-Ingenieur von dem Material, dem Bau und dem Betriebe der Abgas-Speisewasser-Vorwärmer wissen muß.“ Wärme 1928 S. 527. (IV)
Frenne u. Stein: „Betriebsergebnisse und Aussichten der Ruthsspeicher.“ Zweite Weltkraftkonferenz 1930, Bd. 11, Bericht Nr. 369. VDI-Verlag. (X)
Friedewald, G.: „Versuche an Sektionalkesseln.“ Kraftwerk 1930 S. 84. (VIII)
Friedewald, G. u. Höhne, E.: „Wärmetechnische Berechnung von Wasserrohrkesseln. Wärme 1932 S. 829. (IV)
Fritzsche, O.: „Untersuchungen über den Strömungswiderstand der Gase in geraden zylindrischen Rohrleitungen.“ VDI-Forsch.-Heft 60. (IV)
„Gennevilliers installs single-pass fin-tube boilers.“ Power Bd. 73 (1931) S. 954. (VIII)
Gercke, M.: „Einfluß von Spitzenkraftwerken auf die Wirtschaftlichkeit von Großkraftwerken.“ Wärme 1930 S. 482. (X)
Gercke, M.: „Vergleich der Wirtschaftlichkeit von Spitzenkraftwerken mit Wärme- und Wasserkraftmaschinen.“ Wärme 1930 S. 847. (X)
Gercke u. Bannwarth: Zweite Weltkraftkonferenz 1930, Bd. 8, Bericht Nr. 22 VDI-Verlag. (X)
Gladden, C. S.: „Proprietary air-cooled refractory walls.“ Trans. Amer. Soc. mech. Engr. Bd. 51 (1929) Nr. 22. (VI)
Gleichmann, H.: „Das Benson-Verfahren zur Erzeugung höchstgespannten Dampfes.“ Z. VDI 1928 S. 1037. (VIII)
Gleichmann, H.: „Neues vom Bensonkessel. Die Entwicklung des Zwangslaufröhren- bzw. Bensonkessels in Vergangenheit und Zukunft“. Arch. Wärmewirtsch. 1933, S. 145. (VIII, IX)
Gramberg: „Die Verbrennung von Koks.“ Feuerungstechn. 1918 S. 1. (II B)

Gramberg: „Maschinenuntersuchungen und das Verhalten der Maschinen im Betriebe.“ 3. Aufl. Berlin: Julius Springer 1924. (IV)

Gröber, H.: „Die Grundgesetze der Wärmeleitung und des Wärmeüberganges.“ Berlin: Julius Springer 1921. (IV)

Gröber, H.: „Einführung in die Lehre von der Wärmeübertragung.“ Berlin: Julius Springer 1926. (IV)

85 Gropp, Fr.: „Erfahrungen bei der erstmaligen Inbetriebnahme neuer Großkessel.“ Mitt. Ver. Großkesselbes. 1932 S. 16. (V)

Gropp, Fr. u. Ellrich, W.: „Erfahrungen mit Niederdruckturbinen-Beschaufelung im Kraftwerk Klingenberg.“ Elektr. Wirtsch. 1931 S. 589. (II C)

Guilleaume: „Erfahrungen und Forderungen des praktischen Kesselbetriebes.“ Z. VDI 1924 S. 185. (VIII)

Guilleaume: „Die Festigkeit der Niehtnaht.“ Mitt. Ver. Großkesselbes., 12. Sept. 1924 S. 90. (VIII)

Gumz, W.: „Der Einfluß des Kohlenschwefels auf den Taupunkt der Rauchgase.“ Feuerungstechn. 1932 S. 21. (IV)

90 Hardgrove, R. M.: „Grindability of coal.“ Trans. Amer. Soc. mech. Engr., April 1931. (VI)

Hartmann, Fr.: „Zerstörungserscheinungen an Hochofenschachtsteinen.“ Stahl u. Eisen 1932 S. 1061. (III B)

Hartmann, O. H.: „Erfahrungen mit dem Schmidt-Hochdruckkessel.“ Wärme 1931 S. 503. (VIII)

Hartmann, O. H. u. Kehrer, O.: „Wasserumlaufmessungen an einem Hochdruckkessel.“ Z. VDI 1932 S. 1173. (VIII B)

Hase: „Messen des Wärmeübergangs in Öfen und Feuerungsräumen.“ Arch. Wärmewirtsch. 1932 S. 317. (I)

95 Haslam, R. u. Hottel, H.: „Combustion and heat transfer.“ Trans. Amer. Soc. mech. Engr. Bd. 50 (1928) Nr. 8. (IV)

Haßler: „Festigkeitseigenschaften von Kesselbaustoffen bei Temperaturen von 20 bis 600°.“ Wärme 1932 S. 244. (III A)

Hergt: „Betriebserfahrungen mit einem Martin-Rückschub-Rost für die Verfeuerung von Saarkohlenschlamm.“ Elektr.-Wirtsch. 1931 S. 6. (VI)

Herpen: „Dampferzeuger mit Zwangumlauf und mit zwangläufiger Wasserverteilung.“ Z. VDI 1931 S. 617 (VIII)

Hirshfeld, C. a. Carter, W.: „Boiler furnace refractories.“ Trans. Amer. Soc. mech. Engr. Bd. 50 (1928 Nr. 33. (III B)

100 Hirshfeld, C. F. a. Moran, G. U.: „Performance of modern steam-generating units.“ Trans. Amer. Soc mech. Engr. 1929, 1932. (VIII)

Höhne, E.: „Taupunkt von Rauchgasen.“ Kraftwerk 1931 S. 75. (IV)

„Holland station design 1200 lb. pressure.“ Pwr. Plant Engng. 1929 S. 282. (VIII)

Hottel, C.: „Radiant heat transmission.“ Mech. Engng. 1930 S. 699. (IV)

Hottel, C.: „Radiant heat transmission.“ Engineering 1931. (IV)

105 Houghton, B.: „Hudson avenue station, operating procedure.“ Power Bd. 75 (1932) S. 793. (VIII)

D'Huart: „Der Engrohrkessel, ein neuzeitlicher Hochleistungskessel.“ Wärme 1931 S. 515. (VIII)

Hursh, R.: „The comparative resistance of refractories to coal-ash slags“. Trans. Amer. Soc. mech. Engr Bd. 53 (1931) Nr. 14. (III B)

Hütte: „Des Ingenieurs Taschenbuch.“ 25. Aufl., Bd. 1. (IV)

Hütte: „Des Ingenieurs Taschenbuch.“ 26. Aufl., Bd. 1. (II A, III A)

110 Irinyi, A.: „Die Mischdampfmaschine in Theorie, Technik, Kultur und Wirtschaft.“ Verlag Deutsche Institut für Energieforschung e. V., Hamburg 1930. (II C)

Irinyi, A.: „Indicator diagrams from a mixed vapour engine.“ Steam Engineer 1932 S. 358. (II C)

Jahncke: „Der Aufbau der öffentlichen Elektrizitätswerke auf der Braunkohle Deutschlands.“ Braunkohl 1924 S. 309. (II A)

Jakob, M.: „Kondensation und Verdampfung.“ Z. VDI 1932 S. 1161. (IV A)

Josse: „Der neue Atmoskessel.“ Arch. Wärmewirtsch. 1930 S. 5. (VIII)

115 Jungbluth, H. u. Müller, H.: „Warmfeste und korrosionsbeständige Stähle für den Dampfkesselbau.“ Kruppsche Mh. 1931 S. 179. (III A)

„Kearsley power station.“ Engineering 1931, 31. Juli u. f. (IX)

Kerr, H. J.: „Once-through series boiler for 1500 to 5000 lb. pressure.“ Trans. Amer. Soc. mech. Engr Bd. 54 (1932) Nr. 21. (VIII)

Kleine, A.: „Neuzeitliche Gestaltung der Kesselanlagen des Steinkohlenbergwerkes Gladbeck.“ Glückau 1931 S. 1509. (VI)

Klingenberg: „Bau großer Elektrizitätswerke.“ 2. Aufl. Berlin: Julius Springer 1924. (IX)

120 Koch, T.: „Der moderne Gleichdruckspeicher.“ Technische Mitteilungen und Nachrichten des Emsche Bez.-Vereins deutscher Ingenieure, 22. Jg., Heft 3/4. (X)

Koch u. Dugeorge: „Spitzendeckung in Dampfkraftwerken durch Speisewasserspeicherung.“ Brown Bove Nachr. 1931 S. 57. (X)

Koenemann: „Ein neues Zweistoffverfahren zur Krafterzeugung.“ Zweite Weltkraftkonferenz 1930, Berich Nr. 15. (II C)

Konejung, A.: „Beanspruchung von Siede- und Überhitzerrohren.“ Wärme 1930 S. 891. (VIII)

„Kohlenbunker in Kraftwerkkesselhäusern.“ AEG-Mitt. 1926 Heft 1. (IX)

125 Kollbohm, L.: „Das Cunowerk.“ Elektr.-Wirtsch. 1927/28 S. 153. (IX)

Körber, F. u. Pomp, A.: „Warmstreckgrenze und Dauerstandfestigkeit des Stahles.“ Stahl u. Eisen 1932 S. 553. (III A)

Kraft: „Die neuzeitliche Dampfturbine.“ Berlin: VDI-Verlag 1928. (II C)

Krämer, B.: „Die neueste Erweiterung des Kraftwerkes Zschornewitz.“ Z. VDI 1930 S. 865. (IX)

Krauß, W.: „Die Korrosion von Eisen durch Wasserdampf bei hohen Temperaturen und ihre physikalisch-chemischen Grundlagen.“ Korrosion u. Metallschutz 1931 S. 29. (VIII)

30 Krebs: „Brennstoffgrundlage der Kohlenstaubfeuerung in Deutschland.“ Kraftwerk 1930 S. 104. (II A)

Kreisinger, Blizard, Augustine, Croos: „An investigation of powdered coal as fuel for powerplant boilers“. Bull. 223 Bur. Mines. (VI)

Krohne: „Die wirtschaftlichste Erzeugung der elektrischen Spitzenkraft in Großstädten.“ Berlin: Julius Springer 1929. (X)

Kuhn, E.: „Versuche über Temperaturverteilung, Wärmeabgabe und Verbrennungsverlauf in einem neuzeitlichen Kohlenstaubkessel.“ Berlin: VDI-Verlag 1930. (VI)

Kukuk: „Unsere Kohlen.“ Leipzig-Berlin 1920. (II A)

35 Laube, R.: „Die Bauanlagen des Großkraftwerkes Klingenberg.“ Z. VDI 1927 S. 841. (IX)

Lenhart, E.: „Dampfkesselfeuerungen für Braunkohle.“ Berlin: Julius Springer 1928. (VI)

Lent u. Thomas: „Versuche über die Eigenstrahlung der Gase.“ Mitteilung Nr. 65 der Wärmestelle des Vereins deutscher Eisenhüttenleute. Düsseldorf: Verlag Stahleisen. (VI)

Lessing: „Recent developments in coal cleaning.“ J. Soc. chem. Ind. 1931 S. 84. (III B)

Lessing: „The economic value of coal cleaning in relation to the problem of dust and sulphur emission from chimneys.“ Fuel 1930 S. 348. (III B)

40 Levi: „Eigenbedarfsanlagen im Kraftwerk West von Berlin.“ Elektrotechn. Z. 1931 S. 529. (IX)

„Lister drive Nr. 3 power station.“ Engineer 1928, 19. Okt. u. f. (IX)

Löffler: „Das Zeitalter des Hochdruckdampfes.“ Z. VDI 1928 Heft 39, 42 u. 45. (VIII)

Lohrisch: „Bestimmung von Wärmeübergangszahl durch Diffusionsversuche.“ VDI-Forsch.-Heft 322. (IV)

Lorenz: „Temperaturspannungen in Hohlzylindern.“ Z. VDI 1907 S. 743. (VI, VIII)

45 Loschge: „Die möglichen Arbeitsmittel der Dampfkraftanlagen.“ Arch. Wärmewirtsch. 1928 S. 75. (II C)

Lupberger, E.: „Bemessung von Siederohren für Hochleistungskessel.“ Arch. Wärmewirtsch. 1931 S. 267 (VIII)

Lupberger, E.: „Neuzeitlicher Kesselbau.“ Mitt. Ver. Großkesselbes. Heft 28 S. 147. (VIII)

Marcard: „Beiträge zur Feuerungstechnik für Steinkohle auf dem Wanderrost.“ Wärme 1932 S. 397. (VI)

Marcard: „Zündung und Verbrennung heizwertarmer Brennstoffe.“ Wärme 1931 S. 208. (VI)

50 Marguerre: „Der heutige Stand der Zwischenüberhitzungsfrage.“ Elektr.-Wirtsch. 1930 S. 597. (VIII)

Marguerre: „Erfahrungen mit Höchstdruckanlagen.“ Mitt. Ver. Großkesselbes. 1931 Heft 32. (VIII)

Marguerre u. Koch: „Gleichdruckspeicher als Ausgleich in Vorschalt- und Heizkraftanlagen.“ Wärme 1929 S. 334. (X)

Marsh, T. A.: „Design and application of forced draft chain grates.“ Power Bd. 67 (1928) S. 414. (VI)

Matschoss, C.: „Die Entwicklung der Dampfmaschine.“ Bd. 1 u. 2. Berlin: Julius Springer 1908. (I)

55 Mattersdorf: „Ruths-Wärmespeicher im elektrischen Schnellbahnbetrieb.“ Arch. Wärmewirtsch. 1927 S. 375. (VIII)

Mehling, H.: „Zweistoffgemenge und Wirkungsgrad der Mischdampfmaschine.“ Arch. Wärmewirtsch. 1932 S. 213. (II C)

Meyer, R. u. Mitarbeiter: „Mischdampf-Krafterzeugung.“ Verlag Deutsches Institut für Energieforschung e. V., Hamburg 1931. (II C)

Michel: „Erhöhung der Spuckgrenze eines 1000 m²-Steilrohrkessels.“ Arch. Wärmewirtsch. 1931 S. 259. (V)

Milich/Petersen: „Kraftwerk Schulau der Elektrizitätswerke Unterelbe A.G.“ Elektrotechn. Z. 1929 S. 633. (IX)

60 Moser: „Der Kesselbaustoff.“ Berlin: Julius Springer 1928. (III A)

Münzinger: „Amerikanische und deutsche Großdampfkessel.“ Berlin: Julius Springer 1923. (II B, VI, VIII, IX)

Münzinger: „Neuere Bestrebungen im Dampfkesselbau.“ Z. VDI 1912 S. 1725. (V, VIII)

Münzinger: „Dampfkesselwesen in den Vereinigten Staaten von Amerika.“ Berlin: VDI-Verlag 1925. (I, III A, V)

Münzinger: „Einfluß der Ausbildung der Kesselanlage auf die Baukosten von Elektrizitätswerken.“ Aus Petersen: Forschung und Technik. Berlin: Julius Springer 1930. Desgleichen Z. VDI 1930 Nr. 16. (IX)

65 Münzinger: „Einfluß der Kesselbauart und Feuerraumform auf das Verschlacken der Heizfläche.“ Kraftwerk 1930 S. 35. (VI)

Münzinger: „Der wirtschaftlichste Dampfdruck für Elektrizitätswerke unter besonderer Berücksichtigung des Löfflerkessels.“ Berichtsheft über die vierte Mitgliederversammlung der Studienkommission für Hochdruckanlagen der Vereinigung der Elektrizitätswerke 1929. (VIII)

Münzinger: „Einfluß der Kohlenstaubfeuerung auf den Bau von Elektrizitätswerken.“ Z. VDI 1926 Heft 40 u. 42. (II A, VIII)

Münzinger: „Erfahrungen mit wassergekühlten Feuerräumen.“ Kraftwerk 1931 S. 16. (VI)

Münzinger: „Gegenwartsaufgaben im Kraftwerkbau.“ Z. VDI 1931 S. 505. (III A, VIII, IX)

70 Münzinger: „Die vier Haupttendenzen im heutigen Kraftwerksbau.“ Elektr.-Wirtsch. 1931 S. 217. (IX)

Münzinger: „Höchstdruckdampf.“ 2. Aufl. Berlin: Julius Springer 1926. (V)

Münzinger: „Die Kesselanlage des Großkraftwerkes Klingenberg." Z. VDI 1927 S. 1855. (IX)
Münzinger: „Kesselanlagen für Großkraftwerke." Berlin: VDI-Verlag 1928. (VI, VIII, IX)
Münzinger: „Klingenberg als Ingenieur und als Mensch." Gedenkschrift. Verlag Allgemeine Elektricitäts-Gesellschaft Berlin 1926. (II)
175 Münzinger: „Kohlenstaubfeuerungen für ortsfeste Dampfkessel." Berlin: Julius Springer 1921. (II B, VI)
Münzinger: „Die Leistungssteigerung von Großdampfkesseln." Berlin: Julius Springer 1922. (I, III B, IV, V, VI)
Münzinger: „Steinkohle und Braunkohle in der öffentlichen Elektrizitätsversorgung Deutschlands." Z. VDI 1932 S. 693. (X)
Münzinger: „Tendencies of modern German steam generation." N.E.L.A. Publ., Mai 1931 Nr. 131 S. 3. (VIII)
Münzinger: „Überhitzer für hohe Dampftemperaturen." Kraftwerk 1930 S. 26. (VIII)
180 Münzinger: „Eignen sich Unterschubroste für deutsche Elektrizitätswerke?" Elektr.-Wirtsch. 1928 S. 355. (VI)
Münzinger: „Untersuchungen an Steilrohrkesseln." Z. VDI 1920 S. 393. (II A, IV, V, IX)
Münzinger: „Neue Wege zur Spitzendeckung." Elektr.-Wirtsch. 1930 S. 344. (IX)
Münzinger: „Zugverlust und Wärmeübergang von rauchgasberührten Heizflächen." Kraftwerk 1930 S. 140. (IV)
Münzinger: Zuschrift zu „Druckfeuerung von Dampfkesseln in Verbindung mit Gasturbinen." Z. VDI 1932 S. 1196. (VII)
185 Naske, C.: „Zerkleinerungsvorrichtungen und Mahlanlagen." Leipzig: Otto Spamer 1921. (VI)
Neimke, A.: „Vollmechanische Feuerungen für Rohbraunkohle." Arch. Wärmewirtsch. 1931 S. 1. (VI)
N.E.L.A. Publ., Aug. 1927 Nr. 267/93. (IV)
N.E.L.A. Publ., Aug. 1928 Nr. 278/85. (IV)
N.E.L.A. Publ., Juni 1930 Nr. 51 S. 14. (V)
190 N.E.L.A. Publ., Sept. 1931 Nr. 156. (VIII)
„New mercury and steam units for Kearny plant." Power Bd. 73 (1931) S. 460. (VIII, IX)
Noack, W. G.: „Druckfeuerung von Dampfkesseln in Verbindung mit Gasturbinen." Z. VDI 1932 S. 1033. (VII, VIII)
Nusselt: „Der Wärmeübergang im Kreuzstrom." Z. VDI 1911. (IV)
Nusselt: „Der Wärmeübergang im Rohr." Z. VDI 1917 S. 685. (IV)
195 Ohlmüller, F.: „Das Kraftwerk der Ruhrchemie A.G. in Holten." Siemens-Z. 1930 S. 273. (IX)
„Operating results at Philo." Power Bd. 61 (1925) S. 720. (VIII)
Orr, J.: „Mercury vapor unit at South Meadow." Power Bd. 72 (1930) S. 4. (VIII, IX)
Orrok, G. A.: „Central stations." Mech. Engng. 1930 S. 324. (I)
Orrok, G. A.: „Radiation in boiler furnaces." Mech. Engng. 1926 S. 218. (IV, VI)
200 Pasini, A. u. Sarraf, E.: „Furnace gas composition and temperatures in underfeed-stoker-fired boilers." Trans. Amer. Soc. mech. Engr. Bd. 53 (1931) Nr. 14. (III B)
Peucker: „Die Braunkohle in der Elektrizitätswirtschaft Deutschlands." Braunkohle 1929 S. 532. (II A)
Peucker: „Erweiterungsbauten der Elektrowerke A.G. 1929—1930." Elektr.-Wirtsch. 1930 S. 267. (II A)
Pfleiderer: „Betriebserfahrungen an einem 42 at-Großkessel." Z. VDI 1931 S. 1497. (VIII)
Piepenbrink, W.: „Die Entwicklung des Steilrohrkessels 1920 bis 1930." Arch. Wärmewirtsch. 1931 S. 113. (VIII)
205 Potter, A. u. Solberg, H.: „How composition affects burning qualities of coal." Power Bd. 68 (1928) S. 183. (II A)
Potter, A., Solberg a. Hawkins: „Characteristics of a high-pressure series steam generator." Trans. Amer. Soc. mech. Engr. Bd. 54 (1932) Nr. 21. (VIII)
Praetorius, E.: „Elastizität von Dampfkesselfeuerungen." Elektr.-Wirtsch. 1931 S. 500. (VI)
Praetorius, E.: „Verbrennung von Braunkohle auf dem Arbatsky-Wanderrost." Arch. Wärmewirtsch. 1931 S. 211. (VI)
Presser, H.: „Versuche an neuzeitlichen Wanderrostfeuerungen." Glückauf 1928 S. 805. (VI)
210 Prox, W.: „Ergebnisse und Erfolge bei der elektrischen Schweißung." Z. VDI 1932 S. 497. (III A)
„Pumpspeicherwerk Herdecke." Elektrotechn. Z. 1930 S. 733. (X)
Pwr. Plant Engng. 1929 S. 1204. (VIII)
Quack, W.: „Betriebserfahrungen an Höchstdruckkesselanlagen." Mitt. Ver. Großkesselbes. 1930 Heft 28 S. 160. (VIII)
Raisch: „Die Luftdurchlässigkeit von Baustoffen und Baukonstruktionsteilen." Gesundh.-Ing. 1928 S. 481. (III B)
215 Rammler: „Eigenschaften der Kohlenmühlen." Arch. Wärmewirtsch. 1931 S. 109. (VI)
Ramsin, L.: „Radiation in boiler plants." Zweite Weltkraftkonferenz, Bericht Nr. 301. (IV)
Rau, A.: „Wärmewirtschaftliche Betriebsergebnisse im Kraftwerk Schulau der Elektrizitätswerk Unterelbe A.G., Altona." Kraftwerk 1931 S. 56. (VIII)
„Recent high-pressure central stations in USA." Power Bd. 69 (1929) S. 858. (VIII)
Reerink, W. u. Baum: „Die organischen Bestandteile der Brennstoffe und ihre Bedeutung für neuzeitliche Feuerungstechnik." Wärme 1930 S. 746. (III B)
220 Rehmer: „Das Großkraftwerk Klingenberg." Z. VDI 1927 S. 1829. (VIII)
Rehmer: „Das Kraftwerk West der Berliner Städtische Elektrizitätswerke A.G." Elektrotechn. Z. 1930 S. 485. (VIII, IX)

Reiher: „Wärmeübertragung von strömender Luft an Rohre und Röhrenbündel im Kreuzstrom.“ VDI-Forsch.-Heft Nr. 269. (IV)
Reutlinger, E.: „Über den Einfluß des Kesselsteins und ähnlicher wärmehemmender Ablagerungen auf Wirtschaftlichkeit und Betriebsicherheit von Heizvorrichtungen.“ VDI-Forsch.-Heft 94. (IV)
Riedel, G.: „Pumpspeicherwerk Niederwartha.“ Elektr.-Wirtsch. 1930 S. 262. (X)
Riedler: „Groß-Gasmaschinen.“ München u. Berlin: Oldenburg 1905. (I)
Rochel, K.: „Betrachtungen über den Löffler-Hochdruckkessel vom Standpunkte des Kesselbauers.“ Private Broschüre. (VIII)
Rosin: „Die Feuerungsleistung.“ Z. VDI 1930 S. 395. (II B)
Rosin: „Thermodynamik der Staubfeuerung.“ Z. VDI 1929 S. 719. (II B)
Rosin u. Fehling: „Belastung von Staubfeuerräumen.“ Wärme 1931 S. 42. (II B)
Rosin u. Fehling: „Das Jt-Diagramm der Verbrennung.“ Berlin: VDI-Verlag 1929. (IV)
Rosin, Fehling u. Kayser: „Die Zündung fester Brennstoffe auf dem Rost.“ Arch. Wärmewirtsch. 1931 S. 97. (II A, II B)
Rosin u. Kayser: „Zur Physik der Verbrennung fester Brennstoffe.“ Z. VDI 1931 S. 849. (II A, II B)
Rosin u. Rammler: „Die Durchzündung beim Wanderrost.“ Arch. Wärmewirtsch. 1932 S. 113. (II B, VI)
Rosin u. Rammler: „Verdampfungsversuche an Braunkohlenrostfeuerungen.“ Braunkohle 1930 Heft 12/13. (VI)
Rosin u. Rammler: „Mahlversuche an Windsichterrohrmühlen.“ Arch. Wärmewirtsch. 1932 S. 63. (VI)
Rosin u. Rammler: „Kraftbedarf von Kohlenstaubmühlen.“ Arch. Wärmewirtsch. 1926 S. 54. (VI)
Rosin, Rammler u. Kauffmann: „Versuche an Braunkohlenrostfeuerungen.“ Arch. Wärmewirtsch. 1930 S. 123. (VI)
Rosin u. Schulz: „Kraftbedarf von Kohlenstaubmühlen.“ Arch. Wärmewirtsch. 1927 S. 69. (VI)
Ruths: „Spitzendeckung in Großkraftwerken.“ Elektrotechn. Z. 1927 S. 916. (IX, X)
Schack: „Geräte und Verfahren zu Temperaturmessungen.“ Mitteilung der Wärmestelle Nr. 97. Düsseldorf: Verlag Stahleisen. (IV)
Schack: „Zur Kritik der Ähnlichkeitstheorie des Wärmeüberganges.“ Mitteilungen der Wärmestelle Nr. 98. Düsseldorf: Verlag Stahleisen. (IV)
Schack: „Der industrielle Wärmeübergang.“ Düsseldorf: Verlag Stahleisen 1929. (IV)
Schack: „Der Wärmeübergang in technischen Feuerungen unter dem Einfluß der Eigenstrahlung der Gase.“ Mitteilung der Wärmestelle Nr. 55. Düsseldorf: Verlag Stahleisen. (IV)
Schimpf, M.: „Versuche mit Schrägrosten zur Verfeuerung von minderwertigen Brennstoffen.“ Glückauf 1930 Heft 26. (VI)
Schmidt, E.: „Versuche über den Wasserumlauf in Dampfkesseln.“ Z. VDI 1929 S. 1151. (V)
Schmidt, E.: „Der Wasserumlauf in Steilrohrkesseln.“ Sonderabdruck aus der Festschrift „Fünfundzwanzig Jahre Technische Hochschule Danzig.“ 1929. (V)
Schmidt, E.: „Versuche über den Wasserumlauf in Steilrohrkesseln.“ Arch. Wärmewirtsch. 1933 S. 1. (V)
Schmidt, H.: „Bestimmung der Wärmeaufnahme von Wasserrohren in Kesselfeuerungen mit der Wärmesonde.“ Arch. Wärmewirtsch. 1933 S. 11. (I)
Schöne: „Betriebserfahrungen in dem 120 at-Kraftwerk der Ilse Bergbau A.G., Grube Ilse.“ Arch. Wärmewirtsch. 1932 S. 141. (VIII)
Schöne: „Entwurf von Braunkohlenbrikettfabriken.“ Berlin: Julius Springer 1930. (X)
Schreiber: „Braunkohlenwerke als Glieder der Elektrizitätswirtschaft.“ Z. VDI 1931 S. 830. (II A, X)
Schult: „Dampf- oder elektrischer Antrieb der Eigenbedarfsanlagen größerer Dampfkraftwerke.“ Elektrotechn. Z. 1931 S. 1109. (IX)
Schult: „Wirtschaftlichkeit der Gleichdruckspeicherung bei Dampfkraftanlagen.“ Doktordiss. Berlin: Julius Springer 1930. (X)
Schulte, F.: „Neuere Dampfkesselbauarten.“ Z. VDI 1932 S. 217. (VIII)
Schulte, F.: „Der derzeitige Stand der Feuerungstechnik.“ Arch. Wärmewirtsch. 1929 S. 97. (VI)
Schulte, F.: „75 Jahre Dampfkesselwesen.“ Arch. Wärmewirtsch. 1931 S. 162. (I)
Schulte, F. u. Presser, H.: „Elastizität von Steinkohlenfeuerungen.“ Arch. Wärmewirtsch. 1931 S. 281. (VI)
Schultes, W.: „Die neuere Entwicklung der Kohlenstaubfeuerung unter besonderer Berücksichtigung des Strahlungskessels.“ Arch. Wärmewirtsch. 1930 S. 141. (VIII)
Schultes, W.: „Der Wasserumlauf in Steilrohrkesseln.“ Doktordissertation. Halle a. S.: Karras u. Koennecke 1930. (V)
Schulz, E.: „Forschungsarbeiten der Vereinigten Stahlwerke, 1930.“ (III B)
Seeberger, W.: „Höchstdruck-Steilrohrkessel.“ Wärme 1931 S. 497. (VIII)
Seibert: „Die Wärmeaufnahme der bestrahlten Kesselheizfläche.“ Arch. Wärmewirtsch. 1928 S. 180. (VI)
Seidel: „Die Berechnung des Wasserumlaufes in Kesselrohrbündeln und ihre Bedeutung für die Konstruktion von Wasserrohrkesseln.“ Doktordiss. München 1931. (V)
Seidel: Desgl. Z. bayer. Revis.-Ver. 1931 S. 211. (V)
Seidel: „Der Wasserumlauf in Rohrsystemen mit Kurzschlußrohren und in Schrägrohrkesseln.“ Z. bayer. Revis.-Ver. 1932 S. 166. (V)
Selikin, R.: „Das Mitreißen von Wasser aus dem Dampfkessel.“ Arch. Wärmewirtsch. 1931 S. 119. (V)
Sherman u. Taylor: „Refractories service conditions in furnaces burning powdered Illinois coal with long flame burners.“ Trans. Amer. Soc. mech. Engr. Bd. 50 Nr. 15. (VI)

Siebel, E. u. Ulrich, M.: „Die Bestimmung von Zeit-Dehngrenzen im Dauerstandversuch.“ Z. VDI 1932 S. 659. (III A)
Siemens-Schuckert-Werke: „Das Heizkraftwerk mit Benson-Kessel im Kabelwerk Gartenfeld der SSW.“ Berlin 1930. (VIII)
270 Smith, A. R. u. Hanson, H.: „Ford motor company's 1200 pound steam plant installation.“ Hauptversammlung A.S.M.E. 1931. (VIII)
Solberg, H. L.: „The performance rating of steamgenerating equipment.“ Trans. Amer. Soc. mech. Engr. Bd. 53 (1931) Nr. 1. (IV)
Soren, T. H.: „Mercury-vapor unit a commercial succes.“ Electr. Wld., N. Y. 1930, 5. Juli. (VIII, IX)
Spalckhaver, A.: „Beanspruchung hochbelasteter Siede- und Überhitzerrohre.“ Kraftwerk 1930 S. 94. (VI, VIII)
Steinbeck, C. E.: „Operating features of station A.“ Power Bd. 74 (1931) S. 697. (VIII, IX)
275 Spindler: „Unterwind-Düsenrost für Braunkohle.“ Wärme 1929 S. 75. (VI)
Strunk, W. C.: „Stratification of gases within a boiler furnace.“ Power Bd. 57 (1923) S. 166. (IV)
„Stud tubes solve furnace problems with slagging coal.“ Power Bd. 75 (1932) S. 500. (VI)
Sulzer, Gebr.: „Der Sulzer-Einrohr-Hochdruck-Dampferzeuger.“ Schweiz. Bauztg. 1932 S. 203. (VIII)
Ten Bosch: „Die Wärmeübertragung.“ Berlin: Julius Springer 1927. (IV)
280 Tenney: „Unit mill fired boilers at Cahokia Station.“ Power Bd. 67 (1928) S. 178. (IV)
Tenney, E. H.: „Pulverization and boiler performance.“ Trans. Amer. Soc. mech. Engr., Febr. 1931. (VI)
Thatcher: „Notes on the sampling of boiler-flue gases.“ Power Bd. 64 (1926) S. 774. (IV)
„The mercury vapor power plant at Hartford.“ Power Bd. 65 (1927) S. 818. (VIII, IX)
Thoma: „Hochleistungskessel.“ Berlin: Julius Springer 1921. (IV)
285 Trans. Amer. Soc. mech. Engr. Bd. 50 (1928) Nr. 15. (VIII)
„Turbine efficiencies raised by detail improvements.“ Power Bd. 77 (1933) S. 13. (I)
Turner, C. S.: „Delray boilers depart from previous practice.“ Power Bd. 71 (1930) S. 500. (VIII)
Ulrich, M.: „Werkstofffragen des heutigen Dampfkesselbaues.“ Berlin: Julius Springer 1930. (III A)
„Untersuchungen über den natürlichen Wasserumlauf in Sulzer-Höchstdruckkesseln.“ Sulzer Rdsch. 1931 S. 61. (VIII)
290 Vereinigung der Großkesselbesitzer: „Kraftbetrieb.“ Berlin: Julius Springer 1931. (III B)
„Versuche über den Einfluß der Wasserführung auf den Wärmedurchgang durch Ekonomiserheizflächen.“ Z. bayer. Revis.-Ver. 1914 H. 3—7. (IV)
Vorkauf: „Das Mitreißen von Wasser aus dem Dampfkessel.“ VDI-Forsch.-Heft Nr. 341. (V)
Wamsler, Fr.: „Die Wärmeabgabe geheizter Körper an Luft.“ VDI-Forsch.-Heft 98/99. (IV)
Warrelmann, G.: „Das Großkraftwerk Finkenheerd.“ Z. VDI 1930 S. 709. (VIII, IX)
295 Warren: „Recent and possible future developments affecting the economies of large steam turbine practice in the USA.“ Zweite Weltkraftkonferenz 1930, Bericht 251. (II C, IX)
Weber u. Konejung: „Der heutige Stand des deutschen Dampfkesselbaues.“ Arch. Wärmewirtsch. 1929 S. 79. (VIII)
Webster, H.: „Steam generators.“ Mech. Engng. 1930 S. 359. (I)
Weidmann, W.: „Berechnung der Rauchgasabkühlung in Feuerraumschächten.“ AEG-Mitt. 1932 S. 362. (IV, VI)
Wellmann u. Mitarbeiter: „Wege zur Planung wirtschaftlicher Dampfkraftwerke.“ Zweite Weltkraftkonferenz Bd. 4, Bericht Nr. 18. (IX, X)
300 Werkmeister, H.: „Verbrennungsverlauf bei Steinkohlen mittlerer Korngrößen.“ Arch. Wärmewirtsch. 1931 S. 225. (II B)
„Werkstoff-Handbuch Stahl und Eisen.“ Düsseldorf: Verlag Stahleisen. (III A)
„Werkstoff- und Bauvorschriften für Landdampfkessel nebst Erläuterungen.“ Ausgabe September 1929. Berlin: Beuth-Verlag. (III A)
Wesemann: „Die Ermittlung des Druckabfalles durch Reibung in Leitungen für Gase, Druckluft, Dampf und Wasser unter besonderer Berücksichtigung graphischer Verfahren.“ Mitteilungen der Wärmestelle Nr. 95. Düsseldorf: Verlag Stahleisen. (IV)
„Why the mercury unit at Hartford is down.“ Power Bd. 73 (1931) S. 605. (VIII, IX)
305 Wirmer: „Die jüngsten Entwicklungsformen des Zweitrommelkessels.“ Wärme 1931 S. 512. (VIII)
Wohlenberg u. Anthony: „Influence of coal type on radiation in boiler furnaces.“ Trans. Amer. Soc. mech. Engr. Bd. 51 (1929) Nr. 12. (VI)
Wohlenberg u. Brooks: „Some fundamental considerations in the design of boiler furnaces.“ Trans. Amer. Soc. mech. Engr. Bd. 50 Nr. 15. (VI)
Wohlenberg u. Lindseth: „The influence of radiation in coal-fired furnaces on boiler-surface requirements and a simplified method for its calculation.“ Amer. Soc. mech. Engr. Paper Nr. 2024. (IV, VI)
Wohlenberg u. Morrow: „Radiation in the pulverized-fuel furnace.“ Amer. Soc. mech. Engr. Paper Nr. 1956. (IV)
310 Zeuner: „Erfahrungen aus dem Kesselbetrieb im Großkraftwerk Böhlen.“ Z. VDI 1931 S. 309. (VI)
Ziegler: „Korrosionsschäden an 45 atü-Kesseln und ihre Beseitigung.“ Mitt. Ver. Großkesselbes. 1931 S. 121. (V)
Zweite Weltkraftkonferenz: „Bd. 11, Berichte 26, 33, 180, 257, 258, 369.“ (X)

Namenverzeichnis.

Sachverzeichnis.

Der VDI-Verlag hat die Druckstöcke zu den Abbildungen 19, 35, 36, 37, 50, 60, 63, 75, 90 bis 94, 105, 151, 167 bis 169, 175, 176, 186, 211 bis 213, 279 bis 281, 290, 291, 294 bis 296, 307 bis 311, 315, 322, 323, 371, 373, 375 bis 377, 380, 382, 395, 415, 421, 440, 441, 448, 449, 460, 473, 491, 492, 523, 559 bis 564, 566 freundlicherweise zur Verfügung gestellt.

Die Grundgesetze der Wärmeübertragung. Von Professor Dr.-Ing. **H. Gröber,** Berlin, und Regierungsrat Dr.-Ing. **S. Erk,** Berlin. Zugleich zweite, völlig neubearbeitete Auflage des Buches: H. Gröber, Die Grundgesetze der Wärmeleitung und des Wärmeüberganges. Mit 113 Textabbildungen. XI, 259 Seiten. 1933. Gebunden RM 22.50

***Handbuch der Feuerungstechnik und des Dampfkesselbetriebes** unter besonderer Berücksichtigung der Wärmewirtschaft. Von Dr.-Ing. **Georg Herberg,** Ingenieurbüro für Kraft- und Wärmewirtschaft, Stuttgart. Vierte, erweiterte Auflage. Mit 84 Textabbildungen, 118 Zahlentafeln sowie 54 Rechnungsbeispielen. XII, 447 Seiten. 1928. Gebunden RM 23.50

Dieses altbekannte und weitverbreitete Buch bildet nach wie vor die wichtigste Fundgrube für jeden, der Belehrung auf feuertechnischem Gebiet sucht. Es kann zum Studium und für die Praxis aufs wärmste empfohlen werden. „Feuerungstechnik"

***Kohlenstaubfeuerungen.** Bericht, dem Reichskohlenrat erstattet im Auftrage seines Technisch-Wirtschaftlichen Sachverständigen-Ausschusses für Brennstoffverwendung. Von Dipl.-Ing. **Hermann Bleibtreu.** Zweite, vollständig umgearbeitete und erweiterte Auflage. Mit 267 Textabbildungen. XI, 495 Seiten. 1930. Gebunden RM 39.—

Einleitung und erster Abschnitt: Feuerungstechnische Grundlagen. Die Aufbereitung des Kohlenstaubes. Der Aufbau der Feuerung. — Zweiter Abschnitt: Staubfeuerungen in der Zement-, Kalk-, Glas-, keramischen und chemischen Industrie. Staubfeuerung zur Roheisenerzeugung. Staubfeuerungen in Stahlwerken. Staubfeuerungen zur Schweißeisenerzeugung. Staubfeuerungen in Grob- und Profilwalzwerken. Staubfeuerungen in Blech-, Bandeisen- und Drahtwalzwerken. Staubfeuerungen in Rohr-, Achsen-, Scheiben- und Bandagenwalzwerken. Staubfeuerungen in Eisen- und Stahlgießereien. Staubfeuerungen für Groß-Schmiedöfen. Kohlenstaubgefeuerte Kleinöfen. Staubfeuerungen in Metallhüttenwerken. Das wirtschaftliche Verhältnis der Staubfeuerung zu anderen Feuerungsarten in der Hüttenindustrie. — Dritter Abschnitt: Staubfeuerungen für ortsfeste Dampfkessel. Staubfeuerungen auf Lokomotiven. Staubfeuerung auf Schiffen. Staubfeuerungen für Zentralheizungen. Die Staubfeuerung im Rahmen der deutschen Brennstoffwirtschaft.

***Dampfkesselfeuerungen für Braunkohle.** Von Dipl.-Ing. **E. Lenhart,** Oberingenieur des Rheinischen Elektricitätswerkes im Braunkohlenrevier A.-G. Köln, Kraftwerk Fortuna. Mit 65 Textabbildungen. IV, 117 Seiten. 1928. RM 12.—; gebunden RM 13.50

***Über wärmetechnische Vorgänge der Kohlenstaubfeuerung** unter besonderer Berücksichtigung ihrer Verwendung für Lokomotivkessel. Von Dr.-Ing. **Fritz Hinz,** Diplom-Ingenieur. Mit 28 Textabbildungen. V, 77 Seiten. 1928. RM 7.50

***Die Gestaltung und Berechnung von Rauchgasvorwärmern (Economisern).** Von Dr.-Ing. **Lothar Possner.** Mit 117 Textabbildungen, 20 Zahlentafeln und zahlreichen Rechnungsbeispielen aus der Praxis. V, 152 Seiten. 1929. RM 14.50; gebunden RM 16.—

***O. A. Essich, Die Ölfeuerungstechnik.** Dritte, vermehrte und verbesserte Auflage herausgegeben von Dipl.-Ing. **H. Schönian** und Dr.-Ing. **G. Brandstäter.** Mit 253 Textabbildungen. VI, 128 Seiten. 1927. RM 8.—

***L. Schmitz, Die flüssigen Brennstoffe,** ihre Gewinnung, Eigenschaften und Untersuchung. Dritte, neubearbeitete und erweiterte Auflage. Von Dipl.-Ing. Dr. **J. Follmann.** Mit 59 Abbildungen im Text. VII, 208 Seiten. 1923. Gebunden RM 7.50

* Auf die Preise der vor dem 1. Juli 1931 erschienenen Bücher wird ein Notnachlaß von 10% gewährt.

***Brennstoff und Verbrennung.** Von Professor Dr. **D. Aufhäuser,** Inhaber der Thermochemischen Versuchsanstalt zu Hamburg.

I. Teil: Brennstoff. Mit 16 Abbildungen im Text und zahlreichen Tabellen. V, 116 Seiten. 1926. RM 4.20

II. Teil: Verbrennung. Mit 13 Abbildungen im Text. IV, 107 Seiten. 1928. RM 4.20

Beide Teile in einem Band gebunden RM 10.—

Der Verfasser behandelt die Verbrennung unter einem neuartigen Gesichtspunkt, indem er eine von ihm entwickelte chemische Systematik der Brennstoffe grundsätzlich voranstellt und aus ihr Eigenschaften und Verhalten der Brennstoffe ableitet. Die mannigfaltigst verschiedenen Formen der Verbrennung erklären sich demzufolge durch verschieden große Reaktionsgeschwindigkeiten. Die Ausführungen gipfeln in dem Satz, daß die eigentliche Verbrennung immer nur die beiden Wassergasbestandteile umfaßt und somit ein durchaus einheitlicher Vorgang ist.

Ruhrkohlen-Handbuch. Ein Hilfsbuch für den Betrieb von Industriefeuerungen mit Ruhrbrennstoffen. 2. Ausgabe. Herausgegeben vom Rheinisch-Westfälischen Kohlen-Syndikat. Mit Figuren, Zahlentafeln und 6 Einschaltbildern. 218 Seiten. 1932. Gebunden RM 3.—

***Die Separation von Feuerungsrückständen und ihre Wirtschaftlichkeit** einschließlich der Brikettierung und Schlackensteinherstellung. Von Dipl.-Ing. **W. Engel.** Mit 30 Textabbildungen. 135 Seiten. 1925. RM 8.10; gebunden RM 9.60

***Werkstoff-Fragen des heutigen Dampfkesselbaues.** Von **Max Ulrich,** Leiter der Abteilung für Maschinenbau einschließlich Metallographie an der Materialprüfungsanstalt an der Technischen Hochschule Stuttgart. Mit 163 Textabbildungen. XII, 180 Seiten. 1930. RM 22.50; gebunden RM 24.—

Zur Behandlung gelangen unter anderem Alterung, Kornveränderung durch Rekristallisation, Festigkeitseigenschaften bei höheren Wärmegraden unter kurzer und langer Versuchsdauer. Eigenschaften von Sonderwerkstoffen. Zusammenhänge zwischen der Höhe der Beanspruchung und dem Verhalten von Kesselbauteilen. Beanspruchungsverhältnisse in Nietnähten und Kesselböden. Der Laugenfrage ist ein größerer Abschnitt gewidmet. Den Schluß bildet ein Einblick in die Bauart und das Wesen von Hochdruckanlagen bis 224 atü.

***Die Werkstoffe für den Dampfkesselbau.** Eigenschaften und Verhalten bei der Herstellung, Weiterverarbeitung und im Betriebe. Von Oberingenieur Dr.-Ing. **K. Meerbach.** Mit 53 Textabbildungen. VIII, 198 Seiten. 1922. RM 7.50; gebunden RM 9.—

***Der Kesselbaustoff.** Abriß dessen, was der Dampfkessel-Überwachungs-Ingenieur von der Herstellung, den Eigentümlichkeiten und der Prüfweise des Baustoffs wissen muß. Anläßlich eines Lehrganges auf der Gußstahlfabrik der Friedr. Krupp A.-G. gehaltene Vorträge von Dr.-Ing. **Max Moser.** Dritte, durchgesehene und ergänzte Auflage. Mit 143 Abbildungen. IV, 29 Seiten. 1928. RM 7.50

***Die Chemie der Bau- und Betriebsstoffe des Dampfkesselwesens.** Von Dipl.-Ing. **R. Stumper,** Vorsteher der chemisch-metallographischen Versuchsanstalt der Burbacher Hütte. Mit 101 Textabbildungen. XI, 309 Seiten. 1928. Gebunden RM 24.—

Während die meisten Werke über Dampfkessel vorzugsweise die konstruktiven oder wärmetechnischen Fragen behandeln, ist hier ein umfassender Überblick über die chemischen Probleme gegeben, die im Dampfkesselwesen bekanntlich eine außerordentlich wichtige Rolle spielen. Schon die Absicht, ein bisher praktisch und theoretisch noch stark vernachlässigtes Gebiet wissenschaftlicher Behandlung zu erschließen und damit zu einer engen und ersprießlichen Zusammenarbeit von Ingenieur und Chemiker anzuregen, ist dankenswert. Die Art, wie diese zweifellos nicht leichte Aufgabe von dem Verfasser angefaßt wird, ist mustergültig....

„Zeitschrift des Vereins deutscher Ingenieure"

---

* Auf die Preise der vor dem 1. Juli 1931 erschienenen Bücher wird ein Notnachlaß von 10% gewährt.

Additional information of this book

(Dampfkraft; 978-3-662-27743-0) is provided:

EXTRA MATERIALS extras.springer.com

http://Extras.Springer.com

GPSR Compliance

The European Union's (EU) General Product Safety Regulation (GPSR) is a set of rules that requires consumer products to be safe and our obligations to ensure this.

If you have any concerns about our products, you can contact us on ProductSafety@springernature.com

In case Publisher is established outside the EU, the EU authorized representative is:

Springer Nature Customer Service Center GmbH
Europaplatz 3
69115 Heidelberg, Germany

Batch number: 10620143

Printed by Printforce, the Netherlands